Gesamtverzeichnis des deutschsprachigen Schrifttums (GV) 1700 – 1910

Bearbeitet unter der Leitung von
Hilmar Schmuck und Willi Gorzny
Bibliographische und redaktionelle Beratung:
Hans Popst und Rainer Schöller

12

Ben - Berh

K · G · Saur München · New York · London · Paris 1980

Redaktion:

Monika Eichler, Ursula Geier, Robert Mittelstaedt, Sabine Nebinger,
Hildegard Roßberg, Hermann Schrott, Brigitte Semmler,
Eva von Troschke, Helga Werner, Gabriele Winter

CIP-Kurztitelaufnahme der Deutschen Bibliothek

Gesamtverzeichnis des deutschsprachigen Schrifttums :
(GV). – München, New York, London, Paris : Saur.
Bd. 1 – 6 bearb. unter d. Leitung von Peter Geils
u. Willi Gorzny.
ISBN 3-598-30000-X

1700 – 1910 / bearb. unter d. Leitung von Hilmar
Schmuck u. Willi Gorzny. Bibliograph. u. red.
Beratung: Hans Popst u. Rainer Schöller

NE: Schmuck, Hilmar [Bearb.]

12. Ben - Berh. - 1980.

Techn. Realisierung und Druck: Norbert Gärtner, Mainz-Kastel
Binden: Karl Schaumann, Darmstadt
Printed in the Federal Republic of Germany
ISBN 3-598-30000-X (Gesamtwerk)

Ben, d. alte, od. d. geflickte Mantel, s.a. Saat u. Ernte.

[F.] Der alte Ben oder der geflickte Mantel. E. histor. Gemälde aus d. Reformationszeit f. d. reif. Jugend u. ihre Freunde v. W. B., Vf. d. 'Klausner' ... 2. Aufl. *Elberfeld: Buchh. d. Erziehgs-Ver. [1897].* (296 S.) 1 Bd 8.
— Saat u. Ernte v. W. B. Bd 10. [98. 8018

Ben [Pseud.], s. Trexler, Benjamin F.

Béna, *Heinrich* [aus Bitsch '(Lothr.)']: Ueber Typhusrecidive Strassburg, Buchdr. C. Gœller, 1893; 176 S. 8.
Strassburg, Med. Fak., Inaug.-Diss. v. 1893

Béna, M(oritz), prakt. Arzt, aus Bitsch (Lothr.): Die Bedeutung der 'Michaelischen Raute' in der Geburtshülfe. *Straßburg: J. Singer 1903.* (42 S.) 8°
Straßburg, Med. Diss. v. 1903

Ben Aaron, Elkanah
s. Elkanah ben Aaron. A 12. 5043

Benachrichtigung und Instruction für junge Studirende und Kunstbeflissene, welche Unterstützung von Seiten der Friedensgesellschaft begehren. Potsdam 1835. 8°.

Benachrichtigung die Stadt Lörrach betreffend (u. Einladung zur Niederlassung das.), seitens d. Hochfürstl. Marggrävl. (sic) Baden-Durlachischen geh. Canzlei, de dato: Carlsruhe, d. 3. Juni 1756. O. O. u. J. 4°. 4 unpag. Bll. Cart.

[*Kopft.*] [F.] Benachrichtigung für die Studirenden [betr. die laut Bundestags-Beschluss d. d. 14 Nov. 1834 bei der Immatrikulation vorzulegenden Zeugnisse]. (*Am Ende:* Bonn, d. 18 April 1836. Rektorat der Universität.) [Bonn, gedr. bei C. Georgi 1836.] 1 Bl. 4.
¶ Wieder abgedr. bei Koch, Preuss. Univ. I 1839 S. 25 ff.

Benachrichtigungsblatt, allgemeines, No. 1—43. gr. 8. Leipz. Joachim. 812.

Benack, Julius [aus Worms a. Rh.]: Über Amidophenyltriazol ... München, Druck v. V. Höfling, 1896; 36 S. 8.
München, Phil. Fak., Inaug.-Diss. v. 1896

Benadam, J: Kommerzienrat Altmann. Drama. (99) 8° Lpzg-G. '10. Raschw., B Volger. 1.50 d

Benade, J. F., s.: Heinecke, Carl Heinr. v.

Benade, Jh. Fr., s. Karl Hnr. v. Heinecken, Nachrichten ꝛc. v. Obstsorten.

Benajah, J. J., Poesieen u. Bilder für die lieben Kinder. I. u. II. (Bdchn.) 8. (64 u. 72 S. m. eingedr. Holzschn.) Schaffhausen 848, Schalch. (à 7 ngr) 14 ngr color. (à 14 ngr) 28 ngr

Benak, Frz. Edler v., Rundschau v. der Marien-Warte auf dem Reinberge bei Wels. Höhe 891,75 m üb. dem Adriatischen Meere. (1 Blatt.) 12,5×1,37 cm. Wels (905). J. Haas. n. — 25

Geisterspuk. Hallucinationen, Spiritismus, Hellseherei u. Prophezeiungen von Ben Ali Bey, d. Jüngeren. *Berlin: A. Weichert [1901].* (148 S.) 8° [<> 10

Benan-Brief, Der. 1. Bd. Ein Jugendfreund Jesu. Brief d. ägypt. Arztes Benan a. d. Zeit Domitians. (Die Ereign. bis z. Tode Jesu.) Nach d. griech. Urtext u. d. späteren kopt. Ueberarbeitg hrsg. v. Ernst Edler v. d. Planitz. (134) kl8° Berl., A Pichler & Co. ('11). L 3.50 d

Benapiani, Lorenzo [Pseudon.] s. Brianzi, Napoleone.

Bénard

— Bible des écoles ou histoire sainte de l'ancien et du nouveau testament à l'usage de l'enfance chrétienne. Neueste durchgeseh. u. mit Fragen verm. Aufl. Ebend. 860. 8. (VIII, 532 S.) 20 ngr

Bénard, Schul-Bibel oder biblische Geschichte des Alten u. Neuen Testamentes zum Gebrauche für die christl. Jugend. Neueste durchgeseh. u. mit Fragen verm. Aufl. Aus dem Französ. übers. von Stock. Tournai 867. Casterman, 8. (267 S.) 10 ngr

Bénard, G., die Anlage elektrischer Klingeln. Frei übers. u. unter Berücksicht. deutscher Verhältnisse m. Erlaubnis des Verf. erweitert v. Paul Fluhrer. (VII, 119 S. m. 257 Abb.) gr. 8. Leipzig 904. [A. Felix.] Hachmeister & Thal. n. 3. —

— Fernsprecher f. den Hausbedarf, ihre Anlage, Prüfung u. Instandhaltung. Frei übers. u. unter Berücksicht. deutscher Verhältnisse m. Erlaubnis des Verf. erweitert v. Frdr. G. Wellner. (VI, 114 S. m. 177 Abb.) Lex.-8. Ebd. 904. n. 3. —

— die Prüfung, Wartung u. Instandsetzung v. elektrischen Klingelanlagen u. Meldetafeln. Frei übers. u. unter Berücksicht. deutscher Verhältnisse m. Erlaubnis des Verf. erweitert v. Frdr. G. Wellner. (VI, 101 S. m. 132 Abbildgn.) gr. 8. Ebd. 904. n. 3. —

Benari, A.: Das Unterscheidende des römischen Lautgesetzes. 36 S. Progr. Berlin K. 1836.

Benario: Die Stolgebühren nach bayerischem Staatskirchenrecht, s. Benario, Leo

Benario, J: Üb. Neurorezidive nach Salvarsan u. n. Quecksilberbehandlg. Beitrag z. Lehre v. d. Frühsyphilis d. Gehirns. (7, 105 m. Fig. u. 1 Taf.) gr8° Münch., JF Lehmann's V. '11. 6 —; geb. 7 —

Benario, Jac. [Dr. med.]: Die Lehre von der „trüben Schwellung" in ihrer Entwicklung und Bedeutung. (Preisgekrönt von der med. Fakultät zu Würzburg.) Würzburg, Gnad & Cie., 1891; 2 Bl., 62 S. 8°
Würzburg, Med. Fak., Inaug.-Diss. v. 1891

Benario, Leo: Die neue Religion. Münchener Kulturroman a. d. Gegenwart. (236) 8° Münch., E Reinhardt '12. 3.50; L 4.50 d

[F.] Benario, Leo [Dr. jur., Rechtspraktikant]: Die vermögensrechtliche Stellung der israelitischen Kultusgemeinden im Königreiche Bayern diesseits des Rheins ... Würzburg, Druck d. J. Steib'schen Buchdr., 1893; 46 S. 8.
Erlangen, Jur. Fak., Inaug.-Diss. v. 1893

Benario, Leo, die Stolgebühren nach bayerischem Staatskirchenrecht. (Preisgekrönt v. der hohen Juristen-Fakultät Würzburg.) 8. (VI, 168 S.) München 894. C. H. Beck. Kart. n. 2. 50

Benario, Leo, die Wucherer u. ihre Opfer, s.a. Großstadt-Dokumente 38. Bd.

Die Wucherer und ihre Opfer von Dr. Leo Benario, Rechtsanw. Berlin & Leipzig: H. Seemann Nachf. [1908]. (75 S.) 8° [F.]
— Großstadt-Dokumente. Bd 38. [08. 14568

Benaroya, Moïse, aus Lòm i. Bulgarien: Die künstlichen Nährpräparate, ihr Wert und ihre Bedeutung für die Kranken- und Kinderernährung. *Berlin 1901: S. Scholem.* (26 S.) 8°
Berlin, Med. Diss. v. 23. Juli 1901

Benarus, Albertus Agatho, s. Benary, Albertus Agatho

Benary, A., s. Benary, Alb. Agathon

Benary, Agathon. Zur Geschichte der Herausgabe der „Zeitschrift für Wissenschaft und Leben“ und meiner Theilnahme an derselben. Berlin, Veit u. Comp. 1844. 16 S. 8.

Benary, Alb. Agathon, die römische Lautlehre, sprachvergleich. dargest. 1r Bd. gr. 8. Berl. 837. Jonas Verlagsbuchh. 1 1/2 ℛ︀

Benary, A., Das Unterscheidende d. röm. Lautgesetzes. Pr. 1836. 88 S. 4°.

— Brech u. A. Seebeck, zur Vertheidigung d. Gymnasien gegen die Beschuldigungen u. Anträge des Hrn. Dr. Lorinser. gr. 8. Berlin 836. Jonas. 1/2 ℛ︀

Benarus [Benary], Albertus Agatho: • Aeschyli Promethei soluti, fabulae elegantissimae, fragmenta emendatius atque explanatius edita. Pars I. Prolegomena, atque textum continens. 36 S. 4°
Halle-Wittenberg, Phil. Diss. v. 19. Mai 1827
Geb. [Kassel 18. 1. 1807]
Verf. führte später noch den 1. Vornamen Karl.

Benary, Erich, a. Berlin: Einwirkung von Licht und Wärme auf die Dibenzalpropionsäure und einige Fulgide. Weida i. Thür. 1906: Thomas & Hubert. (84 S.) 8°
Leipzig, Phil. Fak., Ref. Hantzsch, Beckmann, Diss. v. 10. März 1906
[Geb. 5. Dez. 81 Berlin; Wohnort: Berlin; Staatsangeh.: Preußen; Vorbildung: Askan. Gymn. Berlin Reife M. 00; Studium: Berlin 1, Freiburg i. B. 3, Leipzig 6 S.; Rig. 6. Febr. 06.]

Benary, Ernst
Benary, E., die Erziehung der Pflanzen aus Samen, s.a. Jäger, H.

Benary, Ernst: Die Erziehg d. Pflanzen a. Samen. 2. Afl. (8, 434) gr8° Berl., P Parey '11. L 12 —

Benary, F., s.a. Naladoya.

[Benary, F.] [Bericht über zwei von L. Ross auf Cypern gefundene phönicische Inschriften:] [A. aus: Bericht über die zur Bekanntmachung geeigneten Verhandlungen der Königl. Preuss. Akademie der Wissenschaften zu Berlin im Monat Juli 1845 p. 250—253.]

Benary, F. H., Hans Besenried. Ein Spielmannssang aus der Zeit nach dem großen Kriege. gr. 8. (VII, 200 S.) Hamburg 887. J. F. Richter. n. 2. —; geb. n. 3. —

Benary, F. H., Hans Besenried. Ein Spielmannssang aus der Zeit nach dem großen Kriege. gr. 8. (VII, 200 S.) Hamburg 887, Verlagsanstalt und Druckerei. *ℳ 2.—.; geb. *

Benary, F. H., Hans Besenried. Ein Spielmannssang aus der Zeit nach dem großen Kriege. Illustrirt v. C. W. Allers. 2. Aufl. Lex.-8. (VII, 241 S.) Hamburg 887. Verlagsanstalt u. Druckerei. geb. n. 15. —

— u. C. W. Allers, aus Kamerun. Ein Bilderbuch für kleine u. große Kinder. [Frei nach dem Engl.] Fol. (10 Chromolith. m. eingedr. Texte.) München 885. Braun & Schneider. cart. n. 3. 50

Benary, Ferdinand
Benary, Ferd.: Coniectanea quaedam in Vetus Testamentum. Berolini (1835). (12 S.) 8°
Berlin, Theol. Fak., Antrittsprogr. v. 25. Febr. 1835

Benary, Fd., de Hebraeorum Leviratu. Acced. Conjectanea quaedam in V. Testamentum. 4 maj. Berlin 835. Dümmler. 2/3 ℛ︀

Benary, Franz Ferdinand, Dr. phil. (Halle 19. 5. 1827): De Hebraeorum Leviratu.
Halle-Wittenberg, Theol. Dr.-Diss. v. 1. Jan. 1835
Geb. [Kassel 22. 3. 1805]
Ersch. unt. gleich. Tit.: Accedunt Coniectanea quaedam in V. Testamentum. Berolini: Dümmler. 1835. 70 S. 4° vorh. Berlin UB. Die auf S. 61—70 angehängten Coniectanea waren Berlin, Theol. Antr.-Progr. v. 25. Febr. 1835. — Verf. wurde abwesend promoviert.

Benary, Franz Ferdinand, s. Benary, Ferdinand

Benary, Otto (geb. Berlin 4. 9. 1853): Die Exstirpation des Zungencarcinoms nach B. von Langenbeck. Berlin (1876). (40 S.) 8°
Berlin, Med. Diss. v. 15. März 1876

Benary, P: Gestörtes Nach-Exerzieren, s.: Pantomimen,

Benary, Simo Ferdinandus: • Tanchumi Hierosolymitani commentariorum ineditorum specimen I ex codicis Oxoniensis apographo Schnurreriano fide et studio recensitum atque illustratum edidit. 33 S. 4°
Halle-Wittenberg, Phil. Diss. v. 19. Mai 1827
Geb. [Kassel 15. 3. 1805. Die ADB. 46, 346 hat 22. 3. 1805]
Verf. hieß später Franz Ferdinand und wurde in Halle 1. 1. 1835 D. theol. [vgl. Nr. 888] und erlebte die Diplomerneuerung 1877 als außerordentlicher Professor der Theologie in Berlin.

Benary, Walt.: Die german. Ermanarichsage u. d. französ. Heldendichtg. s: Zeitschrift f. roman. Philol.

Benary, Walt.: 2 altfranzös. Friedensregister d. Stadt Tournai (1273—80). [SA] (197) Lex8° Erl., F Junge '07. 6 —

Benary, Walter: Zur Geschichte des konsonantischen Auslauts der Nomina im Alt- und Neufranzösischen. *Darmstadt 1902: G. Otto.* (106 S.) 8°
Heidelberg, Phil. Diss. v. 1902

— Üb. d. Verknüpfgn einiger französ. Epen u. d. Stellg d. Doon de Laroche. [Aus: „Roman. Forschgn“.] (303—394) gr8° Erl., F Junge ('11). 3 —

Benas, Jac. (geb. Bromberg 27. 5. 1824): De cura inunctionis. Berolini (1847). (20 S.) 8°
Berlin, Med. Diss. v. 27. März 1847

Benas, Theodor. Zur massanalytischen Bestimmung des Zinns, und über einige Zinnoxydulsalze. Berlin, 1884. Diss.

Ben-Ascher. Ein Bruchstück der Masora Ben Aschers aus Tiborias, der XXV. Orientalisten-Versammlung in Halle vorgelegt von Franz Delitzsch. Leipzig 1867.

Ben Ašer, Sofer, hū tikkun lēl kōš Hōdeš Nisan. |: Bogen »Ben Ašer«. Ordning af Lektionerne for Natgudstjenesten den 1. Nisan. Udg. af Jakob ben [Ašer] Anschel. Altona [5]568 (c: 1808):| (Hebr.).

Bénassy, F.L., Conversations anglaises, s.: Corkran, Sutton F.

Benatzky, Ralph., Hü-hott-tralala. Worte von Benno Vigny. Lied Prag: Nikan & Welleminsky 1909. K 1.80 no.

Benatzky, Ralph., Schmetterling. (Ein Kindergespräch.) Worte in La Hire Wien: Nikan & Welleminsky 1909. K 1.80 no.

Benau, H: Von Lenz u. Liebe. Gedichte. Wien [II, Nordbahnstr. 12], Verl.-Anst. Reform. ca 1.20

Benauly, Matthew Caraby, s. Bibliothek, amerikanische.

Benavente, Jacinto: Hispanaj dramoj, s: Esperanta biblioteko internacia.

Ben-Avigdor, d. Geschwister, s.: Universal-Bibliothek, jüdische.

Ben-Avigdor: Jüdinnen, s.: Universal- Bibliothek, jüd.

Benberg, R. A. v., die Waldschnepfe und ihre Jagd. Allen guten Flugschützen und denen, die es werden wollen, gewidmet. Berlin 857. Gaertner. 8. (IV, 131 S.) 15 ngr.

v. Benberg, R. A., die Waldschnepfe u. ihre Jagd. Allen guten Flugschützen u. denen, die es werden wollen, gewidmet. 2. verb. u. verm. Aufl. Berlin 866. Gaertner. 8. (VII, 144 S.) 15 ngr.

Bencard, Ernst Heinr.
Bencard, E. H., Probeschrift, über das Verhältniß des Pächters zu den Gläubigern des insolventen Verpächters. 4. Rost. 813.

Bencard, Ernst Heinr.: Ueber das Verhältniß des Pächters zu den Gläubigern des insolventen Verpächters. Rostock 1813.

Ben Chananja. Blätter für israelitisch-ungarische Angelegenheiten. gr. 8. Leipzig 844, O. Wigand. 12 ngr

Ben-Chananja. Monatschrift für jüdische Theologie. Herausg. u. Red.: Leop. Löw. 1. Jahrg. 1858. 12 Hefte (à 3 Bgn.). Szegedin, Burger in Comm. gr. 8. n. 4 Thlr

Ben-Chananja. Monatsschrift für jüdische Theologie. Hrsg. u. Red.: Leop. Löw. 2. u. 3. Jahrg. 1859—60 à 12 Hfte. (à ca. 3 Bgn.) Szegedin, Burger. (Leipzig, Wagner.) gr. 8. Jeder Jahrg. n. 4 Thlr

—— dass. — 4. Jahrg. 1861. 52 Nrn. (Bog.) gr. 4. Szegedin. Leipzig, Wagner. **

Ben-Chananja. Wochenblatt für jüdische Theologie. Hrsg. und redig. von Leop. Löw. 5.—10. Jahrg. 1862—67. à Jahrg. 52 Nrn. (à 1—8 Bog.) gr. 4. Szegedin. Leipzig, Wagner. 1862—66. à Jahrg. * 4 Thlr. 20 Ngr.; 1867.

Ben Choema, s.: Zauberin, die kleine.

Bencirecki, ..., l'art d'appr. la langue ital. 8. Wien 791. Gräffer. 16 gr

BENCKE, C., Taschenbuch der Tanzkunst. Einbeck 1825.
l. c. (ohne Formats- u. Quellenangabe).

Bencke, Joseph. (geb. Horneburg in Westf. 21. 8. 1840): De cholera Asiatica. Berolini (1866). (32 S.) 8°
Berlin, Med. Diss. v. 6. Aug. 1866

Bencken, Cph. Geo., († d. .. Jan. 1787). Neue astronom. Bestimmung d. Größe der Sonne u. ihrer Entfernung von d. Erde, mit dazu gehör. mathemat. Figuren, u. e. Vorrede v. K. P. M. Snell. 8. Mitau 784.

Bencken, Cph. Herm., († d. 4. Febr. 1827.) Geschichte Rußlands, seit d. Gründung d. Staats bis auf d. gegenwärt. Zeit. gr. 8. Riga 811. Deubner. 1 Thlr 12 gr

— Leitfaden beim Unterricht in d. Geographie Rußlands. 8. Riga 810.

— geograph.-statistist. Uebersicht d. Russ. Reichs im achten Jahre d. Regierung Alexander I. 8. Riga 808. Meinshausen. 1 Thlr 8 gr

(v. Benckendorf, C. F.) Characterzüge aus dem Leben König Friedrich Wilhelms I. 12 Hefte. 8. Berlin 1787—89.

Benckendorf, Heinr., Hist. v. d. 10 Hauptverfolg. d. erst Christ. 12. Lpz. 735.

Benckendorf, H., kurzgef. Historie v. d. zehn Hauptverfolgg. d. Christen. (Auch u. d. Tit.: Marterstand der ersten Christen.) Leipz. 1770. 1712. (1727. 1732. 1773.) 8.

Benckendorf, Hnr., Marterstand d. ersten Christen. Mit Kpf. 8. Leipz. 770. (Kave in Alt.) 12 gr

Benckendorf, J. H., s. H. P. Hamilton, System.

Benckendorf, J. Sam., Irrweg. d. Vernunft. 8. Züllichau, Waisenh. 748.

Benckendorff, Elisabeth von, aus Baku (Russland): Untersuchungen eines Angiomes der Milz. ⟨Aus dem pathologischen Institut zu Bern.⟩ Bern 1910. 16 S. und eine Tafel. 8°. Ausschn. aus Virchow's Archiv Bd. 194. [23. II. 10.]
Bern. Med. Diss. 1909/10.

Benckendorff, Georg: Der Betrieb eines Erwerbsgeschäftes durch eine Ehefrau. — Potsdam 1910: Müller. 150 S. 8°

Benckendorff, J.H.: Ueber die Gränzen des Unterrichts in der Mathematik auf Gymn., besonders hinsichtlich der Kegelschnitte. 10 S.
Progr. Berlin W. 1831.

Benckendorff, J. H., Ueber die Methode des mathematischen Vortrags auf Gymnasien, besonders in Beziehung auf die Theorie der Kegelschnitte.
Berlin 1831.

Benckendorff, Johann Friedr. (Frankfurt/Mark), De acquisitione obligationis ex promissione alterius nomine nostro a tertio acceptata juri nat. contraria. Disp. jur. Präs. Gottfr. Weighard Ring. Frkft./O. (Joh. Chph. Schwartz) 26. IX. 1727. 34 S. (5.—) 2010
Heinr. Rudger Frh. v. Ilgen, Sam. Frh. v. Cocceius, J. H. Prochnau (Thorn).

Bencker, Hirtenstimmen. Evangelien-Predigten f. alle Sonn- u. Festtage des Kirchenjahres, hrsg. u. Mitwirkg. fränk. Geistlichen. (IV, 836 S.) gr. 8. Bayreuth (902). (E. Mühl.) (Nur direkt.) Geb. in Leinw. n. 6.—

Bencker, Hermann, prakt. Arzt aus Trebgast: Cystennieren einer Missgeburt. *Erlangen 1902: F. Junge.* (30 S.) 8°
Erlangen, Med. Diss. v. 13. Juli 1901

Bencker, Ldw., Aufmunterung zur Torfbenutzung als Brennholzsurrogat, Streumaterial und Düngmittel, nebst Anleitg. zum Aufsuchen, Bewirthschaften u. Urbarmachen d. Torfmoorgründe z. Förderung d. Landwirthschaft. 8. (Mit 1 Steintaf.) Bayreuth 838. (Grau'sche Buchh.) n. 1/6 Thlr

Bencker, Ludw., die Bayern im Kriege, 1800—1871, s.a. Bayernbücher. I.

Bencker, L. Die Bayern im Kriege. 1800—1871. Kriegserlebnisse und Kämpfe bayer. Soldaten. Mit Abb. München 1908. 240 S.

Bencker, Ludw.: Die Bayern im Kriege seit 1800. Taten u. Kriegserlebn. bayer. Kämpfer. Neubearb. u. erweitert v. Frdr. Sixt. (Volksausg.) (8, 306 m. Abb.) 8° Münch., CA Seyfried & Co. '11. L 2.50;
Prachtausg. (7, 251) Lex8° L 4.80 d

— Bilder aus d. menschl. Leben, zur Aufheiterung u. Belehrung dargest. (Gedichte.) 8. Lindenhardt 839. (Bayreuth, Grau'sche Buchh.) n. 1/3 ß

Bencker, Ldw., Bilder aus dem menschlichen Leben, zur Aufheiterung u. Belehrung dargestellt. 2. Bdchen. gr. 16. Lindenhardt im Oberfranken 840. (Bayreuth, Grau'sche Buchh.) n. 1/4 ß (1. 2.: n. 7/12 ß)

– Das Bombardement v. Schärding, s. S c h m i d , Herm.

Bencker, Ludw., der Born des Heils ist in Steben zu finden! oder geschichtl. Darstellung des Kurortes Steben mit seinen Mineralquellen, seiner jetzigen Einrichtung, seiner Umgebung u. einer Zusammenstellung der berühmtesten Mineralwasser Deutschlands rc. Mit 1 (lith.) Abbildg. 8. (XII u. 90 S. m. 1 Tab.) Hof 847, Grau. n. 1/3 ß

– Der Dommeister v. Regensburg, s. S c h m i d , Herm.

— Der Jägerwirt v. München, s.: Schmid, Herm.

Bencker, Ludw., der sichere Kartoffelbau od. die Kartoffelzucht aus Saamenkörnern, Knollen, Augen, Kellerreben auf Erfahrung gegründet. Eine vom landwirthschaftl. Comité v. Oberfranken geprüfte u. empfohlene Schrift. 1. Aufl. (3 1/4 B.) u. 2., m. ein. Anh. verm. Aufl., worinnen die gegenwärtig grassirende Kartoffelkrankheit beleuchtet wird rc. 8. (3 B.) Bayreuth 844, 46, Buchner'sche Buchh. à *

— der Wegweiser auf der Lebensreise, oder das Wissensnöthigste zum menschl. Leben u. bürgerl. Verkehr v. Gott — v. Menschen — v. der Natur rc. m. einem Verzeichniß von 1750 Fremdwörtern. Ein Lehr- u. Lesebuch für das Haus u. die Schule, auf 33jähr. Erfahrung im Schul- u. Erziehungswesen gegründet. 8. (XII u. 355 S.) Bayreuth 848, Grau. n. 12 ngr

—— der Wegweiser auf der Lebensreise, oder das Wissensnöthigste zum menschl. Leben und bürgerl. Verkehr von Gott — von Menschen — von der Natur rc. mit einem Verzeichniß von 1750 Fremdwörtern. Ein Lehr- und Lesebuch für das Haus und die Schule, auf 33jähr. Erfahrung im Schul- und Erziehungswesen gegründet. 8. (XII und 355 S.) Bayreuth 851, Grau'sche Buchh. *

Bencker, Max: Der Anteil der Periegese an der Kunstschriftstellerei der Alten.... München, akad. Buchdr. v. Fr. Straub, 1890: VI + 71 S. 8°
München, Phil. Fak.. Inaug.-Diss. v. 1890

Bencker, M., der Anteil der Periegese an der Kunstschriftstellerei d. Alten. Inaug.-Diss. gr. 8. (VI, 70 S.) München 890. (Leipzig, Fock.) n. 1. 80

Bencker, Max, Dr.: Römische Funde in der Sammlung des historischen Vereins zu Günzburg. Nördlingen (1907): C. H. Beck. (30 S., 5 Taf.) 8°
Günzburg, k. G P 1907*

Bencker, Max: Römische Funde in der Sammlung des historischen Vereins zu Günzburg. 2. Mit 1 Abb. Nördlingen (1908): Beck. 41 S. 8° ¶ [Forts. d. P-Beil. 1907.]
Günzburg, k. G P 1908* [S 08. 21

Benckewitz, die Frage: Was könnte uns Hoffnung machen, daß das Christenthum, das vielen schon gebrochen u. geschmälert dazuliegen scheint, noch bestehe, u. fort u. fort unbewegt sich erhalten werde? Kreuzburg 864. Thielmann in Komm. gr. 8. (22 S.) n. 5 ngr

Benckiser A, Rheinbrücke bei Kehl. Ausführung und Aufstellung des eisernen Oberbaues. (2 T mit 1 Blatt Text) grfol Karlsruhe

Benckiser, Alfons
Benckiser, üb. d. Behandlg. d. Blutungen i. d. Schwangerschaft u. Geburt u. d. Behandlg. d. acuten Anaemie, s.a. Sammlung zwangl. Abhandl. a. d. Gebiete d. Frauenheilkunde u. Geburtshilfe.

Ueber die Behandlung der Blutungen in Schwangerschaft u. Geburt u. d. Behandlg d. acuten Anaemie. Von Hofrath Dr. [Alfons] Benckiser in Karlsruhe ... *Halle a. S.: K. Markold 1896.* (36 S.) 8.
— Sammlung zwangl. Abhandlungen a. d. Gebiete d. Frauenheilkunde u. Geburtshilfe. Bd 1. H. 7. (97. 1597

Benckiser, A., u. M. Hofmeier, Beiträge zur Anatomie des schwangeren u. kreissenden Uterus. Mit 9 Taf. gr. 4. (III, 42 S.) Stuttgart 887. Enke. cart. n. 10. —

***Benckiser*, Rob.**, de Haemorphagia inter partum orta ex rupto venae umbilicalis ramo. Dissert. inaug. medico-obstetricia. M. 1 ill. Steint. 4maj. Heidelb. 831. (Groos). 16 gr

Benckiser, Th. Beiträge zur Kenntnis der Chinone und verwandter Körper. Basel 1885.

BENCSIK, Cornelius: Argumentum teleologicum pro existentia Dei exponatur et contra obiectiones praesertim Darwinisticas vindicetur. — (1902) 104 S. 8° (Handschr.) Diss. Wien Univ. Diss. 952

***Bencsik*, J.**, Repertorium juris publici, privati et criminalis hungarici, seu Index universalis personarum, rerum et actionum ex jure consuetudinario Verböczii, Articulis Comitialibus et tabernicalibus etc. Fol. Poson. 821. (Pressb., Wigand). 10 ß

B e n c s i k, (J.,) Repertorium juris publici, privati et criminalis hungarici, seu Index universalis personarum, rerum et actionum ex jure consuetudinario Verboczii, articulis comitialibus et tabernicalibus etc. Fol. Posonii, 822. (Wien, Tendler u. v. M.)

BENCSIK, JOSEPH: Grundriß der menschlichen Pflichten. Ein moralisch-praktischer Unterricht für die Jugend und Erwachsene; als Beytrag zur Beglückung der Einzelnen und der Gesellschaft. In kurzen Lehrsätzen verfaßt von Joseph Bencsik, Doctor der Rechte, und Pfarrer der Königl. Freystadt Bösing. Preßburg 1817. Gedruckt bey den Belnayschen Erben. 216 S. - 190 mm

BENCZE, Ladislaus: De vita et activitate s. Lucae evangelistae. — (1909) XXV, 242 Bl. 4° (Handschr.) Diss. Wien Univ. Diss. 734

BENCZUR, JOSEPH: Kan ein Apostolischer König die Ungarische Klerisey in Ansehung der Kirchen-Güter reguliren, ohne die ihr zukommende adeliche Rechte und Freiheiten zu schwächen? Frankfurt u. Leipzig o. Dr. 1784. 78 S. - 200 mm

(BENCZUR, JOSEPH:) Was hat der Regent für ein Recht über Päbstliche Bullen? näher beantwortet, und aus dem Ungarischen Staats- und Kirchen-Rechte erläutert. Wien 1782: Sebast. Hartl. 55 S. - 8°

***Benczur*, Just.**, Ungaria semper libera. 4. Regensb. 764. Montag u. W. 6 gr

Bend, Jakob (Red.), s. H o l z a r b e i t e r , Der.

Benda, v., Denkschrift f. seine Wähler. gr. 8. (28 S.) Berlin 886. Moeser. — 60

Benda: Rob. Peels Finanzsystem, s. B e n d a , D. A.

Benda: Die R ü c k g e w ä h r eines Theiles d. Grund- u. Gebäudesteuer . . . , s. B e n d a , R.v.

Benda, v., der preußische Verfassungs-Entwurf vom 20. Mai und seine Quelle. gr. 4. (18 S.) Potsdam 848. [Berlin, Janke.] *

Benda, A., s.a. B e n d a , D. A.

Benda, A.: 1. Die Felicier. Geschichtliche Entwickelung eines Urvolkes. 1. Theil. 8°. – Leipzig, Frdr. Fleischer, 1827. 6. umgearb. Ausg. 8°. Berlin 1847.

A. B e n d a, Robert Peel's Finanz-System, oder über die Vorzüge der Einkommensteuer im Gegensatze zu Staats-Anleihen u. Zinsreductionen. Berlin, 1842. gr. 8.

Benda, A.: Geschichte der Stadt Gablonz und ihrer Umgebung. — Gablonz: 1877.
[Weitere bibliogr. Angaben nicht feststellbar.]

– G r u n d s ä t z e , nach welchen der Staat der Felicier gebildet ward und geleitet wird. Auszug aus dem 2. Theil des im J. 1827 hrsg. 1. Theiles der Felicier.
Berlin: Friedländer's Buchdr. 1863.
gr. 8°

Benda, Alb., wie die Lübecker den Tod gebildet. Vortrag, geh. den 13. Jan. 1891. gr. 8. (34 S.) Lübeck 891. (W. Gläser.) — 60

Benda, Amélie v., Mährchen und Parabeln für die erwachsene Jugend und ihre Freunde erzählt. br. 8. (VII und 92 S. mit 6 ill. Stnt.) Erfurt 853, Bartholomäus.

Benda, Amélie v., Mährchen und Parabeln für die erwachsene Jugend u. ihre Freunde erzählt. Mit 6 (lith. u.) color. Bildern. Erfurt (854.) Bartholomäus. br. 8. (VII, 92 S.) 18 ngr

— zehn Sommerabende auf Lilienthal oder der alte Conrad. Neues Geschichten-Buch für die gebildete Jugend. Mit 6 (lith. u.) color. Bildern. Ebend. (854.) 8. (2 Bl., 75 S.) 15 ngr

Benda, C., u. Paula Guenther: Histologischer H a n d - A t l a s , s. B e n d a , Carl

Katalog der Bibliothek der Section »Leipzig« des Deutschen und Oesterreichischen Alpen-Vereins. Verfasst von C. BENDA. Leipzig, 1886. Druck von Ernst Heitmann. 8°.

Benda, C., die Spermiogenese der Marsupialier u. der Monotremen, s.: D e n k s c h r i f t e n der medicinisch-naturwissenschaftlichen Gesellschaft zu Jena. VI, 2.

Benda, C.: Das Lumière'sche Verfahren der Farbenphotographie im Dienste der Medizin. Vortrag. Berlin 1907

Histologischer Hand-Atlas. Eine Samml. mikroskop. Zeichnungen nach d. Präparat f. d. Gebr. bei prakt. Uebungen von C[arl] Benda, Privatd., Berlin, u. Paula G u e n t h e r. 60 Taf. mit Text. *Leipzig & Wien: F. Deuticke 1895.* (VI S., 63 Bl.) 8°(4°) [95. 696, 9

Benda, Carl (geb. Berlin 30. 12. 1857): Zur Statistik der Conjunctivitis blennorrhoica. Berlin (1880). (31 S.) 8°
Berlin, Med. Diss. v. 22. Mai 1880

Benda, Conr. (geb. Paprotzan in Schles. 26. 12. 1846): Ueber den wissenschaftlichen Standpunkt der Jetztzeit zur Frage des sog. Morbus Brightii. Berlin (1872). (32 S.) 8°
Berlin, Med. Diss. v. 3. Aug. 1872

Benda, D. A., s.a. B e n d a , A.

Benda, D.A.
— Robert Peel's Finanz-System, oder über die Vorzüge der Einkommensteuer im Gegensatze zu Staats-Anleihen und Zinsreductionen. gr. 8. Berlin 842, Hirschwald. 2/3 ℛ

Benda, D. A., Katechismus für wahlberechtigte Bürger Preußens, oder Geist u. Bedeutung der Städte-Ordnung vom 19. November 1808. gr. 8. Berlin 843. (Springer.) n. 1/8 ℛ

Benda, D. A. Der Krieg im Osten. (686.) 8. s. l. 1829.

Benda, D. A. An meine Mitbürger! Druck von F. Reichardt.
1 Bl. Fol.
Flugblatt. Berlin, 14. Nov. 1848.

Benda, D. A., die reformirende Weltanschauung oder die Natur nach Vernunft ausgelegt. Neue vollständ. Ausg. gr. 8. (XI und 357 S.) Berlin 860, Plahn'sche Buchh. * –
Vgl.: Weltanschauung, die reformirende.

Benda, Daniel Alexander
Benda, (D. Al.,) die Felicier, s. Felicier.

— die Felicier, s. Felicier.

(Benda, Daniel Alexander.) Aus den Papieren eines berliner Bürgers. Nr. 1—4. Berlin, Challier u. Comp. (1 u. 3.) Leipzig, Renger (2 u. 4) 1842. 8. (1. Die Judenfrage. 2. Die Erhebung des Bürgerstandes durch die preußische Städteordnung. 3. Die richtige und gerechte Besteuerungsweise. 4. Einige Bemerkungen über einen Entwurf eines neuen Ehegesetzes.)

Benda, Dan. Alex., Sendschreiben an d. Verf. d. Aufsatzes: „Ueber d. Hang zum Mysticismus uns. Zeit." (Im Febr.-Hft. d. J. d. Politischen Jahrbücher.) gr. 8. (6 B.) Berlin 829, Krause.

Marburger Brief an Herrn Tobias Knopp von Ref. Emanuel Benda. Marburg a. L.: A. Ebel in Komm. 1907. (16 S.) 8° [F.] [07. 12247 4

Sonate (A dur) von F r a n z Benda (1709–1786). Bearb. von A(lfr.) M o f f a t. *(Berlin: N. Simrock 1899.)* (7 S.) 4° [Kopft.]
— Meisterschule d. alten Zeit. No 22. [99. 8116

Benda, Frz., Studie üb. die Ausbildung der Infanterie f. das Gefecht (m. Bezug auf das k. u. k. Exercier-Reglement 1889). gr. 8. (28 S.) Wien 892. W. Braumüller. n. 1.—

G. D. B e n d a, Die G e w e r b e s t e u e r - V e r f a s s u n g des Preuß. Staates, nach den dieserhalb seit dem Edikt vom 2. November 1810 erschienenen Verordnungen. Breslau, 1817. 4.

Z. den drei Feuern: Das Johannes-Fest von der ▭ zu den „Drey Feuern" im Or. von Wien am 24. des VII. Monats 5785 gefeiert. In Musik gesetzt von [Georg] B[end]a. o. O. u. J. 3 Bl. 8°
Enth. 3 Gesänge, Text von G—ge, abgedr. nebst Bemerk. dazu von K. v. G a g e r n in: FZ. (Wien) 3 (1876) S. 121—122.
[A b a f i, L.: Gesch. d. Frmrei in Oesterreich-Ungarn. 4 (1893) S. 339.]

Benda, Georg, Lessing. Eine Kantate: dem Andenken Gotthold Ephraim Lessings gewidmet von der kurköllnischen Hofschauspieler-Gesellschaft. Die Ouvertüre ist von unserm Musikdirector Neefe. Bonn 1781. 16. 7 S.

Ungarische Grossloge: Georg Benda: T r a u e r o d e. Zur Feier der den 21. April 1781 über das Absterben ihres Großmeisters etc. angestellten Trauerversammlung. 4°
Kl. 1350. Partitur u. Stimmen mit gedrucktem Text.

Benda, Henriette, die Braut ohne Bräutigam, und: die blauen u. die schwarzen Augen. 2 Erzählungen. gr. 12. Liegnitz 827. Kuhlmey. 14 gr

Benda, J.: P u p p e n s p i e l e , s. B e n d a , Joh.

Benda J.: Der Schulgarten an der Troppauer L.-B.-A. 48. Troppau L.-B.-A. 75. Progr.

Benda, J. F., s.a. B e n d a , Josef Ferdinand

—— Instruktion f. d. Kommandeur u. d. Kompagnieführer e. Ersatz-Bataillons. 8. (95) Saarl. 78, Stein. 2. 40

—— d. Natural-Leistgn d. Gemeinden f. d. bewaffnete Macht im Frieden. 1. u. 2. Abth. 8. Kbd. 79. n. 2. 70
1. Das Natural-Leistungs-Gesetz v. 13. Febr. 1875, nebst Ausführungs-Instruktion u. erläut. Vorschriften. Nebst 1. Nachtr. [abgeschlossen am 1. Juli 1879]. (80 u. Nachtrag 10) n. 1. 20
2. Gesetz, betr. d. Quartierleistg f. d. bewaffnete Macht während d. Friedens-Zustandes. Vom 25. Juni 1868, nebst Ausführungs-Instruktion u. erläut. Vorschriften. (112) n. 1. 50

—— Stempel-Ordng f. Bekleidungs- u. Ausrüstungsstücke. 8. (16) Ebd. 78. — 75

Benda, Joh., Puppenspiele. Buchschmuck v. O. Ubbelohde. (148 S.) gr. 8. Hamburg 904. A. Janssen.
Geb. in Leinw. n. 3. —

Rede auf Herder gehalten bei der gemeinschaftlichen Gedächtnisfeier beider Lübecker Logen am 18. Dez. 1903. Den Brüdern der Loge zur Weltkugel [in Lübeck] gewidmet von [Joh.] Benda. Lübeck [1903]: M. Schmidt. 15 S. 8⁰

Kasperles Schelmenstreiche. Schwank f. d. Kasperle-Theater von Joh. Benda, nebst e. Anleitung z. Herstellung u. Einrichtung d. Kasperle-Theaters mit erl. Ill. von Martin Hochstein. *Berlin: F. Bloch (1903).* (37 S.) 8° [F.]
— Kinder-Theater, Ludwig Blochs. No 100.

Benda, Josef Ferdinand
Benda, J.F. (Hrsg.), s. Imker, Der schlesische.

Benda, Jos. Ferd., Perlen vom silbernen Myrthenkranze. Biographische Bilder in Prosa u. Dichtung aus dem Leben Ihrer k. k. Majestäten Franz Josef I. u. Elisabeth. Entworfen u. zusammengestellt. gr. 8. (IV, 144 S. m. 2 Holzschntaf.) Troppau 879. Gollmann in Comm.
n. 1. —

— der katholische Religions-Unterricht in der Volksschule. Ein Beitrag zur praktischen Katechetik. gr. 8. (V, 98 S.) Troppau 878. (Buchholz & Diebel.)
n. 1. 40

— dasselbe. 2., sehr verm. Aufl. 8. (XVI, 148 S.) Prag 879. Tompsky. n. 1. 60

Benda, Jos. Ferd., Winke f. Bienenzüchter. Ein Katechismus der Bienenzucht in Fragen u. Antworten. gr. 8. (15 S.) Troppau 884. (Zenker.) n. — 40

Benda, Louis, diplomierter Chemiker von Zürich: Beiträge zur Kenntnis der Tartrazine. Zür. J. Schabelitz Dr. 1897. 129 S. 8⁰.
Zürich, Phil. Diss. (v. 3. Aug. 1897).

Benda, Louise v., Die Entwickelung der Berliner Damenmassschneiderei. Schrift. d. Ver. f. Soc.-Pol., Bd. 85. gr. 8⁰. Leipzig 1899.

Benda, Margarete, die drei Rosen. Ein Zaubermärchen in 8 Bildern. Musik v. Johs. Doebber. (64 S.) 12. Leipzig 903. R. G. Th. Scheffer. n. — 50

Benda, Maximil. (geb. Berlin 1820): De ovarii degenerationibus. Berolini (1844). (31 S.) 8°
Berlin, Med. Diss. v. 9. Mai 1844

Benda, Mor., Anleitung die doppelte, sogenannte Italienische Buchhaltung durch einen dreimonatlichen Lehr-Cursus auf eine kurze u. leichtfaßliche Weise, ohne Beihülfe eines Lehrers gründlich zu erlernen. Nebst e. Anhang, enthaltend die im kaufmännischen Verkehr vorkommenden Fremdwörter, u. deren Erklärung. Berlin 854. Literatur- u. Kunst-Comptoir. (Streerath u. Co.) 8. (1 Bl., 136 S.) 15 ngr

Benda, O.: D. Fremden- u. Pass- Polizeyverfass. d. preuss. St., s. Benda, Otto

Benda, O.: Die Irrthümer der Liebe ..., s. Benda, Otto

Benda, O.: Im wachen Traum, s. Benda, Osc.

Benda, Osc., im wachen Traum. Novellen. 8. (VI, 248 S.) Freiburg i/Br. 884. Kiepert & v. Bolschwing. n. 4. —

Benda, Oskar: Theorie, Technik und Geschichte des Entwicklungsromans.
Phil. Diss. Prag 1908/09.

Benda, Osk., Wilhelm Waldlinger, s.: Bericht, 58., der Lese- u. Redehalle der deutschen Studenten in Prag.

Benda, Otto
BENDA. — Romantische Erzählungen. Leipzig 1817. 8⁰.

— romant. Erzählungen. 8. Leipz. 818. Lauffer. 1 ₰ 8 gr

— d. Fremden- u. Paß-Polizei-Verfassung d. Preuß. Staats, nach den desfalls ergangenen Verordnungen. 8. Liegnitz 816. Kuhlmey. 12 gr

Benda, O., die Gewerbsteuer-Verfassung d. preußischen Staats, nach den dieserhalb seit d. Edict vom 2. Oct. 1810 erschienenen Verordnungen gesammelt. 4. Breslau, Korn d. ält. 815.

Benda, Otto, die Gewerbsteuerverfassung d. Preuß. Staats, nach d. Edikt vom 2. Nov. 1810. N. A. Bresl. 817. J. F. Korn. 1 ₰

BENDA, O. („Kriminal-Rath in Kalisch"), Die Irrthümer der Liebe und die Launen des Geschicks. Frankfurt a. d. O., akad. Buchh., 1807. 8⁰. (1⅓ Rthl.)
XVI u. 374 S. Einiges etwas frei.

Benda, Otto, die Irrthümer der Liebe. 8. Frkf. a. d. O. 807. (Lauffer in Leipz.), (a. Sander in Berl.) 1 ₰ 12 gr

Benda, P., die Morseschrift in mnemotechnischer Darstellung. Leichtestes u. einfachstes System, die Zeichen der Morseschrift schnell zu lernen u. sich dauernd gut einzuprägen. (40 S.) kl. 8. Hannover 908. Schmorl & v. Seefeld Nachf. — 80

Benda, R. v., die Rückgewähr e. Thls. der Grund- u. Gebäudesteuer f. die Durchführg. der Selbstverwaltg. im Kreise. Denkschrift zum Entwurfe der Kreis-Ordng. f. die östl. Provinzen vom 27. Septbr. 1869. gr. 8. (30 S.) Berlin 871. Stuhr. n. — 75

Benda, S. (Red.), s. Schulzeitung, Laibacher.

Benda, Thdr., Besonderheiten in Anlage u. Erziehung der modernen Jugend. Nach e. Vortrage, geh. im Verein f. Kinderpsychologie zu Berlin. (29 S.) gr. 8. Berlin 905. Herm. Walther. n. 1. —
Sonderabdruck aus: „Ztschr. f. päd. Psycholog."

Intermittirende Gelenkwassersucht. Monographische Studie von Theodor Benda. *Berlin: O. Coblentz 1900.* (60 S.) 8°
Aus: Allgem. med. Central-Zeitung 1900, No 41–45.

Benda, Th., öffentliche Nervenheilanstalten? gr. 8. (20 S.) Berlin 891. A. Hirschwald. n. — 40

— Nervenhygiene u. Schule. gr. 8. (55 S.) Ebd. 900. n. 1. —

— die Schwachbegabten auf den höheren Schulen. Nach e. Vortrag, geh. im Berliner Verein f. Schulgesundheitspflege. gr. 8. (18 S.) Leipzig 902. B. G. Teubner. n. — 60
Sonderabdruck aus: „Gesunde Jugend".

Benda, Theodor (geb. Berlin 24. 6. 1858): Ueber den Zusammenhang von Herz- und Geisteskrankheiten. Berlin (1881). (39 S.) 8°
Berlin, Med. Diss. v. 27. Juli 1881

Bendall, C., s.: Bibliotheca buddhica.

Bendall, Cecil, M. A., s.: Çântideva, Çikshâsamuccaya.

Bendan, David: • De fati apud Sophoclem ratione. 70 S. 4° (2°)
Halle-Wittenberg, Phil. Diss. v. 27. Mai 1851
Geb. Inowrazlaw 31. 10. 1824. V.
Verf. erlebte die Diplomerneuerung 1901 als früherer Professor der deutschen Sprache und Literatur an der Universität New York und Realgymnasiallehrer des Englischen in Dresden,

Bendavid, Lazarus

Bendavid, Laz., († d. 28. März 1832.) Aufsätze verschied. Inhalts. 8. Berl. 800. Duncker u. H. 8 gGr.

— Beitrr. zur Kritik d. Geschmacks. 8. Wien 797. Schaumburg. 20 gGr.

— zur Berechnung u. Geschichte d. jüdischen Kalenders, aus den Quellen dargestellt. gr. 8. Berl. 817. Nicolai. 12 gGr.

— etwas zur Charakteristik d. Juden. 8. Leipz. u. (Wien) 793. Schaumburg. 4 gGr.

— üb. d. Critik d. Urtheilskr. gr. 8. Ebend. 796.

— üb. d. Critik d. prakt. Vernunft. 8. Ebend. 796.

— über Parallellinien, in e. Schreiben an Karsten. Mit 1 Kpf. 8. Berl. 780. Voß. 3 gGr.

– Philotheos, s.a. Bendavid: Über den Ursprung uns. Erkenntn.

— u. G. W. Block's, 2 Preisschr.: Philotheos od. üb. d. Urspr. unsrer Erkenntnisse. 8. Berl. 802. Maurers B. 16 gGr.

— Rede über d. Zweck d. krit. Philosophie. gr. 8. Wien 796. Schaumburg. 3 gGr.

— üb. d. Religion d. Ebräer vor Moses. gr. 8. Berl. 812. (Dümmler). 12 gGr.

— üb. d. Religion d. Ebräer vor Moses. gr. 8. Berlin, Hitzig. 812.

— Selbstbiographie. 8. Berl. 804.

– Über den Ursprung uns. Erkenntn., s.a. Bendavid: Philotheos

Laz. **Bendavid** u. (G. W.) **Block** üb. d. Urspr. uns. Erkenntn., 2 Preisschr., h. v. d. kgl. Akad. d. Wiss. zu Berlin. *Berl.*, Maurer. 802. gr8° 16 gGr.

— Versuch e. logischen Auseinandersetzung d. mathemat. Unendlichen. gr. 8. Berl. 789. N. Aufl. 796. Schöne. 12 gGr.

— Vers. e. Geschmackslehre m. doppelt. Regist. 8. Berl. Belitz. 799.

Laz. **Bendavid's** Vers. einer Rechtslehre. *Berl.*, Quien. 802. gr8° 1 Rthl.

— Versuch e. Rechtslehre. gr. 8. Berl. 802. (Brandenburg). 12 gGr. (Schnuphase in Altenb.) 1 Rthl.

— Versuch über d. Vergnügen. 2 Thle. 8. Wien 794. Schaumburg. 1 Rthl. 16 gGr.

Laz. **Bendavid's** Vers. üb. d. Vergnügen. *Wien*, Stahel. 794. 2 Thle. 8° 1 Rthl. 16 gGr.

— Vorlesungen üb. d. metaphys. Anfangsgründe d. Naturwissenschaft. gr. 8. Wien 798. Schaumburg. 16 gGr.

Bendavid, Laz., Vorlesungen über d. Kritik d. Urtheilskraft. gr. 8. Wien 796. Schaumburg. 18 gGr.

Eb. Vorless. üb. d. Kr. d. Urtheilskr. *Wien*, Stahel. 796. 8° 18 gGr.

— Vorles. üb. d. Kritik d. prakt. Vernunft. 8. Wien 796. Schaumburg. 12 gGr.

Laz. **Bendavid's** Vorless. üb. d. Krit. d. prakt. Vern., nebst e. Rede üb. d. Zweck d. krit. Philos. *Wien*, Stahel. 796. 8° 15 gGr.

— Vorles. üb. d. Critik d. rein. Vern. 8. Berl. Quien. 802.

— — dasselbe, gr. 8. Wien, Rötzl u. Kaulf. 795.

Laz. **Bendavid's** Vorless. üb. d. Krit. d. rein. Vern. *Wien*, Patzowsky. (795.) 802. gr8° 1 Rthl. 2 gGr.

— Vorlesungen üb. d. Kritik d. reinen Vernunft. 8. Wien 796. N. A. 8. Berl. 802. (Sommerbrod). 1 Rthl.

Laz. **Bendavid** üb. d. Zweck d. krit. Philos. *Wien*, Stahel. 796. 8° 3 gGr.

BENDE, EMERICH: Kirchenfürstliche Anrede bei Gelegenheit ihrer Inthronisation. Budapest 1867 - 8°

Bendegucz, Cyula Kolompos und Pista Kurtaforint. Eine Don Quixottiade nach der neuesten Mode. Dichtung und Wahrheit von P. P. Aus dem Magyarischen übersetzt von L. v. Sch. Leipzig 1841. Ü: *Schedius, Johann Ludwig von.* (GGr)

Bendegucz, Gyula Kolompos und Pista Kurtaforint. Eine Donquixottiade nach der neuesten Mode. Dichtung u. Wahrheit von P. P—s. Aus dem Magyarischen übersetzt von L. von Sch.— gr. 12. Leipzig 841, O. Wigand. 1½ Rthl.

Bendel, Studie üb. d. gewerbl. Erziehg. in der Schweiz. Winterthur 883.

Bendel, A., Aufsätze betreffend das Eisenbahnwesen in Nord-Amerika. Nach Reise-Notizen des Geh. Reg.-R. Henz bearb. in dem techn. Eisenbahn-Büreau des königl. Ministeriums für Handel, Gewerbe und öffentl. Arbeiten. Imp.-4. (V und 74 S. mit 1 Atlas von 40 Kpfrt. in Fol., mit eingedr. Holzschn. und 5 Stein- und 2 Kpfrt. in Imp.-4. und qu. gr. Fol.) Berlin 862, Ernst und Korn.

Bendel, A., Aufsätze etc., füge hinzu: Mit 1 Atlas von 40 Kpfrtaf. (in Fol.)

Bendel, A.: D. Junge Christ im Gebete, s. Bendel, Aloys.

Bendel, Aloys
Bendel, Al., der kirchliche Ablaß in seiner histor. Entwicklung, dogmat. Auffassung u. prakt. Anwendung, nebst einem Anhange über das Jubiläum. 8. (IV u. 317 S.) Rottweil 847, Setzer. 24 ngr

Bendel, A. v., der Christ im Gebete. Eine Sammlg. v. Gebeten f. kathol. Christen. 18. Aufl. Neue Ausg. Nr. 12. 82. (XII, 326 S. m. Farbentitel u. 1 Stahlst.) Freiburg i/Br. 885. Herder. — 60

Bendel, A. v., D. Christ i. Gebete. E. Sammlg. v. Gebeten f. kathol. Christen. 19. Aufl. 24. (XII, 318 S. m. farb. Titel u. 1 Farbdr.) Freiburg i/B. 898. Herder. — 60; geb. von n. — 70 bis n. 3.60

Bendel, A v.: Der Christ im Gebete. 20. Afl. 24° (325 m. 1 Farbdr.) Freibg i/B. 1900. Herder. — 60; geb. v. — 75 bis 3.60

Bendel, A. v., der Christ im Gebete. Eine Sammlg. v. Gebeten f. kathol. Christen. 22. u. 21. Aufl. 24. (à XII, 325 S. m. 1 Farbdr.) Freiburg i/B. (900. 902.) Herder. — 60

Bendel, Aloys v., der Christ im Gebete. Eine Sammlg. v. Gebeten f. kathol. Christen. 23. Aufl. (XII, 325 S. m. farb. Titelbild.) 16. Freiburg i/B. (905). Herder. n. — 60; geb. in Leinw. n. — 80

— dass., s.a. Reuter's Bibliothek f. Gabelsb.-Stenogr.

Bendel, Aloys v., der Christ im Gebete. Eine Sammlg. v. Gebeten f. kathol. Christen. 25. Aufl. (XIV, 325 S. m. 1 Farbdr.) 10,5×7 cm. Freiburg i/B. (909). Herder. — 60; geb. — 80

Bendel, Alois v.: Der Christ im Gebete. Sammlg v. Gebeten f. kathol. Christen. 26. Afl. (14, 325 m. farb. Titelbild.) 10,8 ×6,8 cm. FreiburgB., Herder '12. — 60; L — 80 d

Bendel, Aloys, der junge Christ im Gebete. Eine Sammlung von Gebeten für die Jugend. 9. verb. Aufl. Mit 1 Stahlst. Freiburg im Br. 864. Herder. 32. (XII, 276 S.) n. 6 ngr.

Bendel, Aloys, der junge Christ im Gebete. Eine Sammlung von Gebeten für die Jugend. 10. Aufl. Mit 1 lith.) Titelbilde. Freiburg im Br. 866. Herder. 32. (XII, 276 S.) n. 5 ngr.

Bendel, Alois, der junge Christ im Gebete. Eine Sammlg. v. Gebeten f. die Jugend. 11. Aufl. Mit e. Stahlst. 32 (XI, 296 S.) Freiburg i. B. 873. Herder. n. — 80

Bendel, Aloys, der junge Christ im Gebete. Eine Sammlung von Gebeten für die Jugend. 12. Aufl. Mit 1 Stahlst. 16. (XII, 354 S.) Freiburg i/Br. 879. Herder. — 80

—— der junge Christ im Gebete. Eine Sammlung von Gebeten für kathol. Christen. 14. Aufl. Ausg. Nr. 12. 48. (XII, 318 S. mit Stahlst. und Farbentitel.) Ebendas. 887.

Bendel, A. v., der junge Christ im Gebete. Eine Sammlg. v. Gebeten f. kathol. Christen. 14. u. 15. Aufl. Mit Stahlst. u. Farbentitel. Ausg. Nr. 12. 32. (XII, 318 S.) Freiburg i/Br. 888. 889. Herder. — 60

Bendel, A. v., der junge Christ im Gebete. Eine Sammlg. v. Gebeten f. die Jugend. 16. Aufl. (Mit Stahlst. u. Farbentitel. Ausg. Nr. 12. 16. (XII, 318 S.) Freiburg i/B. 891. Herder. — 60; geb. in Leinw. m. Goldschnitt n. 1.15; in Ldr. n. 2. —

— der kleine Christ im Hause, im Freien, in der Kirche u. in der Schule. Eine Sammlung der nothwendigsten Gebete für Kinder ꝛc. 32. (64 S. u. 1 color. Lith.) Ebd. 848. — 3. verb. u. verm. Aufl. 32. (64 S. m. 1 Stahlst.) Rottweil 850, Willmann. 2 ngr

Bendel, Al., der kleine Christ zu Hause, im Freien, in der Kirche und in der Schule. Eine Sammlung der nothwendigsten Gebete für Kinder, nebst einer kurzen Unterweisung in den nothwendigsten Wahrheiten des Christenthums. 3. Aufl. 1850. und 4., verb. und verm. Aufl. 32. (64 S. mit 1 Stnt.) Rottweil 853, Degginger.

Bendel, Al., der kleine Christ zu Hause, im Freien, in der Kirche u. in der Schule. Eine Sammlung der nothwendigsten Gebete für Kinder, nebst einer kurzen Unterweisung in den nothwendigsten Wahrheiten des Christenthums. 4. Aufl. 855. — 5. verb. ꝛc. Aufl. Rottweil 857. Degginger. 32. (64 S. u. 1 Lithogr.) 2 ngr

— Der Führer zum Himmel, s.: Lambruschini, Joh. Bapt.

Bendel, Elias, s.a. Bendels, Elias

Bendel, Elias, eines Fischers Sohn aus Stockholm, merkwürdige Lebensumstände. 8. Dresden, Gerlach. (Beger.) 786. -

Bendel Franz: Die Urkunden der deutschen Herrscher für die ehemalige Benediktinerabtei Werden a. R. 1906 PN 2124 Diss. Wien, Univ. 948

Bendel, Frz. Jos., die älteren Urkunden der deutschen Herrscher f. die ehem. Benediktinerabtei Werden a. d. Ruhr. Eine diplomatisch-histor. Untersuchg. Mit 4 Fksm.-Taf. in Lichtdr. Hrsg. v. dem histor. Verein f. das Gebiet des ehemal. Stiftes Werden. (IX, 108 S.) gr. 8. Bonn 908. (P. Hanstein.) 10. —

Bendel, Frz Jos., s: Veröffentlichungen d. Gesellsch. f. fränk. Gesch., Urkundenbuch. — Vita sancti Burkardi.

Bendel, H., der Handfertigkeitsunterricht in englischen Volksschulen. Eine Studie. Mit 9 illustr. Taf. gr. 8. (78 S.) Zürich 901. Art. Institut Orell Füssli. n. 4. —

— Winke u. Anregungen f. das gewerbl. u. industr. Bildungswesen der Schweiz, s.a. Zeitfragen, gewerbliche. 16. Hft.

Winke und Anregungen für das gewerbliche und industrielle Bildungswesen der Schweiz. Auf Grund der Gruppen-Fachberichte der Schweiz. Landesausstellung in Genf 1896 bearb. v. H. Bendel. *Bern: Schweiz. Gewerbeverein 1899.* (42 S.) 8°(4°)
— Zeitfragen, Gewerbliche. H. 16. .29. 253

Bendel, Heinrich. Zum Ausbau des gewerblichen Fortbildungsschulwesens in der Schweiz. Ein Beitrag von H' B'. (Referat ... am 11. Dezember 1906 in der Bildungskommission der Schweiz. Gemeinnützigen Gesellschaft gehalten... .) [Mit Schluss-Vignette auf dem Umschlag.] 74 S. 8. Zürich-Selnau, Gebr. Leemann & Co., 1907. [fr. 1. —]

Bendel, Heinrich, Zum Ausbau des gewerblichen Fortbildungsschulwesens in der Schweiz. Ein Beitrag. gr. 8°. Zürich-Selnau, Gebr. Leemann u. Co., 1908.

Bendel, Heinr., zur Frage der gewerblichen Erziehung in der Schweiz. Studie. gr. 4. (III, 46 S.) Winterthur 883. (Kieschke.) n. — 90

(B[endel, Heinrich].) Aus alten und neuen Zeiten. Culturgeschichtliche Skizzen. Mit einer Tafel. (Beigabe: Verzeichniss der in der culturhistorischen Sammlung des historischen Vereins befindlichen Glasgemälde.) Njbl. Hist. Ver. St. Gallen. 4. St. Gallen 1879.

Bendel, J.: Die Deutschen in Böhmen. . . ,
s. Bendel, Jos.

Bendel, Johann
Bendel, Joh., Blumenmärchen u. Pflanzenlegenden, s.: Jugend- u. Volksbibliothek, naturwissenschaftliche.

— Der Gesang des Vogels, s.: Jugend- u. Volksbibliothek, naturwissenschaftliche.

Bendel, J: Gewerkfleiss im Insektenstaat, s.: Jugend- u. Volksbibliothek. naturwiss.

— Die lauretanische Litanei. Unter Berücksicht. v. Katechismus, bibl. Geschichte u. Kirchenlied erklärt. (77 S.) 8. Köln 907. J. P. Bachem. 1. 50

Bendel, Joh.: Der Landkreis Mülheim a. Rh. Beschreibg, Geschichte, Sagen u. Erzählgn. (15, 404) gr8° Mülheim-Rh., Rekt. Bendel '11. nn 2.50 d

— Die Perikopenstunde. Ein Handbuch f. den Unterrichtsgebrauch. (IX, 287 S. m. 1 Fig.) 8. Paderborn 909. F. Schöningh. 3. 40

Der Schönschreibeunterricht. Für d. Gebr. beim Unterr. in Volks- u. Mittelschulen prakt. dargest. von Johann Bendel. Mit zahlr. Abb. u. 3 Beil. *Köln: J. P. Bachem [1902].* (128 S.) 8° [F.] [illegible]

— Der Schönschreibeunterricht. Für den Gebrauch beim Unterricht in Volks- u. Mittelschulen praktisch dargestellt. Mit 2 (Umschlag: 8) Taf. u. 1 Beilage. 2. Aufl. (128 S.) 8. Köln 910. J. P. Bachem. 1. 60: geb. 2. —

Bendel, J., Tafel des katholischen Kirchenjahres. 79,5× 69,5 cm. Farbdr. Köln (909). J. P. Bachem. Mit Stäben u. Ösen 3. —; auf Pappe m. Ösen 4. —; auf Leinw. m. Ösen u. Stäben 5. —

— Vogelpolizei. s. Jugend- u. Volksbibliothek. naturwiss.

– Vogelwanderleben, s. Jugend-u. Volksbibliothek, naturwissenschaftliche.

– Wetterpropheten, s.a. Jugend-u. Volksbibliothek, naturwissenschaftliche.

Bendel, J: Wetterpropheten. Regensburg 1904

Bendel, Josef
Bendel, Jos., die Deutschen in Böhmen, Mähren und Schlesien, s.a. Völker, die, Oesterreich-Ungarns.

Bendel, Josef: Die Dtn in Böhmen, Mähren und Schlesien. — Wien u. Teschen: Prochaska 1884. 355 S. (Die Völker Oesterreich-Ungarns. Bd 2.)

Bendel J, die Deutschen in Böhmen, Mähren und Schlesien. (Völker Österreich-Ungarns 2) Wien 1885

Bendel, Jos., zeitgenössische Dichter. [Adolf Friedr. Graf v. Schack. Emanuel Geibel. Wilh. Jordan u. Karl Simrock. Ein Wort über Wilh. Jordan's „Epische Briefe".] 8. (IV, 259 S.) Stuttgart 882. Metzler's Verl. 2. 40

Bendel, Jos., ein Fabrikskauf. Ein Familiendrama in 5 Aufzügen. (98 S.) 8. Wien 908. (W. Braumüller.) 1. 80

— Jörg Falk. Schauspiel in 5 Aufzügen. (184 S.) 8. Prag 908. (Wien, W. Braumüller.) 1. 80

— Firdusi. Trauerspiel in 5 Akten. gr. 8. (91 S.) Prag 881. Dominicus. n. 3. —

Bendel, Jos., der 50. Geburtstag. Ein Familiendrama in 5 Akten. (96 S.) 8. Znaim 904. Fournier & Haberler. n. 2. —

Bendel, J, Dr. Franz Schmeykal. Gedenkblatt. 8° (16 m. Bildnis.) Prag 94, (F Haerpfer). — 20

Bendel, Jos., Franz Schmeykal. Ein Gedenkblatt. [Aus: „Deutscher Volkskalender f. 1895".] Lex.-8. (16 S. m. Bildnis.) Prag, (F. Haerpfer). n. — 20

— Wahlen. Eine Komödie in 4 Aufzügen. (189 S.) 8. Wien 909. W. Braumüller. 1. 80

— allerlei Weisen u. Märlein, illustr. v. Ernst Juch. gr. 4. (111 S.) Wien 891. R. v. Waldheim. Geb. in Leinw. n. 5. 50

Bendel, Jos., der Werkmeister. Trauerspiel in 5 Akten. 8. (120 S.) Brünn 899. F. Irrgang. n. 1. 60

Bendeleben, Heinrich (Bremen), De diverso sponsalium et matrimonii jure. Diss. jur. Präs. Just. Henn. Böhmer. Halle (Joh. Chn. Zahn) 25. V. 1718. 156 S. (6.50) 2014
Widm. v. Jac. Friedr. Ludwig.

— — Dasselbe. Halle (Joh. Gruner). (6.50) 2015

— — Dasselbe. Halle (Joh. Friedr. Grunert) 1737. (6.—) 2016

Bendeler, Johann Philipp: Directorium musicum. . . , Nebst beygefügten responsis einiger hochberühmten Juristen Collegiorum. . .
Quedlinburg 1706. 28 S. 8°

Bendeler, Joh. Philipp: Orgel-Bau-Kunst, oder: Unterweisung, wie eine Orgel nach ihren Haupt-Stücken, als Mensuriren, Abtheilung derer Laden, Zufall des Windes, Stimmung oder Temperatur etc., aus wahren mathematischen Gründen zu erbauen, sammt einer Angabe, wie alle übelklingende Spinette, Clavicimbel etc. zu einem lieblichen Klange, ohne Veränderung der Decke, zu bringen; ingleichen, wie sie wohl zu bekielen . . . ,
Frankfurt: 1739.
52 S. 8°

* *Johann Philipp Bendeler's* von Rieth-Nordhausen in Thüringen, Cant. Quedlinb. und der Fürstl. Schule daselbst Colleg. V. Planimetria castigata, nebst der neuerfundenen quadratura circuli ad pristinam suam circularitatem, eujus vera proportio ad diametrum, consistit intra duas hypotheses Archimedeas, reducta. Allwo dem Autori seine grosse Irrthümer erwiesen, und zugleich seine begangene grobe Fehler aus wohlgemeynten Eyfer zur Warheit, vor der gantzen Welt verdienter massen bestraffet werden, nebst einem Anhange durch *Nicolaum Mollwitz*, von Rinkleben in Thüringen, Med. et Mathem. Cult. Jena, bey Johann Bielken, Buchhändl. 4. 70 S. 1701.

* *Johann Phil. Bendeler's* emendirte planimetria, da denn die Liebhaber nicht allein die beyden Universal regulen in ihrer Richtigkeit; sondern auch grundmäsigen Bericht von dem so hochgeschätzten Circul-Wunder: Die Adversarii aber, und insonderheit, 1) der Autor des Hamburgischen wöchentlichen Zeitvertreibers, 2) Herr *Joh. Caspar Hasselbrink* zu Braunschweig, 3) Herr *David Mollwitz* zu Jena Ihre gebührende lection und Abfertigung befinden werden. Nun Gott Lob! Ich bin entgangen, meine Fänger sind gefangen. Quedlinburg. Verlegts Theodor Phil. Calvisius, Buchhändl. 4. m. Fig. 1701.

* *Johann Philipp Bendeler's* von Rieth-Nordhausen in Thüringen, Cant. Ord. zu Quedlinburg und der Fürstl. Schule daselbst Collegae V. Planimetria practica, oder Feldmess-Kunst, bestehend in zwo universal-Reguln. Eine von geraden, die andere von Bogen-Linien, samt der über zweytausend Jahre versuchten, und nun erfundenen vollkommenen quadratura circuli und rechten proportione diametri, zur Ehre Gottes und gemeinem Besten an das Licht gegeben. Quedlinburg. In Verlegung Theodori Philippi Calvisii. 4. 1700.

. * *Joh. Phil. Bendelers* Redlich Bezahlte Schuld, oder Gründlichst ausgeführte Quadratura circuli, Samt dem unbetrieglichen Haupt- und Neben-Schlüssel aller Sectionen, als dem allerschwersten Theile der Quadraturae und ganzen Geometrie. Frankfurt und Leipzig, Verlegts Theodor Phil. Calvisius. 4. 1700.

Bendeler, K. L., vollständ. Wörterbuch zu den Anekdoten u. Aufsätzen der Arnold-Fahrenkrügerschen engl. Grammatik. gr. 8. Quedlinb. 817. Basse. 6 ℳ

Bendella, Theophil, die Bukowina im Königreiche Galizien. Mit 6 Lithogr. nach Original-Zeichnungen von J. Schubirß. gr. 8. Wien 845, Müller. 3/4 ₰

Bendels, Elias, s.a. B e n d e l, Elias

Bendels, Elias, eines Fischers Sohns aus Stockholm merkwürdige Lebensumstände, dritte Aufl. 8. Dresden, 786. Gerlach. 10 sgl.

Bendemann: Der S e e k r i e g zwischen Spanien und den Vereinigten Staaten..., s. B e n d e m a n n, Felix

Bendemann, Ed. Ausstellung seiner Werke, s. Donop, Lionel v.

Bendemann, Ed., die Gesetzgeber und Könige im königl. Thronsaale zu Dresden. In Kpfr. gest. von E. Goldfriedrich. 2. Heft. gr. Fol. (10 Bl.) Dresden, Kuntze. *
1. Heft. Ebendas. 1858. * 2 Thlr. 10 Ngr.

—— s. Schrattenholz, Jos. C. B. Betrachtgn. u. Erinnergn.

Bendemann E, die Wandgemälde im Ball- und Konzertsaal des Kgl. Schlosses zu Dresden. Rad. von H Bürkner. Text von J G Droysen. (4 S 12 T) qufol Dresden 1857

Bendemann, E. Die Wandgemälde im Ball- u. Concert-Saale des Königl. Schlosses zu Dresden 12 Tfln., radirt v. Hugo Bürkner. Mit Text von Joh. Gust. Droysen. Dresden. (1858) Querfol.

Bendemann, E., die Wandgemälde im Ball- und Concert-Saal des Königlichen Schlosses zu Dresden. In 1/16 der natürl. Grösse radirt von Hugo Bürkner. 12 Blätter (in Kpfrst.) Mit (4 S.) erklär. Text von Joh. Gust. Droysen. Dresden (859.) E. Arnold. gr. Fol. n. 5 ₰ 10 ngr.

Katalog der Ausstellung der Werke von Eduard Bendemann in der Königlichen National-Galerie. Berlin 1890. 8°.

Bendemann, F.: Über den A u s f l u ß des Wasserdampfes..., s. B e n d e m a n n, Friedrich

Bendemann, F.: Über den Ausfluß des Wasserdampfes, s. M i t t e i l u n g e n über Forschungsreisen.

Bendemann, F: Luftschrauben-Untersuchgn d. Geschäftsstelle f. Flugtechnik d. Sonderausschusses d. Jubiläumsstiftg d. deut. Industrie. (41 m. Abb. u. 1 Taf.) 32×24,5 cm. Münch., R. Oldenbourg '11. 3.50

— dass. '11–12. (30 m. Abb. u. 2 Taf.) 32×24 cm. Ebd. '12. 2.50

Bendemann, Felix
Bendemann, der Seekrieg zwischen Spanien u. den Vereinigten Staaten von Nordamerika, s.a. Beiheft zum Militär-Wochenblatt. 1899. Hft. 4.

Der Seekrieg zwischen Spanien und den Vereinigten Staaten von Nordamerika. 1898. Vortrag, geh. zu Berlin 1899 von [Felix] Bendemann, Kontreadmiral. Mit 1 Kartenbeil. *Berlin: E. S. Mittler & Sohn 1899.* (S. 153–171.) 8° [F.]
— Militär-Wochenblatt. 1899. Beiheft 4. [illegible]

Bendemann, F[riedrich]: Ueber den Ausfluß des Wasserdampfes und über Dampfmengenmessung. 1906. 65 S. 4° ¶ Auch in: Mitteilungen über Forschungsarbeiten auf d. Gebiete d. Ingenieurwesens. H. 37. 1907.
Berlin, Dr.-Ing.-Diss. v. 13. 5. 1905

Bendemann, F., Über den Ausfluß des Wasserdampfes und über Dampfmengenmessung. Berlin, 1907. 64 S. mit 29 Abb. u. 1 Taf.

Bendemann, Margar. v., s: Susman, Margar.

BENDEN, Fritz von. Die Warenhaus-Lilly. Ein liebes Mädel. (Geheimnisvolle Bibliothek Bd. 23.) Dresden, Dresdener Roman-Verlag (um 1905). 8°.
Verb. d. Ldg. Dresden 5 A. 217/05.

Bender, s.a. B e n d e r, Adolf

Bender, unsere Arbeit auf dem Lande. Vortrag, geh. in der Sitzg. des Verwaltungsausschusses des deutschen Vereins gegen den Mißbrauch geist. Getränke im großen Rathaussaal zu Karlsruhe i. B. am Mittwoch, 8. X. 1906. (8 S.) 8. Berlin (907.) Mäßigkeits-Verlag. — 10
Sonderabdr. a.: „Bericht üb. d. 23. Jahresversl. d. d. V. a. d. M. g. G."

Bender: Über die A u s s p r a c h e des Lateinischen, s. B e n d e r, Herm.

Bender: B e i t r ä g e z. Gesch. d. preuss. Geld- u. Münzwesens, s. B e n d e r, Joseph

Bender: Zur B e r e c h n u n g d. barometr. Höhenformel.
Darmstadt 1863.
Schul-/Univ.-Schrift.

Bender: J. K. D i p p e l, s. B e n d e r, Wilh.

Bender: Die F r a u e n b e w e g u n g in Deutschl., s. B e n d e r, Hedwig

Bender: H a n d b u c h f. Standesbeamte, s. B e n d e r, Herm.

Bender: Das unehel. K i n d u. sein. Eltern i. ihr. rechtl. Beziehungen, s. B e n d e r, Jul.

— u. E. Beling, Lehrbuch des deutschen Reichs-Strafprozessrechts. gr. 8. (XIV, 743 S.) Breslau 1900. Schletter. 8. 80; geb. 10. 80.

Bender: Die L o t t e r i e, s. B e n d e r, Johann Heinrich

Bender: Der jüngere P l i n i u s nach seinen Briefen, s. B e n d e r, H.

Bender: R e c h t s f ä l l e, s. B e n d e r, Jul.

Bender: Der Saccharinschmuggel u. s. Bekämpfg. [Aus: „Archiv f. Kriminal-Anthropol. u. Kriminalistik".] (23) 8° Lpzg, FOW Vogel '11. — 40

Bender: V e r k e h r m. Staatspapieren im In- u. Auslande, s. B e n d e r, Johann Heinrich

— Worte der Erinnerung an Raph. Kosch. s.: Bamberger, J., Rede.

Bender (Hrsg.), s. Z e i t u n g, Allgemeine juristische.

Bender, A.: Eine quantitative B e s t i m m u n g der Phosphorsäure, s. B e n d e r, Alexander

Bender, A.: B l ä t t e r u. Blüten, s. B e n d e r, Auguste

Bender, A., Gesundheitspflege in Bäckereien, s.: Handwerker-Bibliothek, illustrierte deutsche. I.

— gewerbliche Gesundheitspflege, s.a. Bibliothek der Rechts- u. Staatskunde. 26. Bd.

Bender A, Gewerbliche Gesundheitspflege. (184 S) (Bibliothek der Rechts- und Staatskunde 26) Stuttgart 1906

Bender, A. (Hrsg.), s. J a h r e s r u n d s c h a u über d. chem. Industrie u. deren wirtschaftl. Verhältnisse.

Bender, A.: Der Heidelberger K a t e c h i s m u s, s. B e n d e r, Adolf

Bender, A.: D. Christen P i l g e r g a n g in Bitte..., s. B e n d e r, August

Bender, A.: D. Reiterkäthe, s. Bender, Augusta

Bender, (A.,) üb. d. Verkehr mit Staatspapieren, s. Archiv f. civilist. Praxis 8r Bd. Beilageheft.

Bender, A., Fritz Vogel, s.: Kühling's, A., Album f. Liebhaber-Bühnen.

Bender, Adolf
Bender, Adf., kurze Darstellung der christlichen Lehre mit Zugrundelegung des Heidelberger Katechismus nebst e. vollständ. Auswahl biblischer Beweisstellen. Barmen 869. Langewiesche. gr. 8. (VI, 240 S.) n. 20 ngr

Bender, Adolf. Ueber die Derivate des Furfurans, Thiophens, Pyrrols, und Indols. Berlin, 1889. Diss.

Bender, Adf., Erklärung des Heidelberger Katechismus, nebst e. vollständ. Auswahl bibl. Beweisstellen. (Titel-) Ausg. v. Kurze Darstellg. der christl. Lehre ꝛc. gr. 8. (240 S.) Elberfeld 893. Reformierter Schriftenverein. n. 1. 20

Bender, Adolf, cand. theol., Mitgl. d. Prediger-Sem. zu Friedberg: Das Lied Exodus Cap. 15 unter steter Berücksichtigung seiner Beziehungen zur Psalmenpoesie erklärt und auf seine Abfassungszeit untersucht. *Leipzig 1902: W. Drugulin.* (48 S.) 8° ¶(Gekr. Preisschr. — Aus: Zeitschr. f. d. alttest. Wiss., Jg. 23, 1903, H. 1.)
Gießen, Ev.-theol. Diss. v. 1902

Bender, A., das Furfuran u. seine Derivate. gr. 8. (VIII, 83 S.) Berlin 889. Gaertner. n. 4. —

Bender, Adf., Jahres-Rundschau üb. die chemische Industrie u. deren wirthschaftliche Verhältnisse f. d. J. 1893. Ein übersichtlich geordneter Bericht üb. die Fortschritte der chem. Gross- u. Klein-Industrie, sowie üb. analyt. Methoden. Unter Mitwirkg. v. Fachmännern hrsg. 4 Abthlgn. gr. 8. Wien 894. A. Hartleben. n. 18. —

1. 1. Brennstoffe u. Feuerungsanlagen. 2. Metallurgie des Eisens, Mangans etc. 3. Technologie des Wassers. 4. Fabrikation der anorgan. Säuren, Basen u. Salze. 5. Fabrikation der Thonwaaren. 6. Fabrikation des Cements, der künstl. Steine etc. 7. Fabrikation des Glases. 8. Fabrikation der künstl. Düngemittel. 9. Die Apparate u. Maschinen der Laboratorien u. Fabriken. (VIII, 294 S. m. 71 Abbildgn.) n. 6. —
2. 1. Fabrikation der Stärke, des Stärkezuckers etc. 2. Fabrikation des Rübenzuckers, des Rohrzuckers etc. 3. Milch, Butter u. Käse. 4. Mehl, Gebäck, Fleisch, Conserven, Gewürze etc. 5. Spiritusfabrikation. 6. Bierbrauerei. 7. Wein. 8. Gesundheitspflege, Desinfektionsmittel, Medicamente etc. (VII, 262 S. m. 35 Abbildgn.) n. 6. —
3. 1. Industrie der organischen Farbstoffe. 2. Färberei, Zeugdruck, Appretur. 3. Gerberei. 4. Papierfabrikation. Bearb. v. Arth. Buntrock. (VIII, 132 S. m. 24 Abbildgn.) n. 3. —
4. 1. Gewinnung der ätherischen Oele u. Harze. 2. Fabrikation der fetten u. Mineral-Oele. 3. Lackindustrie. 4. Sprengstoffindustrie. 5. Photographie u. Reproductionsverfahren. 6. Künstliche Massen u. Klebemittel. (VII, 154 S. m. 26 Abbildgn.) n. 3. —

Bender, Adf., Jahres-Rundschau üb. d. chem. Industrie u. der. wirthschaftl. Verhältnisse f. d. J. 1894. E. übersichtl. geordn. Bericht üb. d. Fortschritte d. chem. Gross- u. Kleinindustrie, sow. üb. analyt. Methoden. Unt. Mitwirkg. v. Fachmännern hrsg. 4 Abthlgn. gr. 8. Wien 895. A. Hartleben. n. 18. —; in 1 Bd. geb. n. 20. 50

I. 1. Brennstoffe u. Heizg. 2. Allgem. üb. Metallurgie. 3. Metallurgie d. Eisens. 4. Metallurgie d. and. Metalle. 5. Säuren, Basen, Salze etc. 6. Thonwaaren. 7. Cement, künstl. Steine u. Baumaterialien. 8. Glas. 9. Dünger. 10. Apparate u. Maschinen. (VII, 199 S. m. 32 Abb.) n. 6. —
II. 1. Stärke- u. Stärkefabrikate-Industrie. 2. Industrie d. Rüben- u. Rohrzuckers, sow. and. Süssstoffe. 3. Milch, Butter, Käse. 4. Fleisch, Mehl, Brot, Cacao etc. u. and. Lebensmittel. 5. Wasser. 6. Spiritusindustrie. 7. Bierbrauerei. 8. Wein. 9. Gesundheitspflege, Arznei u. Desinfectionsmittel. (VII, 220 S. m. 35 Abb.) n. 6. —
III. D. Fortschritte auf d. Gebiete d. Theerfarben-Industrie, d. Färberei, d. Zeugdrucks, d. Gerberei u. d. Papierfabrikation v. Arth. Buntrock. (VII, 126 S. m. 19 Abb.) n. 5. —
IV. 1. Industrie d. äther. Oele, d. Harze, d. Kautschuks, d. Lacke u. Firnisse. 2. Industrie d. Fette u. fetten Oele, d. Seifen, Fettsäuren, d. Glycerins, Lanolins etc. 3. Leuchtgas, Petroleum- u. Paraffinindustrie. 4. Sprengstoff-, Schiesspulver- u. Zündholzindustrie. 5. Photographie. 6. Industrie d. Klebestoffe u. künstl. Massen. (VII, 116 S. m. 5 Abb.) n. 3. —

—— der Heidelberger Katechismus, nach dem Bedürfniß der Volksschule bearbeitet und mit einer zweckmäßigen Auswahl von Bibelsprüchen versehen. Mit einem Nachtrag für minder begabte Confirmanden und einem Anh. von Gebeten. 8. (XVI, 95 S.) Barmen (Leipzig) 868. (Langewiesche's Verlag.) *

Bender, Adf., d. Heidelberger Katechismus i. Ausz., n. ein. Fragen a. Ursinus' Summa u. a. d. kl. Heidelberger Katechismus, z. Gebr. i. Schul- u. Konfirmandenunterr. hrsg. 2., umgearb. Aufl. M. 4 Anhängen: I. Gebete. II. Z. Bibelkunde. III. D. Hauptirrtümer d. röm.-kath. Kirche. IV. Uebers. d. Geschichte d. christl. Kirche. gr. 8. (IV, 139 S.) Bremen 895. M. Heinsius Nachf. n. — 60; kart. n. — 80

Bender, Adf., der Heidelberger Katechismus im Auszuge nebst einigen Fragen aus Ursinus' Summa u. aus dem kleinen Heidelberger Katechismus, zum Gebrauche im Schul- u. Konfirmandenunterricht hrsg. 3. Aufl. Mit 4 Anh.: I. Gebete. II. Zur Bibelkunde. III. Die Hauptirrtümer der römisch-kath. Kirche. IV. Aus der Geschichte der christl. Kirche. gr. 8. (IV, 112 S.) Leipzig 899. M. Heinsius Nachf. n. — 60

Bender, Adf., der Heidelberger Katechismus im Auszuge nebst einigen Fragen aus Ursinus' Summa u. aus dem kleinen Heidelberger Katechismus, zum Gebrauche im Schul- u. Konfirmandenunterricht hrsg. 4. Aufl. Mit 4 Anh.: I. Gebete. II. Zur Bibelkunde. III. Die Hauptirrtümer der römisch-kath. Kirche. IV. Aus der Geschichte der christl. Kirche. (IV, 112 S.) 8. Leipzig 908. M. Heinsius Nachf. Kart. — 80

Bender, Adf: Der Lehrling u. d. Gewerbeordng, s: Vorträge v. 1. Berliner Instruktionskursus f. moderne evang. Jugendarbeit.

Bender, Adf., Leitfaden f. die Mitwirkung der Arbeiter bei der Unfall- u. Krankheitsverhütung. 2. Aufl. (16 S.) kl. 8. Berlin 910. Polytechn. Buchh. A. Seydel. p — 15

— Leitf. f. d. Mitwirkg d. Arbeiter bei d. Unfall- u. Krankheitsverhütg. 15. Afl. (16) kl8° Berl., Polytechn. Bh. A Seydel '12. — 15 (Pp.) d

Bender, A., Leitfaden zu den Vorträgen über Mitwirkung der Arbeiter bei der Unfall- u. Krankheitsverhütung. 16. (15 S.) Stuttgart, E. H. Moritz. —. 20.
1908

— Der praktische Möbelschreiner, s.: Bücheler, Rob.

— u. Hugo **Erdmann,** chemische Präparatenkunde. 2 Bde. gr. 8. Stuttgart, F. Enke. n. 26. —

1. Anleitung zur Darstellung anorganischer chemischer Präparate. Handbuch der Laboratoriumstechnik, enth.: Beschreibung der Darstellungsmethoden anorgan. Präparate, nebst Angabe ihrer Eigenschaften u. Prüfg. Von Adf. Bender. (VIII, 530 S. m. 102 Abbildgn.) 893. n. 12. —
2. Anleitung zur Darstellung organischer chemischer Präparate. Handbuch der Laboratoriumstechnik, enth.: Beschreibg. der Darstellungsmethoden organ. Präparate, nebst Angabe ihrer Eigenschaften u. Prüfg. Von Hugo Erdmann. (XII, 610 S. m. 41 Abbildgn.) 894. n. 14. —

— die Stellung d. evangelischen Christen zu der römischen Kirche. gr. 8. (III, 108 S.) Berlin 891. Geo. Nauck. n. 1. 50

Bender, Ad., Taschenbuch f. Fabrikanten u. Betriebsleiter, sow. Gewerbeaufsichtsbeamte u. Polizeibehörden. 8. (VII, 253 S.) Glogau 898. C. Flemming. Geb. in Leinw. n. 3. 60

Bender, Taschenbuch f. Fabrikanten u. Betriebsleiter, sowie Gewerbeaufsichtsbeamte u. Polizeibehörden. Glogau 899.

— Uebersicht üb. d. Gesch. d. christl. Kirche f. Schule u. Haus. 8° (68) Brem. 96. Lpzg, M Heinsius Nf. — 40

— Gewerbepolizeil. Vorschriften f. d. Errichtg u. d. Betrieb gewerbl. Anlagen. Ratgeber f. Fabrikanten, Betriebsleiter u. Meister. (4, 118 m. Fig.) 8° Berl., J Springer '12. HL 1.80 d

Bender, Adf., was trennt uns v. Rom? Kurze Darstellg. d. Hauptirrtümer d. römisch-kathol. Kirche. 2. Aufl. gr. 8. (24 S.) Bremen 896. M. Heinsius Nachf. — 30

Bender, Adf., was trennt uns v. Rom? Kurze Darstellg. der Hauptirrtümer der römisch-kathol. Kirche. 3. u. 4. Aufl. (à 27 S.) gr. 8. Leipzig 903. M. Heinsius Nachf. n. — 30

BENDER, ALEXANDER. Eine quantitative Bestimmung der Phosphorsäure. (Bern) Wiesbaden, 1887. Diss.

Bender, August

Bender, Aug., der Christen Pilgergang in Bitte, Gebet, Fürbitte u. Danksagung. Ein Gebetbuch. gr. 8. (X, 406 S.) Herborn 885. Buchh. d. Nassauischen Colportagevereins. geb. in Leinw. n. 1. 50; m. Familienchronik n. 1. 60; in Ldr. n. 2. —; in Leinw. m. Goldschnitt n. 2. 60; in f. Ldr. m. Goldschn. n. 3. 25

— d. Christen Pilgergang in Bitte, Gebet, Fürbitte u. Danksagung. Ein Gebetbuch. 2. Aufl. (IV, 398 S.) Herborn 890. Buchhdlg. d. Nass. Colportagevereins. geb. in Leinw. n. 1. 50; m. Familienchronik geb. in Leinw. n. 1. 60; in Leder n. 2. —; in Leinw. m. Goldschn. n. 2. 60; in Ldr. m. Goldschn. n. 3. 25

Bender, Aug., d. Christen Pilgergang in Bitte, Gebet Fürbitte u. Danksagung. Ein Gebetbuch. 2., verm. Aufl. gr. 8. (IV, 398 S.) Herborn 891. Buchhandlg. d. Nass. Colportagevereins. Geb. n. 1. 50

— des Christen Pilgergang in Bitte, Gebet, Fürbitte u. Danksagung. Ein Gebetbuch. 3. verm. Aufl. 10. bis 15. Taus. 8. (IV, 418 S. m. Titelbild u. Familien-Chronik 16 S.) Herborn 899. Buchh. des nass. Colportagevereins. Geb. in Leinw. n. 1. 50; in Halbfrz. n. 1. 60; m. Goldschn. n. 3. —; in Ldr. n. 2. 40

BENDER, AUGUST. Ueber einige Derivate des Phenylsulfhydrat's. Tübingen, 1868. 12mo. Diss.

Das Leiden. Trostbetrachtungen f. Leidende von August Bender. *Berlin: Ev. Trostbund 1899.* (92 S.) 8° [F.]

Bender, Aug., das Leiden. Trostbetrachtungen f. Leidende. Hrsg. vom evangel. Trostbunde. 8. (93 S.) Berlin 899. (Schriftenvertriebsanstalt.) Geb. in Leinw. n. 1. 50

— Veilchenstrauß. Gedicht. (Ausgestanzt.) (10 S. m. Bildern.) München 889. Stroefer. cart. n. — 40

— Vorträge üb. die Offenbarung Gottes auf alttestamentlichem Boden, m. steter Berücksicht. der krit. Forschg. gr. 8. (VIII, 256 S.) Gütersloh 891. C. Bertelsmann. n. 3. —; geb. n. 3. 60

Bender, Augusta, die Hausfreundin. Eine Festgabe f. die Frauenwelt. 2 Bde. 8. Eberbach, Verlag der Hausfreundin. Kart. n. 1. —
1. (Neue [Titel-]Ausg.) (111 S. m. Abbildgn.) [899,] 900. n. — 50
2. (109 S. m. Abbildgn.) 901. n. — 50; kart. n. — 60
Vergl.: Hausfreundin, die.

— dasselbe. Ein Buch f. Alle. 3. Bd. 6. (III, 148 S. m. Abb.) Bühl 902. (Konkordia.) Geb. in Leinw. n.n. 1. —

! Bender, A.: Die Hausfreundin.
Jetzt: Karlsr.: G.Pillmeyer.

Bender, Augusta, der Kampf ums höhere Dasein. Jugendgeschichte e. Kleinbauerntochter. (279 S.) 8. Karlsruhe (907.) F. Gutsch. 3. —; geb. 4. —

Augusta Bender. Kulturbilder aus einem badischen Bauerndorfe (von 1650–1850). Frankfurt a. M.: Bässgen & Grenzmann 1910. 171 S. 8°

— Die Macht des Mitleids. Ein Tierschutzroman. (302 S.) 8. Jugenheim 910. Suevia-Verlag. 3. —; geb. 4. —

— Auf d. Schattenseite d. Lebens. Jugendgesch. e. Autodidaktin. (254) 8° Baden-B., E Sommermeyer '13. 3 —; L 4 — d

— Oberschefflenzer Volkslieder u. volkstümliche Gesänge, gesammelt v. B. Niederschrift der Weisen v. J. Pommer. Mit Unterstützg. Sr. königl. Hoh. des Großherzogs Friedrich v. Baden, hrsg. v. dem deutschen Volksgesangverein in Wien. 8. (XXXI, 312 S.) Karlsruhe 902. G. Pillmeyer. Geb. in Leinw. n. 3. —

(B) — Oberschefflenzer Volksbücher. 902. (KBG31.) Jetzt: Frankfurt a. M., Bäßgen & Grenzmann.

! Bender, A.: Oberschefflenzer Volkslieder. Jetzt: Eberbach, R Grenzmann.

Bender, Augusta. Oberschefflenzer Volkslieder und volkstümliche Gesänge. Niederschrift der Weisen von Dr. Josef Pommer Wien: Kommissionsverlag Adolf Robitschek Partitur K 3.60 netto 1906.

Bender, Auguste, Blätter u. Blüten. (7 Bl. m. farb. Illustr. in Blattform.) München 889. Stroefer. n. — 75

Bender, Auguste, flüsternde Blätter. (Ausgestanzte Brombeerblätter.) 16. (12 S. m. farb. Abbildgn.) München 890. Nürnberg, Th. Stroefer. n. — 75

Bender, A[uguste]. Blumen u. Früchte aus Gottes Garten. Bibl. Texte u. geistl. Lieder, f. jeden Tag d. Monats. Illustr. v. Fr. Hines. 4. (32 S. m. farb. Bildern.) [Münch. 891], Nürnb. Stroefer. geb. in Leinw. m. Goldschn. * 6 —

Bender, Auguste, mein Bruder. Ein Bild aus der Wirklichkeit. Novelle. 8. (109 S.) Philadelphia 884. (Schäfer & Koradi.) n. 1. —

— Glaube, Liebe, Hoffnung. Biblische Texte. 3 Hftchn. Ausgestanzt in Kreuz-, Herz- u. Sternform. (à 8 S. m. Bildern.) Ebd. 889. cart. n. — 75

— Gott ist die Liebe. Biblische Texte u. geistl. Lieder f. jeden Tag des Monats, ausgewählt v. A. B. 4. (16 S. m. z. Tl. farb. Abbildgn.) Ebd. 893. n. 2. 50

— Gott ist mein Lied. Schriftworte u. Dichterstimmen, ausgewählt. 4. (16 S. m. farb. Bildern.) Ebd. 891. Kart. m. Goldschn. n. 2. 50

Bender, Auguste. Heideblumen; alte u neue Gedichte. NY, 1887.

— die himmlische Heimat. Biblische Texte u. geistl. Lieder, f. jeden Tag des Monats ausgewählt. 4. (32 z. Tl. farb. S. m. eingedr. Text.) Ebd. 894. Geb. in Leinw. m. Goldschn. n. 6. —

— der Herr ist mein Licht u. mein Heil. Ps. 27, 1. Schriftworte u. Dichterstimmen, ausgewählt v. A. B. (Farb.) Illustr. v. Fr. Hines. 4. (16 S.) Ebd. 890. Kart. m. Goldschn. n. 2. 50

— der gute Hirte. Schriftworte u. Dichterstimmen, ausgewählt v. A. B. 4. (16 S. m. z. Tl. farb. Illustr.) Ebd. 892. Kart. n. 2. 50

— hoffe d. Herrn u. harre auf Ihn. Biblische Texte u. geistl. Lieder, f. jeden Tag d. Monats ausgewählt. 4. (16 S. m. z. Tl. farb. Illustr.) Ebd. 892. Kart. n. 2. 50

— Jesus meine Zuversicht. Schriftworte u. Dichterstimmen, ausgewählt v. A. B. 4. (16 S. m. farb. Abbildgn.) Ebd. 890. Kart. m. Goldschn. n. 2. 50

— das Land des Friedens. Biblische Texte u. geistl. Lieder, f. jeden Tag d. Monats ausgewählt. 4. (32 S. m. z. Tl. farb. Illustr.) Ebd. 892. Geb. in Leinw. m. Goldschn. n. 6. —

— schimmernd Laub. (6 Bl. m. farb. Illustr. in Blattform.) Ebd. 889. n. — 75

— im Lichte der Verheißung. Schriftworte u. Dichterstimmen. 4. (16 S. m. z. Thl. farb. Illustr.) Ebd. 889. cart. n. 1. 75

— Massliebchen. (Ausgestanzt.) qu. 16. (11 S.) Ebd. 890. n. — 40

— meine Seele ist stille zu Gott. Schriftworte u. Dichterstimmen, ausgewählt. 4. (16 S. m. farb. Bildern.) Ebd. 891. Kart. m. Goldschn. n. 2. 50

— auf himmlischem Pfade. Schriftworte u. Dichterstimmen. 4. (16 S. m. z. Thl. farb. Illustr.) Ebd. 889. cart. n. 1. 75

Bender, Augusta, rein wie d. Lilien! An e. junge Mutter. kl. 4. (8 S. m. 2 farb. Bild.) Nürnberg 895. Th. Stroefer. 1. —

— Die Reiterkäthe. Roman. (Neue [Titel-] Ausg.) 8. (350 S.) Stuttgart (893) 897. Deutsche Verlags-Anstalt. n. 1. —; geb. n. 1. 25

— der Wandel im Licht. Biblische Texte u. geistl. Lieder f. jeden Tag des Monats, ausgewählt v. A. B. 4. (16 S. m. z. Tl. farb. Abbildgn.) Ebd. 893. Mit Goldschn. n. 2. 50

— der Weg des Heils. Biblische Texte u. geistl. Lieder, ausgewählt v. A. B. Illustr. v. G. Franz u. R. Dudley. gr. 4. (40 S. m. z. Tl. farb. Abbildgn.) Ebd. 893. Geb. in Leinw. m. Goldschn. n. 7. 50

Bender, Benjam. Ferdin. (*geb. Rosenberg in Oberschles. 1804*): De partium genitalium foeminearum deformitatibus atque morbis, qui sterilitatem efficiunt. Vratislaviae (1827). (32 S.) 8°

Breslau, Med. Diss. v. 10. Nov. 1827

Bender, C., s.a. Bender, Carl

Bender, C.: Ahasveros, s. Bender, C. Gr.

Bender, C., geschichtliche Darstellung der Leiden der Christenheit durch osmanische Glaubenswuth und Eroberungssucht von den frühesten bis auf die neuesten Zeiten. Nebst einem Anhange, enth.: Ausgewählte Stellen aus Dr. M. Luthers „Heerpredigt wider die Türken." gr. 8. Darmstadt 846, Leske. 1 1/2 ℛ

Bender, C., Fragmente eines Commentars üb. d. Lucubrationen d. Johann Witt (Johannes Wit). 1. Hft. 8. (8 1/2 B.) Darmstadt 828, (Heyer.)

—— verschiedene Methoden zur Berechnung der anziehenden Kraft gleichförmig mit Masse belegter Kreislinien und Kugelschaalen auf außerhalb und innerhalb gelegene Massenpunkte und einige Notizen über das Potential. gr. 4. (58 S. mit 1 Stnt. in qu. Fol.) Nördlingen 873, Beck'sche Buchh. *

——, Franz v. Sickingen vor Darmstadt. Histor. Drama mit ein. geschichtl. Anhange. gr. 12. (6 1/2 B.) Darmstadt 828, (Heyer.)

Bender, C. Gr., Ahasveros, oder der Jude, wie er war, ist u. sein wird. Eine histor.-kritische Beleuchtung des Judenthums und der Judenemancipation, mit specieller Beziehung auf das Religionsbuch des Dr. Auerbach, nebst Grundzügen e. Reform des Judenthums. 8. Darmstadt 840. Leske. 1 1/6 ℛ

Bender, Carl.
Die Bedeutung und Verwerthung der Atomenlehre in der Chemie. Vortrag. . . . Nördlingen, 1871. 8vo.

Bender, C., die Bedeutung u. Verwerthung der Atomenlehre in der Chemie. Vortrag. gr. 8. (37 S.) Nördlingen 872. Beck. n. 3. —

Bender, Carl: Beiträge zur Theorie der Kugelfunctionen. 1 Blatt und pg. 1 - 48. 8°. Mit einer Tafel. Nördlingen, C.H. Beck.
Progr. Speyer 1877/78.

Bender, C., Beiträge zur Theorie der Kugelfunctionen. gr. 8. (IV, 48 S. mit 2 Stnt.) Nördlingen 878, Beck'sche Buchh. *

Bender, Carl August Ferdinand Franz Otto, s. Bender, Otto

Bender, Carl L.: De intercessione tribunitia. Part. I. 19 S. Part. II. 21 S.
Progr. Königsberg A.G. 1842/50.

Bender, C. L., de intercessione tribunitia. Particula posterior. (Bericht über das Altstädt. Gymnasium zu Königsberg in Pr. von Ostern 1849 bis Ostern 1850.) gr. 4. (28 S.) Königsberg 850. (Samter.) n. 6 ℊ

Bender, Christoph Bernhard: Glecoma hederacea Linn. egregium in atrophia medicamentum. Diss. 32 S., gbd.

Erlangae: (Walther) 1787
(Adversaria argumenti physico-medici, Fasc. 6,25)

JB 1,808

Bender, Clara, Volontärassistentin an d. Kgl. Univ.-Kinderklinik: Aus d. Kgl. Universitäts-Kinderklinik zu Breslau. Über die Wirkung von aufrechter Körperhaltung und Muskeltätigkeit auf die zyklische Albuminurie. *Breslau 1904: Bresl. Genoss.-Buchdr.* (34 S.) 8°
Breslau, Med. Diss. v. 19. März 1904

Bender, Dietrich: Über den Sprachunterricht an unserer Schule. S. 21 - 28.
Progr. Weinheim 1867.

Bender, Dietrich: Untersuchungen zu Nemesius von Emesa. *Leipzig 1898: Grimme & Trömel.* (99 S.) 8°
Heidelberg, Phil. Diss. v. [5. Mai] 1898

Bender, E.: Der Betrieb des Zeichenunterrichts, s. Hasslinger, O.

Bender, E.: Elvira, d. Chinesenbraut od. durch Himmel u. Hölle in China, s. Bender, Edg.

Bender, E.: Intarsia, s. Bender, Elise

Bender, Ed., neue komische Vorträge und heitere Deklamationen von erprobter Wirkung. 1.—6. Bdchn. 12. (à Bdchn. 32 S.) Oberhausen (Styrum) 887, Spaarmann. à Bdchn. *

Bender, E., neue komische Vorträge u. heitere Deklamationen v. erprobter Wirkung. 6 Bdchn. 3. Aufl. 12. (à 32 S.) Styrum 890. Spaarmann. à n. — 20

Bender, Ed., neue kom. Vorträge u. heit. Deklamationen v. erprobter Wirkung. 9 Bdchn. 4. Aufl. 12. (à 32 S.) Styrum 895. A. Spaarmann. à n. — 20

Bender, Edg., Elvira, die Chinesenbraut od. durch Himmel u. Hölle in China. Die neuesten Zeitereignisse nach Berichten e. jungen Missionärs. (In 100 Hftn.) 1.—60. Hft. gr. 8. (S. 1—1442 m. je 1 Vollbild.) Dresden (900. 901). A. Wolf. à n. — 10

! Bender, E.: Elvira. Verl. jetzt: Radebeul

Bender, Elise, Intarsia. Verzierung kleiner kunstgewerbl. Gegenstände, als Servirtischchen u. Bretter, Schachtische, Schreibmappen, Federkästchen, Falzbeine, Briefpapierkassetten, Behälter f. Correspondenzkarten u. Briefmarken, Löscher, Blocks, Schmuckkästchen, Visitkartentäschchen, Bürstenplatten, Handschuhkasten, Thermometer, Schlüsselkasten, Wandschränkchen, Photographierahmen, Zeitungsmappen, Untersätze, Schrankfüllungen etc. Unter Mitwirkg. mehrerer Künstler hrsg. 18 Taf. Fol. Berlin 889. Claesen & Co. n. 12. 60

Bender, E[lise]. Intarsia. Verzierung kleiner kunstgewerbl. Gegenstände, als Servirtischchen u. Bretter, Schachtische, Schreibmappen, Federkästchen, etc. Unter Mitwirkg. mehrerer Künstler hrsg. 18 Taf. Fol. Berl. 889, [Claesen u. Co.] Hessling u. Spielmeyer. * 12 60

Bender E, Intarsia. Verzierung kunstgewerbl. Gegenstände. (18 T) fol Berlin (1890)

Bender, Elise, moderne Kunststickereien. Paravents, Portièren, Tisch-, Flügel- u. Chaiselonguedecken, Bezüge f. Prachtsopha's u. Prunksessel, Kissen, Hof- u. Gesellschaftsroben, Kirchenstickereien etc. auf Seide, Atlas u. Plüsch. (In 5 Lfgn.) 1. u. 2. Lfg. Imp.-Fol. (à 6 Lichtdr.-Taf. m. Text S. 1—4.) Berlin 890. Claesen & Co In Mappe. à n. 6. —

Bender, Elise, moderne Kunststickereien. Paravents, Portièren, Tisch-, Flügel- u. Chaiselonguedecken, Bezüge f. Prachtsophas u. Prunksessel, Kissen, Hof- u. Gesellschaftsroben, Kirchenstickereien etc. auf Seide, Atlas u. Plüsch. 3. u. 4. (Schluss-)Lfg. gr. Fol. (6 Lichtdr.-Taf. u. 6 Lichtdr.-Taf. m. 2 Bl. Text.) Berlin 891. 893. Hessling & Spielmeyer. In Mappe. à n. 6. —

Bender, Elise, Mod. Kunststickereien. Paravents, Portièren, Lambrequins, Tisch-, Flügel- u. Chaiselonguedecken, Bezüge f. Prachtsopha's u. Prunksessel, Kissen, Hof- u. Gesellschaftsroben, Stickereien f. Fächer, Schreibmappen u. A. 2. Aufl. 24 (Lichtdr.-) Taf. m. erläut. Text. gr. Fol. (6 S.) Berlin 898. B. Hessling. In Mappe n. 24. —

—— Original-Entwürfe f. geschnittene u. gepunzte altdeutsche Lederarbeiten. (In 5—6 Heften.) 1.—4. Heft. Fol. (à Heft 6 chromolith. Taf.) Lpz. 889,90, G. Fritzsche. à Lfg. * 2 50; * 10 —

— Original-Entwürfe f. geschnittene u. gepunzte altdeutsche Lederarbeiten, darstellend praktisch ausführbare Gebrauchs- u. Luxusgegenstände, zugleich unter Berücksichtg. der Holz- u Lederbrandtechnik, f. Kunstgewerbtreibende u. Dilettanten hrsg. 1.—4. Hft. Fol. (à 6 chromolith. Taf.) Leipzig 889. 890. G. Fritzsche. à n. 2. 50

— das Stickerei-Monogramm f. Ausführung in Gold-, Seiden- u. Weißstickerei. 30 Lfgn. gr. Fol. (à 5 Steintaf.) Leipzig 888—890. Hoffmann & Ohnstein à Lfg. n. 3. —

Bender, Emil, der Betrieb des Zeichenunterrichts, s.: Hasslinger, Otto.

Bender, (Emil): † Albert Kornhas. Worte der Erinnerung, an seinem Grabe gesprochen. *Freiburg i. B. 1898: Ch. Lehmann's Nachf.* (6—8 S.) 4°
Freiburg i. B., grossh. G, MP 1898 (630 [vielm. 636])

Bender, *Emil: Professor Hermann Schmitt, gestorben am 14. Dezember 1900.* 4 (S. 3—4 d. Schuln.).
Progr. Grossh. G. *Freiburg i. B.* 1900

Bender, Ernst [app. Arzt aus Darmstadt]: Beiträge zur Kenntnis der Tuberkulose der Brustdrüse. . . . (Aus: Beitr. z. klin. Chir. VIII. Bd. II. H.) Tübingen, Verl. d. H. Laupp'schen Buchh., 1891: 12 S. 8°
Heidelberg, Med. Fak., Inaug.-Diss. v. [5. Mai] 1891

Bender, Eug., üb. stehende Schwingungen e. Flüssigkeit, welche auf e. feste Kugel ausgebreitet ist. gr. 8. (27 S.) Kiel 885. Lipsius & Tischer. n. 1. —

Bender, Ewald, s: Kunstkammer, Die.

Bender, F.: Beiträge zur Kenntnis des antiken Völkerrechts, s. Bender, Franz

Bender, F. Die märchenhaften Bestandteile der homerischen Gedichte. 36 S. Progr. G. *Darmstadt* 1878.

Bender, F., über einige Derivate des Styrols, s.: Bernthsen, A.

[F.] Sammlung der in der Stadt Beuthen Ob.-Schl. gültigen Polizei-Verordnungen, Ortsstatute u. sonstigen polizeilichen Vorschriften. Im Auftr. d. Magistrats zsgest. u. hrsg. v. F. Bender, Polizei-Inspektor. *Beuthen O-S.: Th. Kirsch (1896).* (VII, 336 S.) 1 Bd 8. [97. 2:45

Sammlung der in der Stadt Beuthen O.-S. giltigen Polizei-Verordnungen, Ortsstatute und sonstigen polizeilichen Vorschriften. Im Auftr. d. Magistr. zsgest. von F. Bender, Polizei-Insp. 2. Bearb. *Beuthen O.-S.: Th. Kirsch 1904.* (X, 470 S.) 8° [F.] [04. 9:9 2

Bender, F.: Antikes Völkerrecht, s. Bender, Frz.

Bender, F. C., Verzeichniß v. gleichbedeut. Wörtern. 8. Münst. Platvoet. 780.

Bender, F. W. C., neues Uebungsbuch zum Uebersetzen aus dem Deutschen ins Französische; für Gymnasien u. a. Lehr- u. Bildungsanstalten bearb. gr. 8. Darmst. 831. Leske. 1 ß

[Bender, Ferdinand.] Fünf lebende Bilder vor … dem Könige und der Königin am 9ten September 1840 zur Vorfeyer der Huldigung von Preussens Ständen dargestellt im dazu errichteten Festsaale. Königsberg, bei H. L. Voigt [1840]. [Umschlagtit.]
5 Taf. in Lithogr.; 18 S. Text. 4°.
Zeichner: Ferd. Bender.
Titel des Textes: Preussens Vorzeit in lebenden Bildern . . . (Verfasser: Lengerke).

Bender, Ferd., klassische Bildermappe. Abbildungen künstler. Werke zur Erläuterg. wicht. Schulschriftsteller. Hrsg. unter Mitwirkg. v. Ed. Anthes u. Gust. Forbach. 1.—9. Hft. gr. 4. (à 5 Taf. in Lichtdr. m. Erläutergn. auf dem Umschlag u. 4 S. Text.) Darmstadt 890—893. Zedler & Vogel. à n. 1. 20

Bender, Ferd., klass. Bildermappe. Abbildgn. künstler. Werke z. Erläuterg. wicht. Schulschriftsteller. Nach d. Tode d. Begründers fortges. v. Ed Anthes u. Gust. Forbach. 10. Hft. gr. 4. (5 Taf. in Lichtdr. m. Erläutergn. a. d. Umschlag.) Darmstadt 895. Zedler & Vogel. (à) n. 1. 20

Bender, Ferd., Elisabeth, Prinzessin Carl v. Hessen u. bei Rhein, geb. Prinzessin v. Preußen. Ein Lebensbild. Mit 2 Porträts u. 4 Ansichten (in Lichtdr.). gr. 8. (192 S.) Darmstadt 886. Waitz. n. 5. —; geb. n. 6. —; Fürstenausg. geb. n. 9. —

Bender, Ferd., vier Festpredigten, s. Festpredigten.

Bender, Ferd., Geschichte der altgriechischen Litteratur, s. Geschichte der Weltlitteratur in Einzeldarstellungen.

—— Geschichte der griechischen Litteratur von ihren Anfängen bis auf die Zeit der Ptolemäer, s.a. Geschichte der Weltlitteratur in Einzeldarstellungen.

Bender, Ferd., Geschichte der griechischen Litteratur von ihren Anfängen bis auf die Zeit der Ptolemäer. gr. 8. (XII, 762 S.) Leipzig 886. Friedrich. n. 12. —; geb. n. 13. 50

Bender, Ferd., der christl. Glaube. 6 Predigten üb. d. apostol. Glaubensbekenntniß gehalt. gr. 8. (6 B.) Darmstadt 846, Diehl. *

Bender, Ferd., alttestamentliche Lebensbilder in Predigten. (1. Bdchn.) Stuttgart 857. Liesching u. Co. 8. (VIII, 360 S.) 25 ngr

— — 2. Bdchn. Die drei ersten Könige. — 3. Bdchn. Die Propheten Elias u. Elisa. Ebend. 858. 8. (4 Bl., 304; 4 Bl., 276 S.) Jedes Bdchn. 21 ngr

Bender, Ferd., Panthea. Ein morgenländ. Gedicht in drei Gesängen. gr. 16. (VIII, 100 S.) Heidelberg 877, C. Winter's Universitäts-Buchh. *

—— evangelische Predigten. 1. Abthl.: Predigten über die augsburg. Confession. 2. Abthl.: Predigten über Perikopen und freie Texte. 2 Lfgn. gr. 8. (V und S. 1—378.) Frankfurt a. M. 853—54, Brönner. *

—— ev. Predigten. 8. (378) Frankf. 54. Winter. n. 1. —

Bender, Ferd., Redlev. Eine poet. Erzählg. gr. 16. (62 S.) Heidelberg 874. C. Winter. n. 1. 25

Bender, Ferd., Trauung Ihrer Großherzogl. Hoh. der Prinzessin Anna von Hessen und bei Rhein mit Sr. Königl. Hoh. dem Großherzog Friedrich Franz von Mecklenburg-Schwerin den 12. Mai 1864 in der Hofkirche zu Darmstadt. gr. 8. (12 S.) Darmstadt 864, Würtz'sche Buchh. *

Bender, Ferd., die Waldenser, geschichtlich dargestellt. 2 Lfgn. gr. 8. (XII und 426 S. mit 1 lith. Karte in Imp.-4. und 1 lith. Portr.) Ulm 850, Adam. [1. Lfg. 15 Ngr., 2. 18 Ngr.]
Die erste Lieferung erschien bei Pabst in Darmstadt 1848.

—— wie lange trägst du Leid? Predigt am 20. Sonntag nach Trinit. 1857 in der Hofkirche zu Darmstadt gehalten. gr. 8. (22 S.) Frankfurt a. M. 858, Heyder und Zimmer. *

Bender's, Fr.: Aufgaben zum Uebersetzen aus dem Deutschen in's Franz. . . . , s. Bender, Friedr.

Bender, Franz: **Beiträge zur Kenntnis des antiken Völkerrechts (nach Polybios).** *Bonn 1901: C. Georgi.* (86 S.) 8°
Bonn, Phil. Diss. v. 5. Juni 1901

Bender, Franz: Die vom Perfektstamm gebildeten Formen des latein. Hilfsverbs esse in den lebenden französischen Mundarten. *Gießen 1903: v. Münchow.* (68 S.) 8°
Gießen, Phil. Diss. v. 1903

Bender, Frz: Illustr. Gesch. d. Stadt Köln. (7, 302 m. 1 Pl.) gr8° Köln, JP Bachem '12. 4 —: L 5 —

— u. Thdr Bützler: Kleine Gesch. v. Cöln u. Umgebg in Einzelbildern. Für d. Schulgebrauch hrsg. (160 m. Abb.) kl8° Ebd. '11. — 80 d

Bender, Franz, Dr.: José-Maria de Hérédia. (Mainz 1907: A. Wenglein.) (S. 3—10.) 4°
Mainz, HM u. Lehrerinnen-Sm OP 1907

Bender, Frz., Antikes Völkerrecht (vornehmlich im Zeitalter des Polybios). gr. 8. (86 S.) Bonn 901. C. Georgi. n. 1.50

Bender, Frz. Xav., kathol. Lehr- u. Gebetbuch. 8. Carlsr. Macklot. 804.

Bender, Fr. Xav., katholisches Lehr- u. Gebetbuch zur Beförd. d. wahren Andacht u. d. Aufklärung d. Volks. 2te Aufl. 8. Karlsruhe, Braun. 844.

Bender, Friedr., Aufgaben z. Uebersetzen a. d. Teutschen in's Franz., f. Gymnasien, Realschulen u. a. Lehranstalten, hrsg. v. K. Wagner u. Fr. Haas. 2., verb. u. verm. Ausg. 8. (16 B.) Darmstadt 838, (Pabst.)

Bender's, Frdr., Aufgaben zum Uebersetzen aus dem Deutschen ins Französische für Gymnasien, Realschulen u. andere Lehranstalten, hrsg. von K. Wagner u. Fr. Haas. 4, verm. u. verb. Aufl. Darmstadt 870. Schorkopf. gr. 8. (VI, 204 S.) n. 18 ngr.

Bender, Friedr., Lehrbuch d. Elementar-Geometrie, z. Gebr. f. Gymnasien u. sonst. Lehranstalten. 1. u. 2. Hft. gr. 8. Darmstadt, Jonghaus. à *
Hft. 1. Die ebene Elementar-Geometrie. (5 B. u. 30 Taf., worauf 230 Figuren.) 844.
„ 2. Die Stereometrie. (6 B. u. 141 eingedr. Figuren.) 846.

Bender, Friedrich, aus Bonn: Über ein Phenylketon des 1-Phenyl-3-Methyl-5-Chlorpyrazols sowie über ein Bipyrazol und dessen Derivate. *Rostock 1903: C. Hinstorff.* (36 S.) 8°
Rostock, Phil. Diss. v. [23. Mai] 1903

Bender, Friedrich Heinrich
Bender, Frid. Henr. (geb. Siegen 1818): De morbi scrophulosi therapia et pathologia. Berolini (1843). (27 S.) 8°
Berlin, Med. Diss. v. 23. Jan. 1843

Bender, Fritz: Beiträge zur Lehre von der Magenverdauung. *Erlangen 1898: F. Junge.* (16 S.) 8°
Erlangen, Med. Diss. v. [4. März] 1898

Bender, Fritz, über einige Derivate des Styrols, s. Bernthsen, A.

Bender, G., archivalische Beiträge zur Familiengeschichte des Nikolaus Coppernicus, s.: Mitteilungen des Coppernicus-Vereins für Wissenschaft u. Kunst zu Thorn.

Bender, G.: Die Buchführung im Bankgeschäft . . . , s. Bender, Gust.

Bender, G.: Leitende Prinzipien und Stufengang des Rechenunterrichts der höheren Töchterschulen. Düsseldorf. Schul-/Univ.-Schrift 1867.

Bender, G.: Die deut. Schreibung, s. Bender, Georg

Bender, G., De Graecae comoediae titulis duplicibus, s. Bender, Wilhelm

Bender, [Georg]: [Bericht über den Anschluß der Physikräume der Anstalt an das städtische Kabelnetz.] 8. 35—36. 4.
Progr. Wöhler-Realgymn. *Frankfurt a. M.* 1905

Bender, Georg: Der Handel. Geldverkehr. Buchhaltung. Briefwechsel. Warenverkehr und Versicherungswesen. Verdeutsch. d. entbehrl. Fremdwörter d. Handelssprache nebst vier Vorlag. f. deutsche Wechselvordrucke. 5. Aufl. Berlin 1916. 8° *[1. Aufl. 1889.]*

Bender, G[eorg]: Leitfaden für den Unterricht in der Mineralogie und Geologie. 32 S. 8. S. 33—62, 1 Bl. 8.
Progr. Städt. Realgymn. mit Vorschule *Gera* 1901 (zu 780). 1902

Bender, Georg: **Leitfaden für den Unterricht in der Mineralogie und Geologie.** T. 2. *(Gera 1902: Th. Hofmann.)* (S. 33—62.) 8° [Umschlagt.] ¶[Forts. d. P-Beil. 1901.]
Gera, st. RG m. VS, OP 1902 (796)

Die deutsche Schreibung. Von Dr. Georg **Bender**. *München: Staegmeyer 1901.* (23 S.) 8° [F.] [00. 6700

Bender, Gustav
Bender, Gust., Die Buchführung i. Bankgeschäft unt. bes. Berücksicht. d. Handelsgesetzgebg., nebst e. Anh. üb. d. amerikan. Buchführg. u. e. ausführl. Anleitg. z. Anfertigg. d. Kontokorrente. Unterweisg. z. Selbstunterr. 4., vollst. neubearb. Aufl. gr. 8. (XII, 192 S.) Berlin 897. C. Regenhardt. Geb. in Leinw. n. 3. —

Bender, Gust., die Buchführung im Bankgeschäft unter besond. Berücksicht. der Handelsgesetzgebung, nebst e. Anh. üb. die amerikan. Buchführg. u. e. ausführl. Anleitg. zur Anfertigg. der Kontokorrente. Unterweisung zum Selbstunterricht. 5. vollst. neubearb. Aufl. (XII, 192 S.) 8. Berlin-Schöneberg (910.) R. Jacobsthal & Co. Geb. in Leinw. 3. —

— D. einf. u. d. dopp. Buchführg. unt. bes. Berücksicht. d. Handelsgesetzgebg., nebst Anleitg. z. amerikan. Buchführg., sow. Anfertigg. d. Kontokorrente. Vollst. Unterweisg. z. Selbstunterr. 7., vielfach verb. Aufl. gr. 8. (VIII, 322 S.) Ebd. 897. Geb. in Leinw. n. 3. —

[F.] Die einfache und die doppelte Buchführung unt. bes. Berücks. d. Handelsgesetzgebg nebst Anleitg z. Amerikan. Buchführg sowie z. Anfertigg d. Kontokorrente. Vollständ. Unterweisg z. Selbstunterr. bearb. v. Gustav **Bender**. 8. vielf. verb. Aufl. . . . *Berlin: C. Regenhardt [1898].* (VIII, 322 S.) 1 Bd 8. [99. 1376

Bender, Gust., die einfache und doppelt-italienische Buchführung unter specieller Berücksichtigung des allgemeinen deutschen Handelsgesetzbuches, nebst Erläuterung der neuen deutschen metr. Maß- und Gewichtsordnung, sowie eine Anleitung zur Berechnung ausländ. Wechsel und Staatspapiere. Praktische Unterweisung zum Selbstunterricht. Zum Gebrauch für Jedermann. 2. Aufl. gr. 8. (IV, 280 S.) Berlin 872, Grieben. [Heilbronn, Gebr. Henninger.]

Bender, Gust., die einfache und doppelt-italienische Buchführung, unter specieller Berücksicht. des allgemeinen deutschen Handelsgesetzbuches, nebst einer Anleitung zur Anfertigung der Conto Corrente. Prakt. Anweisung zum Selbstunterricht. Zum Gebrauch für Jedermann. 3. vielfach verm. und verb. Aufl. 2 Thle. gr. 8. Heilbronn 879, Gebr. Henninger. *
Inhalt:
Thl. 1. Die Buchführung im Allgemeinen. Die einfache Buchführung. Die doppelte Buchführung. (VII, 252 S.) * ℳ 3,50.
„ 2. Die Buchführung im Bankgeschäft. Die Conto Corrente. (VII, 180 S.) * ℳ 2,50.

Bender, Gust., die einfache und doppelt-italienische Buchführung unter spezieller Berücksicht. des allgemeinen deutschen Handelsgesetzbuches. 2 Thle. 3. Aufl. gr. 8. Heilbronn 879. Berlin, Regenhardt.
geb. [* ℳ 6.—] à Thl. * ℳ 2.50. *

Bender, Gust., Chorgesangschule für die Hand der Schüler in Volksschulen, Mittel- u. höheren Töchterschulen, sowie für Gesangvereine, welche sich in kurzer Zeit ausübende Mitglieder heranbilden wollen. 8. (IV, 64 S.) Wolfenbüttel 881. Zwißler. n. — 80

Bender, Gust., practische Unterweisung für den Selbstunterricht in der einfachen u. doppelt-italien. Buchführung unter specieller Berücksichtigung des allgemeinen deutschen Handelsgesetzbuches nebst e. Erläuterung der am 1. Janr. 1872 in Kraft tretenden norddeutschen Maß- u. Gewichtsordnung 2c. zum Gebrauch für Jedermann. Berlin 870. Lowitsch. 8. (280 S.) n. 1 40

Bender, H.: Anthologie a. röm. Dichtern ..., s. Bender, Herm.

Bender, H.: Das Einmachen u. Trocknen v. Früchten ..., s. Bender, Hilda

Bender, H., Die örtlichen Inventurbehörden (Ortsgerichte) u. die öffentlichen Schätzer im Grossherzogt. Baden. Systematische Zusammenstellg. der einschläg. Vorschriften der Gesetze, Verordngn. u. Ministerialerlasse. (XII, 128 S.) 8. Karlsruhe, G. Braun'sche Hofbuchdr. 1909 Kart. 2. 20.

Bender, H.: Philosophie, Metaphysik u. Einzelforschung, s. Bender, Hedwig

Bender, H., Der jüngere Plinius nach seinen Briefen. Pr. 1878. 32 S. 6.—

Bender, der jüngere Plinius nach seinen Briefen. 4. (36 S.) Tübingen 873. Fues in Comm. n. 1. 20

Bender, H. Dan., Betracht v. Gottes Wesen u. Vollkommenh. 8. Frankf. Eßlinger. 754.

— d. Klarheit des Herrn hint. d. Decke Mose, od. Ausleg. d. 5. B. Mose. 4. Frankf. 711.

Bender, Hedw., Giordano Bruno, s.a. Sammlung gemeinverständlicher wissenschaftlicher Vorträge.

Bender H, Giordano Bruno. (Slg wiss. Vortr. N F 102) Hamburg 1890

Bender, Hedwig: George Eliot, s.a. Sammlung gemeinverständlicher wissenschaftlicher Vorträge.

— George Elliot. (52 S.) Hamburg 1893. Verl.-Anst. u. Druckerei. 1.

— Luise v. Francois, s.a. Sammlung gemeinverständlicher wissenschaftlicher Vorträge.

— Luise von François. (36 S.) Ebd. 1894. —.80

Bender H, Luise v François. (Slg w. Vortr. N F 208) Hamburg 1895

— die Frauenbewegung in Deutschland, s.a. Bibliothek der Frauenfrage.

Bender, H[edwig]: Die Frauenbewegung in Deutschland. Ihr gegenwärtiger Stand und ihre Bedeutung. — Weimar: Weimarer Verl.-Anst. 1891. 92 S. 8° (Bibliothek d. Frauenfrage. 3–7.)

— Die Frauenbewegung in Deutschland. Ihr gegenwärtiger Stand und ihre Bedeutung. (92 S.) Weimar 1892. Weimarer Verl.-Anst. 1.50

— Frauenwünsche u. Frauenbestrebungen, s.a. Zeit- u. Streitfragen, deutsche.

Bender, Hedwig: Frauenwünsche und Frauenbestrebungen. Ein Beitrag zur Beurtheilung der Frauenfrage. — Hamburg: Verlagsanst. u. Druckerei A.G. 1891. 55 S. 8° (Deutsche Zeit- u. Streitfragen. Begründet v. Franz v. Holtzendorff. N. F. VI, 91.)

— Märtyrer d. freien Denkens aus alter u. neuerer Zeit, s.a. Sammlung gemeinverständlicher wissenschaftlicher Vorträge.

Bender H, Märtyrer des freien Denkens aus alter und neuer Zeit. (Sammlung gemeinverständlicher wissenschaftl. Vorträge N F 132) Hamburg 1891

Bender, Hedwig, Philosophie, Metaphysik u. Einzelforschg. Untersuchgn. üb. d. Wesen d. Philosophie i. allgem. u. üb. d. Möglichkeit d. Metaphysik als Wissenschaft u. ihr Verhältnis z. naturwiss. Forschg. i. besonderen. gr. 8. (96 S.) Leipzig 897. H. Haacke. n. 1. 80

—— Ueber das Wesen der Sittlichkeit u. den natürlichen Entwickelungsproceß d. sittlichen Gedankens. Kritische Studie. gr. 8. (VII, 127 S.) Lpz. 891, Pfeffer. * 2 50

Bender, Heinrich: Bericht über die Verhältnisse und Leistungen der höheren Bürgerschule. 8 S.
Progr. Weinheim 1836.

Bender, Heinr., die örtlichen Inventurbehörden (Ortsgerichte) u. die öffentl. Schätzer im Großherzogt. Baden. Systematische Zusammenstellg. der einschläg. Vorschriften der Gesetze, Verordngn. u. Ministerialerlasse. (XII, 128 S.) 8. Karlsruhe 909. G. Braun'sche Hofbuchdr. Kart. 2. 20

Bender, Heinrich: Unsere Werkstätte. S. 19 - 34.
Progr. Weinheim 1846.

Bender, Herm., Anthologie aus römischen Dichtern m. Ausschluss v. Virgil u. Horaz. Zum Gebrauch im Gymnasial-Unterricht ausgewählt u. bearb. gr. 8. (VIII, 156 S.) Tübingen 884. Laupp. n. 1. 80

Bender, Herm., Anthologie aus römischen Dichtern m. Ausschluss v. Vergil u. Horaz. Zum Gebrauch im Gymnasial-Unterricht ausgewählt u. bearb. 2., verb. Aufl. gr. 8. (VIII, 188 S.) Tübingen 894. H. Laupp. n. 2. —

— über die Aussprache d. Lateinischen. Vortrag auf der Lehrer-Versammlg. d. Donaukreises 1883. [Aus: „Correspondenzbl für d. württ. Gelehrten- und Realschulen".] gr. 8. (11 S.) Tübingen 883. Fues. n. — 40

Bender, Herm., Buch d. Sprüche. (2. Aufl.) 8. (VII, 71 S.) Zürich 895. C. Schmidt. n. 1. 20

Bender, Herm., neue Dichtungen u. Sprüche. Verm. Aufl. 2.-Taus. (XII, 178 S.) kl. 8. Dresden 904. E. Pierson. n. 2. —; geb. n. 3. —

— Dornen u. Rosen a. d. Jugendzeit. Lieder u. Romanzen. 3. Aufl. [Aus: „B., rhein. Lieder".] 8. (28 u. 61 S.) Ebd. 896. Mit Goldschn. n. 1. 40

— Es ist nicht wahr! Blitzlichtbilder a. Ende uns. Jahrhunderts. N. d. Handschrift bericht. u. ergänzte Ausg. 1.—4. Taus. 8. (75 S.) Münster i. W. 897. Selbstverl. — 75

Bender, Herm., Geschichte des Gelehrtenschulwesens in Deutschland seit der Reformation, s.: Schmid, K. A., Geschichte der Erziehung. V. 1.

Bender, Herm., röm. Geschichte, 2. Aufl., s.: Koch, Jul.

Bender, Herm., römische Geschichte im Abriß, s.: Sammlung Göschen.

Bender, H., Grundriss der römischen Literaturgeschichte f. Gymnasien, s.: Encyklopädie der klassischen Alterthumskunde f. Gymnasien.

Bender, Herm., Niklas Güllich. Handlung m. Gesang u. Tanz in 5 Aufzügen. Musik v. A. Stierlin. 1. u. 2. [Umschlag-]Aufl. gr. 8. (à 51 S.) Münster i. W. (901). Selbstverlag. 1. —

— Gymnasialreden, nebst Beiträgen zur Geschichte d. Humanismus u. der Pädagogik. gr. 8. (VII, 275 S.) Tübingen 887. Laupp. n. 3 —

Bender, Herm., u. Geo. Baabe, Handbuch für Standesbeamte, enth. Vorschriften üb. die Beurkundg. d. Personenstandes u. die Eheschließg. Bearb. auf Grund des gesammelten officiellen Materials. 8. (VIII, 144 S.) Wiesbaden 884. (Bechtold & Co.) cart. 4. —

Bender, Herm., Handbuch f. Standesbeamte, enth. Vorschriften üb. die Beurkundg. d. Personenstandes u. die Eheschließg. Bearb. auf Grund d. gesammelten officiellen Materials. (2. Aufl.) gr. 8. (VIII, 167 S.) Wiesbaden 893. R. Bechtold & Co. Geb. in Leinw. n. 4. —

Bender, Herm., Handbuch f. Standesbeamte, enth. Vorschriften üb. die Beurkundg. des Personenstandes u. die Eheschließg. 3. Aufl., auf Grund des gesammelten amtl. Materials vollst. neu bearb. v. Carl Dillmann. gr. 8. (XVI, 210 S.) Wiesbaden (900). R. Bechtold & Co. n. 4. —; geb. in Leinw. n. 4. 50

Bender, Herm., Handbuch f. Standesbeamte, enth. Vorschriften üb. die Beurkundung des Personenstandes u. die Eheschließung. 4. Aufl., auf Grund des amtl. Materials neu bearb. v. Carl Dillmann. (XV, 268 S.) 8. Wiesbaden (907.) R. Bechtold & Co. Geb. in Leinw. 5. 50

Bender, Herm., Wilhelm v. Heldegg. E. Sang v. Oberrhein. 3. Aufl. [Aus: „B., rhein. Lieder".] 8. (78 S.) Zürich 896. C. Schmidt. Mit Goldschn. n. 1. 20

— Horaz, Homer u. Schiller im Gymnasium. 3 Gymnasialreden. gr. 8. (V, 94 S.) Tübingen 893. H. Laupp. n. 1. 80

Bender, H., s.: Korrespondenz-Blatt, neues, f. d. Gelehrten- u. Realschulen Württembergs.

Bender, H. Rheinische Lieder. 4. Aufl. In-8°. XVII, 220 S. Zürich, Cäsar Schmidt. brosch. 3 75
1896 gebd. 5 —

— Rhein. Lieder. (4. Afl.) 8° (220) Zür. 96. Münster i/W. (Sophienstr. 2), Selbstverl. 3 —; geb. in L. nn 4 — || 5. [Tit.-]Afl. 99. Postfrei 1.50

— rheinische Lieder. 6. verm. u. bericht. Aufl. 8. (VIII, 190 S.) Großenhain 902. Baumert & Ronge. n. 2. —; geb. n. 3. —

Bender, H., zur Lösung d. metaphysischen Problems. Kritische Untersuchgn. üb. die Berechtigg. u. den metaphys. Werth d. Transscendental-Idealismus u. der atomist. Theorie. gr. 8. (VIII, 176 S.) Berlin 886. Mittler & Sohn. n. 3. —

— Scheide-Grüße. Ernste u. heitere Dichtgn. 8. (IV, 108 S. m. Bildnis.) Ebd. 902. n. 1. 50

— Wahn u. Wirklichkeit. Streitschrift f. u. geg. d. Juden. 8° (22) Berl. 93. Schöneberg, E Hentzel. — 50

— Wanderung. 3. Aufl. Neue Klänge. [Aus: „B., rhein. Lieder".] 8. (45 u. 30 S.) Zürich 896. C. Schmidt. Mit Goldschn. n. 1. 20

Bender, Hermann Kritische und exegetische Bemerkungen zu Aristoteles' Politik. 30 S. Progr. G. *Hersfeld* 1876.

Neue Klänge. Von Hermann Bender. 1. Aufl. *Zürich: C. Schmidt 1896.* (30 S.) 8° [J.] [ua. 4.42 6

[J.] Der Königsstuhl zu Rhense. Die Kaiser-Glocke. Von Hermann Bender. 1.—5. Taus. *Münster: Selbstv.; (Dr. d. Aktien-Ges. „d. Westfale") [1897!].* (16 S.) 1 Bd 8. [98. 1496

Der neue Don Quixote, e. romant. Kateridee. Roman in Versen von Hermann Bender. Zürich: C. Schmidt 1895. (XI, 180 S.) 8° [J.] [97. 9755

Bender, Hermann. Rom und römisches Leben im Alterthum geschildert von Hermann Bender ... Mit zahlreichen Abbildungen nach Zeichnungen von A. Gnauth ... Riess ... A. Schill ... und Anderen ... Tübingen, Verlag der H. Laupp'schen Buchhandlung (1879—1880).
VIII S., 2 Bl., 599 S. m. 72 Holzschn.; 8 Taf. in Holzschn., 1 Plan in Lithogr. 8°.

Bender, Herm., Rom u. römisches Leben im Alterthum. Mit zahlreichen Abbildungen nach Zeichnungen von A. Gnauth, Riess u. A. Schill u. A. Holzschn. aus dem xylographischen Institut v. A. Closs in Stuttgart. Lex.-8. (XI, 599 S.) Tübingen 880. Laupp. n. 12. —

—— Rom u. römisches Leben im Altertum. 2. verm. u. verb. Aufl. (In 10 Lfgn.) 1. Lfg. Lex.-8. (64 S. m. Bildern.) Tübingen 892, Laupp. * 1 —

— Rom u. röm. Leben i. Altertum. 2., verb. u. d. zahlr. Abb. verm. Aufl. Neue bill. [Titel-]Ausg. Lex.-8. (XI, 594 S. m. 11 Taf.) Tübingen (893) 898. H. Laupp. n. 5. —; geb. n. 7. —; auch i. 10 Lfgn. à n. — 50

— Toggenburger. Ein Lied aus dem 13. Jahrh. 12. (177 S.) Coblenz (900). W. Groos. n. 2. —

Bender, Hermann. Toggenburger. Ein Lied aus dem dreizehnten Jahrhundert. [Mit Vignetten.] 177 S. 8. Coblenz, W. Groos, [1901]. (M. 2. —)

Bender, Hilda, das Einmachen u. Trocknen von Früchten u. Gemüsen, die Bereitg. v. Fruchtsäften, Marmeladen, Gelées u. Liqueuren. Praktische Anleitg. in 177 vorzügl. Recepten. 8. (III, 59 S.) Würzburg 891. Stahel. n. — 50

Bender, J.: Beiträge zur Geschichte des preussischen Geld- und Münzwesens, s. Bender, Joseph

Bender, J., Česká fonografie dle soustavy Faulmannovy. 8. (14 autogr. S.) Breslavi 886. (Wien, Bormann und Altmann.) *

Bender: De primariis optimatium Karthaginiensium gentibus. 20 S. Progr. Braunsberg 1850.

Bender, J.: Der letzte Medix, s. Bender, Johannes

Bender, J.: Der Ulmer Waffenstillstand, s. Bender, Johann

Bender, J.M.
— Handbuch zum Gebrauch d. Friedensrichter u. beigeordneter, als Polizeicommissare u. andere Agenten. gr. 8. Köln 818. Rommerskirchen. 18 gr

Bender, J. M., Handbuch d. polizeil. Rechtspflege. 8. Köln 180.. 2r Th. 823. Bachem. 1 Rthlr

Bender, J. P., de conviviis Hebraeorum eucharisticis. I—II. Brem. 1704. 4.

Bender, Jh. Ph.: Materialien z. katechet. Unterricht ..., s.a. Benders, J. Ph.

Bender, Jh. Ph., Materialien z. katechet. Unterricht üb. d. ganze Glaubens- u. Sittenlehre. 2 Bde. 8. Frankf. 812. Andreä. 1 Rthlr 12 gr 3r Bd. Materialien z. katechet. Unterricht üb. den kl. Katechismus Lutheri rc. gr. 8. Ebd. 815. 1 Rthlr 4 gr

— Methodenlehre f. Lehrer in Volksschulen. 8. Frankf. 810. Andreä. 10 gr

— Predigten. gr. 8. Frankf. 812. Andreä. 1 Rthlr 8 gr

— Samml. v. Fest- u. Kasual-Predigten. 8. Frankf. 805. Gebhard u. K. 1 Rthlr 4 gr

— Samml. v. Fest- u. Gelegenheitspredigten. 8. Frkf. a. M. 812.

Bender, Jo. Lud.: Conclusionum decisivarum practicarum de revisione actorum et sententiarum in augustissimo Imperialis Camerae Judicio pronuntiatarum. Liber singularis. Ed. nov. Coloniae Agripp. 1700.

Bender, J[ohann]: Der Ulmer Waffenstillstand. ⟨1647.⟩ *Neuß 1903: R. Noack.* (50 S.) 8° [J.]
Neuß, k. G, P 1903 (530)

Bender, (Johann) Georg (geb. Offenbach a. M. 5. 12. 1856): Ueber die Einwirkung des Chlorkohlensäureäthyläthers auf Phenole. Ueber das Phenylendiurethan und das Phenylendicyanat. Berlin 1880. (34 S.) 8°
Berlin, Phil. Diss. v. 31. Juli 1880

Bender, Johann Heinrich

BENDER, J. Heinr.: Erört. d. Frage: Wie weit d. Einrede, Valuta nicht empfangen zu haben, im deutschen Wechselprocesse nicht zuläss. sei. *Giessen*, Heyer, Vater. 821. 4. (5 Gr.)

Bender, Johann Heinrich (Frankfurt/M.)
Grundriß der deutschen Staats- und Rechts-Geschichte.
Giessen: Heyer 1819. 96 S.
Habil. 1819. vorh. 45

BENDER, J. H.: Grundriss der deutschen Staats- u. Rechtsgeschichte, z. Behufe f. Vorlesungen. *Giessen*, Heyer, Vater. 829. 8. (8 Gr.)

BENDER, Joh. Heinr.: Grundsätze d. deutschen Handlungs-Rechts, nach d. besten Hülfsmitteln u. vorzügl. Gesetzen älterer u. neuerer Zeit ausführl. bearb. 2 Bde. *Darmstadt*, Heyer. 804. 28. 8. (5 Thl. 12 Gr.)

BENDER, J. Heinr.: Grundsätze d. deutschen Handlungs-Rechts, nach d. besten Hülfsmitteln u. vorzügl. Gesetzen ält. u. neuerer Zeit ausführl. bearb. *Darmstadt*, Heyer. 824. 28. 2 Bde. 8. (5 Thl. 12 Gr.)

Bender, Joh. Heinr., Grundsätze d. deutschen Handlungs-Rechts, nach d. best. Hülfsmitteln u. vorzügl. Gesetzen ält. u. neuerer Zeit ausführl. bearb. 2. Bd. — A. u. d. T.: Grundsätze d. deutsch. Wechselrechts, mit steter Berücksicht. d. Gesetzgebung u. Wissenschaft d. Auslandes. Für Juristen u. Kaufleute. 2 Abthln. 8. (78 B. u. 6 B. Tab.) Darmstadt 828, Heyer.
1. Bd. Grundsätze des engeren Handlungs-Rechts. Ebendas. 1824. 1 Thlr. 16 Gr.

— Grundsätze d. deutschen Handlungs-Rechts. In 2 Bden. 1r Bd. A. u. d. T.: Grundsätze d. engeren Handlungsrechts, ohne Rücksicht auf d. Wechselrecht, ꝛc. 8. Darmst. 824. Heyer. 1 Thlr 16 gr 2r Bd. A. u. d. T.: Grundsätze des deutschen Wechselrechts ꝛc. 2 Abthll. 8. Darmst. 829. Heyer. 3 Thlr 20 gr

Bender, Joh. Heinr., Handbuch der Frankfurter Privatrechts. gr. 8. (XVI u. 931 S.) Frankfurt a. M. 848, J. Baer. n. 3⅔ Thlr

Bender, Joh. Heinr., Handbuch des Frankfurter Civilprozesses. Frankfurt a. M. 854. J. Baer in Comm. (Lex.-8.) (VI, 270 S.) n. 2 Thlr 8½ ngr

— Lehrbuch des Privatrechts der freien Stadt Frankfurt. gr. 8. Frankfurt a. M. 835. Sauerländer. 1⅔ Thlr 2r Thl. A. u. d. T.: Lehrbuch des Civilprocesses d. freien Stadt Frankf. gr. 8. Ebd. 837. 2 Thlr (1r u. 2r Thl. 3⅔ Thlr)

— die Lotterie; e. jurist. Abhandlung. (Beilagenheft zum 15n Bde des Archivs f. civilist. Praxis.) gr. 8. Heidelb. 832. Mohr. 1 Thlr 4 gr

Bender, Jh. Hnr., das Lotterierecht. 2. verb. Aufl. gr. 8. Gießen 841, Heyer, Vater. 1 Thlr

— s. a. Sammlung Frankfurter Verordnungen.

Bender, Joh. Heinr.: Sammlung Frankfurter Verordnungen aus den Jahren 1806 bis 1816.
Frankfurt a. M. 1833.

Bender, Samlg. d. Frankfurter Verordngn. v. 1806—16. Frkft. 833.

Bender, Joh. Heinr.: Triga observationum medicarum, s. a. Hilchen, Ludw. Heinr. Leo [Praes.]

Bender, J. H., praes. Hilchen, Triga observationum medicarum. Giss. 4°. (ira.) 1748

— s. Verfahren, über d. mündl. u. öffentl.

BENDER, J. Heinr.: Die Verhandll. d. gesetzgeb. Versamml. d. fr. Stadt Frankfurt in d. J. 1816—31. Nach d. Originalacten dargestellt. *Frankf.*, Krug. 834. gr. 4. (3 Thl. 16 Gr.)

— der Verkehr mit Staatspapieren im In- u. Auslande. (Als Beilageheft zum Archiv f. civil. Praxis, 8r Bd.) gr. 8. Heidelb. 825. Mohr. 18 gr 2e A. gr. 8. Götting. 830. Vandenhöck u. R. 3 Thlr

— Frankfurter Verordnungen, s. Sammlung Frankfurt. Verordnungen.

— s. Zeitung jurist.

Bender, Joh. Heinr.: Ueber die Zulässigkeit der Einrede des nicht gezahlten Wechsel-Betrages (Exceptio non numeratae valutae) im deutschen Wechsel-Processe. (Progr.)
Gießen 1821.

— über d. Zulässigkeit d. Einrede d. nicht ganz gezahlten Wechsel-Betrags (Exceptio non numeratae valutae) im deutsch. Wechselprocesse. 4. Gießen 821, Heyer.

BENDER, J. Heinr.: Der frühere u. jetz. Zustand d. Israeliten zu Frankfurt a. M. Nebst Verbesserungsvorschlägen. *Frankf.*, Krug. 833. gr. 8. (18 Gr.)

Bender, Johannes

Bender, Johs., Gedichtsammlung. 1. u. 2. Bdchn. 8. Leipzig-Gohlis 908. B. Volger. à 1. —
1. Balladen. (28 S.) — 2. Hochzeitsgabe. (25 S.)

— Isola di Garda. Ein dramat. Sang in 8 Akten. (74 S.) 8. Bonn 907. C. Georgi. 1. 20

Der letzte Medix. Ein Trauerspiel von Johannes Bender. Bonn: C. Georgi 1904. (67 S.) 8° [F.] [05. 13751

Perlen deutscher Dichtkunst. Für Volk u. Schule ausgelesen u. gewürdigt von Johannes Bender. Münster i. W.: Aschendorff 1905. (260 S.) 8° [F.]
— Sammlung, Aschendorffs, auserlesener Werke d. Lit. [46.] [06. 170]

Die Rose von Capri. Ein Singspiel in 3 Akten von Johannes Bender. Bonn: C. Georgi 1906. (40 S.) 8° [07. 629 B

Jan v. Werth, der Reitergeneral. Eine Volkstragödie von Johannes Bender. Bonn: C. Georgi 1905. (83 S.) 8° [F.] [06. 8769

Bender, Joseph

Bender: Wissenschaftliche Abhandlung über Ursprung und Heimat der Franken. 28 S.
Progr. Braunsberg 1857.

Bender, Jos., Beiträge zur Geschichte des preußischen Geld- u. Münzwesens. gr. 8. (86 S.) Braunsberg 878. Huye. n. 2. —

— de veterum Prutenorum diis. Dissert. histor. critica. Braunsberg 865. Huye. gr. 8. (28 S.) n. 4 ngr

—— Geschichte der philosophischen und theologischen Studien in Ermland. Festschrift des königl. Lyceum Hosianum zu Braunsberg zu seiner 50jähr. Jubelfeier. hoch 4. (178 S. mit 1 Stnt.) Braunsberg 868, (Peter's Verlag.) [Martens.]

Bender, Iosephus (geb. am 30 Juli 1815 in Meschede Westf.): Theses controversae quas una cum dissertatione De morum disciplinae apud Hesiodum initiis ... defendet. Bonnae, typ. C. Georgii 1840. 2 Bl. 8.
Bonn, Phil. Fak., Thes. v. 15 Aug. 1840

Bender, Iosephus (geb. am 30 Juli 1815 in Meschede Westf.): Morum doctrinae apud Hesiodum initia ... Bonnae, typ. C. Georgii 1840. 2 Bl., 37 S., 1 Bl. 8.
Bonn, Phil. Fak., Diss. v. [15 Aug.] 1840

Bender, Jos., zum 2. Juli 1884. Geschichtliche Erinnergn. aus Braunsbergs Vergangenheit. gr. 8. (58 S.) Braunsberg 884. Huye. n. 1. 80

Bender, Jos., de jure et ratione dominationis pontificum Romanorum in terram gentemque veterum Prutenorum commentatio. gr. 4. (11 S.) Braunsberg 890. Huye. n. — 60

Bender, Jos., Lehrbuch der Geographie für Gymnasien und ähnliche Lehranstalten. Soest 853. Nasse. gr. 8. (IX, 272 S.) 21 ngr

Bender: Über die Methode des geographischen Unterrichts. 24 S. Progr. Braunsberg 1848.

Bender, Jos., Notationes criticae ad Eusebii chronologiam. 4. (18 S.) Braunschweig 881, Huye's Buchh.

Bender, Jos., die deutschen Ortsnamen in geogr., histor., besond. in sprachl. Hinsicht, mit stäter Berücksichtigung der fremden Ortsbenennungen. gr. 8. Siegen 846, Friedrich. ¾ Thlr

—— die deutschen Ortsnamen, in geographischer, historischer, besonders in sprachlicher Hinsicht, mit stäter Berücksichtigung der fremden Ortsbenennungen. 2. (Titel-)Ausg. gr. 8. (VIII und 144 S.) Wiesbaden 855, Friedrich's Vrlgsh.

—— d. deut. Ortsnamen. 2. Asg. 8. (144) Wiesb. 55. (Lpzg, Herbig.) — 22½

Bender, Jos., Preußen und Deutsche. Festrede zur Feier des Geburtstages Sr. Maj. unseres Kaisers und Königs Wilhelm, gehalten im königl. Lyceum Hosianum zu Braunsberg, am 22. März 1871. gr. 8. (17 S.) Braunsberg 872, (Martens.) *

Bender, Jos., Ermland's politische u. nationale Stellung innerhalb Preußen's an den Hauptmomenten seiner früheren Geschichte u. Verfassg. Festschrift zur ermländ. Säcularfeier 1872. gr. 8. (VI, 132 S.) Braunsberg 872. Martens. n. 3. —

Bender, Jaf, Über Ursprung und Heimath der Franken. Braunsberg 1857. gr. 4.
Progr. Gymn. Braunsberg. . . . . (D.)

— über Ursprung und Heimath der Franken. Braunsberg 857. Beyer in Comm. (Königsberg, Theile.) 4. (1 Bl., 28 S.) 7½ ngr

Bender, Jos., über Ursprung und Heimath der Franken. gr. 4. (28 S.) Braunsberg 857, (Peter.)

Bender, Jos., topographisch-historische Wanderungen durch das Passargegebiet. Ein Beitrag zur Kolonisationsgeschichte Preußens. gr. 8. (82 S.) Braunsberg 887, Huye's Buchh. *
Aus: Zeitschrift für Geschichte und Alterthumskunde Ermlands, besonders abgedruckt.

Bender, Jul., Examinatorium des deutschen Handels- u. Wechselrechts. 8. (VIII, 82 S.) Kassel 881. Wigand. n. 2. —

Bender, Jul., Examinatorium d. deutschen Handels- u. Wechselrechts. 2. (Titel-) Aufl. 8. (IV, 82 S.) Kassel 891. Leipzig, G. H. Wigand. n. 2. —

Bender, Jul., Geschichte d. römischen Privatrechts. Pandekten. Repetitorium u. Examinatorium. 6. Aufl. 8. (IV, 72; VIII, 172 u. 68 S.) Kassel 884. Wigand. n. 4. —

— Geschichte d. römischen Privatrechts. Pandekten. Repetitorium u. Examinatorium. 7. Aufl. 8. (III, 172 u. 68 S.) Ebd. 892. n. 4. —

Bender, Jul., Geschichte des römischen Privatrechts. Pandekten. Repetitorium u. Examinatorium. 8. Aufl. 8. (IX, 354 S.) Leipzig 900. G. H. Wigand. n. 4. —; geb. n. 4.60

! Bender, J: Gesch. d. röm. Privatrechts. Jetzt: Berl., R Trenkel.

Bender, Jul., bürgerl. Gesetzbuch. Repetitorium u. Examinatorium. I. Hft. Einleitg. — Allgem. Tl. 8. (VIII, 111 S.) Leipzig 897. G. H. Wigand. n. 2. —; geb. n. 2.60

— Bürgerliches Gesetzbuch. Repetitorium u. Examinatorium. 2.—5. Hft. 8. Ebd. n. 12.50; Einbde. à n. — 60 (2 Bde. kplt.: n. 14.50; geb. n. 16.50
2. Recht der Schuldverhältnisse. (VIII, 252 u. 90 S.) 900. n. 4.50
3. Sachenrecht. (VII, 193 S.) 899.) n. 2.50
4. Familienrecht. (VII, 250 S.) 899. n. 3. —
5. Erbrecht. (VII, 193 S.) 900. n. 2.50

Bender, d. B.G.B. Repetitorium u. Examinatorium. 5 Hefte. Leipzig 899—900.
1. Allgem. Theil.
2. Recht d. Schuldverhältnisse.
3. Sachenrecht.
4. Familienrecht.
5. Erbrecht.

! — Bürgerliches Gesetzbuch.
Jetzt: Berlin: Verlag v. R. Trenkel.

Bender, Jul., die Grundzüge d. Verfassungs-Rechts d. deutschen Reichs. Zum Selbststudium u. als Grundzüge f. Vorlesgn. systematisch dargestellt. gr. 8. (48 S.) Kassel 873. Wigand. n. 1. —

— deutsches Handels- u. Wechselrecht. Repetitorium u. Examinatorium des vom 1. I. 1900 ab geltenden Rechtes. 3. Aufl. 8. (V, 261 u. 68 S.) Ebd. 900. n. 4. —; geb. n 4.60

— deutsches Handels- u. Wechselrecht,
Jetzt: Berlin: Verlag von R. Trenkel.

Bender, Jul., das uneheliche Kind u. seine Eltern in ihren rechtlichen Beziehungen zu einander. Eine kurzgef. systemat. Darstellg. der gesetzl. Bestimmgn. in den einzelnen Rechtsgebieten Deutschlands, in Oesterreich, Frankreich, Belgien u. Holland. 8. (38 S.) Cassel 887. Wigand. — 75

—— das Militär-Strafgesetzbuch für das deutsche Reich und das Gesetz über die Einführung desselben, erläut. unter Benutzung der amtl. Motive. Zum Handgebrauch für Offiziere und Militärbeamte. gr. 8. (IV, 124 S.) Cassel und Göttingen 872, Wigand. *

— deutsches Privatrecht. Repetitorium u. Examinatorium. 6. Aufl. 8. (VII, 160 S.) Ebend. 884. n. 2.40

— deutsches Privatrecht. Repetitorium u. Examinatorium. 7., verb. Aufl. 8. (VIII, 198 S.) Ebd. 890. n. 4. —

— deutsches Privatrecht. Repetitorium u. Examinatorium. 8., verb. Aufl. 8. (X, 243 S.) Ebd. 895. n. 4. —

Bender, J: Deut. Privatrecht. Repetitorium u. Examinatorium. 9. Afl. (208) 8° Lpzg '02. Berl., R Trenkel. 4 —

Bender, J., Deutsches Privatrecht. Repetitorium u. Examinatorium. 9. verb. Aufl. (VIII, 208 S.) 8. Leipzig, G. H. Wigand. 1902 4. —

— deutsches Privatrecht.
Jetzt: Berlin: Verlag von R. Trenkel.

Bender, Jul., das Rechtsbuch des Bürgers und Landmanns. Ein prakt. Rathgeber im gerichtl. Verfahren nach den Reichs-Justizgesetzen. (In 3 Lfgn.) 1. Lfg. 8. (VI, 85 S.) Kassel 879, Wigand. *

—— das Rechtsbuch des Bürgers und Landmanns. Ein prakt. Rathgeber im gerichtl. Verfahren nach den Reichs-Justizgesetzen. 2. und 3. (Schluß-)Lfg. 8. (VIII, S. 87—276.) Ebendas. 880. à Lfg. * ℳ 1. *
1. Lfg. Ebendas. 1879. * ℳ 1.

— das Rechtsbuch des Bürgers u. Landmanns. Ein prakt. Rathgeber im gerichtlichen Verfahren nach den Reichs-Justizgesetzen. Uebersichtliche u. gemeinverständliche Darstellung der Verfassung u. Zuständigkeit der Gerichte; der Prozeßführung vor dem Amtsgericht, nebst dem schiedsrichterl. u. Sühneverfahren; der gesetzlichen Schutzmittel des strafrechtlich Verfolgten u. der für den Reichs-Angehörigen durch die Reichs-Justizgesetze begründeten öffentlichen Rechte u. Pflichten, nebst einem vollständigen u. leicht orientir. Sachregister. 2. Abdr. 8. (VIII, 276 S.) Ebend. 880. geb. n. 3 —

— Rechtsbuch d. deutschen Staatsbürgers. 4. Aufl. 8. (VIII, 276 S.) Ebd. 887. n. 2. —

Bender, Jul., ausgewählte Rechtsfälle zur praktischen Ausführung für Studirende und Prüfungs-Candidaten. Göttingen 863. Wigand. 8. (IV, 156 S.) n. 20 ngr.

—— römische Rechtsgeschichte und Pandekten. Repetitorium und Examinatorium. 6. Aufl. 8. (VIII, 230 S.) Ebendas. 886. *

— Reichs-Civilproceß- u. Konkurs-Ordnung m. den einschlagenden Bestimmungen d. Gerichts-Verfassungsgesetzes, in Anlehnung an das System d. gemeinrechtl. Prozesses. Repetitorium u. Examinatorium. 6. Aufl. 8. (VIII, 206 S.) Ebend. 886. n. 3. —

— Reichs-Civilprozess- u. Konkurs-Ordnung m. den einschlagenden Bestimmungen des Gerichts-Verfassungsgesetzes in Anlehnung an das System des gemeinrechtlichen Prozesses. Repetitorium u. Examinatorium. 7., verm. Aufl. 8. (VIII, 233 S.) Ebd. 894. n. 3. —

— Reichs-Civilprozess- u. Konkurs-Ordnung m. den einschlägigen Bestimmungen des Gerichtsverfassungsgesetzes unter Zugrundelegung des vom 1. I. 1900 ab geltenden Rechtes. Repetitorium u. Examinatorium. 8. verb. Aufl. 8. (IX, 340 S.) Ebd. 900. n. 4. —; geb. n. 4.60

– Reichs-Civilprozess- u. Konkurs-Ordnung,
Jetzt: Berlin: Verlag von R. Trenkel.

— alphabetisches Repertorium der Reichs-Justizgesetze, der dazu erlassenen königl. preuß. Ausführungs-, Uebergangs- u. Ergänzungsgesetze, sowie der allgemeinen Verfügungen des königl. preuß. Justizministers. gr. 8. (VII, 243 S.) Hersfeld 880. Hoehl. n. 5. —

— Repetitorium u. Examinatorium d. gesammten gemeinen Rechts für Studirende u. Prüfungskandidaten. 8 Tle. in 2 Bdn. 6. Aufl. 8. (VII, 72; VIII, 172, 58; VII, 109; VI, 109; VIII, 178; VII, 160 u. VIII, 206 S.) Ebend. 880. n. 15. —

Bender, Repetit. und Examinat. des Staats-, Völker- u. Kirchenrechts. 7. Aufl. Kassel 889.

— Repetitorium der Pandecten für Studirende u. Prüfungs-Candidaten. 5. sehr verm. u. verb. Aufl. 8. (III, 147 S.) Ebend. 878. n. 2. —

—— Repetitorium des gesammten gemeinen Rechts im Auszuge enthaltend: Geschichte des röm. Privatrechts, Pandekten, deutsches Privatrecht ꝛc. für Studirende und Prüfungs-Candidaten. 8. (XIV und 466 S.) Göttingen 860, Wigand. *

—— Repetitorium des gesammten gemeinen Rechts im Auszuge enth.: Geschichte des röm. Privatrechts, Pandekten, deutsches Privatrecht ꝛc. für Studirende und Prüfungs-Candidaten. 2. Aufl. 8. (XIV und 466 S.) Göttingen 864. Wigand. *

Bender, Jul., Repetitorium des gesammten gemeinen Rechts im Auszuge enthltd.: Geschichte des röm. Privatrechts, Pandekten, deutsches Privatrecht ꝛc. für Studirende u. Prüfungs-Candidaten. 3. verm. u. verb. Aufl. Göttingen 869. Wigand. 8. (XX, 463 S.) n. 2 ℳ

— Repetitorium d. gesammten gemeinen Rechts im Auszuge enth.: Geschichte d. röm. Privatrechts, Pandekten, gemeiner deutscher Civilproceß, deutsches Privatrecht, Strafrecht, Criminalproceß, Kirchenrecht, Verfassungsrecht d. deutschen Reiches f. Studirende u. Prüfungs-Candidaten. 4. verm. u. verb. Aufl. gr. 8. (XV, 442 S.) Ebend. 874. n. 7. —

Bender, Jul.: Repetitorium des gesammten gemeinen Rechts im Auszuge enth.: Geschichte des römischen Privatrechts, Pandecten, Gemeiner deutscher Civilprozeß, Deutsches Privatrecht, Strafrecht, Criminalprozeß, Kirchenrecht, Verfassungsrecht des Deutschen Reiches für Studirende u. Prüfungs-Candidaten. 4. Aufl. Cassel u. Göttingen: 1875.

— Repetitorium d. gesammten gemeinen Rechts für Studirende u. Prüfungs-Candidaten. 1. u. 2. Bd. 5. verm. u. verb. Aufl. 8. Ebend. 878. à n. 5. —

1. Pandecten. Geschichte des römischen Privatrechts. Allgemeines u. deutsches Staatsrecht. Völkerrecht. Kirchenrecht. (VIII, 309 S.)
2. Reichs-Civilproceßordnung. Reichs-Konkursordnung. Strafrecht. Strafproceß. Deutsches Privatrecht. (X, 300 S.)

— Repetitorium der Reichsgesetzgebung unter besond. Berücksicht. der kleineren Reichsgesetze f. Prüfungskandidaten der Justiz u. Verwaltung. 8. (IV, 142 S.) Ebd. 889. n. 2. 40

— Repetitorium der Reichs-Civilproceß- u. Konkurs-Ordnung mit den einschlagenden Bestimmungen des Gerichts-Verfassungsgesetzes, in Anlehnung an das System des gemeinrechtlichen Processes für Studirende u. Prüfungs-Candidaten. 8. (VIII, 183 S.) Ebend. 878. n. 2. —

Bender, Jul., Repetitorium des gemeinen deutschen Civilprocesses für Studirende und Prüfungs-Candidaten bearb. 8. (VIII und 103 S.) Göttingen 859, Wigand. *

—— Repetitorium des gemeinen deutschen Civilprocesses für Studirende und Prüfungs-Candidaten. 4. Aufl. 8. (59 S.) Cassel 874, Wigand. *

Aus: Repetitorium des gesammten gemeinen Rechts, besonders abgedruckt.

Bender, Jul., Repetitorium des gemeinen deutschen Civilprocesses für Studirende u. Prüfungs-Candidaten bearb. 5. Aufl. 8. (VII, 59 S.) Kassel 878. Wigand. n. 2. —

— Repetitorium des gemeinen deutschen Civilprocesses, f. Studierende u. Prüfungs-Candidaten bearb. 6. Aufl. 8. (VII, 72 S.) Ebd. 893. n. 2. —

!– Repetitorium d. Civilprozesses. 1893.
Jetzt: Berlin: R. Trenkel.

Bender, Jul., allgemeines Staatsrecht. Deutsches u. preuß. Staats- u. Verwaltungsrecht. Kirchenrecht u. Völkerrecht. Repetitorium für Studierende u. Referendare. 9. Aufl. Vollständig neu bearb v. M. Gebhardt. 2 Bde. (XV, 523 u. VII, 488 S.) 8. Berlin 904. R. Trenkel. Geb. in Leinw. n. 9. —

—— Staats-, Völker- und Kirchenrecht. Repetitorium und Examinatorium. 6. Aufl. 8. (VIII, 178 S.) Kassel 883, Wigand. *

— Staats-, Völker- u. Kirchenrecht. Repetitorium u. Examinatorium. 7., verb. Aufl. 8. (VIII, 228 S.) Ebd. 889. n. 4. —

— J. Weissenbuch u. Max Theobald, Staats-, Völker- u. Kirchenrecht. Repetitorium u. Examinatorium. 8., verb. Aufl. 8. (VIII, 265 S.) Ebd. 896. n. 4. —

— deutscher Strafprozeß. Repetitorium u. Examinatorium. 6. Aufl. 8. (VI, 109 S.) Ebend. 883. n. 2. 40

— deutscher Strafprozeß. Repetitorium u. Examinatorium. 7., vollständig neu bearb. Aufl. 8. (VIII, 127 S.) Ebd. 892. n. 2. 40

!– Deutsch. Strafprozeß. 1892.
Jetzt: Berlin: R. Trenkel.

Bender, Jul., deutsches Strafrecht. Repetitorium u. Examinatorium. 6. Aufl. 8. (VII, 109 S.) Kassel 883. Wigand. n. 2. 40

— deutsches Strafrecht. Repetitorium u. Examinatorium. 7., vollständig neu bearb. Aufl. 8. (VIII, 140 S.) Ebd. 893. n. 2. 40

!— Deutsch. Strafrecht. 893. (KBL 27.) Jetzt: Berlin, R. Trenkel. Ladenpreise aufgehob.

—— Verfassungsrecht des deutschen Reiches. In seinen Grundzügen systematisch dargestellt. 4. verm. und verb. Aufl. 8. (38 S.) Cassel 874, Wigand. *

Aus: Repetitorium des gesammten gemeinen Rechts, besonders abgedruckt.

Bender, Julius, z. Z. Referendar am Landgericht I in Berlin: Sind Fabrikmaschinen nach dem Rechte des BGB. normalerweise als wesentliche Bestandteile der Fabrikgrundstücke anzusehen? Ein Beitrag zur Auslegung der §§ 93, 94 und 95 BGB. Berlin 1907: W. Pilz. (59 S.) 8° [J.]

Leipzig, Jur. Fak., Diss. v. 25. Jan. 1907

[Geb. 15. Apr. 80 Kirchen a. d. Sieg (Kr. Altenkirchen); Wohnort: Berlin; Staatsangeh.: Preußen; Vorbildung: Gymn. Weilburg (Lahn) Reife O. 02; Studium: Bonn 1, Münster 1, Genf 1, Berlin 2, Bonn 1 S.; Rig. 18. Okt. 05.]

Bender, K. (Hrsg.), s. Mitteilungen der Gesellschaft für vergleichendes Recht und Staatswissenschaft zu Berlin.

Bender, K. B., die Bewegungs-Erscheinungen der Lang-Geschosse u. deren Beziehungen zu den Eigenschaften d. Feld-Geschützes der Zukunft. gr. 8. (VII, 120 S.) Darmstadt 888. Bergstraesser. n. 3. —

Bender, K. H., Krit. u. exeget. Bemerk. zu A.'s Politik. Pr. 1876. 30 S. 4°. 1.50

Bender, Karl. Ueber eine neue Bildungsweise der ätherschwefligsäuren Salze und die Einwirkung des Jodäthyls auf Zweifach-Schwefeläthyl. Tübingen, 1866. 12mo. Diss.

Bender, Karl: Über die Elementarklasse der Benderschen Erziehungsanstalt für Knaben. 10 S. vor dem Verzeichnis der Unterrichtsgegenstände.
Progr. Weinheim 1838.

Bender, Karl, können juristische Personen strafrechtlichen Besitz (Gewahrsam) haben?, s.a. Abhandlungen, Freiburger, aus dem Gebiete des öffentlichen Rechts.

Bender, Karl, Rechtspraktikant: Können juristische Personen strafrechtlichen Besitz (Gewahrsam) haben? Ein Beitrag zur Gewahrsamslehre. Karlsruhe 1907: G. Braun. (45 S.) 8°
Freiburg i. B., Rechts- u. staatsw. Fak., Ref. Schmidt, Diss. v. 1908
[Geb. 21. Dez. 80 Lahr (Baden); Wohnort: Karlsruhe; Staatsangeh.: Baden; Vorbildung: Gymn. Karlsruhe Reife M. 99; Studium: Freiburg i. B., Berlin, Heidelberg, zus. 8 S.; Rig. 29. Juli 07.]

Bender, Karl: Aus unserem Leben. S. 19 - 30.
Progr. Weinheim 1856.

Bender, Karl : Ueber die C. Neumann'schen Methoden zur Berechnung der anziehenden Kraft gleichförmig mit Masse belegter Kreis- und Kugelflächen auf ausserhalb und innerhalb derselben liegende Massenpunkte und einige Sätze über das Potential. pg. 3 - 23. 4°. Mit einer Tafel. Nördlingen, C.H. Beck.
Progr. Kissingen 1871/72.

Bender, Karl: Unsere Reise im Sommer 1859. S. 19 - 41. Anhang von Dr. F. Reidt: Einweihung der neuen Glocke am 27. Februar des Jahres 1859.
Progr. Weinheim 1859.

Bender, Karl: Über das Reisen der Knaben. S. 19 - 40.
Progr. Weinheim 1845.

Bender, Karl: Die Schule der Anstalt. S. 21 - 33.
Progr. Weinheim 1864.

Bender, Karl: Unsere Schule. S. 19 - 36.
Progr. Weinheim 1848.

Bender, Karl, s. E. Sue, der ewige Jude.

Bender, Karl Ludw., Geschichte des Dorfes Nonnenweier bei Lahr in Baden. (VIII, 147 S.) 8. Karlsruhe 908. F. F. Reiff. 2. —; kart. 2. 60

Bender, L.: Drei geistl. Gebrechen, s. Bender, Leopold

Bender, L., Geschichte der vormaligen Herrschaft Hardenberg im Bergischen. Düsseldorf 1879. 8.
450 S.

— u. H. Nevlandt, wicht. Stücke f. geistl. Bauleute. D. christl. Tugenden. 2 Konferenzreden. 16. (29 S.) Ebd. (895). n. — 10

Bender, Leonhard, Gerichts-Assessor: Das Jugendgericht in den Vereinigten Staaten von Amerika, England und dem Deutschen Reiche. Amorbach 1910: Volkhardt. 59 S. 8°
Heidelberg, Jur. Diss. v. 2. Aug. 1910, Ref. v. Lilienthal
[Geb. 12. Aug. 77 Nußloch; Wohnort: Mannheim: Staatsangeh.: Baden; Vorbildung: Gymn. Rastatt Reife Juli 98; Studium: Freiburg i. B. 3, München 1, Heidelberg 3 S.; Rig. 3. Mai 10.] [U 10. 1834

Bender, Leop.: Den erwählten Fremdlingen. Bibelstunden üb. d. beiden Petribriefe. Hrsg. v. F F. (4, 270) 8° Witten, Buchh. d. Stadtmission '12. L 2.70 d

[F.] Drei geistliche Gebrechen. Referat über Lukas 9,46—56. Gehalten auf d. Neukirchener Herbstvers. ... 1895. v. L[eopold] Bender, Prediger in Köln. 2. Aufl. ... *Witten: Buchh. d. Stadtmission (1895).* (16 S.) 1 Bd 8. [96. 1573

Bender, L., drei geistl. Gebrechen. Referat üb. Lukas 9, 46—56. Geh. a. d. Neukirchener Herbstversammlg. a. 2. Oktbr. 1895. 2. Aufl. gr. 8. (16 S.) Witten 896. Buchh. d. Stadtmission. n. — 15

Bender, Leop., die beiden Seiten d. Hohepriestertums Christi im Anschluß an Hebr. 10, 19—23, s.: Nevlandt, H.

Bender, Lina, praktische Anleitung zur Hausschneiderei. Neubearb. v. A. Wittgenstein. (IV, 80 S. m. Abbildgn.) 30,5×28 cm. Leipzig (910.) W. Vobach & Co. 1. 20; f. Abonnenten der in Vobachs Verlag erschein. Zeitschriften. — 85

Bender, Ldw., die 39 Artikel der Englischen Kirche, gegenübergestellt der Augsburg. Confession. gr. 8. Elberfeld 842, Büschler. 1/8 Rthlr.

— s. Calvin, Auslegung des Briefes Pauli an die Römer.

Bender, Ludw., der jüngste Franzosenkrieg u. die Wiederaufrichtung d. deutschen Reiches. Anh. zu der „deutschen Geschichte. 4. Aufl." gr. 8. (53 S.) Essen 872. Bädeker. n. — 30

Bender, Ldw., das Gebet des Herrn, betrachtet in 8 Predigten. 8. Barmen u. Schwelm 831. Falkenberg. 12 ggr.

Bender, Ludw., das Gebet d. Herrn, nach d. 6. Kap. d. Matthäus, erläut. in 8 Pred. gr. 8. (6¾ B.) Barmen 832, Falkenberg.

Bender, Ludw., die deutsche Geschichte. Ein patriotisches Lehr- und Lesebuch für höhere Bürgerschulen Preußens. Essen 855. Bädeker. gr. 8. (VIII, 216 S.) n. 15 ngr.

Bender, Ludw., die deutsche Geschichte mit besonderer Berücksichtigung des brandenburg-preußischen Staates. Ein patriot. Lehr- und Lesebuch für Schule und Haus. Nebst e. Anh. von 44 vaterländ. Gedichten. 2., durchaus verb. u. sehr verm. Aufl. Essen 860. Bädeker. gr. 8. (XII, 250 S.) n. 18 ngr.

— — Nebst einem Anhang von 47 vaterländ. Gedichten. 3., durchaus verb. u. sehr verm. Aufl. Ebend. 864. gr. 8. (XIV, 281 S.) n. 20 ngr.

Bender, Ludw., die deutsche Geschichte mit besonderer Berücksichtigung des brandenburgisch-preuß. Staates. Ein patriotisches Lehr- u. Lesebuch für Schule u. Haus. Nebst e. Anhang vaterländ. Gedichte. 4., durchaus verm. u. sehr verb. Aufl. Essen 869. Bädeker. gr. 8. (XIV, 333 S.) n. 22½ ngr.

Bender, Ludw., die deutsche Geschichte, mit besond. Berücksicht. des brandenburgisch-preuß. Staates. Ein patriot. Lehr- und Lesebuch für Schule und Haus. Nebst einem Anhang vaterländ. Gedichte. 5. durchaus verb. und bis auf die Gegenwart fortgesetzte Aufl. gr. 8. (XIV, 488 S.) Essen 876, Bädeker. *

Bender, Ludw., Geschichte der vormaligen Herrschaft Hardenberg im Bergischen von der Urzeit bis zu ihrer Aufhebung. gr. 8. (VIII, 357 S.) Langenberg 879. Joost in Comm. 4. 50

— neuestes deutsches Heldenbuch. 37 deutsche Helden d. Franzosenkrieges v. 1870 dargestellt in Wort u. Bild. Deutschlands Volk u. Jugend gewidmet. 8. (80 S. m. 7 Holzschn.) Elberfeld 871. Büttmann. n. 1. —

Bender, Ludw., der Isenberg, die 800jährige Geschichte seines Grafengeschlechts, u. Burg Isenberg bei Werden. Nebst histor. Notizen üb. die weitere Umgebg. u. e. Grundriß d. einstmal. Schlosses auf dem Isenberg. Geschichtsbilder aus dem deutschen Mittelalter. 3., bericht. u. ergänzte Aufl. 8. (X, 182 S.) Langenberg 883. Joost. n. 1. 50; geb. n. 2. —

— s. v. Kempen, Th., von d. Nachfolge Christi.

Bender, Ldw., Lehre u. Geschichte der christl Kirche. Ein Lehrbuch der Religion für obere Klassen höherer Schulen. gr. 8. Elberfeld 834. Büschler. 1/2 Rthlr. 2e sehr verb. Aufl. 8. Leipzig 840. Craven. 1/2 Rthlr.

Bender, Ludw., die Lehre u. Geschichte d. christl. Kirche. Ein Lehrb. d. Religion f. obere Klassen höh. Schulen. Mit e. Vorw. d. Hrn. Consistorialr. Dr. Nitzsch zu Bonn. 2., durchaus verb. Aufl. 8. (10¼ B.) Leipzig 841, [Friedlein u. Hirsch]

— das Luther-Buch. Ein Liederkranz, dem deutschen Glaubenshelden gewunden. 6 Lfg. Mit 1 Stahlst. gr. 8. Siegen 845, 46, Friedrich. (à n. 1/6 Rthlr.) n. 1 Rthlr.

— das Luther-Buch. Ein Liederkranz, dem deutschen Glaubenshelden gewunden. 3. u. 4. (Titel-) Ausg. Wiesbaden (840) 855. Friedrich. 8. (348 S., 1 Stahlst. u. lith. Titel.) 24 ngr.

—— das Lutherbuch. Ein Liederkranz, dem deutschen Glaubenshelden gewunden. 3. Ausg. 1854. und 4. Ausg. 8. (348 S. mit 1 Stahlst. und lithogr. Titel.) Wiesbaden 855, Friedrich's Vrlgsh.

—— d. Lutherbuch. Liederkranz. 4. Asg. 8. (348) Wiesb. 55. (Lpzg, Herbig.) — 24

—— König Wilhelm's sieben erste Regierungsjahre. Ein patriot. Gedenkbüchlein für Schule und Volk. Mit einem poet. Anh. gr. 8. (V, 104 S.) Essen 868, Bädeker. *

Bender, Mart., Papam a fide devium necnon in casu schismatis, quale erat inter Benedictum XIII., Gregorium XII. et Ioannem XXIII. tempore Constantiensis concilii a concilio deponi posse, sed alio in casu id fieri non posse. Trier 1766.

Bender, Matth.: Der Wirkungskreis und die Scheidelinie der polizeylichen Gerichtsbarkeit, Köln 1818.

Bender, O., Feuerungswesens, s.a. **Bibliothek** der gesamten Technik.

Feuerungswesen. Von O. **Bender**, Ing., Chemiker. Mit 77 Abb. Hannover: M. Jänecke 1907. (VII, 263 S.) 8°
= Bibliothek d. gesamten Technik. Bd 36.

— **Laboratoriumstechnik**, s.a. **Bibliothek** der ges. Technik.

Laboratoriumstechnik. Von O. Bender. Mit 90 Abb. Hannover: Jänecke 1909. 149 S. 8°
(Bibliothek d. gesamten Technik. Bd 108.)

Bender, Otto [Lehramtsprakt. Dr. phil.]: Die Analogie. Ihr Wesen u. Wirken in d. deutschen Flexion. (Wird fortgesetzt.) Überlingen, Druck v. A. Feyel, 1893; 74 S. 8.
Meersburg, grossh. Lehrer-Sm, OP 1893**

Bender, Otto [Lehramtsprakt. Dr.]: Die Analogie. Ihr Wesen u. Wirken in d. deutschen Flexion. II. Tl. [Forts. d. P-Beil. 1893.] *Überlingen, Druck v. A. Feyel, 1894*; 99 S. 8.
Meersburg, grossh. Lehrer-Sm, OP 1894**

Bender, Otto: Ueb. d. Entwicklg d. Visceralskelettes bei Testudo graeca. 1. Die Entwicklg d. Kiefer- u. d. Zungenbeinbogens (Columella auris) u. d. Paukenhöhle, s.a. **Abhandlungen d. kgl. bayer. Akad. d. Wiss.**

Ueber die Entwicklung des Visceralskelettes bei Testudo Graeca. Von Otto Bender. 1. München: Akad. d. Wiss.; Franz in Komm. 4°
(Abhandlungen d. Kgl. Bayer. Akad. d. Wiss. Math.-phys. Klasse. Bd 23, Abh. 10.)

Bender, Otto, die Schleimhautnerven des Facialis, Glossopharyngeus u. Vagus, s.a. **Denkschriften der medizinisch-naturwiss. Gesellschaft zu Jena. VII, 5.**

Bender, Otto, Dr., Assistent am anatomischen Institut: Die Schleimhautnerven des Facialis, Glossopharyngeus und Vagus. Studien zur Morphologie des Mittelohres und der benachbarten Kopfregion der Wirbeltiere. Mit 9 Taf. u. 22 Fig. im Text. Jena 1907: G. Fischer. (114 S.) 4°
Heidelberg, Med. Fak., Hab.-Schrift v. 1907

Bender, *Carl August Ferdinand Franz* Otto [aus Bonn]: Aus d. medicin. Klinik zu Bonn. Stoffwechsel-Versuche bei Dystrophia musculorum progressiva ... Bonn, Buchdr. v. A. Henry, 1897; 30 S., 1 Bl. 8.
Bonn, Med. Fak., Inaug.-Diss. v. [20.] Febr. 1897

Bender, Otto, was muß man v. der Schweinezucht wissen? Rassen, Züchtg., Pflege, Mast u. Krankheiten der Schweine. Mit e. Anh.: Ratschläge, betr. das vorteilhafte Aufbewahren, Einpökeln u. Räuchern des Fleisches sowie die Herstellg. v. Delikateßwürsten u. Schinken. (64 S.) 8 Berlin (907.) H. Steinitz. 1.—

Bender, P. T. Verzeichniss von gleichbedeutenden Wörtern in alphabetischer Ordnung. 8. Münster 1780.

Bender, P. W., kurze u. gründl. Anleit. z. Erlernung d. Rechenkunst, zum Gebr. beim Unterricht in Landschulen. 8. Hadam. Gel. Handl. 812.

Bender, P. W., kurze u. gründl. Anleit. z. Erlernung d. Rechnenkunst, zum Gebr. beim Unterricht in Landschulen. 8. Hadam. 812. (Lanz in Weilb.) 9 Kr

— Roth- u. Hülfsbüchlein f. Kinder in Volksschulen. 12. Hadam. 812. (Lanz in Weilb.) 2 Kr

Bender, Paul, das Weltkind sprach. Gedichte. 8. (VII, 376 S.) Braunschweig 901. R. Sattler. n. 5.—; geb. in Leinw. n. 6.50

Bender, R: Die Neujahrsnacht, s: Radermacher's, J, Vereinsbühne.

Bender, R, Taubenthurm u. Taubenschlag. 8. (99) Luxemb. 53, (Bück.) n. — 8

Bender, R., Taubenthurm und Taubenschlag, oder das Ganze der Taubenzucht. Durch Zahlen als ein Industriezweig zur Erlangung einer jährl. Rente von 4—500 Thlrn. bewiesen u. zu Nutz u. Frommen aller Landwirthe u. Taubenzüchter in Stadt u. Land aus Erfahrung niedergeschrieben. Luxemburg 853. (Frankfurt a. M., Lizius.) 8. (2 Bl., 99 S.) n. 8 ngr

Bender, R. Versuche über die Gewinnung des Tellurs aus den Siebenburgischen Golderzen. Göttingen, 1852. **Diss.**

Bender, Rob. (Frid. August. Ludov.) (geb. Braunfels im Rheinl. 17. 3. 1840): De carcinomate hepatis. Berolini (1862). (34 S.) 8°
Berlin, Med. Diss. v. 6. Aug. 1862

Bender, Robert, a. Freiburg i. B.: Über den Phasensprung bei senkrechter Reflexion des Lichtes an Metallen und Metallverbindungen. Freiburg 1907: E. Kuttruff. (42 S.) 8°
Freiburg i. B., Phil. Fak., Ref. Himstedt, Diss. v. 1907
[Geb. 17. Aug. 82 Freiburg i. B.; Wohnort: Freiburg i. B.; Staatsangeh.: Baden; Vorbildung: Oberrealsch. Freiburg i. B. Reife M. 02; Studium: Freiburg i. B. 3, München 1, Freiburg i. B. 5 S.; Rig. 15. Febr. 07.]

Bender, Frater Telesph.
→ **s. P. v. Kleinsorgen, Kirchengeschichte.**

Bender, Frater Telesph., Verzeichniß v. gleichbedeut. Wörtern, in alphabet. Ordn. 8. Münst. 780. Coppenrath. 12 Kr

Bender, Thdr., der prakt. Hochofenbetrieb. (VII, 124 S. m. 16 Abbildgn.) gr. 8. Halle 910. W. Knapp. 5.40

Bender, W.: Schleiermachers Theologie mit ihren philosoph. Grundlagen, s. Bender, Wilh.

Bender, W.: De Graecae comoediae titulis duplicibus, s. Bender, Wilhelm

Bender, W.: Der Reformator Wiclif als Bibelübersetzer, s. Bender, Wilh.

Bender, Walther, Medizinal-Praktikant: Melaena neonatorum. München 1907: E. Mühlthaler. (27 S.) 8°
Freiburg i. B., Med. Fak., Ref. Krönig, Diss. v. 1908
[Geb. 11. Jan. 83 Mannheim; Wohnort: Mannheim; Staatsangeh.: Baden; Vorbildung: Gymn. Mannheim Reife Juli 01; Studium: Heidelberg 5, München 1, Berlin 2, Freiburg i. B. 2 S.; Coll. 26. Juli 07; Approb. Juni 07.]

Bender, Wilhelm

Bender, Wilh., Johann Konrad Dippel. Der Freigeist aus dem Pietismus. Ein Beitrag zur Entstehungsgeschichte der Aufklärung. gr. 8. (VIII, 221 S.) Bonn 882. Weber. n. 4.50

Bender, Wilhelm [aus Fechenheim]: Ueber die Einwirkung von Natrium auf Säureamide ... Würzburg, Druck d. Stahel'schen k. Hof-Buchdr., 1892; 45 S. 8.
Erlangen, Phil. Fak., Inaug.-Diss. v. 1888

Die Entstehung der Weltanschauungen im griechischen Altertum. Von Wilhelm Bender. *Stuttgart: F. Frommann 1899.* (4 Bl., 288 S.) 8°
= Bender, W.: Mythologie u. Metaphysik. Bd 1.

Bender Wilh., d. Herrn Rath ist wunderbar u. führet es herrlich hinaus. Friedenspredigt gehalten am 5. März 1871 in der Magnuskirche in Worms. gr. 8. (8 S.) Worms 871. (Rahke.) n. — 20

Bender, Wilh., der Kampf um die Seligkeit. 8. (V, 66 S.) Bonn 888. Fr. Cohen. n. 1.20

— s. Krüger, Wilh., Offenbarung oder Illusion? Wider Bender.

Bender, Wilh., Mythologie u. Metaphysik. Grundlinien e. Geschichte der Weltanschaugn. 1. Bd. Die Entstehg. der Weltanschaugn. im griech. Altertume. gr. 8. (VII, 288 S.) Stuttgart 899. F. Frommann. n. 4.—

— **Reformation und Kirchentum. Eine academ. Festrede zur Feier des 400jähr. Geburtstages Martin Luthers. 1.—4. Aufl. gr. 8. (42 S.) Bonn 884, Strauß.** *

— **dass. — 5.—7. durch ein Nachwort verm. Aufl. gr. 8. (54 S.) Ebendas. 884.** *

— **Reformation und Kirchentum. Eine akadem. Festrede zur Feier des 400jähr. Geburtstages Martin Luthers. 8. und 9. durch ein Vorwort verm. Aufl. 8. (54 S.) Bonn 884, Strauß Verlag.** *

— Friedrich Schleiermacher u. die Frage nach dem Wesen der Religion. Ein Vortrag. gr. 8. (87 S.) Bonn 877. Weber. n. 1. —

— Schleiermachers Theologie m. ihren philosophischen Grundlagen dargestellt. 1. Theil. Die philosoph. Grundlagen der Theologie Schleiermachers. gr. 8. (IX, 295 S.) Nördlingen 870. Beck. n. 5. —

— Schleiermacher's Theologie mit ihren philosophischen Grundlagen. 2. Thl.: Die positive Theologie Schleiermachers. gr. 8. (VIII u. S. 297—620.) Nördlingen 878. Beck. n. 5. —; (1. u. 2.: n. 10. —)

Bender, Guilhelmus, Elberfeldiensis: De graecae comoediae titulis duplicibus. Marpurgi Cattorum 1904: (C. Georgi, Bonn). (57 S.) 8°

Marburg, Phil. Fak., Ref. Birt, Diss. v. 28. April 1905

[Geb. 24. Okt. 72 Elberfeld; Wohnort: Elberfeld; Staatsangeh.: Preußen; Vorbildung: Gymn. Düsseldorf Reife O. 01; Studium: Münster, München, Marburg 5 S.; Rig. 12. Dez. 04.]

— war Parker e. gültig geweihter Bischof? Ein Beitrag zur Lösung der Frage über die Gültigkeit der anglican. Weihen. gr. 8. (VIII, 104 S.) Würzburg 877. Wörl. 1. 50

Bender, Wilh., was dient der Welt zum Frieden? Eine Frage aus der Zeit u. e. Antwort für die Ewigkeit. Predigt über Luc. 19, 41—44, gehalten am 1. Aug. 1869 in der Friedrichskirche zu Worms. Worms, Gönner. gr. 8. (10 S.) 2½ ngr.

Bender, W, was dient d. Welt z. Frieden? Pred. 8. (10) Worms 69, Rahke. — 2½

Bender, Wilh., das Wesen der Religion und die Grundgesetze der Kirchenbildung. 1.—4. unveränd. Aufl. gr. 8. (VII, 337 S.) Bonn 886—88, Cohen und Sohn. *

Bender, Wilh., Der Reformator Johannes Wiclef als Bibelübersetzer. Mainz, Kirchheim, 1884, 8°, 68 S., 1 Mk.

—— der Reformator Johann Wiclif als Bibelübersetzer. Eine histor. Studie. gr. 8. (68 S.) Mainz 884, Kirchheim. *

— der Wunderbegriff d. Neuen Testaments. Eine historisch-dogmat. Untersuchg. gr. 8. (XII, 121 S.) Frankfurt a/M. 871. Heyder & Zimmer. n. 2. —

Benderich Türkische Fama. I.—IV. Continuation. 8. s. l. 1713.

Bendermacher, Wilh., die Berechnung der Gemeinde-Einkommensteuer in den Provinzen des Preußischen Staates. Nach den Gesetzen, insbesondere nach dem Kommunalabgabengesetze v. 14. Juli 1893, nebst der Ausführungs-Anweisg. v. 10. Mai 1894 u. der Praxis f. den prakt. Gebrauch dargestellt. gr. 8. (89 S.) Köln 894. Kölner Verlags-Anstalt u. Druckerei, A.-G. n. — 60

Benders, J. Ph.: Materialien zum katechet. Unterricht . . . , s.a. Bender, Jh. Ph.

Benders, J. Ph., Materialien zum kat. Unterricht über die ganze christl. Glaubens- u. Sittenlehre, 3r Thl. über den kleinen Katechismus Luthers. 8. Frankfurt a. M. Andreä. 816. Rthlr.

Bendersche Erziehungsanstalt, die, s. Erziehungsanstalt.

Bender'sche Erziehungsanstalt, die, f. Knaben in Weinheim an d. Bergstraße; in ihren Grundsätzen u. Einrichtungen beschrieben. gr. 8. Heidelb. 832. Winter. 2 gr.

Bendfeldt, C. H., die Auster als Delicatesse und wirksames Heilmittel gegen Brust, Magen, Unterleibs- und Nervenübel. Nebst practischen Anweisungen über ihren Verbrauch und ihre Bezugsquellen. Für Feinschmecker, Aerzte, Kranke und Händler. 2., stark verm. u. verb. Aufl. Mit 3 (lith.) Taf. Abbildgn. (in 4.) Berlin 854. Lassar. gr. 8. (1 Bl., 30 S.) n. 10 ngr.

Bendiek, Hermann: Statistik der in den Jahren 1893—97 incl. in der kgl. chirurgischen Universitäts-Klinik zu München behandelten Oberschenkelfracturen. *München 1898: M. Ernst.* (44 S.) 8°

München, Med. Diss. v. 1898

Bendiener, Oscar

Bendiener, Osc., der Richter. Schauspiel in 3 Akten. gr. 8. (122 S.) Leipzig 902. H. Seemann Nachf. n. 2. —

Bendiener, Osk., Schattenrisse. Ein Skizzenbuch. (VII, 214 S.) gr. 8. Berlin 905. [Dr. Demcker.] Dr. F. Ledermann. n. 2. 50

Die Strecke. Ein Eisenbahn-Drama in 3 Akten von Oscar **Bendiener.** Berlin: Demcker 1905. (120 S.) 8° [F.]

Die Strecke. Ein Eisenbahn-Drama in 3 Akten von Oscar **Bendiener.** 2. bis 3. Taus. Berlin: Demcker 1906. (120 S.) 8° [F.] 11

! Bendiener: Die Strecke.Dr. F. Ledermann

Bendig, Ernst, chirurg. Assistenzarzt am Krankenhaus Altstadt-Magdeburg: Ueber einen Fall primärer, vom Wurmfortsatz ausgehender Bauchaktinomykose. *Leipzig 1904: B. Georgi.* (30 S.) 8°

Leipzig, Med. Diss. v. (4. Jan.) 1904

Bendig, Paul, z. Z. Assistenzarzt am Krankenhaus II. Hannover: Aus d. Kgl. Univ.-Poliklinik f. Haut- u. Geschlechtskrankheiten zu Königsberg i. P. (Dir.: Prof. Dr. Scholtz.) Ueber die Wirkung der Saugstauung nach Bier. Königsberg i. Pr. 1907: O. Kümmel. (22 S.) 8°

Königsberg, Med. Fak., Ref. Lexer, Diss. v. 4. Aug. 1907

[Geb. 9. Sept. 78 Brückendorf, Kr. Osterode O.-Pr.; Wohnort: Hannover-Linden; Staatsangeh.: Preußen; Vorbildung: Kgl. Gymn. Allenstein Reife O. 98; Studium: Königsberg 4. München 1. Königsberg 8 S.; Coll. 25. Juli 07; Approb. 1. Juni 06.]

Bendiner, M., das Strassburger Münster, seine Baugeschichte u. Beschreibung. Mit 17 Kunstbeilagen. Als Anh.: Goethes Worte üb. das Münster. (40 S.) 8. Stuttgart (906). W. Seifert. n. — 75

Bendiner, M. Die Rechnungen üb. den Bau der Kirche St. Maria Magdalena zu Bayreuth. 8. (XVIII, 219 S.) Bayreuth 890. (Nürnb., Bandwitz.) ** 3 —

Aus: Archiv f. Geschichte u. Alterthumskunde v. Oberfranken, besonders abgedruckt.

Bendiner, M.: Die Reichsgrafen, eine verfassungsgeschichtliche Studie. . . . München, akad. Buchdr. v. F. Straub, 1888; 2 Bl. + 83 S. 8°

München, Phil. Fak., Inaug.-Diss. v. 1888

Bendiner, M., die Reichsgrafen, eine verfassungs-geschichtl. Studie. 8. (83 S.) München 888, Buchholz und Werner. *

Bendiner, M., Strassburg im Elsass u. Umgebung, s.: Winckelmann, O.

Bendingbostel [Schlagwort]

Bendingbostel, s.: Preussen. Messtischblätter.

Bendir, Carl, praktisches Handbuch für Rechtsanwälte, s. Osius, Rud.

Bendir, E. Turrell, English lessons, s.a. Hamburger, S.

Bendir, E Turrell. English Lessons by (Miss) S[ophie] Hamburger, according to the [Sines] Alge Method with Ed[uard] Hoelzel's Pictures, reformed for Adults by E. T' B', Director of «The Alge School» Barcelona. ... ([With Illustrations, and an Appendix:] Grammar, Vocabulary, *etc.* [and Hoelzel's 6 Plates].) IV + 130 + *Appendix* 62 p. 8. St. Gallen, Fehr, 1905. [in Einbanddecke fr. 3. —]

Bendir, E Turell. English Lessons by (Miss) S[ophie] Hamburger, according to the [Sines] Alge Method with Ed[uard] Hoelzel's Pictures, reformed for Adults by E. T' B'.... ([With Illustrations and an Appendix:] Grammar, Vocabulary, *etc.* [and Hoelzel's 6 Plates].) 2d Ed. IV + 135 + 62 p. 8. St. Gallen, Fehr, 1907. [in Einbanddecke fr. 3. 20]

Bendisch, Jul., die Anwendung der Zahlen von 1 bis 100 in 600 Aufgaben. Eine Handreichg. f. den Rechenunterricht auf der Unterstufe. 8. (III, 52 S.) Langensalza 885. Schulbuchh. — 50

Bendisch, J., die Anwendung der Zahlen von 1 bis 100 in 600 Aufgaben Eine Handreichg f. den Rechenunterr. auf der Unterstufe. 2. Aufl. 8. (52 S.) Langensalza 888. Schulbuchhandlg. — 50

Bendisch, Jul., die Anwendung der Zahlen v. 1 bis 100 in 600 Aufgaben. Eine Handreichg. f. den Rechenunterricht auf der Unterstufe. I. 3. Aufl. 8. (52 S.) Langensalza 892. Schulbuchh. — 50

Bendisch, Jul., d. Anwendg. d. Zahlen v. 1—100 i. 600 Aufgaben. E. Handreichg. f. d. Rechenunterr. a. d. Unterstufe. 1. 4. Aufl. 8. (IV, 52 S.) Langensalza 898. Schulbuchh. — 50

Die Anwendung der Zahlen von 1 bis 100 in 600 Aufgaben. Eine Handreichung f. d. Rechenunterr. auf d. Unterstufe von Jul. Bendisch. 5. Aufl. *Langensalza: F. G. L. Gressler 1902.* (52 S.) 8° [F.] [02. ... 3

Bendisch, Jul., die Anwendung der Zahlen von 1 bis 100 in 600 Aufgaben. Eine Handreichg. f. den Rechenunterricht auf der Unterstufe. I. 6. Aufl. 8. (IV, 52 S.) Langensalza 902. Schulbuchh. — 50

Bendisch, Jul.: Die Anwendg d. Zahlen v. 1—100 in 600 Aufg. Handreichg f. d. Rechenunterr. auf d. Unterst. 7. Afl. (4, 52) kl8° Langens., Schulbh. '11. — 60 d

— die Anwendung der Zahlen von 100 bis 1000 in 400 Aufgaben, nebst Übungsreihen. Eine Handreichg. f. den Rechenunterricht auf der Mittelstufe. 8. (III, 56 S.) Ebend. 886. — 50

— d. Anwendg. d. Zahlen v. 100—1000 i. 400 Aufgaben, nebst Übungsreihen. E. Handreichg. f. d. Rechenunterr. a. d. Mittelstufe. 2. Aufl. 8. (III, 56 S.) Ebd. 898. — 50

Die Anwendung der Zahlen von 100 bis 1000 in 400 Aufgaben nebst Übungsreihen. Eine Handreichung f. d. Rechenunterr. auf d. Mittelstufe von Jul. Bendisch. 3. Aufl. Langensalza: F. G. L. Gressler 1905. (56 S.) 8° [F.] [06. 13890 3

Bendisch, Jul., die Anwendung der Zahlen von 100—1000 in 400 Aufgaben, nebst Übungsreihen. Eine Handreichg. f. den Rechenunterricht auf der Mittelstufe. 3. Aufl. (III, 56 S.) 8. Langensalza 905. Schulbuchh. n. — 60

— Die Anwendg d. Zahlen v. 100—1000 in 400 Aufg. nebst Übgsreihen. Handreichg f. d. Rechenunterr. auf d. Mittelst. 4. Afl. (56) kl8° Ebd. '11. — 60 d

Bendisch, J., Aufgaben zum schriftlichen Rechnen. 1. Hft. 8. Langensalza 888. Schulbuchhandlg. n. — 20; Antworten (16 S.) — 15

—— dass. — Antworten dazu. 8. (16 S.) Ebendas. 888.

— Rechenfibel. Zahlenraum von 1 bis 100. Für Schüler der Unterstufe bearb. 8. (28 S.) Ebend. 885. — 15

Bendit, Raphael

Bendit, Raph., Lese- u. Schreibefiebel für jüdische Schulen. Nach den Grundsätzen der Lautirmethode hebräisch und deutsch bearb. u. hrsg. Berlin 867. Stubenrauch. 8. (94 S.) n. 5 ngr

Bendit, Raphael, דִּבְרֵי אֱמֶת. Hebräisches Vocubularium f. jüdische Schulen, nebst e. Anh., enth.: Leseübgn. in der rabin. Schrift. 8. (VIII, 144 S.) Frankfurt a. M. 872. Jaeger. n. 1. 20

Benditsch, Steph., Grundlinien zur Erkenntniß des lebenden Weltgebäudes. Mit 1 lithogr. Taf. 8. Grätz 839. Kienreich. (Leipzig, Weygand'sche Buchh.) 5/12 ℛ

— Grundriß zur Erfahrung u. Bestimm. d. Kräfte u. Gesetze d. Natur. 2 Thle. Mit 1 Kpfst. gr. 8. Grätz 821. (Miller). 1 ℛ 8 gℊ

Benditsch, Stephan: Über die herrschende Konstitution und einige Krankheiten, welche Anno 1797 und 1798 in Steyermark beobachtet worden sind. 124 S., gbd.

Grätz: Kienreich 1799

JB 2.353

Benditsch, Steph., über die herrschende Constitution u. einige Krankh. &c. in d. J. 1797, 98 in Steyermark &c. 8. Grätz 799. Tusch. 8 gℊ

— topograph. Kunde v. d. Hauptst. Grätz, od. Aufzählung d. merkwürd. Gegenstände, welche auf das Leben, Geisteskultur &c. dieser Stadt den nächsten Bezug haben. 8. Grätz 808.

Bendix, der urkomische. Sammlung der neuesten, komischsten u. wirksamsten Solo-Scenen f. Herren 1. Hft. 8. (47 S.) Landsberg a/W. 888. Volger & Klein. n. — 50

Bendix, der urkomische. Eine Sammlg. der besten kom. Vorträge f. heitere Kreise. gr. 16. (72 S.) Berlin 891. Gebr. Radetzki. n. — 50

Bendix, das preußische Gesetz über den Eigenthumserwerb u. die dingliche Belastung der Grundstücke, Bergwerke u. selbstständigen Gerechtigkeiten vom 5. Mai 1872 m. Erläuterungen, nebst der preuß. Grundbuchordng. 8. (VI, 177 S.) Breslau 888. Koebner. cart. n. 2. 50

— das preußische Gesetz üb. die Enteignung v. Grundeigenthum vom 11. Juni 1874. Mit Erläuterungen. 12. (87 S.) Düsseldorf 888. Schwann. n. 1. —; geb. n.n. 1. 30

Bendix: BGB, s: Fuchsberger, Otto, u. Fuld, Sammlg d. neuesten Entscheidgn.

— die deutsche Konkursordnung vom 10. Febr. 1877. Handausg., f. den prakt. Gebrauch bearb. 12. (VIII, 183 S.) Ebd. 887. n. 2. —; geb. n. 2. 50

Bendix, B., die Besitzlehre nach dem bürgerlichen Gesetzbuche unter Berücksicht. der bisherigen Rechtsprechung. gr. 8. (29 S.) Hannover 900. Helwing. n. 1. —
Sonderabdruck aus: „Das Recht".

Bendix, B.: Das deutsche Privatrecht auf Grund d. Deutschen ..., s. Bendix, Berthold

Bendix, Bernhard [pract. Arzt aus Magdeburg]: Multiple eitrige Gelenksentzündung nach Diphtheria faucium .... Freiburg i. Baden, Univ.-Buchdr. v. H. M. Poppen & Sohn, 1888; 36 S. + 1 Bl. u. 1 Taf. 8°
Freiburg i. B., Med. Fak., Inaug.-Diss. v. 1888

Bendix, Bernhard (Hrsg.), s.a. Lehrbuch der Kinderheilkunde.

Bendix, Bernh., Lehrbuch der Kinderheilkunde f. Ärzte u. Studirende. 3., verb. u. verm. Aufl. gr. 8. (XII, 604 S. m. 12 Holzschn.) Wien 903. Urban & Schwarzenberg. n. 12. —; geb. in Leinw. n. 14. —

Lehrbuch der Kinderheilkunde f. Ärzte u. Studierende. Von Dr. Bernhard Bendix, Privatd., Berlin. 4., verb. u. verm. Aufl. Mit 25 Holzschn. Berlin, Wien: Urban & Schwarzenberg 1905. (XII, 628 S.) 8° [05. 11743

Lehrbuch der Kinderheilkunde f. Ärzte u. Studierende. Von Dr. Bernhard Bendix, Privatd. 5., durchges. u. verb. Aufl. Mit 62 Holzschn. Berlin, Wien: Urban & Schwarzenberg 1907. (XII, 628 S.) 8° [07. 17046

Lehrbuch der Kinderheilkunde für Ärzte und Studierende. Von Prof. Dr. med. Bernhard Bendix. 6., durchges. u. verb. Aufl. Mit 83 Abb. Berlin, Wien: Urban & Schwarzenberg 1910. XII, 671 S. 8° [10. 13307

Bendix, Bernh., Lehrbuch der Kinderkrankheiten. Für Ärzte u. Studirende. 2. Aufl. v. weil. Uffelmann's kurzgefasstem Handbuch der Kinderheilkunde. gr. 8. (XIV, 546 S. m. 12 Holzschn.) Wien 899. Urban & Schwarzenberg. n. 10. —; geb. n. 12. —

— Säuglingsernährung, s.a. Klinik, Berliner.

Säuglingsernährung. Von Dr. Bernhard Bendix, Berlin. *Berlin: Fischer 1900.* (33 S.) 8°
= Klinik, Berliner. H. 141. [00. 2934

— s.: Schriften des deutschen Centralvereins f. Jugendfürsorge

— s.: Vorträge üb. Säuglingspflege u. Säuglingsernährung.

— die Charlottenburger Waldschule, s.: Neufert, H.

Bendix, Berthold

Bendix, B., d. deutsche Privatrecht, a. Grund d. deutschen bürgerl. Gesetzbuches systemat. dargest. 1.—3. Abthlg. gr. 8. Breslau 898. J. U. Kern's Verl. n. 12. —
1. Einleitg. u. allgem. Thl. (VIII, 215 S.) n. 4. —
2. Recht d. Schuldverhältn. (S. 217—518.) n. 5. 50
3. Sachenrecht. (III u. S. 519—646.) n. 2. 50

— das deutsche Privatrecht, auf Grund des deutschen bürgerlichen Gesetzbuches systematisch dargestellt. 4. Abth. Familien- u. Erbrecht. gr. 8. (V, V u. S. 647—938.) Breslau 899. J. U. Kern's Verl. n. 5. —; (kplt.: n. 17. —; in Halbfrzbd. n. 19. —)

Das Deutsche Bürgerliche Recht auf Grund des Deutschen BGB. systemat. dargest. von B[erthold] Bendix, Just.R. zu Breslau. 2. umgearb. u. verm. Aufl. Bd 1. 2. *Breslau: J. U. Kern 1904.* 2 Bde 8° [F.]
1. Einleitung. Allgem. Teil. Recht d. Schuldverhältnisse.
2. Sachenrecht. Familienrecht. Erbrecht. [04. 165

Bendix, Carl, die Bibliothek in katholischen Jugendvereinigungen, nebst dem Bücherverzeichnis des katholischen Lehrlingshauses zu Mainz. (100 S.) gr. 8. Mainz 902. Druckerei Lehrlingshaus. n. — 90

Bendix, Carolar, e. königl. Findling od. die Geheimnisse e. deutschen Fürstenhauses. Sensations-Roman. 72 Hfte. gr. 8. (1728 S. m. Bildern.) Berlin 893. A. Weichert. à Hft. — 10

Die Pentosurie. Von Dr. Ernst **Bendix**, Privatd. in Göttingen. Mit e. Vorw. von Dr. W[ilhelm] Ebstein, Prof., Göttingen. *Stuttgart: F. Enke 1903.* (60 S.) 8°

Bendix, Ernst: Über die Wirkung des Kochsalzes auf die Nieren. *Freiburg i. B.: Speyer & Kaerner 1898.* (27 S.) 8° Freiburg i. B., Med. Diss. v. 1898

Bendix, G., e. unverheiratheter Ehemann, s.: Liebhaber-Bühne, neue.

Bendix, Herm.: Der kirchl. Chorgesang nach sr. Bedeutg. Pflege u. Förderg m. bes. Berücks. d. dörfl. u. kleinstädt. Verhältnisse, s.a. Archiv, Kirchenmusikalisches.

Der kirchliche Chorgesang nach s. Bedeutung, Pflege u. Förderung m. besond. Berücks. d. dörflichen u. kleinstädt. Verhältnisse... Vortrag, geh. Stralsund 1909 von Hermann **Bendix**. Leipzig: Klinner 1910. 101 S. 8°
Aus: Die Orgel.
(Kirchenmusikal. Archiv. H. 4.)

– Zur Theorie u. Praxis d. Choralgesangs, s. Archiv, Kirchenmusikalisches.

Bendix, Hugo, Arzt a. Schwerin i. M.: Über Kinderpsychosen mit besonderer Berücksichtigung ihrer Frequenz und Prognose. Rostock 1906: Adlers Erben. (72 S.) 8°
Rostock, Med. Fak., Ref. Schuchardt, Diss. v. 15. Sept. 1906
[Geb. 15. Nov. 81 Schwerin i. M.: Wohnort: Schwerin; Staatsangeh.: Mecklenburg; Vorbildung: Gymn. Fridericianum Schwerin Reife O. 01; Studium: Würzburg 4, Kiel 1, Berlin 1, Rostock 4 S.; Coll. 13. Febr. 06; Approb. 8. März 06.]

Bendix, Kurt, Assistenzarzt am Städt. Rudolf Virchow Krankenhause zu Berlin: Die tötlichen Intoxikationen bei Quecksilberkuren. Leipzig 1908: B. Georgi. (30 S.) 8°
Leipzig, Med. Fak., Ref. Boehm, Diss. v. 27. April 1908
[Geb. 17. Juni 80 Berlin; Wohnort: Berlin; Staatsangeh.: Preußen; Vorbildung: Köllnisches Gymn. Berlin Reife O. 01; Studium: Freiburg i. B. 1, Berlin 8 S.; Coll. 9. Mai 08; Approb. 1. April 07.]

Bendix, Ludwig
Bendix, Ludw., Fahnenflucht u. Verletzung der Wehrpflicht durch Auswanderung, s.a. Abhandlungen, staats- u. völkerrechtliche. V.

Fahnenflucht und Verletzung der Wehrpflicht durch Auswanderung. Eine rechtswissensch. u. polit. Studie zu d. Deutsch-amerikan. Bancroftverträgen. Von Ludwig **Bendix**. Leipzig: Duncker & Humblot 1906. (XXX, 540 S.) 8°
– Abhandlungen, Staats- u. völkerrechtliche. Bd 5.

Bendix, Ludw., Kirche u. Kirchenrecht. E. Kritik. mod. theolog. u. jurist. Ansichten. gr. 8. (VIII, 190 S.) Mainz 895. F. Kirchheim. n. 2. 40

Bendix, Ludwig, Referendar: Die rechtliche Natur der sogenannten Oberhoheit in den deutschen Schutzgebieten. *Roitzsch (1902): Buchdr. Roitzsch.* (80 S.) 8°
Göttingen, Jur. Diss. v. [27. Okt.] 1902

— die rechtliche Natur der sogenannten Oberhoheit in den deutschen Schutzgebieten. Diss. (80 S.) gr. 8. Roitzsch 902. (Göttingen, Vandenhoeck & Ruprecht.) n. 2. —

— d. deutsche Rechtseinheit u. d. zukünft. bürgerl. Gesetzbuch f. d. Deutsche Reich. [Aus: „Der Katholik".] gr. 8. (226 S.) Ebd. 896. n. 2. —

— kolonialjuristische u. politische Studien. (VII, 173 S.) gr. 8. Berlin 903. Deutscher Kolonial-Verlag. n. 3. 60

! Bendix, L.: Studien. Verl. jetzt: Charlottbg.

Substitution und Simultanzulassung bei den Berliner Landgerichten. Von Dr. L[udwig] **Bendix**, Rechtsanw. zu Berlin. Berlin: Guttentag 1910. 26 S. 8°

— Terminologie u. Begriffsbildung im Gesetzentwurf üb. den Versicherungs-Vertrag. (IV, 127 S.) gr. 8. Berlin 904. J. Guttentag. n. 3. —

Bendix, Mart., neue urkomische Orig.-Vorträge, Couplets u. Soloscenen. 4 Tle. 12. (à 80 S) Berlin 898. M. Marcus. à 1. —

Neue urkomische Original-Vorträge, Couplets und Soloscenen von Martin Bendix. Th. 1–4. *Berlin: M. Marcus [1899].* 4 Bde 8° [S.]

Bendix, Martin, genannt „Der Urkomische". Seine Verdienste um d. Berliner Humor. Denkschr. Hrsg. a. Anlass s. 50jähr. Bühnen-Jubiläums. (7, 62 m. Bildnissen.) gr8° Berl., L Frobeen '12. — 50 d

Bendix, Meier (Wesel), De pilis corporis humani. Disquis. anatom.-physiol.-pathol. Bln. (Brüschck) 18. IX. 1829. 52 S. mit Biogr. (M.: R. Meyer.) (4.50) 2019
Oppon.: C. Waegen, F. Mueller, L. Lorch. — Gew.: E. D. Aug. Bartels, Joelo Meyer.

Bendix, Paul [aus Köln]: Beitrag zur Kenntnis der Diphenylbernsteinsäuren. . . . Bonn, Univ.-Buchdr. v. Carl Georgi, 1889; 61 + 1 S. 8°
Bonn, Phil. Fak., Inaug.-Diss. v. 7. Aug. 1889

Bendix, Rob., der Deklamator. Vorträge ernsten u. heit. Inhalts. 1.—3. Bd. 7. Aufl. 8. Berlin, S. Mode's Verl. à n. 1. —
1. (191 S.) 897. — 2. (188 S.) 895. — 3. (191 S.) 897.

Bendix, Rob., der Deklamator. Vorträge heiteren Inhalts. Gesammelt u. hrsg. 2. Bd. 9. Aufl. (188 S.) 8. Berlin (907.) S. Mode. 1. —

Bendix, S., s.: Jahresbericht üb. die Leistungen u. Fortschritte auf dem Gebiete d. Neurologie u. Psychiatrie.

Bendix, Siegfried [aus Posen]: Über Makroglossie und ihre Behandlung durch Unterbindung der Lingualarterien . . . . Berlin, Buchdr. v. Gustav Schade (Otto Francke) (1887); 34 S. + 1 Bl. 8°
Berlin, Med. Fak., Inaug.-Diss. v. 17. Dez. 1887

Bendixen: De Alcestide Euripidis, s. Bendixen, Jacob

Bendixen: Die Einrede des reinen Differenzgeschäfts . . ., s. Bendixen, Fritz

Bendixen, Figures from Pictures in England, by Claude, Watteau, and Canaletto, drawn and lithogr. With 24 lithographed plates in royal folio. London 841. (Leipzig, T. O. Weigel.) 18 ℳ

Bendixen, (Prof.), Rede zu Mart. Luthers Gedächtnißfeier gehalt. am 18. Febr. im Altonaer Bürgerverein. gr. 8. Altona 846. (Wendeborn.) n. ⅙ ℳ

Bendixen, Andreas: Jö Tidd es . . . [Hochzeitsgedicht auf Atge Paysen und Catharina Heselers, 29. Aug. 1749]. — o. O. (1749). 4 Bl. 8° [Photokopie.]

Bendixen, F.
– das Jus poenitendi, s.a. Bendixen, Julius

— das jus poenitendi. Inaug.-Diss. gr. 8. (30 S.) Hamburg 889. (Göttingen, Vandenhoeck & Ruprecht.) n. — 80

Bendixen, F.: Der Niessbrauch . . ., s. Bendixen, Friedrich

Bendixen, Frdr.: Geld u. Kapital. Gesammelte Aufsätze. (6, 187) gr8° Lpzg '12. Münch., Duncker & H. 4.50 d

Bendixen, Friedrich [Referendar]: Der Niessbrauch an einer Heerde nach römischem Recht . . . . Leipzig, *Druck v. Bär & Hermann*, 1887; 30 S. + 1 Bl. 8°
Göttingen, Jur. Fak., Inaug.-Diss. v. 8. Aug. 1887

Bendixen, F., der Niessbrauch an e. Heerde nach römischem Recht. Inaugural-Abhandlg. gr. 8. (31 S.) Leipzig 887. (Göttingen, Vandenhoeck & Ruprecht.) n. — 60

Die Reichsfinanzreform ein nationalökonomisches Problem. Gesammelte Tagesaufsätze von Dr. Friedrich **Bendixen**, Direktor. Hamburg: L. Gräfe & Sillem 1909. (48 S.) 8° [S.]

Das Wesen des Geldes. Zugleich e. Beitrag z. Reform d. Reichsbankgesetzgebung. Von Dr. jur. Friedrich **Bendixen**. Leipzig: Duncker & Humblot 1908. (60 S.) 8° [F.] (o8. 3810 6

Bendixen, Fritz, d. Einrede d. reinen Differenzgeschäfts u. d. Rechtsprechg. d. Reichsgerichts. [A.: „Monatsschr. f. Aktienrecht u. Bankwesen".] 8. (III, 55 S.) Berlin 895. C. Heymann's Verl. n. 1. 20

(**Bendixen, Fritz**): Die Ueberflußsteuer. E. Artikel-Serie. Hrsg. von d. Redakt. d. Hamburg. Correspondenten. [Hamburg 1902.] 8°

Bendixen, G., Cubik-Tabellen, welche das Raummaass aller Sorten Colli's nach den Längen, Breiten und Höhen angeben, nebst einer Anweisung zum Gebrauche dieser Tabellen. 1. und 2. Aufl. Fol. (108 S.) Hamburg 855—56. (Altona, Verlags-Bureau.) *

Bendixen, G., Cubik-Tabellen, welche das Raummaass aller Sorten Colli's nach den Längen, Breiten und Höhen angeben, nebst einer Anweisung zum Gebrauche dieser Tabellen. 855. — 2. (Titel-) Aufl. Hamburg 857. (Altona, Verlagsbureau.) Fol. (108 S.) n. 1 ß 15 ngr

Bendixen, J. Chr., der kleine Benny, s.: Rosen-Knospen Nr. 5.

Bendixen, Jac. Friedr. Martini

— Vermuthungen über die Tendenz des 1837 in der Nicolaischen Buchhandlung zu Berlin erschienenen revolutionären Socrates, nebst Andeutungen über des Socrates Stellung zur Democratie. Husum. 1839. (Skoleprogr.).

Bendixen J[ac. Friedr. Martini], Worte gesprochen bei seiner Introduction d. 1. Oct. auf dem hiesigen Rathhaussaale. Husum. 1838. P.

Bendixen, Jacob

De Alcestide Euripidis commentatio. (Scripsit) [Jacob] **Bendixen**. Altonae. 1851. 4°. Gymn.-Progr.

Bendixen, Jak., Auflösung aller in d. method. Rechnenbuche nicht leicht zu entwickelnden Aufgaben. 8. Schlesw. 809. Koch. 6 ß

Bendixen, J., Auflösungen. 8. Schleswig, Koch. 815.

Bemerkungen zur Texteskritik einiger Stellen in Shakespeare's Dramen v. Jacob **Bendixen**. Plön. 1855. 4°. Gymn.-Progr.

Bendixen, J., Bibellectionen, in katechet. Form, zur Erklärung uneigentlicher Ausdrücke in d. Bibel, mit Hinweisn. auf Katechismus u. Gesangbuch. Ein Hülfsbuch f. Schullehrer, d. fruchtb. Bibellesen zu beförd. 8. (14 B.) Altona 831, Hammerich.

Bendixen, J., das älteste Drama in Deutschland, s. Drama.

– s. Etwas üb. Bells u. L. Methode.

Der wiedererstandene Till Eulenspiegel [v. Jacob **Bendixen**]. Eine politische Hundekomödie in Einem Act. Altona. 1849. 8°.

... ad Examen scholae Husumensis ... invitat [Jacob] **Bendixen**. ebd. 1843. 4°.

Bendixen, J., Fest-Rede am 18. Septbr. im größeren Hörsaale des Christianeums gehalten. gr. 8. (15 S.) Altona 848, Schlüter. 1/6 ß

Gedächtnißübung für die frühere Jugend, nebst Aufgaben zur leichten Beschäftigung der Schüler. Ein Schulbüchlein [Verf.: Jakob (**Bendixen**). Abth. 1. 4. verb. Aufl. Altona. 1826. 8°

Bendixen, Jak., Gedächtnißübungen für die frühere Jugend 12. Schlesw.... 2e A. 814. Koch. 2 ß

– s. Gegenstände z. Auswendiglernen.

— allgemeine Geldtabellen. Fol. Augsb. Wolf. 813.

— ausführl. Geldtabellen. 16. Hamb. 813. (Herold jün.) 4 ß

— neue Geldtabellen in Taschenformat. 8. Hamburg, Vollmer. 813.

Bendixen, J.: Über die Gymnastik als Unterrichtsgegenstand auch unserer Gelehrtenschulen. Husum 1842. 9 S. Husum, Gelehrtenschule P 1842.

(**Bendixen, Jac.**,) Hülfsbuch f. Lehrer, welche Bendixens method. Rechenbuch 2. Abthl., 5. Aufl. benutzen, mit sämmtl. Berechnn. d. schwierigsten Aufgaben, nebst e. ausführl. Vorw. üb. d. Unterr. im Tafelrechnen. 8. (8½ B.) Altona 837. [Dessau, Aue.]

Commentatio de Ethicorum Nicomacheorum integritate. Scripsit Jacob **Bendixen**. Ploenae. 1854. 4°. Gymn.-Progr.

Bendixen, J., commentatio de Ethicorum Nicomacheorum integritate. Ploenae 854. (Altona, Schlüter.) gr. 4. (1 Bl., 30 S.) [illegible]

– s. Kroymann, J.: Das Rechnen.

Bendixen, J, s.: Leseb. f. Elementarunterr.

— Lesebuch f. Elementarschulen, s. Nissen, Lor. 1829.

De potestate, quam in vitae privatae et publicae conformationem apud veteres exhibuerint librorum lectiones, Commentationis particula prima. (scripsit) [Jacob] **Bendixen**. Husumi. 1843. 4°. Gymn.-Progr.

— des Grafen Bernardino Rebolledo Selvas Danicas; eine Episode aus der Geschichte der katholischen Propaganda im Norden. Ploen 858. (Lübeck, Dittmer.) 4. (26 S.) nn. 12½ ngr

— erstes Rechnenbuch f. Tafelrechner. 12. Schlesw., (Koch. 2 ß

Bendixen, Jak., erstes Rechenbuch für Tafelrechner. Vorläufer der methodischen Rechenbücher des Verf. Ein Noth- u. Hülfsbüchlein in Elementarschulen. 7e verb. Aufl. kl. 16. Altona 836. Aue. 1½ ß

— method. Rechenbuch. 2 Abtheilungen. 8. Ebend. 806—7. (1e 4 gr. 2e 10 gr.)

— method. Rechnenbuch f. d. Jugend d. Herzogth. Schleswig u Holstein. 2 Abtheill. 8. Schlesw. 805. 2e A. 809. (Hammerich in Altona). 14 ß

— method. Rechenbuch für die Jugend der Herzogthümer Schleswig und Holstein. Mit e. Anweisung, das Reichsbankgeld zu berechnen. Diese 1e Abthlg. enth. d. Rechnen f. Anfänger beid. Geschlechter u. führt so weit, als es im Ganzen für die weibl. Jugend Bedürfniß ist. Mit e. Preisaufg. 10e Aufl. 834. 11e Aufl. 8. Altona 836. Aue. 5 ß 12e unveränd. Aufl. 12. Ebd. 839. 5 ß

— dass. 2e Abthlg., f. d. mittl. Jugend. 5e Aufl. 8. Ebd. 834. ½ ß

Bendixen, Jac., methodisches Rechenbuch für d. Jugend der Herzogth. Schleswig u. Holstein. Zum Gebr. in Stadt- u. Landschulen wie auch beim Privatunterrichte. Mit Anleit. zur nützl. Selbstbeschäftigung d. Schüler. 1. u. 2. Abth. gr. 12. Altona 842. (Dessau, Aue.) [1. 13. Aufl. (6 B.) 844. * 7½ Ngr., 2. 6. Aufl. (11½ B.) 42. * 10 Ngr.] * –

— Dass. 2. Abth. 6. Aufl. gr. 12. Ebd. 843. n. ½ ß

Bendixen's, J., methodisches Rechenbuch für die Jugend der Herzogthümer Schleswig und Holstein. Herausg. von J. Alpen. 1. Abth. 15., verb. Aufl. Hamburg 853. Aue. (Dessau, Stange.) 12. (2 Bl., 141 S.) 6 ngr

—— s.a **Satyrspiel, e., in Sicilien.**

Ein Satyrspiel in Sicilien, oder der Cyklops des Euripides. ⟨auch eine Tragicomödie⟩, übersetzt v. Jacob **Bendixen**. Gedenkblätter an die gegenwärtig obschwebenden Verhandlungen über die Vertreibung des Altonaer Gymnasiums von Haus und Hof. Altona. 1850. 8°.

Bendixen, J., über den tiefern Schriftsinn des revolutionären Sokrates und der gesetzlichen Athener. Eine Hypothese. gr. 8. Husum 839. (Altona, Aue.) n. ½ ß

Bendixen: Der alte Staat des Aristoteles, eine Replik. 85 S. Progr. Ploen 1868.

Bendixen, J., der alte Staat des Aristoteles. Eine Replik. Hamburg 868. Mauke. 4. (86 S.) n. 24 ngr

— methodisches Taschenbuch f. d. weibliche Jugend. 8. Schlesw. 815. (Koch). 12 ß

Bendixen, J., Versuch d. Lehr. h. Unterr. im Kopfrechn. hülfr. Hand zu leisten ꝛc. 8. Schleswig, Christiani. 806.

— Versuch d. Lehrer b. Unterr. im Kopfrechnen hülfr. Hand zu leisten ꝛc. 8. Schlesw. 806. (Hammerich in Altona). 14 ß

Bendixen, J., das Votum des Altonaer Zweigvereins über die Ausweisung des Dr. Jul. Rupp. Ein Wort z. Verständigung. gr. 8. (24 S.) Altona 847, Hammerich. ½ ß

... Zugleich werden zu der ... öffentlichen Prüfung alle Gönner etc. eingeladen v. [Jacob] Bendixen. ebd. 1842. 4°.

Bendixen, Julius: Das j u s poenitendi, s.a. B e n d i x e n, F.

Bendixen, Julius [Referendar]: Das jus poenitendi. . . . Hamburg, Druck v. Gustav Diedrich & Co., 1889; 30 S. 8°
Göttingen, Jur. Fak., Inaug.-Diss. v. 19. Aug. 1889

Bendixen, Jul. Das jus poenitendi. Diss. gr. 8. (30 S.) Hamb. 889. (Gött., Vandenhoeck u. Ruprecht.) * — 80

Bendixen, Niels, die Mikroorganismen i. Molkereibetriebe. F. Praktiker bearb. gr. 8. (IV, 44 S. m. 19 Abb.) Berlin 897. P. Parey. n. 1. 20

— Untersuchungsbuch f. Brauereien, Brennereien u. Hefefabriken n. einf. Methode. gr. 8. (VI, 94 S. m. 21 Abb.) Ebd. 897. n. 2. —

[F.] Bilder aus der letzten religiösen Erweckung in Deutschland v. Rudolf Bendixen, Diakonus in Grimma. *Leipzig: Dörffling & Franke 1897.* (2 Bl., 444 S.) 1 Bd 8. [97. 7118

Bendixsohn, Hans: Aphasie und Hemianopsie auf luetischer Basis. Greifswald: Kunike 1909. 62 S. 8°
Greifswald, Med. Diss. v. 27. März 1909, Ref. Voss-Schultze
[Geb. 9. März 80 Geestendorf; Wohnort: Greifswald; Staatsangeh.: Hamburg; Vorbildung: Wilhelm-Gymn. Hamburg Reife M. 00; Studium: Berlin 11 S.; Coll. 27. Febr. 09; Approb. 14. Aug. 06.] [U 09. 1482

Bendixsohn, Kurd: Über die Darstellung von Ozon an rotierenden und stillstehenden Anoden. (Berlin: G. Schade 1909.) 71 S. 8°
Berlin, Phil. Diss. v. 9. Jan. 1909, Ref. Fischer
[Geb. 13. Juli 82 Linden b. Hannover; Wohnort: Berlin; Staatsangeh.: Hamburg; Vorbildung: Oberrealsch. vor dem Holstentore Hamburg Reife M. 03; Studium: Berlin 9 S.; Rig. 17. Dez. 08.] [U 09. 138

Bendl, Walth. Ernst, Beitr. z. Kenntnis d. Genus Rhynchodomus, s.: A r b e i t e n aus d. zoolog. Institut zu Graz. VIII, 6.

Bendleb, Herm., Kein Guano mehr! Eine Anleitung durch eine den Lehren der Chemie und den prakt. Erfahrungen gemäße Behandlung und Verwerthung der überall zu Gebote stehenden Düngstoffe die reichsten Ernten zu erlangen und den ärmsten Boden in kürzester Zeit in den kräftigsten umzuwandeln, ohne einen Pfennig für fremden Dünger auszugeben. Eine Zusammenstellung der neuesten Analysen und Versuche von Payen, Dumesnay, Manning ꝛc. Leipzig 857. Hennings. 8. (1 Bl., 78 S.) n. 10 ngr

Bendleb, H, kein Guano mehr! 8. (78) Lpzg 57, Lehmann. (?) n. — 10

Bendleben, Heinr. (Bremen), De momento. Disp. jur. valedictoria. Präs. Caspar v. Rheden. Bremen (Herm. Brauer) 6. IX. 1715. 54 S. (6.—) 2020
Gew.: Chph. Bendleben, Diedr. Meyer, Chn. Meyer. — Widm. v.: Joh. Ilken, Lüder Chph. Kannengiesser, Joh. Havighorst, Herm. Heineken (Bremen), J. W. Klampring, Heinr. Kannengiesser, Heinr. Elderhorst (dtsch.), Gerh. Harmes, Heinr. Gerh. Schumacher, A. Meier, F. C. v. Büren.

Bendler, A., zehn einfache Männerchöre. 16. (20 S.) Halberstadt 850, Frantz. 3 ngr

Bendler, Georg

Bendler, Geo., Barmherzigkeit. Novelle. 8. (102 S.) Berlin 896. F. Fontane & Co. n. 1. —

— d. Eine. Roman in 2 Bdn. 8. (324 u. 302 S.) Ebd. 895. n. 6. —

[F.] Der peinliche Erdenrest. Novelle v. Georg Bendler. *Berlin: F. Fontane & C. 1896.* (3 Bl., 175 S.) 1 Bd 8.
(Fontane's 2-Mark-Bücher.) [96. 6031

Bendler, Geo., das starke Geschlecht. 2 Novellen. 8. (263 S.) Berlin 898. F. Fontane & Co. n. 3. —; geb. n. 4. —

— Carl Schulze. Im neuen Hause. Catharina v. Siena. 8° (352) Berl. 98. R Wilhelmi. (Lpzg. EF Steinacker). 3 —

Bendler, Ludw.: Des Referendars Liebesgeheimnis. Humorist. Roman. (288) 8° Dresd., J Bettenhausen ('11). 3 —; geb. 4 — d

Bendler, Ludw., moderne S k l a v i n n e n. Ein Theaterroman. 1.—4. Aufl. (328 S.) 8. Dresden 907. H. Minden. 4. —; geb. n 5. —

— Die T e u f e l s e c k e. Lustiges u. Ernstes. 8. Aufl. (178 S.) 8. Dresden-Blasewitz (910.) E. Leonhardi. 2. —; geb. n 3. —

— Die achte T o d s ü n d e. Roman aus dem Künstlerleben. 2.—4. Aufl. (à 306 S.) 8. Dresden (909.) H. Minden. 4. —; geb. n 5. —

Bendler, Orgelbaukunst. 4.

Bendlin, die königl. Rentmeister im Preußischen Staate. gr. 8. (85 S.) Neumark 902. J. Koepke. n. 1. —

Die Königlichen Rentmeister im Preußischen Staate. Zsgest. von Bendlin, Rentm. zu Neumark Westpr. (4. Aufl.) Neumark Westpr.: J. Koepke 1904. (40 S.) 8° [F. u. Ant.] [05. 3036 10

Gedichte v. Max Bendlin. Bd. 1. Kiel. 1899. 8°

Bendoński, Sim., Simonidae opera omnia. 4. Warsch. (Heinsius, L.) 772.

Bendorf [Schlagwort]

Bendorf, s.: Preussen. Messtischblätter.

Bendowski, Julianus (*geb. Posen 24. 8. 1834*): De telangiectasiis tractandis, methodorum, Vratislaviae quae usitantur, ratione habita. Vratislaviae (1862). (24 S.) 8°
Breslau, Med. Diss. v. 5. Aug. 1862

Aus dem deutschen Osten. 5 Künstlersteinzeichnungen von Arthur Bendrat mit e. Vorw. von Dr. Käthe Schirmacher. Leipzig & Berlin: E. G. Teubner (1906). (1 Bl., 5 Taf.) gr. 2° [Umschlagt F.] [07. 8536

Bendrat, T. A., M. S., im Zeichen der Forschungsreisen. Eine synthetisch-philosoph. Skizze. (52 S.) 8. Berlin 904. F. Wunder. n. — 60

Bendsen, Bende, die nordfriesische Sprache nach der Moringer Mundart, zur Vergleichung mit den verwandten Sprachen und Mundarten. Herausg. von M. de Vries. Leiden 860. Brill. gr. 8. (XXVII, 480 S.) nn. 3 ß 13 ngr

Bendt, Frz., techn. Aufsätze, s.a. M e y e r ' s Volksbücher.

Technische Aufsätze. Von Franz Bendt. 1. 2. Leipzig & Wien: Bibliogr. Inst. [1890–98]. 8°
1. Die Kraftübertragung u. ihre Methoden. Die elektr. Bahnen. Der Akkumulator. Die Elektrochemie. [1890.]
2. Die Hertzschen Versuche. Teslas Versuche. Schwachstrom u. Starkstrom. Die Ozeantelegraphie. Die Herstellung d. elektr. Glühlampe. [1898.]
(Meyers Volksbücher. Nr 1136. 1191.) A 12. 6016

Denkschrift betreffend Begründung und Organisation einer technischen Reichsbehörde. (Verf.: F r a n z Bendt, Ingenieur.) (*Berlin 1901.*) (7 S.) 4° [Kopft.] [02. 3391

– Die D i f f e r e n t i a l - u. Integral r e c h n u n g, s. W e b e r ' s illustr. Katech.

— d. Drehstrom. S. techn. u. wirtschaftl. Bedeutung. M. 16 Fig. u. 1 Karte. gr. 8. (30 S.) Braunschweig 898. G. Westermann. n. 1. —

Bendt, F: Die Errichtung einer Zentralbehörde für technische Angelegenheiten. Berlin 1899

Bendt, F: Die Frage der Errichtung einer Technischen Reichsbehörde. Berlin 1902

Bendt, Frz., die Grundübel im deutschen Wirtschaftsleben u. ihre Hebung. Nach originalen Quellen bearb. 1. u. 2. unveränd. Aufl. (à 30 S.) gr. 8. Berlin 905. 906. C. Heymann. n. — 60

Bendt, Frz., Grundzüge der Differential- u. Integralrechnung, s.a. Weber's illustrierte Handbücher 137. Bd.

Bendt, F: Grundzüge der Differential- und Integralrechnung. 3. Aufl. Leipzig 1906

Bendt, Frz., Grundzüge der Differential- u. Integralrechnung. 4. verb. Aufl. (XVI, 268 S. m. 89 Abb.) kl. 8. Leipzig 910. J. J. Weber. Geb. in Leinw. 3. —

Bendt, Frz., Grundzüge der physikalischen Geographie, nach den neuesten Forschgn. bearb. 8. (VII, 72 S.) Berlin 886. Bohne. n. 1. 50

— Grundz. d. Trigonometrie. 4. Afl. (8, 135 m. Fig.) kl8° Ebd. '11. L 2 — d

Bendt, F: Heinrich Hertz. Seine Bedeutung für die mechanische Weltauffassung. Braunschweig 1900

Bendt, Frz., Katechismus der algebraischen Analysis, s.a. Weber's illustr. Katechismen.

Bendt F, Katechismus der algebraischen Analysis. (153 S) (Webers illustrierte Katechismen 229) Leipzig 1901

— Katechismus der Differential- u. Integralrechnung, s.a. Weber's illustr. Katechismen.

— Katechismus d. Differential- u. Integralrechnung. 12. (XVI, 268 S. m. 89 Fig.) Leipzig 896. J. J. Weber. Geb. in Leinw. n. 3. —

Bendt, F: Katechismus der Differential- und Integralrechnung. 2. Aufl. Leipzig 1901

— Katechismus der Trigonometrie, s.a. Weber's illustr. Katechismen.

Bendt, Frz., Katechismus der Trigonometrie. 2., erweit. Aufl. 12. (VIII, 133 S. m. 42 Fig.) Leipzig 894. J. J. Weber. Geb. in Leinw. n. 1. 80

Bendt, F: Katechismus der Trigonometrie. 3. Aufl. Leipzig 1901

Bendt, Frz., Katechismus der ebenen und sphärischen Trigonometrie, s. Weber's, J. J., illustr. Katechismen.

Bendt, F: Ein Reichsamt für Industrie und Technik. (o. O. 1902?)

Bendt, Franz: Das technische Reichsamt, seine verfassungsmässige Stellung und seine Organisation. Separat-Abdruck aus ‚Hand in Hand', amtliches Organ des Bundes der Industriellen. (o.O.o. Dr., ohne bes. Titelbl.) 8°

– Die Trigonometrie, s. Weber's illustr. Katech.

Bendt. Ebene und sphärische Trigonometrie. (Aus J. J. Weber's Illustrierte Katechismen" Nr. 114.) – Leipzig 1882.

Bendt, Frz., ebene u. sphärische Trigonometrie. Mit 89 in den Text gedr. Fig. (VIII, 128 S.) Leipzig 882. Weber. geb. n. 1. 50

Bendtsen, B., Marmora mystica I. Pr. 1819. 19 S. 4°.

Bendtsen, Bdct., specimen exercitat. crit. in Vet. Test. libros apocr. etc. 8. Gütting. 790. Dieterich. 4 gr.

Bericht der Gas- und Wasserleitungs-Deputation über die Einführung der Wasserleitung und Kanalisation in den eingemeindeten Vororten von Stettin. Dat. Stettin 29. Sept. 1903. [Fing. T.] (Am Ende unterz.: [Karl] Benduhn.) (Stettin 1903.) (1 Bl.) 4° [F.] 1os. 4os 9

Bisheriges Ergebnis der Bohrungen nach Grundwasser und Vorschläge für die weiteren Vorarbeiten zur Aufstellung eines Projektes für die Gewinnung von Grundwasser. (Verf.: [Karl] Benduhn, Stadtbaurat.) (Stettin 1903: L. Pasenow.) (2 Bl.) 4° [Kopft. F.] 1os. 4o6 9

Bendz, C. F. W., s. Psalmorum Davidis etc.

Bendz H. C. B., Körperbau u. Leben der landwirthschaftlichen Haussäugethiere. Gemeinverständlicher Leitfaden ihrer Anatomie u. Physiologie. Nach der 3. Aufl. d. dän. Originals deutsch bearb. v. H. C. Fock. Mit 100 in den Text gedr. Holzschn. gr. 8. (VIII, 311 S.) Berlin 876. Wiegandt, Hempel & Parey. n. 5. —

Bendz, Henr. Carl Bang., Haandbog i den almindelige Anatomie med saerligt Hensyn til Mennesket og Huusdyrene. 2 Hfte. Med 8 lith. Tavler. Lex. 8. (X u. 646 S.) Kjöbenhavn 847, Reitzel. (1.: n. 2 ß 12 ngr 2.: n. 3 ß) n. 5 ß 12 ngr

Bendz, HCB, icones anat. vulg. danicor. mammal. domestic. Fasc. osteolog. Fol. (186 m. 24 K.) Kopenh. 51. (Lpzg, Brockhaus' S.) n. 12 —

— Icones anatomicae vulgarium Danicorum Mammalium domesticorum. Fasc. osteologicus. Imp. Fol. (24 lith. Taf., wovon 12 auf Chines. Pap., m. Text: Explicatio iconum anatomicarum etc. gr. Lex. 8. 186 S.) Hafniae 851. (Lipsiae, Lorck.) n. 12 ß

Bendz, Henr. Car. Bang, Tractatus de connexu inter nervum vagum et accessorium Willisii. Dissert. Acced. tabulae tres lith. 4 maj. Hauniae 836. (Reitzel.) n. 7/12 ß

Bendz, J. Ch., considérations pratiques sur l'adénite meibomienne et la périchondrite tarsienne, connue sous le nom de chalazion ou grêlon des paupières; mémoire présenté au congrès d'ophthalmologie de Bruxelles etc. Copenhague 858. Gyldendal. 8. (27 S.) 9 ngr

— quelques considérations sur la nature de l'ophthalmie militaire par rapport à son apparition dans l'armée danoise en 1851; mémoire présenté etc. (session de 1857.) Ebend. 858. 8. (4 Bl., 87 S.) 18 ngr

Bendz, J. Chr., Beskrivelse af en Hjert sygdom, som ledsagedes af paraphrenitiske Phaenomener. gr. 8. (88 S.) Kjöbenhavn 847, Reitzel. n. 1/2 ß

Bendz, Jac. Christ., de fistula urethro- et vesico-vaginali commentatio, remedia contra hunc morbum tum ab antiquioribus quum a recentioribus adhibita, systematice et critice exponens. Cum II tabulis lith. 8 maj. Copenhag. 836. (Reitzel.) n. 5/12 ß

Bendzin-Siewierz [Schlagwort]

Bendzin-Siewierz, s.: Bergbau.

Bendziula: Der relig. Unterr.-Stoff f. evang. Schulen, s: Nürnberg.

Bendziula, Alb., deutsche Fibel, s.: Dietlein, Rud.

— Deutsches Lesebuch, s.: Hirt, Ferd.

Bendziula, Alb., zur Schulbankfrage. Ein amtl. Gutachten, auf Veranlassg. der Stadt-Schul-Deputation zu Stettin erstattet. gr. 8. (31 S. m. Fig.) Berlin 893. L. Oehmigke's Verl. n. — 80

— französ. Schul-Grammatik. 1. Tl. 9. Aufl. Ausg. A. gr. 8. (VIII, 384 S.) Ebd. 889. n. 2. —

— französische Schul-Grammatik. 1. Tl. 10. Aufl. Ausg. A. gr. 8. (XVI, 392 S.) Ebd. 901. n. 2. 50; geb. n. 3. —

— französische Vorschule. Für d. Anfangsunterricht auf Mädchenschulen. 3., veränd. Aufl. gr. 8. (X, 121 S.) Ebd. 888. n. 1. —

Bendziulli, G., Bestimmungen über Servis, Dienstwohnungen, Einquartierungswesen u. Wohnungsgeldzuschuß. Als Handbuch für die Zahlmeister der deutschen Armee bearb. gr. 8. (XII, 146 S.) Berlin 877. Mittler & Sohn. n. 3. —

Bendziulli, G., die Feldwebel-Schule. Handbuch zum Unterricht der Unteroffiziere u. einjähr. Freiwilligen üb. Geld- u. Natural-Verpflegungs-Gebührnisse d. Soldaten. 1. Kurs. Friedensverhältniß. 2., verb. u. verm. Aufl. gr. 8. (XXV, 204 S.) Diedenhofen 874. (Eichstätt, Krüll.) n. 5. 75

— dasselbe. 1—3. Kurs. gr. 8. Berlin 876. Mittler & Sohn. n. 10. —
1. Friedens-Verhältniß. 3. verb. u. verm. Aufl. (XX, 323 S.) n. 5. —
2. 3. Feld-Verhältniß. (XVI, 244 u. Beilagen 108 S.) n. 5. —

— **Instruktion für den Kommandeur u. die Kompagnieführer eines Ersatz-Bataillons.** Als Anhalt f. die Truppentheile der Infanterie. [Aus: „Die Bekleidungs-Wirthschaft bei der Infanterie ꝛc."] gr. 8. (95 S.) Saarlouis 878. Stein. 2. 40

— **die Natural-Leistungen der Gemeinden für die bewaffnete Macht im Frieden.** Zum Gebrauch für die Truppen u. Ortsbehörden [sowie als Suppl. zur „Feldwebel-Schule"]. 1. u. 2. Abth. gr. 8. Ebend. 879. n. 2. 70
1. Das Natural-Leistungs-Gesetz vom 13. Febr. 1875, nebst Ausführungs-Instruktion u. erläut. Vorschriften. Nebst 1. Nachtrag [abgeschlossen am 1. Juli 1879]. (80 u. Nachtrag 10 S.) n. 1. 20
2. Gesetz, betr. die Quartierleistung für die bewaffnete Macht während des Friedens-Zustandes. Vom 25. Juni 1868, nebst Ausführ.-Instruktion u. erläut. Vorschriften. (112 S.) n. 1. 50

— **Stempel-Ordnung f. Bekleidungs- u. Ausrüstungsstücke.** Als Anhalt f. die Truppentheile der Infanterie. [Aus: „Die Bekleidungs-Wirthschaft bei der Infanterie ꝛc."] gr. 8. (16 S.) Ebend. 878. n. — 75

Bene et male secundum Praecepta secundae Tabulae, . . . Lincii 1708. V: *Gottscheer, Martin.* (Jes)

Bene: Erörterungen zur Rhythmik und Metrik. 14 S. Progr. Kesmark 1857.

Bene, Franz
— s. Cicero orationes selectae; — ejusd. oratio de imperio C. Pompei.

— **brevis doctrina de Vaccina.** 8. Ofen 818. Univers.-Buchdr. 3 K

Bene, Franc., Elementa medicinae practicae e praelectionibus illius publicis edita per Franc. Bene jun. V Tl. 8 maj. (11⅔ B.) Pestini 833, 34, Hartleben.
Vol. I. Prolegomena institution. med. pract. doctrin. de febris et de inflammat. generatim.
- II. De inflammationib. et de efflorescent. cutaneis.] 4 Thlr. 12 Gr
- III. De profluviis, retentionib. et cachexiis.
- IV.
- V.] De neurosibus. } 5 Thlr. 12 Gr.

Bene, Franc., Elementa Politiae medicae. 8. maj. Budae (Eggenberger, P.) 801.

— **kurzer Unterricht v. d. Schutzpocken.** 8. Ofen 817. Universitäts-Buchdr. 2 K

Bénèche, J., Preis-Verzeichniss der zusammengesetzten Mikroskope.

Benecke, s.a. Beneke.

Benecke: Abhandlungen zur geolog. Specialkarte . . . , s. Benecke, Ernst Wilhelm

Benecke, strafrechtl. Lehre v. Ehebruch u. ihr. histor.-dogm. Entwickelg. I. Marburg 884.

Benecke, A. Historische Entwicklung der Bezeichnung der englischen Aussprache und der englischen Lautunterscheidung in England und Deutschland seit 1750. Berlin, Luisenach., 1866. 29 S. 4.

Benecke, A.: Franz. Grammatik, s.a. Benecke, Albert

Benecke, A. Construction einer französischen Schulgrammatik. Potsdam, R., 1859.

Benecke, Adolph
Benecke: Ueber die geometrische Hypothesis in Platons Menon. 34 S. und Fgt.
Progr. Elbing 1867.

Benecke, Adph., über die geometrische Hypothesis in Platons Menon. Nebst 1 (lith.) Fig.-Taf. Elbing 867. Meissner in Comm. gr. 4. (34 S.) 15 ngr

Benecke, Adolph: Zwei Reden bei der Jubelfeier des Gymnasiums am 29sten November 1849. 22 S.
Progr. Elbing 1850.

Benecke, Albert
— **Anthologie des poëtes français,** s.a. **Poëtes français.**

Anthologie des poëtes français. Sammlg französ. Gedichte. M. Anm. z. Schulgebr. hrsg. v. Albert Benecke, Dir. ... zu Berlin. (Text.) Wörterb. u. Anm. *Bielefeld & Leipzig: Velhagen & Klasing 1897.* 2 Bde 8. (Text.) (XII S., 1 Bl., 288 S.) Wörterb. u. Anm. (92, 65 S.)
— Sammlung, Velhagen & Klasings, französ. u. engl. Schulausgaben. Poëtes franç. Lfg 4. Ausg. B. [98. 898

Benecke, Alb., Anthology of English poetry, s.a. **Authors, English.**

Anthology of English poetry. Sammlung englischer Gedichte. Mit Anm. zum Schulgebr. hrsg. von Albert Benecke, Prof. | Nebst | Wörterbuch u. Anmerkungen. *Bielefeld & Leipzig: Velhagen & Klasing 1899.* 2 Bde 8°
— Sammlung, Velhagen & Klasings, franz. u. engl. Schulausgaben. English authors. Lfg 73B. [00. 897

Benecke, Alb., die französische Aussprache in methodischer Darstellung u. schulmäßiger Fassung. Für Schul- u. Privat-Unterricht. Zugleich als Handbuch der französ. Sprache u. zum Selbstunterricht. gr. 8. (XV, 141 S.) Potsdam 871. Stein. n. 1. 50

Benecke, Alb., die französische Aussprache. Zum Schul- u. Privatgebrauch. 2., umgearb. Aufl. gr. 8. (VIII, 208 S.) Potsdam 880. Stein. n. 1. 60

Benecke, Alb., exercices syntaxiques. Sammlung französ. Sätze u. zusammenhäng. Stücke zur Einübg. der Syntax. gr. 8. (XII, 128 S.) Potsdam 884. Stein. n. 1. 20

— **französische Exercitien u. Extemporalien.** Übungsstoff in Sätzen u. zusammenhäng. Stücken zu Abtlg. III, Ausg. B der französischen Schul-Grammatik. gr. 8. (XII. 164 S.) Ebend. 884. n. 1. 20

— dass. — Wörterbuch. 8. (52 S.) Ebendas. 884.

Benecke, Alb., französische Exercitien u. Extemporalien. Übungsstoff in Sätzen u. zusammenhäng. Stücken zu Abtlg. III. Ausg. B. der französ. Schul-Grammatik. 2., m. Wörterbuch verseh. Aufl. gr. 8. (IV, 222 S.) Potsdam 891. A. Stein. n. 1. 60

— französische Exercitien u. Extemporalien. Übungsstoff in Sätzen u. zusammenhäng. Stücken zu Tl. II, Ausg. B. der französ. Schul-Grammatik. 3., m. Wörterbuch verseh. Aufl. gr. 8. (IV, 225 S.) Potsdam 902. A. Stein. n. 1. 60; geb. n.n. 1. 90

Benecke, Albert (Hrsg.), s. Feuillet, Octave: Le roman d'un jeune homme pauvre.

Benecke, Albert, Französische Grammatik f. die unteren Klassen von Gymnasien u. Realschulen. 8. (VIII u. 128 S.) Potsdam 852, Riegel'sche Buchh. (Heintz & Stein.) n. n. ½ ℛ

Benecke, Alb., französische Grammatik für die unteren Klassen von Gymnasien und Realschulen. 2. verm. Aufl. Potsdam 855. Riegel'sche Buchhdlg. 12. (VIII, 164 S.) n. 12 ngr.

Benecke, A, franz. Grammatik. 2. Afl. 12. (164) Potsd. 55, Stein. geb. n. — 12

Benecke, Alb., französische Grammatik für höhere Lehranstalten. 3. Aufl. Potsdam 865. Riegel. 12. (XVI, 308 S.) n. 20 ngr.

Benecke, Albert (Hrsg.), s. Hugo, Victor: Hernani

Für Lehrende. Schlüssel zu den Übungsstücken zum Übersetzen aus dem Deutschen in das Französische in der Französischen Schul-Grammatik, Ausg. B, T. 1 ⟨Abt. 1 u. 2 in 1 Bde enthaltend⟩ von Albert Benecke, Dir. zu Berlin. *Potsdam: A. Stein 1894.* (76 S.) 8° [F.]

— u. Frdr. d'Hargues, französisches Lesebuch. Anfangs- u. Mittelstufe. gr.8. (XVI, 176 S.) Ebend. 878. n. 1. 20

— — dasselbe. 2., veränd. Aufl. Mit den durch die 7. Aufl. d. Dictionnaire de l'Académie française v. 1878 beding= ten Aenderungen. gr.8. (XVI, 212 S.) Ebend. 881. n. 1. 40

— u. Frdr. d'Hargues, französisches Lesebuch. Anfangs- u. Mittelstufe. 3., verm. Aufl. gr. 8. (251 S.) Ebd. 888. n. 1. 60

— u. Frdr. d'Hargues, französisches Lesebuch. Anfangs- u. Mittelstufe. 4., rev. Aufl. gr. 8. (258 S.) Ebd. 893. n. 1. 60

— französische Materialien f. Sprech- u. Leseübungen in der Tertia. Mit Präparationen hrsg. v. Max Benecke. 8. (IV, 68 S.) Ebd. 892. Kart. n. — 80

Benecke, Albert (Hrsg.), s. Moliere, Jean Baptiste Poquelin: Le malade imaginaire.

— Originaltext zu den zusammenhängenden Uebersetzungsstücken 1) in der Französischen Schul-Grammatik. Ausg. B., 2. Abth., 2) in der Französischen Schul-Grammatik. 2. Th. [Syntax]. 8. (46 S.) Ebend. 879. n. — 60

— English pronunciation and English vocabulary. Methodische Anleitung zum Erlernen der engl. Aussprache u. deutsch-engl. Vokabular. Mit Bezeichng. der Aussprache. 6., neu bearb. Aufl gr. 8. (XX, 211 S.) Potsdam 888. Stein. n. 2. —; geb. n. 2. 20

— English pronunciation and English vocabulary. Methodische Anleitg. zum Erlernen der engl. Aussprache u. deutsch-engl. Vokabular. Mit Bezeichng. der Aussprache. Zum Schul- u. Selbst-Unterricht. 7. Aufl. gr. 8. (XX, 212 S.) Ebd. 892. n. 2. –

— English pronunciation and English vocabulary. Methodische Anleitg. zum Erlernen der engl. Aussprache u. deutsch-engl. Vokabular. Mit Bezeichng. der Aussprache. Zum Schul- u. Selbstunterricht. 8. Aufl. gr. 8. (XXIV, 212 S.) Ebd. 899. n. 2. —; geb. n. 2. 40

Benecke, Alb., Sammlung französischer Gedichte, Neubearbeitg., s.: Engwer, Th, Anthologie des poêtes français.

Benecke, Alb., Schlüssel zu den 146 Übungsstücken zum Übersetzen aus dem Deutschen in das Französische in der französischen Schul-Grammatik, Ausg. A, 1. Tl. gr. 8. (98 S.) Potsdam 893. A. Stein. n. 1. 20

—— franz. Schul-Grammatik. 2 Thle. 4. Afl. 8. (633) Ebd. 72. 73. n. 5. — || 1. Thl. 6. Afl. (359) 75. n. 2. —

Benecke, Alb., französische Schul-Grammatik. 1. Thl. 5. Aufl. 1873; 6. erweit. Aufl. (XVI, 359 S.) 1875 und 7. revid. Aufl. gr. 8. (XVI, 367 S.) Potsdam 876, Stein'sche Verlagsh. *

—— dass. — 2. Thl. 5. Aufl. 1874; 6. veränd. Aufl. (XXIV, 488 S.) 1876 und 7. revid. Aufl. Mit den durch die 7. Aufl. des Dictionnaire de l'Académie française von 1878 bedingten Aenderungen. gr. 8. (XXVIII, 444 S.) Ebendas. 878. *

—— dass. — Ausg. B. 2 Abthlgn. gr. 8. Ebendas. [1. Abthl. (VIII, 192 S.) 877. * ℳ 1,50.; 2. Abthl. (XII, 164 S.) 878. * ℳ 1.] *

Benecke, Alb., französische Schul-Grammatik. Ausg. B. 2. Aufl. 1. Abth. gr. 8. (VIII, 192 S.) Potsdam 880. Stein. n. 1. 50

Benecke Albert, Französische Schulgrammatik. I. Theil. 8. Auflage. Potsdam 1880. A. Stein. Preis 2 Mark.

— französische Schul-Grammatik. 2 Thle. 8., veränd. Aufl. Mit den durch die 7. Aufl. d. Dictionnaire de l'Académie française v. 1878 bedingten Änderungen. gr. 8. (XVI, 384 u. XXIV, 455 S.) Potsdam 881. 82. Stein. n. 5. —

— dasselbe. Ausg. B. 3. Abth. Kurzgefaßte Syntax mit einer Übersicht der Aussprache- u. Formenlehre. gr. 8. (VIII, 284 S.) Ebend. 882. n. 2. —

— französische Schul-Grammatik. Ausg. B. 2. Abtlg. 2., rev. Aufl. gr. 8. (XVI, 160 S.) Ebend. 884. n. 1. —

—— Französische Schul-Grammatik. 1. u. 2. Tl. 9. Aufl. Ausg. A. 8. Ebd. [1. Tl. (VIII, 384 S.) 889. * 2 —; geb. * 2 40; 2. Tl. (XXIV, 455 S.) 892. * 3 —; geb. * 3 40.] * 5 —; geb. * 5 80

— dasselbe. Ausg. B. Kurzgefaßtes Lehrbuch. 1. Tl. (Abtlg. I u. II in 1 Bde. enth.) 8., rev. Aufl. gr. 8. (IV, 326 S.) Ebd. 894. n. 2. —; geb. n.n. 2. 40; Schlüssel zu den Übungsstücken. (76 S.) n. 1. 20
Der Schlüssel darf nur an Lehrer abgegeben werden.

Französische Schul-Grammatik. Von Albert Benecke, Prof., Berlin. Ausg. A. 10. Aufl. T. 1. *Potsdam: A. Stein 1901.* 8° [F.]

— English Vocabulary and English Pronunciation. Deutsch-englisches Vocabulär u. method. Anleitung zum Erlernen der engl. Aussprache. Nach Smart u. Worcester mit Anwendung der Walker'schen Ziffern. Mit durchgängig. Bezeichnung der Aussprache. Für Realschulen u. andere höhere Lehranstalten. Potsdam 866. Riegel. gr. 8. (XXVI, 160 S.) n. 18 ngr.

—— engl. vocabulary a. engl. pronunciation. Deutsch-engl. Vocabulär etc. 8. (160) Potsd. 66, Stein. n. — 18

—— English Vocabulary and English Pronunciation. — Deutsch-englisches Vocabular und methodische Anleitung zum Erlernen der englischen Aussprache. Nach Smart und Worcester mit Anwendung der Walker'schen Ziffern. Mit durchgäng. Bezeichnung der Aussprache. Für Realschulen und andere höhere Lehranstalten. Zugleich als Handbuch für Lehrer der engl. Sprache und zum Selbstunterricht. 2. neu bearb. Aufl. gr. 8. (XXXII, 187 S.) Potsdam 873. Stein's Verlagsh. *

—— English vocabulary and English pronunciation. Deutsch-engl. Vocabular und method. Anleitung zum Erlernen der engl. Aussprache. Nach Smart, Webster und Worcester mit Anwendung der Walker'schen Ziffern. Mit durchgängiger Bezeichnung der Aussprache. Für höhere Lehranstalten zugleich als Handbuch für Lehrer der engl. Sprache und zum Selbstunterricht. 3. und 4. neu bearb. Aufl. gr. 8. (XXXII, 199 S.) Potsdam 874,77, Stein'sche Verlagsh. *

— englisches Vokabular. Mit Bezeichng. der Aussprache. [Sep.-Abdr. aus der 4. Aufl. v. English Vocabulary and English Pronunciation.] 5. veränd. u. verm. Aufl. 8. (XII, 159 S.) Ebend. 885. n. 1. 20

— lateinisch-deutsches Vocabular, s. Beck, H.

Benecke, Alb., französische Vorschule. Für den Anfangsunterricht auf Töchterschulen. 8. (XII, 124 S.) Ebend. 877. geb. n. 1. 20

— französische Vorschule. Für den Anfangsunterricht auf Töchterschulen. 2. Aufl. 8. (XII, 124 S.) Ebend. 878. n. 1. —; cart. n. 1. 20; geb. n. 1. 50

—— franz. Vorschule. 2. Afl. 8. (124) Ebd. 79. n. 1. —; cart. n. 1. 20; geb. n. 1. 50

—— französische Vorschule. Für den Anfangsunterricht auf Mädchenschulen. 3. veränd. Aufl. gr. 8. (X, 121 S.) Ebendas. 888. *

— französische Vorschule. Für den Anfangsunterricht auf Mädchenschulen. 4., veränd. Aufl. gr. 8. (VIII, 120 S.) Ebd. 891. n. 1. --

— dasselbe (propädeutischer Kurs), bearb. f. Gymnasien, Realgymnasien u. Realschulen (höhere Bürgerschulen) v. Max Benecke. 8. (VIII, 179 S.) Ebd. 892. n. 1. 20

— Wörterbuch zu den französischen Exercitien u. Extemporalien. Übungsstoff in Sätzen u. zusammenhäng. Stücken zu Abtlg. III, Ausg. B der französ. Schul-Grammatik. 8. (52 S.) Ebend. 884. n — 50

Benecke, Albert Theodor Max, s. B e n e c k e , Max

Benecke, Berthold, die ersten Entwickelungsvorgänge am Ei der Reptilien, s.: Kupffer, C.

Benecke, Berthold, Fische, Fischerei und Fischzucht in Ost- und Westpreussen. Auf Grund eigener Anschauung gemeinfasslich dargestellt. Mit 493 (Holzschn.-) Abbild. von H. Braune. 3 Lfgn. Lex.-8. Königsberg, Hartung'sche Verlagsdruckerei. [1. Lfg. (S. 1—160.) 880. *ℳ 5.; 2. Lfg. (S. 161—320.) 880. *ℳ 3.; 3. Lfg. (VIII, S. 321—514.) 881. *ℳ 4.] *ℳ 12.: cart. *

Benecke, B., die westpreußischen Fische. Im Auftrage d. westpreuß. Fischereivereins aus seinem Werke „Fische, Fischerei u. Fischzucht in Ost- u. Westpreußen" zusammengestellt. 5 Taf. gr. Fol. (Mit eingedr. Holzschn.) Danzig 887. (Saunier.) n. 1. 20

— Photogramme zur Ontologie der Vögel, s.: Kupffer, C.

Benecke, Berth., die Photographie als Hilfsmittel mikroskopischer Forschung. Nach dem Französ. von A. Moitessier. Mit Autorisation des Verf., deutsch bearb. u. durch zahlreiche Zusätze erweitert. Mit 88 in den Text eingedr. Holzst. u. 2 photograph. Taff. Braunschweig 868. Vieweg & S. gr. 8. (XIV, 267 S.) n. 2 ℛ︀

— die Schuppen unserer Fische. Mit 4 (Holzschn.-) Taf. [Aus: „Schriften d. physik.-ök. Gesellschaft zu Königsberg".] gr. 8. (6 S.) Königsberg 881. (Berlin, Friedländer & Sohn.) n. 1. 20

Benecke, Berthold, die Teichwirtschaft. Praktische Anleitg. zur Anlage v. Teichen u. deren Nutzg. durch Fisch- u. Krebszucht. Mit 80 in den Text gedr. Abbildgn. 8. (VIII, 126 S.) Berlin 885. Parey. cart. n. 1. 75

— die Teichwirthschaft. Prakt. Anleitg. zur Anlage v. Teichen u. deren Nutzg. durch Fisch- u. Krebszucht. 2., unveränd. Aufl. Mit 80 in den Text gedr. Abbildgn. 8. (VIII, 126 S.) Berlin 889. Parey. cart. n. 1. 75

Benecke, Berth., die Teichwirtschaft. Praktische Anleitg. zur Anlage v. Teichen u. deren Nutzg. durch Fisch- u. Krebszucht. 3. Aufl. 8. (VIII, 126 S. m. 80 Abbildgn.) Berlin 894. P. Parey. Kart. n. 1. 75

Benecke, Berthold, die Teichwirtschaft. Praktische Anleitg. zur Anlage v. Teichen u. deren Nutzg., nebst einer Anleitg. zur Aussetzg. v. Krebsen. 4. Aufl., bearb. v. S. Jaffé. 8. (IV, 152 S. m. 87 Abbildgn.) Berlin 902. P. Parey. Kart. n. 2. —

Benecke, Berth.: Die Teichwirtsch. 5. Afl. v. Hans v. Debschitz. (5. 156 m. Abb.) 8° Berl., P Parey '11. HL 2 — d

— die Trichinen u. die mikroskopische Fleischschau. Als Beigabe zu Hartnack's Trichinenmikroskop bearb. Mit 22 eingedr. Holzschn. gr. 8. (24 S.) Straßburg 879. Schultz & Co. n. 1. —

— der Vorgang der Befruchtung am Ei der Neunaugen, s.: Kupffer, C.

Benecke, C., s. *Cicero* Oratt. IV.

Benecke, C., s. Cornelius Nepos.

Benecke, C., s. J u s t i n i histor. Philipp.

Benecke, C., das kranke Kind u. die helfende Mutter. Berlin 867. H. Müller in Comm. 16. (14 S.) 2½ ngr.

Benecke, C.: Variae lect. Sexti Rufi Breviarii rer. gestar. pop. Rom. ex libro msto. enot., cum diligenti libri mspti descriptione. 14 S. Progr. Posen F.W. 1839.

Benecke, C., lateinisches Lesebuch. 8. Posen, Berlin u. Bromberg 837. Mittler. ⅓ ℛ︀ — dass. 2r Thl., die Lehre vom Verbo enthaltend. 8. Ebd. 839. ⅔ ℛ︀

Benecke, C.: Lect. Tullianar. specim. (In or. p. Quinctio, p. Rosc. Amer., in Verr. I., p. Ligar.) 22 S. Progr. Posen F.W. 1833.

Trauer-Rede dem dankbaren Andenken Sr. Majestät des Hochseligen Königs von Preussen, Friedrich Wilhelms III. gewidmet. In der ger. u. vollk. St. J. □ zum Tempel der Eintracht im Or. zu Posen am 3. Aug. 1840 gesprochen vom Br. C. Benecke. Posen [1840]: Decker & Co. 15 S. 8° [Umschlagtit.]

Benecke, C. F., Gesetze über das Postwesen des norddeutschen Bundes vom 2. u. 4. Novbr. 1867 nebst Reglement vom 11. Dezbr. 1867 u. Anleitung für das Publikum, Post-Sendungen jeder Art mittelst Tabellen selbst berechnen zu können. Schrimm 868. Schreiber in Comm. 16. (96 S. u. 1 Tab. in 4.) 6 ngr.

Drei Motetten ⟨a capella⟩ für Sopran, Alt, Tenor u. Bass z. Gebr. beim Gottesdienste komp. von Chr. Benecke op. 11. *Delitzsch: R. Pabst [1898].* (11 S.) 8° [— 33—

Benecke, Christ[ianus] Guil[ielmus] Carol[us]: • Animadversiones et notas criticas in Primum Bionis Idyllium vulgo Ἐπιτάφιος Ἀδώνιδος inscriptum ... scripsit. 13 Bl. 8° (4°)
Halle-Wittenberg, Phil. Diss. v. 25. Mai 1820
Geb. [Salzwedel 19. 8. 1797]
Verf. wurde abwesend promoviert.

Benecke's, E., Psychologie als Naturwissenschaft, bearb. v. G. Hauffe. 8. (IX, 117 S.) Borna 890. Jahnke. n. 1. 50

Benecke, Ernst Wilhelm

Benecke und Rosenbusch. Abhandlungen zur geologischen Specialkarte von Elsass-Lothringen. Bd. I—V und Ergänzungsheft 1 zu Bd. I. Strassburg, 1875 bis zur Gegenwart.

Benecke, E. W., Abriss der Geologie v. Elsass-Lothringen. [Aus: „Statist. Beschreibung v. Elsass-Lothringen."] gr. 8. (IV, 128 S.) Strassburg 878. Schmidt. n. 3. —

Benecke, E. W., Beitrag zur Kenntniss des Jura in Deutsch-Lothringen, s.a. Abhandlungen zur geolog. Specialkarte v. Elsass-Lothringen. N. F. 1. Hft.

Beitrag zur Kenntniß des Jura in Deutsch-Lothringen von E[rnst] W[ilhelm] Benecke. Mit 7 Taf., 1 Landschaft u. 2 Fig. Straßburg: Straßb. Dr. & Verlagsanst. 1898. (97 S.) 4°(8°)
= Abhandlungen z. geol. Spezialkarte von Elsaß-Lothr. N. F. H. 1.

Benecke, Geognostisch-palaeontologische Beiträge. Band 1 und 2 mit je 1 Atlas. München 1868—76. 8.

— u. E. Cohen, geognostische Beschreibung der Umgegend v. Heidelberg. Zugleich als Erläuterungen zur geognost. Karte der Umgegend v. Heidelberg [Sectionen Heidelberg u. Sinsheim]. gr. 8. (622 S.) Strassburg 879—81. Trübner. n. 12. —
1. Das Grundgebirge. (X, 188 S.) n. 4. —
2. Dyas u. Trias. (S. 189—463.) n. 5. —
3. Jura. Tertiäre u. quartäre Bildgn. (S. 433—622.) n. 3. —

——— Ueber den Buntsandstein der Gegend von Weissenburg. (Sep.-Abdr. a. d. Mitthlg. d. Comm. f. d. geol. Landes-Unters. von Elsass-Lothringen. 1886. Band 1.) (Ohne Druckort.) 8.

— H. Bücking, E. Schumacher u. L. van Werveke, geologischer Führer durch das Elsass, s.a. Sammlung geologischer Führer. V.

Geologischer Führer durch das Elsass von E[rnst] W[ilhelm] Benecke, H[ugo] Bücking, E. Schumacher u. L[eopold] van Werveke. Mit 56 Profilen u. Abb. *Berlin: Gebr. Borntraeger 1900.* (VII, 461 S.) 8°
= Sammlung geologischer Führer. 5.

Benecke, E. W., und E. C. Cohen, geognostische Karte der Umgegend von Heidelberg. Blatt II. Sinsheim. Fol. Strassburg 874, Trübner. *

Benecke, E. W., und E. Cohen, geognostische Karte der Umgegend von Heidelberg. 1 : 50,000. Bl. 1.: Heidelberg. Chromolithogr. qu. gr. Fol. Strassburg 877, Trübner. *

Benecke, E. W., Lagerung u. Zusammensetzung d. geschichteten Gebirges am südl. Abhang d. Odenwaldes. gr. 8. (58 S. m. e. Steintaf. in qu. Fol.) (Heidelberg 872. C. Winter.) n. 1. 60

—— über einige Muschelkalk-Ablagerungen der Alpen, s. Beiträge, geognostisch-palaeontologische.

——— und van Werveke (L.), Ueber das Rothliegende der Vogesen. (Besonderer Abdruck a. d. Mitthlg. d. geol. Landesanstalt von Elsass-Lothringen. Band 3.) Strassburg i. E. 1890. 8.

—— über die Trias in Elsass-Lothringen und Luxemburg, s. Abhandlungen zur geologischen Specialkarte von Elsass-Lothringen.

Benecke, E. W., über Trias und Jura in den Alpen, s. Beiträge, geognostisch-paläontologische.

— über Trinitroso- u. Trinitrophloroglucin. [Mit 2 (eingedr.) Holzschn.] [Aus dem Laboratorium f. analytische Chemie an der k. k. techn. Hochschule zu Wien.] [Aus: „Sitzungsber. der k. Akad. d. Wiss."] Lex.-8. (6 S.) Wien 878. Gerold's Sohn in Comm. n. — 20

Benecke (E. W.), Ueberblick über die palaeontologische Gliederung der Eisenerzformation in Deutsch-Lothringen und Luxemburg. (Bes. Abdr. a. d. Mittheil. d. geol. Landesanstalt v. Elsass-Lothringen, Band 5.) (Ohne Druckort.) 1901. 8.

Benecke, EW, geolog. Uebersichtskarte v. Elsass-Lothringen. 1 : 500,000. 49×89.5 cm. Farbendr. Strassb. 92. (Berl., S Schropp.) n.n. 1 —

— über die Umgebungen v. Esino in der Lombardei, s.: Beiträge, geognostisch-paläontologische.

Benecke, E.W., die Versteinerungen d. Eisenerzformation v. Deutsch-Lothringen u. Luxemburg, s.a. Abhandlungen zur geologischen Spezialkarte v. Elsass-Lothringen. N. F. 6.

Die Versteinerungen der Eisenerzformation von Deutsch-Lothringen und Luxemburg. Von E[rnst] W[ilhelm] Benecke. Mit e. Atlas von 59 Taf. [Text u.] Atlas. Straßburg: Straßb. Dr. u. Verlagsanst. 1905. 2 Bde 4°(8°)
— Abhandlungen z. geol. Spezialkarte von Elsaß-Lothr. N. F. H. 6.

— Verzeichniss der mineralogischen u. geologischen Litteratur, s.: Abhandlungen zur geolog. Special-Karte v. Elsass-Lothringen.

Benecke, F. E., Erfahrungsseelenlehre als Grundlage alles Wissens in ihren Hauptzügen. gr. 8. Berlin Mittler. 820.

— — Erkenntnißlehre nach dem Bewußtsein der reinen Vernunft in ihren Grundzügen. 8. Jena, Frommann. 820.

— — über das Wesen deutsch. Universitäten. 8. Berlin Späthen. 817.

Benecke, Fr. Ueber das Schraubengebläse. Handschrift. Goslar, 1836.

Benecke, Frz., Anleitung zur mikroskopischen Untersuchung der Kraftfuttermittel auf Verfälschungen u. Verunreinigungen. Für die Praxis bearb. Mit 44 in den Text gedr. Abbildgn. gr. 8. (VI, 117 S.) Berlin 886. Parey. n. 3. —

Benecke, F., die Bedeutung d. mikroskopischen Untersuchung von Kraftfuttermittel für die landwirthschaftliche Praxis. Vortrag. gr. 8. (15 S. m. 3 Fig.) Dresden 888. G. Schönfeld's Verl. n. — 40

! Benecke, F: Mikroskop. Untersuchg v. Kraftfuttermitteln. Jetzt: Lpzg, Fritzsche & Schmidt. 86/90

Benecke, Frz., Formen u. Farben v. Saccharum officinarum L., s.: Soltwedel.

Benecke, F., zur Kenntniss d. Diagramms der Papaveraceen, s.: Mittheilungen aus dem botanischen Institut der Universität Heidelberg.

— u. E. Schulze, Untersuchungen über den Emmenthaler Käse und über einige andere schweizerische Käsesorten. [Aus dem agrikultur-chem. Laboratorium d. Polytechnikums in Zürich.] [Aus: „Landw. Jahrbb"] gr. 8. (84 S.) Berlin 887. Parey. n. 2. —

Benecke, Georg Friedrich

— Anmerkk. u. Wörterbuch zum Wigalois, s. W. v. Gravenberch.

Benecke, G.F. (Bearb.), s. Atwood, Thom.: Geschichte d. Insel Dominica in Westindien.

Benecke, Geo. Fr., Beitrr. zur Kenntn. d. altdeutschen Sprache u. Litt. 1r Bd. 1e Abthl. (A. u. d. T.: Minnelieder. 1r Bd. 1r Thl.) gr. 8. Götting. 810. Dieterich. 1 Rthlr 4 gGr Schrbp. 1 Rthlr 10 gGr 1r Bd. 2e Abthl. gr. 8. Ebd. 832. 1 Rthlr 8 gGr

Benecke, Geo. Friedr., Beyträge z. Kenntniss d. altdeutsch. Sprache u. Litteratur. 2. Bd. gr. 8. (20½ B.) Göttingen 832, Dieterich. Drckvlnp.
1. Bd. a. u. d. T.: Minnelieder. Ergänzung d. Sammlung von Minnesingern. Ebendas. 1810. 1 Thlr. 4 Gr.; Schrbp. 1 Thlr. 10 Gr.

– s. Berkels, v.: Beschreib.

– s. Ulr. Boner.

Briefe aus der Frühzeit der deutschen Philologie an Georg Friedrich Benecke. Mit Anm. begleitet u. hrsg. von Dr. Rudolf Baier. *Leipzig: Dieterich 1901.* (VIII, 173 S.) 8° [M. 4??]

Benecke, G. F., Briefe an ihn, s.: Grimm, J. u. W.

Benecke, G. F., s. Hartmann von Aue, Iwein.

Minnelieder. Ergänzung der Sammlung von Minnesängern. Herausgegeben von G. F. Benecke. Göttingen 1810. 8°.

– s. Olaudah Esquianos

Benecke, G. Fr., s. Graf Stronglow.

Benecke, Geo. Fr., Wörterb. zu Hartmann's Iwein. 8. Göttingen 833. Dieterich. 2⅓ Thlr

Benecke, G. F., Wörterbuch zu Hartmann's Iwein. 2. Ausg. besorgt von E. Wilken. 3 Lfgn. gr. 8. Göttingen 874, Dieterich's Verlag. (1. und 2. Lfg. (S. 1—256.) à * M 2,40.; 3. Lfg. (VIII, S. 257—391.) * M 2,80.] *

Benecke, G. F., Wörterbuch zu Hartmanns Iwein. 3. Ausg., besorgt v. C. Borchling. gr. 8. (IX, 318 S) Leipzig 901. Dieterich. n. 10. —; geb. n. 12. —

Benecke, Geo. Friedr., s. a. Wörterbuch, Mittelhochdeutsches.

Benecke, G. F., Mittelhochdeutsches Wörterbuch, mit Benutzung des Nachlasses ausgearb. von W. Müller u. F. Zarncke. Th. 1—3. Leipzig 1854—66. 8. . . . (D.)

Benecke, Go. Wilh. Frdr., Teuto, oder Urnamen der Deutschen, mit Erläuterungen. Erlangen 1816. 8. . . . . (D.)

Benecke, Georg Wilh. Ludw. (Hannover)
Dissertatio juridica de praescriptione Germanorum annali.
Giessae 30. Juni 1740: Eb. Henr. Lammers. 20 S. 4°
pro summis in jure honoribus.

— — De vero hereditatis petitionis objecto servitutes excludente. Disquis. academ. Viro Georg Christian Gebauer . . Giessen (E. H. Lammers) 24. XII. 1741. 20 S. (3.50) 2022

Benecke, Heinr., die evangelische Hierarchie. Zur Beleuchtung des Antrags Hammerstein—Kleist-Retzow. 1. und 2. Aufl. gr. 8. (36 S.) Halle 886, Hendel. *

Benecke, Heinr., Bischof Korum u. die Wunderwirkung d. heiligen Rockes zu Trier. gr. 8. (36 S.) Berlin 891. Bibliograph. Bureau. n. — 60

Benecke, H, Bischof Dr. Korum u. d. Wunderwirkg d. hl. Rockes zu Trier. 8° (36) Berl. 91. E Ebering. — 60

— der hl. Rock zu Trier im J. 1891. gr. 8. (56 S.) Ebd. 891. n. 1. —

— Wilhelm Vatke, in seinem Leben u. seinen Schriften dargestellt. Mit W. Vatke's (rad.) Bildniß. gr. 8. (XII, 633 S.) Bonn 883. Strauß' Verl. geb. n. 9. —

Ⓓ Benecke, Heinr., Wilh. Vatke. 883. (28823.) Jetzt: Bonn, M. Hager.

Benecke, J. F.: Grundsätze d. Meyerrechts in d. Braunschw.-Lüneb. Kurlanden. 1r Th. *Zelle*, Schulze. 795. gr. 8. (12 Gr.)

Benecke, Jh. Bas. Wlh., Collection de vocablos, y frases difficiles, que occuren en la fabula del ingeniosa hidalgo Don Quixote de la Mancha. Spanisch-deutsches Lexicon über Cervantes Don Quixote. 16. Leipz. 807. N. Titel 820. (Berl., List). 1 Thlr

Benecke, J. B. W., Colleccion de vocablos, y frases difficiles, que occuren en la fabula del ingenioso hidalgo Don Quixote de la Mancha, en orden alfabetico puestas, para servir de notas y explicaciones y facilitar la lectura de esta fabula, hecha. 16. Lips. Sommer. 820.

— spanische Grammatik ꝛc. gr. 8. Leipz. 806. 1 Thlr 8 gr 2e wohlf. A. 817. (W. Nauck). 21 gr

— — spanische Grammatik. Mit Uebungen, mit einem spanisch-deutschen Wörterbuche, und mit Gesprächen. 2te wohlf. Ausg. gr. 8. Ebendas. 817.

— — spanisch-deutsches Lexicon über Cervantes Don Quixote. 16. Ebendas. 820.

Benecke, Johannes [approb. Arzt aus Schwerin i. M.]: Ueber das Verhalten des Hinterhauptes bei Gesichtslagen . . . . München, Druck v. M. Ernst (vorm. Georg Pollner), 1887; 33 + 1 S. 8°
München, Med. Fak., Inaug.-Diss. v. 1887

Benecke, Leonh., praktische Anweisung zum Einmachen der Früchte nach den neuesten Verfahren. Für Hausfrauen, Köchinnen und Conditoren. Quedlinburg 859. Basse. 8. (VII, 72 S.) n. 10 ngr

Benecke, Leonh., die Conditorei und Liqueur-Fabrikation auf kaltem Wege. Ein prakt. Handbuch für Conditoren, Köche u. s. w., so wie zum Selbstunterricht. Mit (3 lith.) Zeichnungen zu schönen u. eleganten Tortenverzierungen (in Fol.). Nach den neuesten französischen u. deutschen Methoden bearbeitet. Berlin 855. Janke. 8. (2 Bl., 132 S.) 1 Thlr

— die Conditorei und Liqueur-Fabrikation auf kaltem Wege. Ein praktisches Handbuch für Conditoren, Köche ꝛc. sowie zum Selbstunterricht. Mit Zeichnungen zu schönen und eleganten Tortenverzierungen. 2. Ausg. Berlin 864. Janke. 8. (IV, 132 S. u. 3 lith. Taf. in Fol.) n. 20 ngr

Benecke, Max, Abrégé de l'histoire de la littérature française, s.: Toeppe, H.

Benecke, Max, s.: Collection of longer English poems.

Benecke, Max, Collection of longer English poems, s.: Authors, English.

— französ. Materialien, s.: Benecke, A.

Benecke, Max, Outlines of English literature, s.: Toeppe, H.

[F.] Benecke, *Albert Theodor* Max [ord. Lehrer am Friedrichs-Werderschen Gymn. zu Berlin]: Vom Takt in Tanz, Gesang und Dichtung, m. bes. Berücks. d. Volkstümlichen ... Bielefeld, Druck v. Velhagen & Klasing, 1891; VII, 93 S. 8.
Leipzig. Phil. Fak., Inaug.-Diss. v. [3. Dez.] 1891

Benecke O, Geschichte der Familie Lorenz Meyer in Hamburg.
(88 S) (Hamburgische Liebhaber-Bibliothek) Hamburg 1902

BENECKE, O. Von unehrlichen Leuten. Culturhistorische Studien und Geschichten aus vergangenen Tagen. Deutsches Gewerbe, besonders in Hamburg. Hamburg 1863. 8°.

Benecke, Otto: Atlas f. d. Stadt- u. Landkreis Harburg, s.: Diercke, C.

Benecke, Otto Boileau imitateur d'Horace et de Juvénal. 15 S.
Progr. *Neuhaldensleben* 1879.

Benecke, Otto, Kruse-Suse. Ein Bubenstreich u. seine Folgen. Mit 47 farb. Illustr. v. C. Heuwold. (82 S) gr. 8. Wolfenbüttel 908. Heckner. n. 1. —

Benecke, Otto [aus Hamburg]: Ueber Parasiten und congenitale Geschwulste [sic!] .... Würzburg, Paul Scheiner's Buchdr., 1888; 20 S. 8°
Würzburg, Med. Fak., Inaug.-Diss. v. 1888

Benecke, Otto, über Parasiten und congenitale Geschwülste. Diss. Würzburg 1888, Stahelsche Univ.-Buchh. 8°. 20 S.

Benecke, Paul, der Irrtum i. Motiv b. letztwill. Verfüggn. Mit bes. Berücksicht. d. Quellenmaterials (namentl. d. l. 27 § 4, l. 28 D de inoff. test. V., in ihrer Beziehg. z. l. 93 (92) de her. inst. XXVIII,.). Dissert. gr. 8. (70 S.) Greifswald 898. (Berlin, W. Weber.) n. 1.50

Benecke, Rhold., vollst. alphabet. geordn. Sammlg. deutscher Vor- u. Taufnamen, s.: Schnack, Heinr. Chrn.

Benecke, Theodor

Benecke, Thdr: Beitrag z. 300jähr. Bestehen d. Glaser- u. Malerzunft zu Harburg. (15) 8° Harbg, (FHW Reichenau) '11. 1 — d

Benecke, Thdr: Neuester illustr. Führer durch Harburg u. Umgegend, insbes. durch d. Waldgn Haake, Emme, Rosengarten, Höpen, Kleckerwald u. Tötenser Sunder. (102 m. 1 Pl. u. 1 Karte.) 8° Harburg a E., (G Lühmann's Buchdr.)'07. (Nur dir.) —50

Benecke, Thdr., neuester illustrierter Führer durch Harburg u. Umgegend, insbesond. durch die Waldgn. Haake, Emme, Rosengarten, Stuvenwald, Höpen u. Kleckerwald, m. e. Anh., enth. Touren von Buchholz ab in die Waldgn. u. in die Lüneburger Central-Heide bis zum Wilseder Berge, sowie Touren nach u. in Wilhelmsburg. 55 Touren, 59 Illustr., 2 Krokis, 1 Stadtplan u. 1 Karte der Umgegend Harburgs. Im Auftrage des „Ausschusses zur Förderg. des Fremdenverkehrs in Harburg u. Umgegend" bearb. u. hrsg. 2. verm. u. verb. Aufl. (6.—10. Taus.) (XVI, 128 S.) kl. 8. Harburg (909). (F. H. Reichenau.) —60

— Geschichte des Klosters u. Dorfes Scharnebeck bei Lüneburg. Nachtrag (Quellen.) (36 S. m. 17 Abb.) 8. Harburg 909. Selbstverlag. —50
Sonderabdruck aus „Lüneburger Tagebl."

Historisch-topographische Nachrichten über das ehemalige Amt Harburg aus dem 16. und 17. Jahrhundert von Theodor **Benecke**-Harburg. Harburg 1908: G. Lühmann. (59 S.) 8° [F.]

— Quellen z. Gesch. d. Stadt u. d. Schlosses Harburg. [Aus: „Harburger Anzeigen u. Nachr."] (65) 8° Ebd. '12 nn 1.50 d

Benecke, Thdr., Kloster Scharnebeck. (Historisch-topograph Beschreibg. des ehemal. Klosters u. Dorfes Scharnebeck bei Lüneburg), seinen Scharnebecker Landsleuten in alter Treue gewidmet. (61 S. m. 17 Abbildgn.) 8. Bremen 905. C. Schünemann. n. 1.—

Kloster Scharnebeck. (Hist.-topogr. Beschreibung d. ehemaligen Klosters u. Dorfes Scharnebeck bei Lüneburg.) Seinen Scharnebecker Landsleuten gewidmet von Theodor **Benecke** in Harburg a. d. Elbe. Mit Abb. [Nebst] Nachtrag. Bremen: Schünemann (Nachtr.: Dr. von Hoppe, Lüneburg) 1905–09. 8°
Nachtr. Aus: Lüneburger Tageblatt.

Benecke, Wilhelm, s.a. B e n e k e , Wilhelm

Über Bacillus chitinovorus, einen Chitin zersetzenden Spaltpilz. Von [Wilhelm] **Benecke.** Leipzig: A. Felix 1905. (S. 227–242.) 8°
— Zeitung, Botanische. Jg. 63, Abt. 1, H. 12.

Benecke, Wilh.: Bau u. Leben d. Bakterien, s: Naturwissenschaft u. Technik in Lehre u. Forschg.

Benecke, Wilh. 11, der Brief Pauli an die Römer, erläutert. gr. 8. Heidelb. 831. Winter. 1 Rthlr 18 gGr

— Mikroskop. Drogenpraktikum in Anlehng an d. 5. Ausg. d. deut. Arzneib. (6, 95 m. Abb.) Lex8° Jena, G Fischer '12. 3 —; geb. 3.80

Benecke, Wilh., Grundzüge d. Wahrheit. — Des Verf. letztes, durch d. Tod unterbroch. Werk. gr. 8. (23 B.) Berlin 838, Nicolai'sche Buchh.
Vgl. Beneke.

Ueber die Keimung der Brutknospen von Lunularia cruciata. Mit vergl. Ausblicken auf andere Pflanzen. Von W[ilhelm] **Benecke.** *(Leipzig: A. Felix 1903.)* (S. 19–46). 8°
— Zeitung, Botanische. Jg. 61, Abth. 1, H. 2.

Benecke, Wilhelm [aus Strassburg i/E.]: Die Nebenzellen der Spaltöffnungen. E. Beitr. z. Kenntniss ihres Baues u. ihrer Function im pflanzlichen Organismus ... M. e. Taf. (Aus: Bot. Zeitg, 1892.) *Leipzig, Druck v. Breitkopf & Härtel,* 1892; 1 Bl., 25 S., 1 Taf. 4.
Jena, Phil. Fak., Inaug.-Diss. v. 1892

Benecke, Wilh. Plan der in Hamburg im Anfang des Jahres 1806 unter dem Namen Lebensversicherungs-Sozietät mit einem Fonds von einer Million Mark Banko errichteten fortdauernden Lebens-Versicherungs- und Leibrenten-Gesellschaft. Hamburg 1805.

Benecke, Wilhelm: S y s t e m des Assecuranz- und Bodmerey-Wesens, aus den Gesetzen und Gebräuchen Hamburgs und der vorzüglichsten handelnden Nationen Europens, so wie aus der Natur des Gegenstandes entwickelt. Für Versicherer, Kaufleute und Rechtsgelehrte', 5 Bände (5. Band=Zusätze)
Hamburg: Selbstverlag; Leipzig Hinrichs 1805-1821.

Benecke's, Wilh., System des See-Assekuranz- und Bodmerei-Wesens. Vollständig und zeitgemäß umgearb. von Vincent Nolte. 2 Bde. Lex.-8. (1. Bd. XXXII und 870 S.) Hamburg 851, Perthes-Besser und Mauke.

Benecke's, Wilh., System des See-Assekuranz- u. Bodmerei-Wesens. Vollständig u. zeitgemäß umgearb. v. V i n c e n t N o l t e. 2 Bde. Lex. 8. (1. Bd.: XXXII u. 879 S. 2. Bd.: XII u. 1110 S. m. 7 Tab. in 4. u. Fol.) Hamburg 851. 52, Perthes-Besser & Mauke. n. 10 Rthlr

Benecke, W, Syst. d. See-Assekuranz- u. Bodmerei-Wesens. Umgearb. v. V Nolte. 2 Bde. 8. (1989) Hamb. 51. 52. (Lpzg, Mauke.) n. 12. —

Benecke, Wilh. 1., der jetzige Zustand d. Hamburg. Versorgungs-Tontine u. die ächten Grundsätze e. künft. Verwaltung derselben. 8. Hamb. 832. Erie. 3 gGr

Benecke-Harburg, Theodor, s. B e n e c k e , Theodor

Benecken, Friedrich Burchard, s.a. B e n e k e n , Friedrich Burchard

Benecken, Friedrich Burchard

— etwas f. Traurende beim Tode ihrer Lieben. 8. Hannov. 786. Hahn. 16 gGr 2r Thl. A. u. d. T.: Für Leidende u. ihre Freunde. 8. Ebd. 790.

— Linchens Feierabende; e. Toilettenschr. f. Damen. 1s Bdchen. 8. Hannov. 796. Hahn. 21 gGr

— s. Gedichte u. kl. Aufsätze.

Benecken, Fr. Burch., (†1818.) Jahrbuch f. d. Menschheit od. Beitr. z. Beförd. häusl. Erziehung rc. 1r bis 4r Jahrg. 1r Bd. 8. Hannov. 788 — 91. Hahn. 10 Rthlr 12 gGr

— Lieder d. Religion, Freundschaft u. Liebe. Mit Clavierbegl. gr. 4. Hannov.... Hahn. Wohlf. Ausg. 805. 1 Rthlr

— Lieder d. Unschuld u. Liebe. Mit Clavierbegleit. gr. 4. Hannov., Hahn 1 Rthlr 8 gGr

— s. M a n n i g f a l t i g k e i t e n z. angen. u. nützl. Unterhaltung.

— Melodien zu d. Liedern f. Volksschulen, s. A. L. Hoppenstedt.

— prakt. Philosophie, s. unten: Weltklugheit.

— üb. d. Umgang mit Leidenden. 1r Bd. 8. Hannov. 792. Hahn. 18 gr

— Vorübungen z. Akademie f. Jünglinge, s. G. F. Palm.

— Weltklugheit u. Lebensgenuß od. Beitrr. z. Philosophie d. Lebens. 5 Thle. 8. Hannov. 788—94. (1r, 2r Thl. 2e A. 792. 3e A. 805, 6. 3r Thl. 2e A. 796.) Hahn. 4 ₰ 14 gr 4r, 5r Thl. A. u. d. T.: Prakt. Philosophie f. häusl. u. ehel. Leben. 1r, 2r Thl. 793, 94. 1 ₰ 20 gr

Beneckendorf, Karl Friedrich von,
s.a. B e n e k e n d o r f , Karl Friedrich von

Beneckendorf, Karl Friedrich von

Beneckendorf, C.Fr.v.: A b h a n d l u n g von Baumschulen, worinn die Anlegung, Pflege und Wartung derselben abgehandelt wird.
Berlin: 1776. 60 S. –
– 2. Aufl. ebd. 1789.

Beneckendorf, K. F. v., Erfahrungsmäßige Abhandlung von verschied. Seuchen und Krankheiten des Rindviehes. (II.) gr. 8. Berlin (779) 791. Reimer. M. 2.25

Beneckendorf, Karl Friedrich v. (Hrsg.), s. A c k e r k a t h e - chismus.

Beneckendorf, Karl Friedrich v.: Theoretisch-praktische A n l e i t u n g zur neueren Forstwissenschaft, zum besonderen Gebrauch der Privat-Waldeigenthümer und deren Forstbedienten.
Berlin: 1783.
592 S.

Beneckendorf, Karl Friedr.: G r a b der Chikane, worinn: daß häufige Processe das größeste Uebel eines Staats sind, gezeiget ... werden. Bd. 1-3.
Berlin: 1781-85.

Beneckendorf, Karl Friedrich v.: O e c o n o m i a controversa ...
Berlin 1787 u. 1788. 2 Bd.-Bd. 1: 350 S.- Bd. 2: 294 S.- 2. Aufl. ebd. 1794. 2 Tl.

Beneckendorf, Karl Friedrich v.: O e c o n o m i a forensis ...
Berlin: 1775-1784. 8 Bde.

Beneckendorff u. v. Hindenburg, Bernh. v., s: Burgdorff, Bernh. v.

Benedek, Alexius, mein Testament. Autoris. Uebersetzg. aus dem Ung. v. Wilh. Schönwald. 12. (98 S.) Wien 899. R. Löwit. n. 1. 40

Benedek, Elek, Anna Huszar, s.: Collection Hartleben 8. Jahrg. 10. Bd.

Benedek, L. Ritter v. Sammlung der Armee-Befehle und speciellen Anordnungen vom Jahre 1866. H. 1. Wien 1866 8°.

Benedeks, Ludwig v.

Benedek's nachgelassene Papiere. Hrsg. u. zu e. Biographie verarb. v. Heinr. Friedjung. 1. u. 2. Aufl. gr. 8. (à XIX, 459 S. m. 2 Bildnissen, 4 Karten u. 1 Skizze.) Leipzig 901. Bernh. Meyer. n. 13. 50; Einbd. n.n.n. 1. 50

(Ludwig v.) Benedeks Nachgelassene Papiere. Hrsg. u. zu e. Biographie verarb. von Heinrich Friedjung. *Leipzig: Grübel & Sommerlatte 1901.* (XIX, 459 S.) 8° [F.] [01. 4449

Benedek's nachgelass. Papiere. Hrsg. u. zu e. Biogr. verarb. v. H Friedjung. 1. u. 2. Afl. (459 m. 2 Bildnissen, 4 Kart. u. 1 Skizze.) 8° Lpzg'01. Dresd., C Reissner. 13.50; geb. 15 — || 3. [Tit.-]Afl. m. Anh. (459 u. 12 m. 2 Bildnissen, 4 Kart. u. 1 Skizze). Dresd.'04. 8 —; geb. 9 — d

(Ludwig v.) Benedeks Nachgelassene Papiere. Hrsg. u. zu e. Biogr. verarb. von Heinrich Friedjung. 3., durch e. zweiten Anh. verm. Aufl. (Vorr.: Edith Gräfin Salburg). *Dresden: C. Reißner 1904.* (XIX, 459 S.) 8° [F.] [04. 5944

Beneden, Eduard van

Beneden, Ed. van, les Anthozoaires de la „Plankton-Expedition", s.a. Ergebnisse d. Plankton-Expedition d. Humboldt-Stiftg.

Die Anthozoen der Plankton-Expedition v. Eduard van Beneden, Prof. ... in Lüttich. M. 16 Taf., 1 Kt. u. 59 Abb. im Text. *Kiel & Leipzig: Lipsius & Tischer 1897.* [A. T.:] Les Anthozoaires de la 'Plankton-Expedition' par E. v. B. ... (220 S., 10 Taf., 1 Kt.) 1 Bd 4.
— Ergebnisse d. ... 1889 ausgef. Plankton-Expedition d. Humboldt-Stiftung. Bd II. K. e. [98. 8470

Beneden, Ed. van, de la distinction originelle du testicule et de l'ovaire; caractère sexuel des deux feuillets primordiaux de l'embryon; hermaphrodisme morphologique de toute individualité animale; essai d'une théorie de la fécondation. [Aus: „Bulletins de l'acad. royale de Belgique."] gr. 8. (68 S. m. 2 Steintaf. in 4.) Bruxelles 874. (Berlin, Friedländer & Sohn.) n. 3. 60

Beneden, Eduard von (Hrsg.), s. M o n a t s s c h r i f t, Internationale , für Anatomie und Histologie.

Beneden, Edouard van, recherches sur la maturation de l'œuf, la fécondation et la division cellulaire. gr. 8. (IV, 422 S. mit 14 zum Theil color. Taf.) Leipzig 883, (Engelmann.) cart. *

Beneden, Ed. van, et Ch. Julin, recherches sur la morphologie des Tuniciers. [Aus: „Archives de biologie".] gr. 8. (240 S. m. 10 Taf.) Gand 886. (Leipzig, Engelmann.) cart. n. 20. —

— et A. Neyt, nouvelles recherches sur la fécondation et la division mitosique chez l'Ascaride mégalocéphale. [Aus: „Bulletins de l'académie royale de Belgique".] gr. 8. (83 S. m. 6 Taf.) Leipzig 887. Engelmann. cart. n. 12. —

Beneden, J. V. van, description des ossements fossiles des environs d'Anvers, s.: Annales du musée royal d'histoire naturelle de Belgique.

Beneden, P. J. van, Recherches sur l'Anatomie, la Physiologie et l'Embryogénie des Bryozoaires, qui habitent la côte d'Ostende. 4. (Mit 3 lithogr. Tafeln.) Bruxelles 845. (Bonn, Marcus.) n. $1^1/_3$ ₰

— Recherches sur l'Embryogénie, l'Anatomie et la Physiologie des Ascidies simples. (Mit 4 lithogr. Taf.) gr. in 4. Ebend. 846. n. 2 ₰

Beneden, PJ van, d. Schmarotzer d. Thierreichs, s.a. Bibliothek, internat. wissenschaftl.

Beneden, P. J. van, Die Schmarotzer des Tierreichs. Mit 83 Abbildgn. 8°. (274 S.) Leipzig 76. F. A. Brockhaus. M. 5.—, geb. M. 6.—

Benedetti's Enthüllungen. Aus seinem berühmten Werke: „Ma mission en Prusse". 1. und 2. Aufl. gr. 8. (96 S.) Leipzig 871, Minde.

Benedetti, Georg Istriani e Romani nell' anno 178 a. C. S. 3—32. 8. Progr. *Mitterburg* 1885.

Benedetti, Gg. Stato della commedia italiana nel cinquecento, coll' aggiunta delle considerazioni dei rapporti della stessa colle Atellane, coi Mimi e colla commedia classica latina. 44 S. 8. Progr. *Mitterburg* 1881.

Benedetti, *Georg* Giuseppe Tartini. 8 (S. 3—29). Progr. K. k. Staats-G. *Pola* 1893.

Benedetti, Jo. Pet. Bertram (Jülich), Selecta capita, de rerum divisione et adquirendo earundem dominio. Diss. jur. Präs. Ern. Jo. Fried. Manzeln. Rostock (Adler) Aug. 1755. 36 S. (5.—) 2023

Benedetti, Th., s. Kinderscenen.

Benedetto Papa, s. B e n e d i c t u s

Benedetto, Luigi Foscolo, il „Roman de la rose" e la letteratura italiana, s.a. Zeitschrift f. roman. Philologie.

Il 'Roman de la Rose' e la letteratura italiana di Luigi Foscolo **Benedetto.** Halle a. S.: Niemeyer 1910. 259 S. 8°
(Zeitschrift f. roman. Philologie. Beih. 21.) (10. 1910 2

Benediches, P, s: Regula sancti patris Benedicti.

Benedicite! Libellus precum in usum iuventutis litterarum studiosae. 32. (VIII, 186 S.) Warburg 886. Quick. geb. in Callico. n. 1. — ; in Ldr. 2. —

— [Lobpreiset.] Katholisches Gesang- u. Gebetbuch. 8. (381 u. 444 S. m. Holzschn.) Regensburg 886. Pustet. n. 1. 80 geb. in Leinw. n.n. 2. 50; in Ldr. m. Goldschn. n.n. 3. 60

Benedicks, Carl, über die Deduktion der stöchiometrischen Gesetze. (14 S.) 8. Uppsala 906. (Berlin, R. Friedländer & Sohn) n.n. — 80
Sonderabdruck aus: „Arkiv f. kemi, mineralogi och geologi".

Über das Gleichgewicht und die Erstarrungsstrukturen des Systems Eisen-Kohlenstoff. Von Carl **Benedicks.** Mit 5 Fig. u. 31 Lichtbild. Halle a. S.: W. Knapp 1907. (33 S.) 4°
Aus: Metallurgie. Jg. 3, H. 12–14. (07. 10139

Benedicks, Carl: Die Natur d. elektr. Kolloidsynthese. [Aus: „Arkiv f. matematik, astronomi och fysik".] (31 m. Fig. u. 4 Taf.) 8° Uppsala '12. Berl., R Friedländer & S. nn 2.40

— Synthèse du fer météor., s: Acta, Nova, regiae soc. scientiarum Upsaliensis.

Untersuchungen über den Polabstand magnetisirter Cylinder von C[arl] **Benedicks.** Med 6 Textfig. *Stockholm 1902: P. A. Norstedt & Söner.* (23 S.) 8°
— Handlingar. Svenska Vetenskaps-Akademiens. Bihang. Bd 27, Afd. 1, No 5. (02 …d 9

Benedickt, Jos.

Benedickt, J, kurze Anl. z. Schreiblesounterr. 8. (20) Wels 52, Haas. n. — 4

Benedickt, Jos., kurze Anleitung zum Schreibleseunterrichte m. vorzügl. Rücksicht auf Anregung der Selbstthätigkeit der Kinder; nebst einem Anhang, enth.: stufenweis geordnete Uebungen, welche die Schreibthätigkeit der Kinder ganz besonders in Anspruch nehmen. gr. 8. (20 S.) Wels 852. (Leipzig, Hübner.) n. 4 ngr.

Benedict, s.a. B e n e d i c t u s

Benedict, Adf., kaufmänn. Universal-Konversations-Lexikon. Prakt. Hand- u. Nachschlagebuch f. Kaufleute, Fabrikanten, Bankiers ꝛc., sow. namentl. f. junge Handelsbeflissene u. f. jedes Kontor. Unt. Mitwirkg. mehr. prakt. Geschäftsleute bearb. u. hrsg. 12. (VII, 334 S.) Stuttgart 896. Schwabacher. Geb. in Leinw. 3. —

Benedict, Anton

— **Festrede anläßlich der Grillparzerfeier am 18. I. 1891. 7. ibd. 91. Progr.**

Benedict Dr. Anton: Die Metrik in Heinrichs v. Mügeln „Der meide kranz". 20. Smichow d. St. G. 90. **Progr.**

Heinrich v. Mügeln: *Benedict Dr. A.*: **Über die Sprache in „Der meide kranz." 18. Smichow 89. Progr.**

Benedict, Ant. Über eine mittelhochdeutsche Übersetzung der Meditationes des heil. Augustinus. 15 S. 8. *Karolinenthal (Prag)* 1881. **Progr.**

Benedict, Benno [app. Arzt aus Berlin]: Zwei Fälle von Sarkom des Thorax.... München, Buchdr. v. M. Ernst, *1890;* 19 S., 1 Taf. 8°
Erlangen, Med. Fak., Inaug.-Diss. v. 29. Nov. 1889

Benedict, Carol. Christ(ianus) Fredericus *(geb. Breslau 29. 10. 1817)*: De aneurysmate spurio ejusque medela, adjectis duobus morbi exemplis. Vratislaviae (1841). (54 S.) 4°
Breslau, Med. Diss. v. 3. Juli 1841

BENEDICT, DOMINICUS: Predigt vom heiligen Messopfer. Bey Gelegenheit der Primizfeyer des . . . Herrn &c. Felix Freiherrn von Gerliczy. Gehalten am 7. Oct. 1804 in der Pfarrkirche in der königl. freyen Bergstadt Schemnitz. Neusohl 1804. Gedr. bey Johann Stephani. 15 S. - kl. 8°

Benedict, E, e. Abenteuer in St. Petersburg, s.: Reiselectüre.

Benedict, E, d. verfehlte Spuk, s.: Reiselectüre.

Benedict, Eduard: B e m e r k u n g e n über das Urheberrecht. . . , s. B e n e d i k t , Edmund.

Benedict, F.: De oraculis ab Herodoto . . . , s. B e n e d i c t , Friedr.

Benedict, F.A., s. B e n e d i c t , Fr. Aug.

Benedict, F. L., St. Simon's niece, s.: Collection of brit. authors.

Benedict, Felix Anton Edl. v. Die Guzman. Historisch-romantische Erzählung. Villach, Hoffmann, 1854. 127 S.

Benedict, Fr. Aug.

— Der Impfzwang und die Bannrechte, gegenüber der Vernunft, dem Rechte und der Wissenschaft. Ein staatswissenschaftl. Versuch, zunächst zur Aufklärung der Bevorrechteten über ihre Vortheile und zum Gebrauche für Volksvertreter, Magistratspersonen und Stadtverordnete. gr. 8^{0}. Leipzig, Göschen, 1835.

— vollständ. Nachweisung d. Widersprüche, in welchen die kursächs. Prozeßordnn. v. 1622 u. 1724, mithin aber auch d. gemeine deutsche Prozeß, mit ihr. Grundprincip, d. Verhandlungsmaxime, stehen. Nebst neuen Gesetzesvorschlägen. Eine gekr. Preisschrift. gr. 8. (18½ B.) Ilmenau 829, Voigt.

Benedict, Fr. Aug., über Schäfereitaxen, od. Anleitung zur Ermittelung des wahren Werthes e. Schäferei, aus staats- u. rechtswissenschaftl. Grundsätzen. Mit 3 Tabb. 8. Magdeburg 832. Heinrichshofen. ⅓ ℔

— der Zunftzwang und die Bannrechte, gegenüber der Vernunft, dem Rechte u. der Wissenschaft. Ein staatswissenschaftl. Versuch, zunächst zur Aufklärung der Bevorrechteten über ihre Vortheile u. zum Gebrauche für Volksvertreter, Magistratspersonen u. Stadtverordn. gr. 8. Leipz 835. Göschen. 1 ℔

Benedict, Francis Gano [aus Boston, Mass., U. S. A.]: Ueber die Jodoniumbasen aus p-Bromjodbenzol ... Heidelberg, Univ.-Buchdr. v. J. Hörning, 1896; 29 S., 1 Bl. 8.
Heidelberg, Naturw.-math. Fak., Inaug.-Diss. v. [12. März] 1896

Benedict, Friedrich

Benedict, Frdr., Orbis latinus, s.: Graesse, J. G. Th.

Benedict, Fridericus (geb. am 8 Dez. 1850 in Breslau): De oraculis ab Herodoto commemoratis quaestionum Pars prior [un.] ... Bonnae, form. C. Georgi (1871). 1 Bl., 50 S., 1 Bl. 8. ¶ In Komm. bei Cohen & Sohn in Bonn.
Bonn, Phil. Fak., Diss. v. 5 Aug. 1871

Benedict, Friedr. Aug.

Benedict, Fr. Aug.: Handbuch der gerichtl. Würderungskunde z. Gebr. f. Richter u. Advokaten bei gerichtl. Abschätzung aller Arten Grundeigenthum u. Gerechtigkeiten, bei Ermittelung des nothwend. Beilasses und bei Beurtheilung der über dergl. Geschäfte aufgenommenen Verhandlungen. *Leipzig*, **Baumgärtner. 829. 8. (1 Thl. 16 Gr.)**

— Ist die Klage über zunehmende Verarmung u. Nahrungslosigkeit in Deutschland gegründet, welche Ursachen hat das Uebel und welche Mittel bieten sich zur Abhülfe dar? Verbunden mit dem, von der Hochlöbl. Akademie gemeinnütziger Wissenschaften zu Erfurt über die bei Otto in Erfurt 1838 erschien. Preisschrift des Hrn. Prof. Franz Baur in Mainz, unt. demselben Titel, ausgesproch. Urtheile. gr. 8. Leipzig 838. Hartknoch. 3/4 ℛ

Benedict, G. T., s. Benedict, Traugott Wilhelm Gustav

Benedict, Hans, d. Abwässer d. Fabriken, s.a. **Sammlung chem. u. chem.-techn. Vorträge.**

BENEDICT, H.
Abwässer (Die) der Fabriken. Erlangen, 1896. 8vo. Ill.
Sammlung chemischer und technisch-chemischer Vorträge.

Benedict, H., Chemisch-technische Analyse der anorganischen Säuren. Braunschweig, 1908. 76 S. mit 16 Abb.

Benedict, Hans: Das Beta-Hydrindon Ein neuer Beitrag zur Synthese von Hydrinden-Derivaten. . . . Leipzig-Reudnitz, Druck v. Max Hoffmann, 1889: 14 S. + 1 Bl. 8°
Leipzig, Phil. Fak., Inaug.-Diss. v. 30. Dez. 1889

Benedict, H.: Die künstlichen Farbstoffe (Theerfarben). Kassel: 1883.

Benedict, Jos., Zwei Leichenreden. Neuburg 852. Prechter. 8. (12 S.) 2 ngl

—— Welt oder Kloster? Predigt, gehalten am Feste des heil. Franz v. Sales und der Einkleidung der Jungfrau K. D. im Kloster der Heimsuchung Mariä zu Dietramszell. gr. 8. (16 S.) Neuburg 852. Prechter.

— Welt oder Kloster? Predigt, geh. am Feste des heil. Franz von Sales u. der Einkleidung der Jungfrau K. D. im Kloster der Heimsuchung Mariä zu Dietramszell. Ebend. 853. gr. 8. (16 S.) 2 ngl

Benedict, Max, Führer durch die Baudenkmäler zu Weida, Mildenfurth, Veitsberg u. Cronschwitz. (18 S.) 8. Plauen 906. (A. Kell.) n.n. — 80

Die Ortsnamen des sächsischen Vogtlandes in ihren sprachlichen und historischen Beziehungen untersucht von **Max Benedict**, Plauen. *Plauen i. V. 1900: Neupert* (aufgestemp.: *Plauen: A. Kell*). (118 S.) 8° [J.]
Aus: 14. Jahresschrift d. Altertumsver. zu Plauen i. V. [01. 10-06 3

BENEDICT, MICHAEL: Predigt bei Gelegenheit der Jubel-Feier . . . der zu Ehren der allerheiligsten Drei-Einigkeit errichteten hundertjährigen Gelübd-Säule . . . Eisenstadt 1813. o. Dr. 16 S. - 220 mm

Benedict, Mordekaj
[Hebr. u. Ant.] S. Tekėlet Mordekaj. Derūšim. Mē'ēt Mordekaj Bn't [Benet d. i. Benedict]. 'A''j. Jiśraēl Fjš [Fisch]. Teheles Mordechaj. Lemberg: Nick 1892. 50 gez. Bl. 8°(4°)
[Religiose Vorträge. Hrsg. J. Fisch.] 109. 8025

Benedict, Siegmund, aus Stuttgart: **Die Gudrunsage in der** neueren deutschen Literatur. *Rostock 1902: Adler's Erben.* (118 S.) 8°
Rostock, Phil. Diss. v. [1. März] 1902

Benedict, Siegm., die Gudrunsage in der neueren deutschen Literatur. gr. 8. (119 S.) Rostock 902. (H. Warkentien). n. 2 50

Benedict, T.: Einige Worte üb. d. Amputation i.d. Kriegsspitälern, s. Benedict, Traugott Wilhelm Gustav.

Benedict, T. F., s. Benedict, Traugott Friedrich

Benedict, Traugott Friedrich

— — De mortis beneficio ad Herodoti locum lib. I, cap. 31 disserit in schola Torgauiensi. Leipzig (Sommer) 3. u. 6. IV. 1787. 14 S. mit Namen. (3.—) **2029**

— s. Cicero epist. ad famil.

***Benedict*, Tr. Fr., Commentarii critici in Thucydidis VIII libros. 8 maj. Leipz. 815. Weidmann. 1 ℛ Schreibp. 1 ℛ 6 gl**

— — Carmine de senectutis honestae commodis viro Johann Theodor Lingk gratulatur lycei Torgauiensis magistrorum. Torgau (Joh. Matth. Kurz) 13. XII. 1795. 8 Bl. (4.—) 2036

— — Conjecturae ad quosdam Platonis dialogos in lyceo Torgauiensi. Lpz. (Richter) 4. IV. 1806. 16 S. mit Namen. (1.50) 2043

— — Conjecturae ad Platonis libros de republica in lyceo Torgauiensi. Lpz. (Richter) 12. IV. 1805. 15 S. mit Namen. (2.20) 2042

— — Diem patri patriae optimo Friderico Augusto principi Saxoniae in schola Torgauiensi. — Descriptio codicis manuscripti Torgauiensis. Lpz. (Jacobaeer) 5. III. 1788. 22 Seiten mit Namen. (3.50) 2030

— — Disquisitio de dei notione. Torgau (Joh. Matth. Kurz) 5. IV. 1803. 16 S. mit Namen. (2.—) 2040

— — Carmen de fatis saeculi post Christum natum decimi octavi in lyceo Torgauiensi. Torgau (Kurz) 31. III. u. 3. IV. 1801. 31 Seiten mit Namen. (4.—) 2039

Benedict, Traug. Friedr., Ad orationem muneris in lyceo Torgauiensi de imaginibus Romanae nobilitatis insignibus diss. Lpz. (Sommer) 5. V. 1783. 16 S. (2.—) 2024

— — De imaginibus Romanae nobilitatis insignibus, altera dissert. — Auspicia . . Carl Christian Tittmann, . . scholae Torgauiensi . . 4 Orationes . . Torgau (Ruidel) 21. X. 1783. 18 S. (2.—) 2025

— — Interpretationem allegoriae Homericae de errore et precibus, in schola Torgauiensi . . . Lpz. (Sommer) 9. XI. 1784. 20 S. (3.—) 2026

— — Interpretationis allegoriae Homericae de errore et precibus pars posterior . . in schola Torgauiensi . . Lpz. (Sommer) 22. u. 25. III. 1785. 20 S. mit Namen. (3.—) 2027

Benedict, T. F., Interpretatio allegoriae Homericae de errore et precibus. Lips. 785. 2 P. 4. 10 gr.

— — Interpretatio quorundam Plutarchi locorum in vita Jul. Caes. cap. I, IX, X et XXII in schola Torgauiensi. Torgau (Kurz) 19. u. 22. IV. 1791. 24 S. mit Namen. (3.—) 2032

— — De Homeri loco Iliad lib. IV. v. 231—309 dissertatio . . in schola Torgauiensi . . Leipzig (Sommer) 11. u. 14. IV. 1786. 31 S. mit Namen. (3.50) 2028

Benedict, T. F., brevis narratio de Christo in vitam revocato. Torgav. 1790. 4.

— — Notae criticae ad Ciceronis epistolas . . in schola Torgauiensi. Lpz. (Jacobäer) 7. u. 10. IV. 1789. 32 S. mit Namen. (3.—) 2031

— — Quaedam ad Euripidis Hippolytum notae in schola Torgauiensi. Torgau (Kurz) 3. u. 6. IV. 1792. 20 S. mit Namen. (3.—) 2033

— — Quaedam ad Euripides Hippolytum notae in schola Torgauiensi. Torgau (Kurz) 15. u. 18. IV. 1794. 27 S. mit Namen. (3.—) 2034

— — Quaedam ad Euripidis Hippolytum notae in schola Torgauiensi. Torgau (Kurz) 22. u. 25. III. 1796. 19 S. mit Namen. (3.—) 2037

— — Quaedam ad Euripidis Hippolytum notae in schola Torgauiensi. Torgau (Kurz) 31. III. u. 3. IV. 1795. 23 S. mit Namen. (3.—) 2035

— — Quaedam ad Euripidis Hippolytum notae in schola Torgauiensi. Torgau (Kurz) 11. u. 14. IV. 1797. 18 S. mit Namen. (3.—) 2038

Benedict, T. F., Ad quaedam Livii loca observationes. Pr. 1799. 21 S. 4°.

— — Ad quaedam Livii loca observationes in lyceo Torgauiensi. Torgau (J. M. Kurz) 30. III. 1804. 16 S. mit Namen. (3.—) 2041

— — Ad quaedam Livii loca observationes . . in lyceo Torgauiensi. Torgau (J. M. Kurz) 15. IV. 1808. 16 S. mit Namen. (2.—) 2044

Benedict, T. F., Progr. De quibusd. Luciani locis observationes. Lips. 814. 4. (14 S.)

Benedicti, T. F., Observationes ad Lucretium. Annaem. 815. 8.

— Observationes in septem Sophoclis Tragoedias. 8 maj. Leipz. 820. Weidmann. 1 ℛ 6 gr Schrbp. 1 ℛ 12 gr Velinp. 2 ℛ 8 gr

Theodicaea quam juventuti literar. studiosae scrips. Trg. F. Benedict. *Annab.*, Freyer. (*Lpz.*, Cnobloch in C.) 822. gr 8° 1 ℛ

— — Theodicaeae, part. I. Torgau (Joh. Matth. Kurz) 20. IV. 1810. 16 S. mit Namen. (2.—) 2045
— — Dasselbe. Part. II. Torgau (J. M. Kurz) 12. IV. 1811. 16 S. mit Namen. (2.—) 2046
— — Dasselbe. Part. IV in lyceo Annaemontano. Annaberg (Hasper) 13. u. 14. III. 1815. 16 Bl. mit Namen. (3.—) 2047

Benedict, Traugott Fredericus Alexander *(geb. Breslau 27. 8. 1821)*: De gangraena sicca adnexa morbi historia. Vratislaviae (1844). (58 S.) 8°

Breslau, Med. Diss. v. 27. Aug. 1844

Benedict, Traugott Wilhelm Gustav

Benedict, T. W. G., Abhandlungen aus dem Gebiete der Augenheilkunde. 2 Bde. gr. 8. Breslau 842, 45, Trewendt. (à 1 ℛ) 2 ℛ

— Annalen des klinisch-chirurg. Instituts auf der Universität zu Breslau, s. Annalen.

— Annalen des klinisch-chirurgischen Instituts auf der Universität zu Breslau. 1r Bd. 1s Heft. gr. 8. Bresl. J. F. Korn. 815.

— Beitrr. zu den Erfahrr. über die Rhinoplastick; nach der deutschen Methode. Nebst 4 Steint. 8. Bresl. 828. Leukart. 12 gr

— Beitrr. für prakt. Heilkunde u. Ophthalmiatrik. 1r Bd. M. Kpf. gr. 8. Leipz. 812. Reclam. 1 ℛ 12 gr

Benedict, T. W. G., klinische Beiträge aus dem Gebiete der Wundarzneikunst und Augenheilkunde. Nebst einer Steintaf. gr. 8. Breslau 837. Gosohorsky. $1^1/_3$ ℛ

Benedict, T(raugott) W(ilhelm) G(ustav): Bemerkungen über Hydrocele, Sarkocele und Varicocele. 181 S., gbd.

Leipzig: Dyk 1831

JB 3.406

— Bemerkk. über d. Krankheiten d. Brust- u. Achseldrüsen. gr. 4. Bresl. 825. Holäufer. 1 ℛ 12 gr

Benedict, Traugott Guilielmus Gustavus: De cognitione et sanatione morborum, qui vulgo ad sarcocelen referuntur. (Vratislaviae 1817.) (XVI S.) 4°

Breslau, Einladung z. d. Vorles. an d. chirurg. Klinik im SS 1817

Benedict, Traugott Guilelm. Gustavus: Collectanea ad historiam rhinoplastices Italorum. Vratislaviae 1843. (25 S.) 4°

Breslau, Progr. z. Rektoratswechsel am 23. Okt. 1843

— de pupillae artificalis conformatione libellus. Cum 1 tab. aen. 4 maj. Leipz. 810. W. Vogel. 16 gr

Benedict, T(raugott) W(ilhelm) G(ustav): Kritische Darstellung der Lehre von den Verbänden und Werkzeugen der Wundärzte. 688 S., gbd.

Leipzig: Dyk 1827

JB 3.488

— — Christophoro Guilelmo Hufelandio . . die 24. VII. summorum in arte medica honorum semisaecularia gratulat. ordo medic. acad. Vratisl. — Inest comment. de diagnosi tumorum in ossibus fungosorum. Breslau (Grass, Barth & Co.) 1833. 31 S. u. 1 Tfl. Abb. (Carl Weitz del. et sc.) (5.—) 2051

— Diatribe de cognitione . . ., s. Benedict: De cognitione . . . .

Traug. Wilh. Gust. Benedict Geschichte des Scharlachfiebers, seine Epidemieen und Heilmethoden. Mit Rücksicht auf die neuerdings vorgeschlagene Anwendung der Abführungsmittel in denselben. Leipz. 1810. 8.

— Geschichte d. Scharlachfiebers 2c, 8. Leipz. 810. Reclam. 1 ℛ

— Handbuch d. prakt. Augenheilkunde, 5 Bde. Nebst e. augenärztl. Literatur u. e. Register über d. ganze Werk. gr. 8. Leipz. 822—25. Dyck. 7 ℛ 18 gr

— Handbuch üb. die Erkenntniß u. Heilung d. Augenentzündungen. 2e mit Zusätzen versehene Ausg. gr. 8. Leipz. 812. Reclam. 3 ℛ

Benedict, Tr. Wilh. Gust., Ideen zur Begründung einer rationellen Heilmethode der Hundswut. Mit einer Vorrede von Prof. Rosenmüller. 8. Leipzig 08. Reclam. M. 2.—

— — Ad praebitiones chirurgico-clinicas in acad. Vratislaviensi. Commentatio de herpeticis oculorum inflammationibus. 21. X. 1817. 20 Seiten. (2.—) 2049

— Lehrbuch der allgemeinen Chirurgie und Operationslehre. Eine selbstständige Abtheilung von des Verfassers academischen Vorlesungen über die gesammte Wundarzneikunst und Operationslehre für Aerzte u. Wundärzte. Lex.-8. Breslau 842, Hirt. 3 ℛ

— — **Meletemata chirurgica circa lithotomiam. Viro . . Traug. Friedr. Benedict (Rector d. Annaberger Lyceums) summos in philos. honor. . . 27. VII. 1777—1827 gratul. filius. Breslau. 22 S. u. 1 Tfl. (4.—)** 2050

— s.a. M o n o g r a m m e n , chirurg.

B e n e d i k t ' s , T. W. G., chirurgische Monogrammen. Ein Leitfaden zu akad. Vorlesungen über die Wundarzneikunst gr. 8. Breslau, Holäufer. 817.

Benedict, Traugott Wilhelm Gustav: M o n o g r a p h i e des grauen Staares. Breslau: Barth 1814. VII. 180 S. 8°

— **Monographie des grauen Staares. gr. 4. Bresl. 814. Holäufer. (Heymann in Glog.) 1 ß 16 gl**

— **Traugott Wilhelm Gustav (Torgau), De morbis humoris vitrei in oculo humano. Diss. med. Lpz. (Weinedel) 22. IX. 1809. 37 S. (5.—)** 2048
Gew.: Jo. Christian Rosenmüller.

Benedict, **Tr. Wlh. Gust., Diss de morbis humoris vitrei in oculo humano. A. u. d. T.: Disquisitio ophthalmologica etc. 4. Leipz. 810. Köhler. 6 gl**

— **de morbis oculi humani inflammatoriis libri XIII. 4. Leipz. 811. Reclam. 3 ß 12 gl**

Benedict, Traugott Guilielmus Gustavus: De sanatione blennorrhoeae oculi siphiliticae[!] (Vratislaviae 1818.) (15 S.) 4°
Breslau. Einladung z. d. Vorles. an d. chirurg. Klinik im SS 1818

Benedict, Traugott Guilielmus Gustavus: De scirrhi glandularum axillarium sectione. (Vratislaviae 1818.) (XIV S.) 4°
Breslau, Einladung z. d. Vorles. an d. chirurg. Klinik im WS 1818/19

B e n e d i c t , G. T., Versuch einer G e s c h i c h t e d. Schiffahrt u. d. Handels d. Alten. gr. 8. Lpz. Jacobäer. 806.

— **Versuch einer Gesch. d. Schifffahrt d. Alten. gr. 8. Leipz. 806. N. A. 819. (Aue in Alt.) 1 ß**

— **Versuch einer Gesch. d. Schiffahrt d. Alten. Neu wohlf. Ausg., gr. 8. Leipzig, Jacobäer. 819.**

Benedict, Tr. Wlh. Gust., einige Worte üb. Amputation in den Kriegs-Spitälern. Ein Sendschreiben an Dr. Gräfe. 4. Bresl. 814. Holäufer. 8 gl

Benedict, W.: , A l l e r guten Dinge drei, oder drei gute Dinge, bestehend in Reduction ausländischer 1. Münz, 2. Gewicht und 3. Maasses gegen ragionirenden bresslauer Valour, alles nach dem Allpari eingerichtet',
3 Teile.
Breslau

Benedict, Wilhelm
— die selbständigen Erhebungen des Vertheidigers u. die Strafprozeßreform, s.a. V e r ö f f e n t l i c h u n g e n des Berliner Anwalts-Vereins. 14. Hft.

Die selbständigen Erhebungen des Vertheidigers und die Strafprozessreform. Ein Vortrag, geh. im Berliner Anwalts-Ver. Von W i l h e l m Benedict, Rechtsanw. am Kammergericht. *Berlin: F. Vahlen 1901.* (34 S.) 8° [F.]
= Veröffentlichungen d. Berliner A n w a l t - V e r e i n s . H. 14. [08. 1061

Benedict, Wilh., s.: F e s t g a b e der Rechtsanwaltschaft des Kammergerichts f. Dr. Richard Wilke.

Benedict, Wilh.: Die ausschließliche Z u s t ä n d i g k e i t des Eherichters für den Unterhalts- u. Erziehungsstreit während des Eheprocesses. (§ 627 CPO.) Berlin 1900.
(in: F e s t g a b e d. R e c h t s a n w a l t s c h a f t d. K a m m e r g e r i c h t s f. W i l k e.)

Benedicter, P., meine S c h u l r e i s e durch Norddeutschland. [Aus: „Laibacher Schulzeitg."] Lex.-8. (84 S.) Laibach 883. (Klagenfurt, Heyn.) n. —80

— **eine Studienreise in den Schweizer Cantonen Thurgau, Zürich, Bern, Aargau, St. Gallen, Luzern, Uri, Schwyz u. Unterwalden. [Aus: „Laibacher Schulzeitg."] Lex.-8. (61 S.) Laibach 884. (Klagenfurt, Heyn.)** n. 1. —

Benedicter, Peter
Geburtstag, D e r. Festspiel in 1 Akt. Klgft., Leon, 1879. 14 S.
(Verf.: Peter Benedicter.)

Benedicti, G., L'Allemagne divisée selon le traité de paix de Lunéville d'après Sotzmann et de Bouge. Vienne, Artaria et Co., 1801. Roy. Fol. 6 feuilles gravées.

Die GOTHISCHE **Benedictiner**-Kirche in Ödenburg. Mit 1 Tafel u. 21 Holzschn. Nach Aufnahmen von F. Storno u. H. Riewel. In: Mitt. d. Centr. com. Jg. 9. 1864, S. 226-231.

Benedictiner-Museum, s.a. B e n e d i k t i n e r - M u s e u m .

B e n e d i c t i n e r - M u s e u m. 2 Stck. 8. Augsb. (Wohler in U. Ferstl. in Gr.) 790—91. (1 ß 8 gr. 2 ß 12 gr.)

— **d. Prälaten u. ihr. Mitbrüder zum Geschenk. 2 Hefte. 8. Tegernsee 791. (Mayr in Salzb.) 16 gl**

Bénédictins, deux, alsaciens de Mury et Grandidier: Lettres inédites sur les Acta Muronsia, s.: Corre-s p o n d a n t s, les, de Grandidier II.

Benedictinus occasione restitutionis sacri sui ordinis in s. Monte Pannoniae . . . grati . . . animi oestro percitus. S. l. 1802. V: *Cervus, Adam.* (Scriptores ord. s. Benedicti. Vindob. 1881.)

Benedictio aquae in vigilia Epiphaniae Domini. gr. 4. (13 S. in Rot- u. Schwarzdruck.) Kempten 892. J. Kösel. n. —40

Benedictio frugum. gr. 8. (1 Bl. auf Pappe.) Würzburg 895. A. Göbel. n. — 20

Benedictionale Constantiense. Ed. nova. 4. (223) Stuttg. 56, Kitzinger. n. 1. 10

Benedictionale Constantiense. Jussu et auctor. etc. Maximiliani Christophori Dei gratia episcopi Constantiensis etc. juxta normam ritualis romani reformatum, approbatum et editum. Edit. nova. Stuttgartiae 856. Verlagsmagazin. 4. (X, 223 S.) n. 1 ß 10 ngl

Benedictionale romanum sive sacrae benedictiones in rituali romano et in approbata ejus appendice ac in rom. missali receptae. Accedunt aliae ex pontificali romano resumptae et sacerdotis delegati usui accommodatae. gr. 16. (X, 240 S. u. XII S. Index.) Regensburg 873. Pustet. 1. 50

Benedictionale romanum sive sacrae benedictiones in rituali romano et in ejus adprobata appendice ac in missali necnon pontificali romano receptae et sacerdotis delegati usui accommodatae. Ed. II., a sacr. rituum congregatione adprobata. 12. (IV, 350 S. m. 1 Holzschntaf.) Regensburg 881. Pustet. n. 2. 10

Benedictionale romanum sive sacrae benedictiones ex rituali romano ac ex missali necnon pontificali romano excerpta. Ed. IV. (In Schwarz- u. Rotdr.) 12. (VI, 124, 278 u. 29 S. m. Abbildgn.) Regensburg 901. F. Pustet. 2. 40; geb. in Halbdr. n. 3. 10; in Ldr. m. Goldschn. n. 4. 40; in Chagrinldr. m. Goldschn. n. 5. 40

Benedictson, V., s.: Ahlgren, E.

Benedictsson, Victoria [wirkl. Name]
s.a. Ahlgren, Ernst [Pseud.] [07. 12701

[F.] Frau Marianne. Roman v. Ernst Ahlgreen (vielm. Ahlgren) (d. i. Victoria Benedictsson). Autoris. Uebs. a. d. Schwed. v. Mathilde Mann. M. 20 Ill. v. A. v. Schrötter. *Berlin, Eisenach, Leipzig: A. Hillger [1897].* (128 S.) 1 Bd 8.
— Bücherschatz, Kürschners. No 7. [97. 6499

Benedictus Abbas Anianensis
Benedicti Anianensi, codex regularum. Cum observatt. historico — criticis Mariani Brucke. VI Voll. Augsb. 759.

Benedicti Anianensis (Abbas Ordin. S. Bened. † 821). Codex regularum quas S. Patres monachis et virginibus sanctimonial. servandas praescripsere, collectus olim a S. Benedicto Anianensi Abbate. — Editio nova (auctore Marian Brokie.) 6 Vol. Fol. Aug. Vind. 1759.

Benedicti Ariae Montani Biblia Latina. Edid. Ludov. Debiel. Pars I. Wien, 1743, 8°.

Benedictus de Nursia, s. B e n e d i c t u s Sanctus

Benedictus XIII. Papa
• Benedetto, di opere XIII. Papa. III Tom. Vol. maj. Augsb. Wolf. 728.

Benedictus XIV. Papa
Benedict XIV., Papst, Abhandl. v. Frohnleichnams feste. 4. Nürnb. Bauer. 763.

Benedict's XVI Briefe an den Canonicus Francesco Peggi, s.a. Briefe.

Benedict's XIV Briefe an den Canonicus Pier Francesco Peggi in Bologna [1729—1758], nebst Benedict's Diarium d. Conclaves von 1740, hrsg. v. Frz. Xav. Kraus. 2. Ausg., verm. m. Flaminio Scarselli's Biographie d. Papstes u. e. Bibliographie seiner Werke. Mit den Bildnissen d. Papstes u. d. Canonicus Francesco Peggi. 8. (XX, 308 S.) Freiburg i/Br. 888. J. C. B Mohr. n. 8. —; Anhang z. 1. Ausg. (S. 191—308) ap. n. 3. —

Benedicti XIV., Pont. max., Bullarium. Ed. nova, summo studio castigata. IV Tomi et Suppl. Index rerum cont. (13 Vol.) 12 maj. (254 B. u. Benedicts Bildn.) Mechliniae 826, 27. (Moguntiae, Kirchheim, Schott et Thielmann.)

— Bullarum. Ed. nova, summo studio castigata. IV Tom. et Suppl. Index rerum cont. (XIII Voll.) 12 maj. Mechlin 826 et 27. (Mainz, Müller). 16 ℛ 6 ℊ

Benedictus XIV. Papa: Constitutio qua certus ordo praescribitur, pro causis super nullitate professionis regularis mature discutiendis et valide definiendis. Juxta exemplar Romanum reimpr. Augustae Vindel. 1748.

Benedictus XIV. Papa: Declaratio super matrimoniis inter Protestantes et Catholicos. Ed. I. in Germania. Coloniae 1746.

Benedictus XIV. Papa: Epistola circularis ad poenitentiarios et confessarios. De anno sancto magni Jubilaei 1750. Ex lingua Ital. in Latin. relata. Straubingae 1751.

Benedicti XIV. Pontificis maximi, olim Prosp. Card. Lambertini, institutiones ecclesiasticae. IV Tomi. 8. (Tom. I. et 2. 739 S.) Tornaci 855. (Lipsiae, Gerhard.) •

Benedicti XIV. institutt. ecclesiast. IV Tomi. 8. (1480) Tornaci 55. (Lpzg. Gerhard.) n. 2. 20

Benedicti XIV Papae opera inedita. Primum publicavit Franc. Heiner. (XIV, 464 S.) 4. Freiburg i/B. 904. Herder. n. 18. —; geb. in Halbfrz. n. 22. —

— opera omnia. 16. Tmi. 4. Neap. (Weidmann, L.) 778.

Benedicti, P. P. XIV., olim Prosperi cardinalis de Lambortinis, de sacrosancto sacrificio missae libri III. Ex italico in latinum sermonem vertit Mich. Angelus de Giacomellis. Juxta editiones Patavinam a. 1745, Augustanam a. 1752, Venetam a. 1797 et Pratensem a. 1843 denuo ed. et multis annotationibus et additionibus auxit P. Jos. Schneider, S. J. 8. (XV, 575 S.) Mainz 879. Kirchheim. 4. 80

— Sermones. II Part. 4. Augsb. Wolf. 734.

Benedicti XIV. de synodo dioecesana libri XIII. Ed. II. Mechliniensis, ad fidem opt. edit italic. denuo aucta et castigata. IV Tomi. 12. (82½ B.) Moguntiae, Kirchheim, Schott et Thielmann. •

— de Synodo dioecesano. libri XIII. 4. maj. Augsburg Rieger. 769.

Benedicti XIV. Pontificis maximi, de Synodo dioecesana libri XIII., praesertim patris cura E. de Azevedo, auct. et castig. IV Tomi. 12 maj. Mechliniae 823. (Mainz, Müller; Leipzig, Hinrichs.) Schreibpap.

Benedicti XIV. Pontificis Maximi de synodo dioecesana libri XIII. Ed. II. Mechliniensis, ad fidem opt. edit. Italic. denuo aucta et castigata. IV. Tomi. 12. Mainz 843, Kirchheim, Schott et Thielmann. n. $4\frac{1}{4}$ ℛ

Benedictus XVI. Papa, s. B e n e d i c t u s XIV.

Benedictus, Sanctus. Ordens-Regel, zugleich mit dem Leben des Heiligen, . . . Aus d. Latein. übers. . . . Augsb. 1835. V: *Haid, Heren.* (Schmal)

— Ordensregel u. Leb. des Heiligen. A. d. Lat. v. Dr. Iren. Haid; m. d. lat. Text d. Regel. Mit Bildn. 8. Augsburg 1836, Kollmann. ½ Thlr. — 48 kr.

Benedictus, des heil., Regel, s. Regel des heil. Benedict.

Benedictus: Regula, s.: Vita et regula SS. P. Benedicti.

Benedictus, Sanctus. Regula emblematica. Opus posthumum . . . 1780. Vindobonae. H: *Schuster, B.* (BrMm)

Benedictus, regula monachorum. Rec. Ed. Woelfflin. 8. (XV, 85 S.) Leipzig 895. B. G. Teubner. n. 1. 60

Benedicti, Sancti, regula monachorum. Ed. critico-practicam adornavit abbas D. Cuthbertus Butler. (24, 212) kl8° Friburgi Brisg. '12. FreiburgB., Herder. 3.20: Kldr 4 —

Zur Arbeit am rauhen Stein. Die zweiundsiebzig Werkzeuge des Benedict v. Nursia, sachgemäss geordnet und in zeitgemässer Form dargeboten von Ludw. Fensch. Leipzig: Zechel 1889. 156 S. 8°
Recens: Al. 15 (1889) S. 303—304 (H. Hagen); Bbl. 3 (1889) S. 411; FZ. 43 (1889) S. 302 (K. Pilz); L. 12 (1889) S. 160 (B. Cramer); DrL. 19 (1889—1890) S. 1524 (A. Peuckert); SL. 9 (1889) S. 144.

Benedictus, s.: Was Sueton v. Caligula erzählt.

Benedictus, C., der Chemisch- und Nasswäscher, s.: Geyer, J. C. H.

Benedikt, der heilige, u. seine Orden. Von e. Benediktiner in St. Meinrad, Ind. gr. 8. (208 S. m. e. Holzschntaf.) Einsiedeln 875. Benziger. n. 1. 45

Benedikt, d. Nachtwächter, v. J. A. Feßler, m. Titelkpf. 8. Berlin, Maurer. 809.
Bellur.

Benedikt von Urbino, Der selige, Priester aus dem Kapuziner-Orden ... Meran [1867]. V: *Aspmair, Philipp Benetius.* (MARGR)

Benedikt, s.a. Benedict

– s.a. Benedictus

Benedikt, d. Einfluss d. Schwurgerichtes auf d. materielle Strafrecht. Vortrag. Wien 888.

Benedikt: Dreißig Übungsaufgaben ..., s. Weselsky.

Benedikt, Anna, Gelegenheits-Gedichte für Kinder. München 868. (J. A. Finsterlin.) 8. (79 S.) n. 7½ ngr

Benedikt, Edmund
(F) Benedikt, E., Die Advokatur unserer Zeit. Gr.-8°. (VI, 116 S.) Graz: Leuschner & Lubensky 1903. K 2.50

Benedikt, Edm., die Advokatur unserer Zeit. 1. u. 2., unveränd. Aufl. (à VI, 116 S.) gr. 8. Wien 903. Manz. n. 2. 50

Benedikt, Edm., die Advokatur unserer Zeit. 3., erweit. Aufl. (X, 152 S.) gr. 8. Wien 909. Manz. 2. 60

Benedikt, Edm.: Die Advokatur uns. Zeit. 4. Afl. (12, 228) 8° Berl., O Liebmann '12. 3 —; geb. 4 — d

Benedikt, Edm., Bemerkungen üb. das Urheberrecht u. den Gesetzentwurf d. österreichischen Regierung. [Aus: „Jurist. Blätter".] Lex.-8. (64 S.) Wien 893. Manz. n. 1. 20

Benedikt, Edm., der Einfluß des Schwurgerichtes auf das materielle Strafrecht. Vortrag, gehalten am 8. Febr. 1888 in der jurist. Gesellschaft. gr. 8. (28 S.) Wien 888, Manz'sche Hof-Verlags- und Universitäts-Buchh. *

— 12 Gerichtsreden a. d. J. 1880—1911. (159) gr8° Wien, F Tempsky. — Lpzg, G Freytag '12. 3 — d

Benedikt, Edm., u. Wilh. Schneeberger, die Parteienöffentlichkeit in der Voruntersuchung, s.: Zur Problemstellung in der Frage der gerichtlichen Voruntersuchung.

Benedikt, E., s. Zur Problemstellung.

— zur Reform der Conoursordnung. Vortrag. gr. 8. (38 S.) Ebd. 887. n. — 60

Benedikt, Edm., die Reform d. Schadenrechts bei Ehrenbeleidigungen. Vortrag am 7. österreich. Advocatentage. gr. 8. (25 S.) Wien 885. Toeplitz & Deuticke. n. — 60

Benedikt, J., Die Rose von Erin. Siehe: Flore théâtrale. Nr. 156.

Benedikt, Joh., Kosmologie. Entwurf einer physischen Weltbeschreibung nach dem Principe der durch Wärme, Licht u. s. w. elektrisch erregten im Raume sich darstellenden Polarität zwischen dem Innen und Außen, Unten und Oben eines polaren Ganzen: Erdplanet, Krystall, Pflanze, Thier. Der Mensch im Verhältnisse zur Natur und zum Christenthum. Wien 856. Beck in Comm. gr. 8. (XV, 302 S.) n. 1 ₰ 10 ngr

Benedikt, Karl, appr. Arzt: Ueber einen Fall von Struma sarcomatosa. *München 1903: Kastner & Callwey.* (26 S.) 8°
München, Med. Diss. v. 1903

Benedikt, Moriz
Benedikt, Mor., über die Abhängigkeit des elektrischen Leitungswiderstandes von der Grösse und Dauer des Stromes. (Aus den Sitzungsberichten d. k. Akad. d. W.) Wien 857. Gerold in Comm. gr. 8. (12 S.) n. 2 ngr

Benedikt, Mor.: Biomechanik u. Biogenesis. 2. ergänzte Ausg. d. Buches: „Das biomechan. (neovitalist.) Denken in d. Medizin u. in d. Biol." (88) gr8° Jena, G Fischer '12. 2 —

Benedikt, Mor., das biomechanische (neo-vitalistische) Denken in der Medizin u. in der Biologie. gr. 8. (V, 57 S.) Jena (903). G. Fischer. n. 1. 50

Benedikt, M.: Die Elektrizität in der Medizin, s. Klinik Wiener.

Benedikt, Mor., Elektrotherapie. Mit 12 Holzschn. u. 1 lith. Taf. (in 4.) Wien 868. Tendler & Co. (Leipzig, Fues.) Lex.-8. (XXII, 487 S.) n. 4 ₰

Benedikt, Mor., Epilog zum Prager Prozesse Waldstein. Zwei offene Briefe an die Genossen der British medico-psychological Association. [Aus: „Wiener med. Wochenschr."] gr. 8. (16 S.) Wien 893. M. Perles. n. — 60

Benedikt, Mor., einige Fragen aus der Physiologie u. Pathologie der Zirkulation u. ihrer Organe, s.a. Klinik, Wiener. 1907. XI.

Einige Fragen aus der Physiologie und Pathologie der Zirkulation und ihrer Organe. Von Prof. Dr. Moriz **Benedikt.** Berlin, Wien: Urban & Schwarzenberg 1907. (S. 291–310.) 8°
— **Klinik,** Wiener. 1907, H. 11.

Benedikt, Moriz [app. Arzt aus Aufhausen '(Württemb.)']: Über Fremdkörper im Ohr ... Strassburg i. E., Buchdr. Ch. Müh & C., 1894; 60 S. 8.
Strassburg, Med. Fak., Inaug.-Diss. v. 1895

—— die psychischen Funktionen des Gehirnes im gesunden und kranken Zustande, s. Klinik, Wiener.

Benedikt, Mor., über einige Grundformeln des neuropathologischen Denkens, s. Klinik, Wiener.

— Hypnotismus u. Suggestion. Eine klinisch-psycholog. Studie. gr. 8. (II, 91 S.) Wien 894. M. Breitenstein. n. 2. —

— über Katalepsie u. Mesmerismus, s.: Klinik, Wiener 1875 u. 1880.

Benedikt, Mor., über Kopfschmerzen, s.a. Klinik, Wiener.

Ueber Kopfschmerzen. Von Prof. Dr. Moriz Benedikt. *Wien: Urban & Schwarzenberg 1898.* (S. 85–104.) 8°
= Klinik, Wiener. 1898. H. 3.

Benedikt, M., Kraniometrie u. Kephalometrie. Vorlesungen, geh. an der Wiener allgemeinen Poliklinik. Mit 36 Holzschn. gr. 8. (VIII, 173 S.) Wien 888. Urban & Schwarzenberg. n. 5. —; geb. n. 6. 50

Krystallisation und Morphogenesis. Biomechanische Studie von Prof. Dr. Moriz Benedikt. *Wien: M. Perles 1904.* (68 S.) 8°

Aus meinem Leben. Erinnerungen u. Erörterungen von Dr. Moritz **Benedikt,** Prof. Wien: C. Konegen 1906. (VI, 419 S.) 8°

– Zur Lehre v. der Lokalisation der Gehirnfunktionen, s. Klinik, Wiener.

— second. life. Das Seelen-Binnenleben des gesunden u. kranken Menschen. Vortrag f. den internationalen medicin. Congress in Rom 1894. [Aus: „Wiener Klinik".] gr. 8. (14 S.) Wien 894. Urban & Schwarzenberg. n. 1. —

— dasselbe, s.a. Klinik, Wiener.

— Menschen- u. Tiergehirn, s.: Beilage, wissenschaftl., zum 18. Jahresbericht der philos. Gesellschaft an der Universität zu Wien.

Benedikt, Mor., Nervenpathologie u. Elektrotherapie. 2. Aufl. der Elektrotherapie. 1. Abth. Mit (eingedr.) Holzschn. Lex.-8. (XL, 395 S. m. 1 Steintaf. (in qu. 4.) Leipzig 874. Fues. n. 11. 20

— dasselbe. 2. Thl. 1. Hälfte. Gehirnkrankheiten. Mit (eingedr.) Holzschn. gr. 8. (S. 397—676.) Ebend. 876. n. 7. 20

— üb. Neuralgien u. neuralgische Affectionen u. deren Behandlung, s.: Zeit- u. Streitfragen, klinische.

— zur Psychophysik der Moral u. d. Rechtes. Zwei Vorträge geh. in der 47. u. 48. Versammlg. deutscher Naturforscher. [Aus: „Wiener medizin. Presse."] gr. 8. (38 S.) Wien 875. Urban & Schwarzenberg. n. 1. —

— d. Seelenkunde als reine Erfahrungswissenschaft. gr. 8. (XIX, 372 S.) Leipzig 895. O. R. Reisland. n. 6. —

— anatomische Studien an Verbrecher-Gehirnen, für Anthropologen, Mediciner, Juristen u. Psychologen bearb. Mit 12 (phototyp. u. 12 schemat. lith.) Taf. u. 8 (eingedr.) Holzschn. gr. 8. (XVI, 151 S.) Wien 879. Braumüller. n. 15. —

— Tabes-Fragen vom Standpunkte der Erfahrung u. der Biomechanik. gr. 8. (59 S.) Wien 901. Urban & Schwarzenberg. n. 2. —

Benedikt, Rud., Analyse der Fette u. Wachsarten. Mit in den Text gedr. Holzschn. gr. 8. (VIII, 296 S.) Berlin 886. Springer. geb. n. 6. —

Benedikt, Rud., Analyse der Fette u. Wachsarten. 2. Aufl. gr. 8. (IX, 465 S. m. Holzschn.) Berlin 892. J. Springer. Geb. in Leinw. n. 9. —

Benedikt, Rud., Analyse d. Fette u. Wachsarten. 3., erweit. Aufl., hrsg. v. Ferd. Ulzer. gr. 8. (XVIII, 659 S. m. Bildn. u. 48 Fig.) Berlin 897. J. Springer. Geb. in Leinw. n. 12. —

Benedikt, Rud., Analyse der Fette u. Wachsarten. 4, erweit. Aufl., bearb. v. Ferd. Ulzer. (XII, 941 S. m. 65 Fig.) gr. 8. Berlin 903. J. Springer. Geb. in Leinw. n. 18. —

[Rudolf] Benedikt-(Ferdinand) Ulzer Analyse der Fette und Wachsarten. 5., umgearb. Aufl. unter Mitw. von ... bearb. von Ferdinand Ulzer, Prof., Wien, dipl. Chem. P. Pastrovich u. Dr. A. Eisenstein. Mit 153 Textfig. Berlin: J. Springer 1908. (XIII, 1168 S.) 8° (04. 5811

— Anleitg. z. qualitativen chem. Analyse, s.: Hlasiwetz, H.

Benedikt, Rud., über Azophenole, s.: Weselsky, P.

— über Bromoxylderivate d. Benzols. [Aus dem Laboratorium f. analyt. Chemie an der k. k. techn. Hochschule in Wien.] [Aus: „Sitzungsber. d. k. Akad. d. Wiss."] Lex.-8. (11 S.) Wien 879. (Gerold's Sohn.) n.n. — 25

— die künstlichen Farbstoffe [Theerfarben], s.a. Waarenkunde u. Rohstofflehre, allgemeine.

— Die künstliche Farbstoffe (Theerfarben); ihre Darstellung, Eigenschaften, Prüfung, Erkennung und Anwendung. Kassel, 1883. 8vo.

Benedikt, R., die Harze, s.: Vorträge d. Vereins zur Verbreitung naturwissenschaftl. Kenntnisse in Wien.

— üb. Metallwandlung, s.: Vorträge d. Vereines zur Verbreitung naturwissenschaftlicher Kenntnisse in Wien.

— über einige Nitroproducte aus der Reihe d. Brenzcatechins, s.: Weselsky, P.

—— ueber Trinitroso und Trinitrophloroglucin. [Aus dem Laboratorium für analytische Chemie an der k. k. techn. Hochschule zu Wien.] Lex.-8. (6 S. mit 2 eingedr. Holzschn.) (Ebendas.) 878. *
Vorstehende zwei Schriften sind aus: Sitzungsberichte der k. Akademie der Wissenschaften, besonders abgedruckt.

Benedikt, R., 30 Übungs-Aufgaben als erste Anleitung zur quantitativen Analyse, s.: Weselsky, P.

Benedikt, T.W.G., s. Benedict, Traugott Wilhelm Gustav

Benedikter, P., Festspiel zur Feier der Vermählung Sr. k. k. Hoheit des durchlauchtigsten Kronprinzen Rudolf mit der durchlauchtigsten Prinzessin Stephanie, Tochter des Königs der Belgier. 8. (22 S.) Linz 881. Ebenhöch. n. — 40

Benediktiner-Museum, s.a. Benedictiner-Museum.

Benediktiner-Museum. 2 Stcke. 8. Augsb. 790. (Wohler in Ulm). 20 kr

Benediktiner-Orden, über den. gr. 8. (29 S.) Wien 848, Beck. 1/6 ₰

Benediktus, ein Stück Mittelalter in unserer Zeit. (146 S.) kl. 8. Prag (18, Abtei Emaus), (905). Administration der St. Benediktsstimmen. Geb. in Leinw. n. 1. 60

Bénédite, Georges, Miroirs, s.: Catalogue général des antiquités égyptiennes du musée du Caire. XXXVII.

Bénédite, Georges: Objets de toilette, s: Catalogue général des antiquités égypt. du musée du Caire.

Bénédite, Léonce
Bénédite, L: Die französ. Bildhauer uns. Zeit. Sammlg v. 104 ausgew. Werken. (82 Lichtdr. m. 10 S. Text.) Fol. Stuttg. (01). Berl., Schuster & Bufleb. In M. 26 —

Bénédite, Léonce, die französischen Bildhauer unserer Zeit. Eine Sammlung v. 104 ausgewählt. Werken. Hrsg. u. m. e. Vorwort versehen. Fol. (82 Lichtdr.-Taf. m. X S. Text.) Stuttgart (901). J. Hoffmann. In Mappe n. 26. —

! Bénédite: Bildhauer. Verl. jetzt: Schönebg.

Bénédite, Léonce, s: Kunst, Französische.

Bénédite, Léonce, u. Gust. Glück, d. französ. Lithographie d. Gegenwart u. ihre Meister. M. 6 Taf. u. 27 Abb. i. Texte. [Aus: „Graph. Künste".] Imp.-4. (20 u. 20 S.) Wien 898. Gesellsch. f. vervielfältig. Kunst. n. 15. —

— Ignacio Zuloaga, s: Beckmann's Kunstbb.

Benedix, s.a. Benedix, Roderich

— Preußens Kriegervereine einst u. jetzt, s.: Eisenschmidt's Büchersammlung.

Benedix. Der freiwillig übernommene Militärdienst, s. Eisenschmidt's Büchersammlung f. Unteroffiziere u. Mannschaften der Armee u. Marine.

Benedix, A.: De praeda bello terrestri leg. parta, s. Benedix, Axel.

Benedix, Albert. (Otto) (geb. Bergen auf Rügen 11. 3. 1816): De myelomalacia. Berolini (1841). (34 S.) 8°
Berlin, Med. Diss. v. 24. Sept. 1841

Benedix, Angelus *(geb. Poditau in Schles. 24. 7. 1826)*: Versuche die elastische Kraft des Quecksilber-Dampfes bei verschiedenen Temperaturen zu bestimmen. Breslau (1853). (27 S., 1 Taf.) 8° [F.]

Breslau, Phil. Diss. v. 12. Febr. 1853

Benedix, 1. Staatsanwalt Dr. **Axel,** Recht und Pflicht der Wittwe. Ein Ratgeber für das praktische Leben. (111 S.) Berlin 1900. F. Vahlen. Geb. in Leinw. 2.—

Benedix, Axel (Franz Julius) *(geb. Putbus auf Rügen 23.8.1850)*: De praeda inde ab antiquitate ad usque nostram aetatem bello terrestri legitime parta. Vratislaviae (1874). (93 S.) 8°

Breslau, Jur. Diss. v. 11. Apr. 1874

Benedix, G. C., das Ehe-Vater-Unser. Ein Geschenk für Neuvermählte. 2. Aufl. Memmingen 856. Besemfelder. gr. 8. (11 S.) 3 ngr

Benedix, Geo., Marsch-, Tanz- u. Gesangs-Reigen, verbunden m. Fahnenschwingen, Stab- u. Keulenübungen, s.: Reigensammlung.

Benedix, Gustav
Benedix, Gust., Artemia. 8. (107 S.) Leipzig 863, Deckmann. [Berlin, Mode.] 20 Ngr.; geb. mit Goldschn.

— Gedichte. Ebend. 863. 8. (X, 348 S.) 1 ℛ 20 ngr; geb. 2 ℛ

—— Gedichte. 8. (X und 348 S.) Leipzig 865, Deckmann. [Berlin, Mode.] 1 Thlr. 20 Ngr.; geb. mit Goldschn.

Benedix, Gustav (Grimmen/Pomm.), De partu Agrippino. Diss. med.-obstet. Bln. (Aug. Petsch) 16. V. 1828. 32 S. mit Biographie. (M.: Huldberg.) (4.50) 2052

Oppon.: L. Kersten, A. Berlin, L. Mac-Lean. Gew.: C. F. J. v. Barnekow.

—— die heilige Seraphica. 8. (X und 138 S.) Leipzig 868, Deckmann. [Berlin, Mode.] 1 Thlr.; geb. mit Goldschn.

Benedix, J.R., s. Benedix, Roderich

Benedix, J. Roderich, s. Benedix, Roderich

— **Jacob Gottfried** (Grimmen/Pomm.), Aneurysma externum eiusque curationem. Diss. med. Jena (Schlotter) 31. I. 1801. 31 S. (3.—) 2053

Benedix, *Maximilian Albert* Otto [aus Berlin]: Über die in der Greifswalder königlichen medicinischen Klinik behandelten Diphtherie-Fälle des Winters 1892—93 und des Sommers 1893 m. bes. Berücks. d. Complicationen ... Greifswald, Druck v. F. W. Kunike, 1893; 41 S. 8.

Greifswald, Med. Fak., Inaug.-Diss. v. 7. Okt. 1893

Benedix, Roderich
— 1813. 1814. 1815. Volksbuch. Mit in den Text gedruckten Steinzeichnungen u. Karten. 6 Hefte. kl. 8. Wesel 841, 42, Bagel. à n. 1/6 ℛ — 1 ℛ

Benedix, Roder., Aschenbrödel, s.: Universal-Bibliothek.

— Auseinander, s.a. Bücherei, deutsche, 20. Bd.

— Auseinander. Skizzen. Leipzig 859. C. F. Fleischer. 8. (104 S.) n. 1 ℛ 10 ngr

Auseinander. Skizzen von Roderich Benedix. Berlin: Deutsche Bücherei [1904]. (133 S.) 8° [F.]
— Bücherei, Deutsche. Bd 20.

— Auswahl deutscher Gedichte zum Vortrage geeignet. Mit einer Einleitung über den Vortrag überhaupt und Anmerkungen nebst Anleitung zu jedem einzelnen Gedichte. Leipzig 864. O. Wigand. gr. 8. (XVIII, 489 S.) 1 ℛ 15 ngr

— Auswahl deutscher Gedichte, zum Vortrage geeignet. Mit einer Einleitung über den Vortrag überhaupt u. Anmerkungen nebst Anleitung zu jedem einzelnen Gedichte. 2. Aufl. gr. 8. (509 S.) Leipzig 877. O. Wigand. 4. 50; geb. n. 5. 50

Benedix, Rod., Auswahl deutscher Gedichte, z. Vortrage geeignet. Mit e. Einleitg. über den Vortrag überh. u. Anmerkgn. nebst Anleitg. zu jedem einzelnen Gedichte. 3. (Titel-)Aufl. gr. 8. (509 S.) Leipzig 800. O. Wigand. geb. n. 5. 50

Benedix, Roderich, Bilder aus dem Schauspielerleben. 2 Theile. 1. Ausg. * 1 Thlr. 20 Ngr. und 2., (wohlf.) Ausg. 8. (402 S.) Leipzig 847, Herbig.

Benedix, Roderich, Bilder aus dem Schauspielerleben. 2 Thle. 8. (199 u. 203 S.) Leipzig 847. n. 1 2/3 ℛ — 2. (Titel-) Ausg. Ebd. 850, Herbig. 1 ℛ

Benedix, Roderich, Briefsteller für Liebende für alle Lagen des Lebens. A. u. d. T.: 25 Liebesgeschichten in Briefen. Leipzig 865. O. Wigand. 8. (IX, 325 S.) 1 ℛ

— Landwehrmanns Christfest od. die Rückkehr v. Schlachtfelde, s: Theaterbibliothek (Heidelmann).

— die Dienstboten, s.a. Bloch's, Eduard, Theater-Korrespondenz.

— dasselbe, s.a. Universal-Bibliothek.

— dasselbe, neubearb. von Gust. v. Moser, s.a. Vereinstheater.

Die Dienstboten. Lustspiel in 1 Akt von Roderich Benedix. Neubearb. von Gustav v. Moser. *Mühlhausen i. Th.: G. Danner [1904]*. (40 S.) 8°
— Vereinstheater. 136.

— das Dienstmädchen, s.: Universal-Bibliothek.

Benedix, Roderich. Der Dritte; Vorspiel in einem Aufzug. Ed w notes by Marian P. Whitney. NY, c. 1895.

— die Eifersüchtigen, s.: Universal-Bibliothek.

— Eigensinn, s.a. Universal-Bibliothek.

— dasselbe, neubearb. von Gust. v. Moser, s.a. Vereinstheater.

Eigensinn. Lustspiel in 1 Akt von Roderich Benedix. Neubearb. von Gustav v. Moser. *Mühlhausen i. Th.: G. Danner [1904]*. (32 S.) 8°
— Vereinstheater. 140.

Benedix, Roder.: Eigensinn. Lustsp. Für d. „Volksbühne" bearb. v. F Daurer. (59) 8° Münch., Verl. d. Volksbühne ('11). 1 — (Pp.) d

Benedix, Roder., a happy family, s.: Students library.

—— das Franzosenthum. Ein Spiegelbild aus dem letzten Kriege. 1. Aufl. (127 S.), und 2. Aufl. Mit Nachträgen und Zusätzen. 16. (136 S.) Leipzig 871, O. Wigand.

—— des Königs Geburtstag. Festscene. 8. (1 B.) Wesel 840, Becker'sche Buchh.

Benedix, Roder., Gedenkbuch f. d. Leben. Mit Randzeichnn. v. Levi Elkan. 4. (25 B.) Wesel 841, Bagel.

— das Gefängnis, s.a. Bibliothek der Gesamtlitteratur.

— dasselbe, s.a. Übungs-Bibliothek, englische. Nr. 20.

— dasselbe, s.a. Universal-Bibliothek.

— das Gefängniß. Lustspiel. Zum Uebersetzen aus dem Deutschen in das Englische bearb. u. mit einem Wörterverzeichniß versehen von J. Morris. Magdeburg 856. Fabricius. gr. 8. (2 Bl., 112 S.) n. 12 ngr

— das Gefängniß. Lustspiel. Zum Uebersetzen aus dem Deutschen ins Französische mit entsprechenden Noten und einem Wörterbuche herausg. von W. Simon. Leipzig 859. Gräbner. 8. (102 S.) n. 10 ngr

—— dass. Zum Uebers. ins Franz. hrsg. v. W Simon. 8. (102) Lpzg 59, Klinkhardt. n. — 10

Das Gefängnis. Lustspiel in 4 Aufz. von Roderich Benedix. Mit d. Bilde d. Dichters u. e. Vorbemerkung. *Halle a. d. S.: O. Hendel [1904].* (IV, 68 S.) 8° [F.]
(Bibliothek d. Gesamtlitteratur d. In- u. Auslandes. No 1772.)

— La geservistoj. Unuakta komedio, esperantigita de la Esperantista klubo „Antaŭen ĝis la venko!" Chemnitz'o (Saksujo). (89 S.) kl. 8. Chemnitz'o 909. (Dresden-A., Kreutzerstr. 10, Wilh. Thielking.) — 50

— die Großmutter, s.: Universal-Bibliothek.

—— Handbuch f. d. Reise v. Rotterdam bis Strassburg. M. 1 color. (u. mit Vign. u. Plänen gezierte) Karte d. Rheinlaufes v. Rotterdam bis Strassburg (40½" lang u. 5" breit), 1 Karte d. Moselthales u. 1 Karte d. Nahethales. Mit besond. Rücksicht f. Reisende zu Fuss, zu Schiffe u. mit d. Post. Mit d. neuesten u. genauesten Angaben üb. d. Dampfschifffahrt auf d. Rheine, üb. d. Postenlauf u. d. Entfernungen d. Orte von einander. gr. 12. (9½ B.) Wesel 830, Bagel.

— das bemooste Haupt od. Der lange Israel, s.a. Bibliothek der Gesamtlitteratur.

— Das bemooste Haupt od. Der lange Israel, s.a. Matthes, Rich.

— dasselbe, s.a. Weber's Volksbücher.

— dasselbe, s.a. Universal-Bibliothek.

— das bemooste Haupt: oder der lange Israël. Schausp. in 4 Akten. 12. Wesel 840, Becker's Buchh. ¾ ₰

Das bemooste Haupt oder der lange Israel. Schauspiel in 4 Aufz. von Roderich Benedix. Mit d. Bilde d. Dichters u. e. Vorbemerkung. *Halle a. d. S.: O. Hendel [1904].* (IV, 59 S.) 8° [F.]
(Bibliothek d. Gesamtlitteratur d. In- u. Auslandes. No 1774.)

— Haustheater, s.a. Bibliothek d. Gesamtlit. 1941.42.46.75.

— Haustheater. Sammlung kleiner Lustspiele für gesellige Kreise. Leipzig 862. Weber. 8. (VIII, 418 S.) n. 2 ₰

— Haustheater. Sammlung kleiner Lustspiele für gesellige Kreise. 2. Aufl. 865. — 3. verm. Aufl. Leipzig, 868. Weber. 8. (VIII, 523 S.) n. 2 ₰

—— Haustheater. Sammlung kleiner Lustspiele für gesellige Kreise. 4. und 5. Aufl. 1871,73, und 6. verm. Aufl. 8. (VIII, 523 S.) Leipzig 875, Weber. *
geb. *

Inhalt:
Der Weiberfeind, Lustspiel in 1 Act. — Unerschütterlich, Vorspiel in 1 Act. — Entsagung, Lustspiel in 1 Act. — Eigensinn, Lustspiel in 1 Act. — Der Proceß, Lustspiel in 1 Act. — Die Lügnerin, Lustspiel in 1 Act. — Die Eifersüchtigen, Lustspiel in 1 Act. — Die Hochzeitsreise, Lustspiel in 2 Acten. — Die Künstlerin, Lustspiel in 1 Act. — Die Phrenologen, Lustspiel in 1 Act. — Angela, Liederspiel in 1 Act. — Der Sänger, Liederspiel in 1 Act. — Die Dienstboten, Lustspiel in 1 Act. — Die Herrschaft, Lustspiel in 1 Act. — Klein, Lustspiel in 1 Act. — Das Dienstmädchen, Genrebild in 1 Act. — Die Großmutter, Genrebild in 1 Act. — Ohne Paß, Lustspiel in 1 Act. — Die Prüfung, Lustspiel in 1 Act. — Der Dritte, Vorspiel in 1 Act. — Der Mädchen Waffen, Vorspiel in 1 Act. — Der Phlegmaticus, Lustspiel in 1 Act. — Günstige Vorzeichen, Lustspiel in 1 Act. — Der Kassenschlüssel, Lustspiel in 1 Act.

—— Haustheater. Sammlg kl. Lustspiele f. gesell. Kreise. 6. Afl. 8. (572) Lpzg 74. Weber. n. 6. —; geb. n.n. 7. 50

—— Haustheater. Sammlung kleiner Lustspiele für gesellige Kreise. 6. verm. Aufl. 1875; 7. verm. Aufl. 8. (VIII, 572 S.) Leipzig 877, Weber. *ℳ 6.; geb. **

— Haustheater. Sammlung kleiner Lustspiele für gesell. Kreise. 8. verm. Aufl. 8. (VIII, 572 S.) Leipzig 880. Weber. n. 6. — geb. n. 7. 50

— dasselbe. 2. Bd. gr. 8. (VIII, 575 S.) Ebend. 881. n. 6. —; geb. n.n. 7. 50

Benedix, Roderich, Haustheater. Sammlung kleiner Lustspiele f. gesell. Kreise. 1. Bd. 9. Aufl. 8. (VIII, 572 S.) Leipzig 884. Weber. n. 6. —; geb. n. 7. 50

— Haustheater. Sammlung kleiner Lustspiele f. gesellige Kreise. 2. Bd. 2. Aufl. 8. (VIII, 575 S.) Leipzig 890. J. J. Weber. n. 6. —; geb. n. 7. 50

Benedix, Roderich, Haustheater. Sammlung kleiner Lustspiele f. gesell. Kreise. 1. Bd. 10. Aufl. 8. (VIII, 572 S.) Leipzig 891. J. J. Weber. n. 6. —; geb. in Leinw. n.n. 7. 50

Haustheater. Eine Auswahl d. besten einaktigen Lustspiele, Vorspiele u. Soloszenen f. gesellige Kreise u. öffentl. Bühnen von Roderich Benedix. Hrsg. u. mit Vorw. versehen von C. W. Schmidt. Mit d. Bilde d. Dichters. Bd 1. *Halle a. d. S.: O. Hendel [1904].* 8° [F.]
(Bibliothek d. Gesamtlitteratur d. In- u. Auslandes. No 1803.)

—— die Hochzeitsreise, s.a. Auswahl deutscher Bühnenstücke.

— dasselbe, Bearbeitg., s.a. Matthes, Rich.

— die Hochzeitsreise, s.a. Raccolta di pezzi teatrali tedeschi.

— die Hochzeitsreise, s.a. Übungs-Bibliothek, engl.

Benedix, Rod., d. Hochzeitsreise, bearb. v. Jul. Sahr, s.a. Übungs-Bibliothek, franz.

— dasselbe, s.a. Uebungsbibliothek zum Uebersetzen in die neueren Sprachen.

— die Hochzeitsreise, s.a. Universal-Bibliothek.

— die Hochzeitsreise. Lustspiel in 2 Aufzügen. Zum Uebersetzen in das Französische mit Anmerkungen und Wörterbuch herausg. von St. Leportier. Leipzig 863. Günther. 8. (IV, 76 S.) 7½ ngr

— die Hochzeitsreise. Lustspiel in 2 Aufzügen. Zum Uebersetzen in das Englische mit Anmerkungen u. Wörterbuch hersg. von Dav. Asher. Leipzig 869. C. J. Günther. 8. (IV, 76 S.) 7½ ngr

— Der Kassenschlüssel, s: Universal-Bibliothek 5267.

— Katechismus der Redekunst, s.a. Weber's illustr. Katechismen.

Benedix R, Katechismus der Redekunst. 1. u 3. A. (Weber's Kat. 68) Leipzig 1870. 81

— Katechismus der Redekunst. Anleitung zum mündlichen Vortrage. 3., durchgeseh. Aufl. 8. (VIII, 109 S.) Ebend. 881. geb. n. 1. 50

— Katechismus der Redekunst. Anleitung zum mündl. Vortrage. 4., durchgeseh. Aufl. 8. (VIII, 109 S.) Leipzig 889. J. J. Weber geb. n. 1. 50

— Katechismus d. Redekunst. Anleitg. z. mündl. Vortrage. 5. Aufl. 12. (VIII, 109 S.) Leipzig 896. J. J. Weber. Geb. in Leinw. n. 1. 50

Benedix. Katechismus der deutschen Verskunst. (Aus: „J. J. Weber's Illustrierte Katechismen" Nr. 73.)
Leipzig 1872.

— Katechismus der deutschen Verskunst. 2. Aufl. 8. (VI, 94 S.) Ebend. 879. geb. n. 1. 20

— Katechismus der deutschen Verskunst. 3., durchgeseh. u. verb. Aufl. 12. (VI, 88 S.) Ebd. 894. Geb. in Leinw. n. 1. 50

— Katechismus der deutschen Verslehre, s.: Weber's, J. J., Katechismen.

— der Kaufmann. Schauspiel in 5 Aufzügen. Zum Uebersetzen aus dem Deutschen in das Englische bearb. von J. Morris. Leipzig 858. Friese. gr. 8. (131 S.) n. 10 ngr

—— der Kaufmann. Schauspiel in 5 Aufzügen. Zum Uebersetzen aus dem Deutschen in das Engl. Bearb. von J. Morris. 2. Aufl. 8. (131 S.) Leipzig 871, Friese.

— die Landstreicher. Roman. 3 Bde. Leipzig 867. Payne. 16. (644 S.) 3 ₰

— die Lehre vom mündlichen Vortrage. gr. 8. (XVI u. 381 S.) Köln 852, Du Mont-Schauberg. n. 1 1/2 Thlr.

—— v. unehrl. Leuten. Culturhistor. Studien u. Geschichten a. vergang. Tagen deut. Gewerbe u. Dienste. 2. Afl. 8. (360) Ebd. 89. n. 6. —; geb. n. 7. —

— das Lügen. Bearb. von J. Morris, s.a. Sammlung deutscher Lust- und Schauspiele.

— bearb. von J. Peschier, s.a. Auswahl deutscher Bühnenstücke.

— das Lügen, s.a. Übungs-Bibliothek, englische.

Benedix, Roder., das Lügen, s.a. Übungs-Bibliothek, französische.

Benedix, Roder., das Lügen. Lustspiel in 3 Aufzügen. Zum Uebersetzen aus dem Deutschen in das Ital. bearb. v. G. Locella. 8. (113 S.) Leipzig 873. Krüger & Roskoschny. n. 1. —

—— das Lügen. Lustspiel in drei Aufzügen. Zum Uebersetzen aus dem Deutschen in das Italien. bearb. von G. Locella. 8. (113 S.) Leipzig 876, [Krüger und Roskoschny.] Kummer. *

—— d. Lügen. Lustspiel. Zum Uebersetzen aus d. Deut. in d. Ital. bearb. v. G Locella. 8. (113) Lpzg 76, Kummer. n. 1. —

— ein Lustspiel, s. Auswahl deutscher Bühnenstücke.

— ein Lustspiel, s.: Sammlung deutscher Lust- u. Schauspiele.

— ein Lustspiel, s.: Sammlung deutscher Lust- u. Schauspiele zum Uebersetzen in das Englische.

— e. Lustspiel, s.: Übungs-Bibliothek, englische.

— ein Lustspiel, s.: Übungs-Bibliothek, französische. Nr. 8.

— dasselbe, s.: Universal-Bibliothek.

— die Männerfeindinnen, s. Jahrbuch deutscher Bühnenspiele, von Gubitz, 19r Jahrg.

— Mathilde, s.a. Auswahl deutscher Bühnenstücke.

— Mathilde, s.a. Sammlung deutscher Lust- u. Schauspiele ꝛc.

— Mathilde. Zum Uebersetzen aus dem Deutschen in das Englische bearb. von J. Morris. Berlin 861. Nicolai'sche Verlhdlg. gr. 8. (108 S.) 15 ngr.

— Mathilde, e. deutsches Frauenherz, s.a. Danner's, G., deutsche Volksbühne. Nr. 10.

Mathilde, ein deutsches Frauenherz. Schauspiel in 4 Aufz. von Roderich Benedix Für d. Aufführung einger. von Demetrius Schrutz. Mühlhausen i. Th.: Danner [1908]. 56 S. 8°
(Danner's deutsche Volksbühne. Nr 10.) [09. 13978

— die Mode. Lustspiel in 3 Akten. 8. Wesel 842, Klönne. n. 5/12 Thlr.

— die Mutter. Bilder aus dem Leben. Leipzig 867. Weber. 16. (78 S.) n. 20 ngr; geb. n. 1 Thlr.

— Die Neujahrsnacht, s: Theaterbibliothek (Heidelmann).

— Der Prozess, s: Bühne, Lustige.

— der Prozeß, s.: Meyer's Volksbücher.

— Die Prüfg. s: Damenbühne. — Universal-Bibliothek 5408.

— s. Rollenhagen, G., d. Froschmäusler.

— s.a. Sagen, Deutsche.

—— deut. Sagen. 2. Asg. 8. (250) Wesel 51. (Liegn., Krumbhaar.) — 15

— Sammlung deutscher Epigramme. Leipzig 861. Hartknoch. 16. (VII, 335 S.) n. 1 Thlr.

——, Johanna Sebus. Drama in 1 Akt. 8. (2 B.) Cleve 835, Char.

—— der Schmuggler. — Die Nonne. Zwei Erzähln. 8. (17½ B.) Wesel 841, Klönne.

—— neue Seelenlehre, f. alle Freunde d. Naturwahrheit in anschaul. Weise dargestellt v. G Raue. Verb. u. verm. v. JG Dressler. 5. Afl. 8. (263) Lpzg 76, Lesimple. n. 3. —

— die Shakespearomanie. Zur Abwehr. gr. 8. (IV, 446 S.) Stuttgart 874. Cotta. n. 7. —

— die Sclaven. Drama in 3 Acten. 12. Wesel 841, Bagel. 2/3 Thlr.

— Soldatenlieder für den deutschen Krieg 1870. Leipzig 870. Magazin für Literatur. 64. (16 S.) n. 1 ngr.

— die Sonntagsjäger, Originallustspiel in 3 Akten. 12. Wesel 843, Becker's Buchh. 2/3 Thlr.

— ein altes Sprichwort, neubearb. von Gust. v. Moser, s.a. Vereinstheater.

Ein altes Sprichwort. Lustspiel in 1 Akt von Roderich Benedix. Neubearb. von Gustav v. Moser. *Mühlhausen i. Th.: G. Danner [1904].* (32 S.) 8°
— Vereinstheater. 137. [04.

— Das Stiftungsfest, s.a. Mehrakter. Nr. 31.

Das Stiftungsfest. Lustspiel in 3 Aufz. von Roderich Benedix. Mühlhausen i. Th.: Danner [1908]. 68 S. 8°
(Mehrakter. Nr 31.) [09.

— der Störenfried, s.a. Bibliothek der Gesamtlitteratur.

— dasselbe, s.a. Universal-Bibliothek.

Der Störenfried. Lustspiel in 4 Aufz. von Roderich Benedix. Mit d. Bilde d. Dichters u. e. Vorbemerkung. *Halle a. d. S.: O. Hendel [1904].* (IV, 82 S.) 8° [F.]
(Bibliothek d. Gesamtlitteratur d. In- u. Auslandes. No 1773.) [04.

— Der Strauss, s: Solo-Vorträge.

— Die relegierten Studenten, s.: Matthes, Rich.

— die relegierten Studenten, s.: Meyer's Volksbücher.

— dasselbe, s.: Universal-Bibliothek.

Benedix, Roderich, Taschenbuch deutscher Sagen, s. Taschenbuch.

— Versalzen, neu bearb. v. Gust. v. Moser, s.a. Vereinstheater.

— dasselbe, s.a. Universal-Bibliothek.

Versalzen. Lustspiel in 1 Akt von Roderich Benedix. Neu bearb. von Gustav v. Moser. *Mühlhausen i. Th.: G. Danner [1904].* (32 S.) 8° [F.]
— Vereinstheater. 143. [04.

— die zärtlichen Verwandten, s.a. Bibliothek der Gesamtlitteratur.

— Die zärtlichen Verwandten, s.a. Matthes, Rich.

— Die zärtl. Verwandten, s.a. Meyer's Volksbb. 1610/11.

— dasselbe, s.a. Übungs-Bibliothek, englische. Nr. 24.

Die zärtlichen Verwandten. Lustspiel in 3 Aufz. von Roderich Benedix. Mit d. Bilde d. Dichters u. e. Vorbemerkung. *Halle a. d. S.: O. Hendel [1904].* (IV, 80 S.) 8° [F.]
(Bibliothek d. Gesamtlitteratur d. In- u. Auslandes. No 1700.) [04. 14766

— der Vetter, s.a. Universal-Bibliothek.

— dasselbe, s.a. Bibliothek der Gesamtlitteratur.

Der Vetter. Lustspiel in 3 Aufz. von Roderich Benedix. Mit d. Bilde d. Dichters u. e. Vorbemerkung. *Halle a. d. S.: O. Hendel [1904].* (IV, 55 S.) 8° [F.]
(Bibliothek d. Gesamtlitteratur d. In- u. Auslandes. No 1759.) [04. 14763

—— niederrhein. Volkskalender, s. Volkskalender.

Benedix, Roder., Deutsche Volkssagen, zunächst aus den Rheinlanden. Bdchn. 1—6. Jedes mit 4 Bild. Wesel 1839—1841. gr. 12.
—, — 2. Aufl. Ebda 1851. 8.

— deutsche Volkssagen, zunächst aus d. Rheinlanden. 1—6. Bdchn. Jed. m. 4 Bild. gr. 12. (24⅓ B.) Wesel 839—41, Bagel. à 4 Gr.

— deutsche Volkssagen, zunächst aus den Rheinlanden. 5. u. 6. Bdchn. Jedes mit 4 Bildern. gr. 12. Wesel 841, Klönne. (à ⅙ Thlr) 6 Bdchn. 1 Thlr

— Volkstheater. Ausgewählte größere Lustspiele. 20 Bde. 8. Leipzig 882. Weber. à n. 1. —
1. Das bemooste Haupt oder der lange Israel. Schauspiel in 4 Aufzügen. (80 S.) — 2. Doktor Wespe. Lustspiel in 5 Aufzügen. (105 S.) — 3. Der Steckbrief. Lustspiel in 3 Aufzügen. (100 S.) — 4. Der alte Magister. Schauspiel in 4 Aufzügen. (72 S.) — 5. Der Vetter. Lustspiel in 3 Aufzügen. (75 S.) — 6. Die Banditen. Lustspiel in 4 Aufzügen. (99 S.) — 7. Der Liebesbrief. Lustspiel in 3 Aufzügen. (83 S.) — 8. Das Gefängnis. Lustspiel in 4 Aufzügen. (93 S.) — 9. Das Lügen. Lustspiel in 3 Aufzügen. (105 S.) — 10. Ein Lustspiel. Lustspiel in 4 Aufzügen. (123 S.) — 11. Die alte Jungfer. Lustspiel in 4 Aufzügen. (79 S.) — 12. Das Konzert. Lustspiel in 4 Aufzügen. (112 S.) — 13. Der Störenfried. Lustspiel in 4 Aufzügen. (112 S.) — 14. Gegenüber. Lustspiel in 3 Aufzügen. (75 S.) — 15. Die Pflegetöchter. Lustspiel in 3 Aufzügen. (71 S.) — 16. Die zärtlichen Verwandten. Lustspiel in 3 Aufzügen. (110 S.) — 17. Aschenbrödel. Schauspiel in 4 Aufzügen. (125 S.) — 18. Die relegirten Studenten. Lustspiel in 4 Aufzügen. (121 S.) 19. Der Sohn der Hökerin. Lustspiel in 4 Aufzügen. (93 S.) — 20. Das Stiftungsfest. Lustspiel in 3 Aufzügen. (87 S.)

— Volkstheater. Ausgewählte größere Lustspiele. 16. Bd. 8. Ebend. 886. n. 1. —
Die zärtlichen Verwandten. Lustspiel in 3 Aufzügen. 3. Aufl. (110 S.)

— Volkstheater. Ausgewählte größere Lustspiele. 1. 2. 5. Bd. 8. Leipzig, J. J. Weber. à n. 1. —
1. Das bemooste Haupt oder der lange Israel. Schauspiel in 4 Aufzügen. 2. Aufl. (80 S.) 889.
2. Doktor Wespe. Lustspiel in 5 Aufzügen. 2. Aufl. (105 S.) 888.
5. Der Vetter. Lustspiel in 3 Aufzügen. 2. Aufl. (75 S.) 890.

— Volkstheater. Ausgew. größ. Lustspiele. 8.—10. Bd. 8. Ebd. à n. 1. —
8. D. Gefängnis. Lustspiel i. 4 Aufz. 2. Aufl. (93 S.) 895.
9. D. Lügen. Lustspiel i. 3 Aufz. 2. Aufl. (105 S.) 897.
10. E. Lustspiel. Lustspiel i. 4 Aufz. 2. Aufl. (123 S.) 895.

Benedix, Roderich, Volkstheater. Ausgewählte größere Lustspiele. 13., 16.—18., 21. u. 22. Bd. 8. Leipzig, J. J. Weber. à n. 1.—
13. Der Störenfried. Lustspiel in 4 Aufzügen. 2. Aufl. (112 S.) 890.
16. Die zärtlichen Verwandten. Lustspiel in 3 Aufzügen. 3. Aufl. (110 S.) 894.
17. Aschenbrödel. Schauspiel in 4 Aufzügen. 2. Aufl. (125 S.) 893.
18. Die relegierten Studenten. Lustspiel in 4 Aufzügen. 2. Aufl. (121 S.) 892.
21. Eigensinn. Die Hochzeitsreise. 2 Lustspiele. (74 S.) 891.
22. Oben wie unten. Lustspiel in 2 Abtlgn.: Die Dienstboten. — Die Herrschaft. (79 S.) 891.

— Volkstheater. Ausgewählte größere Lustspiele. 21. u. 22. Bd. 8. Leipzig, J. J. Weber. à n. 1. —
21. Eigensinn. Die Hochzeitsreise. 2. Aufl. (74 S.) 898.
22. Oben wie Unten. Lustspiel in 2 Abtlgn. Die Dienstboten. — Die Dienstherrschaft. 2. Aufl. (79 S.) 902.

Benedix, Roder., Volkstheater. Ausgewählte größere Lustspiele. 16. u. 20. Bd. kl. 8. Leipzig, J. J. Weber. à Bd. n. 1. —
16. Die zärtlichen Verwandten. Lustspiel in 3 Aufzügen. 4. Aufl. (110 S.) 900.
20. Das Stiftungsfest. Lustspiel in 3 Aufzügen. 2. Aufl. (87 S.) 900.

— der mündl. Vortrag, s.a. Weber's illustr. Katechismen.

— der mündliche Vortrag. Ein Lehrbuch für Schulen und zum Selbstunterricht. 3 Thle. Leipzig 859. 60. Weber. gr. 8. n. 2 Thlr
1. Thl.: Die reine und deutliche Aussprache des Hochdeutschen. Ein Leitfaden für die unteren Klassen der Gymnasien u. Bürgerschulen. (XIII, 70 S.) n. 7½ ngr.
2. Thl.: Die richtige Betonung der deutschen Sprache. Ein Leitfaden für die mittleren Klassen der Gymnasien und Bürgerschulen. (XIII, 214 S.) n. 22½ ngr.
3. Thl.: Die Schönheit des Vortrags. Ein Leitfaden für die oberen Klassen der Gymnasien und Bürgerschulen. (VI, 295 S.) n. 1 Thlr

— der mündliche Vortrag. Ein Lehrbuch für Schulen u. zum Selbstunterricht. 3 Thle. 2. verm. Aufl. Leipzig 868—70. Weber. gr. 8. n. 2 Thlr
1. Thl.: Die reine u. deutliche Aussprache des Hochdeutschen. Ein Leitfaden für die unteren Klassen der Gymnasien u. Bürgerschulen. (XIII, 72 S.) n. 7½ ngr.
2. Thl.: Die richtige Betonung u. die Rhythmik der deutschen Sprache. Ein Leitfaden für die mittleren Classen der Gymnasien u. Bürgerschulen. (XV, 220 S.) n. 22½ ngr.
3. Thl.: Die Schönheit des Vortrags. Ein Leitfaden für die oberen Classen der Gymnasien u. Bürgerschulen. (VII. 308 S.) n. 1 Thlr

— der mündliche Vortrag. Ein Lehrbuch f. Schulen u. zum Selbstunterricht. 1. Thl. Die reine u. deutliche Aussprache d. Hochdeutschen. Ein Leitfaden f. die unteren Klassen der Gymnasien u. Bürgerschulen. 3., durchges. Aufl. gr. 8. (XIII, 72 S.) Leipzig 871. Weber. n. — 75

— dasselbe. 3. Thl. A. u. d. T.: Die Schönheit d. Vortrags. Ein Leitfaden f. die oberen Klassen der Gymnasien u. Bürgerschulen. 3., verm. u. verb. Aufl. gr. 8. (VII, 308 S.) Ebend. 876. n. 3. —

— der mündliche Vortrag. Ein Lehrbuch für Schulen u. zum Selbstunterricht. 2. Thl. A. u. d. T.: Die richtige Betonung u. die Rhythmik der deutschen Sprache. Ein Leitfaden für die mittleren Classen der Gymnasien u. Bürgerschulen. 3., verm. Aufl. gr. 8. (XV, 220 S.) Ebend. 877. n. 2. 25

— der mündliche Vortrag. Ein Lehrbuch für Schulen zum Selbstunterricht. 3 Tle. gr. 8. Ebendas. *
Inhalt:
Tl. 1. Die reine und deutliche Aussprache des Hochdeutschen. Ein Leitfaden für die unteren Klassen der Gymnasien und Bürgerschulen. 5. und 6. durchgeseh. Aufl. (XIII, 72 S.) 885,88. *ℳ 1.—.

Benedix, R., der mündliche Vortrag 2c.
Tl. 2. Die richtige Betonung und die Rhythmik der deutschen Sprache. Ein Leitfaden für die mittleren Klassen der Gymnasien und Bürgerschulen. 4. durchgeseh. Aufl. (XV, 220 S.) 888. *ℳ 2.40.
„ 3. Die Schönheit des Vortrags. [Deklamationslehre.] Ein Leitfaden für die oberen Klassen der Gymnasien und Bürgerschulen. 4. durchgeseh. Aufl. (VII, 308 S.) 888. *ℳ 3.40.

— der mündliche Vortrag. Ein Lehrbuch f. Schulen u. zum Selbstunterricht. 1. Tl. gr. 8. Ebd. 893. n. 1. —; geb. n. 1. 50
Die reinliche u. deutliche Aussprache des Hochdeutschen. Ein Leitfaden f. die unteren Klassen der Gymnasien u. Bürgerschulen. 7., durchgeseh. Aufl. (XIII, 72 S.)

— d. mündl. Vortrag. E. Lehrbuch f. Schulen u. z. Selbstunterr. 1. Tl.: D. reine u. deutl. Aussprache d. Hochdeutschen. E. Leitfaden f. d. unt. Klassen d. Gymnasien u. Bürgerschulen. 8. Aufl. gr. 8. (XIII, 72 S.) Ebd. 897. n. 1. —; geb. n. 1. 50

Benedix R. der mündliche Vortrag. I. 9. Auflage. III. 5. Auflage. (Webers illustrierte Katechismen 238. 240) Leipzig 1901. 02

— Der mündl. Vortrag. Lehrb. f. Schulen u. z. Selbstunterr. 1. Tl: Die reine u. deutl. Aussprache d. Hochdeutschen. 11. Afl. (13, 80) kl8° Lpzg. JJ Weber '11. L 1.50 d

— der Mädchen Waffen, s.: Universal-Bibliothek.

— the wedding trip. A comedy in 2 acts. From the German by Dav. Asher. (Schlüssel zu Benedix, Hochzeitsreise.) 8. (53 S.) Dresden 888. Ehlermann. geb. n. — 80

— Der Weiberfeind, bearb. v. Rich. Matthes, s.: Glaser's, Conr., Theater-Bibliothek.

— Der Weiberfeind, s.: Universal-Bibliothek.

— Weihnachten, s.a. Theaterbibliothek (Heidelmann).

— Weihnachten, s.a. Weihnachtsbühne.

Weihnachten. Familienbild in 1 Aufz. von R[oderich] Benedix. Landsberg a. W.: Volger & Klein [1904]. (23 S.) 8° [ℌ.]
— Weihnachts-Bühne. No 1.

— Die Werbg od. d. schönste Tag ihres Lebens, s: Solo-Vorträge.

— gesammelte dramatische Werke. 1.—3. Bd. 1. Die Männerfeindinnen. Das bemooste Haupt. Die Sclaven. 2. Die Sonntagsjäger. Die Mode. Dr. Wespe. Der Weiberfeind. 3. Der Steckbrief. Der Liebestrank oder die neue Erfindung. Der alte Magister. 8. Leipzig 846. J. J. Weber. à n. 1½ ₰

— gesammelte dramatische Werke. 4—6. Bd. 8. 4. Bd.: Unerschütterlich. Der Ruf. Entsagung. Der Vetter. (250 S.) 5. Bd.: Die Banditen. Eigensinn. Die Sündenböcke. Der Proceß. (208 S.) 6. Bd.: Die Lügnerin. Die Pensionärin. Der Kaufmann. (VI u. 275 S.) Leipzig 848—50, Weber. à Bd. n. 1½ ₰ (1—6: n. 9 ₰)

—— gesamm. dramat. Werke. 1. Bd. 2. Afl., 2. Bd. 3. Afl., 3—5. Bd. 2. Afl., 6. Bd., 7. u. 8. Bd. 2. Afl., 9—18. Bd. (à ca. 300) 8. Lpzg 51—65. Weber. à n. 1. 15

Benedix, Roderich, gesammelte dramatische Werke. Leipzig. Weber. 8. Jeder Bd. n. 1 ₰ 15 ngr
2. Bd.: Die Sonntagsjäger. Die Mode. Dr. Wespe. Der Weiberfeind. 2. unveränd. Aufl. 857. (2 Bl., 327 S.)
5. „ Die Banditen. Eigensinn. Die Sündenböcke. Der Proceß. 2. unveränd. Aufl. 857. (2 Bl., 271 S.)
7. „ Die Hochzeitsreise. Die Eifersüchtigen. Der Liebesbrief. Die drei Edelsteine oder Walter's Irrfahrten. 853. (2 Bl., 302 S.)
8. „ Die Künstlerin. Angela. Das Gefängniß. Der Sänger. Die Phrenologen. Das Lügen. 854. (2 Bl., 338 S.)
9. „ Mathilde. Ein Lustspiel. Paula. 855. (2 Bl., 305 S.)
10. „ Oben wie Unten. Die alte Jungfer. Das Concert. 857. (2 Bl., 319 S.)

Benedix, Roderich, gesammelte dramatische Werke. 1. 3. 7. u. 8. Bd. 2. unveränd. Aufl. Leipzig 859—62. Weber. Jeder Bd. n. 1 ₰ 15 ngr

Benedix, Roderich, gesammelte dramatische Werke. 10—13. Bd. 8. Leipzig, Weber. à Bd. * 1 Thlr. 15 Ngr. *

Inhalt:
Bd. 10. Oben wie Unten. Die alte Jungfer. Das Concert. (319 S.) 857.
„ 11. Auf dem Lande. Die Gesellschafterin. Die Schuldbewußten. (IV und 286 S.) 859.
„ 12. Ohne Paß. Junker Otto. Die Stiefmutter. Nein. Das Dienstmädchen. Die Großmutter. (260 S.) 860.
„ 13. Die Pasquillanten. Wallrade. Eine Fuchshetze. (316 S.) 861.
1—9. Bd. Ebendas. 1846—55. * 13 Thlr. 15 Ngr.

Benedix, Roderich, gesammelte dramatische Werke. 14.—20. Bd. 8. Leipzig, Weber. à Bd. * 1 Thlr. 15 Ngr. *

Inhalt:
Bd. 14. Der Teufel und der Schneider. — Blaubart. — Das Goldteufelchen. (274 S.) 862.
„ 15. Der Störenfried. — Die Crinolinen-Verschwörung. — Brandenburgischer Landsturm. (335 S.) 863.
„ 16. Die Fremden. — Gegenüber. — Der Phlegmatikus. — Die Prüfung. — Der Mädchen Waffen. — Günstige Vorzeichen. (320 S.) 863.
„ 17. Die Verlobung. — Sammelwuth. — Der Dritte. — Die Pflegetöchter. (308 S.) 864.
„ 18. Auf dem Heirathsbureau. — Vater und Tochter. — Die Doppelgängerin. — Der Kassenschlüssel. — Eine Whistpartie unter Frauen. — Ausreden lassen. (300 S.) 865.
„ 19. Doctor Treuwald. — Herrschsucht. — Die zärtlichen Verwandten. (360 S.) 866.
„ 20. Der geheimnißvolle Brief. — Das Armband. — Müller als Sündenbock. — Die Epigramme. — Das Muttersöhnchen. — Versalzen. (IV und 326 S.) 868.
1.—13. Bd. Ebendas. 1846—61. * 19 Thlr. 15 Ngr.

— gesammelte dramatische Werke. Ebend. 865—70. 8. Jeder Bd. n. 1 ₰ 15 ngr
2. Bd. Die Sonntagsjäger. Die Mode. Dr. Wespe. Der Weiberfeind. 3. Aufl. 865. (320 S.)
5. Bd. Die Banditen. Eigensinn. Die Sündenböcke. Der Proceß. 3. Aufl. 866. (207 S.)
7. Bd.: Die Hochzeitsreise. Die Eifersüchtigen. Der Liebesbrief. Die drei Edelsteine oder Walter's Irrfahrten. 3. Aufl. 870. (288 S.)
8. Bd.: Die Künstlerin. Angela. Das Gefängniß. Der Sänger. Die Phrenologen. Das Lügen. 3. Aufl. 870. (334 S.)
10. Bd.: Oben wie unten. Eine alte Jungfer. Das Concert. 2. Aufl. 870. (IV, 316 S.)
18. Bd.: Auf dem Heirathsbureau. Vater u. Tochter. Die Doppelgängerin. Der Kassenschlüssel. Eine Whistpartie unter Frauen. Ausreden lassen. 865. (300 S.)
19. Bd.: Doctor Treuwald. Herrschsucht. Die zärtlichen Verwandten. 866. (360 S.)
20. Der geheimnißvolle Brief. Das Armband. Müller als Sündenbock. Die Epigramme. Das Muttersöhnchen. Versalzen. 868. (IV, 326 S.)
21. Bd.: Aschenbrödel. Zwischenträgerei. Der Strauß. Die Werbung. 868. (2 Bll., 292 S.)
22. Bd.: Der Bahnhof. Der 88. Geburtstag. Die relegirten Studenten. Die Neujahrsnacht. 869. (385 S.)
23. Bd.: Abenteuer in Rom. Der Hagestolz. Weihnachten. Ein altes Sprichwort. 870. (314 S.)

Benedix, R, ges. dramat. Werke. 1. Bd. 3. Afl., 4. Bd. 2. Afl., 5. Bd. 4. Afl., 9. Bd. 2. Afl., 15. Bd. 3. Afl., 19. Bd. 2. Afl., 21. Bd. 2. Afl., 22. Bd. 2. Afl. u. 21—27. Bd. 8. (3771) Lpzg 71—75, Weber. à n. 1. 50

—— dass. — 1., 4., 5., 7.—10., 15. und 19. Bd. 8. Ebendas. à Bd. *

Inhalt:
Bd. 1. Die Männerfeindinnen, Lustspiel in 3 Acten. — Das bemooste Haupt oder der lange Israel, Schauspiel in 4 Acten. — Die Sclaven, Schauspiel in 3 Acten. 3. Aufl. (314 S.) 873.
4. Unerschütterlich, Vorspiel in 1 Act. — Der Ruf, Lustspiel in 4 Acten. — Entsagung, Lustspiel in 1 Act. — Der Vetter, Lustspiel in 3 Acten. 3. Aufl. (254 S.) 875.
5. Die Banditen, Lustspiel in 4 Acten. — Eigensinn, Lustspiel in 1 Act. — Die Sündenböcke, Lustspiel in 3 Acten. — Der Proceß, Lustspiel in 1 Act. 4. unveränd. Aufl. (271 S.) 874.
7. Die Hochzeitsreise, Lustspiel in 2 Acten. — Die Eifersüchtigen, Lustspiel in 1 Act. — Der Liebesbrief, Lustspiel in 3 Acten. — Die drei Edelsteine oder Walters Irrfahrten, Märchenposse in 4 Acten. 3. Aufl. (238 S.) 869.
8. Die Künstlerin, Lustspiel in 1 Act. — Angela, Liederspiel in 1 Act. — Das Gefängniß, Lustspiel in 4 Acten. — Der Sänger, Liederspiel in 1 Act. — Die Phrenologen, Lustspiel in 1 Act. — Das Lügen, Lustspiel in 3 Acten. 3. Aufl. (334 S.) 870.
9. Mathilde, Schauspiel in 4 Acten. — Ein Lustspiel, Lustspiel in 4 Acten. — Paula, Drama in 3 Acten. 3. unveränd. Aufl. (336 S.) 874.
10. Oben wie Unten, Lustspiel in 2 Abthlgn. 1. Die Dienstboten, Lustspiel in 1 Act. 2. Die Herrschaft, Lustspiel in 1 Act. — Die alte Jungfer, Lustspiel in 4 Acten. — Das Concert, Lustspiel in 4 Acten. 2. Aufl. (316 S.) 870.
15. Der Störenfried, Lustspiel in 4 Acten. — Die Crinolinen-Verschwörung, Lustspiel in 3 Acten. — Brandenburgischer Landsturm, historisches Lustspiel in 4 Acten. 2. unveränd. Aufl. (305 S.) 874.
19. Doctor Treuwald, Lustspiel in 4 Acten. — Herrschsucht, Lustspiel in 3 Acten. — Die zärtlichen Verwandten, Lustspiel in 3 Acten. 2. Aufl. (360 S.) 871.
1.—27. Bd. * ℳ 121,50.

Benedix, Roderich, Gesammelte dramatische Werke. 21.—27. Bd. 8. Leipzig, Weber. à Bd. *

Inhalt:
Bd. 21. Aschenbrödel, Schauspiel in 4 Acten. — Zwischenträgerei, Lustspiel in 4 Acten. — Der Strauß, Genrebild in 1 Act. — Die Werbung, Genrebild in 1 Act. (292 S.) 868.
„ 22. Der Bahnhof, Lustspiel in 3 Acten. — Der achtundachtzigste Geburtstag, Familienbild in 3 Acten. — Die relegirten Studenten, Lustspiel in 4 Acten. — Die Neujahrsnacht, Schauspiel in 1 Act. 1. Aufl. (385 S.) 1869, und 2. Aufl. (372 S.) 875.
„ 23. Abenteuer in Rom, Lustspiel in 3 Acten. — Der Hagestolz, Familienbild in 3 Acten. — Weihnachten, Familienbild in 1 Act. — Ein altes Sprichwort, Lustspiel in 1 Act. (314 S.) 870.
„ 24. Pflichtgetreu, Lustspiel in 3 Acten. — Reden muß man, Lustspiel in 3 Acten. — Plautus und Terenz, Lustspiel in 1 Act. — 1813, Kriegsbild in 2 Acten. (304 S.) 871.
„ 25. Alldeutschland hinein, Kriegsbild in 3 Acten. — Landwehrmanns Christfest, Familienbild in 1 Act. — Der Sohn der Hökerin, Lustspiel in 4 Acten. (252 S.) 872.
„ 26. Der Wildling, Lustspiel in 3 Acten. — Das Stiftungsfest, Lustspiel in 3 Acten. — Der Todescandidat, Lustspiel in 1 Act. — Einquartierung, Lustspiel in 1 Act. — Wiedergefunden, Dramolet in 1 Act. — Weihnachten im Felde, Genrebild in 1 Act. (292 S.) 873.
„ 27. Weibererziehung, Lustspiel in 4 Acten. — Die Gruft der Väter, Lustspiel in 3 Acten. — Auf der Wiener Weltausstellung, Lustspiel in 3 Acten. — Isidor und Athanasia, Lustspiel in 1 Act. (319 S.) 874.

Benedix, Roder., gesammelte dramatische Werke. 1. 4. 5. 9. 15. 19. 21. 22. 24—27. Bd. 8. Leipzig 871—75. Weber. à n. 4. 50
1. Bd. 3. Aufl. (IV, 314 S.) — 4. Bd. 3. Aufl. (251 S.) — 5. Bd. 4. Aufl. (271 S.) — 9. Bd. 2. Aufl. (330 S.) — 15. Bd. 3. Aufl. (305 S.) — 19. Bd. 2. Aufl. (IV, 300 S.) — 21. Bd. 2. Aufl. (292 S.) — 22. Bd. 2. Aufl. (372 S.) — 24. Bd. (301 S.) — 25. Bd. (252 S.) — 26. Bd. (292 S.) — 27. Bd. (310 S.)

Benedix, Roderich, gesammelte dramatische Werke. 2. Bd. 4. veränd. Aufl. 8. Leipzig 880. Weber. n. 4. 50
Die Sonntagsjäger. Lustspiel in 1 Act. — Die Mode. Lustspiel in 3 Acten. — Doctor Wespe. Lustspiel in 5 Acten. — Der Weiberfeind. Lustspiel in 1 Act. (320 S.)

— das Wesen des deutschen Rhythmus. Beitrag zur deutschen Verslehre. Leipzig 862. Hartknoch. gr. 8. (VIII, 119 S.) n. 20 ngr

— Doctor Wespe, s.a. Auswahl deutscher Bühnenstücke zum Uebersetzen in das Franz.

— Doktor Wespe, s.a. Bibliothek der Gesamtlitteratur.

— Doktor Wespe, s.a. Matthes, Rich.

— — s.a. Raccolta di pezzi teatrali tedeschi proposta per la traduzione agli studiosi della lingua italiana.

— — s.a. Sammlung deutscher Lust- u. Schauspiele zum Uebersetzen in das Englische.

Benedix, Rod., Doktor Wespe, bearb. v. Ph. Hangen, s.a. Übungs-Bibliothek, engl.

— Doktor Wespe, zum Übersetzen in das Französische bearb. v. Ernst Helm, s.a. Übungs-Bibliothek. franz.

Benedix, Roderich, Doctor Wespe. Lustspiel in 5 Acten. 12. (6 B.) Wesel 844, Beckersche Buchh.

Doktor Wespe. Lustspiel in 5 Aufz. von Roderich Benedix. Mit d. Bilde d. Dichters u. e. Vorbemerkung. *Halle a. d. S.: O. Hendel [1904].* (IV, 80 S.) 8° [F.]
(Bibliothek d: Gesamtlitteratur d. In- u. Auslandes. No 1758.) [04. 1476]

Benedix, Rud. (geb. Putbus auf Rügen 19. 4. 1833): De catarrhis. Berolini (1855). (31 S.) 8°
Berlin, Med. Diss. v. 13. Aug. 1855

Benefactores Canoniae ad Sanctum Florianum, quorum plurimi per aliquot saecula erant incogniti ... Lincii 1729. V: *Pachl, Johann Evang.* (Cernik, Schriftst. d. Augustiner-Chorherren-Stifte Öst. Wien 1905.)

Benefactress, the, s.: Collection of British authors.

Benefeld, Georg Wilhelm (Lüchow-Lüneburg), De habitu virium motricium corporis humani ad actionem medicamentorum. Diss. med. Göttingen (Jo. Friedr. Hager) 16. III. 1758. 20 S. (4.50) 2054
Gew.: Paul Gottl. Werlhoff. — Widm. v.: R. A. Vogel.

— Ludwig Wilhelm Ernst (Schwerin-Meckl.), De origine et reditu febris hecticae. Diss. med. Jena (Stranckmann) 26. VII. 1793. 20 S. (3.—) 2055

Benehmen, das feine, gegen Damen. Vorschriften des Tones der guten Gesellschaften über das Anknüpfen von Bekanntschaften rc. Nebst Bemerkungen üb. die Kennzeichen der Liebe, über das Verhältniß des Liebhabers, des Bräutigams u. des Ehegatten nach modernen Ansichten. 16. (72 S.) Erfurt 847, Bartholomäus. ¼ ₰

Benehmen, das feine, gegen Damen, oder Anweisung sich durch e. anständiges, gesittetes Betragen im Umgange mit Damen sowie auch im gesellschaftlichen Leben überhaupt beliebt zu machen. Ein unentbehrlicher Sitten- u. Höflichkeitsspiegel für Jedermann. 2. gänzlich neu bearb. Aufl. Erfurt 865. Bartholomäus. 8. (IV, 107 S.) 12½ ngr

— über das geistl. u. weltl., des Papstes. 8. Münch. 810. Lentner. 4 gl

Benehmen, Das, des Gendarmen in Renitenz-Fällen ... Innsbruck 1856. V: *Marchetti, Anton.* (Margr)

Benehmen, das — des Gend'armen in Renitenz-Fällen überhaupt, nebst Leitfaden für den hiebei vorkommenden Waffengebrauch. Innsbruck, 1856. Druck der Wagner'schen Buchdr. (16 S. 8.)

Benehmen, über das, bei Kridafällen, e. Spiegel d. Wahrheit für Advocaten rc., (v. Graf F. v. Kufstein). gr. 8. Wien 791.

Benehmen Sr. päbstl. Heiligkeit Pius VII. gegen die Forderungen, Eingriffe und Gewaltthätigkeiten *Napoleons*, Kaisers der Franzosen u. Königs von Italien, im Jahre 1808, nebst Darstellung der Behandlung des heil. Vaters bey seiner Wegführung von Savona nach Fontainebleau, u. Schilderung seines dortigen Aufenthalts. O. O. 1813. 8°. 16 unbeziff. Bll. — Dabei 1 gefalt. Bl. „Extra-Beylage" zu einer (Münchner) Zeitung, überschrieb.: München, den 23. Febr., enth. verschiedene Protestationen u. Bannflüche *Pius VII.* gegen *Napoleon* u. s. Anhänger, vom Juni u. July 1809. Beibde. 3c

— Sr. päpstl. Heiligkeit Pius VII. gegen d. Forderungen Napoleons im Jahre 1808. 3e Aufl. gr. 8. Münch. 814. Lentner. 6 gl Anich in Lucern. 3 gl

Benehmen Sr. päpstl. Heiligkeit Pius VII. gegen d. Forderungen Napoleons im Jahre 1808. 3te Aufl. gr. 8. München, Lentner. 815.

Benehmen. Wegen meinem „übrigen Benehmen." 1831 s. (Lerber, Beat von).

Beneke, Dr., s. Patriot, der. Mittheilungen rc.

Beneke: Der Ristorno in der Seeversicherung, s. Beneke, Max

Beneke, A: Siegfried ist Armin! (85) gr8° Dortm., FW Ruhfus '11. 1.50

Beneke, A., Siegfried u. die Varusschlacht im Arnsberger Walde. Ein Beitrag zur 19. Jahrhundertfeier. (IV, 119 S.) 8. Leipzig-Gohlis 909. B. Volger. 8.—; erm. Pr. 2.—

Beneke, Adolf
Beneke, Adf., s.: Adolfi, B.

— der Galeeren-Sträfling. Eine Erzählung. 16. (59 S.) [Elberfeld.] Köln 875, Püttmann. *

— der Hexenteich. Eine Erzählung aus dem 17. Jahrh. 16. (64 S.) Ebendas. 875. *

Beneke, Adf., s. Humoresken und Erzählungen.

— aus vier Jahrhunderten. Historische Skizzen und Erzählungen. 2. (Titel-)Aufl. 8. (335 S.) Bremen (871)76, Kühtmann und Comp. *

Beneke, Adf., Kunterbunt. Heitere Geschichten. Stuttgart 864. E. Ebner. 8. (VII, 247 S.) 20 ngr

Beneke, A, Kunterbunt. Heit. Geschichten. 8. (247) Stuttg. 64, Vogler u. B. — 20

Beneke, A[dolf]. Marie. Novelle aus dem Volksleben. (59 S.) 8. Aarburg, Buchdr. Aarburg, 1902.
Schweizer Familien-Bibliothek. Band 13. 111 S. (fr. —. 20.) S. 53—79. — *S. 80—111 enth. als Anhang:* Das Blumenmädchen von Florenz. Erzählung von Edvard Flygare.

Beneke, Adf., im kleinen Ort. Heitere Geschichten. 2 Bde. Hannover 868. Brandes. 8. (VI, 467 S.) 2 ₰

—— dass. — 2. Aufl. 2 Bde. 8. (III, 223; III, 244 S.) Bremen 871, Kühtmann und Comp. ℳ 6.; geb.

—— im kleinen Ort. Heitere Geschichten. 3. (Titel-)Aufl. 2 Bde. 8. (223; 244 S.) Ebendas. (871)76. *

Beneke, A., Karl Neumann-Strela u. Karl Zastrow, Wetten u. Wagen u. andere historische Erzählungen, s.a. Zastrow, Karl, aus dem Leben der nordischen Semiramis.

Wetten und wagen u. andere histor. Erzählungen von A[dolf] **Beneke**, Karl Neumann-Strela u. Karl Zastrow. Mülheim a. d. Ruhr: J. Bagel [1904]. (128 S.) 8° [F.] [o4. 9784

Beneke, Adf., aus alter und neuer Zeit. Humoristische Erzählungen. 2. (Titel-)Aufl. 8. (228 S.) Bremen (871)76, Kühtmann und Comp. *

—— zum Tode verurtheilt. Eine Erzählung. 16. (62 S.) [Elberfeld.] Köln 875, Püttmann.

Beneke, C. A.: Die Verfassungsreform der Kirche augsburgischer Konfession in Elsass-Lothringen. (III, 70 S.) gr. 8° Tübingen, J. C. B. Mohr. 1900.

Beneke, C. A., die Verfassungsreform der Kirche augsburgischer Konfession in Elsaß-Lothringen. (III, 70 S.) gr. 8. Tübingen 900. J. C. B. Mohr. 1. 40

Beneke, E.: Beiträge zur Metrik der Alexandriner, s. Beneke, Fr.

Beneke, E.: De Demosthenis quae ..., s. Beneke, Ernestus Christianus

Beneke, Ed.: Lehrbuch ..., s.a. Beneke, Friedrich Eduard

Beneke, Ed., Lehrbuch der Psychologie als Naturwissenschaft. 3., verm. Aufl. Neu bearb. und mit einem Anhang über Beneke's sämmtl. Schriften versehen von Joh. Glieb. Dreßler. gr. 8. (XX und 324 S.) Berlin 861, Mittler und Sohn. Thlr.

Beneke, Ed., Lehrbuch der pragmatischen Psychologie oder der Seelenlehre in der Anwendung auf das Leben. Berlin 853. Mittler u. Sohn. gr. 8. (VII, 180 S.) 27 ngr.

Beneke, Ed.: Die Reform und die Stellung unserer Schulen, s.a. Beneke, Friedrich Eduard

Beneke, Ed.: Die Reform und die Stellung unserer Schulen. Berl.: Mittler & S. 1848.
Schularten, Kirche u. Schule, u. a.

Beneke, Erdmann Christ. Der Mucker oder Scheinheilige Betrüger [nach *Molières* Tartuffe]. Leipzig & Frankf. Kleyb, 1756. 96 S.

Beneke, Ernestus *Christianus* [Hanoveranus]: De Demosthenis quae fertur adversus Calliclem orationis authentia ... Halis Sax., form. Kaemmererianis, 1892; 50 S., 1 Bl. 8.
Halle, Phil. Fak., Inaug.-Diss. v. [11. Juni] 1892

Beneke, F.: Beiträge zur Metrik der Alexandriner, s. Beneke, Fr.

Beneke, F.: Zur Geschichte der Associationsbestrebungen ..., s. Beneke, F. W.

Beneke, F. E., s. Beneke, F. W.

Beneke, F. Ed., s. Beneke, Eduard Friedrich

Beneke, F. W., die Altersdisposition. Ein Beitrag zur Physiologie u. Pathologie der einzelnen Altersstufen des Menschen. Mit 3 lith. Taf. [Festschrift zur Feier d. 50. Jahrestages d. Antritts der ordentl. Professur d. Hrn. C. F. v. Heusinger in Marburg.] gr. 4. (94 S.) Marburg 879. Elwert's Verl. n. 4. 50

Beneke, F. W., die sanitäre Bedeutung des verlängerten Aufenthaltes auf den deutschen Nordseeinseln, insonderheit auf Norderney. gr. 8. (V, 88 S. mit 1 lithogr. Taf.) Norden 881, Braams. *

Beneke, FW, d. sanitäre Bedeutg d. verlängerten Aufenthaltes auf d. deut. Nordseeinseln, insonderheit auf Norderney. 8. (88 m. 1 L.) Nord. 84, Braams. n. 1. 50

Beneke, F. W., balneologische Briefe zur Pathologie u. Therapie der constitutionellen Krankheiten. gr. 8. (VII, 220 S.) Marburg 876. Elwert's Verl. n. 5. —

— zur Ernährungslehre d. gesunden Menschen, s.a. Schriften der Gesellschaft zur Beförderung der gesammten Naturwissenschaften zu Marburg.

Beneke, F. Z. Ernährungslehre d. gesunden Menschen. Kassel 1878.

— zur Frage der Organisation der öffentlichen Gesundheitspflege in Deutschland. Ein 2. Beitrag zur Förderg. derselben. Lex.-8. (55 S.) Ebend. 872. n. 1. —

Beneke, F. W., zur Geschichte der Associationsbestrebungen auf dem Gebiete der wissenschaftlichen u. praktischen Heilkunde. Ein Beitrag zur Förderung der öffentlichen u. privaten Gesundheitspflege. Marburg 870. Elwert. gr. 8. (60 S.) n. 10 ngr

—— öffentliche Gesundheitspflege. Ein populär-wissenschaftl. Vortrag, gehalten am 19. Jan. in der Aula des Gymnasiums zu Marburg. gr. 8. (III, 38 S.) Marburg 876, Elwert'sche Verlagsh. *

— die anatomischen Grundlagen der Constitutionsanomalieen d. Menschen. gr. 8. (VIII, 262 S.) Marburg 878. Elwert's Verl. n. 9. —

—— Grundlinien der Pathologie des Stoffwechsels. 24 academische Vorlesungen. gr. 8. (IX, 448 S. mit 1 lithogr. Taf. in Farbendr.) Berlin 874, Hirschwald. *

— zur Casuistik der Carcinome, insonderheit deren Vorkommen in Strafanstalten, s.: Schriften der Gesellschaft zur Beförderung der gesammten Naturwissenschaften zu Marburg.

— Constitution u. constitutionelles Kranksein des Menschen. Mit 12 chromolith. Taf. gr. 8. (V, 96 S.) Marburg 881. Elwert's Verl. n. 4. 50

Beneke's, F. W., Lebensskizze, s.: Mettenheimer, C.

— zur Therapie d. Gelenkrheumatismus u. der ihm verbund. Herzkrankheiten. gr. 8. (IV, 54 S.) Berlin 872. Hirschwald. n. 1. 50

— die erste Ueberwinterung Kranker auf Norderney. Aerztlicher Bericht. gr. 8. (VII, 157 S.) Norden 882. Braams. n. 2. 50

— Justus v. Liebig's Verdienste um die Förderung der practischen Medicin, s.: Schriften d. Gesellschaft zur Beförderung der gesammten Naturwissenschaften zu Marburg.

— zum Verständniss der Wirkungen der Seeluft u. d. Seebades, s.: Schriften der Gesellschaft zur Beförderung der gesammten Naturwissenschaften zu Marburg.

– Über das Volumen d. Herzens u. die Weite der Arteria pulmonalis u. Aorta ascendens in den verschiedenen Lebensaltern, s. Schriften d. Gesellschaft zur Beförderung der gesammten Naturwissenschaften zu Marburg.

— Vorlagen zur Organisation der Mortalitäts-Statistik in Deutschland. Mit 2 Holzschn-, 5 Farbendr.- u. 7 lith. Taf. (in gr. 8. u. qu. 4.) gr. 8. (VII, 240 S.) Marburg 875. Elwert's Verl. n. 7. —

– Über die Weite der Aorta thoracica u. Aorta abdominalis in den verschiedenen Lebensaltern, s. S c h r i f t e n d. Gesellschaft zur Beförderung der gesammten Naturwissenschaften zu Marburg.

– Über die Weite der Iliacae communes, Subclaviae u. Carotides communes, in d. verschiedenen Lebensaltern, s. S c h r i f t e n d. Gesellschaft zur Beförderung der gesammten Naturwissenschaften zu Marburg.

— zur Würdigung des phosphorsauren Kalkes in physiologischer u. therapeutischer Beziehung. Marburg 870. Elwert. gr. 8. (48 S.) n. 8 ngr.

Beneke, Fr. Beiträge zur Metrik der Alexandriner. [Einleitung. I. Die Elision bei den Alex. A. Ausblicke auf Nonnus und seine Schule. B. Callimachus. C. Die Elegiker.] 32 S. II. Teil. D. Die Elision bei Apollonius Rhodius. E. Die Elision bei Aratus. F. Die Elision bei Nikander. 44 S. G. *Bochum* 1883. 1884. Progr.

Beneke, Friedrich

Beneke, Fridericus [Hannoveranus]: De arte metrica Callimachi. Argentorati 1880. (Lipsiae typis Poeschelii et Treptii.) 8. 53 S. **Diss. Strassburg**

Beneke, Friedrich *Georg Christian*: Die Behandlung Grillparzers im deutschen Unterricht der Prima. 4 (S. 41—58).
Progr. Kgl. G. *Hamm* 1897

[F.] **Beneke,** *Friedrich G. Ch.* [Dir. Prof. Dr.]: *Bericht über seine Einführung als Direktor der Anstalt.* (Aus e. Bericht d. Westfäl. Anzeigers.) Hamm, Druck v. E. Griebsch, 1896; 24—28 S. 4.
Hamm, k. G, OP 1896 (362)

[F.] **Beneke,** *Friedrich G. Ch.* [Dir. Prof. Dr.]: *Die 25jährige Gedenkfeier des Sedantages am Gymnasium in Hamm.* Hamm, Druck v. E. Griebsch, 1896; 29—31 S. 4.
Hamm, k. G, OP 1896 (362)

Beneke, Friedrich Eduard

Beneke, Frdr. Ed., psychologisch-pädagogische Abhandlungen u. Aufsätze, s.: Sammelmappe, pädagogische.

— siehe: Archiv für pragmatische Psychologie.

Beneke, Fr. Ed., Beitrr. zu e. rheinwissenschaftl. Bearbeit. d. Seelenkrankheitskunde, als Vorarbeiten f. e. künft. strengwissenschaftl. Naturlehre derselben. gr. 8. Lpz. 824. Reclam. 3 ℛ 8 ℊ

— s. J. Bentham, Grundsätze.

F. Ed. **Beneke**'s allgem. Einleit. in d. akad. Studium; allen wahren Jüng. d. Wissenschaft gewidm. *Gött.*, Vandenhöck u. Ruprecht. 846. 8° 14 ℊ

— Einleit. in d. akadem. Studium. Allen wahren Jüngern d. Wissenschaft gewidmet. 8. Götting. 826. Vandenhöck u. R. 14 ℊ

— Erfahrungsseelenlehre, als Grundlage alles Wissens in ihren Hauptzügen. gr. 8. Berl. 820. Mittler. 20 ℊ

— Erkenntnißlehre, nach dem Bewußtsein der reinen Vernunft in ihren Grundzügen. 8. Jena 820. Frommann. 18 ℊ

Beneke, Friedr. Ed., Erläuterungen üb. d. Natur u. Bedeut. meiner psycholog. Grundhypothesen. gr. 8. (? B.) Berlin 830. L. Oehmigke.
Aus: Neuer hannov. Schulfreund, abgedruckt.

— Erziehungs- und Unterrichtslehre. 1r Bd.: Erziehungslehre. $2^1/_2$ ℛ 2r Bd.: Unterrichtslehre. $2^1/_2$ ℛ gr. 8. Berl. 835, 36. Mittler. 5 ℛ

Beneke, Fr. Ed., Erziehungs- und Unterrichtslehre. 2 Bde. 2. verm. u. verb. Aufl. gr. 8. Berlin, Posen u. Bromberg 842, Mittler. n. $5^1/_3$ ℛ

Beneke, Frdr. Ed., Erziehungs- und Unterrichtslehre. 2 Bde. 3. Aufl. Neu bearb. und mit Zusätzen versehen von Joh. Glieb. Dreßler. Berlin 864. Mittler & Sohn. gr. 8. (XXX, 886 S.) n. 4 ℛ

— Erziehungs- u. Unterrichtslehre. Neu bearb. u. m. Zusätzen versehen v. Joh. Glieb. Dreßler. 2 Bde. 4. Aufl. gr. 8. (XIV, 403 u. XVI, 482 S.) Berlin 876. Mittler & Sohn. n. 12. —

— neue Grundleg. z. Metaphysik. gr. 8. Berl. 822. Mittler. 4 ℊ

— Grundleg. zur Physik d. Sitten. Ein Gegenstück zu Kants Grundleg. d. Metaphysik der Sitten. gr. 8. Berl. 821. (Mittler). 1 ℛ 20 ℊ

— Grundlinien der Sittenlehre. Ein Versuch eines natürl. Systems derselben. 1r Bd. A. u. d. T.: Grundlinien d. natürl. Systems der prakt. Philosophie 1r Bd. (Allgem. Sittenlehre.) gr. 8. Berlin, Posen u. Bromberg 837. Mittler. 3 ℛ — dass. 3r Bd. A. u. d. T.: Grundlinien des Naturrechts, der Politik u. d. philosoph. Criminalrechts. Ein Versuch e. natürl. Syst. dies. Wissensch. 1r Bd.: Allgem. Begründg. gr. 8. Ebd. 838. $2^1/_6$ ℛ (1r u. 3r Bd. $5^1/_6$ ℛ) (Der 2. Bd. ist noch nicht ersch.)

Beneke, Friedr. Ed., Grundlinien d. natürl. Systemes d. prakt. Philosophie. 1—3. Bd. gr. 8. Berlin, Posen u. Bromberg, Mittler. Thlr.
A. u. d. Tiln.:
Bd. 1., 2. Grundlinien d. Sittenlehre. Ein Versuch ein. natürl. Systems derselben. 2 Bde.
1. Bd. Allgem. Sittenlehre. (39 B.) 837. 3 Thlr.
2. „ Specielle Sittenlehre. (36¾ B.) 841. 3 Thlr.
„ 3. Grundlinien d. Naturrechtes, d. Politik u. d. philosoph. Kriminalrechtes. Ein Versuch e. natürl. Systemes dies. Wissenschaften. 1. Bd.
1. Bd. Allgem. Begründung. (26¼ B.) 838. 2 Thlr. 4 Gr.

Beneke, Friedr. Ed., Grundsätze der Civil- u. Criminal-Gesetzgebung, s. **Bentham.**

Beneke, Friedr. Ed.: Diss. de veris Philosophiae initiis, s.a. B e n e k e , V. E.

Beneke, Friedr. Ed. (Berlin), De veris philosophiae initiis. Diss. Berlin (Brueschke) 9. VIII. 1820. 48 S. (4.50) 2056
Oppon.: H. Ritter, Heinr. Abegg, Carl Bresler.

— de veris Philosophiae initiis. 8. Berol. 821. Mittler.

— Kant u. die philosoph. Aufgabe unserer Zeit. gr. 8. (6¼ B.) Berlin 832, Mittler.

Beneke, Friedrich Eduard: L e h r b u c h . . . , s.a. B e n e k e , Ed.

— Lehrbuch d. Logik als Kunstlehre des Denkens. gr. 8. Berl. 832. Mittler. 1 ℛ 4 ℊ

— Lehrb. d. Psychologie. gr. 8. Berl. 833. Mittler. $1^1/_2$ ℛ

— Lehrbuch der Psychologie als Naturwissenschaft. 2. verm. u. verb. Aufl. gr. 8. Ebd. 845. n. 2 ℛ

— Lehrbuch der Psychologie als Naturwissenschaft. 3. verm. Aufl. Neu bearb. und mit einem Anhang über Beneke's sämmtl. Schriften versehen von Joh. Glieb. Dreßler. Ebend. 861. gr. 8. (XX, 324 S.) 1 ℛ 18 ngr.

— Lehrbuch der Psychologie als Naturwissenschaft. Neu bearb. u. m. einem Anh. üb. Beneke's sämmtl. Schriften versehen v. Joh. Glieb. Dreßler. 4. Aufl. gr. 8. (XX, 324 S.) Ebend. 877. 4. 80

— Lehrbuch der pragmatischen Psychologie oder der Seelenlehre in der Anwendung auf das Leben. gr. 8. (VII und 180 S.) Berlin 853, Mittler und Sohn.

Beneke, Frid. Eduard.: Syllogismorum analyticorum origines et ordinem naturalem demonstravit. Berolini (1839). (19 S.) 4°
Berlin, Phil. Fak., Antrittsprogr. v. 24. Juli 1839

Beneke, Fr. Ed., Syllogismorum analyticorum origines et ordinem naturalem demonstravit. 4. Berolini 839. Mittler. 1/6 ℛ

— die Philosophie, in ihrem Verhältnisse zur Erfahrung, zur Speculation und zum Leben dargestellt. gr. 8. Berl. 833. Mittler. 5/6 ℛ

F. Ed. Beneke: d. Philos. in ihrem Verhältn. z. Erfahr., z. Speculat. u. z. Leben dargest. *Berl.*, Mittler. 834. gr8° 20 gl

— die neue Psychologie. Erläuternde Aufsätze zur 2. Aufl. meines Lehrbuches der Psychologie als Naturwissenschaft. gr. 8. Berlin 845, Mittler. 1 ℛ 20 ngl

Beneke, Friedr. Eduard, pragmatische Psychologie od. Seelenlehre in der Anwendung auf das Leben. 2 Bde. gr. 8. (XIV u. 426 S. — VIII u. 434 S.) Berlin 850, Mittler & Sohn. 4½ ℛ

Beneke, Friedrich Eduard: Die Reform und die Stellung unserer Schulen, s.a. Beneke, Ed.

— die Reform u. die Stellung unserer Schulen. Ein philosoph. Votum. gr. 8. (VI u. 76 S.) Ebd. 848. ½ ℛ

Eb. Schutzschr. f. me. Grundleg. z. Physik d. Sitten. *Lpz.*, C. H. Reclam. 823. gr8° 8 gl

— Schutzschrift f. meine Grundleg. zur Physik d. Sitten. gr. 8. Leipz. 824. Reclam. 8 gl

— neue Seelenlehre nach method. Grundsätzen in einf. entwickelnder Weise für Lehrer bearb. v. G. Raue. 8. (XII u. 259 S.) Bautzen 847, Weller. ¾ ℛ

Beneke, Friedr. Ed., neue Seelenlehre, für alle Freunde der Naturwahrheit in anschaul. Weise dargestellt von G. Raue. Mehrfach umgearb., verb. und verm. von Joh. Glieb. Dressler. 5. Aufl. gr. 8. (VIII, 263 S.) [Mainz.] Leipzig 876, Lesimple's Verlag. *

— psycholog. Skizzen, 1r Bd. A. u. d. T.: Skizzen zur Naturlehre d. Gefühle, in Verbind. mit e. erläut. Abhandl. über d. Bewußtwerdung d. Seelenthätigkeiten. gr. 8. Götting. 825. Vandenhöck u. R. 2 ℛ 2r Bd. A. u. d. T.: Ueber d. Vermögen d. menschl. Seele u. deren allmähl. Ausbild. gr. 8. Ebd. 827. 2 ℛ 16 gl

— System der Logik als Kunstlehre des Denkens. 2 Thle. gr. 8. Berlin 842, Dümmler. 3 ℛ

— System der Metaphysik u. Religionsphilosophie, aus den natürl. Grundverhältnissen d. menschl. Geistes abgeleitet. gr. 8. Berlin 839. Dümmler. 2⅔ ℛ

Eb. System d. Metaphys. u. Religionsphilos., aus d. natürl. Grundverhältnissen d. menschl. Geistes abgeleitet. *Berl.*, Dümmler. 840. gr8° 2 ℛ 16 gl

Beneke, Fr. Ed., unsere Universitäten u. was ihnen Noth thut In Briefen an den Hrn. Dr. Diesterweg, als Beitrag z. „Lebensfrage d. Civilisat." gr. 8. Berl. 836. Mittler. ½ ℛ

— d. Verhältniß v. Seele u. Leib. Philosophen u. Aerzten z. wohlwoll. u. ernster Erwägung. gr. 8. Götting. 826. Vandenhöck u. R. 1 ℛ 8 gl

— über d. Wesen deutscher Universitäten. 8. Berl. 817. Späthen. 8 gl

Beneke, Friedrich Georg Christian, s. Beneke, Friedrich

Beneke, Friedrich Wilhelm

Beneke, Frdr. Wilh., unsere Aufgaben. Ein Versuch zur Anbahnung gemeinschaftl. Arbeiten für die rationelle Heilkunde. gr. 8. (VI u. 145 S. m. 5 lith. Tab. in qu. Fol.) Göttingen 852, Vandenhoeck & Ruprecht. 1 ℛ

— Zur Entwickelungsgeschichte der Oralurie. Ein dritter Beitrag zur physiolog. Heilkunde. gr. 8. (IV und 70 S.) Göttingen 852, Vandenhoeck und Ruprecht's Verlag.

— der phosphorsaure Kalk in physiolog. u. therapeut. Beziehung. Ein Beitrag zur physiolog. Heilkunde. gr. 8. (88 S. m. 2 lith. Taf.) Ebd. 850. ½ ℛ

Beneke, F. W., die praktische Medicin unserer Tage. Ein populär-wissenschaftlicher Vortrag gehalten am 20. Januar 1863 zu Marburg. Marburg 863. Elwert. gr. 8. (42 S.) 6 ngr

— kurze Mittheilungen über die Soolthermen Nauheim's, deren Anwendung und Wirkungsweise. Ebend. 864. gr. 8. (28 S.) 5 ngr

Beneke, Fried. Wilh., Mittheilungen und Vorschläge betreffend die Anbahnung einer wissenschaftlich brauchbaren Morbilitäts- u. Mortalitäts-Statistik für Deutschland als eines Mittels zur wissenschaftlichen Begründung der Aetiologie der Krankheiten. Oldenburg 857. Schmidt. Lex.-8. (127 S.) n. 24 ngl

— weitere Mittheilungen über die Wirkungen der Soolthermen Nauheim's nach Beobachtungen in den J. 1859 und 1860. Lex.-8. (77 S.) Marburg 861, Elwert'sche Universitäts-Buchh. *

Beneke, Friedr. Wilh., Morbilitäts-Nachrichten aus dem Jahre 1855. (Abdr. aus dem Archiv für wissenschaftliche Heilkunde.) Göttingen 857. Vandenhoeck u. Ruprecht. Lex.-8. (93 S. u. 1 lith. Taf.) n. 15 ngl

— Morbilitäts-Nachrichten aus dem J. 1856. (Abdr. aus dem Archiv für wissenschaftl. Heilkunde.) Göttingen 858. Vandenhoeck & Ruprecht. gr. 8. (57 S.) n. 15 ngr

— über die Nicht-Identität von Knorpel-, Knochen- und Bindegewebe. Ein Beitrag zur Kritik der Cellularpathologie von R. Virchow. gr. 8. (63 S. mit 8 Stnt.) Göttingen 859, Vandenhoeck und Ruprecht's Verlag. *
Aus: Archiv für wissenschaftl. Heilkunde, besonders abgedruckt.

Beneke, Fr. Guil., de ortu et causis monstrorum. Disquisitio. 8maj. Göttingen 846, Dieterich. n. ⅔ ℛ

— Zur Physiologie und Pathologie des phosphorsauren und oxalsauren Kalkes. Ein zweiter Beitrag zur physiolog. Heilkunde. Nebst Bemerkgn. über den Gesundheitszustand der engl. Küstenstadt Margate und einige dort an scrophulösen Kranken gemachte Beobachtungen. gr. 8. (138 S. mit 3 Stnt. in gr. 8. und gr. 4.) Göttingen 850, Vandenhoeck und Ruprecht.

— die Rationalität der Molkencuren. Eine Empfehlungsschrift für die Molkenanstalt zu Bad Rehburg. Hannover 853. Helwing. 8. (72 S.) 10 ngl

Beneke, F. W., über Nauheim's Soolthermen und deren Wirkungen auf den gesunden und kranken menschlichen Organismus. Eine Badeschrift. Mit 11 lith. Taf. Marburg 859. Elwert in Comm. Lex.-8. (XV, 312 S.) n. 1 ℛ 20 ngr

— Studien über das Vorkommen, die Verbreitung und die Function von Gallenbestandtheilen in den thierischen und pflanzlichen Organismen. Giessen 862. Ricker. gr. 4. (VII, 144 S. u. 3 lith. Taf.) n. 2 ℛ 20 ngr

— physiologische Vorträge. Für Freunde der Naturwissenschaften niedergeschrieben. 1. Bd. gr. 8. (VIII und 316 S. mit zahlreichen in den Text eingedr. Holzschn. und 2 Abbild. in Farbendr. in Holzschn.) Oldenburg 855 (56,) Schmidt. *

— dass. — 2. Bd. gr. 8. (425 S. mit eingedr. Holzschn.) Ebds. 858.

— über die **Wirkung** des Nordsee-Bades. Eine physiologisch-chemische Untersuchung. Göttingen 855. Vandenhoeck u. Ruprecht. gr. 4. (3 Bl., 129 S.) n. 1 ℛ 10 ngr

Beneke, G. F., der Edelstein, gedichtet v. Bonerius, a. Handschriften berichtiget u. mit e. Wörterbuche versehen. gr. 8. Berl. Realschulbuchh. 816. Velinp.

Beneke, G. F., Minnelieder. Iten Bandes 1r Thl. gr. 8. Göttingen, Dieterich. 810. Schreibp.

Beneke, G. W. L., de successione filiar. in regnis etc. 4. Gies. 742.

Beneke, Georg Wilhelm Friedrich, s.a. B e n e k e n , Georg Wilhelm Friedrich

Beneke, G. W. F., Athanasios, od. Vers. üb. d. Freih. u. Fortdauer d. Mensch. im Tode. 8. Gött. Dieterich. 801.

— einige **Worte** mit d. Vers. d. Wahrh. ohne Schminke gespr. 8. Bremen, Müller. 795.

Beneke, Georg Wilh. Ludw.: Disquisitio academica de successione filiarum in regnis et principatibus . . . , s. S e n c k e n b e r g , Henr. Chrn. (Praes.)

Beneke, H. F. [stud. theol.]: Leibniz als Ethiker. . . . Erlangen, k. b. Hof- u. Univ.-Buchdr. v. F. Junge, 1891; 40 S. 8°
Erlangen, Phil. Fak., Inaug.-Diss. v. 1891

Beneke, H. F., s.: **Brell**, Marianne, Erinnerungen aus der Franzosenzeit in Hamburg 1806—1814.

Beneke, Hugo Friedrich
Erinnerungen an die große St. Michaeliskirche in Hamburg und an die Ministerial-Bibliothek von H[ugo] F[riedrich] Beneke, Dr. Hamburg: Herold 1906. (52 S.) 8° [F.]

— der **Friedhof** in Ohlsdorf bei Hamburg u. der Friedhofsdienst. (29 S. m. 1 Abbildg.) 8. Hamburg 905. (Agentur des Rauhen Hauses.) n. — 60

Gefängnisstudien mit bes. Berücks. d. Seelsorge im Untersuchungsgefängnis von H[ugo] F[riedrich] Beneke, Dr., Hülfspred. in Hamburg. *Hamburg: Herold 1903.* (144 S.) 8°

Beneke, J. B. W., spanische Grammatik rc. gr. 8. Lpz. Sommer. 806.

Beneke, J. B. W., Spanische Grammatik nach Art d. Meidingerschen, wohlfeil. Ausg. gr. 8. Leipz. Sommer. 816.

Beneke, J. B. W., span. deutsch. Lexicon über Cervantes's Don Quixote rc. 8. Leipz. Sommer. 807. Rthlr.

— spanisch-deutsches Lexicon zu jeder Ausgabe des Don Quixote. 16. Ebend. 816.

Beneke, J. B. W., Spanisch-deutsches Wörterbuch zum Don Quixote. Neue wohlfeile Ausgabe. kl. 16. Berlin 841, Klemann. 1/3 ℛ

Beneke, Jh. Fr., († d. 26. Dec. 1795.) Grundsätze d. Meyer-Rechts in d. Braunschw.-Lüneb. Kurlanden. 1r Thl. gr. 8. Celle 794. Schulze. 12 gr

Beneke, J. F., Grunds. des Meyer-Rechts in d. Braunschweig-Lüneb. Churland. 1r Thl. gr. 8. Celle. Schulze. 795. Schreibp.

Beneke, Jh. Konr., († d. 15. Oct. 1808.) s. Annalen d. niedersächs. Landwirthschaft.

– s.a. S a m m l u n g d. gemeinen Bescheide.

Beneke, J. Conr., u. Samml. d. gemein. Bescheide u. Verordnungen d. Oberappellat.-Ger. in Celle. 4. Hannov. Helwing. 794.

Beneke, L., s.a. B e n e k e , Louis

Beneke, L., u. L **Lincke**, neueste Garnituren mod. Möbel. 1. u. 2. Lfg. Fol. (8 K.) Berl. 53, Schlingmann. à — 20

Beneke, L., moderne Möbel-Façons. 1—3. Sammlung. Berlin 867. Grieben. Fol. n. 5 ℛ
1. (44 lith. Taf.) n. 2 ℛ. — 2. (44 lith. Taf.) n. 2 ℛ. — 3. (24 lith. Taf.) n. 1 ℛ.

Beneke, Louis, Lawn Tennis. Anleitung u. Beschreibg. 2., verb. Aufl. 8. (29 S.) Dresden 892. J. Henkler. n. — 60

Beneke, Louis, Lawn Tennis. Anleitg. u. Beschreibg. 3., verm. u. verb. Aufl. 8. (56 S.) Dresden 895. H. Henkler. n. — 80

— — 4. Aufl. 1899. 59 S.

Beneke, Louis, Lawn Tennis. Anleitung u. Beschreibg. 6. unveränd. Aufl. 8. (53 S.) Dresden 902. H. Henkler. n. — 80

Beneke, Louis, Lawn Tennis. Anleitung u. Beschreibg. 7., vollständig neu bearb. Aufl. (59 S.) 8. Dresden 904. H. Henkler. n. — 80

— dasselbe. 8., unveränd. Aufl. (64 S.) 8. Ebd. (904.) n. — 80

Beneke, Louis, Lawn Tennis. Anleitg. u. Beschreibg. 9., unveränd. Aufl. (61 S. m. Abb.) 8. Dresden (909) H. Henkler. — 80

Beneke, Max, die **Ausbildung** der Kolonialbeamten. Im Auftrage der deutschen Kolonialgesellschaft unter Benutzg. amtl. Quellen dargestellt. gr. 8. (VII, 90 S.) Berlin 894. C. Heymanns Verl. n. 2. —

Beneke, Max *Paul* [Kammerger.-Ref.]: Die geschichtliche Entwicklung des Ristorno in der Seeversicherung. . . . (Ersch. vollst. u. d. T.: Der Ristorno in der Seeversicherung.) Berlin, Mayer & Müller, 1891; 41 S. 8°
Berlin, Jur. Fak., Inaug.-Diss. v. 7. Aug. 1891

Beneke, Max: Fragebogen über die rechtlichen und wirtschaftlichen Verhältnisse der Natur- und Halbkulturvölker. (Mitteilungen der Gesellschaft für vergleichende Rechts- und Staatswissenschaft zu Berlin. Jahrg. 1. Heft 2. S. 83—110.) Berlin 1895. 30 S. 8°.

Beneke, Max, s.: **Mitteilgn.** d. Gesellsch. f. vergleich. Rechts- u. Staatswissenschaft z. Berlin.

— der **Ristorno** in der Seeversicherung. Eine rechtsvergleich. Abhandlg. gr. 8. (VII, 64 S.) Berlin 891. Mayer & Müller. n. 2. —

Beneke, Max, die Vererbung des ländlichen Grundbesitzes in d. Provv. Sachsen, Brandenburg u. Pommern, s.: **Jahrbücher**, landwirtschaftliche. 39. V. Ergänzungsbd.

— Dietr. **Preyer** u. Aug. **Skalweit**, dasselbe in d. Prov. Brandenburg, s.: **Vererbung**, die, des ländl. Grundbesitzes im Königr. Preussen. IX.

Beneke, M. (Hrsg.), s. V i e r t e l j a h r s s c h r i f t für vergleichende Rechts- und Staatswissenschaft unter besonderer Berücksichtigung der Natur- und Halbkulturvölker.

Beneke, Max Paul, s. B e n e k e , Max

Beneke, Otto, Gedichte. Hamburg 855. Perthes-Besser u. Mauke. 16. (VIII, 216 S.) n. 1 ℛ 6 ngr

Geschichte der Familie Lorenz **Meyer** in Hamburg. Im Auftrage des Herrn Senator Georg Christian Lorenz Meyer aus urkundlichen und authentischen Nachrichten verfasst u. hrgg. v. Otto Beneke. (Als Manuscript gedruckt.) Hamburgische Liebhaberbibliothek. Hamburg. 1902. 8°.

Beneke, Otto, Hamburgische Geschichten. 1. und 2. Sammlung. gr. 8. Berlin 886, Hertz. à Sammlung *ℳ 6.—. * geb. à Sammlung *ℳ 7. *

Inhalt:
Sammlg. 1. Hamburgische Geschichten und Sagen. 3. und 4. durchgeseh. bericht. Aufl. (VII, 383 S.)
" 2. Hamburgische Geschichten und Denkwürdigkeiten. 2. bericht. und ergänzte Aufl. (VIII, 480 S.)

Beneke, Otto, Hamburgische Geschichten. I. Sammlg.: Hamburgische Geschichten u. Sagen. 5. Aufl. (XXVIII, 359 S.) gr. 8. Stuttgart 903. J. G. Cotta Nachf. n. 6.—; geb. in Leinw. n. 7.—

— hamburgische Geschichten und Denkwürdigkeiten, zum Theil nach ungedruckten Quellen erzählt. Ebend. 856. gr. 8. (VI, 487 S.) n. 1 ₰ 24 ngr

— hamburgische Geschichten und Sagen. 1. u. 2. unveränd. Aufl. Ebend. 854. gr. 8. (IV, 389 S.) n. 1 ₰ 15 ngr

Beneke, Otto: Wahrhaft. Historia, wie Klaus Kniphoff, d. grosse Seeräuber, v. d. Hamburgern überwältigt u. gerichtet worden ist, s: Schatzgräber, Der.

Beneke, Otto, Von unehrlichen Leuten. Cultur-historische Studien und Geschichten aus vergangenen Tagen deutscher Gewerbe und Dienste, mit besonderer Rücksicht auf Hamburg. Hamburg 863. Perthes-Besser & Mauke. gr. 8. (VI, 277 S.) n. 1 ₰ 10 ngr

—— von unehrlichen Leuten. Culturhistorische Studien und Geschichten aus vergangenen Tagen deutscher Gewerbe und Dienste. 2. Aufl. 8. (IV, 360 S.) Ebendas 888. * geb. *

— v. unehrlichen Leuten. Cultur-historische Studien u. Geschichten aus vergangenen Tagen deutscher Gewerbe u. Dienste. 2., verm. Aufl. gr. 8. (VI, 360 S.) Ebd. 889. n. 6.—; geb. n. 7.—

——, —— 2. verm. Aufl. Berlin 1890. gr. 8.

— Von unehrl. Leuten. Jetzt: Stuttg., JG Cotta Nf.

Beneke, Otto, der große Neumarkt in Hamburg. Mittheilungen aus vergangenen Tagen. gr. 16. (47 S.) Hamburg 873. Mauke Söhne. n. 1. 50

Beneke, Otto, die Hamburgische Turnanstalt von 1816. Erinnerungen aus der Zeit ihres Entstehens u. Aufblühens. Hamburg 866. J. A. Meißner. gr. 8. (42 S.) n. 8 ngr

Beneke, R, s.: Beiträge z. wiss. Medicin.

Beneke, R., ein junger menschlicher Embryo, s.: Strahl, H.

Beneke, Rudolf
Beneke, Rud., s.: Beiträge z. wissenschaftl. Medicin.

Beneke, Rudolf, Professor Dr.: Die Entstehung der kongenitalen Atresie der großen Gallengänge; nebst Bemerkungen über den Begriff der Abschnürung. Marburg 1907: J. A. Koch. (70 S.) 4°
Marburg, Progr. zur Einführung des Rektors 1907

Beneke, Rud., die Entstehung der kongenitalen Atresie der grossen Gallengänge nebst Bemerkungen üb. den Begriff der Abschnürung. Progr. (70 S.) Lex. 8. Marburg 907. N. G. Elwert's Verl. 2.40

Beneke, Rud., ein Fall von unsymmetrischer Diastematomyelitis, s. Beiträge zur pathologischen Anatomie und klinischen Medicin.

Beneke, Rudolf [aus Marburg]: Zur Lehre von der hyalinen (wachsartigen) Degeneration der glatten Muskelfasern .... Berlin 1885; 32 S. u. 1 Taf. 8°.
Strassburg. Med. Fak., Inaug.-Diss. v. 1885.

Beneke, Rudolf, zur Lehre von der hyalinen (wachsartigen) Degeneration der glatten Muskelfasern. Diss. Strassburg i. Els. 1885, Trübners Buchh. u. Antiqu. (E. d'Oleire). 8°. 32 S. mit einer Taf.

Beneke, Rud., die Pest, s.a. Sammlung gemeinverständlicher wissenschaftlicher Vorträge.

Die Pest. Von Prof. Dr. Rudolf Beneke in Braunschweig. Nach einem zu Braunschweig geh. Vortrag. *Hamburg: Verlagsanst. u. Dr. 1900.* (43 S.) 8° [F.]
= Sammlung gemeinverständl. wiss. Vorträge. N. F. Ser. 15. H. 354. (m. —.80)

Beneke, V. E.: Diss. de veris Philosophiae initiis, s.a. B e n e k e , Friedr. Ed.

Beneke, V. E., Diss. de veris Philosophiae initiis. 8. Berl. 820. Mittler. 4 gr

Beneke, Wilhelm, s.a. B e n e c k e , Wilhelm

Beneke, Wilh., Plan von Hamburg und Altona. 1:10,000. (Kleine Ausg.) Lithogr. Imp.-Fol. Mit Strassenverzeichniss. 8. (4 S.) Hamburg 877, O. Meissner. In Carton

Beneke, Wilh., Plan von Hamburg und Altona. 1:10,000. Chromolithogr. Imp.-Fol. Hamburg 883, O. Meissner. In Leinw.-Carton 1 50

Beneke, Wilh., Plan der vier Städte Hamburg, Altona, Ottensen und Wandsbeck in der Ausdehnung von Horn bis Neumühlen und von den Elbinseln bis Winterhude. 1:10,000. Lithogr. von Ed. Ritter. Fol. Hamburg 872, O. Meissner. *

—— Plan der vier Städte Hamburg, Altona, Ottensen und Wandsbeck in der Ausdehnung von Horn bis Neumühlen und von den Elbinseln bis Winterhude. Nach den besten Quellen bearb. 1:10,000. 4. Aufl. Lithogr. Imp.-Fol. Ebendas. 884. *ℳ 6.; auf Leinw. in Mappe ** 9 —

Beneke, Wlh. l., System d. Assekuranz- u. Bodmereiwesens. 4 Thle u. 5r Thl. Zusätze enthaltend. gr. 8. Hamb. 807—21. Verf. (Perthes u. Besser). 20 ₰

Beneke, Wilh.: System d. Assekuranz- u. Bodmereiwesens, aus d. Gesetzen u. Gebräuchen Hamburgs u. d. vorzüglichst. handelnd. Nationen Europas, so wie aus d. Natur d. Gegenstände entwick., für Kaufleute, Versicherer u. Rechtsgelehrte. 5 Thle. (5r, Zusätze ent., 2 Thl. 6 Gr.) *Hamb.*, Perthes, Besser u. Mauke. 807—21. gr. 8. (20 Thl.)

BENEKEN. Ueber die Liebe und Eifersucht. Ebd. 1796. 8°. 6 Bll. u. 440 S. (l. c. no. 1876.)

— — Dasselbe. Zerbst 1807. 8°.
Bibl. Günther. III. Nr. 6538.

Beneken, Friedrich Burchard, s.a. B e n e c k e n , Friedrich Burchard

— etwas f. Traurige b. Tod ihr. Lieb. 2 Thle. 8. Ebend. 786.

— Linchens Feyerabende. 16. 8. Ebend. 496.

Beneken, F. B., Jahrbuch f. d. Menschheit, od. Beitr. z. Beförder. häusl. Erzieh. rc. 4 Jahrg. à 2 Bde. 8. Hannover; Hahn. 788—791. (à Bd. 1 Rthlr. 12 gr.)

Beneken, Friedrich Burchard: L i e d e r und kleine Klavierstücke für gute Menschen in den Stunden des Frohsinns und der Schwermuth;
Hannover: Ritscher. 4, 47, 1 S. 4°

— Philosophie der Geselligkeit — üb. Liebe u. Eifers. (ist d. Weltklugh. 2r, 3r Thl.)

— pract. Philophie f. häusl. u. ehel. Leben. 2 Thle. 8. Hannov. Hahn. 793. 94. (ist d. Weltklugh. 4r u. 5r.)

— üb. d. Umgang m. Leidend. 8. Ebend. 792.

— Weltklugheit u. Lebensgenuß, od. Beitr. z. Philosophie d. Leb. 5 Thle. 8. Ebend. 793—94. 805 u. 6. (1r 18 gr. 2r 20 gr. 3r 1 Rthlr. 4. gr.) 805. (4r, 5r à 22 gr.) 793. 94.

Beneken, Georg Wilhelm Friedrich, s.a. B e n e k e , Georg Wilhelm Friedrich

Beneken, Geo. Wlh. Fr., Athanasios, oder Versuch über die Freiheit u. Fortdauer d. Menschen im Tode. Voran das Grab. Aus d. Engl. H. Blair's, v. G. J. F. Nöldeke. 8. Götting. 801. Dieterich. 20 gr.

— Auswahl einiger Predigten. gr. 8. Celle 819. Schulze. 12 gr.

Beneken, G. W. F., Auswahl einiger Predigten. 8. Helmstädt, Fleckeisen, 820.

— an die braven Männer der Hannöverschen Landwehr. 8. Hannov. 814. Hahn. 2 gr.

Beneken, Georg Wilh. Friedr. (Hrsg.), s. M a n n i g f a l t i g k e i t e n zur angenehmen und nützlichen Unterhaltung; eine Zeitschrift in zwanglosen Heften.

Beneken, Georg Wilh. Friedr. (Hrsg.), s. P h i l o s o p h , Der, in der Lüneburger Heide.

— Teuto, od. Urnamen d. Deutschen, m. Erläuterr. 8. Erlang. 816. Palm u. Enke. 2 ßß

— einige patriot. Worte, mit dem Verfasser d. Wahrheiten ohne Schminke. 8. Brem. 795. Müller. 8 gr.

Beneken, W., s. Predigten f. Freunde ꝛc. d. Andacht.

Benekendorf, E. F., s.a. B e n e k e n d o r f , Karl Friedrich von

— — von Anleg. eines Obstgartens. gr. 8. Jetzt Reimer in Berlin.

— — Anleitung zur neuern Forstwissenschaft. Jetzt Maurersche Buchh. in Berlin.

Benekendorf, C. F., von Baumschulen. gr. 8. jetzt Reimer in Berlin.

— — Berliner Beiträge z. Landwirthschaft. 8 Bde. hat jetzt Maurersche Buchh. in Berlin.

— — neue Berliner Beiträge. 2 Bde. Jetzt Ebendas.

— — Grab der Chikane, 3 Thle. gr. 8 Jetzt Reimer in Berl.

— — oeconomia forensis. 8 Bde. gr. 4. 1780—84. Jetzt Ebend.

— — Auszug daraus. 3 Bde. 788 Ebend.

Benekendorf, Joh. Adam (Arenswalde), De impensis in rem alienam a. b. et m. f. possessore factis. Disp. jur. Präs. Pet. Mascov. Greifswald (Dan. Benjam. Starcke) 1702. 14 Bl. (4.80) 2058

Benekendorf, Karl Friedrich von, s.a. B e n e k e n d o r f, E.F.

Benekendorf, Karl Friedrich von, s.a. B e n e c k e n d o r f , Karl Friedrich von

— s.a. A b h a n d l u n g v. Baumschulen.

[Benekendorf K. F. v.]: Abhandlung v. Baumschulen ... 2. Aufl. Berl. 1789. 60 S. P.

Benekendorf, Karl Friedrich v.: Erfahrungsmässige Abhandlung von den verschiedenen Seuchen und Krankheiten des Rindviehes . . . von d. Verfasser d. Berliner Beiträge z. Landwirtschaftswissenschaft. Berlin 1779. XXXII, 288 S.
— 2. Aufl. 1790.

v. Benekendorf, Karl Fr., († ... 1788.) Abhandl. d. Lehre von Bedüngung d. Felder, (herausg. v. Chr. Fr. Germershausen). 8. Küstrin 784. N. A. Berl. 791. (Stuhr, Petsch). 14 gr.

— Abhandl. v. d. Seuche u. d. Krankh. d. Rindviehes. gr. 8. Berlin, Pauli. 791.

— s. A b h a n d l . v. Seuchen.

Benekendorf, Karl Friedrich v.: Abhandlungen von Baumschulen , worinnen deren Anlegung, Pflege u. Wartung gehandelt wird, s. A b h a n d l u n g e n...

Benekendorf, Karl Friedrich von: Allgemeiner A c k e r b a u - K a t e c h i s m u s.—
Breslau 1798.

— s.a. A c k e r k a t e c h i s m u s.

[Benekendorf]: Des Acker-Catechismus zweyter Band. V. der sämmtlichen in der Landwirthschaft nöthigen Viehzucht. Küstrin 1785. 550 S.

— s.a. A n l e g u n g e. Obstgartens.

Anlegung, v., e. Obstgartens (v. Karl Friedr. v. Benekendorf). gr. 8. Berlin, 1785. 2. Aufl. 1789. Neue Aufl. 1792. (Reimer.) — 5

— s. A n l e i t u n g z. Forstwissenschaft.

Benekendorf, K. F. von: Theoretisch-praktische A n l e i t u n g zur neuen Forstwissenschaft.
Berlin: Pauli 1783.

Benekendorf, v., v. Baumschulen, warin der. Anlegung, Pflege u. Wartung ꝛc. gr. 8. Berl. Pauli. 792.

— v. Bedüngung d. Felder. 8. Berlin, Müller. 791.

Benekendorf, Karl Fr. v. (Hrsg.), s.a. B e y t r ä g e , Berliner, zur Landwirthschaftswissenschaft.

— Berl. Beiträge z. Landwirtschaftswissensch. 8 Bde. gr. 8. Berl. Pauli jun. (à 2 Rthlr.)

— s. B e i t r ä g e z. Landwirthschaft.

— s. E i n l e i t u n g z. Sparsamkeit.

— s.a. G e d a n k e n üb. d. Fr.: Warum d. Landmann . . .

Benekendorf, K. F. von: Zufällige G e d a n k e n über die Frage: Warum der heutige Landmann, obgleich die Landgüter gegen die Zeiten unserer Vorfahren eine weit stärkere Einnahme gewähren, dennoch bey deren Bewirthschaftung mehr arm als reich wird.
Halle: Waisenhaus 1786.

— Gesetzbuch d. Natur für d. wirthschaftenden Landmann. 3 Thle. gr. 8. Halle 786 u. 87. Waisenh.=B. 4 ßß 8 gr.

— s.a. G r a b d. Chikane.

— d. Grab d. Chicane. 3 Thle. in 4 Bden. gr. 8. Berlin, Pauli jun. (à Bd. 2 Rthlr 12 gr.)

* Benekendorf, v., das Grab d. Chikane, ist jetzt Verlag d. Neuen Societätsbuchh. in Berl.

— s.a. L a n d w i r t h im Kriege.

Benekendorf, K. Fr. v.: Der L a n d w i r t h in und nach dem Kriege; vom Verfasser der Oeconomia forensis.
Berlin: Mylius 1779.

— s.a. N a c h r r. v. Landes . . . — Verbesserungen.

Benekendorf, K. F. von: N a c h r i c h t von wichtigen Landes- und Wirtschaftsverbesserungen. 2 Bde. und 3. Bandes 1. Teil.
Stettin: Kaffke 1781 - 1784.

— Nachr. v. zuverläss. Landwirthschaftsverbesser. 1r Jahrg. 8. Berlin, Pauli. 778.

— s.a. O e c o n o m i a controversa.

Benekendorf, K. Fr. von: Oeconomia controversa, oder Entscheidungen der verschiedenen in der Landwirthschaft vorkommenden ökonomischen Streitfragen. 2 Bände.
Berlin: Schöne 1787 - 1788.

Benekendorf, Karl Friedrich von: Oeconomia controversa oder Entscheidung ökonomischer Streitfragen, 2 T.
Berlin 1788, 2. unveränd. Aufl. 1794.

—s.a. O e c o n o m i a forensis.

— Oeconomia forens, od. Inbegr. derj. landwirthschaftl. Wahrh., welche all. Gerichtsperson. z. wissen nöthig. 8 Bde. gr. 4. Berl. Pauli. 780—84. (Pränum. Pr. 16 Rthlr.)

v. Benekendorf, Carl Fr.: Oekonomia forensis, od. Inbegriff d. landwirthschaftl. Wahrh., welche allen Gerichtspers. zu wissen nöthig sind. 8 Bde. 2e Aufl. *Berl.*, Reimer. (775—80.) 780—84. gr. 4. (24 Thl.)

[Benekendorf C. F. v.]: Oeconomia forensis od. kurzer Inbegriff derjenigen landwirthschaftlichen Wahrheiten, welche allen sowohl hohen als niedrigen Gerichts-Personen zu wissen nöthig. 8 Bd., [1]2. Aufl. Berl. [1]1780, [2-8]1776-84. 4°.
— Auszug aus der Oeconomia forensis ... 3 Bd. Berl. 1788-89. 4°.

— — Auszug dess. 3 Bde. gr. 4. Ebend. 788. (Prän. Pr. 7 Rthl. 8 gr.)

v. Benekendorf, Carl Fr.: Auszug a. d. Oeconomia forensis. 3 Bde. N. Tit-Ausg. *Berl.*, Reimer, (788—89.) 794. gr. 4. (11 Thl.)

— kl. ökonom. Reisen üb. Landwirthsch. rc. 2 Bde. gr. 8. Berl. 784 u. 86. (Stuhr). 2 rℓ (Frommann in Jena). 2 rℓ 20 gr

[Benekendorf C. F. v.]: Kleine ökonomische Reisen... V. dem Verf. d. Oeconomia forensis ... 2 Th. Züllichau 1785-86.

— kl. ökonom. Schrift. 2 Thle. 8. Küstrin. Oehmigke. (Müller in Berlin.) 784—86.

— kl. ökonom. Schriften. 2 Thle. 8. Küstrin 784, 86. Stuhr. (Petsch). Berl. 2 rℓ

– s. S c h w e d e r, Chr. H.: Nachricht.

— ökonom.-juristischer Traktat von der Schäfereigerechtigkeit, s.a. Traktat.

Benekendorf, K. F. von: Oekonomisch-iuristischer T r a c t a t von der Schäfereygerechtigkeit, deren Wirkungen, richtigen Gränzen und Einschränkungen.
Berlin: Oehmigke 1784.
– – 2. Aufl. ebenda 1793.

v. Benekendorf, C. Fr.: Oeconom.-jurist. Tractat von der Schäfereigerechtigkeit in Preussen, deren Wirkungen, richtigen Gränzen u. Einschränkungen. *Berlin*, (Sander.) 784. gr. 4. (20 Gr.)

— Tractat von der Schäfereygerechtigkeit u. preuß. Grundsf. gr. 4. Berl. W. Oehmigke. 794.

—s.a. V e r g l e i c h u n g d. Märk. u. Pomm. Landwirthsch.

Benekendorf, K. F.: V e r g l e i c h u n g der Märkischen und Pommerschen Landwirthschaftsarten mit den Schlesischen. Halle : Waisenhausbuchhandlung 1786.

Benekendorf, Carl Friedrich v. (Hrsg.), s. W i r t h, Der Pommersche und Neumärkische.

Benekendorff, Karl Friedrich von, s. B e n e k e n d o r f, Karl Friedrich von

Benekendorff, Kurt (Hrsg.), s. Archiv B e n k e n d o r p

Benelli, Anton
Benelli, Ant., Gesanglehre, oder grundl. Unterricht in den Lehrsätzen d. Musik; mit erläut. Uebungsbeispielen, Lectionen u. Solfeggien zur Erlernung des Gesanges. 2 Bde. Fol. Dresd. 814. 2e wohlf. Ausg. 819. Arnold. 2 rℓ

Benelli, Anton. Regeln für den figurirten Gesang. 1. 2. Theil. Dresden (1819).

Benelli, A., Regole pe il canto figurato etc., Regeln f. den figurirten Gesang, od. gründl. Unterricht in d. Lehrsätzen d. Musik. 2 Thle. Fol. Dresd. Arnold. 815.

Benelli, Francesco Leopoldo, Corde vibranti. Liriche. 8. (116 S.) Zürich 899. A. Müller's Verl. n. 2. —

Benelli, Fr. Leop., traduzioncelle e imitazioni. Zürich 868. Schulthess. 8. (III, 121 S.) 18 ngr

Benelli, Sem: Das Mahl d. Spötter. „La cena delle beffe". Dramat. Gedicht. Deutsch v. Hans Barth. (7, 116) 8° Stuttg., J Hoffmann ('12). 3 — d

Benelo, W. Sonette aus d. Alpenwelt. 16°. Stuttg., Richter & Kappler. broch. 4 —, gebd. 5 30

Benemann, Carl Christian August (Düben), Capita juris ecclesiastici lecta de jure patronatus suspenso et ad principem devoluto. Präs. Chn. Gottlieb Hommel. Wittenbg. (Ad. Chn. Charisius) 25. IX. 1781. 8 S. (3.—) 2060

Benemann, Ernst, Verzeichniss akustischer Apparate für den physikalischen Unterricht auf höheren Lehr-Anstalten. Halle 1870.
— Dasselbe. Halle 1873.

Benemann
— **Jo. Gottl.,** De igne non urente. Präs. Jo. Heinr. Heucher. Wittenbg. (Chn. Gerdes) Dez. 1705. 28 Bl. (6.—) 2062

Benemann, Jo. Gttl.: Diss. compendiosa et clinica convulsionum praxis. . . , s.a. H o f f m a n n, Fr. (Praes.)

— — (Prettin), Compendiosam et clinicam convulsionum praxim cum cautelis. Diss. med. Präs. Friedr. Hoffmann. Halle (Chph. Andr. Zeitler) Aug. 1707. 34 S. (4.80) 2063
— — Dasselbe. Halle (Joh. Gruner). (4.80) 2064

Benemann
— **Joh. Christian (Prettin),** De natura matrimonii. Diss. jur. Präs. Jo. Samuel Stryk. Halle (Chr. Henckel) 13. III. 1708. 48 S. (5.—) 2061

Benende, Paul, geschäftliche Aufsätze. Handbuch f. das bürgerl. u. Geschäftsleben, sowie f. den Unterricht im Geschäfts-Aufsatz an Landwirtschafts-, Fortbildungs-, Mittel- u. Bürgerschulen, nebst 63 Musterformularen. gr. 8. (75 S.) Brieg 883. (Kroschel.) n. 1. 50

B e n e n n u n g und Darstellung der in der k. k. österr. Artillerie für den Belagerungs- und F e s t u n g s - Krieg eingeführten Lafetten, sammt Rahmen und Zugehör. (Mit 69 Abbild.) (Lithographirt.) 8. Wien 1857.

Benennung, deutsch, ital., engl. u. französ., aller Hauptdinge in d. Welt, (v. T. W. Schmidt). gr. 8. Nürnb. 786. (Eichhorn) 20 gr

Benennung, deutsch, ital., engl. u. franz. all. Hauptdinge in d. Welt. gr. 8. Nürnb. Grattenauer. 786.

Benennung der Hauptbestandtheile d. eidgenössischen Train-Pferdgeschirre, s. Nomenclature.

B e n e n n u n g der einzelnen Theile der P f e r d e q u i p i r u n g. Instruction im Zäumen, Abzäumen, Satteln, Absatteln. Zusammensetzen der Pferdeausrüstung und Packen. Mit Genehmigung des eidgenössischen Militärdepartements vom 6. Januar 1865 herausgegeben zum Gebrauche in den eidgenössischen Militärschulen. (Als Anhang zum Reglement über den Stalldienst vom Jahre 1847.) 16. Bern 1865.

Benennung der Theile der Geschützröhren, der Protze, der Laffete u. des Hinterwagens vom Kaisson. 12. Zürich 845. (Orell, Füßli u. Comp.) 1½ ngl

— d. Theile d. Neu-Preuß. Infanterie-Gewehrs. Mit 14 Kpf. Fol. Leipz. 822. Andrä. 10 gl

— Volkslehrer, über die, e. philolog. Abhandlung. 8. Wittenb. 790. Zimmermann. 2 gl

Bener, Gustav, Geschichte des Kantonsschüler-Turnvereins Chur, Chur 1897, 136 S., 8°.

Bener, G[ustav]. Studie zur Geschichte der Transitwege durch Graubünden. [Erweiterter Separatabdruck aus: Der Freie Rätier. Jahrg. 41, 1908. Nr. 42 u. 43.] 47 S. 8. Chur, Manatschal Ebner & Cie., 1908. [fr. 1.—]

Bener, G[ustav], und Herold, R[obert]. Studien zur Ostalpenbahnfrage. [Mit 1 graphischen Tafel und 7 Karten-Beilagen.] 38 + *Corrigenda* 1 S. gr.-4. Zürich, Erhard Richter, 1907. [fr. 4.—]

Bener, G., u. R. Herold, Studien zur Ostalpenbahnfrage. (38 S. m. 8 Karten u. 4 S. Tab.) 35×22,5 cm. Zürich 907. Schweiz. Druck- u. Verlagshaus. 4.—

BENER, PAUL. Ueber einige Xanthone und Oxyxanthone. Bern, 1892. Diss.

Bener, R. C. Über Complicationen bei Masern. In-8°. 53 S. mit 3 Tabellen. Basel. These.

Benes, Ferdinand
Beneš, Ferd., d. sociale Wirken d. kathol. Kirche i. d. Diöcese Königgrätz, s.a. Wirken, das sociale, d. kathol. Kirche i. Österreich.

[F.] Das Sociale Wirken der katholischen Kirche in der Diöcese Königgrätz '(Königr. Böhmen)'. Von Dr. Ferdinand Beneš, ... Prof. ... in Königgrätz. *Wien: Comm.-V. v. Mayer & C. 1897.* (237 S., 1 Bl.) 1 Bd 8.
— Wirken, D. Sociale, d. Kathol. Kirche in Österreich. Bd XII. [97. 7467]

Beneš, František
Beneš, Frant., katolický katechismus pro dům a školu. Výtah z velkého katechismu bl. P. Canisia pro obecné školy předepsaný s obřady katolické církve prostonárodně v otázkách a odpovědích. 2. vydání. Olmütz 860. Halauska. 8. (IV, 181 S.) n. 12 ngr.

— malý katolický katechismus s otázkami a odpovědmi pro první třídu obecných škol předepsaný. Ebend. 860. 8. (IV, 54 S.) n. 5 ngr.

— dwě primičních kázaní čili duchowní kašůdka pro katolické křesťany z winohradu sw. apoštolů slowanských Cyrilla a Methoděje. Ebend. 861. 8. (IV, 32 S.) 3 ngr.

Beneš J.: Ein Grundstock geschichtlicher Jahreszahlen. 83. Krems R. 97. Progr.

Beneš J.: Die Selbsthilfe, ein Hauptziel der schulmäßigen und häuslichen Erziehung. 20. Wiener Neustadt R. 02. Progr.

Beneš, Julius: Die gebräuchlichsten Bergbezeichnungen im Cechisch-Slovakischen. ([S.-A.] XV. Jahresbericht des Vereines der Geographen an der Universität Wien. 1889.) Wien 1889. 10 S. 8°.

Preßnitz d. LR.: Katalog der Lehrer- und Schülerbibliothek. 93. v. Julius Beneš. 99. 03. Fortgesetzt v. Josef Hirsch. 49. 13. 10. Progr.

Japans geographische Lehrmittel. Eine Besprechung d. Prof. Klar'schen Sammlung von Prof. Jul. Benes. Wien: Hölder 1901. 30 S. 8°
Aus: Zeitschrift f. Schul-Geographie. Jg. 22, H. 8 u. 9. [09. 0036 3

Beneš, Julius: Die wahre Oberfläche des Böhmerwaldes im Vergleiche zu ihrer Projection. ([S.-A.] Bericht über das XIV. Vereinsjahr des Vereines der Geographen an der Universität Wien. 1887/88.) Wien 1888. 8 S. 8°.

Benesch, graphische Darstellung des Ganges der deutschen Literatur. Als Lernbehelf zusammengestellt. 23×64 cm. Temesvár (904). Polatsek. n. — 40

Benesch, August
Benesch, Aug., die Bethanier. Eine bibl. Erzählg. 2. Aufl. gr. 8. (72 S.) Graz 892. Leykam. n. 1. 60

Benesch, Aug., Sudeten-Grüße. Gedichte u. Sagen. 12. (56 S.) Kremsier 898. H. Gusek. Geb. in Leinw. n. 1. 80; erm. Pr. n. 1. —

Benesch, Carl A., Handbuch zur Vorbereitung f. die Grundbuchsführer-Prüfung in Fragen u. Antworten (auch prakt. Nachschlagebuch). 2. Aufl. Nach den neuesten Gesetzen u. Verordnungen zusammengestellt, ergänzt u. m. zahlreichen Formularien u. prakt. Beispielen versehen. (XI, 457 S.) kl. 8. Wien 905. Manz. Kart. n. 4. 30

Benesch, Carl A., Handbuch zur Vorbereitung f. die Grundbuchsführer-Prüfung in Fragen u. Antworten (auch prakt. Nachschlagebuch). Nach den neuesten Gesetzen u. Verordngn. zusammengest., erläutert u. m. zahlr. Formularien u. prakt. Beispielen versehen. 8. (XI, 408 S.) Wien 899. Manz. Kart. n. 5. —

BENESCH, Erwin: Versuche zur Darstellung von Flavanthren aus β-Oxyanthrachinon. — 1910. V, 45 Bl. Diss. Graz, Univ.

Benesch, Friedrich
Benesch, Fritz, Bergfahrten in den Grödner Dolomiten. Mit 29 Bilderbeilagen u. 69 Textbildern nach photogr. Aufnahmen des Verf. gr. 4. (VI, 146 S.) München (899). Verlagsanstalt F. Bruckmann. Geb. in Leinw. n. 20. —

Benesch, Fritz, Special-Führer auf die Raxalpe. Mit 6 Lichtdr.-Vollbildern u. 5 Autotyp. nach photograph. Orig.-Aufnahmen, nebst e. geolog. Skizze u. 1 Karte. 12. (IX, 136 S.) Wien 894. Artaria & Co. Geb. in Leinw. n. 3. 20

— Special-Führer auf die Raxalpe. 2., verm. u. verb. Aufl. Mit 5 Lichtdr.-Vollbildern u. 6 Autotyp. nach photogr. Orig.-Aufnahmen nebst e. geolog. Skizze u. e. Karte. 8. (XII, 164 S.) Wien 901. Artaria & Co. Geb. in Leinw. n. 3. 50

Benesch, Fritz, Spezialführer auf die Raxalpe. 3., verm. u. verb. Aufl. Mit 9 Autotypie-Vollbildern nach photograph. Orig.-Aufnahmen, nebst e. geolog. Skizze u. e. Karte. (XII, 166 S.) kl. 8. Wien 904. Artaria & Co. Geb. in Leinw. n. 3. 50

Benesch, F., Spezialführer auf die Raxalpe. 4. Aufl. 8°. (XII, 181 S.) Wien: Artaria, 1908. geb. K 4.40

Benesch, Fritz, Spezialführer auf die Raxalpe. 4., verm. u. verb. Aufl. Mit 10 Bildbeilagen nach photogr. Orig.-Aufnahmen u. 1 (farb.) Karte. (XII, 181 S.) kl. 8. Wien 909. Artaria & Co. Geb. in Leinw. 3. 80

Benesch, Fritz, Special-Führer a. d. Schneeberg. M. 5 Lichtdr.-Vollbild. u. 8 Autotypien n. photogr. Orig.-Aufn., nebst 1 Karte. 12. (VII, 148 S.) Wien 897. Artaria & Co. Geb. in Leinw. n. 3. —

— Spezial-Führer auf den Schneeberg. Mit 9 Autotypie-Vollbildern nach photograph. Orig.-Aufnahmen nebst e. (farb.) Karte. (Einbd.: 2. Aufl. Mit 10 Orig.-Bildern.) (VII, 147 S.) kl. 8. Ebd. 908. Geb. in Leinw. 3. 50

— Tirol (Ortler—Gardasee), s.: Jahn, Gust.

Benesch, Friedrich Wilhelm, s. Alpenbahnen, Die neuen österr.

Benesch, Fritz, s. Benesch, Friedrich

Benesch, Jac., die Installations-Predigt zur feierlichen Amtseinführung des Herrn Prediger Bernh. Meyer, und die Antritts-Predigt gehalten von Bernh. Meyer am 1. Adventsf. 1863. Prag 864. Tempsky in Comm. gr. 8. (22 S.) n. 4 ngr.

Benesch, Ig.: Etwas über Stenographie. 7 S. Progr. Troppau OR 1860.

Benesch Johann: De casuum obliquorum apud M. Junianum Justinum usu. Diss. Wien, Univ. D: Diss. phil. Vindobonensis, Bd. II, 1890. 1887 PN 494 1473

Benesch, K., Einjährig-Freiwillige-Marsch. Wien, Wessely. 40 kr. 1870.

Benesch, Lad., s.: Bilder aus Krain.

Benesch, Ladisl. Edler v., das Beleuchtungswesen vom Mittelalter bis zur Mitte des XIX. Jahrh., aus Österreich-Ungarn, insbesondere aus den Alpenländern u. den angrenzenden Gebieten der Nachbarstaaten. Erläuterung der den Sammlgn. des Allerhöchsten Kaiserhauses einverleibten Kollektion altertüml. Beleuchtungs-Geräte L. v. Benesch. 60 Taf. Lichtdr. nach photograph. Aufnahmen u. 32 S. Text m. 85 Illustr. (VIII, 32 S.) Fol. Wien 905. A. Schroll & Co. In Mappe n. 42. —

Benesch, Max, u. Ernst Friedmann, das Storch-Märchen. Aufrichtige Belehrgn., unseren 14jähr. Mitmenschen gegeben. 1.—3. Aufl. (Je 61 S. m. Abbildgn.) gr. 8. Wien 906. F. Eisenstein & Co. n. 1. —

Benesch Rudolf: Handelspolitik Josef II. Diss. Wien, Univ. II. 1906 PN 2038 931

Benesch Rudolf: Zur elementaren Rektifikation der Ellipse. 18. Leipnik R. 04. Progr.

Benesević, Vladimir, s: Evangeliorum, Quattuor, versio georgiana vetus.

Benet, Mordekaj
s. Benedict, Mordekaj.

Benetsch, A., Dampfkessel-Revison u. Unfallverhütung. Ein Hand- u. Nachschlagebuch f. Dampfkesselbesitzer, Betriebs-Ingenieure, Baubeaufsichtiger u. Maschinisten. Mit 160 in den Text gedr. Abbildgn. u. Tabellen. (XVIII, 320 S.) 8. Bremerhaven 903. L. v. Vangerow. Geb. in Leinw. n. 5. —

Benetsch, A., die Schiffsmaschine, s.: Müller, W.

Benetsch, Alfr. Bernhard Camillus (Borusso-Suetiensis), De hernia crurali. Diss. med. Halle (Gebauer-Schwetschke) 25. VIII. 1852. 21 S. mit Biogr. (M.: E. Sperber.) (4.—) 2065
Oppon.: Otto Boye, Eug. Schnelle.

Beneventi, Caesar, Formula utiliter legendi et applicandi Scripturam sacram in locos communes biblicos distributa (aus dem Italien. übers. u. vermehrt von Eusebius Amort). Augsburg, Wolf. 1739. 8°.

Orazio Benevoli. Festmesse und Hymnus. Zur Einweihung d. Domes in Salzburg 1628. Mit 53 Stimmen (16 Vocal- u. 34 Instrumentalstimmen) nebst 2 Orgeln u. Basso continuo. Mit 1 Facs. *Wien: Artaria & Co. 1903.* (XVIII, 104 S.) 2°
— Publikationen d. Gesellschaft z. Herausgabe d. Denkmäler d. Tonkunst in Österreich. Jg. 10, Th. 1.

Benevolus, O. S. F., für stille Stunden. Erzählungen. 1. u. 2. Gabe. (V, 280 u. V u. S. 209—414.) kl. 8. Münster (907). Alphonsus-Buchh. à 1.20

Benevolus, Onkel: Wie mache ich bessere Fortschritte? 4 Briefe an e. Gymnasiasten. (22) 8° Nürnbg, C Koch ('12). — 40 d

Benevolus, A. M., die bildnerische Ausschmückung des Kaiser-Domes zu Frankfurt am Main. 2. verm. Aufl. (24 S. m. 1 Abbildg. u. 1 Titelbild.) kl. 8. Frankfurt a/M. 903. B Kreuer. n. — 40

Benevolus, A. M., E. F. A. Münzenberger. Eine Lebensskizze. [Aus: „Frankfurter zeitgemäße Broschüren".] Nebst Trauerrede, geh. im hohen Dome zu Frankfurt a/M. am 26. Dezbr. 1890 v. A. Abt. gr. 8. (III, 35 u. 11 S.) Frankfurt a/M. 891. Foesser Nachf. n. — 60

— dasselbe, s.a. Broschüren, Frankfurter zeitgemäße.

Benevolus, Just., s.a. Kritik, katholische, u. Hyperkritik.

Benevolus, Justus, Katholische Kritik u. Hyperkritik. Auch eine Antwort auf „Veremundus". München, Abt. 1898, 8°, 22 S., 50 Pf.

Orendel, Wilhelm von Orense und Robert der Teufel. E. Studie z. deutschen u. französ. Sagengesch. v. Emil Benezé ... *Halle a. S.: M. Niemeyer 1897.* (3 Bl., 112 S.) 1 Bd 8.
= Benezé, E.: Sagen- u. litterarhistor. Untersuchungen. [No] II.

Benezé, Emil [aus Jena]: Das Traummotiv in altdeutscher Dichtung '(bis c. 1250)' ... (Erscheint erweitert bei M. Niemeyer in Halle.) Jena, Frommannsche Hof-Buchdr., 1896; 1 Bl., 58 S. 8.
Jena, Phil. Fak., Inaug.-Diss. v. [10. Nov.] 1894

Das Traummotiv in der mittelhochdeutschen Dichtung bis 1250 und in alten Deutschen Volksliedern. Von Emil Benezé. *Halle a. S.: M. Niemeyer 1897.* (2 Bl., 82 S.) 1 Bd 8.
— Benezé, E.: Sagen- u. litterarhistor. Untersuchungen. No 1.

Benezé, Emil, Sagen- u. litterarhistor. Untersuchgn. Nr. 1 u. 2. gr. 8. Halle 897. M. Niemeyer. n. 5. 20
1. D. Traummotiv i. d. mittelhochdeutschen Dichtg. b. 1250 u. i. alten deutschen Volksliedern. (82 S.) n. 2. 40
2. Orendel, Wilhelm v. Orense u. Robert d. Teufel. E. Studie z. deutschen u. franz. Sagengeschichte. (V, 112 S.) n. 2. 80

[BENEZET, Anthony] 1713 - 1784
Etliche Anmerkungen über den Zustand und Gemüths-Beschaffenheit Der Indianischen Einwohner Dieses Welttheils.
Aus dem Englischen übersetzt.
Ephrata, Pa. [: Klosterpresse]. 1786. 44 S. 8°.
Historical Society of Pennsylvania Library Philadelphia
Übers. v. Some observations on the situation ... of the Indian Natives, Philadelphia, 1784.
Evans 19501.

BENEZET, Anthony 1713 - 1784
Kurzer Bericht von den Leuten, die man Quäker nennet; Ihrem Ursprung, ihren Religionsgründen, und von ihrer Niederlassung in America. Meistentheils aus verschiedenen Autores zusammen gezogen, zum Unterricht aller aufrichtigen Nachforscher, und insonderheit für Ausländer.
Durch Anton Benezet.
Aus dem Englischen übersetzt.
Philadelphia: Steiner. 1783. 45 S. 8°.
Deutsche Staatsbibliothek Berlin
Übers. v. A Short Account of the People Called Quakers, Philadelphia 1780 u. 1783.
2. Ausg. 1791, s. Nr. 530.
Sabin 4685. Evans 17841.

BENEZET, Anthony 1713 - 1784
Kurzer Bericht von den Leuten, die man Quäker nennet; Ihrem Ursprung, ihrer Religionsgründen, und von ihrer Niederlassung in America. Meistentheils aus verschiedenen Autores zusammen gezogen, zum Unterricht aller aufrichtigen Nachforscher, und insonderheit für Ausländer.
Durch Anton Benezet.
Aus dem Englischen übersetzt.
Philadelphia: Cist. 1791. 36 S. 8°.
New York Public Library
Übers. v. A Short Account of the People Called Quakers.
1. dt. Ausg. 1783, s. Nr. 290.
Evans 23175.

Benezet, Anthony. Brantwein u Verderben. Phila, 1783.

Benezur, Jos.: Ungaria semper libera, sui juris, nunquam vel principi vel genti alicui externae obnoxia. *Vindob.* 764. 4.

Benfeld. s.: Schlesinger v. Benfeld.

Benfey, Anna, s. Benfey-Schuppe, Anna

Benfey, Anna [wirkl. Name], s. Schuppe, A. [Pseud.]

Benfey, Arnold, approb. Arzt aus Göttingen: Beiträge zur Lehre von den angeborenen Herzkrankheiten. *Berlin (1903): G. Schade.* (29 S.) 8°
Berlin, Med. Diss. v. 15. Dez. 1903

Benfey, Eduard [Referendar]: Die Geschäftsführer bei der Gesellschaft mit beschränkter Haftung ... Göttingen, Druck d. Univ.-Buchdr. v. W. F. Kästner, 1896; 4 Bl., 52 S. 8.
Göttingen, Jur. Fak., Inaug.-Diss. v. [29. Okt.] 1896

Benfey, Gustav

Benfey, Gust.: Herstellg feuerfester Erzeugn., s: Bibliothek d. gesamten Technik.

Die heutige Ziegelindustrie. Von Gustav **Benfey**, Ziegelei-Ingen., Lauban. Mit 56 Abb. Berlin: Tonindustrie-Zeitung 1908. (32 S.) 4° [08. 5300

Benfey, Hans [aus Hannover]: Über die Esterbildung aromatischer Säuren ... Mannheim, Druck v. Stern-Ellreich & C., *1895*; 36 S. 8.
Heidelberg, Naturw.-math. Fak., Inaug.-Diss. v. [13. Juli] 1895

Theodor Benfey. Zum Andenken f. s. Kinder u. Enkel. Von Meta Benfey. Als Hs. gedr. o. O. (1909). 444 S. 8° [09. 16612 7

Benfey, Rud., Erinnerungen an Friedrich Fröbel. gr. 8. (XI, 136 S.) Köthen 880. Schettler's Verl. 1. 50

Benfey, Rud., die protestant. Freunde u. die Juden. gr. 8. Leipzig 846, Naumburg. 1/4 ℛ

—— Alex. v. Humboldt und seine Bedeutung für Volksbildung. Eine Festschrift zu seinem 100jähr. Geburtstage am 14. Septbr. 1869. gr. 8. (IV, 83 S.) Berlin 869, Albrecht. *

Benfey, Rud., aus der Literaturgeschichte für's Volk. 1. Heft. Lessing, die Grundsäule deutscher Literatur. [Rede gehalten in 5 Bezirksvereinen Berlins.] Berlin 868. Albrecht. gr. 8. (19 S.) n. 2½ ngr

— Schleiermacher u. seine Bedeutung für das deutsche Volk. Eine Festschrift zu seinem 100jähr. Geburtstage am 21. Novbr. 1868. Ebend. 869. gr. 8. (23 S.) 3 ngr

— Socialismus u. Genossenschaft. Rede, gehalten im Berliner Arbeiterverein am 19. Octbr. 1868. Berlin 868. F. Duncker. 8. (24 S.) 2 ngr

—— Socialismus und Genossenschaft. Rede gehalten im Berliner Arbeiterverein am 19. Octbr. 1868. gr. 8. (24 S.) Berlin 869, F. Duncker.

— die Stellung Bayerns zur deutschen Frage. Sendschreiben an die norddeutschen Gesinnungsgenossen. München 870. Fritsch. gr. 8. (36 S.) n. 6 ngr

—— die Stellung des fortgeschrittenen Juden zu d. freien evang. Gemeinde. gr. 8. (1⅓ B.) Halle 846. [Knapp.]

— die Stellung des fortgeschrittenen Juden zu der freien evang. Gemeinde. gr. 8. Halle 846, Kümmel's Sort.-Handlg. 6 ngr

— Wegweiser in die Geschichte der Philosophie. Leipzig 869. Matthes. 16. (XII, 168 S.) 15 ngr

Benfey, S.

—— üb. die bei d. Veräußerung u. Verpfänd. bürgerl. Grundstücke in den althannoverschen Provinzen vorgeschriebene Anmeldung bei der städtischen Obrigkeit. gr. 8. (2⅛ B.) Lüneburg 842, Herold u. Wahlstab.
Aus: Jurist. Zeitung f. d. Königr. Hannover J. 1842 besond. abgedruckt.

Benfey, S., Einiges über die Bedeutung des die gräfl. Familie Bentinck betreff. Bundesbeschlusses v. 12. Juni 1845. gr. 8. Göttingen 846, Dieterich. 1/4 ℛ

Benfey, Theodor

Benfey, Thdr., über die Aufgabe des Platonischen Dialogs: Kratylos. [Aus den Abhdlgn. der k. Gesellschaft der Wiss. zu Göttingen.] Göttingen 866. Dieterich. 4. (144 S.) n. 1 ℛ 10 ngr

Benfey, Thdr., Behandlung der auslautenden *a* in *ná* ‚wie' u. *ná* ‚nicht' im Rigveda, m. einigen Bemerkungen über die ursprüngliche Aussprache u. Accentuation der Wörter im Veda. [Aus: „Abhandlungen d. k. Gesellsch. d. Wiss. zu Göttingen".] gr. 4. (48 S.) Göttingen 881. Dieterich's Verl. n. 2. 40

Benfey, Thdr., einige Beiträge zur Erklärung des Zend. [Abdr. der Anzeige des „Vendidad Sade hrsg. v. Prof. Dr. Herm. Brockhaus" aus den G. g. A. 1850. St. 120—124.] 8. (44 S.) Göttingen 850, Dieterich. n. 8 ngr

Benfey, Thdr., weitere Beiträge zur Erklärung des Zend. Besond. Abdr. der Anzeigen von Spiegel's u. Westergaard's Ausg. d. Zendschriften, Spiegel's Uebers. d. Vendidad u. Burnouf's Études aus den Gotting. gel. Anz. 1852 u. 1853. Göttingen 1852—1853. Dieterich. 8. (1 Bl., 62 S.) n. 10 ngr

Chrestomathie aus Sanskritwerken. Zum Gebrauch für Vorlesungen und zum Selbststudium. Von Theodor Benfey. Theil 1. 2. Leipzig 1853—1854. [= Benfey, Theodor, Handbuch der Sanskritsprache. Zweite Abtheilung.]

— oinigo Derivate des indogermanisohen Verbums anbh = nabh. Ein Boitrag zur Bodeutungsentwickolung. [Aus „Abhandlungon dor kgl. Gesellsoh. d. Wiss. zu Göttingon".] 4. (67 S.) Ebend. 878. n. 3. 60

Benfey, Thdr., Einleitung in die Grammatik der vedischen Sprache. 1. Abhdlg.: Der Samhitâ-Text. [Aus: „Abhandlgn. d. k. Gesell. d. Wiss. zu Göttingen".] gr. 4. (40 S.) Göttingen 874. Dieterich's Verl. n. 1. 60

Benfey, Thdr., über die indogermanischen Endungen d. Genetiv singularis ians, ias, ia. [Aus: „Abhandlgn. d. k. Gesell. d. Wiss. zu Göttingen".] gr. 4. (61 S.) Göttingen 874. Dieterich's Verl. n. 2. 40

— über die Entstehung u. die Formen d. indogermanischen Optativ [Potential], sowie üb. das Futurum auf sanskritisch syâmi etc. [Aus „Abhandlgn. d. k. Ges. d. Wiss. zu Göttingen."] gr. 4. (66 S.) Ebend. 871. n. 2. 40

— über die Entstehung u. Verwendung der im Sanskrit mit r anlautenden Personalendungen. [Aus den Abhdlgn. der k. Ges. d. Wiss.] Ebend. 870. 4. (71 S.) n. 24 ngr

— über die Entstehung d. indogermanischen Vokativs. [Aus „Abhandlgn. d. k. Ges. d. Wiss. zu Göttingen."] gr. 4. (92 S.) Ebend. 872. n. 4. —

—— Festschrift, s. Beiträge zur Kunde der indogermanischen Sprachen.

— Geschichte der Sprachwissenschaft, s. a. **Geschichte der Wissenschaften in Deutschland.**

Benfey, Thdr, Geschichte der Sprachwissenschaft und orientalischen Philologie in Deutschland seit dem Anfange des 19. Jahrhunderts, mit einem Rückblick auf die früheren Zeiten. München 1869. gr. 8.
A. u. d. T.: Gesch. d. Wiss. in Deutschl. N. Z. Bd. 8. . . . . (D.)

Benfey, Thdr., a practical grammar of the Sanscrit language for the use of early students. Berlin 863. Asher & Co. gr. 8. (XVII, 229 S.) n. 2 ℛ 15 ngr

— Griechische Grammatik. 1e Abthlg. A. u. d. T.: Griechisches Wurzellexikon. 1r Bd. gr. 8. Berlin 839. Reimer. 3½ ℛ

— Vollständige Grammatik der Sanskritsprache. = Benfey, Theodor, Handbuch der Sanskritsprache. 1. Abtheilung.

— Handbuch der Sanskritsprache. Zum Gebrauche f. Vorlesungen u. zum Selbststudium. 1. Abth. A. u. d. T.: Vollständige Grammatik der Sankritsprache. Lex. 8. (XII u. 449 S. m. 7 Tab. in gr. Fol.) Leipzig 852, Brockhaus. n. 5 ℛ

— Handbuch der Sanskritsprache. Zum Gebrauch für Vorlesungen und zum Selbststudium. 2. Abth. 1. Thl. A. u. d. T.: Chrestomathie aus Sanskritwerken. Zum Gebrauch für Vorlesungen u. zum Selbststudium. 1. Thl.: Text, Anmerkungen, Metra. Leipzig 853. Brockhaus. 4. (VI, 330 S.) n. 4 ℛ

— — 2. Abthl. 2. Thl. A. u. d. T.: Chrestomathie aus Sanskritwerken. 2. Thl.: Glossar. Ebend. 854. 4. (2 Bl., 374 S.) n. 5 ℛ

– H e r m e s , Minos, Tartaros. Göttingen: Dieterich'sche Verlagsh. 1877. 42 S. 4°.
Aus: Abhandlungen d. kgl. Gesellschaft d. Wiss. zu Göttingen.

Sâma-Veda, Die Hymnen des, herausgegeben, übersetzt und mit Glossar versehen von Theodor Benfey. Leipzig 1848. 4°.

— ist in der indogermanischen Grundsprache e. nominales Suffix ia oder statt dessen ya anzusetzen? [Aus „Abhandlgn. d. k. Ges. d. Wiss. zu Göttingen."] gr. 4. (44 S.) Ebend. 871. n. 1. 60

— jubeo u. seine Verwandte. Altbactrysch yaozhdâ-sanskritisch yaud od. yaut, beide beruhend auf e. Grundform *yavas-dhâ; altbactrysch yaozhdaya-lateinisch *jousbe—in joubêre, jubêre, beruhend auf e. Grundform *yavas-dhâ m. Affix aya. [Aus „Abhandlgn. d. königl. Ges. d. Wiss. zu Göttingen."] gr. 4. (15 S.) Ebend. 871. n. 2. —

— die Persischen Keilinschriften mit Uebersetzung u. Glossar. gr. 8. (VI u. 97 S.) Leipzig 847. (Brockhaus.) n. 1⅓ ℛ

— altpersisch mazdâh — zendisch mazdâonh — sanskritisch medhâs. Eine grammatisch-etymolog. Abhandlung. [Aus: „Abhandlungen d. kgl. Gesellsch. der Wiss. zu Göttingen".] gr. 4. (44 S.) Ebend. 878. n. 2. 40

Benfey, Thdr., und Mor. A. Stern, über die Monatsnamen einiger alter Völker, insbesond. d. Perser, Cappadocier, Juden und Syrer. gr. 8. Berlin 836. Reimer. 1$\frac{1}{12}$ ℛ

Benfey, Theodor, Observationes ad Anacreontis fragmenta genuina. Göttingen (Rosenbusch) 26. II. o. J. (Anf. 19. Jahrh.) 44 S. (4.—) 2067

Benfey, Theodor (Hrsg.), s. O r i e n t und Occident insbesondere in ihren gegenseitigen Beziehungen.

Benfey, Th., Pantschatantra, s. Pantschatantra.

— über einige Pluralbildungen des indogermanischen Verbum. [Aus den Abhdlgn. der k. Ges. der Wiss. zu Göttingen.] Göttingen 867. Dieterich. gr. 4. (48 S.) n. 16 ngr.

— die Quantitätsverschiedenheiten in den Samhitâ- u. Pada-Texten der Veden. 1—3. Abhandlg. *[Aus: „Abhandlgn. d. k. Ges. der Wiss. zu Göttingen."] gr. 4. Ebend. 874—76. n. 6. 20
1. (44 S.) n. 1. 60.
2. Wortauslautende â î û in der Samhitâ statt entsproch. Kürzen im Pada in der 6. Silbe achtsilb. u. in der 8. u. 10. Silbe elf- u. zwölfsilb. Stollen. (80 S.) n. 3. —
3. Alphabetisches Verzeichniss der zweisilb., im Pada auf ă, ĭ, ŭ auslaut. Wörter, deren Auslaut, wenn sie den Anfang e. Stollens bilden, in der Samhitâ gedehnt erscheint. (40 S.) n. 1. 60

— die Quantitätsverschiedenheiten in den Samhitâ- u. Pada-Texten der Veden. 4. Abhandlg. 3 Abthlgn., 5. Abhandlg. 2 Abthlgn. u. 6. Abhandlg. 1. Abthlg. [Aus: „Abhandlungen d. kgl. Gesellsch. d. Wiss. zu Göttingen".] gr. 4. Ebend. 879—81. n. 13. 40; (I—VI, 1.: n. 19. 60)
IV. Alphabetisches Verzeichniss der ein- u. mehrsilbigen Wörter, welche auslautende a, i, u an irgend einer Stelle des Stollens in der Samhitâ lang, im Pada kurz zeigen. 3 Abthlgn. (à 41 S.) n. 7. —
V. Composita, welche am Ende eines vorderen Gliedes a, i, u in der Samhitâ lang, im Pada kurz zeigen. 2 Abthlgn. (35 u. 34 S.) n. 4. —
VI. Unzusammengesetzte Wörter, oder einfache Theile v. Zusammensetzungen, welche im Anlaut oder Inlaut a, i, u in der Samhitâ lang, im Pada kurz zeigen. 1. Abth. (45 S.) n. 2. 40

— kurze Sanskrit-Grammatik zum Gebrauch für Anfänger. Ebend. 855. 4. (X, 360 S.) n. 3 ℛ

— gesammelte kleinere Schriften. Ausgewählt u. hrsg. v. Adb. Bezzenberger. 4 Abtlgn. 2. (Titel-)Ausg. gr. 8. Ebd. 894. n. 29. —
1. Kleinere sanskritphilologische Schriften. (III, 342 S.) n. 11.
2. Kleinere sprachwissenschaftliche Schriften. (200 S.) n. 8. —
3. Kleinere Schriften zur Märchenforschung. (237 S.) n. 6.
4. Kleinere Schriften vermischten Inhalts. (104 S.) n. 4. —

Benfey, Thdr, kleinere Schriften. Ausgewählt u. hrsg. v. A. Bezzenberger. Gedruckt m Unterstützg. Sr. Exc. d. königl. preuss. Hrn. Cultusministers u der königl. Gesellschaft der Wissenschaften zu Göttingen. 1. Bd. 1. u. 2. Abth. gr. 8. (XL, 342 u. 200 S. m. 1 Portr.) Berlin 890. Reuther. n. 22. —

Benfey, Thdr., kleinere Schriften. Ausgewählt u. hrsg. v. Adalb. Bezzenberger. Gedruckt m. Unterstützg. Sr. Exc. d. königl. preuss. Hrn. Cultusministers u. der königl. Gesellschaft der Wissenschaften zu Göttingen. 2. Bd. 3. u. 4. Abth. Mit Registern zu beiden Bdn. v. Geo. Meyer u. e. Verzeichniss der Schriften Benfeys. gr. 8. (237 u. 156 S.) Berlin 892. Reuther & Reichard. n. 20 — (kplt.: n. 42. —)

Benfey, Theodor, Die suffixe rv; tu (4te dekl.) sammt âtu; tu (2te dekl.) und êtu; đov; din (nomin. do); tûdin (nom. tûdo); ta; rη. [A. aus KZ. Band 2, p. 215 ff.]

— s. Terentius, Publ., Schauspiele.

— s. Terenz.

Benfey, Thdr., das indogermanische Thema des Zahlworts „Zwei" ist du. [Aus: „Abhandlungen d. kgl. Gesellsch. d. Wiss. zu Göttingen".] gr. 4. (46 S.) Göttingen 876. Dieterich's Verl. n. 2. —

— Vedica u. Linguistica. 8. (VII, 248 S.) Strassburg 880. Trübner. n.n. 10. 50

—— Vedica und Verwandtes. 8. (V, 177 S.) Strassburg 877, Trübner. *

Benfey, Thdr., üb. das Verhältniß d. ägyptischen Sprache z. semit. Sprachstamm. gr. 8. Leipzig 844, Brockhaus. n. 2 ℛ

— über einige Wörter m. dem Bindevocal î im Rigveda. [Aus: „Abhandlungen d. kgl. Gesellsch. d. Wiss. zu Göttingen".] gr. 4. (42 S.) Göttingen 879. Dieterich's Verl. n. 2. 40

Benfey-Schuppe, Frau Anna, s. a.: Schuppe, A.

Benfey-Schuppe, Anna, Bilder a. d. Mädchenleben, s.: Jugend-Bibliothek, kathol.

— glühendes Eisen, s.a. Welt, alle.

Glühendes Eisen. Roman von A[nna] Benfey-Schuppe. *Berlin: A. Weichert [1900].* (48 S.) 8° [F.]
= Welt, Alle. Bd 28. [09. 1170

Benfey-Schuppe, A. [Anna Benfey, geb. Schuppe]. Die Frauenfrage u. das Christenthum. 1. u. 2. Aufl. gr. 8. (42 S.) Mainz 890.91, Kupferberg. * — 50

Benfey-Schuppe, A., die Frauenfrage u. das Christenthum. 2. Aufl. gr. 8. (42 S.) Mainz 890. F. Kupferberg. n. — 60

— Frauenfrage u. Mädchen-Erziehg., s.a. Vorträge u. Abhandlungen, pädagog.

Benfey-Schuppe, Anna: Frauenfrage u. Mädchenerziehung. — Kempten: Kösel 1897. 29 S. 8° (Pädag. Vorträge u. Abh. 21.)

— d. Freundinnen u. and. Erzählgn. f. junge Mädchen. M. 2 Abb. i. Photograv. gr. 8. (III, 277 S.) Regensburg 896. Nationale Verlagsanstalt. n. 3. —; geb. in Leinw. n. 4. —; m. Goldschn. n. 4. 50

— Fridolin, ein Jünger Gutenbergs. Novelle a. d. 15. Jahrh. 8. (96 S.) Mainz 895. F. Kirchheim. n. 1. —; geb. n. 1. 50

Durch Kampf zum Sieg. Erzählung aus Berlins Vergangenheit. Von A. Schuppe [d.i. Anna Benfey]. *Kevelaer: Butzon & Bercker 1901.* (96 S.) 8° [F.]
— Vergangenheit, Aus, u. Gegenwart. Bdch. 30. [01. 7310 5

— Männerglück u. Frauenfrage. 12. (70 S.) Berlin 895. F. Stahn. n. 1. —

— zwei Märchen. Das Dorf am See od. die Wasserfrauen. Wald-Zauber. 8. (125 S.) Paderborn 901. Bonifacius-Druckerei. n. 1. —; kart. n. 1. 20; geb. in Leinw. n. 1. 40

— die ungleichen Schwestern. Erzählung f. Mädchen. (Bibliothek f. junge Mädchen.) Mit 8 ganzseit. Tonbildern u. 10 Textillustr. v. O. Herrfurth. 8. (116 S.) Würzburg (901). F. X. Bucher. Geb. in Leinw. n. 1. 20

— d. Waldheimat, s.a. Bibliothek f. junge Mädchen.

[F.] Die Waldheimat. Erzählg v. Anna Benfey-Schuppe. *M. Gladbach & New York: A. Riffarth [1896].* (134 S., 3 Taf.) 1 Bd 8.
— Bibliothek für junge Mädchen. Bdch. I. [97- 5093

Waldmärchen. Von A[nna] [Benfey-]Schuppe. *Putschkau: G. Buchal [1902].* (111 S.) 8° [F.] [04- 7148

— der Zaubergarten. E. Märchenerzählg. 12. (184 S.) Paderborn 898. Bonifacius-Druckerei. n. 1. —

Benfey-Schuppe, A., der Zaubergarten. Eine Märchenerzählg. 2. Aufl. (154 S. m. Abb.) kl. 8. Paderborn 909. Bonifacius-Druckerei. 1. —

Bengel. –
– s. Leben, J.A. Bengel's.

Bengel, Joh. Albr., Leben u. Wirken, s. Burk, Joh. Chr. Fr.

Bengel's, Dr. Joh. Albr., Leben und Aussprüche, s. Wächter, Osk.

Bengel: Apparatus criticus N.T., s. Bengel, Johann Albrecht

Bengel, Dr., s. Charl. Bell, prakt. Versuche.

Bengel, E., s. Bengel, Ernst

Bengel, E. G., s. Bengel, Ernst Gottlieb

Bengel, E. W., de Paulo ad sacra chr. converso. I—II. Tubing. 1819—20. 4; deutsch v. Niethammer. Tübing. 1826. 8.

Bengel, Ernst

Bengel, Er., († d. 1. April 1793.) freimüth. Aeußerung üb. versch. Gegenstände d. christl. Glaubens- u. Sittenlehre in Predigten. gr. 8. Tübing. 792. v. Cotta in Stuttg. 20 gr.

— Beleuchtung d. Erinnerungen, die in Ernesti's Bibliothek gegen J. A. Bengel vorkommen. 8. Leipz. 771. (W. Vogel). 4 gr.

Bengel, Er., s. J. A. Bengel, Gnomon Novi Testamenti.

— der neueste Geschmack in 12 Parabeln. 8. Stuttg. 774.

– s. Gottheit Christi.

— chronolog. Harmonietafel üb. d. evangel. u. apostol. Geschichte, nach J. A. Bengels Grundsätzen. 8. Tübing. 785.

— Klagen u. Hoffnungen f. unser Zeitalter; e. Gespräch in geb. Rede. 8. Stuttg. 775.

— Predigt. üb. d. feyertägl. Episteln. 8. Tüb. Heerbrand. 784.

Bengel, Er., Predigten üb. d. feiertägl. Episteln. 8. Tübing. 784. (Osiander). 12 gr.

– s. J.F. Reuß: theolog. Abhandll.

— Tabula critica, quae criseos Bengelianae diversas periodos collatis inter se utriusque N. T. graeci editionis margine, tum spicilegio critico in Gnomonis edit. I. obvio, ita exhibet etc. 8. Tübing. 777.

– s. Testamentum.

Bengel, E., Umschreib. d. sieben kanon. Br. Paulus ꝛc. nebst d. Offenbar. gr. 8. Tüb. Cotta. 788. Rthlr.

— Umschreib. d. vier Evang. u. Apostelgesch. e. Ausz. a. J. A. Bengels Gnomon. 2 Thle. gr. 8. Tüb. Cotta. 786.

— erklär. Umschreib. d. v. Jh. Alb. Bengel übersetzten vier Evangelisten ꝛc. als ein Auszug aus s. Gnomon ꝛc. 1r Thl. enth. die drei ersten Evangelisten. 8. Tübing. 780. v. Cotta. 1 ₰ 8 gr. 2r Thl. enth. d. Evangel. Joh. u. d. Apostelgesch. 8. Ebd. 787. 1 ₰ 8 gr. 3r Thl. enth. d. vierzehn Briefe d. h. Apostels Paulus. 8. Ebd. 787. Fues. (Leipz, Kummer). 20 gr. 4r Thl. enth. d. sieben kanon. Briefe d. Apostel Jacobus, Petrus, Johannes u. Judas u. d. Offenb. Joh. 8. Ebd. 788. Fues. 18 gr.

— erklär. Umschreib. d. Offenb. Jesu Christi, aus J. A. Bengels Erklär., Offenbar. u. 60 Reden sammt Anhängen aus dessen Gnomon. gr. 8. Tübing. 772. N. A. 788. Fues. (Kummer in Leipz.) 8 gr.

— Umschreib. d. Offenbar. J. C. ꝛc. gr. 8. Leipz. Kummer. (auch Löffler, Mannh.) 773.

— Vertheidigung seiner Beleuchtung üb. d. Ernesti'sche Bibl. gegen Mich. Merkels neuliche Censur. 8. Tübing. 777. (Stettin in Ulm). 5 gr.

Bengel, Ernest Theoph., s. Bengel, Ernst Gottlieb

Bengel, Ernst Gottlieb

Bengel, Er. Gli., († d. 23. März 1826.) üb. d. Alter d. jüdischen Proselytentaufe, e. hist. Untersuchung. (A. u. d. T.: Untersuch. zur jüdischen u. christl. Religionsgesch. 1s Stck.) 8. Tübing. 814. Osiander. 14 gr.

— Archiv f. d. Theologie u. ihre neueste Literatur. 1r — 8r Bd. à 3 Stcke. gr. 8. Tübing. 815 — 27. Osiander. 1r — 4r Bd. à 3 ₰ 8 gr. (5r — 8r Bd. A. u. d. T.: Neues Archiv ꝛc. 1r — 4r Bd. à 3 ₰) Alle 8 Bde 25 ₰ 8 gr.

Bengel, E. G., Archiv für die Theologie u. ihre neueste Literatur. 2r — 4r Bd. jeder in 3 Stücken. gr. 8. Tübing. Osiander. 816. u. 820. à 3 Thlr. 8 Gr.

v. Bengel, (Ernst Gttl.) Archiv f. die Theologie u. ihre neueste Litt. 5r — 8r Bd. à 3 Stck. A. u. d. T.: Neues Archiv ꝛc. 1r — 4r Bd. gr. 8. Tübingen 821 — 27. Osiander. à 3 (Jahrg. 1815 — 20 ist der Preis 3 Rthlr.)

— über d. Bekehrung d. Apostels Paulus zum Christenthum. Aus d. Lat. v. Pfarrer Niethammer. 8. Tüb. 826. Laupp. 8 gr.

Bengel, E. G., de Messianorum vaticiniorum momento. Tubing. 1823. 4.

Bengel, Ernest. Theoph. de, Opuscula theologica, ed. indicesque adj. Jo. Godofr. Pressel. 8 maj. (80 B.) Hamburgi 834, Fr. Perthes.

— quid doctrina de animorum immortalitate religioni christ. debeat, ex causae natura et ex rebus factis monstratur. I—X. Tubing. 1809—17. 4.

— — Quid doctrina de animorum immortalitate religioni christianae debeat, ex caussae natura et ex rebus factis monstrans. Diss. histor.-theolog. cap. II. Tübingen (Fues) Sept. 1810. 28 Seiten. (5.—) 2069
Verteid. v.: Chn. Ludw. Eytel (Kircho-Tecc.), Eberh. Friedr. Greber (Stuttgart), Carl Friedr. Schall (Lauffens.), Immanuel Gottlob Doerr (Tübingen), Gottlieb Heinr. Weick (Stuttgart).

— — Dasselbe. Partem III. Tübingen (Ludwig Friedr. Fues) Sept. 1811. 38 S. (5.—) 2070
Verteid. v.: Fried. Theoph. Hoffmann (Stuttgart), Carl Aug. Roemer (Stuttg.), Carl Theoph. Fried. Sarwey (Weilimdorf), Christ. Eberh. Klaiber (Justingen), Ferd. Lud. Phil. Kieser (Micro-Bottwar.), Aug. Alb. Gottfr. Tritschler (Vaihingen), Joh. Aug. Camerèr (Marbach).

— — Dasselbe. Part. V. section. I. Tübingen (L. Fr. Fues) Sept. 1813. 48 S. (6.50) 2071
Verteid. v.: Friedr. Heinr. Kern (Senstettens.), Carl Friedr. Aug. Oetinger (Wildbad), Friedr. Wilh. Klumpp (Reichenbach), Aug. Victor Hauff (Waiblingen), Ferd. Ludw. Dillenius (Urach), Joh. Dehlinger (Schorndorf), Imman. Theophil Moser (Stuttgart), Carl Heinr. Enslin (Stuttgart), Carl Friedr. Ergenzinger (Hausen), Christ. Friedr. Fraas (Neipperg), Victor Friedr. Winter (Hoepfigh.), Wilh. Christ. Friedr. Sigel (Vaihingen), Friedr. Aug. Scholl (Urach).

Bengel, Ernst Gottlieb (Präs.), Quid in augenda immortalitatis doctrina religioni christianae ipsi hujus conditores tribuerint? Diss. theol. Tüb. (L. Fr. Fues) Sept. 1808. 26 S. (5.—) 2068
Verteid. v.: Ludw. Friedr. Romig (Ludwigsburg), Chr. Gottlob Friedr. Geiger (Hengensis), Max. Amad. Wilh. Bilhuber (Vaihingen), Carl Friedr. Plank (Nürtingen), Friedr. Chph. Schüz (Dettingen), Imm. Chr. Heinr. Sigel (Thalheim).

— Reden über Religion u. Christenthum, an Studirende der Universität Tübingen aus allen Facultäten. Nebst e. Anh. Reden über das Kirchenrecht ꝛc. Aus d. Nachlasse des Verewigten. (Mit Vorwort v. J. G. Pressel.) gr. 8. Tübing. 831. Fues. 1 ℛ 16 ℊ

— Reden über Religion und Christenthum an Studirende der Universität Tübingen aus allen Facultäten. Nebst e. Anhang von Reden über das Kirchenrecht u. e. Entwurf zur Verfassung der evangel. Kirche. Aus d. schriftl. Nachlasse des Verewigten. (Mit e. Vorw. vom M. J. G. Pressel.) 2e Ausg. gr. 8. Tübingen 839. Fues. 1⅔ ℛ

— Vorträge an Studierende über Religion u. Christenthum, gr. 8. Tübingen 827, Osiander.

Bengel, Johann

Angewandte Aufgaben. Von Johann Bengel. T. 1. [2.] *Aachen: R. Barth 1897–99.* 2 Bde 8° [F.]
1. Zahlenraum v. 1–100. Eine Samml. v. beinahe 500 Aufg. 2. verb. Aufl. 1899.
2. Im Zahlenkreise von 1–1000. Eine Samml. v. 500 Aufg. 1897. [‹illegible›]

Bengel, Joh., angew. Aufgaben i. Zahlenkreise von 1—100. E. Sammlg. v. mehr als 600 Aufgaben. 8. (57 S.) Aachen 896. R. Barth, Verl. n. — 50

— dasselbe, i. Zahlenkreise v. 1 : 1000. E. Sammlg. v. 600 Aufgaben. 8. (52 S.) Ebd. 897. n. — 50

— deutsche Geschichte, s.: Weigand, H.

— Geschichte d. Methodik d. kulturgeschichtl. Unterrichts,
— Quellenbenutzg. b. Geschichtsunterrichte,
s.: Zeit- u. Streitfragen, pädagog.

Bengel, Johann Albert, s. B e n g e l , Johann Albrecht

Bengel, Johann Albrecht

– ABDANKUNGSREDE bey der Leiche Herrn Joh. Eberhard Knollen [d. J.], Probsten zu Denckendorf. – 1727.

– ABRISS DER SO GENANNTEN BRÜDERGEMEINE, in welchem die Lehre und die ganze Sache geprüfet, das Gute und Böse dabey unterschieden, und insonderheit die Spangenbergische Declaration erläutert wird durch Johann Albrecht Bengel. T. 1. 2. – Stuttgart: Metzler 1751. 550 S.
(T. 2 u. d. T.: Abriß ... darin die ganze Sache geprüfet, Gutes und Böses unterschieden, und insonderheit des Ordinarii kurzes und peremtorisches Bedenken erläutert wird ...)
beigedr.: 1. Bengel: Anmerkungen von der so genannten Brüdergemeine *(mit beigefügten Notae Zinzendorfs und Glossen Bengels.* – S. 456–509).
beigedr.: 2. [Briefe und Bedenken zur Auseinandersetzung Bengels mit der Brüdergemeine] (S. 510–550).
– – Neuer unveränderter Abdruck. – Berlin: Schlawitz 1858. XIX, 395 S.

– A b r i ß . . . darin die ganze Sache geprüfet, Gutes und Böses unterschieden, s. B e n g e l : Abriss der so genannten Brůdergemeine,. . .

– NÖTHIGE und der heiligen Wahrheit zu Steuer abgefaßte ANTWORT auf dasjenige, was in den frühaufgelesenen Früchten, und in einer gewissen damit verwandten Disputation wider das von Ihm revidirte griechische Neue Testament vorgebracht wird. - Tübingen 1739.

– – Johann Albrecht Bengels Nöthige Antwort Auf dasjenige, was etliche Gelehrten wider das, Von ihm revidirte, Griechische Neue Testament vorgebracht haben. Der Heil. Wahrheit zu Steuer abgefasset. 3., nach dem bisherigen Verlauff eingerichtete, Ausfertigung. – Ulm: Bartholomäi 1745. 85 S.
– – 4. Ausfertigung. – Tubingae 1763. – in: Bengel: Apparatus criticus, S. 714–784.–

– D. Jo. Alberti Bengelii APPARATUS CRITICUS ad Novum Testamentum. Criseos sacrae compendium, limam, supplementum ac fructum exhibens. 2. ed. Curis b. auctoris posterioribus aucta et emendata, copiosoque indice instructa, curante Philippo Davide Burkio. (mit 1 Bildnis Bengels, G. W. Knorr sculp. Norib.) – Tubingae: Cotta 1763. 952 S.
T. 1: Introductio ad universam lectionis varietatem dilucidandam (S. 1–86).
T. 2: Pars secunda, quae potiora loca variantia singulatim discernit (S. 87–594).
T. 3: Pars tertia, sive Epilogus, quo dubia generalia solvuntur et simul operis huius constitutio uberius describitur, ratioque scrutinii critici N. T. ad suos usus referendi, et deinceps consummandi, explicatur.
T. 4: Pars IV. sive appendix ceteros Bengelii labores in N. T. criticos, separatim antehac editos, complectens (S. 621–952).
1. Prodromus Novi Testamenti Graeci recte cauteque adornandi. 1725 (S. 625 bis 638).
2. Notitia Novi Testamenti Graeci recte cauteque adornati. Tubingae 1731 (S. 638–645).
3. Praefatio anno 1734 data ad editionem N. T. minorem, et a. 1753 repetita (S. 646–650).
4. Defensio Novi Testamenti Graeci. Tubingae 1734. Lugduni Bat. 1737 (S. 651 bis 673).
5. Admonitio editioni minori anni 1734 postliminio adiecta a. 1738 (S. 674 bis 677).
6. Vergleichung merkwurdiger Stellen des Neuen Testaments, darin D. Martini Lutheri deutsche Uebersetzung, der griechische Text der Zullichanischen Ausgabe, und J. A. Bengelii Revision des Griechischen N. Test. unterschieden sind (S. 678–684).
7. Ordinatum, modestum, verum examen singulorum XLIII canonum criticorum Gerardi a Mastricht, datum in praef. Gnom. N. T. §VIII. IX. X (S. 684 bis 697).
8a. Curriculum vitae b. Bengelii ex autographo, scripto circiter a. 1721 verno tempore (S. 697–703).
8b. Exc. aus E. L. Rathlefs Geschichte jeztlebender Gelehrten. T. 6, S. 429ff. Zelle 1743 (S. 703–710).
8c. Exc. aus der von Herrn D. W. G. Tafinger dem seel. D. J. A. Bengel gehaltenen Leichpredigt. Stuttgart 1752. 2°. S. 20ff (S. 710–714).
9. Johann Albrecht Bengels Noethige Antwort auf dasjenige, was etliche Gelehrten wider das von ihm revidirte Griechische Neue Testament vorgebracht haben. 4. Ausfertigung (S. 714–748).
10a. Exc. aus der Nachlese zu der 58, 59 und 60 Rede ueber die Offenb. Joh. S. 1301ff. ed. 1748 (S. 748–752).
10b. Exc. aus dem Bekr.[äftigten] Zeugnis ed. Stuttgart 1748. S. 48 (S. 752f).
10c. Exc. aus dem Anhang des Bengelischen Teutschen N. T. Stuttgart 1753 (S. 753–759).
10d. Exc. aus der Ehrenrettung der Heiligen Schrift. Leipzig 1755. (S 759–761).
11. D. J. Alberti Bengelii Tractatio de sinceritate Novi Testamenti Graeci tuenda. Cum adspersis hic illic ab editore Christiano Benedicto Michaelis adnotatiunculis. Halae, Magdeburgicae: Renger 1750 (S. 762–785).
12. Admonitio editioni minori N. T. Gr. a. 1753 adiecta (S. 785–788).
13. D. Johannis Alberti Bengelii Clavicula Novi Testamenti Graeci ex iterata recognitione nuper editi. Libellus posthumus. 1754 (S. 789–800).
14. Tabula lectionum variantium, locorum parallelorum, notularum criticarum et exegeticarum (S. 801–952).
T. 5: Index ad ipsas libri partes. IV. (28 ungez. S.).

– Aufsatz von Erziehung der Kinder. – Schaffhausen 1830. 4 S. (Buch im Hegöw, vom vierten Jahrestag einer Erziehungs-Stiftung, den 30sten Herbstmonat 1830.)

— Auslegung d. Briefes Pauli an die Römer. Aus dessen Gnomon in deutscher Sprache hrsg. v. C. F. Werner. gr. 8. (130 S.) Ebend. 872. Rhiem. n. 1. 60

Bengel's, Joh. Albr., Auslegung der Briefe Pauli an die Corinther. Aus dessen Gnomon in deutscher Sprache hrsg. v. C. F. Werner. gr. 8. (167 S.) Basel 875. Riehm. n. 1. 60

— Auslegung der Offenbarung Johannis. Aus dessen Gnomon in deutscher Sprache hrsg. v. C. F. Werner. gr. 8. (148 S.) Ebend. 876. n. 1. 60

Bengel, JA, Auslegg d. N. Testam. od. kl. Gnomon. Ausz. a. d. gr. Werk deut. Asg. bearb. v. CF Werner. 8. (679) Bas. 66. 67, Riehm. 2. —

— Auszug sr. Reden üb. d. Offenbar., s. unten: 60 erbaul. Reden.

— Auszug s. Reden üb. d. Offenb. J. C. gr. 8. Leipz. Breitkopf. 772.

Bengel, Johann Albrecht, s. Beiträge zu J.A. Bengels Schrifterklärung.

– – [Nachträge] Bemerkungen desselben [d.i. Bengels] zu dem Gnomon Novi Testamenti aus handschriftlichen Aufzeichnungen mitgeteilt von Oscar Wächter. – Leipzig 1865. –

– Dr. Johann Albrecht Bengel in seinen gelegentlichen Äusserungen. Hrsg. von Oscar Wächter. – Stuttgart: Steinkopf 1901. 95 S.

— Christliebs u. M. Luthers Beurtheilung d. Zeitpunkts, darin wir jetzt leben. 8. Hannov. 793. Hahn. 16 gr

– Doctor Bengels, Magister Christliebs und Doctor Martin Luthers gründliche Beurtheilung des Zeitpuncts darin wir nach der Offenbarung Johannis gegenwärtig leben. – [Leipzig] 1793. II, 274 S. *(Vermutlich eine Teilsammlung oder ein Werkauszug.)*

Bengel, Jh. Albr., literarischer Briefwechsel. Eine Zugabe zu dessen Leben und Wirken. Mitgetheilt von J. Ch. F. Burk. gr. 8. Stuttgart 836. Brodhag. 2/3 Thlr

– [Leichenpredigt für J.F. Hochstetter.] Der wundersame Christen-Staat. Aus dem herrlichen Spruch: Wir haben hier keine bleibende Statt; sondern die zukünfftige suchen wir. Als der Hochwürdige Groß-Achtbar und Hochgelehrte Herr Johann Friderich Hochstetter, der H. Schrifft Doctor, Sr. Hoch-Fürstl. Durchl. zu Würtemberg viel-jähriger Rath, Hochverdienter General-Superintendent und Probst zu Denkendorff, anno 1720. den 6. April im 81. Jahr seines Alters seelig entschlaffen und den 9. selbigen Monats in der Closters-Kirchen allda nach Volck-reicher Begleitung zu seiner Grabes-Ruhe mit geziemender Solennität gebracht wurde; betrachtet und vorgestellet durch M. Johann Albrecht Bengel, Prediger und Praeceptorem Collegii daselbst. – Stuttgardt [1720]: Rößlin. 84 S. [21.

Bengel, Johann Albrecht (Hrsg.), s. Cicero, M. Tullius: Epistolae ad diversos vulgo familiares.

– Jo. Alberti Bengelii Cyclus sive de anno magno solis, lunae, stellarum, consideratio ad incrementum doctrinae propheticae atque astronomicae accomodata. – Ulmae: Bartholomae 1745. 116 S.

— Ehrenrettung d. heil. Schrift gegen d. Anh. d. Kohlreifischen Zornkelter rc. 8. Leipz. 755. Klaubart. 4 gr

– Ehrenrettung der heiligen Schrift, gegen den Anhang der Kohlreiffischen Zornkelter, und die Kochische Läuterung, zur Bekräftigung der Wahrheit in vielen und mancherlei nöthigen Dingen. *(Gottfried Kohlreiff: Die Zornkelter der letzten Zeiten. Lübeck 1750. 239 S. – Johann Jacob Koch: Läuterung der wichtigsten Geschicht-Ordnung. Lemgo 1748. 222 S.)* [Hrsg. von Philipp David Burk]. – Leipzig: Langenheim 1755. 207 S.

Bengel, Joh. Albr., Ewigkeitsgedanken nach handschriftlichen Aufzeichnungen. Stuttgart 866. S. G. Liesching. (Gütersloh, Bertelsmann.) 16. (IV, 164 S.) n. 15 ngr

— Ewigkeitsgedanken. 2. verm. Aufl. 16. (VI, 232 S.) Gütersloh 873. Bertelsmann. geb. n. 2. —

Bengel, Joh. Albr., Ewigkeitsgedanken. 3. Aufl. gr. 16. (232 S.) Gütersloh 900. C. Bertelsmann. Kart. n. 1. 60; geb. n. 2. —

– [–, –] Johann Albrecht Bengels Sechzig Gebete über die Offenbarung Johannis, so eingerichtet, daß sie theils beim Lesen dieses biblischen Buches, theils auch bei andern Gelegenheiten, besonders in der gegenwärtigen Zeit, gebraucht werden können. – Tübingen: Fues 1831. 58 S.

– [–, –] Biblisches Gebet-Schatzkästlein, oder Sammlung derjenigen Seufzer und Gebetlein, welche in dem von dem seel. Herrn D. Bengel nach dem revidirten Grundtext übersezten und mit dienlichen Anmerkungen begleiteten Neuen Testament zum Wachsthum in der Gnade und der Erkenntniß des HErrn JEsu Christi enthalten sind. Zum Druck befördert von einem Freund der Wahrheit. [d.i. Wilhelm Friedrich Schaber] – Stuttgart: Mezler 1766. 176 S. *(Herausgeber: laut Vorbericht der 2. Aufl. des Neuen Testaments von 1769.)*

Bengel, Joh. Albr., neutestamentl. Gebet-Schatzkästlein für jeden Morgen u. Abend im ganzen Jahre. Auf's Neue zum Druck befördert v. W. R. (Neue Titel-Aufl.) qu. 32. (XVI u. 150 S.) Barmen 848, Sartorius. 4½ ngr

Bengel, Johann Albrecht, s.a. Geschichte, Die, unseres Herrn Jesu Christi . . .

– [–] Geschichte unsers Herrn und Heilands Jesu Christi auf Erden, das ist Die Vier Evangelisten in einen Text zusammengezogen, nach (Johann Albrecht) Bengels Harmonie und Uebers. nebst dessen erbaul. Anm. mit einer Vorrede des Christian August Crusius hrsg. von S.G.M. – Leipzig: Langenbein 1765. 74, 551 S.

– Die Geschichten und Briefe der heiligen Apostel, aus des Sel. Herrn Prälaten und Consistorial-Raths, D. Johann Albrecht Bengels, hieher gehörigen Schriften herausgezogen; nach Desselben Zeit-Rechnung in gewisse Abtheilungen und Puncten eingetheilt, und zum Gebrauch und Nuzen Lehr- und Heilsbegierigen Seelen eingerichtet von M. Friederich Christian Götz, Evangelischen Pfarrern zu Iptingen. Mit Censur und Erlaubniß eines Herzoglich-Würtembergischen Consistorii. – Stuttgart: Mäntler 1764. 76 S.

Bengel's, Joh. Albr., Gnomon in deutscher Bearbeitung, s.a. Bibliothek theologischer Klassiker.

— Gnomon oder Zeiger des Neuen Testaments, eine Auslegung desselben in fortlaufenden Anmerkungen. In deutscher Sprache herausg. von C. F. Werner. Mit einer Vorrede vom Prälaten v. Kapff. 2 Bde. Stuttgart 853, 54. Paulus. Lex.-8. (708; 874 S.) 5 Thlr

—— Gnomon od. Zeiger d. Neuen Testam. In deut. Spr. hrsg. v. CF Werner. 2 Bde. 8. (1582) Stuttg. 54. (Bas., Riehm.) 5. —

– – [–] Hrsg. von C.F. Werner. Bd 1. 2. Ludwigsburg: Riehm 1860.

– – [–] Hrsg. von C.F. Werner. Mit einer Vorrede von Prälat Kapff. 3. Aufl. Bd 1. 2. – Basel: o. J. [um 1865.]

— Gnomon od. Zeiger d. Neuen Testaments, e. Auslegg. desselben in fortlauf. Anmerkgn. In deutscher Sprache hrsg. v. C. F. Werner. Mit e. Vorrede v. Kapff. 2 Bde. 3. Aufl. gr. 8. (VI, 748 u. 958 S.) Basel 876. Riehm. 18. —

– – [–] Bengels Gnomon in Bearbeitung von evangelischen Geistlichen. Th. 1–7. – Gotha: Perthes 1890–1894. (Bibliothek theologischer Klassiker. 32. 49–54.)

– – [–] Mit einer Einleitung versehen von Robert Kübel. T. 1–7. 2. Aufl. – Gotha: Perthes 1891–1894.

T. 1. 1891. 340 S.	*T. 5.* 1894. 342 S.
T. 2. 1894. 306 S.	*T. 6.* 1894. 247 S.
T. 3. 1894. 288 S.	*T. 7.* 1894. 319 S.
T. 4. 1894. 322 S.	

[21.

– – [–, –] Kleiner Gnomon. Auszug aus dem grösseren Werk deutscher Ausgabe. Ein Handbuch für einfältige Bibelleser bearbeitet von C[arl] F[riedrich] Werner. – Basel & Ludwigsburg: Bahner und Riehm 1866. XVI, 368 S.

— kleiner Gnomon. Auszug aus dem größeren Werk deutscher Ausg. Ein Handbuch für einfältige Bibelleser, bearb. von C. F. Werner. Basel 867. Riehm. gr. 8. (XVI, 679 S.) 2 Thlr

– Gnomon novi testamenti in quo ex nativa verborum vi simplicitas, profunditas, concinnitas, salubritas sensuum coelestium indicatur opera Jo. Alberti Bengelii (mit 1 Bildnis Bengels, G.W. Knorr sculp. Norib.). – Tubingae: Schramm 1742. XVIII, 1208 S.

– – Editio secunda aucta et emendata edidit Ph. D. Burk. – Tubingae: Schramm 1759. 1343 S.

– – 2. Ed. curis b. auctoris posterioribus aucta et emendata. – Ulmae: Gaum 1763. 1343 S.

— idem liber. 4. Tub. Cotta. 773.

– – 3. Ed. Non solum curis b. auctoris posterioribus aucta et emendata, sed novis etiam adnotatiunculis marginalibus, quarum in prooemio ratio redditur, et vita b. auctoris, nec non indice terminorum, non cuiuis lectori perviorum, ad calcem libri subiuncto, illustrata per filium superstitem M. Ernestum Bengelium. (mit 1 Bildnis Bengels). T. 1. 2. – Tubingae: Schramm 1773. XLIV, 1402 S.
angeb.: Burk, Ph. D.: Index terminorum technicorum in Gnomone Novi Testamenti ... Tubingae: Schramm 1773. 32 S.

— Gnomon novi Testamenti etc. 4. Tübing. 742. Ed. II. Ibid. 759. Ed. III. auct. et emendat ab Er. Bengel. 4. Tübing. 774. Schramm. 2 ß 12 gr (Ulm 763. Stettin). 3 ß 16 gr

— idem liber. 4. maj. . Tubing. Schramm. 788.

—— Gnomon N. Test., in quo ex nativa verbor. vi simplicitas profunditas, concinnitas, salubritas sensuum coelestium indicatur. Edit. III. per filium superstitem, Ern. Bengelium, quondam curata, denuo recusa adjuvante Joh. Christ. Frid. Steudel. II Tl. 8maj. (91⅛ B.) Tubingae 835, 36, Fues.

—— Gnomon novi testamenti, in quo ex nativa verborum vi simplicitas, profunditas, concinnitas, salubritas sensuum coelestium indicatur. Editio III., per filium superstitem, Ern. Bengelium, quondam curata, tertio recusa adjuvante Joh. Steudel. 2 Tomi. 8maj. (LXII und 1394 S.) Tubingae 850, Fues.

Bengel, Joh. Albert, Gnomon novi Testamenti, in quo ex nativa verborum vi simplicitas, profunditas, concinnitas, salubritas sensuum coelestium indicatur. Secundum editionem III. (1773.) (4 Fasc.) 4maj. (XXI und 744 S.) Berolini 855—56, Schlawitz.

– – Secund. ed. tert. <1773>. – Berlin: Schlawitz 1855. XVIII, 744 S.

– – Editio tertia. – Londini: David Nutt; Williams & Norgate. *(Gedruckt in Tübingen.)* 1855. XL, 1176 S.

– – Editio Tertia ... per E. Bengelium quondam curata, quarto recusa adjuvante Johanne Steudel. – Tubingae: Fues 1855. XL, 1176 S.

– – Secundum ed. 3. 1773 denuo recusus. – Berolini: Schlawitz 1860. XXII, 764 S.

– – 3. Ed. per Ernestum Bengelium quondam curata, quinto recusa adiuvante Johanne Steudel. – Stuttgartiae: Steinkopf 1860. XL, 1176 S.

– – Stuttgartiae: Steinkopf; Londini: Dulau & Co. 1866. XL, 1176 S.

Bengelii, JA, gnomon Novi Testamenti, in quo ex nativa verborum vi simplicitas, profunditas, salubritas, sensuum coelestium indicatur. Ed. VIII. Ed. III. [1773], per filium superstitem E Bengelium quondam curata, sexto recusa, emendata et e ceteris Bengelii scriptis — posthumis ex parte — aucta opera P Steudel. 8. (1149) Stuttg. 87, JF Steinkopf. *n.* 8. —; in 8 Lfgn. à *n.* 1. — || Neue Asg. 1890 zu gleichem Preise.

– – Ed. 8. stereotypa emendata et e ceteris Bengelii scriptis – posthumis ex parte – suppleta et aucta opera Pauli Steudel. Cum autoris effigie. – Stuttgartiae: Steinkopf 1891. XXVIII, 1152 S.

Bengel, Johann Albrecht (Hrsg.), s. Gregorius Thaumaturgus: Panegyricus ad Originem.

– – [–, –] Grundrisse Der vier Bücher Neues Testaments, Nehmlich 1. Der Evangelisten, 2. Der Apostel Geschichten, 3. Der Apostel Brieffe, und 4. Der Heil. Offenbahrung, aus Herrn Probst Bengelii Gnomon ins Teutsche übersetzt. – Tubingen: Schramm 1742. 102 S.

– [–] Harmonie der vier Evangelisten nach Bengels deutschem Neuen Testament. Von C.F. Werner. – Ludwigsburg: Riehm 1862. VIII, 286 S. *(Eine Bearbeitung der Richtigen Harmonie.)*

– Johann Albrecht Bengels richtige Harmonie der vier Evangelisten, Da Die Geschichten, Wercke und Reden JEsu Christi unsers HErrn, in ihrer geziemend natürlichen Ordnung zur Befestigung der Wahrheit, wie auch zur Ubung und Erbauung in der Gottseligkeit vorgestellet werden: Samt einer Vorrede, Darinnen so wohl von dieser, als auch sonsten des Verfassers bißherig- und ruckständiger Arbeit im Neuen Testament, eine Nachricht, Vertheydigung und Erklärung begriffen ist. – Tubingen: Berger 1736. 56, 390 S.

– – Johann Albrecht Bengels Richtige Harmonie der Vier Evangelisten, Da die Geschichten, Werke und Reden JEsu Christi unsers HErrn in ihrer geziemenden natürlichen Ordnung zur Bevestigung der Wahrheit wie auch zur Uebung und Erbauung in der Gottseligkeit vorgestellet werden. 2. Aufl. – Tubingen: Berger 1747. 615 S.

– – Johann Albrecht Bengels Richtige Harmonie. 3. Aufl. – Tübingen: Berger 1765. 615 S.

– – 3. Aufl. Tübingen: Berger 1766. 615 S.

— richtige Harmonie d. vier Evangel. 8. Tüb. Heerbrand. 766.

— richt. Harmonie d. 4 Evangelisten. 8. Tübing. 736. 2e A. 747. 3e A. 766. (Osiander, a. Metzler in Stuttg.) 1 ß

– [–, Teils.] Johann Albrecht Bengels Harmonietafel über die vier Evangelisten. Summarisches Verzeichniß der evang. Geschichten, da derselben Innhalt und Ordnung in gewissen Abtheilungen und Puncten vorgestellet wird. – in: Das Neue Testament verdeutscht von Martin Luther. Tübingen: Sigmund 1770, S. 1–14. *(Darin auch: Kurse ... Erklärung der ... Maase ... von M.J.A.B. – d.i. M. Johann Albrecht Bengel.)*

– Die Hauptsache der Offenbarung Johannis oder vielmehr JEsu Christi, aus den fürnehmsten Schriften des sel. Herrn D. Jo. Albrecht Bengels ausgezogen und in deutliche Fragen und Antworten verfasset. – Schaffhausen: Hurter 1772. 118 S.

– Die Hauptsache der Offenbarung Johannis oder vielmehr JEsu Christi aus den fürnehmsten Schriften des sel. Herrn D. Jo. Albrecht Bengels ausgezogen und in deutliche Fragen und Antworten verfasset. – Reutlingen: Fleischhauer 1773. 118 S.

– Die Hauptsache der Offenbarung Johannis ... Neue Ausg. *(Vorwort von »Philadelphus«.)* – Reutlingen 1827: Kurtz. 192 S.

– – Nebst den apocalyptischen Liedern von der offenbarten Herrlichkeit und Zukunft des Herrn. Von Chr. Carl Ludwig von Pfeil. Neue von Freunden der Wahrheit veranst. Ausg. – Reutlingen: Grözinger & Schauwecker 1824. LVIII, 150 S. *(Pfeils Lieder fehlen in dem Exemplar von 24.)*

– [Leichenpredigt für Wilhelm Adam Drommer] Die seelige Heim-Reise, als eine sonderbare Beweg-Ursache wahrer Knechte JEsu Christi, ihr Amt wohl auszurichten aus den Worten des Apostels Pauli, Wir sind getrost allezeit etc. 2. Cor. V. 6.7.8.9. Nachdem der Hoch-Würdig, Hoch-Achtbar und Hochgelehrte, Herr Wilhelm Adam Drommer Hochfürstlich-Würtembergischer Consistorial-Rath, General-Superintendent und Probst des Closters Denckendorff in dem 68. Jahr seines Alters, an dem Sonntag Laetare Anno 1740 im Frieden entschlaffen, betrachtet und als desselben Leichnam folgenden Mittwochs den 30. Martii, in der Closter-Kirche daselbst zur Erde bestattet ward. Einer Volck-reichen Versammlung vorgestellet durch M. Johann Albrecht Bengel, Closter-Praeceptor.
– – Tübingen 1740. 48 S.
– – Tübingen: Cotta 1740. 31 S.

Bengel, Johann Albrecht (Hrsg.), s. Johannes Chrysostomus: De sacerdotio.

Bengel, Johann Albrecht, s. Johannesevangelium.

– [–, –] Das Leben J.A. Bengel's von ihm selbst beschrieben: mit einigen Zugaben. Zum Besten der Missionssache. Auf Kosten des Hrsg. neu gedruckt. – Elberfeld & Barmen: Hassel & Schober in Komm. 1829. 32 S. *(Zuerst in: Tafinger, W.C.: Worte Gottes zur Erweckung und Trost [Leichenrede auf J.A. Bengel]. Stuttgart 1752.* –

— das Leben d. Herrn Jesu Christi nach den Evangelien zusammengestellt. 16. (381 S.) Basel 873. Spittler. — 60

– Notitia N.T. graeci recte cauteque adornati. Praenumerationsbogen *(Kein Exemplar mehr bekannt).* – Tubingae 1731.

– Erklärte Offenbarung Johannis und vielmehr JEsu Christi. Aus dem revidirten Grund-Text übersetzet: Durch die prophetischen Zahlen aufgeschlossen: Und Allen, die auf das Werk und Wort des Herrn achten, und dem, was vor der Thür ist, würdiglich entgegen zu kommen begehren, vor Augen geleget durch Johann Albrecht Bengel. – Stuttgart: Erhardt 1740. 1162 S.

– – Frankfurt & Leipzig: Erhardt 1740. 1176 S. *(Text der 2. Aufl. von 1746 mit dem nur im Impressum veränderten Titelblatt der 1. Aufl., Stuttgart 1740.)*

– – Erklärte Offenbarung Johannis oder vielmehr JEsu Christi. ... Zweyte Auflage. – Stuttgardt: Erhardt 1746. 1176 S.

— erklärte Offenbarung Johannis ꝛc. 8. Stuttg. 740. 2e A. 748. 3e A. 773. Löflund. 1 ℛ 8 gl

– – 3. Aufl. – Stutgart: Erhard (1758). 1176 S.

– – Neue Aufl. – Stuttgart: Erhard 1773. 1176 S.

– – Neue Ausg., ausgestattet mit einer Verdeutschung aller fremden oder schweren Ausdrücke so wie mit einer Vorrede von Wilhelm Hoffmann, nebst einem Anhange bisher noch ungedruckter apocalyptischer Briefe Bengels, mitgetheilt von Pfarrer Burk in Thailfingen (mit 1 Abb.). – Stuttgart: Brodhag'sche Buchhandlung 1834. XXXVI, 744 S.
beigef.: Nachlese aus Bengels apocalyptischer Correspondenz. Mitgetheilt von J.Ch.Fr. Burk (S. 705–744).

— erklärte Offenbarung Johannis od. vielmehr Jesu Christi. N. Ausg. v. Wlh. Hoffmann, nebst e. Anh. v. Pfarrer Burk. 6 Lfrgn. Mit 1 Steindr. 8. Stuttg. 834, 35. Brodhag. 1 ℛ

Bengel, Johann Albrecht, s. Offenbarung, Die, Jesu Christi ...

– s. Offenbarung Johannis.

— Offenbarungs-Gedanken. [Aus Bengel's „60 Reden über die Offenbarung."] Stuttgart 867. J. F. Steinkopf. 16. (447 S.) n. 16 ngr.

– Jo. Alberti Bengelii Ordo temporum a principio per periodos oeconomiae divinae historicas atque propheticas ad finem usque ita deductus ut tota series et quarumvis partium analogia sempiternae virtutis ac sapientiae cultoribus ex scriptura V. et N.T. tanquam uno revera documento proponatur. – Stutgardiae: Erhard 1741. XVI, 441 S.

– – Editio secunda curis b. auctoris posterioribus aucta et emendata, et copiosiore indice instructa, curante Eberhardo Friderico Hellwagio. – Stutgardiae: Mezleri 1770. XX, 378 S.

— ordo temporum a principiis etc. ed. curis Auctoris posterioribus aucta et emend. ab E. F. Helwag. 8. Ulm 741. Ed. N. 753. u. Stuttg. 770. Metzler. 20 gl

— hinterlassene Predigten. Zum ersten Male gesammelt und herausg. v. M. Joh Chr. Fr. Burk. Mit e. Bildn. des Verf. gr. 8. Reutlingen 839. Heerbrandt. (Leipz., Engelm.) 1 ℛ

– de Pretio redemtionis vulgo Rantzion, quam assistente redemtore praeside Dn. Andrea Adamo Hochstettero, S. Theol. et Moralium P.P. praeceptore ac patrono suo aetatem devenerando d. 16. Augusti in auditorio Philosophorum aestivo defendet Johannes Albertus Bengel Winidensis, Philos. cand. et Seren. Alumn. – Tubingae: Kerner 1704.

— s. Prüfung der apokalypt. Zeitrechnung.

– Johann Albrecht Bengels sechzig erbauliche Reden über die Offenbarung Johannis oder vielmehr Jesu Christi samt einer Nachlese gleichen Inhalts: Beedes also zusammengeflochten, daß es entweder als ein zweyter Theil der Erklärten Offenbarung oder für sich als ein Bekräftigtes Zeugniß der Wahrheit anzusehen ist (mit 1 Bildn. Bengels). – Stuttgart: Erhardt 1747. 1306 S.
beigef.: Das erste Register oder eine nützliche Anweisung, wie man die sechzig apocalyptische Reden das Kirchen-Jahr über als eine Postille lesen könne. (7 unges. S.)

– – Stuttgardt: Erhardt 1748. XIV, 1306 S.

– – 2. Aufl. – Stuttgart: Erhard 1758. 1306 S.

– – Nebst einer nüzlichen Anweisung, wie man diese Reden das Kirchen-Jahr über, als eine Postille lesen könne. Neue Aufl. (mit 1 Bildn. Bengels von Sperling). – Stutgart: Erhard 1771. 1306 S.

— 60 erbaul. Reden üb. d. Offenbarung Jesu Christi. 8. Stuttg. 748. 2e A. 8. 758. 3e A. 788. Löflund. 1 ℛ 12 gl Dass. im Auszuge. gr. 8. Leipz. 772. Breitkopf u. H. 10 gl

– – Neue Aufl. – Stuttgart: Erhard 1788. 1306 S.

– – 3. Aufl. Mit einer Vorrede von M. Joh. Christ. Friedr. Burk, Stadtpfarrer in Groß-Bottwar (mit dem Bild des Apostels Johannes). – Stuttgart: Brodhag 1835. XVI, 726 S.

— 60 erbaul. Reden über die Offenbarung Johannis od. vielmehr Jesu Christi, sammt einem Nachlasse gleichen Inhalts. Beides so zusammengeflochten, daß es entweder als ein 2r Thl. der erklärten Offenbarung od. für sich als e. bekräftigtes Zeugniß der Wahrheit anzusehen ist. 3e Aufl. 9 Hfte. Mit einer Vorrede von Chr. Fr. Burk. Mit 1 Bildn. gr. 8. Stuttgart 835 – 37. Brodhag. (à 1/8 ℛ) 1 1/8 ℛ

– – Stuttgart: [Scheible, Rieger & Sattler] 1835–1837.

– – Stuttgart: Brodhag'sche Buchh. 1837. XVI, 726 S.

Bengel, J. A., 60 erbauliche Reden üb. d. Offenbarung Johannis od. vielmehr Jesu Christi. Neue Aufl. gr. 8. (VIII, 678 S.) Stuttgart 870. Buchhandlg. d. Evang. Gesellschaft. n. 3.45; geb. n.n. 4.30

—— 60 erbauliche Reden über die Offenbarung Johannis. Neue Aufl. gr. 8. Stuttgart 872, Verlag der Evangel. Bücherstiftung. * M 2,70.; geb. *

Bengel's, Joh. Albr., 60 erbauliche Reden über die Offenbarung Johannis oder vielmehr Jesu Christi. Neue Aufl. gr. 8. (VIII, 678 S.) Stuttgart (1870)888, Buchh. der Evangel. Gesellschaft. *

—— Schatzkästl. s. Führg d. geistl. Amts. Deutsch v. CF Werner. 8. (88) Bas. 60, Riehm. n. — 12

— Schatzkästlein zur Führung des geistlichen Amts. Nach dessen Gnomon des N. T. Aus den Papieren des sel. Pfarrers Flattich deutsch mitgetheilt von C. F. Werner. Mit einer Vorrede von Alb. Knapp. Ludwigsburg 860. Riehm. Lex.-8. (XII, 88 S.) n. 12 ngr.

– D. Joh. Albrecht Bengels kleine Schriften in acht Abtheilungen. – Stuttgart: Metzler 1753. 72 S.
1. Abt.: Betreffend Hrn D. Heumanns Vorrede zum andern Theil seiner Uebersetzung des N.T. 1748 (S. 3–8).
2. Abt.: Da etliche Stellen in der Sammlung von Alten und Neuen theologischen Sachen etc. beleuchtet werden (S. 9–12).
3. Abt.: Da die Summa der 480 Jahre, 1. Kön. 6,1. aus lauter kleinen Schriftzahlen zusammen gebracht wird (S. 13–29).
4. Abt.: Von den siebenzig Wochen. Dan. 9 (S. 30–43).
5. Abt.: Von der Uebereinstimmung des Alten und Neuen Testaments (S. 44–49).
6. Abt.: Gedanken von der Stelle 3. Mos. 16,8ff (S. 50–51).
7. Abt.: Von der rechten Weise, mit göttlichen Dingen umzugehen (S. 52–69).
8. Abt.: Vom Beten aus dem Herzen (S. 70–72).
(erschienen auch als Anhang zu Bengel: Das Neue Testament, deutsch, Stuttgart: Metzler 1753, S. 945–1016.

– Johann Albrecht Bengels kleine Schriften. Nach 100 Jahren aufs neue zur Erbauung dargeboten. – Frankfurt a.M. & Erlangen: Heyder & Zimmerer 1858, 36 S.
1. Von der rechten Weise, mit göttlichen Dingen umzugehen (S. 1–22).
2. Von der Uebereinstimmung des Alten und Neuen Testaments (S. 23–31).
3. Vom Beten aus dem Herzen (S. 32–36).

— Schriftgedanken nebst seinen geistlichen Liedern u. e. kurzen Lebensabriß. Stuttgart 867. S. G. Liesching. (Gütersloh, Bertelsmann.) 16. (196 S.) n. 16 ngr.

— Schriftgedanken, nebst seinen geistl. Liedern u. e. kurzen Lebensabriß. 2. Aufl. gr. 16. (208 S.) Ebd. 900. Kart. n. 1.60; geb. n. 2.—

Bengel, Joh. Albr., s.: Stammbaum.

Bengel, Johann Albrecht, s.a. Testament, Das neue ...

— Uebersetz. d. Neuen Testam. m. Anm. gr. 8. Stuttgart, Metzler. 782.

– s.a. Testamentum novum.

— Nov. Test. graec. 8 Tüb. Heerbrand. 790.

— — id. c. var. lect. 4. ibid. 763.

– Dissertatio DE THEOLOGIA MYSTICA eiusque processu quam iuvante Spiritu Sapientiae et revelationis Praeside Joh. Wolfg. Jägero, D. Cancellario Univers. Tubing. atque Eccles. Praepos. examini publico subjiciunt M. Wilhelmus Ludovicus Mohl, Mulifontanus, et M. Johannes Albertus Bengel, Winnendensis, S. Theol. Studiosi in Duc. Stip. in Aula Nova ad dies 25. et 26. Februar. – Tubingae: Eitel 1707.

Bengel, Johann Albrecht.

Tischreden. Reutlingen 1869. H: *Ehmann, Carl Chn Eberh.* (Hauptkat. d. Univ.-Bibl. Tübingen. K, Nachtr. 14.)

– TISCHREDEN von Dr. Johann Albrecht Bengel. (Hrsg. von K. Ch. E. Ehmann.) – Reutlingen: Rupp 1869. 168 S. *(Laut Vorwort nach Aufzeichnungen von Freunden und Verwandten.)*

– Jo. Alberti Bengelii TRACTATIO DE SINCERITATE NOVI TESTAMENTI GRAECI TUENDA. Cum adspersis hic illic ab editore Christiano Benedicto Michaelis adnotatiunculis. – Halae, Magdeburgicae: Renger 1750. IV, 32 S.
– – Halle: Renger 1763.
– – Ed. altera paulo auctior. – Halae, Magdeburgicae: Renger 1764. V, 43 S.

– ERKLÄRENDE UMSCHREIBUNG DER OFFENBARUNG JESU CHRISTI, als ein Auszug aus des sel. D. Joh. Albrecht Bengels Erklärten Offenbarung und sechzig Reden. Hrsg. von M. Ernst Bengeln. – Leipzig: Saalbach 1772. XLII, 130 S.

– ERKLÄRENDE UMSCHREIBUNG DER OFFENBARUNG JESU CHRISTI, als ein Auszug aus des sel. D. Joh. Albrecht Bengels Erklärten Offenbarung und sechzig Reden. Hrsg. von M. Ernst Bengel. – o. O. 1773. LXII, 130 S.
– – Tübingen 1786.

(—) erklärende Umschreibung der Offenbarung Jesu Christi, als ein Auszug aus Joh. Albr. Bengel's erklärten Offenbarung u. 60 Reden. Herausg. von M. E. Bengel. Nebst den apocalypt. Liedern von der offenbarten Herrlichkeit u. Zukunft des Herrn. Von Ch. C. L. v. Pfeil. Aufs Neue in Druck befördert von einem Vereine christl. Männer. 855. — 2. Aufl. 856. — 3. Aufl. Reutlingen 858. Kurtz. 8. (XLVIII, 302 S.) n. 12 ngr

Bengel's, Jh. Albr., summar. Verzeichn. d. evangel. Gesch. gr. 8. Leipz. 785. (Aue in Altona). 6 gr

– – Summar(isches) Verzeichn(is) d. evangel(ischen) Gesch(ichten). – Leipzig: Jacobäer 1785.

— die rechte Weise, m. göttlichen Dingen umzugehen, s.a. Brosamen.

– – Die rechte Weise, mit göttlichen Dingen umzugehen. Von Johann Albrecht Bengel. 2. Aufl. – Calw & Stuttgart: Verl. der Vereinsbuchhandl. 1889. 36 S. (Brosamen. 9.)

– WELT-ALTER darin Die Schriftmässige Zeiten-Linie bewiesen und die Siebenzig Wochen samt andern wichtigen Texten und heilsamen Lehren erörtert werden, zum Preise des grossen GOttes und seines wahrhaftigen Wortes an das Licht gestellet von Johann Albrecht Bengel. – Esslingen: Schall 1746. 374 S.

— Weltalter, dar. d. schriftmäs. Zeitenlinie u. d. 70 Woch. erörtert werden. 8. Stuttg. Erhard. 746.

– W o r t e der Belehrung ..., s. L u t h e r, Martin

Bengel, J. A., Worte für unsere Zeit, s.: Roos, M. F.

— prophet. Zeitrechn., erläut. v. Böhmen. 8. Leipz. Gleditsch. 762.

– [–] Johann Albrecht Bengels Abtens des Closters Herbrechtingen Schrifftmässige Zeit-Rechnung. Nebst einer Erörterung der siebenzig Wochen und anderer wichtigen Stellen Heiliger Schrift. – Tübingen: Cotta 1747. 374 S.
– – 2. Aufl. – Heilbronn: Eckebrecht 1753.

– Johann Albrecht Bengels BEKRÄFTIGTES ZEUGNISS DER WAHRHEIT, in vielen und mancherley nöthigen Stücken, insonderheit gegen Hn. Kohlreiff und Hn. Drümel. – Stutgart: Stoll 1748. 219 S.

— Cyklus, od. Betrachtt. üb. d. große Weltjahr. A. d. Lat. von Jh. Gttlb. Böhmer. gr. 8. Leipz. 773. Kummer. 12 gr

[deutsch] Johann Albrecht Bengels Cyclus oder sonderbare Betrachtung über das große Weltjahr, zum Wachsthume prophetischer und astronomischer Kenntnisse. Aus dem Lateinischen übersetzt, und durchgängig mit Anmerkungen erläutert. Nebst einer vorläufigen kurzen Abhandlung von der Göttlichkeit der Offenbarung Johannis, von Johann Gotthold Böhmern. Archidiaconus bey der Hauptkirche zu St. Petri in Budißin. – Leipzig: Saalbach 1773. 234 S.

Bengelius, J. A., s. B e n g e l, Johann Albrecht

Bengels. – s. B e n g e l. –

Bengelsdorff, Axel (Leop. Ern.) (geb. Eixen bei Stralsund 11. 3. 1814): De morbis quibusdam encephali organicis. Berolini (1837). (36 S.) 8°
Berlin, Med. Diss. v. 6. Dez. 1837

BENGELSDORFF, ERNST. Einige Versuche über die Wirkung des Chloralhydrates. Greifswald, 1869. 12mo. Diss.

Bengelstorff. Gambrinus Fluch. Dresden 1894.

Bengen, M(elchior) F(riedrich), aus Hannover: Ueber Verbindungen der Thujonreihe. *Göttingen 1902: E. A. Huth.* (79 S.) 8°
Göttingen, Phil. Diss. v. [6. Sept.] 1902

Bengen, M. F., über Verbindungen der Thujonreihe. Diss. (79 S.) gr. 8. Göttingen 902. (Vandenhoeck & Ruprecht.) n. 1. 80

Bengen, Samuel Schneer (geb. Wilna 15. 5. 1840): Ueber chronische Peritonitis. Berlin (1877). (30 S.) 8° * Im Album: Samuel-Schneer Bengen.
Berlin, Med. Diss. v. 14. Nov. 1877

Benger, Miß, Anna Boleyn. Ein geschichtl. Roman. Aus d. Engl. v. Heinr. Müller. 2 Bde. 8. Quedl. 827, Basse.

Benger, G., Rumänien im J. 1900. Mit 14 Taf., 1 Karte u. 26 Abbildgn. im Text. Zugleich 2. Aufl. des Werkes: „Rumänien, e. Land der Zukunft". Lex.-8. (VIII, 304 S.) Stuttgart 900. J. Engelhorn. n. 10. —

Benger, G., Rumänien, e. Land d. Zukunft. M. 1 Karte, 10 Lichtdr.-Taf. u. Abb. i. Text. Lex.-8. (IV, 152 S.) Stuttgart 896. J. Engelhorn. n. 6. —

Benger, Mich., Compendium der Pastoraltheologie. Regensburg 868. Manz. gr. 8. (XX, 785 S.) n. 3 thlr

Benger, Mich., Pastoraltheologie. 3 Bde. Regensburg 861—63. Manz. gr. 8. (1. Bd.: XVI, 718 S.; 2. Bd.: XII, 720 S.; 3. Bd.: XIX, 1047 S.) 7 thlr 18 ngr

Benger, Mich. Pastoraltheologie. 2. Aufl., bearb. v. Ulr. Klarmann. 18 Lfgn. od. 2 Bde. gr. 8. (1. XX, 919; 2. XVI, 802 S.) Regensb. 889,90. Verlagsanstalt. à Lfg. * 1 —; * 18 —

Benger, M., Pastoraltheologie. 2. Aufl., bearb. v. U. Klarmann. 18 Lfgn. gr. 8. Regensburg 890. Verlagsanstalt. à n. 1. —
1. Bd. (XX, 919 S.) n. 10. —
2. Bd. (XVI, 802 S.) n. 8. —

Wilh. B e n g e r S ö h n e [Trikotwarenfabrik], Stuttgart. 8. April 1844—1894. — (Stuttgart 1894: Grüninger.) 35 S. 8° [Umschlagt.]

Bengert, Wilh. [geb. Gröbnig in Schles. 25. 4. 1845]: Thesen. Berlin (1870). (2 Bl.) 8°
Berlin, Med. Thes. v. 18. Juli 1870

Bengl, Joh., Erlebnisse e. Oberkrankenwärters in e. Feldspitale während des Feldzuges 1870/71. Auszug aus den Tagebuch-Aufzeichngn. 8. (27 S.) Nürnberg 900. C. Koch. — 40

Bengler, Adolph

Bengler, Adph., 800 Ausflüge v. Gablonz a. d. N., s.: A d o l p h, Gust.

Bengler, Adph., 800 Ausflüge in die nähere u. weitere Umgebung v. Gablonz, s.: A d o l p h, Gust.

Bengler, Adph: Wegek. v. Jeschken- u. Isergebirge, s. a Adolph, Gust.

Wegekarte vom Jeschken und Isergebirge (mit färbiger Wegebezeichnung). Verh. 1:100.000. Hrsg. von Gustav Adolph u. Adolph **Bengler** in Gablonz a. N. (Gablonz a. N.: Selbstverl. d. deutschen Gebirgsver. f. Gablonz; [H. Rössler in Komm. 1905].) (1 Kartenbl. 49×33 cm mit Legende.) [Kopft. lith.] (05. 13330)

Wegekarte vom Jeschken- und Isergebirge mit d. angrenz. Teilen d. Lausitzer u. Riesengebirges. (Vom Oybin bis z. Schneekoppe. Färbige Wegebezeichnungen. 2. Aufl.) Hrsg. im Auftr. d. Deutschen Gebirgsvereines f. Gablonz ... von Gustav Adolph u. Adolph **Bengler**. (Maßst. [1:]100,000. [Mit 2 Nebenkarten.] [Nebst] Alphab. Namenverzeichnis.) Gablonz a./N.: H. Rößler [1907]; (Lith. E. Strache, Warnsdorf & Haida). (1 Kartenbl. 77×40 cm, 24 S.) (07. 12248

Bengler, Rob., Leitfaden f. das freie Zeichnen nach der Natur. Zusammengestellt auf Grundlage der Fachkurse u. nach den allgem. Weisgn. sowie dem Lehrplane vom J. 1905 f. Lehrpersonen an Volks-, Bürger-, Fortbildungs- u. Fachschulen. (86 z. Tl. farb. Bl. m. 8 S. Text.) 12,5×16,5 cm. Wien (910). A. Pichler's Wwe. & Sohn. In Halbleinw.-Mappe 2. 50

Benglides, Jean, appr. Arzt: Ueber die in den Jahren 1902—1906 in der Kgl. Universitäts-Frauenklinik und der Kgl. Hebammenschule zu München eingeleiteten künstlichen Frühgeburten. München 1908: Wolf. 57 S. 8°
München, Med. Diss. v. 25. Febr. 1908, Ref. Döderlein
[Geb. 19. Febr. 85 Konstantinopel; Wohnort: Konstantinopel; Staatsangeh.: Türkei; Vorbildung: Lycée Imp. Ottoman Konstantinopel Reife Juni 02; Studium: Bonn 2, München 1, Bonn 2, München 5 S.; Rig. 25. Febr. 08.] [U 09. 3289

Ben Golah: Derner. Jargongedichte. (32) kl8° Berl., L Lamm '12. — 75

Bengough, J. L. S., englischer Schlüssel zu Kugler's Geschichte Friedrich's d. Großen, s.: Übungs-Bibliothek, englische

Bengraff, Jos., d. Seeligkeit d. Liebenden; in Mus. ges. Fol. Pest, Eggenberger.

— Sinngedicht auf Joseph u. Friedrich; in Mus. gesetzt. Fol. Ebend. 784.

Praktischer Wegweiser für Hausbesitzer, Grundbesitzer und Landwirte in vielen den Grundbesitz betreffenden Fragen, mit besond. Berücks. d. Kataster- u. Grundbuchwesens. Bearb. u. hrsg. von **Bengs**, Landmesser. Saarbrücken: C. Schmidtke 1905. (53 S.) 8° [F.] (05. 13753

Bengsch, Otto, appr. Arzt a. Bromberg: Aus der Kgl. chirurgischen Universitätsklinik zu Kiel. Ein Fall diabetischer Gangrän der Großzehe; Nachweis der Arteriosklerose im Röntgenbild. Kiel 1905: Schmidt & Klaunig. (14 S.) 8°
Kiel, Med. Fak., Ref. Helferich, Diss. v. 2. März 1905
[Geb. 28. Juli 79 Guscht, Kr. Friedeberg i. d. Neumark; Wohnort: Guscht; Staatsangeh.: Preußen; Vorbildung: Gymn. Bromberg Reife O. 98; Studium: Freiburg i. B. 1, Leipzig 6, Würzburg 1, Kiel 3 S.; Coll. 30. März 04; Approb. 28. März 04.]

Beiträge zur Kenntnis der paläarktischen Ephemeriden. Von Simon **Bengtsson**. Lund 1909: Ohlsson. 158 S. 4°
(Kongl. Fysiografiska Sällskapets Handlingar. N. F. Bd 20, Nr 4.)
(Lunds Universitets Årsskrift. N. F. Afd. 2. Bd 5, Nr 4.) A 12. 4715

Über sogen. Herzkörper bei Insectenlarven, zugleich ein Beitrag zur Kenntniss der Blutgewebe von Simon **Bengtsson**. Mit 2 Taf. *Stockholm 1899: P. A. Norstedt & söner.* (23 S.) 8°
= Handlingar, K. Svenska Vetenskaps-Akademiens. Bihang. Bd 25, Afd. 4, No 3. (02. 1-709 II

Benguerel: Thomas Middleton. P.I. 29 S.
Progr. Ilfeld Paed. 1870.

Benguerel, G., choix de poésies françaises tirées des meilleurs poëtes. Cöln 866. W. Greven. gr. 8. (VI, 81 S.) n. 10 ngr.

Benguerel, G., choix des poésies francaises, tirées des meilleurs poëtes. 2. Ed., revue et augmentée. 8. (XIII, 87 S.) Bonn 870. A. Marcus. n. 1. —

Benguerel, G., choix de poésies françaises tirées des meilleurs poëtes. 3. éd., revue et augmentée. gr. 8. (VI, 93 S.) Bonn 881. Marcus. cart. n. 1. —

Benguerel, G., choix de poésies françaises tirées des meilleurs poëtes. 4. éd. revue et augmentée. 8. (VI, 93 S.) Bonn 894. A. Marcus. Kart. n. 1. —

— English Poems selected from the best authors. Ebend. 866. gr. 8. (VI, 80 S.) n. 10 ngr.

— english poems selected from the best authors. 2. ed. 8. (IV, 80 S.) Ebend. 873. n. 1. —

Benguerel, G., english poems selected from the best authors. 3. ed. 8. (VIII, 80 S.) Bonn 886. A. Marcus. cart. n. 1. —

Benham, W., Katharine u. Craufurd Tait, Gattin u. Sohn v. Archibald Campbell, Erzbischof v. Canterbury. Zwei Lebensbilder, im Auftrag d. Erzbischofs hrsg. Frei nach dem Engl. v. M. Heusler. gr. 8. (VII, 294 S.) Gotha 883. F. A. Perthes. n. 4. —; geb. n. 5. 20

Benjabob, J. A., Epigrammata ac poemata varia, adjecta dissertat. de epigrammaticae poesis natura ac legibus. 8. (10 B.) Lipsiae 842, C. L. Fritzsche. *

Benjamin. Aus der Mappe eines tauben Malers. (Von J. Lyser.) 1. Thl. m. 12 Charakterbildern, erfunden u. radirt v. Hrsgeb. gr. 12. (11 B.) Hamburg 830, Hoffmann u. Campe.

Béni-Barde, die Anwendung der Douchen. Aus dem Franz. übers. v. Frz. C. Müller. [Aus: „Balneolog. Centralbl.“] gr. 8. (11 S.) Leipzig 892. Verlag d. Reichs-Medicinal-Anzeigers. B. Konegen. n. — 20

Benjabob, Vilnensis, J. A., Epigrammata ac poemata varia, adjecta dissertatione de epigrammaticae poesis natura ac legibus. kl. 8. Lipsiae 842, C. L. Fritzsche. n. 5/6 ₰

Benjacob, J. A., Ozar Ha-Sepharim [Bücherschatz]. Bibliographie der gesammten hebräischen Literatur mit Einschluss der Handschriften [bis 1863]. Nach den Titeln alphabetisch geordnet. Hrsg. vom Sohne Jac. Benjacob. 3 Bde. gr. 8. (XXXIV, 678 S.) Wilna 880. (Berlin, Adf. Cohn.) *

Ben Jair: Susiana. Ein pers. Heldenepos a. d. Urzend d. Z'ënna Ur'ënna ins Allerhöchstdeutsche übertr. u. in Verslein gegossen. (100) kl8° Frankf.M., A J Hofmann '12. 1.50 d

Benjamin. Ein Roman aus der Mappe eines tauben Malers. Erster Teil mit zwölf Charakterbildern, erfunden und radiert vom Herausgeber. Hamburg 1830. V: *Burmeister, Ludewig Peter August* (= *Johann Peter Lyser*). (Hirth, Fr., Joh. P. Lyser, Hamburg 1911, S. 545)

Benjamin. Ein Roman aus d. Mappe eines tauben Malers. 1r Thl. Mit 12 Charakterbildern. 8. Hamb. 830. Hoffmann u. Campe. 1 ₰ 16 gr

Benjamin, Vetter, aus Pohlen, oder der Achtgroschenvetter. Ein Familiengem. in 5 Aufzügen von H. Cuno. 8. Carlsbad. (Leipzig, Hartmann.) 821.

(Benjamin von Tudela): Beniamini Tudelensis itinerarium ex versione Benedicti Ariae Montani. Subjectae sunt descriptiones Mecbae et Medinae-Alnabi ex itinerariis Ludovici Vartomanni et Johannis Wildii. Praefixa vero dissertatio ad lectorem, quam suae editioni praemisit Constantinus L'Empereur, et nonnullae ejusdem notae. Lipsiae 1764. LXIV, 160, (24) S. 8°.

Benjamin **Tudelensis,** itinerar. ex versione Montani. 8. Leipz. 764. (W. Vogel). 9 gr

Benjamin v. Tudela, des R., Reisebeschreibungen, nach drei Handschriften, aus dem 13. u. 14. Jahrh. stammend, u. ält. Druckwerken ediert u. übersetzt., m. Anmerkgn. u. Einleitg. versehen v. L. Grünhut u. Markus N. Adler. 2 Tle. 8. Frankfurt a/M., J. Kauffmann. n. 5. —

I. Hebräischer Text. (164 S.) 904.
II. Einleitg., Übersetzg. u. Register (IV, 102 S. m. 2 Karten.) Jerusalem 903.

Benjamin, Itinerar, s. Benjamin von Tudela

Benjamin, O. Cap., Lob u. Leben Uns. Lieben Frau. Betrachtgn. f. d. Mai-Andacht. Nebst e. Anh., enth. d. gewöhnl. Gebete e. kathol. Christen. 4. Aufl. 16. (216 S. m. 1 Stahlst.) Dülmen (892). A. Laumann.
Geb. in Leinw. n. — 50

Lob und Leben Unserer Lieben Frau. Betrachtungen f. d. Maiandacht. Nebst e. Anh. enth. d. gewöhnl. Gebete eines kath. Christen. Von P. Benjamin, O. Cap. 4. Aufl. *Dülmen: A. Laumann 1902.* (216 S.) 8° [F.]

Benjamin, Adolf [Dr., pr. Arzt aus Cöln a Rh.]: Zur Casuistik der Geschwulste[!] am Ohrläppchen ... Würzburg, Druck d. Stahel'schen k. Hofbuchdr., 1896; 25 S. 8.
Würzburg, Med. Fak., Inaug.-Diss. v. 1896

Benjamin, C., s. Benjamin, Conrad

Benjamin, C. H., moderne amerikanische Werkzeugmaschinen. Autoris. deutsche Ausg., bearb. v. C. Heine. (VII, 824 S. m. 146 Abbildgn.) gr. 8. Leipzig 908. O. Spamer. 9.—; geb. in Leinw. 10. —

Benjamin, Conrad: Das deutsche Gymnasium im Spiegel der Dichtung seit 1870. Berlin: Weidmann 1904. (19 S.) 4°
Berlin, Luisenst. G OP 1904 (69)

Beniamin, Conradus [Pomeranus]: De Iustiniani imperatoris aetate quaestiones militares ... Berolini, W. Weber, 1892; 2 Bl., 41 S., 1 Bl. 8.
Berlin, Phil. Fak., Inaug.-Diss. v. 3. Juni 1892

Benjamin, E., u. E. Sluka, die Leukämie im Kindesalter. (Rev. u. unwesentlich veränd. Sonderabdr. der Arbeiten „Zur Leukämie im Kindesalter" u. „Das Chlorom" aus dem Jahrbuch f. Kinderheilkde.") (III, 72 S. m. Abb.) Lex. 8. Berlin 907. S. Karger. 2. 50

Benjamin, Ed. Ludw., die Bedeutung der vor dem Jahre 1849 mit Ablösungssummen eingeschriebenen Renten in den Rentenbüchern der Stadt Hamburg. gr. 8. (66 S.) Hamburg 880. Grüning. n. 1. 50; cart. n. 2. —; geb. n. 2. 25

Benjamin, Emil
Rabbi Jsrael Lipkin Salant. Sein Leben u. Wirken. Dargest. von Emil Benjamin, isr. Religionsl. in Memel. *(Memel:) Selbstverl. 1899; Berlin: H. Itzkowski.* (35 S.) 8°
[Nebent.:] [Hebr.] Toledot ... R. Jisräel Salantr ... meet J. Binjämin ...

Benjamin, Erich, appr. Arzt: Aus der inneren Poliklinik des Krankenhauses der jüdischen Gemeinde zu Berlin. Dirig. Arzt der inneren Poliklinik Prof. Dr. J. Lazarus. Die Beziehungen der Milz zu den Lymphocyten des kindlichen Blutes. Leipzig 1905: B. Georgi. (30 S.) 8°
Leipzig, Med. Fak., Ref. Curschmann, Diss. v. 8. Nov. 1905
[Geb. 23. März 80 Berlin; Wohnort: Berlin; Staatsangeh.: Preußen; Vorbildung: Wilh.-Gymn. Berlin Reife O. 99; Studium: Heidelberg 4, Berlin 2, Heidelberg 3 S.; Coll. 8. Nov. 05; Approb. 16. Jan. 05.]

Benjamin, Fritz: Haftung des Staates aus dem Verschulden seiner Organe nach Völkerrecht. Breslau 1909: Fleischmann. 60 S. 8°
Heidelberg, Jur. Diss. v. 4. Nov. 1909, Ref. Jellinek
[Geb. 5. April 83 Ratibor; Wohnort: Breslau; Staatsangeh.: Preußen; Vorbildung: Gymn. Ratibor Reife O. 04; Studium: Breslau 2, Berlin 1, Breslau 3 S.; Rig. 6. Mai 09.] [U 10. 1835

Benjamin, H., Herbsttage in Venedig, s.: Woerl's, Leo, Reisehandbücher.

Benjamin, Heinrich, Pfarrer in Altwartenburg: Der erziehende Unterricht in der einklassigen Volksschule besonders in Preussen. Ein pädagog. Problem. *Königsberg i. Pr. 1899: R. Schenk Nachf.* (66 S.) 8° [F.]
Königsberg, Phil. Diss. v. 25. Apr. 1899

Benjamin, Heinr., der erziehende Unterricht in der einklassig. Volksschule besond. i. Preußen. Ein pädag. Problem. gr. 8. (V, 66 S.) Königsberg 899. B. Teichert. n. — 75

Benjamin, J. J.: Acht Jahre in Asien und Afrika. Von 1846—1855. Nebst einer Karte. Hannover 1858. XVI, 392 S. 8°.

Benjamin II., J. J., drei Jahre in Amerika 1859—1862. 3 Thle. Hannover 862. (Hamburg, Rudolphi.) gr. 8. (XXXIV, 684 S. u. Portr. in Stahlst.) n. 4 ℳ

— Javen Mezula. Schilderung des polnisch-kosakischen Krieges und der Leiden der Juden in Polen während der Jahre 1648—1653. Bericht eines Zeitgenossen. Nach einer von J. Lelewel durchgeseh. französ. Uebersetzg. Hannover 863. (Leipzig, C. L. Fritzsche.) gr. 8. (XV, 75 S.) n. 15 ngr.

—— Javen Mezula. Schilderung des polnisch-kosak. Krieges und der Leiden der Juden in Polen während der J. 1648—1653. Bericht eines Zeitgenossen. Nach einer von J. Lelewel durchgeseh. französ. Uebersetzung. gr. 8. (XV und 75 S.) Hannover 863. Leipzig, [C. F. Schmidt.] *

Benjamin, Jac. (geb. Schneidemühl 1814): De variis stomatitidis speciebus nonnulla. Berolini (1841). (28 S.) 8°
Berlin, Med. Diss. v. 24. Juli 1841

Benjamin, Ldw., s. Endlicher, St. et Martius flora Brasilensis.

Benjamin, Ludwig (Hamburg), Nonnulla de morbis unguium. Diss. med. Bln. (Jul. Plessner) 13. X. 1848. 31 S. mit Biographie. (M.: H. Ephraim.) (4.—)
Oppon.: H. Goering, C. Nagel, J. Chonow.

Benjamin, M., das rationelle Drehen des Uhrmachers, mit besonderer Berücksichtigung der zur allgemeinen Einführung zu empfehlenden Neuerungen. Beschreibung von Drehstuhleinrichtungen u. insbesondere über die Universal-Dockenrolle. [Aus: „Allg. Journal der Uhrmacherkunst".] gr. 8. (16 S. m. eingedr. Holzschn.) Hamburg 881. Kramer. n. — 50

Benjamin, M., das rationelle Drehen d. Urmachers m. besond. Berücksicht. der zur allgemeinen Einführung zu empfohlenden Neuerungen. Beschreibung v. Drehstuhleinrichtungen u. insbesondere der Universal-Dockenrolle. 2. vorb. Aufl. gr. 8. (32 S. m. eingedr. Fig.) Hamburg 885. Kramer. n. — 50

Benjamin, M., Guide pratique de la langue française etc. — A. u. d. T.: Prakt. Führer in der französ. Sprache, enthalt. die Regeln d. Aussprache, nebst einer Auswahl von Uebungsstücken zum Uebersetzen ins Französische zur Erlernung der Umgangssprache. 8. Hannover 841, Hahn'sche Hofb. 5/6 ℳ

Benjamin, M., אריח ב־־כר das Schächtfach, methodisch bearb. Mit eingedr. Holzschn. u. e. großen farb. Taf. gr. 8. (VIII, 106 S.) Leipzig 874. Baumgärtner. n. 3. —; geb. n. 3. 75

Benjamin, M., das Schächtfach, methodisch bearb. 2. Aufl. Neu bearb. v. Salomon Neumann. (X, 114 S. m. Abb. u. 1 farb. Taf.) 8. Leipzig 910. G. Engel.
Geb. in Leinw. 2. 40

Benjamin, Max, a. Berlin, Referendar am kgl. Amtsgericht zu Rixdorf: Die Nichtigkeitserklärung einer Aktiengesellschaft nach geltendem Recht. Ein Beitrag zur Lehre von den Rechtsgestaltungsklagen. Rostock 1907: Adlers Erben. (IX, 71 S.) 8°

Erlangen, Jur. Fak., Ref. Sehling, Diss. v. 12. Juli 1907

[Geb. 11. Mai 85 Berlin; Wohnort: Berlin; Staatsangeh.: Preußen; Vorbildung: Wilhelmsgymn. Berlin; Studium: Freiburg i. B. 1, Berlin 5 S.; Rig. 11. Mai 07.]

Benjamin, Richard [aus Dresden]: Beitrag zur Lehre von der Labgerinnung ... Berlin, C. Vogts Buchdr., *1896;* 32 S., 1 Bl. 8.
Berlin, Med. Fak., Inaug.-Diss. v. 31. März 1896

Benjamin, Siegfried, Referendar in Briesen Wpr.: Die Verteilung der Gefahr beim Kauf nach dem Bürgerl. Gesetzbuch. Culm a. W. 1907: C. Brandt (G. Goerz). (VII, 45 S.) 8° [F.]

Leipzig, Jur. Fak., Diss. v. 28. März 1907

[Geb. 31. Jan. 85 Culm a. W.; Wohnort: Briesen; Staatsangeh.: Preußen; Vorbildung: Kgl. kath. Gymn. Culm Reife O. 03; Studium: München 2, Berlin 1, Königsberg 3 S.; Rig. 22. Mai 06.]

Benicke (A.), Die in neuerer Zeit in Vorschlag gebrachten leichteren und minder kostspieligen Dachbedeckungen von Zink, Gusseisen, Holz, Pappe etc. Quedlinburg und Leipzig 1832. 8.

Benicke, A., die in neuerer Zeit in Vorschlag gebrachten leicht. u. minder kostspiel. Dachbedeckungen v. Zink, Gußeisen, Holz, Pappe etc. Nach d. vorzügl. Schriften üb. dies. Gegenstand bearb. u. mit Anmerkn. u. Zusätzen verm. M. 1 Taf. Abbild. 8. (2 B.) Quedlinburg 832, Basse.

Benicke, F., d. Behandlg. d. Abortes. [Aus: „Allg. med. Central-Zeitg."] gr. 8. (8 S.) Berliu 896. O. Coblentz. n. 1.—

Benicke, Fritz (geb. Trebbin in d. Mark 19. 6. 1847): Ueber fehlerhafte Kindeslagen. Berlin (1872). (32 [vielmehr 30] S.) 8°
Berlin, Med. Diss. v. 23. März 1872

Benicke, Wilhelm (August)

Benicke, Guil. (Augustus) (geb. Berlin 1823): De dyscrasia scrofulosa morbisque inde pendentibus. Berolini (1846). (31 S.) 8°
Berlin, Med. Diss. v. 30. Juni 1846

Benicken, Aphorismen. . ., s. B e n i c k e n , Friedr. Wilh.

Benicken, Carl, Lehrbuch d. Mathematik. 1. Thl. A. u. d. T.: Lehrbuch der ebenen Geometrie. Nebst 1 Figurentafel. gr. 8. Quedlinburg 844, Franke. n. 5/12 ℛ

Benicken, F.: Napoleons Heereszüge, s. B e n i c k e n , Friedrich Wilhelm

Benicken, Friedrich Wilhelm

Beniken, F.W. (Hrsg.), s. A l m a n a c h, genealogisch-historisch-statistischer für das Jahr 1824.

Benicken, F.W. (Hrsg.), s. A l m a n a c h , genealogisch-historisch-statistischer, für das Jahr 1834.

Benicken, Friedr. Wilh., s.a. A p h o r i s m e n aus der Theorie des Kriegswesens.

(**Benicken.**) Aphorismon aus der Theorie und Praxis dos Kriegswosons. Von einom Votoran der proussischon Armeo. (10 B.) 8. Leipzig 1830. 2,25.

Benicken, Fr. Wlh., Chronik des neunzehnten Jahrhunderts. Neue Folge; 1. Bd. — A. u. d. T.: Chronik des Jahres 1840. Mit Freiheit, Wahrheit u. Humor bearbeitet. gr. 8. Erfurt 841, Expedition der Thüringer Chronik. Subscr.-Preis 3 ℛ — 2. Bd. A. u. d. T.: Chronik d. Jahres 1841. gr. 8. Ebd. 842. 1 7/8 ℛ

Benicken, Friedr. Wilh., Chronik d. 19. Jahrhunderts. Neue Folge. 2. Bd. — A. u. d. T.: Chronik d. J. 1841. Mit Freiheit, Wahrheit u. Humor bearb. gr. 8. (31½ B.) Erfurt 842, Exped. der Thüringer Chronik.
1. Bd. Ebendas. 1841. 3 Thlr.

Benicken, F. W., geograph.-statist. Darstellung d. preuß. Reiches. Für d. Unterr. in Bürgerschulen u. in d. nied. Klass. v. Gymnasien, wie z. Selbstbelehrung, besond. d. Gewerbtreibenden, nach d. best. Quellen bearb. Nebst 1 ill. Karte. 8. (9½ B.) Leipzig 830, [Brockhaus.]

Benicken, Friedrich Wilhelm, s. H.W. D ö b e l , Jägerpraktika.

—— Einsiedler-Gedanken, s. Einsiedler-Gedanken.

— d. Elemente d. Militär-Geographie v. Europa. Mit 1 militär. Karte. gr. 8. Weim. 821. Geogr. Institut. 1 ℛ 18 𝔤𝔩

Benicken, Fr. Wlh., König F r i e d r i c h Wilhelm III., sein Leben und sein Wirken. Zunächst für das Preuß. Volk, dann für die deutsche Gesammtnation dargestellt. 1e — 3e Lfrg. Mit d. Bildn. des Königs. gr. 8. Quedlinburg 840. Basse. à 1/3 ℛ

— König Friedrich Wilhelm der Dritte. Sein Leben und sein Wirken. Zunächst für das Preußische Volk, dann für die deutsche Gesammtnation dargestellt. 4.—15. Lfg. (Schluß.) gr. 8. Quedlinburg 841—43, Basse. (à 1/3 ℛ) 4 ℛ — Alle 15 Lfgen. 5 ℛ

—— dass. 1—11. Lfg. Prachtausg. Lex.-8. (66 B. mit Einfass. Ebds. 840—42. à * 12 Gr.

— dass. Pracht-Ausgabe.. gr. Lex.-8. Velinp. (à n. 1/2 ℛ) 6 ℛ — Alle 15 Lfgen. 7½ ℛ

Benicken, F.W. (Hrsg.), s. G a r t e n z e i t u n g , Allgemeine Thüringische, unter Protektion des Erfurter Gartenbau-Vereins u. in Verbindung mit den tüchtigsten Gärtnern und Botanikern des In- und Auslandes.

Benicken, F. W., das Gebiet des Kriegs. 1s Bruchstück. gr. 8. Weim. 829. Indust.-Compt. 9 𝔤𝔩

Benicken, F.W.: Jäger-Practica. . ., s. D ö b e l , H.W.

B e n i c k e n , F. W., Historischer Handatlas, oder Übersicht der Weltgeschichte. Erste Liefer. die Geschichte der alten Zeit in 4 grofsen Karten, 16 Kartons und 4 Zeitrechnungstafeln. Mit Erläuterungen. Weimar 820. f. 2 rthl. 12 gr. Zweite Liefer. die Geschichte des Mittelalters in 5 Karten und Tafeln. Ebend. 821. f. 4 rthl.

Benicken, F. W. Historischer Hand-Atlas zur Versinnlichung der allgemeinen Geschichte aller Völker und Staaten nebst Zeitrechnungstafeln über die alte, mittlere, neuere und neueste Geschichte. Weimar 1814. 2 Bände mit 24 Karten c. I.

— Napoleons Heereszüge, von seinem Auftreten als Ober-General d. Italien. Armee 1796, bis zu seiner Thronentsagung nach d. Schlacht bei Waterloo 1815. 1 Bl. in gr. Imp.-Fol. Weim. 822. Ind.-Compt. 12 𝔤𝔩

(v. **Benicken, F. W.**) Preussens Helden. II., III. IV. Blücher. 3 Bde. (32²/₈ B.) 8. M. 5 Plän. Weimar 1830—31. 12,00.

— H o l l a n d und Europa. Eine staatswissenschaftl. Abhandlg. 8. Merseburg 833. Weidemann. 1/8 ℛ

— Lehrbuch d. Geschichte d. Preuß. Staates, f. Schulen u. d. Selbstunterricht. 8. Erf. 826. 2e unveränd. A. 827. Müller. 12 𝔤𝔩

—— O r b i s terrarum antiquus, s. O r b i s.

Beniken, F. W., Polybius, Kriegsgeschichte. s. Polybius.

Die Schlachtordnung oder Grundsätze der früheren Linienstellung mit denen des Divisionssystems verglichen. Ein taktischer Versuch v. **F. W. Benicken.** (Manuscript.) Schleswig. 1822. 4°k.

— S c h r i f t p r o b e n. 1s Hft. gr. 8. Erfurt 838. Otto. 1 1/6 ℛ

— Roms Staats- u. Kriegsgeschichte, vorzügl. für den Officierstand rc. 1r Zeitraum, von Roms Gründung bis zur Obmacht d. Demokratie, (v. 753 bis 756 v. Chr.) 3 Bde. gr. 8. Merseb. 833. (832). Weidemann. 2 ℛ

— Roms Staats- u. Kriegsgeschichte, vorzügl. für d. Officierstand, höhere Militär-Erziehungsanstalten und Gymnasien. I. Zeitraum. Von Roms Gründung bis zur Obmacht der Demokratie durch das Gelangen der Plebs zur Dictatur (v. 753 bis 356 v. Chr.). gr. 8. Merseburg 833. Weidemann. Für 3 Zeiträume (Theile) 2 ℛ

Benicken, F.W. (Hrsg.), s. T a g , Der, eine Zeitschrift für Geschichte, Politik und Literatur.

Benicken, Friedrich Wilhelm, s. de T h e i s Polyklets Reise.

Benicken, Friedr. Wilh., über Volkserziehung. gr. 8. (6½ B.) Erfurt 838, Otto. Thlr.
Aus: Dess., Schriftproben, besond. abgedruckt.

— wie u. warum heißen wir Preußen? gr. 8. Quedlinburg 843, Basse. ⅔ ℛ

Benicken, F.W. (Hrsg.), s.a. Z e i t s c h r i f t f.d. Kriegsgeschichte.

B e n i c k e n s , F.W., Zeitschrift für die Kriegsgeschichte der Vorzeit, in Verbindung mit mehrern. Mit Kupf. Erfurt 821. Band I. 3 Hefte. 8. 3 rthlr. Jeder Jahrgang 2 Bände. 6 Hefte. 6 rthlr.

— Zeitschrift f. d. Völker- u. Kriegsgeschichte d. Vorzeit. 1r u. 2r Bd. gr. 8. Erf. 821—22. Keyser. 6 ℛ

Benicken, Hans Karl, acta in sachen H. Köchly u. H. Düntzer contra Karl Lachmann betr. Il. B. 1—483. gr. 8. (26 S.) Salzwedel 873. Schmidt. n. — 60

Benicken, Ioan. Car. (geb. Quedlinburg 11. 11. 1844): De Iliadis carmine decimo. Quedlinburgi: C. F. Vieweg (1868). (72 S.) 8°
Berlin, Phil. Diss. v. 11. Jan. 1868

— die Interpolationen im elften Buche der Ilias. Antwort auf die gleichbetitelte Abhandlg. d. Hrn. H. Düntzer. 8. (IV, 67 S.) Stendal 872. Franzen & Grosse. n. — 80

Benicken, Johs. C., de Iliadis libro primo. Berlin 868. Calvary & Co. in Comm. gr. 8. (57 S.) n. 16 ngr.

Benicken, Hans Karl, das 3. u. 4. Lied vom Zorne d. Achilleus nach Karl Lachmann aus Γ u. Δ der Ilias hrsg. u. m. e. Anh.: Theodor Bergk u. die homerische Frage, begleitet. gr. 8. (VIII, 250 S.) Halle 873. Mühlmann. n. 4. 80

— dasz elfte Lied vom Zorne d. Achilleus nach K. Lachmann ausz dem zwölften Buche der Ilias. gr. 8. (71 S.) Barmen 872. Wiemann. 1. 50

—— das fünfte Lied vom Zorne des Achilleus. Nach Karl Lachmann und Mor. Haupt aus Δ und E der Ilias hrsg. gr. 8. (XII, 104 S.) Halle 873, Mühlmann. ^

—— dasz 2. Lied v. zorne d. Achilleus nach K Lachmann u. M Haupt u. d. achaiische schifskatalog n. K Lachmann u. H Köchly hrsg. u. dasz erste buch d. hom. Ilias gegen hrn. prof. dr. Düntzer krit. besprochen. 8. (202) Lpzg 73, Hahn's V. n. 4. —

Benicken, Hans Karl Die Litteratur zum sechsten Liede vom Zorne des Achilleus im 6. und 7. Buche der homerischen Ilias. 2 Teile 20, 22 SS. Progr. *Rastenburg* 1883. 1884.

Benicken, H. K., Die Litteratur vom Zorne des Achilleus im 6. u. 7. Buche der homer. Ilias. 2 Tle. Pr. 1883 u. 1884. 20 u. 22 S. 4°. à 1.20

Benicken, Hans Karl, Studien u. Forschungen auf dem Gebiete der homerischen Gedichte u. ihrer Literatur. Das 12. u. 13. Lied vom Zorne d. Achilleus in $N\Xi O$ der homer. Ilias. Nebst Registerbd. gr. 8. (CCXLVII, 1312 u. 487 S.) Innsbruck 883. Wagner. n. 44. —

Benicken, Dr. Hans Karl, Studien u. Forschungen auf d. Gebiete d. Homerischen Gedichte u. ihrer Literatur. Das zwölfte u. dreizehnte Lied vom Zorne des Achilleus, nach der Homerischen Ilias. Registerbd. gr. 8. (1313—1487 S.) Innsbruck, Wagner'sche Univ.-Buchh. Als Rest. 1884.

Benicken, Hans Karl, Karl Lachmanns vorschlag im 10. liede vom zorne des Achilleus Ξ 402—507 an Λ 557 zu schliessen, unter benutzung der gesammten über diese frage vorhandnen literatur als richtig erwiesen. gr. 8. (72 S.) Gütersloh 875. (Berlin, Calvary & Co.) n. 1. 50

Benicken, J.C. s. B e n i c k e n , Hans Karl

Benicken, J. W. Roms Staats- und Kriegsgeschichte. 1. Zeitraum 753—356 v. Chr. (14 B.) 8. Merseburg 1833. 6,00

Benicken, Johannes Carl, s. B e n i c k e n , Hans Carl

Beniczek Friedrich: De enuntiatorum secundariorum constructione in titulis Graecis recentioris aetatis. 1910 PN 3012 Diss. Wien, Univ.

Beniczky-Bajza, Helene v., d. Bürde d. Schönheit, s.: Collection Hartleben.

[F.] Ein Ehrenwort. Roman v. H e l e n e v. B e n i c z k y. Aus d. Ungar. übs. v. C. L a n g s c h. M. Ill. v. E. Ranzenhofer. *Berlin, Eisenach, Leipzig: H. Hillger [1898].* (128 S.) 1 Bd 8.
= Bücherschatz, K ü r s c h n e r s. No 83. [98. 4718

Das Geheimnis der Baronin. Erzählung von H e l e n e v. B e n i c z k y - B a j z a. Deutsch von Ludwig W e c h s l e r. Mit Ill. von E. Ranzenhofer. *Berlin, Eisenach, Leipzig: H. Hillger [1903].* (128 S.) 8° [F.]
— Bücherschatz, K ü r s c h n e r s. No 308. [03. 609

Späte Liebe. Roman von H(elene) B e n i c z k y. Aus d. Ungar. von C. L a n g s c h. Mit Ill. von E. Ranzenhofer. *Berlin, Eisenach, Leipzig: H. Hillger [1901].* (127 S.) 8° [F.]
— Bücherschatz, K ü r s c h n e r s. No 237. [01. 10389

Beniczky-Bajza, Helene v., der Liebe Lust u. Leid. Novellen. Einzig autoris. Übersetzg. von Osc. v. K r ü c k e n. Mit e. Einleitg. 2 Bde. 8. (168 u. 159 S. m. Bildnis.) Berlin 893. J. Gnadenfeld & Co. n. 3. —; geb. n. 4. 50

Beniczky-Bajza, Helene v., M a r t h a. Roman aus dem ungar. high life. Autoris. Übersetz. v. Ludw. G r e i n e r. 8. (265 S.) Leipzig 890. Friedrich. n. 3. —; geb. n. 4. —

— R a n g u. Geld. Roman. Aus dem Ung. von Osk. v. K r ü c k e n. 2 Tle. in 1 Bde. Autoris. Ausg. 8. (192 u. 176 S.) Berlin 894. O. Janke. n. 6. —

— Gräfin Ruth, s.: Collection Hartleben.

Beniczky-Bajza, Helene von, Sie ist es! Roman aus dem High-life. Autorisirte Uebertragung von Oscar von Krücken. Mit einer Charakteristik der Verfasserin von Ludwig Hevesi. 8°. (XV, 294 S.) Wien, Konegen. fl. 1 50. 1887.

— Sie ist es! Roman aus dem High-life. Autoris. Uebertragg. von O. v. B r ü c k e n. Mit e. Charakteristik der Verf. v. L. H e v e s i. 8. (XV, 294 S.) Wien 888. Konegen. n. 3. —

— der S o n d e r l i n g, s.: Bibliothek der Gesamt-Litteratur d. In- u. Auslandes.

—— bei verschlossenen T h ü r e n. Roman. Einzig autoris. Uebersetzung aus dem Ungar. von Adph. Kohut. 8. (243 S.) Leipzig 886, Brehse. *

Beniczky-Bajza, Helene v., bei verschlossenen Thüren. Roman. Einzig autoris. Uebersetzg. aus dem Ung. v. Adph. K o h u t. 8. (243 S.) Leipzig-Reudnitz 886. Osw. Schmidt. n. 3. —

— bei verschlossenen Thüren. Roman. Einzig autoris. Uebersetzg. aus dem Ung. v. Adf. Kohut. 2. Aufl. 8. (240 S.) Leipzig 890. Brehse. n. 2. —

Ben Jedidja, Jechiel, qui dicitur Mich. Moravsky, Seder Berachoth (ordo benedictionum). Denuo ed. introductionemque adiecit L. Ph. Prins. (In hebr. Sprache.) (XII, 46 S.) gr. 8. Francofurti ad Moenum 910. Frankfurt a/M., Saenger & Friedberg. 1. 50

[Hebr.] Millōn hal-lāšōn hā-ʿibrit haj-ješana we-ha-ḥadaša. Ḥibberō Eliʿezer Ben-Jehūdā. (Vol. 1, fasc. 1.) Berlin-Schöneberg: Langenscheidt [1908]. 4°
[Nebent.:] Thesaurus totius hebraitatis et veteris et recentioris auct. Elieser Ben Jehuda Hierosolymitano. [08. 2398

Ben Jehuda, Elieser, Thesaurus totius hebraitatis et veteris et recentioris. (In hebr. Sprache.) In 150 Lfgn.) 1.—12. Lfg. u. II. Bd. 1.—11. Lfg. (I. Bd. XV, 580 S. m. 1 Bildnis u. II. Bd. S. 581—1108.) Lex. 8. Berlin-Schöneberg 908—10. Langenscheidt's Verl. à Lfg. 1. 70

Ben Jehuda, Elieser: Thesaurus totius hebraitatis et veteris et recentioris. (In hebr. Sprache.) (Fasc. 14—34.) Vol. II, fasc. 2—12, vol. III, fasc. 1—12, u. vol. IV, fasc. 1—5. (629—1980.) Lex8° Berl.-Schönebg, Langenscheidt's V. ('10—12) je 1.70: d. Bd je 20 —: geb. 23 —

Benjes, Carl

Benjes, C., Geschichte des Altertums. Ausg. C der f. mecklenburg. Schulen bearb. „Geschichtsbilder". (64 S. m. Abbildgn.) gr. 8. Berlin (903). W. Süsserott. n. — 30

! **Benjes**, Carl: Gesch. d. Altertums. Jetzt: Potsd., A Stein. 01/05

Benjes, C., Mecklenburg. Geschichte f. Volks- u. Bürgerschulen. 2. Aufl. gr. 8. (32 S. m. 1 Abb.) Rostock 898. Berlin [W. Werther] W. Süsserott. n. — 20

Benjes, Carl, mecklenburgische Geschichte f. Volks- u. Bürgerschulen. 5. verb. u. 6. unveränd. Aufl. gr. 8. (à 32 S. m. 1 Abbildg.) Berlin 899. 900. W. Süsserott. n. — 20

— dasselbe. Ausg. f. Mecklenburg-Strelitz. gr. 8. (34 S.) Ebd. (899). n. — 20

— Mecklenburgische Gesch. f. Volks- u. Bürgersch. 10. Afl. (32) 8° Ebd. ('11). — 20 d

Geschichtsbilder. Erzählungen aus d. deutschen u. mecklenburg. Gesch. Für mecklenburg. Volksschulen bearb. von C. Benjes, Lehrer zu Rostock. In d. neuen Rechtschreibung. Mit Abb. *Berlin: W. Süsserott (1902).* (161 S.) 8° [F.] [03. 8.24

— dass. Erzählgn a. d. deut. u. mecklenburg. Gesch. Für mecklenburg. Volkssch. bearb. Ausg. D. (163 m. Abb.) 8° Ebd. ('02). nn — 50 d

Geschichtsbilder. Erzählungen aus d. Weltgeschichte. Für mecklenburg. Schulen bearb. von C[arl] Benjes, Lehrer in Rostock. Mit Abb. Ausg. A. *Berlin: W. Süsserott [1903].* (306 S.) 8° [F.] [04. 1.8.8

Geschichtsbilder. Deutsche Geschichte f. mecklenburg. Schulen bearb. von C[arl] Benjes, Lehrer in Rostock. Mit Abb. Ausg. B. *Berlin: W. Süsserott [1903].* (240 S.) 8° [F.] [04. 8.4.9

Ⓑ **Benjes**, C., Geschichtsbilder. 903. C. Jetzt: Potsdam, A. Stein.

— Geschichtsbilder. Erzählgn a. d. Weltgesch. Für mecklenburg. Schulen bearb. Ausg. A. 2. Afl. (306 m. Abb.) gr8° Ebd. '10. geb. nn 1.30 d

— Grundr. d. mecklenburg. Geschicht. f. d. Schulgebr. bearb. 8. (93 S.) Ebd. 896. n. — 80

— Grundriß der mecklenburgischen Geschichte. Für den Schul- u. Selbstgebrauch. 2., umgearb. Aufl. gr. 8. (IV, 96 S.) Ebd. 899. n. — 80

— Grundr. d. mecklenburg. Gesch. Für d. Schul- u. Selbstgebr. 6. Afl. (4. 99) 8° Ebd. '11. 1 — d

Zeittafel zur Mecklenburgischen Geschichte nebst Stammbäumen und Wappen von [Carl] Benjes, Lehrer in Rostock. *Leipzig, Berlin, Rostock: W. Süsserott 1899.* (7 S.) 8° [Umschlagt. F.] [99. 10991

Benies, H: Herkunftsbezeichnungen im Waarenverkehre. Wien 1897

Benigar, J., Experimental-Untersuchungen üb. die Diffusion v. Gasgemengen. [Aus d. Sitzungsber. d. k. Akad. d. Wiss.] Lex.-8. (12 S.) Wien 871. (Gerold's Sohn.) n. — 20

Benigisis varior. intra Ital. monum. inscript. 8. Stregae.

Benigna, Gottliebe, Herzogin v. Kurland, († d. 5. Nov. 1782.) Eine große Kreuzträgerin. (Fromme Ergießungen.) Zum Druck beförd. (v. Chr. Huhn). 8. Mitau 777.

Benignae patentales Josephinae de re matrimonii in Hungaria etc. 8. Poson. 804. (Eggenberger in Pesth). 3 gl.

Benigna, M. Joh., Liliendust. Züge aus dem Leben des hl. Aloysius v. Gonzaga u. deren Nachahmung im Leben seiner eifrigsten Schutzkinder. Lesungen, auf die 6 aloysian. Sonntage vertheilt, u. verbunden m. Liedern u. Gebeten zu e. Andacht f. den gemeinschaftl. Gebrauch. Besond. f. die Mitglieder marian. Congregationen u. Jungfrauenvereinen. 16. (96 S. m. Titelbild.) Frankfurt a/M. (900). P. Kreuer. n. — 20

Bénigne, Grégoire. Notes sur Alger. Lettres et impressions de voyage par G^r B^r. Avec une préface par l'abbé Ch[arles] de Ræmy. 8. Fribourg en Suisse 1899.

Benigni, Getreidepolitik. . ., s. B e n i g n i , Umberto

Benigni's siebenbürgischer Volkskalender, s. B e n i g n i v. Mildenberg, Jos. H.

Benigni, Humbertus, s. B e n i g n i , Umberto

Benigni, Umberto, d. Getreidepolitik d. Päpste, n. d. Quellen bearb., n. d. Orig.-Mskr. in's Deutsche übertr. v. Raym. Birner, m. Vorw u. Schlusswort hrsg. v. Gust. Ruhland. gr. 8. (VII, 125 S.) Berlin 898. W. Issleib. n. 2. —

Prof. Humbertus Benigni presb. Historiæ ecclesiasticæ prolegomena. Ed. altera. *Senis: Off. S. Bernardini 1900.* (343 S.) 8° [01. 6971

Benigni, Humb., Historiae ecclesiasticae propaedeutica. Introductio ad historiae ecclesiasticae scientiam. 8. (131 S.) Rom 902. F. Pustet. n. 1. 60

Benigni, Humb., Historiae ecclesiasticae propaedeutica. II. Introductio in historiae ecclesiasticae notitiam. (191 S.) 8. Rom 905. F. Pustet. n. 2. 50

— Historiae ecclesiasticae repertorium. 8. (332 S.) Senis 902. (Rom, F. Pustet.) n. 2. —

Benigni v. Mildenberg, Jos. H.

Benigni v. Mildenburg, Jos. H., Charakterschildd., interess. Erzählungen ꝛc. Aus d. Gesch. d. Oesterreich. Staaten. 6 Bde. M. Kpf. 8. Wien 809. Ant. Doll. 3 ʀß 8 gl.

Benigni Edl. v. Mildenberg, J. H., Handbuch d.: Statistik u. Geographie d. Großfürstenth. Siebenbürgen. I—III, Hft. gr. 8. Hermannstadt 837, Thierry'sche Buchh.
Hft. I. Statistik. 1. Abschn.: Grundmacht. (7½ B.) 15 Gr.
„ II. — 2. u. 3. Abschn. Staatsverfass. u. Staatsverwaltung. (18¾ B.) 1 Thlr. 9 Gr.
„ III. Geographie. (12 B.) 1 Thlr.

Benigni Edler v. Mildenberg, J. H. Statistische Skizze der siebenbürgischen Militär-Grenze. 8. Hermannstadt 1816.

Benigni v. Mildenberg, J. H., statist. Skizze d. Siebenbürgisch. Militär-Gränze. 2. verm. u. ganz umgearb. Aufl. gr. 8. (11½ B.) Hermannstadt 834, Thierry. 20 Gr., Schrbp.

—— statistische Skizze der siebenbürgischen Militär-Grenze. 2. Ausg. gr. 8. (11½ B.) Hermannstadt 837, Thierry'sche Bh.

—— und Karl Neugeboren, Transilvania, s.a. Transilvania.

-- und Neugeboren, C. Transilvania, periodische Zeitschrift für Landeskunde. Hermannstadt. 1833. 8.

Benigni v. Mildenberg, Jos. H., kurz. Unterricht in d. Geographie Siebenbürgens, zum Schulgebr. 2e verb. u. verm. Aufl. Mit 1 Landk. gr. 8. Hermannstadt 833. Thierry. 3/8 ₰

Benigni, Edl. v. Mildenberg, J. H., s.a. Volks-Kalender, Siebenbürgischer.

Benignis siebenbürgischer Volkskalender für 1860. 9. Jahrg. 8. (166 S.) Hermannstadt, Steinhaussen. Thlr. Mit Schematismus.

Benigni's Siebenbürgischer Volkskalender für das Jahr 1861. Neue Folge. 10. Jahrg. 8. Hermannstadt, Steinhaussen. 80 kr.
—— derselbe mit Schematismus. 1861. 1 fl.

Benigni v. Mildenburg, s. Benigni v. Mildenberg

Benignus, ..., Schilderungen nach dem Leben, s. K. Straus.

Benignus, Siegfried

Benignus, Siegfr.: In Chile, Patagonien u. auf Feuerland. Ergebnisse mehrjähr. Reisen u. Studien. (7, 369 m. Abb., 14 Taf. u. 1 Kte.) Lex8° Berl., D Reimer '12. L 8 —

Benignus, Siegfried [aus Heilbronn a. N.]: Studien über die Anfänge von Dickens ... Esslingen, Druck v. W. Langguth ([Umschlagt.:] in Comm. bei E. d'Oleire, Strassburg i. E.), 1895; 3 Bl., 72 S., 1 Bl. 8.
Strassburg. Phil. Fak., Inaug.-Diss. v. 1895

Benignus, Wilhelm

Klänge vom Hudson. Von Wilhelm Benignus. *(New York: W. Benignus 1901.)* (92 S.) 8° [F.] [illegible]

Benignus, Wilh., Meerlieder u. Des Wanderers Lieder. 12. (64 S.) Indersdorf (902). (München, G. Schuh & Co.) n. — 60

Benignus, Wilhelm. Weltstromlieder. Baltimore: Schneidereith, 1905. PPCS

Benigny, de. Ueber die Gründung der Religion und des Reichs Muhammeds. A. d. Franz. Leipz. 1794. Ü: *Hoff, Hch. Gg.* (KY 1/343) (BiblPort)

Benike, (W.,) System d. Assecuranz- u. d. Bodmereiwesens. Aus d. Gesetzen u. Gebräuchen Hamburgs etc. 5r Bd. enth. Zusätze. gr. 8. Hamburg 821, Perthes u. B.

Beniken, F.W.: Almanach..., s. Benicken, Friedrich Wilhelm

§ **BENINDE.** Die von der Liebe verfolgte, doch zuletzt beglückte Printzeßin Hermoine, entworffen von *Beninden.* Mit Kpfrn. Franckfurt und Leipzig (Lauban), b. Nic. Schill. 1733. 8⁰. (1 fl. 48 kr. Scheible in e. alten Cat.; jetzt theurer!)
1 Alph. 17 Bog. u. 1 Bog. Kpfrn. — O. M. V. 1733. F 3b; M. M. V. 1733. E 4a; Cat. Meissner II; Georgi's B.-Lex.; Weller, Lex. Ps.

§ **BENINDE** (ps.), Academischer Roman, oder abgeschildertes Studenten-Leben, der ehrliebenden (!!) Jugend in einer artigen Liebes-Geschichte (voll sehr pikanter Abetheuer vor Augen geleget von BENINDEN. (Typogr. Ornam.) Franckfurt u. Leipzig, 1741. 8⁰.
Tit. (roth u. schwarz), 232 S., — Höchst selten u. gesucht! (Angeblich Bearb. von Happel's „Akadem. Roman", s. d.)

Beninde u. Kathe: Die Ruhrepidemie (Shiga-Kruse) in Gross-Rosen, Bez. Breslau, im Sommer u. Herbst '11, s: Veröffentlichungen aus usw. Medizinalverwaltg.

Beninde, Max, Assist. am Kgl. hygien. Institut: Aus d. Königl. hygien. Institut zu Breslau. Beitrag zur Kenntnis der natürlichen Verbreitungsweise der Phthise. *Breslau 1898: Bresl. Genossenschafts-Buchdr.* (26 S.) 8°
Breslau, Med. Diss. v. 23. Dez. 1898

Bening, die Bauerhöfe und das Verfügungsrecht darüber. Zur Gesetzgebung über die Erhaltung der Höfe zunächst im Königreich Hannover. Hannover 862. Helwing. gr. 8. (VI, 130 S.) n. 20 ngr.

(Bening,) Bemerkn. veranl. d. d. Entwurf etc., s. Bemerkungen.

— Zur Gewerbeordnung. Hannover 857. Rümpler. gr. 8. (48 S.) n. 5 ngr.

— das deutsche Handelsgesetzbuch und die Einführung desselben in Hannover sowie in dessen Nachbarstaaten. Hannover 863. C. Rümpler. gr. 8. (64 S.) n. 10 ngr.

Bening, Hannover bei seiner Vereinigung mit Preußen Zur schonenden Ueberleitung seiner Zustände. Hannover 866. Rümpler. gr. 8. (51 S.) 7½ ngr.

Bening: Reichswahlgesetz, Das deutsche, s. Bening, Heinrich

Bening, die Umbildung der ländlichen Zustände in Folge der Gemeinheitstheilungen und Verkopplungen. Hannover 858. Helwing. gr. 8. (IX, 85 S.) n. 10 ngr.

Bening, Dan. Hnr. Ldw., die Sparkassen u. Sterbekassen im Königreiche Hannover. gr. 8. Hannover 840. Hahn'sche Hofbuchh. 1/4 ₰

Bening, Ernst Friedr. (Osnabrück), De conversione non instantanea. Disp. theol. Präs. Sigism. Jac. Baumgarten. Halle (Gg. Jac. Lehmann) Novbr. 1743. 32 S. (4.80)

Bening, Heinrich

Bening, H, d. deut. Reichswahlgesetz u. s. Umgestaltg. 8° (40) Lpzg 93. Hannov., Hahn. — 60

Benings, C. F., Trostgründe bei d. Tode guter Freunde. 8. Hannov. 752. Hahn. 3 gr.

Beningsen, C. G., Merkwürdigkeiten d. Halberstädt. Gesch. 1r Bd. 4 Stcke u. 2r Bd. 16 Stck. 8. Leipz. 752. 10 gr.

Benini, Rudolfo, s.: Festgaben f. Adolph Wagner.

Ben-Jochai, R. Simson (ps.). die *Historie des Kriegs zwischen den Preussen u. ihren Bundesgenossen, u. den Oesterreichern u. ihren Bundesgenossen,* von dem Einfalle in Sachsen an .... (1756—61). wie solche beschrieben hat —; auf eine redliche Weise. 5 Bücher od. Thle. (5 voll.) Mit vielen Kpftaf. (Schlachten. Gefechte, Belagerungen). Im Jahr der Christen 1758—62. O. O. 8⁰. Eleg. weisse Hpgmtbde., sehr schönes Expl.
Im jüdisch-bibl. Styl. Verf. ist vielleicht Chp. Gottlieb Richter, um 1745 Advokat zu Nürnberg. Er bildete den bibl. Styl nach, um ihn lächerlich od. doch belustigend zu machen. Vgl. übrigens Trinius, J. A., Freydenker-Lexicon. Leipz. u. Bernb. 1759. S. S. 13—18.
I: 1758. 2 Bll., 364 S. (incl. 6 Bll Vorr.). Mit 17 Kpfrn. II: 1759. 8 Bll. (incl. TKpf.), 308 S. Mit 19 Kpfrn. III: 1760. 8 Bll., 376 S. Mit 20 Kpfrn. IV: 1761. 1 Bl., 354 S. Mit 20 Kpfrn. V: 1762. 1 Bl., 288 S. Mit 15 Kpfrn.

Ben Jochai, Simeon. Die Historio des Kriegs zwischen den Preussen und ihren Bundsgenossen, und den Oesterreichorn und ihren Bundsgenossen von dem Einfalle in Sachsen an bis zu dem Friedensschlusse zu Hubertsburg. Mit Kupfern. (6 Bde.)
8. Gedruckt im Jahre der Christen 1758—1763.

Ben Jonas, Benjamin, s. Benjamin von Tudela

Ben Jonson u. seine Schule, dargestellt in einer Auswahl von Lustspielen und Tragödien, übersetzt und erläut. durch Wolf Grafen v Baudissin. 2 Thle. Mit 2 Kpfrn. gr. 8. Leipz. 836. Brockhaus. 5½ ₰

Benjowsky, Graf; Originaltrauerspiel in 5 Aufz. Leipzig 1792. V: *Vulpius, Christian August.* (Ky) (MGT)

Benjowsky, Graf,. Trauersp. 8. Leipz. Kleischer. 792.

— Graf; od. die Verschwörung auf Kamtschatka. Schausp. v. Kotzebue. 8. Leipzig, Kummer, 794.

Benjowsky, Graf, oder die Verschwörung auf Kamtschatka. Schauspiel von A. von Kotzebue. Neue Auflage. 8. Leipzig, Kummer. 820.

Benjowsky, d. Grafen, Geschichte, m. Musik. gr. 8. Lüneb. Herold u. W. 796.

Benjowski, Moritz August

Benjowski, Graf Mor. Aug. v.: Meine Abenteuer, s.a. Dokumente, Kulturgeschichtl.

Benjowski, Mor. Aug. Grf v., Meine Abenteuer. Meine Flucht aus Sibirien. — Meine Abenteuer zur See. Die Eroberung von Madagaskar. Memoiren. Hrsg. W. F. v. *Bous.* Stuttgart [1910]. 8°.

v. Benjowsky, Graf, Mor. Aug., Begebenheiten u. Reisen von ihm selbst beschrieben. A. d. Engl. v. C. D. u. J. D. P. C. Ebeling. (A. u. d. T.: Gesch. d. Land- u. Seereisen., 3r, 4r Thl.) M. Kpf. 2 Bde. gr. 8. Hamb. 791. (Campe). 2 ℛ 12 ℊ (vergl. Gesch. d. See- u. Landreisen, 3r, 4r Thl.)

v. **Benjowsky,** M. A. Reisen und Schicksale. I. Kriegsoperationen in Polen und Gefangenschaft in Kamtschatka. A. d. Engl. v. G. Forster. 8. Leipzig 1791. 4,50. — v. Ebeling. 8. Hamburg 1791. 3,75.

— Reisen durch Sibirien u. Kamtschatka über Japan u. China nach Europa; nebst e. Auszug sr. übrigen Lebensgeschichte; aus d. Engl. v. D. M. Liebeskind, mit Anmerkk. v. J. R. Forster. Mit Kpf. gr. 8. Berl. 790. N. A. 807. Voß. 2 ℛ (vergl. Magazin v. merkw. Reisebeschreibb., 3r Bd.)

— — dieselb. im Auszug a. d. Engl. 8. Tüb. Cotta. 790.

— — dieselb. in 2 Thle. gr. 8. Leipz. Dyk. 791.

Benjovsky, Moritz August Graf von. Reisen durch Sibirien und Kamtschatka über Japan und China nach Europa. Berlin 1793. Ü: *Liebeskind, Dorothea Margarethe.* V: (Anmerkungen): *Forster, J. R.* (BrMm) (EngG)

— — dieselb. 2 Bde. s.a. Gesch. d. See- u. Landr. 3r u. 4r.

— — — — — s.a. Forts. d. Campeschen Reisen 1r, 2r.

— Schicksale u. Reisen, von ihm selbst beschrieben. Aus d. Engl., mit e. Vorrede v. Geo. Forster. Mit Kpf., Karten u. Plänen. 2 Thle. gr. 8. Leipz. 791. Dyck. 3 ℛ

— Dass. im Ausz. aus d. Engl. (v. S. J. Kapff). 8. Tübing. 790. v. Cotta. 6 ℊ

Benjovsky, Moritz August Graf von. Schicksale und Reisen von ihm selbst beschrieben: aus dem Englischen im Auszug. Tübingen 1791. Ü: *Kapff, Sixt. Jacob.* (MGT) »1790« (Ky)

— Dass. im Auszug, s.a. J. H. Campe. Reisen, Fortsetzung, 1r, 2r Thl.

Benirschke, Max, Buchschmuck u. Flächenmuster, s.a. Quelle, die. II.

Benirschke M, Buchschmuck u Flächenmuster. (30 T) 4° (Quelle 2) Wien (1902)

Benirschke M, Buchschmuck u Flächenmuster. (30 T) (Quelle 2) 4° Wien (1903)

Benis, Aharon, Sēfer middat habistappeqōt. Leipzig 1855.

Benis, Arthur, Das Hausiergewerbe in Galizien. Schriften d. Ver. f. Soz.-Pol., Bd. 82. gr. 8⁰. Leipzig 1899.

Benisch, Gerh. Sam. (Schleswig), De praescriptione nunc decennali nunc Saxonica homines proprios nobilium Slesvicensium ac Holsaticorum fugitivos a dominica potestate liberante. Diss. jur. Präs. Joh. Zach. Hartmann. Kiel (Gottfr. Bartsch) Juni 1735. 48 S., z. gr. Tl. dtsch. (6.—)

Benisch, J., Sammlung von Gesetzen u. Verordnungen, betr. das Volksschulwesen in Oesterreich mit specieller Berücksichtigung Kärntens. Klagenfurt 870. Bertschinger. 8. (2 Bll., 80 S.) 7½ ngr.

Benischek, Eugen [Arzt aus Stuttgart]: Zur Aetiologie der Scrotalabscesse m. Berücks. e. Falles bei Perityphlitis ... München, kgl. Hof- u. Universitätsbuchdr. v. Dr. C. Wolf & Sohn, 1895; 22 S. 8.
München, Med. Fak., Inaug.-Diss. v. 1895

Benischek, Eugen, a. Balingen (Württemberg): Aus d. medicin. Klinik in Erlangen. Über 31 Fälle von Lumbalpunktion aus der Erlanger medicinischen Klinik. Schwerin 1906: Bärensprung. (44 S.) 8°
Erlangen, Med. Fak., Ref. Penzoldt, Diss. v. 3. Mai 1906
[Geb. 21. Okt. 80 Balingen; Wohnort: Schwerin; Staatsangeh.: Württemberg; Vorbildung: Gymn. Ravensburg Reife 98; Studium: Tübingen 4, Kiel 1, Erlangen 1, Berlin 1, Erlangen 3 S.; Coll. 5. März 06; Approb. 15. Juli 04.]

Benischek, J., Die Arbeitshäuser in Böhmen, hrsg vom Deutschen polytechnischen Vereine in Böhmen. (Sep.-Ausg. des II. Heftes der Technischen Blätter, Vierteljahrsschrift des Deutsch. polytechn. Vereins in Böhmen, Jhrg. 6, 1874.) Lex.-8⁰. Prag, J. G. Calve's Buchh., 1874.

Benischek, M.: Was soll eine gute Erziehung aus dem Menschen machen? 7 S.
Progr. Požega 1857.

Benischek, M.: Ein Wörtchen in Hinsicht der deutschen Sprache. 7 S.
Progr. Požega 1855.

Benischke, Gustav

Benischke G, die asynchronen Drehstrommotoren. (172 S 2 T) (Elektrotechnik in Einzeldarstellungen 5) Braunschweig 1904

Benischke, G. (Hrsg.), s. Elektrotechnik in Einzeldarst.

Benischke, G, Experimental-Untersuchgn üb. Dielektrika. 8° (10 m. 1 Fig.) Wien 93, (C Gerold's S.). — 40

Benischke, Gust., Experimental-Untersuchungen üb. Dielektrika. Aus dem physikal. Institute der k. k. Universität in Innsbruck. [Aus: „Sitzungsber. d. k. Akad. d. Wiss."] Lex.-8. (16 S. m. 1 Fig.) Wien 893. (F. Tempsky.) n. — 40

— zur Frage der Wärmetönung durch dielektrische Polarisation. [Aus: „Sitzungsber. d. k. Akad. d. Wiss."] Lex.-8. (7 S. m. 1 Fig.) Ebd. 893. n. — 20

Benischke, Dr. Gustav, Zur Frage der Wärmetönung durch die elektrische Polarisation. Mit 1 Textfigur. Gr.-8. (7 S.) —.10
Wien: Tempsky 1894

Die Grundgesetze der Wechselstromtechnik von Gustav **Benischke**. *Braunschweig: F. Vieweg & Sohn 1902.* (x, 141 S.) 8°
— Elektrotechnik in Einzeldarstellungen H. 3. [03. 6437 7

Benischke, Gust., die wissenschaftlichen Grundlagen der Elektrotechnik. 2., erweit. Aufl. v. „Magnetismus u. Elektrizität m. Rücksicht auf die Bedürfnisse der Praxis". (XV, 580 S. m. 489 Abb.) gr. 8. Berlin 907. J. Springer. 12.—; geb. in Leinw. n 18. 20

Benischke, G: Isolationsmesser für Wechselstrom-Betriebsspannung der Allgemeinen Elektricitäts-Gesellschaft. Berlin 1899

Magnetismus und Elektrizität m. Rücks. auf d. Bedürfnisse d. Praxis. Von Dr. Gustav **Benischke**. M. 202 Fig. im Text. *Berlin: J. Springer; München: R. Oldenbourg 1896.* (XIII, 272 S.) 1 Bd 8. [96. 4118

Der Parallelbetrieb von Wechselstrommaschinen von Gustav **Benischke**. *Braunschweig: F. Vieweg & Sohn 1902.* (55 S.) 8°
— Elektrotechnik in Einzeldarstellungen H. 2. [03. 6436 7

Die Schutzvorrichtungen der Starkstromtechnik gegen atmosphärische Entladungen von Gustav **Benischke**. *Braunschweig: F. Vieweg & Sohn 1902.* (42 S.) 8°
— Elektrotechnik in Einzeldarstellungen. H. 1. [03. 6435 7

Allgem. Elektricitäts-Gesellschaft, Berlin. Schutzvorrichtungen gegen schädliche Ueberspannungen. Vortrag, geh. in d. Sitzung d. Elektrotechn. Ver. 1901 von Gustav **Benischke**. *(Berlin 1901.)* (11 S.) 4°
[Kopft.] [00. 10937 9

Die Transformatoren von Dr. Gustav **Benischke**. Mit 218 Abb. im Text u. auf 10 Taf. Braunschweig: Vieweg 1909. X, 220 S. 8°
(Elektrotechnik in Einzel-Darstellungen. H. 15.) [09. 14251 7

Benischke, Dr. Josef, Experimental-Untersuchungen über Dielectrica. Mit 1 Text-Figur. Gr.-8. (16 S.) Wien: Tempsky 1893 —.20

Ben Israel, die Gottesdienstweise in der Synagoge zu Coblenz ausführlich dargestellt. Coblenz 861. Hölscher. gr. 8. (40 S.) n. 6 ngr.

Benito, Lorenzo
El derecho de comercio, de cambio, de quiebra y maritimo de España. Das Handelsrecht, Wechselrecht, Konkursrecht u. Seerecht von Spanien. Bearb. u. erl. von Dr. Lorenzo **Benito**, Prof. Übers. von Dr. jur. v. Rüdiger, La Coruña. (In 4 Lfgen.) Berlin: v. Decker [1908–09]. 410, 410 S. 4°(8°)
(Die Handelsgesetze d. Erdballs. Ausg. D. Bd 7, [1.]) [09. 7300

Benito, L., Handelsrecht von Spanien, s. Handelsgesetze des Erdballs.

Benito, Lorenzo, das Handelsrecht, Wechselrecht, Konkursrecht u. Seerecht v. Spanien, s.: Handelsgesetze, die, des Erdballs.

Benito, Lor.: Das Handelsrecht, Wechselrecht, Konkursrecht und Seerecht von Spanien. Uebers. von v. Rüdiger. Berlin [1908].
(in: Borchardts Handelsgesetze d. Erdballs. 3. Aufl. Bd. 7.)

Benito, Lorenzo, s: Laws, The commercial, Spanien.

Benitz, Wilhelm: Die Stellung des Offiziers zur Militär-Rechts-Pflege im Großherzogthum Baden. Eine praktische Anleitung. . . Constanz 1857.

Benitzky, Ludw. v., König Koloman und Kaiser Josef. Nach dem ungar. Manuskripte von Stefan Prély. Lex.-8. (200 S.) Pest 858, (Ráth.) *

Benizelus, Theodosius: De Minerva Areia. Berolini (1855). (35 S.) 8°
Berlin, Phil. Diss. v. 30. Jan. 1855

Benk, Johann

Benk, J., V. Tilgner u R. Weyr, figuraler Schmuck im Kuppelraume u. den Sälen d. k. k. naturhistorischen Hof-Museums in Wien. Fol. (28 Blatt Lichtdr.) Wien 890. Schroll & Co. In Mappe. n. 26. —

Benk, Joh., Carl Kundmann u. Rud. Weyr, figuraler Schmuck im Kuppelraume u. dem Stiegenhause d. k. k. kunsthistorischen Hof-Museums in Wien. Fol. (28 Lichtdr.-Taf.) Wien 892. A. Schroll & Co. In Mappe. n. 26. —

Benk, Pet. Paul (Gumpelshofensis Algoius), Experimenta de penetratione sulphuris in corpus vivum. Diss. med. Präs. J. H. F. v. Autenrieth. Tüb. (Fues) April 1813. 27 S. (4.—)
Gew.: Ph. F. Rhode (Mergentheim).

Benkard, Christian

[J.] Alle Mann auf! Marinehumoresken v. Chr[istian] Benkard. 1. Taus. *Berlin: R. Eckstein Nf. [1898].* (132 S.) 1 Bd 8.
= Bibliothek, Eckstein's Humoristische. No 85. [99. 7394

Benkard, Chrn., unter Halbmond u. Kreuz. Roman aus unseren Tagen. gr. 8. (369 S.) Braunschweig 886. Schwetschke & Sohn. n. 5. —; geb. n. 6. —

— Stosch-Soldats Höllenfahrt, s.: Schumann's stenograph. Lesestoffsammlg.

Benkard, Chrn., in ferner Inselwelt. Roman. 2 Bde. 8. (254 u. 248 S.) Stuttgart 889. Deutsche Verlags-Anstalt. n. 5. —

Benkard, Chrn., in ferner Inselwelt. Roman. 2 Tle. in 1 Bd. (Neue Titel-Ausg.) 8. (254 u. 248 S.) Stuttgart 893. Deutsche Verlags-Anstalt. n. 1. 50; geb. n. 1. 75

—— Marina. Ein Lied vom Nordseestrand in 12 Gesängen. 12. (X, 134 S.) Hamburg 888, Verlags-Anstalt und Druckerei. * geb. *

— Marina. Ein Lied vom Nordseestrand in 12 Gesängen. 12. (X, 135 S.) Hamburg 889. Verlagsanstalt u. Druckerei A.-G. n. 2. 50; geb. n. 3. 50

—— Unter deutschen Palmen. Roman. 2 Bde. 8. (256, 246 S.) Stuttg. 890, Deutsche Verlags-Anstalt. * 6 —; geb. * 7 —

Benkard, Chr., unt. deutschen Palmen. Roman. 2 Tle. in 1 Bd. (Neue Titel-Ausg.) 8. (256 u. 246 S.) Stuttgart (890) 895. Deutsche Verlags-Anstalt. n. 1. 50; geb. n. 1. 75

— schwarz-weiss-rot. Roman. 8° (327) Berl. 92, O Janke. 5 — wohlf. Ausg. 2 —

[J.] Voll-Dampf voraus! Marinehumoresken v. Christian Benkard. 2. Aufl. *Berlin: R. Eckstein Nachf. [1896].* (128 S.) 1 Bd 8.
— Bibliothek, Ecksteins Humoristische. No 77. [97. 4935

Benkard, Ernst, a. Frankfurt a. M.: Die venezianische Frühzeit des Sebastiano del Piombo 1485—1510. Frankfurt a. M. 1907: C. Naumann. (49 S.) 8°

Heidelberg, Phil. Fak., Ref. Thode, Diss. v. 13. Jan. 1908

[Geb. 27. Febr. 83 Frankfurt a. M.; Wohnort: Frankfurt a. M.; Staatsangeh.: Preußen; Vorbildung: Gymn. Frankfurt a. M. Reife M. 01; Studium: Leipzig 2, München 1, Berlin 1, Leipzig 1, Berlin 3, Heidelberg 3 S.; Rig. 4. März 07.]

Benkard, Georg, Gerichtsreferendar in Frankfurt a. M.: Das Stadtschuldbuch der Stadt Frankfurt a. M. Seine Grundlagen nach Verwaltungs- und Privatrecht. Berlin 1905: W. Pilz. (VIII, 90 S.) 8°

Freiburg i. B., Rechts- u. staatsw. Fak., Ref. Rosin, Diss. v. 1905

[Geb. 17. Jan. 81 Frankfurt a. M.; Wohnort: Frankfurt a. M.; Staatsangeh.: Preußen; Vorbildung: Lessinggymn. Frankfurt a. M.; Studium: Freiburg i. B. 2, Straßburg 2, Leipzig 2 S.; Rig. 24. Juli 05.]

Benkard, G., Das Stadtschuldbuch der Stadt Frankfurt a. M. Seine Grundlagen nach Verwaltungs- u. Privatrecht. (VI, 90 S.) gr. 8. Berlin, Struppe & Winckler. 1905. 2. 40.

Benkard, Geo., das Stadtschuldbuch der Stadt Frankfurt a. M. Seine Grundlagen nach Verwaltungs- u. Privatrecht. (VI, 90 S.) gr. 8. Berlin 906. Struppe & Winckler. n. 2. 40

Benkard, J. B., historical sketch of the German emperors and kings. Explanatory of the portraits in the Emperors hall. Translated from the German by Arth. Cliffe. 3. ed. (VIII, 68 S.) gr. 8. Frankfurt a/M. 906. H. Keller. n. 1. —; m. 50 Kaiserbildern, geb. in Leinw. n. 4. —

Benkard, J.Ch.: Gelegenheitspredigten, s. B e n k a r d , Joh.Ph.

Benkard, Joh. Ph.

Benkard, J. Ph., Andeutungen aus der Geschichte der deutschen Kaiser und Könige. Zum Gebrauch bei dem Besuche des Kaisersaals zu Frankfurt a. M. 2., verm. Ausg. gr. 8. (108 S.) Frankfurt a. M. 852, [Keller.]

Benkard, J. Ph., Andeutungen aus der Geschichte der deutschen Kaiser u. Könige. Zum Gebrauch bei dem Besuche des Kaisersaals zu Frankfurt a. M. 2. verm. Ausg. gr. 8. (108 S.) Frankfurt a. M. 852, Schmerber. n. 1/3 ß

— Festhalten an Jesu Lehre bringt große Vortheile. Reformationspredigt, am 31. Oct. 1817. 8. Frankf. 817. Boselli. 3 gr

— Gelegenheitspredigten. 8. Frankf. 808. Guilhaumann. 10 gr

Benkard, J. Ch., Gelegenheitspredigten. 8. Frkf. Guilhaumann. 809. Rthlr.

Benkard, J. Ph., Geschichte der deutschen Kaiser und Könige. Zu den Bildern des Kaisersaals. 3. Aufl. Frankfurt a. M. 861. Keller. gr. 8. (VIII, 155 S.) n. 10 ngr

Benkard, J. Ph., Geschichte der deutschen Kaiser u. Könige. [Zu den Bildern des Kaisersaals.] 4. Aufl. Frankfurt a. M. 869. Keller. gr. 8. (VII, 172 S.) n. 10 ngr

Benkard, J. Ph., Geschichte d. deutschen Kaiser u. Könige. Z. d. Bildern d. Kaisersaals. 5. Aufl., ergänzt v. Gg. Lang. gr. 8. (VIII, 146 S. m. 50 Bildertaf.) Frankfurt a. M. 893. H. Keller. Geb. in Leinw. n. 4. —; Text allein n. 1. —

Benkard, Jh. Ph., Leitfaden z. Unterricht in d. christl. Lehre. 8. Frankf. 806. Guilhaumann. 8 gr 2e verb. Aufl. 814. 18 gr 3e verb. Aufl. 831. 16 gr

Benkard, J. Ph., Leitfaden z. Unterr. in d. christlich. Lehre. 2te verb. Aufl. 8. Frankf. am M. Guilhaumann. 814.

Benkard, J. Ph., Leitfaden z. Unterr. in d. christlichen Lehre. 3., verb. u. verm. Aufl. 8. (13 B.) Frankfurt a. M. 831, Sauerländer.

— zwei Predigten z. Besten unbemittelter Freiwilligen. 8. Frankf. 814. Hermann. 9 gr

Benkard, J. P., Reformationspredigt. am 31. Oct. 1817. 8. Frankfurt, Boselli. 817.

—— d. Reichspalast zu Tribur, Ingelheim u. Gelnhausen u. Schloss Trifels. 8. (84) Ebd. 57. n. — 15

Benkard, Joh. Ph., die Reichspaläste zu Tribur, Ingelheim u. Gelnhausen und das Schloß Trifels. Mit einem Anhange: Die Kaiserbilder im Römersaale zu Frankfurt a. M. Frankfurt a. M. 857. Keller. gr. 8. (VI, 84 S. u. 1 Stahlst.) n. 15 ngr

— erster Religionsunterricht. 8. Frankf. 805. 2e Aufl. unt. d. T.: Kurzgefaßt. katechet. Unterr. in d. christl. Religions- u. Pflichtenlehre f. Confirmanden. 8. Ebd. 815. 3e A. 825. Hermann. 4 gr

— Uebersicht der Geschichte der Deutschen Kaiser und Könige. Zu den Bildern des Kaisersaals. Neue, verb. u. verm. Aufl. Ebend. 853. gr. 8. (VIII, 112 S.) n. 7½ ngr

—— Uebersicht der Geschichte der deutschen Kaiser und Könige. Zu den Bildern des Kaisersaals. Neue, verb. und verm. Aufl. gr. 8. (VIII und 112 S. mit 50 Stnt.) Frankfurt a. M. 854(56,) Keller.

—— Uebers. d. Gesch. d. deut. Kaiser u. Könige. N. Afl. 8. (112 m. 50 L.) Ebd. 57. geb. n. 1. 10

— kurzgefaßter katechet. Unterricht in d. christl. Religionslehre f. Confirmanden. 2te verm. Aufl. gr. 8. Ebend. 815.

Benkard, (J. Ph.,) kurzgefaßter katechetischer Unterricht in d. christl. Religions- u. Pflichtenlehre f. Confirmanden. 3e Aufl. 8. Frankfurt a. M. 825, Hermann.

Benkemann, zur Frage der wirthschaftlichen u. sozialen Entwicklung. Nach 2 Vorträgen. Hamburg 899,

Benken. Winterthur [1834]. V: *Hegner, Hs Ur.* (Cat. d. Stadtbibl. Zürich. Zürich 1864–97.)

Benken. (Das Dorf) Benken. [Mit 1 Tafel.] (Njbl. Stadtbibl. Winterthur 1834.) 4. (Winterthur.)

Verfasser ist entweder Ulrich Hegner *oder dessen Pflegesohn* Joachim Leuzinger.

Benken, C. H., Oberlehrer in Riga. Geographisch-statistische Uebersicht des russischen Reiches im achten Jahre der Regierung' Alexander I. 8. Riga 1808.

Benken, C. H., geogr. statist. Uebers. d. russisch. Reichs im 8ten Jahr d. Regier. Alexand. I. ꝛc. 8. Riga, Meinshausen. 809.

Benkendorf, Ernst Ludwig von, Chursächsischer General der Cavallerie ... [Gotha 1805.] V: *Odeleben, Ernst Otto Vincenz Freih. von.* (MGT)

Benkendorf, s.a. B e n c k e n d o r f

Benkendorf s.a Sigmund

v. Benkendorf, ... Parabora, größtentheils militär. Inhalts. 8. Dresd. 780. Walther. 4 K

Benkendorf, J., Barkochba. Ein Trauerspiel in 5 Acten. 8. (34 S.) Czernowitz (900). (H. Pardini.) n. — 60

BENKENDORF, J.
Barkochba. Ein Trauerspiel in fünf Acten von J. Benkendorf. Sereth. 1900. In Comm. Pardini. 8°. 34 S. K —.60

— Haman, s.: Universal-Bibliothek, jüdische. Nr. 73.

Benkendorf, J., König Heinrich IV., der Deutsche. Ein Trauerspiel in 5 Aufzügen. (180 S.) gr. 8. Sereth 902. (Czernowitz, H. Pardini.) n. 3.—

Benkendorf, J., König Heinrich der Vierte, der Deutsche. Ein Trauerspiel in 5 Aufzügen. 8°. (180 S.) K 3.—
Czernowitz/ Pardini: 1903

BENKENDORF, J., Die Hexe. Ein episches Gedicht. Sereth 1903. 8°. (1 Mk. 50 Pfg. H. Streisand, Berlin, 1908.)

Benkendorf, J., D. Pharao. Trauersp. i. 5 Akten. 8 (41 S.) Czernowitz 898. (H. Pardini.) n. — 60

(v. Benkendorf, K. F.): Ueber die Taxat. u. Veranschlag. d. Güter. (a. d. Oecon. for. abgedr.) *Dresd.*, Walther. 788. 4. (1 Thl. 16 Gr.)

Benkendoerfer, Albert: Zur Klinik und Physiologie der Pansentätigkeit. Mit 10 Tab. u. 9 schwarzen Fig. Giessen, 1910. 57 S.
Giessen, Vet.-med. Diss. v. 1910.

Benkendorff (Red.), s. A s s e c u r a n z - B l a t t, Schweizerisches.

Benkendorff, Elisabeth von. Untersuchungen eines Angiomes der Milz. Diss. Med. Bern. [Mit 1 Tafel.] (Separatabdruck aus Virchows Archiv für pathologische Anatomie und Physiologie.... Band 194. 1908.) III S. + S. 500—514. 8. Bern, Verlag «zum Zytgloggo» (Druck von Georg Reimer, Berlin), 1910.

Benkendorff, Kurt (Hrsg.), s. A r c h i v B e n k e n d o r p.

Benkendorff, Otto (Hrsg.), s. Archiv B e n k e n d o r p

Archiv Benkendorp. Vierteljährliche Nachrichten von u. für d. Familie Benkendorff. Hrsg. u. Schriftleiter: Otto Benkendorff, Hauptm. zu Glogau, u. Kurt Benekendorff, Schriftsteller. Jg. 1, No 1. (Berlin 1906: O. Elsner.) 8° [07. 9713

Benkenstadt, Natan. Ueber Spina bifida occulta. Diss. Med. Basel. 32 S. 8. Basel, J. Kohlhepp, 1907.

Benkenstein, F. A., d. Grundelemente d. Stimmbildung. Prakt. Beitr. u. Übgn. z. Studium d. Gesangskunst. Lex.-8. (40 S.) Berlin 894. Raabe & Plothow, Verl. 1.50

Benkenstein, Karl *Wilhelm August* [Pfarrer in Steigerthal (Grafsch. Hohnstein Harz)]: Der Begriff der Chokhma in den Hagiographen des Alten Testaments ... Nordhausen, C. Kirchner's Buchdr., 1895; 60 S. 8.
Leipzig, Phil. Fak., Inaug.-Diss. v. [27. Jan.] 1896

Benkenstein, Otto: Das religiöse Moment im Erziehungs- und Unterrichtsplane A. H. Franckes. Ein Beitr. z. Charakteristik u. Kenntnis d. Pädagogik u. Methodik d. Pietismus, Borna-Leipzig 1909: Noske. 60 S. 8°
Erlangen, Phil. Diss. v. 24. Nov. 1909, Ref. Hensel
[Geb. 26. Juni 76 Nordhausen; Wohnort: Bochum; Staatsangeh.: Preußen; Vorbildung: Gymn. Höxter Reife O. 00; Studium: Berlin 4, Bonn 1, Greifswald 4, Halle 2 S.; Rig. 15. Juli 09.] [U 10.835

Benker, G. C., der Tag des Herrn. Fest. a. M. 1728. 8.

Benker, H., Formenschatz der modernen Flächenverzierung, s.: Oettel, A.

Benker, Heinrich [Dr. med. (app. Arzt aus Kirchenlamitz (Oberfranken))]: Wie weit darf man im Mesenterium die Cirkulation unterbrechen, ohne dass Darmgangrän entsteht! ... Heidelberg, Buchdr. v. C. Pfeffer, 1893; 42 S., 1 Bl., 1 Taf. 8.
Heidelberg, Med. Fak., Inaug.-Diss. v. [16. Juni] 1893

Benker, Herm., das Monogramm der Gegenwart. (20 Taf.) 46,5×33,5 cm. Plauen (910). Ch. Stoll.
In Halbleinw.-Mappe 18. —

Benker, J[ohann] Ulrich. Erinnerung an J. U. B.... 8. Frauenfeld 1860.
Ausg. A. [Hrg. von Jacques Huber.] Neujahrsgabe der thurgauischen gemeinnützigen Gesellschaft auf das Jahr 1860.
Ausg. B. Stimmen aus seiner Gedankenwelt nebst einer Skizze seines Lebens und Wirkens. Hrg. von einem seiner Schüler [Jacques Huber]. *Sep.-Ausg.*

Benker, Jos.: Das Liebeswunder. Dramatisierte psycholog. Studie. (79) 8° Lpzg. G. '11. Raschw., B Volger. 1.50; geb. 2.50

Benker, Karl, aus Kirchenlamitz (Oberfranken): Beitrag zur Kenntnis der sterischen Hinderung chemischer Reaktionen. *Erlangen 1899: E. Th. Jacob.* (29 S.) 8°
Erlangen, Phil. Diss. v. 12. Juli 1898

Benker, Ludwig: Der sichere K a r t o f f e l b a u oder die Kartoffelzucht aus Samenkörnern, Knollen, Augen und Kellerreben auf Erfahrung gegründet. Bayreuth 1846.

Benker, M., Der Anteil der Periegese an der Kunstschriftstellerei der Alten. Diss. 1890. VI, 70 S. 2.50

— Römische Funde in der Sammlung des historischen Vereins zu Gunzburg. Pr. 1907. 30 S. m. 5 Taf. 1.20

Benkert, Athanasia, s. B e n k e r t, F.G.

Benkert, Geographie f. die Schulen des Reg.-Bez. Minden, s.: Sierp, W.

Benkert: H u f b e s c h l a g, Vollständiger ..., s. B e n k e r t, J. R.

Benkert, A: Ein vermeintl. Heidentempel Westfalens. (Die Drüggelter Kapelle.) 8° (37 m. 4 Taf.) Soest 97, Ritter. 1 —

Benkert, A., E. vermeintl. Heidentempel Westfalens. (D. Drüggelter Kapelle.) [Aus: „Zeitschr. f. Gesch. u. Altertumskde. Westfalens".] 8. (IV, 37 S. m. 4 Taf.) Soest 898. Ritter. n. 1. —

Benkert, Carl Maria = K e r t b e n y, Carl Maria [Autorname].

Benkert, Carl Maria (Hrsg.), s. J a h r b u c h des deutschen Elements in Ungarn.

Benkert, F. G., u. J. M. Dür, Athanasia, s. Athanasia.

Benkert, Dr. F. G. (Domdechant zu Würzb.), Athanasia, theolog. Zeitschr. für Pastoral, Kirchengeschichte u. Pädagogik. 1—16r Bd. jeder à 3 Hefte. gr. 8. Würzburg 1828—34, Stahel's Buchhdlg. à 1½ Thlr. 43 fl. 12 kr.
Herabgesetzter Preis: 16 Thlr. — 28 fl. 48 kr.

—s. J. B. Blank, Beschreib. u. dessen Leben.

. — de duplici missa catechumenorum et fidelium diss. 4. Wirceb. 1823 — dann einzelne Predigten u. s. w.

— Predigt bei d. Einweihung d. Kirche d. bischöfl. Seminars zum guten Hirten in Würzburg. gr. 8. Würzb. 832. Stahel. 3 K

—— Predigt, gehalt. d. 8. Mai 1831 b. d. Einweih. d. Kirche d. bischöfl. Seminars z. guten Hirten zu Würzburg. (A. d. „Athanasia" abgedr.) gr. 8. (1¼ B.) Würzburg, Stahel.

Benkert, F.G. (Hrsg.), s. R e l i g i o n s - und Kirchen f r e u n d , Allgemeiner , und Kirchen-Correspondent; . . .

Benkert, F.G. (Hrsg.), s.a.R e l i g i o n s f r e u n d , Der, für Katholiken.

— der Religionsfreund für Katholiken. (Kirchlich-apologetische Zeitschr.) mit Beiträgen religiös gesinnter Männer. 6 Jahrgänge. (I. 6 Hfte. fehlt.) II—VI. je 12 Hfte. gr. 4. Würzb. 1822—27. Stahel. per Jhrg. 4 Thlr. — 6 fl.

Benkert, J. N., üb. Einführung u. ein. vortheilh. Betrieb d. Pferdezucht, gestützt auf Erfahrungsgrundsätze u. mit steter Berücksichtigung d. übrig. Zweige d. Oekonomie. In ein. Zwiegespräche nebst e. Anh., d. gewöhnl. Fohlen- u. Pferdekrankhn. überhaupt enthalt., bearb. zunächst f. Bauern, aber auch für Gutsbesitzer, Thierärzte ꝛc. gr. 8. (10 B.) Würzburg 832, (Stahel.)

Benkert, J. N. Heilung rotzverdächtiger u. rotzkranker Pferde. Würzburg 1855. 60 S.

Benkert, J. N., vollständiger, theoretischer u. prakt. Hufbeschlag zum Unterrichte u. zur Selbstbelehrung. Nebst Anleitung die Hufe und Füße der Pferde gesund zu erhalten, fehlerhafte zu verbesseren u. kranke zu heilen ꝛc. Mit 20 lith. Tafeln. 8. Würzb. 842, Etlingers Buchh. 1 5/12 ℛ

Benkert, Imre, Panorama des Semmerings. Nach der Natur gezeichnet; geschildert von F. C. Weidmann. 1. Aufl. 1855. und 2. Aufl. 8. (16 S. mit einer 10' 7" langen und 7" hohen Stnt.) Wien 856, Tendler und Comp. *

—— le même, traduit de l'allemand par E. Pellichet. gr. 16. (20 S. mit einer 10' 7" langen und 7" hohen Stnt. in Tondr.) Wien 856, Tendler und Comp. *

Benkert, Imre, Panorama des Semmerings. Nach der Natur gezeichnet, geschildert von F. C. Weidmann. 4. Aufl. Lithogr. 10' 7" lang und 7" hoch. Mit Text. (15 S. in gr. 16.) Wien 861, [Gerold's Sohn.] geb. * ill. *

Benkert, Imre, Panorama des Semmerings. Nach der Natur gez., geschildert von F. C. Weidmann. 4. Aufl. Wien 861. Tendler & Co. (Mit 15 S. Text.) 16. n. 1 ℛ 10 ngr; color. n. 2 ℛ 20 ngr

Benkert, Josef [aus Sulzthal. (Bayern.)]: Das primäre Lungencarcinom ... Bad Kissingen, P. Rath's Buchdr., *1897;* 45 S. 8.
Freiburg i. B., Med. Fak., Inaug.-Diss. v. 1897

Benkert, Karl Maria, s.a. B e n k e r t , Carl Maria

Benkert, Karl, Maria, s. Jahrbuch des deutschen Elements in Ungarn.

Benkhausen, Jakob Georg: De Suturis siccis et cruentis. Ienae (1786:) Heller. 15 S. 8°
Jena, Med. Diss. v. 5. Juli 1786.

Benking, Ernst: Geburtsstörungen durch nicht sexuelle Erkrankungen Kreissender. *München 1898: Kastner & Lossen.* (40 S.) 8°
München, Med. Diss. v. 1898

Benkmann
[F.] Alphabetisches Ortschafts-Verzeichniss des Kreises Mohrungen mit Bezeichn. d. Gemeindevertretgn, Amtsbezirke . . . Aufgestellt v. Kreissecret. Benkmann in Mohrungen. *Mohrungen: C. L. Rautenberg 1896.* (33 S.) 1 Bd 4. [98. 3703

Benkmann, Willy, appr. Arzt: Ueber einen Fall von Naevus sebaceus. Berlin 1909: Ebering. 37 S. 8°
Berlin, Med. Diss. v. 6. Aug. 1909, Ref. Bier
[Geb. 18. Nov. 83 Ortelsburg; Wohnort: Königsberg i. P.; Staatsangeh.: Preußen; Vorbildung: Gymn. Königsberg i. P. Reife O. 03; Studium: Berlin K. W. A. 10 S.; Coll. 14. Mai 09; Approb. 30. Juli 09.] [U 09. 26

Benko v. Boinik, Jerolim
Benko, Jerolim Frhr. v., das Datum auf den Philippinen. [Aus: „Die Schiffsstation d. k. u. k. Kriegs-Marine in Ostasien".] gr. 8. (14 S. m. 1 Abbildg.) Wien 890. (Gerold & Co.) n. —30

Benko, Jerolim Freiherr von, Das Datum auf den Philippinen. Gr.-8. (14 S.) In Comm Wien: Gerold 1891. * —.20

Benko v. Boinik, J Frhr., s.: Geschichte d. k. k. Kriegs-Marine.

Benko, Jerolin Freih. v., s.: Jahrbuch der k. k. Kriegsmarine 1873.

Benko, Jerolim Frhr. v., Reise S. M. Schiffes „Albatros" unter Commando d. k. k. Fregatten-Kapitäns Arth. Müldner nach Süd-Amerika, dem Caplande u. West-Afrika 1885—1886. Auf Befehl d. k. k. Reichs-Kriegsministeriums, Marine-Section, unter Zugrundelegg. der Berichte d. k. k. Schiffscommandos verf. Hrsg. v. der Redaction der „Mittheilgn. aus dem Gebiete d. Seewesens". Mit e. orientir. Reiseskizze. gr. 8. (X, 463 S.) Pola 889. (Wien, Gerold's Sohn.) n. 7.—

Benko, Jerolim Frhr. v., die Reise S. M. Schiffes „Frundsberg" im Rothen Meere und an den Küsten von Vorderindien und Ceylon in den J. 1885—1886. Auf Befehl des k. k. Reichs-Kriegsministeriums, Marine-Section, unter Zugrundelegung der Berichte des k. k. Schiffscommandos verf. Hrsg. von der Redact. der „Mittheilungen aus dem Gebiete des Seewesens." gr. 8. (VII, 283 S. mit 1 Uebersichtskarte und 9 Planskizzen.) Pola 888. (Wien, Gerold's Sohn.) *

von Benko, Jerolim Freiherr: Reise S. M. Schiffes „Zrinyi" über Malta, Tanger und Teneriffa nach Westindien in den Jahren 1885 und 1886. Auf Befehl des k. k. Reichs-Kriegsministeriums, Marine-Section, mit Zugrundelegung der Berichte des Schiffscommandanten zusammengestellt. Herausgegeben von der Redaction der „Mittheilungen aus dem Gebiete des Seewesens". Pola 1887. VII, 277 S., 1 Krt. 8°.

Benko, Corv.-Capit. Jerolim Frhr. v., Reise S. M. Schiffes „Zrinyi" üb. Malta, Tanger u. Teneriffa nach Westindien in den J. 1885 u. 1886. Auf Befehl d. k. k. Reichskriegsministeriums, Marine-Section, m. Zugrundelegg. der Berichte d. Schiffscommandanten, zusammengestellt. Hrsg. v. der Redaction der „Mittheilgn. aus dem Gebiete d. Seewesens". gr. 8°. (VII, 277 S. m. 1 Karte.) Wien, Gerold's Sohn in Comm. fl. 2.—. 1887.

— die Reise S. M. Schiffes „Zrinyi" nach Ost-Asien (Yangtse-kiang u. Gelbes Meer) 1890—1891. Verf. im Auftrage des k. u. k. Reichs-Kriegsministeriums, Marine-Section, unter Zugrundelegg. der Berichte des k. u. k. Schiffskommandos, ergänzt nach Consularberichten u. anderen authent. Quellen. Mit 1 Reiseskizze u. 8 lith. Taf. gr. 8. (XI, 439 S.) Wien 894. C. Gerold's Sohn. n. 6.—

—— Die Schiffs-Station der k. u. k. Kriegs-Marine in Ost-Asien. Reisen S. M. Schiffe „Nautilus" u. „Aurora" 1884—1888. Verf. auf Befehl d. k. u. k. Reichs-Kriegsministeriums, Marine-Section, unter Zugrundelegg. der Berichte der k. u. k. Schiffscommanden, u. ergänzt nach Consularberichten u. anderen authent. Quellen. gr. 8. (IV, 990 S. m. 3 farb. Karten.) Wien 892, Gerold's Sohn. * 12 —

Benko, Jerolim Frhr. v., s.: Sterneck, Max Frhr. v., Erinnerungen.

Benko v. Boinik, Ivo Frhr., Anleitung und Tafeln zu der vom Linienschiffs-Lieut. Carl Mayer vorgeschlagenen Methode der Zeitbestimmung in See aus der Beobachtung des Auf- und Unterganges eines Gestirnes. Nebst Anhang, betr. die gleichzeit. Bestimmung der Gesammtdeviation des Regelcompasses. Auf Anordnung des k. k. Reichs-Kriegs-Ministeriums [Marine-Section] berechnet und hrsg. vom hydrograph. Amte der k. k. Kriegsmarine. Lex.-8. (16 S.) Pola 885. (Triest, Schimpff.) **

Benko v. Boinik, prov. Vorstand d. Marine-Sternwarte Linienschiffs-Lieut. Ivo, Frhr., Anleitung u. Taf. zu der vom Linienschiffs-Lieut. Carl Mayer vorgeschlagenen Methode der Zeitbestimmung in See aus der Beobachtung d. Auf- od. Unterganges e. Gestirnes. Nebst Anh., betr. die gleichzeit. Bestimmg. der Gesammtdeviation d. Regelcompasses. Auf Anordnung d. k. k. Reichs-Kriegs-Ministeriums [Marine-Section] berechnet u. herausg. vom hydrograph. Amte der k. k. Kriegsmarine. Lex.-8°. (16 S.) Triest, Schimpff. In Comm. Baar fl. —.50. 1886.

Benkő, C, E Donáth, G Kavulyák e Z Szigyártó, dizionario italiano-ungherese. 2 voll 16° Fiume 84, (A Reinhard). n.n. 8.80
1. Magyar-Olasz szótár. (451) n.n. 4.30
2. Dizionario italiano-ungherese. n.n. 4.50

Benkö, C., E. Donáth, G. Kavulyák o Z. Szigyártó, dizionario italiano-ungherese, compilato sui migliori vocabolari. 2 voll. gr. 16. Fiume 884. (C. Spiess.) u.n. 8. 80
1. Magyar-Olasz szótár. (VII, 451 S.) n.n. 4. 30
2. Dizionario italiano-ungherese. (III, 504 S.) n.n. 4. 50

Benkö, Jos., Diaetae, sive rectius Transylvanica eorumque decreta etc 4. Wien 797. Schaumburg. 12 gr

— Imago inclytae in Transylvania notionis siculicae, historico-politica, ex probatissimis historicis; legibus patriis atque comitior. decretis adumbrata. 8. Hermanust. 791. (Wien, Schaumburg).

— Milkovia, s. antiq. episcop. Milkoviensis etc. explanatio. II Tmi. 8. Wien, Camesina. 781

— Milkovia, s. antiqui Episcop. Milkoviensis etc. explanatio. II Tom. 8. Wien 781. (Heubner). 2 rþ

— Transylvania, ol. Dacia mediterr. dict. II Tom. 8 maj. Wien 778. 3 rþ

Benkö, Samuel
— medicin. Ephemeriden v. 1780 bis 1793. Aus d. Latein. v. J. Eyerel. Mit 1 Karte. gr. 8. Wien 794. (Heubner). 1 rþ (W. Nauck in Leipz.) 18 gr

— — ebendieselben v. 1780—89. übers. v. Eyerel. m. Karte. 8. Leipz. Sommer. 794.

Benkö, Sam., Ephemerides meteorologico-medicae annorum 1780—1793. V Voll. 8 maj. Wien 794. (Heubner). 4 rþ 16 gr (Leipz., Wienbrack). 2 rþ 12 gr

Benkö, Samuel: Problema chyrurgicum: Qualisnam potest esse animi pathematum in morbos chyrurgicos influxus, et quae remedia sunt contra effectus, qui ex ejusmodi influxu oriri possunt? 172 S., gbd.

Cassoviae: typ. Landerer 1783

— Tentamen philopatriae promovendae. 8. Wien, Camesina. 788.

— tentamen philopatriae promovendae. 8. Wien 788. (Heubner). 16 gr

— Topographia oppidi Miskolts historico-medica. 4. Cassoviae. (Eggenberger, Pest.) 782.

Benkö, Samuel (von): Topographia oppidi Miskoltz historico-medica. 80 S., gbd.

Cassoviae: Landerer 1782

Benkovich, M. v., der Ungern Stamm u. Sprache. gr. 8. Pressburg 836. C. F. Wigand.

Benkowitz, Carl Friedrich
Benkowitz, Carl Fr., s. Abadonna, e. Buch f. Leidende.

BENKOWITZ, Carl Fried. Der Zauberer Angelion in Elis. Eine Geschichte seltsamen Inhalts. Berlin 1798. 8°. Gest. Titel m. cur. Vign. u. Front. [Henne fec.].
Seltenes Kuriosum.

Benkowitz, Karl Fr., der Zauberer Angelion in Elis. 2 Thle. 8. (Berl.) 798. 800. Maurers B. 1 rþ 12 gr

Benkowitz, Carl Fr., († d. 19. März 1807.) einige Bemerkk. üb. d. ungem. Gelehrsamkeit e. Recensenten in d. allgem. deutschen Bibl. 8. (Berl.) 806. Maurers B. 3 gr

— Erzählungen u. Gedichte. 8. Götting. 788. Dieterich. 20 gr

— s. Gastmahl von 6 Schüsseln

Benkowitz, Carl Friedrich, Geschichte eines afrikanischen Affen, Namens Lav Muley Hassan, ehemals Arouet Voltaire genannt. Berlin und Leipzig, 1807. 8°. 171 S. (9 Mk., schönes unbeschn. Expl. im Umschl. der Zeit, Max Perl's Berliner Oct.-Auct. 1907, no. 903:)

— Gesch. e. afrikan. Affen, genannt: Lav Mulay Hassan, vormals Arouet Voltaire, 8. Berl. 807. Maurers B. 14 gr

— s. Geschichte d. Angriffs etc. v. Glogau.

Benkowitz, C. F. Geschichte des Angriffs, der Blokirung und Übergabe von Glogau. H. 1. 2. Leipzig 1807. 8°.

— Geschichte u. Charaktere. 8. Leipz. 813. Joachim. 1 rþ 4 gr

— s. Hat Preußen etc.

— s. Helios d. Titan.

— s. Hilarion od. d. Buch d. Freude.

HILARION oder das Buch der Freude. Aus fremden u. eigenen Schriften gesammelt vom Verfasser des Zauberer Angelion (Carl Friedr. Benkowitz). Leipzig, Heinrich Gräff, 1804. 8°. (1 Rthl.)
„Zum Theil sehr derb." (R. Zinke's Dresdener März-Auct. 1906, no. 1312: Mindestgebot 1 Mk.)

— s. Indicator, Cuculus.

INDICATOR, Cuculus, oder interessante Scenen aus dem Leben der Gräfin Lichtenau, nebst andern kurzen Erzählungen (von *Carl Friedr. Benkowitz*). Glogau, Günther, 1801. 8°. Rar!
Anon. II. p. 324 (nach Goedeke, Kayser, Meusel, wo aber Benkowitz als Uebersetzer (?) angegeben ist).

Benkowitz, K. Fr.: Die Jubelfeier der Hölle. Drama in 5 A. 8°. Berl. 1801. (Anonym.) 2e A. (mit seinem Namen) 1808. Maurers Buchh.

— das ital. Cabinet, od. Merkwürdigk. a. Rom u. Neapel. 8. Leipz. Gräff. 804.

— das Italien. Kabinet, oder Merkwürdigkk. von Rom u. Neapel. 8. Leipz. 804. Wienbrack. 1 rþ

— s. Karolinens Tagebuch.

– s. J.G.E. Kiesewetter, Aufsätze.

– Lebensscenen aus d. Vor- u. Nachwelt. gr. 8. Halle 790. Hendel. 14 gr

– s. Menschenspiegel.

— Menschenspiegel, od. denkw. Scenen a. d. Welt- und Menschengesch. älter. u. neuer. Zeit. 8. Ebend. 795.

– Klopstocks Messias, ästhet. beurtheilt ꝛc. gr. 8. Bresl. 797. W. G. Korn. 18 gr

— Natalie, od. die Schreckensscenen auf den St. Gotthard. 8. Leipz. 801. Maurers B. in Berl. 1 Rthl. 12 gr

Benkowitz, Karl Fr., Natalis oder die Schreckensscene auf d. St. Gotthard. Eine Geschichte zur Beherzigung Aller, denen Gewalt auf Erden verliehen ist. 2e Aufl. 2 Bde. 8. Leipzig 833. Wienbrack. 1 3/4 Rthl.

– s. Pfeile d. Witzes.

PFEILE des Witzes und der Laune .... (von *Carl Friedr. Benkowitz*). Breslau 1798.
Anon.-Lex. III. p. 266 (nach Kayser, Meusel, Engelmann). Vgl. Rotermund, Gelehrtes Hannover. Bremen 1823.

– s. Don Quixote, der deutsche.

QUIXOTE, Der Teutsche Don, oder Einer der Zwölfe, eine Geschichte neuen Inhalts (von *Carl Friedr. Benkowitz*). Palästina 5755 (d. i. Glogau 1806). 8°. (Expl. im British Museum.) Selten!
Anon.-Lex. I. p. 416 (nach Weller, Keyser, Meusel).

– s. Rechtsfälle, Revolutionsscenen etc.

– Rechtsfälle, Revolutionsscenen etc. a. d. Alterthume. m. K. 8. Heymann 1779.

REISE, Empfindsame, der Prinzessin Ananas nach Gros(!)-Glogau (von *Carl Friedr. Benkowitz*, Kgl. Preuß. Kammer-Secretär in Glogau, geb. 1764, † 1807). Riez bei Beeskow (Leipzig, Sommer) 1798. Kl. 8°. (7 Mk. Paul Graupe, Berlin, 1908; 9 Mk. Oskar Rauthe, 1908.)
Pamphlet gegen die Gräfin Lichtenau, gelegentl. ihrer Abführung nach Großglogau. — Selten u. gesucht! Titel (auf Rücks. Druckfehler-Verz.), 68 S., 1 leeres Schlußbl.
Besonders amüsant ein in Hayn's diesbezüglicher Bibliogr. der fingirten Titel [Zeitschr. f. Bücherfreunde] einzureihender fingirter Gemälde- u. Auctions-Catalog, S. 22—35. (S. 22: „Bekanntlich erhielt dieser Hofmann, den sie [die Gräfin] nach Italien geschickt hatte, jährlich 1800 Thaler, wofür er in den dortigen Kunstsammlungen die wichtigsten Stücke copiren und einschicken mußte.")
— — Dasselbe. Leipzig 1808. 8°. (W. Nauck.) (2/3 Rthl.)
Kayser, Romane. Lpz. 1836. p. III, ohne Namen des Verfassers. — Nicht im Anon.-Lex.

REISE von Glogau nach Sorrent, über Breslau, Wien etc. etc. Von dem Vf. des Natalis (d. i. *Carl Friedr. Benkowitz*, kgl. preuß. Kammer-Sekretär in Glogau, geb. 1764, † 1807). 3 Thle. Mit Kpfrn. u. Holzschn. (v. Gubitz). Berlin, Frdr. Maurer, 1803—4. 8°.
I, S. 18—30: Breslau. (S. 19—22: „Die Gräfinn Lichtenau in Breslau"; S. 22—29: „Madame Unzelmann auf d. Breslauischen Theater".)

— Reisen a. Neapel in d. umlieg. Geg. nebst Rückreise n. Deutschl. ꝛc. m. K. u. Chart. 8. Ebend. 805.

– Reisen von Neapel in d. umlieg. Gegend, nebst Reminiscenzen u. Rückreise nach Deutschland ꝛc. Mit Kpf. u. Kart. 8. Berl. 806. Maurers B. 1 Rthl. 18 gr

ROBERT, der größte Abentheurer unsers Jahrhunderts (von *Carl Friedr. Benkowitz*, 1764—1807). Halle 1793—98.
Anon.-Lex. III. p. 387 (nach Rotermund, Gelehrtes Hannover. Bremen 1823). Kayser hat „1794—98". Fehlt bei Goedeke V, 491, 9, ist aber wohl identisch mit dem unter 5 citirten: „Robert, der einsame Bewohner einer Insel im Südmeer. Ein Robinson für Erwachsene." 4 Thle. Halle 1793—98.

– s. Robert, der einsame Bewohner im Südmeer.

– s. Robinson, d.n. Westphälische.

ROBINSON, Der neue westfälische, oder der seltsame Mann von Wesel (von *Carl Friedrich Benkowitz*). 2 Thle. Halle, Joh. Chr. Hendels Verlag, 1799. 8°. (Im British Museum.)
Ziemlich zahm. — Anon.-Lex. III. p. 388 (nach Ullrich u. Meusel).

– s. Savonarola.

Benkowitz, C.F. (Hrsg.), s. Torso, Der, ein Kunst- und Zeichenjournal für alle Stände.

Benkowitz, Karl Friedrich, s. Benkowitz, Carl Friedrich

Benkwitz, das Veranschlagen..., s. Benkwitz, Gustav

Benkwitz, Fritz, approb. Arzt zu Straßburg i. E.: Über die operative Behandlung des Nachstars. *Straßburg i. E. 1902: Ch. Müh & Co.* (35 S.) 8°
Straßburg. Med. Diss. v. 1902

Benkwitz, Gustav

Benkwitz, G., die Bauführung im Anschluß an die vom Ministerium f. öffentliche Arbeiten erlassene Anweisung u. das Baurecht m. Berücksicht. d. Baupolizeirechts. Handbuch f. Baubeamte u. Bauausführende, sowie Lehrbuch f. Fachschulen. gr. 8. (VII, 120 S.) Berlin 892. J. Springer. n. 2.—

Benkwitz, G., die Darstellung der Bauzeichnung. gr. 8. (16 S. m. 4 lith. Taf.) Berlin 889. Springer. cart n. 1.20

Benkwitz, G., die Darstellung der Bauzeichnung. Im Anschluß an die vom Ministerium f. öffentl. Arbeiten erlassene Anweisg. zum prakt. Gebrauch f. Baubeamte, Architekten, Maurer- u. Zimmermeister, sowie als Lehrbuch f. die Hochbau- u. Tiefbauabteilg. der Baugewerkschulen. 2. durchgesch. u. erweit. Aufl. Mit 4 lith. Taf. in Farbendr. gr. 8. (15 S.) Berlin 901. J. Springer. Kart. n. 1.20

Benkwitz, G., die Geschäfts- u. Bauführung im Anschluß an die Dienstanweisung f. die Lokalbaubeamten, sowie das Baupolizeirecht u. die f. den Bautechniker wichtigsten Bestimmungen des bürgerl. Gesetzbuchs. Hand- u. Lehrbuch f. Baubeamte, Architekten, Baugewerksmeister, Baugewerks- u. Tiefbauschulen. 2., gänzl. neubearb. Aufl. gr. 8. (VIII, 125 S.) Berlin 902. J. Springer. n. 2.—

Benkwitz, G., das Veranschlagen v. Hochbauten, nach der vom Ministerium f. öffentl. Arbeiten erlassenen Anweisg. f. Baubeamte, Architekten, Maurer- u. Zimmermeister, sowie als Lehrbuch f. Bau- u. Handwerkerschulen bearb. Mit e. lith. Taf. u. e. Anschlagsbeispiel. gr. 8. (III, 101 S.) Berlin 883. Springer. n. 2.40

Benkwitz, G., das Veranschlagen von Hochbauten nach der vom Ministerium für öffentliche Arbeiten erlassenen Anweisung und die Normen für Fabrikation und Lieferung von Baumaterialien, zum prakt. Gebrauch für Baubeamte, Architekten, Maurer- und Zimmermeister, sowie als Lehrbuch für höhere und niedere Fachschulen bearb. 2. durchgeseh. und erweiterte Aufl. gr. 8. (VI, 125 S. mit 1 lithogr. Taf., einem Anschlagsbeispiel und Erläuterungen.) Berlin 888, Springer. *

—— Das Veranschlagen von Hochbauten nach der vom Ministerium f. öffentliche Arbeiten erlassenen Anweisung u. die Normen f. die Fabrikation u. Lieferung v. Baumaterialien, zum prakt. Gebrauch für Baubeamte ꝛc. 3. Aufl. gr. 8. (VIII, 120 S. m. 1 lith. Taf., 1 Anschlagsbeispiel u. Erläuterungen.) Ebd. 891. * 2 40

— das Veranschlagen v. Hochbauten nach der vom Ministerium f. öffentliche Arbeiten erlassenen Anweisung u. die Normen f. die Fabrikation u. Lieferung v. Baumaterialien zum praktischen Gebrauch f. Baubeamte, Architekten, Maurer- u. Zimmermeister, sowie als Lehrbuch f. höhere u. niedere Fachschulen. Mit 1 lith. Taf., e. Anschlagsbeispiel u. Erläutergn. 4., auf Grund der neuesten Anweisg. durchgeseh. Aufl. gr. 8. (VIII, 120 S.) Ebd. 893. n. 2.40

F.] Das Veranschlagen von Hochbauten nach der v. Minist. f. öff. Arb. erlass. Anweisg einschl. d. neuest. Vorschriften f. d. Garnisonbauwesen sowie die Normen f. d. Fabrikation u. Lieferg v. Baumaterialien u. die Baupreise. Z. prakt. Gebr. f. Baubeamte ... sowie als Lehrb. f. ... Fachsch. bearb. v. G[ust.] **Benkwitz**, Baumeister. M. 1 lithogr. Taf., 1 Anschlagsbeisp. u. Erl. 5., auf Grund d. neuest. Anweisgn durchges. u. erweit. Aufl. *Berlin: J. Springer 1897.* (VIII, 134 S., 1 Bl., 1 Taf.) 1 Bd 8. [97. 3657

Das Veranschlagen von Hochbauten nach der v. Minist. f. öff. Arbeiten erlass. Anweisung einschl. d. neuesten Vorschriften f. d. Garnisonbauwesen sowie die Normen f. d. Fabrikation u. Lieferung von Baumaterialien u. d. Baupreise. Zum prakt. Gebr. bearb. von G[ust.] **Benkwitz**, Baumeister. Mit 1 Taf., 1 Anschlagsbeisp. u. Erl. 6., durchges. Aufl. *Berlin: J. Springer 1900.* (VIII, 126 S.) 8° [F.] [00. 770

Benkwitz, das Veranschlagen v. Hochbauten nach der Dienstanweisung f. die Lokalbaubeamten der Staats-Hochbauverwaltung einschließlich der neuesten Vorschriften f. das Garnisonbauwesen, sowie die Normen f. die Fabrikation u. Lieferung v. Baumaterialien u. die Baupreise. Unter gleichzeit. Berücksicht. der Privatbaupraxis f. Baubeamte, Architekten, Maurer- u. Zimmermeister, sowie als Lehrbuch f. die Hoch- u. Tiefbauabteilg. der Baugewerkschulen. Mit 1 lith. Taf., e. Anschlagsbeispiel u. Erläutergn. 7., umgearb. u. erweit. Aufl. (VI, 128 S.) gr. 8. Berlin 905. J. Springer. n. 2.40; geb. in Leinw. n. 3.20

Benkwitz, G., das Veranschlagen v. Hochbauten nach der Dienstanweisung f. die Lokalbaubeamten der Staats-Hochbauverwaltg. einschließlich der neuesten Vorschriften f. das Garnisonbauwesen, sowie d. Normen f. die Fabrikation u. Lieferung v. Baumaterialien u. die Baupreise. Unter gleichzeit. Berücksicht. der Privatbaupraxis f. Baubeamte, Architekten, Maurer- u. Zimmermeister, sowie als Lehrbuch f. die Hoch- u. Tiefbauabteilg. der Baugewerkschulen. Mit 1 lith. Taf., e. Anschlagsbeispiel u. Erläutergn. 8. erweit. Aufl. (VII, 131 S.) gr. 8. Berlin 910. J. Springer. 2.40; geb. in Leinw. 3.20

Benl, Osk., frühere u. spätere Hypothesen üb. die regelmässige Anordnung der Erdgebirge nach bestimmten Himmelsrichtungen, s. a. Studien, Münchner geographische. 17.

Benl, Oskar, aus Evenhausen: Frühere und spätere Hypothesen über die regelmäßige Anordnung der Erdgebirge nach bestimmten Himmelsrichtungen. München 1905: Th. Ackermann. (50 S.) 8°

Erlangen, Phil. Fak., Ref. Pechuel-Lösche, Diss. v. 27. Febr. 1905

[Geb. 6. Dez. 78 Evenhausen; Staatsangeh.: Bayern; Vorbildung: Gymn. Burghausen Reife 98; Studium: Lyceum Passau 2, München 6 S.; Rig. 27. Febr. 05.]

Benl, Osk., s: Lesebuch, Deutsches, f. realist. Mittelsch.

Benlatzer, B. F., zwanzig u. eine protestantische Predigten, oder Licht und Wahrheit im Buchhandel. 8. Luzern 844. (Schaffhausen, Hurter.) 6¼ ngl

Benlevi, M. J., מורה שרש העבר Hebräischer Wurzelzeiger, oder: Tabellarisches hebräisch-deutsches Wörterb., zunächst für Schulen und zum Selbstgebrauche. gr. Fol. Hannover 833. (Göttingen, Vandenhöck u. Ruprecht.) 1⅔ Thlr.

Benloew, Louis, de quelques caractères du langage primitif. Lu à l'académie des inscriptions et belles lettres le 30 Octobre 1861. gr. 8. (48 S.) Leipzig [Paris] 863, Franck. *

— Précis d'une théorie des rhythmes. 1. und 2. Partie. gr. 8. Leipzig [Paris], Franck. à Partie * 1 Thlr. *

Inhalt:

Partie 1. A. s. l. t.: Rhythmes français et rhythmes latins pour servir d'appendice aux traités de rhétorique. (VIII und 92 S.) 862.

» 2. A. s. l. t.: Les rhythmes grecs et particulièrement des modifications de la quantité prosodique amenées par le rhythme musical. (XIV und 114 S.) 863.

Benloew, Louis, Recherches sur l'origine des noms de nombre japhétiques et sémitiques. gr. 8. (XI und 108 S.) Giessen 861(62), Ricker. *

Benloew, L., Les Semites à Ilion ou la verité sur la guerre de Troie. Gel. 1868. 59 S. 1.20

— les Sémites à Ilion ou la vérité sur la guerre de Troie. gr. 8. (VI und 64 S.) Leipzig [Paris] 863, Franck. *

Benloew, L., et H. Weil, Théorie générale de l'accentuation latine, s. Weil.

Benloew, Ludwig (Erfurt), De Sophoclis Ajace dissert. Göttingen (Heinr. Carl Seemann) 1839. 48 S. (4.80)

Ben Mussa's, des Abgesandten von Abdel Kader, Briefe über Frankr., Holland, Belg. u. England. Frei nach d. Beduin. v. Aug. Jäger. 3 Bde. kl. 8. Leipzig 839, 40. Rauck. 4½ Thlr.

Benn, Alexander [pr. Arzt in Steinfeld (Rheinpfalz)]: Ueber Fremdkörper in den Luftwegen ... Weissenburg, Druck v. R. Ackermann, 1892; 29 S., 1 Bl. 8.

Würzburg, Med. Fak., Inaug.-Diss. v. 1892

Benn, W., von d. Glückseligk. u. Gesundh. d. Seele. a. d. Engl. 8. Magdeb. Scheidhauer. 752.

Benna, Philippus

— Lobgedicht auf Sultan Abd-ul-Medschid u. Trauergedicht auf den Tod des Sultan Mahmud II., nebst zwei türkischen Firmanen deutsch von F. L. O. Röhrig. gr. 4. (2¼ B.) Breslau 844, Grass, Barth u. Comp., Verl. *

— Lobgedicht zur Danksagung im Namen der gesammten Einwohnerschaft Constantinopels an Se. kgl. Hoh. den Prinzen Joinville, nachdem er heldenmüthig die grosse Feuersbrunst in Pera bei Constantinopel 1839 durch seine schleunigen Befehle und zweckmäss. Veranstaltungen gedämpft hatte etc., deutsch mitgeth. v. Otto Röhrig. 2. Ausg. Lex.-8. (½ B.) Breslau 844, Grass, Barth u. Comp., Verl. *

Benna, Philippus, aus Aleppo, des jetzt zu Constantinopel lebenden arab. Dichters', فيليب باصيل بنّا حلبي Lobgedicht auf Se. Majestät Friedrich Wilhelm IV. von Preußen unsern allergnädigsten König u. Herrn als Probe der neuesten oriental. Dichtkunst deutsch mitgetheilt von Dr. Otto Röhrig. kl. Fol. (Mit Einfassung.) Breslau 844, Graß, Barth u. Comp. n. ¼ Thlr.

v. Bennat, Ger., Redekunst in Beispielen ꝛc. 4 Thle. A. d. Französ. 8. Leipz. 785. Compt. f. Litt. 2 Thlr. 12 gr.

Bennati, F., die psycholog. u. pathol. Verhältnisse d. menschl. Stimme, oder Untersuchungen über das Wesen u. die Bildung der menschl. Stimme, ihre krankhaften Zustände und die Beseitigung derselben. Sowohl für Aerzte, als auch für Sänger selbst. Nach dem Franz. frei bearb. Mit 3 Steintaf. gr. 8. Ilmenau u. (Weimar) 833. Voigt. ⅔ Thlr.

Benndorf, es will Abend werden u. die Schatten werden groß. Predigt üb. Jerem. 6, 4—5, geh. am Silvesterabend 1906 in der Stadtkirche zu Jena. (11 S.) 8. Jena (907). G. Neuenhahn. —30

Benndorf, Adolf Exner, s.a. Benndorf, Otto

Benndorf, Alex.: Für Bankfreiheit. Beitrag zur Beurtheilung und Vorschlag zur Lösung der deutschen Bankfrage, zunächst geschrieben für die Mitglieder der Bank-Commission des Deutschen Handelstages. Juli 1870. Braunschweig. Hof-Buchdruckerei von Julius Krampe. 8°

Benndorf, Alex.: Für Bankfreiheit. Beitr. zur Beurtheilung u. Vorschlag z. Lösung der deutschen Bankfrage. (Umschlagtit.) Braunschweig (1871).

Benndorf, Cornelie, die englische Pädagogik im 16. Jahrh., s.a. Beiträge, Wiener, zur englischen Philologie. 22. Bd.

Die englische Pädagogik im 16. Jahrhundert, wie sie dargestellt wird im Wirken und in den Werken von Elyot, Ascham und Mulcaster. Von Cornelie **Benndorf**, (Wien). Wien & Leipzig: W. Braumüller 1905. (xi, 84 S.) 8°
= Beiträge, Wiener, z. engl. Philologie. 22.

Benndorf, Erich, bacc. iur.: Zur Wiederverheiratung im Falle der Todeserklärung eines Ehegatten. Borna-Leipzig 1908: Noske. VII, 109 S. 8°
Leipzig, Jur. Diss. v. 5. Okt. 1908
[Geb. 21. Juni 81 Chemnitz; Wohnort: Dresden; Staatsangeh.: Sachsen; Vorbildung: Gymn. Chemnitz Reife O. 00; Studium: Grenoble 1, Berlin 1, Freiburg i. B. 1, Leipzig 4 S.; Rig. 20. Jan. 05.] [U 09. 2447

Benndorf, FA Walt., s.a. Benndorf, Walt.

Benndorf, F. A. Walt., fröhlich in Hoffnung! Predigten. (97 S.) 8. Jena 910. Kunkelmann. 1.20; geb. 2.—

Benndorf, Friedrich Kurt
Benndorf, Frdr. Kurt, Bou-Saâda. Eine Wüstenfahrt. (52 S. m. 18 Abb.) 8. München 907. R. Piper & Co. 2.50

Benndorf, Friedrich Kurt: Sextus Calvisius als Musiktheoretiker, s. Benndorf, Kurt

Benndorf, Frdr. Kurt, Felsenleben. Lyrische Skizzen. (40 S.) 8. Straßburg 905. J. Singer. n. 1.50

— **Gedichte. Auswahl.** (VII, 155 S.) kl. 8. München 906. R. Piper & Co. Kart. n. 2.50

Geläut durch die Stille. Gedichtkreise von Friedrich Kurt Benndorf. Berlin: Harmonie 1904. (77 S.) 8° [J.]

Benndorf, Frdr. Kurt, Hymnen an Zarathustra u. andere Gedicht-Kreise. 8. (V, 146 S.) Leipzig 900. C. G. Naumann. n. 2.—; geb. in Leinw. n. 3.—

— **„In frembde land' dahin". Impressionistische Reiseblätter.** (VI, 128 S.) kl. 8. Leipzig 908. Xenien-Verlag. 2.50; geb. in Halbperg. n 3.50

— **Alfred Mombert, der Dichter u. Mystiker.** (VII, 144 S.) gr. 8. Ebd. 910. 2.—

— **Samain. Essays u. Umdichtgn.** (51 S.) 8. München 910. E. W. Bonsels & Co. 1.—; geb. 1.50

Lyrische Symphonie. Neue Gedichtkreise mit musikal. Beigaben von Friedrich Kurt **Benndorf**. *Berlin: Harmonie 1902.* (213 S.) 8° [J.]

— **Traum u. Tag. Ein stilles Liebesdrama.** gr. 8. (VII, 96 S.) Dresden 901. R. Bertling. n. 1.50; geb. in Leinw. n. 2.50

Benndorf, Hans, über die Art der Fortpflanzung der Erdbeben-Wellen im Erdinnern, s.a. Mitteilungen der Erdbeben-Kommission der kaiserl. Akademie der Wissenschaften in Wien. XXIX.

Benndorf, Hans: Über die Art der Fortpflanzung der Erdbebenwellen im Erdinnern. Mitteilung 1.2. Mit Textfig. Wien: Gerold in Komm. (2: Hölder in Komm.) 1905-06. 8°
(Mitteilungen d. Erdbeben-Kommission d. Kais. Adad. d. Wiss. in Wien. N.F. Nr.29.31.)

BENNDORF, Hans
Beiträge zur Kenntnis der atmosphärischen Elektricität. VI. Ueber die Störungen des normalen atmosphärischen Potentialgefälles durch Bodenerhebungen von Dr. Hans Benndorf. (Mit 1 Textfigur.) (Aus den Sitzungsberichten der kaiserl. Akademie der Wissenschaften in Wien. Mathem.-naturw. Classe; CIX. Abth. II. a. Juli 1900.) Wien. 1900. In Comm Gerold's Sohn. Gr.-8°. 18 S. K —.40

Benndorf, H., Beiträge zur Kenntnis der atmosphärischen Elektricität. X. [Aus: Sitzungsber. d. k. Akad. d. Wiss.] Gr.-8°. (ill. 26 S.) † K —.70
Wien: Gerold's Sohn 1902.

Benndorf, H., Beiträge zur Kenntnis der atmosphärischen Elektrizität. XXIII. Über gewisse Störungen des Erdfeldes mit Rücksicht auf die Praxis luftelektrischer Messungen. Gr.-8°. (ill. 32 S.) † K —.95
Wien: Hölder 1906.

Benndorf, H., Beiträge zur Kenntnis der atmosphärischen Elektrizität. XXXVII. Die Grazer luftelektrische Station. [Aus: Sitzungsber. d. k. Akad. d. Wiss., mathem.-naturw. Klasse.] Gr.-8°. (ill. 12 S. mit 2 Tafeln.) † K —.80
Wien: Hölder 1910.

— **Bericht üb. die Aufstellung zweier Seismographen in Pïbram, s.: Mitteilungen der Erdbeben-Kommission der kaiserl. Akademie der Wissenschaften in Wien. XIX.**

— **u. Rud. Pöch: Zur Darstellg phonograph. aufgenommener Wellen, s: Mitteilung d. Phonogramm-Archivs-Kommission d. kais. Akad. d. Wiss. in Wien.**

Benndorf, Hans, üb. d. Druck i. Seifenblasen. [Aus: „Sitzungsber. d. k. Akad. d. Wiss."] Lex.-8. (11 S.) Wien 895. (C. Gerold's Sohn.) n. — 40

Benndorf, Hans, über e. mechanisch registrierendes Elektrometer f. luftelektrische Messungen, s.: Beiträge zur Kenntnis der atmosphärischen Elektricität.

— **Messungen des Potentialgefälles in Sibirien, s.a. Beiträge zur Kenntniss der atmosphär. Elektricität.**

Messungen des Potentialgefälles in Sibirien. Von Dr. Hans Benndorf. Mit 1 Tafel und 2 Textfiguren. Aus den Sitzungsberichten der kaiserl. Akademie der Wissenschaften in Wien. Mathem.-naturw. Classe; Bd. CVIII. Abth. II. a. März 1899. Wien. 1899. In Comm. Gerold's Sohn. Gr.-8°. 30 S. fl. —.35

BENNDORF, Hans
Notiz über die photoelektrische Empfindlichkeit des Eises von Dr. Hans Benndorf. (Aus den Sitzungsberichten der kaiserl. Akademie der Wissenschaften in Wien. Mathem.-naturw. Classe. Bd. CIX. Abth. II a. Mai 1900.) [Wien. 1900. In Comm. Gerold's Sohn.] Gr.-8°. 4 S. K —.10

— Die Grazer luftelektr. Station. s.: Beiträge zur Kenntnis atmosphär. Elekrizität.

Benndorf, Hans, über die Störung des homogenen elektrischen Feldes durch e. leitendes dreiachsiges Ellipsoid. (34 S.) gr. 8. Wien 906. (A. Hölder.) n. — 95
Sonderabdruck aus: „Sitzungsber. d. k. Akad. d. Wiss."

— **über die Störungen des normalen atmosphärischen Potentialgefälles durch Bodenerhebungen, s.: Beiträge zur Kenntnis der atmosphär. Elektricität. VI.**

Benndorf, Hans: Zur Theorie luftelektr. Registriergn., s. Beiträge z. Kenntn. atmosphär. Elektrizität.

— Üb. d. Verhalten rotir. Isolatoren im Magnetfeld u. e. darauf bezügl. Arbeit A Campetti's. 8° (10) Wien 97, (C Gerold's S.). — 20

Benndorf, Dr. Hans, Ueber das Verhalten rotirender Isolatoren im Magnetfelde und eine darauf bezügliche Arbeit A. Campetti's. Gr.-8. (10 S.) —.10
Wien: Gerold's Sohn 1898.

Benndorf, Dr. Hans, Weiterführung der Annäherungsrechnung in der Maxwell'schen Gastheorie. Gr.-8. (21 S.) —.25
Wien: Gerold's Sohn 1896.

Benndorf. Kurt
Benndorf, *Friedrich* Kurt [aus Chemnitz]: Sethus Calvisius als Musiktheoretiker ... (Aus: Vierteljahrsschr. f. Musikwiss., 1894.) Leipzig, Druck v. Breitkopf & Härtel, 1894; 64 S., 1 Bl. 8.
Leipzig. Phil. Fak., Inaug.-Diss. v. [9. Febr.] 1895

Benndorf, Kurt (Hrsg.): Der musikalische Quack-Salber, s. Kuhnau, Johann

Benndorf, Otto, s.: Abhandlungen d. archäolog.-epigraph. Seminars d. Universität Wien.

—Adamklissi. S.-A. 1896. 24 S. —.90

Benndorf, O., Ueber d. Alter des Trojaspieles. S.-A. O. J. 8 S.

Benndorf, Otto (geb. am 13 Sept. 1838 in Greiz): De Anthologiae Graecae epigrammatis qvae ad artes spectant ... Bonnae, impr. Lipsiae typ. Tevbnerianis 1862. 2 Bl., 75 S., 2 Bl. 8. ¶ In Komm. bei Teubner in Leipzig.
Bonn, Phil. Fak., Diss. v. 9 Aug. 1862

Benndorf, Otto, die Antiken v. Zürich, s.: Mittheilungen der antiquar. Gesellschaft in Zürich.

Benndorf, Otto. Die Antiken von Zürich. Beschrieben von O. B. [Mit 8 Tafeln.] (Mittheil. Ant. Ges. Zürich. Band 17. Heft 7.) 4. Zürich 1872.

— Bericht über eine archäol. Reise in Kleinasien und Lykisch-griechische Bilinguis und andere Inschriften aus Lykien. Gel. 1892. 15 S. —.90

Benndorf, Otto, vorläufiger Bericht über zwei österreichische archaeologische Expeditionen nach Kleinasien. gr. 8. (101 S. mit 5 Taf.) Wien 883, Gerold's Sohn. *
Aus: Archaeol.-epigraph. Mittheilungen aus Oesterreich, besonders abgedruckt.

— u. Rich. Schöne, die antiken Bildwerke des lateranensischen Museums. Mit 24 photolith. Taff. Leipzig 867. Breitkopf & Härtel. Lex.-8. (IX, 421 S.) n. 4 —

Benndorf, O., Altgriechisches Brot. S-A. O. J. 14 S.

— Die Chariten des Sokrates. S.-A. 1869. 8 S. m. 1 Taf. 4°.

Benndorf, O., Ephesus. S.-A. 1897. 21 S.

— Adolf Exner. Worte z. s. Gedächtniss, b. d. Aufstellg. s. Büste i. d. Arkaden d. Universität Wien a. 21. Juni 1896 gesprochen. 8. (16 S.) Wien 896. A. Hölder. n. — 48

— antike Gesichtshelme u. Sepulcralmasken. Mit 17 (12 lith. u. 5 phototyp.) Taf. u. 12 Vignetten. [Aus: „Denkschr. d. k. Akad. d. Wiss."] Imp.-4. (77 S.) Wien 878. Gerold's Sohn in Comm. n. 16. —

Benndorf, O., Grabschrift von Telmessos. S.-A. O. J. 11 S. 4°.

— Griech. Grabsitte. S.-A. 1871. 23 S.

— Ueber einen Grabstein aus Halimus. Gel. 1886. 6 S.

— Der Hermes des Praxiteles. S.-A. 1878. 5 S. 4°.

— u. G. Niemann, das Heroon v. Gjölbaschi-Trysa. [Aus: „Jahrb. d. kunsthistor. Sammlgn. d. österr. Kaiserhauses".] gr. 4. (1. Abth. 160 S. m. 144 Abbildgn. u. e. Atlas v. 34 Kpfrtaf.) Wien 889. [Holzhausen.] F. Tempsky. n. 120. —

Benndorf, O. (Hrsg.), s. Jahreshefte des Österreichischen Archäologischen Institutes in Wien.

— Historische Inschriften vom Stadtthor zu Xanthos. S. A. 1908. 12 S.

— Ueber das Cultusbild d. Athena Nike. 32 S. m. 1 Taf. S.-A. 1879. 4°.

Benndorf, Otto, über das Cultusbild der Athena Nike, s.: Festschrift zur 50jährigen Gründungsfeier des Archaeologischen Institutes in Rom.

Benndorf, O., Ueber einen in Eleusis gefundenen Marmorkopf. Gel. 1887. 7 S.

— die Metopen v. Selinunt. Mit Untersuchgn. üb. die Geschichte, die Topographie u. die Tempel v. Selinunt. Fol. (81 S. m. eingedr. Holzschn. u. 3 Steintaf.) Berlin 873. Guttentag. geb. n. 48. —

— s.: Mitteilungen, archäolog.-epigraph. a. Oesterreich-Ungarn.

— d. Monument v. Adamklissi, s.: Tocilesco, Gr. G.

— Monumenti Prenestini. S.-A. 1871. 10 S.

Benndorf, O., d. Mus. d. Gypsabgüsse nach Antik. zu Pforte. Naumb. 45 p.
Schul-/Univ.-Schrift 1864.

— Neues über Adamklissi. S.-A. 1908. 20 S. m. Abb. 4°.

—— s.: Reisen im südwestlichen Kleinasien. 2. Bd.

—— und George Niemann, Reisen im südwestlichen Kleinasien. 1. Bd. A. u. d. T.: Reisen in Lykien und Karien, ausgeführt im Auftrage des k. k. Ministeriums für Cultus und Unterricht, unter dienstl. Förderung durch Sr. Maj. Raddampfer „Taurus", Commandant Fürst Wrede, beschrieben. Mit 1 (chromolithogr.) Karte von Heinr. Kiepert, 49 Taf. und zahlreichen Illustr. im Text. Fol. (158 S.) Wien 884, Gerold's Sohn. cart. *

Benndorf, O., Ueber ein Repertorium d. archäologischen Literatur. Manuscr. s. a. 12 S. 8°. Als Ms. gedr. 1.—

— Riscatto di Ettore su Vaso Ceretano. S.-A. 1866. 30 S. a. 1 Taf.

Benndorf, Otto, über eine Statue des Polyklet, s.: Studien, gesammelte, zur Kunstgeschichte.

— Ueber eine Statue des Polyklet. S.-A. 1885. 12 S. m. Abb. 4°.

— Tipi di Apollo. S.-A. 1880. 10 S. u. 1 Taf.

— neue archaeologische Untersuchungen auf Samothrake, s.: Conze, A.

— Topographische Urkunde aus Ephesos. S.-A. 1898. 15 S. m. Abb. 4°.

—— griechische und sicilische Vasenbilder. 1. und 2. Lfg. Imp.-Fol. Berlin, Guttentag. [1. Lfg. Taf. 2—14. (24 S. Text mit 18 lithogr. Taf., wovon 4 color.) 869. In Mappe * ℳ 24.; 2. Lfg. Taf. 15—30. (30 S. Text mit 17 lithogr. Taf., wovon 1 color.) 869. In Mappe * ℳ 40.]

— — 2. Liefg. Taf. 14—30 enthltd. Ebend. 870. gr. Fol. (Mit 30 S. Text.) n. 13 ₰ 10 ngr

— griechische u. sicilische Vasenbilder. 3. Lfg. Taf. 31—45 enth. Fol. (in Steindr. u. Chromolith. u. Text S. 55—98 m. eingedr. Holzschn.) Berlin 877. Guttentag. n. 50. —; (1—3.: n. 114. —)

— griechische u. sicilische Vasenbilder. 4. (Schluss-) Lfg. Taf. 46—61 enth. Fol. (in Steindr. m. Chromolith. u. Text S. 99—121.) Berlin 883. Guttentag. n. 50. — (cplt.: n. 164. —)

—— zur Venus von Milo. 2. unveränd. Aufl. gr. 8. (12 S. mit 2 Kpfrt.) Wien 886, Gerold's Sohn. *

Benndorf, Otto. Wiener Vorlegeblätter f. archaeologische Übungen. 1888, 1889, 1890,91. Mit Unterstützg. d. k. k. Ministeriums für Cultus u. Unterricht hrsg. Fol. (12 photolith. Taf. m. 1 Bl. Text, 12 lith. Taf. m. 4 S. Text; 12 lith. Taf. m. 4 S. Text.) Wien 889,90,92, Hölder. cart. à Ausg. * 12 —

— Wiener Vorlegeblätter f. archäolog. Übgn 1890/91. Fol. (12 L. m. Text 4) Wien 91. A Hölder. Kart. 12 —

— Über die jüngsten geschichtlichen Wirkungen der Antike. Vortrag, gehalten in der feierlichen Sitzung der Kaiserlichen Akademie der Wissenschaften am 21. Mai 1885. F. S. 1885 . . . . —.50
Separatabdruck

— über die jüngsten geschichtlichen Wirkungen der Antike. Vortrag. 8. (27 S.) Wien 885. (Gerold's Sohn.) n.n. — 50

— Zeus u. Eros. S.-A. 1864. 8 S.

Benndorf, Paul, 100 Bilder zur Geschichte Leipzigs. Hrsg. u. erläut. 1. u. 2. Aufl. (VII S. u. 71 Bl.) 32,5×24,5 cm. Leipzig 909. 10. Alwin Schmidt. Geb. in Leinw. 3.—; Luxusausg. 6. —

— s.: Dietrich's Wanderbuch f. die nähere u. weitere Umgebung Leipzigs.

Benndorf, Paul, Fabeln, Erzählungen und Rätsel. 8. Leipzig 884, Abel und Müller. cart. *

Benndorf, P., Fabeln, Erzählungen u. Rätsel. 2. Aufl. 8. (IV, 227 S. m. 49 Holzschn. u. 3 Farbendr.-Bildern.) Leipzig 889. Abel. cart. n. 2. —

— Der alte israelit. Friedhof in Leipzig. [Aus: „Schriften d. Ver. f. d. Gesch. Leipzigs".] (5 m. 1 Taf.) gr8° Lpzg, J Wörner '11. 1 — d

— Uns. Leipziger Friedhöfe u. ihre Anreggn f. d. Unterr. Vortr. (27 m. Abb.) gr8° Lpzg, Dürr'sche Bh. '12. 1 — d

— Führer durch Leipzig. Nebst 1 Plane v. Leipzig. Entworfen u. gezeichnet nach amtl. Quellen v. Ad. Liebers. gr. 8. (III, 39 S.) Leipzig 887. O. Dietrich. geb. n. 1. 25

Benndorf, Paul, Führer durch Leipzig. 2., verm. Aufl. 8. (51 S. m. Illustr. u. 2 Plänen.) Leipzig 891. O. Dietrich. Geb. in Leinw. 1. —

Führer durch Leipzig und Umgebung. Für d. Teilnehmer an d. 30. Allgem. Deutschen Lehrerversammlung im Auftr. d. Litterarischen- u. Press-Ausschusses bearb. von Paul Benndorf. Mit 3 Pl. Entworfen von Karl Jacob. Nebst 16 Abb. nach Orig.-Photogr. Hrsg. vom Ortsausschusse. Leipzig: Dürr 1893. 53 S. 8° [10. 10095

— Führer durch die Umgegend von Leipzig. Nebst 1 Specialkarte der Umgegend von Leipzig, bearb. v. A. Liebers. 1:50,000. gr. 8. (23 S.) Ebd. 887. n. — 80

— Führer durch die nähere Umgegend Leipzigs. 2. Aufl 8. (24 S. m. 1 Karte.) Ebd. 891. Kart. — 75

Benndorf, Paul, bacc. iur. a. Leipzig-Gohlis: Der öffentliche Glaube des Erbscheins nach dem Rechte des deutschen Bürgerlichen Gesetzbuches. Borna-Leipzig 1907: R. Noske. (IX, 90 S.) 8° [F.]
Leipzig, Jur. Fak., Diss. v. 9. März 1907
[Geb. 16. Jan. 83 Leipzig-Gohlis; Wohnort: Leipzig-Gohlis; Staatsangeh.: Sachsen; Vorbildung: König-Albert-Gymn. Leipzig Reife O. 02; Studium: Tübingen 1, Leipzig 1, Heidelberg 2, Leipzig 4 S.; Rig. 5. März 06.]

Der alte Leipziger Johannesfriedhof und die Rats- oder Hospitalgruft. Ein Beitrag z. Stadtgesch. von Paul Benndorf. Mit 70 Abb. u. 2 Pl. Leipzig: G. Merseburger 1907. (XII, 96 Sp., 49 Taf.) quer-8° [F.] [07. 10465

Benndorf, Paul, Durch d. Krim u. d. Kaukasus. Reisebriefe. M. Abb. u. Orig.-Photographien. 8. (68 S.) Leipzig 899. (E. Strauch.) n. 1. 50: geb. n.n. 2. —

Benndorf, Paul, Lohn der Arbeit. Neue Märchen u. Erzählgn. 8. (IV, 140 S. m. 2 Farbdr.) Leipzig (902). Dr. Seele & Co. Geb. in Leinw. n. 2. —

— Märchen aus 1001 Nacht. Neu bearb. f. die Jugend. Mit 6 Farbdr.-Bildern, sowie 9 Text-Abbildgn. v. C. Offterdinger. 7., gänzlich veränd. Aufl. 4. (III, 110 S.) Stuttgart 886. Loewe. geb 3. —

— Märchen aus 1001 Nacht. Neu bearb. f. die Jugend. Mit 6 Farbdr.-Bildern, sowie 9 Text-Abbildgn. v. C. Offterdinger. 8. Aufl. 4. (III, 110 S.) Stuttgart 888. F. Loewe. geb. 3. —

—— Märchen aus 1001 Nacht. Neu bearb. f. die Jugend. Mit 6 Farbendr.-Bildern u. 9 Text-Abbildgn. 9. Aufl. gr. 4. (III, 110 S.) Stuttg. 890, Loewe. cart. 3 —

— dasselbe. Mit 6 Farbdr.-Bildern nach Orig.-Aquarellen v. C. Offterdinger. 10. Aufl. 8. (III, 171 S.) Ebd. 890. geb. 2. 50

— Märchen aus 1001 Nacht. Neu bearb. f. die Jugend. Mit 6 Farbdr.-Bildern nach Orig.-Aquarellen v. C. Offterdinger. 11. Aufl. 8. (III, 171 S.) Stuttgart 891. F. Loewe. Kart. 2. 50

Benndorf, Paul, Märchen aus 1001 Nacht. Neu bearb. f. die Jugend. Mit 6 Farbdr.-Bildern, sowie 9 Textabbildgn. v. C. Offterdinger. 12. Aufl. 4. (III, 110 S.) Stuttgart 892. F. Loewe. Kart. 3. —

— dasselbe. Mit 6 Farbdr.-Bildern nach Orig.-Aquarellen v. C. Offterdinger. 13. Aufl. 8. (III, 171 S.) Ebd. 892. Kart. 2. 50

— Märchen aus 1001 Nacht. Neu bearb. f. d. Jug. M. 6 Farbdr.-Bild., sow. 9 Text-Abb. v. C. Offterdinger. 14. Aufl. 4. (III, 110 S.) Stuttgart 897. F. Loewe. Geb. 3. —

— dasselbe. M. 6 Farbendr.-Bild. n. Orig.-Aquarellen v. C. Offterdinger. 15. Aufl. 8. (III, 171 S.) Ebd. 897. Geb. 2. 50

— Märchen aus 1001 Nacht. Neu bearb. f. die Jugend. Mit 6 Farbdr.-Bildern, sowie 9 Text-Abbildgn. v. C. Offterdinger. 16. Aufl. 4. (III, 110 S.) Stuttgart (901). Loewe. Geb. 3. —

Benndorf, Paul, Märchen aus 1001 Nacht. Neu bearb. f. die Jugend. Mit 6 Farbdr.-Bildern, sowie 9 Text-Abbildgn. v. C. Offterdinger. 17. Aufl. (III, 110 S.) Lex.-8. Stuttgart (904). Loewe. Geb. n. 3. —

— Märchen a. 1001 Nacht. Neu bearb. f. d. Jugend. 18. Afl. (110 m. Abb. u. 4 Farbdr.) 8° Stuttg., Loewe ('05). Geb. 3 — ‖ 18. Afl. (205 m. Abb. u. 4 Farbdr. ('04.) Geb. 2.50 ‖ 19. Afl. Volksausg. (160 m. Abb.) ('04.) Geb. 1.20 d

— Märchen a. 1001 Nacht. Neu bearb. f. d. Jugend. 22. Afl. (110 m. Abb. u. 6 Farbdr.) Lex8° Stuttg., Loewe ('08). Geb. 3 — ‖ 22. Afl. (205 m. Abb. in 4 Farbdr.) 8° ('09). Geb. 2.50 ‖ Volksausg. 23. Afl. (160 m. Abb.) ('09). Geb. 1.20 d

— Märchen a. 1001 Nacht. Neu bearb. f. d. Jugend. 24. Afl. (110 m. Abb. u. 6 Farbendr.) Lex8° Stuttg., Loewe ('11). HL 3 — d

— dass. 25. Afl. (205 m. Abb. u. 4 Farbdr.) 8° Ebd. ('11). L 2.50 d

— dass. Neu bearb. f. d. Jugend. (99 m. Abb.) 8° Ebd. ('12). HL — 75 d

— dass. Volksausg. 27. Afl. (160 m. Abb.) 8° Ebd. ('12). HL 1.20 d

Benndorf, Paul

— die erste Meerturnfahrt deutscher Turner nach dem Orient. Reisebriefe. Mit 10 Abbildgn. nach Orig.-Photographien. 8. (75 S.) Leipzig 892. E. Strauch. n. 1.20

— für Müh' u. Fleiß. 3. u. 4. veränd. u. verm. Aufl. der Fabeln, Erzählgn. u. Rätsel. Mit 50 in den Text gedr. Holzschn. nach Zeichngn. v. Osk. Herrfurth u. a., nebst Buntdr.-Bildern u. Buntumschlag v. Wold. Friedrich. gr. 8. (à IV, 180 S.) Leipzig (899. 902). Abel & Müller. Geb. in Leinw. n. 2.50

— Für Müh' u. Fleiß. 5. veränd. u. verm. Aufl. der Fabeln, Erzählgn. u. Rätsel. Mit 50 in d. Text gedr. Holzschn. nach Zeichngn. v. Osk. Herrfurth u. a., nebst Buntdr.-Bild. u. Buntumschlag v. Wold. Friedrich. (IV, 180 S.) 8. Leipzig (907). Abel & Müller. Geb. in Leinw. 2.50

— Für Müh' u. Fleiss. 16—20. Taus. d. Fabeln, Erzählgn u. Rätsel. (180 m. Abb. u. Farbdr.) 8° Lpzg, Abel & M. ('09). L 2.50 d

— e. Orientfahrt der orientalischen Gesellschaft zu Leipzig nach Syrien, Palästina, Egypten u. Griechenland. Reisebriefe. 8. (90 S.) Ebd. 894. n. 1.60

— auf rauhen Pfaden. Eine Erzählg. aus dem deutsch-französ. Kriege. Mit 4 Farbendr.-Bildern v. Marie Goldhan. 8. (112 S.) Leipzig (902). Dr. Seele & Co. Geb. in Leinw. n. 2.—

— 4 (2 farb.) Tafeln vorgeschichtlicher Gegenstände aus Mitteldeutschland. (Mit erläut. Text auf jeder Taf.) à 60,5×85 cm. Leipzig (903). F. Brandstetter. à n. 3.60

— Tafeln vorgeschichtl. Gegenstände a. Mitteldeutschld. 2. Afl. 5 Taf. Je 60×85 cm. Farbdr. Ebd. ('12). je 3.75 d

— Die Völkerschlacht bei Leipzig. Gedenkb. f. d. 100jähr. Jubelfeier. Der deut. Jugend erzählt. 1—3. Afl. (146 m. Abb. u. 3 farb. Pl.) 8° Lpzg, P List ('11). L 3 — d

— die sächsische Volkskunde als Lehrstoff in der Volksschule. gr. 8. (IV, 83 S. m. 64 Abbildgn.) Dresden 901. [G. Schönfeld.] Leipzig, Fr. Brandstetter. Geb. in Leinw. n. 1.50

— Sachsens Vorzeit. Stoffangabe f. urgeschichtl. Unterr. (16 m. Abb.) 8° Lpzg, F Brandstetter ('03). — 40 d

— Wanderb. f. d. Umgebg Leipzigs, s: Dietrich.

Benndorf, Reinhard, approb. Arzt aus Braunschweig: Ueber primäre und isolierte **Bauchfelltuberkulose.** *München 1899: Kastner & Lossen.* (48 S.) 8°
München, Med. Diss. v. 1899

Benndorf, Walt., s.a. B e n n d o r f , FA Walt.

Benndorf, Walt., Jugendvereine. Ein Beitrag zur Arbeit an unserer schulentlassenen männl. Jugend. (32 S.) 8. Osterwied 908. A. W. Zickfeldt. — 60

Bennecke, Dementia, s. B e n n e c k e , Karl

Bennecke, Spielplatz..., s. B e n n e c k e , Friedrich

Bennecke, Adolf, approb. Arzt, aus Greifswald: **Beitrag zur** Kenntnis der Parovarialcystome. *Göttingen 1902: L. Hofer.* (46 S.) 8°
Göttingen, Med. Diss. v. [15. Apr.] 1902

Bennecke, Adf., Beitrag zur Kenntnis der Parovarialcystome. Diss. gr. 8. (46 S.) Göttingen 902. (Vandenhoeck & Ruprecht.) n. 1.—

Bennecke, Adf., Beiträge zur Mutterkornforschg. (Aus dem Institute f. Pharmakologie u. physiolog. Chemie der Universität Rostock.) (Direktor: Kobert.) (86 S. m. eingedr. Kurven.) gr. 8. Rostock 911. H. Warkentien. 1.—
Sonderabdruck aus: „Sitzungsber. u. Abhdlgn. d. naturforsch. Gesellsch. zu Rostock".

Bennecke, Adolf, Dr.: Studien über Gefässerkrankungen durch Gifte. Berlin 1908: G. Reimer. (198 S., 3 Taf.) 8° (Aus: Virchow's Archiv Bd 191.)
Rostock, Med. Fak., Hab.-Schr. v. 1908

Bennecke, Casp. H. (Resp.): De methodo spasmis medendi generali, s. B o e h m e r , Ph. Ad. (Praes.)

Bennecke, Chr. (Hrsg.), s. H a u s a r z t , Der homöopathische.

Bennecke, Erich, die gonorrhoische Gelenkentzündung nach Beobachtungen der chirurg. Universitätsklinik in der kgl. Charité zu Berlin. Mit e. Vorwort v. F. König. gr. 8. (III, 52 S.) Berlin 899. A. Hirschwald. n. 1.20

Bennecke, *Staats-Heinrich Konrad* Erich [app. Arzt]: **Zur Genese** der Kiefercysten. . . . Halle a. S., Druck v. E. Karras, 1891; 32 S., 1 Bl. 8°
Halle, Med. Fak., Inaug.-Diss. v. 9. März 1891

Bennecke, Erich, Operationsübungen an der Leiche. Eine Leitfaden f. Studierende. Mit e. Vorwort v. F. König. (VIII, 182 S. m. 108 Abbildgn.) 8. Leipzig 903. [H. Hartung & Sohn.] Würzburg, A. Stuber's Verl. Geb. in Leinw. n. 4.—

Bennecke, F., s.a. B e n n e c k e , Friedrich

Bennecke, F., s.a. B e n n e c k e , Fritz

Bennecke, F.: Die strafr. Lehre..., s. B e n n e c k e , Hans

Bennecke, F.: De vera novat..., s. B e n n e c k e , Karl

Bennecke, F[riedrich]: Eine konforme Abbildung als zweidimensionale Logarithmentafel zur Rechnung mit komplexen Zahlen. Festschrift des Königlichen-Victoria-Gymnasiums zur 300 jährigen Jubelfeier des Königlichen Joachimsthalschen Gymnasiums zu Berlin. (*Berlin: O. Salle.*) 7 S., 10 Taf. Qu. 4. M. 1,20. **Progr.**
Kgl. Victoria-Gymn. *Potsdam* 1907.

Eine konforme Abbildung als zweidimensionale Logarithmentafel zur Rechnung mit komplexen Zahlen von Dr. F[riedrich] **Bennecke,** Prof., Potsdam. Festschrift d. Kgl. Victoria-Gymn. z. 300jähr. Jubelfeier d. Kgl. Joachimsthalschen Gymn. zu Berlin. Potsdam 1907: Krämer. (4 Bl., 10 Taf.) quer-4° [illegible]

Bennecke, (F[riedrich]): Der Spielplatz des Kgl. Viktoria-Gymnasiums auf dem Brauhausberge bei Potsdam. Potsdam 1909: Krämer. S. 3—6. 4°
Potsdam, k. Viktoria-G OP 1909 (96)

Deutsches Wanderliederbuch für Primaner und Sekundaner z. Schulgebr. auf Ausflügen hrsg. von Dr. F[riedrich] **Bennecke.** Potsdam: A. Stein 1905. (XVI, 142 S.) 8° [J.] [illegible]

Bennecke, Friedrich Wilhelm Karl, s. B e n n e c k e , Karl

B e n n e c k e , F r i t z , Untersuchung der stationären elektrischen Strömung in einer unendlichen Ebene für den Fall, dass die Zuleitung der beiden verschiedenen Elektricitäten in zwei parallelen geradlinigen Strecken erfolgt. Diss. Göttingen 1886. 4°. 48 S. mit 5 Taf.
Sonder-Abdruck aus: Nova Acta academicae caesereae Leopoldino-Carolinae germanicae naturae curiosorum. Tom. LI. Halle 1887. Leipzig, Wilhelm Engelmann in Comm.

Bennecke. Fritz [aus Berlin]: Untersuchung der stationären elektrischen Strömung in einer unendlichen Ebene für den Fall, dass die Zuleitung der beiden verschiedenen Elektricitäten in zwei parallelen geradlinigen Strecken erfolgt. . . . (Sep.-Abdr. aus: Nova Acta d. Ksl. Leop.-Carol. Deutschen Akad. d. Naturforscher. LI. No. 4.) Halle, Druck von E. Blochmann & Sohn in Dresden, 1887; 1 Bl.+48 S. +1 Bl. u. 5 Taf. 4°.
Göttingen, Phil. Fak., Inaug.-Diss. v. 17. Febr. 1886.

Bennecke, H., s.a. B e n n e c k e , Hans

Bennecke, H., s.a. B e n n e c k e , Hermann

Bennecke, H., zur Frage der teleangiektatischen Granulome. (17 S. m. Fig. u. 1 farb. Taf.) gr. 8. München (906). J. F. Lehmann's Verl. n 2. —

Bennecke, Hans, s.: Abhandlungen, strafrechtliche, d. juristischen Seminars der Universität Breslau.

— d. Ausbildg. d. Richters i. Gefängniswes. [A.: „Jahrbb. f. Kriminalpolitik u. inn. Mission".] gr. 8. (26 S.) Breslau 895. Schletter. n. — 60

Festschrift Sr. Königl. Hoheit dem Grossherzoge . . . Ludewig IV. zum 25. Aug. 1889 gewidmet von Rector und Senat der Landesuniversität. — Bemerkungen zur Kriminalstatistik des Grossherzogthums Hessen, besonders zur Statistik des Bettels und der Landstreicherei von Dr. Hans Bennecke, Prof. d. Strafrechtswiss. a. d. Ludewigs-Universität. Giessen, C. v. Münchow, Univ.-Buch- & Steindr., 1889; 73 S. 4°

— s.: Dochow's, Adf., Strafrechtsfälle zum akademischen Gebrauch.

— u. E Beling, Fälle a. d. Strafprozessrecht z. akadem. Gebrauch. 2. Afl. 8° (45) Jena 95, G Fischer. 1 —; geb. 1.50
Bildet d. 2. Hft v. Dochow's Strafrechtsfälle. 4. Afl.

Bennecke, Hans, zur Geschichte d. deutschen Strafprozesses. Das Strafverfahren nach den holländ. u. flandr. Rechten d. XII. u. XIII. Jahrh. gr. 8. (XII, 184 S.) Marburg 886. Elwert's Verl. n. 3. 50

—— Lehrbuch des deutschen Reichs-Strafprozeßrechts. 1. Lfg. gr. 8. (128 S.) Freiburg i. Br. 888. Mohr. *

Bennecke, Hans. Lehrbuch d. deutschen Reichs-Strafprozeßrechts. 2.—4. Lfg. gr. 8. Freib. i. Br., J. C. B. Mohr. [2. (S. 129—272.) 889. * 3 —; 3. (S. 273—392.) 890. * 2 —; 4. (S. 393—576.) 892. * 3 60.] * 8 60
1. Lfg. Ebd. 1888. * 3 —.

— Lehrbuch d. deutschen Reichs-Strafprozeßrechts. 4. Lfg. gr. 8. (S. 393—576.) Freiburg i/B. 892. [J. C. B. Mohr.] Breslau, Schletter Verl. n. 3. 60 (1—4.: n. 10. 60)

— Lehrbuch d. deutschen Reichs-Strafprozeßrechts. 5. (Schluß-) Lfg. gr. 8. (XVI u. S. 577—848.) Breslau 895. Schletter. n. 4. 80 (kplt., ermäß. Pr., n. 8. 80)

— u. Ernst Beling, Lehrbuch des deutschen Reichs-Strafprozessrechts. gr. 8. (XIV, 743 S.) Breslau 900. Schletter. n. 8. 80; geb. n. 10. 80

— Die strafr. Lehre v. Ehebruch i. ihr. hist.-dogm. Entwicklung b. z. Mitte d. 15. Jahrh. Hab.-Schr. Marb. 1884.

Bennecke, Hans, die strafrechtliche Lehre vom Ehebruch in ihrer historisch-dogmatischen Entwickelung. I. Abthl.: Das röm., canon. und das deutsche Recht bis zur Mitte des XV. Jahrh. gr. 8. (X, 147 S.) Marburg 884, Elwert'sche Verlagsh. *

Bennecke, Karl Heinrich Hans: Die Rechte und Pflichten der Generalversammlung einer Actiengesellschaft nach dem allgemeinen deutschen Handelsgesetzbuch. Halle 1882: Karras. 39 S. 8°
Halle-Wittenberg, Jur. Diss. v. 29. März 1882
Geb. Kloster-Mansfeld 24. 4. 1859. V.

Bennecke, H, Strafrechtsfälle z. akadem. Gebr., s.: Dochow, A.

Bennecke, Hermann, approb. Arzt aus Göttingen: Ein Beitrag zur Frage der electiven Wirkung des Formaldehyds auf sporenhaltigen Milzbrand sowie andere Beobachtungen über das Verhalten von Desinfizientien auf pathogene Mikroorganismen. *Heidelberg 1903: C. Pfeffer.* (44 S.) 8°
Göttingen, Med. Diss. v. [16. Aug.] 1903

Bennecke, Herm, ein Beitrag zur Frage der electiven Wirkung des Formaldehyds auf sporenhaltigen Milzbrand sowie andere Beobachtungen üb. das Verhalten v. Desinfizientien auf pathogene Mikroorganismen. Diss. (44 S.) gr. 8. Heidelberg 903. (Göttingen, Vandenhoeck & Ruprecht). n. 1. —

Bennecke, H., die Leukocytose bei Scharlach u. anderen Mischinfektionen. (III, 80 S.) gr. 8. Jena 907. G. Fischer. 2. 50

Bennecke, H[ermann], Dr., Assist. d. med. Klinik zu Jena: Aus d. med. Klinik zu Jena. Dir.: Stintzing. Die Leukocytose bei Scharlach und anderen Mischinfektionen. Jena: Fischer 1909. 80 S. 8° ¶ (Ersch. auch als Buch ebd.)
Jena, Med. Hab.-Schr. v. 1909 [U 10. 2397

Bennecke, Karl

Beneckius, Fridericus Philippus **Karolus:** De vera in iure Romano novationis natura et de discrimine inter eam et alia negotia ei similia. Halae (1857): Schmidt. 35 S. 8°
Halle-Wittenberg. Jur. Diss. v. 15. Aug. 1857
Geb. [Athensleben (Kr. Kalbe) 13. 7. 1834]
Verf. erlebte das Jubeldiplom 1907 als Amtsrat in Athensleben (Kr. Kalbe).

Bennecke, Karl Heinrich Hans, s. B e n n e c k e , Hans.

Bennecke, Kurt [app. Arzt aus Jena]: Beiträge zu der neuen Epilepsie-Behandlung mit Opium und Brom . . . Weimar, Druck v. R. Wagner's Wwe, 1894; 26 S. 8.
Jena, Med. Fak., Inaug.-Diss. v. [11. Jan.] 1894

Bennecke, Dementia praecox in der Armee. Hrsg. v. der Medizinal-Abteilg. des königl. sächs. Kriegsministeriums. (77 S.) gr. 8. Dresden 907. (Leipzig, Th. Grieben.) 1. —

Dementia praecox in der Armee. Von Dr. [Kurt] **Bennecke,** Stabsarzt. Hrsg. von d. Med.-Abt. d. kgl. Sächs. Kriegsminist. Dresden 1907: Kriegsministerium. (77 S.) 8° [illegible]

Bennecke, R., Tabellen der Inhalte der Damm- u. Einschnittsprofile, der Abscissen d. Grunderwerbs, bei horizontalem u. geneigtem Terrain, im Auftrag u. Abtrag, der Inhalte v. Wegerampen, f. normalspurige Eisenbahnen untergeordneter Bedeutung. Fol. (100 autogr. S.) Berlin 890. (Polytechnische Buchhandlg.) n. 10. —

Bennecke, Staats-Heinrich Konrad Erich,
s. B e n n e c k e , Erich

Bennecke, Wilhelm

Bennecke, Wilh., Gedichte. 8. (III, 80 S.) Berlin 871. Luckhardt. 1. 50; geb. n. 2. 50

—— verlorene Herzen. Erzählungen. 8. (V, 181 S.) Cassel und Leipzig 872, Luckhardt'sche Verlagsh. *

Das Hoftheater in Kassel von 1814 bis zur Gegenwart. Beiträge z. Bühnengeschichte von Wilhelm **Bennecke.** Kassel: C. Vietor 1906. (208 S.) 8° [F.] [illegible]

—— Reinhold Lenz. Eine Novelle. 8. (237 S.) Cassel und Leipzig 871, Luckhardt'sche Verlagsh.

Bennecke, W., Malerleben. Roman in 3 Bdn. Cassel 869. C. Luckhardt. 8. (560 S.) 4 ₰

Bennecke, W, Malerleben. Rom. 3 Bde. 8. (601) Cass. 71, Luckhardt's V. 1. —

Bennecke, Wilh., Revisor Morgelhahn. Humoristisch-polit. Roman aus dem ehemal. Kurhessen. 2 Tle. in 1 Bd. 8. (164 u. 188 S.) Berlin (902). O. Janke. n. 4. —

Wilhelmshöhe oder Der Winterkasten. Sommerstudien vom Kasseler Spaziergänger. [Verf.: Wilhelm **Bennecke.**] Kassel: E. Hühn 1899. (140 S.) 8° [F.] 10; Gr. 4

Benneckenstein [Schlagwort]
— s. a.: **Preussen. Messtischblätter.**

Benneckenstein. Langer, Osk., Karte v. Benneckenstein, Hohegeiss u. Umgebung. 1 : 25,000. 41×62 cm. Farbdr. Nordhausen (910). G. Wimmer. — 75

Benneckius, Fridericus Philippus Karolus, s. Bennecke, Friedrich

Benneder, C. F., der logarithmische Rechenstab. Kurze Darstellung seines Gebrauchs. gr. 8. (12 S.) Stuttgart 879. (Wittwer.) n. — 50

Benneder, C. F., der logarithmische Rechenstab. Kurze Darstellg. seines Gebrauchs, nebst e. Reihe mathemat. u. techn. Formeln. gr. 8. (37 S. m. eingedr. Fig. u. 1 Taf.) Stuttgart 884. Wittwer. n. — 80

Bennefeld, Fr., über Digitalis-Tincturen. Comparativ-experimentelle Untersuchungen. Inaugural-Dissertation. gr. 8. (37 S.) Göttingen 881. (Vandenhoeck & Ruprecht.) n. — 80

Bennefeld F., über Digitalis-Tincturen 1882. —.48

Bennefeld, L. Topographische Karte der Kurhessischen Provinz Grafschaft Schaumburg. 1 Bl. K. Ff.

Bennefeld, L. Topographische Karte des Fürstenthums Waldeck. 1 Bl. K. Ff.

Bennegger, M., conversational books about the pictures of Hoelzel, s.: Pitcairn, L.

Benneke, Johann Wilhelm (Haiena-Hannover), An homines malum, quatenus malum est, appetere, et bonum, quatenus bonum est, aversari possint? Diss. philos. Präs. Chph. Ludw. Obbarius (Aulebcn/Thür.). Göttingen (Hager) 13. X. 1736. 12 Bl. (5.—)

Bennel, W. (Hrsg.), s. Die Kolonie.

Bennelle, Joh. Carl (Leipzig), Diss. polit. qua Monarchomachi et Machiavellus in concordiam adducuntur. Präs. Carl Ferd. Hommel (Zweinaundorf, Groschepa u. Quesitz). Lpz. (Breitkopf) 11. I. 1775. 40 S. (4.60)
Gew.: Jacob Bennelle.

Bennemann
— Beschr. d. Tulpe z. Ruhm d. Schöpf. 8. 741.

Bennemann, Gedank. üb. d. Reich d. Blumen. 8. Dresd. Walther. 740.

(Bennemann,) Haus-Choral-Melodienbuch, s. Haus-Choral-Melodienbuch.

— Rose z. Ruhm des Schöpf. 8. 742.

Bennemann, Christian Johann Gotthelf (Düben), De causis poenam rapinae capitalem haud mitigantibus. Thes. jur. criminalis. Präs. Chn. Gottlieb Hommel. Wittenbg. (J. Chph. Tzschidrich) 12. I. 1776. 8 S. (2.—)

Benner, Blücherfest-Rede am 30. Aug. 1861 im Buchholz bei Löwenberg gehalten. 8. (18 S.) Löwenberg 861, (Holaeufer.) *

Benner: De poenitentia Horatii philosophica, s. Benner, Johann Hermann

Benner, Alfred [pr. Arzt in Merseburg]: **Ein Fall von Gallenstauungscirrhose der Leber nach primärem Adenocarcinom im Ductus choledochus ... Halle a. S., Hofbuchdr. v. C. A. Kaemmerer & C., 1892; 26 S., 2 Bl. 8.**
Halle, Med. Fak., Inaug.-Diss. v. 28. Juni 1892

Benner, Aemilius Otto Ferdinand, s. Benner, Emil

Benner, Curt, aus Merseburg a. S.: **Ueber Specksteinbildung im Fichtelgebirge mit besonderer Berücksichtigung der Frage nach der Herkunft der dabei wirksamen Magnesiamengen.** *Nürnberg 1900: F. Eckart.* (34 S.) 8°
Erlangen, Phil. Diss. v. 20. Juli 1899

Benner, Emil

Benner, Aemilius (Otto Ferdinandus) *(geb. Schömwaldau bei Hirschberg in Schles. 17.2.1824)*: De struma. Vratislaviae (1846). (25 S.) 8°
Breslau, Med. Diss. v. 27. Juli 1846

Benner, Enos, Abhandlung über die Rechenkunst, oder pract. Arithmetik, zum Gebrauch für Schulen. Zusammengetragen u. hrsg. 3. durchaus verb. u. vielf. verm. Ausg. 8. (VI u. 178 S.) Sumnytaun 849. (Philadelphia, Schäfer & Koradi.) n. 16 ngr

Benner, Ernst: Aus d. Botan. Garten d. Universität Breslau. Die Hieracien des Riesengebirges aus den Sektionen Alpina und Alpestria in ihren phylogenetischen Beziehungen zu andern Verwandtschaftskreisen. Breslau 1905: H. Fleischmann. (80 S.) 8°
Breslau, Phil. Fak., Ref. Pax, Diss. v. 6. Juli 1905
[Geb. 11. April 83 Troitschendorf, Kr. Görlitz; Heimatsort: Rawitsch; Staatsangeh.: Preußen; Vorbildung: Gymn. Wohlau, Gymn. Rawitsch Reife O. 01; Studium: Breslau 8 S.; Rig. 31. Mai 05.]

Benner, Friedrich, aus Wittenburg i. Mecklenb.: **Poetik W. Scott's in seiner Lady of the Lake mit Hinweisen auf Byron's Siege of Corinth und Burn's Poems.** *Ludwigslust 1899: C. Kober.* (67 S.) 8°
Rostock, Phil. Diss. v. [3. Mai] 1899

Benner, Hans: **Beiträge zur Geologie und Agronomie des Schwabachthales bei Erlangen.** *Lehesten 1898: E. Neumeister.* (38 S. mit Taf.) 8°
Erlangen, Phil. Diss. v. 24. Juni 1896

Benner, Henry, aus Cressman, U. S. A.: **Bestimmung der Coefficienten, welche bei der Berechnung der Integrale**

$$\int \frac{x^n dx}{\sqrt{1 + ax + bx^2}} \text{ und } \int \frac{x^n dx}{\sqrt{1 + ax + bx^2 + cx^3}} \text{ auftreten.}$$

Boston, U. S. A.: Ginn & Co 1899. (IX, 59 S.) 8°
Erlangen, Phil. Diss. v. 7. Juli 1897

Benner, J: Führer durch d. nächste Umgebg v. Wallmerod. 12° Wallmerod 98. (Wiesb. 99, H Staadt.) — 30

— Karte d. farb. Wegebezeichngn v. Wallmerod u. Umgegend. 1:25.000. 38×42 cm. Lith. Wiesb. 99, H Staadt. — 50

Benner, Johann Hermann

— Abhandl. e. theolog. Moral. gr. 8. Marb. 770. Krieger. 16 gr

Benner, Jh. Herm., († d. 8. Juli 1782.) kl. theolog. Abhandll. 16 Stck. 8. Marb. 773. Krieger. 5 gr

— Antwort auf Loens Sendschr. über s. einzig wahre Religion rc. 8. Leipz. (Erf.) 751. 4 gr

Benner, Jo. Herm. [Präs.] u. Heinr. Chrph. Nebel (Wallernhusano SS. Theol. Cult.) [Resp.]
Exercitatio academica de aquilone Propertii quem Cynthiae minatur ubi locus huius poetae vexatissimus et frustra iam per aliquot saecula tentatus excutitur.
[Giessen] März 1734: Eberh. Henr. Lammers. 32 S. 4°

Benner, Joh. Hermann
De baptismo Ephesiorum in nomen Christi ex actor. XIX. 4.5. commentatio philologica.
Giessae 3. Oct. 1730: Eberh. Henr. Lammers. (2), 13, (1) S. 4°
pro facultate praesidendi

Benner, Johann Hermann [Präs.] u. Joh. Frid. Selzam (Großen-Buseck) [Resp.]
De baptismo Ephesiorum in nomen Christi, à pervulgata sententia non interpretando, Act. XIX, 4.5.
Giessae 26. März 1733: Lammers. (2), 36 S. 4°

Benner, J. Herm., Bedenk. v. vorsetzl. Meineid. 8. Frkf. Brönner. 749. Rthlr.

— theol. Bedenken v. Meineid. 8. Frkf. a. M. 750. Brönner. 2 gr.

— Betrachtt. üb. Heumanns Vermächtn. v. Abendmahl. 8. Marb. 765. Krieger. 4 gr.

— Beweis, was d. Schrift lehre rc. 8. Marb. 768. Krieger. 4 gr.

Benner, Jo. Herm. [Präs.] u. Ludw. Friedr. Weiss [Resp.]
De caussa mortis ac vitae Christi Rom. IV. 25.
Gissae 9. Juli 1750: Jo. Chrph. Schroeder. 86 S. 4°
Theol. Diss.

Benner, Johann Hermann [Präs.] u. Joh. Michelius (paed. Giss. Coll.) [Resp.]
De censura Dionysii Longini Rhetoris in Mosen Genes I, 3. exercitatio altera.
Gissae [14.] Mai 1739: E. H. Lammers. 24 S. 4°
pro summis in philos. honoribus consequendis

Benner, Johann Hermann [Präs.] u. Philipp Nicolaus Wolff (ill. Paedagog. Giss. Coll.) [Resp.]
Exercitatio inauguralis de censura Dionysii Longini in verba Mosis Gen. I, 3.
Giessae [9.] Mai 1739: E. H. Lammers. 24 S. 4°
pro summis in philosophia honoribus consequendis

Benner, Johann Hermann [Präs.] u. Philipp Christian Wenckenbach [Resp.]
Historiae ecclesiasticae exercitatio de Christiano non achresto, qua paganorum opprobrium in veteres Christianos conjectum refellitur et Theophilus Antiochenus explicatur.
Gissae 31. August 1747: Joh. Müller. (4), 40 S. 4°

Benner, Joh. Herm. [Präs.] u. Friedr. Samuel Winterberg (Pastor Waldecc)
Dissertatio theologica in derelictionem Christi a patre suo, Ps. 22, 1 coll. Matth. 27, 46.
Gissae 1762: Joh. Chrph. Schröder. 42, (2) S. 4°
solemni eruditorum examini

Benner, Joh. Herm.: Disputatio theologica. . . ,
s. Rambach, Joh. Jac. [Praes.]

Benner, Joh. Herm.: Dissertatio inauguralis. . . ,
s. May, Johann Heinrich [Praes.]

— pflichtmäß. Erwäg., d. christl. Religion betr. 2 Stcke. 8. Frkf. u. Leipz. (Marb.) 772, 73. Krieger. 8 gr.

Benner, Johann Hermann [Präs.] u. Henr. Daniel Müller (Stipend. Major) [Autor et Resp.]
Dissertatio inauguralis de existentia Dei et revelationis ejusque criteriis.
Giessae Juli [20. August] 1739: Lammers. (4), 36 S. 4°
pro summis in philosophia honoribus consequendis

Benner, Johann Hermann [Präs.] u. Joh. Michel (Giessen) [Resp.]
De exustione mundi suprema, ad Petri sententiam conformata 2 Petr. III, 10.12.
Gissae 12. 2. 1733: Müller. 36 S. 4°

— Gedanken üb. d. Sonderbarein d. Schrift des Dr. Leß. 4 Stcke. 8. Gießen 780. Krieger. 12 gr.

Benner, Johann Hermann [Präs.] u. Wilh. Rudolph Doell [Resp.]
Exercitatio academica de gemitu ecclesiae suspirantis libertatem Rom. VIII, 19 - 23.
Gissae 22. Aug. 1737: Müller. (2), 67 (3) S. 4°

Benner, Joh. Herm., Die gegenwartige Gestalt der Herrnhuterey in ihrer Schalkheit, wo die schädliche Jrrgeisterey des Grafen v. Zinzendorf aus dessen neuesten Schriften entdecket wird. 4 Thle. Giesen (!) 1746—49. 8⁰. Rar! (Nur Th. 4 in München.) (3 Mk. Bernh. Liebisch, Lpz., 1901; 100 Mk. [so!] L. Rosenthal, 1910:)

Teil IV (180 Seiten umfassend) enthält: Authent. Relation, welche der Bruder Ludwig in Pensilvanien herausgeg. hat. Wichtig für die frühe Kirchengeschichte von Pennsylvanien.

Benner, Johann Hermann [Präs.] u. Jac. Theodor Franz Rambach (Lehrer am Giess. Paedagog) [Resp.]
Exercitatio theologica de gratia ordinaria in somniantibus operosa.
Gissae Mai 1758: Joh. Chrph. Schröder. 44 S. 4°

— Hermeneutica sacra. 8. ibid. 753.

Benner, Joh. Herm. [Präs.] u. Joh. Heinr. Heuser (Grünstadt, Pfalz) [Resp.]
Disputatio theologica de immersione in Christum veritati noxia, quam auctori dogmatum innoxiorum ad vindicandum Gal. III. 27. ...... opponit.
Gissae Cal. Martii 1742: Joh. Müller. 32 S. 4°

Benner, Johann Hermann [Präs.] u. Joh. Engelb. Theodor Limpert (Schotten) [Resp.]
Exercitatio ad jus ecclesiasticum de jure praecipuo principis evangelici in ecclesia.
Gissae Oct. 1765: Joh. Chrph. Schröder. 50, (2) S. 4°

Benner, Johann Hermann [Präs.] u. Joh. Vincenz Runckel (SS. Theol. Cult. Megalindanus) [Resp.]
Meditatio theologica de justificatione universali totius generis humani 2 Cor. V, 19, Rom. V, 19.
Gissae 1. Nov. 1757: Braun. (6), 34, (2) S. 4°

— Lerna Zinzendorfiana. Leips. 744.

Benner, Johann Hermann [Präs.] u. Heinrich Christoph Nebel (Paed. Coll.) [Auctor et Resp.]
Dissertatio inauguralis de pravis moribus corruptae eloquentiae caussa.
Gissae 10. Nov. 1739: E. H. Lammers. (2), 42 S. 4°
pro summis in philosophia honoribus consequendis

Benner, Johann Hermann [Präs.] u. Phil. Wilh. Mosebach (Stip. Major)
Dissertatio theologica de morte pro fratribus I. Jo. III, 16.
Giessae Juni 1762: Joh. Chrn. Schröder. 24 S. 4°

Benner, Joh. Herm. [Präs.] u. Joh. Conrad Bauck [Resp.]
Dissertatio theologica de morte quae justificat a peccato Rom. VI. 7.
Gissae 22. Sept. 1767: Braun. 62 S. 4°

— notitia salutis. III Tom. 8. Marb. 765 et 66. Krieger. 1 rthl. 8 gr.

Benner, Johann Hermann [Präs.] u. Georg Karl Hess (Butzbach) [Resp.]
Dissertatio theologica de noxa homiletica Zinzendorfiana ex Heptade Sermonum Comitis ... ventilanda.
Giessae Febr. 1744: Müller. (2), 46 S. 4°

Benner, Jo. Hermann, Prolusio de ficta omnipraesentia quam ex Virgil. Georg. IV. 218. scriptor recentissimus somniavit. Giessen (E. H. Lammers) 6. IX. 1752. 12 S. mit Namen. (3.—) 2082

Benner, Johann Hermann: Otia sacra. 8⁰
Marburg: Krieger 1770.

Benner, Johann Hermann [Präs.] u. Philipp Christian List (Kirtorf) [Resp.]
Disquisitio exegetica de palo ex carne Paulli extracto, 2 Cor. XII, 7 seqq.
Gissae 18. März 1734: Müller. (4), 60 S. 4°

Benner, Johann Hermann [Präs.] u. Karl Philipp Zehner (Heidelberg) [Resp.]
Juris ecclesiastici dissertatio de poenis ecclesiasticis cauto mitigandis.
Gissae 15. Aug. 1754: Joh. Chrph. Schröder. (2), 56 S. 4°

Benner, Johann Hermann [Präs.] u. Philipp Christian List (Kirtorf) [Resp.]
Dissertatio inauguralis de poenitentia Horatii philosophica ab insolito tonitru provocata, Carminum libro I. Ode XXXIV.
Gissae [18.] August 1735: Lammers. 60 S. 4°
pro summis in philosophia honoribus

Benner, Johann Hermann [Präs.] u. Joh. Philipp Vigelius (Großenlinden) [Resp.]
Dissertatio theologica de principio cognoscendi in Theologia morali.
Gissae Nov. 1766: Schröder. (2), 46 S. 4°

Benner, Johann Hermann [Präs.] u. Joh. Conr. Eberwein (Philos. Mag. et paedagog. Giss. coll.) [Resp.]
Disputatio inauguralis theologica de requie Christi gloriosa, Jesa. XI, 10.
Giessae 31. Oct. 1741: E. H. Lammers. (4), 68 S. 4°
pro summis in Theol. honoribus

Benner, Johann Hermann [Präs.] u. Joh. Jac. Ernst Aug. Weissenbruch [Resp.]
Juris ecclesiastici exercitatio, quod Respublica Veteris Testamenti fuerit in ecclesia.
Gissae 7. Dez. 1747: Joh. Müller. (4), 68 S. 4°

Benner, Johann Hermann [Präs.] u. Georg Seb. Friedr. Schott [Resp.]
Exercitatio academica de revelatione divina naturali, ad Rom. I, 19. 20.
Gissae Nov. 1757: Joh. Chrph. Schröder. 62, (2) S. 4°

— kl. Schriften. 8. 780.

— entdeckte Schwäche d. Gedank., welche Aletophilus Tacitus üb. d. Streitschr. geg. d. Hernhuter eröffn. hat. 8. Frankf. Brönner. 749.

Benner, Joh. Herm. [Präs.] u. Ludw. Henr. Hessius [Resp.]
Specimen academicum de libello repudii a proselytis non exigendo.
Gissae Nov. 1754: Braun. 42, (2) S. 4°

Benner, Joh. Herm. [Präs.] u. Joh. Konr. Eberwein [Resp.]
Specimen Eloquentiae sacrae in sermone Paulli materna pietate concitati Gal. IV. 19. 20.
Giessen 2. Sept. 1734: Eb. Henr. Lammers. 36 S. 4°
pro titulo magistri.

— Suffragium pro gloria Christ. Rom. IX. contra Semmlerum. 8. Marb. 771. Krieger. 9 ℋ

Benner, Johann Hermann [Präs.] u. Joh. Georg Reiz [Resp.]
Disp. de testimonio Tertulliano, quod apotheosin Christi, tentatam a Tiberio, confirmat.
Gissae 2. Sept. 1734. 8 S. 4°
pro summis in philosophia honoribus

Benner, Johann Hermann [Präs.] u. Joh. Christian Dietz (Dauernheim) [Resp.]
Exercitatio academica exhibens tirocinium Zinzendorfianum verum et fictum.
Gissae 23. Aug. 1742: Müller. (2), 58 S. 4°

— entdeckter Ungrund d. sogen. einzig wahren Religion d. J. M. v. Loen. 8. Frankf. 751. Brönner. 5 ℋ

Benner, Johann Hermann [Präs.] u. Joh. Frid. Stockhausen (Gladenbach) [Resp.]
Utrum Senecae dictum: Deo parere libertas est, et oraculum S. Petri: liberi sed tamquam servi Dei, inter se conspirent ? theses inaugurales.
Gissae [28.] April 1739: Lammers. 8 S. 4°
pro laurea philosophica

— Warnung für d. Geist d. Religion in d. pragmat. Gesch. d. Protestanten. 8. Marb. 769. Krieger. 3 ℋ

Benner, med. pract. R[ené], aus Mülhausen [Elsass]: Aus der medizinischen Universitätsklinik des Herrn Professor Dr. Eichhorst in Zürich. Ueber die Wirkung des Syzygium Jambolanum bei Diabetes mellitus. Zür. F. Lohbauer Dr. 1892. 44 S., 1 Bl. 8°.
Zürich, Med. Diss. [v. 28. Juni 1892].

Benner, Richard [Referendar aus Merseburg]: Über die donatio sub modo nach gemeinem Recht .... Halle a. S., Druck v. Ehrhardt Karras, 1888; 44 S. + 1 Bl. 8°
Halle, Jur. Fak., Inaug.-Diss. v. 9. Febr. 1888

Benner, Richard, über die donatio sub modo nach gemeinem Recht. Diss. Halle 1888, Lippertsche Buchh. 8°. 44 S.

Bennert, Julius Eduard
Bennert, J. E., Bismarck-Medaillen. (VII, 122 S. m. 11 Taf.) 8. Köln 905. Kölner Verlags-Anstalt. n. 6. —

Bennert, Jul. Ed., um Ehre u. Leben. Schauspiel in 4 Aufzügen. gr. 8. (80 S.) Köln 893. J. G. Schmitz. n. 1. —

Bennert, J. E: Illustrirte Geschichte der Zither. Luxemburg (1881)

Bennert, J. E., illustrirte Geschichte der Zither. gr. 4. (56 S.) Luxemburg 887. Stomps. n.n. 2. —

Bennert, J. E., a. d. Gesellschaft. Schausp. i. 4 Aufz. 8. (130 S.) Köln 894. J. G. Schmitz. n. 1. —

Bennert, J. E., Nikolaus Güllich. Historischer Roman. gr. 8. (330 S.) Köln 902. Kölner Verlagsanstalt u. Druckerei. n. 4. —; geb. n. 5. —

Der wilde Jäger von Rheindorf von J[ul.] E[duard] **Bennert**. *Köln: J. G. Schmitz 1900.* (89 S.) 8° [F.] [04. 1934 5

— der Mönch v. St. Blasien. Roman. (190 S.) 8. Dresden 903. E. Pierson. n. 2. 50; geb. n. 3. 50

Münzen und Medaillen der Republik Uruguay. Von J[ulius] E[duard] **Bennert**. (Dresden: Thieme 1908.) 15 S. 4° [Umschlagt.]
Aus: Blätter f. Münzfreunde. Jg. 43. 1908. [10. 10949 5

[F.] Novellen v. J[ulius] E[duard] **Bennert**. *Berlin: Freund & Jeckel 1897.* (112 S.) 1 Bd 8. [97. 3610

— s.: Schleicher, Erasmus.

— die Technik der Zither. gr. 8. (96 S.) Luxemburg 889. Regensburg, B. Fritz. 2. —

— Trinkkunst. Vorlesgn. 8. (III, 126 S.) Köln (894). A. Ahn. 1. 50

Bennert, Karl, Beiträge zur Kenntniss der Isomerie v. Fumar- u. Maleïnsäure. gr. 8. (40 S.) Tübingen 884. (Fues.) n. 1. 20

Bennet's kl. Kursbuch f. Norwegen. (7. Ausg.) Reisesaison 1898. Juni, Juli u. August. 12. (VIII, 70 S.) Christiania 898. (Magdeburg, A. Rathke.) n. — 50

— Reisehandbuch f. Norwegen (m. 16 Karten), nebst Anh., enth. kurze Beschreibg. d. wichtigsten Routen i. Schweden. Hrsg. v. Thos. Bennett & Söhne. 12. (XXIV, 204 S.) Ebd. 898. Geb. in Leinw. n. 4. —

Bennet, A. Hughes: Abhandlung..., s. B e n n e t t , A. Hughes

Bennet, A. M. Das Bettlermädchen und ihre Wohlthäter; aus dem Engl. Leipzig 1798—1801. Ü: *Schwalbe, Carl Gustav Friedrich & Friedrich Traugott Voigt.* (MGT) (GGr) (Ky)

Bennet, Arthur: Bemerkungen..., s. B e n n e t t , Arthur

Bennet, Christopher: (Theatri tabidorum Vestibulum.) Theatrum tabidorum sive Phtiseos, atrophiae et hecticae xenodochium. Lipsiae: Krausius 1760. XII, 179 S. 8°

Bennet, **C., theatrum tabitor. sive phthiseos etc. 8. Leipz. 760. (Krauss in Wien).** 8 ℋ

Bennet , Emerson: Die Flüchtige, s. B i b l i o t h e k , amerikanische.

– Clara Moreland, s. B i b l i o t h e k , amerikanische.

– Die Testamentsfälschung, s. B i b l i o t h e k , amerikanische.

– Viola, s. B i b l i o t h e k , amerikanische.

– Die Waldesbraut, s. B i b l i o t h e k , amerikanische.

Bennet, E., Walde-Warren, s. a. Bibliothek, amerikanische.

Bennet, Emerson, Walde-Warren. Eine amerikan. Criminalgeschichte. Aus dem Engl. übers. von Marie Heine. 8. (224 S.) Leipzig 864, Kollmann. *

Bennet, J. H., praktische Abhandlung über Entzündung, Schwärung u. Verhärtung d. Gebärmutterhalses, nebst Bemerkungen über die Bedeutung der Leukorrhöe u. des Gebärmuttervorfalls als Symptome von Uterinleiden. Aus d. Engl. v. G. F. A. M a t t h i a e. gr. 8. (XIV u. 180 S.) Winterthur 847, Steiner. 1 ß

Bennet, J. Henry, Mentone, die Riviera, Corsica und Biarritz als Winteraufenthaltsorte. Nach der 2. Aufl. aus d. Engl. übers. von G o t t f r. C. H a h n. Mainz 863. Kupferberg. gr. 8. (VIII, 188 S.) 18 ngr.

Bennet, Sal., Israels Beständigkeit. Eine unbefangene Beleuchtung mehrerer wichtiger Bibelstellen, insbesondere sogen. messianischer Weissagungen; in kritischer Erwiederung auf d. von Lord Crawford erschienene öffentl. Sendschreiben an die hebräische Nation, nebst e. kurzen Abriß der jüdischen Geschichte und Nachrichten über den Zustand der heutigen Juden in Europa. Aus d. Engl. von Fr. Wlh. Edw. Wagner. 8. Darmst. 835. Diehl. 2/3 ß

Bennett: Kl. Kursbuch..., s. B e n n e t

Bennett, A. Einsiedeln in the dark wood or our Lady of the Hermits. The Story of an alpine Sanctuary. Mit 36 Illustrationen. In-16°, 208 S. Einsiedeln, Benziger, 1883. Geb. 2 50

Bennett, A. Hughes, Abhandlung üb. Electro-Diagnostik bei Krankheiten d. Nervensystems. Ins Deutsche übers. v. W. Dietz. gr. 8. (XI, 173 S. m. eingedr. Holzschn., 5 Taf. u. 5 Bl. Taf.-Erklärgn.) Halle 883. Knapp. n. 5. —

Bennett, A. R., siehe: *Dillon, C. F.*

Bennett, Anne R., nee Gladstone, s.: **Life, the, of Mary for children.**

Bennett, Arnold

The Grand Babylon Hotel. A fantasia on modern themes. By Arnold **Bennett.** Copyright ed. Leipzig: Tauchnitz 1902. 279 S. 8°
(Collection of British authors. Tauchnitz Ed. Vol. 3599.) [11. 8456

Buried alive. A tale of these days. By Arnold **Bennett.** Copyright ed Leipzig: Tauchnitz 1908. 272 S. 8°
(Collection of British authors. Tauchnitz Ed. Vol. 4055.) [11. 8790

– The card, s. Collection of Brit. auth. 4257.

Clayhanger. By Arnold **Bennett.** Copyright ed. In 2 vol. Vol. 1. 2. Leipzig: Tauchnitz 1911. 8°
(Collection of Brit. Authors. Tauchnitz Ed. Vol. 4235. 4236.) [11. 1538

The Gates of wrath. A melodrama. By Arnold **Bennett.** Copyright ed. Leipzig: Tauchnitz 1903. 278 S. 8°
(Collection of British authors. Tauchnitz Ed. Vol. 3664.) [11. 8302

— Das Gespenst, s: Engelhorn's allg. Roman-Bibliothek.

The Ghost. A fantasia on modern themes. By Arnold **Bennett.** Copyright ed. Leipzig: Tauchnitz 1907 270 S. 8°
(Collection of British authors. Tauchnitz Ed. Vol. 3976.) [11. 8731

The Glimpse. An adventure of the soul. By Arnold **Bennett.** Copyright ed. Leipzig: Tauchnitz 1909. 295 S. 8°
(Collection of British authors. Tauchnitz Ed. Vol. 4150.) [11. 8869

Helen with the high hand. An idyllic diversion. By Arnold **Bennett.** Copyright ed. Leipzig: Tauchnitz 1910. 288 S. 8°
(Collection of British authors. Tauchnitz Ed. Vol. 4181.) [11. 8894

— Hugo, s.: Engelhorn's allgemeine Roman-Bibliothek.

Bennett, Arnold: Leonora, s. Collection of Brit. auth. 4329.

– Hilda Lessays, s. Collection of Brit. auth. 4292.

Sacred and profane Love. A novel in three episodes. By Arnold **Bennett.** Copyright ed. Leipzig: Tauchnitz 1906. 288 S. 8°
(Collection of British authors. Tauchnitz Ed. Vol. 3859.) [11. 8642

A great Man. A frolic. By Arnold **Bennett.** Copyright ed. Leipzig: Tauchnitz 1904. 294 S. 8°
(Collection of British authors. Tauchnitz Ed. Vol. 3746.) [11. 8363

— Ein großer Mann, s.: Engelhorn's allgem. Roman-Bibliothek.

– The matador of the five towns and other stories, s. Collection of Brit. auth. 4325.

— The sinews of war, s.: **Phillpotts, Eden.**

The grim Smile of the five towns. By Arnold **Bennett.** Copyright ed. Leipzig: Tauchnitz 1907. 287 S. 8°
(Collection of British authors. Tauchnitz Ed. Vol. 3989.) [11. 8743

– Those United States, s. Collection of Brit. auth. 4377.

— The statue, s.: **Phillpotts, Eden.**

The old wives' Tale. A novel. By Arnold **Bennett.** Copyright ed. In 2 vol. Vol. 1. 2. Leipzig: Tauchnitz 1909. 8°
(Collection of British authors. Tauchnitz Ed. Vol. 4102/3.) [11. 8887

Whom God hath joined. By Arnold **Bennett.** Copyright ed. Leipzig: Tauchnitz 1907. 327 S. 8°
(Collection of British authors. Tauchnitz Ed. Vol. 3939.) [11. 8699

Bennett, Arth., Bemerkungen üb. die Arten der Gattung Potamogeton im Herbarium d. k. k. naturhistorischen Hofmuseums. [Aus: „Annalen d. k. k. naturhistor. Hofmuseums".] Lex.-8. (10 S.) Wien 892. A. Hölder. n. — 60

Bennet, Arthur, Bemerkungen über die Arten der Gattung Potamogeton im Herbarium des k. k. naturhistorischen Hofmuseums. (Sep.-Abdr. aus Bd. VII., Heft 4, der Annalen des k. k. naturhistorischen Hofmuseums. Lex.-8. (10 S.) Wien: Hölder 1893 —.30

Bennett, Ch. E., Rhytmic accent in ancient verse — — A reply. S. A. 1900. 17 S. —.90

— Wath was „Ictus" in Latin prosody? S. A. 1900. 28 S.

Bennett, Ch.G.: Das allgemeine Stimmrecht in den Vereinigten Staaten von Nordamerika mit Hinblick auf Frankreich und die Schweiz. 8°. Berlin 1877.

Bennett, Emerson, s. Bennet, Emerson

Bennett, Emil, s. Dania.

Bennett, H. M., glückliche Kinderzeit. Ein Bilderbuch. Mit Reimen v. Helene Binder. 4. (46 S. m. z. Tl. farb. Bildern.) Nürnberg 894. Th. Stroefer. Kart. n. 6. —

— lustig jahraus jahrein! Ein Bilderbuch. gr. 4. (52 S. m. farb. Illustr.) München 890. Nürnberg, Th. Stroefer. Geb. n. 6.—

— s.: **Mack, R. E.,** Jack in the box.

— s.: **Mack, R. E.,** when all is young.

— Stehauf-Männchen! Bilder v. H. M. B., m. Reimen v. Emil Wolff. 4. (48 S.) München 888. Stroefer. geb. n. 1. 30

Bennett, H. M., fröhliche Stunden. Illustrirt von H. M. B. Mit Reimen von Helene Binder. 4. (32 S. mit Chromolithogr.) München 886, Stroefer. cart. *

— sonnige Tage, wonnige Stunden. Ein Bilderbuch m. Reimen v. Helene Binder. 4. (52 S.) Ebd. 889. geb. n. 5. 50

— was der Kuckuck ruft, s.: **Binder, Helene.**

— was man im Walde hört, s.: **Lechler, Cornelie.**

Bennett, H. M., wenn der Frühling blüht! Bilder v. H. M. B. Reime v. Fanny Stockhausen. 4. (52 S.) München 888. Stroefer. geb. n. 5. 50

— u. Helene Binder, zu Haus' u. drauß'. Mit Bildern v. H. M. Bennett u. Reimen v. Helene Binder. 4. (26 Bl. m. eingedr. Illustr., wovon 18 chromolith.) Ebd. 888. geb. n. 5. 50

Bennett, J. W., der Neufundländer. Vom Verf. autoris. Uebersetzg. v. Carl Thilo. Mit 4 Vollbildern u. 3 in den Text gedr. Abbildgn. Lex.-8. (18 S.) Leipzig 891. [L. Weber.] W. Malende. n. 1. 50

(B) **Bennett,** J. W., d. Neufundländer. 891. (KBl. 27) Jetzt: Neudamm, J. Neumann. Erm. Pr. 1.

Bennett, James R., der hitzige Wasserkopf, seine Ursachen, Natur, Diagnose u. Behandlung. Eine gekrönte Preisschrift. Deutsch bearb. von Donat Aug. M. Lang. Mit anatom.-patholog. Zusätzen von Carl Rokitansky. gr. 8. Wien 844, Braumüller u. Seidel. $1^1/_3$ ₰

Bennett, John
Der kleine Sänger von Stratford. Eine Erzählung aus d. Zeit d. engl. Königin Elisabeth f. d. reifere Jugend. Von John Bennett. Genehm. Uebers. von Isabella Hummel-Graham. Mit 8 Farbendruckbild. u. Einbandzeichnung von Reg. Birch. *Köln a. Rh.: J. P. Bachem [1903].* (316 S.) 8° [8.]
= Jugendschriften, Bachems neue illustrierte. Bd 23/24.

Bennett, John: Master Skylark, s: Schulbibliothek französ. u. engl. Prosaschriften (Batcreau).

Bennett, Sal., s. Bennet, Sal.

Bennett, W. H., The book of Joshua, s.: Books, the sacred, of the Old and New testaments. VI.

Bennett, WJE, Erzählgn a. e. Kirchsp. Londons. A. d. Engl. 8. (255) Frankf. 58, Koscky. (?) n. 1. —

Bennett, W.J.E., Erzählungen aus einem Kirchspiele Londons. Aus dem Engl. Mit 4 Original-Kpfrn. (Lithogr.) Frankfurt a. O. 854. Koscky u. Co. 8. (4 Bl., 255 S.) n. 1 ₰

Bennett, W.J.E.: Clara Moreland, s. Bibliothek, amerikanische.

– Viola, s. Bibliothek, amerikanische.

Gordon **Bennett-Wettfliegen**, das, in Zürich 1.—8. X. 1909. (88 S. m. 25 Abbildgn. u. 1 eingedr. Karte.) 8. Zürich 909. Art. Institut Orell Füssli. 1. —

— dasselbe, die Konferenz d. internat. Luftschifferverbandes u. die damit verbund. internat. Wettfliegen zu Zürich. 1.—3. X. 1909. 2. erweit. u. nach Angaben vom Organisations-Komitee des schweizer. Aeroklubs bericht. Aufl. (91 S. m. 25 Abbildgn. u. 1 [eingedr.] Karte.) 8. Ebd. (909). 1. —
Erweit. Sep. Abdr. aus: „Zürcher Wochen-Chronik".

Bennetz, Ernst [aus Altglashütte '(Baden)']: Über zwei Fälle von angeborenem Herzfehler mit Septumdefect ... Freiburg i. B., Buchdr. H. Epstein, 1895; 37 S. 8.
Freiburg i. B., Med. Fak., Inaug.-Diss. v. 1895

Bennewitz [Kartograph] [wirkl. Name] ,s.a. Apian, Philipp

Bennewitz: Algebra, s. Unterrichtswerke (Methode Hittenkofer.)

Bennewitz, das Aufreißen der Fassaden auf Grund der Säulenordnungen v. Hittenkofer, s.: Unterweisungen auf dem Gebiete d. Baufaches [u. verwandter Gewerbe].

Bennewitz, Bauveranschlagen, s.: Hittenkofer, M., Unterrichts-Werke.

Bennewitz: Berechnen d. Eisenkonstruktionen, s. Hittenkofer, M. Unterrichtswerke.

– Dachdeckerkunst, s. Unterrichtswerke (Methode Hittenkofer).

Bennewitz, Congreve u. Molière, s. Bennewitz, Alexander

Bennewitz, Dr., über Dampfschocolade etc. 8. Berlin 830. (Heymann.) 1/6 ₰

Bennewitz, Dr. ... über Dampf-Chocolade, deren Bereitung, Eigenschaft u. Gebrauchsweise. 8. Berl. 830. Maurers B. 4 gr

— Eiskeller. s.: Unterrichts-Werke (Methode Hittenkofer).

— Elektrotechnik, s.: Häntzschel, W.

Bennewitz, das Entwerfen der Fabrikgebäude, s.: Unterrichtswerke, Methode Hittenkofer.

– Ermitteln u. Ausführung der Gewölbe, s. Hittenkofer, M., Unterrichts-Werke.

– Ermitteln d. Eisenkonstruktionen, s. Hittenkofer, M., Unterrichts-Werke.

– Geschäftskde., s. Hittenkofer, M., Unterrichts-Werke.

– Graphostatik, s. Hittenkofer, M., Unterrichts-Werke.

— Der Grundbau (Fundamente), s.: Unterrichts-Werke (Methode Hittenkofer).

– Hauswasserleitgn., s.a. Hittenkofer, M., Unterr.-Werke.

– Konstruieren, s. Hittenkofer, M., Unterrichts-Werke.

–Maurerkunst, s. Hittenkofer, M., Unterrichts-Werke.

– Planimetrie, s. Hittenkofer, M., Unterrichts-Werke.

— Schnellentwerfen, s.: Unterrichts-Werke (Methode Hittenkofer).

— Gründling u. Warning, Staffage-Zeichnen, s.a. Unterrichtswerke (Methode Hittenkofer) Lehrfach 87 I.

Bennewitz: Staffage-Zeichnen (1. Tl. Stift- u. Federzeichnen.) Unter Mitwirkg v. Gründling u. Warning hrsg. v. Max Hittenkofer, s.a. Werke f. Studium u. Bureau.

Bennewitz, Staffage-Zeichnen. I. Stift- und Federzeichnen. (66 S) (Unterrichtswerke Methode Hittenkofer) Strelitz (1908)

– Stein- u. Kunstbauten, s. Hittenkofer, M., Unterrichts-Werke.

Bennewitz, s.: Unterrichtswerke (Methode Hittenkofer).

– Figürl. Zeichnen, s.a. Hittenkofer, M., Unterrichts-Werke.

Bennewitz, figürliches Zeichnen. Lehrfach No. 64. 2. Auflage. (75 S) Strelitz

— Perspektiv. Zeichnen. s.: Unterrichts-Werke (Methode Hittenkofer).

— Zimmererkunst, s.: Hittenkofer, M, Unterr.-Werke. — Unterrichts-Werke (Methode Hittenkofer).

Bennewitz, A., Andreas Albertz. Ein Criminalproceß aus der Gegenwart. Verhandelt vor dem Königl. Schwur-Gerichtshofe zu Magdeburg. 8. (85 S.) Magdeburg 867, Baensch.

Bennewitz, Alexander
Bennewitz, Alex. Congreve u. Molière. Literar.-histor. Untersuchg. gr. 8. (III, 159 S.) Lpz. 890, Haessel. * 3 —

Bennewitz, Alexander [aus Chemnitz]: Molière's Einfluss auf Congreve. . . . Leipzig, 1889; 1 Bl. + 88 S. + 1 Bl. 8°
Leipzig, Phil. Fak., Inaug.-Diss. v. 19. Febr. 1890

Bennewitz, A., s.: Englisch.

Bennewitz, Alex., englisch-deutsche Konversationsschule f. den Kaufmann. 1. Tl. 50 leichtere Gespräche m. ausführl. Anmerkgn. 4. Aufl. Nach dem „Kursus f. Anfänger" v. Rud. Thum gänzl. neu bearb. gr. 8. (VIII, 159 S.) Leipzig 901. G. A. Gloeckner. n. 2. —; geb. n. 2. 50

— dasselbe. 2. Tl. 50 Gespräche f. Geübtere. 4. Aufl. Nach dem „Kursus f. Geübtere" v. Rud. Thum gänzlich neu bearb. gr. 8. (VIII, 211 S.) Ebd. 902. n. 2. —; geb. n. 2. 50

Bennewitz, A., Lehrbuch der französischen Geschäftssprache, s.: Büchner, Karl.

— Lehrbuch der französ. Geschäftssprache. 2. Tl. (IV, 232 S.) 8. Leipzig 907. G. A. Gloeckner. Geb. 2. 50
Tl. 1, s.: Büchner, Karl.

Bennewitz, A: Lehrb. d. französ. Geschäftssprache. I. Tl. 3. Afl. (6, 122) 8° Lpzg. GA Gloeckner '12. L 2 — d

Bennewitz, A., u. L. Linck, D. Schwierigkeiten uns. Muttersprache. Übersichtl. Zusammenstellg. d. zweifelhaften Fälle i. mündl. u. schriftl. Sprachgebr. m. bes. Berücksicht. d. kaufmänn. Sprache. 8. (VI, 284 S.) Leipzig 898. G. A. Gloeckner. n. 2. —; geb. n. 2. 50

— Die Schwierigkeiten unserer Muttersprache. Übersichtl. Zusammenstellg. der zweifelhaften Fälle im mündl. u. schriftl. Sprachgebrauche, m. besond. Berücksicht. der kaufmänn. Sprache. 2., verb. Aufl. (VI, 279 S.) 8. Ebd. 908. 2.—; geb. in Leinw. 2. 60

Bennewitz, Christianvs (geb. am 12 Juli 1839 in Doveren Kr. Erkelenz): De ventricvli haemorrhagiis ... Bonnae, typ. F. Krvegeri (1863). 31 S. 8.

Bonn, Med. Fak., Diss. v. 4 Aug. 1863

Bennewitz, Fritz, Pfarrer in Rheinsberg (Westpreußen): Inwieweit läßt sich die von Amos vertretene Auffassung von der Sünde auch schon vor ihm nachweisen? Naumburg a. S. 1905: Lippert & Co. (36 S.) 8° ¶(Abschnitt aus der Schrift des Verfassers: „Die Sünde im alten Israel". Leipzig: A. Deichert 1906.)

Jena, Theol. Fak., Ref. Baentsch, Diss. v. 27. Juni 1905

[Geb. 8. Okt. 71 Wriezen, Bez. Potsdam; Wohnort: Rheinsberg; Staatsangeh.: Preußen; Vorbildung: Joachimsthalsches Gymn. Berlin Reife M. 90; Studium: Berlin 2, Tübingen 1, Halle 3 S.; Rig. 7. Juni 05.]

Bennewitz, Fritz, die Sünde im alten Israel. (XII, 271 S.) gr. 8. Leipzig 907. A. Deichert Nachf. n. 5. —

Bennewitz, Henr. Gottl(ob) (geb. Berlin 7. 6. 1800): De diabete mellito, graviditatis symptomate. Berolini (1824). (30 S.) 8°

Berlin, Med. Diss. v. 24. Juni 1824

Bennewitz, Hilmar, wie macht man sich am Besten die buchhändlerischen Einrichtungen zu Nutze? Beantwortet f. die Interessenten des Buchgewerbes. 1. u. 2. (Titel-)Aufl. gr. 8. (16 S.) Leipzig 893. H. Bennewitz. n.n.n. — 50

Bennewitz, Joannes: Chaucers Sir Thopas. Eine Parodie auf die altenglischen Ritterromanzen. Halis Saxonum 1879: Faber (in Magdeburg). 54 S. 8°

Halle-Wittenberg, Phil. Diss. v. [9. Jan. 1880]

Geb. Magdeburg 27. 5. 1855. V.

Bennewitz, Kurt: Beiträge zur Frage der Zersetzungsspannung. (Berlin 1909: A. W. Schade.) 50 S. 8°

Berlin, Phil. Diss. v. 24. Juli 1909, Ref. Nernst

[Geb. 2. Jan. 86 Magdeburg; Wohnort: Magdeburg; Staatsangeh.: Preußen; Vorbildung: Klostergymn. Magdeburg Reife O. 04; Studium: München 2, Heidelberg 1, Genf 1, Berlin 6 S.; Rig. 24. Juni 09.] [U 09. 139

Bennewitz, Paul Otto, s.a. Apian-Bennewitz, Paul Otto.

Bennewitz, Peter Apianus v. Ein familiengeschichtl. Beitrag. Gedenkschrift zur 400jähr. Geburtstagsfeier. Mit 3 Beilagen, 1 Stammtaf. u. Text-Illustr. gr. 8 (18 S.) Kahla 901. [A. Weller.] Leipzig, M. Apian-Bennewitz. — 60; erm. Pr. n. — 50

Bennhold, Carl

Über die innere Ausschmückung evangelischer Kirchen namentlich mit Werken d. Bildhauer- u. Malerkunst. Vortrag geh. zu Dessau von C[arl] Bennhold, Prof., Dessau. *Dessau & Leipzig: R. Kahle 1894.* (21 S.) 8° [F.] [ot. 9886

Bennhold, Fritz

Bennhold, F., Allgemeines Bergesetz für die Preußischen Staaten vom 24. Juni 1865 unter Berücksichtigung seiner durch die Gesetzgebung bis zum 1. April 1900 herbeigeführten Abänderungen und Ergänzungen. [1. Aufl.]. Essen-Ruhr, 1901. 195 S.

Dasselbe. 2. Aufl. Mit 3 Nachträgen. Ebd., 1905—1907. 392 S.

Nachtrag 1. Die zwei neuen Novellen zum Allgemeinen Berggesetz: I. Arbeiterschutznovelle vom 14. Juli 1905. II. Mutungsgesetz vom 5. Juli 1905. 1905.

Nachtrag 2. Die Knappschaftsnovelle. Gesetz vom 19. Juni 1905 mit Erläuterungen. 1906.

Nachtrag 3. Muten und Verleihen für die Preußischen Staaten. Die ersten zwei Titel des Allgemeinen Berggesetzes vom 21. Juni 1865 in der Fassung, welche sie durch das Gesetz vom 18. Juni 1907 (G.-S. S. 119 ff.) erfahren haben, nebst den sonstigen Bestimmungen dieses Gesetzes. 1907.

Bennhold, F: Allg. Bergges. f. d. preuss. Staaten v. 24.VI.1865 unter Berücks. sr durch d. Gesetzgebg bis z. 1.IV.1900 herbeigeführten Abändergn u. Ergänzgn, nebst Anh., enth. d. Ges. betr. d. Bestrafg unbefugter Gewinng v. Mineralien; d. f. d. Bergwesen gelt. Bestimmgn d. Gewerbeordng in d. Fassg d. Novelle v. 1.VI.1891 nebst Bekanntmachg, betr. Beschäftigg jugendl. Arbeiter auf Steinkohlenbergwerken u. Ausführgsanweisgn; Ges. u. Bekanntmachg betr. d. etc. Gebr. v. Sprengstoffen; sowie d. Ges. betr. d. Zuständigk. d. Minister v. 26.III.1900 etc. (195) 12° Ess., GD Baedeker '01. Kart. 2 — d

Bennhold, Fritz, allgemeines Berggesetz f. die preußischen Staaten vom 24. VI. 1865 unter Berücksicht. seiner durch die Gesetzgebung bis zum 14. VII. 1905 herbeigeführten Abänderungen u. Ergänzungen, nebst Anh., enth. das Gesetz betr. die Bestrafg. unbefugter Gewinng. v. Mineralien; - die f. das Bergwesen gelt. Bestimmgn. der Gewerbeordng. in der Fassg. der Novellen vom 1. VI. 1891 u. 30. VI. 1900 nebst Bekanntmachg., betr. Beschäftigg. jugendlicher Arbeiter auf Steinkohlenbergwerken u. Ausführungsanweisgn.; — Gesetz u. Bekanntmachg. betr. den ꝛc. Gebrauch von Sprengstoffen; — Vorschriften der preuß. Ausführungsanweisg. vom 1. V., 1904 zur Reichsgewerbeordng., welche auch f. bergbauliche Betriebe gelten ꝛc. ꝛc. Textausg. m. Anmerkgn. u. Sachregister. 2. verb. Aufl. (neue Ausg.), nebst Beigabe: I. Arbeiterschutznovelle v. 14. VII. 1905. II. Mutungsgesetz v. 5. VII. 1905. (VIII, 295 u. 16 S.) kl. 8. Essen 905. G. D. Baedeker. Kart. n. 2. —; Beigabe allein (16 S.) n. — 80

Bennhold, Fritz: Allg. Bergges. f. d. preuss. Staaten v. 24.VI.1865 unter Berücks. sr durch d. neuere Gesetzgebg herbeigeführten Abändergn u. Ergänzgn, nebst Anh., enth. d. Ges. betr. d. Bestrafg unbefugter Gewinng v. Mineralien; d. f. d. Bergwesen gelt. Bestimmgn d. Gewerbeordng in d. Fassg d. Novellen v. 1.VI.1891 u. 30.VI.1900 nebst Bekanntmachg, betr. Beschäftigg jugendl. Arbeiter auf Steinkohlenbergwerken u. Ausf.-Anweisgn; Ges. u. Bekanntmachg betr. d. etc. Gebr. v. Sprengstoffen; Vorschriften d. preuss. Ausf.-Anweisg v. 1.V.04 z. Reichsgewerbeordng, welche auch f. bergbaul. Betriebe gelten etc. 2. Afl. (neue Ausg.), nebst 3 Nachtr.: a) Arbeiterschutznovelle v. 14.VII.05 u. Mutgsges. v. 5.VII.05. b) Knappschaftsnovelle v. 19.VI.06. c) Muten u. Verleihen, Ges. v. 18.VI.07. (295, 16, 52 u. 29) kl8° Ess., GD Baedeker '07. Kart. 2 — d

Bennhold, Fritz, Allgemeines Berggesetz für die Preussischen Staaten vom 24. Juni 1865 unter Berücks. s. durch d. Gesetzgeb. bis z. 1. Jan. 1905 herbeigeführten Abänderungen u. Erg. nebst Anh. ... Textausg. m. Anmerk. u. Sachreg. [nebst] 2 Nachtr. 2. verb. Aufl. Essen 1905—1909. 8°. *[1. Aufl. 1901.]*

1: D. 2 neuen Novellen z. Allg. Berggesetz. 1905.
1: Arbeiterschutznovelle.
2: Mutungsgesetz.
2: Verantwortlichkeit d. Betriebsleiter u. Bestell. von Sicherheitsmännern auf Bergwerken i. Kgr. Preussen. 1909.

Bennhold, Fritz: Das preuss. Gewerkschaftsrecht, s: Westhoff, Wilh.

Bennhold, F., Die Knappschaftsnovelle. Gesetz vom 19. VI. 1906 m. Erläutergn. (52 S.) kl. 8. Essen, G. D. Baedeker. 1905. —. 60.

Bennhold, Fritz, die Knappschaftsnovelle. Gesetz vom 19. VI. 1906 m. Erläutergn. (52 S.) kl. 8. Essen 906. G. D. Baedeker. n. — 60

Muten und Verleihen für die Preussischen Staaten. Die ersten 2 Titel des Allg. Berggesetzes v. 24. Juni 1865 in d. Fassung, welche sie durch d. Gesetz v. 18. Juni 1907 erfahren haben ... Von Fritz Bennhold, Oberbergrat. Essen: G. D. Baedeker 1907. (29 S.) 8° [F.] 108. 15000

— Verantwortlichkeit der Betriebsleiter u. Bestellg. v. Sicherheitsmännern auf Bergwerken im Königr. Preußen. Die §§ 73—77 u. §§ 80—80k, sowie die §§ 88—93 e des preuß. allgem. Berggesetzes vom 24. VI. 1865/1892 in der Fassg., welche sie durch die Gesetze vom 14. VII. 1905 (G. S. S. 307) u. vom 28. VII. 1909 (G. S. S. 677 ff.) erfahren haben, nebst den sonst. Bestimmgn. des Gesetzes vom 28. VII. 1909. Anh.: Gesetz üb. den Bergwerksbetrieb ausländ. jurist. Personen u. den Geschäftsbetrieb außerpreuß. Gewerkschaften vom 23. VI. 1909 (G. S. S. 619—620). Nachtrag zum allgemeinen Berggesetz f. die Preuß. Staaten vom 24. VI. 1865, Textausg. m. Anmerkgn. u. Sachregister. 2. verb. Aufl. (46 S.) kl. 8. Essen 909. G. D. Baedeker. — 80

Bennhold, *Karl* Vorschläge zur Herstellung eines praktischen Katalogs über die den Programmen beigefügten wissenschaftlichen Abhandlungen. 4 (2 unpag. S.).

Progr. Friedrichs-Rg. u. Vorsch. *Dessau* 1887

Benni, Stefan: Ueber die Entstehung des Humus ..., Giessen, *Gebauer-Schwetschke'sche Buchdr. in Halle a. S.*, 1896; 1 Bl., 32 S., 1 Bl. 8.
Giessen, Phil. Fak., Inaug.-Diss. v. 1896

Benni, Stef., üb. d. Entstehg. d. Humus. [Aus: „Zeitschr. f. Naturwiss."]. gr. 8. (32 S.) Leipzig 896. C. E. M. Pfeffer. — 60

Benni, Titus. Beiträge zur polnischen Wortbildung. 1. Einführung, produktive Personalsuffixe. Diss. Phil. Freiburg in der Schweiz. 48 S. 8. Leipzig, Th. Stauffer (Freiburg ⟨Schweiz⟩, St. Paulus-Druckerei), 1905. [*im Buchh.* M. 2. —]

Benni, Witold. Über die Behandlung der Larynxtuberkulose durch Elektrokaustik an der oto-laryngologischen Klinik in Basel. Arbeit aus der Kl' für Ohren-, Nasen- und Halskrankheiten an der Universität B'.... Diss. Med. Basel. II + 34 S. 8. Wiesbaden, J. F. Bergmann, 1910.

Bennier, Clem., Kriegserlebn. e. vor Le Mans a. 11. I. 1871 Schwerverwundeten. 8. (192 S. m. Bildn.) Danzig 895. Berlin, Deutschverlag v. Ernst Cumme. n. 1. 50; ermäßt. Pr. 1. 20

[F.] Kriegserlebnisse eines vor Le Mans am 11. Januar 1871 Schwerverwundeten, v. Clemens Bennier, Ritter d. 'eisernen Kreuzes'. *Danzig: C. Hinstorff 1895.* (192 S., 1 Portr.) 1 Bd 8.

Benninghauss, Car. Rob. Guil. (geb. Sorge bei Nordhausen 22. 9. 1833): Historia venaesectionis usque ad Corn. Celsum. Berolini (1856). (28 S.) 8°
Berlin, Med. Diss. v. 1. Okt. 1856

Benninghof, David (Mölsheim)
Geschichte der Forschungen über den Geburtsmechanismus während des neunten Lustrums des 18. Jahrhunderts.
Giessen: Kratz 1856. 80 S.
Diss. med. 19.4.1856.

BENNIGHOF, Johann Peter (Gauersheim b. Kirchheimbolanden): Ueber Militaria.- München: Wolf 1843.
15 S.
5.2.1842 - Urk (Titel: De militaria.); F 65 Diss. Ingolst.-Landsh.-Mchn.

Bennigsen.–
Bennigsen, Herr Rudolph v., u. das Bündniß m. Oesterreich. [Aus: „Niedersächs. Ztg. u. Wahlblatt".] 8. (36 S.) Hannover 880. (Schulbuchh.) n. — 20

Rudolf von Bennigsen. Ein deutscher liberaler Politiker. Nach seinen Briefen u. hinterlassenen Papieren von Hermann Oncken. Bd. 1. 2. — Stuttgart u. Leipzig: Dt. Verl.-Anst. 1910. 8°
1. Bis zum Jahre 1866. Mit 7 Bildbeil.
2. Von 1867 bis 1902. Mit 6 Bildbeil.

Bennigsen s: Abbes v. Bennigsen.

Bennigsen, v., zur Militärvorlage u. zur inneren Lage, s.: Buhl.

Bennigsen, Adelheid v., sexuelle Pädagogik in Haus u. Schule. (21 S.) 8. Gr.-Lichterfelde-Berlin (908). E. Runge. n. — 50

Bennigsen, Adelh. v., der Weg der Pflicht, s. a. Lebensziele, neue.

Bennigsen, Adelheid v.: Der Weg der Pflicht. — Leipzig: Voigtländer 1907. 12 S. 8° (Neue Lebensziele. Ansprachen an junge Mädchen. 4.)

Bennigsen, Erich v.: Der Adel v. Hannover, Oldenburg, Braunschweig, Lippe u. Bremen bis 1866 unter bes. Berücks. d. ausgestorbenen Uradels u. Dienstadels. 1. Heft. (8, 175 m. 2 Tab. u. 9 Taf.) gr8° Görl., CA Starke '12. 6.50 d

v. Bennigsen, Graf Lev. A. Thphl., († d. 3. Oct. 1806.) Gedanken üb. einige, d. Offizier d. leichten Kavallerie nothwend. Kenntnisse d. Kriegsdienstes u. d. Pferde. Mit 14 Kpf. gr. 4. Riga 794. Meinshausen. 4 ℛ 2e A. Mit 8 Kpf. gr. 8. Wilna 805. Akad. Buchh. (Leipz., Rein). 2 ℛ 12 ℊ

Bennigsen, Margarete v., Deutsches Kochbuch. gr. 8. (XXIV, 883 S. m. Vign.) Stuttgart 897. Deutsche Verlags-Anstalt. Geb. in Leinw. n. 6. —

Bennigsen, Marg. v.: Speisereste u. deren Verwertg im Haushalt. 2. Afl. v. Wo bleiben d. Reste? (16, 190) 8° Altenbg, FO Müller '12. Pappbd 1.80 d

Bennigsen, Marg. v., wo bleiben die Reste? Verwertung der Speisereste im Haushalt. gr. 8. (XVI, 190 S.) Holzminden 899. F. Wiegand. n. 1. 50; geb. n. 2. —

Bennigsen , R.: Erläuterungen, s. Bennigsen-Förder, Rudolf.

Bennigsen, Rudolf v.: Nationalverein, Niedergang der Parlamente und anderes. München: Nationalverein 1910. 22 S. 8°
(Vorkaempfer deutscher Freiheit. H.6.)

Bennigsen, R. v., s. a. Oncken, H.

Bennigsen's, v., Rede, s. a. Flugschriften der nationalliberalen Partei.

Eine Rede des Herrn Dr. Rudolf v. Bennigsen. *(Hannover [1898]: Gebr. Jänecke.)* (4 Bl.) 8° [F.]

— Reden, hrsg. v. Walth. Schultze u. Frdr. Thimme. 1. Bd. 1857—1878. (5, 530 m. Bildn.) Lex8° Halle, Buchh. d. Waisenh. '11. 12 — d

Bennigsen, R., s. Vorkämpfer.

Bennigsen, Rudolf Christian
Bennigsen, R. C., Abhandl. v. Anschlag d. Güter. 8. Leipz. Fritsch. 771.

v. Benningsen, Rud. Chr., († d. 3. Febr. 1783.) ökonom.-jurist. Abhandl. vom Anschlag d. Güter. 8. Leipz. 756. 2e A. 771. (Hahn). 12 ℊ

Bennigsen, Rudolf Christian v.: Oeconomischjuristische Abhandlung vom Anschlag der Güther in Sachsen. Leipzig: Wendler 1758. 238 S. 8°

Benningsen, R. C. von: Oekonomisch-juristische Abhandlung vom Anschlag der Güter in Sachsen. Leipzig 1771. N. A. 1777.

Benningsen, R. C. von: Oekonomisch-juristische Abhandlung von Pacht und Verpacht der Güter. Leipzig 1759. Fritsch. N.A. 1771.

– s. Codex Augusteus.

v. Benniosen, Rud. Christ.: Vom Pachte und Verpachte d. Güter. *Lpz.*, (Hahn.) 771. 8. (12 Gr.)

– s. Schaumburg, G.: Einleitung.

— vom Pachte u. Verpachten d. Güter in Sachsen. 8. Leipz. 761. 2e A. 771. (Hahn). 12 ℊ

— bibl. Zeitrechn. des A. u. N. Test. gr. 4. Leipz. Gleditsch. 778.

Bennigsen-Förder, Rudolf
Bennigsen-Foerder, R. v., Anleitung zur leicht ausführbaren Erforschung und hinreichend genauen Abschätzung der Ackerkrume und des Untergrundes und zwar ohne chemische Vorkenntnisse und ohne Anwendung der Waage durch Beschreibung und Gebrauchs-Anweisung zweier neuen für die Praxis der Landwirthschaft construirten Apparate zur Prüfung der procent. Zusammensetzung des Acker- u. Wiesenbodens, des Untergrundes ɩc. Mit in den Text gedr. Holzschn. Berlin 861. Preusker. gr. 8. (34 S.) 10 ngr.

von Bennigsen-Förder, Rudolf: Geognostische Beobachtungen im Luxemburgischen. Nebst einer Karte und einer Profiltafel. (Archiv für Mineralogie, Geognosie, Bergbau und Hüttenkunde. Bd. 17.) [Berlin 1845.] 53 S. 8°.

Bennigsen-Förder, Bodenkarte des Erd- oder Schwemm- und des Felslandes der Umgegend von Halle. Geognostisch aufgenommen und in 4 Sectionen, zu 1¼ Quadratmeilen dargestellt. 1:25,000. Hrsg. auf Veranlassung des königl. preuss. Ministeriums für die landwirthschaftl. Angelegenheiten. Chromolithogr. Imp.-Fol. Mit Text. gr. 8. (8 S.) Berlin 876, [Wiegandt, Hempel und Parey.] Parey. *

Bennigsen-Förder, R. v. Erläuterungen zur geognostischen Karte der Umgegend von Berlin. Berlin. 1843. 4.

Bennigsen-Förder (R. v.), Erläuterungen zur geognostischen Karte der Umgegend von Berlin. Berlin 1844. 4. Mit Karte. — Desgl. ein 2. Exemplar (aus dem Karten-Rep).

v. Bennigsen-Förder, Rud., geognostische Karte der Umgegend von Berlin nebst Erläuterungen. (1 Lith. u. col. Karte in Roy.-Fol. u. Text in gr. 4.) Berlin 843, Reimer. n. 2 ₰

v. Bennigsen-Förder, Rud., geognostische Karte der Umgegend von Berlin. Imp. Fol. Lith. u. color. Mit Erläuterungen. 2. m. einem Anh. verm. Ausg. gr. 4. (46 S.) Berlin 850, D. Reimer. n. 2 ₰

Bennigsen-Förder, Rud. v., das nordeuropäische und besonders das vaterländische Schwemmland in tabellarischer Ordnung seiner Schichten und Bodenarten. Ein geognostisch-geograph. Versuch. Fol. (IV und 56 S.) Berlin 863, (Hertz.)

—— das Zahlengesetz in d. Gesteins-Formationen, in Bezug auf Vertheil. von Thälern, Quellen, fliessenden u. stehen-Gewässern, Erhöhungen u. Ortschaften, vornehml. in Nord-Frankreich. Nebst Andeutungen über d. Verhältn. d. Geologie zur speciellen Länderkunde in oro-hydrograph., statistischer u. geschichtl. Hinsicht. gr. 4. (5 B.) Berlin 843, G. Reimer.

Bennigson, Fritz, a. Berlin: Beiträge zur Kenntnis der Hydroxylaminderivate. Berlin 1905: Pass & Garleb. (77 S.) 8°
Würzburg, Phil. Fak., Ref. Tafel, Diss. v. 2. Okt. 1905
[Geb. 10. März 77 Berlin; Wohnort: Berlin; Staatsangeh.: Preußen; Vorbildung: Luisenstädt. Oberrealsch. Berlin Reife O. 98; Studium: Würzburg 7, Leipzig 1 S.; Rig. 16. Dez. 04.]

Bennigson, Fritz, die chem. Industrie, s.: Müller, Gust.

Bennin, C. C. F.
— 2 Predigten. 8. Götting. 788. Vandenhöck u. R. 3 gr.

Bennin, C. C. F., († d. 24. Juni 1811.) die 4 Rechnungsarten mit Brüchen. 8. Einbeck 801. (Hannov., Hahn). 9 gr.

[—] Außlag und Erleuthe-|rung etlicher zweyfelhafftiger Stück | oder Puncten, so man in der Ord-|nung und Edicto perpetuo der Durch-|leuchtigster Ertzhertzogen, Unserer | gnädigster Lands-Fürsten, des zwölfften Julii 1611. über direc-|tion der justitien, in dero Erb-|Nieder-Landen, erspühret | und gefunden. | [Verzierung] | ... Gedruckt zu Lützenburg, | Bey Jacob Ferry, Buchdrucker und | Buchhändler auff dem Platz, unter dem | Zeichen des Evangelisten Johannis. | Im Jahr 1709. |
8 S., kl-8° (155 × 95 mm). Sign.: C_8.

[—] Außlag und Erleuthe-|rung etlicher zweyffelhaftiger Stück | oder Puncten, so man in der Ord-|nung und Edicto perpetue der | Durchleuchtigster Ertzhertzogen, | Unserer gnädigster Lands-Fürsten, | des zwölfften Julii 1611. über di-|rection der Justitien, in dero Erb-|Nieder-Landen, erspühret und | gefunden. | [Verzierung] | ... Gedruckt zu Lützemburg, | Bey Jacob Ferry, Buchdrucker und | Buchhändler. [nach 1709] |
8 S., kl-8° (155 × 90 mm). Sign.: M_8.

[BENNINCK, Jean de]
Die gemeine | LANDS-BRAUCHE, | Des Hertzogthumbs Lützemburg | und Graffschafft Chiny. | Durch Ihro Königliche Majestät unseren | allergnädigsten Herrn decretiert. | [Vignette] | Mit gnädiger Verwilligung Ihro Königl. | Majest. Rath des Hertzogthumb Lützemburg | und Graffschafft Chiny, zufolg dero Decret | vom 3. Julii 1709. | Gedruckt zu Lützemburg, | Bey Andream Chevalier, Ihro Königl. | Majest. in Hungarn und Böhmen Buch-|drucker, und Buchhandler [1709?]. |
189 S., kl-8° (170 × 105 mm).

[BENNINCK, Jean de]
Die gemeine | Lands-Bräuche | Des Hertzogthumbs Lützemburg | und Graffschafft Chiny. | Durch Ihro Königliche Majestät un-|seren allergnädigsten Herrn | DECRETIRT. | [Verzierung] | Mit gnädiger Verwilligung Ihro Königl. Majest. | Rath des Hertzogthumb Lützemburg und Graffschafft | Chiny zufolg dero Decret vom 3. Julii 1709. | Gedruckt zu Lützemburg, | Durch Jacobum Ferry, Buchdrucker | und Buchhändler, unter dem Zeichen des | Evangelisten Joannis. [nach 1709] |
92 S., kl-8° (155 × 90 mm). Sign.: A_8–F_8.

[BENNINCK, Jean de]
Die Gemeine | Lands-Bräuche | Des Hertzogthumbs Lützenburg | und Graffschafft Chiny. | Durch ihre Königliche Majestät un-|seren allergnädigsten Herrn | DECRETIRT. | [Verzierung] | Mit gnädiger verwilligung Ihro Königl. Majest. | Rath des Hertzogthumb Lützenburg und Graffschafft | Chiny zufolg dero Decret vom 3. Julii 1709. | Gedruckt zu Lützenburg, | Durch Jacobum Ferry, Buchdrucker | und Buchhändler auff dem Platz, unter dem | Zeichen des Evangelisten Johannis, | Im Jahr 1709. |
92 S., kl-8° (155 × 95 mm). Sign.: A_8–F_8.

[BENNINCK, Jean de]
Die gemeine | Lands-Bräuche | Des Herzogthum Lutzemburg | und Graffschafft Chiny. | Durch Ihro Königliche Majestät unsern | allergnädigsten Herrn | Decretirt. | [Verzierung] | Mit gnädiger Verwilligung Ihro Königl. Majestät, | Rath des Herzogthums Lutzemburg und Graffschaft | Chiny, zufolg dero Decret vom 3. Julii 1709. | Gedruckt zu Lutzemburg, | Durch Jacobus Ferry, Buchdrucker | und Buchhandler unter dem Zeichen des | Evangelisten Johannes. | [um 1715] |
176 S., kl-8° (165 × 99 mm).

[—] Ordnung | und immerwährendes Gebott, | Der Durchleuchtigi-|sten Ertzhertzogen zu Oesterreich, | Hertzogen zu Burgund, Braband, | Limburg, Lützemburg &c. Unserer gnädig-|ster Landes Fürsten. | Uber beständiges und besser nachrich-|ten der übung und verhandlung heylsamer | Justitien und Gerechtigkeit. | [Verzierung] | Mit gnädiger verwilligung Ibro[sic] Königl. Majest. | Rath des Hertzogthumb Lützemburg und Graffschafft | Chiny zufolg dero Decret vom 3. Julii 1709. | Gedruckt zu Lützemburg, | Bey Jacob Ferry, Buchdrucker und | Buchhändler. [nach 1709] |
32 S., kl-8° (155 × 90 mm). Sign.: G_8–H_8.

[—] Ordnung | und immerwährendes Gebott, | Der Durchleuchtigi-|sten Ertzhertzogen zu Oesterreich, | Hertzogen zu Burgund, Braband, | Limburg, Lützenburg etc. Unserer gnädigster | Landes-Fürsten. | Uber beständige und besser nachrich-|ten der übung und verhandlung heylsamer | Justitien und Gerechtigkeit. | [Verzierung] | Mit gnädiger verwilligung Ihro Königl. Majest. | Rath des Hertzogthumb Lützenburg und Graffschafft | Chiny zufolg dero Decret vom 3. Julii 1709. | Gedruckt zu Lützemburg, | Bey Jacob Ferry, Buchdrucker und | Buchhändler auff dem Platz unter dem | Zeichen des Evangelisten Johannes | Im Jahr 1709. |
32 S., kl-8° (155 × 95 mm). Sign.: A_8–B_8.

[—] PROVISIONAL | Ordnung Forme und | Regel, so durch die Landregierung des | Hertzogthum Lützenburg, | Uber die richtliche administration cri-|minalischer proceduren, sampt den gerechtig-|keiten und Salarien der Officianten, Gerichts-|Leuthen, Schreibern, Gerichts-Botten, und | Procuratorn, auffgericht worden, alles | biß und dahin anders darunder versehen | und geordnet werde. | [Verzierung] | ... Gedruckt zu Lützemburg, | Bey Jacob Ferry, Buchdrucker und | Buchhändler. [nach 1709] |
24 S., kl-8° (155 × 90 mm). Sign.: N_8–O_8.

[—] PROVISIONAL | Ordnung Forme und | Regel, so durch die Landregierung des | Hertzogthums Lützenburg, | Uber die richtliche administration cri-|minalischer proceduren, sampt die gerechtig-|keiten und Salarien der Officianten, Gerichts-|Leuthen, Schreibern, Gewichts-Botten, und | Procuratorn, auffgericht worden, alles biß | und dahin anders darunter versehen | und geordnet werde. | [Verzierung] | ... Gedruckt zu Lützenburg, | Bey Jacob Ferry, Buchdrucker und | Buchhändler auff dem Platz, unter dem | Zeichen des Evangelisten Johannis. | Im Jahr 1709. |
24 S., kl-8° (155 × 95 mm). Sign.: A_8–B_8.

[—] PROVISIONAL | Ordnung und Regle-|ment Ihrer Königlicher Majestät un-|sers gnädigsten Landfürsten | und Herren. | Belangend die Lag und Uffhebung | der schatzung oder Landsteuer so der-|selben Ihrer Majestät durch die drey | Stände des Lands von Lützenburg | bewilligt, | [Verzierung] | ... Gedruckt zu Lützemburg, | Bey Jacob Ferry, Buchdrucker und | Buchhändler. [nach 1709] |
24 S., kl-8° (155 × 90 mm). Sign.: J_8–L_8.

[—] PROVISIONAL | Ordnung und Regle-|ment Ihrer Königlicher Majestät un-|sers gnädigsten Landfürsten | und Herrn. | Belangend die Lag und Uffhebung | der schatzung oder Landsteuer so dersel-|ben Ihrer Majestät durch die drey | Stände des Lands von Lützen-|burg bewilligt. | [Verzierung] | ... Gedruckt zu Lützemburg, | Bey Jacob Ferry, Buchdrucker und | Buchhändler auff dem Platz, unter dem | Zeichen des Evangelisten Johannis. | Im Jahr 1709. |
24 S., kl-8° (155 × 95 mm). Sign.: A_8–B_8.

Benning, Die Familie. Eine Geschichte in zwei Bänden vom Verf. des Siegfried von Lindenberg. Bd. I. Altona 1808. V: *Müller, Johann Gottwerth.* (EE) (GGr) (MGT)

Benning, die Familie, vom Verfaß. des „Siegfried v. Lindenberg". 2 Thle. 8. Altona 809, Hammerich. 2 ₰ 4 gr.

Benning, Engelhard Dieterich (Verden), De pactis successoriis. (Meditat. ad pandectas spec. 42.) Präs. Aug. Leyser. Helmstedt G.-W. Hamm) 20. VII. 1715. 4 Bl. (2.80)

Benning, W(alter), appr. Arzt a. Lüneburg: Ueber Gallensteinileus. Leipzig-Reudnitz 1905: A. Hoffmann. (33 S.) 8°
Leipzig, Med. Fak., Ref. Trendelenburg, Diss. v. Juli 1905
[Geb. 9. Sept 80 Lüneburg; Wohnort: Dösen b. Leipzig; Staatsangeh.: Preußen; Vorbildung: Gymn. Lüneburg Reife O. 00; Studium: Göttingen 5, Berlin 2, Leipzig 3 S.; Coll. 15. Juli 05; Approb. 20. März 05.]

Benninger, J. A., Laubsägevorlagen. Nr. 1—12. gr.-fol. Zürich, Kraut-Bosshart. 1874 1. 50

Benninger, J. A., Original-Arbeiten, gez. u. lithogr. 1—12. Heft. in fol. Zürich, R. Kraut-Bosshart. à —. 30
Diese 12 Hefte zusammengenommen Fr. 3. —

Benninghaus, Josephine, Großvater's Rößlein, s.: Erzählungen f. Schulkinder. IV. 6.

v. Benninghausen-Oer, G., Mährchennovellen u. Erzählungen. Größtentheils nach Stoffen Heinr. Zschokke's für die reifere Jugend bearb. Mit 5 color. Stahlst. br. 8. (VIII u. 343 S.) Halle 851, Riese. 1½ ₰

Benninghoven: Aerzte, Zahnärzte etc., s. Benninghoven, Wilhelm.

Benninghoven: Atlas d. Anatomie d. menschl. Körpers spez. d. Kiefer u. d. Zähne. 1. Tl. (334 m. z. Tl farb. Abb. u. 8 farb. Taf.) gr8° Berl., Berlinische Verl.-Anst. '12. L 24 —

— die Empfehlung des illegitimen Geschlechtsverkehrs seitens des Arztes ist unzulässig. — Marcuse, Max, noch einmal: „Darf der Arzt zum ausserehelichen Geschlechtsverkehr raten?" (308.) gr. 8. Leipzig 905. Verlag der Monatsschrift f. Harnkrankh. n. 1. 20

— über Jodfersan bei Lues. (6 S.) gr. 8. Ebd. 905. n. — 60
2 Sonderabdrucke aus: „Monatsschr. f. Harnkrankh. u. sex. Hygiene".

Benninghoven, D. Krankenpflege i. d. Familie, s.: Kiesewetter, F.

Benninghoven, Arth., die Brauerei-Industrie Deutschlands u. des Auslandes. qu. Fol. (439 S. m. Abbildgn.) Berlin-Schöneberg (Hauptstr. 1) 900. Selbstverlag. Geb. in Leinw. n. 20. —

Benninghoven, Marie, u. Emilie Ludwig, das Buch der jungen Mutter. Ein Ratgeber zur Pflege u. Erziehg. des Kindes in den ersten vier Lebensjahren. Unter ärztl. Mitwirkg. v. W. Benninghoven. 12. (VII, 269 S.) Stuttgart (899). Schwabacher. Geb. in Leinw. n. 3. —

Benninghoven, Marie u. Emilie Ludwig, Das Buch d. jungen Mutter. Ein Ratgeber z. Pflege u. Erziehung d. Kindes i. d. ersten vier Lebensjahren. Unt. ärztl. Mitwirkung d. Prof. W. Benninghoven. (269 S.) Stuttgart 1901. Schwabacher. 3.—

Benninghoven, W., & Messing: Catalogue et Prix-Courant des modèles anatomiques. Berlin (1892?)

Benninghoven, W., & Messing: Preisliste der anatomischen Lehrmittelanstalt Berlin. Berlin (1892?)

Benninghoven, W., & Messing: Price-List. Magazine anatomical-apparatus. Berlin (1892?)

Benninghoven, Wilhelm
Benninghoven, W., kurze Anleitung der Medizin-Studirenden zum Präpariren, s.: Leonard, C. Henri.

Aerzte, Zahnärzte, Zahntechniker und Kurpfuscher. Krit. Betrachtungen von Prof. Dr. med. [Wilhelm] Benninghoven, Berlin. Berlin: Berl. Verlagsanst. [1905]. (31 S.) 8° [Umschlagt.] [05. 11303]

Benninghoven, Wilhelm [aus Langenberg]: Aus der chirurg. Klinik. Die Darmnaht .... Bonn, Univ.-Buchdr. v. Carl Georgi, 1887; 35 + 1 S. + 1 Bl. u. 1 Taf. 8°.
Bonn, Med. Fak., Inaug.-Diss. v. 2. Jul. 1887.

Benninghoven, Wilhelm, aus der chirurg. Klinik. Die Darmnaht. Diss. Bonn 1887, Emil Strauss. 8°. 35 S. mit einer Taf.

— Lehrb. d. Zahnheilkde u. ihrer Hilfswissensch. 3. Afl. (538 m. z. Tl farb. Abb.) gr8° Ebd. ('11). L 18 —

— Vademecum d. Anatomen, s.: Leonard, C. Henri.

— Anatom. Wandtafeln, s: Frohse, Fr.

Benningsen, Rudolf Christian, s. Bennigsen, Rudolf Christian

v. Benningsen Förder, Rud., der Preuß. Staat nach seinen wesentlichst. Beziehungen. In Stein gest. v. Karl Pohlmann. 1 Bl. mit 13 ill. Kärtchen u. 4 Tabb. gr. Atlasform. Magdeburg 836. Creutz'sche Buchh. n. 2½ ₰

Benningsen-Förder, Rudolf: Zahlengesetz, s. Bennigsen-Förder, Rudolf

— bibl. Zeitrechnung d. Alt. u. N. Testaments. (Unvollendet.) gr. 4. Leipz. 772. (Brockhaus). 1 ₰ 8 gl

(Benno, der Heilige) Bisch. v. Meißen † 1106(7), canonisirt 1523. Calles series Misnens. Episcopor., Cramer Apologia Bennonis, Leben dess. (Landsh. 1844). (Seyffart) Ocellegium S. Bennonis, seu vita et acta ejus illustrata. 4. Monachi 1765. Antiquarisch: 1 fl.

Benno, Bischoff zu Osnabrück; ein Traum aus unserer Väter Zeit. [Münster] 1789. V: *Broxtermann, Theobald Wilhelm.* (GGr) (MGT) (ML)

Benno, Bischof von Osnabrück, ein Traum aus unserer Väter Zeit, 8. Münster, 789. Theißing. 4 ggl.

Benno von Rabeneck, od. das warnende Gerippe im Brautgemach. Eine Rittergeschichte. 2 Thle. 8. Quedlinburg, Basse. 819.

Benno von Rabeneck oder das warnende Gerippe im Brautgemach. Eine Rittergeschichte aus dem 13. Jahrhundert . . . Quedlinburg und Leipzig 1820. V: *Müller, Heinrich.* (BGF)

Benno v. Rabeneck, oder das warnende Gerippe im Brautgemach. Eine Rittergeschichte aus d. 13. Jahrh. Vom Verfass. des Romans: Albert v. Weinstein. 2 Thle. 8. Quedlinb. 820. 2e A. 831. Basse. 1 ₰ 20 gl

— Ritter, von Eisenburg. Schausp. in 4 Aufz. v. Heusler. 8. Wien, Wallishausser. 798.

Benno, s.: Bewegung, die, des Socialismus.

Benno, Immergrün, s.: Beispiele des Guten.

Benno, Johanna. Trauersp. 8. Speier, Hauth. (Gräff in Leipzig.) 790.

Benno, H. v., an Bord, s.: Eckstein's Reisebibliothek.

Benno, J. E., s. Benno, Johann Ernst

Benno, Johann Ernst
Benno, J. E., die stille Abtei. Historischer Roman. 8. Cöslin 829. (Leipzig, Fr. Fleischer.) 1½ ₰

Benno, J. E., die stille Abtei. Geschichtl. Roman. 8. (80 B.) Cöslin 829, Hendeß.

— Bogislaus X., Herzog v. Pommern. 8. Cöslin 822. (Leipz., Fr. Fleischer.) ¾ ₰

Benno, J. E., Bogislaus d. Zehnte, Herzog v. Pommern. Ein histor. Gemälde. 8. Cösl. 823. 2e A. 825. Hendeß. 18 gl

Bogislav der Zehnte, Herzog von Pommern. Ein hist. Gemälde von J[ohann] E[rnst] Benno. [Neudr.] Köslin: Hendess 1910. XVI, 160 S. 8° [10. 9556]

— König Burisloit und seine 3 Töchter. 8. Cöslin 828. (Leipz., Fr. Fleischer.) 1⅓ ₰

— König Burisleif u. seine drei Töchter. Nach Nordischen Sagen. 8. Cöslin 828. Hendeß. Velinp. 1 ₰ 8 gl

— Erzählungen, Balladen und Lieder. 2 Bde. 8. Cöslin 826, 27. (Leipzig, Fr. Fleischer.) 3 ℛ𝓅

— Erzählungen, Balladen u. Lieder. 1s u. 2s Bdchn. 8. Cösl. 826 u. 27. Hendeß. à 1 ℛ𝓅 12 g̸, 3 ℛ𝓅

Benno, J. Er., Gedichte. gr. 8. Cöslin 845, Hendeß. n. 1 ℛ𝓅

Benno, J. E. Geschichte der Stadt Cöslin. 8. M. Pl. Cöslin 1840.

— Novellen. 2 Bdchn. 8. Cöslin 830, 32. (Leipzig, Fr. Fleischer.) 2 ℛ𝓅

— Novellen. 1s Bdchen, enthalt. D. Witold v. Gassenburg. Die Eroberung v. Garz. Die Spittelfrau. 8. Cöslin 830. Hendeß. 1 ℛ𝓅. — 2s Bdchen: 1) Der Jahrmarkt in Janowi. 2) Georg Podiebrad u. sein Barbier. 3) Der Küster zu Glittenbach. 4) Der Mutter Angsttraum. 5) Herzog Suantepolk. 8. Ebd. 832. 1 ℛ𝓅

— die Stadt Stolpe. Versuch e. geschichtl. Darstell. ihrer Schicksale bis auf d. neueste Zeit. Mit 1 Ansicht. 8. Cösl. 831. Hendeß. 1 ℛ𝓅 Ohne Ans. 12 g̸

— das Wächterhorn zu Cussalin, od. Geschichten aus alter wendischer Zeit. 8. Prenzlau 824, Ragoczy.

Das Wächterhorn zu Cussalin oder Geschichten aus alter wend. Zeit. Von J[ohann] E[rnst] **Benno**. Köslin: E. G. Hendess [1907]. (XI, 165 S.) 8° [F.] 08. 1310 9

— Das Wächterhorn zu Cussalin od. Geschichten a. alter wend. Zeit. (11, 165) kl8° Ebd. ('08). — 60 d

Benno, Johanna; Trspl. 8°. Speier 1790. Hauth. (Wienbrack in Leipz.)

Benno, Maria, die Offenbarung des heil. Johannes übersichtlich und geschichtlich erklärt. München 860. (Regensburg, Pustet.) gr. 8. (IV, 288 S.) n. 1 ℛ𝓅 2 ngr.

F **Benno, Max** [Rich. Kettnaker]. Aus Nah u. Fern. Vier Erzählgn. f. das kathol. Volk. Neue (Titel-)Ausg. v.: In Sturm u. Sonnenschein, v. R. Kettnaker. 8. (III, 404 S.) Schwäb.-Gmünd 892, G. Roth. 1 20

Benno, Max, Desertiert. N. d. Tagebuche e. franz. Fremdenlegionärs frei bearb. gr. 8. (48 S.) Dresden (894). Expedition u. Buchdr. d. „Kamerad". n. — 55

Benno, M, Freiheit u. Gold. Volkserzählg a. d. Bewegungsjahren 1847/49. 20 Lfgn. 8° (656 m. 1 Abbildg.) Stuttg. 93. 94, W Nitzschke. à — 20

Benno, Max [Paul Heinrich], das Glöcklein v. Inisfär Roman f. Schule, Haus u. Leben. Neue (Titel-)Ausg. gr. 8. (283 S. m. 1 Titelbild.) Berlin (888) 890 Sauernheimer. geb. n. 3. —

— d. Glöcklein v. Inisfär. Roman f. Haus, Leben u. Schule. 2. Aufl. 8. (284 S.) Ravensburg 896. Dorn. 1. 50

Benno, Max, Glück auf!, s. a. Bücherei, allgemeine.

Benno, Max, Glück auf! od. die wahren Sozialisten. Erzählg. a. d. Leben. 8. (142 S.) Schw. Gmünd 892. [Stuttgart, J. Roth.] München, Allg. Verlags-Gesellschaft. n. 1. —; geb. n. 1. 50
Auch desselb. Verf. „Aus Nah u. Fern" ist in obig. Verlag übergegangen.

Benno, P., der christl. Patriot. Zusprache an d. Studierend. meines Vaterlandes. 8. Münch. Lentner. 796.

Benno von Rabeneck (Pseud.), s. a. Müller, Heinrich

Bennoblatt, s.: Kirchenblatt, katholisches.

Benno-Kalender, s. a. St.-Benno-Kalender.

Benno-Kalender. Sächs. Volkskalender f. 1906. 56. Jahrg. (244 m. Abb. u. 2 Taf.) 8° Dresd. (Lpzg, X Pflugmacher.) — 60 d
Bis 1903 u. d. T.: Sankt Benno-Kalender.

Benno-Kalender. Sächsischer Volks-Kalender auf d. Jahr 1907. 57. Jahrg. (281 S. m. Abbildgn. u. 2 Taf.) gr. 8. Dresden. (Leipzig, X. Pflugmacher.) n. — 60
Erschien früher u. d. T.: Sankt Benno-Kalender.

Benno-Kalender. Sächs. Volks-Kldr f. '10. 60. J. (256 m. Abb. u. 2 Taf.) gr8° Dresd. (Lpzg, X Pflugmacher.) nn — 60 d

Benno-Kalender. Sächs. Volks-Kaldr '12. 62. J. (256 m. Abb., Wandkaldr u. 2 Taf.) gr8° Dresden. (Lpzg, X Pflugmacher.) nn — 60 d
Fortsetzg, s: St. Benno-Kalender.

Bennow, Edw., Erato. Eine Samml. v. Polterabend-Scenen, Hochzeits-Gedichten u. dramat. Aufführungen zu festl. Gelegenheiten. Allen Freunden eines heitern und geselligen Lebens gewidmet. 8. Quedlinburg 833. Becker'sche Buchh. 5/12 ℛ𝓅
2e verm. Aufl. 8. Ebd. 835. Franke. 5/12 ℛ𝓅

Bennow, Ludw., Erato. Eine Samml. v. Polterabend-Scenen, Hochzeit-Gedichten u. dramat. Aufführungen zu festl. Gelegenheiten. Allen Freunden e. heitern u. gesell. Lebens gewidmet. 2., verm. Aufl. 8. (6 B.) Quedlinburg 835, Becker'sche Buchh.

Bennstein, Alexander

Bennstein, Alex., die Einrichtg. u. Ausstattg. d. einklass. Schule m. d. besten der vorhand. Lehrmittel u. Schulausstattungsgegenstände; zugl. als Grundlage f. d. Ausstattg. d. mehrklass. Schule. Führer d. die Lehrmittelausstellg. d. 9. deutschen evang. Schulkongresses z. Potsdam. 8. (52 S.) Berlin 895. Buchh. der Deutschen Lehrer-Zeitg. n. — 60

Bennstein, Alex., die Entwickelung der Schulbankfrage in den letzten fünf Jahren. gr. 8. (16 S. m. 11 Abbildgn.) Dt.-Wilmersdorf-Berlin (W. Wilhelmsaue 101) 901. Selbstverlag. n. — 50

Die Reinigung der Schulzimmer. Von **Alexander Bennstein**. *Dt. Wilmersdorf-Berlin: A. Bennstein 1902.* (24 S.) 8° 03. 251

— d. heut. Schulbankfrage. Übersichtl. Zusammenstellg d. bisher bekannten Schulbanksysteme. 8° (81) Ebd. 95. — 40; m. Anh. (39 m. Abbildgn.) — 50

[F.] Die heutige Schulbankfrage. E. übersichtl. Zsstellg d. bisher bekannten Schulbanksysteme nebst Gedanken üb. Beurteilg des Wertes ders. Von **Alexander Bennstein**. 2. umgearb. u. erw. Aufl. M. 19 Abb. *Berlin: Buchh. d. Deutschen Lehrerztg 1897.* (55 S.) 1 Bd 8. 98. 2285

Bennstein, A: Die heut. Schulbankfrage. 2. Afl. 8° (52 m. Abb.) Berl. 97, F Zillessen. 1 — ‖ 3. Afl. (66 m. Abb.) 1900. 1.20

— D. heut. Schulbankfrage. E. übersichtl. Zusammenstellg. d. bisher bekannten Schulbanksysteme, nebst Gedanken üb. d. Beurteilg. d. Wertes derselben. 2., umgearb. u. erweit. Aufl. gr. 8. (52 S. m. 19 Abb.) Ebd. 898. n. 1. —

Die heutige Schulbankfrage. Eine übersichtl. Zusammenstellung der bisher bekannten Schulbanksysteme nebst Gedanken über d. Beurteilung d. Wertes derselben. Von **Alexander Bennstein**. 3. verm. u. verb. Aufl. Mit 26 Abb. *Berlin: Deutsche Lehrerzeitung 1900.* (72 S.) 8° [F.] 00. 8637

— die heutige Schulbankfrage. E. übersichtl. Zusammenstellg. der bisher bekannten Schulbanksysteme, nebst Gedanken üb. die Beurteilg. des Wertes derselben. 3., verm. u. verb. Aufl. gr. 8. (66 S. m. 26 Abbildgn.) Berlin 900. F. Zillessen. n. 1. 20

Bennstein, Alex., des Kindes Spiel u. Beschäftigung. Ein Ratgeber f. Eltern. 1. Tl. (68 S.) 8. Berlin 904. G. Winckelmann & H. Peters. n. — 60

Bennthsow. Camilla
Gedankenbilder. Gedichte von Camilla **Bennthsow**. 1. Aufl. Stettin: F. Nagel in Komm. 1905. (207 S.) 8° [F.] 05. 11744 9

Beno, Kardinal. Gesta Romanae ecclesiae, s. Abhandlungen histor., aus dem Münchener Seminar.

BEN OGLU, eine Skizze aus den geheimen Annalen der republikanischen Propoganda. Bagdad 1798, 8°.
Weller, fing. Dr. — Müller-Fraureuth p. 88: „Spielt hier die Weltgeschichte in den Roman hinein, so verwertete man noch mehr die Wirklichkeit des Räuberlebens für ihn."

Benöhr, Frz: Die polit. Dichtg a. u. f. Schleswig-Holstein in d. J. v. 1840—1864. (7, 153) gr8° Schlesw., J Ibboken '11. 2 — d

Benöhr, Max, aus Groden ⟨Hamburg⟩: Aus d. pathol. Institute zu Kiel. Ersatz der fehlenden Vena cava inferior teils durch die rechte, teils durch die linke erweiterte Cardinalvene. *Kiel 1904: H. Fiencke.* (17 S.) 8°
Kiel, Med. Diss. v. [24. März] 1904

Benöhr, Max, approb. Arzt aus Kap Haiti ⟨Republ. Haiti⟩: Aus d. chirurg. Klinik zu Kiel. **Fälle von subkutaner Nierenzerreissung.** *Kiel 1904: H. H. Peters.* (22 S.) 8°
Kiel, Med. Diss. v. [12. Aug.] 1904

Benöhr, Otto, aus Hamburg: Ueber eine neue Darstellung der γ-Benzoylbuttersäure und ihre Reduktionsprodukte. *Leipzig 1901: B. Georgi.* (31 S.) 8°
Leipzig, Phil. Diss. v. [18. Dez.] 1901

Benöhr, R., Beitrag zur Frage der Bakteriämie d. Lungentuberkulose, s.: Mitteilungen aus den hamburg. Staatskrankenanstalten. VIII, 18.

Benöhr, Rudolph, appr. Arzt, a. Kap. Haiti ⟨Republ. Haiti⟩: Aus der Psychiatrischen und Nervenklinik zu Kiel. Ein Fall von centraler Blindheit. ⟨Erweichungsherde in beiden Occipitallappen⟩. Kiel 1905: H. Fiencke. (12 S.) 8°
Kiel, Med. Fak., Ref. Siemerling, Diss. v. 18. Sept. 1905
[Geb. 25. Febr. 82 Kap Haiti, Republik Haiti; Vorbildung: Ratsgymn. Osnabrück Reife O. 00; Studium: Freiburg i. B. 4, Kiel 1, Berlin 1, München 1, Kiel 3 S.; Coll. 28. Aug. 05; Approb. 4. Juli 05.]

Benois, W. L., Revolution der Erziehung. Ein Mahnwort den Vätern u(nd) Müttern des Russischen Volkes. Aus dem Russischen übersetzt. 23 S. 8. Zürich, Buchdr. des «Volksrecht» ⟨Kirsten & Zeisberg⟩; [Komm. C. v. Schmidtz, Ascona,] 1905. [fr. —.50]

Benoist, Mme., s. B e n o î t

Benoist, Ch., d. Lehre v. Staat, s.: Bibliothek d. sozialen u. polit. Wissenschaften Frankreichs.

Benoist, M. E., Catulle XXIX. S.-A. 1879. 15 S.

Benoist-Hanappier, Louis, die freien Rhythmen in der deutschen Lyrik, ihre Rechtfertigg. u. Entwicklg. (III, 88 S.) gr. 8. Halle 905. M. Niemeyer. n. 2. 40

Benoît
BENOIST, Mme, A g a t h a u n d I s i d o r e. Aus d. Französ. Kopenhagen 1769. 8°.
Bibl. J. J. Schwabii II. p. 329.
O r i g.: Agathe et Isidore; par Mme B e n o i s t. 2 pts. Amsterd. et Paris 1768. 12°. (Nyon no. 8763.)

— — Dasselbe, titulo: D e r s c h ö n e S c h u s t e r oder B e g e b e n h e i t e n I s i d o r s u n d A g a t h e (!). Aus d. Französ. der Frau *Benoist*. Frankfurt u. Leipzig 1769. 8°.
Bibl. Schwabii II. p. 327.
O r i g.: Les avantures du beau cordonnier ou les amours d'Isidore marquis D*** et de la vertueuse Agathe, veuve du marquis d'Olfonte. Tableau intéress. de la sympathie des coeurs nobles. 2 pts. avec 2 figg. La Haye 1769. 8°. (2 Mk. Erras, Frankf. a. M., c. 1880; à présent plus cher.)

Benoît, Madame, Aventures du beau Cordonnier. II Vols. 8. Frkf. a. M. 769. Gebhardt u. K. 16 ℊℊ

Benoit u. Roloff, die Festlegung d. Lebamündung in Pommern. Mit 2 Kpfrtaf. [Aus: „Ztschr. f. Bauwesen".] gr. 4. (11 S.) Berlin 890. Ernst & Korn. n. 5. —

Benoit u. Biat-Chretien, der Gedankentelegraph oder die augenblickliche Mittheilung des Gedankens auf jede beliebige Entfernung, selbst v. einem Welttheile zum andern, mittelst einer tragbaren Maschine. Die wunderbarste Erfindung unserer Zeit. 12. (IV u. 84 S.) Weimar 852. Voigt. 1/4 ℛ

(**Benoit u. Fontanelle,**) Handbuch f. Bäcker, Müller rc., s. Handbuch.

Benoit, Abbé, nouvelle journée du chrétien ou manuel de piété français-allemand. 12. éd. gr. 16. (VIII, 312 S. m. Titelbild.) Strassburg (901). F. X. Le Roux & Co.) Geb. in Leinw. n.n. 2. —

— der schöne Schuster, od. Geschichte Isidors u. Agathe. 2 Thle. gr. 8. Frankf. a. M. 769. Gebhard u. K. 1 ℛ

Benoit, A., les Protestants du duché de Lorraine sous le regne du Roi Stanislas, le philosophe bienfaisant: 1737—1766, Baronnie de Fénétrange, principauté de Lixheim. Comté de Saarwerden, etc. gr. 8. (140 S.) Strasbourg 886, Noiriel. *

Benoit, Emma: G e s c h i c h t e der Familie Benoit (u.a.), s. B e n o i t, Wilhelm

Benoit, Françoise-Albine Pusin de la Martinière.
IRRTHÜMER, Die, eines artigen Frauenzimmers oder die französische Aspasia. Aus d. Französ. (der *Françoise-Alleine Puzin de La Martinière*, dame Benoît [1724—18**], von Joh. Gottfr. H i r s c h). 2 Thle. Bresslau (sic!), Joh. Ernst Meyer, 1782. Kl. 8°. (In Darmstadt: E 3816.) (3 Mk. Scheible; 4 Mk. 50 Pfg. O. Richter, Lpz., 1878.)
Titel, 262 u. 280 SS. Zieml. zahm.
O r i g.: L e s E r r e u r s d'u n e j o l i e f e m m e, ou l'A s p a s i e m o d e r n e. Bruxelles et Paris, veuve Duchesne. 1781. II. 12°. V o r h e r betit.: L e s A v e u x d'u n e j o l i e f e m m e. Brux. et Paris 1771. II. 12°. u. vielleicht das Orig. von: G e s t ä n d n i s s e, Vertraute . . . 1775..

Benoit, Francoise-Alleine Puzin de la Martinière,
s. B e n o i t, Françoise Albine Pusin de la Martinière.

v. Benoit, Geo., Darstellung der Locke'schen Erkenntnißtheorie verglichen mit der Leibniz'schen Kritik derselben. Eine von der philosoph. Fakultät der Hochschule zu Bern gekrönte Preisschrift. Bern 870. (Dalp.) 4. (81 S.) n. 24 ngr

v. Benoit, G., De societate secund. jus Rom. Diss. Bern 1869.

Benoit, Geo., de societate secundum jus romanum. Dissertatio inauguralis. 4. (52 S.) Bern 874. Dalp. n. 1. 60

Benoit, J.P., s. B e n o i t, Pierre

Benoit, Ign., Fleisch- und Fischbüchlein. Oder Praktische Anweisung, wie man die vorzüglichsten Stücke aller Fleisch-, Geflügel- und Fischarten erkennen, vortheilhaft einkaufen u. zurichten soll. Für Hausfrauen, Köchinnen u. Wirthschafts-Beamte. Mit 5 Holzschn. Weimar 855. Jansen u. Co. 16. (VI, 58 S.) 12 ngr

Benoit, I, Fleisch- u. Fischbüchlein. 16. (58) Weim. 55. (Berl., Mode's V.) — 12

Benoit, Ign., praktisches Kochbuch für Fleisch-, Geflügel- und Fischarten. Nebst bewährter Anweisung, wie man die vorzüglichsten Stücke aller Fleisch-, Geflügel- und Fischarten erkennen, vortheilhaft einkaufen und zurichten soll. Für Hausfrauen, Köchinnen rc. 2. (Titel-)Ausg. gr. 16. (VI, 58 S. mit 5 Holzschntaf.) Berlin (855)68, Mode's Verlag.

Benoit, Johann Friedrich, Triga orationum von d. Ursprung / Wachsthum / und höchsten End-Zweck der edler Künsten und Wüssenschafften / zur Auffmunterung u. Anweisung der studierenden Jugend vorgetragen nach jährlicher Gewohnheit in dem Chor d. Grossen Kirchen in Bern / annis 1707, 1708, 1709. Bern 1709. 71 S. (6.—)

Benoit, P.J., s. B e n o i t, Pierre

Benoit, Paul [Oberl.]: Über Differentialgleichungen, welche durch doppeltperiodische Funktionen zweiter Gattung erfüllt werden. Berlin, R. Gaertner, 1891; 19 S. 4°
Berlin, Dorotheenst. RG, OP 1891 (94)

Benoit, Pierre
Benoit, P. J., voyage a Surinam, description des possessions néerlandaises dans la Guyane. 100 dessins pris sur nature par l'auteur, lithographiés par Madou et Lauters. Roy.-Fol. (20 B. u. 49 Stnt.) Bruxelles 830. (Leipzig, Rud. Weigel.) *

Benoit, J. P., Voyage à Surinam. Description des possessions Néerlandaises dans la Guyane. Cent dessins pris sur nature par l'auteur, lithogr. par Madou et Lauters. Livr. 1 – 4. Roy.-Fol. (8 Bg. und 21 Taf.) Bruxelles 839, 40. (Muquardt.) à n. 6 2/3 ℛ

Benoit, P. J., Voyage à Surinam. Description des possessions Neerlandaises dans la Guyane. Cent dessins pris sur la nature par l'auteur, lithogr. par Madou et Lauters. Livr. 5—10. (Schluss.) Mit 29 Taf. Roy.-Fol. Bruxelles 840, 841. (Muquardt.) n. 20 ℛ — 1—10. cpl. n. 33⅓ ℛ

Benoit, Wilhelm: Die Anfechtung der Ehelichkeit von Kindern mit besonderer Berücksichtigung der §§ 169 und 170 StGB. Berlin 1909: Ebering. 111 S. 8°
Heidelberg, Jur. Diss. v. 18. Jan. 1910, Ref. Endemann
[Geb. 16. Aug. 84 Berlin; Wohnort: Berlin; Staatsangeh.: Preußen; Vorbildung: Kgl. Gymn. Bonn Reife O. 03; Studium: München 3, Leipzig 1, Berlin 4 S.; Rig. 27. Okt. 09.] [U 10. 1836

Benoit, W., Die Anfechtung der Ehelichkeit v. Kindern m. besond. Berücksicht. der §§ 169 u. 170 StGB. Diss. (111 S.) gr. 8. Berlin, E. Ebering. 2. 50.
1910.

Geschichte der Familie Benoit von 1621–1900. Verf. Wilhelm **Benoit** u. Frau Emma [Benoit] geb. Schultz. Karlsruhe: Macklot 1909. IV, 368 S. 8° [10. 377 9

Geschichte der Familie Herrlinger von 1695–1905. Verf.: Wilhelm **Benoit**, Geh. Baurat a. D., u. Frau, Emma (Benoit) geb. Schultz. Karlsruhe 1906: Macklot. (V, 131 S.) 8° [F.] [08. 17441 9

Benoit-Duportail, A. C., die Construction und Fabrication der Schraubenbolzen, s. a. Schauplatz der Künste rc. 240. Bd.

Benoit-Duportail, A. C., d. Konstruktion u. Fabrikation d. Schraubenbolzen, Anker- od. Laschenschrauben, Schraubenmuttern, Schraubenschlüssel, Unterlagscheiben, Stifte, Keile, Niete und Winkeleisen. Nach dem Französ. von Em. Schreiber. Mit 188 erläuternden Figur. und 9 Tabellen. 8. 2. Aufl. Weimar. Voigt. 1861.

Benoni. Eine Erzählung für Christenkinder, vom Verf. des „Armen Heinrich" (C. G. Barth). 16. (141 S.) Stuttgart 854,55, J. F. Steinkopf. *

Benoni, Carl, über die Dniestrquellen und die Thalbildungen im oberen Dniestr- und Strwiazgebiete. Physikalisch-geograph. Untersuchung. gr. 8. (29 S. mit 1 chromolithogr. Karte in Fol.) Wien 879, (Gerold und Comp.) *
Aus: Mittheilungen der k. k. geographischen Gesellschaft, besonders abgedruckt.

Benoni, G. Über die Förmlichkeiten und Feierlichkeiten in Bezug auf den Titel . . . der Pfand- und anderen dinglichen Rechte... Innsbruck 1828. Ü: *Fischer, Al.* (EngJ)

Benoni, Lorenzo, s. Collection of British Authors.

—— s.: Denkwürdigkeiten e. Conspiranten.

—— Scenen a. d. Leben e. Ital., s.: Biblioth., europ.

Benque, Chr., ausführlicher Bericht über die Großherzogl. Taubstummen-Anstalt zu Ludwigslust nach ihrem nunmehr 6jähr. Bestehen. 8. Schwerin 846. Rostock, Stiller. ¼ ℛ

— zweiter ausführl. Bericht über die Großherzogl. Taubstummen-Anstalt zu Ludwigslust. gr. 8. (32 S.) Ludwigslust 852, Hinstorff in Comm. n. ⅙ ℛ

Benque, W., Beiträge zur Kenntniß des platten Landes. Den Volksvertretern Mecklenburgs gewidmet. gr. 8. (16 S.) Schwerin 848, [Hildebrand.] *
Aus: Der Landtagsbote rc., besonders abgedruckt.

Benque, W., Beiträge zur Kenntniß des platten Landes. Den Volksvertretern Mecklenburgs gewidmet. [Aus dem Landtagsboten abgedr.] gr. 8. (16 S.) Schwerin 848, Kürschner, (jetzt Hildebrand.) n. 1/12 ℛ

— die Gemeinden-Eintheilung Mecklenburgs. Hierbei 1 (lith.) Karte (in 4.) gr. 8. (15 S.) Ebd. 847. ⅙ ℛ

—— die Gemeinden-Eintheilung Mecklenburgs. gr. 8. (15 S. und 1 lith. Karte in 4.) Schwerin 849, [Hildebrand.]

— die Kartoffelkrankheit u. ihre Heilung, oder prakt. Anleitung, wie man mit Sicherheit gesunde u. brauchbare Kartoffeln ziehen kann. Auf Naturbeobachtung begründet. 12. (24 S.) Hamburg 847, Bödecker. — Neue (Titel-)Ausg. Leipzig 850, Sechtling. ⅙ ℛ

—— die Kartoffelkrankheit und ihre Heilung, oder prakt. Anleitung wie man mit Sicherheit gesunde und brauchbare Kartoffeln ziehen kann. Auf Naturbeobachtung begründet. 1. und 2. (Titel-)Ausg. 12. (24 S.) Leipzig 847, [E. Fleischer.]

— Materialien zur Beseitigung des nachtheiligen Einflusses der Kartoffelkrankheit. gr. 8. (16 S.) Schwerin 847, Kürschner (jetzt Hildebrand.) 3 ℊℊ

—— die progressive Steuer als Ordnerin der inneren Lebensverfassung. gr. 8. (40 S.) Schwerin 849, [Hildebrand.]

Benque, W, ländl. Unschuld. 8. (52 m. 1 L.) Brem. 80, v. Halem. n. 1. 20

Ben Rabbi, die Lehre von der Beschneidung der Israeliten in ihrer mosaischen Reinheit dargestellt u. entwickelt. gr. 8. Stuttgart 844, Hallberger. ¼ ℛ

Ben Rabbi, die Lehre von der Beschneidung der Israeliten, in ihrer mosaischen Reinheit dargestellt u. entwickelt. Neue Ausg. br. 8. (VIII u. 47 S.) Stuttgart 848, Hallbergersche Buchh. ¼ ℛ

Benrath's Führer durch den Friedhof von Ohlsdorf, s. Benrath, Heinrich

Benrath, zur Geschichte des Schulwesens der evangelisch-reformirten Gemeinde in Düren. Düren.
Schul-/Univ.-Schrift 1865.

Benrath, Alfred
Mit Genehmigung der phil. Fak. der Albertus-Universität wird Donnerstag den 11. Mai 1905 ... Herr Dr. phil. Alfred **Benrath,** ... seine öffentliche Antrittsvorlesung über „Die Entwicklung der Molekulartheorie" halten. Zu diesem Akte ladet ein der Dekan der phil. Fak. F[ranz] Meyer. Königsberg i. Pr. (1905): O. Kümmel. (1 Bl.) 4°

Benrath, Alfr.: Chem. Konstitutionsbeweise. Krit. Studien. (79) gr8° Heidelbg, Carl Winter '11. 2 —

— Lehrb. d. Photochemie. (8, 287) gr8° Ebd. '12. 5.50; Ln 6.50

Benrath, Alfred, aus Düren ⟨Rheinl.⟩: Ueber die Umsetzung von Metallverbindungen des Dibenzoylhydrazins mit Jod und halogenhaltigen Substanzen. *Heidelberg 1902: K. Rössler.* (36 S.) 8°
Heidelberg, Naturw.-math. Diss. v. 1902

Benrath, Alfr., Versuch e. Bewertung chem. Theorien. (III, 48 S.) gr. 8. Heidelberg 908. C. Winter, Verl. 1. 20

Benrath, Carl, s. Benrath, Karl

Benrath, E. Die Glasfabrikation., s. Benrath, H.E.

Benrath, H.: Aachen u. Burtscheid, s. Benrath, Heinrich.

Benrath, H. F., Cours d'Orthographe française, divisé en trois parties, dont la première traite des signes orthographiques, la seconde de l'orthographe des mots sans égard à l'inflexion, et la troisième de l'inflexion des noms et des verbes. A l'usage des classes et de l'instruction privée. gr. in-8. Düren 837. Fallenstein. ⅓ ℛ

Benrath, H. E., die Glasfabrikation, s. Handbuch der chemischen Technologie.

Benrath, H. E., die Glasfabrikation. Mit 201 eingedr. Holzschn. 2 Lfgn. gr. 8. Braunschweig, Vieweg und Sohn. [1. Lfg. (I—VIII, S. 1—192.) 875. * ℳ 4.; 2. Lfg. (IX—XII, S. 193—496.) 876. * ℳ 6.] *

Benrath HE, die Glasfabrikation. (495 S) (Handbuch der chemischen Technologie NF 2) Braunschweig 1880

Benrath, H. E., die Normal-Zusammensetzung bleifreien Glases und die Abweichungen von derselben in der Praxis. Technisch-chemische Studie. (Inaugural-Dissertation.) gr. 8. (72 S.) Aachen 868, Benrath und Vogelgesang.

Benrath, H. E., die Vertreibung der Evangelischen aus Locarno, s.a. Bruderliebe, evangelische.

Benrath, H. E. Die Vertreibung der Evangelischen aus Locarno (1555) nach dem Berichte des Augenzeugen Thaddæus Duno. In-8°. 29 S. Barmen, Hugo Klein. 1889 Mk. — 40
*** „Evangel. Bruderliebe. 7. Bd. 2. Heft."

Benrath, Heinrich
Benrath, H., Aachen u. Burtscheid. Handbuch für Kurgäste u. Führer für Fremde. Nebst e. Abhandlung über die Heilquellen Aachens u. Burtscheids in ihrer Wirkung u. Anwendung von A. Reumont. 2. gänzlich umgearb. u. verm. Aufl. Aachen 865. Benrath & Vogelgesang. 8. (295 S. u. 1 lith. Plan in Fol.) n. 24 ngr

Benrath, Heinr., Aachen, Burtscheid und ihre Umgebung. Ein Führer für Fremde. Nebst einer Abhandlung über die Heilquellen Aachens und Burtscheids und deren Anwendung. Für Kurgäste. Von A. Reumont. Aachen 860. Benrath & Vogelgesang. 12. (246 S. u. 1 lith. Plan in Fol.) n. 20 ngr

Benrath, H., s.: Aachen u. seine Umgebungen.

Benrath, H, m. d. „Augusta Victoria" ins Mittelmeer v. 22. Jan. bis 21. März 1891. Reisebriefe. 8° (248) Hamb. 91, Verl. d. Actien-Gesellsch. „Neue Börsen-Halle". 3 —

Benrath, H., die neuen Eisenbahnanlagen u. der Centralbahnhof in Hamburg. Mit 1 Ansicht des neuen Central-Bahnhofs im Stadtbilde v. Hamburg. (30 S.) gr. 8. Hamburg 901. Hamburger Börsenhalle. n. 1. —
Sonderabdruck aus: „Hamburgs Handel u. Verkehr".

Benrath, H., der Friedhof in Ohlsdorf. Eine Darstellg. seiner Einrichtgn. u. Führer durch die Anlagen. Mit neuestem Plan, 10 Ansichten nach Orig.-Photographien u. Nachweis der Lage der wichtigsten Gräber. 8. (44 S.) Hamburg 901. J. Kriebel. n. 1. —

— der Friedhof in Ohlsdorf. Eine Darstellg. seiner Einrichtgn. u. Führer durch die Anlagen. Mit neuestem Plan, 10 Ansichten nach Orig.-Photographien u. Nachweis der Lage der wichtigsten Gräber. 3. Aufl. (57 S.) ll. 8. Hamburg 905. J. Kriebel. n. 1. —
2. Aufl. (48 S.) 903. n. 1. —.

Benrath's, H, Führer durch d. Friedhof in Ohlsdorf. 4. Afl. v. Max Schumm. (58 m. Abb. u. 1 Pl.) kl8° Hambg, J Kriebel'08. 1 — d

Benrath's Führer durch den Friedhof von Ohlsdorf. Eine Darstellg. seiner Einrichtgn. u. Führer durch die Anlagen. Neu bearb. v. Max Schumm. Mit neuestem, offiziellem (farb.) Plan, 10 Ansichten nach Orig.-Photographien u. Nachweis d. Lage der wichtigsten Gräber. 5. Aufl. (60 S.) ll. 8. Hamburg 910. 11. J. Kriebel. 1. —

Benrath, Henri, guide dans Aix-la-Chapelle, Borcette et leurs environs. Suivi d'une description détaillée des eaux minérales de ces villes et de leur emploi convenable d'après les meilleurs auteurs. Avec 1 plan (lith. in 4.). Aix-la-Chapelle 853. Benrath et Vogelgesang. 16. (3 Bl., 170 S.) n. 16 ngr; mit 18 Stahlst. n. 1 Rf

— guide dans Aix-la-Chapelle, Borcette et leurs environs. Suivi d'une description détaillée des eaux minérales de ces villes et de leur emploi convenable d'après le Dr. Hoepfner et autres médecins. 2. édition. Avec 1 plan (lith.) in Fol. Ebend. 862. 16. (V, 170 S.) n. 16 ngr

Benrath, H., die Grundlehren der Electricität, s.: Boller Aug.

— Hamburg, Altona u. Umgebungen etc., s.: Grieben's Reise-Bibliothek.

Hamburg und Helgoland. Prakt. Führer f. Reisende. 20. Aufl., neu bearb. von H. Benrath. Mit 4 Karten. Berlin: A. Goldschmidt 1904–05. (IV, 204 S.) 8°
— Reiseführer, Griebens. Bd 7. [06. 8904

Benrath, H., Hamburg u. Umgebgn., s.a. Grieben's Reisebücher.

Hamburg und Umgebung. Prakt. Führer f. Reisende. 21. Aufl. Neu bearb. von H. Benrath. Mit 2 Karten. Berlin: A. Goldschmidt 1906–07. (IV, 170, 8 S.) 8°
— Reiseführer, Griebens. Bd 7. [07. 8490

Die Insel Helgoland. Prakt. Führer nach u. auf der Insel. 21. Aufl., neu bearb. von H. Benrath. Mit 2 Karten. Berlin: A. Goldschmidt 1906–07. (IV, 36 S.) 8° [J. u. Ant.]
— Reiseführer, Griebens. Bd 107. [07. 8538

— Wanderungen durch Heide u. Moor, s.: Dreesen, Wilh.

Benrath, Henri, s. Benrath, Heinrich

Benrath, Karl: An den christl. Adel, s. Schriften des Vereins f. Reformationsgeschichte.

Benrath, Karl, Erzbischof Borowski u. das preuß. Königspaar. Festrede, geh. zu Kaisersgeburtstag am 27. I. 1907 in der Aula der Albertus-Universität. (28 S.) 8. Königsberg 907. (Hartung.) Nicht im Handel.

— des Papstthums Entstehung u. Fall, s.: Ochino aus Siena, Bernardino.

Benrath, Karl: Mario Galeoto, s. Taschenbuch, Historisches.

Geschichte des Gustav-Adolf-Vereins in Ostpreussen. Von D. Karl Benrath, Prof. in Königsberg. 2. Aufl. Mit e. Konfessionskarte. *Königsberg: Hartung 1900.* (142 S.) 8° [J.] [00. 10

Benrath, Karl, Geschichte des Hauptvereins der Gustav-Adolf-Stiftung f. Ostpreußen. 1844—1894. Festschrift zum 50jähr. Jubiläum. Gal. 6, 10. gr. 8. (IV, 135 S.) Königsberg 894. Hartung. n. 1. 50

Benrath, Karl: Geschichte der Reformation, s. Schriften des Vereins f. Reformationsgeschichte.

Benrath, K., Geschichte der Reformation in Venedig, s. Schriften des Vereins für Reformationsgeschichte.

Benrath, Karl, Julia Gonzaga, s.a. Schriften des Vereins f. Reformationsgeschichte. Nr. 65.

Benrath, Karl, Julia Gonzaga, Ein Lebensbild aus der Geschichte der Reformation in Italien. (127 S.) Halle 1900. M. Niemeyer i. Komm. 2.40

Julia Gonzaga. Ein Lebensbild aus d. Gesch. d. Reformation in Italien. Von Karl Benrath. *Halle: Ver. f. Reformationsgesch. 1900.* (IX, 126 S.) 8° [J.]
— Schriften d. Vereins f. Reformationsgeschichte. Jg 16, Stück 4. [00. 3075

Benrath, Karl: Ein Inquisitionsprozeß aus dem J. 1568, s. Taschenbuch, Historisches.

— s.: Jubiläumsschrift (des Vereins f. Reformationsgeschichte.)

Benrath, Carolus: Lectiones cursorias, quas ... Ricardus Adolphus Hoffmann Theol. Lic. sub titulo „Über die historisch-kritische Methode der biblischen Forschung, insbesondere der neutestamentlichen" ad docendi facultatem rite impetrandam a. d. VIII. cal. Nov. ... habebit, indicit. *Regimonti Bor. 1897: Hartung.* (1 Bl.) 4°

Luther im Kloster 1505–1525. Zum Verständnis u. z. Abwehr. Von Karl Benrath. Halle a. d. S.: R. Haupt in Komm. 1905. (96 S.) 8° [J.]
— Schriften d. Vereins f. Reformationsgesch. No 87. [06. 3491

Benrath, Karl, Bernardino Ochino v. Siena. Ein Beitrag zur Geschichte der Reformation. Mit Original-Dokumenten, Portr. u. Schriftprobe (Holzschn.-taf.) gr. 8. (XII, 382 S.) Leipzig 875. Fues. n. 7. —

— Bernardino Ochino v. Siena. Ein Beitrag zur Geschichte der Reformation. Mit Orig.-Dokumenten, Portr. u. Schriftprobe. 2., verb. Aufl. gr. 8. (XII, 323 S.) Braunschweig 892. C. A. Schwetschke & Sohn. n. 7. —

— über die Quellen der italienischen Reformationsgeschichte. Antrittsrede, geh. am 1. Juli 1876 in der Aula der rhein. Friedrich-Wilhelms-Universität. gr. 8. (31 S.) Bonn 876. A. Marcus. n. — 75

Benrath, Karl, die Summa der heiligen Schrift. Ein Zeugniß aus dem Zeitalter der Reformation f. die Rechtfertigung aus dem Glauben. 8. (XL, 176 S. m. 4 facsm. Titeln.) Leipzig 880. Fernau. n. 2. 80; geb. m. Goldschn. 4. 40

Benrath, K., Das pädagogische System Platons in seinen Hauptzügen. Diss. 1871. 30 S. 5.—

Benrath, Carolvs ⟨geb. am 10 Aug. 1845 in Düren⟩: Theses theologicae ... ad obtinendvm gradvm licentiati S. S. theologiae ... Bonnae, form. P. Nevsser (1876). 3 Bl. 8.
Bonn, Ev.-theol. Fak., Thes. v. 13 Mai 1876

— **die Waldenser, s.: Festschriften f. Gustav-Adolf-Vereine, 18, 19.**

Benrath, Paul [aus Aachen]: Vokalschwankungen bei Otfrid.... Aachen, Druck v. C. H. Georgi, 1887; 2 Bl. + III + 60 S. + 2 Bl. 8°.
Bonn, Phil. Fak., Inaug.-Diss. v. 26. Jul. 1887.

Benrath, Paul, Vokalschwankungen bei Otfrid. Diss. Bonn 1887, Emil Strauss. 8°. III, 60 S.

Benrath, Rud., Burschenweisen in Dur u. Moll. Gedichte. 12. (II, 51 S.) Plauen 890. F. E. Neupert's Verl. n. — 75; kart. n. 1. —; geb. n. 1. 50

Benrubi, Isaak

Benrubi, J., J. J. Rousseaus ethisches Ideal, s. Magazin, pädagogisches. 238. Heft.

Benrubi, Isaak, a. Salonichi: J. J. Rousseaus ethisches Ideal. Langensalza 1904: H. Beyer & Söhne. (141 S.) 8°
Jena, Phil. Fak., Ref. Eucken, Diss. v. 24. Nov. 1904
[Geb. 24. Mai 76 Salonichi; Wohnort: Küstendil; Staatsangeh.: Bulgarien; Vorbildung: Paedagogische Schule Küstendil Reife 96; Studium: Jena 5, Paris 5, Berlin 5 S.; Rig. 20. Nov. 03.]

J. J. Rousseaus ethisches Ideal. Von I[saak] **Benrubi.** Langensalza: H. Beyer & Söhne 1905. (141 S.) 8°
[Erschien auch als Inaug.-Diss. Jena 1904.]
— **Magazin,** Pädagogisches. H. 238.

Bens, Petr. Henr. Hubert. (geb. Straelen im Rheinl. 6. 7. 1829): De scabiei sarcopte et scabie morbo. Berolini (1855). (32 S.) 8°
Berlin, Med. Diss. v. 10. Aug. 1855

Bensa, Franz Xaver: Historica relatio pestis anni huius saeculi 12.13. et 14. Austriam et conterminas partes infestantis... cum adiunctis specialioribus observationibus... 248 S., gbd.

Vienne Austriae: Schönwetter 1717

Ben Saddi, Abr. Chronika der Königin zu Ungarn u. von der Schlacht bey Dettingen. (16) 12. Frankfurt u. Leipzig 1744.

Ben Saddi, Jak. Die Bücher der Chronicka von den Kriegen, welche die Franzosen mit Theresia, der Königin zu Ungarn geführt haben in Oesterreich, in Böhmen u. in Bayerland u. an e. Flusse gen. der Rhein. (128; 31.) 8. Prag 1744—45.

Ben Saddi, N. (Pseud.), s. Richter, Christoph Gottlieb

Ben Saude, Alfredo
Ben Saude, A. Ueber den Analcim. Stuttgart, 1881.

Ben Saude, Alfredo, über den Peronskit. Von der philosoph. Facultät der Universität Göttingen gekrönte Preisschrift. gr. 4. (IV, 39 S. mit 2 lithogr. Taf.) Göttingen 882, (Vandenhoeck und Ruprecht's Verlag.) *

Bensberg, E., Hamburgs Fürsorge f. die Schiffbarkeit der Unter-Elbe, s.: Buchheister, M.

Bensberg, Konrad, Gerichtsreferendar a. Mülheim am Rhein: Die Mahnung. ⟨Nach gemeinem Recht und bürgerlichem Gesetzbuch.⟩ Bonn 1905: E. Eisele. (92 S.) 8°
Rostock, Jur. Fak., Ref. Bernhöft, Diss. v. 10. Juni 1905
[Geb. 25. Febr. 80 Mülheim a. Rh.; Wohnort: Mülheim; Staatsangeh.: Preußen; Vorbildung: Gymn. Mülheim Reife O. 00; Studium: Freiburg i. B. 1, München 1, Bonn 4 S.; Rig. 13. März 05.]

Bensch, D. Verfahren b. Entlassg. d. Dienstunbrauchbaren, sowie bei Invalidisirg. d. Mannschaften u. Unteroffiziere. Kurze Zusammenstellg. d. wichtigsten Bestimmgn z. prakt. Gebr. f. d. Kompagnie-Chefs, d. Adjutanten, sow. den dienstthuenden Feldwebel, Wachtmeister, d. Lazarethe u. Militär-Gefängnisse. 12. (16 S.) Berlin 898. A. Bath. n.n. — 25

Das Verfahren bei Entlassung der Dienstunbrauchbaren, sowie bei Invalidisirung der Mannschaften und Unteroffiziere. Kürze Zusammenstellung der wichtigsten Bestimmungen z. prakt. Gebr. f. d. Kompagnie-Chefs ... Bearb. von Bensch, Oberstlt. z. D. 2. Aufl. *Berlin: A. Bath 1898.* (16 S.) 8° [5.]

Bensch, Friedrich August (Berlin)
Ueber einige Salze der Harnsäure.
[In: Annalen d. Chemie u. Pharmacie, Bd 54 (1845) 189.]
Dr. phil. Giessen 13.5.1845.

Bensch, Heinr. (geb. Berlin 2. 6. 1854): Beiträge zur Beurtheilung der chirurgischen Behandlung der Nasenrachenpolypen. Berlin (1877). (110 S.) 8°
Berlin, Med. Diss. v. 24. Nov. [vielmehr Dez.] 1877

Bensch, Heinr., Beiträge zur Beurtheilung der chirurgischen Behandlung der Nasenrachenpolypen. Inaugural-Dissertation. gr. 8. (110 S. m. 1 Holzschntaf.) Breslau 878. Morgenstern in Comm. n. 2. —

Bensch, Paul, Die Reichsfinanzen und die Steuerreform 1909. M.-Gladbach 1909. 8°.

Bensche, Paul: Die Grundsätze für das Verhältnis des Bürgerlichen Gesetzbuches zum Reichs- und Landesrecht. *Prenzlau 1898: C. Vincent.* (26 S.) 8° [Ant. u. F.]
Erlangen, Jur. Diss. v. 4. Juni 1898

Benscheidt, Carl, unsere Fussbekleidung, deren Fehler u. die daraus entsteh. allgemeinen Fussleiden, nebst Anleitg. zur Herstellg. e. rationellen Fussbekleidg. f. Laien u. Fachleute, m. 30 in den Text gedr. Fig. gr. 8. (22 S.) Lemgo 883. (Leipzig, Th. Grieben.) n. 1. —

Benscher, Alfred [Referendar im Bez. d. Kgl. Kammerger. zu Berlin]: Eigentumserwerb an Früchten ... Berlin, Druck v. A. Sayffaerth, 1897; 55 S. 8.
Erlangen, Jur. Fak., Inaug.-Diss. v. 1897

Benscher, Alfr., D. Patent- u. Gebrauchsmuster-Rathgeber. Sämmtl. Patentgesetze des In- u. Auslandes. Eingehend erl. Hrsg. v. M. Lorenz. 12. (217 S.) Berlin 898. Verlag d. „Archimedes". Geb. in Leinw. n. 1. —

Bense, F.
— Goldene Schatzkammer von 1000 Geheimmitteln zur Verbesserung des Wohlstandes u. der Gewerbe, nach den neuesten Entdeckungen in der Landwirthschaft, der technischen Chemie u. der Gewerbekunde. Ein unerschöpfliches Handbuch zur nützlichen Anwendung für Haus-, Stadt- u. Landwirthe, für Fabrikanten u. Industrielle jeder Art. Neue Ausgabe. 8. (228 S.) Ebds. 1863. 1 fl. 40 kr.

Bense. Otto [approb. Arzt aus Nienburg a./W.]: Beiträge zur Statistik der Trommelfellperforationen bei Otitis media suppurativa .... Göttingen, Druck d. Univ.-Buchdr. v. W. Fr. Kästner, 1887; 26 S. 8°
Göttingen, Med. Fak., Inaug.-Diss. v. 29. Jul. 1887

Bense, O., Beiträge zur Statistik der Trommelfellperforationen bei Otitis media suppurativa. Inaug.-Diss. gr. 8. (26 S.) Göttingen 887. (Vandenhoeck & Ruprecht.) n. — 60

Benseb, s. Bensew

Bensef, s. Bensew

Bensel, Paul: Niederrheinisches Geistesleben im Spiegel klevischer Zeitschriften d. 18. Jahrh., s: Studien z. rhein. Gesch.

Benseler: Geschichte Freibergs, s. Benseler, Gust. Ed.

Benseler: Der Optimismus des Sokrates etc., s. Benseler, Gustav.

Benseler, F. G., De nominibus propriis et Latinis in is pro ius et Graecis in ις ιν pro ιος ιον terminatis. Diss. 1870. 35 S. 1.20

Benseler, G., s.a. B e n s e l e r , Gustav

Benseler, G., Quaestionum Alcmanicarum pars I. Pr. 1872. 11 S. 4°.

Benseler, G., d. Spion. Frei n. Cooper f. d. Jugend bearb. M. 4 Buntbild. u. 20 Textillustr. v. E. Klingebeil. gr. 8. (204 S.) Leipzig 896. Abel & Müller. Geb. in Leinw. n. 3. —

Benseler, G., der Spion. Frei nach Cooper f. die Jugend bearb. Mit 4 Buntbildern u. 20 Textillustr. v. E. Klingebeil. 2.—4. Aufl. gr. 8. (à 204 S.) Leipzig 900—902. Abel & Müller. Geb. in Leinw. n. 3. —

Benseler, G., der Spion. Frei nach Cooper f. die Jugend bearb. Mit 4 Buntbildern u. 20 Textillustr. v. E. Klingebeil. 6. Aufl. (204 S.) 8. Leipzig (907). Abel & Müller. Geb. in Leinw. 3. —

Benseler, Gustav
Benseler, Gust., im Dämmerstündchen. Nach F. E. Weatherly. Illustrirt v. M. Ellen Edwards u. John C. Staples. 4. (64 S. m. eingedr. Illustr. u. Chromolith.) Leipzig 883. E. Twietmeyer. geb. n. 7. 50

Benseler, Gustav Der Optimismus des Sokrates bei Xenophon und Platon gegenüber den pessimistischen Stimmen in der älteren griechischen Litteratur. 33 S. Progr. G. *Chemnitz* 1882.

Benseler, Gust., auf rauhen Pfaden, s.: Pederzani-Weber, Jul.

Benseler, G., im Wald und Daheim. 8. Leipzig 876. Erfurt, Bartholomäus. M 3.; geb. mit Goldschn. *

Benseler, Gust., im Wald u. Daheim. Dramatische Jugendspiele. 8. (VIII, 156 S.) Leipzig 876 Liebeskind. 3. —

— Weihnachten vor Paris. Kriegsbild in 2 Akten zur Aufführg. in höheren Schulen. 8. (62 S.) Ebend. 883. n. 1. —

Benseler, Gust.Ed.(Bearb.), s. A e s c h i n e s , Socratius: Reden.

Benseler, GE, Berggesch. v. Aufkommen d. sächs. Silberbergbaues. 16. (87) Freib. 51. (Zür., Meyer u. Z.) n. — 6

Benseler, Gust. Ed., Berggeschichten vom Aufkommen des sächs. Silberbergbaues, erzählt. gr. 16. (87 S.) Freiberg 851, Reimmann in Comm. n. 6 ngr

Benseler, Gust. Ed., Geschichte Freibergs und seines Bergbaues. 1.—13. Liefg. Mit Abbild. gr. 8. Freiberg 843—46, Engelhardt. à n. 1/4 ß Velinpap. à n. 1/3 ß

— Geschichte Freibergs u. seines Bergbaues. 14—16. Liefrg. gr. 8. (204 S.) Freiberg 847, Engelhardt. à n. 1/4 ß Velinp. à n. 1/3 ß

Benseler, Gust. Ed., Geschichte Freibergs und seines Bergbaues. 17—20. (letzte) Liefg. Freiberg 853. Engelhardt. gr. 8. (S. 1037—1318.) Jede Liefg. n. 7 1/2 ngr

—— Gesch. Freibergs u. s. Bergbaues. 17—20. Lfg. 8. (1037—1318) Freib. 53. (Lpzg, Felix.) à n. — 7½ (cplt.: n. 5. —)

Benseler, Gust. Ed., de hiatu in scriptoribus graecis. Ps. I. (Lib. I. et II.) — E. s. t.: De hiatu in oratoribus atticis et historicis graecis lib. duo. In quibus et de mult. singul. locis et de integritate totor. scriptor. et fragmentor. Isocratis, Demosthenis, Gorgiae, Antisthenis, Alcidamantis, Andocidis, Lysiae, Isaei, Theopompi, Polybii, Plutarchi, Dionysii Halicarn. et alior. disputavit. II Lib. 8maj. Freibergae, Engelhardt. [I. (12¼ B.) 840. 1¼ Thlr., II. (24 B.) 841. 2¼ Thlr.]

— s. Isocrates Evagoras.

Benseler, Gust. Ed, s. *Isocratis* Areopagiticus.

—— Musterstücke lateinischer Prosa. Nebst mehr als 400 Aufgaben zu ähnlichen schriftlichen Aufsätzen. In 3 Abthlgn.: Beschreibungen. — Erzählungen. — Abhandlungen, Briefe und Reden enthaltend. gr. 8. (XV und 288 S.) Freiberg 849, Engelhardt.

— kleines Rundgemälde von Freiberg. Ein Führer zu den Sehenswürdigkeiten dieser alten berühmten Bergstadt. Mit 1 (lith.) Grundriß (in 4.) u. 8 (lith.) Ansichten. Freiberg (853.) Wolf. 16. (2 Bl., 72 S.) n. 10 ngr

Benseler, G. E. Kleines Rundgemälde von Freiberg. Freiberg, 1858.

Benseler, GE, s.a Schul-Wörterbuch griech.-deut. u. deutsch-griech.

Benseler, Gust. Ed., griechisch-deutsches Schul-Wörterbuch zu Homer, Herodot, Aeschylos, Sophocles etc. soweit sie in Schulen gelesen werden. 859. (IV, 820 S.) — 2. verb. Aufl. Leipzig 862. Teubner. Lex.-8. (VI, 816 S.) 2 ß

Benseler, Gust. Ed., griechisch-deutsches Schulwörterbuch zu Homer, Herodot, Aeschylos etc. soweit sie in Schulen gelesen werden. 3. verb. Aufl. Leipzig 867. Teubner. Lex.-8. (VIII, 860 S.) 2 ß

Benseler, Gust. Ed., griechisch-deutsches und deutsch-griechisches Schul-Wörterbuch. I. Griechisch-deutsches Schulwörterbuch zu Homer, Herodot, Aeschylos etc., soweit sie in Schulen gelesen werden. 4. verb. Aufl. besorgt von J. Rieckher. Lex.-8. (XI, 852 S.) Leipzig 872, Teubner.
Vgl.: Schenkl.

Benseler, Gust. Ed., griechisch-deutsches Schul-Wörterbuch zu Homer, Herodot, Aeschylos, Sophokles, Euripides, Thukydides, Xenophon, Platon, Lysias, Isokrates, Demosthenes, Plutarch, Arrian, Lukian, Theokrit, Bion, Moschos und dem Neuen Testamente, soweit sie in Schulen gelesen werden. 5. verb. Aufl. (VIII, 906 S.) 1875; 6. verb. Aufl., besorgt von J. Rieckher. Lex.-8. (VIII, 901 S.) Leipzig 879, Teubner.
Vgl.: Schul-Wörterbuch, Griechisch-Deutsches und Deutsch-Griechisches.

Benseler, Gust. Ed., griechisch-deutsches u. deutsch-griechisches Schul-Wörterbuch. I. Griechisch-deutsches Schul-Wörterbuch zu Homer, Herodot, Aeschylos, Sophoklos, Euripides, Thukydides, Xenophon, Platon, Lysias, Isokrates, Demosthenes, Plutarch, Arrian, Lukian, Theokrit, Bion, Moschos u. dem Neuen Testamento, soweit sie in Schulen gelesen werden. 7. verb. Aufl., besorgt v. Geo. Autenrieth. Lex.-8. (XIII, 906 S.) Leipzig 882. Teubner. 6. 75

Benseler, Gust. Ed., griechisch-deutsches Schul-Wörterbuch zu Homer, Herodot, Aeschylos, Sophokles, Euripides, Thukydides, Xenophon, Platon, Lysias, Isokrates, Demosthenes, Plutarch, Arrian, Lukian, Theokrit, Bion, Moschos u. dem Neuen Testamento, soweit sie in den Schulen gelesen werden. 8. Aufl., besorgt v. Geo. Autenrieth. Lex.-8. (VIII, 908 S.) Leipzig 886. Teubner. 6. 75

Benseler, Gust. Ed., griechisch-deutsches Schul-Wörterbuch zu Homer, Herodot, Aeschylos, Sophokles, Euripides, Thukydides, Xenophon, Platon, Lysias, Isokrates, Demosthenes, Plutarch, Arrian, Lukian, Theokrit, Bion, Moschos u. dem Neuen Testamente, soweit sie in Schulen gelesen werden. 9., verb. Aufl., besorgt v. Geo. Autenrieth. Lex.-8. (X, 930 S.) Leipzig 891. B. G. Teubner. 6. 75

Benseler, Gust. Ed., griech.-deutsches u. deutsch-griech. Schul-Wörterbuch. I. Griech.-deutsches Schul-Wörterb. zu Homer, Herodot, Aeschylos, Sophokles, Euripides, Thukydides, Xenophon, Platon etc. u. dem Neuen Testamente, soweit sie in Schulen gelesen werden. 10., vielfach verb. Aufl., besorgt v. Ad. Kaegi. Lex.-8. (XII, 920 S.) Leipzig 896. B. G. Teubner. 6. 75; geb. in Halbfrz. n. 8. —

Benseler, Gust. Ed., u. K. Schenkl, griechisch-deutsches u. deutsch-griechisches Schulwörterbuch. I. Griechisch-deutsches Schul-Wörterbuch zu Homer, Herodot, Aeschylos, Sophokles, Euripides, Thukydides, Xenophon, Platon, Lysias, Isokrates, Demosthenes, Plutarch, Arrian, Lukian, Theokrit, Bion, Moschos u. dem Neuen Testamente, soweit sie in Schulen gelesen werden. Von Gust. Ed. Benseler. 11., vielfach verb. Aufl., bearb. v. Adf. Kaegi. Lex.-8. (VIII, 916 S.) Leipzig 900. B. G. Teubner. 6.75; geb. in Halbfrz. n. 8.—

Benseler, G[ustav] E[duard]. Benselers Griechisch-Deutsches Schulwörterbuch zu Homer, Herodot, Aeschylos, Sophokles, Euripides, Thukydides, Xenophon, Platon, Lysias, Isokrates, Demosthenes, Plutarch, Arrian, Lukian, Theokrit, Bion, Moschos, den Lyrikern, dem Wilamowitzschen Lesebuche sowie zu dem Neuen Testamente.... 12., erweiterte und vielfach verbesserte Aufl., bearb. von Dr. Adolf Kaegi, Professor ... zu Zürich. X + 982 S. gr.-8. Leipzig und Berlin, Teubner, 1904. [geb. M. 8.—]
Griechisch-Deutsches und Deutsch-Griechisches Schulwörterbuch von Dr. G. E. Benseler und Prof. Dr. K[arl] Schenkl. [Teil 1.]

Benseler, GE, u. K Schenkl: Griechisch-deut. u. deutsch-griech. Schulwörterb. 13. Afl. v. Adf Kaegi. (12, 1009) Lex8° Lpzg, BG Teubner '11. HF 8 —

— dasselbe. 2. Tl., s.: Schenkl, Karl

Benseler, Herm.

Christian Friedrich Andreas Rohns, Königl. Bau-Commissar. Ein Lebensbild. Nach e. Vortrage im Göttinger Gesch.-Verein, geh. von **Herm. Benseler**, Lehrer a. D. *Göttingen: L. Hofer 1900.* (32 S.) 8° [F.] [04. 3008 7

Bensemann: Zwanzig... A b i t u r i e n t e n - A r b e i t e n, s. B e n s e m a n n, J.D.

Bensemann, H., Lehrbuch der ebenen Geometrie f. höhere Schulen. gr. 8. (VI, 118 S. m. Fig.) Dessau 892. P. Baumann. n. 1.60

Bensemann, H[ermann]: Die Flora der Umgegend von Cöthen. Cöthen (1908): Schettler. 27 S. 4°
Köthen, herz. Ludwigs-G P 1908 (890)

Bensemann, Hermann: Die konstruktive Methode im planimetrischen Unterricht. Cöthen, Druck v. P. Schettlers Erben, *1893;* 3—25 S. 4.
Cöthen, herz. Ludwigs-G, OP 1893 (676)

Bensemann, Hermann: Die Vegetation des Gebietes zwischen Cöthen und der Elbe. Cöthen, Druck v. P. Schettlers Erben, *1896;* 3—32 S. 4.
Cöthen, herz. Ludwigs-G, OP 1896 (696)

Bensemann, J.D.: Wer gehört zu den Gebildeten? 15 S. Progr. Cöslin 1845.

Bensemann, J.D.: Zwanzig der am besten gelungenen Abiturienten-Arbeiten, welche in den Jahren 1825-1850 von den Schülern des Cösliner Gymnasiums geliefert worden, mit einem Vorwort und Nachwort. 17 S. und Figurent.
Progr. Cöslin 1854.

Bensemann, J.D.: Wie kann durch die Gymn. für eine höhere Schulbildung auch der nicht gelehrten Stände gesorgt werden? 13 S. Progr. Cöslin 1837.

Bensemann, J.D.: (Ueber die strahlenbrechende Wirkung der sogenannten Linsengläser.) 16 S.
Progr. Cöslin 1832.

Bensemann, Johann David

Bensemann, Ioannes Davides: De undecimo axiomate Euclidis.
Halle-Wittenberg, Phil. Diss. v. 29. Dez. 1823
Geb. [Reichenberg b. Danzig 17. 3. 1797]
Ms. fehlt. Ersch. u. d. T.: Diss. de undecimo axiomate elementorum Euclidis. Halis 1824: Hendel. 50 S. 8° als Halle, Phil. Hab.-Schr. v. 28. Aug. 1824.

Bensemann, Ioannes David: De undecimo axiomate Elementorum Euclidis. Halae (1824): Hendel. 50 S., 2 Taf. 8°
Halle-Wittenberg, Phil. Hab.-Schr. v. 28. Aug. 1824
War vorher des Verf. Phil. Diss. v. 29. Dez. 1823.

Bensemann, Walth., Beiträge z. Caesarforschung. I. C. J. Caesars Unterfeldherren u. s. Beurteilg. derselben. gr. 8. (46 S.) Marburg 896. (O. Ehrhardt.) 1.20

— s.a.: Duell u. Verruf.

Duell und Verruf. Betrachtungen e. Bummlers. [Verf.: Walther Bensemann.] Marburg a. d. L.: O. Ehrhardt in Komm. 1896. (15 S.) 8° [95. 4949 4

— s.: Kapitel, e., v. kecken Burschengeist.

— Richard Nevil, d. Königmacher. 1428—71. E. Beitrag z. Geschichte d. Kriege zw. Lancaster u. York. gr. 8. (XII, 159 S.) Strassburg 898. L. Beust. n. 5.—

Bensemann, Walter, Public school u. Gymnasium. gr. 8. (19 S.) Karlsruhe 893. (J. Lang.) n. — 60

— s.a. In eigener Sache.

In eigener Sache. Vom Vf. v. 'Duell u. Verruf' (**Walther Bensemann**). *Berlin: H. Walther 1897.* (12 S.) 1 Bd 8. [97. 6286

Bensemer: Beiträge ..., s. B e n s e m e r, Walter

Bensemer, M., Illustrirter Hauptkatalog der Centralstelle für Amateur-Photographie. Ausgabe 1897, 98. VII. und VIII. Auflage nebst Nachträgen.
Kiel 1897, 98.

Illustrirter Haupt-Catalog der Centralstelle für Amateur-Photographie (gegründet 1890) von Apoth. M. **Bensemer**, Kiel. Ausg. 1897. 7. Aufl. *(Kiel 1897: Kieler Neueste Nachr.)* (220 S.) 8° [04. 8808 8

Bensemer, Walther

Beiträge zu einer Geschichte des Blühens und des Niederganges der Juden im Königreich Polen. Von [Walther] **Bensemer**, Oberl. Berlin: Giese 1898. 22 S. 8° A 12.7192

Bensemer, Beiträge zu e. Geschichte d. Blühens u. des Niederganges d. Juden i. Königr. Polen. [Aus: „Antisemit. Jahrb. f. 1898".] gr. 8. (22 S.) Berlin 898. (P. Kufahl.) n. — 60

Beiträge zu einer Geschichte der Juden in Spanien und Portugal. Von [**Walther**] **Bensemer**, Oberl. in Thorn. *Berlin: W. Giese 1901.* (32 S.) 8° [F.] [02. 2281

Bensen: Döhnchen, olle Bückebörger, s. B e n s e n, Rudolf

Bensen, Carl Daniel Heinrich.

Bensen, Carl Dan. Heinr. (Hrsg.), s.a. A b h a n d l u n g e n, freimütige...

Bensen, Carl Dn. Hnr., († d. 30. März 1805.) Abhandll. aus d. Gebiete der Polizei- u. Staatswirthschaft, (als Fortsetz. d. Materialien). 1r Bd. 1s Hft. Ueber das Studium der Kameralwissenschaft. gr. 8. Erlang. 804 oder 808? Palm. 16 gr.

— Archiv. s.a. J. J. Palm.

— u. J. J. Palm, neues Archiv für Gelehrte, Buchhändler u. Antiquare für 1795. 12 Stcke. gr. 8. Erlang., Palm. 2 rthl Fortsetz. u. d. T.: Journal zur Beförd. der Kultur durch den Buchhandel. 2 Hfte. gr. 8. Ebd. 796. 10 gr.

— Einleitung in die sämmtl. Staatswissenschaften, oder die Begründ. d. Staatslehre in allen ihren Theilen. gr. 8. Fürth 802.

— Diss. de fundamento poenarum capital. Sect. I. II. 8maj. Erlang. 794. Palm. 5 gr.

Bensen, Karl Dn. Hnr. Materialien zur Polizei-, Kameral- und Finanzpraxis. 3 Bde. A. u. d. T.: A. L. Schott, Vorbereitung zur juristischen Praxis, besonders in Rücksicht auf die Schreibart in rechtl. Geschäften. Neue Aufl. in 3 Bden. gr. 8°. Erlangen, Palm, 1800, 1803.

Bensen, H., Materialien z. Polizei, Cameral- u. Finanz-Praxis.
Hat auch den Titel:
Anleitung zur juristischen Praxis.

– Programm De naturali disciplinarum ad oeconomicam publicam spectantium cohaerentia. Erlangae 1797.

— Progr. De naturali disciplinarum ad oeconomiam publicam spectant. cohaerentia. Sect. I. 8. Erlang. 798. Palm. 2 gr

— s. Schreiben e. deutschen Patrioten.

– Über das Studium der sogenannten Kameralwissenschaft zur Beherzigung für Juristen und Kameralisten, zugleich als Anhang zu den Materialien zur Polizei-Cameral- und Finanz-Praxis. Erlangen: 1808 (Palm).

— System der reinen u. angewandten Staatslehre für Juristen und Kameralisten. 2 Thle. gr. 8. Ebend. 801. 803. (1r 1 Thlr. 8 gr.. 2r 2 Thlr. 16 gr.)

— Vers. einer Entwickel. der Lehre von Staatsgeschäften rc. 2 Abth. (1e 1 Thlr. 2e 1 Thlr. 20 gr.). (die 2te Abth. a. unt. d. Tit.: Anleit. zur gesammten Geschäftsführung für Juristen u. Kameral.). gr. 8. Ebend. 800—2.

— Versuch einer systemat. Entwickelung der Lehre von den Staatsgeschäften, u. zwar in Hinsicht ihrer formalen Bestimmung. 1r Thl. A. u. d. T.: A. L. Schott, Vorbereitung zur jurist. Praxis rc. 800. 1 Thlr 2r Thl. A. u. d. T.: Anleit. zur gesammten Geschäftsführung rc. 802. 1 Thlr 20 gr gr. 8. Erlang., Palm. 2 Thlr 20 gr

— Vers. eines Grundr. der Staatslehre. 3 Abtheil. gr. 8. Ebend. 798—99. (1e 10 gr. 2e 14 gr. 3e 1 Thlr. 16 gr.).

— Versuch e. systemat. Grundrisses der reinen u. angewandten Staatslehre. 3 Abtheill. gr. 8. Erlang. 798. Palm. 2 Thlr 16 gr 2e verm. Aufl. u. d. T.: System d. reinen u. angewandten Staatslehre. 2 Thle. (2r Thl. v. J. P. Harl umgearb.) gr. 8. Erlang. 804, 9. Palm. 4 Thlr

— — davon die 1e Abth. umgearb. 804.

— *Eb.*: Kurzes jurist. prakt. Wörterb., als e. Nachtrag zu seiner Vorbereit. z. jurist. Praxis. *Erl.*, Palm. (784.) N. umgearb. u. verm. A. v. Sb. Ad. KRAFT. 793. gr. 8. (1 Thl.) Ganz umgearb. u. bedeutend verm.; nebst angeh. Wörterb. üb. die rothwelsche sogenannte Gauner- oder Zigeunersprache; v. J. Ch. F. SOMMER. *Eb.* 821. gr. 8. (1 Thl. 8 Gr.)

Bensen, H.: Versuch einer syst. Entwickel. . . . , s. Bensen, Carl Daniel Heinrich

Bensen, Heinrich

Ordnungsliebe: Rede bey dem höchsterfreulichen Geburtsfeste des Allerdurchlauchtigsten Grossmächtigsten Königs von Preussen etc. etc. Friedrich Wilhelm gehalten in der Loge Libanon zu den drey Zedern in Erlangen vom Redner derselben [d. i. Heinr. **Bensen**]. Den 28. Sept. 5792. o. O. [1792]. 4 Bl. 4° [Umschlagtit.]
Selten. Üb. Ordnung u. Regelmässigkeit als die festesten Säulen jeglicher Gemeinschaft.

Bensen, Heinrich Wilhelm

Bensen, Hnr. Wilh., Alterthümer, Inschriften u. Volkssagen der Stadt Rotenburg ob der Tauber. gr. 12. Ansbach 841. Brügel. (Erlangen, Fd. Enke.) n. 1/3 Thlr

Bensen, H. W., kurze u. gründl. Anleit. zur richt. Betonung latein. Wörter, mit e. Verzeichn. vorkomm. Eigennamen. 8. Wertheim 832. Deubold. 8 gr

— kurze u. gründl. Anleitung zur richtigen Betonung latein. Wörter, mit e. Verzeichniß häufig vorkomm. Eigennamen. Ein Hülfsbuch zum Selbstunterricht u. zu d. Gebrauch latein. Schulen. 8. Wertheim 833. Deubold. (Heilbr., Claß.) 1/3 Thlr

Bensen, Heinr. Wilh., historisch-geographischer Atlas von Europa. (In 5 Lfgn. mit Text.) 1. Lfg. Imp.-Fol. (5 lith. Karten.) Stuttgart 849, Franckh'sche Vrlgsh.
Einzelne Karten à

Bensen, Heinr. Wilh., kurze Beschreibung und Geschichte der Stadt Rotenburg ob der Tauber. gr. 8. (IX und 70 S. mit einer lithogr. Ansicht Rotenburgs nach Merian in qu. gr. 4.) Erlangen 856, Blaesing.

Bensen, HW, kurze Beschr. u. Gesch. d. Stadt Rotenburg. 8. (97) Erl. 56, Deichert. n. — 12

Bensen, H. W. Kurze Beschreibung u. Geschichte der Stadt Rothenburg. (97) 8. Erlangen 1857. 1,20. — N. Ausg. 8. Rothenburg 1880.

— Teutschland und die Geschichte. Eine Denkschrift. gr. 8. Stuttgart 844, Franckh. 1 Thlr

—— die öffentl. Erziehung aus d. Gesichtspunkte d. Staates. Ein Versuch. gr. 8. (9 B.) Erlangen 831, Palm u. Enke.

— Europa im 16. Jahrh, oder Materialien zum mündlichen Uebersetz. aus d. teutschen in die latein. Sprache, nebst e. Methodik d. Unterrichts. gr. 8. Frankf. a. M. 839. Brönner. 1 Thlr

—— Geschichte d. Bauernkriegs in Ostfranken, a. d. Quellen bearb. gr. 8. (37 1/2 B.) Erlangen 840, Palm'sche Vrlsbuchh.

Bensen, Heinr. Wilh., Hieroglyphen und Buchstaben. Eine histor. Studie. gr. 8. (VIII und 176 S.) Schaffhausen 860, Hurter'sche Buchh.

—— ein Hospital im Mittelalter. Beitrag zu der Geschichte der Wohlthätigkeitsstiftungen. gr. 8. (111 S.) Regensburg 853, Pustet.

—— die Kriegsfahrt der Athener nach Syrakus im J. 415 v. Chr. Eine neue Geschichte in alter Zeit. gr. 8. (40 S.) Regensburg 855, Pustet.

— Lehrbuch der Griechischen Alterthümer, oder Staat, Volk u. Geist der Hellenen. gr. 8. Erlangen 842, Heyder. 1 1/2 Thlr

—— *εἰς τὸν Ναπολέοντα, ᾨδή.* — Ode an Napoleon. gr. 8. (1 1/2 B.) Ansbach 835, Brügel. (Erlangen, F. Enke.) *

— *εἰς τὸν Ναπολέοντα, ᾨδή.* Ode an Napoleon. gr. 8 Ansbach (835). (Nürnb., Schneider u. Weigel.) 1/6 Thlr

Bensen, Heinr. Wilh., die Proletarier. Eine histor. Denkschrift. gr. 8. (VI und 495 S.) Stuttgart 847, Franckh'sche Vrlgsh. Thlr.

— Uebungsbuch zum Uebersetzen aus dem Teutschen in's Lateinische, nebst einer Methodik dieses Unterrichts. (Enthaltend eine historische Schilderung Europa's im 16. Jahrhundert. gr. 8. Frankfurt a/M. 844, Brönner. n. 5/6 Thlr

— histor. Untersuchungen über die ehemal. Reichsstadt Rotenburg, oder d. Geschichte e. deutschen Gemeinde, aus urkundl Quellen bearb. gr. 8. Nürnb. 837. Riegel u. Wießner. 2 2/3 Thlr

Bensen, Dr. Heinr. Wilh., das Verhängniss Magdeburgs, Eine Geschichte aus dem grossen Zwiespalt der teutschen Nation im 16. u. 17. Jahrh. (Motto aus Cicero, de oratore.) Schaffhausen, Fr. Hurter, 1858. 8°. Hfrzb. (aus Roming's Bibl.).
Hauptwerk üb. die Geschichte der Stadt. — XV—615 S. u. 1 S. Verz. von (11) gedr. Schriften d. Vf. (seit 1831).

Bensen, Karl Daniel Heinrich, s. Bensen, Carl Daniel Heinrich

Bensen, Levin Friedrich (Haselau/Holst.), De cura hereditatis jacentis. Diss. jur. Präs. Joh. Bernh. Friese. Jena (Werther) Oktober 1717. 40 Seiten. (5.—)

Bensen, Rudolf

Allerhand ut Stadt un Land. Vertellt von Dr. [Rudolf] **Bensen**. Minden i. W.: J. C. C. Bruns 1906. (VIII, 71 S.) 8° [F.] [06. 8391

Dat un Dütt von Grot un Lütt. Vertellt von Dr. R[udolf] **Bensen**. Minden i. W.: J. C. C. Bruns 1908. (72 S.) 8° [F.] [08. 4871

Olle Bückebörger Döhnchen vertellt von Dr. [Rudolf] **Bensen**. H. [1.] 2. Minden: J. C. C. Bruns [1903]–05. 2 Bde 8° [F.] [07. 6061

Olle Bückebörger Döhnchen. Vertellt von Dr. [Rudolf] **Bensen**. 2. Upl. H. 1. 2. Minden i. W.: J. C. C. Bruns [1906]. 2 Bde 8° [F.] [07. 4767

Bensen, Rud., Bad Eilsen u. seine Heilquellen, kurz beschrieben zur Orientirg. f. Kurgäste u. Aerzte. 8. (50 S.) Bückeburg 894. (G. Frommhold.) n. 1. —

Bensen, Rud., Bad Eilsen u. s. Heilquellen, kurz beschrieben z. Orientirg. f. Kurgäste u. Aerzte. 2. Aufl. 8. (56 S.) Bückeburg 896. (G. Frommhold.) n. 1. —

Franke, de Jäger. Geschichten von anno achtunverzig von Dr. R[udolf] **Bensen**. Minden i. W.: Bruns [1910]. 74 S. 8° [11. 2519

Bensen, Wilhelm: Beiträge zur Kenntniss von der heteroplastischen Knochenbildung. *Göttingen 1898: Dieterich.* (27 S.) 8°
Göttingen, Med. Diss. v. [25. Mai] 1898

Benser, Alb., die theoretische u. praktische Ausbildung für den kaufmänn. Beruf. Winke u. Rathschläge f. Prinzipale, sowie f. Väter künft. Kaufleute. gr. 8. (44 S.) Dresden 880. Schönfeld. n. — 60

! Benser: Ausbildg f. d. kaufm. Beruf. Jetzt: Hannov., M & H Schaper. 76/80

Benser, Alb., u. Sophus Ruge, deutsches Lesebuch f. Handelsschulen sowie f. Real- u. höhere Bürgerschulen. 3. verm. u. verb. Aufl. gr. 8. (XI, 644 S.) Leipzig 874. O. A. Schulz. n. 4. 50

Benser, Alb., und Sophus Ruge, deutsches Lesebuch für Handelsschulen, sowie für Real- und höhere Bürgerschulen. 4. Aufl. gr. 8. (XI, 640 S.) Leipzig 877, O. A. Schulz.
* M 4,50. | geb. *

Benser, Alb., u. Sophus Ruge, deutsches Lesebuch f. Handelsschulen, sowie f. Real- u. höhere Bürgerschulen. 5., verb. Aufl. gr. 8. (X, 545 S.) Leipzig 885. O. A. Schulz. n. 3. 75; geb. n.n. 4. 50

Benser, Alb. u. Sophus Ruge. Deutsches Lesebuch f. Handelsschulen, sowie f. Real- u. höhere Bürgerschulen. 6. verb. u. verm. Aufl. gr. 8. (X, 568 S.) Lpz. 889, O. A. Schulz. * 3 75; geb. ** 4 50

Benser, Alb., u. Sophus Ruge, deutsches Lesebuch f. Handelsschulen, sow. f. Real- u. höh. Bürgerschulen. 7. Aufl. gr. 8. (VIII, 453 S.) Leipzig 895. O. A. Schulz. n. 2. 80; geb. in Halbleinw. n. 3. 50

Benser, A., und S. Ruge, Dresdener Lesebuch für Handelsschulen sowie für Real- und höhere Bürgerschulen. Leipzig 862. O. A. Schulz. gr. 8. (XIV, 664 S.) n. 1 Thlr 10 ngr.

Benser A, der Unterricht in der Handelsgeschichte auf geographischer Grundlage. (Einladungsschrift der Handelslehranstalt Dresden) Dresden 1869

Benser, Hermann

Das moderne Gemeinschaftschristentum. Von Hermann **Benser**. Pfarrer. Tübingen: Mohr 1910. 48 S. 8°
(Religionsgeschichtliche Volksbücher f. d. deutsche christl. Gegenwart. Reihe 4. H. 14.) [10. 10793

Bensew, Juda Löw

Bensef, **Juda Löw, († d. 12. März 1810.) Cheken Daath.** Ein Commentar über das Buch Emunath, von R. Saadiah Gaon. 8. Berl. 798.

— **Jessode hadath.** Glaubens- u. Pflichtenlehre, zum Gebr. bei d. Elementarunterricht. 8. Wien 810.

Bensef, Juda Löw, s. Judith.

— **Mebo Mikrae kodesch.** Einleit. in die heil. Schriften. 8. Wien 810.

— **Messilath halimod.** Ein hebräisches Buchstabir- u. Lesebuch. 8. Wien 802. 2e A. 806 unt. d. T.: **Limude meschurim** 3e Aufl. in 2 Thlen unt. d. T.: **Beth hupsephen.** Ebd. 809.

Bensew, J. L., **Messilat Halimud.** Elementarbuch zum Unterricht in der hebräischen Sprache, sowohl zum Lesen lernen wie auch als Anfangsunterricht in der Grammatik verwendbar. In's Deutsche übers. vom Verleger. 8. (112 S.) Wien 865, Knöpflmacher's Buchh. *

Bensew, J. L., **Ozar Haschoroschim**, hebräisch-deutsches u. deutsch-hebräisches Wörterbuch über das alte Testament. 3e Aufl., verm. u. verb. v. M. Letteris. 1r u. 2r Thl.: hebräisch-deutsch. gr. 8. Wien 839 u. 40. Schmid u. Busch. (Leipzig, Kummer.) n. 2 Thlr 7 gr

Bensew, I. L., **Ozar Haschoroschim** hebräisch-deutsches und deutsch-hebräisches Wörterbuch. 3. Aufl., ganz neu bearb. von einem Freunde d. hebräischen Sprache. 3. Thl.: deutsch-hebräisch. gr. 8. Wien 844, Edler v. Schmid u. Busch. (Leipzig, Kummer.) n. $1^2/_3$ Thlr (1—3: n. $4^1/_6$ Thlr)

Bensew, J. L., Ozar Haschoroschim hebräisch-deutsches und deutsch-hebräisches Wörterbuch über das alte Testament. 4. Aufl. verm. und verb. von M. Letteris. 1. u. 2. Thl. Hebräisch-deutsch. 2 Thle. Wien 862, 63. Knöpflmacher & Söhne. gr. 8. (XXVII, 756 S.) 2 Thlr 10 ngr.

Bensef, Juda Löw, s. Sirach.

— **Thalmud laschon ibri.** Eine hebräische Sprachlehre. 8. Berl. 796. 2e A. Wien 807.

— **Talmud l'schon ibri.** Ausführliche hebräische Grammatik. 8. (... S.) Wien 866, Knöpflmacher's Buchh.

Bensewi, J. L., Hebräisch u. chaldäisches Wörterbuch, s.: Schulbaum, Moses.

Bensheim [Schlagwort]
Bensheim, s.: **Deutschland**. Kürschner-Peip.

Bensheim, s.: Geolog. Karten (Hessen).

Bensheim, s. Hessen, Höhenschichtenkarte.

Bensheimer, Alice, s: Wohnung u. Frau.

Bensheimer, Ernst J., die polit. Tagespresse Badens am Beginn des 20. Jahrh. Eine statist. Studie. (64 S.) gr. 8. Mannheim 910. J. Bensheimer's Verl. 1. 50

Bensheimer, Ernst J.: Die politische Tagespresse Badens am Beginn des XX. Jahrhunderts. ⟨Eine statist. Studie.⟩ Mannheim [1910]: Vereinsdr. 64 S. 8°
Heidelberg, Phil. Diss. v. 3. Juni 1910, Ref. Schott
[Geb. 7. Febr. 87 Mannheim; Wohnort: Mannheim; Staatsangeh.: Baden; Vorbildung: Gymn. Mannheim Reife Sommer 04; Studium: Lausanne 1, Leipzig 1, Heidelberg 5 S.; Rig. 24. Febr. 10.] [U 10. 2109

Bensing, Franz

Bensing F.: Der Einfluss d. landwirtschaftlichen Maschinen auf Volks- u. Privatwirtschaft. Breslau 1897. [Paa Omsl.: 1898]. 205 S.

Bensing, Frz., D. Einfluß d. landwirtschaftl. Maschinen a. Volks- u. Privatwirtschaft. gr. 8. (IX, 205 S.) Breslau 897. Schletter. n. 3. 60; geb. in Leinw. n. 4. 60

Bensing, Franz, Der Einfluss der landwirtschaftlichen Maschinen auf Volks- und Privatwirtschaft. gr. 8⁰. Breslau, Schletter, 1898.

Bensing, Geo.: Grubendämone. Soz.Drama. (103) gr8° Lpzg-Stött., Leipz. Verl.- u. Kommissions-Bh. '11. 2 — d

Bension, Eugen (Red.), s. Kaufmann, Der reisende.

Ben Sirah Militans. Abgebrochene Sätze f. A-B-C-Kinder. Im Orient gesammelt v. P. P. G. gr. 8. (200 S.) Stuttgart 880. Metzler's Verl. n. 2. —

Bensly, Rob. L., the missing fragment of the last translation of the fourth book of Ezra, discovered u. edited with an introduction u. notes. gr. 4. (95 S. m. 1 Phototyp.) Cambridge 875. Leipzig, Brockhaus' Sort. geb. n.n. 10. —

Benson, Julie oder die leidende Unschuld in Briefen, aus dem Englischen, 2 Theile, 8. Leipzig, 776. Feind. 15 sgl.

Benson, Julie, oder die leidende Unschuld. 2 Thle. 8. Leipz. 776. Gleditsch. (Brockhaus). 12 gl.

Benson, Arthur Christopher

Der Schulmeister [The schoolmaster]. Von Arthur Christopher **Benson**. Eton Coll. Eine Studie z. Kenntnis d. engl. Bildungswesens u. e. Beitrag z. Lehre von d. Zucht. Aus d. Engl. übers. von Käthe Rein in Wakefield. *Langensalza: H. Beyer & Söhne 1904.* (IV, 87 S.) 8°
— Magazin, Pädagogisches. II. 226.

Benson, Chr., und A. Dillmann, englisches Lesebuch für höhere Lehranstalten mit Erläuterungen und vollständ. Wörterbuch. gr. 8. (X, 306 S.) Berlin 875, [Guttentag.] H. W. Müller. *

Benson, E.J.: Mammon & Co., s. Benson, Edward Frederic

Benson, Edward Frederic

Benson, E.F.: Account rendered, s. Collection of Brit. auth. 4246, 4359, 4189, 4301, 4221.

An Act in a backwater. By E[dward] F[rederic] **Benson**. Copyright ed. Leipzig: Tauchnitz 1905. 279 S. 8°
(Collection of British authors. Tauchnitz Ed. Vol. 3802.)

– Mrs. Ames, s. Collection of Brit. auth. 4246, 4359, 4189, 4301, 4221.

The Angel of pain. By E[dward] F[rederic] **Benson**. Copyright ed. In 2 vol. Vol. 1. 2. Leipzig: Tauchnitz 1906. 8°
(Collection of British authors. Tauchnitz Ed. Vol. 3878/9.)

Daisy's Aunt. By E[dward] F[rederic] **Benson**. Copyright ed. Leipzig: Tauchnitz 1910. 263 S. 8°
(Collection of British authors. Tauchnitz Ed. Vol. 4189.)

The Blotting Book. By E[dward] F[rederic] **Benson**. Copyright ed. Leipzig: Tauchnitz 1909. 287 S. 8°
(Collection of British authors. Tauchnitz Ed. Vol. 4101.)

The Book of months. By E[dward] F[rederic] **Benson**. Copyright ed. Leipzig: Tauchnitz 1903. 272 S. 8°
(Collection of British authors. Tauchnitz Ed. Vol. 3675.)

The Challoners. By E[dward] F[rederic] **Benson**. Copyright ed. Leipzig: Tauchnitz 1904. 328 S. 8°
(Collection of British authors. Tauchnitz Ed. Vol. 3752.)

The relentless city. By E[dward] F[rederic] **Benson**. Leipzig: B. Tauchnitz 1903. (318 S.) 8°
(Collection of Brit. Authors. Tauchnitz Ed. Vol. 3703.)

The Climber. By E[dward] F[rederic] **Benson**. Copyright ed. In 2 vol. Vol. 1. 2. Leipzig: Tauchnitz 1908. 8°
(Collection of British authors. Tauchnitz Ed. Vol. 4088/9.)

Benson, E. F., Dodo, s.a. **Engelhorn's Romanbibliothek.**

Dodo. A detail of the day. By E[dward] F[rederic] **Benson**. Copyright ed. Leipzig: Tauchnitz 1894. 303 S. 8°
(Collection of British authors. Tauchnitz Ed. Vol. 2961.)

The House of Defence. By E[dward] F[rederic] **Benson**. Copyright ed. In 2 vol. Vol. 1. 2. Leipzig: Tauchnitz 1907. 8°
(Collection of British authors. Tauchnitz Ed. Vol. 3970/1.)

The Image in the sand. By E[dward] F[rederic] **Benson**. Copyright ed. In 2 vol. Vol. 1. 2. Leipzig: Tauchnitz 1905. 8°
(Collection of British authors. Tauchnitz Ed. Vol. 3832/3.)

– Juggernaut, s. Collection of Brit. auth.

Mammon & Co. By E[dward] F[rederic] **Benson**. Copyright ed. In 2 vol. Vol. 1. 2. Leipzig: Tauchnitz 1904. 8°
(Collection of British authors. Tauchnitz Ed. Vol. 3731/2.)

Benson, E. F., Mammon & Co. Roman. Aus dem Engl. übertr. von E. v. Kraatz. 2 Tle. in 1 Bde. (318 u. 274 S.) 8. Breslau 905. Berlin, S. Schottländer's schles. Verlagsanstalt. n. 4. —; geb. n. 5. —

The Osbornes. By E[dward] F[rederic] **Benson**. Copyright ed. Leipzig: Tauchnitz 1910. 312 S. 8°
(Collection of Brit. Authors. Tauchnitz Ed. Vol. 4221.)

Paul. By E[dward] F[rederic] **Benson**. Copyright ed. In 2 vol. Vol. 1. 2. Leipzig: Tauchnitz 1906. 8°
(Collection of British authors. Tauchnitz Ed. Vol. 3925/6.)

A Reaping. By E[dward] F[rederic] **Benson**. Copyright ed. Leipzig: Tauchnitz 1909. 302 S. 8°
(Collection of British authors. Tauchnitz Ed. Vol. 4152.)

The Rubicon. By E[dward] F[rederic] **Benson**. Copyright ed. Leipzig: Tauchnitz 1894. 287 S. 8°
(Collection of British authors. Tauchnitz Ed. Vol. 2992.)

Scarlet and hyssop. By E[dward] F[rederic] **Benson**. Copyright ed. Leipzig: Tauchnitz 1902. 280 S. 8°
(Collection of British authors. Tauchnitz Ed. Vol. 3585.)

Sheaves. By E[dward] F[rederic] **Benson**. Copyright ed. In 2 vol. Vol. 1. 2. Leipzig: Tauchnitz 1908. 8°
(Collection of British authors. Tauchnitz Ed. Vol. 4025/6.)

— The valkyries, s.a. **Unwin's library.**

— the valkyries. (259 S. m. Abbildgn.) 8. London u. Leipzig 903. T. F. Unwin. n. 1. 50

Benson, Ephr.

— s. Albertus Magnus Kunst.

Benson, Ephr., charakterist. Parallelköpfe, s. J. B. Dellaporta.

Benson, Georg, Abhandl. u. Betracht. über Wahrheit der Religion. 8. Halle, Curt. 763.

Benson, Geo., Abhandl. üb. einige wichtige Wahrheiten d. Religion; aus d. Engl. übers. v. J. Pet. Bamberger. 8. Halle 763. (Laue in Berl.) 18 gl.

— paraphrast. Erklärr. u. Anmerkk. einiger Bücher d. neuen Testaments. A. d. Engl. übers. von J. Pet. Bamberger. Mit e. Vorr. v. A. F. W. Sack. 4 Thle. 4. Leipz. 761. Weidmann. 3 rf. 8 gl.

— Gesch. der ersten Pflanzung der christl. Religion oder Commentar über die Apostelgesch. 2 Thle. gr. 8. Halle, Curt. 768.

— Gesch. d. ersten Pflanzung d. christl. Religion od. Commentar üb. d. Apostelgesch.; aus d. Engl. übers. von J. Pet. Bamberger. 2 Thle. gr. 8. Halle 768. (Laue in Berl.) 1 Rthlr 20 gr

— dissertatio de loco 1. Ioh. V. com. VII. 4. Hal. Hemmerde et Schw. 752.

— Diss. de loco 1. Joh. V. com. VII. 4. Halle 752. Schwetschke et S. 4 gr Gebauer 9 gr

— paraphrasis et n. philol. et exeget. in epist. St. Iacobi cum observ. Michaelis. 4. Halae, Kümmel. 746.

Benson, George. Vernunftmässigkeit der christlichen Religion nach der Lehre der Schrift; aus dem Engl. Halle 1760. Ü: *Bamberger, Joh. Peter.* (KY) (MGT)

— Vernunftmässigkeit der christl. Religion. gr. 8. Halle, Curt. 763.

Benson, Geo., Vernunftmäßigkeit d. christl. Religion nach der Lehre d. Schrift; aus d. Engl. (von J. Pet. Bamberger). gr. 8. Halle 763. (Laue in Berl.) 18 gr

— vernunftmäßige Vertheid. des Gebets. a. d. Engl. 8. Lpz. 736.

Benson, George, s. B e n s o n , Georg

Benson, J., Leben Joh. Wilh. Fletscher's, s. Leben.

Benson, Robert Hugh

— Christus in d. Kirche. Relig. Essays. Übers. v. J Schoetensack. (214) 8° Regensbg, F Pustet '13. 2.40; L 3.40 d

— The coward, s: Collection of Brit. auth. 4318.

— Im Dämmerschein d. Zukunft. Ein Roman in Traumbildern. Uebers. v. R u. A Ettlinger. 1—3. Afl. (8, 381 m. 8 Vollbildern.) 8° Einsied., Verl.-Anst. Benziger & Co. '12. 5 —; L 6 — d

– The dawn of all, s. C o l l e c t i o n of Brit. auth. 4278, 4229.

None other Gods. By Robert Hugh **Benson.** Copyright ed. Leipzig: Tauchnitz 1910. 358 S. 8°

(Collection of Brit. Authors. Tauchnitz Ed. Vol. 4229.) [10. 1027]

Benson, Rob. Hugh, der Herr der Welt. Roman. Aus dem Engl. von H. M. v. Lama. Mit dem Portr. des Autors u. e. Einleitg. (VIII, 527 S.) 8. Regensburg 911. F. Pustet. 2.50; geb. in Leinw. n 8. 50

— Mit welchem Recht? Histor. Roman a. d. Zeit d. Königin Elisabeth. Aus d. Engl. v. R Ettlinger. (8, 653 m. 1 Titelbild u. 7 Einschaltbild.) 8° Einsied., Verl.-Anst. Benziger & Co. '12. 6 —; L 7 —

The Necromancers. By Robert Hugh **Benson.** Copyright ed. Leipzig: Tauchnitz 1910. 310 S. 8°

(Collection of British authors. Tauchnitz Ed. Vol. 4168.) [11. 883]

— Die Tragödie der Königin. Histor. Roman aus der Zeit Marias der Katholischen. Aus dem Engl. v. R. Ettlinger. Mit 1 Titelbild u. 7 Einschaltbildern. (434 S.) 8. Einsiedeln 910. Verlagsanstalt Benziger & Co. 6.—; geb. in Leinw. 7. —

B e n s o n , Robert Hugh. Des Königs Werk. Historischer Roman. Autorisierte Übersetzung [aus dem Englischen] von E[mma] und R[udolphine] Ettlinger eingeleitet durch eine biographisch-literarische Skizze ([von] Franz von Matt). Mit dem Bildnis des Verfassers [Tafel] und 7 Einschaltbildern [Tafeln]. IV + 509 S. 8. Einsiedeln..., Benziger & Co., A.-G. [fr. 7. 50, geb. 8. 75]

[1. Aufl.] 1908. | 2. Aufl. [1909.]

A Winnowing. By Robert Hugh **Benson.** Copyright ed. Leipzig: Tauchnitz 1910. 272 S. 8°

(Collection of British authors. Tauchnitz Ed. Vol. 4193.) [11. 8905]

Bensow, Oskar

Die Bibel – das Wort Gottes. Eine Darstellung u. Verteidigung d. bleibenden Wahrheit d. luther. Lehre von d. Inspiration d. heil. Schrift. Von Hauptpastor Lic. Dr. Oskar **Bensow.** Gütersloh: Bertelsmann 1909. 64 S. 8°

(Für Gottes Wort u. Luthers Lehr! Reihe 2, H. 7.) [09. 11069]

Bensow, Osc., zur Frage nach der menschlichen Willensfreiheit in Beziehung zur Sünde u. Gnade. gr. 8. (144 S.) Rostock 900. (G. B. Leopold.) n. 3. —

Glaube, Liebe und gute Werke. Eine Untersuchung d. prinzipiellen Eigentümlichkeit d. evang.-luther. Ethik. Von Dr. Oskar **Bensow,** Doz. Gütersloh: C. Bertelsmann 1906. (52 S.) 8° [J.]

— **Beiträge** z. Förderung christl. Theologie. Jg. 10, H. 2, [1.] [06. 7084 9]

Zu Fichtes Lehre vom Nicht-Ich. Von Dr. **Oscar Bensow.** *Bern: Steiger & C. 1898.* (41 S.) 1 Bd 8.

— **Studien,** Berner, z. **Philosophie** u. ihrer Geschichte. Bd XII. [98. 8708]

Bensow, Osc., die Lehre v. der Kenose. (VIII, 320 S.) gr. 8. Leipzig 903. A. Deichert Nachf. n. 6. —

— die Lehre v. der Versöhnung. (VII, 328 S.) gr. 8. Gütersloh 904. C. Bertelsmann. n. 5. —; geb. n. 6. —

Bensow, Oscar, Dr. phil., aus Stockholm: Über die **Möglichkeit** eines ontologischen Beweises für das Dasein Gottes. *Rostock 1898: Adler's Erben.* (58 S.) 8°

Rostock, Theol. Diss. v. [20. Juli] 1898

— Üb. d. Möglichkeit e. ontolog. Beweises f. d. Dasein Gottes. Diss. gr. 8. (58 S.) Rostock 898. (G. B. Leopold.) n. 1. —

Bensow, O., Richard Wagner als Schöpfer d. Musikdramas. Aus dem Schwed. übers. v. P. Fr. Sievers. gr. 8. (64 S.) Leipzig 890. Elischer Nachf. n. 2. —

Bensperg, Wolfgang (Hrsg.), s. P a t r i o t , Der, am Bodensee oder auserlesene Sammlung der besten bishero herausgekommenen moralischen Abhandlungen durch getreue Auszüge sowol als eigene Gedanken herausgegeben.

Benstatt-Wahlberg, aus den Voranstalten des Kadetten-Corps u. der Haupt-Kadettenanstalt zu Lichterfelde. gr. 8. (79 S.) Hannover 882. Helwing's Verl. n. 1. 20

Benstatt-Wahlberg, aus den Voranstalten d. Kadetten-Corps u. der Haupt-Kadettenanstalt zu Lichterfelde. 2. (Titel-) Ausg. 8. (79 S.) Hannover 891. Helwing's Verl. n. 1. 20

Benstatt-Wahlberg, a. d. Voranstalten d. Kadetten-Corps u. d. Haupt-Kadettenanstalt zu Lichterfelde. 2. Asg. 8° (79) Hannov. 91. Lpzg, Zuckschwerdt & Co. 1.20

Bensusan, Samuel Levy

Bensusan, SL: Rubens, s: Meisterbilder in Farben.

Bensusan, S. L., Solomon J. Solomon, s.: **Künstler,** jüdische.

Tizian. Von S[amuel] L[evy] **Bensusan.** Übers. von Alice Fliegel, ill. durch 8 Reprod. Berlin: Harmonie [1900]. 84 S. 8°

(Meisterbilder in Farben.) [10. 500]

Bentarner

— Wie urteilt man über den 8 Uhr-Ladenschluss? Urteile von Behörden, Handelskammern, Aerzten und Ladeninhabern. 8°. Leipzig, Fel. Dietrich, 1907. (Kultur u. Fortschritt, Nr. 106.)

Bente, F., Anleitung zur ersten Ausführung chemischer Arbeiten in landwirthschaftlichen Lehranstalten. 8. (38 S.) Ebstorf 884. (Uelzen, Starcke.) n.n. 1. 20

Bente, F., die künstlichen Düngemittel und ihre Anwendung. gr. 16. (36 S.) Soltau 885. (Uelzen, Starcke.) **

— über die Menge d. anzuwendenden Kunstdüngers. 12. (8 S.) Ebstorf 884. Ebend. n.n. — 10

Bente, Fritz, Gedichte. 12. (80 S.) Uelzen 888. (Starcke.)
n. 1. —

Bente, Georg: Gallensteinkolik und Herzfehler. *Berlin (1898): E. Ebering.* (31 S.) 8°
Berlin, Med. Diss. v. 12. Aug. 1898

Bente, Georg Heinrich
Bente, Gg. Heinr. (Weetzen-Hannover), De sterilitatis foeminarum causis. Diss. med. Götting. (J. C. Baier) 1. II. 1812. 24 S. (3.50)

Benteli, Alb[ert]. Praktische Anwendungen des Brianchon'schen Satzes auf die Kreis-Perspektive. [Mit 1 Tafel.] Separat-Abdruck aus den «Mitteilungen der Naturforschenden Gesellschaft in Bern» 1906. II + 6 S. 8. Bern, K. J. Wyss, 1906.

— Demonstrationsapparat zum projectiven Zeichnen. Ebendaselbst. 1881 12 —

Benteli, A[lbert]. Die konstruktive Kreisperspektive. [Mit 2 Tafeln.] Beilage zum Jahresbericht des städtischen Gymnasiums in Bern, 1909. 13 S. 8. Bern, Stämpfli & Cie., 1909.

Benteli, Alb., Lehrgang zum technischen Zeichnen für Mittelschulen. 1. und 2. Thl. 48 (lithogr.) Bl. mit Text. gr. 4. (25 S.) Bern 881, [Dalp'sche Buchh.] Schmid, Francke und Comp. In Mappe *
Demonstrationsapparat dazu **

Benteli, A. Die Niveau-Schwankungen der dreizehn grössern Schweizer-See'n im Zeitraum der 20 Jahre 1867 bis und mit 1886. Separatabdruck aus den „Mittheilungen der Naturforschenden Gesellschaft in Bern". In-8°, 12 S. u. 1 lithogr. Tafel. Bern, K. J. Wyss. 1888 — 60

Benteli, A., Ueber die ebenen Schnitte der Strahlenflächen. Bern 1875. Progr.-Schr.

Benteli, A., üb. d. ebenen Schnitt d. Strahlenflächen. M. 8 Tfln. 25 Stn. 4. Bern, Buchdruckerei v. Jent & Reinert. 1875

Benteli. A[lbert]. Trauer-Rede gehalten an der Gedächtniss-Feier des städtischen Gymnasiums [zu Bern] zu Ehren des Herrn Johann Rudolf Koch sel., Gymnasiallehrer, den 2. Juni 1891. ⟨SA.⟩ 8. [Bern 1892.]

(Benteli, Alb[ert].) Die Wind- und Niederschlagsverhältnisse von Bern. hergeleitet aus den Registrir-Beobachtungen der Sternwarte in Bern. ([Mit] Nachtrag [und 4 Tafeln].) [SA.] 4. [Zürich 1875.]

Benteli. A. Die Wind- und Niederschlags-Verhältnisse von Bern, aus den Registrirbeobachtungen des tellurischen Observatoriums in Bern. Bern 1885.

[Benteli. Rudolf.] Meine militärischen Erlebnisse im Jahre 1847. (SA.) 8. Interlaken 1887.

Benten, J. M. v., Observationes criticae in Polybium. Diss. 1878. 62 S.

Benter, Ed., Untersuchungen üb. Tangentialkegel u. die Curven zweiten Grades. Inaugural-Dissertation. Mit 2 autograph. Figurentaf. (in qu. Fol.) 4. (VIII, 41 S.) Leipzig 871. Teubner. n. 2. —

Bentfeld: Quaestiuncula de Horatii epistolae libri secundi primae versibus 73-75. 11 S.
Progr. Tarnow 1857.

Bentfeld, Karl A. Gymnasialdirector Schulrath Josef Steger †. 8 (S. 16—23) Progr. Staats-G. *Salzburg* 1887.

Bentham, der Moralist Jer., und die Geldaristokratie d. Zeit. Etwas in die Waage des gesellschaftl. Wohls. gr. 8. Darmstadt 836. Heyer's Buchh.; Jonghaus. $^{7}/_{12}$ Thlr

– s. Moralist, Der.

Bentham, Deontologie . . ., s. Bentham, Jeremy

Bentham, Philosophie d. Civil- u. Criminalgesetzgbg. Deut. v. Beneke. 2 Bde. Berlin 830. (9. 50)

Bentham, G., s. Abhandlungen, phytologische, aus den Annalen des Wiener Museums.

Bentham, G., et J. D. Hooker, genera plantarum ad exemplaria imprimis in herbariis Kewensibus servata definita. Vol. I. Pars 1., sistens Dicotyledonum Polypetalarum ordines LVI: Ranunculaceas — Connaraceas. London 862. Williams & Norgate. Lex.-8. (XII, 454 S.) n. 7 Thlr

Bentham, G., et J. D. Hooker, genera plantarum ad exemplaria imprimis in herbariis Kewensibus servata definita. Vol. 1. Pars 2 u. 3. et Vol. II. Pars 1. gr. 8. London 873. Williams & Norgate. geb. n. 53. — (I—II, 1. n. 74. —)
I. 2. Sistens Dicotyledonum Polypetalarum ordines XI.: Leguminosas — Myrtaceas (S. 433—735.) 865. n. 14. —
3. Sistens Dicotyledonum Polypetalarum ordines LXXXIII.: Ranunculaceas. — Cornaceas (XV u. S. 721—1010.) 867. n. 16. —
II. 1. (554 S.) n. 21. —

Bentham, *George.* Commentationes de Leguminosarum generibus. Vindobonae, typ. Gollinger. 1837. 4 max. 78 p., praef., ind.
Annalen des Wiener Museums, 2 Theil.

—— *C. Fr. Ph. Martii* Flora Brasiliensis. Leguminosae. I. Papilionaceae. Exposuit *Georgius Bentham.* Lipsiae, Fr. Fleischer in comm. 1859—62. folio. 350 p., 127 tab.

Henr. Ludolff Benthams, neu-eröffneter engländischer Kirch- und Schulen-Staat. Leipzig: Saurmann 1732. 8°
Kl. 239. Auf S. 769: Grosse Prozession des Lord Mayors 1686, zum Vergleich mit denen der Grossmeister.

Bentham, Jeremy
—Deontologie, od. Wissenschaft d. Moral. Aus d. Manuscripte geordnet u. herausg. v. John Bowring. Aus d. Engl. übertragen. 2 Bde. gr. 12. Leipz. 834. Allgem. Niederländ. Buchh. (Fournes u. H.) $3^{1}/_{2}$ Thlr

Bentham, Jeremy, Deontologie, od. die Wissenschaft der Moral. A. d. Mspt. geord. u. hrsg. v. John Bowring. A. d. Engl. übertr. 2 Bde. gr. 12. (51 B.) Leipzig 834, 35, Allgem. Niederländ. Buchh.

—Grundsätze der Criminalpolitik, in einem Auszuge u. systemat. Zusammenhange dargest. v. Prof. Dr. Ferd. Karl Th. Hepp. gr. 8. Tübingen 839. Osiander. $^{3}/_{4}$ Thlr

Bentham, Jer., Grundsätze d. Civil- u. Criminal-Gesetzgebung. Aus den Handschriften des engl. Rechtsgelehrten herausg. v. E. Dumont. Nach d. 2n verb. Aufl. für Deutschland bearbeitet u. mit Anmerkk. von Fr. Ed. Beneke. 2 Bde. gr. 8. Berl. 830. Amelang. 3 Thlr 4 Gr

2.— **—Prinzipien der Gesetzgebung. Herausg. von Etienne Dumont. Nach der neuesten Aufl. übersetzt. gr. 8. Köln 833. Arend.** $^{5}/_{6}$ Thlr

Bentham, Jer., Taktik oder Theorie des Geschäftsganges in deliberirenden Volksständeversammlungen. Nach dessen hinterlass. Papieren bearbeitet von Et. Dumont. gr. 8. Erlangen, Palm u. Enke. 817.

—— Theorie des gerichtl. Beweises. A. d. Franz. d. Etienne Dumont. gr. 8. (27¼ B.) Berlin 838, Ende.

Benthaus, Emil, aus Bismarck i. Westf.: **Ueber Bestandteil und Zubehör unter besonderer Berücksichtigung der zwischen beiden bestehenden Unterschiede; nach gemeinem Rechte und BGB.** *Freiburg i. B. 1902: K. Henn.* (92 S.) 8°
Freiburg i. B., Rechts- u. staatswiss. Diss. v. 1902

Benthaus, Wilh(elm): Über braunes amorphes Silicium. Hildesheim 1910: Lax. 74 S. 8°
Göttingen, Phil. Diss. v. 19. März 1910, Ref. Wallach
[Geb. 24. Sept. 84 Dortmund; Wohnort: Dortmund; Staatsangeh.: Preußen Vorbildung: Realgymn. Dortmund Reife O. 03; Studium: Göttingen 3 Münster 1. Göttingen 9 S.; Rig. 12. Jan. 10.] [U 10. 139

Bentheim [Schlagwort]

Bentheim, s.: **Deutschland. Karte.** (Abt. Preussen.) Uebersichtskarte.

Bentheim, Kreis, s.: Osnabrück, Reg.-Bez.

Bentheim, Alfons von, Kapitänleutnant a. D. a. Berlin: Über methylierte Aminotriphenylcarbinole. München 1908: V. Höfling. (49 S.) 8°
München, Phil. Fak., Ref. v. Baeyer, Diss. v. 10. Juli 1907
[Geb. 31. Dez. 62 Berlin; Wohnort: Berlin; Staatsangeh.: Preußen; Vorbildung: Gymn. Wiesbaden Reife O. 82; Studium: Würzburg 2, München 12 S.; Rig. 10. Juli 07.]

Bentheim, F. v., Oberst und Commandant des 2. Garde-Reg. zu Fuss. Die Erziehung und Ausbildung des Soldaten, geschrieben für die Officiere des 2. Garde-Reg. zu Fuss. (Als Manuscript gedruckt.) 8. Berlin 1860.

Bentheim, F. v., die Erziehung und Ausbildung des preußischen Soldaten, insbesondere des Infanteristen. Berlin 862. v. Decker. 8. (63 S.) $7\frac{1}{2}$ ngr.

Bentheim, F., Leitfaden z. Unterricht in den Kriegswissenschaften. Mit Berücksichtig. der Anforderungen, welche nach den Verordnungen des Königl. Preuß. Kriegs-Ministeriums bei den Officiers-Prüfungen gemacht werden sollen. Für Lehrer und zum Selbstunterricht. Mit 12 in Stein grav. Taf. gr. 8. Berlin 840. Heymann. 3 ₰

Bentheim, Otto v., Anregungen zur Fortbildung d. Forstwirthschaft u. Forstwissenschaft im 20. Jahrh., unter besond. Berücksicht. der Verhältnisse des Königr. Preußen. gr. 8. (III, 280 u. Anh. 11 S. m. 1 Taf.) Trier 901. J. Lintz. n. 3. 50

Bentheim, Otto v., Handbuch der Heidekultur, s.: **Graebner, Paul.**

Bentheim, Otto v., das Oberförstersystem in den deutschen Staatsforstverwaltungen. (219 S.) 8. Berlin 908. J. Springer. 3. 60

Bentheim, Otto v., Was uns Noth thut! Wildschadenersatz, aber kein Hegungsverbot, keine Eingatterung der Forsten. Mahnworte zu einer brennenden Streitfrage, nebst Entwurf eines Wildschaden-Gesetzes. gr. 8. (50 S.) Berlin 888, F. Luckhardt. *

Bentheim, Otto v., Wie sind reine Buchenhochwaldungen zu bewirtschaften? gr. 8. (40 S. m. Abbildgn.) Lpz. 890, Rust. * — 80

Bentheim-Tecklenburg, Moritz

zu Bentheim-Tecklenburg, Mor., Dichtungen. Würzburg 866. Stuber. gr. 8. (VIII, 239 S.) n. 20 ngr.; geb. n. 1 ₰ 6 ngr.

Bentheim-Tecklenburg, Moritz Graf zu, auserlesene Dichtungen. 2. gesicht. u. verm. Aufl. gr. 16. (223 S.) Würzburg 874. Stuber. n. 2. —

Bentheim-Tecklenburg, Moritz Graf zu, das Patiencen-Buch oder das durch Karten veranstaltete Geduldspiel. Theilweise aus dem Französ. übertragen und aus verschiedenen Ländern durch freundliche Mittheilungen in e. Zeitraum von 25 Jahren gesammelt. 863. — 2., verm. u. verb. Aufl. Würzburg 864. Kellner. gr. 8. (X, 194 S.) n. 20 ngr.

zu Bentheim-Tecklenburg, Moritz Graf, Sagen u. Bilder. Dichtungen. gr. 16. (248 S.) Darmstadt 847, Ollweiler. n. $\frac{5}{6}$ ₰

Bentheim-Tecklenburg, Mor. Graf zu, Sagen und Bilder. Dichtungen. 2., verm. Aufl. Würzburg 853. Stahel. 16. (1 Bl., 322 S.) n. 1 ₰

Bentheim Tecklenburg, Moritz Graf zu, Sandkörnlein zum Besten des Cölner Dombaues. (Gedichte.) gr. 8. Frankfurt a/M. 843, Sauerländer. n. $1\frac{2}{3}$ ₰

Benthem, Anselm Adrian van (Utrecht), De traditione. Disput. jur. Rector Rodolph Leusden. Utrecht (Wilh. vande Water) 16. I. 1708. 16 S. (4.50)
Gew.: Adrian Roelans, Cornelius v. Reuver.

Benthem, H.L.
— neueröffneter engelländ. Kirchen- u. Schulenstaat. m. K. 8. Leipzig. 732. Rthlr.

Benthem, H. L., Vorstell. der Schriften der alten Kirchenlehrer von den Wahrheit. der christl. Religion. 8. Hamb. 727.

Benthien, W., die schriftlichen Arbeiten des täglichen Lebens. Ein kurz gefaßtes Handbuch zum Selbstunterricht für Gewerbetreibende, Kaufleute, Beamte, Militärpersonen, Militäranwärter, wie überhaupt für solche, die sich im mündl. und schriftl. Gebrauch der deutschen Sprache vervollkommnen wollen. gr. 8. (VII, 206 S.) Bernburg 883, Bacmeister. *

Benthien, W., die schriftlichen Arbeiten des täglichen Lebens. Ein kurz gefaßtes Handbuch zum Selbstunterricht für Gewerbetreibende, Kaufleute, Beamte, Militärpersonen, Militäranwärter 2c. gr. 8. Bernburg 883. Gotha, Behrend. [*ℳ 2.—] *

Benthien, W., die schriftlichen Arbeiten d. täglichen Lebens. Ein kurz gefaßtes Handbuch zum Selbstunterricht f. Gewerbetreibende, Kaufleute, Beamte, Militärpersonen, Militäranwärter, wie überhaupt f. solche, die sich im mündl. u. schriftl. Gebrauch der deutschen Sprache vervollkommnen wollen. In 3 Abtlgn.: I. Orthographischer Ratgeber. II. Grammatikalischer Ratgeber. III. Schriftliche Arbeiten. gr. 8. (VI, 206 S.) Bernburg 885. Bacmeister. n. 1. 20

Benthien, W., deutsche Aufsatzschule. Ausgeführte Beispiele m. Dispositionen u. Anweisungen. gr. 8. (IV, 139 S.) Bernburg 882. Bacmeister. n. 1. 60

—— Diktierstoff. Ein Handbuch für Lehrer an Bürger- und Volksschulen und den Unterklassen höherer Lehranstalten bei dem Unterrichte in der neuen deutschen Rechtschreibung. Im Anschluß an des Verf. Übungsbuch „Deutsche Rechtschreibung" bearb. gr. 8. (125 S.) [Eisenach 881.] Bernburg, Bacmeister. **

Benthien, W., Diktierstoff. Ein Handbuch für Lehrer von Bürger- und Volksschulen und den Unterklassen höherer Lehranstalten bei dem Unterrichte in der neuen deutschen Rechtschreibung. gr. 8. Eisenach 881. Gotha, Behrend. [**ℳ 1.35.] *

— deutsche Rechtschreibung. Ein Übungsbuch f. die Hand der Schüler in Volks- u. Bürgerschulen, sowie in den Unterklassen höherer Lehranstalten. Im Anschluß an die amtlich vorgeschriebene Orthogr. bearb. 8. (IV, 52 S.) Ebend. 881. n. — 30

—— kleine deutsche Sprachlehre. Ein für Schüler und Schülerinnen bestimmtes Übungsheft mit zahlreichen Aufgaben und Beispielen zur leichten und sicheren Aneignung der grammat. Regeln. 8. (67 S.) Bernburg 882, Bacmeister.

—— kleine deutsche Sprachlehre. Ein für Schüler und Schülerinnen bestimmtes Uebungsheft. 8. Bernburg 882. Gotha, Behrend. *

— über den Wert, den Umfang u. die Methode des Unterrichts in der deutschen Grammatik. Ein Vortrag, geh. in der Kreis-Lehrerkonferenz zu Neu-Ruppin am 12. Septbr. 1882. 8. (15 S.) Ebend. 882. n. — 20

Benthin, J., Lehrbuch der Sternkunde in entwickelnder Stufenfolge. Zum Gebrauche f. Gymnasien, Real- u. höhere Töchterschulen, sowie zum Selbstunterricht bearb. unter Mitwirkg. u. m. e. Vorworte v. C. Bruhns. Mit 147 in den Text eingedr. Holzschn. u. 6 (lith.) Sternkarten (in qu. 4. u. qu. Fol.) 8. (XVIII, 426 S.) Leipzig 872. C. Fleischer. n. 8. —

Benthin, Walther, Medizinalpract.: Aus d. Kgl. Frauenklin. zu Kiel. Mortalität und Morbidität nach abdominalen Laparatomien. Wittstock, Dosse 1908: Wessoly. 15 S. 8°
Kiel, Med. Diss. v. 9. Dez. 1908, Ref. Pfannenstiel
[Geb. 18. Dez. 82 Köritz; Wohnort: Wittstock a. D.; Staatsangeh.: Preußen; Vorbildung: Gymn. Wittstock Reife M. 02; Studium: Berlin 3, Freiburg i. B. 3, Kiel 4 S.; Coll. 27. Febr. 08; Approb. 15. Dez. 08.] [U 09. 2249

Bentinck, Abdruck d. Revisions-Duplik, s. Abdruck.

Bentinck, Reichsgraf Gust. Adph., Denkschrift u. Protestation gegen den Erlaß der provisor. Central-Gewalt für Deutschland v. 8. Novbr. 1849, bei der hohen Bundes-Central-Commission eingereicht. [Statt handschriftl. Vorlage gedruckt.] gr. 4. (40 S.) Frankfurt a. M. 850. (Lizius.) 1/4 ₰

Bentinck, Graf William, Aufzeichnungen üb. Maria Theresia. Mit e. Einleitg.: üb. die österreich. Politik in den Jahren 1749—1755. Hrsg. v. Adf. Beer. gr. 8. (CLXIV, 142 S.) Wien 871. Gerold's Sohn. n. 7. —

Bentivegni, A.v.: Anthropologische Formeln für das Verbrecherthum. E. krit. Studie.
Leipzig 1893.
(Schriften d. Gesellsch. f. psychologische Forschung. H.6. [Samml. 2])

Bentivegni, A. v., die Hypnose u. ihre civilrechtliche Bedeutung, s.: Schriften der Gesellschaft f. Experimental-Psychologie zu Berlin.

Bentivoglio, Lettere sopra differenti mat. polit. 8. Ciena. 755.

— memorie. 8. Jenae, Fischer. 766.

Bentkowski, Paul. Les épîtres aux Thessaloniciens. Thèse. In-8°, 100 p. Genève (Bâle, H. Georg). 2 —

Bentlage, C., Fürst Bismarck als Ehestifter, od.: wie man die Bismärckerei curirt. Dramatischer Scherz in 3 Abthlgn. [Den Bühnen gegenüber Mscr.] gr. 8. (32 S.) Neustadt a. d. H. 871. Gottschick-Witter. — 50

Bentlage, C. [Walter West], durch eigene Kraft. Roman aus der niederländ. Gesellschaft. Dem Niederländ. d. H. J. Schimmel frei nacherzählt. 3 Bde. 8. (198, 239 u. 231 S.) Jena 876. Costenoble. 10. 50

Bentlage, C [W West], durch eigene Kraft. Roman. 3 Bde. 8. (668) Jena 77. Costenoble. 10. 50

Bentler, Bernhard, aus Oelde ⟨Westf.⟩: Eine Dermoidcyste in der Gegend der kleinen Fontanelle. *Erlangen 1902: E. Th. Jacob.* (20 S.) 8°
Erlangen, Med. Diss. v. 30. Juli 1902

Bentler, Gustav [pr. Arzt aus Wandhofen]: Aus d. hygien. Institut Würzburg. Untersuchungen über den Gehalt der Mauern an Aetzkalk und freiem Wasser ... Würzburg, Druck d. Bonitas-Bauer'schen kgl. b. Hofbuchdr., 1890; 23 S. 8.
Würzburg, Med. Fak., Inaug.-Diss. v. 1890

Bentler, Gustav Otto, Die sozialpolitische Gesetzgebung des Deutschen Reiches, insbesondere das Gesetz betreffend die Krankenversicherung der Arbeiter vom 15. Juni 1883. 8°. Leipzig, Duncker u. Humblot, 1884.

Benthley, od. der Philosoph auf d. Lande; aus d. Engl. 8. Leipz. 775. Weidmann. 8 gr.

Bentley, Richard. [Berl. 1817.]
V: *Wolf, Friedrich August.* (MGT)

Bentley, Thorheit u. Unvernunft des Atheismi. a. d. Engl. 8. Hamb. 715.

Bentley, Richard
Bentley's, Rich., Abhandlungen über die Briefe des Phalaris, Themistocles, Socrates, Euripides und über die Fabeln des Aesop. Deutsch von Wold. Ribbeck. Leipzig 857. Teubner. gr. 8. (XXXII, 652 S.) n. 4 ₰ 20 ngr

— Anmerk. über das Buch: Freyheit zu denken u. Gibsons Warnungschr. vom Unglauben ꝛc. 8. Halle, Renger. 745.

— commentarii in Phalaridis Epistolas; c. praef. K. A. Böttiger. 8. Leipz. 780.

Bentley's, Rich., Dissertations upon the epistles of Phalaris, Themistocles, Socrates, Euripides, etc., s. Calvary's philologische und archaeologische Bibliothek.
Vgl.: Maehly, Jac.

Bentley's, Rich., Emendationen zum Plautus, aus seinen Handexemplaren der Ausgaben v. Pareus [1623] u. Camerarius-Fabricius [1558] [im Brit. Museum: Press Mark 682, b. 10 u. 682 c. 11] ausgezogen u. zum ersten Male hrsg. v. L. A. Paul Schröder. 1—3. Lfg. gr. 8. (59 S.) London 880. (Heilbronn, Henninger.) n. 1. 80

Bentleii, (R.,) Epistolae partim mutuae. Ex edit. Lond. repetiit novisque additamentis etc. et G. Hermanni Diss. de Bentleio ejusque ed. Terentii auxit. Fr. T. Friedemann. Acced. effigies R. Bentleii et J. G. Graevii. 8 maj. Lipsiae 824, Fr. Fleischer. 2 Rthlr. 8 gr. Vel. Pap.

Bentleii, Rich., Epistolae partim mutuae. Ex edit. Lond. repetiit novisque additamentis etc. et G. Hermanni Diss. de Bentleio ejusque ed. Terentii auxit. Fr. T. Friedemann. Cum imaginibus R. Bentleii et G. Graevii. 8maj. Leipz. 825. Fr. Fleischer. 2 ₰ 8 gr Velinp. 3 ₰

Bentleii, Rich., notae atque emendationes in Phaedri fabulas. Ad exemplar Cantabrigiense edidit suasque observationes adjecit Gust Pinzger. Accedunt P. Syri sententiae cum ejusdem R. Bentleii notis et epigrammata XXII. antiqua ab Ang. Maio nuper primum edita. 8. Breslau 833. Schulz et Soc. 1/3 ₰

— notae atque emendat. in Q. Horatium Flaccum integrae. Nunc separatim usui critico diligentiss. typis exscripta. Cum ipsis indicibus Bentleianis. Cur. J. Fr. Sachse. 8. Quedlinb. 825, Basse. 1 Rthlr. 20 gr. weiss Pap. 2 Rthlr. 2 gr. Vel. Pap.

Bentley, Richard. Opuscula philologica. Lips. 1781. H: *Böttiger, Carl Aug.* (Ebert)

— opuscula philologica. 8 maj. Leipz. 781. Schwickert. 1 ₰ 6 gr

Bentley, Todd: Vorlesung über die therapeutische Wirkung des Alkohols (Alkoholvergiftung bei einem dreijährigen Mädchen). Clinical lect. on certain acute diseases. 8. London. 1868.

Bentley's, Rich., Biographie, s.: Jebb, R. C.

Bentmann, Eugen
Beiträge zur Kenntnis des Trypanosoma gambiense. Von [Eugen] **Bentmann,** Marine-Stabsarzt, u. Dr. [Otto] Günther, Marine-Stabsarzt. ⟨Aus d. Inst. f. Schiffs- u. Tropenkrankh. in Hamburg ...⟩ Mit 2 Taf. Leipzig: J. A. Barth 1907. (70 S.) 8°
— **Archiv** f. Schiffs- u. Tropenhygiene. Bd 11, Beih. 2. [07. 10937

Benton, John Robert: Abhängigkeit des specifischen Torsionswiderstandes einiger Metalldrähte von der Spannung. *Leipzig: J. A. Barth 1900.* (37 S.) 8°
Göttingen, Phil. Diss. v. [26. Okt.] 1900

Benton County Deutsche Zeitung: 1879?—1894?
Weekly. Independent, 1884—85; Democratic, 1886—94. Circulation: 1890, 700. Edited & published by J. H. Bordewick & Co., 1884—94.
Vinton, IA

Βεντότη Γεωργίου, Λεξικὸν δίγλωσσον τῆς γαλλικῆς καὶ ῥωμαϊκῆς διαλέκτου. Βιέννη 790-804. 3 Vol. 4. 16 rthlr. (Neugriechisch, französisch und italienisch.)

Bentrup, C[arl], approb. Arzt aus Bielefeld: Aus d. Universitäts-Augenklinik zu Giessen. Über die Embolie der Arteria centralis retinae. *Giessen 1898: r. Münchow.* (55 S.) 8°
Giessen, Med. Diss. v. 1898

Bentschneider, Gg. Rud. (Mecklbg.), De ruminatione humana . . Dissert. med. Göttingen (Barmeier) 18. IV. 1774. 24 S. (3.20)

Bentsen, Tyra
Das Weib vom Manne erschaffen. Bekenntnisse e. Frau. Aus d. Norweg. übers. von Tyra **Bentsen.** 2. Aufl. Berlin: B. Cassirer 1904. (136 S.) 8° [F.]
[05. 10350

Bentsits Rudolf: Bruno von Olmütz im Dienste Ottokars. **Diss.** Wien, Univ.
II. 1905 PN 1001

Benn, ..., s. Morel-Vinde. la morale de l'enfance.

Bentz, Chr. Henr. Johs., Nonnulla de nauseosis. Diss. inaug. Kiliæ. 1827. 4. P.

Bentz, W., De genetivi usu apud veteris comoediae poetas. Part. I. Diss. 1876. 89 S. 1.20

Bentzel, Joseph

Josephus Bentzel. De primis morum corporumque principiis eorumque proprietatibus disputatio prima menstrua, quam sustinebit ornatus ac eruditus Josephus Stebel; oppugnabit Josephus Bentzel eloquentiae et humanitatis professor, et ornati et eruditi Godefredus Moritz, Mannheim., Michaelis Eckard, Bruchsaliensis, physices et ethices auditores.

Badenae in aula principalis Athenaei die XXX. Januarii MDCCLXIV. horis ante et post meridiem consuetis.

Prolusio: Explicabuntur, Schematismis propositis, praenotiones chimicae et mathematicae, quibus principiorum et motuum doctrina illustratur.

Rastadii, typ. C. A. Schell, typogr. aul. 4°. 4 S.

Progr. Rastatt 1764.

Bentzel-Sternau, Graf zu, s.: National-Litteratur, deut.

Bentzel-Sternau, Albert, Graf, 25. Mai 1806 – Ueber die neueren Fortschritte der Lichenologie. Herausgegeben auf Kosten des Vereins für Naturkunde.
Presburg: Weigand 1859.
25 S. 8°

Benzel-Sternau, Karl Chrstn. Graf v., **Baiernbriefe,** od. Geist d. vier erst. Ständeversammln. d. Königr. Baiern. Hrsg. am Vorabend d. fünften Ständeversamml. 1. Bd. Ständeversammlung von 1819. gr. 8. (49¼ B.) Stuttgart 831, Metzler.

— dass. 2. Bd. Ständeverf. v. 1822. gr. 8. (61 B. incl. 1 Tab.) Ebds. 831.

— dass. 3. Bd. Ständeverf. v. 1825. gr. 8. (65¼ B.) Ebds. 831.

— dass. 4. Bd. 1. Abthl. Ständeverf. v. 1828. (1. Abthl.) gr. 8. (37¼ B.) Ebds. 831.

— dass. 4. Bd. 2. u. 3. Abthl. Ständeverf. v. 1828. (2. Abthl.); Sachinhalts-Verzeichniß. gr. 8. (31 B.) Ebds. 831.
Das vollständ. Werk in 6 Abthln. 18 Thlr. 16 Gr.

— **Bericht** üb. d. Ständeversamml. d. Königr. Baiern, vom 17. Nov. 1827 b. 18. Aug. 1828 erstattet an seine Kommittentin, die baierische Nazion. gr. 8. (17¼ B.) Zürich 829, Trachsler.

Benzel-Sternau, Karl Chrstn. Ernst Graf v., die jüngsten **Feigenblätter.** Schausp. in 5 Akt. 8. (15¾ B.) Zürich 840, Höhr.

v. **Benzel-Sternau,** Gr. Chr. E., die jüngsten Feigenblätter. Schauspiel in 5 Akten. 8. Zürich 841, Höhr. 1¼ ß

— der **Geist** v. Canossa. Schausp. in 5 Akt. 8. (11 B.) Zürich 830, Höhr.

— **Grillenfang** auf 1840. 8. (13½ B.) Zürich, Schultheß.

— **Hoftheater** von Barataria, od. Sprichwortspiele. 4 Bde. 8. (76½ B.) Leipzig 828, [E. Fleischer.]

— mein ist die **Welt.** Lustsp. in 5 Aufz. 8. (12 B.) Hanau 831, König.

PIGMAEN-BRIEFE (von *Carl Christian Ernst* Grafen *zu Bentzel-Sternau*, 1767—1849). 2 Thle. Gotha, in der Beckerschen Buchhandlung. 1808. 8°. VI, 336, 320 S. u. 2 Bl. Verlagsanzeigen. (14 Mk., sehr schönes Expl., Leo Liepmannssohn, Berlin, 1907; 4 Mk. 50 Pfg. Gust. Fock, Lpz., 1909.)
„Bedeutendes satyrisches Zeitgemälde, Bentzel-Sternau's Hauptwerk. Unter dem Titel findet sich auf beiden Titelblättern das Motto: „Ich flehe unterthänig", — Lallt Puk der kleine Wicht. — „Steh' auf!" gebeut der König. — Voll Demuth aber spricht. — Mein Puk: „ich kniee nicht!" Auch haben beide Titelblätter eine satyrische Vignette: ein Affe sitzt rücklings auf einem Krebs, in der linken Hand einen Apfel haltend, in der rechten einen Spiegel, in welchem er sich wohlgefällig betrachtet. — Der Verfasser geisselt in seinem Roman die politischen und gesellschaftlichen Missstände seines Zeitalters, z. B. die Lächerlichkeit der Kleinstaaterei, die sittliche Verdorbenheit des höfischen Lebens, die Corruption des Beamtentums, die Hinterlist der katholischen Priester, die romantische Ueberspanntheit beim weiblichen Geschlecht, etc. etc."

— **Sachsens Verfassungsentwurf,** beleuchtet. (A. d. „Verfassungsfreund" abgedr.) gr. 8. (¼ B.) Hanau 831, König.

— der **Verfassungsfreund,** s. Verfassungsfreund.

v. Bentzen, C., s.: Holstein u. Lauenburg, die Herzogth.

Bentzen, Christian v., s. Bentzen, Lauritz Christian v.

Bentzen, Lauritz Christian, v.

[Das Dreieck Hörnerkirchen-Barmstedt-Wahrenberg, vermessen im Jahre 1825 v. Lauritz Christian von **Bentzen.**] (1 : 80000.) Kupferstich. 1 Bl. Fol., 29/40,5 cm. (Nicht im Handel.)

Kann als Probe der von Schumacher projectirten Special-Karte von Holstein und Lauenburg gelten. (F. Geerz, Geschichte der geographischen Vermessungen etc. S. 121.)

Glückstadt. Gez. v. Lauritz Christian von **Bentzen.** (1842 revidirt v. Franz Geerz.) 1 : 80000. o. O. 1843. Kupferstich. 1 Bl. Fol., 59,2/59,5 cm. Mit 2 Nebenkärtchen: Elmshorn und Uetersen.

Erste und einzige Section der von H. C. Schumacher projectirten Special-Karte von Holstein. Nicht im Handel.

Die Herzogthümer **Holstein** und **Lauenburg,** mit dem Fürstenthume Lübeck und den Gebieten der Freien Städte Lübeck und Hamburg, hauptsächlich nach Vermessungen unter der Direction des Conferenzraths Schumacher. Ausgeführt von Capitain Christian von **Bentzen.** (1 : 320000.) Kopenhagen im Königlichen See-Karten Archive 1848. Kupferstich. 1 Bl. Imp.-Fol., 53,5/65 cm (beschn.). Aufgez. a. Leinen in Futteral. 8°.
—— Aufgez. a. Leinen.

Karte der **Elbgegend** vom Billwärder Ausschlage bis Blankenese mit den Städten Hamburg und Altona. Nach den unter Direction des Herrn Conferenzraths Schumacher vorgenommenen trigonometrischen und Detail-Vermessungen, unter nachträglicher Hinzufügung der neuesten Veränderungen. Hrgg. im Auftrage eines Hohen Senates der Freien und Hanse-Stadt Hamburg. (Gez. v. L. C. von **Bentzen.**) 1 : 20000. Hamburg. 1849. Kupferstich, kol. 1 Bl. Quer-Fol., 44,5/97 cm. Aufgez. a. Leinen.
—— nicht kol.

Bentzen, Siegfried (Hamburg), De coherede, in solidum obligato. Diss. jur. Rector Everard Jac. van Wachendorff. Utrecht (Joh. Broedelet) 29. VI. 1747. 51 S. (5.—)

Bentzien, Erich (Riga), De probatione semiplena. Disp. jur. Präs. Sam. Stryke. Halle (Chph. Salfeld) 12. I. 1693. 60 S. (5.—)
— — Dasselbe. Halle (Chph. Andr. Zeitler) 1705. (4.50)
— — Dasselbe. (Ausschnitt 1714.) 44 S. (4.—)

Bentzien H. Ueber die Influenz ein. elektrischen Massenpunktes auf einen Korper, d. v. einer d. Rotation entst. Fresnel'schen Elasticitats Oberfl. begrenzt ist. 1881 4
Math. Diss. Greifswald.

Bentzig, M., praes. Fr. **Hoffmann**, De dolore cephalico. Vom Kopf-Weh. 28 pp. Hal. 4°. 1731

Bentzinger, Julius *(geb. Hundsfeld bei Breslau 26. 2. 1859)*: Das Leben der Kaiserin Adelheid, Gemahlin Ottos I., während der Regierung Ottos III. Breslau (1883). (50 S.) 8° *[Im Buchhandel 1883 bei Köhler in Breslau.] (Nur Teil 3. d. ursprüngl. Arbeit.) [Forts. nach Mitteil. d. Verf. bis 1904 nicht erschienen.]*
Breslau, Phil. Diss. v. 28. Febr. 1883

Bentzinger, Julius, Dr.: **Die Zollstreitigkeiten** der Stadt Breslau mit den Herzögen von Oels im 15. Jahrhundert. *Breslau 1900: Grass, Barth & Co.* (S. 3—20.) 4°
Breslau, st. kath. R, OP 1900 (237)

Bentzmann, Johann (Danzig), De jure amoenitatis. Disp. jur. Präs. Samuel Friedrich Willenberg. Danzig (Joh. Zach. Stoll) 10. III. 1718. 58 S. (5.—)
Widm. v.: Jo. Gg. Abicht, Joh. Sartorius, Gottlieb Schelwig, Mich. Stobaeus, Paul Pater, Christ. Gabr. Ferber (Danz.), C. G. Brandis (Danz.), Dan. Ehlert Jantzen (Danz.).

Bentzmann, Peter, s. Bibliothek der deutschen Schauspiele.

Bentzon, Th.: Um e. Phantom, s: Aus Heimat u. Fremde.

Benühr, H., Gedichte. (VIII, 69 S.) 8. Dresden (908). E. Pierson. 1.—; geb. n 2.—

Ben Usiel, s. Mittheilungen, erste, aus Naphtali's Briefwechs.

— אגרות צפנת Neunzehn Briefe über Judenthum. Als Voranfrage wegen Herausgabe von „Versuchen" desselben Verf. „über Israel und seine Pflichten." gr. 8. Altona 836. Hammerich. 2/3 ℔

Benussi, Andrea: Il codice di commercio generale, s: Raccolta di leggi ed ordinanze della monarchia austriaca.

Benussi, Andrea, Istituzioni di diritto commerciale austriaco. (XV, 461 S.) gr. 8. Innsbruck 909. Wagner. 12.—

Benussi, B., l'Istria sino ad Augusto. Studî. gr. 8. (XIV, 853 S.) Trieste 883. (Pola, Schmidt.) n. 8.—

Benussi, B., manuale di geografia, storia e statistica della regione Giulia (litorale) ossia della città immediata di Trieste, della contea principesca di Gorizia e Gradisca e del margraviato d'Istria. 2. ed. ampliata (con 1 carta geografica). XXXI, 360 S.) gr. 8. Parenzo 903. (Triest, F. H. Schimpff.) n.n. 4.60

Benussi, B., Nel medio evo. Pagine di storia istriana. Lex.-8. (LXXVIII, 720 S. m. 5 Stammtaf.) Parenzo 897. (Triest, F. H. Schimpff.) n. 12.—

Benussi, B.: Saggio d'una storia dell' Istria dai primi tempi sino all' epoca della dominazione Romana. 60 S. 8°.
Progr. Capodistria OG. 1872.

BENUSSI, Vittorio: **Über die Zöllnersche Figur, eine experimental-psychologische Untersuchung.** — 1901. 178 Bl. Diss. Graz, Univ.

Benutzung, s.a. Benützung.

Benutzung
— d. beste d. deutschen Landesprodukte rc. 8. Gera 810. Heinsius. 18 ℔

Benutzung, die beste, der deutschen Landesprodukte; ein ökonomisch-praktischer Katechismus für Jung und Alt.
Jena: 1810.

Über die **Benutzung** der Königlichen Bibliothek zu Berlin. (Auszug aus der Bibliothek-Ordnung.)
[Dat.:] Berlin, den 18 März 1850.

Benutzung (Die) der Domänen in Preussen. Patriotische Untersuchungen bezügl. preuss. Zustände von Freimund Gutsmuths, Heft 2. 8°. Hamburg 1860.

Benutzung der städtischen Hospitäler (Kommune-Hospitäler) Kopenhagens für Patienten mit tuberkulösen Brustleiden (in den Jahren 1864—1903). Hrsg. auf Veranlassung d. Magistr. zu Kopenhagen. *Kopenhagen 1904: P. Petersen.* (16 S.) 8° [Umschlagt.]
(Tuberkulose Konferencen 1904. Kobenhavn.) [04. 10450

Bennzung, üb. die, der Knochen aller Thiere rc. 8. Leipz. Sommer. 805.

— über die, d. Knochen aller Thiere rc. 8. Leipz. 805. 4e A. 811. (W. Nauck). 2 ℔

Benutzung, üb. die, d. Knochen all. Thiere, als menschliches Nahrungsmittel. 4te Aufl. 8. Leipz. Sommer. 811.

Benutzung, über die, der Bell-Lancasterschen Lehrart, s. Dinter.

Benutzung, über die militair., der Eisenbahnen. gr. 8. Berl., Posen u. Bromberg 836. Mittler. 1/6 ℔

— über die, des Riedes bei Ulm, besonders in Hinsicht d. Torfes, (v. M. Dieterich). 8. Ulm 818. Ebner. 3 ℔

Benutzung, die, d. Stachelbeeren, sowohl des Strauches als d. Früchte, besond. aber d. letztern zu mancherlei Speisen u. Getränken. 8. (4½ B.) Arnstadt 840, Meinhardt.

Benutzung des Truppenübungsplatzes. (Entwurf.) *(Itzehoe 1899: G. J. Pfingsten.)* (24 S.) 8° [Kopft. F.] [00. 8380

Benutzung und Vermehrung der Grossh. Universitätsbibliothek zu Giessen vom 1. April 1896 bis 31. März 1902. *(Giessen 1902.)* (1 Bl.) 8° [Kopft.] [02. 9997 4

Benützung, s.a. Benutzung.

Benützung, die — der Berge und fließenden Wässer in Niederösterreich für die Landwirthschaft und Industrie. Statistisch-topographischer Bericht der Handels- und Gewerbekammer für Oesterreich unter der Enns. 1. Bd. Kreis unter dem W. W. Wien, 1857. Dr. und Papier von Leop. Sommer. (VIII. 578 S. 8.)

Benützung, Die, der rumänischen Eisenbahnen für die Transporte der russischen und der rumänischen Armee während des russisch-türkischen Krieges in den Jahren 1877—1878. I. Heft. (Mit 2 Karten.) II. Heft. (Mit 1 Karte.) 1. Beilage. (Mit 1 Karte.) 2. Beilage. (Mit 3 Karten und 1 Beilage.) 3. Beilage. (Mit 1 Karte.) 4. Beilage. (Mit 10 Karten.) (Handschrift. 6 Bde.)
Fol. (Wien 1880.)

Benützung, Die, und Gewinnung des Torfes für die Feuerung der Locomotiven der Königl. Bayer. Eisenbahnen. München 1855

Gegen die **Benützung** der Hypothekarkreditsabtheilung der österr. Nationalbank von Seite der Hypotheks Besitzer in Böhmen. Prag, 1857. Druck von Karl Bellmann. (14 Bl. 8.)

Benützung — Für die — der Hypothekar-Credits-Abtheilung der österr. Nationalbank von Seite der Realitäten-Besitzer in allen Kronländern des österr. Kaiserstaates. Wien, 1857. Dr. von Fried. Manz. (56 S. 8.)

Benützung, die, der Verkehrspreise der Realitäten, s. Krzeczunowicz.

Benutzungsart der Steinkohlen in Stubenöfen. mit K. gr. 8. Ulm, Stettin. (Pichler, Wien). 799.

Benutzungs-Ordnung, s.a. Benützungs-Ordnung.

Bibliothek der jüdischen Gemeinde zu Berlin. **Benutzungs-Ordnung.** *[Berlin 1902.]* 1 Bl. quer-4° [F.] [02. [illegible]

Benutzungs-Ordnung für die Königliche Bibliothek zu Berlin [vom] (1. Febr. 1887). Berlin 1887. 8°

Benutzungsordnung für die Königliche Bibliothek zu Berlin vom 6. Februar 1905. (Burg b. M. 1905: A. Hopfer.) (25 S.) 8° [05. [illegible]

Benutzungsordnung für die Königliche und Universitäts-Bibliothek zu Breslau. Breslau 1906: A. Stenzel. (12 S.) 8° [06. [illegible] 2

Benutzungs-Ordnung der Königlichen und Universitäts-Bibliothek zu Königsberg i. Pr. Königsberg 1906: Hartung. (12 S.) 8° [F.]

Bibliothek deutscher Privat- und Manuskriptdrucke. ⟨Eigentum d. 'Gesellschaft f. deutsche Litteratur', aufgestellt in d. Kgl. Bibliothek zu Berlin.⟩ ... **Benutzungsordnung.** (Berlin [1905].) (1 Bl.) 8° [Kopft.] [05. [illegible]

Benutzungs-Ordnung für die Bibliothek des Juristischen Seminars. (Kiel 1909: Schmidt & Klaunig.) 1 Bl. 8° [Kopft.] [U 10. 2404
(Nicht für den Austausch)

Benutzungs-Ordnung für die Senckenbergische Bibliothek zu Frankfurt a/M. Frankfurt a/M. 1907: R. Mahlau. (10 S.) 8° [08. [illegible]

Stadtbibliothek Bromberg. **Benutzungsordnung.** ⟨2. Ausg.⟩ Bromberg 1907: Grunauer. 8 S. 8° [09. [illegible]

Stadtbibliothek Bromberg. **Benutzungsordnung.** ⟨3. Ausg.⟩ Bromberg 1909: Gruenauer. 8 S. 8° [10. [illegible]

Benutzungsordnung für die Bücherei der Kgl. Technischen Hochschule Danzig. 1909. ¶ Aus: Bestimmungen für die Bücherei [Nr 950].

Benutzungs-Ordnung für die Bücherei der Kgl. Technischen Hochschule zu Danzig. [1905. Nicht genehmigt.] — [Dasselbe.] Genehmigt 2. 8. u. 9. 9. 1905. ¶ Abgedr. in: Damm 1909. S. 250 ff.

Benutzungs-Ordnung für die Bücherei der Königl. Technischen Hochschule zu Danzig. Genehmigt durch Erlasse d. Minist. d. geistl., Unterr.- u. Medizinalangelegenh. v. 2. Aug. u. 9. Sept. 1905. (Danzig [1905]: Schwital & Rohrbeck.) (4 Bl.) 8° [Kopft.] [06. [illegible] 10

Inst. f. Gärungsgewerbe, Berlin ... **Benutzungs-Ordnung** für die Bücherei und Zeitschriftensammlung. (Berlin 1907.) (1 Bl.) 4° [F.] [07. [illegible]

Benutzungs-Ordnung für die Büchersammlung der Kaiser Wilhelms-Akademie für das militärärztliche Bildungswesen. Berlin: Schumacher 1906. 9 S. 4°

Benutzungsordnung für die K. Universitätsbibliothek Erlangen. Giltig vom 1. Januar 1910 an. Genehmigt durch K. Ministerialentschliessung vom 9. Juli 1909 Nr. 16322. Erlangen 1909: Junge. 7 S. 8° [U 10. 658
(Nicht für den Austausch)

Benutzungs-Ordnung der Großherzoglichen Hofbibliothek zu Darmstadt. 1904. Darmstadt (1904): L. C. Wittich. (13 S.) 8° [05. [illegible]

Kaiser-Wilhelms-Bibliothek in Posen. **Benutzungsordnung.** *(Posen 1902.)* (1 Bl.) gr. 2° [Kopft. F.] [02. [illegible] 4

Benutzungs-Ordnung der Jüdischen Lesehalle und Bibliothek, E. V. Berlin. Berlin [um 1905]: B. Levy. (1 Bl.) quer-4° [Kopft.] [06. [illegible]

Stadtbibliothek M.Gladbach, Rathaus. **Benutzungs-Ordnung** vom 1. März 1905. M.Gladbach 1905: Hütter. 8 S. 8° A 12. [illegible] 5

Benutzungsordnung, die neue, der Universitäts- u. Landesbibliothek. Giltig v. 1. VI. 1909. (15 S.) kl. 8. Strassburg 910. J. Singer. — 50

Benutzungsordnung für die Sammlungen der K. med.-chir. Friedr. Wilh.-Instituts. Berlin 1891. 12. (Dopp.) 2 Bde.

Benutzungsordnung für die Berliner Stadtbibliothek. Genehmigt v. Magistrat am 2. Aug. 1907. (Berlin 1907: v. Holten.) 2 Bl. 8° [11. [illegible]

Stadtbibliothek in Köln ... **Benutzungs-Ordnung** v. 23. Dez. 1897. *Köln: Dr. d. Kölner Verl.-Anst. u. Dr., A.-G. 1897.* (12 S.) 1 Bd 8. [98. [illegible]

Stadtbibliothek in Cöln. Gereonskloster 12. **Benutzungs-Ordnung** vom 22. Dez. 1900. 4. Abdr. Cöln 1904: Kölner Verl.-Anst. u. Dr. (8 S.) 8° [05. [illegible]

Benutzungsordnung für die Stadtbibliothek zu Stettin vom 25. Sept. 1905. Stettin 1905: F. Hessenland. (5 S.) 8° [F.] [05. [illegible] 9

Kaiserliche Universitäts- und Landes-Bibliothek Straßburg. **Benutzungs-Ordnung** giltig vom 1. Juni [nebst Nachtrag giltig v. 1. Nov.] 1909. Straßburg: Straßburger Druck. u. Verlagsanst. 1909. 9 S.; 1 Bl. 8° [U 09. 3882

Benutzungs-Ordnung der Universitäts-Bibliothek. Auszug aus der Ordnung der Universitäts-Bibliothek vom 12. Oktober 1893 ⟨§§ 20—54⟩. Leipzig 1908: Buchdr. Gutenberg. (14 S.) 8°
(Nicht für den Austausch)

Benutzungsordnung für die Königliche Universitäts-Bibliothek zu Bonn. Genehmigt durch Ministerialerlaß vom 17. Juli 1882. Bonn, 1882. 8 S.

Dasselbe. Neue Ausg., genehmigt durch Ministerialerlaß vom 31. März 1908. Ebd., 1908. 23 S.

Benutzungsordnung für die Königliche Universitäts-Bibliothek zu Bonn. Genehmigt durch Ministerialerlaß vom 31. März 1908. Bonn 1908: C. Georgi. (23 S.) 8°
(Nicht für den Austausch)

Benutzungsordnung für die Königliche Universitäts-Bibliothek in Greifswald. Genehmigt durch Ministerialerlaß vom 2. April 1907. Greifswald 1907: J. Abel. (29 S.) 8° [F.]

Benützungs-Ordnung, s.a. Benutzungs-Ordnung.

Benützungs-Ordnung für die Staats-, Kreis-, und Stadtbibliothek Augsburg. Augsburg (1908): J. P. Himmer. (7 S.) 8° [08. 8770

Benützungsordnung für die K. Hof- und Staatsbibliothek München. Genehmigt v. K. Staatsminist. d. Inn. f. Kirchen- u. Schulangelegenheiten am 22. Juli 1907. München: Bibliothek 1907. (16 S.) 8° [07. [illegible] 7

Benvenuta, J.: Himmelsblumen. Nr. 24.

Benvenuta, üb. die Alpen in das Land Italia. Reisebilder. 8. (165 S.) Weimar 890. Jüngst & Co. n. 2 50; geb. n. 3. —

Dissertatio physica de Lumine Auctore *P. Carolo Benvenuti*, Societatis Jesu. Vindobonae, Typis J. T. de Trattnern — Med. 4. 152 Seiten, 3 Titelbl., 2 Kupfert. (12 ggr.) 1756

Benvenuti, Caes., Diss. physica de lumine. 4 maj. Wien 766. Trattner. 12 gl

Benvenuti, Casp., Formulæ legendi et applicandi S. Scripturam. 8. Augsb. Wolf. 739.

(BENVENUTI, CESARE:) Sehr nützliche Weise, den seligen Petrum Forerium regulirten Chorherren des Ordens des heil. Augustini aus Lothringen täglich durch andächtige Gebete zu verehren. Erstlich zu Rom in wälscher, itzt in deutscher Sprache gedruckt. Pressburg 1787: Bei Franz Augustin Patzko. 38 S. - 180 mm
- Dass. Preßburg 1831: Belnay. 38 S. - 180 mm

Benyack, Bernh. Responsum ad libr. Petri ab Osterwald: de religios. ordinib. et eor. reform. 8. maj. Post, Weingand. 782.

Benz, Abschieds-Predigt, geh. in der Kirche St. Petri u. Pauli zu Reichenbach am 2. Weihnachtsfeiertag 1888. 8. (15 S.) Reichenbach i/V. 889. (Tänzler) n. — 20

Benz: Begriff der „bona fides" in der römischen Usucapionslehre, s. Benz, H.

— „Er der Meister, wir die Brüder." Festpredigt, geh. zum Jubiläum d. 50jähr. Bestehens d. Hauptseminars zu Grimma am 1. Octbr. 1888 üb. Matth. 23, 8. gr. 8. (16 S.) Grimma 888. Gensel. — 30

Benz: Der Felsenmann im Beichtstuhle d. Auferstandenen, s. Benz, Paul Philipp August Edmund.

Benz & Co.: Gas- und Ligroinmotoren. Mannheim 1902

—— „Ihr jungen Herzen werdet fest!" Confirmationsrede über Hebr. 13, 9. gr. 8. (10 S.) Dresd. 891, J. Naumann. * — 20

Benz, lasset uns säen im Segen, auf daß wir ernten im Segen. Festpredigt auf der Jahresversammlg. d. Leipziger Hauptvereins der Gustav-Adolph-Stiftg. in Grimma am 27. Aug. 1884. Als Anh.: Poetischer Festgruß, gedichtet u. dargebracht v. Paul Vict. Schmidt. gr. 8. (17 S.) Grimma 884. Gensel. — 30

Benz & Cie., Rheinische Gasmotoren-Fabrik A.-G.: Preis-Liste über Motorwagen Benz-Parsifal. Mannheim 1904

Benz & Co.: Preisliste über Saug-Generatorgas-Anlagen Original »Benz«. Mannheim 1903

Benz: Strafgesetzbuch für den Kanton Zürich, s. Benz, Rudolf

Benz, Dr. ... reine Thatsache u. bisher. Resultate über die Kuhpocken-Impfung. 8. Kempt. 801. Dannheimer. 2 K

— unser Leben m. Gott kein Traum! Predigt üb. 1. Kön. 3, 5—15. 8. (16 S.) Ebd. 892. n. — 20

—— Vertrage dich mit deinem Gott! Predigt über Hiob 22, 21—29, am Sonntage nach dem Hinscheiden Sr. Maj. des Kaisers Wilhelm I. von Deutschland in der Kirche St. Petri und Pauli zu Reichenbach gehalten. 8. (12 S.) Reichenbach i. S. 888, J. G. Koch.

Benz A, Anleitung zum Erfinden geradliniger Ornamente. 7 Hefte. Ellwangen 1892

Benz, A., das gradlinige Ornament. 3. Aufl. gr. 4. (XV S. u. 75 lith. u. chromolith. Taf.) Leipzig 874. Mentzel. n. 5. —

Benz, A., Zur Revision des eidgenössischen Fabrikgesetzes. Referat. 8°. Basel, Fr. Reinhardt, 1906.

Benz, A., die Schule der Ornamentik. 1. Thl.: Anleitung zum Erfinden geradliniger Ornamente. 7 Hfte. Ellwangen (862.) Brandegger in Comm. Fol. (84 lith. Taf. u. 34 S. Text.) 3 ₰; einzelne Hfte. 15 ngr.

Benz, Alois: Leitf. f. d. Unterr. im Feldmessen. (86 m. 1 Taf.) 8° Memming., T Otto '06. 1 — d

Benz, Benno, Völker Europas! Zivilisiert zuerst bei Euch! Kulturgeschichtliche Skizzen u. Gedanken zu dem Kriege in Südafrika u. den Wirren in Ostasien, sowie zur alten u. neuen Gesellschaftsordng. u. Weltanschaug. gr. 8. (48 S.) München (900). O. Th. Scholl. — 75

Benz, E.: Der Handarbeitsunterricht auf der Unterstufe der Volksschule, s. Benz, Emilie

Benz, E.: Zur Kentniss substituirter Carbaminsäurechloride, s. Benz, Emil.

Benz, E., s. Vorlegeblätter, XXV., zum Unterricht im Schönschreiben.

Benz, E.: Der christliche Wunderbegriff..., s. Benz, Edmund

Benz, Edmund
Benz, Edm., der christliche Wunderbegriff u. seine neueren Gegner bis auf Strauß u. Lang. gr. 8. (VII, 110 S.) Dresden 874. Kaufmann. n. 1. 50

Benz, Emil [aus Reutlingen]: Zur Kenntniss substituirter Carbaminsäurechloride. . . . Stuttgart, Druck d. J. B. Metzlerschen Buchdr., 1889; 32 S. 8°
Tübingen, Naturw. Fak., Inaug.-Diss. v. 1889

Benz, Emil. Zur Kenntniss substituirter Carbaminsäurechloride. Diss. gr. 8. (32 S.) Stuttg. 889. (Tübing., Fues). * 1 —

Benz, Emilie. Die Geschichte der Frauenbewegung in der Schweiz. Handbuch der Frauenbewegung 1901-2, Berlin.

Benz, Emilie, u. Marie Bachmann, D. Handarbeitsunterr. a. d. Unterstufe d. Volksschule. Beiträge zu f. Ausgestaltg. u. preisgekrönt. Entwürfen. gr. 8. (165 S.) Zürich 898. F. Schultheß. n. 1. 80

Benz, Emilie. Der Stand der Frauenbildung in der Schweiz. ([Ausschnitt aus:] Handbuch der Frauenbewegung. Teil 3.) S. 207—235. 8. [Berlin, W. Moeser, 1902.]

Benz, Eugen. Über die Thoriumbestimmung im Monazitsande. Diss. Phil. [II.] Univ. Zürich. 20 S. 4. Berlin, Julius Springer, 1902.

•Benz, F.: Gebete d. Mönch. Münch.: Litteratur-Magazin-Verl.

•Benz, F.: Huris, die Ewigschöne. München: A. Schupp.

•– Nur Liebe. Dichtgn. München: Litteratur-Magazin-Verl.

•– Lieder d. Sehnsucht. München: Litteratur-Magazin-Verl.

•– Maria. Blätter v. der Rose des Glücks. Eine lyr. Novelle. München: Schupp.

•– Melodien. Gedichtsammlung. München: Schupp.

•– Schwarze Orchideen. München: Litteratur-Magazin-Verl.

•– Schicksal. Drama. München: Schupp.

Benz, Ferdinand: Der dämon. Damenhut, s. Bühne, Eichstätter.

– Die Gebirgskur, s. Bühne, Eichstätter.

– Die Gespenster, s. Bühne, Eichstätter.

– Der Glöckner v. Notre-Dame, s. Bühne, Eichstätter. Birch-Pfeiffer.

– Der Neue Herkules, s. Bühne, Eichstätter.

– Das Licht leuchtet in d. Finsternis, s. Bühne, Eichstätter.

– Der arme Millionär, s. Bühne, Eichstätter.

– List u. Phlegma, s. Bühne, Eichstätter.

– Der Preisrichter, s. Bühne, Eichstätter.

– Der Steinmetz v. Köln, s. Bühne, Eichstätter.

– Der Viehhändler und sein Bruder, s. Bühne, Eichstätter.

Benz, Fried., Blätter u. Blüthen. Dichtungen. gr. 8. (47 S.) München 901. A. Schupp. 1. 50; erm. Pr. n. 1.—

— Blut der Nächte. Ein Gedichtebuch. 4. (123 S.) München 901. (Vereinigte Druckereien u. Kunstanstalten.) 2.50

— Aus d. Dämmerg. Gedichte. (47) 8° Münch., A Schupp '01. (Lpzg, F Förster.) (1.50) 1 — d

— Erinnerungen. Gedichte. gr. 8. (45 S.) Ebd. 901. 1.50; ermäß. Preis n. 1.—

— die Evangelien der gestorbenen Frauen. gr. 8. (149 S.) Ebd. (901). n. 5.—

Benz, Fried., Ewig od. Zeitlich? Eine philosoph. Abhandlg. 2. Aufl. gr. 8. (47 S.) Zürich 898. (C. Schmidt). n. — 60

— ausgewählte Gedichte. 12. (87 S.) Ebd. 901. n. 1.—

— irrendes Glück. Gedichte. gr. 8. (46 S.) Ebd. 901. 1.50; ermäß. Preis n. 1.—

— Holofernes. Eine Legende. gr. 8. (32 S.) Ebd. 901. 1.50

Benz, Friedrich: Über den Kohlehydrat-Stoffwechsel beim Kaninchen nach akuter Vergiftung mit arseniger Säure. *Würzburg 1897: Memminger.* (32 S.) 8°
Würzburg, Med. Diss. v. 1897

Benz, Friedrich (Red.), s. Schweizer-Frauen-Verband.

— schimmernde Tage. Dichtungen u. Symphonisches. gr. 8. (48 S.) Ebd. 901. 1.50; ermäß. Preis n. 1.—

— Traumesklänge. Dichtungen. gr. 8. (47 S.) Ebd. 901. 1.50; erm. Pr. n. 1 —

— Dunkle Wege. Tragische Liebesgeschichte. gr. 8. (94 S.) Ebd. 901. n. 2.—

Benz, G.: Die christliche Bruderliebe, s. Benz, Gustav.

Benz, Georg [aus Mezingen]: Ueber die Einwirkung des Cyankaliums auf gebromte Fettsäuren. . . . Tübingen, Druck v. Heinrich Laupp jr., 1888; 63 S. 8°
Erlangen, Phil. Fak., Inaug.-Diss. v. 1888

Benz, George, aus St. Paul (N.-Amerika): Ueber die primären und secundären Naphtylamine. — Ueber Amidoäthylbenzol und Aethyl-o-amidotoluol. Zür. Orell Füssli Cie Dr. 1882. 47 S. 8°.
Zürich, Phil. Diss. [v. 21. Dec. 1882].

Benz, Guido. Ueber den Stickstoffgehalt des Weines. Biel 1883.

Benz, Gustav. A qui irions-nous? Méditations sur la seule chose nécessaire. Par Gustave Benz. [Traduit de l'allemand.] Avec une préface de Gaston Frommel, professeur à Genève. VIII + 227 p. 8. Bâle, Frédéric Reinhardt; Paris, Fischbacher, (1901). (fr. 2.50. [relié fr. 3. —])

Benz, G[ustav]. Im Besitz des Weinbergs. Predigt gehalten am 24. Januar 1904 zu St. Theodor ... in Basel. 15 S. 8. Basel, Missionsbuchh., 1904. fr. —.20

— D. christl. Bruderliebe. E. Vortrag. 8. (28 S.) Ebd. 897. n. — 25

Benz, G[ustav]. Dennoch bleibe ich stets bei Dir. Predigt über Psalm 73, 23—26 gehalten von G. B', Pfarrer, am 22. April 1906 zu St. Matthäus. [Mit Vignette.] 16 S. 8. Basel, Missionsbuchh., 1906. fr. —.20

Benz, G[ustav]. Das Evangelium in der Grossstadt. Rede am Jahresfest der Basler Stadtmission am 16. Februar 1908. 15 S. 8. Basel, Komm. Basler Missionsbuchh., 1908. [fr. —.25]

Benz, G[ustav]. Frei von Todesfurcht. Predigt gehalten am 22. November 1903 zu St. Matthäus. 8. Basel, Missionsbuchh.
Ertrag zu Gunsten der Basler Mission.
1. Aufl. 15 S. 1903. fr. —.20
2. Aufl. 15 S. 1904. fr. —.20

Benz, Gustav. Unser Freund. Zwölf Predigten aus der Sammlung »In der Gewalt Jesu«. II + 96 S. 8. [Basel, Friedrich Reinhardt, 1909.] [fr. 1. —]

Benz, G[ustav]. Zweierlei Frömmigkeit. Zwei Predigten über Luk. 9, 51—56 gehalten von G. B', Pfarrer, am 25. Februar und 4. März 1906 zu St. Matthäus. 24 S. 8. Basel, Missionsbuchh., 1906. fr. —.30

Benz, G: Meine Gedanken sind nicht eure Gedanken. Predigt. (13) 8° Bas., Basler Missionsbh. ('11). — 20 d

Benz, G[ustav]. Vor Jesu Gericht. Adventspredigt gehalten am 4. Dezember 1904 zu St. Matthäus. [Mit Vignette.] 16 S. 8. Basel, Missionsbuchh., 1904. fr. —. 20

Benz, Gustav. In der Gewalt Jesu. Ein Jahrgang Predigten. VIII + 440 S. 8. Basel, Friedrich Reinhardt. [fr. 5. —, geb. 6. 25]
2. Aufl. 1905 *und* 3. Aufl. 1905.
4. Aufl. 1906.

Benz, Gust., in der Gewalt Jesu. Ein Jahrg. Predigten. 5. Aufl. (VII, 440 S.) gr. 8. Basel 907. F. Reinhardt. n. 4. —; geb. n. 5. —
Erschien in 1.—3. Aufl. in 5 Lfgn. à —80.

Benz, Gust.: In d. Gewalt Jesu. Ein Jahrg. Predigten. 7. Afl. (440) gr8° Bas., F Reinhardt '09. 4 —; geb. 5 — d

Benz, Gustav. Gewissenspflichten des christlichen Arbeiters. (... Referat, ... am 8. Delegiertentag der schweizerischen evangelisch-sozialen Arbeitervereine in Bern am 17. Mai 1908 gehalten....) 32 S. 8. Basel, Friedrich Reinhardt, 1908. [fr. —. 60]

— s.: Heil, d. christl.

Benz, G[ustav]. Hören und Bewahren. Predigt gehalten am 31. Januar 1904 zu St. Matthäus. 16 S. 8. Basel, Missionsbuchh., 1904. fr. —. 20

Benz, G[ustav]. Ich bin die Auferstehung und das Leben. Predigt gehalten am Ostersonntag 1904 zu St. Matthäus ... in Basel. 15 S. 8. Basel, Missionsbuchh., 1904. fr. —. 20

Ein Stück eigen Land. Betrachtgn üb. d. Eine, was not thut. Neue Folge. 1—4. Taus. (241) 8° Bas., F Reinhardt ('01). L. 2.40; m. G. 3 — d
Die 1. Folge bildet: Benz, G: Wohin sollen wir gehen?

— Ein Stück eigen Land. Betrachtungen üb. das Eine, was not thut. Neue Folge. 5. u. 6. Taus. (241 S.) 8. Basel (902). F. Reinhardt. Geb. in Leinw. 2.40; m. Goldschn. 3. —

Benz, Gustav. Aus dem Leben einer Arbeiterkolonie. Vortrag. [Illustriert.] II + 48 S. 8. Basel, Friedrich Reinhardt, 1904. (fr. —. 40)
Erlös zu Gunsten der Arbeiterkolonie Herdern.

Benz, Gustav. Der Liebe Gottes gewiss. Predigt, gehalten am 3. Januar 1909 zu St. Matthäus. [Mit Vignette.] 16 S. 8. Basel, Komm. der Basler Missionsbuchh., 1909. [fr. —. 20]

Benz, Gustav. Mache dich auf Und werde Licht! Predigt am ersten Advent gehalten in der Matthäuskirche. Von befreundeter Seite dem Druck übergeben. 14 S. 8. (Basel, Buchdr. des Basler Anzeiger, [1901].) fr. —. 10

Benz, Gustav. Die sozialen Pflichten des Studenten. 32 S. 8. Basel, Friedrich Reinhardt, 1902. (fr. —. 60)

Benz, Gust., Zur Reform unserer Armenpflege. gr. 8°. Basel, F. Reinhardt, 1903.

Benz, Gustav. Zur Revision des eidgenössischen Fabrikgesetzes. (Referat, am 20. Mai 1905 ... in Zürich gehalten, in überarbeiteter und erweiterter Form.) 71 S. 8. Basel, Friedrich Reinhardt. 1906. (fr. —. 60)

Benz, Gustav. Sur la Roc. Nouvelle suite de Méditations sur la seule chose nécessaire par Gustave Benz. Avec une préface de Frank Thomas, professeur à Genève. VIII + 312 p. 8. Bâle, Frédéric Reinhardt; Paris, Fischbacher, (1902). [relié fr. 4. 25]

Benz, Gustav. Der freie Samstag-Nachmittag. [2. Ausg., mit Widmung und Vorwort.] II + 32 S. 8. Basel, Friedrich Reinhardt, 1901. [fr. —. 60]

Benz, Gustav. Zweierlei Traurigkeit. Predigt, gehalten am 14. November 1909 zu St. Matthäus. [Mit 1 Vignette.] 16 S. 8. [Basel,] Komm. Basler Missionsbuchh., [1909]. fr. —. 20

Benz, Gust., uns. täglich Brot gieb uns heute! E. Vortrag. 8. (35 S.) Basel 896. P. Kober. n. — 25

Benz, Gustav. Vom Leben erfasst. Ein Jahrgang Predigten. VIII + 487 S. 8. Basel, Friedrich Reinhardt, 1909. [fr. 5. —, geb. 6. 25]
[1. Aufl.] 2. Aufl.

— Vom Leben erfasst. Ein Jahrg. Predigten. 3. Afl. (487) 8° Bas., F Reinhardt '09. 4 —; L. 5 — d

Benz, Gustav. Wehret ihnen nicht! Predigt, gehalten am 23. Oktober 1910 zu St. Matthäus. [Mit 1 Vignette.] 16 S. 8. Basel, Friedrich Reinhardt, [1910]. fr. —. 20

— wohin gehörst du? Zu den Zehnen? Zu den Neunen? Zu dem Einen? Eine Frage an solche, die in der Trübsal sind od. aus der Trübsal her kommen. 12. (24 S.) Basel 900. (Missionsbuchh.) n. — 20

— wohin sollen wir gehen? Betrachtungen üb. das Eine, was not thut. 2. Aufl. 8. (173 S.) Basel (900). F. Reinhardt. Geb. in Leinw. n. 1. 60; eleg. geb. n. 2. —

Benz, Gustav. Wohin sollen wir gehen? Betrachtungen über das Eine, was not thut. 5. Aufl. 173 S. 8. Basel, Friedrich Reinhardt, [1901]. [geb. fr. 2. —]

— wohin sollen wir gehen? Betrachtungen üb. das Eine, was not tut. 6. u. 7. Taus. (173 S.) 8. Ebd. (908). Geb. in Leinw. n. 1. 60

Benz, Gustav. Ein Wort zum Frieden. Predigt gehalten am 14. Mai 1905 zu St. Matthäus. 14 S. 8. Basel, Friedrich Reinhardt, [1905]. fr. —. 20

Benz, G[ustav]. Unsere Worte. Predigt gehalten am 10. Januar 1904 zu St. Matthäus. 15 S. 8. Basel, Komm. Missionsbuchh., 1904. fr. —. 20
Ertrag zu Gunsten der Arbeitslosen.

Benz, Heinrich

Benz, H. Begriff d. „bona fides" in d. röm. Usucapionslehre. 8. (73) Bern 88, (Huber & Co.). n. 1. 85

Benz, Heinr. Begriff der „bona fides" in der röm. Usucapionslehre. Diss. gr. 8. (73 S.) Bern 888, (Körber). * 1 35

Benz, Heinrich. Das Bundesgesetz betreffend Versicherung der Militärpersonen gegen Krankheit und Unfall vom 28. Juni 1901, nebst der Novelle vom 27. Juni 1906 und der zugehörigen Verordnung. Unter Berücksichtigung der Entscheidungen der Bundesbehörden für den praktischen Gebrauch erläutert von Dr. H' B'.... IV + 100 S. 8. Frauenfeld, Huber & Co., (1908). [fr. 1. 75]

Benz, H., Das Bundesgesetz betr. Versicherung der Militärpersonen gegen Krankheit und Unfall vom 28. Juni 1901, nebst der Novelle vom 27. Juni 1906 und der zugehörigen Verordnung. Unter Berücksichtigung der Entscheidungen der Bundesbehörden für den praktischen Gebrauch erläutert. (IV, 100 S.) 8. Frauenfeld, Huber & Co. 1909. fr. 1. 75.

Benz, H[einrich]. Projekt für ein Krematorium in Winterthur. Im Auftrage des Vorstandes des Feuerbestattungs-Vereins W' verfasst von dessen Präsidenten Dr. H. B'. [Mit 1 Beilage und 1 Tafel.] 32 S. 8. Winterthur, Geschwister Ziegler, 1907.

Benz, J. B., sechs deutsche religiöse Gesänge theils für 3, theils für 4 Stimmen. Einsiedeln 862, Gebr. Benziger. 4. (38 S.) 14 ngr

—— Gradualien und Offertorien für Weihnachten, SS. Peter und Paul und Kirchweihfest. 6 Motetten für Sopran, Alt, Tenor und Bass mit theils obligater, theils willkühri. Orgelbegleitung, Partitur und Stimmen. Fol. (40 S.) Einsiedeln 862, Gebr. Benziger.
die Stimmen (à 4 S.) einzeln à

Benz, J. B., dreistimmige Messe f. Alt, Tenor u. Bass m. obligater Orgelbegleitung. op. 17. hoch 4. (16 S.) Speyer 870. Kleeberger. n. 2. 10

—— dreist. Messe m. Orgelbegl. Part. m. St. 4. (34) Speyer 64, Kleeberger. n. — 24

—— kurze dreistimmige Messe für Sopran, Tenor und Bass mit leichter Orgelbegleitung. Partitur und Stimmen. gr. 4. (34 S.) Speyer 864, (Bregenzer.) *

Benz, J. B., Messe für vier Männerstimmen mit willkürlicher Orgelbegleitung componirt. Op. 9. Partitur mit Stimmen. gr. 4. (46 S.) Speyer 857. (Augsburg, Schmid'sche Verlagsbuchh.) *
Stimmen apart (16 S.) *

Benz, Joh. Andreas (Remlinga-Francus), De rescissione venditionis geradicae. Diss. jur. Präs. Jo. Friedr. Werner. Wittenbg. (Schlomach) Dez. 1734. 36 S. (5.—) 2097

— Joh. Christoph (Sommerhusa-Franc.), Jura mariti in bona mobilia uxoris tam secundum jus Saxonicum, quam ex pactis dotalibus. Diss. jur. Präs. Joh. Heinr. Meiers. Erfurt (Grosch) 24. IV. 1722. 24 S. (4.80) 2098

— Joh. Heinr. (Ansbach), Majorem a feminis, quam a viris requirens castitatem. Diss. jur. Präs. Nicol. Hieron. Gundling. Halle (Chn. Henckel), 29. Febr. 1717. 64 S. (5.—) 2099

— — Dasselbe. Halle (J. H. Grunert) 1736. 64 S. (4.50) 2100

— — Dasselbe. Frkft. u. Lpz. 1755. 64 Seiten. (4.50) 2101

Benz, Joseph [Dr. jur.]: Die Gerichtsverfassung von Freiburg i. Ue. von der Mitte des 13. bis Ende des 15. Jahrhunderts. (Sep.-Abdr. aus „Freiburger Geschichtsblätter" IV.) Freiburg 1897. 53 p. 8°.
Freiburg. Jur. Diss. 1897/98.

Benz, Karl: Die Ethik d. Apostels Paulus, s. a. Studien, Biblische.

BENZ, Karl (Flechingen): Die Ethik des Apostels Paulus.- Freiburg i.B.: Herder 1912. VIII,51 S.- Vollständig erschienen als: Biblische Studien. Bd.17.H.3/4.
1.7.1911 - Chr 1911/12,23; U 12.5600
Diss.Ingolst.-Landsh.-Mchn.

Benz, Karl: Die Stellung der Bischöfe von Meissen, Merseburg und Naumburg im Investiturstreite unter Heinrich IV. und Heinrich V. *Dresden: J. Naumann 1899.* (VIII, 81 S.) 8°
Leipzig, Phil. Diss. v. [16. Okt.] 1899

Benz, Max, a. Ludwigsburg: Über Chinonazin und Azophenol. München 1907: V. Höfling. (67 S.) 8°
München, Phil. Fak., Ref. v. Baeyer, Diss. v. 23. Febr. 1907
[Geb. 21. Aug. 79 Ludwigsburg; Wohnort: Ludwigsburg; Staatsangeh.: Württemberg; Vorbildung: Lyzeum Ludwigsburg Einj.-Freiw.-Zeugn. O. 95; pharmazeut. Staatsexamen Nov. 02; Studium: München 8, Polytechn. Zürich 2 S. als Hörer; Rig. 23. Febr. 07.]

Benz, Meinrad

Benz, Meinr., der Leidenskelch, s.: Effinger, Konr. Maria.

Benz, Meinrad, O. S. B., d. Nachfolge Mariä, s.: Effinger, Konr.

Benz, Ottomar: Die Rechtsverhältnisse am Ueberbau nach dem Bürgerlichen Gesetzbuche. *(Saalfeld a. S. 1903: K. Stöckigt.)* (VIII, 151 S.) 8° [F.]
Jena, Jur. Diss. v. (20. Jan.) 1903

Benz, P. (Red.), s. H a n d w e r k e r b l a t t , Neues deutsches.

Benz, P. (Red.), s. H a n d w e r k e r b l a t t , Rheinisches.

Benz, Paul Philipp August Edmund

Benz, P. Phil. A. Edm., d. Felsenmann i. Beichtstuhle d. Auferstandenen. Predigt, geh. a. Sonntage Misericordias Domini üb. Ev. Johannis 21, 15—17. gr. 8. (19 S.) Dresden 895. F. Naumann. n. — 25

— d. Jesuskind, d. Vorbild, du Confirmandenkind! Confirmationsrede üb. Ev. Lucas 2, 41—52, geh. a. 30. März 1896. gr. 8. (14 S.) Ebd. 896. n. — 20

[F.] Dem Kaiser, was des Kaisers, Gotte, was Gottes ist. Predigt geh. b. gemeinsamen Kirchgang d. Militärvereine Dresdens am 21. März 1897 v. Consistorialr. Superintend. Lic. [P a u l P h i l i p p A u g u s t E d m u n d] Benz ... *Dresden: J. Naumann [1897].* (13 S.) 1 Bd 8.

Benz, lasset euch Niemand das Ziel verrücken. Confirmationsrede, geh. am 10. IV. 1900 üb. Col. 2, 18. gr. 8. (8 S.) Dresden 900. F. Naumann. n. — 25

Benz, R.: A u t o n o m i e u. Centralismus in der Gemeinde, s. B e n z , Robert

Benz, R., neuester D a m e n d e k l a m a t o r. Eine Sammlg. wirkungsvoller, humorist. Vorträge f. Damen. (96 S.) 8. Reutlingen (908). Enßlin & Laiblin. — 50

— Neuester R ä t s e l s c h a t z. Eine Sammlg. v. Rätseln m. Auflösgn. Mit e. Anh. v. Bilderrätseln. (Umschlag: Gesammelt v. F. Ammer.) (96 S.) 8. Ebd. (908). — 50

Benz, R.: Der R e c h t s f r e u n d für den Kanton Zürich, s. B e n z , Rudolf

Benz, Richard

Benz, Rich.: Alte deut. Legenden. (Holzschnitte u. Druckanordng v. d. Sommer- u. Winterti d. Lebens d. Heiligen, Augsburg, Schönsperger 1482 u. Otmar 1507.) (106) Lex 8° Jena, E Diederichs 10. 4.50; HPerg. 6 —; handkolor., Perg. 12 — d

Benz, Richard: Märchen und Aufklärung im 18. Jahrhundert. Eine Vorgeschichte zur Märchen-Dichtung der Romantiker. Gotha 1907: F. A. Perthes. (56 S.) 8° [F.] ¶ (Erscheint vollst. u. d. T.: „Märchendichtung der Romantiker".)
Heidelberg, Phil. Fak., Ref. Braune, Diss. v. 28. Okt. 1907
[Geb. 12. Juni 84 Reichenbach i. V.; Wohnort: Dresden; Staatsangeh.: Sachsen; Vorbildung: Kreuz-Gymn. Dresden Reife O. 02; Studium: Heidelberg 3, Leipzig 1, München 1, Heidelberg 4 S.; Rig. 4. März 07.]

— Märchen-Dichtg d. Romantiker. Mit e. Vorgesch. (265) 8° Gotha, FA Perthes '08. 5 — d

Benz, Rich., s: Volksbücher, Die deut.

Benz, Robert

Benz, Rob., Autonomie u. Centralismus i. d. Gemeinde. gr. 8. (56 S.) Innsbruck 895. Wagner. n. 1. —

Benz, Rudolf

Benz, Rud., Entwurf eines Strafgesetzbuches für den Kanton Zürich, mit begründ. und erläut. Bemerkungen. gr. 8. (XII und 140 S.) Zürich 866, Orell, Füßli und Comp. *

Benz, R., der Rechtsfreund für den Canton Zürich, oder Anleitung, die im Leben vorkommenden Rechtsgeschäfte nach den bestehenden Gesetzen und Uebungen abzuschließen. 2e durchges. Aufl. 4 Abthlgg. 8. Zürich 838. Schultheß. 1 ₰

Benz, Rud., der Rechtsfreund f. den Kanton Zürich od. Anleitg. die Rechtsgeschäfte in gehöriger Weise selbst besorgen zu können. 3. umgearb. u. verm. Aufl. 2 Abthlgn. 8. (VIII u. 358 S.) Zürich 852, Schultheß. 1 ₰

Benz, Rud., der Rechtsfreund für den Kanton Zürich. 1. Thl., Anleitung, die Rechtsgeschäfte in gehöriger Weise selbst besorgen zu können. 4., neu bearb. u. stark verm. Aufl. Zürich 862. Schultheß. gr. 8. (VII, 439 S.) n. 1 ₰ 4 ngr

—— dass. — 2. Thl.: Das Verwaltungswesen für das Volk bearb. 8 Hefte. gr. 8. (1. und 2. Heft 208 S.) Ebendas. 865. *

Benz, Rud., das Strafgesetzbuch für den Kanton Zürich, nebst dem Gesetz betr. den Vollzug der Freiheitsstrafen. Für Juristen und Nichtjuristen, besond. auch für Geschworene, erläutert. gr. 8. (229 S.) Zürich 871, Schultheß. *

Benz, Rud., das Strafgesetzbuch für den Kanton Zürich, nebst dem Gesetz betr. den Vollzug der Freiheitsstrafen und dem Gesetz betr. den Wucher. Für Juristen und Nichtjuristen, besonders auch für Geschworene erläutert. 2. mit Berücksicht. der Gerichtspraxis vollständig umgearb. Aufl. von Emil Zürcher. gr. 8. (XV, 213 S.) Zürich 886, Schultheß. *

Benz, Rud., D. Strafgesetzbuch f. d. Kanton Zürich, neue Ausg. v. 6. XII. 1897, nebst d. Gesetz betr. d. Vollzug d. Freiheitsstrafen. F. Juristen u. Nichtjuristen, bes. auch f. Geschworene erl. 3., m. Berücksicht. d. Gerichtspraxis vollst. umgearb. Aufl. v. Emil Zürcher. 8. 256 S.) Zürich 898. F. Schultheß n. 3. —; geb. in Leinw. n. 4. —
Erschien in 3 Lfgn. à n. 1. —.

Benz, Rud., das Strafgesetzbuch f. den Kanton Zürich. Neue Ausg. v. 6. XII. 1897, m. e. Anh., enth.: die Ordnungsstrafen im Betreibungs- u. Konkursverfahren, das Gesetz betr. den Vollzug der Freiheitsstrafen u. das Gesetz betr. Abänderg. d. Strafgesetzes v. 26. IV. 1908. Für Juristen u. Nichtjuristen, besonders auch für Geschworene erläutert. 4. umgearb. Aufl. v. Emil Zürcher. (269 S.) 8. Zürich 908. Schultheß & Co. 3.20; geb. n 4. 20

B e n z, Walter. Brennpunktsörter ebener Schnitte einer Fläche zweiten Grades. [Mit Figuren.] 8. Zürich-Selnau, Gebr. Leemann & Co., 1910.
Ausg. A: Diss. Phil. [II.] Univ. Zürich. 93 S.
Ausg. B: Beilage zum Jahresbericht des G y m n a s i u m s Burgdorf 1909—1910. 91 S.

Benzel, G.: Über den Stickstoffgehalt des Weines. Beitrag zur gerichtl. Chemie etc. Biel. 1888.

B e n z e l , H., Syntagma dissertatiomm in acad. Lundensi habit. etc. 4. Frankf. (Proft, C.). 745.

Benzel

— **Johann Georg Mansuetus v.,** Spec. juris naturae de justis aequilibrii finibus. Präs. Joh. Gg. Neureuter. Mainz (Joh. Haeffner) 12. IX. 1746. 80 S. (6.—) 2103

Benzel, M.

Grundbau. Leitfaden f. d. Unterr. an Baugewerkschulen u. verwandten techn. Lehranstalten. Von M. **Benzel**, Oberl. in Münster i. W. Mit 59 Fig. Leipzig & Berlin: B. G. Teubner 1906. (51 S.) 8°
— **Unterricht**, Der, an Baugewerkschulen. 8.

Benz, (**W[ilhelm]**), Bauwerkmeister: Beschreibung des Neubaues der Oberrealschule Tübingen. Tübingen 1910: Schnürlen. S. 33. 34. 4°
Tübingen, OR P 1910 (833 a) [S 10. 20

Benze, Gustav Adolph. Gesch der Ev Luth St. Johannes Gmde zu Erie, Pa, 1808-1908 ... 21. Aug 1908. Erie, 1908.

Benze, Wilhelm, über die Anatomie der Blattorgane einiger Polypodiaceen, nebst Anpassungserscheinungen derselben an Klima und Standort. Diss. Berlin 1887, Mayer & Müller. 8°. 47 S.

Benze, Wilhelm [aus Gardelegen in der Altmark]: Über die Anatomie der Blattorgane einiger Polypodiaceen, nebst Anpassungserscheinungen derselben an Klima und Standort.... Gardelegen, Druck v. Julius Könecke (1887); 47+1 S. 8°.
Berlin. Phil. Fak. Inaug.-Diss. v. 11. Aug. 1887.

Benze v. Benzenhofen, O. An den Kaiser! Auch eine deutsche Bitte. Mit e. offenen Wort an den Fürsten Bismarck u. m. e. Entgegnung an Abs. Grafen v. Westarp. 8. (16 S.) Dresd. 891, Pierson. * — 25

Benze v. Benzenhofen, O, d. hohe Lied v. deut. Kaiser Friedrich III. Sein Leben u. s. Thaten. Dichtg in 8 Gesängen, nebst e. Vorgesang an Se. Maj. Kaiser Wilhelm II. Mit e. Anh., enth. e. Verzeichniss d. Schriften, welche üb. J.J.M.M. d. Kaiser u. d. Kaiserin Friedrich erschienen sind. 8. Afl. 8. (68) Wiesbad. 89, Moritz & M. *n.* 2. —; Extra-Asg. *n.* 2. 75; geb. *n.* 3. 50

Benzel, Oberl. in Münster i. W., s. Benzel, M.

Benzel, Anselm Franz Freiherr von: Neue Verfassung der verbesserten Hohen Schule zu Mainz. Aschaffenburg 1784. –
Vorh.: Universitäts-und Stadtbibliothek Köln.

Benzel, C. v., über die willkühri. Vertheil. der Bauerngüther. 4. Erf. Keyser. 795.

Benzel, Chr., u. D. Mart. Luthers gründl. Beurtheil. des Seitpunctes 2c. 8. Hannover, Hahn. 793.

Benzel, Chr. von: Gedanken über die willkürliche Zertheilung der Bauergüter. Eine Festrede, gehalten in der Akademie zu Erfurt.
Erfurt:(Keyser), 1795.

v. Benzel, Chr., Ueber die Rechte der Wahnsinnigen. Weimar. 8°. 1794

Bensel, der städtische Tiefbau, s.: Gürschner.

— Der städt. Tiefbau, s: Unterricht, Dor, an Baugewerksch., Gürschner.

Benzel-Sternau, Carl Christian Ernst Graf v., s. Benzel-Sternau, Karl Christian Graf v.

Benzel-Sternau, Chr. v., s.a. Benzel-Sternau, Karl Christian Ernst Graf v.

Benzel-Sternau, Chr. Er., s. Benzel-Sternau, Karl Christian Ernst Graf v.

Benzel-Sternau, E.v., s. Benzel-Sternau, Karl Christian Ernst Graf v.

Benzel-Sternau, K. C. E. v., s. Benzel-Sternau, Karl Christian Ernst Graf v.

Benzel-Sternau, K. Chr. v., s. Benzel-Sternau, Karl Christian Ernst Graf v.

Benzel-Sternau, Karl Christian Ernst Graf v.
– s. Adam, Der alte.

– s. Altiera.

– s. Anti-Israel.

– s.a. Aretäus.

(K. Ch. E. Graf v. Benzel-Sternau): Aretaeus, für Privatglück und Gemeinwohl. *Erf.*, Keyser. 793. 8° 22 gr

v. Benzel — Sternau, Graf Karl Chr. Er., Baiernbriefe, oder Geist der vier ersten Ständeversammll. des Königr. Baiern. 1r Bd. Ständeversammlung v. 1819. 3 ℛ 4 gr 2r Bd. Ständeversamml. v. 1822. 3 ℛ 20 gr 3r Bd. Ständeversamml. v. 1825. 3 ℛ 4 gr u. 4r Bd. 1e—3e Abthl. Ständeversamml. v. 1828. 11 ℛ 16 gr gr. 8. Stuttg. 831—32. Metzler. 21 ℛ 20 gr

— Bericht über d. Ständeversammlung d. Königr. Baiern, v. 17. Nov. 1827 bis 18. Aug. 1828 erstattet, an seine Kommittentin, die Baier. Nation. gr. 8. Zürich 829. Trachsler. 1 ℛ

– s. Betrachtungen über die Virilstimme.

— histor. Bibliothek d. Auslandes. 1r, 2r u. 3r Bd. gr. 8. Frkf. 812—15. Varrentrapp. 9 ℛ 12 gr Velinp. 17 ℛ 18 gr (1r Bd. A. u. d. T.: Labaume, E., kurze Geschichte d. Republik Venedig, nach d. Französ. bearb. gr. 8. 812. 2 ℛ 20 gr 2r u. 3r Bd. A. u. d. T.: Flassan, ... Frankreichs Friedensgeschichte unt. den 3 ersten Dynastien, nach d. Französ. bearb. 2 Bde. 813 u. 15. 6 ℛ 16 gr)

– s. Briefe über den Frieden.

– s. Cocles: Horat.

– s. Dalberg, v.: Perikles.

Benzel-Sternau, Graf K. Chr. E. v.: Der Eid. Trspl. nach Corneille. 8°. Gotha 1811. Becker.

– die jüngsten Feigenblätter. Schauspiel in 5 Akten. 8. Zürich 840. Höhr. 1 1/4 ℛ

– s.a. Schillers Feier.

— Schillers Feyer. Seinen Manen 2c. gr. 8. Gotha, Becker. 808.

v. Benzel-Sternau, Graf Karl Chr. Er., der steinerne Gast. 4 Bde. 8. Gotha 807 u. 808. Becker. 4 ℛ Holl. P. 5 ℛ 8 gr

– s. Gedanken über die Anwendung der Reichs-Executions-Ordnung.

– s. Gemmen.

v. Benzel Sternau, Graf Chr. Er., der Geist von Canossa. Schauspiel in 5 Akten. 8. Zürich 839. Höhr. 11/12 ℛ

— Gespräche im Labyrinth. 3 Bde. 8. Gotha 805 u. 6. Becker. 3 ℛ Holl. P. 4 ℛ

— Grillenfang auf 1840. 8. Zürich 840. Schultheß. 1 ℛ

— Hoftheater von Barataria oder Sprichwortsspiele. 4 Bde. 8. Leipz. 828. Er. Fleischer. 6 ℛ

– s.a. Jason.

— Jason, eine Zeitschrift. gr. 8. Gotha, Becker. 808—10. (II Jahrg. à 5 Thlr. III. Jahrg. 1r Bd. 1 Thlr. 16 gr.).

Benzel-Sternau, Gr. Chr. v., Jason, eine Zeitschr. IVr Jahrg. 811. gr. 8. Gotha, Becker.

— das goldne Kalb. 4 Bde. 8. Gotha ... De A. 804. Becker. 3 ℛ 8 gr Holl. P. 4 ℛ 12 gr

—Lebensgeister aus dem Klarfeldischen Archive. 4 Bde. 8. Gotha 804 u. 5. Becker. 4 ℛ Velinp. 6 gr

– s. M ä h r c h e n am Kamin.

– mein ist die Welt. Lustspl. in 5 Aufz. 8°. Hanau 1831. König.

– s. M o r p h e u s .

– s. N o v e l l e n für das Herz.

Benzel-Sternau, Graf Karl Chr. Er. v.: Frankreichs neueste P o l i t i k in Bezug auf Deutschland. 8°. Hamburg: Herold 1796.

– s. P r o t e s t a n t .

– s. P r o t e u s , oder das Reich der Träume.

– s.a. P u b l i k o l a .

— Publikola, od. gesammelte Blätter gut. Absicht. 2 Thle. 8. Regensb. Montag u. W. 805. 806. (à 1 Thlr.).

— Pygmäen-Briefe. Ein satyr. Roman. 2 Bde. 8. Gotha 808. Becker. 2 ℛ

– s. R e i s e g e f ä h r t e , Der.

– s. T i t a n i a , Das Reich der Mährchen.

— Urkunden u. Aktenstücke zu d. ehrerbietigsten Recursschrift an den hohen Kongreß in Wien. gr. 8. Nürnb. 814. Riegel u. W. 14 gr

— Sachsens Verfassungs-Entwurf, beleuchtet. (Aus d. Verfassungsfr. abgedr.) gr. 8. Hanau 831. König. 2 gr

– s. V e r f a s s u n g s f r e u n d .

– s. V e r h ä l t n i ß der Kräfte im Staate.

— dichterische Versuche über Gegenstände d. krit. Philosophie. 8. Würzb. 794.

— üb. d. willkührl. Vertheilung d. Bauerngüter. gr. 4. Erf. 795. Keyser. 4 gr

v. Benzel-Sternau, (Chr. E. Graf,) Weiß u. Schwarz. Lustspiel in 5 Akten. 8. Zürich 826, Geßner.

— Weltansichten. Aus dessen Schriften gezogen. 12. Pesth 816. Hartleben. 16 gr

– s. Y o u n g : N a c h t g e d a n k e n .

– s. Z e h n e r , H.G.: P a s s i o n s b l u m e n .

Benzelii: S y n t a g m a dissertationum, s. B e n z e l , H.

v. Benzenau, s. Simprecht v. Benzenau.

Benzenberg: B e s c h r e i b u n g eines einfachen Reisebarometers, s. B e n z e n b e r g , J. Fr.

Benzenberg: B r i e f e , geschrieben auf einer Reise durch die Schweiz im Jahre 1810, s. B e n z e n b e r g , Johann Friedrich

Benzenberg: Das H ö h e n m e s s e n mit der Quecksilberwaage, s. B e n z e n b e r g , J. E.

Benzenberg, Die höhere Rechenkunst für die Oberlandmesser. Düsseldorf 1818. 8.

Benzenberg: S c h r e i b e n an Dr. Olbers in Bremen . . . , s. B e n z e n b e r g , Johann Friedrich

Benzenberg: Ueber die Dalton'sche T h e o r i e , s. B e n z e n b e r g , Johann Friedrich

Benzenberg, F.: A n f a n g s g r ü n d e der Rechnenkunst und Geometrie. . . , s. B e n z e n b e r g , J. Fr.

Benzenberg, F.: Ueber das C a t a s t e r , s. B e n z e n b e r g , J.Fr.

Benzenberg, F.: V e r s u c h e , die Entfernung, die Geschwindigkeit und die Bahnen der Sternschnuppen zu bestimmen, s. B e n z e n b e r g , J.Fr.

Benzenberg, F.: V e r s u c h e über die Undrehung der Erde, s. B e n z e n b e r g , Johann Friedrich

Benzenberg, Heinrich

Benzenberg, Hnr., Antwort auf Dr. Grimms kurze Prüfung der Gedanken ꝛc. 8. Elberf. u. Duisb. 790.

— bibl. Entdeckungen 1r Bd. 8. Elberfeld, Büschler. 802.

— bibl. Entdeckungen, Bemerkk. u. Ansichten. 2 Bde. 8. Elberf. 803, 6. (Schönian). 1 ℛ 10 gr

— der Sinn d. mosaischen Eheverbote nach Grundtext, Logik u. Gefühl. 4. Mühlh. 786. (Brönner in Frankf.) 4 gr

Benzenberg, J.: Über Preussens G e l d h a u s h a l t . . . , s. B e n z e n b e r g , J. Fr.

Benzenberg, J.: Ueber H a n d e l u. Gewerbe, Steuern und Zölle, s. B e n z e n b e r g , J. Fr.

Benzenberg, J.: V e r s u c h , die Entfernung pp. der Sternschnuppen zu bestimmen, s. B e n z e n b e r g , J. Fr.

Benzenberg, J. E: Das Höhenmessen mit der Quecksilber-Waage für Pariser, Rheinländer und Londoner Linien. Düsseldorf 1831

Benzenberg, J. F., s.a. B e n z e n b e r g , J. Fr.

Benzenberg, J. F., s.a. B e n z e n b e r g , Johann Friedrich

Benzenberg, J. F., s.a. B e n z e n b e r g , Julius Friedrich

J. F. Benzenberg, Darstellung der preuß. Staatsschuld vom 17ten Januar 1820, in: Benzenberg's Ueber Preußens Geldhaushalt und neues Steuersystem. (Leipzig, 1820). S. 412 ff.

J. F. Benzenberg, Sur la Dette de l'état de Prusse. Düsseldorf. 1831. Imprimé comme manuscrit.

Benzenberg, J. F., s. M a y e r , Tob.: E r s t l i n g e .

Benzenberg, J. F. Die Rückzahlung der Nationalschulden Englands und das Jahr 1862. 8°. (Düsseldorf 1812.) Als Mscr. gedr.

Benzenberg, J. F., Die Salzquellen bei Wimpfen am Neckar.

Benzenberg, J. F. Ueber das Sinken der preussischen Staatsschuld. Als Manuscript gedruckt. 16°. Düsseldorf 1829.

Benzenberg, J. Fr., s.a. B e n z e n b e r g Johann Friedrich

Benzenberg, J. Fr., s.a. B e n z e n b e r g , Julius Friedrich

Benzenberg, J. Fr., Anfangsgründe d. Rechnenkunst u. Geometrie, f. Feldmesser rc. 3 Thle. Mit 12 Kpf. u. 239 Holzschn. 8. Düsseld. 810—13. Schreiner. 8 Rthlr 4 Gr (1r Thl.) Neue wohlf. Ausg. mit d. T.: Vollst. Handbuch d. angewandten Geometrie. 1r Thl. Mit 2 Kpf. u. 50 Holzschn. 8. Ebd. 818. 16 Gr 2r Thl. Die Rechnenkunst u. Geometrie, f. d. Großh. Berg. Mit 2 Kpf. u. 180 Holzschn. 810. 3 Rthlr 12 Gr 3r Thl. Die höhere Rechnenkunst. Mit 8 Kpf. u. 9 Holzschn. 813. 4 Rthlr

Benzenberg. F. Anfangsgründe der Rechenkunst und Geometrie für die Landmesser des Grossherzogthums Berg. Düsseldorf 1811—18. 3 Bde.

— Beschreib. eines einfachen Reisebarometers. Mit Kpf. gr. 8. Düsseld. 811. Schreiner. 1 Rthlr 12 Gr

— über d. Bestimmung d. geograph. Länge durch Sternschnuppen. Mit 3 Kpft. gr. 8. Hamb. 802. Fr. Perthes. 1 Rthlr

Benzenberg, J.Fr.: B r i e f e über die Assise in Trier, s. B e n z e n b e r g , Julius Friedrich

— Briefe, geschrieben in Paris im Jahre 1815. 1 Heft. 8. Dortm. 816. (Schulz in Hamm). 15 Gr

— Briefe. geschr. auf einer R e i s e nach Paris. 804. 2 Thle. m. K. 8. Dortmund, Mallinkrodt. 806.

— Briefe, geschr. auf e. Reise n. Paris 1804. 2 Thle. M. 13 Kpf. 8. Dortm. 806. (Wundermann in Hamm). 3 Rthlr 8 Gr Hbg. Pr. 2 Rthlr 16 Gr

Benzenberg, J. F., Briefe geschrieben auf einer Reise durch die Schweitz im Jahre 1810. 2 Thle. m. K. 8. Düsseldorf, Schreiner. 811. Rthlr.

— d. Dom in Köln. Ein Meisterwerk d. gothischen Bauart. 1r Heft. M. 2 Kpf. 8. Dortm. 810. (Schulz in Hamm). 1 Rthlr 4 Gr Hbg. Pr. 21 Gr

Benzenberg, J. F. Ueber Preussens Geldhaushalt und neues Steuersystem. 8°. Leipzig, Brockhaus, 1820.
— Nachtrag. 8°. Berlin 1821.

— — Handbuch d. angewandt. Geometrie rc. 1r Theil. Neue wohlf. Ausg. 8. Düsseldorf, Schreiner. 818.
Auch unt. d. Titel:
Anfangsgründe d. Rechenkunst u. Geometrie.

BENZENBERG, J. F.: Vollständiges Handbuch der angewandten Geometrie für Feldmesser, Forstbeamte ... - Düsseldorf 1814

— vollständ. Handbuch d. angewandten Geometrie für Feldmesser, Landmesser, Markscheider, Forstbeamte rc. m. K. u. Holzschnitten. 3 Thle. 8. Ebend. 815.
Auch unt. d. Titel:
Die höhere Rechenkunst u. Trigonometrie.

— über Handel u. Gewerbe, Steuern u. Zölle. 8. Elberf. 819. (Schönian). 1 Rthlr 12 Gr

Benzenberg, J. Fr.: Über das C a t a s t e r . 2 Bde. Bonn 1818. (Band I: Geschichte des Catasters; Band II: Verfertigung des Catasters).

Benzenberg, J. Fr. Ueber das Cataster. 2 Thle. 8°. Bonn, Weber, 1818. 2. wohlfeile Ausg. 1824.

Benzenberg, J. F.: L e h r b u c h der Rechenkunst und Geometrie. 3 Teile. Düsseldorf: Schreiner 1811 - 1818.

— das gegenwärtige Ministerium von Frankreich. gr. 8. Berl. 817. Th. Enslin. 6 Gr

— ein paar Recensionen aus Herzensgrund, oder meine Gedanken von Eichhorns Antrittsprogramm u. Grimms Erklär. d. Propheten Jonas. 8. Leipz. 790. 2s Stck. Noch mehr Recensionen rc. 8. Ebd. 791.

— zwei Sendschreib. üb. Verfassung. An d. Regier.-Rath Koppe. 4. Dortm. 817. (Hamm, Schulz). 8 Gr

— u. H. W. Brandes, Versuch, d. Entfernung u. d. Bahnen d. Sternschnuppen zu bestimmen. Mit 3 Kpf. gr. 8. Hamb. 800. Fr. Perthes. 9 Gr

Benzenberg, J. Fr., s.a. V e r w a l t u n g der Staatskanzlei von Hardenberg.

Benzenberg, J. Fr.: Die V e r w a l t u n g des Staatskanzlers Fürsten von Hardenberg. 1. Aufl. Leipzig: Brockhaus 1820.
— — 2.Aufl. Ebd. 1821.

— der vollkommene Visirmeister od. faßl. Anweis., alle volle u. nicht volle Fässer auszumessen. (Aus dessen Geometrie einzeln abgedr.) 8. Düsseld. 811. Schreiner. 18 Gr

— wo ist der Gerichtsstand eines Zeitungsschreibers? erläutert durch zwei Urtheile des Cassationshofs in Paris u. des Appellationshofes in Düsseldorf. gr. 8. Hamm 819. Schulz. 8 Gr

— Wünsche u. Hoffnungen eines Rheinländers, od. üb. landesständische deutsche Verfass. 8. Dortm. 181.. (ohne s. Namen). 2e A. (815). Ebd. Mallinckrodt. 1 Rthlr 12 Gr

Benzenberg, Johann Friedrich

Benzenberg, J. F., das A n l e i h e n in Frankreich, England u. Nordamerika vom J. 1792 bis zum J. 1836. gr. 8. Düsseldorf 836. (Bonn, Weber.) n. 1/3 Rthlr

—— die Baupreise v. Düsseldorf verglichen mit d. Baupreisen in Coblenz, Berlin u. Paris. gr. 8. (7 1/2 B. u. Titelbild.) Düsseldorf 837. (Bonn, Weber.) *

—— Rother's Bericht üb. d. Haupt-Verwaltung d. preuss. Staatsschulden seit d. J. 1820. gr. 8. (6 B.) Düsseldorf 836. (Bonn, Weber.) *

— Briefe, geschrieben auf einer Reise durch die Schweiz im Jahre 1810. 2 Thle. M. 1 Kpf. 8. Düsseld. 811, 12. Schreiner. 4 Rthlr 12 Gr

— s.a. F r i e d r i c h Wilhelm III.

Benzenberg, Joh. Frdr. Friedrich Wilhelm III. 8. Leipzig 1821.
v. Loutsch, C. Chr. Geschichte des preussischen Staates unter Friedrich Wilhelm III. 8. Berlin 1825.

—— die Gemeinde-Ausgaben d. Städte Düsseldorf, Elberfeld, Barmen, Cöln, Bonn, Coblenz, Creuznach, Trier, Aachen, Münster, Minden, Arensberg, Dortmund, Berlin, Leipzig u. Paris. 2. Aufl. gr. 8. (12 B.) Bonn 835, Weber. *

—— Nachrichten von Michael de Molinos. Gestorben 1090. gr. 8. (2 B.) Düsseldorf 844, Bötticher'sche Buchh. *

Benzenberg, Joh. Friedr., Preussen u. Frankreich. gr. 8. (5 1/2 B.) Bonn 834, (Weber.) Thlr.

— über Provinzial-Verfassung. 1r Bd. in 2 Abtheill. u. 2r Bd. gr. 8. Hamm 819 u. 22. (Wundermann). (1r Bd. 2 Rthlr 12 Gr 2r Bd. 1 Rthlr) 3 Rthlr 12 Gr Hbg. Pr. 2 Rthlr 16 Gr

Benzenberg, [Joh.Friedr.]: Ueber P r o v i n z i a l - V e r f a s s u n g mit bes. Rücks. auf die vier Länder: Jülich, Cleve, Berg und Mark. 2. Ausg. Th. 1.2. Hamm 1827.

—— über d. warmen Quellen in Aachen. gr. 8. (1 B.) Aachen 831, Mayer.

Benzenberg (J. F.), Die warmen Quellen in Aachen und die warmen Quellen in Wimpfen. Düsseldorf 1832. 8. Mit 3 Tafeln.

Benzenberg, Dr., Schreiben an Dr. Olbers in Bremen über die Frage: Sind die Sternschnuppen tellurischen oder cosmischen Ursprungs? (Aus: Annalen der Physik, Bd. 14, St. 1, J. 1805, St. 5.)

—— d. Staats-Verfassungen Deutschlands. gr. 8. (5¾ B.) Düsseldorf 845, Bötticher'sche Buchh. *

— die Sternschnuppen. Mit 9 Steintaf. gr. 8. Hamburg 839. Perthes, Besser u. Mauke. 2 ß

—— die Sternschnuppen sind Steine aus d. Mondvulkanen, die ein. Durchmesser v. 1 bis 5 Fuss haben, u. welche bei 8000 Fuss-Geschwindigkeit in 1 Secunde nicht wieder auf den Mond zurückkommen, u. die dann mit Millionen um d. Erde herumlaufen. M. 4 Stndr. gr. 8. (6 B.) Bonn 834, (Weber.)

Benzenberg, Joh. Friedr., über d. Dalton'sche Theorie. M. 3 Stnt. gr. 8. (13 B.) Düsseldorf 830, Schaub.

— über Verfassung. 8. Dortm. 810. (Hamm, Wundermann). 2 ß 6 gr Hbg. Pr. 1 ß 8 gr

Benzenberg, [Joh. Friedr.]: Ueber Verfassung. Dortmund 1816.

— Versuch üb. d. Gesetz d. Falls, d. Widerstand d. Luft u. d. Umdrehung d. Erde. Mit 8 Kpft. gr. 8. Dortm. 804. (Hamm, Schulz). 3 ß 12 ß Hbg. Pr. 2 ß 16 gr

—— Versuche üb. die Umdrehung der Erde. gr. 8. (3 B. u. 2 Stnt.) Düsseldorf 845, Bötticher'sche Buchh. *

Benzenberg, Versuche über die Umdrehung der Erde Dortmund 1804. 8.

Benzenberg. Versuch über die Umdrehung der Erde. Dortmund. 1814.

— Was kostet die Eisenbahn von Düsseldorf nach Elberfeld, die deutsche Meile, mit einfachem Gleise? Als Handschrift. gr. 8. Düsseldorf 837. (Bonn, Weber.) n. ⅙ ß

Benzenberg, Joh. Friedr., wie dachte sich das Abendmahl des Herrn der Apostel Johannes, der Lieblingsjünger von Jesu? gr. 8. (2 B.) Düsseldorf 844, Bötticher'sche Buchh. *

— Wünsche u. Hoffnungen eines Rheinländers, od. üb. landesständische deutsche Verfass. Neue Aufl. 8. Dortm. Mallinckrodt. 815.

Benzenberg, Julius Friedrich

Benzenberg, (J. Fr.,) Briefe üb. d. Assise in Trier. 2 Abtheilungen. gr. 8. Cöln 822, Bachem.

Benzenberg, J. Fr.: Briefe üb. d. Assise in Trier (d. Fonksch. Proz. betr.) *Köln*, Bachmann. 2e Abth. 822. gr. 8. (2 Thl. 8 Gr.)

Benzenweiler: Vergissmeinnicht. Taschenb. f. d. J. 1845. S. 127/47. V: *Chézy, Wilhelm v.* Vgl. dessen »Erinnerungen« 3 (1864), S. 293. Dazu S. 273/92. (DARP)

Benzert. Prag 1897. V: *Ludwig Salvator Erzherz. v. Österreich.* (Berl)

Benzian, Rudolf, aus Hamburg: **Beitrag zur Kenntnis der Thalliumdoppelcyanide.** *Berlin (1900): E. Ebering.* (40 S. 8) Berlin, Phil. Diss. v. 1. Aug. 1900

Farbenfabriken vorm. Friedr. Bayer & Co. Elberfeld. Die **Benzidinfarbstoffe** und anderen substantiven Farbstoffe in ihrer Anwendung auf Baumwolle und sonstige Pflanzenfasern. Bd 1–3. Elberfeld: Selbstverl. 1905–06. 4°

1. 1906. 2. 3. 1905. (11. 1066)

Benziger, s.a. Benzinger.

Benziger's
— naturwissenschaftliche Bibliothek. Nr. 1—9. kl. 8. Ebd. Geb. in Leinw. à 1. 50

1. Schöpfung u. Entwicklung. Von Mart. Gander, O. S. B. I. Die Erde. Ihre Entstehg. u. ihr Untergang. 2., verm. u. verb. Aufl. (VIII, 173 S. m. Abbildgn. u. 1 farb. Taf.) 909.
2. Dasselbe. II. Der erste Organismus. Mit 28 Textillustr. (VIII, 160 S.) 904.
3. Dasselbe. III. Die Abstammungslehre. Mit 28 Textillustr. (VIII, 176 S.) 904.
4. Die Bakterien. Von Mart. Gander, O. S. B. Mit 23 Textillustr. (VIII, 160 S.) 905.
5. 6. Die Pflanze in ihrem äußeren Bau. Von Mart. Gander, O. S. B. Mit 117 Illustr. (X, 334 S.) 905.
7. Die Uhren. Ein Abriß der Geschichte der Zeitmessg. Von Fintan Kindler, O. S. B. Mit 65 Illustr. (VIII, 189 S.) 905.
8. Naturwissenschaft u. Glaube. Angriff u. Abwehr. Von Mart. Gander, O. S. B. (VIII, 164 S.) 906.
9. Wunder der Kleintierwelt. Von Mart. Gander, O. S. B. Mit 1 Farbentaf. u. 60 Textillustr. (X, 223 S.) 906.

Gander, Mart., Die 5 Sinne des Menschen. (VIII, 169 S. m. Titelbild u. 48 Abbild.) 911. (Nr. 16.)
— Der Spiritismus. (VII, 173 S.) 910. (Nr. 14.)
Kindler, Fintan, O. S. B., das Wetter. Eine elementare Einführg. in die Witterungskunde. Mit 2 farb. Wolkentaf., 40 Ill. u. 3 Beilagen. (VIII, 142 S.) 909. (Nr. 13.)
Netzhammer, Raym., die Landkarten. Entstehung u. Gebrauch. (VIII, 141 S. m. 70 Abbildgn. u. 1 farb. Karte.) 910. (Nr. 15.)

Benziger's naturwissenschaftl. Bibliothek. Nr. 1—4, 8 u. 10—16. kl. 8. Einsiedeln, Verlagsanstalt Benziger & Co. Geb. in Leinw. à 1. 50

Gander, Mart., O. S. B., Ameisen u. Ameisenseele. Mit 32 Textillustr. (VIII, 170 S.) 908. (Nr. 11.)
— Die Bakterien. 2., verm. u. verb. Aufl. (VIII, 170 S. m. 37 Abbildgn.) 910. (Nr. 4.)
— Darwin u. seine Schule. Mit 6 Einschaltbildern. (VIII, 171 S.) 907. (Nr. 10.)
— Das Gehirn u. s. Tätigkeit. Mit 46 Fig. (VIII, 130 S.) 909. (Nr. 12.)
— Naturwissenschaft u. Glaube. Angriff u. Abwehr. 2., verm. u. verb. Aufl. (VIII, 181 S.) 910. (Nr. 8.)
— Schöpfung u. Entwicklung. I. Die Erde. Ihre Entstehg. u. ihr Untergang. 3., verm. u. verb. Aufl. (VIII, 173 S.) 909. (Nr. 1.)
— dasselbe. II. Der erste Organismus. Mit 27 Textillustr. 2., verm. u. verb. Aufl. (VIII, 167 S.) 907. (Nr. 2.)
— dasselbe. III. Die Abstammungslehre. Mit 29 Textillustr. 2., verm. u. verb. Aufl. (VIII, 180 S.) 907. (Nr. 3.)

Benziger's naturwiss. Bibliothok. Nr 15—18 u. NAfl 4 u. 8. (Mit Abb.) kl8° Einsied., Verl.-Anst. Benziger & Co. L je 1.50 d
Buck, Damian: Die Vulkane. (8, 134 m. farb. Titelbild.) '12 [17]
Gander, Mart.: Die Bakterien. 2. Afl. (8, 170) '10 [4]
— Eiszeit u. Flut. (8, 156 m. 1 farb. Kte.) '12 [18]
— Naturwissensch. u. Glaube. Angriff u. Abwehr. 2. Afl. (8, 181) '10 [8]
— Die 5 Sinne d. Menschen. (8, 169 m. Titelbild) '11 [16]
Netzhammer, Raym.: Die Landkarten. (8, 141 m. 1 farb. Kte.) '10 [15]

Benziger's Märchenbücher-Sammlung. 1. u. 2. Bd. 8. Einsiedeln, Benziger u. Comp. cart. à Bd. * 2 —
1. Groß, Cary. König Ardorhard, Kunimund der Hirtenknabe, die drei Geschwister, Wechselbalg. Vier Märchen. (160 S. m. eingedr. Abbildgn. u. 6 Taf.) 890.
2. Groß, Cary. Euphor; das Schloß Weißenstein; der Fels im Walde. Drei Märchen. (164 S. m. Bildern.) 892.

Benziger's Märchenbücher-Sammlung. 2.—4. Bd. 12. Einsiedeln, Benziger & Co. Kart. à 2. —
2. Euphor. Das Schloß Weißenstein. Der Fels im Walde. Drei Märchen v. Cary Groß. (164 S. m. Bildern.) 891.
3. Wolf u. die Bären. Godwin u. Godwinda. Adelmar u. der Delphin. Wildröslein u. die drei Kronen. Vier Märchen v. Cary Groß. (161 S. m. Text-Illustr. u. 7 Einschaltbildern.) 892.
4. Der Rhein u. der Müller Radlauf. Der Amselkönig. Zwei Märchen v. Frz. Sträßle. (148 S. m. Text-Illustr. u. 6 Einschaltbildern.) 892.

Benziger's Marien-Kalender. Mit Farbendruck viel. Abbild. u. Wandkal. Gr. in-8°. Einsiedeln, Benziger & Co. 1893? — 50

Benziger's Marien-Kalender für das Jahr 1893. Mit 1 Farbendr. u. 79 Abbild. In-4°. 100 S. Einsiedeln, Benziger & Co. — 60

Benziger's Marien-Kalender. 1895. Mit viel. Abbildg. In-4°. Einsiedeln, Benziger & Co. — 60

Benzigers Marienkalender 1896. Mit vielen Abbildungen. In-4°. Einsiedeln, Benziger & Co. — 60

Benziger's Marien-Kalender für 1897. Mit Chromo-Titelbild, 4 ganzseit. Einschaltbildern, 69 Text-Illustr. u. Wandkalender. Gr. in-4°. 92 S. Einsiedeln, Benziger & Co. — 60

Benziger's Marien-Kalender für 1898. Mit Chromo-Titelbild, 8 ganzseit. Einschaltbildern, 70 Text-Illustr. u. Wandkalender. In-4°. 90 S. Einsiedeln, Benziger & Co. — 60

Benziger's Marien-Kalender 1899. gr. 4. (92 S. m. Abb., 1 Farbdr. u. Wandkal.) Einsiedeln, Verlagsanstalt Benziger & Co. n. — 50

Benziger's Marien-Kalender 1900. Gr. 4°. 80 u. 12 S. m. Abbildgn., 1 Farbdr. und Wandkalender. Einsiedeln. Verlagsanstalt Benziger & Co. A.-G. — 60

Benziger's Marien-Kalender 1901. 4°. (88 u. 13 m. Abb. u. 1 Farbdr.) Einsied., Verl.-Anst. Benziger & Co. — 50

Benziger's Marien-Kalender 1902. gr. 4. (73 u. 8 S. m Abbildgn., 1 Farbdr. u. Wandkalender.) Einsiedeln, Verlagsanstalt Benziger & Co. n. — 50

Benziger's Marien-Kalender 1906. (80 u. 33 m. Abb. u. 1 Farbdr.) 8° Einsied., Verl.-Anst. Benziger & Co. — 50 d

Benziger's Marien-Kalender 1907. (80 u. 36 S. m. Abbildgn. u. 1 Farbdr.) Lex.-8. Einsiedeln, Verlagsanstalt Benziger & Co. n. — 50

Benziger's Marien-Kalender 1910. (88 u. 82 S. m. Abbildgn., 1 Farbdr. u. Wandkalender.) Lex. 8. Einsiedeln, Verlagsanstalt Benziger & Co. — 50

— Marien-Kaldr. '13. (86 u. 32 m. Abb. u. 1 Farbdr.) Lex8° Ebd. — 50 d

Benziger's Phototypie. Reproductionen von Holzschnitten, Lithographien, Stahlstichen und Handzeichnungen auf Metallplatten, hochgeäzt für den Buchdruck. In-4°. 32 S. Einsiedeln, Gebr. Benziger. 1879? 2 —

Benziger's Taschen-Almanach. Merkbuch für das Jahr 1901. Oblong. 112 S. Geb. Einsiedeln Verl.-Anst. Benziger & Co. A.-G. — 75 und 1 50

— Taschen-Almanach. Merkbuch f. das J. 1903. schmal gr. 16. (112 S.) Ebd. Geb. in Leinw. — 60

— Taschen-Almanach. Merkbuch f. 1906. (112) 13,1×6,1 cm. Ebd. Geb. — 40

— Taschen-Almanach. Merkb. f. '10. (111) 13×6 cm. Ebd. L. — 40

— Taschen-Almanach. Merkb. f. '13. (111) 13,1×6 cm. Ebd. L — 40

Benziger's Taschenkalender für 1889. In-64°, 16 S. Einsiedeln, Benziger & Cie. — 20

Benziger's Taschen-Kalender. 1890. In-32°. Einsiedeln, Benziger & Co. — 25

—— Taschen-Kalender 1891—1893. schmal 32. (à Jahrg. ca. 30 S.) Ebd. Auf Carton, cart. u. in Etui à Jahrg. — 20

— Taschenkalender 1894. Schmal in-32°. 30 S. Einsiedeln, Benziger & Co. — 25

— Taschen-Kalender 1896. 64° (15) Ebd. Kart. in Futteral — 25

Benzigers Taschen-Kalender 1898. Schmal in-64°. 15 S. Einsiedeln, Benziger & Co. Kart. in Futt. — 30

— Taschen-Kalender 1899. schmal 64. (15 S.) Ebd. Kart. in Futteral n. — 20

— Taschenkalender 1900. Schmal-64°. 15 S. Ebda. Kart. in Futteral — 25

— Taschen-Kalender 1901. 64° (15) Ebd. Kart. in Futteral — 20

— Taschen-Kalender 1902. schmal 64. (15 S.) Ebd. Kart. in Futteral n. — 20

— Taschen-Kalender 1906. (15) 7,7×4 cm. Ebd. Kart. — 20 d

— Taschen-Kalender 1907. (16 S.) 7,8×2,4 cm. Ebd. Kart. in Futteral n. — 20

— Taschen-Kldr '10. (16) 7,7×2,3 cm. Ebd. Kart. in Futteral — 20 d

— Taschen-Kaldr '13. (33) 7,8×2,5 cm. Ebd. in Futteral — 20 d

Benziger, A.: Bericht über Gruppe 34 der schweiz. Landesausstellung 1883, s. Benziger, Adelrich

Benziger, A.: Johannes Parricida, s. Benziger, Augustin

Benziger, Adelrich, Bericht über Gruppe 34 der schweizerischen Landesausstellung Zürich 1883: Vervielfältigungsverfahren. gr. 8. (24 S.) Zürich 884, Orell, Füssli und Comp. *

Benziger, August., O. S. B., Beiträge zum katholischen Kirchenlied in der deutschen Schweiz nach der Reformation. Diss. (IV, 207, XIII u. 24 S.) gr. 8. Sarnen 910. (Einsiedeln. J. J. Iten.) 2. 40

Benziger, Augustin. Bruder Klaus (von Flüe). Dichtung von P. A' Benziger O. S. B., Stift Engelberg. [Mit illustriertem Umschlag.] 80 S. 8. Einsiedeln *etc.*, Benziger & Co. A. G., 1907. [fr. 1.50]

Marien-Lob. Gedichte von P. Augustin Benziger, O. S. B. *Einsiedeln, Waldshut, Köln: Benziger & Co. 1903.* (52 S.) 8° [F.]

Benziger, Augustin: Arnold v. Melchtal. Schausp. Musikeinlagen v. O Müller. (63) 8° Kempen, Thomas-Dr. u. Buchh. ('12). 1.25 (Pp.) d

Benziger, Augustin. Johannes Parricida. Dramatisches Singspiel in 3 Akten von P. A' Benziger, O. S. B.... Musik zu den Chören, Melodramen und Liedern von O[tto] Osk[ar] Müller, [Caplan in] Luzern. [Mit illustriertem Umschlag.] 168 S. 8. Einsiedeln *etc.*, Benziger & Co. A. G., 1904. [fr. 2.50]
Textausg.; die Musik ist nicht gedruckt.

— Abt Salomon III. v. St. Gallen, s: Dilettantenbühne, katholische. 181. Hft.

Benziger, Augustin. König Saul. Dramatisches Singspiel in 3 Auftritten von P. A' Benziger, O. S. B.... [Mit illustriertem Umschlag.] 98 S. 8. Einsiedeln *etc.*, Benziger & Co. A. G., 1904. [fr. 1.90]

Die Chöre und einige Lieder sind in Musik gesetzt und beim Verfasser zu beziehen.

Zwei Weihnachtsspiele. Dichtung von P. Augustin Benziger, O. S. B. *Einsiedeln, Köln: Benziger & Co. 1901.* (62 S.) 8° [Umschlagt. F. u. Ant.]
[Darin: Ein Weihnachtsspiel. – Herodes.]

Benziger, B: Abt Basilius. Lebensbild f. d. Zöglinge u. Freunde d. Stiftssch. v. Maria-Einsiedeln. 4° (28 m. Bildnis.) Einsied. 96, Verl.-Anst. Benziger & Co. 2 -

(Benziger, P. Bernard.) Rektor P. Gall Morel. Progr. 4. (Einsiedeln ... 1873.)

Benziger, C: Holzschnitte d. 15. Jahrh. in d. Stadtbibliothek zu Bern, s: Einblattdrucke d. 15. Jahrh.

— Eine illustr. Marienlegende a. d. XV. Jahrh. (Kodex mss. hist. helv. X. 50, Stadtbibliothek Bern.) (32 m. Abb. u. 23 Taf.) 34,5×26 cm. Strassbg. JHE Heitz '13. nn 40 —

Benziger, J.: Pilger-Büchlein, s. Benziger, Johannes und Benzinger, Johannes

Benziger, J. C.: Die Ratsprotokolle des Kant. Schwyz 1548-1798, s. Benziger, Joseph Carl

Benziger, Johannes. Pilger-Büchlein. Belehrungen und Gebete für die Wallfahrer zu der Gnadenstätte Maria-Einsiedeln. Von P. J' B', Kapitular ... [in] Maria-Einsiedeln. [Mit Illustrationen und 1 Tafel.] 256 S. 8. Einsiedeln *etc.*, Benziger & Co. A. G., 1902. [geb. fr. 1.— *bis* 1. 95]

Benziger, Johannes. Predigt zur Feier der hl. Primiz Sr. Hochw. P. Carl Zehnder, Capitularen des löbl. Stiftes Einsiedeln, gehalten in der Stiftskirche den 7. Juli 1907 von P. Joannes B', O. S. B. 11 S. 8. Lachen, A. Kessler.

Benziger, Johannes. Predigt gehalten im löbl. Frauenkloster St. Katharina in Wyl bei der Feier der heil. Profess der wohlehrw. Chorfrauen Sr. M[a]r[ia] Margarita Kessler und Sr. M[a]r[ia] Thomas Bossart von P. Joannes B', O. S. B. 10 S. 8. [Lachen, A. Kessler, 1903.]

Benziger, Joh. Ev., O. S. B., Maria unsere Mutter, s.: Bitschnau, Otto.

Benziger, J[oseph] C[arl]. Die Ratsprotokolle des Kant. Schwyz 1548—1798. Bearb. von J. C. B', Kantonsarchivar. [Heft 1 *u.* 2.] 8. Schwyz, Emil Steiner.

[Heft 1:] Die R' des Kant. Sch'.... Bearb. von J. C. B'.... (Band 1 des Ratsprotokolls vom 30. April 1548 bis 25. Januar 1556 ....) [Beilage zu Heft 16 der Mitteilungen des Historischen Vereins des Kantons Schwyz.] XX S. + S. 1—82. 1906.
[Heft 2:] Die R' des Kant. Sch'.... [Bearb. von J. C. B'....] Band 2 (des Ratsprotokolls vom 29. April 1590 bis 30. März 1613 ...). Beilage zu Heft 19 der Mitt' des Hist' V' des K' Sch'. II S. + S. 83—144. 1908.

Benziger, M., Geistl. Lieder, } s.: Dölter, Chryph.
— Singet dem Herrn, }

Benziger, Nik., zur geplanten Kranken- u. Unfallversicherung in der Schweiz. Eine populäre Darstellg. der Gesetzentwürfe. [Aus: „Schweizer. Blätter f. Wirtschafts- u. Socialpolitik".] gr. 8. (41 S.) Basel 894. Dr. H. Müller. — 75

Benziger, N. Zur geplanten Kranken- und Unfallversicherung in der Schweiz. In-8°. 42 S. Zürich, A. Raustein. 1894? — 80

Benziger, Nicolaus. Rede des Herrn Nikolaus Benziger, Alterspräsidenten des Nationalrates, bei Eröffnung der ersten Session der 19. Amtsperiode. (Vom 1. Dezember 1902.) 12 S. 8. [Bern, Stämpfli & Cie.,] 1902.

Benzin, Johann Gottlieb (Wolfenbüttel), De eo quod justum est circa conventionales hereditatum translationes. Diss. jur. German. Präs. Theod. Gg. Wilh. Emminghaus. Jena (Marggraf) 15. XI. 1749. 39 S. (4.80) 2104
Gew.: Baron v. Veltheim (Harbke ..)

BENZIN (Johann Gottlieb)
Versuch einer Beurtheilung der pantomimischen Oper des Herrn Nicolini, entworfen von Johann Gottlieb Benzin. – *Erfurt, Johann Heinrich Nonne*, 1751. In-8, 20 p.

Benzinger, s.a. Benziger.

Benzinger: Wein, Weinbau bei den Hebräern. In: Realencyklopädie für protestantische Theologie und Kirche. 3. Aufl. Bd. 21. Leipzi 1908, S. 58 - 52.

Benzinger, E[duard]. aus Feudenheim Baden): Ueber substituirte Derivate der Phosphenylsäure. Zür. Orell Füssli Cie Dr. 1876. 47 S. 8°. Zürich. Phil. Diss. [v. 31. Oct. 1876].

Benzinger, Ernst Aug.: 50 Balladen u. Romanzen. 1. Tl. (183) 8° Berl.-Wilmersd., Silva-Verl. ('12). 2 —; geb. 3 —

Benzinger, Ernst Aug., die Weiber v. Weinsberg. Dramatischer Schwank in 2 Aufzügen m. Benützg. des Uhlandschen Bruchstücks. (98 S.) gr. 8. Lorch 904. K. Rohm. n. 1. —; geb. n. 1. 60

Benzinger, Immanuel
Benzinger, I., hebräische Archäologie, s.a. Grundriss der theologischen Wissenschaften. 6.

Hebräische Archäologie von Lic. Dr. I[mmanuel] Benzinger in Jerusalem. 2., vollst. neu bearb. Aufl. Mit 253 Abb. u. 1 Pl. von Jerusalem. Tübingen: J. C. B. Mohr 1907. (XX, 450 S.) 8°
— Grundriß d. Theolog. Wissenschaften. Reihe 2. Bd 1. [07. 13879

Benzinger, Imman., s.: Bibel, die.

Benzinger, I., Bilderatlas zur Bibelkunde, s.a. Frohnmeyer, L.

Benzinger, Imman.: Bilderatlas z. Bibelkde. Handb. f. d. Relig.-Lehrer u. Bibelfreund. Abb. m. erläut. Text. (44 u. 144) Lex8° Stuttg., JF Steinkopf '13. Pappbd 6 —; L 7 — d

— die Bücher der Chronika, s.a. Handkommentar, kurzer, zum Alten Testament. 14.

Benzinger, I[mmanuel]. Die Bücher der Chronik erklärt von Lic. Dr. J. Benzinger, Privatdocent der Theologie in Berlin. XVIII + 141 S. 8. Tübingen und Leipzig, J. C. B. Mohr, 1901. (M. 3. —, geb. M. 4. —)
Kurzer Hand-Commentar zum Alten Testament ... hrg. von D. Karl Marti, ord. Professor ... [in] Bern. Abteilung 20....

— die Bücher der Könige, s.a. Hand-Kommentar, kurzer, zum Alten Testament. Lfg. 7.

Die Bücher der Könige erkl. v. Lic. Dr. I[mmanuel] Benzinger, Privatdoc. ... in Berlin. M. 9 Abb. im Text, 1 Pl. d. alten Jerusalem u. Geschichtstab. *Freiburg i. B., Leipzig & Tübingen: J. C. B. Mohr 1899.* (XXIII, 216 S., 1 Taf.) 1 Bd 8.
— Hand-Commentar, Kurzer, z. Alten Testament ... hrsg. v. D. Karl Marti. Abt. 9. [99. 336 11

— Gesch. Israels bis auf d. griech. Zeit, s.a. Sammlung Göschen 231.

Benzinger J, Geschichte Israels bis auf die griechische Zeit. (158 S)
(Sammlung Göschen 231) 16° Leipzig 1904

Geschichte Israels bis auf die griechische Zeit. Von Dr. I[mmanuel] Benzinger. 2. verb. Aufl. Leipzig: Göschen 1908. 150 S. 8°
(Sammlung Göschen. 231.) A 12. 1191 11

— Karte d. weiteren Umgebg v. Jerusalem, s.: Schick, C.

— Palästina, s.: Hartmann, R. Jul.

— s.: Testament, das Neue.

— vues et documents bibliques, s.: Frohnmeyer, L.

— Wie wurden die Juden das Volk des Gesetzes?, s.a. Volksbücher, religionsgeschichtliche. II, 15.

Wie wurden die Juden das Volk des Gesetzes? Von Lic. Dr. I[mmanuel] Benzinger-Jerusalem. 1.–5. Taus. Tübingen: J. C. B. Mohr 1908. (48 S.) 8° [F.]
— Volksbücher, Religionsgeschichtliche. Reihe 2, II. 15. [08. 11667

— s. Zeitschrift des deutschen Palästina-Vereins.

Benzinger, Joh., Pilger-Büchlein. Belehrungen u. Gebete f. die Wallfahrer zu der Gnadenstätte Maria-Einsiedeln. 16. (256 S. m. Abbildgn. u. 1 Farbdr.) Einsiedeln 902. Verlagsanstalt Benziger & Co. Geb. in Leinw. n. — 80; in Halbdr. m. Goldschn. n. 1. 15; in Ldr. m. Goldschn. n. 1. 55

Benzinger, J[oseph] C[arl]. Die Ratsprotokolle des Kant. Schwyz 1548—1798. Bearb. von J. C. B', Kantonsarchivar. ([Heft 1:] Band 1 des Ratsprotokolls vom 30. April 1548 bis 25. Januar 1556 ...: Personenregister, Sachregister, Ortsregister.) XX+82 S. 8. Schwyz, Emil Steiner, 1906.

Benzinger, M., geistliche Lieder m. Melodien zu gemeinschaftlicher Erbauung, s.: Döller, Chrph.

— Singet dem Herrn, s.: Döller, Chr.

Benzinger, Werner [pr. Arzt]: Beschreibung eines ankylotisch schräg verengten Beckens. . . . Marburg, Druck v. Oscar Ehrhardt, 1889; 26 S.+1 Bl. u. 1 Taf. 8°
Marburg, Med. Fak., Inaug.-Diss. v. [30. Jan.] 1890

Benzinger - Jerusalem, Immanuel, s. Benzinger, Immanuel

Ben-Zion. Ein religiös-moralisches Lehrbuch für die Jugend israelitischer Nation. Triest 1815. H: *Homberg, Herz.* (BrMm)

Benzion, Alex.: Das poln. Gericht, s: Helden u. Schelme.

Benzke, Jos., s. *Jus* publ. Hungariae,

Benzler, Bischof, u. der Protestantismus, s.a. Flugschriften des evangelischen Bundes.

Bischof **Benzler** und der Protestantismus Auch e. Wort d. Aufklärung an Katholiken u. Nichtkatholiken. Zugl. Antwort auf Bischof Benzlers Schrift 'Metzer Hirtenbrief u. Evangelischer Bund' vom Vorstand d. Hauptvereins Lothringen d. Ev. Bundes. Halle: Ev. Bund 1909. 50 S. 8° [Umschlagt.]
(Flugschriften d. Evang. Bundes. 274/275.) 09. 13384 2

Benzler, das Ostseebad Zoppot bei Danzig. Zur Orientirg. f. Badegäste. Nebst einer (chromolith.) Karte der Umgegend u. einem (lith.) Plan v. Zoppot. 8. (91 S.) Danzig 882. Saunier. n. 2. —

Benzler. Das Ostseebad Zoppot bei Danzig. Zur Orientirg. f. Badegäste. Neue (Titel-)Ausg. 12. (91 S.) Danz. 890, Saunier. * 1 60

Benzler, Armin (Bückeburg), De gastritide chronica. Diss. med. Bln. (Nietack) 31. X. 1837. 32 S. mit Biogr. (M.: C. Brinkmann.) (4.—) 2105
Oppon.: G. Mürmann, L. Gunkel, H. Diestel. — Gew.: F. Benzler.

Benzler
— **Emil** (Wernigerode), De phimoseos indole et cura. Diss. anatom.-chirurg. Bln. (Nietack) 23. III. 1835. 31 S. mit Biogr. (M.: Sophia geb. Benzler.) (4.—) 2106
Oppon.: F. Barth, E. Pochhammer, H. Benzler. — Gew.: J. L. Benzler.

Benzler, G. Sm., († 1813.) Lexicon der bei Deich- u. Wasserbau ꝛc. vorkomm. Kunstwörter. 2 Bde. M. Kpf. gr. 8. Altona 792. (Nauck in Leipz.) 2 ₰

Benzler, G. S., Lexicon der bey Deich- u. Wasserbau u.s.w. vorkommenden Kunstwörter. m. K. 2 Bde. gr. 8. Altona. (Sommer, Leipz.). 792.

Benzler, Hans (geb. Ilsenburg 15. 9. 1858): Beiträge zur Frage nach dem Zusammenhang zwischen Arthritis und Diabetes mellitus. Berlin (1884). (28 S.) 8°
Berlin, Med. Diss. v. 16. Apr. 1884
[Verf. wurde laut Diplom und Fakultäts-Album am 12. Apr. promoviert.]

[Umschlagt.:] Festschrift zur Erinnerung an das 25jährige Jubiläum des Herrn Professors Dr. (Gust.) Schimmelpfeng, Dir. d. Kgl. Klosterschule zu Ilfeld am 3. Mai 1895. (Vf.: Hans Benzler.) *(Leipzig: [Dr. c.] H. Schlag Nachf. 1895.)* (IV, 35 S., 1 Bl., XI S., 1 Taf.) 1 Bd 8. 97. 1146

Benzler, Herm. (Wolfg.) (geb. Zoppot 13. 5. 1857): Die naevi als Ursprungsstätten melanotischer Geschwülste. Berlin (1880). (33 S.) 8°
Berlin, Med. Diss. v. 13. Febr. 1880

Benzler
— **Herm. Heinr.** (Lemgo), De juribus mulierum in rerum argumentis obtinentibus. Disp. jur. Giessen (Eb. H. Lammers) 29. XII. 1738. 51 S. (5.—) 2107

Benzler, Hermann Wolfgang, s. Benzler, Hermann

Benzler, Johann Lorenz, s. Auszüge d. engl. Zuschauers...

— s. Baurenfreund, Der, in Niedersachsen.

— s. Dionysius v. Halle: Alterthümer.

— s. Fabeln für Kinder.

— s.a. Finanzwesen.

Finanzwesen (Ueber das) eines hinterlassenen Werkes des Pet. Andreas ... Aus dem Französischen (von Jh. Lor. Benzler). Mit 2 Kpf. 8°. Leipzig, Weidmann, 1780.

— s. Gesch. d. n. Weltbegebenheiten.

— s. Harwood: Gedanken.

Benzler, J. L., Poetical library being a Collect. of the best modern english Poems. 2 Vol. 8. Leipzig, Böhme. 786. 787.

Benzler, Jh. Lor., († d 3. April 1817.) Poetical library being a collection of the best modern english Poems. 2 Voll. 8. Leipz. 786. 87. (Cnobloch). 1 ₰ 8 gr

— s. Reichthum v. Holland.

— s. Julia de Roubigne.

— s. Secker, Th.: Predigten.

— s. Sterne, Lor.: Reisen.

— s. Untersuchungen üb. d. Ursprung ...

— s. Velthusen, J. C.: Authenticität.

— s. Vorzüge d. Adels.

— s. Welt- u. Menschengesch., Neue.

— s. Weltmann, Der.

Benzler, Joh. Lor. (Hrsg.), s. Wochenblatt, Niedersächsisches, für Kinder.

Benzler, Max (geb. Ilsenburg [21. 7. 1846]): Thesen. Berlin (1870). (2 Bl.) 8°
Berlin, Med. Thes. v. 1. Aug. 1870

Benzler, Willibrord, Metzer Hirtenbrief u. Evangelischer Bund. Ein Wort der Aufklärg. f. Katholiken u. Nichtkatholiken. (43 S.) gr. 8. Trier 909. Paulinus-Druckerei. — (50)

Benzmann, Hans: Die soz. Ballade in Deutschland. Typen, Stilarten u. Gesch. d. soz. Ballade. (5, 123) 8° Münch., CH Beck '12. 2.80 d

Benzmann, Hans, eine Evangelienharmonie. Mit Holzschn. v. Dürer, Lucas Cranach d. ä., Altdorfer u. Burgkmair. (245 S.) 8. Leipzig 909. F. Eckardt. Kart. 4.50: Luxusausg., geb. in Ldr. 12. —

Benzmann, H, im Frühlingssturm! Erlebtes u. Erträumtes. 8° (200) Grossenh. 94, Baumert & R. 2 —; geb. 3 —

Benzmann, Hans, meine Heide, s.: Hesse's, Max, Volksbücherei.

Benzmann, Hans (Hrsg.), s. H o f f m a n n von Fallersleben

— Detlev v. Liliencron, s.a. Hesse's Volksbücherei 745. 46.

— dasselbe. s.a. Liliencron, Detlev v., zehn ausgewählte Novellen.

Detlev von Liliencron v. Hans Benzmann. Mit 1 Bildnisse. Leipzig. [1909.] 8° Angeb. an: Zehn ausgewählte Novellen v. Detlev von Liliencron. ebd. [1909.]
(Max Hesse's Volks-Bücherei. Nr. 148: Moderne Lyriker. 1.)

— Moderne deut. Lyrik, s.a. Universal-Bibliothek 4511—15.

Moderne Deutsche Lyrik. Mit e. litterargeschichtl. Einl. u. biogr. Notizen hrsg. von H a n s Benzmann. *Leipzig: Ph. Reclam jun. (1903).* (592 S.) 8° [F.]
(Universal-Bibliothek. 4511–15.) (04. 7146

Benzmann, Hans, Sommersonnenglück. Neue Gedichte. M. Umschlagszeichng. v. Emil Orlik u. 7 Zierleisten v. Hans Heise. 8. (175 S.) Berlin 898. Schuster & Loeffler. 3. —

Das Zeitalter der Romantik (1800–1820) nebst e. Anh. Die Freiheitskriege u. d. Reaktion im Liede d. Zeit. Eine Samml. von Hans Benzmann. München & Leipzig: G. Müller 1908. XXVI, 623 S. 8°
[Umschlagt.:] Deutschlands Lyrik. Eine Samml. v. Hans Benzmann. Das Zeitalter d. Romantik. [11. 11079 11

Benzo von Alba, s. Lehmgrübner, Hugo.

Benzon, s. F i s c h e r - B e n z o n , Rudolf

Benzon, Otto, Surrogat, s. Universal-Bibliothek Nr. 1787.

Benzon, S.

Feier-Gesang am Geburtsfeste unsers Allerdurchlauchtigsten Landesvaters, Grossherzogs von Hessen und bei Rhein Ludewig, von F[riedr.] Grosch, in Musik gesetzt von S. Benzon; gesungen in d. g.·. u.·. v.·. □.·. zu den vereinigten Freunden im Or.·. von Mainz am 13 T.·. d.·. 4ten M.·. d.·. w.·. L.·. 5818. Mainz [1818]: v. Zabern. 4 Bl. 8⁰ [Umschlagtit.]
Ohne Noten: „Laut jubelt ihr Brüder dem schönsten der Feste, . . .“

BENZUR, JOSEPH: Was hat der Regent für ein Recht über Päbstliche Bullen? näher beantwortet, und aus dem Ungarischen Staats- und Kirchen-Recht erläutert. Wien 1792: Sebast. Hartl. 55 S. - 8°

Beobachter. s.a.
Bürgerzeitung und Illinois Staatszeitung. Chicago, IL

Beobachter: Der Beobachter (Zh) s.a.
Wöchentliche Nachrichten Schweizerischer Neuheiten.

Beobachter, Der, s.a. L ' O b s e r v a t e u r

Beobachter, d., e. period. Schrift f. Denker. 3 Stcke, mit Kpf. 8. Petersb. 781–83. (Cnobloch in Leipz.) 20 ℛ

Beobachter, der, eine periodische Schrift für Denker. m. K. 3 St. 8. Petersb. Logan. (Böhme in Leipzig). 781—83.

— der, e. Wochenschr. polit. rc. Inhalts, (v. Th. Fr. Ehrmann). (Mit Beitrr. v. Mar. Ehrmann). Mit Kpf., 24 Stcke. 8. Stuttg. 788, 89. (Wienbrack in Leipz.) 5 ℛ 8 ℊ

— der, eine Wochenschr. politisch. rc. Inhalts. m. K. 24 St. 8. Stuttg. Gräff. 789—90.

Beobachter, Der. – Köln: 22.V.1800 – 31.VIII. 1809.
Vorh. u.d. T.: B e o b a c h t e r , Der im Ruhrdepartement.
Fortges. u.d.T.: B e o b a c h t e r , Der./L'Observateur. – Köln.

Beobachter: Der Beobachter (Be I)
① Herausgegeben von einer Gesellschaft Gelehrter ② Der Schweizerische Beobachter (Titel der 4-Monatsbände) ③ Helvetische Monathsschrift ⑤ Probe-Nr. 1806; 1807, 1809 ⑥ 8° ⑦ in 2 Monaten 3× (1807), Monatsblatt (1809) ⑧ Bern: Typographische Gesellschaft ⑩ Dr. Albrecht Höpfner, in Verbindung mit Emanuel Fellenberg zu Hofwil und der Ökonomischen Gesellschaft in Bern ⑪ Dr. Albrecht Höpfner ⑫ Mittelpartei der Republikaner. Die »politische Chronik« Höpfners wird im zweiten Jahrgang aufgegeben ⑬ Vorrede »Der Beobachter« II. Jg. 1809, 1. Bd.; Klages (Zeitschriften) Nr. 52 ⑭ Bs: U; Zh: Z; Lu: Z.

Beobachter, Der / L'Observateur. – Köln: 2.IX.1809 - 7.IX.1809.
Vorh. u.d. T.: B e o b a c h t e r , Der. – Köln.
Fortges. u.d. T.: L ' O b s e r v a t e u r / Der Beobachter. – Köln.

Beobachter, Der. – Pforzheim: 1.III.1832 – 31.XII.1843.
Vorh. u.d. T.: W o c h e n b l a t t , Pforzheimer.
Fortges. u.d. T.: B e o b a c h t e r , Der Pforzheimer.

Beobachter, Der. – Stuttgart: 1.I.1833 - 30.IX.1920.
Vorh. u.d. T.: H o c h w ä c h t e r , Der.

Beobachter. – München: 1.I.1834 - 29.VI.1834.
Vorh. u.d. T.: B e o b a c h t e r , Bayerischer.

Beobachter, der. Ein Volksblatt. Red.: Wilh. Calberla. 1–7. Jahrg. 1844–50. à 104 Nrn. gr. 4. (½ B.) Oldenburg, Stalling. à n. 2⅔ ℛ — 8. u. 9. Jahrg. 1851 u. 1852. à 104 Nrn. gr. 4. (½ B.) Ebd. à n. 2 ℛ (Die Jahrgge. 1—7 sind vergriffen.)

Beobachter, der. Ein Volksblatt. Redakt.: Wilh. Calberla. (7. und 8.) Jahrg. 1850 und 1851. à 104 Nrn. (½ Bog.) gr. 4. Oldenburg, Stalling. [Jahrg. 1850. * 2 Thlr. 20 Ngr., 1851. * 2 Thlr.]

Beobachter, Der. – Oldenburg: 1.X.1844 - 23.V.1856.

Beobachter, Der —. Allgemeiner Stadt- und Landkalender für alle Bewohner des österreichischen Kaiserstaates, auf das Jahr der christlichen Zeitrechnung 1856, welches ein Schaltjahr von 366 Tagen ist. Temesvár. 1855. Verlag und Druck von Markus Hazay und Sohn Wilhelm. (64 S. 6 Bl. 4.)

Der Beobachter: 1856 1867?
Weekly. Editor and publisher: Wilhelm C. Scheulter. Place of publication varies: Preston, Ontario (Prestoner Beobachter. Publisher: Wilhelm Schbiter)
Toronto, Ont.

Der Beobachter: Jahrgang 1 -2, no. 2, Mar. 22, 1860--Apr. 18, 1861. Easton, PA
Weekly. Published in German, but several issues, page 4, contain a little text in English. Small folio, each issue 4 pages. Edited by Friedrich W. Müller, Mar. 22--Oct. 4, 1860; by William H. Seip, Oct. 13, 1860--Apr. 18, 1861. Published by William H. & A. N. Seip, Mar. 22--Sept. 6, 1860; by William H. Seip, Sept. 13, 1860--Apr. 18, 1861.

Beobachter, der. Tages-Chronik d. 3. allg. deut. Turnfestes. Hrsg. v. FW Ebeling. 1863. 9 Nrn. (74) 4. Lpzg, G Poenicke. n. — 1ℛ

Beobachter, der. Tages-Chronik des 3. allgemeinen deutschen Turnfestes. Herausg. von Frdr. W. Ebeling. 1863. 9 Nrn. Leipzig, Schulbuchhdlg. gr. 4. (74 S.) n. 15 ngr

Der Beobachter: 1874? --1875? Newark, NJ
Sunday edition of Newarker Post.

Der Beobachter: 1879? - 1890? San Antonio, TX
Weekly, 1879?--83; weekly, 1884--87; daily, 1888; weekly, 1889--90. Independent Democratic. For weekly edition, see Wöchentlicher Beobachter. Circulation: 1885, 400. Edited by Ludolph F. Lafrentz, 1879--90 (with Schott, 1882); published by Beobachter Publishing Co., 1879--84; by Ludolph F. Lafrentz, 1885--86; by Lafrentz & Wesenberg, 1887--90. Lafrentz was an unusual Texas-German literary figure who was known all over the state. In 1895 he started the Deutsch-Texanische Monatshefte, which continued to appear until 1909.

Der Beobachter: 1879--1902? Egg Harbor, NJ
Weekly. Independent, 1879--86; Democratic, 1887--1902. Circulation: 1890, 756; 1900, 450. Edited & published by Wilhelm Müller, 1879--1902 [with firm name, Beobachter Publishing Co., 1880--82].

Der Beobachter: 1884? - 1895? Lancaster, PA
Weekly. Circulation: 1887, 250; 1895, 200. Edited & published by John B. Rosenberger, 1884--92; by Robert A. Shepherd, 1893--95.

Der Beobachter : 1885t--1887t Holyoke, MA
Weekly. Edited & published by W. F. Kreimendahl, jr., 1885--87.

Beobachter, Der. – Leipzig : 1887.
Vorh. u.d. T.: V o l k s b l a t t , Leipziger.
Fortges. u.d. T.: L a n d t a g s w ä h l e r , Der.

Der Beobachter : 1888—t Boston, MA
Weekly. Circulation: 1888, 350.

Der Beobachter: 1. Jahrgang, 1890 -1917? Curitiba (Parana)
Semi weekly; then tri-weekly. Published by Anton and Arthur Schneider.

Beobachter, Der. – Chemnitz: 10.X.1891 – 30.III. 1899.
Vorh. u.d.T.: B e o b a c h t e r , Erzgebirgischer.

Der Beobachter : 1894t--1896t Hellertown, PA
Weekly. Edited & published by Harvey D. Laubach.

Der Beobachter : 1901t—1903t Little Fals, MN
Independent weekly. Circulation: 1902—600. Published by Mrs. John P. Mueller, 1902; by Mueller Bros., 1903.

„Beobachter". Ab 1905 in Jekaterinoslaw erschienen

Beobachter, allgemeiner, Stadt- und Landkalender f. 1861. 8. Jahrg. 8. (63 S.) Temesvar, Hazay & Sohn. 35 kr.

Allgemeiner Beobachter : 1875t Hamilton, OH
Weekly. Edited & published by A. & E. A. Uttrich.

Beobachter, Allgemeiner. – Essen: 1884 - 31. XII. 1914.

Beobachter, Allgemeiner (Gelsenkirchener Anzeiger). – Gelsenkirchen : 1901-1902.

Beobachter, Allgemeiner. Halbmonatsschr. f. alle Fragen des modernen Lebens. Verantwortl.: Willy Richter; seit 2. J. Hrsg.: Hugo Erdmann. 1. u. 2. J. Mai '11—Apr. '13 je 24 Nrn. (2. J., Nr 1: 16) Lex8° Hambg, Verl. Allg. Beobachter. viertelj. 1 —; einz. Nrn — 20 d

Beobachter an der Alster. – Hamburg : 1816-19.XII.1817.
Fortges. u.d. T.: B e o b a c h t e r , Der Hamburger.

Amerikanischer Beobachter : Band 1--3, Sept. 9, 1808--Aug. 29, 1811. Philadelphia, PA
Weekly. Sub-title: Dem Handel und Landbau gewidmet. Edited & published by Conrad Zentler.

Beobachter, Badischer. – Karlsruhe : 2.VI.1863 – 31.XII.1935.
Vorh. u.d.T.: A n z e i g e r , Karlsruher.

Beobachter, Bamberger. – Bamberg: 3.I.1843 - 31. XII. 1844.

Beobachter: Der Beobachter aus Baselland
④ Wochenzeitung aus Baselland (?) ⑤ 1. 1. 1865—1867 ⑦ wöchentlich 2× ⑧ Frenkendorf: Johann Rudolf Förster ⑮ v. Werbe-Inserat im «Baselbieter». 17. 9. 1865 und Hans Joneli: Zur Geschichte des basellandschaftlichen Zeitungswesen. «Der Rauracher» 1946, p. 1—6.

Beobachter, Der Bayerische. – München : 1899-1901.

Beobachter, Bayerischer. – München: 15.V.1829 - 31.XII.1833.
Fortges. u.d. T.: B e o b a c h t e r . – München.

— Berliner. Stadt-, Gemeinde- und Bezirks-Blatt. Hrsg. und redig. von H. Maron. Jahrg. 1868. Juli bis Decbr. 26 Nrn. (Bog.) gr. 4. Berlin, (Th. Grieben.) Vierteljährlich *

Beobachter, Berliner. – Berlin: 1906 - 1907.

— Berliner kritischer, auf dem Jugend- u. Volksschriftenmarkte. Organ der Jugend- u. Volksschriften-Kommission des kathol. Lehrerverbandes Brandenburg-Pommern. Red.: Hans Neunert. 2. Jahrg. 1906. 12 Nrn. (64 S.) 8. Berlin, B. Pötschki. n. 1. 20

— Berliner kritisch., auf d. Jugend- u. Volksschriftenmarkte. Organ der Jugend- u. Volksschriften-Kommission des kathol. Lehrerverbandes Brandenb.-Pommern. Mit: Nachrichten-Blatt. Veröffentlichung der Bekanntmachgn. des „Kath. Lehrerverbandes d. deutsch. Reiches" u. der Provinzialverbände. Red.: Hans Neunert. 3. u. 4. Jahrg. 1907 u. 1908 à 12 Nrn. (à ca. 4 S.) 32×24 cm. Berlin (N.O., Schivelbeiner Str. 8), Lehrer H. Neunert. Erscheint nicht mehr. à Jhrg. 2. —

Beobachter, Der, oder Casseler Blätter. – Kassel: 1835 - 1838.
Vorh. u. d. T.: B l ä t t e r , Cassel'sche , für Geist und Herz.

Beobachter, Breisgauer. – Freiburg : 1848-1852.
Vorh. u. d. T.: W o c h e n b l a t t , Breisgauer.
Fortges. u. d. T.: Z e i t u n g , Breisgauer.

— Bremischer. 1. Jahrg. 1849. 52 Nrn. Fol. (B.) Bremen, Schlodtmann. n. 2½ Thlr.

Beobachter, Bremischer. – Bremen : 1852.

Canadischer Beobacher: 1848- ? Preston, Ont.
Founded and edited by Martin Rudolf.

Beobachter, der charlottenburger. Monatsschrift hrsg. v. A. Hopf. (1. Jahrg. 1840.) 12 Hfte. 8. Charlottenburg 840, Bauer.

Beobachter, Chemnitzer. – Chemnitz: 21.X.1878 – 16.XI.1878.
Vorh. u.d.T.: P r e s s e , Chemnitzer Freie.

Der c h r i s t l i c h e Beobachter, s.a. B e o b a c h t e r , Christlicher.

Der Christliche Beobachter : 1848t--t New Berlin, PA

Der c h r i s t l i c h e Beobachter, oder Wächter Jerusalems.
— d. christl., oder Wächter Jerusalems. 1r Jahrg. 3 Hefte. gr. 8. Basel 816. Sattler in Stuttg. 818. 1 Thlr. 16 Gr. (Dresd., Walther). 18, 24 H. 16 Gr.

Beobachter, Christlicher.
Beobachter, der christl., redig. v. S. Richter, Appia, Zimmer, Bonnet u. Glöckler. 1—3. Jahrg. 1836. Juli—Dec. 1837 u. J. 1838. Roy.-4. Frankfurt a. M. [Halle, Kersten.] [1. (14 Nrn.) * 5/12 Thlr., 2. u. 3. (à 28 Nrn.) à * 5/6 Thlr.] *

— der christliche, redig. v. Pfarrer Richter in Praunheim. 1r Jahrg. 1836. Juli—Dec. 14 Numm., u. Jahrg. 1837 u. 1838 à 26 Numm. Roy.-4. Frankf. a. M. 836. Schmerber. (1836 n. 7 Gr., 1837 u. 38 à n. 7/12 Thlr.) 1 Thlr. 11 Gr.

—— christlicher. Redakt.: Richter. (12.) Jahrg. 1847. 52 Nrn. (½ Bog.) 4. Frankfurt a. M., Zimmer'sche Buchh. *

Beobachter, Der d e u t s c h e . –
Hamburg (1814: Bremen) 11. IV. 1813 - 24. IX. 1819.

Der Deutsche Beobachter: Jahrgang 1, no. 1, April 16, 1853 - July 16, 1853.
Printed on a Portuguese press. Editors: B. Goldschmidt and F.G. Busch.
Rio de Janeiro (Guanabara)

Der Deutsche Beobachter : May 1869—1911t New Philadelphia
Democratic weekly; supported Tilden. Circulation: 1875, 850; 1880, 900; 1890, 1008; 1900, 1056; 1910, 960. Edited & published by Walter & Minnig, 1869—83; by Samuel R. Minnig, 1884—88; edited by Samuel R. Minnig, & published by Beobachter Publishing Co., 1889—1911.

Der Deutsche Beobachter. Cincinnati, OH
Weekly.
KHi: June 20, 1888—Jan. 1889.

Der Deutsche Beobachter von Indiana : 1843. Fort Wayne, WI

— deutscher, ein Zeitblatt, herausg. v. G. Liesching. 1r Jahrg. Sept. 1822 — Juni 1823. gr. 4. Heidelb., (Winter). 4 Thlr.

Beobachter, Teutscher. – Stuttgart : 1822-1823.

Beobachter, Deutscher. – Stuttgart : 1822-1882.

Deutscher Beobachter : Jan. 1879—Oct. 12, 1917. West Bend, WI
Weekly. Democratic, 1880–97; Independent Democratic, 1898–1901; Repub., 1902—18. Circulation: 1881, 400; 1890, 612; 1900, 832; 1905, 881; 1910, 700; 1915, 702. Edited & published by William F. Weber, 1880–87; edited by Walter Wittmann, 1888–91; by Arthur Franckenberg, 1892–1902; by Joseph F. Huber, 1903; by Carl M. Quickert, 1904–18; published by Washington County Publishing Association, 1888—1918. Title varies: West Bend Beobachter.

Beobachter, der, f. Deutschland. Gesellschafter zu Hause u. auf der Reise. Red. v. H. O. Leuschner. 1. Jahrg. 52 Hfte. (2 B.) gr. 4. Magdeburg 880. Leuschner. à — 10

Beobachter, Dürkheimer. – Dürkheim : 1887 - 1923.
Vorh. u. d. T.: Anzeiger, Dürkheimer.

Dutchtowner Beobachter : 1875? Brooklyn, NY
Monthly. Published in English and German. Edited & published by Karcher & Tregaskis.

Beobachter am Egg Harbor River : 1858—? Egg Harbor, NY
Edited & published by Louis Bullinger.

Beobachter, der, an der Elbe, eine Monatsschrift von Lehmann. 11 Jahrgänge. 8. Zerbst, Füchsel. 800 — 810. (à 2 Thlr.). Rthlr.

Beobachter, der, an d. Elbe, eine Monatsschrift, herausgeg. v. H. L. Lehmann. 12r Jahrg. 8. Zerbst, Füchsel. 811.

— d., an d. Elbe, e. Monatsschrift v. H. L. Lehmann. 12 Jahrgg. 8. Zerbst 800—11. (Kummer). à J. 2 ℳ

Beobachter, Der. an der Elbe. Wochenblatt. – Hamburg : 1865.

Beobachter, der, an der Elbe. Unterhaltungsblätter für Jedermann. Redact.: Otto Freitag. 1. Jahrg. 1874. 52 Nrn. (Bog.) 4. Dresden, Münchmeyer. *

Beobachter, der, an der Elbe. Unterhaltungsblätter für Jedermann. Redig. von Otto Freitag. 2. Jahrg. 1875. 52 Nrn. (à 2 Bg.) gr. 4. Dresden, Münchmeyer. *
Nicht weiter erschienen.

Beobachter, Erzgebirgischer. – Chemnitz: 4.VIII.1886 - 9.X.1891.
Fortges. u.d.T.: Beobachter, Der. – Chemnitz.

— der europäische, s.a. Berat.

— d. Europäische, herausg. v. J. A. Bergk. 1r Jahrg. f. 1808. gr. 4. Leipz., (Gr. Fleischer). 6 ℳ

Beobachter, Frankfurter. – Frankfurt: 1. IV. 1867 - 10. IX. 1888.

Beobachter, Freier. – Fürth: 1875-1902.

Der Freisinnige Beobachter : June 1838—1840? Baltimore, MD
Weekly. Continued as Der Bürgerfreund. Edited & published by Lorenz Schwarz.

Beobachter, graphischer. Zeitschrift f. die Praxis der Druckgewerbe. Red.: Frdr. Bauer. 1.—3. Bd. 1892 - 1894. à 24 Hfte. Lex.-8. (à Hft. ca. 20 Sp.) Leipzig, R. Härtel. à Jahrg. n. 5. —

Beobachter, graphischer. Zeitschrift f. d. Praxis d. Druckgewerbe. Red.: Frdr. Bauer. 4. u. 5. Bd. 1895 u. 1896. à 24 Hfte. (à 12 S. m. Fig.) Lex.-8. Leipzig, Graphischer Beobachter. à Jahrg. n.n. 5. —
Auch die früheren Bände sind jetzt von obigem Verleger zu beziehen, doch sind der 1., 3. u. 4. Bd. vergriffen.

— dasselbe m. d. Beilage: Motive f. d. Accidenz-Satz. 6. u. 7. Bd. 1897 u. 1898. 24 Hfte. (à ca. 12 S. m. Abb. u. Taf.) 4. Ebd. à Jahrg. n n. 5. —
Kann auch vierteljährlich bezogen werden.

Beobachter, graphischer. Zeitschrift f. d. Praxis d. Druck-Gewerbe, m. der Bilage: Motive f. den Accidenz-Satz. Red.: Siegb. Schnurpfeil. 8.—11. Bd. 1899—1902. à 24 Hfte. 4. (à ca. 20 S. m. Abbildgn. u. Taf.) Leipzig, Verlag des Graph. Beobachters. à Jahrg. n.n. 5. —; m. Zustellgebühr n.n. 5. 60

Beobachter, graphischer. Zeitschrift f. die Druck-Gewerbe, m. der Beilage: Motive f. den Akzidenz-Satz. Red.: Adf. Crackow. 12.—15. Jahrg. 1903—1906 à 12 Hfte. (à Jhrg. 96 S. m. 60 Taf.) 4. Leipzig, S. Schnurpfeil. à Jhrg. n. 8. —
Die Jhrgg. 12 u. 13 sind noch v. J. Paul redig.

Beobachter, graphischer. Zeitschrift f. die Druck-Gewerbe u. graph. Künste. Mit der Beilage: Motive f. den Akzidenz-Satz. Red.: Adf. Crackow. 16. Jahrg. 1907. 12 Hefte. (à ca. 8 S. m. Taf.) 31×23,5 cm. Leipzig, Verlag des graph. Beobachters. 8. —

Beobachter, Der Hamburger. – Hamburg: 20.XII. 1817 - 30.III.1852.
Vorh. u.d.T.: Beobachter an der Alster.
Fortges. u.d. T.: Morgenzeitung. - Hamburg.

Beobachter, der Hamburger, und das Archiv für Wissenschaften u. Künste. (1r—19r Jahrg. 1816—37.) 20r u. 21r J. 1836 u. 37. Herausg. von Fr. Mencke. à 52 Numm. gr. 4. Hamburg, Verfasser. (Herold.) à Jahrg. n. 3 1/3 ℳ

— der Hamburger, u. das Archiv f. Wissenschaften u. Künste. Redig. u. hrsg. v. Fr. Menck. 1—26. Jahrg. 1817—42. à 52 Nrn. (Bog.). gr. Fol. Hamburg, (Herold'sche Buchh.; Kittler.) [1—25. J. à * 3⅓ Thlr., 26. J. * 3⅚ Thlr.] *

— der hamburger, und das Archiv für Wissenschaften u. Künste. Red. v. Fr. Menck. 27—29. Jahrg. 1843—45. à 52 Numm. (Bog.) Fol. (Hamburg, Heroldsche Buchh.; Nestler u. Melle ꝛc.) à J. *
1—26. Jahrg. Ebendas. 1817—42. * 87 Thlr. 5 Ngr.

— der hamburger, und das Archiv für Wissenschaften und Künste. Redakt.: Fr. Menck. 30—35. Jahrg. 1846—51. à 52 Nrn. (Bog.) gr. Fol. Hamburg, (Heroldsche Buchh.) à J. *

Beobachter, der hamburger, und das Archiv für Wissenschaften und Künste. Redig. und hrsg. von Fr. Menck. 36. Jahrg. 1852. 104 Nrn. (Bog.) gr. Fol. Hamburg, Kittler. *

Hamburger Beobachter: 1849? - ? New Hamburg, Ont.
Weekly. Editor: Martin Rudolph.

Hamburger Beobachter : Apr. 1852?—? Waterloo, OH
Weekly. Edited & published by M. Rudolph.

Der Beobachter der Herren-Moden, s. Der Beobachter deutscher, französischer und englischer Herrenmoden.

Der Beobachter deutscher, französischer und englischer Herrenmoden. Jahrgang 1856—1857. 1860—1880. 1890—1895. Selbstverlag der Herausgeber. Müller, Klemm & Schmidt. 1856—1895.
Mit Abb. u. kol. Modekupfern. gr 2°.
1. Jg. 1855 u. d. T.: Der Beobachter der Herrenmoden.
1856—64: Der Beobachter franz., deutsch. und engl. Herrenmoden.
1865—1903: Der Beobachter deutscher, französischer und englischer Herrenmoden.
1890 ff.: Herausgegeben und verlegt von der Expedition der Europäischen Modenzeitung (Klemm & Weiss) in Dresden.
Laufend bis 1937 erschienen.

— der, französischer, deutscher und englischer Herrenmoden. Eine techn. Zeitschrift für Herren-Kleidermacher. Hrsg.: F. A. Starke. F. Zieger. P. Huber. 1. Jahrg. 1856. 12 Nrn. (à 1 Bog. mit 1 Modekpfr. und 1 lithogr. Bog. Patronen.) Imp.-Fol. Leipzig 856, Expedition.

Beobachter, der, französischer, deutscher und englischer Herrenmoden. Eine technische Zeitschrift für Herren-Kleidermacher. Herausgeber: F. A. Starke, F. Zieger, P. Huber. 1. Jahrg. 1856. 12 Nrn. (à 1 Bgn. m. 1 col. Modekpfr. u. 1 lith. Musterbgn.) Leipzig. (O. Klemm.) gr. Fol. n. 3 ℳ

— — Red.: F. A. Starke und F. Zieger. 2. u. 3. Jahrg. 1857 u. 58. à 12 Nrn. (à 1 Bgn. m. 1 color. Modekpfr. u. 1 lith. Musterbgn.) Leipzig. (O. Klemm.) Fol. Jeder Jahrg. n. 3 ℳ

Beobachter, der, französischer, deutscher und englischer Herrenmoden. Eine technische Zeitschrift für Herren-Kleidermacher. Redig. von F. A. Starke und F. Zieger. 3—6. Jahrg. 1858—61. à Jahrg. 12 Nrn. (Bog. mit ill. Modekpfr. und lithogr. Schnitt-Taf.) gr. Fol. Leipzig, Expedition. à Jahrg. * *
Ausgabe mit 2 ill. Modekpfrn. à Jahrg. * *

— — Technisches Zweig-Organ der europäischen Moden-Akademie. Red.: G. A. Müller, H. Klemm und F. A. Schmidt. 7—9. Jahrg. 1862—64. à 12 Nrn. (à 1 Bgn. m. 1 color. Modekpfr. u. 1 lith. Schnitttaf.) Dresden, Exped. d. europ. Modenzeitg. gr. Fol. Jeder Jahrg. n. 3 ℳ

Beobachter, der, deutscher, französischer u. englischer Herrenmoden. Zweites technisches Zweig-Organ der europ. Moden-Akademie. Red.: G. A. Müller, H. Klemm u. F. A. Schmidt. 10—15. Jahrg. 1865—70. à 12 Nrn. (à 1 Bgn. mit 1 color. Modekpfr. u. lith. Schnitt-Taff.) Dresden, Exped. d. europ. Modenzeitung. Fol. Jeder Jahrg. n. 3 ℳ

— der, deutscher, französischer u. englischer Herrenmoden Zweites techn. Zweig-Organ der europ. Modenakademie unter Red. v. G. A. Müller, H. Klemm u. F. A. Schmidt unter Mitwirk. v. F. A. Starke u. F. Zieger, sowie besonders befähigter Fachmänner d. In- u. Auslandes. 16. u. 17. Jahrg. 1871 u. 1872. à 12 Nrn. (B. m. 1 kolor. Modenkupfer u. lith. Schnitt-Taf.) Fol. Dresden, Exped. d. europ. Modenzeitg. à Jahrg. n. 9. - -

-- dasselbe. 18--21. Jahrg. 1873—1876. à 12 Nrn. (B. m. color. Modekpfr. u. lith. Schnitt-Taf.) gr. Fol. Ebend. à Jahrg. n. 10. ---

— der, deutscher, französischer u. englischer Herrenmoden. Red.: H. Klemm. 22—27. Jahrg. 1877—1882. à 12 Nrn. (B. m. color. Modekpfrn. u. Schnittmustern.) gr. Fol. Dresden, Exped. der Europ. Modenzeitg. à Jahrg. n. 10.—

Beobachter, der, deutscher, französischer u. englischer Herrenmoden. Red.: H. Klemm. 28—31. Jahrg. 1883—1886. à 12 Nrn. (B. m. color. Modekpfrn. u. Schnittmustern.) gr. Fol. Dresden, Exped. d. Europ. Modenztg. à Jahrg. n. 10. —

Beobachter, der, deutscher, französisch. u. englisch. Herrenmoden. Red.: Aug. Strobel. 32.—35. Jahrg. 1887 bis 1890. à 12 Nrn. (B. m. color. Modekpfrn. u. Schnittmustern.) gr. Fol. Dresden, Exped. d. Europ. Modenzeitung. à Jahrg. n. 10.—

— der, deutscher, französischer u. englischer Herrenmoden. Red.: Aug. Strobel. 36.—39. Jahrg. 1891—1894. à 12 Nrn. (Bog. m. kolor. Modekupfern u. Schnittmustern.) gr. Fol. Dresden, Exped. d. Europ. Modenzeitung. à Jahrg. n. 10.—

Beobachter, der, deutscher, franz. u. engl. Herrenmoden. 41.—44. Jahrg. 1896—1899. à 12 Nrn. gr. Fol. (à Nr. ca. 10 S. m. Modekupf. u. Schnittmust.) Dresden, Exped. d. europ. Modenzeitg. à Jahrg. n. 10. —
Kann auch vierteljährlich bezogen werden.

-- der, deutscher, französischer u. englischer Herrenmoden. Red.: Rud. Tiesler. 45.—48. Jahrg. 1900—1903. à 12 Nrn. gr. Fol. (à ca. 12 S. m. Abbildgn., Modebildern, Reduktionsschemata u. Schnittmustern.) Dresden, Expedition der europ. Modenzeitg. à Jahrg. n. 10.—; vierteljährlich n. 2. 50

Beobachter, der, der Herren-Moden. Red.: Rud. Tiesler. 49.—51. Jahrg. 1904—1906. à 12 Nrn. (à ca. 8 u. 8 S. m. Abbildgn., Modebildern, Reduktionsschema u. Schnittmuster.) gr. 4. Dresden, Expedition der europ. Modenzeitg. à Jhrg. n. 10.—

— der, der Herren-Moden. Red.: Rud. Tiesler. 52.—55. Jahrg. 1907—1910 à 12 Nrn. (à ca. 8 u. 12 S. m. Abbildgn., Modebildern, Reduktionsschema u. Schnittmuster.) 39,5×27,5 cm. Nebst: Die Mode des Tages. Technische Modellsammlg. f. Herrenbekleidg. (4 Nrn.) (à ca. 16 S. m. Abbildgn.) Lex. 8. Dresden, Expedition der europ. Modenzeitg. à Jahrg. 10. —

— Der, d. Herren-Moden. Red. '10: Rud. Tiesler, '11: A Riedigor, '12: O Müller. 55—57. J. '10—12 je 12 Nrn. ('12 Nr 7: 8 u. 12 m. Abb., 1 farb. Modebild u. Schnittm.) 39,5 ×27 cm. Nebst: Die Mode d. Tages. Techn. Modellsammlg f. Herrenbekleidg je 4 Nrn. (Juli '12: 16 m. Abb.) Lex8° Dresd., Exp. d. europ. Modenzeitg. viertelj. 2.50

Der Beobachter französischer, deutscher und englischer Herrenmoden, s. Der Beobachter deutscher, französischer u. englischer Herrenmoden.

— der, des Herzens, d. Sitten u. des Geschmacks; e. Wochenschr., herausg. v. J. G. C. Nonne. 8. Jena 771.

—— der, in Hessen bei Rhein, e. Blatt f. Verfass., Verwalt. u. Volksleben in Hessen. 1. Jahrg. 1—8. Quart. April—Dec. 1832, u. Jan.—Nov. 1833. Fol. Darmstadt, Leske.

Beobachter, Hessischer. – Fulda: 21. XII. 1875 - 31. XII. 1879. Vorh. u. d. T.: Anzeiger, Fuldaer.

— der holländ. zum Dienst der Hist. 18 Stück. 4. Frankf.

Beobachter, Homburger. – Homburg : 1848-1849.

Der Beobachter am Hudson : Feb., 1847—Nov. 1919. New York, NY

Sunday edition of NEW YORKER HEROLD: MORGENBLATT. Continued as Sunday edition of NEW YORKER HEROLD. Title varies: DER BEOBACHTER AM HUDSON, 1847—78?; NEW YORKER REVUE UND BEOBACHTER AM HUDSON, 1879?—1893?; NEW YORKER REVUE, 1894?—1919. Circulation: 1870, 10,000 (est.); 1880, 23,900; 1890, 35,000; 1895, 58,172; 1900, 70,243; 1910, 71,590; 1917, 62,317.

Der Beobachter am Illinois Fluß : 1877—1878. Beardstown, JL

Weekly. Continued as DAS BEARDSTOWNER WOCHENBLATT. Edited by A. Schaberhorn, 1877—78; by Theodore Wilkins, 1878.

Der Beobachter aus Indiana : 1886, Seymour, JN

Weekly. Continued as DER BEOBACHTER AUS INDIANA (Jeffersonville, Ind.).

Der Beobachter aus Indiana : 1886—1905, Jeffersonville

Independent Democratic weekly. Continued from DER BEOBACHTER AUS INDIANA (Seymour, Ind.). Circulation: 1890, 550; 1900, 965; 1905, *1010*.
Edited & published by G. F. Engelhardt, 1886—97; by G. F. Engelhardt & Sons, 1898—1905.

Beobachter

—— industrieller. Zeitschrift für gewerbl. und hauswirthschaftl. Interessen. Redact.: W. Lauer. Jahrg. 1873. 12 Nrn. (2 Bog.) Fol. Königsberg i. Pr. (Leipzig, Schneider.) *

Beobachter, Karlsruher. – Karlsruhe : 1844-1848.

Beobachter, Leipziger. – Leipzig : 1878 (Nr. 1-8).

Der Liberale Beobachter und Berks, Montgomery und Schuylkill Caunties Allgemeine Zeitung : Jahrgang 1—25, no. 36, Sept. 10, 1839—May 3, 1864. Reading, PA

Weekly.

— der literar., ein Wochenblatt, herausg. von F. A. Rücher u. Fr. Gleich. 1822 — 23. 1r — 3r Bd. gr. 4. Leipzig, Hartmann.

— d. literar., ein Wochenblatt, herausg. v. F. A. Rüder u. Fr. Gleich. 1r—3r Bd. 1822—23. gr. 4. Leipz., (Lehnhold). 4 ₰

Beobachter: Der Beobachter der socialen Literatur

① Bibliographie und kritische Monats-Revue für die Literatur der Socialwissenschaften und die Proganda pro und contra Sozialismus ⑤ 20. 10. 1877—? ⑥ 8° ⑧ Zürich: Güttinger & Trüb ⑩ Buchhandlung J. Franz & Co. Zürich ⑪ J. Franz und Carl Moor ⑫ sozialdemokratisch ⑭ Zh: SSA.

— der, der socialen Literatur. Bibliographische u. krit. Monats-Revue f. die Literatur der Socialwissenschaften u. der Propaganda pro u. contra Socialismus. Red.: J. Franz u. Carl Moor. 1. Jahrg. 1877/78. 12 Nrn. (à 1½ B.) gr. 8. Zürich, Franz & Co. n. 2. —

Beobachter vom Lukmanier
v. Observatur sil Lucman.

Die Beobachter des thier. Magnetismus u. Somnambulismus. Straßb. 4°. A. D. B., LXXXIV, 426. 1787.

Beobachter am Main. – Aschaffenburg: 1. I. 1867 - 31. V. 1941.
Vorh. u. d. T.: Z e i t u n g , Neue Aschaffenburger.

Beobachter, Mannheimer. – Mannheim : 1884-1888.

Der Beobachter am Matthiasstrom: no. 1, Nov. 2, 1852 - 1853. Joinville(S anta Catarina)
Publisher and Editor: Carl Konstantin Knüppel. Publisher: Dr. Otto Doerffel; Luiz Niemeyer.

Der Beobachter von Michigan : 1855—1856. Chicago, IL
Supported Stephen A. Douglas. Continued as Arend-Zeitung. Edited & published by Committi & Becker.

Der Beobachter am Mississippi : Oct. 25—1856. Davenport, JA
Campaign paper. Title varies: Der Anzeiger am Mississippi. Continued as Der Beobachter am Mississippi (Rock Island, Ill.). Edited by Ernst Goeders, & published by Magnus Müller.

Der Beobachter am Mississippi : Sept. 12, 1889—1890. St. Paul, MN
Weekly.

Beobachter, Münchener. – München: 2.I.1887 - 31.XII.1919.

Beobachter, Münchener. – München : 1887-1920.

Der neue Beobachter von Berlin. Berliner Monats-Zeitung für alle Interessen und Stände. Red. Wilh. Unzelmann. Heft 5 bis 12 des 2. Jahrgangs (1848) u. 1 bis 3 des 3. Jahrg. (1849). 8.

Beobachter: Der neue deutsche Beobachter
⑮ Bei BGSZ: 12, p. 18 erwähnt. Wahrscheinlich handelt es sich um einen Irrtum. Die Zeitschrift heißt «Der neue deutsche Zuschauer». — v. dieses Stichwort!

—— der neue illustrirte, an der Elbe. Monatsblätter f. Jedermann u. jede Frau. Red.: Ed. Koch. (I.) Jahrg. 1846. (Juli—Decbr.) 6 Nrn. (à $\frac{1}{2}$—2 B. mit 1 Stahlst. vierteljährl.) gr. 4. Sudenburg-Magdeburg 846. [Schönebeck, Koch.]

Beobachter, neuer Berliner, redigirt von L. Herrmann. Jahrg. 1834. 104 Numm. gr. 8. Berlin 834. Curths. $1^2/_3$ rthl

Der Beobachter und Tägliche Neuigkeitsbote am Delaware : 1836—1837? Philadelphia, PA
Daily. Edited by Richtscheidt; then, by Krull. Published by Adolph Sage.

Beobachter, Niederrheinischer. – Düsseldorf: 1. VII. 1818 - 27. XII. 1828.

Unterhaltungsblatt zum N i e d e r r h e i n i s c h e n Beobachter. 1824 - 26. (Düsseldorf.)

— der, an d. Oder, (herausg. v. K. C. Nenke). 1r Bd. Nr. 1—26. 8. Bresl. 810. (Gosohorsky). 1 rthl 2 gr

BEOBACHTER, Der, an der Oder. (Hrsg. v. Carl Chp. N e n k e, † 28. Aug. 1811, 61 J. alt.) Bd. 1. (einz.). Breslau, E. G. Meyer. 1810. Gr. 8°.

Beobachter an der Oder. – Beuthen: 1848 - 1926.
Vorh. u. d. T.: A n z e i g e r für das Fürstentum Carolath Beuthen.

Beobachter, Offenbacher. – Offenbach : 1861-1862.

Beobachter am Ohio: 1843 ? Louisville, KY

Der Beobachter am Ohio : Jahrgang 1—12, Mar. 16, 1844—1856. Louisville, KY
Weekly, Mar. 16, 1844—1849?; (daily, 1849—?; then, semi-weekly? Democratic, with strongly radical leanings, when established. Phila. Demokrat, June 21, 1848, reports it "Demokratisch." Whig, Oct. 1852—55; Independent, 1855—56. Edited & published by Heinrich Beutel, Mar. 16, 1844—Oct. 1852; edited by Rudolf Scheit, 1851; by Ludwig Naphtali, Dembitz, Dec. 5, 1852—June 7, 1853; by C. Bürgeler, June 1853—Sept. 4, 1854; by Ludwig Stierlin & Frederick Hook, Oct. 1852—55?; by Anton Eickhoff, 1850—Oct. 1852? by Conrad Schroeder. Published by John J. Felker, Oct. 1852—1855; by Karl Dörn, 1855—56.

— der ornithologische. Monatsberichte f. Vogelkunde u. Vogelschutz. Hrsg. u. red. v. Carl Daut. 6. Jahrg. 1908. 12 Hefte (à ca. 16 S.) 8. Bern, G. Grunau. 4. —
Erscheint nicht mehr.

— der österreichische, s.a. F. Schlegel.

Beobachter, Der österreichische. Wien 1810. [1. Jahrgang.] H: *Schlegel, Carl Wilh. Friedrich von.* [1811—März 1848.] H: *Pilat, Jos. Ant. Edler von.* (MGT) (WBL)

— der österreichische, 1r—18r Jahrg. 1810—32. 4. Wien, (Schaumburg). à Jahrg. 9 rthl 12 gr

— der österreichische, 1r — 18r Jahrg. 1810 — 27. 4. Wien. (Schaumburg.) à Jahrg.

—— der österreichische, 19—25. Jahrg. 1828—34. 4. Wien, (Schaumburg u. Comp.) à

Beobachter, Österreichischer. – Wien : 1809-1848.
Fortges. u. d. T.: Z e i t u n g , Österreichische.

Beobachter: Östlicher Beobachter
⑮ Die von Richard (Zürcher Taschenbuch 1946) unter diesem Titel zitierte Zeitung, heißt «Der Beobachter aus der östlichen Schweiz». — v. dieses Stichwort!

Beobachter: Der pädagogische Beobachter für Eltern, Lehrer und Schulvorsteher
④ Zürcherischer Schulfreund (?) ⑤ 3. 1. 1835—24. 6. 1842 ⑥ 8° (1835—1835). vergrößert (1. 1. 1836). 4° (6. 1. 1837—24. 6. 1842). verkleinert (3. 1. 1840) ⑦ Wochenblatt ⑧ Zürich: Orell, Füßli & Kompagnie (3. 1. 1835—20. 12. 1839); Winterthur: Hegner (3. 1. 1840—24. 6. 1842) ⑩ Seminardirektor J. Thomas Scherr ⑪ Seminardirektor J. Thomas Scherr, Dr. Hans Scherr (1841 ?—24. 6. 1842) ⑫ liberal ⑭ Zh: Z ⑮ Seit 1840 Beilage des «Landboten».

Beobachter, der pädagogische, für Eltern, Lehrer u. Schulvorsteher. Red. v. Th. Scherr u. Hans Scherr. 8. Jahrg. 1842. 52 Nrn. (Bog.) gr. 4. Winterthur, Literar. Comptoir. Thlr.
Jahrg. 1—7 kamen nicht in den Buchhandel.

Beobachter: Pädagogischer Beobachter
① Organ der zürcher. Volksschule (20. 12. 1874—30. 12. 1876). Wochenblatt für Erziehung und Unterricht (5. 1. 1877—23. 12. 1881) ④ Schweizerische Lehrerzeitung ⑤ Probeblatt 20. 12. 1874; 3. 1. 1875—23. 12. 1881 ⑥ 4° ⑦ Wochenblatt ⑧ Winterthur: Bleuler-Hausheer & Cie. (20. 12. 1874—30. 12. 1876); Zürich: J. Schabelitz (5. 1. 1877—23. 12. 1881) ⑩ eine Kommission der zürcherischen Lehrerschaft ⑪ Lehrer Schneebeli, Zürich, Lehrer Utzinger, Neumünster, Lehrer Schönenberger, Unterstraß ⑫ radikal-demokratisch; für die Demokratisierung des Volksschulwesens und das eidgenössische Schulgesetz; Anschluß an die vom Landboten vertretene politische Richtung (radikal-demokratische Partei) ⑬ Statt eines Programms — zur Einleitung, «Pädagogischer Beobachter» 24. 12. 1874; Zum Jahresabschluß, «Pädagogischer Beobachter» Nr. 52, 26. 12. 1875; Abschiedswort, «Pädagogischer Beobachter» Nr. 52, 30. 12. 1881 ⑭ Zh: Z ⑮ Beilage zum «Landboten» (20. 12.1874—30. 12. 1876).

— pädagogischer. Wochenblatt für Erziehung u. Unterricht. Hrsg. v. einem Consortium der zürcher. Lehrerschaft. Red.-Komm.: Schneebeli, Utzinger u. Schönenberger. Neue Folge. 3—7. Jahrg. 1877—1881 à 52 Nrn. ($^1/_2$ B.) hoch 4. Zürich, Verlagsmagazin. n. 4. —

Der Beobachter am Passaic : 1875 — 1894? Newark, NY
Weekly. Independent, 1880—86; Republican, 1887—94. For supplement, see Sonntag-Morgen. Circulation: 1880, 1500; 1890, 1900. Edited & published by Jacob Schmidt, 1875—90; by E. T. Bussmann, 1891—94.

Beobachter, Der, an der Pegnitz. Bd. 1, Heft 1—3. Fürth 1806—1807. H: *Leuchs, Johann Georg.* (KY) (MGT) (NN)

— der, an d. Pegnitz. 3 Hefte, mit Kpf. 8. Fürth 806. Korn. 20 gr

Beobachter, Der Pforzheimer. – Pforzheim: 3.I.1844 - 15.I.1901.
Vorh. u.d. T.: B e o b a c h t e r , Der. – Pforzheim.
Fortges. u.d. T.: G e n e r a l - A n z e i g e r . – Pforzheim.

Der Pittsburger Beobachter : 1828?—1847? Pittsburgh, PA
Weekly. Merged with Der Adler des Westens. Subscription held by Harmony Society, 1833—34. Edited & published by Georg Dietz, 1828—?; by J. A. Etzler & J. G. Backofen; by J. A. Etzler.

Pittsburger Beobachter : 1880?--1923? **Pittsburgh, PA**

Daily, morning except Sunday, 1880 -1908; weekly, 1909--23. Strongly Democratic, Roman Catholic, 1880 -1923. For weekly edition, see WÖCHENTLICHER PITTSBURGER BEOBACHTER. For Sunday edition, see KATHOLISCHES SONNTAGSBLATT. Circulation: 1882, 2960; 1900, 5760; 1922, 8500. Edited by B. Ritter & G. A. Heilmann, 1880—83; by Bruno Ritter; by Bruno Ritter, 1884 - 1897?; published by German Press Co., 1880--97; edited & published by Charles J. Jaegle, 1898- 1903; edited by Matthias Winbauer, 1904--23 [by William Kohler, 1920--21]; published by German Catholic Press Co., 1904--08; by Volksfreund Printing Co. [Buffalo, N.Y.], 1909- 19; by Catholic American Publishing Co., 1920--23.

Pittsburger Beobachter : 1910?--? **Buffalo, NY**

Roman Catholic weekly. Place of publication varies: Pittsburgh, Pa. Organ of German Roman Catholic Orphan Asylum.

Prestoner Beobachter: 1856 1867 **Preston, Ont.**

R h e i n i s c h e r **Beobachter.** (Hrsg.: Theod. v. Haupt.) Nr. 1-157. Jan. - Juli 1819.
Düsseldorf.

Beobachter, Rheinischer. – Köln: 30. IX.1844 – 31.XII.1848.

Beobachter, Der im Ruhrdepartement. – Köln: 6.XI.1798 - 21.V.1800.
Fortges. u.d. T.: B e o b a c h t e r , Der. – Köln.

— der, an der Saale. Volksschrift zur Unterhaltung u. Belehrung, herausg. von J. J. M a u r e r. 1847. 12 Hfte. 12. Naumburg (Weißenfels, Sueß.) n. 1/2 ℛ

—— der, an der S a a l e, Schwarza und Ilm. Ein Unterhaltungs- und Anzeigeblatt für die Provinzialstädte der fürstl. schwarzburg. Oberherrschaft und deren Umgebung. Jahrg. 1857—59. à Jahrg. 52 Nrn. (Bog.) Fol. Rudolstadt, Froebel. à Jahrg. *

— der, an der Saale, Schwarza und Ilm. Ein Unterhaltungs- und Anzeigeblatt für die Provinzialstädte der Fürstl. Schwarzburg. Oberherrschaft und deren Umgebung. Jahrg. 1857 u. 58. à 52 Nrn. (à 1 Bgn.) Rudolstadt, Froebel. (Leipzig, Wagner.) Fol. Jeder Jahrg. n. 1 ℛ 10 ℊ

—— der, an der S a a l e, Schwarza und Ilm. Neue Folge. Nr. 1. gr. 8. (16 S.) Rudolstadt 866, Froebel. * *

Der Beobachter am Saginaw : 1870?—1872? **Saginaw, MI**

Weekly. Edited & published by Emanuel Kneisel, with associate editor Christian Friedrich Emich, Graf zu Solms-Wildenfels, 1871—72.

—— **Schwarzburg. N.F. Nr.1—5. 8. (78) Rudolst. 66. 67, Froebel.**
Vgl.: Beobachter, der, an der Saale. *n.* — 8

Beobachter: Der Beobachter aus der östlichen Schweiz

④ Eidgenössische Zeitung (Zh—Be) ⑤ 1838—31. 12. 1844 ⑥ 4° ⑦ wöchentlich 3×, wöchentlich 2× (ab 1834) ⑧ Frauenfeld: Christian Beyel (bis 27. 2. 1843); Zürich: J. J. Ulrich (ab 3. 3. 1843) ⑩ Ch. Beyel, Zürich und Frauenfeld (bis 27. 2. 1843), Ch. Beyel, Zürich (ab 3. 3. 1843) ⑪ J. C. Bluntschli und der Drucker ⑫ konservativ ⑬ Zürcher Taschenbuch 1946 (Richard) ⑭ Zh: Z; Ff: K; Lu: Z (1841—1844) ⑮ Nach Richard (ZT 1946, S. 33) war der «Beobachter aus der östlichen Schweiz» eine den Zürcher Verhältnissen angepaßte besondere Ausgabe der «Thurgauer Zeitung», die jeweilen in der Nacht durch einen Boten nach Zürich befördert und am Morgen dort verteilt wurde.

Beobachter: Der schweizerische Beobachter (Be)
s.a. **Der Beobachter** (Be).

— d. schweizerische, 2 Jahrgg. 1807 u. 8. 3 Bde. gr. 8. Bern, Typogr. Soc. 6 ℛ 16 ℊ

Beobachter: Schweizerischer Beobachter (Zh)

④ Der Vaterlandsfreund ⑤ 27. 6. 1828—24. 6. 1831 ⑥ 4° ⑦ Wochenblatt (27. 6. 1828—22. 10. 1830), wöchentlich 2× (26. 10. 1830—24. 6. 1831) ⑧ Zürich: Geßnersche Buchdruckerei (27. 6. 1828—22. 10. 1830), Orell, Füßli & Compagnie (26. 10. 1830—24. 6. 1831) ⑪ Heinrich Nüscheler; Mitarbeiter: Thomas Bornhauser, J. J. Heß, F. Ludwig Keller, Ferdinand Meyer, Eduard Pfyffer, Dr. Ludwig Snell (bis Oktober 1830), E. Sulzer, David Ulrich ⑫ liberal (bis Oktober 1830), liberal-konservativ (seit November 1830) ⑬ BGSZ: 777, 1111 (p. 391 — 394, 397, 401 — 202) ⑭ Be: L; Zh: Z; Lu: Z ⑮ Bei BGSZ 12, p. 95, irrtümlicherweise als «D e r schweizerische Beobachter» angeführt.

Beobachter: Schweizerischer Beobachter (Be)

② (v. sub 15) ③ Berner Zeitung (III) ④ Vaterland (Be) ⑤ Werbeprospekt im Dezember 1832; 5. 1. 1833—31. 12. 1850 (v. sub 15) ⑥ 4°, 2° (ab 1839) ⑦ wöchentlich 3× ⑧ Bern: C. A. Jenni ⑨ Gegenstände der Staatskunst (Politik), der Kirche, des Waffenstandes … oder sonst etwas. Wöchentliches Beiblatt. Ab 14. 10. 1834. Redigiert von Beat v. Lerber ⑩ C. A. Jenni ⑪ Adolf Flegler aus Darmstadt, Dr. Einiger ⑫ freisinnig ⑬ BGSZ: 190, 973; Münch: Studien zur Bernischen Presse 1830—1840, p. 25 ff. ⑭ Be: L, S, St; Lu: Z (1837/1838) ⑮ Lt. BGSZ 973 erschien das Blatt schon seit 1830, zuerst unter dem Titel «Der Beobachter». Der «Schweizerische Beobachter» verwarf die vermittelnde Tendenz der «Berner Zeitung» (III). Er wurde das Sprachrohr der zur politischen Mitarbeit am Staate bereiten und entschlossenen Bürger. Zu diesem städtischen Juste milieu gehörten Karl Ant. v. Lerber, Ldw. v. Jenner, Otth, Tscharner v. Kehrsatz u. a., darunter eine Reihe hervorragender nichtpatrizischer Bürger. — Unter den Mitarbeitern: Troxler, v. G. (wahrscheinlich Großrat v. Goumoens). — Literar. Beiträge von: Béranger, Glasbrenner, Georg Herwegh, Just. Kerner, Saphir, Zschokke. Nr. 64, 28. 5. 1842 bringt einen Beitrag aus den «Unpolitischen Liedern» von Hoffmann v. Fallersleben. — Zur Verhaftung von Dr. Einiger v. Nr. 127, 22. 10. 1846 f. — Die «Berner Zeitung» (V) nennt das Blatt in Nr. 100, 11. 4. 1850 das «Organ der nobeln und gebildeten Leuenpatrizier».

— der, an d. Spree, herausg. v. C. Aug. Wlh. Schmidt. Jahrg. 1802—31. 8. Berl., Schmidt. J. 1831. à 2 ℛ 4 ℊ J. 1832. Ebd. (Plahn). 2 ℛ 16 ℊ

—— der, an d. Spree. Hrsg. u. verlegt v. K. A. W. Schmidt. Jahrg. 1832. 52 Nrn. (Bog.) Mit Bign. 8. Berlin, (Plahn.)

—— der, an der S p r e e. Hrsg. von Carl Aug. Wilh. Schmidt. 47—51. Jahrg. 1848—52. à 52 Nrn. (Bog.) 8. Berlin, (Geelhaar. — Springer.) à Jahrg. * *

— der, an der Spree. Herausg. von K a r l A u g. W i l h. S c h m i d t. 52—57. Jahrg. 1853—58. à 52 Nrn. (à 2 Bgn.) Berlin. (Geelhaar. — Springer.) 8. Jeder Jahrg. nn. 2 ℛ

—— der, an der S p r e e. Hrsg. von Carl Aug. Wilh. Schmidt. 56—59. Jahrg. 1857—60. à Jahrg. 52 Nrn. (Bog. mit Beilagen.) 8. Berlin, (Geelhaar.) * *

— der, an der Spree. 58—63. Jahrg. 1859—64. à 52 Nrn. (à 1 Bgn. u. Beilagen.) Berlin, (E. Mecklenburg.) 8. Jeder Jahrg. nn. 2 ℛ

—— dass. — Redig. von H. Baeblich. 63.—65. Jahrg. 1864—1866. à Jahrg. 52 Nrn. (Bog.) Mit Beilagen. 8. Berlin, (E. Mecklenburg.) à Jahrg. *

—— dass. — Früher hrsg. von Alb. Wilh. Schmidt. Redig. von Klockow. 66. Jahrg. 1867. 52 Nrn. (Bog.) Mit Beilagen. 8. Ebendas. *

—— der, an der S p r e e. Redact.: W. Bernhardi. 67. Jahrg. 1868. 52 Nrn. (Bog.) Mit Beilagen. 4. Berlin, (Mecklenburg.) *

—— für alle S t ä n d e. Der Unterhalt., d. Bürgerwohl u. d. Intelligenz gewid. Redig. v. Schumann. 1. Jahrg. 1830. 65 Nrn. incl. Beil. u. der Extra-Beilage: Fremdwörterbuch. 8. Berlin, [Eichler.]

— für alle S t ä n d e. Der Unterhaltung, dem Bürgerwohl und der Intelligenz gewidmet. Redig. von Schumann. 1r Jahrg. 1836. 65 Numm. incl. Beil. u. Extra-Beil.: Fremdwörterb., wöchentlich 1 Bg. in gr. 8. 8. Berl. 836. Schumann. 2 ℛ

— der Ukermärkische. Eine Wochenschrift zur Belehrung u. Unterhaltung. 1r—3r Jahrg. 2 Bde. 4. Prenzlau 815—17. Ragoczy. à J. 2 ℛ

Der Unabhängige Beobachter : May 22, 1822– 1830? **Harrisburg, PA**

Weekly. Edited by E.W. Hütter; by Jacob Baab; by I. S. Wiestling.

—— der u n p a r t e i i s c h e. Ein Organ f. jüd. Culturinteressen. Hrsg. v. Arth. S. Weißmann. 1. Jahrg. Octbr. 1890 — Septbr. 1891. 24 Nrn. (Bog.) gr. 4. Wien, (Lippe). * 8 —

BEOBACHTER, D i e u n s i c h t b a r e n, oder M e n s c h u n d T e u f e l i n C o m p a g n i e. Für jetzige Zeiten lesbar. Glarus, Vetter Blech & Co. (Leipzig, Köhler) 1797. 8°. (14 ggr.) Rar! (2 Mk. 50 Pfg. Völiker, 1906.)

Der Beobachter am Wabash: Oct. 1858—? Lafayette, IN
Bockstahler reports that an association of immigrants began publication of this paper in Oct. 1858.

Der Beobachter am Wabash: 1858—1859. Terre Haute, IN
Weekly. Edited & published by G. Reinhardt.

Beobachter, Der, an der Warne. [1786.] V: *Lorenz, Gottlieb Fch.* (H. W. Bärensprung, Versuch einer Gesch. d. Theaters zu Mecklenburg-Schwerin 1837, S. 105) (BiblPort)

Der Beobachter des Westens: 1855—1870? Keokuk, IA
Weekly. Title varies: KEOKUK DEUTSCHE ZEITUNG; also as, KEOKUK TELEGRAPH, 1865—70. Subscription held by Harmony Society in 1857. Circulation: 1870, 1000 (est.). Edited & published by William Kopp, 1855—57; by Leopold Mader, 1857—58; by Christian Mueller, 1858; by Edmund Jaeger; by Charles Rottich [or, Rattick, or Rotteck]; by Jacob J. Wohlwend & Serth, 1862—65; by F. Rinker & Althaus, 1865—?; by Wohlwend & Althaus; by Emil Bischof, 1869—70.

Beobachter, Der westfälische. – Cleve: 1755 - 1756.

— der westphälische, eine Wochenschr. 1r Bd. 8. Cleve, Bötticher. 756.

Der Westliche Beobachter: Dec. 21? 1820—Apr. 1829. Canton, OH
Weekly. Title varies: 1) DER WESTLICHE BEOBACHTER, UND STARK, TUSCAWARAS, UND COLUMBIANA COUNTIES ANZEIGER, Dec. 21, 1820—?; 2) DER WESTLICHE BEOBACHTER, UND STARK UND WAYNE COUNTIES ANZEIGER; 3) continued as DER VATERLANDSFREUND. Has been cited as CANTON DEUTSCHE BEOBACHTER. Suspended for several months, Summer 1826. Edited & published by Eduard Schäffer, 1820—26; by Johann Sala, Sept. 1, 1826—1828; by Johann Sala & Salomon Sala, 1828; by Johann Sala, Salomon Sala, & Daniel Christian Lehmus, 1829. Bipartisan.

Der Westliche Beobachter: 1900?—1912? Auburn, NE
Weekly. Republican, 1900—04; Independent, 1905—12. Place of publication varies: South Auburn, 1912. Dated also at Falls City, 1912. Circulation: 1905, *1216;* 1910, 900; 1912, 1436. Edited & published by Henry Hector, 1900—04; by L. H. Rohmeyer, 1905; edited by L. H. Rohmeyer, & published by German-American Press, 1906—12.

Westlicher Beobachter: 1867—1869? Arago, NE
Weekly. Edited & published by Edward Sachse.

Der Beobachter am Winnebago: 1873?—1881? Menasha, WI
Independent weekly [Ayer, 1880—81, records as Democratic]. Merged with APPLETON WECKER (Appleton, Wis.). Circulation: 1880, 900. Edited & published by John Klinker, 1873—81.

Wöchentlicher Beobachter: 1888? San Antonio, TX
Weekly edition of DER BEOBACHTER. Circulation: 1888, 400.

Wöchentlicher Pittsburger Beobachter: 1880—1912? Pittsburgh, PA
Weekly edition of PITTSBURGER BEOBACHTER. Circulation: 1881, 2110; 1895, 6500; 1908, 7969.

— zoolog. Der zoolog. Garten. Zeitschr. f. Biol., Pflege u. Zucht d. Tiere. Red.: O Boettger. 47—50. J. 06—9 je 12 Nrn. (894, 401, 894 u. 896 m. Abb. u. 2, 1, 4 u. 2 Taf.) gr8° Frankf. a/M., Mahlau & W. Je 8 —; einz. Nrn — 75
Bisher u. d. T.: Garten. d. zoolog.

— zoologischer. Der zoolog. Garten. Zeitschrift f. Biologie, Pflege u. Zucht der Tiere. Organ d. zoolog. Gärten Deutschlands. Hrsg. v. der neuen zoolog. Gesellschaft in Frankfurt a. M. Red.: O. Boettger. 48.—51. Jahrg. 1907—1910. à 12 Nrn. (VIII, 401; VII, 394; VIII, 396 u. VII, 385 S.) gr. 8. Frankfurt a/M., Mahlau & Waldschmidt. à Jhrg. 8. —

ZOOLOGISCHER BEOBACHTER. DER ZOOLOGISCHE GARTEN. Zeitschrift für Biologie, Pflege und Zucht der Tiere. Für die Redaktion verantwortlich: REINHOLD MAHLAU, Frankfurt a. M.
Jahrg. LII. Mit 1 Tafel und 6 Abbildungen. ib. 1911. — Jahrg. LIII. Mit 1 Tafel und 17 Abbildungen. ib. 1912. — Jahrg. 54. Mit 7 Abbildungen. ib. 1913. — Jahrg. 55. Mit 22 Abbildungen und einer graphischen Darstellung. ib. 1914. —

Beobachterin, die, an d. Spree u. Havel. Eine Wochenschr. 1s Halbj. 1819. 8. Berl., Petri. 1 ℛ Die neue Beobachterin. 2s Halbj. 1819, nebst d. Zeitspiegel, 1s Halbj. 1820. 8. Ebd. 2 ℛ

Der Beobachter Kalender: 1891?—1923? Salt Lake City, UT
Published by Office of SALT LAKE CITY BEOBACHTER.

Beobachtung, s.a. Beobachtungen.

Beobachtung über das Wort Oestreich entgegengesetzt einer Beobachtung des Professors Gottsched. Wien 1760. V: *Khauz [Kauz], Const. Franz Flor. Anton von.* (MGT)

Beobachtung und Abhandlung, Praktische, über die streitige Rechtsfrage: Was für Feyerlichkeiten bey Appellationen aus dem Erzstift Cöln an die höchsten Reichsgerichte dermahlen zu beobachten sind? ... O. O. 1784. V: *Seyfert, Carl Jac.* (MGT)

Des Ptolemaeus Beobachtung und Beschreibung der Gestirne und der Bewegung der himmlischen Sphäre. Übers. mit Anmerkungen von J. E. Bode. Berl. 798. 8. 1 rthl. 8 gr.

Beobachtungen. [Kopenhagen 1774.] V: *Capito, Johann.* (MGT)

— u. Abhandll. aus dem Gebiete d. gesammten prakt. Heilkunde, von österr. Aerzten; herausg. von d. Direktoren u. Prof. des Stud. d. Heilkunde an d. Univers. zu Wien. 1r—6r Bd. Mit 2 Kpf. gr. 8. Wien 819—28. Gerold. 15 ℛ 4 g

Amtliche magnetische Beobachtungen zu Beuthen. Beuthen. Jgge. 1894 bis zur Gegenwart.

— angestellte, auf e. Reise durch Flandern nach Paris. A. d. Engl. 8. Leipz. 777. Schwickert. 10 g

Verein für Naturkunde für Oberösterreich, Ueber die bisher in Oberösterreich angestellten meteorologischen und geophysikalischen Beobachtungen. (Sonder-Abdruck aus dem Jahres-Berichte des Vereins für Naturkunde für Oberösterreich in Linz.) Linz 1896.

Beobachtungen und Anmerkungen auf Reisen durch Teutschland; in Fragmenten und Briefen. Leipzig 1788. V: *Heinzmann, Joh. Georg.* (BrMm) (Ky) (MGT)

— u. Anmerkk. auf Reisen durch Deutschland, (v. J. G. Heinzmann. 8. Ulm 788. Stettin. 1 ℛ 8 g

— u. Ansichten. Kleine Beitrr. fürs prakt. Leben. 8. Dortm. 811. Mallinckrodt. 15 g

— u. Anträge bei Gelegenheit d. Trauerfeier d. Abgeordneten zur 2ten Kammer d. Stände-Versammlung, Ant. Eggsteins. 8. Münch. 819. Fleischmann. 6 g

— arzneikund., e. Arztes in Amsterdam. Aus d. Latein., mit Anmerkk. v. J. W. Keup. 8. Stendal 794. Franzen u. Gr. 6 g

—— bayerisch. Aerzte üb. Cholera Morbus. 1. Hftn.-Reihe. Beobachtn. jener Aerzte, welche auf Allerhöchst. Befehl nach Berlin gereist waren: Dr. Gietl, Dr. Kaltenbrunner, Dr. Pfeufer, Dr. Roeser, u. Dr. Urban, welcher aus Polen dorthin zurückkehrte. 1—3. Hft. gr. 8. (25 B. u. 2¼ B. Tab. in gr. 4.) München 832, Literar.-Artist. Anstalt. à Hft. 18 Gr.

Beobachtungen, ärztliche, während d. Expedition der baier. Truppen nach Griechenland, in den Jahren 1832 — 1834. 8. Landshut 837. Attenkofer. (Thomann'sche Buchh.) 1/8 ℛ

Beobachtungen, astronomische, s. Busch, A. L.

Beobachtungen, astronomische etc., s. Encke, Joh. Frz.

Beobachtungen, Astronomische, im Tessiner Basisnetze..., s. Dreicknetz, Das schweizerische.

Beobachtungen, astronomische, in d. Jahr. 1827 u. 1828, angest. auf d. königl prager Sternwarte v. David u. Bittner; auf d. Neustadt v. Hallaschka. Hrsg. v. A. David. gr. 8. (4½ B.) Prag 829, (Haase Söhne.)

— astronomische, magnetische u. meteorologische, auf der k. k. Sternwarte zu Prag im J. 1869—1871. Auf öffentl. Kosten hrsg. v. Carl Hornstein. 30—34. u. 36. Jahrg. gr. 4. Prag, 870—74. (Calve.) à n. 7. 30
30. (XXXVI, 168 S.) — 31. (LI, 133 S.) — 32. (XI, 100 S.) — 33. (63 S.) — 34. (XXXII, 54—36. S.) — 36. (XXIV, 55 S.)

— astronomische, magnetische und meteorologische, an der k. k. Sternwarte zu Prag in den J. 1874—1876. Auf öffentl. Kosten hrsg. von Carl Hornstein. 35.—37. Jahrg. gr. 4. (XXX, 54; XXIV, 55; XX, 56 S.) Prag, (Calve'sche Hofbuchh.) cart. à Jahrg. *

— astronomische, magnetische und meteorologische, an der k. k. Sternwarte zu Prag in den J. 1877 und 1878. Auf öffentl. Kosten hrsg. von Carl Hornstein. 38. und 39. Jahrg. gr. 4. (à Jahrg. XVIII, 56 S.) Prag 878,79, (Calve'sche Hofbuchh.) cart. à Jahrg. *

Astronomische Beobachtungen auf der Sternwarte der Königlichen Christian-Albrechts-Universität zu Kiel. Hrsg. von Paul Harzer. 1. Leipzig: Breitkopf & Härtel 1905. 4° [•5. 9490

— astronomische, auf der grossherzogl. Sternwarte zu Mannheim, angestellt und hrsg. von W. Valentiner. 3. Abthl.: Micrometrische Ausmessung von Sternhaufen. gr. 4. (V, 79 S. mit 2 Stnt.) Karlsruhe 879, Braun'sche Hofbuchh. **
1. Abthl. Mannheim 1862, (Bensheimer.) *ℳ 4.; 2. Abthl. Karlsruhe 1875, (Braun'sche Hofbuchh.) **ℳ 6. Vgl.: Schönfeld, E.
Fortges. u. d. T.: Veröffentlichungen der großherzogl. Sternwarte zu Karlsruhe.

Beobachtungen, astronom., auf der K. Sternwarte zu Berlin. Hrsg. v. Joh. Frz. Encke. 3. Bd. Fol. (XXVI u. 237 S.) Berlin 848, Dümmler. n. 5 ℛ

Beobachtungen, astronomische, auf der königl. Sternwarte zu Berlin. Hrsg. von Joh. Frz. Encke. 4. Bd. Fol. (XXIV und 268 S.) Berlin 857, Dümmler's Verlagsh. *
1—3. Bd. Ebendas. 1840, 1844 und 1848. à Bd. * 5 Thlr.

Beobachtungen, astronomische, auf der königl. Sternwarte zu Berlin. Hrsg. von Wilh. Foerster. 5. Bd. Mit 3 Anhängen: 1. Bestimmung der Theilungsfehler am Pistor'schen Meridiankreise der Berliner Sternwarte [nach den Beobachtungen von H. Romberg.] von A. Schmidt. 2. Untersuchungen über Mikrometerschrauben, mit besond. Anwendung auf das Fadenmikrometer des neunzöll. Aequatorials der Berliner Sternwarte von G. Müller. 3. Untersuchungen über das Fraunhofer'sche Aequatorial von W. Foerster. Imp.-4. (XII, 261 und 43 S.) Berlin 884, Dümmler's Verlagsh. cart. *
1.—4. Bd. Ebendas. 1840—57. à *ℳ 15.

Beobachtungen, astronomische, auf der königl. Sternwarte zu Berlin. 2. Serie. 1. Bd. Imp.-4. Berlin 892. F. Dümmler's Verl. n. 12. —
Zonenbeobachtungen der Sterne zwischen 20 u. 25 Grad nördlicher Declination, ausgeführt u. bearb. v. E. Becker, hrsg. v. W. Förster. (III, 320 S.)

Beobachtungen, astronomische, auf der königl. Sternwarte zu Berlin. II. Serie. 1. Bd. 2. Thl., 2. u. 3. Bd. 4. Berlin, F. Dümmler's Verl. n. 60. —
1. II. Zonenbeobachtungen der Sterne zwischen 20. u. 25. Grad nördlicher Declination, ausgeführt u. bearb. v. E. Becker, hrsg. v. W. Foerster. 2. Thl. (S. 321—616 u. XLVII S.) 893. n. 12. —
2. Zonenbeobachtungen der Sterne bis zur 9. Grösse zwischen 14° 50′ u. 20° 10′ nördlicher Declination 1855 (Zone Berlin A) u. anschliessende Beobachtungen hauptsächlich aus der Zone Berlin B des Catalogs der Astronom. Gesellschaft, angestellt u. bearb. von A. Auwers. 2 Halbbde. (28, 1154 S.) 904. n. 36. —
3. Zusammenstellung der Oerter f. 1875 f. die in der Zone Berlin A u. anschliessend 1869—1874 am Pistorschen Meridiankreise beobachteten Sterne nach den einzelnen Beobachtungen. Von A. Auwers. (9, 222 S.) 904. n. 12. —

— astronom., auf der K. Universitäts-Sternwarte in Königsberg. Hrsg. v. A. L. Busch. 23. Abth., vom 1. Jan. bis 31. Dec. 1837. Mit 1 Abb. Fol. gr. 4. (XII u. 100 S.) Königsberg 847. (Leipzig, Rein.) — 24. Abth., vom 1. Jan. bis 31. Decbr. 1838. Fol. (XLVIII u. 92 S.) Ebd. 848. — 25. Abth., vom 1. Jan. 1839 bis 31. Decbr. 1840. Fol. (XXVI u. 141 S.) Hiezu ein Catalog der Bibliothek der Königsberger Sternwarte. gr. 8. (IV u. 102 S.) Ebd. 852. à baar n. 2⅔ ℛ

— dies. 29. Abth., vom 1. Jan. bis 31. Decbr. 1846. Fol. (X u. 116 S. m. 1 lith. Taf.) Ebd. 849. baar n. 2⅔ ℛ (Die Abthlgn. 25—28, die J. 1839—1845 umfassend, sind noch nicht erschienen.)

Beobachtungen, astronomische, auf der königl. Universitäts-Sternwarte in Königsberg. Angestellt u. herausg. von A. L. Busch. 26. Abth. vom 1. Jan. 1841 bis 31. Decbr. 1842. Mit einem Anhang u. 2 Stahlst. Königsberg 854. (Leipzig, Rein.) Fol. (XVI, 159, 17 S.) n. 5 ℛ 10 ngr

— — (Herausg. von E. Luther u. M. Wichmann.) Königsberg 854—57. (Leipzig, Rein.) Fol.
27. Abth.: 1. Thl.: Beobachtungen an dem Repsoldschen Meridiankreise in den J. 1842, 1843 u. 1844. Mit Bessels Portr. u. 1 Abbildg. des Repsoldschen Meridiankreises. — 2. Thl.: Beobachtungen an dem Reichenbachschen Meridiankreise in den J. 1843 und 1844. (LX, 127 S.; VIII, 151 S.) nn. 5 ℛ
28. Beobachtungen an dem Heliometer bis zum J. 1844 u. Beobachtungen an dem Reichenbachschen Meridiankreise im J. 1845. (2 Bl., 120 S.) nn. 2 ℛ
30. - Beobachtungen an dem Heliometer bis zum Ende d. J. 1852 u. Beobachtungen an dem Reichenbachschen Meridiankreise von 1847 Januar 1 bis 1848 Februar 9. (2 Bl., 100 S.) nn. 2 ℛ
31. - Beobachtungen an dem Reichenbachschen Meridiankreise in d. J. 1848 bis 1852 u. Beobachtungen an dem Heliometer in den J. 1854 bis 1857. (XX, 136 S.) nn. 2 ℛ

— astronomische, auf der königl. Universitäts-Sternwarte in Königsberg. 27. 28. 30—33. Abthl. Fol. Königsberg 856—59. (Leipzig, Rein'sche Buchh.) **
Inhalt:
Abthl. 27. Beobachtungen an dem Repsoldschen Meridiankreise in den J. 1842, 1843 und 1844. Mit Bessels Portr. und einer Abbildung des Repsoldschen Meridiankreises. — Beobachtungen an dem Reichenbachschen Meridiankreise in den J. 1843 und 1844. 2 Thle. (LXVIII und 278 S.) ** 5 Thlr.
» 28. Beobachtungen an dem Heliometer bis zum J. 1844 und Beobachtungen an dem Reichenbachschen Meridiankreise im J. 1845. (IV und 120 S.) ** 2 Thlr.
» 30. Beobachtungen an dem Heliometer bis zum Ende des J. 1852 und Beobachtungen an dem Reichenbachschen Meridiankreise von 1847 Januar 1 bis 1848 Februar 9. (IV und 100 S.) ** 2 Thlr.
» 31. Beobachtungen an dem Reichenbachschen Meridiankreise in den J. 1848 bis 1852 und Beobachtungen an dem Heliometer in den J. 1854 bis 1857. (XX und 136 S.) ** 2 Thlr.
» 32. Beobachtungen am Repsoldschen Meridiankreise in den J. 1847 bis 1855. — Beobachtungen am Reichenbachschen Meridiankreise in den J. 1853 bis 1856. (XX und 224 S.) ** 2 Thlr.
» 33. Beobachtungen am Reichenbachschen Meridiankreise. — Beobachtungen am Heliometer von Ed. Luther. — Meteorologische Beobachtungen von Ed. Luther. — Declinationes stellarum fundamentalium ex ultimis IIII Bessel observationibus derivatae auctore Ed. Luther. — Beobachtungen zur Bestimmung der Längendifferenz zwischen den Sternwarten Berlin und Königsberg in den J. 1856 und 1857 von M. Wichmann. — Reduction der von 1841 April 29 bis 1842 April 30 am Heliometer von Schlüter angestellten Beobachtungen zur Ermittelung der phys. Libration des Mondes von M. Wichmann. — Meteorologische Beobachtungen, 1855 October 1 bis 1856 März 31, von M. Wichmann. (IV und 172 S.) ** 2 Thlr.

Beobachtungen, astronomische, auf der Königl. Universitäts-Sternwarte zu Königsberg. 32. u. 33. Abth. Königsberg 858. 59. (Leipzig, Rein.) Fol. (IV, 172 S.; XX, 224 S.) Jede Abth. n. 2 ℛ

— — Herausg. von Ed. Luther. 34. Abth. Ebend. 862. Fol. (VIII, 232 S.) nn. 3 ℛ

Beobachtungen, astronomische, auf der k. Universitäts-Sternwarte zu Königsberg. Herausg. von Ed. Luther. 35. Abth. Königsberg 865. (Leipzig, Rein.) Fol. (2 Bll., 300 S.) nn. 4 ℛ

—— astronomische, auf der königl. Universitäts-Sternwarte zu Königsberg. Hrsg. von Ed. Luther. 36. Abthl. Fol. (IV, 330 S.) Königsberg 870. (Leipzig, Rein'sche Buchh.) **

—— astronomische, auf der königl. Universitäts-Sternwarte zu Königsberg von Ed. Luther. 37. Abthl. 1. Thl. Fol. (XII, 291 S.) Königsberg 882, (Koch und Reimer.) **

Beobachtungen, astronomische, auf der königl. Universitäts-Sternwarte zu Königsberg von Ed. Luther. 37. Abthl. 2. Thl. Fol. (XVI, 152 S.) Königsberg 886, (Koch) **

Beobachtungen, astronomische, auf der königl. Universitäts-Sternwarte zu Königsberg, hrsg. v. Herm. Struve. 38. u. 39. Abth. Fol. (VI, 47, 21, 15, 52 u. 33 S. m. 5 Taf. u. VI, 156 S.) Königsberg 899. (W. Koch). à n.n. 12. 50

Astronomische Beobachtungen und Vergleichung der astronomischen und geodätischen Resultate. Mit einer Karte. Publication der Norwegischen Kommission der Europäischen Gradmessung. Kristiania 1895. XXVI, 97 S. 4°.

Beobachtungen zur Aufklärung des Verstandes und Besserung des Herzens. ... Ulm 1779—1782. H: *Miller, Johann Martin & Joh. Kern.* (GGr) (Ky) (MGT)

— zur Aufklärung d. Verstandes u. Besserung d. Herzens, (v. Jh. Mt. Miller u. A.) 3 Bde. 8. Ulm 779—82. Wohler. 3 ℛ

— auserlef., d. wetteif. medicin. Gesellschaft in Paris. Aus d. Französ. 3 Bde. gr. 8. Leipz. 802, 3. Barth. 4 ℛ

Beobachtungen bey der Bad- und Trinkquelle zu Knuthwyl, angestellt im Sommer 1792 von J K , Arzte. 8. Luzern 1793

— m. bemannten, unbemannten Ballons u. Drachen, sowie auf Berg- u. Wolkenstationen, s. a. Veröffentlichungen der internationalen Kommission f. wissenschaftliche Luftschiffahrt.

Beobachtungen mit bemannten, unbemannten Ballons und Drachen sowie auf Berg- und Wolkenstationen 1901. Bd 1. Observations des ascensions internationales simultanées et des stations de montagne et de nuages 1901. T. 1. *Straßburg 1903: M. DuMont-Schauberg.* 4°
(Veröffentlichungen d. Internat. Kommission f. wiss. Luftschiffahrt.) [03. 10640]

Beobachtungen mit bemannten, unbemannten Ballons und Drachen sowie auf Berg- und Wolkenstationen vom 2. Juli 1908. Observations des ascensions internationales simultanées et des stations de montagne et de nuages du 2 juillet 1908. Straßburg 1910: Du Mont Schauberg. S. 353–398. 4°(8°) [Umschlagt.]
(Veröffentlichungen d. Internat. Kommission f. wiss. Luftschiffahrt. Jg. 1908, H. 7.) [10. 6274]

Beobachtungen mit bemannten, unbemannten Ballons und Drachen sowie auf Berg- und Wolkenstationen vom 5. März 1908. Observations des ascensions internationales simultanées et des stations de montagne et de nuages du 5 mars 1908. Straßburg 1909: Du-Mont Schauberg. S. 123–165. 4°
(Veröffentlichungen d. Internat. Kommission f. wiss. Luftschiffahrt. Jg. 1908, H. 3.) [10. 3125]

Beobachtungen mit bemannten, unbemannten Ballons und Drachen sowie auf Berg- und Wolkenstationen vom 5. Nov. 1908. Observations des ascensions internationales simultanées et des stations de montagne et de nuages du 5 nov. 1908. Straßburg 1910: Du Mont Schauberg. S. 671–707. 4°
(Veröffentlichungen d. Internat. Kommission f. wiss. Luftschiffahrt. Jg. 1908, H. 11.) [10. 13241]

— u. Bemerkk. aus d. Geburtshülfe u. gerichtl. Medicin, nebst fortlauf. Nachrr. über d. Ereignisse in d. königl. Entbindungsanstalt in Göttingen. Eine Zeitschr., herausg. v. L. Mende. 3 Bdchen, mit Kpf. gr. 8. Götting. 824—26. Vandenhöck u. R. 4 ℛ 4 gr 4s Bdchen. A. u. d. T.: Zeitschrift f. d. Geburtshülfe in ihrer Bezieh. auf d. gerichtl. Medicin rc., herausg. v. L. Mende. 1s Bdchen. gr. 8. Ebd. 827. 1 ℛ 6 gr 5s Bdchen. A. u. d. T.: Zeitschrift f. d. Geburtshülfe rc. 2s Bdchen. gr. 8. Ebd. 830. Dieterich. 1 ℛ 8 gr

— über das sogenannte natürl. Berlinerblau. 8. Leipz. 780. Schwickert. 2 gr

— in Bezug auf Rußlands colossale Branntweinbrennereien, aus denen auch d. Deutsche Nutzen ziehen kann. Von J. R. Mit 1 Kpf. gr. 8. Weimar 823. Ind.-Compt. 21 gr

— über die epidem. Brechruhr und ihre Heilart. Aus den vorgelegten Berichten der Wiener Aerzte zusammengetragen (v. Heusinger). gr. 8. Marburg 832. Elwert. 1/6 ℛ

— ohne Brille, über d. Säkularisation d. geistl. Bisthümer u. Besitzungen rc. 8. Frankf. 802. (Jäger). 16 gr

— charakterist. u. Erfahrr. e. Mutter über ihre Kinder, (v. Karol. L. v. Klenk). 8. Berl. 793. Maurers B. 14 gr

Beobachtungen über die Darstellung des Zuckers und eines brauchbaren Syrups aus einheimischen Gewächsen. Berlin, 1799.

Deutsche überseeische meteorologische Beobachtungen. Heft I. Die Beobachtungen von Labrador, Hatzfeldthafen, Walfischbay. Hamburg 1887.
— Dasselbe Werk. Heft II. Die Beobachtungen von Labrador, Walfischbay. Hamburg 1888. Fol.
— Dasselbe Werk. Heft III. Die Beobachtungen von Labrador, Walfischbay, Kamerun, Barombi-Station, Bismarckburg. Hamburg 1890.

— deutsche überseeische meteorologische. Gesammelt u. hrsg. v. der Deutschen Seewarte. 1. u. 2. Hft. Fol. Berlin. (Hamburg, Friederichsen & Co.) n. 18. 75
1. Die Beobachtungen v. Labrador, Hatzfeldthafen u. Walfischbay. (XI, 76 S.) 888. n.n. 7. —
2. Die Beobachtungen v. Labrador u. v. Walfischbay. (XI, 51 S.) 890. n. 6. 75

— deut. überseeische meteorolog. Gesammelt u. hrsg. v. d. Deut. Seewarte. 3—6. Hft. Fol. Berl. (Hamb., L Friederichsen & Co.) n.n. 31 — (1—6.: n.n. 44.75)
3. Die Beobachtgn v. Labrador Jahrg. 1886; Walfischbay, Jahrg. 1888; Kamerun Apr. 1888—März 1889; Barombi-Station, März 1888—März 1889; Bismarckburg, Juni 1888—Mai 1889. (102 m. 1 Skizze.) 91. n.n. 7 —
4. Die Beobachtgn v. Labrador, Jahrg. 1887; Walfischbay, Jahrg. 1889; Kamerun, Apr. 1889—Juni 1890; Bismarckburg, Juni 1889—Mai 1890; Chi-Mul-Po, Juli 1888—Dezbr 1889; Mohammerah, Juni—Aug. 1885; Buschehr, Septbr 1885—März 1886. (122) 91. n.n. 7 —

— deutsche überseeische meteorologische. Gesammelt u. hrsg. v. der Deutschen Seewarte. 3.—6. Hft. Fol. Berlin. (Hamburg, L. Friederichsen & Co.) n.n. 31. — (1—6.: n.n. 44. 75)
3. Die Beobachtungen v. Labrador Jahrg. 1886; Walfischbay, Jahrg. 1888; Kamerun Apr. 1888—März 1889; Barombi-Station, März 1888—März 1889; Bismarckburg, Juni 1888 bis Mai 1889. [Mit Situationsskizze der Station.] (XI, 102 S.) 892. n.n. 7. —
4. Die Beobachtungen v. Labrador, Jahrg. 1887; Walfischbay, Jahrg. 1889; Kamerun, Apr. 1889—Juni 1890; Bismarckburg, Juni 1889—Mai 1890; Chi-Mul-Po, Juli 1888—Dezbr. 1889; Mohammerah, Juni—Aug. 1885; Buschehr, Septbr. 1885—März 1886. (XI, 122 S.) 892. n.n. 7. —
5. Die Beobachtungen v. Labrador, 6 Stationen, Jahrg. 1888; Walfischbay, Jahrg. 1890; Kamerun, Juli 1890—März 1891; Bismarckburg, Juni 1890—Mai 1891; Tripolis, v. 15. Aug. bis 31. Decbr. 1889; Baliburg, Jahrg. 1891; Tshi-Mul-Po, Jan. 1890—März 1891; Apia, Jahrg. 1890; Campinas, Novbr. 1889—Decbr. 1890; Felia u. Mohammera, vom 1. Juli bis 17. Septbr. 1887; Buschehr, vom 20. Novbr. 1886—30. Juni 1887 u. vom 19. Septbr. 1887—30. Juni 1888. (XI, 189 S.) 892. n.n. 10. —
6. Die Beobachtungen v. I. Labrador, 6 Stationen, Jahrg. 1889. II. Walfischbay, Jahrg. 1891. III. Apia, Jahrg. 1891. IV. Tanga, Jahrg. 1892. V. Bagamoyo, Jahrg. 1892. VI. Kilwa, Novbr. 1891—Decbr. 1892. VII. Lindi, Juli 1891—Decbr. 1892. VIII. Chi-Mul-Po, Mai—Decbr. 1891. (VIII, 99 S.) 894. n.n. 7. —

Beobachtungen, deutsche überseeische meteorologische. Ges. u. hrsg. v. der deutschen Seewarte. VII. Hft. gr. 4. Hamburg 896. (L. Friederichsen & Co.) n.n. 7. — (I—VII.: n.n. 51. 75)
Die Beobachtgn. v. I. Labrador, 4 Stationen, Jahrg. 1890. II. Walfischbai, Jahrg. 1892. III. Apia, Jahrg. 1892. IV. Apia, Jahrg. 1893. V. Bukoba u. Tabora, Jahrg. 1893. VI. Bagamoyo, Jan.—Novbr. 1893. VII. Kilwa, Jahrg. 1893. VIII. Lindi, Jan., Febr. u. Juli—Decbr. 1893. IX. Tanga, Jahrg. 1893. (VIII, 71 S.)

— deutsche, überseeische meteorologische. Gesammelt v. der deutschen Seewarte. VIII.—XI. Hft. gr. 4. Hamburg (L. Friederichsen & Co.) n.n. 36.—
VIII. Die Beobachtungen v. I. Labrador, 3 Stationen, Januar bis Juli 1891. II. Walfischbai, Jahrgänge 1893—1895. III. Mogador, April 1894 bis Decbr. 1896. IV. Campinas, Jahrg. 1891. V. Fray-Bentos, Febr. 1891 bis April 1892. (VIII, 66 S.) 899. n.n. 7.—
IX. Enth.: Die Beobachtungen v. I. Labrador; Heron, Jan. bis Decbr. 1891, Hoffenthal, Zoar, Nain, Aug. bis Decbr. 1891. II. Tsingtau, Juli 1898 bis Juni 1899. III. Apia, Jan. 1894 bis Decbr. 1895. IV. Nauru (Pleasant Island), Octbr. 1893 bis Aug. 1895. V. Raluni (Neu Pommern), Jan. bis Decbr. 1895. VI. Mogador, Jan. 1897 bis Decbr. 1898. VII. Gross-Batanga, Jan. bis Novbr. 1893. VIII. Kamerun, April 1891 bis März 1892. IX. Walfischbai, Jan. bis Mai u. Juli bis Decbr. 1896. (VIII. 96 S.) (900). n.n. 7.—
X. Meteorologische Beobachtungen in Deutsch-Ost-Afrika. 1. Thl. Aufzeichnungen der Registrirapparate. Von Hans Maurer. (VI, 182 S. m. 2 graph. Taf.) (901). n.n. 10.—
XI. Dasselbe. 2. Thl. Terminbeobachtungen an 33 Stationen. (IV, 272 S.) (902). n.n. 12.—
I.—VII. Ebd. 888—896. n.n. 51.75.

— deutsche überseeische meteorologische. Gesammelt u. hrsg. v. der deutschen Seewarte m. Unterstützg. durch die Kolonialabteilg. des auswärt. Amtes. XII. u. XIII. Hft. 4. Hamburg (L. Friederichsen & Co.) n.n 22.—
XII. Enth. die Beobachtungen v. I. Uyelang (Marschall-Inseln) Jan. 1894 bis Decbr. 1897. II. Yaluit (Marschall-Inseln) März 1893 bis Decbr. 1895. III. Nauru Octbr. 1895 bis Decbr. 1899. IV. Apia auf Upolu (Samoa-Inseln) Jan. 1896 bis Decbr. 1899. V. Rarotonga (Cook-Inseln) Jan. 1899 bis Decbr. 1899. VI. Tsingtau Juli 1899 bis Decbr. 1901. (III, 117 S.) 904. n.n. 7.—
XIII. Beobachtungen, meteorologische, in Deutsch-Ost-Afrika. Aufzeichnungen der Registrirapparate u. Terminbeobachtgn. (317 S.) 905. n.n. 15.—
I.—XI. Ebd. 885—902. n. 87.75.

Beobachtungen, deut. überseeische meteorolog. Ges. u. hrsg. v. d. deut. Seewarte. 14—17. Heft. Ges. u. bearb. v. P Heidke. Die ostafrikan. Beobachtgn ges. v. C Uhlig u., v. 15. Heft an, G Castens. 33×25 cm. Hambg, (L Friederichsen & Co.). nn 29 — (1—17: nn 138.75)
14. (311) ('07.) nn 15 — ‖ 15.16. (129 m. 2 Kart.) ('08.) nn 8 — ‖ 17. (70) '09. nn 6 —

Beobachtungen, Deutsche überseeische meteorolog. Gesammelt u. hrsg. v. d. deut. Seewarte. 18—20. Heft. 33,5 ×25 cm. Hambg, (L Friederichsen & Co.). (1—20: nn 153.75) 18. Bearb. v. P Heidke. Die ostafrikan. Beobachtgn v. G Castens. (60) ('10) nn 6 — ‖ 19. u. 20. Gesammelt u. bearb. v. P Heidke. Gesammelt sind d. Beobachtgn a. Deutsch-Ostafrika v. G Castens, a. Togo v. Becker, a. d. Kiautschou-Gebiet v. kais. Observatorium zu Tsingtau. (6, 116 bezw. 7, 164) '11'12. 9 — (19: 4 —; 20: 5 —)

Beobachtungen auf der Sternwarte Dorpat. Bd. 7. Dorpat 1838—63. 4.

Beobachtungen der Kaiserl. Universitäts-Sternwarte Dorpat v. J. H. Mädler. XII. Bd. gr. 4. (XXXII u. 124 S. m. 14 Tab. in gr. Fol. u. 5 lith. Taf. in gr. 4.) Dorpat 850. (Gläser.) n. 3 ß

—— der kaiserl. Universitäts-Sternwarte Dorpat hrsg. von J. H. Mädler. 13—15. Bd. 1. Abthl. gr. 4. Dorpat, (Glaeser's Verlag.) [13. Bd. (III und 180 S. mit Anhang: Berechnung der Bahn des Neptunstrabanten von Aug. Struve. Nach dem Tode des Verf. hrsg. von J. H. Mädler. 26 S.) 856. * 2 Thlr. 20 Ngr., 14. Bd. A. u. d. T.: Die Eigenbewegungen der Fixsterne in ihrer Beziehung zum Gesammtsystem. Von J. H. Mädler. (XV und 854 S. mit 1 Tab. in Fol.) 856. * 4 Thlr., 15. Bd. 1. Abthl. (III und 102 S. mit L'éclipse solaire du 18. Juillet 1860. 13 S. mit 2 chromolithogr. Karten in 4. und Fol.) 859. * 2 Thlr.] *

Beobachtungen der kaiserlichen Universitäts-Sternwarte Dorpat von J. H. Mädler. 15. Bd. 2. Abthl. und 16. Bd. 4. Dorpat, (Gläser's Verlag.) [15. Bd. 2. Abthl. (IV, 67 S.) 863. ** M. 6.; 16. Bd. (IV, 572 S.) 866. ** M. 15.] **

—— der kaiserl. Universitäts-Sternwarte Dorpat. 17. Bd.: Reducirte Beobachtungen am Meridiankreise von Zonensternen und mittlere Oerter derselben für 1875, 0, angestellt und hrsg. von Ludw. Schwarz. Imp.-4. (XXXIX, 151, 47 S.) Dorpat 887. (Leipzig, K. F. Köhler.) *
Der 16. Bd. erschien im J. 1866.

Beobachtungen d. meteorologischen Station Eberswalde 1897—1900. U. St. [Defekt].

— u. Entdeckungen aus d. Naturkunde, s.a. Schriften d. Berl. Gesellschaft.

Beobachtungen und Entdeckungen aus der Naturkunde von der Gesellschaft naturforschender Freunde zu Berlin. Vol. I—IV. Berlin. 1787—1792. 8. (Auch unter dem Titel: Schriften der Gesellschaft naturforschender Freunde in Berlin. Vol. VII—X.)

— die, üb. d. Entwickelg. d. Pflanzen i. Mecklenburg-Schwerin, s.: Beiträge z. Statistik Mecklenburgs.

—— u. Erfahrungen d. Rigaer Aerzte üb. d. Natur u. Behandl. d. Asiat. Cholera; hrsg. v. d. Kgl. Schleswig-Holstein-Lauenburg. Central-Commiss. wegen d. Cholera. Mit e. Vorw. d. Prof. Lüders in Kiel üb. d. gegenwärt. Gesundheitszustand d. Herzogthümer zunächst in Beziehung auf d. Asiat. Cholera. gr. 8. (12½ B. u. 1 Tab. in 4.) Kiel 831, Universitäts-Buchh.

—— u. Erfahrungen üb. d. epidem. Cholera. In Protocoll-Extracten d. Versammln. sämmtl. Aerzte Riga's zur Zeit der daselbst im Jahre 1831 herrsch. Cholera-Epidemie. — Nebst e. Anh. üb. d. Einricht. d. Hospitäler f. Cholera-Kranke. Hrsg. v. L. Dyrsen u. W. Fr. Baerens. gr. 8. (11 B.) Riga 831, Frantzen.

—— und Erfahrungen über die Epidemie zu Dielirch, s. Erfahrungen und Beobachtungen.

Beobachtungen und Erfahrungen über Melancholische, besonders über religiöse Melancholie; ... Leipzig 1799. V: *Sellenreich, Carl Christian.* (Ky) (MGT) (NN)

— u. Erfahrr. über Melancholische, besond. über d. religiöse Melancholie. 8. Leipz. 799. Fr. Fleischer. 14 gr.

— u. Bemerkk., freimüthig-patriot., über d. gegenwärt. öffentl. Angelegenheiten in Deutschland. gr. 8. Leipz. 819. Steinacker. 2 ß 4 gr.

Beobachtungen und Bemerkungen, Freimüthig-patriotische, über die gegenwärtigen öffentlichen Angelegenheiten in Teutschland. Leipzig 1848. V: *Rotenhan, Sigmund von.* (BMarsch 207)

Beobachtungen eines Freundes der Wahrheit und guten Sache. Eine gelegentliche Berichtigungsschrift. O. O. 1799. V: *Arnold von Lewenau, Jos.* (WBL 15/39) (BiblPort)

Beobachtungen über das Gebürge bey Königshain in der Oberlausitz... Dresden 1780. V: *Schachmann, Carl Adolph von.* (Ky) (ML) (OL) (LVS)

— üb. d. Gebirge bei Königshein in d. Oberlausitz. Mit Kpf. gr. 8. Dresd. 780. (Walther). 1 ß 12 gr.

— über die Gegenstände auf einer Reise nach Pyrmont. rc. 8. Göttingen, Dieterich. 784.

— über verschied. Gegenstände aus d. Reiche d. Natur u. Sitten. 3 Thle. 8. Gotha 775. Dieterich in Götting. 2 ß 6 gr.

Beobachtungen über Gelbfieber u. andere endemische Krankheiten. Sammelband 8°.–
Darin 7 Nrn. Ausschnitte aus Journal d. practischen Arzneykunde u. Wunderarzneykunst. Bd. 20. 21. 24. 31 u. a. 1805 ff.

— gemeinnütz. jurist., u. Rechtsfälle, (v. Chr. Gmelin u. K. F. Elsässer). 8. Frankf. u. Leipz. 777—81. (Nürnb. Felssecker). 2 ß 12 gr.

Beobachtungen und Rechtsfälle, Gemeinnützige juristische. Frankfurt und Leipzig 1777—1782. V: *Gmelin, Christian & Carl Friedrich Elsässer.* (Ky) »Nürnberg« (Engl)

Beobachtungen, Geognostisch-bergmännische, auf einer Reise durch Saalfeld, Camsdorf und einen Theil Thüringens. 1792. [Freiberg 1793.] V: *Freiesleben, Johann Carl.* (MGT)

Beobachtungen, Geognostische, auf einer Reise durch einen Theil des böhmischen Mittelgebirgs. [Freiburg 1792.] V: *Freiesleben, Johann Carl.* (MGT)

— gesamm., in Habessinien, s. Peter, Sultan d. Unaussprechliche.

Beobachtungen über die Heilkraft des thierischen Magnetismus von G. Walker, s. Walker, G.

Beobachtungen der Heilkräften der Bad- und Trinkquelle zu Knuthwyl. Angestellt im Sommer 1791 von J.** K.**, Arzten. 8. Luzern 1792.

Hydrograph. Commission d. Königreiches Böhmen. Die Hydrometrischen Beobachtungen in den Jahren 1877 - 1885. Prag.

Beobachtungen der k. k. medicin.-chirurg. Josephs-Akademie zu Wien. 1r Bd. m. K. gr. 4. Wien, Camesina. 801.

— d. k. k. medicin.-chirurg. Josephs-Akademie zu Wien. 1r Bd. Mit 9 Kpf. gr. 4. Wien 801. (Heubner). 3 ℛ 8 g

BEOBACHTUNGEN AN DER ISIS-WETTERWARTE ZU MEISSEN.
Bearbeitet von F. FRANZ WOLF
im Jahre 1889. Meissen. Druck von C. E. Klinkicht & Sohn. 4°.
im Jahre 1890. ib. —
im Jahre 1891. ib. —
im Jahre 1892. ib. —
Bearbeitet von F. FRANZ WOLF.
im Jahre 1893. ib. —
im Jahre 1894[1]. ib. —

— über die Kenntniß der Pflege u. Fütterung der Pferde von F. W. v. B***. 8. Weissenf. Severin. 802.

Beobachtungen üb. die Kenntniss, Pflege u. Fütterung d. Pferde. Nebst einem alphabet. Verzeichniss v. den Kunstwörtern in der Reitkunst ... Herausg. v. Fr. W. v. B***. Weissenfels u. Leipz. 1803. 78 S.

Beobachtungen, Kleine, über Taubstumme. ... 1. Berlin 1799. V: *Eschke, Ernst Adolph.* (Mell)

— kleine, für Taubstumme, herausg. v. J. Arnemann, mit Anmerk. v. J. E. Biester u. J. A. H. Reimarus. 1r Thl. gr. 8. Berl. 799. W. Vieweg. 16 g

Beobachtungen, Klimatologische und phänologische, s. Beobachtungen, Phänologische.

— über den Cretinismus. Eine Zeitschrift in Verbindung mit mehreren Aerzten und Vorstehern von Heilanstalten für schwachsinnige Kinder hrsg. von Carl Rösch. 1. und 2. Heft. gr. 4. Tübingen, (Laupp'sche Buchh.) [1. (IV und 103 S. mit 2 Tab.) 850. * 1 Thlr. 4 Ngr., 2. (V und 100 S.) 851. * 1 Thlr.]

— über den Cretinismus. Eine Zeitschrift in Verbindung mit mehreren Aerzten und Vorstehern von Heilanstalten für schwachsinnige Kinder hrsg. von Carl Rösch. 3. Heft. gr. 4. (X und 150 S.) Tübingen 852, (Laupp'sche Buchh.) *
1. und 2. Heft. Ebendas. 1850—51. * 2 Thlr. 4 Ngr.

Beobachtungen während des Krieges von 1809. H. 5. (Weimar 1809.) 8°.

Beobachtungen über die Cultur des Hopfens im J. 1879. Nürnberg, München: Ackermann.

— über die Cultur des Hopfens im J. 1880 und 1881. Hrsg. vom deutschen Hopfenbau-Verein. 2 Hefte. Lex.-8. (42; 45 S. mit Tab.) Nürnberg 881,82. (München, Th. Ackermann.) à Heft *ℳ 1. *

— über die Cultur des Hopfens im J. 1882. V. Bericht, bearb. von Emil Pott und Paul Sorauer. Hrsg. vom deutschen Hopfenbau-Verein. Lex.-8. (59 S.) München 883, (Th. Ackermann's Verlag.) *

— dass. — im J. 1883. VI. Bericht, bearb. von Emil Pott und C. Kraus. Hrsg. vom deutschen Hopfenbau-Verein. Lex.-8. (86 S.) (Ebendas.) 885. *

— dass. — im J. 1884. VII. Bericht. Bearb. von Emil Pott und C. Kraus. Hrsg. vom Deutschen Hopfenbauverein. Lex.-8. (60 S. mit 9 Abbild. von Drahtgerüsten.) (Ebendas.) 886. *

Beobachtungen über die Cultur des Hopfens im J. 1885. Hrsg. vom Deutschen Hopfenbauverein. VIII. und IX. Bericht. Bearb. von C. Kraus. Lex.-8. (32; 24 S.) München 887, (Th. Ackermann's Verlag.) à Jahrg. *

— dasselbe, i. J. 1886. X. Bericht. Bearb. v. C. Kraus. Lex.-8. (24 S.) Ebd. 887. n. 2.—

Beobachtungen üb. die Cultur d. Hopfens im J. 1887. 10. Bericht d. Deutschen Hopfenbauvereins. Bearb. v. C. Kraus. Lex.-8. (29 S.) München 888, Ackermann's Verlag. * 2 —

— kurze, über die merkwürdigen Einrichtungen Gottes bey den Menschen u. Thieren. gr. 8. Nürnb. Monath u. K. 790.

— über die Lustseuche, s. Sanchez.

Physikal. Observatorium.
Magnetische Beobachtungen. Herausgegeben von J. Mielberg. (In russischer und deutscher Sprache.) 1879, 80, 83—87.
Tiflis 1880, 81, 85, 87, 88.

Klagenfurt, Meteorologische Station, Magnetische und meteorologische Beobachtungen zu — für 1893, 94, 95. Klagenfurt.

— magnetische und meteorologische, zu Prag, s.a. Böhm u. Kuneš.

— magnetische und meteorolog., zu Prag, s.a. Kreil, Carl und Carl Jelinek.

Magnetische und meteorologische Beobachtungen (an der k. k. Sternwarte) zu Prag. in Verbindung mit mehreren Mitarbeitern ausgeführt und auf öffentliche Kosten herausgegeben von Karl Kreil (später von Karl Kreil und Karl Jelinek, Jos. G. Böhm und Adalbert Kuneš, Jos. G. Böhm und Franz Karlinski und Carl Hornstein). Jahrg. 1. Juli 1839-1840 — 38. 1877. Prag 1841—1878. 23 Bde. 4°.

— magnetische u. meteorologische zu Prag, in Verbindung m. mehreren Mitarbeitern ausgeführt v. Karl Kreil. 7. Jahrg. 1846. gr. 4. Prag 847. (Ehrlich.) n. 3 ℛ

— dies. in Verbindg. m. mehreren Mitarbeitern ausgeführt u. auf öffentl. Kosten hrsg. v. Karl Kreil u. Karl Jelinek. 8. Jahrg. Vom 1. Jänner bis 31. Decbr. 1847. gr. 4. (X. 199 u. XLIV S.) Prag 848. (Calve. — Ehrlich.) n. 3 ℛ — 9. Jahrg. Vom 1. Jänner bis 31. Decbr. 1848. gr. 4. (L u. 207 S.) Prag 850. (Ehrlich.) n. 3 ℛ — 10. Jahrg. Vom 1. Jänner bis 31. Decbr. 1849. Mit 2 lith. Taf. gr. 8. (XVI u. 258 S.) Prag 1851. (Ehrlich.) 3 ℛ

— magnetische und meteorologische, zu Prag. Auf öffentl. Kosten hrsg. von Jos. G. Böhm und Adalbert Kuneš. 11—14. Jahrg.: Vom 1. Jänner 1850 bis 31. December 1853. gr. 4. Prag 853—56, [Tempsky.] à Jahrg. *
Vgl.: 11. Bd.: Kreil, C., und Carl Jelinek, magnet. Beobachtungen.

Beobachtungen, magnetische und meteorologische — zu Prag. Auf öffentliche Kosten herausgegeben von Dr. Josef G. Böhm, und Franz Karlinski. 14ter Jahrg. Vom 1. Jänner bis 31. December 1853. Prag, 1856. Druck der k. k. Hofbuchdruckerei von Gottlieb Haase Söhne. (IV. 144 S. 4.)

Beobachtungen, magnetische und meteorologische zu Prag. 15ter Jahrg. Vom 1. Jänner bis 31. Dezember 1854. Prag, 1856. Druck der k. k. Hofbuchdruckerei von Gottlieb Haase Söhne. (145 S. V. 4.)

Beobachtungen, magnetische und meteorologische zu Prag. Auf öffentliche Kosten herausgegeben von Dr Jos. G. Böhm und Franz Karlinski. 21. Jahrg. gr. 4. (XI. 151 S.) Prag, Haase Söhne. 1861. 3 fl.

—— magnetische und meteorologische, auf der k. k. Sternwarte zu Prag in den J. 1869—1873. Auf öffentl. Kosten hrsg. von Carl Hornstein. 30.—34. Jahrg. gr. 4. Prag, (Calve'sche Universitäts-Buchh.) [30. Jahrg. (XXXVI, 168 S.) 870.; 31. Jahrg. (LI, 133 S.) 871.; 32. Jahrg. (XL, 199 S.) 872.; 33 Jahrg. (63 S.) 873.; 34. Jahrg. (XXXII, 54 S.) 874.] cart. à Jahrg. *

Prag. K. K. Sternwarte [Weineck, L., Dr.], Magnetische und meteorologische Beobachtungen an der — im Jahre 1893—97. Jahrg. 54—58. Prag 1894—98.

—— magnetische, des Tifliser physikalischen Observatoriums in den J. 1884—1885. Hrsg. von J. Mielberg. (Russisch und deutsch.) gr. 8. (LX, 160 S.) Tiflis 887. (St. Petersburg, Eggers und Comp.) *

—— magnetische, d. Tifliser physikalischen Observatoriums i. d J. 1886—87, 1888—89, 1890. Hrsg. v. J. Mielberg. (Russisch u. deutsch.) gr. 8. Tiflis. (St. Petersb., Eggers u. Co.) [1886—87 (XC, 80, 80 S.). 888. ** 4 —; 1888—89 (LXIV, 80, 80 S.). 890. ** 4 —; 1890 (XXXV, 80 S.). 891. ** 2 —.] ** 10 —

Beobachtungen auf der Sternwarte Mannheim. Mannheim 1862 — Karlsruhe 1875. 2 Abth. 4.

— medicin.-chym. theoret.-prakt., über alle Arten vener. Krankheiten, (v. Chr. Fr. Reuß). 8. Leipz. 786. Compt. f. Litt. 5 gr.

— medic. chym. theor. prakt., der venerischen Krankh. 8 Leipzig, Hilscher. 786.

— medicin., eine Auswahl aus d. Actis nov. d. kais. Akad. d. Naturforscher, übers. mit Anmerkk. v. L. W. C. v. Cappel. 1r Thl. Mit 4 Kpf. 8. Gött. 799. Dieterich. 1 Rthlr. 4 gr.

— meine, über d. Religionsduldung, v. Frhrn. v. Lilg**. gr. 8. Münch. 783. J. Lindauer. 3 gr.

— meine, über die Toleranz. gr. 8. München, Lindauer. 783.

— meiner Selbst. 8. Wien. (Hilscher, L.). 787.

Beobachtungen, metakrit., über d. einzuführende preuß. Agende. (Aus d. literar. Beobacht. abgedr.) 8. Leipz. 824, Hartmann.

— metakrit., über d. einzuführende preuß. Agende. (Aus d. liter. Beobachtt. abgedr.) 8. Leipz. 824. (Lehnhold). 3 gr.

— meteorologische, s.a. Lamont, J.

—— meteorologische, s.a. Publicationen des astrophysikalischen Observatoriums in Potsdam.

Meteorologische Beobachtungen des Jahres... aufgezeichnet in den Anstalten für Witterungskunde im Großherzogthum Sachsen-Weimar-Eisenach, mitgeth. von Großherzogl. Sternwarte zu Jena. Jg. 1. 5.6. Weimar: Landes-Industrie-Compt. 1823-28. 4°.
Jg. 5.6.: (Vort.:) Meteorologisches Jahrbuch des Großherzogthums Sachsen-Weimar-Eisenach.
Jg. 1: 1822.1823.

Jg. 5: 1826. 1827.
Jg. 6: 1827. 1828.

—— meteorologische, d. J. 1826 u. 27, aufgez. in d. Anstalten f. Witterungskunde im Großhrzgth. Sachsen-Weimar-Eisenach, mitgeth. v. d. Grßhrzogl. Sternwarte zu Jena. 5. u. 6. Jahrg. M. 6 Kpfrt. gr. 4. (17¼ B.) Jena 827, 28. (Schmid.) à 1 Thlr.
1—4. Jahrg. 1823—26. Weimar, Landes-Ind.-Comptoir. 4 Thlr.

Meteorologische *Beobachtungen* nebst Beobachtungen üb. die freiwillige Wasser-Verdunstung u. üb. die Wärme des Bodens in verschiedenen Tiefen angestellt im J. 1863 zu Salzmünde. Herausg. v. H. Grouven. Halle 1864. 36 S. 1 Tvl. 7 gr. Tvl. P.

Preuss. Meteorolog. Institut. Meteorologische Beobachtungen in Berlin, Posen, Kassel, Breslau, Aachen und Diedenhofen, in den Jahren 1879 bis 81. obl. Fol.

Berlin, Reichs-Marine-Anstalt.
Meteorologische Beobachtungen im Jahre 1893. (Sonder-Abdruck.) Berlin.

Boroma (Süd-Afrika), Haynald-Observatorium. Kalocsa, Meteorologische Beobachtungen, angestellt zu —, von P. Ladislaus Menyhárth im Jahre 1891, 92. Bearbeitet und herausgeg. von P. Julius Fényi. (Publikationen des Haynald-Observatoriums, VII. Heft, 1896.) Kalocsa 1896. Fol.

Beobachtungen. meteorolog. auf der Sternwarte Christiania. 1837—65. 4.

Meteorologische Beobachtungen in den Jahren 1837—67. Christiania 1865—68. Fol.

Meteorologische Beobachtungen zu Clausthal, vom 1. Dec. 1859 bis 1. Jan. 1861.

Meteorologische Beobachtungen aus dem Jahre 1862 für Chur, Reichenau, Churwalden, Pitasch, auf dem Julierberghaus (1861 u. 62), Splügen-Dorf, Splügen-Berghaus, Bernhardin-Berghaus, Bevers, Klosters; aus den Jahren 1857 u. 58 für Almens und Feldis; Waltensburg (1860); Rongella (1856 u. 57); Zillis (1856—58); Schiers (1857); Küblis (1857—59); Nachträge zu Almens (1859—60); Feldis (1856 u. 59); Waltensburg (1859 u. 61); Schiers (1856, 58 u. 59.) Tabellen.

Beobachtungen, meteorologische, in Deutschland, angestellt an 17 Stationen zweiter Ordnung im J. 1876 und 1877. 2 Bde. gr. 4. (VII, 116; VII, 115 S.) Leipzig 878,79, Teubner. à Bd. * ℳ 8. *

— meteorologische, in Deutschland angestellt an 17 Stationen 2. Ordnung im J. 1876 u. 1878. gr. 4. (VII, 116 u. VII, 115 S.) Leipzig 878. 79. Teubner. à n. 8. —

Hamburg, Deutsche Seewart. Meteorologische Beobachtungen in Deutschland von Stationen II. Ordnung, sowie von Normal-Beobachtungsstationen und den Signalstellen der Deutschen Seewarte für 1878—86. Jahrg. I—IX. Hamburg 1880—88.

—— meteorologische, in Deutschland von 23 Stationen II. Ordnung sowie stündliche Aufzeichnungen von 4 Normal-Beobachtungsstationen der Seewarte; die Stürme nach den Signalstellen der Seewarte. 1883. VI. Jahrg. Hrsg. von der Direktion der Seewarte. gr. 4. (VIII, 255 S.) Hamburg 885, (Friederichsen und Comp.) **

— meteorologische, in Deutschland v. 25 Stationen II. Ordnung, sowie stündliche Aufzeichnungen v. 3 Normal-Beobachtungsstationen der Seewarte u. v. Kaiserslautern; die Stürme nach den Signalstellen der Seewarte. 1884—1886. Jahrg. VII—IX. Hrsg. v. der Direction der Seewarte. Imp.-4. (VIII, 275; IV, 271; VII, 280 S.) Hamburg 886—888. (Friederichsen & Co.) à Jahrg. n.n. 13. —

—— meteorologische, in Deutschland, Jahrg. X fg., s. Jahrbuch, deutsches meteorologisches.

Meteorologische Beobachtungen angestellt in Dorpat im Jahre —. Redigirt und bearbeitet von Arthur von Oettingen (seit 1871 von Karl Weihrauch). 1866. 1867. 1870—1876. Dorpat 1868—1878. 8 Bde. 8°.

Meteorologische Beobachtungen zu Düsseldorf, und des Wasserstandes im Rhein zu Düsseldorf und Rees. 1822, 1823. Düsseldorf.

Budapest, Königl. Ungar. Central-Anstalt für Meteorologie und Erdmagnetismus. Meteorologische und erdmagnetische Beobachtungen. 1877—88. (Ungarisch und Deutsch.) Budapest. qu. Fol.

Budapest, Königl. Ungarische Central-Anstalt für Meteorologie und Erdmagnetismus. Meteorologische und erdmagnetische Beobachtungen. 1889, 90, 91, 92. Budapest.

Frankfurt a. M., Physikalischer Verein, Meteorologische Beobachtungen im Jahre 1881—88. [Frankfurt a. M.] 1884—88. qu. Fol.

Frankfurt a. M., Physikalischer Verein, Meteorologische Beobachtungen im Jahre 1892—95. Frankfurt a. M. 1892—95. Fol. (18434—37)

Beobachtungen. Meteorologische B' am Museum Geoldi in Pará ... s. [Goeldi, Emil August].

Meteorologische Beobachtungen vom XIV. bis XVII. Jahrhundert. Mit e. Einl. (von G[ustav] Hellmann). *Berlin: Asher & Co. 1901.* (78, 127 S.) 4°

— Neudrucke v. Schriften u. Karten üb. Meteorologie u. Erdmagnetismus. No 13. (ot. 4173)

Meteorologische Beobachtungen in Kiel 1855—70. Jahres-Uebersichten von 1849—54, 58—66, 69. Fünftägige Mittelwerthe der Temperatur. Monats- und Jahresmittel der Wärme. Normale von Kiel (17 Jahre). Jahr 1865 in Kiel. (1 Blatt mit Diagrammen.)

Meteorologische Beobachtungen von Krakau. (In Monatstabellen von Dez. 1865 bis Nov. 1866 und Dez. 1866 bis Nov. 1867.)

K. K. Sternwarte, Meteorologische Beobachtungen in den Jahren 1871—1874. (Vgl. Oesterr. meteorol. Beobachtungen.) Fol. [Krakau]

Meteorologische Beobachtungen, Resultate derselben. 1875—88. Krakau.

Lemberg, Meteorologische Beobachtungen, angestellt in dem Zeitraum von März 1871 bis Juli 1872. (Vgl. Oesterr. meteorol. Beobachtungen.) Fol.

Lemberg, Observatorium der K. K. Technischen Hochschule, Meteorologische Beobachtungen im Jahre 1892—94.
Lemberg 1893—94. Fol.

Meteorologische Beobachtungen in Lübeck 1841—57, 63, 64.

— meteorologische u. magnetische, s.: **Annalen d. physikalischen Central-Observatoriums.**

Pola, Hydrograph. Amt d. K.K. Kriegsmarine.
Meteorologische (seit Januar 1881) und magnetische Beobachtungen zu Pola. 1875—88. Wien. qu. Fol.

Beobachtungen, meteorologische und magnetische von Stationen 1. Ordnung und ausserordentliche Beobachtungen von Stationen 2. und 3. Ordnung. Imp. 4°. *410 S.* St. Petersburg. 1879. Leipzig, Voss' Sort. M. 32.—
(Annalen des physikalischen Centralobservatoriums, herausgegeben von H. Wild. 1878. I.)

— meteorologische u. magnetische, der k. Sternwarte bei München. Jahrg. 1876. Hrsg. v. J. v. Lamont. gr. 8. (IV, 96 S.) München 877. (Franz.) n. 1. 20

— dasselbe. Jahrg. 1877 u. 1878. gr. 8. (à IV, 96 S.) Ebend. 878. 79. à n.n. 1. —

— dasselbe. Jahrg. 1879. gr. 8. (IV, 96 S.) Ebend. n.n. 2. —

— dasselbe. Jahrg. 1880 u. 1881. gr. 8. (à III, 96 S.) Ebend. 881. 882. à n.n. 1. —

Beobachtungen, meteorologische u. magnetische, der k. Sternwarte bei München. Jahrg. 1882. gr. 8. (IV, 96 S.) München 883. (Franz' Verl.) n.n. 1. —

K.K. Centralanstalt f. Meteorologie und Erdmagnetismus.
Meteorologische und magnetische Beobachtungen zu Wien, 1875—88.
Wien 1875—83.

Moskau, Meteorologisches Observatorium der landwirthschaftl. Akademie [Petrowsko-Razumowskoje], Meteorologische Beobachtungen, ausgeführt am —. 1887, 88, 90, 93—98.
Moskau 1888, 89, 91, 94—97. (18238, 18240, 18731—36, 20523—30)

Beobachtungen, meteorolog. etc., d. Tifliser physikal. Observatoriums. 1881—93. Tiflis. 8 u. 4.

— meteorologische, d. Tifliser physikalischen Observatoriums im J. 1889. Hrsg. v. J. Mielberg. (Russisch u. deutsch.) Lex.-8. (XI, 184 S.) Tiflis 890. (St. Petersburg, Eggers & Co.) n.n. 3. 50

— dasselbe im J. 1890. (Russisch u. deutsch.) gr. 8. (XX, 201 S.) Ebd. 891. n.n. 3. 50

Pola, Hydrograph. Amt d. K.K. Kriegsmarine.
Meteorologische Beobachtungen, in den Jahren 1873—74 angestellt, nebst einer Witterungs-Uebersicht für die Jahre 1872—74. (Vgl. Oesterr. meteorol. Beobachtungen.) Fol.

Beobachtungen, meteorolog. in Sachsen-Weimar-Eisenach. Weimar 1823—26. 4.

Meteorologische Beobachtungen, angestellt auf Schiffen der russischen Flotte. Bd. I. [In russ. und deutscher Spr.] St. Petersburg 1883.

—— **meteorologische, in 88 Stationen der Schweiz. Publicationen der schweizerischen Centralanstalt für Meteorologie. 1. — 4. Jahrg. 1864 — 67. à Jahrg. 12 Hefte. gr. 4. (à Heft ca. 50 S.) Zürich, (Höhr.) à Jahrg. * ***

— dass. 16.-18. Jahrg. 1879-1881, s. Beobachtungen, Schweizerische meteorologische.

—— an 15 Stationen II. Ordnung im J. 1879. Red. von der deutschen Seewarte. Hamburg 1879—81.

—— von 18 Stationen II. Ordnung, sowie von 6 Normal-Beobachtungs-Stationen ... [wie oben] für 1879. Jhg. 2—5. Hamburg 1881—84. 4. . . . . (RPA.)

K.K. Centralanstalt für Meteorologie und Erdmagnetismus.
Meteorologische Beobachtungen an 13 Stationen in Oesterreich und 3 Stationen im Ausland. 1879, 80, 81. (Enthalten in den Jahrbüchern der k. k. Central-Anstalt, Wien.) [Wien 1879, 80, 81.]

—— von 25 Stationen II. Ordnung, sowie stündliche Aufzeichnungen von 3 Normal-Beobachtungsstationen der Seewarte und von Kaiserslautern; die Stürme nach den Signalstellen der Seewarte. 1884—86. Jhg. 7—9. Herausg. von der Direktion der Seewarte. Hamburg 1886—88. Imp.-4.
Später: Deutsches meteorol. Jahrbuch. Beobachtungssystem d. deut. Seewarte.

Meteorologische Beobachtungen an 15 (seit 1894: 12) Stationen der Schweiz. Jahrg. 1893—97. Zürich.

Meteorologische **Beobachtungen** (an schleswig-holsteinischen Stationen etc., veröffentl. v. Gustav Karsten). Siehe in: Chronik der Universität zu Kiel.
1854. Kiel. 1855. 4°.

—— angestellt an 17 Stationen II. Ordnung im J. 1878.

Meteorologische **Beobachtungen** der Stationen unter der Verwaltung des Observatoriums Taschkent für das Jahr 1897. (Beilage zu Bd 1. der Iswestija der Turkestanischen Section der Kaiserlichen Russischen Geographischen Gesellschaft. Heft 1. Unter der Redaktion von Ja. P. Gultjajew.) Taschkent 1899. VII, 168, 22 S. 8°.

K.K. Centralanstalt f. Meteorologie und Erdmagnetismus.
Meteorologische Beobachtungen an 10 Stationen in Oesterreich [Eger, Barzdorf, Lemberg, Salzburg, Kremsmünster, Wien, Cilli, Riva, Triest, Lesina] in den Jahren 1874—76.

— meteorologische, aufgezeichnet an der königl. Sternwarte bei München in den J. 1825 — 1837 von Joh. v. Soldner u. Joh. Lamont. 2. Supplementbd. zu. d. Annalen der Münchener Sternwarte. München 857. (Franz.) gr. 8. (XXXIV, 196 S.) n. 1 ₰

Beobachtungen, meteorolog. auf der Leipziger Sternwarte 1868—70.

Beobachtungen, meteorolog. auf der Sternwarte Prag. Jahrg. 1839—92. Prag. 4.

Beobachtungen, meteorologische, an der k. k. Sternwarte in Wien von 1775—1855. Auf öffentliche Kosten herausg. von Carl von Littrow u. Carl Hornstein. 1. Bd. 1775—1796. Lex. 8. (XIII. 313 S.) Wien, 1860. Wallishausser'sche Buchh. (Jos. Klemm) in Comm. netto baar 4 fl.
— Dieselben. 2. Bd. 1797—1809. Lex. 8. (IV. 364 S.) 1861. Ebds. in Comm. netto baar 4 fl.
— Dieselben. 3. Bd. 1810—1822. Lex. 8. (VIII. 313 S.) Ebds. in Komm. netto baar 4 fl.

Beobachtungen, meteorologische. an der k. k. Sternwarte in Wien von 1775 bis 1855. Auf öffentliche Kosten herausgegeben von Carl von Littrow u. Edmund Weiss. 4. Bd. (1823—1838.) Lex. 8. (VI. 385 S.) Wien, 1863. Wallishausser'sche Buchh. (Jos. Klemm) in Comm. netto baar 4 fl.

—— **dass. — 5. Bd. 1839 — 1855. Lex.-8. (XII und 409 S.) Ebendas. 866.**

Beobachtungen, Meteorologische, an der Wiener Sternwarte in den Jahren 1839—1855. Die Uebersicht derselben zusammengestellt von Dr. C. Jelinek, Dr. Adalb. Kunes und Adolf Jos. Pick. (Lithographirt.) (3 Hfte.) Fol. (Wien 1860?)

Meteorologische Beobachtungen 1856–76. (Aus den Annal. der k. k. Sternw. in Wien.) Wien.

Meteorologische Beobachtungen, angestellt an der meteorologischen Centralstation Stuttgart von Schoder. 1876—82. Stuttgart 1876—83.

Meteorologische Beobachtungen an der Königlichen Universitäts-Sternwarte zu Christiania. 1837–1863. Christiania 1865 VIII, 709 S. qu.-8°.

—— meteorolog., angest. auf Veranstaltung d. naturforsch. Gesellschaft in Zürich. 1837 u. 1838. 2 Hfte. Roy.-4. (à 3½ B.) Zürich 839, Orell, Füssli u. Comp. à * 12 Gr. *

Warschau, Astronomisches Observatorium, Meteorologische Beobachtungen in den Jahren 1811—51.

Oesterreich. meteorologische Beobachtungen, angestellt in Wien (1865–74), Lemberg (1871—72), Krakau (1871—74), Fiume (1871—74), Triest (1871—74), Pola (1873—74). Fol.

K. K. Marine-Akademie, Meteorologische Beobachtungen im Jahre 1880 bis 1888. [Fiume 1880—88.]

K.K. Centralanstalt f. Meteorologie und Erdmagnetismus.
Meteorologische Beobachtungen in den Jahren 1857—65. Anhang. Die Beobachtungen der Jahre 1852—56 finden sich in der älteren Reihe der Jahrbücher der k. k. Central-Anstalt (Bd. IV—VIII), und zwar für alle 24 Stunden, jene vom Jahre 1866 angefangen im „Anzeiger der kais. Akad. der Wissensch." abgedr. Wien.

Wien, K.K. Centralanstalt für Meteorologie und Erdmagnetismus.
Beobachtungen an der — für 1893—95. Wien.

K.K. Centralanstalt für Meteorologie und Erdmagnetismus.
Meteorol. Beobachtungen vom Juli 1865—Dec. 1874. Wien. (174—177)
Meteorologische Beobachtungen von 1865—1875. Wien. (Beide Reihen sind bis auf das Jahr 1875 identisch.)

Beobachtungen. meteorolog. in Zürich 1837—48 und 1852. 4.

Schwerin, Großherzogl. Statist. Bureau.
Die meteorologischen Beobachtungen in Mecklenburg in den Jahren 1852—55.

METEOROLOGISCH-PHÄNOLOGISCHE BEOBACHTUNGEN AUS DER FULDAER GEGEND gesammelt vom Verein für Naturkunde.
1876—1877. (Mit Tabellen.) Fulda 1877—1878. Druck von Carl Köppel. 8°.
1878.*) ib. 1879. Druckerei des Hessischen Beobachters.

Johann Daniel M e t z g e r s gerichtlich-medicinische Beobachtungen. Jg. 1.2. Königsberg: Kanter 1778-80. 1. Bd. 8°
Jg. 1: 1778.
Jg. 2: 1780.
Forts. s. B e o b a c h t u n g e n , Johann Daniel Metzgers neue gerichtlich medicinische. 1798.

Johann Daniel M e t z g e r s neue gerichtlich-medicinische Beobachtungen. Bd. 1. Königsberg: Hartung 1798. 8°
Bd. 1: 1798.
Anf. s. B e o b a c h t u n g e n , Joh. Dan. Metzgers gerichtlich-medicinische. 1778-80.

Beobachtungen, Mineralogisch-bergmännische, auf einer Reise durch einen Theil des meissner- und erzgebirgischen Kreises ... [Freiberg 1792.] V: *Freiesleben, Johann Carl.* (MGT)

— mineral., über einige Basalte am Rhein, (v. Al. v. Humboldt). 8. Braunschw. 790. Schulbuchh. 8 gr

— mineralog., botan., physikal., oryktolog. u. meterolog., auf Reisen nach d. böhm. Riesengebirge, v. Jraseck, Händke, Gruber u. Gerstner. Herausg. v. d. königl. Böhm. Gesellsch. d. W. Mit Kpf. u. 1 Karte. 4. Dresd. 791. Walther. 2 rß

— moral., u. Urtheile, (v. H. Waser. 8. Zürich 757. Orell. 6 gr

Beobachtungen und Muthmassungen über den Granit und über den Gneiss (von Gerhard?). Berlin 1779. 8.
Desgl. ein 2. Exemplar.

— des Narren in d. Einsamkeit. 3 Thle. 8. (Leipz., Wienbrack). 1 rß 4 gr

BEOBACHTUNGEN des N a r r e n i n d e r E i n s a m k e i t, ein von ihm hinterlassenes Manuskript, von seinem Vetter hrsg. 3 Thle. Mit curiosem Titelkpfr. Hundsfeld (Leipzig, Gräff) 1788—89. 8°. (18 Mk. Max Harrwitz, Berlin, 1906; 8 Mk. Oskar Rauthe, Friedenau—Berlin, 1907.)
232, 125, 166 S. — Darin ausser einer Anzahl f r e i e r G e d i c h t e u. E r z ä h l u n g e n auch s c h a r f e S a t y r e n auf Prinzen, Adel, Minister, Halbgelehrte, Theater etc.

— über d. Neigungen u. Sitten d. Menschen v. Evremont. 8. Lpz. 769. Hertel. 10 gr

— neue, über verschiedene Arten zu predigen. Aus d. Franzos. 8. Augsb. 779. Rieger. 8 gr

Neuere Beobachtungen über fremde Länder und Sitten. Größtentheils nach englischen russischen und französischen Journalen verdeutscht.
Basel: Flick. 1785. VIII, 438 S. 8°.
Stadtbibliothek Mainz

— neuere, über fremde Länder u. Sitten. 8. Basel 785. (Neukirch). 1 rß

—— neuere, im Gebiete d. S o m n a m b ü l i s m u s u. Magnetismus, od. wunderbare Erscheinungen eines Alb-Mädchens in d. Jahren 1832—1833. Als Beitrag zu J. Kerner's Gesch der Seherin von Prevorst. gr. 8. (2½ B.) Stuttgart 834 Hasselbrink.

Beobachtungen, Neuere, über die Vulkane Italiens und am Rhein, . . . aus dem Französischen übersetzt. Frankf. und Leipz. 1784. Ü: *Rücker, Georg Albr.* (MGT)

—— neueste, welche bei den weiteren Versuchen des Tischrückens gemacht wurden und Aufstellung der über die Ursache dieser Erscheinung von verschiedenen Seiten kundgegebenen Ansichten. 1—4. Aufl. Fortsetzung und Schluß der Broschüre: Das Tischrücken ꝛc. 16. (38 S.) Nürnberg 853, Bauer und Raspe.

Ministerium für Elsass-Lothringen
Abtheilung für Gewerbe, Landwirthschaft und öffentliche Arbeiten, Beobachtungen der atmosphärischen Niederschläge in Elsass-Lothringen während der Jahre 1871—82. Strassburg 1883.

Beobachtungen über das Nordlicht vom 7. Januar 1831.

Beobachtungen aus dem Magnetischen Observatorium der Kaiserlichen Marine in Wilhelmshaven während der Polar-Expeditionen 1882 und 1883, ausgeführt unter der Leitung von Prof. Dr. C. B ö r g e n. (Separat-Abdruck aus dem Deutschen Polarwerke.) (Berlin 1886.) VII, 116 S., 2 Tf. 4°.

— aus dem magnetischen Observatorium d. kaiserl. Marine in Wilhelmshaven. Ausgeführt im Auftrage d. hydrograph. Amts der Admiralität unter der Leitg. v. C. B ö r g e n. Hrsg. vom hydrograph. Amt d. Reichs-Marine-Amts. 2. Thl. Stündliche Variations-Beobachtgn. während der J. 1884 u. 1885. gr. 4. (III, 52 S. m. 1 Tab.) Berlin 890. E. S. Mittler & Sohn. n. 2. 50
Der 1. Thl. hierzu ist enthalten in: Polarforschung, die internationale, 1882—1883. Die deutschen Expeditionen u. ihre Ergebnisse. 2. Bd., s.: 1890 (in Bd. XXVI).

— dasselbe. Ausgeführt im Auftrage des Reichs-Marine-Amts unter der Leitg. v. C. B ö r g e n, hrsg. v. dem kaiserl. Observatorium zu Wilhelmshaven. 3. Thl. Stündliche Variations-Beobachtungen während der J. 1886, 87, 88. gr. 4. (59 S.) Ebd. 893. n. 2. 50

Beobachtungen a. d. magnetischen Observatorium d. kaiserl. Marine i. Wilhelmshaven. Ausgef. i. Auftr. d. Reichs-Marine-Amts unt. d. Leitg. v. C. Börgen, hrsg. v. d. kaiserl. Observatorium z. Wilhelmshaven. 4. Thl. Stündl. Variations-Beobachtgn. d. Deklination währ. d. J. 1889—1895. gr. 4. (IV, 53 S.) Berlin 896. E. S. Mittler & Sohn. n. 2. 50 (II—IV.: n. 7. 50)

— aus dem magnetischen Observatorium der kaiserlichen Marine in Wilhelmshaven. Ausgeführt im Auftrage des Reichs-Marine-Amts unter der Leitg. v. C. Börgen, hrsg. v. dem kaiserl. Observatorium zu Wilhelmshaven. V. Thl. Stündliche Variations-Beobachtgn. der Horizontal-Intensität während der J. 1889 bis 1895. — Nebst den Bestimmgn. der Inklination während derselben Zeit gr. 4. (XVI, 57 u. 35 S.) Berlin 899. E. S. Mittler & Sohn. n. 5.—
II.—IV. Ebd. 890—896. n. 7.50.

—— des meteorologischen Observatoriums auf dem Hohenpeissenberg von 1792—1850, auf öffentl. Kosten hrsg. von J. Lamont. I. Supplementbd. zu den Annalen der münchener Sternwarte. gr. 8. (LXXI und 788 S.) München 851, (Franz.) *
Vgl.: Annalen der münchener Sternwarte.

— d. Tiflisor physikal. Observatoriums i. d. J. 1891—1893. Hrsg. v. J. Mielberg. (Russisch u. deutsch.) gr. 4. Tiflis. (St. Petersburg, Eggers & Co.) à n. 10.—
1891. (LIV, 196 S.) 893 (als Nachtrag z. Bd. XXVII d. Bücher-Lexikons hier mitaufgenommen).
1892. (IV, XXVI, 198 S.) 894.
1893. (IV, XXXII, 198 S.) 895.
Vorh. u. d. Titel: Beobachtungen der Temperatur des Erdbodens im Tiflisser physikalischen Observatorium.

— dasselbe i. d. J. 1894 u. 1895. Hrsg. v. Ed. Stelling. gr. 4. Ebd. à n. 10.—
1894. (IV, XXXII, 198 S.) 896.
1895. (IV, XXIX, 198 S.) 897.

Beobachtungen des Tiflisser physikalischen Observatoriums in den J. 1896 u. 1897. (Russisch u. deutsch.) gr. 4. (XXXII, 196 u. IV, LVI, 198 S.) Tiflis 898. 900. (St. Petersburg, Eggers & Co.) à n. 10.—

—— ombrometrische, der vom böhmischen Forstvereine in den Forsten Böhmens in verschiedenen Seehöhen und Expositionen errichteten Stationen. Hrsg. von der Forstlehranstalt Weisswasser, zusammengestellt und redig. von Eman. v. Purkyně. (1.) Jahrg. 1879. 12 Hefte. gr. 4. (à Heft 24 S.) Prag, (Calve'sche Hofbuchh.) *

—— ombrometrische, der vom böhmischen Forstvereine in den Forsten Böhmens in verschiedenen Seehöhen und Expositionen errichteten Stationen. Hrsg. von der Forstlehranstalt Weisswasser, zusammengestellt und redig. von Eman. v. Purkyně. 2. Jahrg. 1880. 12 Hefte. gr. 4. (à Heft ca. 40 S.) Prag, (Calve'sche Hofbuchh.) *

—— ombrometrische, des vom böhmischen Forstvereine in den Forsten Böhmens in verschiedenen Seehöhen und Expositionen errichteten Netzes von 730 Stationen. Hrsg. von der Forstlehranstalt Weisswasser, zusammengestellt und redig. von Eman. v. Purkyně. 3. und 4. Jahrg. 1881 und 1882. à Jahrg. 12 Hefte. gr. 4. (à Heft ca. 40 S.) (Ebendas.) à Jahrg. *

— üb. den Orient, aus Reisebeschr. zur Aufklärung der heil. Schrift. a. d. Engl. von Faber. 3 Thle. gr. 8. Hamb. Bohn. 772—79. (1r 1 Thlr. 2r u. 3r à 1 Thlr. 4 gr.).

— über d. Orient; aus Reisebeschreibn., zur Aufklärung d. heil. Schrift. Aus d. Engl. (d. Harmars) v. J. E. Faber, F. A. K. Werthes u. D. C. Seybold. 3 Thle. gr. 8. Hamb. 772—79. (Campe). 3 ℛ 8 gℊ

Beobachtungen, phänologische, im Kt. Bern 1869—80, 82. Bern.

Phänologische Beobachtungen im Kanton Bern i. J. 1870-1872. - Bern 1872. - Fortges. u. d. T.: Klimatologische und phänologische Beobachtungen im Kanton Bern. 1873-1882

Beobachtungen, Physicalische, derer Saamenthiergens, durch die allerbesten Vergrösserungs-Gläser . . . Nürnberg 1756. V: *Ledermüller, Mart. Frob.* (EBHN)

— physikal. d. Saamenthierchen. Mit Kpf. 4. Nürnb. 756. Monath u. K. 6 gℊ

Beobachtungen d. russischen Polarstation an der Lenamündung. Th. 1. Astronom. u. magnet. Beobachtungen 1882—84. Herausg. unter Redaction v. A. v. Tillo. Anhang: Beschreibung d. Lena-Expedition v. A. Bunge. [St. Petersb.] 1895. (356) S. 6 Tvl. 2 Kt. 4°.
(Expedition d. kaiserl. russ. geograph. Gesellschaft). (Russ. Overtit., Tekst russ.

Kais. Russ. Geograph. Gesellsch. Beobachtungen der Russischen Polar-Station an der Lena-Mündung. Theil II.: Meteorologische Beobachtungen. Lief. 1. Beobachtungen vom Jahre 1882—83. Lief. 2. 1883—84. Herausg. von R. Lenz. [St. Petersburg] 1886, 87.

Beobachtungen, politische. 1. Hft. Ueber die Vereine zur Hebung der Noth der arbeitenden Classen. gr. 8. (4 B.) Berlin 845. [Finke's Nachfolger.] *

— dass. 2. Heft. Ueber die protestant. Freunde in der Provinz Sachsen. gr. 8. Ebd. 845. n. $^{1}/_{3}$ ℛ

—— dass. Hrsg. v. A. Widmann. 3. Hft. Das Wesen des Jesuiten-Ordens. Dargest. v. Heinr. v. Orelli. gr. 8. (21½ B.) Potsdam 846, Stuhr'sche Buchh.

— in u. über Prag, von einem reisenden Ausländer. 1r Bd. 8. Leipzig, F. C. W. Vogel. 787.

— prakt., über verschied., vorzügl. aber über jene Augenkrankheiten, welche aus Krankheiten d. Körpers entspringen ꝛc. (Von J. G. Beer). Mit ill. Kpf. gr. 8. Wien 791. (Beck). 1 ℛ 8 gℊ

—— psychologische. Aus dem Nachlaß von ****. gr. 16. (160 S.) Berlin 875, C. Duncker. *

— über die Quelle der Metaphysik von alten Zuschauern. 8. Hildburgh. Hanisch. 791.

— auf einer Reise durch Flandern nach Paris; a. d. Engl. 8. Leipz. Schwickert. 777.

—— auf einer Reise in das Petschora-Land, s. a. Keyserling.

— auf einer Reise in das Petschora-Land. Im Jahre 1843. (Von Graf Alex. Keyserling und Paul v. Krusenstern.) Mit 22 lith. Taf. u. 2 Karten. gr. 4. St. Petersburg 846. (Berlin, Schröder's Verlag.) n. 10 ℛ

— u. histor. Sammlungen wicht. Ereignisse aus dem Kriege zwischen Frankreich, dessen Verbündete u. Oesterreich. im J. 1809. 5 Hefte mit Chart. u. Plan. gr. 8. Weimar, Land. Ind. Comt. 809. (1s 12 gr. 2s 21 gr. 3s 15 gr. 4s 12 gr. 5s 1 Thlr. 6 gr.).

Beobachtungen, schweiz. hydrometrische. Monatsbulletin 1866—68 fol. Mit Beilagen.

Beobachtungen, schweiz. hydrometrische. Jahresbulletin 1867-94. fol.

Bern, Schweizerisches Departement des Innern, Schweizerische hydrometrische Beobachtungen. Tabellarische Zusammenstellung der Haupt-Ergebnisse für das Jahr 1889. Bern. Fol.

Beobachtungen, Schweizerische meteorologische, 1.-4. Jahrg. 1864-67, s. Beobachtungen, Meteorologische, in 88 Stationen der Schweiz.

Beobachtungen, schweizer. meteorologische. XVI. Jahrgang, 1879. Heft 1—7. In-4°, 366 S. Zürich, in Commission bei S. Höhr.
Pro complet 20 —

—— schweizerische meteorologische. 17. und 18. Jahrg. 1880 und 1881. gr. 4. (367; 286, 24 S.) Zürich, (Höhr.) à Jahrg. ＊＊
Die frühern Jahrg. erschienen zu gleichem Preise.

—— schweizerische meteorologische, 19.—23. Jahrg., s. Annalen der Schweizerischen meteorolog. Central-Anstalt.

— e. redl. Schweizers, v. G. L. C. 8. Frankf. 786. Andreä. 4 gℊ

Beobachtungen, Seismometrische, in Potsdam. *[Wird fortges.]*
(Veröffentlichung d. Kgl. Preuß. Geodät. Instituts. N. F. 12 ff.)

— d. Station z. Messg d. Temperatur d. Erde in verschied. Tiefen im botan. Garten zu Königsberg i/Pr. Jan. 1887 bis Decbr 1888. Hrsg. v. E Mischpeter. 4° (26) Kngsbg 90, (W Koch). — 75 || Jan.—Decbr 1890. (16) 94. — 50

Beobachtungen der Station zur Messung der Temperatur der Erde in verschiedenen Tiefen im botanischen Garten zu Königsberg in Pr. Jan. bis Decbr. 1889. Hrsg. v. E. Mischpotor. [Aus: „Schriften d. physikal.-ökonom. Gesellsch. in Königsborg".] gr. 4. (16 S.) Königsberg 894. (W. Koch.) n. — 60

Lehrer-Seminar, Die Beobachtungen der meteorologischen Station im — — im Jahre 1877. (Sep-Abdr. aus dem Heft IX der Statist. Mittheilungen über Elsass-Lothringen.) Strassburg 1878.

Beobachtungen der Meteorologischen Station des Observatoriums der Kaiserlichen Marine in Wilhelmshaven. Ausgeführt im Auftrage des Reichs-Marine-Amts unter Leitung von Admiralitätsrat Prof. Dr. C. Börgen. Herausgegeben von dem Kaiserlichen Observatorium zu Wilhelmshaven. Th. 1. Stündliche Aufzeichnungen des Luftdrucks, der Windrichtung und der Windgeschwindigkeit während der Jahre 1889—1893. Th. 2 u. 3. Stündliche Variations-Beobachtungen während der Jahre 1884 und 1885; 1886, 87, 88. Berlin 1890—1895. 3 Bde. 4°.

— d. meteorolog. Station d. Observatoriums d. kaiserl. Marine i. Wilhelmshaven. Ausgef. i. Auftr. d. Reichs-Marine-Amts unt. d. Leitg. v. C. Börgen. Hrsg. v. d. kaiserl. Observatorium z. Wilhelmshaven. 1. Thl. gr. 4. Berlin 895. E. S. Mittler & Sohn. n.n. 1. 75
Stündl. Aufzeichngn. d. Luftdrucks, d. Windrichtung u. d. Windgeschwindigkeit währ. d. J. 1889—1893. (VI, 56 S.)

Beobachtungen an den forstlich-meteorologischen Stationen. - Zürich 1891, 1892, 1893-1897. - (Mitt. d. Schweiz. Centralanst. f. d. forstl. Versuchswes.)

— d. meteorolog. Stationen i. Königr. Bayern, s.a. Jahrbuch, deutsches, meteorolog.

Königl. bayerische Meteorolog. Central-Station.
Beobachtungen der meteorologischen Stationen im Königreich Bayern. Herausgegeben von der Königl. bayr. Meteorologischen Central-Station durch Wilhelm von Bezold und Carl Lang (vom 7. Jahrg. an durch Carl Lang und Fritz Erk). Mit Tafeln und Holzschnitten. Jahrg. 1—10. 1879—88. München 1880—89.

—— der meteorologischen Stationen im Königr. Bayern, hrsg. von der königl. meteorolog. Central-Station durch Wilh. v. Bezold und Carl Lang. 1. Jahrg. 1879. 4 Hefte. gr. 4. (à Heft ca. 86 S.) München, Th. Ackermann. *

—— der meteorologischen Stationen im Königr. Bayern, hrsg. von der königl. meteorolog. Central-Station durch Wilh. v. Bezold und Carl Lang. 2. Jahrg. 1880. 4 Hefte. gr. 4. (à Heft 36 S.) München 880, Th. Ackermann. *

—— dass. — unter Berücksicht. der Gewittererscheinungen im Königr. Württemberg, hrsg. von der königl. meteorolog. Central-Station durch Wilh. v. Bezold und Carl Lang. 3.—6. Jahrg. 1881—1884. à Jahrg. 4 Hefte. gr. 4. (à Heft 36 S.) Ebendas. à Jahrg. *

—— der meteorologischen Stationen im Königr. Bayern unter Berücksicht. der Gewittererscheinungen im Königr. Württemberg und Grossherzogth. Baden hrsg. von der königl. meteorolog. Central-Station durch Wilh. v. Bezold und Carl Lang. 7. Jahrg. 1885. 4 Hefte. gr. 4. (LII, 194 S. mit 4 Taf.) München, Th. Ackermann's Verlag. *

—— dass. — Hrsg. von der königl. meteorolog. Central-Station durch Carl Lang und Fritz Erk. 8. und 9. Jahrg. 1886 und 1887. à Jahrg. 4 Hefte. gr. 4. (LIV, 194 S. mit 1 Taf.; LXXXVI, 186 S. mit 3 Taf.) Ebendas. à Jahrg. *

—— der meteorologischen Stationen im Kgr. Bayern, 10. Jahrg. u. ff., s. Jahrbuch, deutsches meteorolog.

Königl. bayerische Meteorologische Centralstation, Beobachtungen der Meteorolog. Stationen im Königreich Bayern. 14.—18. Jahrg., 1892—96. München 1893—96.

Ministerium für Elsass-Lothringen, Statistisches Bureau, Die Beobachtungen der meteorologischen Stationen in Elsass-Lothringen, sowie die Grundwasserstands- und Bodentemperatur-Beobachtungen des Lehrer-Seminars zu Strassburg während des Jahres 1878—81. (Auch u. d. T. Statist. Mittheil. über Elsass-Lothringen.) Heft 13, 17, 18, 20. Strassburg 1879, 81—83.

— angestellt auf der Sternwarte d. Kammerherrn v. Bülow zu Bothkamp. 1—3. Hft. Leipzig 1872—75. Engelmann. n. 33. —
1. Hrsg. v. H. C. Vogel. Mit 7 (lith.) Taf. u. mehreren Fig. in Holzschn. (VI, 130 S.) n. 11. —
2. Hrsg. v. H. C. Vogel. Mit 6 (lith.) Taf. u. mehreren Fig. in Holzschn. (145 S.) n. 12. —
3. Hrsg. v. O. Lohse. Mit 1 (lith.) Taf. u. mehreren Fig. in Holzschn. (V, 104 S.) n. 10. —

— auf d. kais. kön. Sternwarte in Wien, üb. d. bisherigen Lauf des jetzt scheinenden Kometen, sein. Annäherung zur Erde u. seines weit. Laufes in d. Monaten Oct. Nov. u. Dec. 1811, nebst beigef. Bemerkungen üb. diesen und andere Kometen ɪc. 8. Wien, Geistinger. 811.

Hamburg, Deutsche Seewarte.
Stündliche Beobachtungen der Normal-Beobachtungsstationen der Seewarte. 1876—88. (Handschriftlich.)

K.K. Centralanstalt für Meteorologie und Erdmagnetismus.
Tägliche Beobachtungen an 16 Stationen in Oesterreich und 3 Stationen im Ausland. 1882—87. (Jahrb. d. k. k. Central-Anstalt f. M. 1882—87. [Wien 1882—87.]

Wien, K. K. Centralanstalt für Meteorologie u. Erdmagnetismus, Tägliche Beobachtungen an (x) Stationen in Oesterreich und (y) Stationen im Auslande. Jahr 1888—95. Wien.

Beobachtungen der Temperatur des Erdbodens in den Jahren 1880—83. Herausgegeben von J. Mielberg. Tiflis 1881, 85.

— der Temperatur d. Erdbodens im Tifliser physikalischen Observatorium in den J. 1880/85. Hrsg. v. J. Mielberg. (Russisch u. deutsch.) gr. 8. Tiflis, (St. Petersburg, Eggers & Co.). à n.n. 4. 50
1880. (XII, 202 S.) 881. — 1881. (202 S.) 885. — 1882. (202 S.) 885. — 1883. (202 S.) 885. — 1884. Nebst Anh.: Beobachtungen am Radiations-Thermometer in den J. 1881—1884. (XXVII, 288 S.) 886. — 1885. (VII, 202 S.) 891.

— d. Temperatur d. Erdbodens i. Tifliser physikal. Observatorium i. d. J. 1886—1889. Hrsg. v. J. Mielberg. (Russisch u. deutsch.) gr. 8. (VIII, 404 S.) Ebd. n. 19. —
1886—1887. (VIII, 404 S.) 893. n. 9. — (als Nachtrag z. Bd. XXVII d. Bücher-Lexikons hier mitaufgenommen). — 1888—1889. (XX, 404 S.) 895. n. 10. —.

Tiflis, Physikal. Observatorium, Beobachtungen der Temperatur des Erdbodens im — zu Tiflis in den Jahren 1888—89. Tiflis 1895.

— d. Temperatur d. Erdbodens im Tiflisser physikal. Observatorium in d. J. 1890. Hrsg. v. E Stelling. (Russisch u. deutsch.) 8° (204) Ebd. 95. 4.50
Erscheinen nicht mehr besonders, sondern sind im vorhergeh. Werke mit enth.
Fortges. u.d. Titel: Beobachtungen des Tifliser Observatoriums.

Tierphänologische Beobachtungen in Finland. Zsgest. von K[aarle] M[ainio] Levander. Jg. [1.] 1907. Helsingfors : Finn. Litt.-Gesellsch. 1909. 8°
(Bidrag till kännedom af Finlands natur och folk. H. 67, Nr 3.) 10. 10047 4

Beobachtungen und Untersuchungen über die Blattrollkrankheit der Kartoffeln in Westfalen. Münster i. W.: Der Westfale [1909]. 35 S. 8°
Aus: Jahresbericht d. Landwirtschaftl. Versuchsstation zu Münster f. d. J. 190
(Veröffentlichungen d. Landwirtschaftskammer f. d. Prov. Westfalen. H. 8.) 09. 16314

— u. Untersuchungen üb. d. Ruhr (Dysenterie), s.a. Veröffentlichungen a. d. Gebiete d. Militär-Sanitätswesens.

Beobachtungen und Untersuchungen über die Ruhr (Dysenterie). Die Ruhrepidemie auf d. Truppenübungsplatz Döberitz im J. 1901 u. die Ruhr im Ostasiat. Expeditionskorps. Zsgest. in d. Med.-Abth. d. kgl. Preuss. Kriegsministeriums. Mit Abb. u. 8 Taf. *Berlin: A. Hirschwald 1902.* (160 S.) 8°
= Veröffentlichungen aus d. Geb. d. Militär-Sanitätswesens. H. 20.
03. 11,0

Beobachtungen und Urtheile, Moralische. Zürich 1739. V: *Waser, Heinrich.* (ML) (Ky)

Verschiedene *Beobachtungen* bey dem Tobaks-Pflanzen, bekannt gemacht auf Veranstaltung d. königl. General-Land-Oekonomie- u. Commerz-Collegii. Copenh. 1780. 36 S. P.

Beobachtungen über Johann Stephan Pütters . . . Versuch einer richtigen Bestimmung des Kayserlichen Ratifications-Rechts . . . Frankfurt und Leipzig 1770. V: *Schrötter, Franz Ferdinand Edl. von.* (WBL)

— über Putters Vers. einer Bestimmung des kais. Ratificationsrechts. 4. Frankf. Krauß. 770.

— u. Versuche über den Brodhandel. gr. 8. Bern, Typogr. Soc. 1 rℓ 3 gℓ

Beobachtungen, Versuche und Erfahrungen über die vortheilhafteste Bereitungsart des Salpeters. Tübingen 1783. 8.

Bonn, K. Sternwarte, Veröffentlichung No. 4: Beobachtungen von 4070 Sternen zwischen 0° und 18° N-Dekination. Bonn 1900. Fol.

— in der litterar. u. moral. Welt, zur Aufnahme des guten Geschmacks in Schlesien auf 773 u. 774, 8. Bresl. Böhme. 774.

— in d. moral. u. liter. Welt; e. Wochenschrift (großentheils v. G. v. Baumgarten). 2 Thle. 8. Bresl. 773, 74. (Leipz., Gnobloch). 1 rℓ

Beobachtungen über die **Wirkung** des Naftalan. (Zsgest. von d.) Naftalan-Gesellsch. zu Magdeburg. H. 1–6. *Magdeburg [1898–1901]: A. Wohlfeld.* 6 Bde 8° [01. 9031 3

Beobachtungen, Wissenschaftliche, auf einer Reise in das Petschora-Land im Jahre 1843. St. Petersburg 1846. V: *Keyserling, Alexander Graf.* (Stadtbibl. Berlin XVI.)

—— wissenschaftliche, auf Reisen. 1. und 2. Heft. Hrsg. vom Verein für Erdkunde zu Leipzig. gr. 8. Leipzig 883, Duncker und Humblot. à Heft *M 2. *

Inhalt:

Heft 1. Peter, H., Anleitung zur Anstellung geograph. Ortsbestimmungen auf Reisen mit Hilfe des Sextanten und Prismenkreises. — Danckelman, A. v., meteorologische Beobachtungen, ihre Wichtigkeit und Durchführung in wenig erforschten Gebieten. (85 S.)

» 2. Denhardt, Clem., Anleitung zu geograph. Arbeiten bei Forschungsreisen. (90 S. mit 2 eingedr. Holzschn. und 1 chromolithogr. Karte.)

Aus: Mittheilungen des Vereins für Erdkunde zu Leipzig, besonders abgedruckt.

— über d. heiße u. trockene Witterung d. Sommers 1800. Aus d. Französ. mit Anmerkk. v. J. L. Christ. 8. Frankf. a. M. 801. Guilhaumann. 6 gℓ

Beobachtungen der schweiz. meteorologischen Centralanstalt. Jahrg. 1864–93. Zürich. 4 Mit Suppl. 1 von 1885.

Beobachtungen, einige, üb. d. Zucht d. Obstbäume z. Spalieren, od. Versuch e. theoret.-prakt. Anleit. z. Zucht derselben. Mit 1 Kpf. 8. Prag, 1796. Calve. — 20

Beobachtungen, Zweifel und Fragen der Mineralogie . . . Erster Versuch. Hannover 1778. V: *Beroldingen, Joseph Anton Eusebius Freih. von.* (BrMm) (ML)

Beobachtungs-Ergebnisse.
— d. Repsold'schen Meridiankreises d. k. Sternwarte zu München 1. Tl. 4° Münch. 96, (G Franz' V.). nn 12 —
I. Bauschinger, J: Untersuchgn üb. d. astronom. Refraction m. e. Bestimmg d. Polhöhe v. München u. ihrer Schwankgn v. Novbr '91 bis Octbr '93 u. e. Katalog d. absoluten Declinationen v. 116 Fundamental-Sternen. (42—229) nn 12 —

Deutsche Polar-Kommission.
Die Beobachtungs-Ergebnisse der deutschen Stationen. Herausg. von G. Neumayer und C. Börgen. (Die internationale Polarforschung 1882–83.)
Band I. Kingua-Fjord und die meteorologischen Stationen II. Ordnung in Labrador: Hebron, Okak, Nain, Zoar, Hoffenthal, Rama, sowie die magnet. Observatorien in Breslau und Göttingen.
„ II. Süd-Georgien, sowie das magnet. Observat. der Kais. Marine in Wilhelmshaven. Berlin 1886.

Beobachtungs-Ergebnisse der im Königreich Preussen und in den Reichslanden (vom 7. Jg. 1881 an: der von den forstlichen Versuchsanstalten des Königsreichs Preussen, des Herzogtums Braunschweig, der Reichslande und dem Landesdirectorium der Provinz Hannover) eingerichteten forstlichen meteorologischen Stationen. - Berlin. Jg. 1-23. 1875-1897. - (M. n. ersch.)

Beobachtungs-Ergebnisse der im Königr. Preussen und in den Reichslanden eingerichteten forstlich-meteorologischen Stationen. Hrsg. von A. Müttrich. 1.—4. Jahrg. 1875—1878. à Jahrg. 12 Nrn. (à ½—¾ Bog.) gr. 8. Berlin, Springer. à Jahrg. *

—— der im Königr. Preussen, im Herzogth. Braunschweig und in den Reichslanden eingerichteten forstlich-meteorologischen Stationen. Hrsg. von A. Müttrich. 5. Jahrg. 1879. 12 Nrn. (à ½—¾ Bog.) gr. 8. Ebendas. *

Beobachtungs-Ergebnisse der im Königr. Preussen, im Herzogth. Braunschweig und in den Reichslanden eingerichteten forstlich-meteorologischen Stationen. Hrsg. von A. Müttrich. 6. und 7. Jahrg. 1880 und 1881. à Jahrg. 12 Nrn. (à Nr. ½—¾ Bog.) gr. 8. Berlin, Springer. à Jahrg. *

Beobachtungs-Ergebnisse d. v. d. forstl. Versuchsanstalten d. Königr. Preussen, d. Herzogth. Braunschweig, d. thüring. Staaten, d. Reichslande u. d. Landesdirectorium d. Prov. Hannover eingerichteten forstl.-meteorolog. Stationen. Hrsg. v. A. Müttrich. 7—11. Jahrg. 1881—1885. à 12 Nrn. (B.) 8. Berl., Springer. à Jahrg. n. 2. —

Beobachtungs-Ergebnisse der von den forstlichen Versuchsanstalten des Königr. Preussen, des Herzogth. Braunschweig, der thüringischen Staaten, der Reichslande und dem Landesdirectorium der Prov. Hannover eingerichteten forstlich-meteorologischen Stationen. Hrsg. von A. Müttrich. 11.—13. Jahrg. 1885—1887. à Jahrg. 12 Nrn. (Bog.) gr. 8. Berlin, Springer. à Jahrg. *

Beobachtungs-Ergebnisse d. v. d. forstl. Versuchsanstalten d. Kgr. Preussen, d. Herzogth. Braunschweig, d. Reichslande u. d. Landesdirectorium d. Prov. Hannover eingerichteten forstlich-meteorolog. Stationen. Hrsg. v. A. Müttrich. 17—21. Jahrg. 1891—1895. 8° (Nr. 1. 12) Berl., J. Springer. à Jahrg. 2 —

Beobachtungs-Ergebnisse d. . . . forstlich-meteorologischen Stationen. Herausg. v. A. Müttrich. Jahrg. 18-20. Berl. 1892-94.

Eberswalde. Forst-Akademie. Beobachtungsergebnisse der von den forstlichen Versuchsanstalten des Königreichs Preussen eingerichteten forstlich-meteorologischen Stationen. 19.—22. Jahrgang, 1893—96. Berlin 1894—97.

Beobachtungs-Ergebnisse d. v. d. forstlichen Versuchsanst. d. Königr. Preussen, d. Herzogth. Braunschweig, d. Reichslande u. d. Landesdirector. d. Prov. Hannover eingericht. forstlich-meteorolog. Stationen. Hrsg. v. A. Müttrich. 21.—24. Jahrg. 1895—1898. à 12 Nrn. (à ca. 12 S.) gr. 8. Berlin, J. Springer. à Jahrg. n. 2. —

Beobachtungs-Ergebnisse der v. den forstlichen Versuchsanstalten des Königr. Preussen, des Herzogth. Braunschweig, der Reichslande u. dem Landesdirectorium der Prov. Hannover eingerichteten forstlich-meteorologischen Stationen. Hrsg. v. A. Müttrich. 25.—28. Jahrg. 1899—1902. à 12 Nrn. gr. 8. (à 2 S.) Berlin, J. Springer. à Jahrg. n. 1. —

Beobachtungs-Ergebnisse der von den forstlichen Versuchsanstalten des Königr. Preussen usw. eingerichteten forstlich-meteorologischen Stationen, Fortsetzung, s.: **Witterung** im J. 1903.

Beobachtungs-Ergebnisse der königl. Sternwarte zu Berlin. 1.—4. Hft. gr. 4. Berlin, (Dümmler's Verl.) n. 13. —
1. Resultate aus Beobachtungen v. 521 Bradley'schen Sternen am grossen Berliner Meridiankreise v. E. Becker. (43 S.) 881. n. 3. —
2. Resultate aus Beobachtungen v. 670 Sternen, angestellt in den J. 1885 u. 1886 am grossen Berliner Meridiankreise v. F. Küstner. (11 S.) 887. n. 3. —
3. Neue Methode zur Bestimmung der Aberrations-Constante, nebst Untersuchgn üb. die Veränderlichkeit der Polhöhe v. F. Küstner. (59 S.) 888. n. 3. —
4. Ableitung d. Rectascensionen der Sterne d. Fundamental-Cataloges der Astronomischen Gesellschaft aus den v. H. Romberg in den J. 1869—1873 am grösseren Meridian-Instrumente der Berliner Sternwarte angestellten Beobachtungen v. A. Marcuse. (IV, 81 S.) 888. n. 4. —

Beobachtungs-Ergebnisse der königl. Sternwarte zu Berlin. 5. u. 6. Hft. gr. 4. Berlin, F. Dümmler's Verl. n. 8. — (1—6.: n. 21. —)
5. Beiträge zur Bestimmung der Mondbewegung u. der Sonnenparallaxe aus Beobachtungen v. Sternbedeckungen am sechsfüssigen Merz'schen Fernrohr der Berliner Sternwarte v. H. Battermann. (42 S.) 891. n. 4. —
6. I. Ueber e. neues mikrometrisches Beobachtungsverfahren m. doppelbrechenden Prismen nach d. v. V. Wellmann unter Mitwirkg. v. M. Brendel u. V. Knorre gemachten Vorschlägen u. üb. die Bearbeitung der nach denselben angestellten Beobachtungen v. V. Knorre, nebst Anh., enth. a) Doppelstern-Beobachtgn. m. dem doppelbrech. Mikrometer v. V. Knorre. b) Ebensolche Beobachtgn. v. T. J. J. See. c) Ebensolche Beobachtgn. v. V. Wellmann. II. Ueber die Brechung d. Lichtes in Prismen aus einaxigen Kristallen u. üb. deren Anwendung zu mikrometrischen Messungen v. Mart. Brendel. III. Ueber den Einfluss der Temperatur auf die Messungen m. doppelbrechenden Prismen u. üb. die bei solchen Beobachtungen auftretenden chromatischen Abweichungen v. V. Wellmann. (79 S. m. Fig.) 892. n. 4. —

— d. kgl. Sternwarte zu Berlin. 7. u. 8. Hft. 4° Berl., F Dümmler's V. 11 — (1—8.: 32 —)
Battermann, H: Resultate a. Beobachtgn v. 379 Anhaltsternen u. 1640 durch Anschluss bestimmten Sternen, angestellt in d. J. 1892—97 am gr. Berliner Meridiankreise. (156) 99. [8.] 8 —
Marcuse, A: Photograph. Bestimmgn d. Polhöhe. (39 m. Fig.) 97. [7.] 3 —

— der königl. Sternwarte zu Berlin. 8.—11. Hft. gr. 4. Berlin, F. Dümmler's Verl. n. 24. —
8. Resultate aus Beobachtungen v. 379 Anhaltsternen u. 1640 durch Anschluss bestimmten Sternen, angestellt in den J. 1892—1897 am grossen Berliner Meridiankreise. Von H. Battermann. (III, 156 S.) 899. n. 8. —
9. Zonenbeobachtungen, angestellt am Berliner Aequatoreal vermittelst des Registrirmikrometers. Von V. Knorre. (61 S.) 901. n. 4. —
10. Resultate aus Beobachtungen v. 560 Sternen, ausgeführt in den J. 1897—1901 am grossen Berliner Meridiankreise, nebst Ableitg. der Eigenbeweggn. v. 233 Sternen. Von H. Battermann. (III, 12, 49 S.) 902. n. 6. —
11. Bestimmung der Mondlänge, des Mondhalbmessers u. der Sonnenparallaxe aus Beobachtungen v. Sternbedeckungen, ausgeführt in den J. 1894—1897 auf der königl. Sternwarte zu Berlin am Merz'schen Refractor der Akademie der Wissenschaften. Von H. Battermann. (III, 67 S.) 902. n. 6. —
Hft. 1.—7. Ebd. 881—897. n. 24. —.

Beobachtungs-Ergebnisse der königl. Sternwarte zu Berlin. Hrsg. v. Herm. Struve. Nr. 12—14. 30,5×23,5 cm. Berlin, F. Dümmler's Verl. 14. —
Battermann, H., Beitrag zur Bestimmung der Mondbahn u. des Mondhalbmessers aus Beobachtungen v. Sternbedeckungen, ausgeführt in den J. 1902—1903 auf der königl. Sternwarte zu Berlin am Merz'schen Refraktor der Akademie der Wissenschaften, nebst Vereinigung der Resultate der 3 Berliner Reihen. (II, 47 S.) 910. (No. 13.) 3. —
— Resultate aus Beobachtungen v. 579 Sternen, ausgeführt in d. J. 1901—1907 am grossen Berliner Meridiankreise v. H. Battermann, L. Courvoisier, K. Hessen, nebst Ableitg. der Eigenbeweggn. v. 346 Sternen. (IV, 117 S.) 909. (No. 12.) 8. —
Guthnick, Paul, Ergebnisse aus photometr. Messungn. der Saturntrabanten. 1. Über den Lichtwechsel des Japetus. (67 S. m. 4 Taf.) 910. (No. 14.) 3. —

Deutsche Polar-Kommission. Beobachtungs-Material der deutschen Polar-Expeditionen 1882—83 nach Special-Verzeichniss.

Nedanocz, Meteorolog. Observatorium.
Meteorologische Beobachtungs-Station des Neutrathaler landwirthschaftl. Vereines. Meteorologische Beobachtungen für die Jahre 1879, 81. Nedanócz 1879, 81.

Beobachtungs-Station, die österreichische arktische, auf Jan Mayen 1882—1883. gr. 8. (98 S. mit 1 Stnt. und 1 chromolithogr. Karte.) Wien 882, Gerold und Comp. *

Beogradaz, Joh., der Krieg. Eine Uebersetzung aus dem Serb. gr. 8. (V und 21 S.) Neusatz 860, Hintz. *

BEOTHY, Stephanus: Historia iuris episcoporum et praelatorum superiorum in Hungaria testandi. — (1906) 87 Bl. 8° (Handschr.) Diss. 741
Diss. Wien Univ.

Beöthy, Eugen, und der Bischof von Grosswardein. Altona 1840. V: *Laicsák, Franz.* (KU)

v. Beothy, Eugen, und der Bischof von Großwardein. Lex.-8. Altona 840. Hammerich. 5 ℳ

Beöthy, Zsolt, s.a. Erinnerung an die Königin Elisabeth v. Ungarn.

Beöthy, Z., Erinnerung an die Königin Elisabeth von Ungarn. Leipzig 1902. Duncker u. Humblot. 1.—

Beovolf, s. Beowolf.

Beowulf, s.a. Banning, Adolf.

— s.a. Köhler, Karl.

Beowulf s.a. Im Schleyer d. Maya.

Beowulf, s.a. Universal-Bibliothek.

Beowulf. Heldengedicht des 8. Jahrh. Zum ersten Male aus dem Angelsächs. in das Neuhochdeutsche stabreimend übers. und mit Einleitungen und Anmerkungen versehen von Ldw. Ettmüller. Mit 1 Kärtch. gr. 8. Zürich 840. Meyer u. Zeller. 1 ℳ

Beowulf. Das älteste deutsche Epos. Uebersetzt und erläutert von Karl Simrock. Stuttgart 859. Cotta. gr. 8. (IV, 203 S.) 1 ℳ

Beowulf. Angelsächsisches Heldengedicht übers. von Mor. Heyne. 12. (VIII und 127 S.) Paderborn 863, Schöningh. * —

—— dass. — Mit ausführl. Glossar hrsg. von Mor. Heyne. gr. 8. (VIII und 284 S.) Ebendas. 863. *

—— dass. — (2. Aufl.) s.a. Bibliothek der ältesten deutschen Litteratur-Denkmäler.

Beovulf. Mit ausführlichem Glossar hrgg. v. Moritz Heyne. 2. Aufl. Paderborn. 1868. = Bibliothek der ältesten deutschen Litteratur-Denkmäler. Bd. 3. 8°

Beowulf. Stabreimend übers. von Chrn. W. M. Grein. 2. Aufl. gr. 8. (90 S.) Kassel 883, Wigand. *

— Ältestes deutsches Heldengedicht. Aus dem Angelsächs. übertr. v. P. Hoffmann. 2. [Titel-]Ausg. gr. 8. (V, III, 183 S.) Hannover [893.] 900. M. & H. Schaper. n. 1.50
(B) — Übertr. v. P. Hoffmann. 900. (XVL 31.) Jetzt: Barmen, Heldsieck & Gottwald. Erh. Pr. 2.—; geb. 3.

Beowulf, hrsg. v. Alfr. Holder, s.a. Büchersohatz, germanisoher. 12a.

Beowulf hrsg. von Alfred Holder. 1. 2. *Freiburg i. Br. & Leipzig: J. C. B. Mohr 1895—99.* 3 Bde 8°
1. Abdruck d. Hs. im Brit. Mus., Cotton. Vitellius A. XV. 3. bericht. Aufl. 1895;
2a. Bericht. Text mit knappem Apparat u. Wörterb. 2. Aufl. 1899.
2b. Wort-Schatz mit sämmtl. Stellennachweisen. 1899.
= Bücherschatz, Germanischer. 3. 12a. b. [99 ... 2

Beowulf. Angelsächs. Heldengedicht, übertr. v. M Heyne. 2. Afl. 12° (154) Paderb. 98, F Schöningh. 1.40; geb. 2.20

Beowulf. Mit ausführl. Glossar hrsg. v. Moritz Heyne. 6. Aufl., besorgt v. Adolf Socin. *Paderborn: F. Schöningh 1898.* (VIII, 298 S.) 1 Bd 8.
= Bibliothek d. ältesten deutschen Litteratur-Denkmäler. Bd 3. Tl 1. [98. 9984 Go

Beowulf. Mit ausführl. Glossar hrsg. von Moritz Heyne. 7. Aufl. besorgt von Adolf Socin. *Paderborn: F. Schöningh 1903.* (VIII, 298 S.) 8° [F.]
= Bibliothek d. ältesten dtsch. Litteratur-Denkmäler. Bd 3. [04. 3696

Das Beowulflied. Als Anh. das Finn-Bruchstück u. die Waldhere-Bruchstücke. Bearb. Text u. deutsche Übers. von Moritz Trautmann. *Bonn: P. Hanstein 1904.* (XI, 187 S.) 8°
— Beiträge, Bonner, z. Anglistik. H. 16.

Beowulf. Altenglisches Heldengedicht. Übers. u. m. Einleitg. u. Erläutergn. versehen v. Paul Vogt. Mit 1 Karte der Nord- u. Ostseeküsten. (104 S.) 8. Halle 905. Buchh. des Waisenhauses. n. 1. 50

Bëowulf. Mit ausführl. Glossar hrsg. von Moritz Heyne. 8. Aufl., besorgt von Levin L(udwig) Schücking. Paderborn: F. Schöningh 1908. (XII, 315 S.) 8°
— Bibliothek d. ältesten deutschen Literatur-Denkmäler. 3.

Bëowulf. Mit ausführl. Glossar hrsg. von Moritz Heyne. 9. Aufl. bearb. von Levin L[udwig] Schücking. Paderborn: Schöningh 1910. XI, 322 S. 8°
(Angelsächsische Denkmäler. T. 1.)
(Bibliothek d. ältesten deutschen Literatur-Denkmäler. Bd 3.)

Beowulf nebst den kleineren Denkmälern der Heldensage (2 auf d. Umschl.: nebst d. Finsburg-Bruchstück). Mit Einl., Glossar u. Anm. hrsg. von F[erdinand] Holthausen. 2. verb. Aufl. Mit Taf. T. 1. 2. Heidelberg: Winter 1908–09. 8°
1. Texte u. Namenverzeichnis. 1908(1909).
2. Einl., Glossar u. Anm. 1909.
(Alt- u. mittelenglische Texte. Bd 3.)

Beovulf nebst den Fragmenten Finnsburg und Valdere in kritisch bearb. Texten neu hrsg. mit Wörterbuch von Chrn. W. M. Grein. gr. 8. (IV und 186 S.) Cassel 867, Wigand.

Beowulf nebst dem Finnsburg-Bruchstück. Mit Einl., Glossar u. Anm. hrsg. von F[erdinand] Holthausen. T. 1. 2. Heidelberg: C. Winter 1905–06. 2 Bde 8°
1. Texte u. Namenverzeichnis. 1905. 2. Einl., Glossar u. Anm. 1906.
— Texte, Alt- u. mittelenglische. Bd 3.

Beowulf nebst dem Finnsburg-Bruchstück. Übers. u. erl. von Hugo Gering. Heidelberg: C. Winter 1906. (XII, 121 S.) 8° [F.]

Beowulf s. a. Krieg, d. deutsch-engl.

Der deutsch-englische Krieg. Vision e. Seefahrers. Von Beowulf. Berlin: H. Walther 1906. (123 S.) 8° [F.]

Beowulf, Arnim, aus der Liebe geheimnisvollem Lande. Ein Wirklichkeits-Roman. (56 S.) 8. Leipzig (908). M. Spohr. 1. —

Beowulflied, s. Beowulf.

Bepler, Chph. Ludw. (Wetzlar), De natura et indole remedii devolutivi adpellationis in Germania aliisque provinciis. Dissert. jur. German. Präs. Joh. Jac. Sorber. Jena (Ritter) 2. XI. 1746. 62 S., z. Tl. dtsch. (5.—) 2108

Bepler, Hans: Über die Atmung der Oniscoideen. Minden i. Westf. 1909: Bruns. 49 S. 8°
Greifswald, Phil. Diss. v. 13. Juli 1909, Ref. Müller
[Geb. 4. Sept. 78 Minden i. W.; Wohnort: Minden i. W.; Staatsangeh.: Preußen; Vorbildung: Realgymn. Hagen Reife M. 05; Studium: München 2, Genf 1, Berlin 1, Greifswald 4 S.; Rig. 28. Apr. 09.] [U 09. 1512

Bepler, Otto, appr. Arzt a. Wetzlar a. d. L.: Aus dem Physiologischen Institute zu Marburg. Summationsversuche am ermüdeten Muskel. Marburg 1904: H. Bauer. (18 S.) 8°
Marburg, Med. Fak., Ref. Schenck, Diss. v. 16. Aug. 1904
[Geb. 2. Mai 80 Wetzlar; Wohnort: Wetzlar; Staatsangeh.: Preußen; Vorbildung: Gymn. Wetzlar Reife O. 99; Studium: Marburg 5, Kiel 1, München 1, Marburg 2 S.; Coll. 18. Juli 04; Approb. 29. März 04.]

Bequartirung der allerhöchsten und höchsten Personen und deren Suiten während der Anwesenheit Sr. k. k. apost. Majestät des Kaisers zu Olmütz im Monate September 1853. 4. (4 Blätt.) Olmütz. Schnellpressendruck von Anton Halauska.

v. Bequignolles, Herm., Blondel. — Ein Lied vom Kreuze. — gr. 8. (XII u. 116 S.) Leipzig 851, Brockhaus. n. 24 ngr.

Bequignolles, Herm. v., Dornrosen. Gedichte. 12. (VII, 120 S.) Wiesbaden 891. R. Bechtold & Co. n. 2. 50; geb. n. 3. 50

—— Hillario. Dramatische Studie zu Goethe's Faust. gr. 8. (46 S.) Leipzig 849, Brockhaus.

Bequignolles, Herm. v., die Katzensteiner. Drama in 5 Aufzügen. (Den Bühnen gegenüber als Mscr. gedr.) 8. (V und 182 S.) Leipzig 854, Brockhaus.

— Wiesbaden and its environs, s.: Towns and landscapes of the whole world.

Bequignolles, H. v., Wiesbaden u. Umgebung, s.: Städtebilder u. Landschaften.

Bequins
s. a. Beck.

Bequius, Lorenz Albert (Ansbach), De cura famae viro bono digna diss. philos. Präs. Joh. Friedr. Christ. Lpz. (Langenheim) 31. VIII. 1746. 40 S. (5.—) 2109
Widm. v.: Joh. Christian Leuschner, Joh. Erdmann Valter, Joh. Friedr. Fischer (Coburg), Joh. Friedrich Valter, Joh. Sigism. Steinbrenner.

Ber, Eva, der Andere. Novelle in Briefen. 8. (175 S.) Berlin 902. Gebr. Paetel. n. 3. —; geb. in Leinw. n. 4. —

Ber, Hermann: Die Reichszuwachs-Steuer, s. Kohlmann, Hans.

Die ungünstige rechtliche Stellung des befreiten Vorerben in der Verfügung über ein Grundstück und: Benachrichtigung der früheren Eigentümer eines Grundstücks von der Einleitung eines Zwangsversteigerungsverfahrens. Von Rechtsanwalt Hermann Ber-Berlin. (Ausz. aus d. stenograph. Bericht über d. 31. Verbandstag d. Zentralverbandes in Magdeburg 1909.) Berlin 1910: Grassmann, Stettin. 16 S. 8°
(Schriften d. Zentralverbandes d. städt. Haus- u. Grundbesitzer-Vereine Deutschlands. N. F. Bd 14, H. 7.)

Berachoth [Berākōt]. Der Mischnatractat 'Segenssprüche' ins Deutsche übers. u. unter besond. Berücks. d. Verhältnisses z. Neuen Testament mit Anm. versehen von Lic. Paul Fiebig. Mit e. Anh., bietend: e. Reihe alter u. wichtiger jüd. Gebete. Tübingen: J. C. B. Mohr 1906. (VII, 43 S.) 8°
— Mischnatractate, Ausgewählte, in deutscher Uebers. 3.

Berachot, Mischna-Tractat, s. a. Rosenfeld, Josef.

Der Mischna-Tractat Berachot (die vier ersten Abschnitte) übersetzt, sprachlich und sachlich erläutert nebst Angabe der verschiedenen Lesarten von Josef Rosenfeld I. Theil. Pressburg 1886.

Tractatus talmudici Berachoth ... caput primum e Gemara Babylonica latine redditum et annotationibus illustratum a Georg. Eliezer Edzardo. Hamburgi 1713.

Beradt, Mart.: Eheleute. Roman. 1—5. Afl. (481) 8° Berl., S Fischer '10. 5 —; geb. n 6 — d

Go. Roman von Martin Beradt. Berlin: S. Fischer 1909. 346 S. 8°

— Die gesetzl. Handhaben geg. Auswüchse d. Kurierfreih., s.a. Schriften üb. Wesen u. Bedeutg d. Kurierfreih.

Die gesetzlichen Handhaben gegen Auswüchse der Kurierfreiheit. Von Dr. jur. Martin Beradt, Rechtsanw. Berlin: Ebering 1910. S. 13–55. 8°
(Schriften über Wesen u. Bedeutung d. Kurierfreiheit. R. 1, H. 2.)

— Das Kind. Roman. (305) kl8° Berl., S Fischer '11. 3.50; geb. n 4.50 d

Miete und Polizei. Ihre Kollision bei d. Sperrung bezogener Mietwohnungen durch ungerechtfertigte polizeiliche Verfügung u. die dadurch bewirkte Unmöglichkeit d. Erfüllung d. Mietvertrages nach BGB. u. Preuss. Recht. Eine Studie von Martin Beradt. Berlin: E. Ebering 1906. (172 S.) 8°
— Studien, Rechts- u. Staatswissenschaftliche. H. 31.

Beradt, M., der Richter, s.a. Gesellschaft, die, 27. Bd.

Der Richter. Von Martin Beradt. Frankfurt a. M.: Rütten & Loening (1909). 98 S. 8°
(Die Gesellschaft. Bd 27.)

Beradt, Martin, Referendar a. Berlin: Die Sperrung bezogener Mietwohnungen durch ungerechtfertigte polizeiliche Verfügung und die dadurch bewirkte Unmöglichkeit der Erfüllung des Mietvertrages nach B.G.B. und preußischem Recht. Berlin 1906: E. Ebering. (55 S.) 8°
Freiburg i. B., Rechts- u. staatsw. Fak., Ref. Rosin, Diss. v. 1906
[Geb. 26. Aug. 81 Magdeburg; Wohnort: Berlin; Staatsangeh.: Preußen; Vorbildung: Gymn. Graues Kloster Berlin Reife O. 99; Studium: Berlin 2, München 1, Heidelberg 1, Berlin 2 S.; Rig. 1. Febr. 04.]

Berajah, Zoographia infinita. (Lfg 1.) Halle a. S.: W. Schlüter 1905. 4°

Berajah, Zoographia infinita. (J.06. 22 m. 10 z. Tl farb. Taf. u. 1 Tab. u. 07 1. u. 2. Heft. 6 u. 22 m. Abb. u. 7 [5 farb.] Taf.) 31,5×23,5 cm. Nebst: Falco. Unregelmässig im Anschl. daran erschein. Zeitschr. Hrsg.: O Kleinschmidt. J.'06—'08. (06. 8 Hefte. 104 m. 1 Taf. u.'07. 6 Hefte. 106 m. Abb.) gr8° Lpzg. Halle, Gebauer-Schw. Je 8 —
Fortsetzg war nicht zu erhalten.

Bérain, Jean

Bérain, J., Decorations-Motive im Style Ludwig XIV. Lichtdr.-Tafeln nach den Originalstichen in der Ornamentstich-Sammlung d. k. Kunstgewerbe-Museums zu Berlin. 42 Taf. Fol. Berlin 889. Claesen & Co. In Mappe. n. 36. —

Bérain, Jean. Decorations-Motive im Style Ludwig XIV. Lichtdr.-Taf. nach den Orig.-Stichen in d. Ornamentstich-Sammlg. d. k. Kunstgewerbe-Museums zu Berlin. 2. Aufl. 6 Lfgn. gr. Fol. (à Lfg. 7 Taf.) Berl. 890,91, [Claessen u. Comp.] Hessling u. Spielmayer. à Lfg. * 6 —; compl. in Mappe * 36 —

Bérain, Jean, Decorations-Motive i. Style Ludwig XIV. Lichtdr.-Taf. n. d. Orig.-Stichen i. d. Ornamentstich-Sammlg. d. k. Kunstgewerbe-Museums z. Berlin. 2. Aufl. (Neue [Titel-]Ausg.) Fol. (42 Taf.) Berlin (891) 896. B. Hessling. In Mappe n. 36 —

Beräköt, s. Berachot.

Berall, W., Wahrheit u. Klarheit üb. die Geschlechtskrankheiten. Ärztlicher Ratgeber f. Mann u. Weib zur Verhütg. u. Heilg. der Geschlechtskrankheiten. (VII, 112 S.) gr. 8. Wien (900). A. Mejstrik. 1. 65

Beran, Alfred, aus Prag: Ueber Paraamidooctylbenzol Paraamidocaprylbenzol Amidooctyltoluol und einige Derivate dieser Körper. [Auch in: Berichte der deutsch. chem. Ges. 18, S. 131—149]. Zür. o. Dr. 1884. 43 S. 8°.
Zürich, Phil. Diss. [v. 15. Dec. 1884].

Beran, Felix, bautechnische Neuheiten. Moderne Fortschritte der Bautechnik m. besond. Berücksicht. der Bau-Ausstellg. in Dresden. gr. 8. (IV, 39 S. m. Abbildgn.) Dresden (901). Leipzig, Gilbers. n. 1. —

Felix Beran, Bautechnisches Bureau, Zürich. Zeugnisse betreffend feuersichere Massivdecken «System Schürmann». Beilage zum Schürmann-Prospekt. 12 S. 8. [Zürich, Art. Institut Orell Füssli, 1901.]

Beran Hugo: Apokope und Elision in den „Teutschen Poemata".
1904 PN 1729 Diss. Wien Univ. 140

Beran, Julius, k. und k. Hauptmann Die Geschichte des k. und k. Infanterie-Regiments Freiherr von Merkl Nr. 55. 8. Wien 1899.

Beran, L., Daten zur Berechnung der laufenden Zinsen der Wiener Börse-Effecten. Veröffentlicht von der Redaction des „Tresor". Ausgegeben am 26. Juni 1872. Fol. (8 S.) Wien 872, (Hölder.) *

Beran, L.: Haushaltungskalender . . .,
s. Beran, Leopoldine.

Beran, L., Wiener Börse-Diagramm für Interessen, Rentabilität, reciproke Course und Platz-Arbitrage der Wiener Börse-Effecten. Mit 1 Tabelle. gr. 8. (24 S.) Wien, Geitler. 1865. 2 fl.

Beran, L., Wiener-Börse-Diagramm für Interessen, Rentabilität, reciproke Course, und Platz-Arbitrage der Wiener-Börse-Effecten. gr. 8. (VIII und 24 S. mit 1 Tab. in Imp.-Fol.) Wien 864, Geitler. *

Beran, Leopoldine, s.a. Haushaltungs-Kalender, Praktischer u. bewährter.

Béran, Leopoldine, Praktischer u. bewährter Haushaltungs-Kalender für das Jahr 1895. 4. (59 S.) Gebunden —.60
Brünn: Knauthe's Buchhdlg.

Beran, Leopoldine, Praktischer und bewährter Haushaltungskalender für das Jahr 1898. 4. (62 S. und Vormerkblätter) —.60
Brünn: Knauthe.

Beran, Leopoldine, Praktischer und bewährter Haushaltungskalender für das gemeine Jahr 1899, welches 365 Tage hat. 4. (70 S.) Cart. Brünn: Knauthe. —.60

Beran, L., Praktischer und bewährter Haushaltungskalender für das Jahr 1907. 20. Jahrg. Lex.-8° Wien: Fink. K 1.20

(F) Beran, L., Praktischer und bewährter Haushaltungskalender für das Jahr 1909. 22. Jahrg. Lex.-8°. Brünn: Karafiat.

Beran, Osk. Temesvár mit Umgebung in Wort u. Bild, s. Städtebilder u. Landschaften aus aller Welt.

Beraneck, s.a. Beranek.

Beraneck, Herm., üb. Lüftung u. Heizung insbesondere v. Schulhäusern durch Niederdruckdampf-Luftheizung. Mit 2 Taf. u. mehreren Fig. gr. 8. (VIII, 72 S.) Wien 892. A. Hartleben. n. 1. 80

Beraneck, Jos., s.: Wohlfahrt, die.

Béraneck, Jules: Sénèque et Hardy.... (Ersch. vollst. u. d. T.: Sénèque et la tragédie classique jusqu'au XVIIième siècle.) Leipzig, Druck v. F. Bär, 1890; 27 S., 1 Bl. 8°
Leipzig, Phil. Fak., Inaug.-Diss. v. [9. März] 1891

Béraneck, Jules, Sénèque et Hardy. Diss. gr. 8. (27 S.) Leipzig 890. (E. Gräfe.) n. 1. —

Beranek, s.a. Beraneck.

Beranek, Eman.: Das Beranek-System. Vorschlag, wichtig f. Gewerbetreib., Kaufleute, Beamte, Lehrer u. Offiziere. (16) gr8° Wien, Stähelin & L. ('12). — 50 d

Beranek, F. (Hrsg.), s. Die Zeitschwingen.

Beranek, Herm., Pariser Marktwesen, Schulen, Bäder, s.: Reiseberichte üb. Paris.

Beranek, Jos., s.: Wohlfahrt, die.

Beranek, Jul.: Die Helden uns. Armee im J. 1878. Erinnerg an d Okkupation v. Bosnien u. d. Herzegowina. (185) gr8° Wien, „Austria" F Doll '08. 2 — d

— Was 2000 Tote mir erzählten. Gedankenbild m. 12 Übersichten. (20 m. 12 Tab.) gr8° Wien, A Opitz Nf.'08. 1 — d

Beranek Michael: Die Bedeutung der aegyptischen Papyrusfunde für die Geschichte und Kritik des Homertextes. 22. Bozen Priv. G. 1899. Progr.

Beránek, V. Chateaubriand über die Engländer und Franzosen. Bielitz, R., 1885. 31 S.

Beránek V.: Die Musik als Erziehungsmittel. 10. Bielitz R. 88. Progr.

Beránek, V. Martin Opitz in seinem Verhältnisse zu Scaliger und Ronsard. Wien, R. III. Bez., 1883. 26 S.

Beranek, Victor, immerwähr. Garten-Kalender, in welchem die in jedem Monate vorfall. Verrichtungen in dem Blumen-, Gemüse- u. Obstgarten, dann bei dem Treib- u. Glashause und der Orangerie vorkommen, unter Angabe der Blüthezeit der Blumen. Ein nützl. Taschenbuch für Pomologen, Gärtner und Blumen-Liebhaber. Mit Titelkpfr. gr. 12. Prag 837. v. Mayregg. 3/8 ℛ

Béranger, s. Béranger, Pierre-Jean de

Béranger, s. Reitze, Fr.

Béranger, Jean Pierre, s. Béranger, Pierre-Jean de

Béranger, P.J., s. Béranger, Pierre-Jean de

Béranger, Parre Jean, s. Béranger, Pierre-Jean de

Beranger, Pierre-Jean de

Béranger, Auswahl aus seinen Chansons. Erklärt von Alb. Kühne. 2. neu bearb. Aufl. gr. 8. (88 S.) Berlin 887, Weidmann'sche Buchh. *

—— chronologisch geordnete Auswahl seiner Lieder, s. Hartmann's, M., Schulausgaben französischer Schriftsteller.

Béranger, J. P. de. Auswahl seiner Lieder für die oberen Klassen höherer Lehranstalten. Hrsg. von A. Kühne. gr. 8. (VIII, 60 S.) Berlin 876, Weidmann'sche Buchh.

—— Auswahl seiner Lieder, für die oberen Klassen höherer Lehranstalten erklärt von L. W. Hasper. gr. 8. (76 S.) Berlin 882, Weidmann'sche Buchh.

—— Auswahl von 50 Liedern, s.a. Poètes français.

(Pierre-Jean de) Beranger. Auswahl von 50 Liedern. M. Anm. z. Schulgebr. hrsg. v. Dr. Jos. Sarrazin, Prof. ... zu Offenburg i. B. [Nebst] Wörterbuch. *Bielefeld & Leipzig: Velhagen & Klasing 1893.* 2 Bde. [Text] (148 S.) Wörterbuch. (42 S.)
— Sammlung, Velhagen & Klasings, französ. u. engl. Schulausgaben. Poètes franç. Lfg 2. Ausg. A. [96. 493]

— s. Barthelmy.

de Béranger, P. J., Chansons. 16. Stuttg. 828. Hoffmann. 21 ℊ N. A. 8. Ebd. 830. 1 ℛ 6 ℊ

Béranger, Pierre Jean de, Chansons. 16. (31 B.) Stouttgart 828, [Scheible.] Thlr.

—— le même. Nouv. Edit. 8. (31 B.) Stouttgart 830, [Scheible.]

—— le même. 2 Ts. Suivies de 4 Chansons les plus nouv. du même auteur. — A. u. d. T.: Lieder. 2 Bdchn. A. d. Franz. v. Metromanus. (Französ. u. Deutsch.) (23½ u. 23¾ B.) 8. Stouttgart 831, 32, Schweizerbart. à 1 Thlr. 6 Gr.

— Chansons. Nouvelle édition. 16. (XXXII u. 660 S.) Leipzig 852, Brockhaus. 1½ ℛ In Engl. Einb. m. Goldschn. n. 2 ℛ

— Chansons choisies. A l'usage des écoles. 16. Bielef. 840. Velhagen et Klasing. n. ⅓ ℛ

Béranger, Pierre Jean de, Chansons choisies. A l'usage des Dames. 8. (11½ B.) Berlin 841, Schlesinger. 8 Gr., m. Golddruck-Umschlag.
Der Umschlag hat d. Ttl.: Le Parnasse moderne.

— Chansons choisies. Orné du Portrait de l'auteur. 16. Bielefeld 846, Velhagen u. Klasing. n. ⅓ ℛ

— Chansons, choisies pour les dames et les élèves. 8. Berlin 840. Schlesinger. 1 ℛ — dass. Ausgabe zum Schulgebrauch. Ebd. 840. ⅓ ℛ

de Béranger, Parre Jean, Chansons nouvelles et dernières, dediés à M. Lucien Bonaparte. 12. Stuttg. 833. Redaction de la Collection etc. (Brodhag.) ¾ ℛ Ausg. in 16. ¼ ℛ

Béranger, Pierre-Jean de: König v. Ivetot, s.: Wolff, Geo., Lachpillen.

Béranger, Pierre Jean de. Lieder, s.a. Bibliothek der Gesamt-Litteratur d. In- u. Auslandes Nr. 423—426.

— Lieder, s.a. Classiker d. In- u. Auslandes.

—— Lieder, s.a. Lieder.

Béranger's Lieder, s.a. Universal-Biblioth.

—— Lieder. N. d. Franz. treu übers. v. Ph. Engelhard, geb. Gatterer. 12. (7⅔ B.) Cassel 830, Bohné.

— Lieder. 1s u. 2s Bdchen. Aus d. Französ. von Metromanus. (Französ. u. Deutsch.) A. u. d. T.: Chansons. Tom. I. II. 8. Stuttg. 831, 32. Schweizerbart. (à 1 ℛ 6 ℊ) 2 ℛ 12 ℊ

— Lieder. Auswahl, s.a. Miniaturbibliothek ausländ. Dicht.

— Lieder. Auswahl in freier Bearbeitung von Adelbert von Chamisso u. Franz Frhrn. Gaudy. gr. 12. Leipzig 838. Weidmann'sche Buchh 1¾ ℛ

—— Lieder, in den Versmaßen d. Orig. verdeutscht durch L. S. Rubens. Mit d. Dichters Portr. 3 Bde. 16. (43⅛ B.) Bern 839—41, Fischer.

—— Lieder in den Versmaßen des Originals verdeuscht durch L. S. Rubens (Ludwig Seeger. Wohlfeile Ausgabe in 1 Bde.) 16. (43⅛ B. u. B's. Portr.) Bern 842, Fischer. *

— dies. Auswahl in freier Bearbeitung von Adalb. v. Chamisso und Frz. Frhrn. Gaudy. 2. Aufl. 16. Leipzig 845, Weidmann'sche Buchh. n. ½ ℛ

Béranger, P. J. v., Lieder. Übers. von Geo. Weber. 8. (IV, 316 S.) Kiel 881, Lipsius und Tischer. *
geb. mit Goldschn. *

Béranger, JB de, ausgew. Lieder, f. d. Schulgebrauch erkl. v. G Völcker. 8. (92) Lpzg 76, Teubner. — 90

—— ausgewählte Lieder für den Schulgebrauch erklärt von G. Völcker. gr. 8. (IV, 92 S.) Leipzig 877, Teubner.

—— Lieder und Chansons. Uebertragen von Adf. Laun. gr. 16. (XII, 207 S.) Bremen 869, Kühtmann und Comp.
geb. mit Goldschn.
Vgl.: Weischer.

— Lieder u. Chansons. Uebertr. v. A. Laun. 2. (Titel-) Aufl. 16. (XII, 207 S.) Norden 889. Fischer Nachf. n. 2. —

— Hundert drei Lieder giebt hier im Deutschen wieder mit seinem wohlgemeinten Gruß Phil. Engelh. Nathusius. gr. 12. Braunschweig 839. Vieweg u. Sohn. n. 1⅔ ℛ

Beranger's, P. J. de, letzte Lieder. 1834—1851. Deutsch von Jul. Rodenberg. Nebst einer Vorrede des Dichters. Hannover 858. Rümpler. 16. (XIV, 278 S.) n. 25 ngℊ

Béranger's, J. P. de, letzte Lieder. 1834—1851. Deutsch von K. Walter. Leipzig 860. Hunger in Comm. 16. (XVI, 272 S.) 1 ℛ

Béranger (Jean-Pierre de,) Oeuvres complètes, s.a. Bibliothèque des classiques français.

Béranger, Pierre Jean de, Oeuvres complètes. Nouvelle édition. 8. (486 S.) Quedlinburg 851, Basse.

Béranger (1780—1857), oeuvres complètes. 2 tom. (en 1 vol.). Francfort s. M., H. Bechhold, 1855. 12°. Demi-veau. XVIII—355 et 259 pp

— s. Die Parnasse, français, etc.

Béranger, Pierre Jean de

Poniatowski.
Stuttgart: Hoffmann 1831. 8°

s. Chateaubriand, Francois-René Vte de: De la restauration ...

— sämmtliche Werke. Deutsch von Ludw. Seeger. 2 Bde. 2. verb. u. reich verm. Aufl. Mit dem Portr. Beranger's (in Stahlst.) Stuttgart 859. Franckh. 16. (XXX, 950 S.) 3 ℳ

Berans Wilhelm: Die elektrische Starkstrom-Anschluss-Anlage des k. k. O. G. in Teplitz-Schönau. 15. Teplitz-Schönau 05. Progr.

Berard, der Geschmack, als Einleitung zur Seelenkunde. 8. Hamb. Bohn. 803.

Berard, der Thee, s. Taschenbuch f. Theetrinker.

Bérard, A., u. C. Denonvilliers, Handb. d. pract. Chirurgie od. vollständ. Abhandlung der chirurg. Krankheiten u. der für sie erforderlichen Operationen. Uebers. u. mit Noten versehen v. E. Seitz. 1—4. Lfg. gr. Lex.-8. (42⅓ B.) Mainz 844—47, Kupferberg. à 25 Ngr.

Berard, Jh. Pt., Beschreib. e. neuen ökonom. Ofens, womit e. Zimmer geheizt u. in 7 Gefäßen zugleich gekocht werden kann. Mit 1 Kpf. gr. 8. Leipz. 803. Steinacker. 8 gl

Bérard, S., Alice Favre, oder viel Schatten u. noch mehr Licht. Eine Dorfgeschichte. Aus d. Französ. Hamburg 868. Mauke. 8. (207 S. u. 1 Holzschntaf.) n. 24 ngr

Bérard, Wilhelmine Emilie Elisabeth geschiedene Gräfin v. Wedel-s. Wedel-Bérard. [11. 13590

Berardi, Carl Seb.
— Gratiani Canones genuini. IV Vol. 4. maj. ib. 777.

Berardi, C. Seb., Comment. in Ius ecclesiast. univers. IV Tmi. 4. maj. Venet. (Wolf, A.). 778.

Berathung, s.a. Beratung.

Berathungen, s.a. Beratungen.

Berathung, Die erste, des Abkommens zwischen dem Reich und Oesterreich-Ungarn über den gegenseitigen Patent-, Muster- und Markenschutz. (Reichstags-Sitzung vom 21. Januar 1892) Berlin 1892

Berathung (Erste), des von der socialdemokratischen Reichstags-Fraction eingebrachten Arbeiterschutz-Gesetzentwurfes. (Nach dem amtl. stenogr. Bericht.) (Socailpolit. Zeitfragen, Heft 17, 1886.)

Berathung, die, der Bundesrevision im Nationalrath im November u. Dezember 1871 u. im Januar 1872. Nach den Referaten d. „Bund" zusammengestellt. gr. 8. (VI, 517 S.) Bern 872. Jent & Reinert. n. 2. 40

Berathung der Denkschriften betreffend die Verhängung des Belagerungszustandes über Hamburg-Altona, Harburg, Berlin, Leipzig. Stenogr. Bericht der Verhandlungen des Deutschen Reichstages am 10. Dec. 1881. 8°.– Hamburg 1881.

Berathung, Erste, zweite und dritte, des Entwurfs eines Bürgerlichen Gesetzbuchs im Reichstage. Stenographische Berichte. Berlin 1896

[F.] Zweite und dritte Berathung des Entwurfs eines Bürgerlichen Gesetzbuchs im Reichstage Stenograph. Berichte. *Berlin: J. Guttentag 1896.* (2 Bl., 380 S.) 1 Bd 4. [96. 7636

[F.] Erste, zweite und dritte Berathung des Entwurfs eines Handelsgesetzbuchs u. d. Entwurfs e. Einführgsgesetzes im Reichstage. Stenographische Berichte. *Berlin: J. Guttentag 1897.* (2 Bl., 135 S.) 1 Bd 4. [97. 3631

[F.] Erste, zweite und dritte Berathung des Entwurfs einer Militärstrafgerichtsordnung u. d. Entwurfs eines Einführgsges. im Reichstage. Stenogr. Berichte. *Berlin: J. Guttentag 1898.* (1 Bl., 222 S.) 1 Bd 4. [98. 9987

[F.] Erste, zweite und dritte Berathung der Entwürfe eines Gesetzes, betr. Aendergn des Gerichtsverfassgsges. u. d. Strafprozessordng sowie eines Ges., betr. Aendergn d. Civilprozessordng u. eines zugehörigen Einführgsges. im Reichstage. Stenogr. Berichte. *Berlin: J. Guttentag 1898.* (1 Bl., 159 S.) 1 Bd 8. [98. 9985

[F.] Erste, zweite und dritte Berathung der Entwürfe eines Gesetzes, betr. Aendergn d. Konkursordng sowie eines zugehörigen Einführgsges. im Reichstage. Stenogr. Berichte. *Berlin: J. Guttentag 1898.* (1 Bl., (20 S.) 1 Bd 4. [98. 9986

Berathung des Rechenschaftsberichtes betreffend den über Berlin und Umgegend verhängten kleinen Belagerungszustand in der Reichstagssitzung vom 17. März 1879. 8°.– Leipzig, Genoss.-Buchdr.,

— des Rechenschafts-Berichts betr. d. üb. Berlin u. Umgegend verhängten kleinen Belagerungszustand i. d. Reichstagssitzung v. 17. März 1879. 8. (40 S.) Leipzig 879. Berlin, Buchh. Vorwärts. n. — 10

Berathungen und Beschlüsse des II. internationalen Binnenschifffahrts-Congresses Wien 1886. Zusammengestellt vom Ausschusse des Donau-Vereines in Wien. gr. 8. (XIV, 237 S.) Wien 887, (Spielhagen und Schurich.)

Berathungen und Beschlüsse der am 5. und 6. September 1877 in Leipzig abgehaltenen General-Versammlung des Deutschen Apotheker-Vereins über den im Reichskanzleramte ausgearbeiteten Entwurf zu einem Apothekengesetze. Zusammengestellt und mit erläuternden Motiven versehen von dem Directorium des Vereins. Hamburg 1877. W. Gente's Druckerei. 4°

Kort Berättelse om Nya-eller Duna-Münde Fästningens öfvergifft 11/21. Dec. 1701. (1 a.) 4. Stockholm (1702.) — deutsch. 4.

Kort sanfärdig Berättelse om det som är förelupit, då K. M. af Swerige d. 9. Jul. 1701 passerade Düna Strömmen. (1½ a) 4. Riga. — deutsch 4. ib. (1701.)

Omständelig Berättelse om den under Rehnschiöld wid Frauenstadt d. 3/13. Febr. 1706 lyckeligen erhåldne Seger. (1½ a.) 4. Stockholm. — deutsch.

Berättelse om den stora Seger under Rehnschiöld wid Frauenstadt d. 3. Febr. 1706. (1 a.) 4. Stockholm. — deutsch.

Utförlig Berättelse om den emellan Gen. Lieut. Nieroth och den Sachsiske samt Polske Arméen d. 21/31. Juli vid Warschau förelupne Actionen. (1 a) 4. Stockholm (1705). — deutsch.

Nyaste Berättelser ifrån Bender ang. Store Sultanens och Tartar chams begge deras Armeer lyckeliga framgång emot Ryssen. Dat. d. 6/16 så ock 9/19 Maji 1711. (1a.) 4. Stockholm — auch deutsch.

Beratung, s.a. Berathung.

Beratungen, s.a. Berathungen.

Beratung üb. d. Entwurf einer Gewerbeordnung u eines Entschädigungsgesetzes. 4° Dresden 1858

(Beratung über die Errichtung einer 'Zentrale zur Bekämpfung des Alkoholmißbrauchs.') Königsberg d. 10. Mai 1904. (Königsberg i. Pr. 1904: [Ostpr. Dr.].) (14 S.) 8° [05. 8543 10

Erste Beratung des Gesetzentwurfs über Abänderung von Bestimmungen des Strafgesetzbuches, des Gerichtsverfassungsgesetzes u. des Gesetzes vom 5. April 1888, betr. die unter Ausschluß d. Oeffentlichkeit stattfind. Gerichtsverhandlungen. Mit krit. Bemerkungen versehen von P. [Fritz] Patzschke. *Berlin: Deutsche Sittlichkeitsvereine 1893.* (S. 18–168.) 8° [F.]
— Streitfragen. Wissenschaftl. Fachorgan d. deutschen Sittlichkeitsvereine. Jg. 2, H. 1/2. [93. 13134

Beratung, Die Peterhofer, üb. d. Projekt d. Reichsduma unter Vorsitz d. Kaisers. (Geheime Protokolle v. d. Sitzgn am 19., 21., 23., 25. u. 26.7.'05.) (In russ. Spr.) (20, 220) 8° Berl., E Frowein ('12). nn 4 —; geb. nn 5 —

Beratung der dritten Versammlung deutscher Historiker zu Frankfurt über die Grundsätze, welche bei der Herausgabe von Aktenstücken zur neueren Geschichte zu befolgen sind. 8. 19. April 1895.

Beratungen über neue Zeichenunterrichts-Methoden. (54 S) Wien 1905

Stadtrat ([von] Bern). Beratungs- und Geschäfts-Ordnung. Entwurf. (1901.) 15 S. 8.

Beraubung u. Mißhandlung des königl. preuß. Staats-Ministers a. D. Herrn Grafen v. Pückler, Excellenz, verübt in dessen Forste zu Schedlau, am 27. Juli 1864, durch die Tagearbeiter: Ernst Scholz u. Carl John. Verhandelt vor dem Schwurgerichte zu Brieg, am 23. u. 24. Januar 1865. Brieg 865. Bänder. gr. 8. (39 S.) 4½ ngr

Béraud, A., la Duchesse et le Page, s. Répertoire du Théâtre français No. 106.

de Berault-Bercastel, Abt, Geschichte des Christenthums, fortgesetzt von der Wahl des Pabstes Pius VII., im J. 1833. Aus d. Italien. übersetzt und mit Zusätzen verm. 1r — 6r Bd. A. u. d. T.: Neueste Geschichte der Kirche Christi ꝛc. Eine nothwendige Fortsetzung aller ältern Handbücher der Kirchengeschichte, aber auch ein selbstständiges Werk. 1r — 6r Bd. 12. Augsburg 833 — 35. Schlosser. à Bd. ¼ Rthlr

Berault de Bercastel, Abt, Geschichte d. Kirche. Aus d. Französ. 24 Bde. 8. Heglfing. 784—91. 18 Rthlr (21r—24r Bd. Augsb. Doll; Landsh., Krüll. 1 Rthlr 16 Ngr) Dass. in e. getreuen Auszuge. 9 Bde. gr. 8. Augsb. 822 ff. Doll. à Bd 1 Rthlr

Berault-Bercastel, de, Geschichte d. Kirche in ein. getreuen Auszuge. 7—30. Hft. od. 3—9. Bd. 1. u. 2. Abthl. (Schluß.) 2. Ausg. gr. 8. Innsbruck, Wagner'sche Buchh. [3. B. (31¼ B.) 4. (29¾ B.) 842, 5. u. 6. (50¾ B.) 7. u. 8. (60¼ B.) 43, 9. (53¼ B.) 44., 3—8. Bd. à 3 Hfte. u. 9. Bd. 6 Hfte. à 8¾ Ngr.]
1—6. Hft. od. 1. u. 2. Bd. Ebendas. 1841. 1 Thlr. 22½ Ngr.

Berault-Bercastel, de, Geschichte der Kirche in einem getreuen Auszuge; fortges. nach: Robiano continuation de l'histoire de l'église und anderen Geschichtswerken und Quellen von einem kath. Geistl. Oesterreichs. 10. Bd. 1. Heft. gr. 8. (100 S.) Innsbruck 847, Wagner'sche Buchh.
Bildet eine Fortsetzung zur 1. und 2. Aufl. — Vgl. 10. Bd. 1. Abthl. S. 74

Berault-Bercastel, de, Geschichte der Kirche in einem getreuen Auszuge; fortges. von B. Gams, s. Gams.

Berault-Bercastel, Geschichte der christlichen Kirche, s. Gams.

— Geschichte der Kirche Christi in einem getreuen Auszuge, in 9 Bdn. 2 Aufl., mit einer Vorrede vom Fürstbischof v. Galura. 8. Innsbruck 841. Wagner. 1r Bd. 1 Rthlr

Berault-Bercastel (Abbé de), Geschichte d. Kirche Jesu Christi. A. d. Franz. übers. 24 Bde. 8. Dingolfing u. Augsb. 1787—91, Doll (fehlt). 18 fl.

Berauschung (Über , deren Folgen und Verhütungs- und Heilmittel dagegen. Nach der 5. Auflage der „Anatomy of Drunkenness" des Rob. Macnish. Aus d. Englischen. Köln. 1837.

BERAZ, Heinrich (München): De stomatitide mercuriali. (Titel nach der Urkunde)
31.7.1868 - Urk; P 72; Chr 1868/69,13
Diss.Ingolst.-Landsh.-Mchn.

Beraz, Joseph
— Lehrbuch der Anatomie des Menschen, mit physiologischen Zusätzen. Zum Gebrauche der Schulen für Bader im Königreiche Bayern nach Höchst. Auftrage verfaßt. gr. 8. Landshut 839. Palm'sche Verlagsbuchh. 2 Rthlr

Beraz, Jos., Lehrbuch d. Anatomie des Menschen mit physiolog. Zusätzen. Zum Gebr. d. Schulen f. Bader im Königr. Bayern nach Höchstem Auftrage verfaßt. gr. 8. (38½ B.) Landshut 839, [v. Vogel'sche Vrlsbuchh.]

Beraz, Joseph, Der Mensch nach Leib, Seele und Geist. Anthropologie für gebildete Leser aus allen Ständen.
1. Teil. Leipzig, Göschen, 1836, gr. 8°, 6,75 Mk.
2. Teil. Auch u. d. T.: Steine zur mathematischen Begründung der christkathol. Natur- und Weltanschauung, oder die Grund-, Einteilungs- und Ordnungszahlen der Sprache in ihrer Bedeutung für die Erkenntnis des äußern und innern Menschen. Mit 11 Tabellen und 1 lith. Beilage. Landshut, Vogel, 1841, gr. 8°, 16,50 Mk.

Beraz, Jos. (Prof. d. Med.); Steine z. mathemat. Begründung christkath. Natur- u. Weltanschauung. Mit Tabellen. gr. 8. Landsh. 1841, Vogel. 9 fl. jetzt Lit. Anst.

Berber, das Weib u. die Weltseuche od. die Fruchtabtreibg. in allen Jahrhunderten, deren Geschichte u. Gefahren. Kulturstudie. (30 S.) 8. Hamburg (908.) Stuttgart, W. Digel. 1.50

Berber, Agnes, Sprüche für's Leben. Worte und Gedanken hervorragender Dichter und Prosaisten alter und neuer Zeit. Gesammelt und geordnet. 8. (V, 264 S.) Jena 884, Pohle. geb. mit Goldschn. *

Berber, Agn., Sprüche für's Leben. Worte u. Gedanken hervorrag. Dichter u. Prosaisten alt. u. neuer Zeit. Ges. u. geordnet. 2. Aufl. 8. (V, 270 S. m. 1 Farbdr.) Jena 898. H. Pohle. Geb. in Leinw. n. 3. —

Berberei, die. Eine Darstell. d. religiösen u. bürgerl. Sitten und Gebräuche der Bewohner Nordafrika's. Frei nach engl. Quellen bearb. u. auf eigene Beobachtung gegründet. Von Friederike H. London. gr. 12. (10¼ B.) Frankfurt a. M. 845, Zimmer.

Berberich: Die Z e r s t ö r u n g Jerusalems durch den römischen Feldherrn Titus . . . , s. B e b e r i c h , Jul.

Berberich, A.: B a u - und Wohnungs h y g i e n e , s. B e r b e r i c h , Alois

Berberich, A., s.: Jahrbuch der Erfindungen.

Berberich, A, s: Jahresbericht, Astronomischer.

— Genäherte Oppositions-Ephemeriden, s.: Bauschinger, Jul.

— dasselbe, s.: Lehmann, P.

— Tafeln f. d. heliozentr. Koordinaten v. 307 kleinen Planeten. [Aus: „Abhdlgn d. preuss. Akad. d. Wiss."] (108) Lex8° Berl., G Reimer '11. 5.50

Berberich, Adolf [aus Wiesbaden]: Aus d. chirurg. Klinik zu Bonn. Über die Hämorrhoiden und ihre Behandlung. . . . Bonn. Buch- u. Steindr. Joseph Bach Wwe., 1890; 50 S. + 1 Bl. 8°
Bonn, Med. Fak., Inaug.-Diss. v. [28. Jun.] 1890

Berberich, Alois, Bau- u. Wohnungshygiene, s.a. Bibliothek der Rechts- u. Staatskunde 27. Bd.

Berberich, Alois: Bau- und Wohnungshygiene. 2. Aufl. Stuttgart: Moritz 1907 [1. Aufl. 1903.]

Berberich, Alois, der Schnellrechner. Eine Anleitg. zum raschen u. sicheren Beherrschen der Zahlen. 8. (26 S.) Würzburg 902. Memminger. — 40

Berberich, A: Der Schnellrechner. Anl. z. raschen u. sich. Beherrschen d. Zahlen. (26) 8° Würzbg '02. Kempten, Selbstverl. — 40 d

Berberich, Emil, approb. Arzt aus Wiesbaden: **Eine Epidemie von acutem Erythem bei Kindern in der Umgebung von Giessen. ⟨Erythema infectiosum acutum.⟩ Mit 1 Taf.** *Giessen 1899: v. Münchow.* (44 S.) 8°
Giessen, Med. Diss. v. 1899

Berberich, FM: Ueb. Milchzucker. — Studien üb. Schaf-Milchwirtsch., s: Burr, A.

BERBERICH, FRANZE. Ueber die Constitution einer Metaisocymolsulfosäure und deren Derivate. (Basel) Freiburg i. B., 1886. Diss. G. S.

Berberich, Hugo, das Herbarium Apuleii nach e. frühmittelenglischen Fassung, s.a. **Forschungen, anglistische. 5. Hft.**

Berberich, Hugo, aus Forchheim b. Karlsruhe: **Das Herbarium Apuleii nach einer früh-mittelenglischen Fassung. T. 1: Grammatische Einleitung.** *Heidelberg: C. Winter 1900.* (64 S.) 8° ¶ (Erscheint vollst. als: Anglistische Forschungen, H. 5.)
Heidelberg, Phil. Diss. v. 1900

Berberich, J.: G e s c h i c h t e der Stadt Tauberbischofsheim . . . , s. B e r b e r i c h , Jul.

Berberich, J.: Lasset die Kleinen zu mir kommen!, s. Berberich, Jul.

Berberich, Joseph [cand. med. aus Dornberg (Baden)]: Über den Einfluss der Tuberkulose auf das Knochenwachsthum ... Würzburg, J. M. Richter's Buch- u. Kunstdr., 1892; 21 S., 1 Taf. 8.
Erlangen, Med. Fak., Inaug.-Diss. v. 1892

Berberich, Jul.

Berberich, J., Geschichte d. Stadt Tauberbischofsheim u. d. Amtsbezirks. M. 1 Stadtplane v. J. 1790. (In ca. 10 Hftn.) 1.—7. Hft. gr. 8. (S. 1—320.) Tauberbischofsheim 895. M. Höller. à — 80

Berberich, J., lasset die Kleinen zu mir kommen! Ein Lehr-, Gebet- u. Spruchbüchlein f. die Kinderschwester u. zur Erteilg. d. Religionsunterrichts in den untersten Klassen. 24. (VIII, 127 S.) Freiburg i. Br. 890. Herder. n. — 50; cart. n.n. — 60

Berberich, Jul., Lehr-, Gebet- u. Spruch-Büchlein zur Erteilung des Religionsunterrichtes an Kinder von 4 bis 7 Jahren. Ein Handbüchlein f. Lehrer u. Erzieher, besonders f. Mütter u. Kinderschwestern. 2., verb. Aufl. (XI, 102 S.) 16. Freiburg i/B. (908). Herder. — 50; kart. — 70

—— Das Leiden u. die Auferstehung Jesu Christi, s. Theater, kleines.

Berberich, die Zerstörung Jerusalems durch den römischen Feldherrn Titus im J. 70 n. Chr. Historisches Schauspiel m. Gesang in 5 Aufzügen. 12. (58 S.) Paderborn 898. Bonifacinsdruckerei. — 45

Berberich, Ludwig [aus Seckenheim]: Anatomische Untersuchung zweier Fälle von experimentellem Secundärglaucom am Kaninchenauge ... (Aus: v. Graefe's Arch. f. Ophthalmol., Bd. XL Abth. 2.) Leipzig, W. Engelmann, 1894; 24 S., 1 Taf. 8.
Heidelberg, Med. Fak., Inaug.-Diss. v. [14. Juli] 1893

Berberich, Theodor [aus Säckingen]: Über die Einwirkung von salpetriger Säure auf Ortho-Diäthylamidophenol .... Freiburg i. B., Univ.-Buchdr. v. Chr. Lehmann, 1887; 43 S. 8°.
Freiburg i. B., Phil. Fak., Inaug.-Diss. v. 1887.

Berberich, Wilh. Aug., der Ritter v. Hohenrode. Eine Dichtg. aus dem Schwarzwald. 12. (149 S.) Baden-Baden 901. P. Weber. n. 2.80; geb. n. 3.60

Berberich, Wilh. Aug.: Licht u. Brot. Für alle, welche n. d. christl. Vollkommenh. streben wollen. (16, 415) kl8° Paderb., Junfermann '12. 2.40; L 3 — d

Berberich, Wilh. Aug., Mutterseelenallein. Wegweiser f. christl. Mütter. Ein Lehr- u. Andachtsbuch f. Frauen, besonders f. Mitglieder der christl. Müttervereine. Mit e. Vorwort v. C. Krieg. (XVIII, 862 S. m. Titelbild.) 16. Freiburg i/B. 906. Herder. n. 1.60; geb. n. 2. —

Berberich, Wilh. Aug., Tannenburg. E. Sang v. Spessart. 12. (292 S.) Donauwörth 899. L. Auer. Geb. in Leinw. m. Goldschn. n. 4. —

Berbert, Jh. Chr., krit. Beleuchtung d. anonymen Schrift e. Katholiken, unter d. T.: Seitenstück zur Weisheit Dr. Martin Luthers ꝛc. 8. Hildburgh. 817. Kesselring. 9 gr.

Berbig: Die Coburg-Gothaische Volksschule im Casimirian, s. Berbig, M.

Berbig: Sonneberg im Zeitalter der Reformation, s. Berbig, Georg Carl Bernhard

Berbig, C., der vereinigte Anschauungs-Sprech-Schreib-Lese-Unterricht. Anweisung zur Fibel von C. und M. Berbig. Bearb. und prakt. erprobt. gr. 8. (VI, 42 S.) Gotha 884. F. A. Perthes. *

—— und M. Berbig, Fibel. Unter Zugrundelegung der Hey-Speckterschen Fabeln, sowie der an diese sich anschließenden Kehr-Pfeifferschen Bilder für den Anschauungsunterricht bearb. gr. 8. (79 S. mit eingedr. Holzschn.) Ebendas. 883. cart. *

Berbig, C. u. M Berbig, Fibel. Unter Zugrundelegg d. Hey-Speckterschen Fabeln, sowie d. an diese sich anschliess. Kehr-Pfeifferschen Bilder f. d. Anschauungsunterricht bearb. 3. Afl. 8° (95 m. Abbildgn.) Gotha 93, FA Perthes. Kart. — 50

Berbig, C. u. M Berbig: Fibel. Unter Zugrundelegg d. Hey-Speckterschen Fabeln sowie d. an diese sich anschliess. Bilder f. d. Anschaugs-Unterr. v. Kehr-Pfeiffer u. Kull. 4. Afl. 8° (95 m. Abb.) Gotha 98, FA Perthes. Kart. — 50

Berbig, C., u. M. Berbig, Fibel. Unter Zugrundelegg. der Hey-Speckterschen Fabeln sowie der an diese sich anschließ. Bilder f. den Anschauungs-Unterricht v. Kehr-Pfeiffer u. Kull. 5. Aufl. gr. 8. (95 S. m. Abbildgn.) Gotha (900). F. A. Perthes. Kart. n. — 50

Berbig, C, u. M Berbig: Fibel. Unter Zugrundelegg d. Hey-Speckterschen Fabeln sowie d. an diese sich anschliess. Bilder f. d. Anschaugs-Unterr. v. Kehr-Pfeiffer u. Kull bearb. 8. Afl. (95 m. Abb.) 8° Gotha, FA Perthes (09). Kart. — 50 d

Berbig, F.: Die vollberechtigte und die zu Entlassungsprüfungen berechtigte höhere Bürgerschule, s. Berbig, Friedrich.

Berbig, F.: Die Erwerbung des Herzogtums Crossen durch die Hohenzollern, s. Berbig, Friedrich

Berbig, F.: Urkunden der Lateinischen Schule zu Crossen, s. Berbig, Friedrich

Berbig, Fr.: Ueber das genus dicendi tenue des Lysias. 18 S. Progr. Cüstrin 1871.

Berbig, Friedrich *Ansprache bei der Weihe des neuen Schulbanners.* 4 (S. 14—15). Rprg. u. Prg. nebst Vorschkl. *Crossen a. O.* 1890

Berbig, *Friedrich* [Dr., Dir.]: Berechtigungen der Anstalt. Crossen a. O., Buchdr. v. R. Zeidler, *1893;* 22—23 S. 4.
Crossen a. O., RPG u. PG nebst VS-Klasse, OP 1893 (102)

Berbig, Friedr[ich]: [Bericht über die Feier seines 25jährigen Amtsjubiläums als Direktor der Anstalt.] S. 21—23. 4.
In Umwandlung zu einem Progymn. u. Realprogymn. befindl. Realschule nebst Vorschulklasse *Crossen a. d. Oder* 1902 Progr.

Berbig, F. Die 'vollberechtigte' und die 'zu Entlassungsprüfungen berechtigte' höhere Bürgerschule. 16 S. Progr. *Crossen* 1880.

Berbig, F., die Erwerbung des Herzogtums Crossen durch die Hohenzollern. Festschrift zur 400jähr. Jubelfeier des 16. Septbr. 1482, im Auftrage der Vertretungen der Kreise Crossen und Züllichau-Schwiebus bearb. gr. 4. (26 S. mit 1 Portr. in Holzschn.) Crossen a. O. 882, Appun's Buchh. *

Berbig, *Friedrich* [Dr., Dir.]: *Die Feier der fünfundzwanzigsten Wiederkehr des Sedantages an der Anstalt.* Crossen a. O., Buchdr. v. R. Zeidler, *1896;* 17—19 S. 4.
Crossen a. O., RPG u. PG nebst VS-Klasse, OP 1896 (101)

Berbig, Friedrich: *Aus der Festrede zur Feier der 25jährigen Wiederkehr des Sedantages.* 4 (S. 17—18). Progr.
In Umwandlung zu e. Rsch. befindl. Rprg. u. Prg. nebst Vschklasse *Crossen a. O.* 1896

—: *Gymnasiallehrer Eduard Karge, vormaliger Lehrer der Anstalt, † 18. Januar 1900.* 4 (S. 17—18). Progr.
Rsch. mit gymn. Parallelunterr. in IV—VI nebst Vschkl. *Crossen a. O.* 1900

Berbig, Friedrich [Dir. Dr.]: Nachrichten und Urkunden der Lateinischen Schule zu Crossen. Tl 2. [Forts. d. P-Beil. 1889.] Crossen a. O., Buchdr. v. R. Zeidler, *1894;* 36 S. 4.
Crossen a. O., RPG u. PG nebst VS-Klasse, OP 1894 (102)

Berbig, Friedrich, Dir. Dr.: Nachrichten und Urkunden der Lateinischen Schule zu Crossen. T. 3. *Crossen a. O. (1899): R. Zeidler.* (43 S.) 4° ¶[Forts. d. P-Beil. 1889 u. 94.]
Crossen a. O., R nebst VS, OP 1899 (105) [vielm. 1900 (132)]

Berbig, F[ridericus]: • De oratione in Lysiacis vigesima. 36 S. 4° (2°)
Halle-Wittenberg, Phil. Diss. v. 19. Nov. 1868
Geb. [Naumburg a. d. S. 3. 4. 1845]

Berbig, Friedrich [Rekt. Dr.]: *Rede zur Weihe des neuen Schulhauses am Sedantage 1889.* Crossen a. O., Buchdr. v. R. Zeidler (1890); S. 14–15; 4°
Crossen a. O., RPG u. PG nebst VS-Klasse, OP 1890 (118)

Berbig, F. [Rekt. Dr.]: Urkunden der Lateinischen Schule zu Crossen. Erster Teil. Crossen a. O., Buchdr. v. R. Zeidler (1889); S. 3–25; 4°
Crossen a. O., RPG u. PG, OP 1889 (109)

Berbig, Georg Pfarrer in Schwarzhausen, s. Berbig, Georg Carl Bernhard

Berbig, Georg
— Im Hirtenhaus. Volksstück, n. e. Erzählg v. Heinr. Schaumberger dramatisiert. (68) kl8° Berl., K Benekendorff 09. 1.50; geb. 2.50 d

Berbig, Georg Carl Bernhard
Berbig, Geo., s.: Acta comicior. Augustae.

Berbig, Bilder aus dem 30jährigen Kriege in Thüringen u. Franken, s.: Festschriften f. Gustav-Adolf-Vereine. Nr. 35.

Bilder aus Coburgs Vergangenheit. Von Dr. Georg Berbig, Pfarrer. T. 1. Coburg: A. Rossteutscher 1905. 8° [F.]

— Bilder aus Coburgs Vergangenheit. I. u. II. Tl. 2. Aufl. gr. 8. Leipzig, M. Heinsius Nachf. 4. 50
I. 1. u. 2. Aufl. (VIII, 120 S.) 905. 910. 2. —
II. (IV, 183 S.) 907. 2. 50

Berbig, Geo., Ernst der Fromme, Herzog zu Sachsen, e. Fürst der inneren Mission im Zeitalter des 30jähr. Krieges. s.: Für Feste u. Freunde der inneren Mission.

[F.] Aus der Gefangenschaft Johann Friedrich des Mittleren, Herzogs zu Sachsen. E. Beitr. z. Reichs- u. Kirchengesch. d. Reformationsjhs. Von Dr. [Georg] Berbig, Pfarrer in Schwarzhausen. *Gotha: G. Schloessmann 1898.* (47 S.) 1 Bd 8.

Berbig, Geo. Carl Bernh., s.: Gerhardi, Joa., homiliae XXXVI.

Berbig, Predigt üb. Nehemia 4, 19—21. Geh. am Gustav-Adolf-Fest des Gothaischen Hauptvereins der Gustav-Adolf-Stiftg. am 27. VI. 1899 zu Sonneborn. gr. 8. (10 S.) Gotha 899. Hamburg, G. Schloeßmann. n. — 40

— s.: Quellen u. Darstellungen aus der Geschichte des Reformationsjahrhunderts.

— Sonneberg im Zeitalter d. Reformation. (17 m. 1 Taf.) 8° Sonnebg, E Lange (06). — 80 d

— Sonneberg im Zeitalter der Reformation. (17 S. m. 1 Taf.) 8. Sonneberg (906). J. Seichter. n. — 80

Georg Spalatin und sein Verhältnis zu Martin Luther auf Grund ihres Briefwechsels bis zum Jahre 1525. Von Dr. Georg Berbig. Mit 2 unveröffentl. Bildn. Spalatins. Halle (Saale): C. Nietschmann 1906. (316 S.) 8°
— Quellen u. Darstellungen aus d. Gesch. d. Reformationsjhs. Bd 1.

— s.: Spalatiniana.

— Der Veit Dietrich Kodex — Solgeri 88 — zu Nürnberg. Rhapsodia seu concepta in librum justificationis aliis obiter additis 1580. (VI, 50 S. m. 1 Taf.) Lex. 8. Leipzig 907. M. Heinsius Nachf. 2. —

Die kirchliche Versorgung der Stadt Eisenach im Zeitalter der Reformation. Ein Beitrag z. Reformationsgeschichte von Pfarrer Dr. [Georg] Berbig, Schwarzhausen. Eisenach: H. Kahle 1905. (28 S.) 8° [F.]
— Beiträge z. Geschichte Eisenachs. 12.

Berbig, Georg Carl Bernhard [aus Coburg]: D. Johann Gerhards Visitationswerk in Thüringen und Franken ... Gotha, Buchdr. Th. H. Wechsung, 1896; 4 Bl., 104 S. 8.
Leipzig, Phil. Fak., Inaug.-Diss. v. [16. Juni] 1896

— D. Johann Gerhards Visitationswerk i. Thüringen u. Franken. Diss. gr. 8. (VII, 104 S.) Gotha 896. (Berlin, E. Staude) n. 1. 80

Berbig, Kuno: Herr v. Bovelkow, M. d. R., M. d. A. Erzählg. (Schmutztitel: Lebrecht Windspiels grosse Enttäuschg. Lebensbilder.) (176) 8° Berl., E Frowein ('11). 2 —

Berbig, M., A. d. Gefangenschaft Johann Friedrich d. Mittleren, Herzogs zu Sachsen. E. Beitrag z. Reichs- u. Kirchengesch. d. Reformationsjahrhunderts. 8. (47 S.) Gotha 898. G. Schloeßmann. n. — 80

Berbig, M.: Die Gemahlinnen der Regenten des Gothaischen Landes ..., s. Berbig, Max

— Thüringer Sagenbuch, s.: Bechstein, Ludw.

— d. Coburg-Gothaische Volksschule i. Casimirian. Zeitalter. E. Beitrag z. Schulgeschichte d. 17. Jahrh. N. archival. Quellen. 12. (48 S.) Gotha 895. C. Gläser. n. — 80

— die Würdigung der Verdienste Herzog Ernst des Frommen um das Schulwesen in der Litteratur. — Zeyß, A.: Johann Ernst Christian Haun. Progr. gr. 8. (29 S.) Gotha 901. E. F. Thienemann. n. — 60

Berbig, Max
— u. Ernst Schmidt, Aufgaben f. das praktische Rechnen zum Gebrauche in Fortbildungsschulen, Mittelschulen u. in den Oberklassen der Bürger- u. Volksschulen. Auflösungen. gr. 8. (16 S.) Gotha 890. C. Gläser. n. — 50

! — u. E Schmidt: Aufg. f. d. prakt. Rechnen. Jetzt: Gotha, EF Thienemann.

— — dass. — Auflösungen. 8. (16 S.) Ebd. 890. * — 50

— — dasselbe m. besond. Berücksicht. der Verhältnisse im Herzogt. Gotha. 8. (III, 80 S.) Ebd. 890. n. — 50

Berbig, Max, Aufgabensammlg. f. d. Unterr. i. Kopfrechnen, s.: Lindau, Frdr.

Berbig, Max, Gerichtsassessor: Die Einrede der Zahlung der Hypothek durch den Voreigentümer des Grundstücks gegenüber der dinglichen Klage des Gläubigers der noch nicht gelöschten Hypothek oder des Cessionars, der die Hypothek entgeltlich und gutgläubig erworben hat. Nach Preuss. Recht unter Berücks. d. Bürgerl. Gesetzbuches f. d. Deutsche Reich. *Greifswald 1899: H. Adler.* (VII, 40 S.) 8°
Greifswald, Jur. Diss. v. 1899

Berbig, M., die Gemahlinnen d. Regenten d. Gothaischen Landes seit der Herrschaft der Ernestiner. Eine Festgabe zum 70. Geburtstage Ihrer Hoheit der Frau Herzogin Alexandrine v. Sachsen-Coburg u. Gotha. (VIII, 164 S. m. 10 Porträts.) Gotha 890. Glaeser. geb. n. 3. —

Berbig, M., Rechenhefte, s.: Dorschel u. Lindau.

Berbig, Max, das Rechnen im Dienste der Kulturgeschichte, s.: Jahresbericht d. Herzog Ernst-Seminars zu Gotha.

Berbig, P. (Hrsg.), s. Trost, Der Kranken.

Berblinger: De lingua Romana rustica, s. Berblinger, Wilhelm

Berblinger, Hans: Untersuchungen über Indanthren. 1904. 83 S. 8° ¶ Vgl. Berichte d. Deutschen Chem. Gesellschaft. Jg. 36. 1903.
Karlsruhe, Dr.-Ing.-Diss. v. 15. 7. 1904

Berblinger, Karl Wilhelm Theodor
Berblinger, W., das Hotel Rambouillet u. seine culturgeschichtliche Bedeutung. Literar-histor. Studie. gr. 4. (34 S.) Berlin 875. Calvary & Co. in Comm. n. 1. 20

Das Hotel Rambouillet und seine culturgeschichtliche Bedeutung v. [Karl Wilhelm Theodor] **Berblinger.** Rendsburg. 1875. 4°. Gymn.-Progr.

Berblinger, W.: G e r h a r d der Große, s. B e r b l i n g e r , Wilhelm.

Berblinger, W.: Das Hotel R a m b o u i l l e t und seine culturgeschichtliche Bedeutung, s. B e r b l i n g e r , Karl Wilhelm Theodor.

Berblinger, Walther, a. Karlsruhe i. Baden: Über die Sporenbildung und Auskeimung des Bacillus mesentericus ruber. Beitrag zur Frage der fraktionirten Sterilisation. Straßburg i. E. 1908: Müh & Cie. (52 S.) 8°
Straßburg, Med. Fak., Ref. Forster, Diss. v. 26. März 1908
[Geb. 13. Juli 82 Karlsruhe; Wohnort: Straßburg i. E.; Staatsangeh.: Baden; Vorbildung: Gymn. Karlsruhe Reife Sommer 01; Studium: Heidelberg 1, Straßburg 3, München 1, Straßburg 4 S.; Coll. 28. Febr. 08; Approb. 26. April 07.]

Berblinger, Wilhelm
Berblinger, W., Gerhard der Große v. Holstein u. seine Residenz Rendsburg. Mit einem autogr. Abdruck der Schenkungsurkunde vom 6. Decbr. 1339. 4. (50 S.) Rendsburg 881. Ehlers in Comm. n. 2. —

De lingua romana rustica. Quaestionum grammaticarum particula I. Scripsit Guilielmus **Berblinger.** Glückstadt. 1865. 4°. Gymn.-Progr.

Sprache und Heimat des altenglischen 'Scriftböc' im Ms. Corpus Christi College, Cambridge, 190. Von Walther **Berbner.** Bonn: P. Hanstein 1907. (4, 138 S.) 8°
Erw. Inaug.-Diss. Bonn 1907. [illegible]

Berbner, Walther, a. Barmen: Untersuchungen zu dem altenglischen „Scriftböc". Bonn 1907: E. Eisele. (35 S.) 8° ¶ (Erscheint vollst. u. d. T.: „Sprache und Heimat des altengl. „Scriftböc" im Ms. Corpus Christi College, Cambridge, 190" im Verlage v. P. Hanstein, Bonn.)
Bonn, Phil. Fak., Ref. Bülbring, Diss. v. 5. März 1907
[Geb. 6. Dez. 83 Barmen; Wohnort: Barmen; Staatsangeh.: Preußen; Vorbildung: Reformrealgymn. Barmen Reife O. 02; Studium: Marburg 2, Bonn 7 S.; Rig. 27. Juni 06.]

v. Berceviczy, G., s. a. Berzeviczy.

v. Berceviczy, (G.,) Nachr. üb. d. jetzigen Zustand d. Evangelischen in Ungarn. 8. (Kaschau 822, Wigand.)

Berch, Ueber den Chor in der Antigone. Gel. 1878. 15 S.

Berch, über die Composition der Nomina in den Homerischen Gedichten. Kiel 866. Homann. 4. (23 S.) 7½ ngr.

Berch, Andreas: E i n l e i t u n g zur allgemeinen Haushaltung, in sich fassend die Grundsätze der Policey, Oekonomie und Cameralwissenschaften für Vorlesungen, 1747; aus dem Schwedischen übersetzt ins Deutsche von Daniel Gottfried Schreber, Halle 1763.

Berch, Andr., Einleit. zur allgem. Haushaltung. 8. Halle. Curt. 766.

Berch, Andreas (Stockholm), De filicitate patriae per oeconomiam. Diss. philos. Präs. Andreas Celsius. Upsala (Werner) 17. XII. 1731. 48 S. (6.—) 2111
Gew.: Carl Gyllenborg, Herm. Cedercreutz, Ake Soop, Andr. Falcker, Jac. Tersmeden, Andr. Berch (Vater). — Widm. v.: H. A. Gyllenborg, J. Råfelt, Nicol. Rosen.

Berch, E.: Die B e d e u t u n g der Ate bei Aeschylus, s. B e r c h , Ernst

Berch, E. A., Einige Bemerkungen über die modale und temporale Bedeutung des griech. Particips. S.-A 1869. 10 S. —.75

Berch, Ernst Die Bedeutung der Ate bei Aeschylus. S. 27—39.
Progr. G. *Frankfurt a/M.* 1876.

Berch, Ernst (Hrsg.), s. K a t a l o g der Bibliothek der Kieler Gelehrtenschule.

Berchelmann: Z u s a m m e n s t e l l u n g der im Grossherzogthum Hessen geltenden Vorschriften über das Handelsregister, s. B e r c h e l m a n n , W.

Berchelmann, Conrad Friedrich: Ex a n t i q u i t a t e Judiaca . . . , s. N e u b a u e r , Ernst Friedrich (Präs.)

Berchelmann, F. W., göttl. Leben in der Seele des Menschen 2c. 8. Frankf. 730.

Berchelmann, Johann Philipp
Berchelmann, Jh. Phil., († d. 13. Aug. 1783.) Abhandl. vom Krebs. 8. Frankf. 756. Garbe. 2 ℛ Neue Ausg. unt. d. T.: Samml. merkwürd. Abhandll. v. Krebs 2c. 8. Ebd. 764. 2 ℛ

Berchelmann, Joh. Philipp (Hrsg.), s. F r a g m e n t e zur Arzney-Naturkunde und Geschichte.

Berchelmann, Joh. Philipp (Darmstadt)
Dissertatio inauguralis medica de liene.
Gissae [5. April] 1751: Joh. Jac. Braun. 24 S. 4°
pro gradu doctoris

Berchelmann, Johann Philipp: S a m m l u n g merckwürdiger Abhandlungen vom Krebs, worinnen die Ursachen desselben untersucht u. 2 bisher geheim gehaltene Mittel . . . bekandt gemacht werden. –
Franckfurt a. M.: Garbe 1764. 580 S. 8°

Berchelmann, L.C.: De vulneribus sclopetorum, (Flintenschußwunden). 8°maj. Marb.: Krieger 1802.

Berchelmann, Theophilus Augustus (Darmstadinus)
Dissertatio inaug. iuridica De vera relocationis notione eiusque a continuatione locationis prioris discrimine.
Giessae: Schroeder 1805. 18 S.
Diss. jur. 29.11.1805. vorh. 5.

Berchelmann, W., Zusammenstellung der im Großherzogth. Hessen geltenden Vorschriften üb. die Handelsregister einschließlich Zeichenregister sowie die Musterregister, nebst Anh.: Protokoll e. Generalversammlg. gr. 8. (VIII, 108 S.) Darmstadt 892. (G. Jonghaus' Verl.) n. 2. 40

Berchelmann, Wilhelm, aus Mainz: **Eine Synthese aromatischer Aldehyde.** *Heidelberg 1898: J. Hörning.* **(38 S.) 8°**
Heidelberg, Naturw.-math. Diss. v. [24. Nov.] 1898

Berchem, C. O., vollständig ausgeführter Quintenzirkel [nach der temperirten Stimmung], nebst kurzer schemat. Darstellg. der Intervallen-Verhältnisse der Tonleitern. Eine prakt. Beigabe u. Hilfstafel zu jeder Musik- od. Harmonielehre. Taf. in qu. Fol. m. 1 Bl. Text in qu. gr. 4. Trier 892. (F. Lintz.) n. —50

Berchem, CO, vollständig ausgeführter Quintenzirkel [nach d. temperirten Stimmg], nebst kurzer schemat. Darstellg d. Intervallen-Verhältnisse d. Tonleitern. Taf. in Fol. m. 1 Bl. Text in 4° Trier 92. (Lpzg, P Zschocher.) — 50

Berchem, M.J.: de Gn. Naevii v i t a et scriptis, s. B e r c h e m , Max Jos.

Berchem, Max
— u. Jos. **Strzygowski:** Amida. Matériaux pour l'épigr. et l'hist. musulmanes du Diyar-Bekr, par B. — Beiträge z. Kunstgesch. d. M.-A. v. Nordmesopotamien, Hellas u. d. Abendlande, v. S. Mit e. Beitrage: „The churches and monasteries of the Tur Abdin" v. Gertrude L Bell. (7, 390 m. Abb. u. 23 Lichtdr.-Taf.) 34×26,5 cm. Heidelbg, Carl Winter '10. 111. 60 —

Berchem, Max van: Die Ausstellg v. Meisterwerken muhammedan. Kunst in München, s: Sarre, F.

Berchem, Max van, s.: Beiträge zur Assyriologie usw.

Arabische Inschriften bearb. von **Max v. Berchem.** Mit 26 Abb. u. 7 Lichtdrucktaf. Leipzig: Hinrichs 1909. 156 S 8°
(Inschriften aus Syrien, Mesopotamien u. Kleinasien. 1.)
(Beiträge z. Assyriologie u. semit. Sprachwissensch. 7, 1.) [09. 1170]

— Arabische Inschriften aus Armenien u. Diyarbekr, s.: Abhandlungen der königl. Gesellschaft der Wissenschaften zu Göttingen. Phil.-histor. Klasse IX, 8.

— Arab. Inschriften im Euphrat- u. Tigris-Gebiet, s: Forschungen z. islam. Kunst.

— Die muslim. Inschriften v. Pergamon. [Aus: „Abhandl. d. preuss. Akad. d. Wiss."] (23 m. 12 Taf.) Lex8° Berl., G Reimer '12. L 7 —

van Berchem, Max: La propriété territoriale et l'impôt foncier sous les premiers Califes .... Genève, imprimerie Charles Schuchardt, 1886; 73 S. + 2 Bl. 8°.
Leipzig, Phil. Fak., Inaug.-Diss. v. 9. Sept. 1886.

van Berchem, Max. La propriété territoriale et l'impôt foncier sous les premiers califes. Etude sur l'impôt du Kharag. Un vol. in-8°, 78 p. Genève et Bâle, H. Georg. 1886? 2 —

Berchem, Max van, la propriété territoriale et l'impôt foncier sous les premiers Califes. Diss. Leipzig 1886, Gustav Fock. 8°. 73 S.

Berchem, Max. Jos., de Gn. Naevii poetae vita et scriptis. gr. 8. (III und 112 S.) Münster 861, Coppenrath'sche Buchh. *

Berchem, Otto, u. Geo. Dreyer, Musterbeispiel u. Anleitung zum Gebrauch v. Dreyers Journal „Infinitum". (6 S. u. 10, 4 u. 25 Doppels.) gr. 8. Ilmenau i/Th. (Schwanitzstr. 16) 908. Infinitum-Verlag G. Dreyer. Geb. in Leinw. 5. —

Berchem, Vict. van: Das Schloss Valeria in Sitten, s.: Muyden, Th. van.

Berchen, Wilh. de, de nobili principatu Gelrie et ejus origine. E codice archetypo, qui Noviomagi servatur, descripsit, vulgavit breviterque annotavit. L. A. J. W. Sloet van de Beele. gr. 8. (XXVI, 161 S.) Haag 870, Nijhoff. n. 4. —

Bercher, Josef (Baden): Beitrag zur Kenntnis der Chlor-Bromchinoline. Freiburg i. Br.: Speyer & Kaerner 1907. (47 S.) 8°
Freiburg i. B., Phil. Fak., Ref. Gattermann, Diss. v. 1908
[Geb. 1. Aug. 81 Breisach (Baden); Wohnort: Freiburg i. B.; Staatsangeh.: Baden; Vorbildung: Oberrealsch. Pforzheim Reife Juni 02; Studium: Freiburg i. B. 7 S.; Rig. 29. Nov. 07.]

Bercher, Th. P., katholischer Morgen-Gottesdienst am Charfreitag. Deutsch und latein. hrsg. 16. (29 S.) Solothurn 886, Burkard und Frölicher. *

Bercher, Th. P., katholischer Morgen-Gottesdienst am Charfreitag. Deutsch u. lateinisch hrsg. 16. (29 S.) Solothurn 886. Schwendimann. n. — 80

Berchin, B. S[imon], aus Mohilew, Russl.: Ueber einige Alkyläther des Acetaldoxims. *Königsberg i. Pr. 1901: H. Jaeger.* (41 S.) 8°
Königsberg, Phil. Diss. v. 5. Juni 1901

Berching im Jahre 1826. Gemessen 1822 vom K. Steuer-Kataster. 1 : 2500. 1 Bl.

Berchmann's, Joh. (des gottsel.), Leben u. Seligsprechung. Aus d. Ital. Mit Portrait. kl. 8. Augsburg 1843, Kollmann. 3 ggr. — 12 kr.

Berchmans, Johannes, der heil., s. Höver, Ferd. — Patiß, Geo.

Berchmans, Der selige Joannes, aus der G. J. O. O. 1866. V: *Schmude, Theodor.* (Jes)

Berchold, H., die Rolle des Klerus in der modernen Gesellschaft. Aus dem Franz. v. G. Pabst. (40 S.) gr. 8. Regensburg 904. Verlagsanstalt vorm. G. J. Manz. n. — 60

Berchoux, J., des Feinschmeckers Tafelfreuden, od. die Gastronomie. (Ein Gedicht in 4 Gesängen.) Frei n. d. 10. Ausg. d. franz. Orig. bearb. (Mit Titelbild.) gr. 12. (5⅛ B.) Ulm 830, Ebner'sche Brlgh.

Berchoux, Jos.: Die Gastronomie od. Der Gutsherr bei Tische, s: Schulenburg, Wern. v. d.

Berchs, Andr., Einleitung zur allgem. Haushaltung ꝛc. Aus d. Schwed. u. zum Druck befördert von D G. Schreber. 8. Halle 766. (Laue in Berl.) 16 gr.

Bercht, A., s.a. Kriegswesen, das, in Monarchien.

Bercht, A. Das Kriegswesen in Monarchien. Aus den hinterlassenen Papieren eines deutschen Veteranen. Mit Tab. ꝛc.
Frankfurt a. M. 1841. 321 S.

Bercht, (Joan. Guil.) Alexand. (geb. Berlin 27. 4. 1824): De resectione articulorum. Berolini (1849). (32 S.) 8°
Berlin, Med. Diss. v. 16. März 1849

Bercht, Aug., Braga. gr. 8. Düsseld. 814. Schreiner. 6 gr.

Geschichte des Grafen Egmont von AUGUST BERCHT. Denkschrift der historischen Gesellschaft zur Stiftungsfeyer der Universität Leipzig am 4. Dez. 1809 mit vorausgeschickter Nachricht über ihre Stiftung und frühere Jubelfeste, wie über die genannte Gesellschaft von deren Präses HANS KARL DIPPOLD. Leipzig, 1810. Bey J. C. Hinrichs. 8°.

Bercht, Chr., s. W. A. E. Lampadius, Experimente. 2r Thl.

Bercht, Erna: Kinder-Eisenbahn-Knigge, s: Dressler, Herm.

— s: Kinderreime, Gute alte.

Bercht, Gottlob August
Bercht, Glo. Aug., s. Archiv für Geschichte u. Literatur.

(Bercht, Gottlob Aug[ust].) Amtliche Beiträge zur neusten Geschichte des Kantons Bern (mit Bemerkungen). 8.
(*Ausschnitt aus:* Archiv für Geschichte und Literatur. Band 3. Frankfurt am Main 1832.)

Bercht, Johann Wilhelm Alexander, s. Bercht, Alexander

Bercht, Jul., der goldene Mai. Eine Frühlingsphantasie. Fragment der vier Jahreszeiten. 16. (XV und 116 S.) Braunschweig 861, Neuhoff und Comp. *

Bercht, Ottilie: Die Äppelkiste. Schwank. (18) 8° Frankf. M. '11. (Lpzg, II Dego.) 1 — d

Bercht, Ottilie: Der Burggeist, s.: Weber's moderne Bibliothek.

— Mit eiserner Faust, s.: Weber's moderne Bibliothek.

— Andre Götter. Lustsp. (59) 8° Frankf. M. '11. (Lpzg, II Dego.) 2 — d

Bercht, Walter: Wie weit erstreckt sich die Haftpflicht des Tierhalters nach dem Bürgerlichen Gesetzbuch? Berlin 1904: E. Streisand. (88 S.) 8°
Heidelberg, Jur. Fak., Ref. Endemann, Diss. v. 25. Okt. 1904
[Geb. 10. Juni 82 Berlin; Wohnort: Berlin; Staatsangeh.: Preußen; Vorbildung: Königstädtisches Gymn. Berlin Reife M. 00; Studium: Berlin, Bonn; Rig. 27. Juli 04.]

Berchta. Minne- u. Trutz-Lieder v. Arminius. 12. (62 S.) Zürich 890. Verlags-Magazin. n. — 80

Berchter, G.: Hausfreund, Mülheimer, s. Berchter, Gustav

Berchter, G. A., Betrachtungen üb. das Leben d. Heilandes nach dem Evangelium St. Marci. Mit e. Vorwort v. Frdr. Fabri. 8. (507 S.) Mülheim 883. Buchh. d. ev. Vereinshauses. n. 4. —; geb. n. 5. —

— das ist der Tag, den der Herr macht. Eine Betrachtg. f. sinnige Leser. 12. (14 S.) Ebend. 883. — 10

— das Evangelium d. Alten Bundes. Betrachtungen üb. Jesaias 40—66. 8. (282 S.) Ebend. 885. n. 1. 80

[F.] Hallelujah. Liedersammlung für christliche Gemeinschaften, Vereine u. Sonntagsschulen. Hrsg. von G. A. Berchter. *Mülheim a. d. Ruhr: Buchh. d. evang. Vereinshauses 1896.* (189 S.) 1 Bd 8.

[F.] Hallelujah. Liedersammlg f. christl. Gemeinschaften, Vereine u. Sonntagsschulen. Hrsg. v. G. A. Berchter. 2. Aufl. *Mülheim a. d. Ruhr: Buchh. d. evang. Vereinshauses 1897.* (191 S.) 1 Bd 8.

Berchter, G. A., der Prophet Jonas. 16. (III, 47 S.) Mülheim a. R. 890. Buchhandlung des evang. Vereinshauses. — 20

— s.: Kinderfreund, rheinisch-westfäl.

Berchter, G. A., aus dem Kinderleben. 8. (96 S. m. 6 Holzschn.) Mülheim a/d. Ruhr 891. Buchh. d. evang. Vereinshauses. — 50; kart. — 60

—— der Apostel Paulus. Andeutungen zum Verständnis seines Lebens und seines Werks. (In 6 Lfgn.) 1.—3. Lfg. 8. (S. 1—176.) Ebendas. 884. à Lfg. * 50 Pf. *

Berchter, G. A., der Apostel Paulus. Andeutungen zum Verständnis seines Lebens und seines Werks. 4.—6. (Schluß-)Lfg. 8. (VIII, S. 177—320 mit 1 Karte.) Mülheim a. R. 885, Buchh. des evangel. Vereinshauses. à Lfg. * 50. * compl. *

Berchter, G.A. (Hrsg.), s. Sonntagsblatt für die evangelische Jugend.

Berchter, G. W., Bilder aus verschiedenen Lebensverhältnissen, f. die reifere Jugend z. Warnung u. Belehrung. 12. (4½ B.) Mülheim 846, Rieten u. Möllenhoff.

— Eduard u. Emilie Heidenreich. Eine Erzählung für Kinder zur Belehrung und Warnung. 12. Elberfeld 845, Schmachtenberg. 1/6 ₰

—— Vater Klaus. Eine Erzähl. für Jung u. Alt. 8. (3 B.) Elberfeld 846, Bädeker.

Berchter, Gustav
Berchter, G. (Red.), s. Hausfreund, Mülheimer.

Berchter, Gustav (Hrsg.), s. Kinderfreund, Mülheimer.

Berchter, Gustav (Hrsg.), s. Kinderfreund, Rheinischer.

Berchter, Gustav (Hrsg.), s. Kinderfreund, Rheinisch-westfälischer.

Berchter, (Johann Ludwig Fidel). Das Berchter'sche Tagebuch. Ein Beitrag zur Geschichte der französischen Invasion in Graubünden im Jahre 1799. Hrg. von Dr C[aspar] Decurtins. [SA.] 8. Luzern 1882.

Berchter, Wilhelm (Hrsg.), s. Kinderfreund, Mülheimer.

Berchtesgaden [Schlagwort]
— s.a. Alpen.

— s. a.: Bayern. Atlas.

Berchtesgaden, s.a. Bayern. Positionskarte.

— s. a.: Salzburg, Umgegend.

—s.a. Salzkammergut.

Berchtesgaden. Brunn's Spezial-Karte des Berchtesgadener Landes, einschliessend die Reiteralpe, das Lattengebirge, den Untersberg, die Loferer u. Leoganger Steinberge, das Steinerne Meer u. das Hagengebirge, die östl. Kitzbühler Alpen, Zell a/S. u. Pinzgau. Nördl. die Umgegb. v. Salzburg u. Traunstein. 1 : 100,000. 71×55 cm. Farbdr. München (909). O. Brunn. 2. 50

Berchtesgaden. Bühler, A., Karte d. Berchtesgadenerlandes. 1 : 100,000. Chromolith. gr. Fol. Reichenhall 889. Bühler. n. 1. 50

Berchtesgaden. Bühler, Adph., Karte d. Umgebgn. v. Berchtesgaden m. Angabe der Wegmarkirungen. 1 : 39,500. 83,5 × 54,5 cm. 2 Blatt. Farbdr. Reichenhall 897. H. Bühler. In Leinw.-Decke n. 3. —

Berchtesgaden — Forst-Wirthschafts-Karte der Königlichen Salinen-Waldungen in dem Forstamte — (Aus den Steuer-Blättern reducirt.) Die Gebirge aufgenommen und gezeichnet von J. N. Aulitscheck. 1: 10,000. 1: 100,000 für den Conspect. 49 Bl. 1 Titel und 1 Uebersichtsblatt.

— Karte von Berchtesgaden u. Umgebung. 1 : 25,000. 3. Aufl. rev. 1909. 45,5×45,5 cm. Farbdr. Mit e. Entfernungstabelle beliebter Ausflugszieleu. Namenregister. (8 S.) kl. 8. Berchtesgaden (909). K. Ermisch. 1.50; auf Leinw. 2. —

Berchtesgaden — Charte von Salzburg und — etc. von D. Osterhaber etc. Siehe topograph. Specialkarten von Nieder-Oesterreich. 1 : 115,000.

Berchtesgaden — Militär-Karte von — nach den Aufnahmen des K. K. österr. General-Qu.-Stabs, copirt von den k. baierischen Ing.-Lieut. Lessl und Dessinateur Westermayer. 1819. 28,800. Handzeichnung. Als Wandkarte in 1 Bl.

Berchtesgaden — Relief von — und dessen Umgebung, nach eigenen Aufnahmen von Franz Keil. 48,000. 1860.

Berchtesgaden [Sachliches OW]
Berchtesgaden, Sommerfrische, Luftkurort und Soolebad, nebst Führer durch das Berchtesgadner Ländchen und durch Theile des angrenzenden bayer. und salzburg. Gebirges. Hrsg. von der Section Berchtesgaden des deutschen und österreich. Alpenvereins. 3. ergänzte Aufl. 8. (110 S. mit 1 Lichtdr.) Berchtesgaden 884, Vonderthann. *
Ohne Bild *

Berchtesgaden u. d. Königssee. (Mit d. Route Salzburg-Berchtesgaden.) Illustr. Führer nebst Tourenverzeichn. m. Zeitangabe v. Emil Hettwer. (19 m. farb. Ktc.) kl8° Salzburg, H Dieter '12. — 50

Berchtesgaden und Umgebung. Masst. 1:25,000. (Mit e. Entfernungstabelle ... u. Namenregister.) Berchtesgaden: K. Ermisch [1907]; (Lith. C. Wolf & Sohn, München). (1 Kartenbl. 44×44 cm, 4 Bl.) 8° [kol.] [Umschlagt.:] Karte von Berchtesgaden u. Umgebung.

Berchtesgadener Alpen [Schlagwort]
Berchtesgadener Alpen, s.: Alpen.

Berchtesgadener Alpen, s.: Alpen. Artaria.

Berchtesgadener Alpen, s.: Alpen. Karte.

— s. Reichenhall.

— s. Touristenkarten, Freytag.

Berchtesgadener Land [Schlagwort]
Berchtesgadener Land. s.: Alpen. Meurer, Jul.

Berchtesgadnerland, s.: Touristenkarten.

Berchthold, Einleitung zu einem kosmopolitischen Maas-, Münz- und Gewichtssystem. 8. (56 S.) Genf 858, [Müller-Darier.]

Gróf **Berchtold**-féle könyvtár. Deutsch Zsigmond es Társa ... 1906. Gräfl. Berchtold'sche Sammlung. Antiquariats-Katalog No 18 der Buchhandlung Sigmund Deutsch & Co. (Max Kemény). Budapest. (Budapest: S. Deutsch & Co. 1906.) (76 S.) 8° [Umschlagt.] 107. 6884

Berchtingen, S v.: Eine Orientreise. (106 m. Abb.) 8° Wien, C Konegen '11. geb. 3 —

Berchtinger, J. Ost-Africa. Erinnerungen und Miscellen aus dem abessin. Feldzuge. (X. 238.) 8. Wien 1870. 6.00.

Berchtold V.. Herzog von Zähringen. Bern 1847. s.a. [Howald, Carl /].

Berchtold V., Herzog von Zähringen, der Erbauer Berns. Hrsg. bei Anlaß der Enthüllung seines ehrenden Standbildes auf der Münsterterrasse am 8. Mai 1847. gr. 16. (75 S. und 1 ill. Stnt.) Bern 847, [Blom.] •

Berchtold V., Herzog v. Zähringen, der Erbauer Berns. Hrsg. bei Anlaß der Enthüllung seines ehernen Standbildes auf der Münsterterrasse am 8. Mai 1847. Mit 1 (lith.) Abbild. gr. 16. (75 S.) Bern 847, Jenni Vater. n. 4 ngr

Berchtold, Herzog v. Zäringen, Erbauer der Stadt Bern. Trauersp. v. Crauer. 8. Basel, Schweighäuser. 779.

Berchtold. Josef Anton Berchtold, Domdekan in Sitten. Gestorben den 9. März 1859. [Necrolog. A.] 8. [Solothurn 1859.]

Berchtold: Die Entwickelung der Landeshoheit in Deutschland, s. Berchtold, Joseph

Berchtold, Gebetbuch. Bregenz, Brentano.

Berchtold: Die Bulle Unam sanctam, s. Berchtold, Joseph

Berchtold: Die Unvereinbarkeit der neuen päpstlichen Glaubensdecrete mit der bairischen Staatsverfassung, s. Berchtold, Joseph

Berchtold, Bruder, das andächtige Zeitglöcklein des Lebens und Leidens unsers Herrn Jesus Christus. Ein Betrachtungsbüchlein des XIII. Jahrh. Neu bearb. von Gall Morel. 24. (882 S. mit 7 Stahlst.) Einsiedeln 879, Gebr. Benziger.

Berchtold, A.: Der rechtschaffene Christ in seinen täglichen Verrichtungen, s. Berchtold, Joseph Anton

Berchtold, Eduard [appr. Arzt aus Anhofen]: Beitrag zur operativen Behandlung der Zwerchfellverletzungen ... München, kgl. Hof-Buchdr. Kastner & Lossen, 1897; 37 S. 8. München, Med. Fak., Inaug.-Diss. v. 1897

Berchtold, Friedrich Graf v.

—— und P. M. Opiz, die Dipsaceen Böheims. gr. 8. (3 B.) Prag 838, (Kronberger u. Rziwnatz.) •

Berchtold, *Friedrich, Graf von.* Oekonomisch-technische Flora Böhmens nach einem ausgedehnteren Plane bearbeitet, oder systematische Beschreibung der in Böhmen wildwachsenden und cultuvirten Gewächse mit genauer Angabe ihrer Nutzlichkeit und Schädlichkeit, ihrer Anwendung und Behandlung in Künsten, Gewerben, Land-, Forst- und Hauswirthschaft. In ökonomisch-technischer Hinsicht von *F. Grafen v. Berchtold*, in botanischer von *Wenzel Benno Seidl, Philipp Maximilian Opitz, Franz Xaver Fieber.* Prag 1836—43. 8. (8 *Gulden* 24 *Kr.*) — I: Prag, typ. Pospischil. 1836. xv, 508 p. ind. (Monandria-Triandria) — II: Prag, typ. Thabor. 1838—39. 297, 278 p. (Tetrandria-Pentandria) — III, 1. Prag, typ. Thabor. 1841. p. 279—512. — III, 2. Prag, typ. Thabor. 1843. xvi, 577 p. (Pentandria-Solanum)

Continuatio non prodiit. Seorsim impressae exstant Monographiae generis Potamogetonis et Echii, autore *Francisco Xaverio Fieber*, Verbasci autore Johanne Pfund, Solani autore *P. M. Opiz.*

Berchtold, F. Graf v., ökonom.-techn. Flora Böhmens, nach e. ausgedehntern Plane bearb.; od.: Systemat. Beschreib. der in Böhmen wildwachsend. u. kultivirt. Gewächse, mit genauer Angabe ihrer Nützlichkeit u. Schädlichkeit im Allgem. wie im Besond.; dann deren Anwend. u. Behandl. in Künsten, Gewerben, Land-, Forst- u. Hauswirthschaft. 1. Bd. 2 Abthln. u. 2. Bd. 1. Abthl. — In ökonom.-techn. Hinsicht bearb. v. F. Grafen v. Berchtold, in botan. v. Wenzel Benno Seidl u. P. M. Opiz. gr. 8. Prag, (Kronberger u. Rziwnatz.) [1. (33¾ B.) 836. 2 Thlr., 2. 1. (19 B.) 838. 1 Thlr.]

v. Berchtold, Graf F., ökonomisch-technische Flora Böhmens, nach einem ausgedehntern Plane bearb.; oder: Systematische Beschreibung der in Böhmen wild wachsenden u. kultivirten Gewächse, mit genauer Angabe ihrer Nützlichkeit und Schädlichkeit im Allgemeinen, wie im Besondern rc. 1r Bd., in 2 Abthlgg. In ökonom.-techn. Hinsicht bearb. von Berchtold, in botanischer v. Wenzel B. Seidl. u. P. M. Opitz. gr. 8. Prag 836. (Kronberger.) 2 ₰ — 2r Bd. 1e Abthlg.: die Potamogeta, v. Franz Xav. Fieber. gr. 8. Prag 838. (Kronberger's Wittwe u. Weber.) 1 ₰ (I. 1. 2. u. II. 1. 3 ₰) Hieraus ist abgedruckt:

Berchtold, Friedr., die Kartoffeln. (Solanum tuberosum C. Bauh.) Deren Geschichte, Charakteristik, Nützlichkeit, Schädlichkeit, Kultur, Krankheiten rc., mit ausführlichen Angaben ihrer industriellen Anwendung. Monographisch bearb. nach Jaßnüger, Pfaff, Viborg, Putsche, Bertuch rc. u. eigenen Ansichten. gr. 8. (37 B. u. 1 Kpfrt.) Prag 842. [Haase Söhne Vrls.-Expcd.] •

Berchtold, Fr. Graf, die Kartoffeln. (Solanum tuberosum C. Bauh.) Deren Geschichte, Charakteristik, Nützlichkeit, Schädlichkeit, Kultur, Krankheiten rc., mit ausführl. Angaben ihrer industriellen Anwendung. Monographisch bearb. nach Jaßnüger, Pfaff, Viborg, Putsche, Bertuch rc. u. eigenen Ansichten. (Mit 2 Kpft.) gr. 8. Prag 842, Credner. n. 1⅔ ₰

—— und Frz. Xav. Fieber, die Potamogeta Böhmens. M. 4 lith. Taf. gr. 8. (3¼ B.) Prag 838, (Kronberger u. Rziwnatz.) •

—— —— die Rubiaceen Böheims. gr. 8. (6¼ B.) Prag 838, (Kronberger u. Rziwnatz.) •
Die drei letzten Schriften sind aus: Dess., Flora Böhmens, besond. abgedruckt.

Berchtold, (Friedrich) Graf: Schreiben an sen Arzt (John) Fothergill. Aus dem Englischen übers. 4 S. (S. 9 - 12), gbd.

Wien: Beck 1810
in: Fothergill, (John): Abhandlung über die Natur der Krankheit, die durch den Biß eines tollen Hundes veranlaßt wird. (The Case of a hydrophobia, with additions... Dt.) (Hrsg.) von Karl Werner. 1810

JB 5.192

Berthold, J.: Die Landeshoheit Oesterreichs ..., s. Berthold, Joseph

Berthold, J.: Rechenbuch, Bayerisches, s. Berthold, Joseph

Berchtold, J.: Die Bulle Unam sanctam, s. Berchtold, Joseph

Berchtold, J. A., s.a. Berchtold, Joseph Anton

Berchtold, J. A., Denkmal der Pflichten e. Christen gegen die Gemeinde Jesu Christi. 2. Aufl. 322 Stn. 32. Sitten, A. Galerini. 1874? 3. —

Berchtold, J. A. Ueber die Einförmigkeit der Maasse, Gewichte und Münzen in der Schweiz. Sitten 1849.

Berchtold, J. A.: Gedrängte Erklärung des apostolischen Glaubensbekenntnisses, s. Berchtold, J. Alois

Berchtold, J. A. Das Gebet des Herrn. Sitten 1859.

Berchtold, J. A. Das Maassensystem der Natur. 1846.

Berchtold, J. A., das Massensystem der Natur und die daraus entwickelten Verhältnisse zwischen Zeit und Raum. Hrsg. von Joh. Baumgartner. gr. 8. (IV und 88 S.) Berlin 865, Springer's Verlag. *

Berchtold, J. A., das unblutige Opfer der heil. Messe; vollständige dogmatisch-liturg. Abhdlg. 2 Thle. 8. Bregenz 1800—1, Beck in M. 20 ggr. — 1 fl. 30 kr.

Berchtold, J. Ant., s. Berchtold, Joseph Anton

Berchtold, J. Alois, gedrängte Erklärung des apostolischen Glaubensbekenntnisses. Ein Buch für Katecheten, Lehrer, wie auch besonders für gebildete christliche Familien, welche die Lehre ihres Katechismus richtig verstehen und im Glauben sich befestigen wollen. Innsbruck 857. F. Rauch. 8. (1 Bl., VIII, 211 S.) 15 ngr.

—— gedrängte Erklärung der katholischen Glaubenslehre. 2. Aufl. 8. (219 S.) Innsbruck 859, F. Rauch.

Berchtold, J. Alois, gedrängte Erklärung der katholischen Glaubenslehre. 3. Aufl. 8. (VIII, 219 S.) Innsbruck 876, F. Rauch's Buchh.

Berchtold, J. Alois, gedrängte Erklärung der katholischen Gnade und Gnadenmittellehre. 8. (XI und 237 S.) Innsbruck 862, F. Rauch.

Berchtold, Dr. J. A., gedrängte Erklärung der katholischen Sittenlehre. 8. (315 S.) Innsbruck. F. Rauch. 1860 1 fl. 12 kr.

—— gedrängte Erklärung der katholischen Sittenlehre. 1. und 2. Aufl. 8. (XIV und 322 S.) Innsbruck 861, F. Rauch. –

Berchtold, Jacob. Ueber die Prognose der malignen Tumoren des Auges. Diss. Med. Univ. Zürich. 77 S. 8. Uster, E. Weilenmann, 1907.

Berchtold, Jean s. Recueil diplomatique du Canton de Fribourg. Volume 5e. Fribourg... 1853.

BERCHTOLD, Johann Nicolaus (Freiburg): De cute humana.- Landishuti: Thomann (1819). 28 S.
16.7.1819 - Pe 372; F 57
Diss.Ingolst.-Landsh.-Mchn.

Berchtold, Joseph
Berchtold, Jos., die Entwickelung der Landeshoheit in Deutschland in der Periode von Friedrich II. bis einschlüssig zum Tode Rudolfs von Habsburg, staatsrechtlich erörtert. 1. Thl. München 863. Rieger. gr. 8. (VIII, 156 S.) 1 ₰

Berchtold, Jos., Grundstock e. Lehrmittelsammlung f. die Volksschule. Ein Berater f. Lehrer u. Schulbehörden. (179 S. m. üb. 800 Abbildgn.) gr. 8. Diessen 909. J. C. Huber. 8. —; geb. 4. —

—— d. Landeshoheit Oesterr. nach d. echten u. unechten Freiheitsbriefen. 8. (212) Münch. 62. (Frankf., Baer u. Co.) *n.* 1. 6; Her. Pr. *n.* — 14

BERCHTOLD, Joseph (Murnau): Die Landeshoheit Oesterreichs nach den echten und unechten Freiheitsbriefen.- München: Cotta 1862. VI S.,1 Bl.,212 S.
31.5.1862 - Urk (Titel: De superioritate territoriali Austriae secundum vera et ficta privilegia.): F 49 Diss.Ingolst.-Landsh.-Mchn.

— die Landeshoheit Oesterreichs nach den echten und unechten Freiheitsbriefen. München 862. Literar.-artist. Anst. gr. 8. (VII, 212 S.) n. 1 ₰ 6 ngr.

—— s. Martens, Wilh., das Vaticanum und Bonifaz VIII.

Berchtold, J., bayerisches Rechenbuch. Mit Berücksicht. der neuen Kreislehrpläne f. die Bedürfnisse des prakt. Lebens methodisch bearb. Ausg. A in 7 Hftn. 1. Hft. (1. Schulj.) Zahlenraum 1—20. 1.—6. Taus. gr. 8. (34 S.) München 902. M. Kellerer. n. — 20

— dasselbe. Ausg. B in 4 Hftn. gr. 8. Ebd. 902. n.n. — 80
1. (Vorbereitungsklasse = 1. Schulj.) Zahlenraum 1—10. 1.—6. Taus. (20 S. m. 61 Abbildgn.) n.n. 15
2. (Unterklasse = 2. u. 3. Schulj.) (44 S. m. Abbildgn.) n.n. — 15
3. (Mittelklasse = 4. u. 5. Schulj.) 1.—6. Taus. (74 S. m. Abbildgn.) n. — 25
4. (Oberklasse = 6. u. 7. Schulj.) (72 S. m. Abbildgn.) n. — 25

— dasselbe f. Fortbildungs- u. Feiertagsschulen. Nach method. Grundsätzen u. den Anforderungn. des prakt. Lebens bearb. gr. 8. (IV, 76 S.) Ebd. 902. n. — 30

— dasselbe. Lehrerheft. (IV, 80 S.) gr. 8. Ebd. 902. n. — 50

Berchtold, J., bayerisches Rechenbuch. Mit Berücksicht. der neuen Kreislehrpläne f. die Bedürfnisse des prakt. Lebens methodisch bearb. Ausg. A in 7 Heften. Schülerheft. I.—VII. Kurs. (Neue Aufl.) 8. München 905. M. Kellerer. n. 1. 25
I. Zahlenraum 1—20. (40 S. m. Abbildgn.) n. — 15
II. Zahlenraum 1—100. (40 S. m. Abbildgn.) n. — 15
III. Zahlenraum 1—1000. (40 S.) n. — 15
IV. (53 S.) n. — 20. — V. (48 S.) n. — 20
VI. (50 S. m. Fig.) n. — 20. — VII. (53 S. m. Fig.) n. — 20

— dasselbe. Ausg. B in 4 Heften. 1.—4. Schulerheft. (7. bis 16. Tausf.) 8. Ebd. n. — 77
1. (Vorbereitungsklasse = 1. Schulj.) Zahlenraum 1—10. (22 S. m. Abbildgn.) 905. n. — 12
2. (Unterklasse = 2. u. 3. Schulj.) (48 S.) 905. n. — 15
3. (Mittelklasse = 4. u. 5. Schulj.) (80 S.) 905. n. — 25
4. (Oberklasse = 6. u. 7. Schulj.) (66 S.) 905. n. — 25

— dasselbe. Lehrerheft. Ausg. A. II.—VII. Kurs. 8. Ebd. 906. n. 3. 70
II. Zahlenraum 1—100. (44 S. m. Abbildgn.) n. — 60
III. Zahlenraum 1—1000. (44 S.) n. — 60
IV. (64 S. m. Fig.) n. — 70. — V. (50 S.) n. — 60
VI. (55 S. m. Fig.) n. — 60. — VII. (60 S. m. Fig.) n. — 60

— dasselbe. Ausg. B. II.—IV. Lehrerheft. 2. Aufl. 8. Ebd. 904. n. 1. 50
II. (Unterklasse = 2. u. 3. Schulj.) (51 S. m. Abb.) n. — 40
III. (Mittelklasse = 4. u. 5. Schulj.) (87 S. m. Abb.) n. — 60
IV. (Oberklasse = 6. u. 7. Schulj.) (76 S. m. Abb.) n. — 60

— dasselbe, f. Fortbildungs- u. Feiertagsschulen. Nach method. Grundsätzen u. den Anfordergn. des prakt. Lebens bearb. Schülerheft. (17.—26. Taus.) (72 S. m. Abbildgn.) 8. Ebd. 906. n. — 30

— dasselbe. Lehrerheft. (III, 76 S.) 8. Ebd. 904. n. — 50

— Bayerisches Rechenbuch. Mit Berücksicht. der neuen Kreislehrpläne f. die Bedürfnisse des prakt. Lebens methodisch bearb. Ausg. A. (In 7 Heften.) I—VI. Schülerheft. 8. München 909. M. Kellerer. 1. 05
I. 1. Kurs. Zahlenraum 1—20. 2. Aufl. (6—10. Taus.) (40 S. m. Abbildgn.) — 15
II. 2. Kurs. Zahlenraum 1—100. 2. Aufl. (6—10. Taus.) (40 S. m. Abbildgn.) — 15
III. 3. Kurs. Zahlenraum 1—1000. 2. Aufl. (6—10. Taus.) (40 S.) — 15
IV. 4. Kurs. 2. Aufl. (6—10. Taus.) (51 S.) — 20
V. 5. Kurs. 2. Aufl. (6—10. Taus. (50 S.) — 20
VI. 6. Kurs. 2. Aufl. (6—10. Taus.) (48 S. m. Fig.) — 20

— dasselbe. Ausg. B. (In 4 Heften.) I. II. u. IV. Schülerheft. 8. Ebd. — 52
I. Vorbereitungsklasse = 1. Schulj. Zahlenraum 1—10. 3. Aufl. (21—30. Taus.) (22 S. m. Abbildgn.) 900. — 12
II. (Unterklasse = 2. u. 3. Schulj.) (27—40. Taus.) (48 S. m. Abbildgn.) 909. — 15
IV. (Oberklasse = 6. u. 7. Schulj.) (17—28. Taus.) (IV, 66 S. m. Fig.) 908. — 25

— dasselbe f. Fortbildungs- u. Feiertagsschulen. Nach method. Grundsätzen u. den Anfordergn. des prakt. Lebens bearb. Lehrerheft. 4. Aufl. (76 S. m. Abbildgn.) 8. Ebd. 908. — 50

— dasselbe. Schülerheft. (51—60. Taus.) (72 S. m. Abbildgn.) 8. Ebd. 909. — 30

— Bayer. Rechenb. Ausg. A. In 7 Heften. 8° Münch., M Kellerer's V. '11. d
I. 1. Schulj. (12—16. Taus.) (24 m. Abb.) — 15 ‖ II. 2. Schulj. (11—15. Taus.) (24 m. Abb.) — 15 ‖ III. 3. Schulj. (11—15. Taus.) (44 m. Abb.) — 20 ‖ IV. 4. Schulj. (11—15. Taus.) (50) — 20 ‖ V. 5. Schulj. (11—15. Taus.) (58 m. Abb.) — 20 ‖ VI. 6. Schulj. (11—15. Taus.) (64 m. Fig.) — 20 ‖ VII. 7. Schulj. (11—15. Taus.) (56 m. Fig.) — 20

— dass. Ausg. B. (In 4 Heften.) I., III. u. IV. Schülerheft. 8° Ebd. I. Vorbereitgskl. = 1. Schulj. 5. Afl. (22 m. Abb.) ('12) — 15 ‖ III. (Mittelkl. = 4. u. 5. Schulj.) (27—36. Taus.) (80) '11. — 25 ‖ IV. (B.) Oberkl. = 6. u. 7. Schulj.) (27—31. Taus.) (4, 66 m. Abb.) '12. — 25

— dass. f. Fortbildgs- u. Feiertagssch. Schülerheft. (61—65. Taus.) (72 m. Abb.) 8° Ebd. ('11). — 30; Anh.: Aufg. z. RVO. (15) ('12.) — 10 d

— dass. f. weibl. Sonntags- u. Fortbildgssch. Schülerheft. (1. 72 m. Abb.) 8° Ebd. ('11). — 30 d

— Reliefbild (Umschl.: Reliefkte) v. Vorarlberg u. (Fürstent.) Liechtenstein (m. d. Schutzhütten u. Unterkunftshäusern dieses Gebietes). Mit Text an d. Seite (u. auf d. Umschl.). 33,5×97 cm. Farbdr. Stuttg., H Lindemann ('10). 1.20

— s.: Tabelle f. Himmelsbeobachtungen.

Berchtold, Jos., die Bulle Unam sanctam, ihre wahre Bedeutung und Tragweite für Staat und Kirche. Eine Festgabe, zum Doctor-Jubiläum des Hrn. Geh.-R. Prof. Dr. Joh. Jul. Wilh. v. Planck überreicht. gr. 8. (135 S.) München 887, Kaiser. *

Berchtold, d. Bulle Unam sanctam, ihre Bedeutg. u. Tragweite. Münch. 888.

Berchtold, Jos., die Unvereinbarkeit der neuen päpstlichen Glaubensdekrete mit der bayerischen Staatsverfassung. gr. 8. (III, 63 S.) München 871, Rieger'sche Universitäts-Buchh. *

Berchtold, Joseph Anton

Berchtold, J. Ant., der rechtschaffne Christ in seinen tägl. Verrichtungen &c. 8. Augsb. Nic. Doll. 807.

Berchtoldt, J. A., der rechtschaffene Christ in seinen tägl. Verrichtungen, oder auserlesenes Lehr- und Gebetbuch z. tägl. Gebrauche eines Christen. 12. N. A. Augsb., Doll. 818.

Berchtold, (Jos. Ant.,) d. rechtschaff. Christ in s. tägl. Verrichtungen; od. auserles. Lehr- u. Gebetbuch zum Gebrauche e. Christen. 15e Aufl. 8. Augsb. 827, Doll. (Landshut, Krüll.)

Berchtold, J. A., der rechtschaff. Christ in seinen tägl. Verrichtungen: od. auserles. Lehr- u. Gebethbuch z. tägl. Gebr. eines Christen. 16. Aufl. 8. (14 B. u. Titkpfr.) Augsburg. (Landshut 831, Manz.)

Berchtold, Jos. Ant., der rechtschaffene Christ in seinen täglichen Verrichtungen; oder auserlesenes Lehr- und Gebetbuch zum täglichen Gebrauche eines kathol. Christen. 20., verb. und verm. Aufl. 12. (VIII und 256 S. mit 1 Stahlst.) Augsburg 856(57,) Doll. Thlr.

Berchtold, Jos. Ant., der rechtschaffene Christ in seinen täglichen Verrichtungen; oder auserlesenes Lehr- und Gebetbuch zum täglichen Gebrauche eines katholischen Christen. 20. verb. &c. Aufl. Augsburg 857. N. Doll. 12. (VIII, 256 S. u. 1 Stahlst.) 8 ngr

Berchtold, Jos. Ant., der rechtschaffene Christ in seinen täglichen Verrichtungen, oder auserlesenes Lehr- und Gebetbuch zum tägl. Gebrauch eines katholischen Christen. 21. Aufl. 8. (285 S. mit 1 Stahlst.) Lindau 867, Stettner.

[Berchtold, Josef Anton.] Zuschrift an das Walliser-Volk. (Im Namen des hohen Klerus von Wallis [verfasst von Domherr Berchtold]. Sitten den 14. Hornung 1839.) 8. *o. O.*

Berchtold, Leopold Graf v.

v. Berchtold, d. Grafen, Leop., († d. 26. Juli 1809.) Anweis. f. Reisende. Aus d. Engl.; durchgef. u. bericht. v. J. J. Bruns. gr. 8. Braunschw. 791. Schulbuchh. 1 ₰

— s. 1) Methode, Scheintodte &c.

Berchtold, Leopold Graf von: Nachricht von dem im St. Antons-Spitale in Smirna mit dem allerbesten Erfolg gebrauchten einfachen Mittel, die Pest zu heilen, und sich vor selber zu bewahren, welche im Lande selbst gesammelt worden ist, und zur unentgeltlichen Vertheilung heraus gegeben wird. 32 S., gbd.

Wien: typ. Schrämbl 1797
enth.: Ludwig von Pavia, Pater: Unterricht... in Beziehung auf die Heilung und Bewahrung vor der Pest. 1797

JB 6.704

Berchtold, Lorenz Chr. v., Nachr. von dem in St. Antons Spitale in Smirna gebraucht. einf. Mittel die Pest zu heilen u. sich vor selb. zu bewahr. 8. Frankf. (Böhme, 2.). 798.

v. Berchtold, Lor. Chr., Nachr. von dem im St. Antons-Spitale in Smyrna mit Erfolg angewandten Mittel, die Pest zu heilen. 8. Wien 798. (Leipz., Gnobloch). 2 gl

— Tabelle zur Warnung vor Gesundheitsgefahren verschied. Handwerker. Fol. Wien 810.

Berchtold, Leop. Graf, Vergangenheit u. Gegenwart der Herrenburg Buchlau im mährischen Marsgebirge. 12. (XIV, 349 S. m. Abbildgn., Titelbild u. Karte.) Brünn 893. R. M. Rohrer. Geb. in Leinw. n. 4. —

– s.a. Warnungstafeln gegen den Leichtsinn im sinnlichen Genuss.

WARNUNGSTAFELN gegen Leichtsinn im sinnlichen Genuss .... (von *Leopold* Graf *v. Berchthold*). Wien 1805.
Anon.-Lex. IV. p. 375 (nach Callisen); Kayser hat „1810".

Berchtold, Lorenz Chr., s. Berchtold, Leopold Graf v.

BERCHTOLD, Michael (Laingruben): De dysenteria.- Nonnenhil: Deschler 1839. 24 S.
24.7.1838 – Urk: F 64
Diss.Ingolst.-Landsh.-Mchn.

Berchtold, Otto, ein neues Buch vom wahren Christenthum. Ein Erbauungsbuch mit Betrachtungen, Gebeten und Liedern. 2. revid. Aufl. gr. 8. (VIII, 352 S.) Zürich 874, Schabelitz'sche Buchh. * *M* 2.; geb. *

Berchtold, Otto, e. neues Buch vom wahren Christenthum. Ein Erbauungsbuch m. Betrachtgn., Gebeten u. Liedern. 3. rev. Aufl. gr. 8. (VIII, 352 S.) Zürich 874. Schmidt. n. 2. —; geb. n. 3. —

Berchtold, Otto, ein neues Buch vom wahren Christenthum. Ein Erbauungsbuch mit Betrachtungen, Gebeten und Liedern. 3. verm. Aufl. gr. 8. (VIII, 439 S.) Zürich 876, Schmidt. * *M* 2.; geb. *

Berchtold, Otto, ein neues Buch vom wahren Christenthum. Ein Erbauungsbuch mit Betrachtungen, Gebeten und Liedern. 4. mit der 3. gleichlaut. Aufl. 8. (VIII, 439 S.) Zürich 881, Schmidt. *
geb. in Halbleinw. * *M* 2,40.; in Leinw. *

—— Confirmandenbüchlein. Unterricht in der christl. Religion. 1. Aufl. 1874, und 2. Aufl. 8. (32 S.) Zürich 875, Schabelitz'sche Buchh. *

—— Konfirmandenbüchlein. Unterricht in der christl. Religion. 3. Aufl. 8. (32 S.) Ebendas. 879. *

Berchtold, Otto, Confirmandenbüchlein. Unterricht in der christlichen Religion. 4. Aufl. gr. 8. (32 S.) Zürich 885. Schmidt. n.n. — 80; cart. n. — 40

Berchtold, O., Pfarrer in Schöfflisdorf, die Predigt der Gegenwart. Vortrag, gehalten vor der zürch. Synode den 24. Nov. 1874. 41 Stn. gr. 8. Zürich, C Schmidt.

—— die Predigt der Gegenwart. Vortrag gehalten vor der Synode der zürcher. Geistlichkeit den 24. Novbr. 1874. gr. 8. (41 S.) Ebendas. 875. *

—— Wie sollte ein Leitfaden für den Confirmandenunterricht beschaffen sein? Einige Betrachtungen über ein zeitgemäßes Katechet. Thema. gr. 8. (16 S.) Zürich 874, Schabelitz'sche Buchh. *

Berchtold, Siard, katechet. Abhandll. über d. wicht. Religionswahrheiten f. denkende Christen. Aus d. Bergierschen Schr. gezogen. 3 Bde. 8. Buchau 807.

— das Gemälde d. Heiligen. Ein Beitrag zu den theolog. Konferenzen u. Lesebuch f. Geistliche, aus d. Bergierschen Schriften gezogen. 1e u. 2e Abtheil. 8. Buchau 809. (2e Abtheil. A. u. d. T.: das Gemälde d. Heiligen; e. Gegenstück wider d. Verächter derselben).

Berchtold, Siard, († 182.) Sittenreden auf alle Sonntage d. Jahres, zum Nutzen d. Landvolks verfaßt. 2 Thle. 8. Buchau 805.

Berchtold-Beaupré (Übers.):

s.: Guggenbühl, (Johann Jakob): L'Abendberg, etablissement pour la guérison et l'éducation des enfants cretins, à Interlachen, Canton de Berne. Premier rapport. Traduit de l'allemand sur le manuscrit inédit de l'auteur. Fribourg en Suisse: 1844

JB 4.565

Berchtold-Beaupre. Isis ou l'initiation maçonnique. Fribourg 1859. 8. 415 S. Der Verfasser, ein Nichtmaurer, leitet den Frmrbund von Fr. Bacons „Neuer Atlantis" und dessen Insel Bersalem ab. Nicolai's längst widerlegte Hypothese. — Handb. d. Frmrei I. S. 64

(Antiquarische Gesellschaft in Zürich.) Vom ersten Berchtoldstag des neuen Jahrhunderts. ([Gedichte zum] 2. Januar 1901.) 12 S. 8.

Berchtoldstagsschnurren 1894; ein Gespräch. [Zürich 1894.] V: *Steiner, Leonhard.* (Cat. d. Stadtbibl. Zürich. Zürich 1864—97.)

BERCHTOLDT, FRANZ: Tägliche Erinnerung des Todes. Neusohl 1791: (Johann Franz Sulzer, Schemnitz) - 8°

Berchuys, Albert Johann van (Groningen), De nuptiis. Disput. jur. Rector Joh. Jac. Rau. Leyden (Conr. Wishoff) 8. IX. 1718. 36 S. Gest. Tit.-Bl. (F. Bleyswyck fec.) (5.—) 2114
Gew.: Tiaard Berchuys, Ger. Noodt. — Widm. v.: Rumold Lepeltak, Gerh. Alting, Arn. Jod. Bernhardyn.

Berčić, Joa., chrestomathia linguae vetero-slovenicae charactere glagolitico e codicibus, codicum fragmentis et libris impressis. Prag 859. (Calve.) gr. 8. (XXIV, 162 S.) n. 1 ₰ 10 ngr.

Bercíour und Decourcelle, Mamsell Rosa, s. Theater, das, des Auslandes.

Berck, H., Sammlung altdeutscher Sprüche zum Besticken auf stilgerecht altdeutsch gewebte Tafeltücher, Tischdecken, Buffets- u. Servirtischdecken, Mundtücher, Frühstücks- u. Dessert-Servietten, Handtücher. gr. 8. (24 S.) München 889. (Alsfeld, Cellarius.) n. — 80

Berck, T., s. Berk.

Berck, Theodor
— Napoleons Disciplinargesetzbuch f. Advocaten, s. Napoleon.

Berck, Thdr., Gesch. d. Westphäl. Fehmgerichte. 2 Thle. gr. 8. Brem. 814. Kaiser. 2 ₰ 12 gr

Berck, Thdr, Geschichte der westphälischen Femgerichte nebst einem Rückblick auf die Vorzeit Westphalens besonders auf das vormalige Justizwesen und den criminalistischen Zustand überhaupt; zur Erläuterung der Entstehung und Beschaffenheit der nachmaligen Femgerichte. Bd. 1. 2. Bremen 1815. 8. . . . . (D.; 880.)

Berck, Theod., über d. Bremische Güterrecht d. Ehegatten, mit besond. Rücksicht auf d. Schuldenzahlung, u. das sogen. beneficium abdicationis d. Wittwe; zunächst nach d. reinen Grundsätzen d. Statuten im Zusammenhange mit d. älteren German. Recht. gr. 8. (35 B.) Bremen 832, Heyse.

— u. Dr. Meyer, die französ. Wechsel-Ordnung, verglichen mit d. Wechsel-Ordnn. Bremens u. Hamburgs, nebst e. histor.-pragm. Einleitung. 8. Brem. 811. Heyse. 12 gr

Bercke, Herm., zwei Märchen. Eine Weihnachtsgabe. 12. (16 S.) Rostock (900). H. Bercke. — 25

Berckel, Alexander (geb. am 17 März 1857 in Bislich bei Wesel): Ueber die neueren Methoden der Exarticulation im Hüftgelenk. '(Mit 1 Tab.)' ... Bonn, Druck v. P. Neusser (1884). 36 S., 1 Bl. 8.
Bonn, Med. Fak., Diss. v. 28 Juni 1884

Berckelman, Dietr. Werner (Goslar), De judiciis metallicis. Von Berg-Aembtern / Berg-Gerichten. Diss. jur. Präs. Georg Engelbrecht. Helmstedt (G.-W. Hamm) 4. II. 1705. 24 Bl., z. Tl. dtsch. (5.—) 2115

Berckelmann, J. Just., evangel. Glaubens- u. Gewissenslehren. 8. Nordh. 737.

Berckemeyer, Herbert, a. Müssen in Holstein, Referendar in Hamburg: Das Recht der Annahme an Kindesstatt im Bürgerlichen Gesetzbuch für das Deutsche Reich, unter Berücksichtigung seiner historischen Entwicklung. Borna-Leipzig 1907: R. Noske. (XII, 227 S.) 8° [ℑ.]
Erlangen, Jur. Fak., Ref. Binder, Diss. v. 6. Nov. 1907
[Geb. 15. Nov. 78 Müssen; Wohnort: Hamburg; Staatsangeh.: Preußen; Vorbildung: Johanneum Lüneburg Reife M. 98; Studium: Marburg 4, Kiel 2, Berlin 1 S.; Rig. 1. Mai 07.]

Bercken, Johann Heinrich Wilhelm (Lüdenscheid), Selecta quaedam capita ex titulo de inofficioso testamento. Diss. jur. civ. Präs. Friedr. Gottfr. J. A. F. Schlegtendal. Duisburg (F. A. Benthon) Aug. 1766. 24 S. (2.50) 2116
Gewidm.: Bernh. Joh. Francke, Franz. Heinr. Pauli. — Widm. v.: Mann (Meurs. dtsch.), J. Voswinckel (Lüdenscheid), M. F. v. Furstenwaerther (Hohen-Limburg), J. R. Scholten (Meurs), J. F. Brinckmann (Duisburg. dtsch.).

Berckenhagen's patentierter Schreibschlitten. Berlin (1885)

Berckenkamp, Johann Albert
Berckenkamp, I. Alb., de affectionib. propositionum relativis. 8. Lemgov. Meyer. 743.

Berckenkamp, Johann Albert: L e g e s numerandi universalis quibus numeratio decadica Leibnizii dyadica nec non reliqua numerationis genera partim plura, partim pauciora numerorum signa continentia apantur. Per Joannem Albertum Berkkenkamp. Lemgoviae 1747: J.H.Meyer. VI, 59 S.8°

Berckenmeyer, Jac. Georg (Hamburg), De jure circa sacra in libera republica Hamburgensi cum jurisdictione civili connexo. Diss. jur. Giessen (Ww. J. R. Vulpius) März 1725. 56 S. (4.—) 2117

BERCKENMEYER, Jac. Geo.: De principio juris divini connati primo, vero, unico et adaequato, ejusque obligatione universali. *Francof. a. M.* 744. 8.

Berckenmeyer, P. L., neuverm. curiös. Antiquarius od. geogr. hist. Merkwürdigk. d. europ. Länder. m. K. 2 Thle. 12. Hamb. Herold. 741.

Berckenmeyer, P. L., geograph. Fragen. 12. Hamb. 766. Herold. 12 gr

Berckenthin, Christian August von (Mecklenburger Adel), De solennitatibus in genere, earum natura, jure, usu et abusu. Diss. jur. Präs. Franz. Ernst. Vogt (Schaumbg./Westf.). Kiel (Barthold Reuther) Juni 1712. 72 S. (5.50) 2118

Berckhan, Car. (Otto Henr.) (geb. Treptow an d. Rega 13. 2. 1844): De febri solari. Berolini (1867). (40 S.) 8°
Berlin, Med. Diss. v. 25. Juni 1867

v. Berckheim, Frhr. F. C., Versuch e. Skizze d. frühern Kultur d. Menschen u. ihres Vereins in Gesellschaften. 1e Abtheil. gr. 8. Götting. 804. Vandenhöck u. R. 4 K

— s. auch v. Berkheim.

Berckheim, Philipp Friedrich von (Elsass), De comitiis nobilium, vulgo Von den gemeinen Ritter-Tägen. / Diss. jur. Strassbg. (J. Fr. Spoor) 9. VI. 1708. 50 S., tlws. dtsch. (6.—) 2119
Widm. v. Jo. Heinr. Feltz u. Gg. Albert Steinheil. a. Jac. Friedr. Wormbser v. Vendenheim.

— — Dasselbe. Halle (Hendel) 1736. 48 Seiten. (5.50) 2120

Berckheim, Philipp-Paul Freiherr von, Referendar: Strafbare Eingriffe in die öffentlich-amtliche Verfügungsgewalt. ⟨§§ 133, 136, 137 Str.G.B.⟩ Berlin 1907: E. Streisand. (74 S.) 8° [F.]
Heidelberg, Jur. Fak., Ref. v. Lilienthal, Diss. v. 1907
[Geb. 8. Jan. 83 Berlin; Wohnort: Weinheim; Staatsangeh.: Preußen; Vorbildung: Gymn. Bensheim Reife O. 02; Studium: Bonn 4, Berlin 3, Greifswald 2; Marburg 2 S.; Rig. 30. Okt. 07.]

Berckhemer, Richard, aus Esslingen i. Württemb.: Ueber N-alkylierte Chinolone. *Erlangen 1900: E. Th. Jacob.* (30 S.) 8°
Erlangen, Phil. Diss. v. 27. Juli 1899

Berckhey, J. Fr. Naturgeschichte von Holland. Aus d. holl. Leipzig 1779—82. 2 Bde.

Berckhoff, J., Tabellen über Reichs- und preußische Stempel- resp. Erbschaftssteuer. 5. Aufl. gr. 8. (21 S.) Altona 881, (Harder.) *
Die frühern Aufl. erschienen im Selbstverlag des Verfassers.

Berckhoff, Otto, Gerichtsreferendar: Der Wirt in seinen privatrechtlichen Beziehungen zum Publikum. D.-Ruhrort 1906: F. Kleinagel (64 S.) 8°
Heidelberg, Jur. Fak., Ref. Endemann, Diss. v. 10. Aug. 1906
[Geb. 21. Juli 78 Flierich, Westf.; Wohnort: Duisburg-Ruhrort; Staatsangeh.: Preußen; Vorbildung: Gymn. Dortmund Reife O. 97; Studium: Freiburg i. B. 3, Berlin 3, Marburg 1 S.; Rig. 9. März 06.]

Berckholtz, W, Beitr. z. Kenntniss d. Morphologie u. Anatomie v. Gunnera manicata Linden, s.a. Bibliotheca botanica.

Berckholtz. Willy [aus Stettin]: Beiträge zur Kenntniss der Morphologie und Anatomie von Gunnera manicata Linden. . . . (Aus: Luerssen's Bibliotheca bot. H. XXIV. 1891. Mit. Taf.) *Cassel, Th. Fischer, 1891:* 2 Bl.. 19 S. 4°
Erlangen, Phil. Fak., Inaug.-Diss. v. 1891

Berckholz
— s. auch Berkholz.

Berckholz sen., ... s. Bericht über die allgem. Bauernversammlungen.

Berckholz sen., v., Bericht üb. d. Verhandlungen der Bauernversammlungen, s. Bericht.

Berckmann, Friedrich
Berckmann, Fr., De scholiis in Apollonii Rhodii Argonautica Etymologici Magni fonte. 1891. Siehe auch **Apollonius Rhodius.**

Berckmann, Fridericvs [Francofvrtensis]: De scholiis in Apollonii Rhodii Argonavtica Etymologici magni fonte ... Bonnae, typ. C. Georgi vniv. typogr., 1894; 42 S., 1 Bl. 8.
Bonn, Phil. Fak., Inaug.-Diss. v. 5. März 1894

Berckmann, Johann, Stralsundische Chronik u. die noch vorhand. Auszüge aus alten verloren gegang. Stralsund. Chroniken, nebst ein. Anh., urkundl. Beiträge z. Kirchen- u. Schulgesch. Stralsunds enthalt. A. d. Handschrn. hrsg. v. G. Ch. F. Mohnike u. E. H. Zober. M. 2 Stndr. gr. 8. (29¼ B.) Stralsund 833, Löffler.

Berckum, Joh. Jos.: Das Staatsschuldenproblem im Lichte d. klass. Nationalökonomie. (10, 243) gr8° Lpzg, A Deichert Nf. '11. 5 — d

Bercovitz: Über Doppeltarife für Pauschalabonnenten. Vortrag. Dresden 1911 (Aus: Mitteil. d. Verein. d. Elektrizitätswerke Nr 119)

Bercovitz, D: Eine tragbare Meßbrücke mit Galvanoskop für Widerstandsbestimmungen mittels Gleich- und Wechselstrom. Berlin 1908

Bercovitz, D: Die techn. Messinstrumente, s.: Heinrich, RO.

Bercy: das M i l c h m ä d c h e n , s.a. T r e i t s c h k e , G.F.: S i n g s p i e l .

– das M i l c h m ä d c h e n ; nach d. Französ. v. Th. Hell. 8°. Leipzig: Hinrichs 1812.

Berczik, Arpád v., Ehestandsgeschichten u. andere Humoresken, s.: Reclam's Novellen-Bibliothek.

Berczik, Arpád v., Ehestandsgeschichten u. andere Humoresken, s.: Reclam's Unterhaltungs-Bibliothek.

Berczik, Arpád v., Ehestandsgeschichten u. andere Humoresken, s.: Universal-Bibliothek.

— bunte Geschichten aus Ungarn, s.: Universal-Bibliothek.

— Illusionen, s.: Entsch, A., Theater-Correspondenz.

Berczik, Arpád v., O Julius! Lustspiel in 3 Akten. Einzig autoris. Uebersetzung aus dem Ungar. von Adph. Kohut. 8. (87 S.) Leipzig 887, Brehse. **

Berczik, A v., o Julius! Lustspiel. Aus d. Ung. v. A Kohut. 8. (87) Lpzg-Reudn. 87, O Schmidt. *n.n.* 1. 50

— Mütter u. Töchter. Lustspiel in 3 Aufzügen nach dem Ung. Für das deutsche Volkstheater in Wien bearb. u. m. e. biographisch-krit. Skizze versehen v. Ludw. Hevesi. 8. (120 S.) Stuttgart 893. A. Bonz & Co. n. 1. 60

Berdach, Hugo: Uns. Zukunft auf d. Balkan. Betrachtgn e. Kaufmannes. (7) Lex8° Wien, J Grünfeld '12. — 40

Berdau, Emil
— Narcissenduft. Novelle. 8. (189 S.) Leipzig-R. (902). Jacobi & Zocher. n. 1. —

Berdau, Emil, Narzissenduft. Novelle. 2. Aufl. (138 S.) 8. Leipzig (903). Jacobi & Quillet. 1. —

— Uncle Sam's Nichte. 6 Bde. Illustriert v. Arno Grimm. schmal 8. Leipzig (903). [Jacobi & Zocher.] Chemnitz, C. Schubert. à n. 1. —; geb. à n.n. 1. 50 (Vollst. in Koffer verpackt: n. 7. 50; geb. n.n. 10. —)
1. Yankeedoodle-Dolly als Schoolgirl. (218 S.)
2. Yankeedoodle-Dolly als College-Girl. (203 S.)
3. Yankeedoodle-Dolly als Sommer-Girl. (240 S.)
4. Yankeedoodle-Dolly als Society-Girl. (232 S.)
5. Yankeedoodle-Dolly als Roustabout. (230 S.)
6. Yankeedoodle-Dolly als Housewife. (204 S.)

Berdau, Emil, Dewet's Schicksal. Aktueller Orig.-Roman aus dem Guerillafeldzuge Dewets nach der Kapkolonie. 2.—4. Aufl. gr. 8. (à 252 S.) Leipzig 901. Leipziger Verlagshaus A. Schneider. n. 3. —

Berdel, Eduard, (Dr.), aus Zweibrücken: Beitrag zur Kenntnis der Legierungen. ⟨Mit 39 mikrosk. Bildern in Lichtdr.⟩ *Erlangen 1902: F. Junge.* (36 S.) 4°
Erlangen, Phil. Diss. v. 29. Jan. 1901

Berdez, A[drien]. Anleitung zur Dressur und Verwendung des Kriegshundes. Nebst einem Anhang: Der Polizeihund. Mit 7 Abbildungen [auf 4 Tafeln]. VI + 30 S. 8. Bern, L. A. Jent, 1903. [geb. fr. 1.50]
! Berdez: Kriegshund. C. Marz.

Berdez, A[drien]. Anleitung zur Dressur und Verwendung des Sanitätshundes. Mit 8 Abbildungen [auf 4 Tafeln]. VI + 30 S. 8. Bern, L. A. Jent, 1903. [geb. fr. 1.50]
! – Sanitätshund. C. Marz.

Berdichevsky, Nadejda. Anaphylaxie et tuberculine. Thèse Méd. Lausanne. Travail fait à l'Institut de physiologie de l'Université de L'. II + 15 p. 8. Berne, Edition «zum Zytglogge», 1910.

Berding, Ernst

Berding, E., Praktische Darstellung des Wechselrechts f. Studierende, Kaufleute u. Gewerbetreibende. (39 S.) gr. 8. Halle '01, C. A. Kaemmerer & Co. 1. —

Berding, Ernst: Gesetzliche Haftung für technische Custodia nach den Theorien von Baron und Bruckner. *Halle a. S. 1898: C. A. Kaemmerer & C.* (99 S.) 8°
Halle, Jur. Diss. v. 18. Juli 1898

Berding, Ernst, Arzt: Aus d. Königl. Universitäts-Frauenklinik zu Königsberg i. Pr. 80 abdominale Myomektomien aus der Zeit vom 1. April 1891 bis 1. April 1896. *Königsberg i. Pr. 1898: M. Liedtke.* (32 S.) 8°
Königsberg, Med. Diss. v. 24. Dez. 1898

Philosophische Aufsätze v. Friedrich **Berding**. *Hannover & Leipzig: Hahn 1897.* (02 S.) 1 Bd 8. [98. 3317 Go

Berditschewsky, Abraham [aus Alexandrowsk '(Russl.)']: Ueber puerperale Mortalität ... Berlin, Buchdr. v. G. Schade, *1893;* 33 S. 8.
Berlin, Med. Fak., Inaug.-Diss. v. 31. Jan. 1893

Berditschewsky, Helene. Über die Verbreitung des Krebses im Kanton Zürich in den letzten fünf Jahren. Diss. Med. Univ. Zürich. *Kopftitel:* Aus dem hygienischen Institut der Universität Zürich. 52 S. 8. Zürich, Gebr. Leemann & Co., 1907.

Berditschewsky, *Meyer Hirsch* [aus Russland]: Ueber zwei Fälle von paroxysmaler Haemoglobinurie nebst einigen haematolog. Untersuchgn ... Berlin, C. Vogts Buchdr., *1896;* 34 S., 1 Bl. 8.
Berlin, Med. Fak., Inaug.-Diss. v. 28. Apr. 1896

Berdmore, C., Abhandl. von den Krankheiten der Zähne u. des Zahnfleisches. a. d. Engl. 8. Altenb. (Acad. Buchhandl. in Jena). 771. Rthlr.

Berdmore, C., Abhandl. von d. Krankheiten d. Zähne u. d. Zahnfleisches. A. d. Engl. 8. Altenb. 771. (Hennings in Neisse.) 6⅔

Berdmore, Thomas: Abhandlung von den Krankheiten der Zähne und des Zahnfleisches, in welcher die gründlichste Weise diesen Gebrechen abzuhelfen angezeigt und durch Fälle und Erfahrungen erläutert wird. (A Treatise on the disorders and deformities of the teeth and gums, explaining the most rational methods of treating their diseases. Dt.) Nach der neuesten Ausgabe aus dem Englischen übersetzt. 188 S., gbd.

Altenburg: Richter 1771

JB 4.363

Dr. med. Eduard **Berdoe**: Ein Katechismus der Vivisektion [A Catechism of vivisection]. Der ganze Streit in allen s. Einzelheiten besprochen. Aus d. Engl. übers. von E. Weilshäuser. Dresden: Verl. d. Internat. Vereins z. Bekämpfung d. wiss. Tierfolter 1904. 174 S. 8° [11. 3860

Berdolet u. Palm, Geschichtstafel. (M. 9 Bildn. u. 5 Abb.) 103,5 × 81 cm. Düsseldorf 895. L. Schwann.
Auf Leinw. m. Stäben n. 4. 50

Berdolet u. Mackenstein, der kleine Patriot. Sammlung vaterländ. Gedichte f. die ersten Schuljahre. 2. Aufl. (79 S.) kl. 8. Aachen 907. J. Schweitzer. — 50

Berdolet, Fridericus, Echtzensis: Die Modi der verschiedenen Satzarten bei Neidhart von Reuenthal. *Bonnae 1899: C. Georgi.* (V, 97 S.) 8°
Tübingen, Phil. Diss. v. [21. Jan.] 1899
(Nicht für den Austausch)

Berdolt, Wendelin: Zur Entwicklungsgeschichte der Konstruktionen mit ὥστε. Beitrag z. histor. Syntax d. Griechischen. Eichstätt, Druck v. M. Däntler, 1894; 43 S. 8.
Eichstätt, k. G, P 1894*

Berdolt, Wendelin [K. Gymnasiall.]: Der Folgesatz bei Plato. M. histor.-grammat. Einleitg: Der Konsekutivsatz in d. älteren griech. Litteratur ... Erlangen, Druck d. Univ.-Buchdr. v. E. Th. Jacob, 1896; 103 S., 1 Tab. 8.
Würzburg, Phil. Fak., Inaug.-Diss. v. 1896

Berdot, Abrégé de l'Art d'accoucher. 2 Tom. 8. Basle, Imhoff. 774.

Berdot, David Charles Eman., Montbéliard. Tentamen physico-medicum inaugurale de suspirio. Basel: Med. Diss. 1756.

Berdot, Léop. Eman., Montbéliard. Dissertatio medica inauguralis de paronychia. Basel: Med. Diss. 1731.

Berdot, René (Baronin Giger Eichler v. Eichkron), Meteorolythen. Gesammelte Novellen. I. Bd. 8. (VII, 295 S.) Wien 893. C. Fromme. n. 3. 40

Berdoto, Dav. Nicol. (Mömpelgard), Exercitatio theologica exegetica in epistolam S. Pauli ad Titum. Präs. Joach. Just. Breithaupt. Halle (Orphanotrophius) Juni 1703. 48 S. (5.—) 2122

Berdrow, G., Geographie f. mehrklass. Schulen, s.: Brust, G.

Berdrow, G., Die Unternehmer-Cartelle und der Weg zum wirthschaftlichen Frieden. gr. 8°. Berlin, Meusser, Messer u. Co., 1898.

Berdrow, G: Die Unternehmer-Cartelle u. d. Weg z. wirthschaftl. Frieden. 8° (98) Berl. 99. Willkommen-Verl. (?). 2 —
Berdrow, G.: Die Unternehmer-Cartelle. Liefert: Lpzg., E. Schmidt.

Berdrow, H: Botan. Bilderbuch, s.: Bley, F.

Berdrow, H., die Elemente der mathematischen Geographie u. der Astronomie, — Geographie f. mehrklassige Schulen, } s.: Brust, G.

Berdrow, H.: Der G r u n e w a l d , s. B e r d r o w , Hermann

— Lehrbuch der Geographie, s.: Brust, G.

Berdrow, H.
— Vor 1813. Europas Franzosenzeit, v. Mitkämpfern geschildert, m. Bildern v. G Adf Closs. (3, 180) 8° Lpzg, Dürr'sche Bh. '12. L 2.50 d

Berdrow, Herm., der Grunewald. Schilderungen u. Studien. Mit 9 Abbildgn. u. 3 Karten. 8. (IV, 111 S.) Berlin 902. H. Eichblatt. Kart. n. 1. 50

Berdrow, H: Der Grunewald. Schildergn u. Studien. (111 m. Abb. u. 3 Kart.) 8° Berl., F Palm '02. Kart. 1.50 d

Berdrow, Herm., s: Jahrbuch, Illustriertes, d. Naturkde.

Berdrow, Otto, Frauenbilder a. d. neueren deutschen Litteraturgeschichte. M. 10 Porträts i. Lichtdr. gr. 8. (VIII, 280 S.) Stuttgart 895. Greiner & Pfeiffer.
Geb. in Halbleinw. n. 6. —

Berdrow, Otto, Frauenbilder aus der neueren deutschen Litteraturgeschichte. Mit 11 Bildnissen in Lichtdr. 2. veränd. u. verm. Aufl. gr. 8. (VIII, 421 S.) Stuttgart 900. Greiner & Pfeiffer. n. 6. —; geb. in Leinw. n. 7. —;
in Halbfrz. 8. —

— Friedrich Perthes, e. deut. Buchhändler. Dem Volke u. d. reif. Jugend dargest. 8° (153 m. 2 Bildnissen.) Gotha 97, FA Perthes. Geb. 3 —

Berdrow, O: Still u. bewegt. Gedichte. (134) 12° Stuttg., Greiner & Pf. '03. L. 3 — d

— Rahel Varnhagen. 8° (460 m. 12 Bildnissen.) Stuttg. 99, Greiner & Pf. 7 —; geb. in H.-F. 9 —

Rahel Varnhagen. Ein Lebens- u. Zeitbild von Otto Berdrow. Mit 12 Bildn. *Stuttgart: Greiner & Pfeifer 1900.* (X, 460 S.) 8° [F.] [00. 11775

Rahel Varnhagen. Ein Lebens- u. Zeitbild von Otto **Berdrow**. Mit 12 Bildn. 2., veränd. Aufl. Stuttgart: Greiner & Pfeiffer 1902. (X, 450 S.) 8° [F.] [06. 7844 II

Berdrow, Th., die Hohenzollern als Pfleger der religiösen u. intellectuellen Volksbildung durch Beispiel, Wort u. That. gr. 8. (III, 812 S.) Berlin 882. F. E. Keller. cart. n. 2. 60

Berdrow, Th., die Hohenzollern als Pfleger der religiösen und intellektuellen Volksbildung durch Beispiel, Wort und That. gr. 8. Berlin 882, Hugo Spamer. cart. *

Berdrow, Th., die Hohenzollern als Pfleger der religiösen u. intellektuellen Volksbildung durch Beispiel, Wort u. That. 3. (Titel-) Aufl. gr. 8. (IV, 312 S. m. 1 Porträttaf.) Berlin 890. H. Spamer. n. 2. —; cart. n. 2. 60

Berdrow, Th., das Reich dieser Welt und das Reich Gottes. Auf Grundlage der Lehren der modernen Weltanschauung, der Geschichte des Alterthums und der heil. Geschichte, speciell der Gleichnisse des Herrn, dargestellt für jeden Freund der Wahrheit, insbesondere für alle Mitarbeiter an der religiösen Volksbildung in Schule und Kirche. gr. 8. (X, 546 S.) Berlin 879, W. Schultze's Verlag. *

Berdrow, Wilhelm
Berdrow, Wilh., s.a. Buch der Erfindungen.

Berdrow W, Buch der Erfindungen. Ausgabe in 1 Bd (729 S 8 T) Leipzig 1901

Berdrow, Wilh., Buch berühmter Kaufleute. Männer v. Tatkraft u. Unternehmergeist, in ihrem Lebensgange geschildert. (III, 442 S. m. 50 Abbildgn.) gr. 8. Leipzig 905. O. Spamer. n. 6. 50; geb. in Leinw. n. 8. 50

— Buch berühmter Kaufleute. Männer v. Tatkraft u. Unternehmungsgeist, in ihrem Lebensgange geschildert. 2. [Titel-]Aufl. (III, 442 S. m. 50 Abbildgn.) gr. 8. Leipzig [905] 909. O. Spamer. 6.50; geb. in Leinw. 8.50

Berdrow, Wilh., s. a.: Elden, Hans.

— Afrikas Herrscher u. Volkshelden. Lebensbilder aus der Heroenzeit des dunklen Weltteils. (VIII, 248 S. m. Abbildgn. u. Taf.) gr. 8. Niederschönhausen 908. Essen-Rüttenscheid, H. K. W. Berdrow. 3.50; geb. n 4. —

— s: Jahrbuch, Illustriertes, d. Weltreisen.

(F) **Berdrow, W.,** Illustriertes Jahrbuch der Weltreisen. 8. Jahrg. 1909. Gr.-8°. (ill. 191 S.) Prochaska: Teschen. geb. Halbleinwand K 1.80, Ganzleinwand K 2.40

— Seines Glückes Schmied. Menschenschicksale u. Lebensregeln. 1—8. Taus. (208 S.) 8. Stuttgart 907. C. u. A. Ulshöfer. 2. 25; geb. 3. —

Die Unternehmer-Cartelle und der Weg zum wirthschaftlichen Frieden v. W[ilh.] Berdrow. *Berlin: Meusser, Messer & Co.* (übergest.: *Wilkommen-Verl.) 1898.* (98 S.) 8° [99. 7054

BERDU, Fritz, eines Friseurs, Leben, Wanderungen und Thaten. Herausgegeben von einem seiner Freunde gleichen Kalibers. Ein Buch fürs Volk. Hamburg und Kiel 1801. 8°. (1 Rthl. 4 Ggr.) Rar!
Näheres bei Müller-Frauenreuth, S. 70. — Kayser, Roman-Verz. 1827, S. 13, hat „Th. 1 (eins.) Hamburg, Kratzsch, 1802".

Berdu, Fritz, e. Friseurs Leben, Wanderungen &c. 1r Thl. 8. Hamb. 802. Kratzsch. 1 ₰ 4 gr

Berduschek, H., und F. Holtze, Uebersicht der Weltgeschichte, s. Holtze, F.

Berduschek, H. A. H., Graf Albrecht von Zollern-Hohenberg und sein Verhältniß zu K. Rudolph I. und K. Albrecht I. aus dem Hause Habsburg. Berlin 853. Hertz. gr. 8. (47 S. u. 1 Stammtaf. in qu. Fol.) n. 10 gr

Berdyczewski, Micha Joseph: Ueber den Zusammenhang zwischen Ethik und Aesthetik. Bern 1897. S. 57. 8°.
Bern. Phil. Diss. 1897/98.

Ueber den Zusammenhang zwischen Ethik und Aesthetik. Von Dr. M. J. **Berdyczewski.** *Bern: Steiger & C. 1897.* (57 S.) 1 Bd 8.
— Studien, Berner, z. Philosophie u. ihrer Geschichte. Bd IX. [97. 6187

Bere, Iver, Beschreibung v. Grönland, m. 1 Karte (in kl. Fol.) u. Vorr. v. Arent Aschlund. A. d. Dän. gr. 8. (1 B.) Kopenhagen 833, Schubothe.

Der Bereaner: 1858?—? Berea, KY
A monthly school paper. Published at the German Methodist Wallace College, founded 1858 as German Dept. of Baldwin University.

Bereaud, das Irrenhaus zu Dijon, s.a. Bühnenfreund, der.

Bereaud, das Irrenhaus zu Dijon, s.a. Meyer.

Bereaud, das Irrenhaus zu Dijon. Od.: Der Wahnsinnige. Melodrama in 3 Aufz. n. d. Franz. frei bearb. v. Ludw. Meyer. gr. 12. (7½ B.) Leipzig 833, O. Wigand.

Berechja, Ruben (Jude zu Stambal und Sohn des alten Berechja, Juden von Aleppo), Die Bücher Sulomo aus Mitternacht, welche enthalten die Thaten Friederichs des Grösten, Königs in Preussen etc. wider die Oesterreicher und Franzosen von Anfang des Kriegs bis auf den Tag, an welchem seine Widersacher für ihn flohen; Treulich und ohne Falsch aufgeschrieben. Amsterdam . . . im Jahr der Zeit 5707 (1758). 4. (56 S.)

Berechner, der geschwinde Interesse- und Rabat-, oder Interessebereichnungen in Gulden &c. gr. 8. Ulm, Settin. 805.

Berechnung
— ausführl., aller Münzsorten nach d. Werthe, in welchem sie in d. königl. Preuß. Kassen angenommen u. ausgezahlt werden müssen, s. M. F. W. Wenz.

Berechnung und Ausführung von Ingenieurbauten ... Bearb. von F. W. Otto Schulze, Prof., Danzig, [u. a.]. Mit 135 Textabb. (4. Aufl.) Berlin: Ernst 1908. XII, 278 S. 8°
(Tolkmitt, Gustav: Bauaufsicht u. Bauführung. Bd 5) [09. 3292

Berechnung d. Bau- u. Werk-, Eichen- u. Buchholzes nach Cubikschuh, in 80 Tabb. Frankf. 762. Fleischer. 8 gr

Berechnung d. Bau- u. Werk-Holzes . . . (² d. Eichen-, Buchen- u. Werk-Holzes . . .). 3. u. verm. Aufl. 2 Th. (1 Vol.). Laubach in der Wetterau 1762. (98) S.

Berechnung der laufenden Belastung des Saarbrücker Knappschaftsvereins durch die Invalidenpensionen, Wittwen- und Waisen-Unterstützungen, sowie des zur Deckung derselben zu erhebenden Beiträges. 4°. Saarbrücken 1885.

Berechnung der verschiedenen Breiten von Seidenstoffen auf Basis von 23½ Zoll. Bearb. von einem Angestellten im Seidenfache. 2. revid. Aufl. 8. (63 S.) Zürich 871, Schabelitz'sche Buchh. *

Berechnung der verschiedenen Breiten v. Seidenstoffen auf Basis v. 23½ Zoll. Bearb. v. e. Angestellten im Seidenfache. 2. rev. Aufl. 8. (63 S.) Zürich 871. Schmidt. n. 3. —

Berechnung des Eichen-, Buchen- und andern Werk-Holzes, wie solches in die Rundung nach dem Inhalt der Kubikschuhe zu verkaufen ist, mit 43 darzu nützlichen Tabellen versehen und verfertigt von einem Liebhaber der Geometrie, Bau-und Rechenkunst, am Wetter-Fluß. – Frankfurt, Leipzig 1760. 4 S., 43 Tab.

Berechnung des Flächen-Inhalts aller Chur-Hannöverschen Lande, . . . [Hannover 1787.] V: *Spittler.* (MS)

Berechnung der Förderungslöhne bey Abfinkung eines Zieh- und Fahrschachts von 6 Fahrten.
S. Magaz. für die Bergbaukunde. II. Th. 1788.

Berechnung eines fürstlichen Gastmahls vom Jahre 1533. [Altona 1794.] V: *Weinmann, Otto.* (MGT) (NN)

— verschied. Geldsorten d. Wechsel- u. Waarenzahlung, d. 20, 22 u. 24 Guldenfußes, d. brabanter Thaler, französ. Livres, Franken u. sächs. Geldes. 6e Aufl. 8. Frkf. a. M. 817. Streng. 6 gr

Berechnung, die, der Gerichtskosten im Civil- u. Strafprozeßverfahren, nebst Gebühren für Zeugen, Sachverständige, Gerichtsvollzieher u. Rechtsanwälte. Hrsg. v. der Red. d. Reichsgesetzbuches. gr. 8. (36 S.) Berlin 887. Hamburg, Bruer & Co. geb. n. — 75

Berechnung der Grund- und Benutzungssteuer. nach Verordnung vom 9. July 1813. Guth Meischendorff. Rendsburg den 31. Dec. 1813. Fol.
Von H. Biernatzkis Hand gemachte Abschrift eines handschriftl. Originals.

Berechnung des runden Holzes nach Kubikfuß. Tabellen für Alle, welche sich mit dem Holzverkehr beschäftigen. 2e Ausg. 16. Ulm 838. (Leipzig, Künzel.) 1/6 ß

Die Berechnung nach dem neuen Coursblatt. Die Effecten, Devisen und Valuten nach den Usancen der Börsen von Wien, Prag und Triest. Bearbeitet von Director Carl Porges. Wien. 1900. Perles. 4°. 20 S. K 1.60

Berechnung, kurze u. leichtfaßliche, der in einer gegebenen Menge beschickten Goldes od. Silbers enthalt. Quantität feinen Goldes od. Silbers ꝛc. gr. 4. (2 B.) Lindau 845, Stettner.

Berechnung, kurze und leichtfaßliche, der in einer gegebenen Menge beschickten Goldes oder Silbers enthaltenen Quantität feinen Goldes oder Silbers ꝛc. gr. 4. Lindau 846, Stettner. 1/6 ß

Berechnung, die, der Leistungsfähigkeit v. Dampfkesselanlagen, ihrer Feuerungen u. Schornsteine, nebst Beurtheilg. d. relativen Werthes der üblichsten Constructionssysteme. [Aus: „Pract. Maschinen-Constructeur".] Mit 20 (eingedr.) Holzschn. gr. 8. (185 S.) Leipzig 877. Baumgärtner. n. 3. —

! Berechnung der Leistungsfähigkeit v. Dampfkesselanlagen. 1876/80. Jetzt: Berlin, W.& S. Loewenthal.

Berechnung der Luftmaschine, welche ... zu Schemnitz ... von ... Joseph Karl Höll ... erfunden ... worden. Wien 1771. V: *Boda, Nicolaus.* (EB)

—— des ärarialischen Malzaufschlags vom 1. Jänner 1871 an nebst einem Anh. von Reductions-Tab. des alten und neuen Flüssigkeits- und Hohlmaßes. gr. 16. (12 S.) Gunzenhausen 870. (Schwabach, Schreyer.) *

Berechnung der Manchester Twist-Preise u. der Beziehungskosten nach dem Zolltarif vom 1. III. 1906 f. Barmen u. Elberfeld sowie f. M. Gladbach, Rheydt u. Umgegend. — Berechnung der Bradforder Woll-Preise u. der Beziehungskosten nach dem Zolltarif vom 1. I. 1880, neu abgeändert im Mai 1885 f. Barmen-Elberfeld u. Umgegend. (Einband: Twist- u. Woll-Tabellen.) (27 u. 22 S.) 16. Barmen (908). (H. Steinmetz). Geb. in Leinw. 2. —

Berechnung, Mathematische, der Grösse und des Umfangs der Stadt Nürnberg. [Nürnb. 1789.] V: *Welser von und zu Neuhof [Neunhof], Hans Carl.* (ML)

Berechnung für Mehl und Kleie von Weizen und Roggen nach Zollgewicht. Halle (858). Schroedel u. Simon. (2 Bgn. in gr. Fol.) 5 ngr

Berechnung f. Mehl u. Kleie v. Weizen u. Roggen nach Zollgew. 2 B. Fol. Halle 59, Schroedel u. S. — 5

Berechnung, die, von Mortalitätstafeln aus den Ergebnissen der Bevölkerungsstatistik. 1878. 4.

— aller Münzen. s. a. Reduction.

Berechnung aller Münzen, welche in d. franz. Kaiserthum gelten, vermöge den kaiserl. Decreten vom 18. Aug. u. 10. Sept. 1810. Hundert Stück von jeder Münze; nebst einigen Tabellen üb. die Provision-, Rabatt- und Zinsberechnungen. Réduction de toutes les Monnaies ayant cours dans l'Empire français suivant les décrets impérieux du 18. août et 12. sept. 1810 etc. 8. Mayence, Kupferberg. 811.

Berechnung der Notariats-Gebühren im Königr. Bayern diesseits des Rheins nach den Prozentsätzen der Verordnung vom 19. Janr. 1862. (Abdr. aus d. 2. Hft. d. „Notariatswesens.") 1 Tab. in Imp.-Fol. München (862.) Franz. 5 ngr

Berechnung d. Pensionsbeträge n. d. Gesetze v. 1865. Stuttgart 1865

—— des Preises für 1 Pfund bei festgestellten Preisen für den Centner à 100 Pfund, in preuß. Courant. 1 Bog. in gr. Fol. Freistadt 858. (Sagan, Schönborn.)

— der Räderübersetzungen nach e. neuen Methode. Hrsg. v. dem Verein „Hütte." Bearb. nach calcul des rouages par approximation. Nouvelle méthode par Achille Brocot. 8. (XVI, 52 S.) Berlin 871. Ernst & Korn. n. 2. —

— der Räderübersetzungen. Hrsg. v. dem Verein „Hütte". Bearb. nach Calcul des rouages par approximation, nouvelle méthode par Achille Brocot, horloger. 2. Aufl. 8. (67 S.) Berlin 879. Ernst & Korn. cart. n. 3. —

Berechnung der Reise-Gebühren, welche Zeugen, Geschworne u. Sachverständige in bürgerl. Rechtsstreitigkeiten u. in Strafsachen beanspruchen können. gr. 8. (4 S.) Landshut 870. Attenkofer. n. — 40

Berechnung der Schießresultate in Procenten. Frauenfeld 868. (Huber.) 8. (32 S.) n. 12 ngr

Berechnung der Schiffahrts-Selbstkosten auf der kanalisierten Lahn, aufgestellt vom Lahnkanal-Verein, e. V., Limburg a. d. L. Frankfurt a. M., 1907. 28 S.

Berechnung des Servises für 4 bis incl. 29 Tage, entworfen nach dem, mittelst Allerh. Kabinets-Ordre vom 30. Juni 1852 genehmigten Servis-Tarife. Zur Anwendung bei Liquidirung des Servises Seitens der Königl. Landraths-Aemter, der Städte, welche keine stehende Garnison haben, sowie der Landgemeinden. (Von W. J. Berlin.) Leipzig u. Magdeburg 858. Gebr. Baensch. gr. 8. (2 Bl., u. 4 Tab. in gr. Fol.) n. 12 ngr
[Potsdam, Döring]

— des Berliner Fasses Spiritus von 8000% nach Quarten, Eimern und Procenten. Herausg. von R. P. Wr. 1 Tab. in 4. Grünberg (860.) Weiß. n. 2 ngr

— der Spiritus-Preise v. 70 bis 86 Graden, auf 1 Kanne bis 1/4 Eimer, u. v. 1/2 Eimer bis 50 Eimer, bei den Preisen des 80grädigen Spiritus v. 6 Thlrn. an bis mit 10 Thlrn., in Steigerungen v. 1/4 Thlr. 4. (19 S.) Dippoldiswalde 851. Dresden, Türk in Comm. n. 1/6 ß

Berechnung der Staats- und Gemeindesteuern auf Grund a) der Steuergesetz-Entwürfe der kantonsrätlichen Kommission vom 27. März 1902 und 15. Januar 1903; b) des Steuergesetz-Entwurfes des Regierungsrates vom 16. Oktober 1899; c) der bisherigen gesetzlichen Vorschriften ...; d) der Vorschläge der Handelskammer ... Zürich vom 2. März 1901 beziehungsweise 4. November 1902. Im Auftrage der Finanzdirektion bearb. vom Kantonalen Steueramte. Zürich, im April 1903. 39 S. 4.
Zu den Entwürfen für ein zürcherisches Steuergesetz.

Berechnung, tabellarische, der gesetzlichen Fristen zur Anmeldung, Rechtfertigung u. Einführung der ordentl. Rechtsmittel der Appellation, der Revision u. der Nichtigkeits-Beschwerde nach Maßgabe der Verordngn. vom 1. Juni 1843 u. vom 21. Juli 1846. gr. 8. (15 S.) Königsberg 849, Tag & Koch. n. 1/12 ß

Berechnung, Tabellarische, der Scala über den Cours der Bancozettel... Ofen 1811. V: *Suppini, Anton.* (KU) (Pk)

Berechnung der Temperatur für Deutschland... Berlin 1850. V: *Schneider, F. A.* (BrMm)

Ohnparteyische **Berechnung**, welche respective pro Informatione et Demonstratione dienet, Dass die Proportion zwischen Gold und Silber von 14$^{11}/_{32}$ noch ehender zu gering seye... Folglich noch immer das Beste seye, man bestehe dermahlen noch bey der einmal angenommenen Conventions-Proportion... 1760.

Berechnung, Vergleichende, einer verbesserten Drei-Felder-Wirtschaft..., s. Baumann, Theodor

Berechnung, Vergleichende, der... Stempelclassen,... Innsbruck 1841. V: *Mitis, Frd. Ritter von.* (EngJ) (Wa)

— u. Vergleichung einiger Ellenmaße für Kaufleute, beim Ein- u. Verkauf zu gebrauchen. 6e A. 8. Frkf. a. M. 817. Streng. 4 gr

— der Verzugs-Zinsen. Von e. activen Steuerbeamten. gr. 4. (11 S.) Salzburg 870. (Mayr.) n. — 50

— vollständ., üb. d. Klassensteuer rc. 8. Wien 800. Pichler. 3 gr

Berechnung des Weinpreises nach Ohm, Viertel und Mass der in Churpfalz gebräuchlichen verschiedenen Fuder und Stückfaß. Mannheim: 1789.

Berechnung des Weinpreises nach Ohm, Viertel und Maas der in Churpfalz gebräuchlichen verschiedenen Fuder und Stückfaß in drei Abtheilungen. Neue Aufl. Mannheim 1789. Churfürstliche Hof- und Akademie-Buchdr. 85 S.

— d. Weinpreises nach Ohm, Viertel u. Maas, e. Interesse-Rechnung e. Stück-, Maas- od. Ellen-Berechnung v. 4—6 pCt. von e. Kapital v. 1—100000 Gulden rc. 8. Manh. 809. Löffler. 12 gr

Berechnung des Weinpreises nach Ohm, Viertel und Maaß. Neue, mit einer Stück-, Maaß- oder Ellenrechnung verm. Aufl. Mannheim: Loeffler 1810. 146 S.

Berechnung der Weinpreise und Vergleichung der Weinaichen für die Rheinlande. Heidelberg: 1808.

Berechnung wie viel ... die Summe von 100 fl. nach dem jedesmaligen Course in Einlösungs-Scheinen und, wie viel in Bancozetteln betragen. Hermannstadt [1811]. V: *Suppini, Anton.* (Pk)

— über die Kön. Preuß. allgem. Wittwencasse auf vierzig Jahre hinaus. gr. 4. Jena, Stahl. 796.

— über d. königl. Preuß. Wittwenkasse auf 40 Jahre hinaus. gr. 4. Jena 796. (Schmid). 6 gr

— d. Zinsen u. Interessen zu 5 u. 6 pCt. Von Einem bis Zweitausend Gulden f. jeden Monat berechnet, (v. L. C. Kehr). 8. Kreuznach 828. Kehr. 8 gr Schrbp. 10 gr

— d. Zinsen zu 3, 4 u. 5 pCt. auf Kapitalien von 1 Mgr. bis 100 Rthlr., durch alle Thaler u. Groschen. 8. Hann., Helwing. 8 gr

Berechnungen aller nicht leicht zu entwickelnden Aufgaben in Jürg. Kroymanns gemeinnützlichem Rechenbuche. Die 4. Aufl. Revidirt und verbessert von H[ans] H[einr.] W[ilh.] Arendt. Altona 1831.

Berechnungen und Ausführung von Ingenieurbauten... Bearb. von F. W. Otto Schulze, Prof., Danzig, [u. a.]. Mit 135 Textabb. (4. Aufl.) Berlin: Ernst 1008. XII, 278 S. 8°
(Tolkmitt, Gustav: Bauaufsicht u. Bauführung. Bd 3.) [09. 6997]

Berechnungen und Desseins auf 3 differente Grundgemauerte Gebäude, als wornach die abgebrandte Strassen der kgl. Residenz-Stadt Copenhagen sollen reguliret und aufgebauet werden. Copenh. 1729. V: *Krieger, Joh. Corn.* (Bruun, Bibl. Danica. II, 610.) (Collin, Anonymer. Kiobenh. 1869.)

Berechnungen des durch die Ausmess. sich zeigenden Quadratinh. der Gründe zu Jochen von 1600 Quadr. Klaft. rc. gr. 8. Wien, Camesina. 786.

Berechnungen des durch d. Ausmessung sich zeigenden Quadratinhalts d. Gründe zu Jochen v. 1600 Quadr.-Klaftern rc. gr. 8. Wien 786. (Heubner). 4 gr

Berechnungen der Weinpreise, nebst Vergleichungen der Weineichen. In Tabellen. Heidelberg: Gutmann & Schatz, 1805. 86 S.

Berechnungen der Weinpreise und Vergleichung der Weinaichen für die Rheinlande. Heidelberg 1808.

Berechnungsbuch z. sofort. Ermittelg d. kub. Inhaltes behauener u. geschnitt. Hölzer, Latten u. Bretter nach Metermass. Von J. J. 16° (340) Sissek 1900. S. Jünker. Kart. 4 —

Berechnungsbuch zur sofortigen Ermittlung des kubischen Inhalts runder Hölzer nach Metermaß. 2. Aufl. 8°. (121 S.) K 2. Sissek: Jünker 1908.

Berechnungsbuch zur sofortigen Ermittelung des kubischen Inhaltes runder Hölzer nach Metermass. 2. Aufl. Zusammengestellt v. J. J. (119 S.) 16. Sissek (909). S. Jünker. Kart. 2. —

Berechnungsbuch zur sofortigen Ermittelung des kubischen Inhaltes runder, geschnittener u. beschlagener Hölzer nach Metermass. Zusammengestellt unter Mitwirkg. bewährter Fachmänner v. J. J. gr. 16. (VIII, 83 S.) Sissek (909). S. Jünker. n. — 60

— zur sofortigen Ermittelung des kubischen Inhaltes runder, geschnittener u. beschlagener Hölzer nach Metermass. Zusammengestellt unter Mitwirkg. bewährter Fachmänner J. J. (I. Rundhölzer.) (VIII, 83 S.) 16. Ebd. (909). — 60

Berechnungs-Schlüssel zum Gebrauche bei Getränk-Vorraths-Erhebungen in den vollen u. nicht vollen Gefässen nebst Belehrung über das Zimentiren oder Abdritteln der Fässer. Klagenfurt 869. Leon. 16. (32 S.) 10 ngr

Berechnungsschlüssel, nach welchem bei allen Klotzhölzern d. kubische Inhalt mit 3 Dezimalzahlen entweder schon berechnet ist, od. auf eine leichte Art d. Addition od. Multiplikation gefunden werden kann. gr. 8. Prag 815. Widtmann. 18 gr Schrbp. 1 ngr

Berechnungs-Schlüssel f. die auf direkte Steuern entfallenden Umlagen der Landes-, Gemeinde- u. Schul-Bedürfnisse von ½ Procent bis einschließlich 99 Procent u. vom Betrage per 1 kr. bis 10.000 fl. Zum Gebrauche f. die Steuerämter, dann Gemeindeämter, Straßenausschüsse rc., sowie f. jeden Steuerzahlenden u. Geschäftsmann. gr. 8. (110 S.) Klagenfurt 883. Leon sen. n. — 80

Berechnungs-Tabelle für Bauhandwerker, Holzhändler, Forstbeamten rc., oder Tabelle zur Berechnung der Cylinder, Spitz- und Stumpfkegel, nebst Angabe d. Quadratbeschlags bei gegeb. Durchmesser u. gegeb. Peripherie. 12. Friedberg 842. Bindernagel. ¼ ngr

Berechnungs-Tabelle f. Edelsteine. schmal gr. 8. (101 S.) Hanau-Frankfurt a/M. (899). (Leipzig, W. Diebener.) Geb. in Leinw. n. 2.—

— zur Erleichterung f. diejenigen, welche mit Auswärtigen Conto in Dän. Reichsbankgelde halten. Kopenh., Schubothe. 3 Gr

Berechnungs-Tabelle der österreichischen Gulden und Kreuzer, neue österreich. Währung, (zum Cours von 61—103) in Thaler, Neu- oder Silbergroschen und Pfennige und umgekehrt des Courant in Gulden und Kreuzer österreich. Währung. Anh.: Rechnungs-Vortheile bei Cours-Berechnungen. Neusalza 862. Bornbrück. 8. (24 S.) n. 5 ngr

Berechnungs-Tabelle d. Brabanter Thaler in Gulden, nach d. 24 Gulden-Fuß, von 1 bis 10,000 Stck. Fol. St. Gallen 826. Huber u. Comp. 3 Gr

Berechnungs-Tabellen zu den Gebühren-Tarifen für Militär-Transporte auf den österreichisch-ungarischen Eisenbahnen. Giltig vom 1. Jänner 1878. gr. 8. Wien, Budapest, Prag, Graz, Teplitz (1877).

Berechnungs-Tabellen zu den Gebühren-Tarifen für Militär-Transporte auf den österreichisch-ungarischen Eisenbahnen. — Wien, Budapest 1878.

Berechnungs-Tabellen f. die Löhnung u. Verpflegung der Unteroffiziere u. Mannschaften vom Feldwebel abwärts. Nach der deutschen Reichswährg. 8. (42 S.) Eichstätt 876. Krüll. n. — 50

Berechnungs-Taschenbuch, gemeinnützig. d. Gewicht, Maaß u. zählenden Dingen für den Bürger u. Landmann, zum Gebrauch in Schulen 2c. ist jetzt Verl. v. Kretzschmar in Chemnitz.

Berechnungs-Taschenbuch, gemeinnütziges, in Münze, Gewicht, Maaß 2c., f. d. Bürger u. Landmann. gr. 12. Chemn. 809. Kretzschmar. 4 Gr

* Berechnungs-Taschenbuch, gemeinnütziges, in Münze, Gewicht, Maaß 2c., f. d. Bürger u. Landmann. gr. 12. Chemnitz, Starke. 809.

Berechtigung, die, der Preußischen Intervention in Kurhessen. gr. 8. (16 S.) Berlin 850, Schneider & Co. n. 2 ngr

— die, der Kindertaufe, nachgewiesen f. evangel. Christen. gr. 8. (VIII u. 77 S.) Leer 850, Prätorius & Seyde in Comm. n. 1/4 Thlr

Berechtigung, die, des Rationalismus. Ein Sendschreiben an den Prediger G. A. Kämpfe. gr. 8. (4 1/2 B.) Magdeburg 845. [Fabricius u. Schäfer.] *

Berechtigung, die, des Rationalismus. Ein Sendschreiben an den Prediger G. A. Kämpfe. gr. 8. Magdeburg 845, Rubach'sche Buchh. n. 1/3 Thlr

Berechtigung, die, der Reformation. Den Verfassern der alten u. neuen Lutherschriften gewidmet v. e. protestant. Theologen. gr. 8. (48 S.) Frankfurt a/M. Foesser Nachf. n. — 80

Die **Berechtigungen** der Städtischen Oberrealschule zu Braunschweig. Braunschweig 1904: H. Sievers. (S. 10—11.) 4°
Braunschweig, st. OR OP 1904 (806)

Berechtigungen, über d. in Westphalen erhaltenen gutsherrl., u. üb. d. Statthaftigkeit, sie durch possessor. Klagen bei d. Friedensgerichten rechtsgeltend zu machen, (v. F. L. v. Berlepsch). gr. 8. Götting. 812. Dieterich. 8 Gr

Bereck, Reinhard, aus Rogau in Schlesien: Resultate der in den letzten fünf Jahren in der Königl. chirurgischen Klinik zu Greifswald operirten Fälle von Mammacarcinom. *Greifswald 1899: J. Abel.* (31 S.) 8°
Greifswald, Med. Diss. v. 24. März 1899

Beredsamkeit, d. deutsche, in d. Ausübung, od. Samml. deutscher Muster. 8. Leipz. 780. Barth. 15 Gr

Die kriegerische Beredsamkeit oder die Kunst, auf das Gemüt des Soldaten zu wirken. Frei nach d. Französ. Leipzig 1819. 224 S.

— die kriegerische, od. d. Kunst, auf das Gemüth d. Soldaten zu wirken; frei nach d. Französ. gr. 8. Leipz. 820. Baumgärtner. 1 Thlr 8 Gr

Beredsamkeit, die, auf dem Lehrerparlamente zu Eisenach aus der Vogelperspektive. Ein Beitrag zur Kulturgeschichte der Gegenwart u. zur parlamentar.-rhetor. Fortbildung, hrsg. v. W. T. 8. (36 S.) Erfurt 848, Müller'sche Sort.-B. 4 ngr

Beredtsamkeit, die weibliche. Neues Carmen in zwei Theilen von Jocosus Versifer. Ein ergötzl. Büchlein für Jung und Alt. 16. (44 S.) Bleicherode 877, [Busch.] Niehoff. *

Beredtsamkeit, d. weibl. Neues Carmen v. Jocosus Versifex. 16. (44) Lps 77, Otto u. K. n. — 40

Bereghy, J: Hdb. d. physiko-mechan. Heilverfahrens od. Anl. z. Vorbeugg u. Beseitigg v. Rückgrats-Verkrümmgn., Verkrüppelgn d. Hände, Füsse u. and. Verunstaltgn d. menschl. Körpers (ohne kostspiel. Apparate u. Korsette), Fettsucht, Lähmgn, Gliedersteifheit u. vieler and. Krankh. Nach d. eig. russ. Originale. (255 m. Abb.) 8° Berl., (H Steinitz) ('04). (3 —) 4 —

Beregszászi, P., über die Aehnlichkeit der hungarisch. Sprache mit der morgenländ. 4. Leipz. (Gebr. Kilian, P.) 796.

— üb. die Selbstkenntniß. Eine Rede. 8. Erl. (Dieselben). 795.

— Vers. einer magyarischen Sprachlehre. 8. Erl. (Dieselben). 797.

Beregozászi, P., über d. Aehnlichkeit d. hungar. Sprache mit d. morgenländ. 4. Leipz. 796. (Kilian in Pesth). 2 Thlr 4 Gr

— über d. Selbstkenntniß; e. Rede. 8. Erlang. 795. (Kilian in Pesth). 4 Gr

— Versuch e. magyar. Sprachlehre. 8. Erlang. 797. (Kilian in Pesth). 1 Thlr

Bereich
Aus dem Bereiche des König Friedrich August-Höhenwegs in den Zentraldolomiten hrsg. von August Mardersteig-Weimar unter Mitw. von … Weimar: Kiepenheuer 1910. VIII, 120 S. 8° (10. 1310)

Bereicherungen für d. Geburtshülfe u. f. d. Physiologie u. Pathologie d. Weibes u. Kindes. Herausg. v. Dr. L. Choulant, Fr. Haase, M. Kaßner u. Fr. L. Meißner. 1r Bd. m. 1 Kupf. gr. 8. Leipzig 821, Hartmann.

Bereicherungen f. d. Geburtshülfe u. f. d. Physiologie u. Pathologie d. Weibes u. Kindes. Herausg. von Dr. L. Choulant, Fr. Haase, M. Kastner u. Fr. L. Meißner. 1r Bd, mit 1 Kpf. gr. 8. Leipz. 821. (Lehnhold). 21 Gr

Bereitet den Weg des Herrn! Beherzigungen u. Gebete zur Vorbereitg. auf die 1. hl. Kommunion. Von e. Curatpriester. 16. (51 S.) Hamm 894. Breer & Thiemann. n. — 20

Bereitet d. Weg d. Herrn, neue Aufl., s.: Hüttemann, Ad.

Bereitung, die, des künstlichen Asphalts zu Pflasterungen, mit besond. Rücksicht auf neue Versuche. (Besonders abgedruckt aus d. ökon. Mittheilungen. 16. Brieg 840. Schwartz. 1/12 Thlr

Bereitung von Butter und Käse in der Schweiz im Jahr 1706. Bern 1891. V: *König, E.* (Bibliogr. d. Schweiz. Landeskunde. Bern 1892 ff. V, 9 a b)

— die, warmer u. kalter Getränke, Tinkturen, Essenzen und wohlriechender Wasser. Eine nützliche Anweisung z. Gebrauch in d. Land- u. Hauswirthschaft. 8. Cöslin 840. Hendeß. 1/4 Thlr

Ueber die Bereitung des Knochendüngers. (Abgedruckt aus der allgemeinen Land- u. Forstwirthschaftlichen Zeitung, herausgeg. von der k. k. Landwirthschafts-Gesellschaft in Wien, red. von Prof. Dr. J. Arenstein. Nr. 12, 13, 15, 17 und 18. Wien 1858.) *Wien*. Buchdruckerei v. *C. Gerold's S.* 28 S. 4°.

Bereitung, die, d. Rumäthers, der Rumessenz u. des Rums, wonach das Quart Rumessenz nur 10—12 Gr. kostet ꝛc. 8. Leipzig 848, R. O. Schulze. Versiegelt. n. 2 ℳ

Bereitung zu dem heiligen sacrament mit andechtigen betrachtungen vnd gebetten vor vnd nach. O. O. u. J. V (Widmung): *Moser*, *Ludwig*. (Weller, Repert. typogr. Nördlingen 1864.)

Bereitung, Die wahrhafte und vollkommene, des philos. Steins der Bruderschaft aus dem Orden der Gülden und Rosen-Creutzer ... Breslau 1710. V: *Richter*, *Samuel*. (BrMm) (Kl)

Bereitung, d., d. Waid-Indigo's, v. d. botan. Gesellschaft zu Regensburg. 8. Regensb. 812. Daisenberger. 3 ℛ

Bereitung, die, der künstlichen Weine, und die Champagner-Fabrikation nach den ganz neuen, höchst wichtigen Vervollkommnungen der Hrn. L. Jaunay und C. Maumené. Nebst einer praktischen Anweisung, alle Sorten moussirender Weine nach den neuesten verbesserten Methoden auf's Beste herzustellen. 8. (VII und 261 S. mit 5 Stat. in qu. Fol.) Quedlinburg 859, Basse. Thlr.

Beremont, Marquise de, Lettres à Eugénie. 2 Vol. 12. Strasb. Acad.

Berenberg, Carl, die Nordsee-Insel Borkum. Nebst ärztl. Rathschlägen und Winken, betr. die Seereise, den Aufenthalt auf der Insel und den Gebrauch des Seebades von einem prakt. Arzte. 12. (34 S. mit 1 Photogr.) Emden 866, Haynel. *

— die Nordsee-Insel Borkum. Nebst ärztlichen Rathschlägen u. Winken, betr. die Seereise, den Aufenthalt auf der Insel u. den Gebrauch des Seebades von e. practischen Arzte. 2. Aufl. 866. — 3. verb. u. verm. Aufl. Emden 869. Haynel. n. 8 ngr; mit 1 Plan in Kpfrst. in Fol. n. 12½ ngr; mit Plan u. Photogr. n. 17½ ngr

—— dass. — 4. umgearb. und durch einen naturwissenschaftl. Anh. verm. Aufl. gr. 16. (66 S. mit lithogr. Karte in Fol.) Ebendas. 873. *

— die Nordsee-Insel Borkum. Nebst ärztl. Rathschlägen u. Winken, betr. die Seereise, den Aufenthalt auf der Insel u. den Gebrauch d. Seebades v. e. prakt. Arzte. 5. umgearb. u. durch e. naturwissenschaftl. Anh. verm. Aufl. Mit e. (lith.) Plane v. Borkum (in qu. gr. 4.) gr. 16. (66 S.) Emden 875. Haynel. n. 1. 50

Berenberg, C., das Nordseebad Norderney. Mit viel. Abbildgn., e. Plane des Bades, e. Karte der Insel u. e. Karte der Reisewege. 2., verb. Aufl. 8. (V, 170 S.) Norden 887. Braams. n. 2.—; geb. n. 2. 50

Berenberg, Carl, d. Nordseebad Norderney. M. vielen Abb., e. Plane d. Bades, e. Karte d. Insel u. e. Karte d. Reisewege. 3., wesentl. verb. Aufl. 12. (VIII, 203 S.) Norden 895. H. Braams. Geb. in Leinw. n. 3. —

Berenberg, Carl, das königl. Nordseebad Norderney. Eine Skizze. 16. (48 S.) Norden 882. Braams. n. — 50

Berenberg, Carl, das Seebad Norderney. Mit e. (lith.) Plane d. Bades. 8. (160 S.) Norden 875. Braams. n. 3. —

Berenberg, Carl, die Nordsee-Inseln an der deutschen Küste nebst ihren See-Badeanstalten. 865. (VII, 136 S. u. 1 lith. Karte.) n. 16 ngr — 2. verm. u. verb. Aufl. Hannover 866. Schmorl & v. Seefeld. 12. (V, 183 S. u. 1 lith. Karte in 4.) n. 25 ngr

—— die Nordsee-Inseln an der deutschen Küste nebst ihren See-Badeanstalten. 3. verm. und verb. Aufl. 8. (VII, 146 S. mit 1 lithogr. Karte der Nordsee-Inseln in Fol.) Hannover 872, Schmorl und v. Seefeld. *

Berenberg Carl, die Nordsee-Inseln an der deutschen Küste, nebst ihren Seebade-Anstalten. Mit e. (lith.) Karte der Nordsee-Inseln (in Fol.) 3. verm. u. verb. Aufl. 8. (V. 146 S.) Norden 875. Braams. n. 3. —

Berenberg, Carl, die Nordsee-Inseln an der deutschen Küste, nebst ihren Seebade-Anstalten. Mit e. (lith. u. color.) Karte der Reisewege u. vielen Zinkogr. 4. Aufl. 8. (X, 190 S.) Norden 884. Braams. n. 2. 50; geb. n. 3. —

Berenberg, Carl. Die Nordsee-Inseln an der deutschen Küste nebst ihren Seebade-Anstalten. Mit 1 Karte u. Abbildgn. 5. Aufl. 8. (VII, 254 S.) Norden 890, Braams. * 3 50; geb. * 4 —

Berenberg, Karl, s. Berenberg, Carl

Berenberg-Gossler, v.: Geschlechtszellen u. Körperzellen im Tierreich, s: Sammlung anatomischer u. physiolog. Vorträge u. Aufsätze.

Berenberg-Gossler, Herbert von, Dr. med.: Beiträge zur Naturgeschichte der Malariaplasmodien. München 1909: (Lippert, Naumburg a. S.). 38 S. 8° ¶(Aus: **Archiv** f. Protistenkunde. Bd 16, H. 3.)

München, Phil. Diss. v. 18. Juni 1909, Ref. Hertwig

[Geb. 24. April 83 Niendorf b. Hamburg; Wohnort: Hamburg; Staatsangeh.: Hamburg; Vorbildung: Johanneum Hamburg Reife M. 01; Studium: Med. Genf 1, Freiburg i. B. 4, Berlin 3, Kiel 2 S.; Rig. 18. Juni 09.] [U 09. 3438

Berenberg-Goßler, Herbert von, a. Hamburg: Aus d. pathol. Inst. d. Allg. Krankenh. Hamburg-Eppendorf. Über Wirbelcarcinom. Kiel 1908: Schmidt u. Klaunig. 40 S. 8°

Kiel, Med. Diss. v. 15. Juni 1909, Ref. Heller

[Geb. 24. April 83 Niendorf; Wohnort: Niendorf; Staatsangeh.: Hamburg; Vorbildung: Johanneum Hamburg Reife M. 01; Studium: Genf 1, Freiburg i. B. 4, Berlin 3, Kiel 2 S.; Coll. 19. Mai 08; Approb. 1. Juni 09.] [U 09. 2250

Berenbruch: [Rundschreiben mit einer Bitte für das Diaspora-Haus „Wolfer Waisenheim" in Wolf a. d. Mosel. 1910.] 3 Bl. 4°.

Berenbruch, Karl

Berenbruch, K., e. Fall v. multiplen Angio-Lipomen, combinirt m. e. Angiom d. Rückenmarks. Inaug.-Diss. gr. 8. (24 S.) Tübingen 890. (Fues) n. 1. —

Berenbruch, Karl [pr. Arzt aus Volmarstein in Westfalen]: Ein Fall von multiplen Angio-Lipomen kombiniert mit einem Angiom des Rückenmarkes . . . Tübingen, Druck v. Heinrich Laupp jr., 1890; 24 S. 8°

Tübingen, Med. Fak., Inaug.-Diss. v. 1890

Berenbruch, W., das heilige Vaterunser in 9 Predigten. (137 S.) Schwelm 882. (Boswinkel.) n. 1. 50

— **Verirrung u. Heimkehr od. das Gleichnis vom verlornen Sohn in 12 Predigten.** 8. (173 S.) Barmen 886. Klein. n. 2. —; geb. n. 3. —

BERENCZ, MICHAEL: Geschichte der röm. kath. Kirchen-Gemeinde mit der Geschichte des Kirchenbaues und dessen Schlußrechnungen. Verfasst im Auftrage der Kirchengemeinde von Michael Berencz, Secretär der röm. kath. Kirchengemeinde. Ujvidék 1903. Eigenthum der röm. kath. Kirchengemeinde. Druck v. E. Fuchs & Comp. Deutscher Text S. 27-54, ungar. Text S. 1-26. - 171 mm

Berend & Co., A. L., s.a. Spaßvogel, der jüdische.

Berend, A. L., & Co., der *jüdische Spassvogel*, od. Jocosus hebricosus. Ahne Versammling von allerhand lustige Jüdengeschichtcher u. Jüdengedichtcher, mit ahner pauetischen Vorred. Ahn Büchlich ssum Kranklachen for de Gesunden und ssum Gesundlachen for de Kranken. Mit grausam viele in Holz beschnittene Kupperstichlis. Ahne wohre Roritäts-Gallerie in Familichen-Gemälden. München, Braun & Schneider, o. J. (c. 1880). 8°. Eleg. gpr. Sarsb.
VIII—160 S.

Berend, Alice (Frau Alice Hertz), Dore Brandt. (Ein Berliner Roman.) (201 S.) 8. Berlin (909). Harmonie. 3.—; geb. 4.—

— u. Rich. Ballentin, neues Kinder-Theater. Tier-Spiele m. Gesang u. Tanz. Musik v. Bogumil Zepler. Repertoir des neuen Kindertheaters im Berliner Künstlerhaus. Nr. 1—4. hoch 4. Berlin (902). Harmonie. à n. 1.—
1. (4 S. m. 1 farb. Taf. u. Musikbeilage 2 S.)
2. (4 S. m. 1 farb. Taf. u. Musikbeilage 4 S.)
3. (4 S. m. 1 farb. Taf. u. Musikbeilage 2 S.)
4. (8 S. m. 2 farb. Taf.)
Vergl.: Ballentin, Rich. u. A. Berend.

— Marionetten des Schicksals. Roman. (288 S.) 8. Berlin (910). S. Schottlaender's schles. Verlagsanstalt. 3.—; geb. 4.—

Alice Berend. Die weißen Mäuse und Anderes. Skizzen. 1. bis 2. Taus. Berlin: H. Walther 1903. (95 S.) 8° [F.] [03. 1000]

Alice Berend: Allerlei Poeterei. *Berlin: Harmonie (1901).* (72 S.) 8° [F.]
— Brettl- u. Theater-Bibliothek, Bunte. 5. [04. 2090]

— Die Reise d. Herrn Sebastian Wenzel, s: Fischer's Bibliothek zeitgenöss. Romane.

Berend, Carl Aug. Wilhelm: Vorlesungen über praktische Arzneiwissenschaft. Nach d. Verf. Tode zuerst hrsg. von Karl Sundelin. 2. Aufl. neu durchges. u. berichtigt von J.C. Albers. Bd. 1-3. Berlin 1835.
1. Semiotik. 2. Fieberlehre. 3. Entzündungslehre.
(Nebentitel.:) Berend: Handbuch d. prakt. Arzneiwissenschaft oder spec. Pathologie u. Therapie.

Berend, Eduard
Jean Pauls Ästhetik. Von Eduard Berend. Berlin: Duncker 1909. XV, 294 S. 8°
(Forschungen z. neueren Literaturgeschichte. 35.) [09. 6324 3]

Berend, Eduard: Jean Pauls Verhältnis zu den literarischen Parteien seiner Zeit. Berlin: Duncker 1908. 67 S. 8° ¶ (Ersch. vollst. u. d. T.: Jean Pauls Ästhetik, als: Forschungen z. neueren Literaturgesch. Bd 35. 1909.)
München, Phil. Diss. v. 20. Dez. 1907, Ref. Muncker, H. Paul
[Geb. 5. Dez. 83 Hannover; Wohnort: Hannover; Staatsangeh.: Preußen; Vorbildung: Lyz. I Hannover Reife O. 03; Studium: Hannover Techn. Hochsch. 1, München 2, Berlin 4, München 5 S.; Rig. 20. Dez. 07.] [U 09. 3439

Berend, Fritz, e. Besuch i. Elsaß. Genrebild i. 1 Act. gr. 8. (35 S.) Berlin 895. A. Entsch. n. 2.—

[F.] Ein Besuch im Elsass. Genrebild in 1 Act v. Fritz Berend ... z. Feier d. Gedenktage 1870/71. *Berlin: (Dr. v. E. Wertheim) 1895.* (36 S.) 1 Bd 8. [98. 3318]

Berend, H. (W.), s. Berend, Heimann Wolff

Berend, Heimann Wolff
— über die an der Hüfte und dem Oberschenkel vorkommenden Abscesse in differentiell-diagnost. u. therapeuth. Beziehung. (Aus dem Organ für die gesammte Heilkunde abgedr.) Berlin 858. J. Springer. gr. 8. (1 Bl., 23 S.) n. 10 ngr.

Berend, H. W., application de l'ostéotomie à l'orthopédie. Avec 6 xylographies. Berlin 862. Hirschwald. gr. 8. (16 S.) n. 6 ngr.

Berend, H(eimann) W(olff): Bericht über das gymnastisch-orthopädische Institut zu Berlin. 18 S., gbd., 1 Taf.

Berlin: Hirschwald 1842

— zweiter Bericht über das gymnastisch-orthopädische Institut zu Berlin nebst Beschreibung und Abbildung eines seltenen Falles von Knochenerweichung und Knochenbrüchigkeit. 4. Ebd. 845. 1/6 ℛ (1. 2.: n. 1/2 ℛ)

Berend, H. W., dritter Bericht üb. das gymnastisch-orthopäd. Institut zu Berlin, nebst Bemerkungen über die seitliche Verkrümmung des Rückgraths. gr. 4. (12 S.) Berlin 847, A. Hirschwald. n. 1/6 ℛ

— vierter Bericht über das gymnastisch-orthopäd. Institut zu Berlin [Oranienburger Str. Nr. 64.] das 8. u. 9. Jahr seiner Wirksamkeit umfassend, nebst Beobachtgn. über den Buckel [Kyphosis]. gr. 4. (15 S.) Ebd. 849. n. 1/6 ℛ

—— fünfter Bericht über das gymnastisch-orthopäd. Institut zu Berlin nebst einer Gesammtübersicht seiner bisherigen elfjähr. Wirksamkeit. gr. 4. (20 S.) Ebds. 851. *
1. und 2. Bericht. Ebendas. 1842—45. * 15 Ngr.

Berend, H. W., sechster Bericht über das gymnastisch-orthopädische Institut zu Berlin (Oranienburger-Strasse Nr. 64.), das 12. u. 13. Jahr seiner Wirksamkeit umfassend. Berlin 853. Hempel. gr. 4. (28 S. u. 1 lith. Taf.) n. 10 ngr.

— siebenter Bericht etc. das 14. u. 15. Jahr etc. umfassend. Nebst 1 lith. Taf. Ebend. 855. gr. 4. (36 S.) n. 12 1/2 ngr.

Berend, H. W., achter Bericht über das gymnastisch-orthopädische Institut zu Berlin (Oranienburger-Strasse Nr. 64.) das 16. und 17. Jahr seiner Wirksamkeit umfassend. gr. 4. (28 S. mit 1 Stnt. in Fol.) Berlin 857, Hempel. *

— 9. Bericht über das gymnastisch-orthopädische Institut zu Berlin und die damit verbundene Heilanstalt für äusserlich Kranke, das 18. u. 19. Jahr ihrer Wirksamkeit umfassend. Mit 24, nach Photographien angefertigten eingedr. Holzschn. Berlin 859. Hempel. gr. 4. (36 S.) n. 15 ngr.

— 10. Bericht etc., das 20. und 21. Jahr ihrer Wirksamkeit umfassend. Mit 23, nach Photographien angefertigten eingedr. Holzschn. Berlin 861. Hirschwald. 4. (28 S.) n. 10 ngr.

—— eilfter Bericht über das gymnastisch-orthopädische Institut zu Berlin (Oranienburger Strasse Nr. 64.), und die damit verbundene Heilanstalt für äusserliche Kranke, das 22. und 23. Jahr ihrer Wirksamkeit umfassend. gr. 4. (32 S. mit 19, nach Photographien angefertigten, eingedr. Holzschn.) Berlin 863, A. Hirschwald. *

Berend, H. W., das gymnastisch-orthopädische Institut zu Berlin [Oranienburger-Str. Nr. 64.] nach seiner 25jährigen Wirksamkeit. 12. Bericht über das gymnastisch-orthopädische Institut zu Berlin u. die damit verbundene Heilanstalt für äusserlich Kranke. Mit 6 nach Photographien angefertigten, eingedr. Holzschn. Berlin 865. Hirschwald. gr. 4. (24 S.) n. 8 ngr.

— 14. Bericht über das gymnastisch-orthopädische Institut zu Berlin u. die damit verbundene Privatheilanstalt für äusserlich Kranke [das 28. bis 30. Jahr ihrer Wirksamkeit umfassend.] Berlin 870. Hempel. 8. (20 S.) n. 5 ngr.

— **Heimann Wolff** (Landsberg/W.), De cancro labiali additis observationibus tribus. Diss. med.-chir. Bln. (Nietack) 11. IV. 1832. 30 S. mit Biogr. (M.: H. Simon.) (4.—)
Oppon.: S. Kronenberg, M. Eulenburg, N. Lippmann. — Gew.: Aug. Bloch, L. Limann.

Berend, H. W., die Heil-Gymnastik mit besond. Rücksicht auf das schwedische Ling'sche System. 6. Bericht über das gymnastisch-orthopädische Institut zu Berlin (Oranienburger-Str. Nr. 64.), das 12. und 13. Jahr seiner Wirksamkeit umfassend. gr. 4. (28 S. mit 1 Stnt.) Berlin 853, Hempel. *

Berend, H. W., üb. den Nutzen der Heilgymnastik zur Beseitigung der durch Verletzungen mittelst Kriegswaffen entstandenen Gebrechlichkeiten. [Aus „Deutsche Klinik."] gr. 8. (12 S.) Berlin 871. Hempel. n. — 50

Berend, H. W., medicinische Reiseskizzen aus England im Sommer 1862. Englische Institutionen und englische Aerzte. Internationale Ausstellung. Hospitäler und anatom. Museen London's. gr. 8. (86 S.) Berlin 863, A. Hirschwald. *
Aus: Berliner medicinische Central-Zeitung, besonders abgedruckt.

Berend, H. W., Situs sämmtl. Eingeweide, s. Eulenburg.

Berend, Jh. Andr. Albr.
— Abhandl. von d. Freiheit d. verständ. Wesen. 8. Halle 766. (Hahn in Hannov.) 6 ℊℊ

Berend, Jh. Andr. Albr., († d. 18. Juni 1795.) Abhandl. vom Ursprunge u. Zulassung d. Bösen. 8. Köthen 751. 4 ℊℊ

Berend, Johann August Theodor: De mutua cutis et membranarum internarum Relatione.
Halae: Grunert 1823.
72 S. 8°
Halle-Wittenberg, Med. Diss. v. 26. März 1823

Berend, Ioannes August(us) Theodor(us): De mutua cutis et membranarum internarum relatione. Halae (1824): Grunert. 72 S. 8°
Halle-Wittenberg, Med. Diss., nachgeliefert von dem am 26. März 1823 auf Thesen promovierten Verf.
Geb. Strelitz (Mecklenb.) 1800. V.
Des Verf. Name wird im Gymn.-Progr. Neustrelitz 1820 und in der Abiturientenliste Neustrelitz Behrend geschrieben (Festschrift 1906).

Berend, K.A.W., s. Berends, Carl Aug. Wilh.

Berend, Leop. Christoph Albert
Berend, L. Cph. Alb., s. Jul. Liontar.

LIONTAR, Julius. Eine Geschichte aus dem vorigen Jahrhundert; kein Ritterroman (verfaßt von *Leop. Christoph Albert Berend*). Cöthen, Aue, 1793. 8°. 300 S. Zahm.
Anon.-Lex. III. p. 79 (nach Meusel), wo auch die folgende Ausgabe (nach Kayser).

Berend, Ludwig [aus Hostenbach a. Saar]: Beitrag zur Kenntniss der in den Samen von Lupinus luteus enthaltenen Alcaloide ... Marburg, Buchdr. v. J. Hamel, 1897; 70 S., 1 Bl. 8.
Marburg, Phil. Fak., Inaug.-Diss. v. [3. Mai] 1897

Berend, Michel, Gedichte. 1. Aufl. 1854. 1 Thlr. und 2., unveränd. Aufl. 32. (VIII und 140 S.) Brüssel 850, A. Schnee. *

Berend, N., s. Honek, M., das Buch für Winterabende.
s. Moulinié, J., vom Glücke in der Chirurgie.

Berend, Nat., med. prakt. Abhandl. von Versetz. der Milch bey Kindbetterinnen. 8. Leipz. Weygand. 784.

Berend, Nicolas, zur Chloroform-Casuistik. Geordnete Zusammenstellg. der aus zuverläss. in- u. ausländ. Quellen gesammelten Todesfälle nach dem anästhet. Gebrauche d. Chloroforms. gr. 8. (XVIII u. 126 S. m. 2 Tab. in qu. gr. Fol.) Hannover 850, Hahn. 2/3 ℛℬ

— Zur Chloroform-Frage. Ein zweiter Beitrag zur Chloroform-Casuistik. gr. 8. (IV u. 79 S.) Breslau 852, Trewendt & Granier. 2/3 ℛℬ

Berend, Nikol.: Die Ursachen d. Säuglingssterblichk. in Ungarn, s: Ergebnisse d. Säuglingsfürsorge.

Berend, Osc., das Trocknen der Gemüse u. Kartoffeln. Eine lohn. Beschäftigg. f. Landwirthe u. Gartenbesitzer. 4. Aufl. 8. (28 S.) Berlin 881. (Mahlo.) n. 1. —

Berend, Osc., Verzeichniß der evangelischen Geistlichkeit des Deutschen Reiches, nach amtl. Quellen hrsg. [2. Thl. des evangel. Kirchen-Kalenders für das gemeine J. 1877.] gr. 8. (187 S.) Berlin 877, Mahlo. *

Berendes: Der angehende Apotheker, s. Berendes, Julius

Berendes, B: Anleitg z. Konstruieren in Lehre u. Beispiel. Im Anschlusse an „Schultz, Vorschule f. d. 1. Unterr. im Lateinischen" v. A Führer zusammengestellt. (46) 8° Paderb., F Schöningh '12. geb. — 80 d

Berendes, Bernhard [aus Marienmünster in Westf.]: Zu den Satiren des Joachim Rachel ... Warendorf, J. Schnell'sche Buchdr., 1896; 69 S., 1 Bl. 8.
Leipzig, Phil. Fak., Inaug.-Diss. v. [12. Febr.], 1897

Berendes, Christian Ludwig (Berlin), De effectu querelae inofficiosi testamenti juxta ordinem edicti successorii institutae intuitu non querentis. Präs. Joh. Hartwich Reuter. Halle (J. Chn. Hilliger) Mai 1749. 56 S. (4.80)

Berendes, Eduard [gepr. Rechtskand. aus Marienmünster (Westf.)]: Delict und Haftung der juristischen Person nach gemeinem Recht.... Würzburg, P. Scheiner's Buchdr., 1891; 75 S. 8°
Erlangen, Jur. Fak., Inaug.-Diss. v. 1891

Berendes, Eduard, lachende Fabeln. (78 S.) kl. 8. Strassburg 907. J. Singer. Geb. 2. —

— Gedichte. (157 S.) 8. Ebd. 907. 2. 50

Berendes, Engelbert, Referendar in Goslar: Die Unteilbarkeit des Strafantrages. *Goslar 1902: Böcker & Hannibal.* (66 S.) 8°
Rostock, Jur. Diss. v. [24. Dez.] 1902

Berendes, Hans, approb. Arzt aus Friedeberg Nm.: Aus d. pathol. Institute zu Kiel. Über Pfortaderthrombose. *Kiel 1903: P. Peters Erben.* (19 S.) 8°
Kiel, Med. Diss. v. [30. Sept.] 1903

Berendes, J.: Der angehende Apotheker, s. Berendes, Julius

Berendes, J., s.: Dioskurides, des Pedanios, aus Anazabros, Arzneimittellehre.

Die Physica der heiligen Hildegard v. J. Berendes in Goslar. Sonder-Abdruck aus „Pharm. Post" 1896 und 1897. Wien. o. J. 8°.

Berendes, Joachim, a. Neustadt a. d. W.: Aus d. Augenklinik zu Jena: Ein Fall von doppelter Perforation des Auges durch einen 19 mm langen Kupferdraht. Mit 2 Fig. im Text. Jena 1907: A. Kämpfe. (27 S.) 8°
Jena, Med. Fak., Ref. Wagenmann, Diss. v. 15. Febr. 1907
[Geb. 11. März 83 Neustadt a. d. W.; Wohnort: Neustadt a. d. W.; Staatsangeh.: Preußen; Vorbildung: Latein-Hauptsch. Halle a. S. Reife M. 01; Studium: Leipzig 1, Greifswald 4, Jena 5 S.; Coll. 7. Jan. 07; Approb. 31. Dez. 07.]

Berendes
— Johann Friedrich (Helfta-Mansfeld), De feudo alienabili occas. II. feud. 26. § 23 et II. feud. 48. Präs. Joh. Christian Woltaer. Halle (Friedr. Aug. Grunert) 13. V. 1772. 20 S. (3.50)

Berendes, Johannes
Berendes, Joan. (geb. 4. 1. 1820): De delirio tremente. Berolini (1843). (26 S.) 8°
Berlin, Med. Diss. v. 5. Aug. 1843

Berendes, Joseph [approb. Arzt aus Marienmünster (Westfalen)]: Ueber die Luxatio obturatoria.... Würzburg, Paul Scheiner's Buchdr., 1886; 39 + 1 S. 8°.
Würzburg, Med. Fak., Inaug.-Diss v. 1886.

Berendes, Joseph, über die Luxatio obturatoria. Diss. Würzburg 1886, Stahel'sche Univ.-Buchh. 8°. 39 S.

Berendes, Julius
Das Apothekenwesen. Seine Entstehung u. geschichtl. Entwickelung bis z. 20. Jh. von Prof. Dr. J[ulius] Berendes. Stuttgart: F. Enke 1907. (XII, 366 S.) 8° 07. 4405

Berendes, J., der angehende Apotheker. Lehrbuch der pharmazeut. Hilfswissenschaften zum Gebrauch f. den Unterricht der Eleven. 1. u. 2. Bd. gr. 8. Halle a/S., Tausch & Grosse. Geb. in Leinw. n. 16.
1. Physik u. Chemie. Mit 142 Holzschn. u. 1 Spektraltaf. (XX, 558 S.) 893. n. 7. 50
2. Botanik, Pharmakognosie, spezielle Pharmazie. (VI, 507 S. m. 472 Holzschn.) 894. n. 8. 50

Der angehende Apotheker. Lehrbuch d. pharmazeut. Hilfswiss. z. Gebr. f. d. Unterr. d. Eleven v. Dr. J[ul.] Berendes, Apotheker. 2. verm. u. verb. Aufl. Bd I. II. *Halle a. S.: Tausch & Grosse 1895.* 2 Bde 8.
I. Physik u. Chemie. M. 146 Holzschn. u. 1 Spektraltaf. (XXII S., 1 Bl., 573 S., 1 Bl., 1 Taf.)
II. Botanik, Pharmakognosie, spez. Pharmazie. M. 480 Holzschn. (VI S., 1 Bl., 506 S., 1 Bl.)
[56. 3295

Berendes, J., der angehende Apotheker. Lehrbuch der pharmazeut. Hilfswissenschaften zum Gebrauch f. den Unterricht der Eleven. 2 Bde. gr. 8. Stuttgart, F. Enke. n. 22. 60; geb. in Leinw. n. 25. 40
I. Physik u. Chemie. 3. verm. u. verb. Aufl. Mit 168 Holzschn. u. 1. Spektraltaf. (XXIV, 600 S.) 903. n. 12.—; geb. n. 13. 40
II. Botanik, Pharmakognosie, spezielle Pharmazie. 3. verm. u. verb. Aufl. Mit 485 Holzschn. u. 6 botanisch-pharmakognost. Taf. (VI, 522 S.) 904. n. 10. 60; geb. n. 12.—

Berendes. Julius [cand. med. aus Goslar a. Harz]: Ein Fall von Riesenzellensarcom des Oberkiefers (des Antrum Highmori.) . . . Würzburg, Becker's Univ.-Buchdr., 1889; 34 S. + 1 Bl. 8°
Würzburg, Med. Fak., Inaug.-Diss. v. 1889

Berendes, Geschichte d. Pharmazie. Unt Mitwirkg. angeseh. Historiker u. Fachgenossen. hrsg. (In 10 Lfgn.) 1. Lfg. gr. 8. (S 1—80 m. 1 Abb. u. 3 [1 farb.] Taf.) Leipzig 898. E. Günther. n. 2.—

! Berendes, J.: G e s c h i c h t e der Pharmazie, Verleger jetzt in Berlin u. Leipzig.

Berendes, J. Die Pharmacie bei den alten Culturvölkern. Histor.-krit. Studien. Mit e. Vorworte v. H. Beckurts. 2 Bde. gr. 8. Halle a. S. 891, Tausch u. Grosse. [1. Bd. (XV, 308 S.) * 9 —; 2. Bd. (VII, 220 S. m. 1 Taf. u. 1 Karte.) * 8 —.] * 17 —
In 1 Hlbfrzbd. * 20 —

Berendes, Rudolf, aus Goslar: Zur Kenntnis der aromatischen Sulfinsäuren. *Halle a. S. 1898: Waisenhaus.* (34 S.) 8°
Heidelberg, Naturw.-math. Diss. v. [28. Nov.] 1898

Berends: Bemerkungen über Vereinfachung des lateinischen Elementarunterrichtes.
Gera: 1865.
Schul-/Univ.-Schrift

Berends: Üb. d. Unterricht . . . , s. B e r e n d s , Carl August Wilhelm

Berends, C. A. G., s. B e r e n d s , Carl August Wilhelm

Berends, Carl August Wilhelm
— Abhandl., vieles nicht langes Leben ist des Menschen Bestimmung. gr. 8. Frankf. Acad. Handl. 792.

Berends, Karl Aug. Wlh., († d. 1. Dec. 1826.) Abhandl., vieles nicht langes Leben ist d. Menschen Bestimmung. gr. 8. Frankf. a. d. O. 792. (Sander in Berl.) 4 gr

Berendt, K. A. W., vieles, nicht langes Leben. gr. 8. Jetzt Flittner in Berlin.

Berends, Car. Aug. G., resp. A. Loewe, Trismi traumatici opii usu persanati exemplum. Frcf. a V. 8°. 1794

Berends, C. A. G., resp. H. L. Menzel, De morbi genere, quem Viti choream dicunt. Frkf. a. V. 4°. 1799

Berends, Carl Aug. Wilh., Handbuch d. prakt. Arzneiwissensch., s. dess. Vorlesungen.

Berends, C(arl) A(ugust) W(ilhelm): Handbuch der praktischen Arzneiwissenschaft oder der speziellen Pathologie und Therapie. Nach den Vorlesungen...bearb.und mit Ergänzungen und Supplementen hrsg.von Karl Sundelin. Bd 1 - 9, gbd.

Berlin: Enslin 1827 - 1829

Berends, K(arl) A(ugust) W(ilhelm): Handbuch der praktischen Arzneiwissenschaft oder der speziellen Pathologie und Therapie. Nach dessen Vorlesungen bearb.u.mit Ergänzungen u. Supplementen hrsg.v. Karl Sundelin gbd.

Wien: Haykul 1830-1831
Bd 2: Berends, K.A.W.: Handbuch d. Fieberlehre 1830
Bd 3: " " " ": Handbuch d. Entzündungen 1830
Bd 4: " " " ": Handbuch d. akuten Exantheme, des Rheumatismus... 1830
Bd 5: Berends, K.A.W.: Handbuch d. Gelbsucht, Wassersucht... 1830
Bd 6/1: " " " ": Handbuch d. Nervenkrankheiten. 1830
Bd 6/2: " " " ": Handbuch d. chron. Exantheme u.d. Weiberkrankheiten. 1830
Bd 7: " " " ": Handbuch d. Zehr- und Destruktionskrankheiten. 1831
Bd 8: Berends, K.A.W.: Handbuch d. Krankheiten einzelner Theile. 1831
Bd 9: " " " ": Handbuch d. Steinkrankheit u. Kinderkrankheiten. 1831

Berends, Carl Aug. Wilh., Handbuch d. prakt. Arzneiwissenschaft od. d. speziellen Pathologie u. Therapie. Nach d. Vorlesn. d. Hrn. Verf. zuerst bearb. u. mit Ergänzn. u. Supplemn. hrsg. v. Karl Sundelin. 2. Aufl. Neu durchges. u. bericht. v. J. C. Albers. 1—6. Bd. gr. 8. Berlin, Th. Enslin. Thlr.
A. u. d. Ttln.: Vorlesungen üb. prakt. Arzneiwissenschaft. 1—6. Bd.
Bd. 1. Handbuch d. Semiotik. (29½ B.) 835. 2 Thlr. 12 Gr.
" 2. — d. Fieberlehre. (21½ B.) 835. 1 Thlr. 18 Gr.
" 3. — d. Entzündungslehre. (27½ B.) 836. 1 Thlr. 9 Gr.
" 4. — d. Lehre v. d. acuten Exanthemen u. d. mittleren Krankheiten. (30 B.) 837. 1 Thlr. 18 Gr.
" 5. — d. chronischen Krankheiten. (25½ B.) 838. 1 Thlr. 3 Gr.
" 6. — d. Nervenkrankheiten. (27½ B.) 840. 1 Thlr. 12 Gr.

— Opera postuma. Edid. et praefat. est Aug. Wlh. v. Stosch. Tom. I. Et. s. tit : Lectiones de morbis tabificis. 8maj. Berl. 829. Reimer. 1 Thlr 12 gr T. II. Et. s. t.: Lectiones in Hippocratis aphorismos. 8maj Ibid. 830. 2 Thlr 8 gr

— über d. Unterricht junger Aerzte vor d. Krankenbette. 8. Berl. 789. Maurer's B. 3 gr

— Vorles. üb. d. prakt. Arzneiwissenschaft, herausg. v. K. Sundelin. 6 Bde u. 3 Suppl.-Bde mit Register. gr. 8. Berl. 827—29. Th. Enslin. 23 Thlr (9r od. 3r Suppl.-Bd. A. u. d. T.: Handb. d. prakt. Arzneiwissensch., nach d. Vorles. d. Hrn. K. A. W. Berends bearb. v. K. Sundelin. 829. 2 Thlr 6 gr).

—— Vorlesungen üb. prakt. Arzneiwissenschaft. — A. u. d. T.: Handbuch d. prakt. Arzneiwissensch., od. d. speciellen Pathologie u. Therapie, nach Vorles. B's. bearb. u. mit Ergänz. u. Supplem. Hrsg. v. Karl Sundelin. 1. Bd. Semiotik. gr. 8. (30½ B.) Berlin 827, Th. Enslin.

—— dass. 2. Bd. Fieberlehre. gr. 8. (21 B.) Ebds. 827.

—— dass. 3. Bd. Entzündungen. gr. 8. (26½ B.) Ebds. 828.

—— dass. 4. Bd. Akute Exantheme, Rheumatismus, Katarrh, Gicht, Ruhr, Gallenruhr, Blutflüsse. gr. 8. (32 B.) Ebds. 828.

—— dass. 5. Bd. Die Gelbsucht, Wassersucht, Windgeschwulst, der Skorbut, die Fleckenkrankheit, Skrofelkrankheit, Rhachis, Syphilis u. Wurmkrankheit. gr. 8. (21½ B.) Ebds. 828.

—— dass. 6. Bd. 1. Abthl. Nervenkrankheiten. gr. 8. (26¼ B.) Ebds. 828.

—— dass. 6. B. 2. Abthl. Weiberkrankheiten. gr. 8. (33 B.) Ebds. 829.

Berends, Carl Aug. Wilh., Vorlesungen üb. prakt. Arzneiwissensch. ꝛc., hrsg. v. Karl Sundelin. 7. B., od. 1. Supplembd. v. Hrsgeb. Zehr- u. Destruktionskrankheiten. gr. 8. (29¼ B.) Berlin 829, Th. Enslin. Thlr.

—— dass. 8. Bd., od. 2. Supplembd. v. Hrsgeb. Krankheiten einzelner Theile. gr. 8. (30 B.) Ebds. 829.

—— dass. 9. (letzt.) Bd., od. 3. Supplembd. v. Hrsgeb. Steinkrankheit. Kinderkrankheiten. Nebst 1 Register üb. d. ganze Werk. gr. 8. (25 B.) Ebds. 829.
Alle 9 Bde. zusam. 28 Thlr. — Hrbgs. Pr. wegen Nachdrucks 9 Thlr.

Berends, Karl Aug. Wlh., Vorlesungen über die prakt. Arzneiwissenschaft, herausg. v Karl Sundelin. 2e Aufl. Neu durchgesehen u. berichtigt v. J. C. Albers. 1r Bd. A. u. d. T.: Berends Handbuch der prakt. Arzneiwissenschaft 1r Bd. Berends Handbuch d. Semiotik. gr. 8. Berl. 835. Th. Enslin. 2½ ℛ jetzt 1⅝ ℛ — 2r Bd. 2e Aufl. Neu durchges. und bericht. v. J. C. Albers. A. u. den T.: Berends Handb. d. prakt. Arzneimittellehre 2r Bd. Berends Handb. der Fieberlehre. gr. 8. Ebd. 835. Ebd. 1¾ ℛ jetzt 1⅛ ℛ — 3r Bd. A. u. d. T.: Berends Handb. d. prakt. Arzneiwissenschaft od. der speciellen Pathologie u. Therapie. 2e Ausg. Neu durchges. u. bericht. v. J. C. Albers 3r Bd. Entzündungslehre. gr. 8. Ebd. 836. 1⅜ ℛ — 4r Bd. A. u. den T.: Handb. d. prakt. Arzneiwissenschaft od. der speciellen Pathologie u. Therapie. Zuerst bearb. u. mit Ergänzung u. Supplementen herausgeg. vom Prof Dr. Karl Sundelin. 2e Aufl. Neu durchges. u. bericht. von J. C. Albers A. u. d. T.: Handb. d. Lehre von den acuten Exanthemen u. den mittleren Krankheiten. gr. 8. Ebd. 837. 1¾ ℛ — 5r Bd. Handbuch der prakt. Arzneiwissenschaft ꝛc. 2e Aufl. Neu durchges. u. bericht. v. J. C. Albers. 5r Bd. A. u. d. T.: Handbuch d. chronischen Krankheiten. gr. 8. Ebd. 838. 1⅛ ℛ — 6r Bd. A. u. den T.: Handb. der prakt. Arzneiwissenschaft ꝛc. Handb. der Nervenkrankheiten. Ebd. 840. 1½ ℛ

Berends, H., Die Anordnung in Martials Gedichtbüchern. I—XII. Diss. 1932. 64 S. 2.50

Berends, Julius

Berends, Jul., keine Gewissensfreiheit ohne Lehrfreiheit in der Kirche. gr. 8. Berlin 846, E. Krause. n. ⅙ ℛ

Berends, Julius. Politisches Glaubensbekenntniß. Berlin 1848. 16 S. 8.

— Hebung der Noth der arbeitenden Klassen. Ein Wort, betreffend den Localverein zur Beförderung des Wohls der arbeitenden Klassen. gr. 8. Leipzig 845, O. Wigand. ⅙ ℛ

—— dass. 2. Aufl. u. d. T.: Wie ist der Noth der arbeitenden Klassen abzuhelfen? gr. 8. (2⅛ B.) Ebds. 847. *

—— Jesus bei den Zöllnern u. Sündern. Predigt über Lucä 15, 1—10. gehalt. als Wahlpredigt zu Lindow, Sonntag den 23. Juni 1844. gr. 8. (1 B.) Leipzig, O. Wigand.

— Vorträge über Vergnügen und öffentliche Feste. Gehalten im Berliner Handwerker-Verein. 8. Berlin 846, E. Krause. ½ ℛ

Berends, Julius. Was wir wollen! Eine Beleuchtung der beiden berliner Proteste. Berlin, Krause 1845. 15 S. 8.

— was wir wollen! Eine Beleuchtung der beiden Berliner Proteste. gr. 8. Berlin 846, L. W. Krause. 1½ ngr

Berends, Julius, wie ist der Noth der arbeitenden Klassen abzuhelfen? 2. Aufl. gr. 8. (38 S.) Leipzig 847, O. Wigand. n. 4 ngr

Berends, Karl Aug. Wilh., s. B e r e n d s , Carl August Wilhelm

Berends, B., die reußischen Kirchenliederdichter. gr. 8. (64 S.) Gera 873. Griesbach. n. — 80

Berends, V. (Hrsg.), s. K n i g g e , Adolf: Über den Umgang mit Menschen.

Berendsen, Geo., die Esmarch'sche Methode der Hasenschartenoperation. Inaugural-Dissertation. gr. 8. (13 S.) Kiel 883. Lipsius & Tischer. n. 1. —

Berendsohn, Herr, und seine Unternehmungen im neunzehnten Jahrhundert. Gött. [1845]. V: *Caspar*, *Carl Rudolph.* (schr)

Berendsohn, B. S., siehe: Album-Bilder.

Berendsohn, Rob. L., Krieg od. Frieden? Deutsches Volk — entscheide! Volksvortrag. (16 S.) gr. 8. Hamburg 907. C. H. A. Kloss. — 25

Berendsohn, Walt. A., deutsche Kultur u. Freistudententum. Vortrag, geh. auf dem IX. deutschen Freistudententag in Weimar 1909. (15 S.) 8. Kiel 910. W. G. Mühlau. — 30

— Stil u. Form d. Aphorismen Lichtenbergs. Ein Baustein z. Gesch. d. deut. Aphorismus. (144) gr8° Ebd. '12. 3.50

Berendt, u. Hille, Altarrede u. Predigt, geh. beim Festgottesdienste am 2. Septbr. 1873 in der reformirten Cathedralkirche zu St. Jakob in Cöthen. gr. 8. (15 S.) Cöthen 873. Schettler's Verl. — 30

Berendt: Beiträge . . . , s. B e r e n d t , M.

Berendt. Erlebnisse bei der Einnahme von le Mans, 11.—13. Jänner 1871. Ruhetage in Tours. — Siehe: „Sammlung milit.-wissenschaftl. Vorträge und Aufsätze." Berlin 1895.

Berendt: Karte geolog. . . . , s. B e r e n d t , G.

Berendt, die Verjüngung des Liberalismus. Beitrag zur Beleuchtg. der inneren deut. Politik. Berlin 897.

Berendt: Vorschriften, Gesetzliche . . . , s. B e r e n d t , Rich.

Berendt, C., de atmosphaera nervorum sensitiva Commentatio, 4maj. (Gedani, Krause in Comm.) 816.

Berendt, Car. Armin. (geb. Danzig 1817): De mulierum eclampsiae pathologia. Berolini (1842). (32 S.) 8°
Berlin, Med. Diss. v. 22. Okt. 1842

Berendt, Carl, siehe: Album, Schlesisches.

Berendt, F., s.: Adressbuch d. Offiziere, Behörden u. Beamten des XI. Armeekorps.

— s.: Adressbuch d. Offiziere etc. d. XIV. Armeekorps.

Berendt, Fr., Preußens Huldigung Sr. Majestät des Königs Friedrich Wilhelm IV. in Königsberg und Berlin, nebst einer kurzen Beschreibung d. Huldigungs- und Geburtstags-Feier in den vorzügl. Städten des Königreichs, namentlich in Rheinland-Westphalen. Nach öffentl. und Privat-Berichten herausgeg. breit 8. Emmerich 841, Romen. (Leipzig, Hermann.) 6¼ ngr

Berendt, Fr., s. Repertorium d. Verordnn. in Finanz- u. Handelssachen.

Berendt, Friedrich, a. Coswig i. A.: Die Beziehungen Anhalts zu Kur-Sachsen von 1212 bis 1485. Halle a. S. 1907: C. A. Kaemmerer & Co. (70 S.) 8° ¶ (Nur der erste Teil der Arbeit; erscheint später vollst.)
Halle, Phil. Fak., Ref. Lindner, Diss. v. 13. Aug. 1907
[Geb. 6. Mai 81 Coswig i. Anh.; Wohnort: Halle a. S.; Staatsangeh.: Anhalt; Vorbildung: Friedrichs-Gymn. Dessau Reife M. 02; Studium: Halle 1, Marburg 1, Berlin 2, Halle 5 S.; Rig. 28. Mai 07.]

Berendt, G., s.a. B e r e n d t , Gottlieb

Berendt, G., ein geologischer Ausflug in die russischen Nachbar-Gouvernements. [Aus den Schriften der k. physikal.-oekon. Ges. zu Königsberg.] Mit e. chromolith. Taf. Königsberg 870. Koch in Comm. gr. 4. (29 S.) n. 12 ngr.

—— Beitrag zur Lagerung und Verbreitung des Tertiär-Gebirges im Bereiche der Provinz Preussen. gr. 4. (12 S. mit 1 chromolithogr. Karte in qu. 4.) Königsberg 868, (Koch.) *

Vorstehende zwei Schriften wurden aus: Schriften der k. physik.-ökonom. Gesellschaft zu Königsberg, besonders abgedruckt.

Berendt, G., geographische Blicke in Altpreußens Urzeit, s.a. Sammlung gemeinverständl. wissenschaftl. Vorträge.

Berendt G, Geognostische Blicke in Altpreussens Urzeit. (S. wiss. V. 142) Berlin 1871

Berendt, G., die Diluvial-Ablagerungen der Mark Brandenburg, insbesondere der Umgegend von Potsdam. Nebst 1 (lith. u. color.) geognost. Karte der Potsdamer Umgegend und 1 (lith.) Taf. Profile (in Fol.) Berlin 863. Mittler & Sohn. gr. 8. (VIII, 85 S.) n. 28 ngr.

—— Geologie des kurischen Haffes und seiner Umgebung, zugleich als Erläuterung zu Section 2, 3 und 4 der geolog. Karte von Preussen. gr. 4. (VI, 110 S. mit 6 zum Theil [2] chromolithogr. Taf. in gr. 4 und qu. Fol. und 15 in den Text gedr. Holzschn.) Königsberg 869, (Koch.) cart. *

— die Pommerellischen Gesichtsurnen. Mit 6 Taf. in Steindr. [Aus Schriften der königl. physikal.-ökonom. Gesellschaft.] gr. 4. (37 S. u. 5 Bl. Tafelerklärgn.) Königsberg 872. Koch in Comm. n. 3. —

Berendt, G., die Pommerelli'schen Gesichtsurnen. Nachtrag. Mit 5 Taf. in Steindr. u. 1 (eingedr.) Holzschn., sowie einem Verzeichniss sämmtl. bisher gefundener u. beschriebener Gesichtsurnen. [Aus: „Schriften der königl. physikal.-ökonom. Gesellschaft."] gr. 4. (48 S. m. 5 Bl. Tafelerklärgn.) Königsberg 878. Koch. n. 3. 70 (Hauptwerk u. Nachtrag: n. 6. 70)

Berendt, G., Gletscher- od. Drifttheorie in Norddeutschland? M. 3 Kpfrt. (Berl.) 1879. 8.

Berendt, G., geologische Karte der Provinz Preussen unter Zugrundelegung der topographischen Karten des königl. Generalstabes aufgenommen. 1 : 100,000. Sect. 2, 4, 5, 7—9, 12, 17. Fol. Berlin, Neumannn. à Sect. *M 3. *

Inhalt:

Sect. 2. Memel. [Curisches Haff, nördl. Theil.] 869.
» 4. Tilsit. [Das Memel-Delta.] 870.
» 5. Das Jura-Becken. [Schalaunen.] 871.
» 7. Labiau. [Ost-Samland.] 869.
» 8. Insterburg. 872.
» 9. Littauen. 873.
» 12. Dirschau. 873.
» 17. Gumbinnen-Goldapp. 874.

Berendt, G., geologische Karte der Prov. Preussen unter Zugrundelegung der topogr. Aufnahmen des kgl. Generalstabes. 1 : 100,000. Sect. 16: Nordenburg; Sect. 17: Gumbinnen-Goldapp. Chromolithogr. qu. gr. Fol. Berlin 875,76, Neumann. à Sect. *

Berendt, G. Geologische Karte der Provinz Preussen. Berlin. 1886.

—— Nachtrag zur marinen Diluvial-Fauna in Westpreussen. 4. (4 S. mit 1 Stnt.) Königsberg 868, (Koch.) *

—— Ueb. Riesentöpfe u. i. allgem. Verbreitung in Nord-Deutschland. M. 3 Kpfrt. (Berl.) 1880. 8.

Berendt (G.), Das Tertiär im Bereiche der Mark Brandenburg. (Sep.-Abdr. a. d. Sitz.-Ber. d. Akademie der Wissenschaften zu Berlin. 1885.) Berlin. 8.

Berendt, G. K., de atmosphaera nervorum sensitiva Commentatio. 4maj. Danzig 816. Krause. (Leipz., Kummer). 15 gr.

Berendt, Georg Carl
Berendt, G. C., und E. F. Germar, die im Bernstein befindlichen Hemipteren und Orthopteren der Vorwelt, s.a. Reste, die, im Bernstein befindlichen organischen.

— d. Insekten im Bernstein, e. Beitrag zur Thiergeschichte d. Vorwelt. 1s Heft. gr. 4. Danzig 803. (Nicolai in Berl.) 10 gr.

Berendt, G. K., die Insekten im Bernstein, ein Beitr. zur Thiergesch. d. Vorwelt. 1. Hft. gr. 4. (5 B.) Danzig 830. (Berlin, Nicolai.)

Berendt (Georg Carl), Die im Bernstein befindlichen organischen Reste der Vorwelt, gesammelt und mit Mehreren bearbeitet und herausgegeben. Berlin. Fol. — Bd. 1, Abth. 1: Göppert (H. R.) und Berendt (G. C.), Der Bernstein und die in ihm befindlichen Pflanzenreste der Vorwelt. Mit 7 Tafeln. 1845. — Desgl. ein 2. Exemplar. — Bd. 1, Abth. 2: Koch (C. L.) und Berendt (G. C.), Die im Bernstein befindlichen Crustaceen, Myriapoden, Arachniden und Apteren der Vorwelt. Mit 17 Tafeln. 1854. — Bd. 2, Abth. 1: Germar (E. F.) und Berendt (G. C.), Die im Bernstein befindlichen Hemipteren und Orthopteren der Vorwelt. Mit 4 Tafeln. — Bd. 2, Abth. 2: Pictet-Baraban (F. J.) und Hagen (H.), Die im Bernstein befindlichen Neuropteren der Vorwelt. Mit 4 Tafeln. 1856.

Berendt, Georg Carl, die im Bernstein befindl. organischen Reste der Vorwelt. In Verb. mit Mehreren bearb. u. hrsg. 1. Bd. 1. Abthl.: Der Bernstein u. die in ihm befindlichen Pflanzenreste der Vorwelt. Fol. (34¾ B. u. 7 grösstenth. col. Taf.) Berlin 845, Nicolai'sche Buchh. *

Berendt, GC, d. im Bernstein befindl. organ. Reste d. Vorwelt. 1. Bd. 2. Abth. u. 2. Bd. 2 Abthn. Fol. Berl., Nicolai's V. n. 9. 10 (I. II.: n. 14. —)

I. 2. Koch, CL, u. GC Berendt, Crustaceen, Myriap., Arachn. u. Apteren. (124 m. 17 K.) 54. n. 4. 20
II. 1. Germar, EF, u. GC Berendt, Hemipteren u. Ortopteren. (40 m. 4 K.) 52.
2. Pictet-Baraban, FJ, u. H Hagen, Neuropteren. (86 m. 4 K.) 52. zus. n. 4. 20

Berendt, Gottlieb, s.a. Berendt, G.

– Die bisherigen Aufschlüsse...,
s.a. Abhandlungen zur geolog. Specialkarte v. Preussen. . .

Berendt, Gottlieb: Die bisherigen Aufschlüsse des märkisch-pommerschen Tertiärs und ihre Uebereinstimmung mit den Tiefbohrergebnissen dieser Gegend. Herausgegeben von der Königlich Preussischen Geologischen Landesanstalt. Hierzu 2 Tafeln und 2 Profile im Text. (Abhandlungen zur geologischen Specialkarte von Preussen und den Thüringischen Staaten. Bd. 7. Heft 2. S. 101—152.) Berlin 1886. (IV), 48 S. 8°.

– u. W. Dames, geognostische Beschreibung der Umgegend v. Berlin, s.a. Abhandlungen zur geologischen Specialkarte v. Preussen u. den Thüringischen Staaten.

———— und Dames (W.), Geognostische Beschreibung der Gegend von Berlin. Berlin 1880. 8.

Berendt (G.) und Dames (W.). Geognostische Beschreibung der Gegend von Berlin. 8°. Berlin 1881.

(7. internat. Geographen-Kongr., Berlin 1899.) Geognostische Beschreibung der Umgegend von Berlin von G[ottlieb] Berendt. Zur Erl. einer 2. Aufl. d. geolog. Uebersichtskarte d. Umgegend v. Berlin im Maassst. 1:100,000. In 2 Bl. Hrsg. von d. Königl. Preuss. geolog. Landesanst. (*Berlin 1899: C. Feister*). (50 S.) 4°(8°)

– Übersichtskarte, Geologische, d. Umgegend von Berlin. Erl. (99-11074

Berendt, Gottlieb: Die südliche baltische Endmoräne in der Gegend von Joachimsthal. ([S.-A.] Jahrbuch der Königlich Preussischen Geologischen Landesanstalt für 1887. S. 301—310.) Berlin 1888. 10 S. 8°.

(Berendt, Gottlieb. und Felix Wahnschaffe): Ergebnisse eines geologischen Ausfluges durch die Uckermark und Mecklenburg-Strelitz. Briefliche Mittheilung der Herren G. Berendt und F. Wahnschaffe an Herrn W. Hauchecorne. ([S.-A.] Jahrbuch der Königlich Preussischen Geologischen Landesanstalt für 1887. S. 263—371.) Berlin 1888. 9 S., 1 Krt. 8°.

Berendt, Gottlieb: Die beiderseitige Fortsetzung der südlichen baltischen Endmoräne. ([S-A.] Jahrbuch der Königlich Preussischen Geologischen Landesanstalt für 1888. S. 110—122.) Berlin 1889. 13 S., 1 Krt. 8°.

(VII. Internat. Geographen-Kongr. Berlin 1899.) Führer durch Theile des Norddeutschen Flachlandes für die Ausflüge der deutschen geologischen Gesellschaft (1898) und des VII. internat. Geographen-Kongr. im Oct. 1899 entworfen von G[ottlieb] Berendt, K[onrad] Keilhack, H[enry] Schröder u. F[elix] Wahnschaffe. (Hierzu 4 Taf. *Berlin 1899: (A. W. Schade).* (88 S.) 4°(8°)
Aus: Jahrbuch d. Kgl. Preuss. geol. Landesanstalt f. 1897. [99. 1341

— Ludowig Moyn. Lobons-Abriss u. Schriften-Vorzoichniss dossolbon. Mit oinom Bildnisso Moyn's in Lichtdr. [Aus: „Abhandlungen z. gool. Specialkarto v. Preusson oto."] Lox.-8. (348.) Borlin 882. Schropp. n. 1. 50.

Berendt, Gottlieb: Spuren einer Vergletscherung des Riesengebirges. Mit 3 Steindrucktafeln und 12 Zinkdrucken im Text. ([S.-A.] Jahrbuch der Königlich Preussischen Geologischen Landesanstalt für das Jahr 1891.) Berlin 1892. 58 S. 8°.

— dio Umgogond v. Borlin, s.: Abhandlungen zur goologischon Specialkarto v. Preusson u. don Thüringischon Staaton.

Der tiefere Untergrund Berlins. Von Dr. G[ottlieb] Berendt, ... Prof. ... zu Berlin, unt. Mitw. v. Dr. F[riedr.] Kaunhoven. M. 7 Taf. Profile u. 1 geognost. Uebersichtskt. Erscheint gleichzeitig als Festschr. f. die v. 22. bis 25. Sept. 1897 in Berlin tagende XI. Internat. Wanderversammlg d. Bohringenieure u. Bohrtechniker. Hrsg. v. d. Kgl. Preuss. geolog. Landesanst. *Berlin: S. Schropp 1897.* (3 Bl., 59 S., 7 Taf., 1 Kt.) 1 Bd 4. (8.)
— Abhandlungen d. Kgl. Preuss. geol. Landesanstalt. N. F. H. 28. [98. 3687

Berendt, G., D. tiefere Untergrund Berlins, unt. Mitwirkg. v. F. Kaunhoven. M. 7 Taf. Profile u. 1 googuost. Uebersichtskarte. [Aus: „Abhandlgn. d. k. preuss. gool. Landosanst."] Fostschrift f. d. v. 22.—25. IX. 1897 i. Borlin tag. XI. internat. Wandorversammlg. d. Bohringonieuro u. Bohrtechnikor. Lex.-8. (V, 59 S.) Borlin 897. (Polytechnische Buchh. A. Soydol.) n. 4. —

Berendt, Hans: Goethes „Wilhelm Meister", s: Schriften d. lit.-histor. Gesellsch. Bonn.

— Rainer Maria Rilke, s: Mitteilungen d. lit.-histor. Gesellsch. Bonn.

Berendt, K. A. W., s. Berends, Carl August Wilhelm

Berendt, M.
Berendt, Boiträgo z. Handolspolitik d. Fürsten Bismarck. [Aus: „Ztschr. f. d. gos. Toxtil-Industrio".] gr. 4. (8 S.) Loipzig-Gohlis 898. L. A. Klopzig. n. — 50

Berendt, M., dor Pessimismus im Lichte e. höheren Weltauffassung, s.: Friedländer, J.

Berendt, Marie, Erholungsstunde. 6 Erzählgn. f. Kinder von 6 bis 10 Jahren. Mit 4 bunten Illustr. (Chromolith.) v. Louise Thalheim. 8. (120 S.) Breslau 874. Trewendt. geb. 2. 70

Berendt, M[art]. Die rationelle Erkenntnis Spinozas. Versuch e. Erläuterg. derselben. 8. (28 S.) Berl. 889, (Heinrich). * 1 —
Aus: Preuss. Philologen-Zeitung, besonders abgedruckt.

—— u. Jul. Friedländer. Spinoza's Erkenntnisslehre in ihrer Beziehg. zur modernen Naturwissenschaft u. Philosophie. Allgemein verständl. dargest. gr. 8. (XIX, 315 S.) Berl. 891, Mayer u. Müller. * 5 —

Berendt, Mart., Schiller—Wagner. Ein Jahrhundert der Entwicklungsgeschichte des deutschen Dramas. gr. 8. (IV, 192 S.) Berlin 901. A. Duncker. n. 3.50; geb. in Leinw. n. 5.

Berendt, Mart., D. Berifinng. d. Liberalismus. E. Beitrag z. Beleuchtg. d. inn. deutsch. Politik. gr. 8. (98 S.) Berlin 897. L. Zolki. n. 1. 50

Berendt, Nath., medicin-prakt. Abhandl. vom Versetzen d. Milch bei Kindbetterinnen. 8. Leipz. 784. Weygand. 5 gr.

Berendt, Nathan. (Danzig), De lactis metastasibus. Diss. med. Göttingen (Joh. Chn. Dieterich) 8. III. 1780. 68 S. (4.—)

Berendt, O. Heer. Gümbel. Briefliche Mittheilungen. 1882.

Berendt, Otto, der kaufmännische Arbeitsnachweis, seine Bedingungen u. Formen. (IV, 138 S.) gr. 8. Leipzig 905. C. L. Hirschfeld. n. 4. —

Berendt, P., die Verkaufsmethoden u. Einkaufspraktiken der Waren- u. Kaufhäuser. (82 S.) gr. 8. Köln 908. K. Fulde. 1. 20

Berendt, Rich., Erinnerungen aus meiner Dienstzeit. 8. (168 S. m. 1 Kartenskizze.) Leipzig 894. F. W. Grunow. n. 1. 60

— Erlebnisse bei der Einnahme v. Le Mans; Ruhetage in Tours, s.: Sammlung militärwissenschaftlicher Vorträge u. Aufsätze.

— gesetzl. u. dienstl. Vorschriften f. d. d. inaktiven Offizier. 8° (71) Berl. 91, ES Mittler & S. 1.40 || 2. Afl. unter Berücks. d. neuesten Steuergesetzgebg. (84) 92. 1.50

Berendt, Theophilus
Berendt, Theoph. (Mich.) (geb. Berlin 4. 1. 1830): De formatione diluviana in Marchia provincia ac potissimum in vicinitate Postampiae. Berolini (1863). (36 S.) 8°
Berlin, Phil. Diss. v. 11. März 1863

Berendt, Werner v., s. Königsberg, Werner, v. (Pseud.)

Berendts, A., Studion üb. Zacharias-Apokryphon u. Zacharias-Logondon. gr. 8. (108 S.) Loipzig 895. A. Doichort Nachf. n. 2. —

Das Verhältnis der Römischen Kirche zu den Kleinasiatischen vor dem Nicaenischen Konzil. Antrittsvorlesg v. Mag. theol. A. Berendts, ... Doc. ... in Dorpat. *Leipzig: A. Deichert Nachf. 1898.* (2 Bl., 26 S.) 8.
— Studien z. Geschichte d. Theologie u. Kirche. Bd 1. H. 3. [97. 5480

Berendts, Alexander, zum Gedächtnis. (112 m. 1 Bildn.) gr8° Dorpat. (J G Krüger) '12. 1.50 d

Die handschriftliche Überlieferung der Zacharias- und Johannes-Apokryphen. Über d. Bibliotheken der Meteorischen u. Ossa-Olympischen Klöster von A[lexander] Berendts. *Leipzig: J. C. Hinrichs 1904.* (84 S.) 8°
— Texte u. Untersuchungen z. Geschichte d. altchristl. Literatur. Bd 26, H. 3. [04. 1084

Die Zeugnisse vom Christentum im Slavischen 'De bello Judaico' des Josephus von A[lexander] Berendts. Leipzig: J. C. Hinrichs 1906. (79 S.) 8°
— Texte u. Untersuchungen z. Geschichte d. altchristl. Literatur. N. F. Bd 14, H. 4. [06. 9040

Berendts, E: Anlässl. d. Erklärg ausländ. Gelehrter üb. d. Rechte Finnlands. Aus d. Russ. (St Petersbg '10). (35) gr8° Berl., E Ebering '11. 1 —

Berendts, Ed., volks- u. staatswissenschaftliche Anschauungen in Russland auf der Grenzscheide d. 18. u. 19. Jahrh. Archivalische Studie. gr. 8. (XIII, 84 S.) St. Petersburg 888. (Mitau, Behre's Verl.) n. 2. —

Berendts, Eduard, über Grenzmarkenpolitik u. die finnländische Frage insbesondere. Rede, geh. am 14. I. 1907. (24 S.) gr. 8. St. Petersburg 907. (Eggers & Co.) 1. 20

Berendts, Georg, a. Sonnenburg i. Neumark: Beiträge zur Kenntnis der Pyrophosphate. (Berlin 1905: Adler-Druckerei.) (42 S.) 8°
Berlin, Phil. Fak., Ref. Landolt, Fischer, Diss. v. 6. Mai 1905
[Geb. 1. Mai 79 Sonnenburg; Heimatsort: Berlin; Staatsangeh.: Preußen; Vorbildung: Luisenstädtisches Realgymn. Berlin Reife M. 98; Studium: Charlottenburg T. H. 5, Berlin 5 S.; Rig. 9. Febr. 05.]

Berengar v. Tours, sein Leben u. seine Lehre, s. Schnitzer, Jos.

Berengarius Turonensis

Berengarii, Turonensis quae supersunt tam edita quam inedita. Typis expressa moderante Aug. Neandro. Tom. I. Etiam sub tit.: Berengarii Turon. de Sacra Coena adversus Lanfrancum liber posterior. E codice Guelferbytano prim. edid. A. F. et F. Th. Vischer. Cum appendice emend. e cod. Ms. 8maj. Berl. 834. Haude et Spener. 1¾ ₰

Berengarius Turonensis. De sacra coena adversus Lanfrancum ex codice manuscripto Guelpherbytano editus. P. I. II. Goett. 1821—1822. H: *Stäudlin, Carl Friedrich.* (MGT)

†— — libri inediti Berengarii adversus Lanfrancum, edit. * C. F. Stäudlin. Specim. I—VI. 4. Götting. 1815—29. (Dietrich, auch Vandenhök.) circa 2 Thlr.

Berengarius Turonensis, s. Sudendorf, H.

Berenger, Beyspiele von Volkstugend. a. d. Franz. 2 Thle. 8. Bamb. Göbhard. 789.

Berenger, s. Collection de tous les Voyages.

Berenger, s. Osterwald, F.: Anfangsgr. d. Erdbeschreib.

Berenger, Hector (Arausionensis), Ad legem XL. digestorum de legatis I. Disp. jur. Rector Pet. Burmann. Leyden (Daniel Goetval) 2. V. 1719. 18 S. (4.80)

Bérenger, Laurent Pierre. Briefe über die Provence. Leipzig 1787. Ü: *Reichard, Heinrich August Ottokar.* (BrMm)

Berenger, Richard
— Die Geschichte d. Reitens. In 2 Abschnitten aus d. Engl. übers. v. F. Heubel. Hamb. 1802. 280 S.
(Overs. af 1. Del af foreg. undt. Xenophons Skrift).

Berenger, Rich., Geschichte d. Reitkunst. Aus d. Engl. v. F. Heubel. gr. 8. Hamb. 802. Fr. Perthes. 1 ₰

Berenhorst, Aphorismen, s. Berenhorst, Georg Heinrich

Berenhorst, F.L.G.H.: Betrachtungen . . . , s. Berenhorst, Georg Heinrich

Berenhorst, Georg Heinrich
– s. Aphorismen

Berenhorst. Aphorismen vom Verfasser der Betrachtungen über die Kriegskunst über ihre Fortschritte, ihre Widersprüche und ihre Zuverlässigkeit. kl. 8. Leipzig 1805.

Berenhorst, F. L. G. H.: Aphorismen über die Kriegskunst.
2. Aufl. Leipzig 1805. 8°
3. Aufl. ibid. 1827.

Berenhorst, G.H., s. Betrachtungen üb d. Kriegskunst.

(v. Berenhorst, F. L. G. H.) Betrachtungen über die Kriegskunst, über ihre Fortschritte, ihre Widersprüche u. ihre Zuverlässigkeit. 3 Th. 8. Leipzig 1797 99.

(Berenhorst, Georg Heinrich v.) Betrachtungen über die Kriegskunst, über ihre Fortschritte, ihre Widersprüche und ihre Zuverlässigkeit. Auch für Layen verständlich, wenn sie nur Geschichte wissen. 2. verm. und verbess. Auflage. (3 Bde.) 8. Leipzig 1798—1799.

v. Berenhorst, (G. H.) Betrachtt. üb. d. Kriegskunst, üb. ihre Fortschritte, ihre Widersprüche rc. 3e Aufl. Nebst 2 Anh. gr. 8. Leipzig 827. G. Fleischer.

Berenhorst, Georg Heinr. v., aus dem Nachlasse rc., s. Aus d. Nachlasse.

v. Berenhorst, Geo. Hnr., aus dessen Nachlasse. Herausgeg. von Ed. v. Bülow. 1. Abth. gr. 8. Dessau 845, Aue. 1 ₰ 6 ngr Velinp. Cart. 1½ ₰

v. Berenhorst, G. Heinr., aus dem Nachlasse v. — Hrsg. v. E. v. Bülow. 2. Abth. gr. 8. (VI u. 374 S.) Dessau 847, Aue. 1 ₰ 24 ngr (2 Abthlgn. 3 ₰)

– s. Randglossen

(v. Berenhorst, F. L. G. H.) Nothwendige Randglossen zu den Betrachtungen über einige Unrichtigkeiten in den Betrachtungen über die Kriegskunst, ihre Fortschritte u. s. w. 8. Leipzig 1802.

Berenhorst, Harry: Die Frau Baronin. Schauspiel. (44) 8° Berl.-Friedenau, Bureau K Fischer ('11). 1.50 d

Berennung und Belagerung, Die, von Breslau 1806 und 1807. Breslau 1807. V: *Reiche, Sam. Gfr.* (Nent)

Berennung der Festung Gabelsberg oder 2 Tage aus dem Leben einer Buhlerin: Angabe der Personen und Gedicht (König Ludwig's I.): „An Lola's Busen". 3 SS. 4°. Gleichzeitige Abschriften. (Bestandtheil eines Sammelbds. in e. Curiosa-Catalog von Jacques Rosenthal, München, c. 1903.)

Berens, Dogmengeschichte . . . , s. Berens, Ed.

Berens, A., Frühlingsboten. Gedichte. 8. (VIII, 167 S.) St. Charles, Mo. 889. (Hamburg, Agentur d. Rauhen Hauses.) geb. m. Goldschn. n. 3. –

Berens, Aug., Glaubensfreude in Liedern. 8. (100 S.) Barmen 873. Klein. n. 1. 50

—Gnade und Wahrheit; eine lyrische Dichtung. 1890.

Berens, August (Schöningen), De moribus poëtarum prior. Disp. acad. Präs. Cornelius Dietr. Koch (Quackenbrück). Helmstedt (G. W. Hamm) 19. II. 1701. 12 Bl. (4.—)
Tl. II s. Eichholtz, J. H.

Berens, C.: Schuldigste Trauer- und Trostzeilen . . . [Trauergedicht auf Margaretha Catharina Moldenit, geb. Schrödern, † 22. Nov. 1721, beerdigt am 4. Febr. 1722.] — Glückstadt 1722: Kgl. privil. Buchdr. 2 Bl. 2°

Berens, Carl, appr. Arzt a. Bilstein i. W.: Ueber das primäre Sarkom der Milz und seine Beziehung zum Trauma. Leipzig 1905: B. Georgi. (35 S.) 8°
Leipzig, Med. Fak., Ref. Trendelenburg, Diss. v. 19. Juni 1905
[Geb. 2. Nov. 78 Bilstein, Westfalen; Wohnort: Bilstein; Staatsangeh.: Preußen; Vorbildung: Gymn. Schlettstadt Reife O. 99; Studium: Kiel 1, Würzburg 4, Leipzig 7 S.; Coll. 15. Juli 05; Approb. 24. Febr. 05.]

Berens, Caspar

Berens, Casp., Louise Lateau nach den neuesten Beobachtungen u. Erscheinungen. 8. (115 S.) Paderborn 878. Bonifaciusdruckerei. — 90

Das Leben Jesu nach den vier Evangelien in Predigten dargest. u. betrachtet von Caspar Berens, Pfarrer in Rumbeck. Bd 1–4. *Paderborn: Bonifacius-Dr. 1894–1902.* 4 Bde 8° [F.]
1. 1894. 2. 1896. 3. 1899. 4. 1902.

Berens, Ed.

Berens, Dogmengeschichte d. Grundrente. Leipz. 869.

Berens, Ed., Versuch einer kritischen Dogmengeschichte der Grundrente. Gekrönte Preisschrift. Leipzig 868. Köhler in Comm. gr. 8. (X, 399 S.) n. 1 ₰ 20 ngr

Berens, Heinrich, approb. Arzt aus Bilstein in Westfalen: Über eine noch nicht beschriebene Abnormität im Gebiete der Vena cava inferior. *Leipzig (1898): A. Edelmann.* (19 S.) 8°
Leipzig, Med. Diss. v. 31. Okt. 1898
(Nur in beschränkter Zahl für den Austausch)

Berens, Heinr., das Geschlecht der Hauptwörter im Französischen, in kurzen abschließenden Regeln u. unter specieller Anführung sämmtlicher Ausnahmen erklärt u. vollständig dargestellt. gr. 8. (57 S.) Haus Blumenthal, Post Wehr [Rheinland] 891. Selbstverl. — 60

— Tabellen zur Bestimmung d. Geschlechts der Hauptwörter im Französischen, nebst Geschlechtsregeln nach e. neuen System zum Gebrauche f. Anfänger zusammengestellt. gr. 8. (15 S.) Ebd. 891. — 20

Berens, Johann Christoph
– s. Blatt z. Chronik.

(Berens, J. Ch.) Blatt zur Chronik von Riga. 4. Riga. Leipzig 1780. 0,50. — trad. en franc. 4. ib. 1780. 0,50.

– s. Bonhomien.

[Berens, Johann Christoph]: Riga. Die bestätigte Municipalverfassung. — Riga 1783. XXX S. 4°

Berens, Reinhold

v. Berens, Rnhld., († d. 28. Oct. 1823.) de Dracone arbore Clusii. Mit 1 Kpft. 4maj. Götting. 770. Dieterich. 6 gr.

— Geschichte d. seit hundert u. funfzig Jahren in Riga einheim. Familie Berens aus Rostock, nebst Beitr. zur neuesten Gesch. d. Stadt Riga. 4. Riga 812.

Berensbach, Hieron. Magnus (Tonna/Thür.), De inficiatione ejusque poenis. Diss. jur. Rector Tob. Jac. Reinharth. Erfurt (Joh. Chph. Hering) 26. II. 1734. 20 S. (4.80)
Gew.: J. B. Pfizner (Goseck . .)

Berensberg, Maria Wilhelm Otto v. Pelser-
s. Pelser-Berensberg. 109. 10137

Berensmann, Wilhelm, a. Schwerte in Westf.: Wirtschaftsgeographie Schantung's unter besonderer Berücksichtigung des Kiautschou-Gebiets. Berlin: W. Süsserott 1904. (S. 594 —625.) 8° [J.] ¶ Ersch. vollst. in: Zeitschrift f. Kolonialpolitik, Kolonialrecht u. Kolonialwirtschaft Jg. 6, 1904.
Halle, Phil. Fak., Ref. Kirchhoff, Diss. v. 18. Okt. 1904
[Geb. 26. Dez. 77 Schwerte i. Westf.; Wohnort: Münster i. Westf.; Staatsangeh.: Preußen; Vorbildung: Gymn. Hamm i. W. Reife O. 99; Studium: Erlangen 2, Halle 2, Kiel 1, Münster 2 S.; Rig. 19. Mai 04.]

Berenson, Bernh., the drawings of Andrea Mantegna. gr. 4. (4 S. m. 3 Taf.) München (901). H. Helbing. n. 2. —
Sonderabdruck aus: „Monatsber. f. Kunstwiss. u. Kunsthandel".

— italienische Kunst. Studien u. Betrachtgn. Aus d. Engl. v. Jul. Zeitler. gr. 8. (XV, 205 S. m. 41 Taf.) Leipzig 902. H. Seemann Nachf. n. 6. —; geb. n. 8. —

Berenson, Bernh., italienische Kunst. 902. Jetzt: Leipzig, Klinkhardt & Biermann. Erm. Pr. 4.50; geb. 6. —

Die Florentinischen Maler der Renaissance. M. e. Index zu ihren Werken v. Bernhard Berenson. Autor. Übs. a. d. Engl. v. Otto Dammann. Vom Vf. selbst durchges. u. ergänzt. *Oppeln & Leipzig: G. Maske 1898.* (2 Bl., 164 S.) 1 Bd 8. [98. 3319

— Die florentin. Maler d. Renaissance. 898. Jetzt: Berlin, P. Lehmann.

Berenson, C: Die Theorie der Willensbildung in der Socialpädagogik der Gegenwart. Ein Beitrag zur Frage der Existenzberechtigung einer besonderen Socialpädagogik. Diss. Phil. Bern. 41 S. 8. Würzburg, Anton Boegler, 1908.

Berenštam, Vladimir
s. Behrenstamm.

Berenstein, M., e. Beitrag zur Bestimmung der Residualluft beim lebenden Menschen. Diss. gr. 8. (47 S. m. 1 Taf.) Jurjew (Dorpat) 891. (E. J. Karow.) n. 1. 20

Berent [Schlagwort]
— s. a.: Danzig, Reg.-Bez.

Berent, Kreis, s.: Forstkarten.

Berent, Kreis. Baron, P., Spezial-Karte vom Kreise Berent in 5fachem Farbendr. Rev. v. den zuständ. Behörden. 1 : 100,000. 41,5×61 cm. Farbdr. Lissa (905). O. Eulitz. n. — 50; auf Leinw. n. 1. —

— Karte des Kreises Berent im Reg.-Bez. Danzig. Hrsg. v. der kartogr. Abteilg. der königl. preuss. Landesaufnahme 1880. Aufgenommen vom königl. preuss. Generalstab 1862—1875. Einzelne Nachträge 1905. 1 : 100,000. 50×69,5 cm. Farbdr. Berlin (R. Eisenschmidt). n.n. 2. —; ermäss. Preis n.n. 1. 50

Gibt es für die Freimaurerei eine gelbe Gefahr? Johannisfestrede von Albert **Berent.** Berlin: Unger [1904]. 12 S. 8° [Umschlagtit.]
Aus: BstF. 13 (1904) S. 116—124.
Abgedr. in: Bh. 47 (1904) S. 273—276.
Thema: Steht der Buddhismus im Widerspruch mit dem Humanitätsgedanken der Frmrei?

Berent, Albert [pr. Arzt]: Über die Heilung von Herzwunden, m. bes. Berücks. d. Grawitz'schen Schlummerzellentheorie, nach Versuchen am Kaninchen ... Königsberg i. Pr., Druck v. M. Liedtke, 1892; 2 Bl., 40 S., 2 Bl. 8.
Königsberg, Med. Fak., Inaug.-Diss. v. 1. Aug. 1892

Berent, Alb. Ueber die Heilung v. Herzwunden, m. besond. Berücksicht. d. Grawitz'schen Schlummerzellentheorie, nach Versuchen am Kaninchen. Diss. gr. 8. (40 S.) Königsb. i. Pr. 892, (Koch). * 1 —

Memento vivere! Der Tod, ein Mahnruf des Lebens. Trauerrede von Albert **Berent.** Berlin: Unger 1904. 4 Bl. 8° [Umschlagtit.]
Aus: BstF. 13 1904 S. 36—41.

Berent, Gustav: Die Wasser- und Eisverhältnisse der Memel bei Tilsit. Tilsit, gedr. bei O. v. Mauderode, 1892; 3—14 S., 1 Taf. 4.
Tilsit, k. RG, OP 1892 (22 [vielm. 21])

Berent, Hugo [Referendar]: Die Vernichtung der s. g. konkurrierenden Einreden durch die Klageverjährung nach gemeinem Civilrechte mit Berücksichtigung des Entwurfs eines bürgerlichen Gesetzbuches für das Deutsche Reich ... Rostock, Univ.-Buchdr. v. Adler's Erben, 1890; 96 S. 8°
Rostock, Jur. Fak., Inaug.-Diss. v. [20. Dez.] 1890

Berent, Hugo, die Vernichtung der s. g. konkurrierenden Einreden durch die Klageverjährung nach gemeinem Civilrechte m. Berücksichtg. d. Entwurfs e. bürgerlichen Gesetzbuches f. das Deutsche Reich. Diss. gr. 8. (96 S.) Rostock 890. (Berlin, R. L. Prager.) n. 1. —

Berent, Rich., Hans Sagan. E. Sang a. d. deutschen Ordens Blüthezeit. 8. (III, 277 S.) Königsberg 896. Hartung. n. 4. —

Berent, Sigism. Theod. (Königsberg/Pr.), De sepulturae denegatione, Von Versagung des Begräbnüsses. / Diss. jur. prior. Präs. Reinhold Friedrich Sahme. Königsberg. (Reusner) 15. IV, 1710. 86 S., z. Tl. dtsch. (6.—)

Berent, Stanislaw [aus Warschau]: Über das capillare Verhalten der Flächen von Steinsalz und Sylvin gegenüber Mutterlaugen. Leipzig 1896. 33 S. 8°. (Separat-Abdruck aus: „Zeitschrift f. Krystallogr. u. Mineralogie". XXVI. Bd. Hft. 6.)
Basel. Phil. Diss. 1896/97.

Berent, S. Über das kapillare Verhalten d. Flächen von Steinsalz u. Sylvin gegenüber Mutterlaugen. In-8°. 33 S. Basel. These. **1897**

W. Berent. Edelfäule. Roman. Deutsch von Julius Tenner. (Vorr.: A. Brückner.) Berlin: F. Fontane & Co. 1908. (VIII, 473 S.) 8°

Berent, W. Zur Kenntnis des Parablastes u. der Keimblätterdifferenzierung im Ei der Knochenfische. Mit 3 Taf. In-8°. 62 S. Zürich. These. 1896

Berent, Waclaw, aus Warschau: Aus dem zoologischen und vergleichend-anatomischen Laboratorium beider Hochschulen in Zürich. Zur Kenntnis des Parablastes und der Keimblätterdifferenzierung im Ei der Knochenfische. [S. A. aus: Jenaische Zeitschrift für Naturwissenschaft, Bd 30. N. F. 23, S. 291—349 mit Tafel XVI—XVIII. Jena G. Fischer 1896. 62 S., 3 Taf. 8°.
Zürich, Phil. Diss. [v. 22. April 1896].

Berent, Walter, prakt. Arzt aus Westpreussen: Über maligne Ovarialgeschwülste bei Kindern. *Berlin (1901): G. Schade.* (29 S.) 8°
Berlin, Med. Diss. v. 29. Jan. 1901

Berentelg, H[ugo]: Der Schmalkaldische Krieg in Nordwestdeutschland. Rostock i. M. 1908: C. Hinstorff. (VIII, 92 S.) 8° [J.]
Münster, Phil. Fak., Ref. Spannagel, Diss. v. 22. Mai 1908
[Geb. 24. Juli 82 Recke; Wohnort: Coesfeld; Staatsangeh.: Preußen; Vorbildung: Gymn. Osnabrück Reife O. 01; Studium: Münster 2, Freiburg i. B. 1, Berlin 1, Münster 4 S.; Rig. 16. Dez. 07.]

Bérény, Henri
La main. Mimodrame en un acte. Scenario et musique de Henry Bérény. *Berlin, Köln, Leipzig: A. Ahn [1902].* (35 S.) 4°

Talmah. Lyrisches Drama in 1 Aufzug. Text nach Idee u. Angabe d. Componisten von N. v. Hadeln. Musik von Henri Berény. [Textbuch.] Berlin: Fürstner [1894]. 23 S. 8°

Berényi, Alexander
Berényi, A., u. F. Tarján, Der Erwerb u. der Verlust der ungarischen Staatsbürgerschaft. Für den prakt. Gebrauch bearb. Aus dem Ung. übers. u. m. e. Vorwort versehen v. I. Schwartz. (X, 184 S.) gr. 8. Leipzig, Duncker & Humblot. 1905. 4. —

Der Erwerb und der Verlust der ungarischen Staatsbürgerschaft. Für d. prakt. Gebr. bearb. von Dr. Alexander Berényi u. Dr. Ferdinand Tarján. Aus d. Ungar. übers. u. mit e. Vorw. versehen von Dr. Isidor Schwartz, Reg.-Konzipist in Sarajevo. Leipzig: Duncker & Humblot 1906. (X, 184 S.) 8°

Berenyi, Joh. Graf, wichtige Entdeckungen zum Vortheile des k. k. österreich. Aerars. Kritisch beleuchtet. Preßburg 861. (Harms.) gr. 8. (60 S.) n. 20 ngr.

Berényi, Graf Joh., Geschichte des urältesten und einstens auserwählten Volkes Israel seit Abraham bis auf die Gegenwart. Nebst Andeutungen über die Dringlichkeit einer unbedingten Emancipation und Gleichberechtigung desselben mit den christlichen europäischen Völkern der Jetztzeit. Nach den Grundsätzen der Menschenrechte, der Civilisation und der heutigen Aufklärung erörtert, verfaßt und hrsg. 8. Preßburg 860, (Wigand.)

Beres, Alouis: Die geschichtlichen Anfänge des recursus ad Principem in Deutschland. München 1906: J. Schweitzer. (85 S.) 8° [J.]
Würzburg, Jur. Fak., Ref. Meurer, Diss. v. 4. Mai 1907
[Geb. 7. Aug. 78 Woerden (Holland); Wohnort: Berlin; Staatsangeh.: Preußen; Vorbildung: Gymn. Montabaur Reife O. 98; Studium: Würzburg 1, München 2, Berlin 1, Marburg 2 S.; Rig. 21. Nov. 06.]

Die Grundlagen der Beschwerde wegen kirchlichen Amtsmissbrauchs im mittelalterlichen Deutschland. Von Alouis Beres. München: J. Schweitzer 1907. (VIII, 91 S.) 8°
— Beres: Der Missbrauch d. geistl. Amtsgewalt. Buch 1.

Beres, Alouis, der Missbrauch der geistlichen Amtsgewalt. Eine historisch-dogmat. Untersuchg. üb. die durch das Wesen des Staates bedingten Grenzen der kirchl. Gewalt. 1. Buch: Die Grundlagen der Beschwerde wegen kirchl. Amtsmissbrauchs im mittelalterl. Deutschland. (VIII, 91 S.) gr. 8. München 907. J. Schweitzer Verl. 2.50

Bereschit Rabba m. kritischem Apparate u. Kommentare v. J. Theodor. Mit Unterstützg der Alliance isr. univ. u. der Zunz-Stiftg. (In ca. 8 Lfgn.) 1. u. 2 Lfg (S. 1—160.) Lex.-8. Berlin 903. 904. Bojanowo (Posen). Dr. J. Theodor. à n. 3. —

Bereschit Rabba m. krit. Apparate u. Komentare v. J Theodor. 3—5. Lfg. (161—400) Lex8° Berl. '06—'09. Bojanowo (Posen), Rabb. Dr. J Theodor. 3 — (1—5: 15 —)

Bereschit Rabba m. krit. Apparate u. Kommentare v. J Theodor. 6. Lfg. (5 u. 401—479) Lex8° Berl. '12. Bojanowo (Posen). Rabb. Dr. J Theodor. (Je) 3 —

Beresford, Lord, u. die leitenden Gedanken im englischen Flottenprogramm, s.: Marineverordnungsblatt.

Beresford, A. v., millicent or our english homes of the present day. 2 vols. Göttingen 858. Wigand. 8. (3 Bl., 274; 2 Bl., 351 S.) 2 ₰

Beresford, A. v., millicent or our english homes of the present day. 2 vols. 2. edit. Göttingen 863. Wigand. 8. (2 Bl., 625 S.) 1 ₰

Beresford, James, († d. 29. April 1819.) menschl. Elend. Aus d. Engl. v. A. Wagner. Nebst Gegenbeweisen u. Kpf. v. J. A. Kanne. 2 Bde. 8. Bair. 800. (Grau). 2 ₰ (bei Voigt in Jena u. Leipz.) 1 ₰

Beresford, James, menschliches Elend. 2 Bde. 8. Bayr. Lübeck. 810.

– s. Lebensbeschreibung H. J. v. Ziethen.

– s. Translations of german poems.

Beresford, William: Des Kapitains Dixons Reise um die Welt besonders nach der Nordwestküste von Amerika, während der Jahre 1785—1788. [Aus dem Englischen übersetzt von Georg Forster.]
in: Forster: Geschichte der Reisen an der Nordwest-Küste Amerikas seit Cook. Th. 2. S. 1—228. Berlin 1792. 228 S., 6 Tf. 8°.

Béresino, Roman, nieder m. dem Absolutismus. Zustände im heut. Russland u. die durch den Zaren Alexander I. vollzogene Verfassungs-Urkunde des Russischen Reiches, während des poln. Aufstandes 1831 im geheimen Staats-Archiv zu Warschau aufgefunden. (48 S.) gr. 8. Dresden 905. Kunstdruckerei „Union“ n. — 50

Bereslas, Fd., der Aemsen-Immen-Krieg. Ein komisches Heldengedicht in fünf Gesängen. Sich selbst und andern zur Kurzweil gedichtet, und allen Freunden des kunstfertigen Sezlesers gewidmet. 8. Berlin 841, Haude u. Spener'sche Buchh. (Joseephy.) $^3/_8$ ₰

Beretning om Bergensudstillingen 1898. Ved Udstillingens Gen.-Sekr. [Bergen] 1898: Grieg. 420 S. 8°

... Beretning fra Bibelselskabet for Hertugdømmet Slesvig. 1.—6. Flensborg. (1857)—62. 8°.

Beretta, C., u. E. Désnos, die neueren Dampfkessel-Constructionen. Mit besond. Berücksicht. der Kesselanlagen, welche sich auf der Pariser Weltausstellung 1878 in Betrieb befanden. Beschreibung u. Untersuchg. der wichtigsten Typen stationärer u. transportabler Dampfkessel neuester Construction, ihrer Armaturen, Einmauerungen, Schornsteine etc., m. Angabe der Constructionsprincipien und Versuchsresultate. Deutsch v. W. H. Uhland. 1. u. 2. Lfg. gr. 8. (S. 1—32 m. Atlas v. 10 chromolith. Taf. in qu. gr. Fol.) Leipzig 880. 81. Knapp. à n. 7. —

Beretta, C., und E. Désnos, die neueren Dampfkessel-Constructionen. Mit besond. Berücksicht. der Kesselanlagen, welche sich auf der Pariser Weltausstellung 1878 in Betrieb befanden. Beschreibung und Untersuchung der wichtigsten Typen stationärer und transportabler Dampfkessel neuester Construction, ihrer Armaturen, Einmauerungen, Schornsteine etc., mit Angabe der Constructionsprincipien und Versuchsresultate. Deutsch von W. H. Uhland. 7 Lfgn. gr. 8. (99 S. mit Atlas von 30 chromolithogr. Taf. in qu. gr. Fol.) [Leipzig 880—82, Knapp.] Karlsruhe, J. Bielefeld's Verlag. à Lfg. *ℳ 7.: in Mappe *

Beretta, C., u. E. **Désnos,** die neueren Dampfkessel-Constructionen. Mit besond. Berücksicht. der Kesselanlagen, welche sich auf der Pariser Weltausstellg. 1878 in Betrieb befanden, der wichtigsten Typen stationärer u. transportabler Dampfkessel neuester Construction, ihrer Armaturen, Einmauergn., Schornsteine etc. m. Angabe der Constructionsprincipien u. Versuchsresultate. (In 15 Lfgn.) 1. Lfg. gr. 8. (16 S. m. 2 color. Steintaf. in gr. Fol.) Karlsruhe 884. Bielefeld's Verl. n. 2. —

Beretti, Carlo

Beretti, Carol., (Cph. Wlh. Ferd. Penzenkuffer), Dizionario ital.-tedesco et tedesco-ital. Deutsch-italien. u. italien.-deutsches Wörterbuch. 2 Tom. 8maj. Nürnb. 822. 4 ℛ 16 gℊ 2e Aufl. unt. d. T.: Ph. Zeh, deutsch-italien. u. italien.-deutsches Wörterbuch. gr. 8. Ebd. 825. 3 ℛ

Beretti, Carlo. Nuovo Dizionario italiano-tedesco e tedesco-italiano. Norimb. 1822. H: *Zeh, Philipp,* eigentlich *Penzenkuffer, Chn W. F.* (MGT)

Beretti C, nuovo dizionario italiano-tedesco. 2 Bde Norimberg 1848

Beretti-Landi. Lorenzo Verzuso Marchese. Repræsentation. Von Ihro Excellenz Herrn Margraffen Don L' V' Beretti Landi... geheimer Rath Seiner Catholischen Majestät in Mayland und sein Ambassador bey den Lobl. Republicken der Schweytzer und Bündtner; beschehen auff einer Tag-Satzung in Lucern den 16. December 1705. 4. *o. O.*

Berettina rossa. Una favoletta per fanciulti obbedienti. Con 6 tavole colorate. hoch 4. (4 S.) Leipzig 871. Loewe. 1. 20

Bereuther, Emil, die wichtigsten Arznei- u. Giftgewächse Deutschlands, nach ihrer Blüthezeit geordnet u. leicht faßlich beschrieben mit Angabe ihrer besond. Nützlichkeit. Nebst e. Anh.: Ueber Einsammlung, Aufbewahrung u. Zubereitung d. einheim. Pflanzen-Arzneistoffe u. üb. ihre Anwendung bei verschied. Krankheiten etc. Für den Schul- u. Selbstunterricht bearb. 8. (VIII u. 68 S.) Schwiebus 850, Wagner in Comm. n. 6 ngℊ

Bereza, Stanislaus: Über Darstellung neuer Ketene und über Anlagerung von Diphenylketen an substituierte Chinone. 1910. 119 S. 8° ¶ Ausz. in: J. Liebig's Annalen d. Chemie. Bd 380. 1911.
Karlsruhe, Dr.-Ing.-Diss. v. 21. 7. 1910

Berézine, Minka v., aus e. Frauenherzen. Gedichte. 8. (IV, 101 S.) Hamburg 872. Richter in Comm. n. 2. —

Berfried, Edgar. Der Anti-Socialdemokrat. Zur Aufklärg. d. Volkes über Irrthümer u. Irrwege. 1. u. 2. Aufl. 12. (13 S.) Mittelwalde i. Schl. 890,92, Hoffmann. * — 20

Berfried, Edgar, die Ausgestaltung der christlichen Osterberechnung, zu Rom in Anlehng. an die heidn. u. im Anschluß an die jüd. Berechnungsweise, unter Fortbildg. d. 8jähr. Cyklus zu e. 84jähr., in Alexandrien auf Grund d. kalippisch-meton. 19jähr. Mondcyklus, unter Anpassg. an die mosaische Jahrform; einheitlich geregelt seit Annahme der alexandrin. Berechnungsweise auch im Abendlande, u. neu geordnet durch die gregorian. Reform d. julian. Kalenders. 12. (60 S. m. 1 Taf.) Mittelwalde i/Schl. 893. R. Hoffmann. n. 2. 40

BERFRIED, Das Hohelied. Ein Vermählungs-Festspiel im Harem Salomo's. Mit e. weiteren Brochüre von *Blaubach* über das Hohe Lied. Berlin 1855. 8°. (⅔ Rthl.)
So angezeigt in einem R. Zinke'schen Dresdner Auct.-Cat. (c. 1908).

Berfried, Edgar, das Hohelied. Ein Vermählungs-Festspiel im Harem d. israelit. Königs Salomo. Durch Einfügg. der scen. Details erläutert. 8. (83 S.) Mittelwalde 883. Hoffmann. n. — 60

— Alter u. neuer immerwährender Kalender. 8 chronol. Taf. m. erläut. Text, zum raschen u. sichern Auffinden der Sonntage u. Nichtsonntage eines jeden über 4899 vor oder nach Christi Geburt nicht hinausreichenden Jahres etc. 4. (6 S.) Ebd. 892. Auf Leinw. in Futteral * 3 —

— alter u. neuer immerwährender Kalender. 8 chronolog. Taf. m. erläut. Text, zum raschen u. sichern Auffinden der Sonntage u. Nichtsonntage e. jeden üb. 4899 vor od. nach Christi Geburt nicht hinausreich. Jahres, wie zur Feststellg. aller Daten der bis zur Gegenwart gefeierten, sowie der zukünft. sonntäg. u. nichtsonntäg. christl. Feste. gr. 16. (Mit 2 S. Text in qu. 4.) Ebd. 893. In Futteral. n. 3. —

— die alttestamentlich-jüdische Passah-Berechnung u. die 84jährige Osterperiode. Gegen Florian Rieß, Priester der Gesellschaft Jesu. Mit e. Anh.: Die victurian. Mondrechng. d. Bucherius. 12. (32 S.) Ebd. 891. n. 1. 20

— Tafeln zur Veranschaulichung der Ausgestaltung der christlichen Osterrechnung. qu. 4. (8 Tab.) Ebd. 893. Geb. in Futteral. n. 8. —

Berg [Sachliches OW]

Berg, d. gebähr., od. Gährung in Berlin über Predigtkritiken, (v. A. F. Cranz.) 8. Berl. 783. Stahlbaum. 3 gℊ

Berg, Der Heilige, bei Görz. Klgft., St. Josefs-Druck., 1908. 27 S.

Berg, Der, und der Poet. Hamb. 1731. V: *Hagedorn, Friedrich von.* (schr)

Berg, Schloss, auf Irchel. Winterthur [1833]. V: *Hegner, Hs Ulr.* (Cat. d. Stadtbibl. Zürich. Zürich 1864—97.)

Berg und Thal, oder Verwechselungen, Lustspiel in 5 Aufzügen, von F. L. Schmidt. 8. Hamburg, Hoffmann. und Campe. 819.

UEBER BERG UND THAL. Organ des Gebirgsvereins für die sächsisch-böhmische Schweiz. Im Auftrage des Central-Ausschusses redigirt von KARL GAUTSCH (1. u. 2. Jahrgang.) und F. THEILE (3. u. 4. Jahrgang.)
Bd. 1. (Jahrg. 1—4.) 1878—1881. Nr. 1—46. Dresden. s. a. C. C. Meinhold & Söhne. fol.
Jahrg. 5—6. 1882—1883. No. 47—69. Im Auftrage des Zentralausschusses redigiert von F. THEILE. ib. —

UEBER BERG UND THAL. Organ des Gebirgsvereins für die sächsisch-böhmische Schweiz. Im Auftrage des Zentral-Ausschusses redigiert von F. THEILE.:
Bd. 2. 1882—1885. Nr. 47—94. Dresden, Verlag von C. C. Meinhold & Söhne. 4°.

UEBER BERG UND THAL.
Organ des Gebirgsvereins für die sächsisch-böhmische Schweiz.
Im Auftrage des Zentral-Ausschusses redigiert von F. THEILE.
Bd. 3. 1886—1889. Nr. 95—142. Dresden. Verlag von C. C. Meinhold & Söhne. 4°.
Organ (später: Zeitschrift) des Gebirgsvereins für die sächsische Schweiz.
Im Auftrage des Zentral-Ausschusses redigiert von F. THEILE.
Bd. 4. 1890—1893. Nr. 143—190. ib. —
Bd. 5. 1894—1897. Nr. 191—238. ib. —
Im Auftrage des Zentral-Ausschusses redigiert von FRIEDR. THEILE, EMIL LIEBE und ALFR. MEICHE.
Bd. 6. 1898—1901. No. 239—286. ib. —
Im Auftrage des Zentral-Ausschusses redigiert von Dr. phil. ALFRED MEICHE.
Bd. 7. 1902—1905. Nr. 287—334. ib. —
Im Auftrage des Gesamtvorstandes redigiert von Prof. Dr. phil. ALFRED MEICHE.
Bd. 8. 1906—1909. No. 335—382. ib. —
Bd. 9. 1910—1912. Nr. 383—418. ib. —

Über Berg und Thal! Partie-Buch. Herausgegeben von der Section Dresden des Gebirgsvereins für die sächs.-böhm. Schweiz. s. l. & a. (Dresden. 1883) Im Selbstverlag der Section Dresden. — A. u. d. T.: Vorschläge zu allgemeinen Ausflügen im Gebiete d. einzelnen Sectionen des Gebirgsvereins für die sächs.-böhm. Schweiz. s. l. & a. 8°
Dasselbe. 2. Auflage. (Mit 1 Karte.) s. l. & a. (ib. 1883.—)

Über Berg und Thal. Illustrirtes Wochenblatt für Kur- und Bade-Orte, Kurgäste, Touristen, Brunnen- und Bade-Ärzte sowie für Gebildete aller Berufsklassen. Herausg. u. Red.: J. Oplatek. Jhg. 1888. Berlin. gr. 4.

Berg: Aus Berg und Thal
① Illustrierte Schweizer Blätter zur Unterhaltung und Belehrung ⑤ 1891—1900 ⑥ 4° ⑦ Wochenblatt ⑧ Thun: Nikl. Dürrenmatt-Egger; Bern: Nikl. Dürrenmatt-Egger (ab 14. 5. 1892) ⑩ Nikl. Dürrenmatt--Egger ⑫ Unterhaltungsblatt ⑬ BGSZ: 70. 597 ⑭ Be: L ⑮ 1891—1895 Beilage des «Simmenthaler Viehzüchter», darauf des auf diesen folgenden «Simmenthaler Blattes». Ferner 1891—1900 Beilage zu «Schweizerchronik, Helvetia und Gruß aus der Heimat», 1898—1900 zu «Neue Berner Zeitung» (II). — Das Blatt erschien auch selbständig.

Berg. Über Berg und Thal. Tourenvorschläge für das Gebiet des Juras, Schwarzwaldes, der Vogesen u. s. w., hrg. vom Verkehrsverein (**Umschlag:* T' des Verkehrsvereins) Basel. [Mit Illustrationen, 4 Karten und farbiger Umschlagzeichnung.] 8. Basel 1899.

Berg. Über B' und Thal. Vorschläge für Wanderungen im Jura, Vogesen und Schwarzwald. Hrg. vom Verkehrsverein Basel (Umschlag:* Ü' Berg und Thal. Tourenvorschl' des Verkehrsverein B'). 2., gänzlich umgearbeitete Aufl., mit Angabe der Höhen, der Distanzen in Stunden und Kilometern und mit drei neuen Kartenbeilagen. [Mit illustriertem Umschlag.] 358 S. 8. Basel, Schweiz. Verlags-Druckerei G. Böhm, (1908). [zus., Text cart., fr. 3.—]**
Die 3 Karten in sep. Umschlag u. d. T.: **Karten Beilagen zum Tourenführer des Basler Verkehrsvereins: Schweiz. Schwarzwald. Vogesen.**

Berg. Durch Berg und Thal im Schweizerlande! [Illustrierter Führer, hrg. durch die Gesellschaft der] Jura-Simplon-Bahn ‹Schweiz›. 8. [Lausanne 1897.]

Berg. Durch Berg und Thal im Schweizerlande! [Reiseführer.] Hrg. durch die Gesellschaft [der] Jura-Simplon-Bahn ‹Schweiz›. [Mit Illustrationen, 4 colorierten Tafeln, 1 Karte und farbigem Umschlag.] 8. (Lausanne) 1899.

Berg [Schlagwort]

Berg, Hessen und Frankfurt — Charte von den Grofsherzogthümern — dem Herzogthume Nassau, und den übrigen darinne begränzten zum Theil noch uneingetheilten Ländern etc. entworfen und berichtigt im Januar 1811 von F. W. Streit, Oberlieutenant. Weimar im Verlage des geogr. Instituts. 1 : 300,000. 1 Bl.

Berg — Carte des Herzogthums — Dem Durchlauchtigsten Churfürsten von Pfalz Bayern und Verweser des Reichs, in tiefster Ehrfurcht zugeeignet von Wiebeking Churpfälzischer Wasserbaumeister. Gestochen von Eckardt. 1 : 50,000. 4 Bl.

Berg und Westphalen — Charte von den Herzogthümern — nebst den angrenzenden Landestheilen. Herausgegeben von C. L. P. Eckhardt Grossherzogl. Hessischen Regierungsrath. Im Verlag von M. Scherz Buchhändler in Schwelm 1821. Zusammengetragen und gezeichnet von Hintermberg Königl. Preuss. Weginspector 1817 und Emerich Grosh. Hess. Geogr. in Arnsberg 1814. und A. Hirsch 1815. 1 : 200,000. 6 Bl.

Berg [Verfasser]

Berg, s.a. Böhm.

Berg, die heilige Jungfrau u. Märtyrin Agnes, nebst Nutzanwendung u. e. Sammlung täglicher Gebete. Ein Büchlein für die liebe Jugend. Mit 1 Titelbilde (in Holzschn.). Regensburg 867. Manz. 16. (134 S.) 4 ngr.

Berg, Anleitung zur Geschäfts- u. Buchführung f. landwirtschaftliche Bezugs- u. Absatzgenossenschaften, s.: Riehm.

Berg: Anleitung zum Verkohlen des Holzes (u.a. forstl. Titel), s. Berg, Carl Heinrich Edmund

Berg: Betrachtungen. . . , s. Berg, Carl Heinrich Edmund

Berg, Pharmazeutische Botanik, s. Berg, Otto

Berg (H.), über Bronchial-Asthma. Vortrag, gehalten in der 5. öffentl. Versammlung der balneolog. Sektion der Gesellschaft für Heilkunde in Berlin am 18. März 1883. gr. 8. (7 S.) Berlin 883, Grosser. *
Aus: Deutsche Medizinal-Zeitung, besonders abgedruckt.

Berg, der kleine Buchhalter f. den Landwirt. Mit besond. Rücksicht auf das Einkommensteuer-Gesetz vom 24. Juni 1891 ausgearb. Fol. (III S. u. 152 Bl.) Segeberg 893. J. F. Meier. Geb. in Leinw. n. 6.—

Berg, die Cholera, e. ansteckende Volksseuche, der Import u. die Verbreitg. derselben im Kreise Marienburg vom J. 1873. Eine sanitäts-polizeil. Skizze. Mit e. (lith.) Karte. Lex.-8. (46 S.) Marienburg 874. Hemmpel. n. 1. 50

Berg: Darstellung. . . , s. Berg, D.C.

Berg, v.: Denkschrift. . . , s. Berg, A.

Berg: Epikritik. . . , s. Berg, Frz.

Berg: Meine Erlebnisse. . . , s. Berg, Fred

– die deut. Gebührenordng. f. Rechtsanwälte, s. Universalbibliothek

Berg, Das deutsche Gerichtskostenwesen, enth. das Gerichtskostengesetz, die Gebührenordnung f. Gerichtsvollzieher, f. Zeugen u. Sachverständige. Textausg. m. kurzen Anmerkgn. u. Sachregister. 2. Aufl. gr. 16. (107 S.) Leipzig, Ph. Reclam jun. 1900 —. 20; geb. —. 60.
Universal Bibliothek. No. 3328.

Berg: Das deut. Gerichtskostenwesen, 3. Afl., s. Sanftenberg

Berg, Getreidepreise, s. Abhandlgn. d. krim. Seminars Berlin.

Berg, Groß-Berlin, s.: Flugschrift, 63., des Dürer-Bundes zur ästhetischen Kultur.

Berg, v. (Hrsg.), s. Jahrbuch der Königl.Sächs. Akademie für Forst-u. Landwirte zu Tharand.

Berg: Judenbordelle, s.a. Berg, Alexander

Berg's Kikeriki-Kalender, s. Berg, O.F.

– d. deutsche Krankenversicherung m.d. Gesetz üb. d. eingeschrieb. Hülfskassen, s. Universalbibliothek

— die deutsche Krankenversicherung, 2. Aufl., s.: Sanftenberg.

(Berg, Dr.) Der gegenwärtige Krieg Russlands gegen die Türkey, oder was will man u. was gilt es? (VIII. 125.) 8. Leipzig 1829. 1,50.

Berg, Frau v.: Luise, Königin von Preußen, s. Berg, Karoline Friderike

Berg: Lynchjustiz, s. Berg, Fred.

Berg, Malteser Orden, s. Berg, Ernst

Berg, v.: an Mazzini, s. Rodbertus

Berg, (Vict. Bruckmüller), Moment-Aufnahmen. Gesammelte Skizzen. (200 S.) 8. Leipzig-Gohlis 909. B. Volger. 2. 50

– deutsches Patentgesetz, nebst d. Verordng., betr. d. Berufungsverfahren b.d. Reichsgericht u. d. Reichsges. betr. d. Schutz v. Gebrauchsmustern, s.a. Universalbibliothek

Berg, deutsches Patentgesetz vom 7. IV. 1891. 2. Aufl. Leipzig 896.

— deutsches Patentgesetz, 4. Aufl., s.: Sanftenberg.

– d. deut. Rechtsanwaltsordng, s.a. Universalbibliothek

Berg, d. deut. Rechtsanwaltsordnung. Deutsche Gebührenordnung f. Rechtsanwälte nebst landesgesetzl. Ausführ.-Bestmgn. Text m. Anmkgn. Leipzig, Reclam.

Berg (v.), Repertorium über die Mineralogie, Geologie, Paläontologie, Berg- und Hüttenkunde Rufslands bis Schlufs des 18. Jahrhunderts. St. Petersburg 1862. 8.

Berg, der Schutz gegen unlauteren Wettbewerb, s. Böhm.

– seid deutsch, s. Rodbertus

Berg: Staatsforstlehre, s. Berg, Carl Heinrich Edmund

Berg, der österreichische Steuerträger 1898. Die neuen Steuergesetze, gemeinverständlich besprochen. Wien 897.

Berg: Versuche zur Herstellung einer Wasserleitung für die Stadt Bremen auf dem Werder in den Jahren 1868 und 1869. Bremen 1869. Fol.

Berg, das Wasserwerk der freien Hansestadt Bremen. Hrsg. von Böttcher und Ohnesorge. Fol. (18 S. mit 15 Taf., wovon 12 in Kpfrst. und 3 lithogr. in Fol. und qu. gr. Fol., und eingedr. Holzschn.) Berlin 876, Ernst und Korn. cart. *

Berg, das Wasserwerk der freien Hansestadt Bremen. Hrsg. v. Böttcher u. Ohnesorge. Mit 15 Taf. (12 in Kupfrst. u. 3 lith. in Fol. u. qu. gr. Fol.) u. (eingedr.) Holzschn. Fol. (18 S.) Berlin 877. Ernst & Korn. cart. n. 16 —

Berg (I.), das neue Wasserwerk der königl. Residenzstadt Hannover. Erbaut in den J. 1876—1878. Imp.-4. (70 Sp. mit 17 Stnt.) Hannover 880, Schmorl und v. Seefeld. *
Aus: Zeitschrift des Architekten- und Ingenieur-Vereins zu Hannover, besonders abgedruckt.

Berg: Weinbau. . ., s. Berg, C.F.

Berg, A. (Pseud.), s.a. Amschl, Alfred (wirkl.Name.)

Berg, A.: Allein, s. Grüss Gott.

– Das Allernötigste, s. Grüss Gott.

Beschreibung des Gutes Stendorf. Zur Erinnerung an die im September 1847 vorgenommene Besichtigung. (Von A. von Berg.) Eutin. 1847. 8°.

Berg, A v., üb. d. landw. Betrieb im Herz. Holstein u. d. Pachtverh. 8. (130) Eutin 52, Struve. — 18

v. Berg, A. Frhr., über den landwirthschaftlichen Betrieb im Herzogth. Holstein u. die Pachtverhältnisse, insbesondere bei den größeren Landgütern. gr. 8. (130 S.) Eutin 852, Völckers. 18 ngr

Berg, A.: Die Dame mit der seidenen Maske, s. Berg, Amon

— s.: Denkschrift üb. die Anlegung einer Fehncolonie im Bokeler Moore.

Berg, A., die preussische Expedition nach Ostasien, s. Expedition.

Berg, A., eine Fahrkarte, s.: Hosianna Nr. 10.

Berg, A.: Eine Festkarte, s. Grüss Gott.

— die Geschwister, s.: Grüß Gott Nr. 27.

— das Harzmännchen, s.: Grüß Gott. 20. Hft.

Berg, A., Heimgekehrt, s. Grüß Gott.

— der Herr nimmt mich auf! s.: Hosianna Nr. 8.

— das Heupferdchen, s.: Grüß Gott. 12. Hft.

Berg, A.: Hilfe in d. Not, s. Grüss Gott.

Berg, A.: Zur Casuistik der diffusen Hirnsclerose, s. Berg, Arthur

Berg, A., Lieder. 12. (VIII, 181 S.) Dresden 892. E. Pierson. n. 2. —; geb. in Leinw. m. Goldschn. n. 3. —

Berg, A.: Enea Silvio de Piccolomini . . ., s. Berg, Alfred

Berg, A.: Die Insel Rhodos, s. Berg, Albert

– Schneeflocken, s. Grüss Gott.

– Singet Gott!, s. Grüss Gott.

Berg, A.: Singübungen u. Lieder, s. Roth, J.

Berg, A. v.: Ihre einzige Tochter, s. Berg, Aida v.

– Übungen zur Einführung in das Singen nach Noten, s. Roth, J.

⊙ Über die Verhältnisse der ländlichen Arbeiter und die Mittel zur Verbesserung und Sicherung der Lage derselben v. A. v. Berg. Oldenburg. 1848. 8°

Berg, AF vom, Marpingen u. d. Evangelium. 8. (48) Saarbr. 77, Klingebeil. pro 6 Explre. 1. 20

Berg, A. F. vom, Marpingen u. das Evangelium. [Aus: „Evangel. Wochenbl. f. die Kreise Saarbrücken, Ottweiler, St. Wendel u. Umgegend".] 8. (48 S.) Saarbrücken 877. Möllinger's Sort. pro 6 Explre. 1. 20

Berg, Abraham (Brodyensis), Observatio tumoris et ossificationis cerebelli additis annotationibus ad structuram gyrorum cerebelli, ossificationem substantiae cerebralis et phaenomena morbi illustranda. Diss. med. Präs. Ernst Heinrich Weber. Lpz. (J. Fr. Glück) 20. I. 1826. 40 S. (4.20)
Gew.: Joh. Chn. Aug. Clarus, E. H. Weber.

Berg, Adolph. Franc. (geb. Bitburg im Rheinl. 15. 8. 1833): De atrophia hepatis acuta. Berolini (1856). (26 S.) 8°
Berlin, Med. Diss. v. 4. Okt. 1856

Berg, Aida v., ihre einzige Tochter. Roman. (138 S. m. Bildnis.) 8. Dresden 905. E. Pierson. n. 2. —; geb. n. 3.—

Berg, Alban, s: Schönberg, Arnold.

Berg, Albert

Berg, Alb., Physiognomie der tropischen Vegetation Süd-Amerika's; dargestellt durch eine Reihe von Ansichten aus den Urwäldern am Magdalenenstrome und der Anden von Neu-Granada, nebst dem Bruchstück eines Briefes von Alex. v. Humboldt an den Verf., und einer Vorrede von Frdr. Klotzsch. A. u. d. T.: Physiognomy of tropical vegetation in South America; a series of views etc. — Études physiognomiques sur la végétation de l'Amérique tropicale; recueillies dans les forêts vierges sur le fleuve Magdalena etc. Düsseldorf 854. Buddeus' Verlag. gr. Fol. (XXX, 36 S. u. 14 Lithogr.) nn. 18 ℛ

Berg, Alb., die Insel Rhodus, aus eigener Anschauung und nach den vorhandenen Quellen historisch, geographisch, archäologisch, malerisch beschrieben und durch Original-Radirungen und Holzschnitten nach eigenen Naturstudien und Zeichnungen illustrirt. 48 Lfgn. Imp.-4. Braunschweig 861, Westermann. [1. Thl. (210 S. mit eingedr. Holzschn. und 16 Kpfrt.) und 2. Thl. (XII und 167 S. mit eingedr. Holzschn. und 54 Kpfrt.)] à Lfg. * 15 Ngr.

Berg, Albert. Die Insel Rhodus, historisch, geographisch, archäologisch, malerisch beschrieben und durch Originalradirungen und Holzschnitte illustrirt. Braunschweig 1862. 4°.

Berg, Alb., die Insel Rhodus, aus eigener Anschauung und nach den vorhand. Quellen historisch, geographisch, archäologisch, malerisch beschrieben und durch Originalradirungen und (eingedr.) Holzschn. nach eigenen Naturstudien und Zeichnungen illustirt. Wohlfeile Ausg. 2 Thle. in 20 Lfgn. Imp.-4. (167 und 210 S. mit 20 Kpfrt.) Braunschweig 864, Westermann. à Lfg. * 10 Ngr.

— — Wohlfeile Ausg. (In 20 Liefgn. mit 20 Kpfrtaf.) Ebend. 864. n. 6 ℛ 20 ngr

Berg, Alexander

Berg, Alex., Anleitung z. Erkennung d. in d. Arzneikunde gebräuchl. phanerogam. Gewächse, so wie auch solcher, welche damit verwechselt werden können, nach d. natürl. Familien, nebst einer kurzen Auseinandersetz. d. wichtigsten Pflanzensyst., einer kurzen, alphabet. geord. Terminologie u. ein. vollständ. Register aller Namen u. Synonymen d. darin beschrieb. Gewächse u. davon in arzneil. Anwendung gezog. Gegenstände. Für Mediciner u. Pharmac. gr. 8. (11 B.) Berlin 832, Herbig.

Berg, Alex. (Hrsg.), s. Anti-„Vorwärts".

— s. J. F. Berg, Dissertation.

Berg, Alex., Juden-Bordelle. Enthüllungen aus dunklen Häusern. 1.—4. Aufl. 8. (42 S.) Berlin 892. [P. Heichen.] Frankfurt a/O., Th. Heinrich. n. — 50

Berg, A, Juden-Bordelle. Enthüllgn a. dunklen Häusern. 4. Afl. 8° (42) Berl. 92, Selbstverl. — 50

BERG, Alexander (ps. ?), Juden-Bordelle. Enthüllungen aus dunklen Häusern (Berlin's). Berlin, o. J. (1892). 8°. (In Dresden, Bibl. der Gehe-Stiftung.) (40 Pfg. G. Priewe, Heringsdorf, 1895; 1 Mk. 50 Pfg. E. Frensdorff, Berlin, c. 1905.)
— — Juden Bordelle. Enthüllungen aus dunklen Häusern. Berlin. P. Heischen's Verl. I. Aufl. gedruckt v. Hohefeld & Witte in Lobau. IV. Aufl. gedruckt v. Karl Sallmann in Görlitz.
Verboten vom L.-G. Prag, 28. Juli 1892, § 302.
— — Dasselbe. Berlin 1893. 8°. (75 Pfg. Adolf Graeper, Barmen, 1894.)

— Judenhyänen vor dem Strafgericht zu Lemberg. Ein bestätig. Nachtrag zu seiner Schrift „Judenbordelle". gr. 8. (31 S.) Berlin 893. G. A. Dewald. — 80

Berg, Alex.: Judenthum und Socialdemokratie. Ein Beitrag zur Beförderung der Einsicht in die socialistisch-jüdische Coalitionserscheinung unserer Zeit. 1.-4.Aufl.gr.-8°. Berlin, G. A. Dewald, 1891.

— s.: Sittlichkeits-Verbrechen, die, e. Breslauer Zeitungs-Redakteurs.

— d. Straflosigkeit d. Verbrechens vor Gericht, e. Produkt d. Verjudg uns. Anwaltstandes. Randbemerkgn z. Saling'schen Meineidprozess. 8° (32) Berl. 93. GA Dewald. — 80

Berg, Alexander: Wie ist in Preussen die Enthauptung zu vollstrecken? Kann in Preussen die Art der Enthauptung durch Allerhöchste Verordnung geändert werden? *Frankfurt a. M. (1897): Gebr. Knauer.* (VIII, 38 S.) 8°
Erlangen, Jur. Diss. v. Sept. 1897

Berg, Alfred
Berg, Alfr., Einführung in die Beschäftigung m. der Geologie. Ein Wegweiser f. Freunde der geolog. Wissenschaft u. der Heimatskunde. (VII, 199 S. m. 3 Abbildgn.) 8. Jena 909. G. Fischer. 1.80; geb. 2.40

Berg, Alfred, approb. Arzt aus Zwickau: Ein Fall von halbseitigem Riesenwuchs. *Leipzig 1902: B. Georgi.* (31 S.) 8°
Leipzig, Med. Diss. v. (27. Sept.) 1902

— Geol. f. Jedermann. s: Naturforscher, Der.

— Bad Homburg, s.: Supp, Frz.

Die deutschen Kolonien von Dr. Alfred Berg. Mit 6 Ill. Berlin, Leipzig: H. Hillger [1906]. (99 S.) 8° [F.]
— Volksbücher, Hillgers illustrierte. Bd 54. [07. 16103

Berg, Alfr., die wichtigste geographische Litteratur. Ein prakt. Wegweiser. gr. 8. (IV, 75 S.) Halle 902. Gebauer-Schwetschke. n. — 70; durchsch. n. — 80

— Enea Silvio de' Piccolomini (Papst Pius II.) in seiner Bedeutung als Geograph. Ein Beitrag zur Geschichte der Erdkunde im Quattrocento. Diss. gr. 8. (44 S.) Halle 901. (Buchh. des Waisenhauses). n. 1. —

Studien über Rheotropismus bei den Keimwurzeln der Pflanzen. Von Alfred Berg. 1. *Lund: E. Malmström 1899.* 4°
— Acta Universitatis Lundensis. Bd 35. Afd. 2. No 6. [00. 033

— Univ.-Atlas u. illustr. geogr. Hdb. (50 farb. Kartenbl. m. 34 u. 2 S. Text.) 30×39,5 cm. Lpzg ('08). (Berl., H Hillger.) 8.50

Berg, Alfr.: Univ.-Atlas. Jetzt: Berl.-Schönebg, R Jacobsthal & Co. 06/09

— Universal-Hand-Atlas f. d. prakt. Gebr. (50 farb. Kartens. m. 3 S. Text.) 33×21 cm. Nebst: Illustr. geograph. Handb. (34 m. Fig.) 32,5×36 cm. Ebd. ('12). L u. geh. 5 —

Allgemeine Völkerkunde von Dr. Alfred Berg. Mit 30 Ill. Berlin, Leipzig: H. Hillger [1905]. (79 S.) 8° [F.]
— Volksbücher, Hillgers illustrierte. Bd 27. [05. 10065

— Besondere Völkerkunde (Die Völker der Erde), s.: Hillger's, Herm., illustrierte Volksbücher.

Berg, Alfr., wie studiert man Geographie? Ein prakt. Wegweiser. (44 S.) 8. Leipzig 905. Roßberg'sche Verlagsbuchh. n. 1. —

Berg, Alfr.: Wie uns. Erde geworden ist, s: Volksbücherei, Naturwissenschaftl.-techn.

Berg, Amalie
Berg, Amalia, (Jh. Karl. Amal. Ludecus), Eleonore, ein Familiengemälde. Mit 1 Kpf. 8. Prag 812. ...

— s. Erheiterungen.

Berg, Amalia, (Joh. Karol. Amal. Ludecus), s. Erziehung, über weibl. ;

– Johanne Gray. Trauerspiel in 5 Aufz. –
Berlin: Duncker & H. 1806.

Berg, Amalie v., praktisches Kochbuch. Eine Sammlung selbstgeprüfter Recepte nach neuem Maß und Gewicht mit Beifügung des Verhältnisses zum alten Maß und Gewicht. 1. und 2. durchges. Aufl. 8. (XII, 132 S.) Langensalza 872,73, Schulbuchhandlung von Greßler.

Berg, Amalie v., praktisches Kochbuch. Eine Sammlung selbstgeprüfter Recepte nach neuem Maß und Gewicht mit Beifügung des Verhältnisses zum alten Maß und Gewicht. 3. und 4. Aufl. 8. (XII, 132 S.) Langensalza 875,78, Schulbuchh. von F. G. L. Greßler.

Berg, Amalie v., praktisches Kochbuch. Eine Sammlg. selbstgeprüfter Rezepte nach neuem Maß u. Gewicht m. Beifügung d. Verhältnisses zum alten Maß u. Gewicht. 5. verm. Aufl. 8. (XII, 147 S.) Langensalza 881. Schulbuchh. 1. 20

Berg, Amalie v., praktisches Kochbuch. 6. Aufl. 8. (XII, 147 S.) Langensalza 883. Schulbuchh. 1. 20

Berg, Amalie v., praktisches Kochbuch. Eine Sammlung selbstgeprüfter Rezepte nach neuem Maß u. Gewicht m. Beifügung d. Verhältnisses zum alten Maß u. Gewicht. 7. Aufl. 8. (XII, 147 S.) Langensalza 889. Schulbuchhandlung. 1. 20; geb. 1. 80

Berg, Amalie v., praktisches Kochbuch. Eine Sammlg. selbstgeprüfter Rezepte nach neuem Maß u. Gewicht m. Beifügg. d. Verhältnisses zum alten Maß u. Gewicht. 8. Aufl. 8. (XII, 147 S.) Langensalza 891. Schulbuchh. 1. 20; geb. in Leinw. 1. 80

Berg, Amalie v., prakt. Kochbuch. E. Sammlg. selbstgeprüfter Rezepte n. neuem Maß u. Gewicht m. Beifügg. d. Verhältn. z. alt. Maß u. Gewicht. 9. Aufl. 8. (XII, 147 S.) Langensalza 896. Schulbuchh. 1. 20; geb. n. 1. 80

Praktisches Kochbuch. Eine Sammlung selbstgeprüfter Rezepte nach Neuem Maß u. Gewicht mit Beifügung d. Verhältnisses zum alten Maß u. Gewicht. Zsgest. von Amalie v. Berg. 10. Aufl. *Langensalza: F. G. L. Greßler 1903.* (XII, 147 S.) 8° [F.] [03. 14623

— Sophie v. Normann. 8. Berl. 806. Duncker u. H. 16 gr

—— Notizen für den Haushalt. Enth. gemeinnützige Recepte und erprobte Hausmittel. 1.—3. verb. und verm. Aufl. 8. (76; 90; 94 S.) Ebendas. 876—78.

Berg, Amalie v., Notizen für den Haushalt. Enthaltend gemeinnütz. Recepte und erprobte Hausmittel. 4. und 5. verb. und verm. Aufl. 8. (96 S.) Langensalza 881,88, Schulbuchh. von Greßler.

— Notizen f. d. Haushalt. Enth. gemeinnütz. Rezepte u. erprobte Hausmittel. 7. Aufl. 8. (96 S.) Ebd. 895. — 75

Notizen für den Haushalt. Enth. Gemeinnützige Rezepte u. erprobte Hausmittel. Gesammelt von A[malie] v. Berg. 8. Aufl. *Langensalza: F. G. L. Greßler 1903.* (96 S.) 8° [F.] [03. 14810 B

— Karoline, Gräfin v. Thorenberg, oder die Erbin des stillen Thales, u. d. Jokey; 2 Erzähll. 8. Erf. 816. N. A. 826. Müller. (Weygand in Leipz.) 18 gr

Berg, Amon, die Dame mit der seidenen Maske. Orig.-Posse. 8. (16 S.) Wien 885. Neidl. n. — 40

Berg, Amon, Moser im Olymp. Humorist. Reimspiel. 8. (16 S.) geh. 20 kr. Wien: 1881.

Berg, Anna v., Elisabeth oder Lebenswege, s. Original-Bibliothek, neue belletristische.

Berg's, Armin, neueste Schlager. Vorgetragen im Budapester Orpheum Wien. (16) gr8° Wien, A Mejstrik ('12). 1 —

Berg, Artur: Zur Geschichte der Harmonik. Eine entwicklungsgeschichtl. Skizze. Ludwigshafen 1906: A. Lauterborn. (41 S.) 8°
Ludwigshafen, k. G. P 1906*

Berg, Arthur, Zur Casuistik der diffusen Hirnsclerose. Diss. Dorpat. 8°. 51 pp. mit einer lithographirten Tafel. 1880.

Berg, Arth., zur Casuistik der diffusen Hirnsclerose. gr. 8. (51 S. m. 1 Steintaf.) Dorpat 886. (Karow.) n. 1.—

Welche Ansichten Rousseaus über Unterricht und Erziehung sind noch heute maßgebend? Von Arthur Berg, Lehrer in Frankfurt a. M. Minden: Hufeland 1910. 28 S. 8°
(Lehrer-Prüfungs- u. Informations-Arbeiten. H. 45.) [11. 3668

Berg, August Dedenroth
s. Dedenroth Berg. [11. 13353 2

Berg, Bengt: Genezareth. (1—6. Taus.) (297) gr8° Lpzg, A Bonnier '12. 4 —; L 5 —; Luxusausg. auf Van Gelder-Pap., Ldr 25 — d

Berg, Bengt, der Seefall. (Die vom Verf. durchgeseh. Übersetzg. des Buches stammt v. Frdr. v. Känel.) (220 S. m. 1 Karte.) gr. 8. Bonn 910. A. Ahn. 3. —

Berg, C. v., Lieutenant Amor, s.: Theater-Album, militärisches.

v. Berg, C., Oldenburgs Anschluß an den deutschen Zollverein. gr. 8. Oldenburg 842, Schulze'sche Buchhandl. (W. Berndt.) 1/6 ₰

Berg, C., Auswahl von 25 zweistimm. Choral-Melodien z. Gebr. der Schulen, im Auftrage des hies. Comité für den Gesang-Unterricht in den Schulen hrsg. qu. gr. 4. (2 B.) Straßburg 842, Levrault'sche Buchh.

Berg, C., Buchbinderei, Cartonage u. Maschinen f. Buchbinder, s.: Ausstellungs-Bericht, officieller.

Berg, C., Johann Wolfgang Goethe. Lebensbild e. großen Menschen. Der reiferen Jugend dargestellt. (VII, 204 S. m. 28 Abbildgn. u. Titelbild.) 8. Gotha 910. F. A. Perthes. 3. —; geb. 4. —

Berg, C., der Herr Hofprediger hat gesagt . . . u. Anderes. Moderne Zeitbilder. 1. u. 2. Tausend. 8. (103 S.) Berlin 892. S. Cronbach. n. 1. 50

— dasselbe, s. a. Kollektion Cronbach.

Berg, (C.,) Ideen zu e. rationellen Lehrmethode f. Musiklehrer überhaupt, mit besond. Anwend. auf d. Clavierspiel. Mit e. Anh. üb. d. Pianoforte. gr. 8. Mainz 826, Schotts S.

— Der Mitgiftdoktor. Ein Bild aus der Gegenwart. 2. Tausend. 8. (192 S.) Ebd. 892. * 2 50
Vgl.: Kollektion Cronbach.

Berg, C. v., e. Offiziers-Bursche, s.: Theater-Album, militärisches.

Berg, C., die Sylvesternacht, s. Ruhl's Miniaturbibliothek.

F.] Mein Vetter aus Blasebalg. Schwank in 1 Akt v. C. v. Berg. (Seitenstück zu 'Jochen Päsel'.) *Landsberg a. W.: Volger & Klein [1897].* (14 S.) 1 Bd 8.
= Theater-Album, Militärisches. No 88. [99. 944

Berg, C. A. v., Aristides I. Das Leben d. Aristides bis zum Abschlusse seines Conflicts mit Themistokles. Diss. 1871. 44 S. 1.—

vom Berg, C. A. Aristides. I. Bis zum Abschlusse seines Conflictes mit Themistokles. (44) 8. Göttingen 1872.

Berg, C.F.: Über d. vortheilh. Benutzung unserer Obstsorten in landwirthschaftl., kaufm. u. medicin.-polizeil. Beziehung. Mit 1 Tab. üb. d. verschied. Güte unserer Aepfel- u. Birnen-Sorten. gr. 8°. Stuttgart, 1828. Beck.

Berg, C. F., über d. vortheilh. Benutzung unserer Obstsorten in landwirthschaftl., kaufm. u. medic.-polizeil. Beziehung. M. 1 Tab. üb. d. verschiedene Güte uns. Aepfel- u. Birnen-Sorten. gr. 8. . . . Stuttgart 828, Löflund.

Berg, C.F.: Ueber Weinbau und Weinbereitung in Württemberg, mit Vorschlägen zu deren Vervollkommnung nach Erfahrungen in der Praxis und nach chemisch-physikalischen Grundsätzen.
Stuttgart: Cotta 1835. 20 S.
(Sonderdruck aus: Correspondenzblatt des K. württemb. landw. Vereins. 2. 1835, H.1.)

Berg, C. F. W., s. Berg, Chr. F. W.

Berg, C. H. van den, die vier Elemente der Englischen Sprache: Aussprache, Vocabeln, Grammatik u. Gespräche für Schulen u. zum Selbstunterricht durchgehends mit der Walker'schen Aussprache versehen. 1. Aufl. Hamburg 858. (G. W. Niemeyer.) gr. 8. (VIII, 148 S. u. 1 Tab. in gr. Fol.) n. 15 ngr

Berg, C. H., die Hohenzollern. Eine Sammlung patriotischer Gedichte für Schule u. Haus. Stolp, 853. Fritsch. gr. 8. (XV, 292 S.) n. 25 ngr

Berg, C. H., die Hohenzollern. Eine Sammlung patriotischer Gedichte für Schule und Haus hrsg. 2. Aufl. gr 8. (XII und 276 S.) Wittenberg 861, Koelling's Verlag.

Berg, C. H., die Hohenzollern. Eine Sammlung patriotischer Gedichte für Schule und Haus herausg. 2. Aufl. Wittenberg 861. (Leipzig, Reichenbach.) gr. 8. (XII, 276 S.) 25 ngr

Berg, C. H. van den, englisches Uebersetzungs-Buch, enth. eine Auswahl engl. und nordamerikan. interessanter Anecdoten, Erzählgn. und Beschreibgn., eingerichtet zum Uebersetzen aus dem Deutschen in's Englische. 12. (VI und 102 S.) Hamburg 850, G. W. Niemeyer.

Berg, Carl, Addenda et emendanda ad Hemiptera argentina. gr. 8. (218 S.) Bonariae 884. (Hamburg, Gassmann's Sortiment.) *

Berg, Carl, Referendar in Oeynhausen: Die Bedeutung von Anfall und Fälligkeit des Vermächtnisses nach dem Bürgerlichen Gesetzbuch im Vergleich zu dem gemeinrechtlichen dies cedens und veniens legati. Borna-Leipzig 1908: R. Noske. (X, 71 S.) 8° [F.]
Rostock, Jur. Fak., Ref. Bernhöft, Diss. v. 25. Mai 1908
[Geb. 4. Sept. 79 Eveking (Westfalen); Wohnort: Oeynhausen; Staatsangeh.: Preußen; Vorbildung: Gymn. Gütersloh Reife Juli 00; Studium: Heidelberg 2, München 2, Kiel 3 S.; Rig. 19. Dez. 07.]

Berg, Carolus: De fungo medullari. Halae (1839): Ploetz. 18 S. 8°
Halle-Wittenberg, Med. Diss. v. 25. März 1839
Geb. Aken (Kr. Kalbe) 25. 8. 1815. V.

Berg, Carolus, Hemiptera argentina enumeravit speciesque novas descripsit. gr. 8. (316 S.) Bonariae 879. Hamburg, Gassmann's Sort. in Comm. n. 7. —

Nova Hemiptera faunarum Argentinae et Uruguayensis descr. Carolus Berg. *Bonariae 1891-92: Typogr. P. E. Coni & fil.* (112 S.) 8°
Aus: Anal. Soc. Cient. Argent. T. 32-34. 1891-92. [03. 6984 11

Berg, Carl v. (Hrsg.), s. M i t t e i l u n g e n aus den Akten-Resten

Berg, *Carl Johann Theodor* [pr. Arzt]: Statistik der im Krankenhause St. Jakob in Leipzig in den Jahren 1880—1893 behandelten Fälle von Typhus abdominalis ... Leipzig, Druck v. A. Edelmann, *1893;* 32 S. 8.
Leipzig, Med. Fak., Inaug.-Diss. v. 15. Nov. 1893

Berg
— **Carl Ernst,** De loco quodam, qui primo capite libri primi Fabii Quinctiliani institutionum oratoriarum invenitur brevis disput. Zwickau (Hoefer) 1797. 22 S. (3.50)
Gew.: Mor. Wilh. Schlesier, Joh. Aug. Lots, Tob. Hempel.

Berg, Carl Ernest., Rigensis, De nonnullarum materiarum in urinam transitu disquisitiones. Diss. Dorpat. 8°. 40 pp. 1858.

Berg, Carl Heinrich Edmund
Berg, C. H. E. v., Anleitung z. Verkohlen d. Holzes. Ein Handbuch f. Forstmänner, Hüttenbeamte &c. M. 2 Stnt. gr. 8. (16½ B. incl. 1 Tab. in 4.) Darmstadt 830, Leske.

Berg, Carl Heinr. Edm. Frhr. v., Anleitung zum Verkohlen des Holzes. Ein Handbuch für Forstmänner, Hüttenbeamte, Technologen und Cameralisten. 2., verm. und verb. Aufl. gr. 8. (XV und 278 S. mit Titel-Kpfr. in Holzschn. und Farbendr. und zahlreichen in den Text gedr. Holzschn.) Darmstadt 860, Zernin.

Berg, Carl Heinr. Edm. Frhr. v., Anleitung zum Verkohlen d. Holzes. Ein Handbuch f. Forstmänner, Hüttenbeamte, Technologen u. Cameralisten. 2. verm. u. verb. Aufl. Mit einem Titelbilde (color. Holzschntaf.) u. 28 (eingedr.) Holzschn. Neue (Titel-)Ausg. gr. 8. (XIV, 278 S.) Wien (1860) 880. Braumüller. n. 5. —

Berg, C. H. E. Frhr. v., Anleitung zum Verkohlen des Holzes. 2. Aufl. gr. 8. Wien 880. Berlin, Parey. *

Berg, Frhr. v., Betrachtungen über den Einfluß der kleineren deutschen Staaten auf die Entwickelung und den Fortschritt des Forstwesens. gr. 8. (35 S.) Dresden 867, Schönfeld's Buchh. *

Berg, Freih. v., das Forsteinrichtungswesen im Königreich Sachsen. Geschichtlich dargestellt. Besonders abgedruckt aus dem X. Bde. (N. F. III. Bd.) des Jahrbuches d. Akademie für Forst- u. Landwirthe zu Tharand. Leipzig 854. Arnold. gr. 8. (2 Bl., 119 S.) 15 ngr

Berg, Carl Heinrich Edmund Frhr. v.: Forststatistisches aus Elsass-Lothringen. Nach amtlichen Erhebungen zusammengestellt. – Strassburg 1880. 55 S.

Berg, C. H. Edm. Frhr. v., Geschichte der deutschen Wälder bis zum Schlusse d. Mittelalters. Ein Beitrag zur Culturgeschichte. gr. 8. (VIII, 360 S.) Dresden 871. Schönfeld's Verl. n. 7. 20

Berg, Edmund von. Die Jagdfrage im Jahre 1848 und die deutsche Jagdgesetzgebung vom Jahre 1848. Dresden und Leipzig. Arnoldi 1849. 137 S. 8.

Berg, C. H. E. (Hrsg.), s. J e s t e r , F. E.: Über die kleine Jagd, 3.A

— - Mittheilungen über die forstlichen Verhältnisse in Elsass-Lothringen. Im Auftrage des Ministeriums, Abtheilung für Finanzen und Domänen, bearb. gr. 8. (VII, 221 S. mit 1 chromolithogr. Uebersichtskarte in Imp.-Fol.) Strassburg 883, (Schultz und Comp.) **

— Amtl. Mitthlgn. üb. forstl. Verhältnisse in Elsass-Lothr. Strassb. 884.

Berg, Edm. Frhr. v., aus dem Osten der österreichischen Monarchie. Ein Lebensbild von Land und Leuten. 8. (IV und 274 S.) Dresden 860, Schönfeld's Buchh. *

! Berg, CHE v.: Aus d. Osten d. österr. Monarchie. Jetzt: Hannov., M&H Schaper. 56/60

—— Pürschgang im Dickicht der Jagd- und Forstgeschichte. gr. 8. (XX, 250 S.) Dresden 869, Schönfeld's Verlag. *
geb. **

—— die Staatsforstwirthschaftslehre. Ein Handbuch für Staats- und Forstwirthe. gr. 8. (XVI und 509 S.) Leipzig 850, Brockhaus. *

Berg, Edm. v., das Verdrängen der Laubwälder im nördlichen Deutschland durch die Fichte u. die Kiefer (pinus abies et sylvestris, Linn.) in forstl. u. nationalökonom. Hinsicht beleuchtet. gr. 8. (5¾ B.) Darmstadt 844, Leske.

Berg, Carl Johann Theodor: S t a t i s t i k , s. B e r g , Carl

Berg, Chr. F. W., († d. 4. Febr. 1825.) d. Bau d. Hängebrücken aus Eisendraht; nach Stevensohn, Seguin, Dufour, Navier u. A. Mit 7 Kpft. gr. 8. Leipz. 824. Ind.-Compt. 1 ₰ 12 gr.

Berg C. F. W.: Ueber die Bewässerung u. den Bau d. Wiesen, nebst Beschreibung u. Abbildung d. v. L e c o r i e r neu erfundenen Bewässerungsmaschine ... Nach d. Franz. u. sehr verm. herausg. v. —. Leipz. 1824. 166 S. 5 Tvl.

– s. B e w ä s s e r u n g d. Wiesen.

Berg, Chr. F. W., s.: De Candolle.

– s. G a z z i e r i : Theorie.

Berg, Chr. F. W., über d. Getreidegruben, s. Familien-Receptbuch.

— Oekonomie der Landwirthschaft, s. Crud.

– s. T h o u i n , Monographie.

Berg, Clara, im Hühnerhof, s.: Bloch's, Ludw., Kinder-Theater.

Berg, Conrad
Berg, Conr., Aperçu historique sur l'état de la musique à Strasbourg, pendant les cinquante dernières années. gr. in-8. Strasbourg 840. Levrault. ⅓ ₰.

Berg, Conr., Auswahl von 25 zweistimm. Choral-Melodieen zum Gebrauche d. Schulen, im Auftrage des hiesigen Comité für den Gesang-Unterricht in den Schulen herausgegeben. qu. gr. 4. Straßburg 842, Wittwe Levrault. 8¾ ngl

Berg, Conrad. Ideen zu einer rationellen Lehrmethode für Musiklehrer überhaupt mit besonderer Anwendung auf das Clavierspiel. [S.-A. aus: Cäcilia, 5. Bd., Heft 18.] Strassburg 1826.

Berg, Konr. v., die bayerische Landesfestung Ingolstadt in kriegsgeschichtlicher und strategischer Beziehung dargestellt. gr. 8. (IV und 252 S. mit 1 lithogr. Karte in Fol.) Ingolstadt 858. (Landshut, Krüll'sche Universitäts-Buchh.) *

Berg, D. C. u. C. F. Schmidt. Darstellung und Beschreibung sämtl. in der Pharmacopoea borussica aufgeführten officinellen Gewächse. 2. A. unter dem Titel: Atlas der offizinellen Pflanzen. Herausgeg. von A. Meyer und K. Schumann. Bd. 1. 1893.

Berg u. Schmidt, Darstellung und Beschreibung sämtlicher in der Pharmacie germ. aufgef. off. Gewächse. 4 Bände. Mit 204 zum Teil kol. Tafeln. 4°. Leipzig 59/63. A. Felix. M. 101.—

Berg, David: Versuche mit drei neuen Morphinderivaten. Rostock 1910: Adler. 44 S. 8°
Rostock, Med. Diss. v. 16. Aug. 1910, Ref. Martius
[Geb. 31. März 78 Oberhausen Rhld.; Wohnort: Rostock; Staatsangeh.: Preußen; Vorbildung: Gymn. Weilburg Reife O. 99; Studium: Bonn 3, Greifswald 2, Berlin 3, Rostock 4, Würzburg 3 S.; Coll. 29. Jan. 10; Approb. 31. Juli 10.] [U 10. 3896

BERG, Dominik (Voltlage): De vinculo matrimonii. (Titel nach der Urkunde)
21.2.1831 – Urk; F 43 Diss. Ingolst.-Landsh.-Mchn.

Berg, E.: Additamenta ..., B e r g , Ernst

Berg E.: Ueber die Beziehungen d. landwirtschaftlichen Bevölkerung nach Qualität u. Quantität z. Intensität d. landwirtschaftlichen Betriebes. Diss. Jena 1898. 48 S. 3 gr. Tvl. 4°.

Berg, E. (Hrsg.), s. C o t t a , H.: Anweisung zum Waldbau, 7.A

Berg, E.: Über den Einfluß, s. B e r g , Eugen

Berg, E.: Grundlehren, s. B e r g , Emil

Bzro (E. von). Handbuch der pharmazeut. Botanik. Berlin, 1845. 8°. Ed. 5. 1866.

Berg, E.: Die juristische Natur . . . , s. B e r g , Erich

Berg. E. v. Repertorium der Literatur über die Mineralogie, Geologie, Palaeontologie, Berg- u. Hüttenkunde Russland's bis zum Schlusse des 18. Jahrhunderts. Petersburg. 1862. 8.

Berg, E.: Schule und Haus, s. B e r g , Emil

Berg, E.F.W. (Hrsg.), s. S e i l e r - Z e i t u n g , Deutsche.

Berg, C. H. van den, englisches Uebersetzungs-Buch, enth. eine Auswahl engl. und nordamerikan. interessanter Anekdoten, Erzählungen und Beschreibungen, eingerichtet zum Uebersetzen aus dem Deutschen in's Englische. 2. (Titel-)Aufl. 8. (VI, 102 S.) Hamburg 869, Verlags-Comptoir.

Berg, Edmund: Geschichte der deutschen Wälder, s. B e r g , Carl Heinrich Wilhelm

Berg, Edm. v., Lauterberg am Harz u. seine Umgebungen. Zunächst f. d. Besucher d. Wasserheilanstalt. M. 1 Stahlst., 1 Plan d. Burg Schwarzfels u. 1 Charte. gr. 12. (4½ B. u. 1 Stammtaf.) Clausthal 841, Schweigersche Buchh.

Berg, Edm. R: Das Postversand-Geschäft m. Spezial-Abhandlg: Die moderne Reklame u. Zeitgstabelle. (96) 8° Hambg ('11). (Lpzg-St., Fritzsche & Schm.) 5 —

Berg, Eduard von, aus Schweinfurt: Ueber Phosphate des Rubidiums und Caesiums. *Erlangen 1901: F. Junge.* (22 S.) 8°
Erlangen, Phil. Diss. v. 16. Juli 1901

Berg, Egon, s. a.: Auspitz, Leop.

— s. a. Buch, d., d. Bücher.

†Berg, Egon [Leop. Auspitz], das Buch der Bücher. Sterne vom Denker- und Dichterhimmel aller Zeiten und Völker. Aphorismen der Welt-Literatur. 2. Aufl. 2 Abthlgn. kl. 8. Teschen 878, Prochaska. à Abthl. *M 5,20. *
geb. mit Goldschn. à *M 7,20. *
Inhalt:
Abthl. 1. Geist und Welt. (838 S.)
» 2. Herz und Natur. (922 S.)

—— dass. — Aphorismen der Welt-Literatur. Gesammelt und geordnet. 2 Bde. gr. 8. Ebendas. geb. à Bd. *M 10. *
geb. mit Goldschn. *
Inhalt:
Bd. 1. Geist und Welt. 3. und 4. Aufl. (XII, 830 S.) 1883; 5. Aufl. (XVIII, 830 S.) 884.
» 2. Herz und Natur. 3. und 4. Aufl. (XII, 911 S.) 1883; 5. Aufl. (XVIII, 911 S.) 884.

Berg, Egon, das Buch der Bücher. Aphorismen der Welt-Literatur, gesammelt und geordnet. 2 Bde. 6. Aufl. gr. 8. Teschen 885, Prochaska. geb. à Bd. *M 10.—. *
geb. mit Goldschn. à Bd. *M 11.—. *
Inhalt:
Bd. 1. Geist und Welt. (XVIII, 830 S.)
» 2. Herz und Natur. (XVIII, 911 S.)

Berg, Egon (Leop. Auspitz), Buch d. Bücher. Aphorismen d. Welt-Literatur. 2 Bde. kl. 4. 7. Aufl. Teschen, Karl Prochaska. à 4 fl. Hbfzbd. à 5 fl. ca. 1883.

Berg, Egon, Geist u. Welt. Aphorismen der Welt-Literatur. [Das Buch der Bücher. 1. Bd.] 8. (VIII, 830 S.) Teschen 874. Prochaska. n. 8. 40; geb. n. 10. 50

—— Herz und Natur. Aphorismen der Welt-Literatur. [Das Buch der Bücher 2. Bd.] 8. (922 S.) Teschen 874, Prochaska. *
geb. *

Berg, Egon, s.: Nackt.

Berg, Ehrh., die radikale Heilung d. Muttermale, d. Sommerflecken, des Kupferhandels, der Finnen, Mitesser und der Leberflecken. Endliche Bekanntmachung der lange Zeit für Geheimmittel gehaltenen unfehlbaren Mittel gegen d. Uebel; das Ergebniß langjähr. glücklicher Erfahrungen. Für Aerzte u. das gebild. Publikum überhaupt. kl. 8. Cassel 840. Fischer 1/2 ᴿᶠ

Berg, Ehrhart, die radikale Heilung d. Muttermale, d. Sommerflecken, d. Kupferhandels, d. Finnen, Mitesser u. d. Leberflecken. Endliche Bekanntmachung d. lange Zeit f. Geheimmittel gehalt., unfehlb. Mittel geg. diese Uebel; das Ergebniß langjähr. glückl. Erfahrn. Für Aerzte u. d. gebild. Publikum überh. 1. Aufl. Cassel 840., 2. Ausg. 8. (à 5½ B.) Quedlinburg 841, Ernst'sche Buchh. à

Berg, Ehrh., die radicale Heilung der Muttermale, der Sommerflecken, des Kupferhandels, der Finnen, Mitesser u. der Leberflecken. Neue Ausg. 12. (5½ B.) Quedlinburg 844, Ernst'sche Buchh.

Berg, Emil, üb. dio Boobaohtungon dor Schnoodocko im europäischen Russland in dor 1. Hälfte v. 1890. [Aus: „Repertorium f. Meteorologie".] gr. 4. (23 S. m. 1 Taf.) St. Petersburg 891. (Leipzig, Voss' Sort.) n. 1. 15

Berg, Emil, Grundlehren d. Schulgesundheitspflege u. ihre Beziehgn. z. Elternhause. F. d. Eltern uns. Schüler zusammengest. Progr. gr. 4. (26 S.) Hamburg 896. (Herold's Verl.) n. 1. 60

Berg, Emil: Grundlehren der Schulgesundheitspflege und ihre Beziehungen zum Elternhause. Für d. Eltern unserer Schüler zsgest. Hamburg, gedr. bei Lütcke & Wulff, 1896; 1 Bl., 26 S. 4.
Hamburg, R in Eilbeck, P 1896 (754)

—— Ueber die Häufigkeit u. geograph. Vertheilung starker Regenfälle im europäischen Russland. gr. 4. (67 S. m. 1 farb. Karte.) (Ebd.) 891. * 2 90
aus: Repertorium f. Meteorologie, besonders abgedruckt.

Berg, E[mil]: Schule und Haus. Eine Kritik ihrer Beziehungen zueinander vom Standpunkte eines Realschuloberlehrers aus. Hamburg 1907: Lütcke & Wulff. (36 S.) 8°
Hamburg, R in St. Pauli OP 1907 (920)

Berg, E., Schule u. Haus. Eine Kritik ihrer Beziehgn. zueinander vom Standpunkte e. Realschuloberlehrers aus. (36 S.) gr. 8. Leipzig 907. Quelle & Meyer. — 80

Berg, Emil Karl Martin: Grundlehren . . . , s. B e r g , Emil

B e r g , Emil P[aul]. Gott als Inbegriff des Schönen. Autorisierte Uebersetzung aus dem Englischen von E Forsyth. XVIII + 274 S. 8. Lugano, Casa Editrice del «Cœnobium», 1910. [geb. fr. 3. —]

Berg, Erich, Referendar: Die juristische Natur der offenen Handelsgesellschaft mit besonderer Berücksichtigung ihrer Parteifähigkeit gegenüber den Gesellschaftsgläubigern. Heidelberg 1907: K. Rössler. (87 S.) 8°
Heidelberg, Jur. Fak., Ref. Schroeder, Diss. v. 6. Aug. 1907
[Geb. 28. Jan. 85 Berlin; Wohnort: Lübbenau N.-L.; Staatsangeh.: Preußen; Vorbildung: Friedrichs-Gymn. Berlin Reife O. 03; Studium: Freiburg i. B. 1, München 2, Berlin 3 S.; Rig. 3. Juli 07.]

Berg, Ericus O.
Dissertatio de Arabum in Hispania regno quam pro gradu publicae censurae exposuit Ericus O. Berg [aus Bibl. Brem. Nov. Cl. V. F. 1].

Berg, Ernst

B e r g , Ernest. de, Additamenta ad thesaurum literaturae botanicae. Index librorum botanicorum bibliothecae horti imperialis botanici Petropolitani quorum inscriptiones in G. A Pritzelii thesauro literaturae botanicae et in additamentis ad thesaurum illum ab Ernesto Amando Zuchold editis desiderantur. gr. 8. (40 S.) Halis 859. (Leipzig, Voss.) Thlr. *

B e r g , Ernst de, Additamenta ad thesaurum literaturae botanicae. Indices II. et III. librorum botanicorum bibliothecae horti imperialis botanici Petropolitani quorum inscriptiones in G. A. Pritzelii thesauro literaturae botanicae et in additamentis ad thesaurum illum ab Ernesto Amando Zuchold editis desiderantur. gr. 8. St. Petersburg 862,64. (Leipzig, Voss.) [II. (21 S.) ** 9 Ngr., III. (69 S.) ** 20 Ngr.] **
Index I. (Ebendas. 1859. ** 12 Ngr.) ist vergriffen.

Berg, Ernst, aus Marienburg ⟨Westpreussen⟩: Ein Beitrag zur tuberkulösen Ostitis im und am Atlanto-Occipitalgelenk. *Greifswald 1899: J. Abel.* (30 S.) 8°
Greifswald, Med. Diss. v. 24. März 1899

Berg, E(rnst) v., vollständ. Bericht üb. einige bei verschiedenen Pflanzen beobachtete Ausartungen, mit Erklärungsversuchen. gr. 4. (2 B. u. 1 Kpfrt.) Neubrandenburg 842, Brünslow. *
Aus: Pract. Wochenblatt f. Landwirthschaft 2c., besond. abgedruckt.

v. Berg, Er., vollständ. Bericht über einige bei verschiedenen Pflanzen beobachtete Ausartungen mit Erklärungsversuchen. (Aus dem „Prakt. Wochenblatte für Landwirthschaft 2c." abgedruckt.) gr. 4. (Mit 1 Kpfrt.) Neubrandenburg 843, Brünslow. n. 1/4 ℛ

Berg, E(rnst): Ueber die Beziehungen der landwirtschaftlichen Bevölkerung nach Qualität und Quantität zur Intensität des landwirtschaftlichen Betriebes. *Jena 1898: A. Kämpfe.* (48 S. mit Taf.) 8°
Jena, Phil. Diss. v. [19. Febr.] 1898

– d. Biologie d. Zwiebelgewächse, od. Versuch d. merkwürdigsten Erscheinungen in d. Leben d. Zwiebelpflanzen z. erklären.
Neubrandenburg, 1837. Brünslow.

v. Berg, Ernst, die Biologie d. Zwiebelgewächse, oder Versuch, die merkwürdigsten Erscheinungen in d. Leben d. Zwiebelpflanzen zu erklären. gr. 8. Neustrelitz u. Neubrandenburg 837. Dümmler, Hofbuchh. 7/12 ℛ

Berg, Ernest. de, Catalogus systematicus bibliothecae horti imperialis botanici Petropolitani. Lex.-8. (XVI und 515 S.) Petropoli 852. (Lipsiae, Voss.) **

— s. de Dombasle, die Runkeln-Zuckerbereitung.

Berg, Ernst [aus Bornhöved (Schleswig-Holstein)]: Zur Casuistik der Schnittwunden des Kehlkopfes. . . . Berlin, Buchdr. v. Gustav Schade (Otto Francke) (1889); 29 + 1 S. + 1 Bl. 8°
Berlin, Med. Fak., Inaug.-Diss. v. 27. Jul. 1889

Berg, Ernst v., der Malteserorden u. seine Beziehungen zu Russland. gr. 8. (XX, 282 S.) Riga 879. Kymmel. n. 8.—

—— Repertorium der Literatur über die Mineralogie, Geologie, Palaeontologie, Berg- und Hüttenkunde Russlands bis zum Schlusse des 18. Jahrh. Lex.-8. (XX und 228 S.) St. Petersburg 862, (Röttger.) (Leipzig, Voss.) **

Berg, Ernst, Rechtsprakt.: Die Seeminen im Krieg, nach den Verhandlungen und Beschlüssen der zweiten Haager Friedenskonferenz. Frankenthal 1910: Göhring. 81 S. 8°
Würzburg, Jur. Diss. v. 4. April 1910, Ref. Meurer
[Geb. 14. Mai 86 Obrigheim; Wohnort: Grünstadt; Staatsangeh.: Bayern; Vorbildung: Gymn. Neustadt a. H. Reife Juli 04; Studium: Berlin 1, Heidelberg 1, München 6 S.; Rig. 19. Jan. 10.] [U 10. 4283

—— die Separation der Massen im mecklenburgischen Concursprocesse u. deren Folgen. gr. 8. (12 B.) Berlin 844. (Neu-Brandenburg, Brünslow.) *

Berg, Eugen, Ueber den Einfluss der Zahl und Tiefe der Athembewegungen auf die Ausscheidung der Kohlensäure durch die Lungen. Diss. Dorpat. 8°. 109 pp. mit 3 lithographirten Tafeln.
1869.

Berg, Eugen, aus Ludwigsburg: Studien über den Dimorphismus von Ranunculus Ficaria. *Ludwigsburg 1899: O. Eichhorn.* (47 S.) 8°
Erlangen, Phil. Diss. v. 20. Juli 1899

Berg, Ewald: Untergang. Ein Drama in 3 Akten.
Berlin-Leipzig: C. Wiegand 1909. 82 S. 8°

Berg, Ewald, Untergang. Ein Drama in 3 Akten. (82 S.) 8. Leipzig 909. Modernes Verlagsbureau. 1.50

Berg, F.: Beitrag zur Kenntnis der Wirkung des Isopropylpiperidin.
Kiel 1893.

Berg, F.: Nach Chicago . . . , s. Berg, Fr.

Berg, F.: Desideria theologica, s. Berg, Friedrich

Berg, F.: Geschichte . . . , s. Berg, Franz

Berg, F.: Gewinnbeteiligung . . . , s. Berg, Fritz

Lichtfunken in dreymal drey ⊡ Gedichten vom Br F. Berg. Frankfurt 1824. 30 S. 8° [Umschlagtit.]

Berg, F.: Methode . . . , s. Berg, Ferdinand

Berg, F., de origine rituum ecclesiasticorum, qui circa aquam versantur. Wirceb. 1786. 4.

Berg, F.: Spielarten . . . , s. Berg, Friedrich

Berg, F. A., Wird der goldene Boden des Gewerbebetriebes (Kunstfertigkeit und Fleiß) durch die Einwirkung der Maschinenarbeit und Gewerbefreiheit erhalten? Göttingen 861. (Rente.) gr. 8. (32 S.) n. 5 ngr.

Berg, F.C.

– s. Blair, R.: Das Grab.

– s. Florian: Numa Pompolius.

– s. Journey, A sentimental.

Berg, F. C. vom, Suum cuique! Ein Wort für die confessionelle Volksschule. gr. 8. (108 S.) Langenberg 877. (Elberfeld, Langewiesche.) n. 1. 20

Berg, F. C. A., concise Grammar of the german language gr. 8. Hamb. Hoffmann. 798.

Berg, F. C. A., a concise Grammar of the german language. gr. 8. Hamb. 798. 18 gr. N. A. gr. 8. Ebd. 818. A. Campe. 1 ℛ

Berg, F. C. a concise Grammar of the german language, with exercises. A new edition. gr. 8. Hamburg. Hoffmann und Campe. 817. Rthlr.

— new sentimental Journey, transl. into engl. 8. Hamb. Matthiessen. 787.

— Verbesser. zu Moritz. Sprachlehre für Deutsche. gr. 8. Hamb. Hoffmann. 785.

Berg, F. L. D., Kohlensäure statt Wasserdampf als bewegende Kraft. Eine Erfindung des Amerikaners Salomon in Cincinnati, wodurch sowohl die Kosten der Dampfmaschine beträchtlich vermindert, als auch ihre Anwendung als bewegende Maschine für viele Gewerbe erst möglich gemacht und der Bau der Eisenbahnen bedeutend leichter und wohlfeiler wird. 8. (40 S.) Frankfurt a. M. 852, Jäger'sche Buchh.

Berg, F. W.: Über die Berechnung . . . , s. Berg, Friedrich Wilhelm

Berg, Feiga. Pädatrophie. Diss. Med. Univ. Zürich. *Kopftitel:* Aus dem Kinderspital Zürich. 20 S. 8. Zürich, J. J. Meier, 1907.

Berg, Ferd., über die technisch und ökonomisch am meisten geeignete Methode zur Briquettirung der westfälischen Feinkohle. Von dem Verein für die bergbaul. Interessen im Oberbergamtsbezirk Dortmund in seiner General-Versammlung am 20. Dezbr. 1879 gekrönte Preisschrift. gr. 4. (82 S. mit 1 Atlas von 9 Kpfrt. in Fol.) Berlin 880, Ernst und Korn. *
Aus: Zeitschrift für das Berg-, Hütten- und Salinenwesen im preuss. Staate, besonders abgedruckt.

Berg, Florian, Blumensprache, } s.: Volksbibliothek,
— Spaß muß sein! Vorträge, } deutsche.

Berg, Graf Fr., 1893 nach Chicago. [Aus: „Düna-Zeitg."] 12. (244 S.) Jurjew 895. E. J. Karow. n. 4. —

Berg, Graf Fr., aus Petersburg nach Poti. gr. 8. (186 S. mit 1 lithogr. Karte in Fol.) Dorpat 879, Karow. *

—— Tagebuchblätter aus der Krimm. 8. (126 S.) Reval 885, Kluge. *

— bayer. Volks- und Krieger-Lieder, s. Denkschrift über das Uebungslager bei Augsburg v. 26. August 1846.

Berg, Fr. Heinr. Alex: Beiträge . . . , s. B e r g , Friedrich Heinrich Alexander

Berg, Fr. Th., über die Schwämmchen bei Kindern. Aus dem Schwed. übers. von Gerh. v. dem Busch. gr. 8. (X und 240 S.) Bremen 848, Heyse.

Berg, Fr. W. A., Compendium der Hautkrankheiten. Nebst einer Uebersicht der wichtigsten Classificationen und einer diagnostischen Tabelle der Kopfausschläge. 16. (VI und 123 S. mit 1 Tab. in qu. gr. 4.) Berlin 861, A. Hirschwald. *

Berg, Franz

Berg, Frz., († d. 6. Mai 1821.) Aktenstücke zur Censurgeschichte d. Trauerrede. gr. 8. Jena 796. (Hennings in N.) 3 kr

Berg, Frz., der Allerheiligenberg bei Niederlahnstein m. seiner Kapelle u. Umgebung in Liedern. 8. (VI, 28 S.) Frankfurt a/M. 874. Hamacher. n. — 50

– s. A n t i - A r g u s .

— de Clemente Alexandrino ejusque morali doctrina. 8 maj. Würzb. 779.

Fr. Berg's Epikritik der Philosophie. *Arnst.* u. *Rudolst.*, Langbein u. Klüger. 805. gr 8° 2 ß 12 kr

— Epikritik d. Philosophie. gr. 8. Rudolst. 805. (Hildebrandt in Arnst.) 2 ß 12 kr Hbg. Pr. 1 ß 12 kr

Berg, Franz (aus Polen)
Ueber die Erdbeben
Ueber den Diamant
Ueber den binomischen Lehrsatz.
[lt. Dekanatsbuch lieferte er die obigen 3 Abhandlungen handschriftlich als Dissertationen.]
Dr. phil. Giessen 8.6.1824.

Berg, Franz, Oberst und Commandeur des königl. bayer. 16. Inft.-Reg. vacant König Alphons von Spanien. G e s c h i c h t e des königl. bayer. 4. J ä g e r - B a t a i l l o n s. 1. und 2. Th. 1795—1875. Zugleich Tagebuch des Bataillons. Verfasst von dessen ehemaligem Commandeur. 8. Landshut 1887.

Berg, Frz., Geschichte d. königl. bayer. 4. Jäger-Bataillons. 2 Thle. 1795—1875. gr. 8. (XIV, 588 u. XI, 573 S.) Landshut 887. (Krüll.) à n. 10. —

Berg, Franz. neue kathol. Kirchenlieder für die Messe. 8. Würzb. Stahel. 781.

Berg, Frz., das Kreuz im Reiche der Natur u. im Reiche der Gnade. Zur Belehrung u. Erbauung für das kathol. Volk. Mit 14 (eingedr. Holzschn.-) Abbildgn. gr. 8. (44 S.) Frankfurt a/M. 879. Fösser. n. — 40

— Lieder zum kathol. Gottesdienste; ein Versuch. 8. Fulda 781. (Stahel in Würzb.) 8 kr

— geistlicher Lilienkranz, geflochten aus 17 Betrachtgn. zu Ehren der unbefleckten Empfängniß Mariä u. zu Nutz u. Frommen ihrer Verehrer geistl. u. weltl. Standes. gr. 16. (VIII, 120 S.) Koblenz 876. Hergt. n. — 50

– s. L o b d. Philosophie.

— Oratio aditialis de origine rituum ecclesiasticorum, qui circa aquam versantur. Würzburg (Fr. Xav. Rienner, Druck: Fr. Seb. Sartorius) 20. VII. 1786. 44 S. (4.—)

— Oratio aditialis de origine rituum ecclesiasticorum. 8. Würzb. 790. Rienner.

— u. Gr. Zirkel, Predigten über d. Pflichten der höhern u. aufgekl. Stände bei den dermal. bürgerl. Unruhen. gr. 8. Würzb. 794. Stahel. 16 kr

— die Schule der Gottesfurcht. Ein Lehrbüchlein für die liebe Jugend. 16. (128 S. m. 1 Holzschn.) Amberg 881. Habbel. — 30

— dasselbe. Ein Lehrbüchlein in Wort u. Bild für die liebe Jugend. 16. (148 S. m. eingedr. Holzschn.) Ebend. 879. geb. n. 1. 20

– s.a.S e x t u s .

Fr. Berg: Sextus, od. üb. d. absolute Erkenntniss v. Schelling; e. Gespr. *Würzb.*, Sartorius. 804. 8° 14 kr

Berg, Frz., d. dreifache Siebengestirn a. Himmel d. Heiligen, s.: Kinder-Bibliothek, kathol.

—— geistlicher Spiegel oder heilsame Betrachtungen und wohlmeinende Winke für christl. Jungfrauen, sich standesgemäß, würdig und zeitgemäß zu kleiden und zu schmücken, mit entsprech. Sittenbildern aus dem Leben gottsel. und heil. Jungfrauen und Frauen. 16. (VII, 131 S.) Frankfurt a. M. 874, Hamacher. *

—— s S t a a t s n o t h r e c h t .

— Trauerrede bei Beerdigung Franz Ludw. des Weisen, Fürstbischof zu Bamberg u. Würzburg, 1796. 8. Gotha 796. Ettinger. 6 kr Dieselbe gr. 8. Jena 796. (Hennings in N.) 6 kr

—— — dies. gr. 8. Jena, Academ. Buchhandl. 796.

—— — Actenst. z. Censurgesch. dies. Rede. gr. 8. Ebend. 796.

– s. U n r e c h t m ä ß i g k e i t , Die.

BERG, Fred. Meine Erlebnisse in der State Reformatory for Juvenilles. (Um 1905.) 8°.
Verb. d. Ldg. Düsseldorf 7 J. 415/08.

BERG, L y n c h j u s t i z . (190*.) 25 S. (Mk. 0,80.)

BERG, Fred. Ein Stückchen Lynchjustiz. (Um 1904.)
Beschlagnahmt: Z. f. B. 1914, Beibl. S. 385.

Berg, Fridtjuv: Schwed. Volksmärchen, s: Konegen's Kinderbb.

Berg, Friedrich

Berg, *Leopold* Friedrich [app. Arzt aus Dessau]: **Aus d.** Laboratorium d. pharmakognost. Sammlung in Kiel. **Beitrag** zur Kenntnis der Wirkung des Isopropylpiperidin ... Kiel, Druck v. A. F. Jensen, 1893; 24 S. 8.
Kiel, Med. Fak.. Inaug.-Diss. v. [13. Juni] 1893

Berg, Friedrich, Rigenser, Beiträge zur Pharmakologie und Toxikologie der Jodpräparate. Diss. Dorpat. 61 pp. 1879.

—— die beglückte Christenheit an ihren neuerwählten Oberhirten Papst Pius IX. Nebst dessen Wahl z. heil. Stuhle, Lebensbeschreibung, Regierungsantr., Bildn. u. Chronologie d. Päpste v. Petrus bis Pius IX. gr. 8. (1 B.) Augsburg 846, Schlosser's Buchh.

Berg, Friedr., die verwaiste Christenheit am Grabe ihres Oberhirten Papst Gregor XVI. Nebst Biographie u. Bildn. des heil. Vaters. gr. 8. (1 B.) Augsburg 846, Schlosser's Buchh.

Berg, Frdr., Desideria theologica. Nachgelass. Schrift. gr. 8. (40 S.) Leipzig 897. (Grübel & Sommerlatte.) n. — 75

Berg, Friedr., Maria! Ein Gebet- und Betrachtungs-Buch für gebildete Christen. 12. (VI und 294 S. mit 1 Stahlst.) Augsburg 847, Schlosser's Buchh. Thlr.
Mit 1 Stahlst. und lith. Titel.

Berg, Friedrich: Der Spannungszustand einfach geschlungener Drahtseile. Berlin: Dietze 1907. 33 S. 8° ¶ Aus: Dinglers Polytechn. Journal. Jg. 88. Bd 322.
Hannover, Dr.-Ing.-Diss. v. 11. 3. 1907

— einige Spielarten d. Fichte, s. a. Schriften, hrsg. v. der Naturforscher-Gesellschaft bei der Universität Dorpat.

Berg, Friedrich Graf: Einige S p i e l a r t e n der Fichte. Schlangenfichte, astlose Fichte, pyramidale Fichte, Trauerfichte, Hängefichte, Kugelfichte, Krummfichte oder Sumpffichte, nordische Fichte. – Dorpat 1887. II, 44 S., 12 Taf. – (Schr. Naturforscher-Gesellschaft Univ. Dorpat 2)

Berg, Friedr. Heinr. Alex., Beiträge zur Behandl. der nervösen Schwerhörigkeit mittelst eines neuen Apparates. 8. (4½ B. u. 1 Kpfrt.) Berlin 845, Herbig.

—Nonnulla ad cholerae orientalis nosologiam. Diss. pathol.. Bln. (Nietack) 11. XII. 1832. 40 S. mit Biogr. (M.: Haase.) (4.20)
Oppon.: E. H. E. Sauerhering, P. E. Jablonski, F. E. Mathesius. — Gew.: J. C. u. C. F. Schilling.

Berg, Friedr. Wilh., über die Berechnung der Störungen. Lex.-8. (IV, 72 S.) Dorpat 869. (Leipzig, Voss.) **

—— über die Bestimmung der Bahn eines Planeten aus drei vollständigen Beobachtungen. Abhandlung. gr. 8. (27 S.) Dorpat 871. (Leipzig, Voss.) **

Berg, Frdr. Wilh., über die Bestimmung der Bahn e. Planeten aus drei vollständigen Beobachtungen. Abhandlung. gr. 8. (27 S.) Dorpat 872. (Leipzig, Voss.) n.n. — 60

Berg, Frid. Guil. Alexand. (geb. Stettin 25. 12. 1835): De herba nicotianae. Berolini (1858). (32 S.) 8°
Berlin, Med. Diss. v. 12. Okt. 1858

Berg, Fritz vom (Frdr. Klein), Gewinnbeteiligung u. Mitoigentum der Arbeiter, Arbeiterausschuss u. Arbeitsamt. Ein Beitrag zur Lösg. der sozialen Frage im Anschluss an andere Zeitfragen. (79 S.) gr. 8. Strassburg 903. C. A. Vomhoff. n. 1. —

— soziale Zeitfragen insbesondere Gewinnbeteiligung u. Mitoigentum der Arbeiter, Arbeiterausschuss u. Arbeitsamt. 2. Aufl. (79 S.) 8. Strassburg 903. Buchsweiler, Kirchschaffner Frdr. Klein. n. 1. —

Berg, G.: Abrechnung . . . , s. B e r g , Georg

Berg, G.: Küstrins Bedeutung . . . , s. B e r g , Gustav

— s. Berquin, le petit Grandison.

Berg, G.: Elementarbuch . . . , s. B e r g , Gerh.

Berg, G: Das Gebiet d. krystallinen Schiefer auf d. Blättern Schmiedeberg u. Tschöpsdorf. Bericht üb. d. Aufnahmen '08. [Aus: „Jahrb. d. kgl. preuss. geol. Landesanst."] (514—523) Lex8° Berl. (N. 4), Vertriebsstelle d. kgl. geolog. Landesanst. '11. nn — 30

Berg, G.: Kindergeschichten, s. B e r g , Gertr.

— Mikroskopische Untersuchung v. Gneisen u. kontakt metamorphen Schiefern der Umgegend v. Hirschberg i. Thür. (S. 639—657 m. 2 Taf.) Lex. 8. Ebd. 907. nn 1. 60
Sonderabdruck aus „Jahrb. d. preuss. geol. Landesanst."

Berg, G. Der Wiederaufbau Küstrins nach dem russ. Bombardement. Landsberg a. W. 1898. 8°. (Aus: Schriften d. Vereins f. Gesch. d. Neumark. 7.)

Berg, G. v., Zwischenahn und seine Umgebung. 8. (IV, 42 S. mit 1 lithogr. Karte in qu. gr. 4.) Oldenburg 875, Schmidt's Buchh. *

Berg, G.D.: Das Eheband, s. B e r g , Georg Dominikus

Berg, G. D., über d. Erforderlichkeit d. priesterl. Ehe-Einsegnung z. Sakrament d. Ehe. Eine dogmat.-kirchenrechtl. Abhandl. gr. 8. (4½ B.) Breslau 830, Aderholz.

— die christkathol. Lehre von d. Bittgebet. 8. Münst. 831. Theissing. 6 ℛ

—— Trauerrede auf d. Tod (Papst) Leo XII. Gehalt. a. 10. März 1829 im Dom zu Münster. 8. ... Münster, Theissing.

Berg, G. D., über d. Verbindlichk. d. kanonischen Ehehindernisse in Betreff der Ehen der Evangelischen. Eine Kirchenrechts-Abhandlung. gr. 8. Breslau 835. Max u. Comp. ¼ ℛ

Berg G. F.: Ueber spontanes Vorkommen v. Enteritidis-Gärtner-Bacillen bei Mäusen u. die Bedeutung d. Fleischfütterungsversuches an weisse Mäuse. Diss. (Giessen). Hagen 1910. 30 S. P.

Berg, G.H.: Handbuch . . . , s. B e r g , Günther Heinrich

Berg, G. J.
An meine geliebte Eltern v. G. J. Berg. Kiel. 1781. 1 Bl. 8°
Auf roter Seide ist ein gereimter Glückwunsch gedruckt, umgeben von Arabesken und Blumen, unten ein sehr roher Prospekt von Hamburg.

do **Berg, G. L.,** praes. J. H. **Schulze,** De vino interdicendis. 40 pp. Hal. 4°. 1735

Berg, G. O., Metaphor and comparison in the dialogues of Plato. Diss. 1904. 59 S. 2.—

Berg, GO: Metaphor and comparison in the dialogues of Plato. (59) 8° Berl., Mayer & M. '04. 1.50

Berg, Gabriele, u. Johanna Titus, häusliche Selbsthilfe. 400 erprobte u. bewährte Rezepte u. Ratschläge. (249 S.) kl. 8. Berlin (904). H. Th. Hoffmann. n. 2. —

Berg, Georg
Berg, Geo., die Abrechnung m. den gr. bad. Steuereinnehmereien. (44 S.) 8. Karlsruhe 905. J. J. Reiff. n. — 75

Berg, Geo., die operative Behandlung der chronischen Nierenerkrankungen (nach Ramon Guiteras-New York). (5 S.) gr. 8. Leipzig 904. Verlag der Monatsschrift f. Harnkrankh. n. — 50
Sonderabdruck aus: „Monatsschr. f. Harnkrankh. u. sex. Hygiene".

Berg, G: Die Bildg d. Schlesiertales bei Charlottenbrunn. [SA] (549—568 m. 1 farb. Taf.) Lex8° Berl. (N. 4., Invalidenstr. 44), Vertriebsstelle d. kgl. geol. Landesanst. '09. nn 1 —

Berg, G., zur Geologie des Braunauer Landes. (S. 23—38 m. 1 farb. Taf.) Lex. 8. Berlin (N.W. 40, Platz vor dem Neuen Tore 8), 908. Vertriebsstelle der kgl. geolog. Landesanstalt. nn 1. —

Berg, Georg, aus Dresden: Die Magneteisenerzlager von Schmiedeberg im Riesengebirge. *Berlin 1903: A. W. Schade.* (73 S.) 8°
Leipzig, Phil. Diss. v. [5. März] 1903

Berg, Geo.: Die Milchversorgg d. Stadt Karlsruhe unter bes. Berücks. d. Produktions- u. Preisverhältnisse, s: Schriften d. Vereins f. Sozialpolitik, Erzeugnisse.

. Mittel- u. Oberrotliegendes im Nordteile der Mittelsudetischen Mulde, s. Geologie. Schriften einz. Format.

Berg, Georg: Wandelungsanspruch und Anfechtung beim Kauf. Heidelberg 1908 (Charlottenburg: Buchdr. Gutenberg). (60 S.) 8°
Heidelberg, Jur. Fak., Ref. Endemann, Diss. v. 1908
[Geb. 26. April 84 Berlin; Wohnort: Berlin; Staatsangeh.: Preußen; Vorbildung: Französ. Gymn. Berlin Reife M. 02; Studium: Berlin 3, Freiburg i. B. 1, Berlin 2 S.; Rig. 14. Juni 07.]

Berg, Georg Dominikus

Berg, G. D., über d. Eheband. Eine dogmat.-kirchenrechtl. Abhandl. üb. 1 Korinth. VII, 15. nebst e. histor.-krit. Anh. üb. d. 8. Kanon d. ersten Nicäisch. Conciliums u. d. 11. Kap. 1. B. der Kirchengesch. d. Sokrates. gr. 8. (6 B.) Münster 829, Theissing.

— **Georg Dominicus** u. **Franc. Bittner,** De natura peccati originalis. Diss. theolog. Breslau, Juli 1834. 31 S. (4.20)
Oppon.: Emil Ogienski, Rob. Jaensch.

Berg, George Olaf, metaphor and comparison in the dialogues of Plato. Diss. (VIII, 59 S.) 8. Berlin 904. Mayer & Müller. n. 1. 50

Berg, (Gerh.,) s. Vandenberg.

Berg, Gerh. van den, Elementarbuch d. engl. Sprache. gr. 12. (7⅙ B.) Hamburg u. Leipzig 841. Schuberth u. Co.

— Elementarbuch der französischen Sprache. gr. 12. Hamburg u. Leipzig 841, Schuberth u. Comp. 5/12 ℛ — 2., verb. u. verm. Aufl. A. u. d. T.: Der kleine französische Sprachmeister. Zum Selbstunterricht. 12. Ebend. 845. n. 1/3 ℛ

van den Berg, Gerh., der gewandte Engländer u. Franzose in seiner Conversation im tägl. Leben. Englische u. franz. Gespräche m. deutscher Uebersetzg. Ein Auszug aus d. großen Handbuche der Conversation in 2 Bdn. 5. (Titel-)Aufl. (d. 2. Bds. der Orthoëpie dess. Verf.) gr. 12. (IV u. 192 S.) Hamburg (847) 848, Schuberth & Co. 1/2 ℛ

Berg, Gerh. van den, der prakt. Englisch-Lehrer. Neue engl. Orthoëpie. 1. Thl., enthalt. eine Auswahl vorzügl. Sätze zur Einüb. der Hauptregeln der Grammatik. 5., umgearb. Aufl. 12. (12⅙ B.) Hamburg 846, Schuberth u. Comp. * -

Berg, G. van den, englische Grammatik für Schulen und zum Selbstunterricht. [Durchgehends mit der Aussprache nach Walker versehen.] 12. verb. Aufl. 8. (VI, 342 S.) Leipzig 884, Schubert und Comp. geb.

Berg, Gerh. van den, mercantilische engl. Grammatik für angehende Kaufleute, Schulen u. z. Selbstunterr. Durchgehends mit der Aussprache nach Walker versehen. gr. 12. (15½ B.) Hamburg 842, Niemeyer. Thlr.

— merkantilische englische Grammatik f. angehende Kaufleute, Schulen u. zum Selbst-Unterricht. Durchgehends m. der Aussprache nach Walker versehen. 2. billige (Titel-)Ausg. f. den Schulgebrauch. 12. (VIII u. 360 S.) Hamburg (841) 850, Th. Niemeyer. 1/3 ℛ

Berg, G van d., mercant. engl. Gramm. 3. Afl. 8. (360) Braunschw. 69, Verl.-Compt. — 20

Berg, G. van den, mercantilische englische Grammatik für angehende Kaufleute, Schulen und zum Selbst-Unterricht. Durchgehends mit der Aussprache nach Walker versehen. 3. (Titel-)Aufl. 8. (VIII, 360 S.) Hamburg 869, Verlags-Comptoir. [Halle, Gesenius.] *

Berg, G(erh.), van den, praktische englische Grammatik für Handlungsschulen. 6., verb. Aufl., mit einem Anhang für angehende Kaufleute, enthaltend: Briefe, Wechselformulare, Quittungen ꝛc. 8. (VI und 414 S.) Hamburg 854, Schuberth und Comp. Thlr.

— prakt. engl. Grammatik für Schulen u. z. Selbstunterr. 4., verm. u. verb. Aufl., mit e. Anhange für angehende Kaufleute, enthalt.: Briefe, Wechselformulare, Quittungen, Waarenbenennungen ꝛc. gr. 12. (17⅙ B.) Hamburg 844, Schuberth u. Comp.

— prakt. franz. Grammatik f. Kaufleute, sowie für Schulen u. zum Selbstunterr. Mit e. Anh. enth.: Briefe, Wechselformulare, Quittungen ꝛc. 2., verb. u. verm. Aufl. gr. 12. (7 5/12 B.) Hamburg 846, Schuberth u. Comp.

— der angehende engl. Kaufmann. Enthalt.: das Wesentlichste aus d. Geschäftsleben, als Correspondenz, Wechselformulare, Quittungen, Waarenbenennungen, die gebräuchl. im Handel vorkomm. Ausdrücke ꝛc. Als Anh. zu jeder Grammatik. Zum Gebr. f. Schulen u. Comptoiristen. 1. Aufl. (2⅔ B.) 841 u. 2., verm. Aufl. 12. (6 B.) Hamburg 843, Schuberth u. Comp.
Bildet einen Anhang zu dessen prakt. engl. Sprachlehre.

— der angehende engl. Kaufmann. Enth.: Das Wesentlichste aus d. Geschäftsleben, als: Correspondenz, Wechselformulare, Quittungen, Waarenbenennungen, die gebräuchlichsten im Handel vorkom. Ausdrücke ꝛc. Als Anh. z. jeder Grammatik. Zum Gebr. f. Schulen u. Comptoiristen. 4. verb. Aufl. 8. (72 S.) Hamburg 848, Schuberth & Co. n. 1/3 ℛ

Berg, G. van den, der angehende englische Kaufmann. Enthaltend das Wesentlichste aus dem Geschäftsleben, als: Correspondenz, Wechselformulare, Quittungen ꝛc. Zum Gebrauch für Schulen und Comptoiristen. 5., verb. und verm. Aufl. 8. (71 S.) Hamburg 858. [Leipzig, Schuberth und Comp.]

— der angehende franz. Kaufmann. Enth.: das Wesentlichste aus dem Geschäftsleben, als Correspondenz, Wechselformulare, Quittungen, Waarenbenennungen, die gebräuchl. im Handel vorkomm. Ausdrücke. Als Anh. zu jeder Grammatik. Zum Gebr. für Schulen u. Comptoiristen. gr. 12. (4⅙ B.) Hamburg 846, Schuberth u. Comp. *

Berg, G. van den, der angehende französische Kaufmann. Enth.: Das Wesentlichste aus dem Geschäftsleben, als: Correspondenz, Wechselformulare, Quittungen ꝛc. Zum Gebrauch für Handlungsschulen und Comptoiristen. 4. Aufl. gr. 8. (IV und 88 S.) Leipzig 863, Schuberth und Comp.

— premières lectures. Franz. Lese- und Uebersetzungsbuch für Anfänger. In fortschreit. Uebungen, redig. und mit Anmerk. versehen. 2. Aufl. (Ausg.) 12. (132 S.) Hamburg, 847, Schuberth und Comp.

— prakt. Lehrgang zur schnellen u. leichten Erlernung der engl. Sprache. Nach Ahn's Lehrgang d. Franz. 1. Curs. gr. 8. (144 S.) Hamburg 847, Niemeyer. — 2. Aufl. gr. 8. (IV u. 140 S.) Ebd. 848. — 3. Aufl. gr. 8. (IV u. 140 S.) Ebd. 850. — 4. Aufl. gr. 8. Ebd. 851. — 5. Aufl. gr. 8. (IV u. 139 S.) Ebd. 852. — 6. Aufl. gr. 8. (IV u. 139 S.) Ebd. 852. 9 ngr

— dass. 2. Curs. gr. 8. (136 S.) Ebd. 847. — 2. Aufl. gr. 8. (VI u. 132 S.) Ebd. 852. 9 ngr

— Schlüssel dazu. 1. Cursus. (6. Aufl.) gr. 8. (32 S.) Ebds. 852.

— praktischer Lehrgang zur schnellen und leichten Erlernung der englischen Sprache. Nach Ahn's Lehrgang des Französischen. 1. Cursus. 9. Aufl. 855. (IV, 139 S.) — 10. Aufl. Hamburg 858. (Verlags-Comptoir.) gr. 12. (2 Bl., 139 S.) 9 ngr

— prakt. Lehrg. z. Erlerng d. engl. Sprache. 1. Curs. 10. Afl. u. 2. Curs. 3. Afl. 8. (410) Hamb. 58. 56. (Berl., Simion.) à — 9 ||
Schlüssel z. 1. Curs. (32) 52. — 6

— praktischer Lehrgang zur schnellen u. leichten Erlernung der englischen Sprache. Nach Ahn's Lehrgang d. Französischen. 1. Cursus. 15—17. Aufl. Ebend. 867—69. gr. 8. (IV, 139 S.) 9 ngr

— dass. — 1. Cursus. 18. Aufl. gr. 8. (IV, 139 S.) Berlin 871. Simion.

Berg's, G. van den, praktischer Lehrgang der englischen Sprache. 1. Cursus. 19. Aufl. Durchgesehen v. Ludw. Herrig. gr. 8. (IV, 144 S.) Berlin 872. Simion. — 90

— praktischer Lehrgang der englischen Sprache oder der kleine englische Sprachmeister. Ein Elementarbuch zur leichten und schnellen Erlernung des Englischen, als Vorschule zu jeder Grammatik. Durchgehends mit unterlegter Aussprache nach Walker versehen. 6. Aufl. 12. (IV und 194 S.) Leipzig 861, Schuberth und Comp.

Berg's, G. van den, praktischer Lehrgang der englischen Sprache. 1. Kurs. 22. Aufl. Durchges. v. Ludw. Herrig. gr. 8. (IV, 144 S.) Berl. 890, Simion. * — 90

— praktischer Lehrgang der französischen Sprache oder der kleine französ. Sprachmeister. Elementarbuch zur leichten und schnellen Erlernung des Französischen als Vorschule zu jeder Grammatik. 6., verb. Aufl. 2., unveränd. Abdr. 8. (III und 172 S.) Leipzig 862, Schuberth und Comp. cart.

— Englisches Lese- und Uebersetzungsbuch. Auswahl progressiver Uebungsstücke und vorzügl. Classiker. Mit Anmerkungen versehen. 1. Thl. — A. u. d. T.: First Reading. Erstes Lesebuch in fortschreit. Uebungen. gr. 12. Ebend. 842. n. 5/12 ℛ — 2. Aufl. 8. Ebd. (846) 847. 5/12 ℛ — 2. Thl., für die Mittelklasse, enthalt.: Popular and Moral Tales by Miss Edgeworth. gr. 12. Ebend. 844. 3/4 ℛ — — 2. Aufl. 8. Ebd. (846) 847. 3/4 ℛ

—— englisches Lese- und Uebersetzungsbuch. Redig. und mit Anmerkungen versehen. 1. Thl.: für Anfänger. 3. Aufl. gr. 12. (V und 127 S.) Hamburg 854, Schuberth und Comp. *

—— dass. — 2. Thl., enthaltend: Popular and moral tales by Miss Edgeworth. 3. (Titel-)Aufl. gr. 12. (III und 225 S.) Ebds. 854. *

—— französ. Lese- u. Uebersetzungsbuch. Auswahl progressiver Uebungsstücke u. vorzügl. Classiker. Mit Anmerkn. versehen. 1. Thl. A. u. d. T.: Premières Lectures. Erstes Lesebuch f. Anfänger in fortschreit. Uebungen. gr. 12. (5 2/3 B.) Hamburg 842, Schuberth u. Comp. *

—— dass. 2. Thl., f. die Mittel-Classe, enth.: Florian, G. Tell. — Molière, l'Avare. 1. Aufl. (5 1/4 B.) 844. u. 2. Aufl. 8. (9 7/8 B.) Hamburg 846, Schuberth u. Comp. à -

— Französ. Lese- u. Uebersetzungsbuch. Auswahl progressiver Uebungsstücke u. vorzügl. Classiker. Red. u. m. Anmerkgn. versehen. 1. Thl. 2. Aufl. A. u. d. T.: Premières lectures. Erstes Lesebuch f. Anfänger in fortschreitenden Uebungen. 2. Aufl. gr. 12. (VI u. 128 S.) Hamburg 851, Schuberth & Co. 5/12 ℛ

—— Orthoëpie. Engl., franz. u. deutsche Sätze u. Gespräche in 2 Thln. 1. Thl. A. u. d. T.: Sammlung auserles. Sätze u. Gespräche (engl., franz. u. deutsch), mit steter Bezugnahme auf die Hauptregeln d. Grammatik, um solche gesprächsweise zu erlernen. 5., verb. Aufl. 12. (13 1/3 B.) Hamburg 846, (47.) Schuberth u. Comp. *

— Orthoëpie. Engl., franz. u. deutsche Sätze u. Gespräche in 2 Thln. 2. Thl. Die Conversations-Sprache (engl., franz. u. deutsch). Gespräche des täglichen Umgangs rc. m. e. Vocabelschatz aller häufig vorkom. Wörter nach ihrem Inhalte classificirt. 8. (104 u. 192 S.) Hamburg 847, Schuberth & Co. 2/3 ℛ (1. u. 2. Thl. in 1 Bd. geb. n. 1 1/3 ℛ)

—— Orthoëpie. Ein vollständig prakt. Lehrbuch der englischen und französischen Sprache, in einer Auswahl von 6000 Dialogen und Redesätzen. 2 Thle. 6. (Titel-)Ausg. Durchgehends im Engl. mit unterlegter Aussprache nach Walker. gr. 12. (XVI und 496 S.) Hamburg 854, Schuberth und Comp. à Theil * 10 Ngr. *

Berg, Gerh. van den, Englische Orthoëpie, od.: leichtfaßl. Anweis. z. richt. Sprechen d. Engl. Sprache. 3. Thl. Gespräche, nebst d. verba irregul. mit d. Ausspr. d. primit. Zeiten. — 4. Thl. Thätige u. leid. Zeitwörter, so wie die gebräuchl. Eigenschaftswörter mit ihr. Fürwörtern, in Sätze eingekleidet; u. eine Auswahl Engl. Gedichte. 8. (12 B.) Hamburg 827, (Schuberth u. Niemeyer.) à 10 Gr.
1. u. 2. Thl. Ebendas. 1827. à 10 Gr.

—— dass. 1. Thl. 2., verb. u. verm. Aufl. 8. (6 1/2 B.) Hamburg 830, Schuberth u. Niemeyer

van den Berg, Grhrd., Engl. Orthoëpie, oder leichtfaßl. und sichere Anweisung, d. Englische bald u. richtig sprechen u. lesen zu lernen. 4 Thle. (1r Thl. 3e, u. 2r—4r Thl. 2e Ausg.) Für Deutsche u. Franz. brauchbar. A. u. d. T.: Le petit Anglais. Collection de phrases familières avec la prononciation d'après Walker, à l'usage des français et des allemands. 1re Partie. A. mit d. T.: Leichte engl. und franz. Gespräche mit deutscher Uebersetz. gr. 12. Hamb. u. Itzehoe 834. Schuberth u. Comp. 1 ℛ 1r Thl. 4e Ausg. gr. 12. Ebd. 840. 1/3 ℛ 3r Thl. 3e Ausg. Ebd. 838. 1/3 ℛ — 2r Thl. Enthalt.: Gespräche mit deutsch. u. franz. Uebersetzung. 3e verb. u. verm. Aufl. gr. 12. Ebd. 837. n. 1/3 ℛ — 3r Thl. Enthaltend: Gespräche mit deutsch. u. franz. Uebersetzung. 3e verb. u. verm. Ausg. gr. 12. Ebd 837, 38. n. 1/3 ℛ (1—4: n. 1 ℛ)

—— englische Orthoëpie, eine leichtfaßl. u. sichere Anweisung, d. Englische in kurzer Zeit richtig sprechen u. lesen zu lernen rc. 4 Thle. gr. 12. Hamburg u. Leipzig, Schuberth u. Cp. zusammen. *

Thl. 1. Leichte Gespräche m. Bezeichn. d. Aussprache zum Auswendiglernen f. Deutsche, Franzosen, Dänen u. Italiener. 4., verb. Ausg. (5 B.) 840. * 8 Gr.
" 2. Gespräche m. deutsch. u. franz. Uebersetz. 3., verb. Ausg. (4 1/2 B.) 837. * 8 Gr.
" 3. Gespräche m. deutsch. u. franz. Uebersetz. 3., verb. Ausg. (4 B.) 837. * 8 Gr.
" 4. Gespräche m. deutsch., franz., dän. u. ital. Uebersetz., besond. üb. d. unregelmäß. Zeitwörter. 3., verb. Ausg. (4 B.) 838. * 8 Gr.
1. Thl. a. u. d. T.: Manuel de Conversation. — Handbuch d. Conversat. 1. Part. — 2—4. Thl. a. u. d. T.: Le petit Anglais. 2—4. Part.

—— first reading. A. u. d. T.: Englisches Lese- u. Uebersetzungsbuch f. Anfänger. In fortschreitenden Uebungen. 1. Aufl. (5 2/3 B) 842 u. 2. Aufl. 8. (10 7/8 B.) Hamburg 846, (47.), Schuberth u. Comp. à -

—— dass. 2. Thl., f. die Mittel-Classe, enth.: Popular and Moral Tales von Miß Edgeworth. 1. Aufl. (9 3/4 B.) u. 2. Aufl. 8. (19 B.) Hamburg 846, (47.) Schuberth u. Comp. à -

— vollständige prakt. engl. Schul-Grammatik. Ein allgemein faßl. Unterricht in d. engl. Sprache. gr. 8. Leipzig, Hamburg u. Itzehoe 838. Schuberth u. Comp. 3/4 ℛ

— franz. Sprachlehre für Schulen u. zum Selbstunterricht. 8. Hamburg u. Leipzig 840. Schuberth u. Comp. 7/8

Berg, Gerh.: Pract. engl. Sprachlehre f. Schulen u. z. Selbstunterricht. 1. Aufl. gr.8° (16 B.) 838. 3/4 Thlr. 2., verb. u. sehr verm. Aufl., durchgeh. mit d. Aussprache nach Walker vers. gr12°. 13 3/4 B.) Hamburg u. Leipzig 1841, Schubert u. Cp.

— praktische englische Sprachlehre für Schulen und zum Selbstunterricht. 2., verb. u. sehr verm. Aufl., durchgehends mit der Aussprache nach Walker versehen. gr. 12. Ebd. 841. 7/8 ℛ — 3. Aufl. vermehrt mit e. Anhange für angehende Kaufleute rc. Ebd. 842. n. 1 ℛ — 4., verb. u. verm. Aufl. gr. 12. Ebd. 844. 7/8 ℛ geb. 1 ℛ

—— prakt. englische Sprachlehre für Schulen u. zum Selbstunterr. 1. Aufl. (16 B.) 842. 1 Thlr. u. 4., verb. u. verm. Aufl., durchgehends mit d. Aussprache nach Walker versehen. gr. 12. (14 B.) Hamburg 844, Schuberth u. Comp.

—— praktische englische Sprachlehre für Schulen und zum Selbstunterricht. 5., verb. Aufl., durchgehends mit der Aussprache nach Walker versehen. 8. (IV und 320 S.) Hamburg 848, Schuberth und Comp. *

—— praktische englische Sprachlehre für Schulen und zum Selbstunterricht. 6. Aufl. 852. 1 Thlr. und 7. (Titel-)Aufl., durchgehends mit der Aussprache nach Walker versehen. 8. (VI und 342 S.) Hamburg 854, Schuberth und Comp.

—— praktische englische Sprachlehre für Schulen und zum Selbstunterricht. 8., verb. und verm. Aufl., durchgehends mit der Aussprache nach Walker versehen. 8. (VI und 342 S.) Hamburg, 857. [Leipzig, Schuberth und Comp.]

—— praktische englische Sprachlehre für Schulen und zum Selbstunterricht. (Durchgehends mit der Aussprache nach Walker versehen.) 9., bericht. Aufl. 1862. und 10. Ster.-Ausg. gr. 8. (VI und 342 S.) Leipzig 864, Schuberth und Comp. *
geb. *

—— prakt. französ. Sprachlehre für Schulen u. zum Selbstunterr. 2., verb. u. verm. Aufl. 12. (18 B.) Hamburg 843, Schuberth u. Comp.

van den Berg, Gerh., praktische französische Sprachlehre für Schulen u. zum Selbstunterricht. 3. (Titel-) Aufl. gr. 12. (VI u. 426 S.) Hamburg (842) 849, Schuberth & Co. 11/12 ℛ

—— praktische französische Sprachlehre für Schulen und zum Selbstunterricht. 3. (Titel-)Aufl. gr. 12. (VI und 426 S.) Hamburg 851, Schuberth und Comp.

—— praktische französische Sprachlehre für Schulen und zum Selbstunterricht. 4., unveränd. Aufl. gr. 8. (IV und 376 S.) Leipzig 860, Schuberth und Comp. * 20 Ngr.; geb. *

—— der kleine französische Sprachlehrer. Praktisches Elementar-Buch zur leichten und schnellen Erlernung der französischen Sprache für Anfänger. Eine Vorschule zu jeder Grammatik mit einer Einleitung nach Ahn's Lehrmethode. 6., verb. Aufl. gr. 8. (III und 172 S.) Hamburg 857. [Leipzig, Schuberth und Comp.]

—— d. kleine engl. Sprachmeister. A. u. d. T.: Elementarb. d. engl. Sprache, als Vorschule z. meiner Grammatik. M. d. Ausspr. nach Walker. 2., verm. u. verb. Aufl. 8. (14¼ B.) Hamburg 846, Schuberth u. Comp.

— der kleine engl. Sprachmeister. Prakt. Elementarb. zur leichten u. schnellen Erlernung der engl. Sprache für Anfänger. Durchgehends mit unterlegter Aussprache nach Walker. 3. unveränd. Aufl. 8. (226 S.) Ebd. 847. — Eine Vorschule zu jeder Grammatik m. e. Einleitg. nach Ahn's Lehrmethode. Durchgehends m. unterlegter Aussprache nach Walker. 4. verm. Ausg. 8. (XVIII u. 222 S.) Ebd. 848. ¼ Rthl.

—— der kleine englische Sprachmeister. Eine Vorschule zu jeder Grammatik mit einer Einleitung nach Ahn's Lehrmethode. Durchgehends mit unterlegter Aussprache nach Walker. 5., verm. Aufl. gr. 12. (IV und 194 S.) Hamburg 854, Schuberth und Comp.

—— der kleine französ. Sprachmeister. Zum Selbstunterr. A. u. d. T.: Elementarb. der französ. Sprache als Vorschule zu meiner ausführl. Grammatik. 2., verb. u. verm. Aufl. 12. (8¼ B.) Hamburg 845, Schuberth u. Comp.

—— der kleine französische Sprachmeister. Prakt. Elementarbuch zur leichten und schnellen Erlernung der französ. Sprache für Anfänger. Eine Vorschule zu jeder Grammatik mit einer Einleitung nach Ahn's Lehrmethode. 3. Aufl. (204 S.) 847. und 4., verm. Aufl. 12. (XVIII und 200 S.) Hamburg 848, Schuberth und Comp.

— englisches Uebersetzungs-Buch, enthltd. e. Auswahl engl. u. nordamerikan. interessanter Anekdoten, Erzählungen u. Beschreibungen, eingerichtet zum Uebersetzen aus dem Deutschen in's Englische. 2. Aufl. Ebend. 869. 8. (VI. 102 S.) 7½ ngr.

Berg, G(erh.) van den, Vocabel-Schatz für Schule und Haus und auf der Reise. Systemat. geordnete Auswahl engl., franz. und deutscher Wörter ꝛc. 8. (104 S.) Hamburg 847, Schuberth und Comp. Thlr.

Berg, Gertr., Kindergeschichten f. d. Alter v. 3—8 Jahren. (93 S.) 8. Gotha 905. F. A. Perthes.
Geb. in Leinw. n. 2.—

Ⓑ Berg, Gertr., Kindergeschichten. 905. (KBL31.) Jetzt: Leipzig, Turm-Verlag.

Berg, Gualterus. s. Berg, Walter

v. Berg, Günth. Hnr., Abhandl. z. Erläuterung d. rhein. Bundesakte. 1r Thl. 8. Hannov. 808. Hahn. 1 Rthl.

— jurist. Beobachtt. u. Rechtsfälle. 4 Thle. gr. 8. Hannov. 802—809. Hahn. 4 Rthl.

Berg, Günth. Heinr. v.: Juristische Beobachtungen und Rechtsfälle, größtentheils in der Göttingischen Juristenfacultät und in der K. Justizcanzley zu Hannover gesammelt u. herausg. Th. 1-4. Hannover 1802-10. 4 Bde.

— Darstellung d. Visitation d. kaiserl. u. Reichskammergerichts. gr. 8. Götting. 794. Vandenhöck u. R. 1 Rthl. 4 gr.

— Grundriß e. Theorie d. gesammten jurist. Praxis. 8. Götting. 795. Dieterich. 1 gr.

— Grundriß d. reichsgerichtl. Verfassung u. Praxis. gr. 8. Gött. 797. (Vandenhöck u. R.) 1 Rthl. 8 gr.

— Handbuch d. deutschen Polizeirechts. 3 Thle. gr. 8. Hannov. 799—800. 2e Aufl. 801—3. 4r bis 7r Thl. 804—9. gr. 8. Hannov., Hahn. 18 Rthl. 12 gr. (5r—7r Thl. Auch u. d. T.: Samml. d. Polizeigesetze nach Ordnung des Handbuchs. 4 Thle. 806—9. 11 Rthl. 20 gr.) Zusätze u. Verbess. f. d. Besitzer d. ersten 3 Bände d. 1n Aufl. vorsteh. Handbuchs. gr. 8. Ebd. 802. 5 gr.

— Ueber Juden-Wucher. (Berg's Staatswiss. Versuche, Bd. 2.) 8°. Lübeck u. Leipzig, 1795.

Berg, Günth. H. v. Progr. de publicis imperii Romano-Germanici debitis. 8°. Gotting. 1792. (Deutsch in Girtaner's polit. Annalen, 1791, Sept., No. 1.)

— s. Schilderung d. Organisation.

Berg, Günther Heinr. v. (Hrsg.), s. a. Staatsliteratur, Neue deutsche.

v. Berg, Günth. Heinr.: Neue deutsche Staatsliteratur. Jan. — Dec. 1795. *Göttingen*, Dieterich. 795. 8. (2 Thl. 12 Gr.)

Berg, Günth. Heinr. v. (Hrsg.), s. a. Staats-Magazin, Teutsches.

v. Berg, Gth. H.: Deutsches Staatsmagazin. *Gött.*, Vandenhöck. 1—5r Bd. 796—800. 8. (4 Thl. 12 Gr.)

— über Deutschlands Verfassung u. Erhalt. d. öffentl. Ruhe darin. 8. Götting. 795. Vandenhöck u. R. 18 gr.

Gth. H. v. Berg üb. d. Verhältn. d. Moral z. Politik. *Heilbr.*, Eckebrecht. 790-91. 2 Th. 8° 3 Rthl.

— Versuch über d. Verhältniß d. Moral z. Politik. 2 Thle. gr. 8. Heilbr. 790, 91. Claß. 1 Rthl. 10 gr.

— Versuch über d. Zusammenhang aller Theile d. Gelehrsamkeit. 8. Frankf. 794. Streng. 4 gr.

— staatswissensch. Versuche. 2 Thle. 8. Lübeck, Niemann u. C. 895. [Leipzig]

Berg, Günther H. v., Ueber willkührliche Vertheilung der Bauerngüter. (Berg's Staatswissensch. Versuche, Bd. 2.) 8°. Leipzig 1795.

— die Wahlkapitulation K. Franz II., in systemat. Ordn. mit e. Einleitung. gr. 8. Götting. 794. Vandenhöck u. R. 9 gr.

– Über Wucher- und Wucherverbote. (Berg's Staatswiss. Versuche Bd. 2.) 8°. Lübeck und Leipzig 1795.

Berg, Günth. Heinr. v.: Zusatze und Verbesserungen zu seinem Handbuch des teutschen Polizeyrechts. Hannover: Hahn 1803.

Berg, Gustav

Cüstrins Bedeutung und Opfer für den preussischen Staat. Mit Benutz. des im Kgl. Haus-, Geh. Staats- u. Regier.-Archiv, sowie in d. stadt. Registratur vorhand. urkundl. Materials dargest. von Dr. Gustav Berg. *Cüstrin (1901): C. Nigmann; (Gamradt in Comm.)* (72 S.) 8° [illegible]

Berg, Gust., Cüstrins Bedeutung u. Opfer f. den preußischen Staat. Mit Benutzg. des im königl. Haus-, Geheimen Staats- u. Regierungs-Archiv, sowie in der städt. Registratur vorhandenen urkundl. Materials dargestellt. gr. 8. (72 S.) Cüstrin (901). (W. Wangerin). n. 1.50

Berg, Gustav: Beiträge z. Geschichte . . ., s. a. Schriften des Oldenburger Vereins. . .

Beiträge zur Geschichte des Markgrafen Johann von Cüstrin. Von Oberl. Dr. [Gustav] Berg-Cüstrin. *Landsberg a. W.: Dermietzel & Schmidt 1903.* (147 S.) 8° [illegible]
— Schriften d. Vereins f. Geschichte d. Neumark. H. 14.

Kurprinz Friedrich Wilhelm und Kronprinz Friedrich II. in Cüstrin. Mit Benutz. d. im Kgl. Haus-Archiv vorhand. urkundl. Materials von Dr. Gustav Berg. Cüstrin: Selbstverl. [illegible] 86 S. 8°

Berg, Gustav: Geschichte der Stadt und Festung Cüstrin, s. Schriften des Oldenburger Vereins...

Berg, Gust. Frhr. v., an meine Lieben in der Heimat. Reisebriefe aus Nord-Amerika v. 25. Juli bis 28. Novbr. 1893. Lex.-8. (IV, 201 S. m. 1 farb. Karte.) Wien 894. W. Frick. n. 6.

Berg. Gustav [aus Cüstrin]: Lübecks Stellung in der Hanse bis zur Mitte des XIV. Jahrhunderts. . . . Rostock, Carl Boldt'sche Hof-Buchdr., 1889: 58 S. 8°
Rostock. Phil. Fak.. Inaug.-Diss. v. 2. Mai 1889

Berg, G Frhr. v., d. Zoll-Novelle v. März 1885 u. ihre Bedeutg f. d. Landwirthschaft Ungarns. 8. (57) Wien 85, Frick. n. 1. 20

Berg, Gustav Friedrich, appr. Tierarzt: Aus d. hyg. Inst. d. Tierärztl. Hochsch. zu Hannover. Dir.: Dammann. Ueber spontanes Vorkommen von Enteritidis-Gärtner-Bazillen bei Mäusen und die Bedeutung des Fleischfütterungsversuches an weisse Mäuse. Hagen 1910: Hohendahl. 30 S. 8°
Gießen, Veterinär-Med. Diss. v. 11. Juli 1910, Ref. Bostroem
[Geb. 13. Febr. 83 Kessebüren; Wohnort: Bremen; Staatsangeh.: Preußen; Vorbildung: Gymn. Gütersloh Reife O. 05; Studium: Tierärztl. Hochschulen Hannover 2, Stuttgart 1, Hannover 3 S.; Rig. 23. Mai 10.] [U 10. 1177

Berg, H.
— Entwicklungsgeschichte v. Bryophyllum calycinum. I. Theil 1870. —.60

Berg, H.: Getreidepreise, s. Berg, Herm.

Berg, H.: Hdb. d. Maschinentechnikers, s. Berg, Heinrich

Berg, H., die Lust an der Musik erklärt. Nebst e. Anh.: Die Lust an den Farben, den Formen u. der körperl. Schönheit. gr. 8. (58 S.) Berlin 879. Behr. n. 1. —

Berg. H. Pflanzenphysiognomie. Besprechung der landschaftlich wichtigsten Gewächse. Berlin 1880.

Berg. H.: Die Wirkungsweise . . . . s. a. Mitteilungen u. Forschungsarbeiten.

Berg, H., Die Wirkungsweise federbelasteter Pumpenventile und ihre Berechnung. Berlin, 1905.

Berg, HM: Das Eigen-Unterkleid. (63 m. Abb.) Lex8° Karlsr., G Braun'sche Hofbdr. ('12). 4.80

— Die Frau u. ihr Kleid. Beitrag z. Ästhetik in d. Mode. (6, 49) 8° Ebd. ('12). 2 —

— Lehrb. f. d. Schnittkonstruktion d. Damenbekleidg. (Orig.-Zuschneidesystem Berg-Bühl.) (80 m. Fig.) Lex8° Münch. '11'12. (Karlsr.. G Braun'sche Hofbdr.) (6 —) 4.80

Berg, Hans [pr. Arzt]: Ein Beitrag zur pathologischen Anatomie der Scoliose ... Würzburg, kgl. Universitätsdr. v. H. Stürtz. 1893; 25 S., 1 Taf. 8.
Würzburg. Med. Fak. Inaug.-Diss. v. 1893.

Berg. Hans von. I. Über einige Derivate des β-Alanins. II. α-Diketone aus α-β-Olefinketonen. Diss. Phil. Basel. 33 S. 8. Schweinfurt. Fr. J. Reichardt, 1901.

— Entspricht die heutige Predigt den Bedürfnissen unserer Gemeinden? 1. u. 2. Aufl. (30 S.) 8. Schwerin 908. 10. F. Bahn. — 50

Berg, Hans, das Erbe der Reformation. Beiträge zu dem Thema: Kirche u. Gemeinschaft. I u. II. 8. Rostock, H. Koch. — 85
I. Glaube u. Taufe. (16 S.) 909. — 35
II. Kirchliches Amt u. Laienarbeit. (Vortrag.) (32 S.) 910. 50

Berg, Hans, Gerichtsassessor a. Wesenberg (Meckl.-Strel.): Erwerb und Verlust des Besitzes. Rostock 1905: Adler's Erben. (x, 81 S.) 8°
Rostock, Jur. Fak., Ref. Bernhöft, Diss. v. 10. Apr. 1905
[Geb. 3. Jan. 77 Rostock i. M.; Wohnort: Rostock; Staatsangeh.: Mecklenburg-Strelitz; Vorbildung: Gymn. Rostock Reife O. 95; Studium: München 4, Berlin 1, Rostock 3 S.; Rig. 23. Jan. 05.]

— Jugend u. Freiheit. Beitrag z. Jugendpflege. (19) 8° Neumünst., Vereinsbh. G Ihloff & Co. ('12). — 25 d

Berg, Hans: Der Klub d. Milliardäre, s: Roman-Perlen.

Berg, Heinrich [pr. Arzt aus Bonn]: Aus d. Rhein. Prov.-Irren-Anstalt zu Bonn. Beobachtungen über die progressive Paralyse bei Frauen ... Bonn, Buchdr. J. Bach Wwe., 1891; 54 S., 1 Bl. 8.
Bonn, Med. Fak., Inaug.-Diss. v. [15.] Aug. 1891

Berg, Heinr., Handbuch des Maschinentechnikers. Bernoullis Vademecum des Mechanikers. 22. Aufl. Nachschlagebuch f. Techniker, Gewerbetreibende u. techn. Lehranstalten. Neu bearb. v. B. 8. (XII, 539 S. m. Fig.) Stuttgart 901. A. Bergsträßer. Geb. in Leinw. n. 6. —

Berg, H: Hdb. d. Maschinentechnikers. Bernoullis Vademecum d. Mechanikers. 22. Afl. (539 m. Fig.) 8° Stuttg., A Kröner 01. ‖ 23. Afl. (587 m. Fig.) '04. L. je 6 — d

Berg, Heinr., Handbuch des Maschinentechnikers. Bernoulli's Vademekum des Mechanikers. 23. Aufl. Nachschlagebuch f. Techniker, Gewerbetreibende u. techn. Lehranstalten. (XIV, 587 S. m. Abbildgn.) 8. Stuttgart 904. A. Bergsträßer. Geb. in Leinw. n. 6. —

Berg, H., Handbuch des Maschinentechnikers, 24. Aufl., s.: Handbuch des Maschinentechnikers.

— die Pumpen. s.: Hartmann. K.

Berg, Heinr., Vademecum d. Mechanikers, s.: Bernoulli.

Berg, Helene, Gedanken u. Stimmungen. (80 S.) 8. Strassburg 907. J. Singer. 1.50

Berg, Henny, die Schicht-Torte, s.: Danner's, G., Damen-Bühne.

Berg, Hermann, Referendar: Getreidepreise und Kriminalität in Deutschland seit 1882. *Berlin: J. Guttentag 1902.* (S. 275—323.) 8° ¶(= Abhandl. d. kriminalist. Sem. an d. Univ. Berlin. N. F. Bd 1, H. 2.)
Rostock, Jur. Diss. v. [24. Dez.] 1902
[Nicht für den Austausch]

Berg, Hermann, aus Warburg: Aus d. med. Klinik zu Bonn. Ueber Muskelatrophie bei Thomsen'scher Krankheit. *Bonn 1904: E. Eisele.* (51 S.) 8°
Bonn, Med. Diss. v. 23. März 1904

Berg, Hermannus (geb. am 21 Febr. 1859 in Barmen): De participii temporum usu Appianeo ... Bonnae, ex C. Georgi typogr. (1884). 60 S. 8.
Bonn, Phil. Fak., Diss. v. 23 Febr. 1884

Berg, Hubertus Leonardus Ezechias van den, Arzt, aus Leiden: (Aus d. Universitäts-Frauen-Klinik in Leiden.) Die Torsion von Tubentumoren. *Leiden 1900: E. Ijdo.* (86 S.) 8°
Freiburg i. B., Med. Diss. v. 1900

Berg, Hugo, üb. das Verhalten der weissen Blutkörperchen bei der Gerinnung. Diss. gr. 8. (37 S.) Jurjew (Dorpat) 893. (E. J. Karow.) n. 1.

Berg, Hyacinthus: Demonstratio duplex methodo mathematica errores retegens chronologicos Georgii Christophori Neller admissos in exercitio jur.-histor.-chronol. pro die 2. Dec. 1771 cum notis quibusdam criticis. (Cöln) 1773.
[Betr. Gründung d. Erzbistums Bamberg.]

Berg, Hyacinth.: Jacobi Gothofredi jeti indictionum 24. laterculus, quarum mentio fit diserte in Codice Theodosiano, sumptus pro basi systematis novi de indictionibus a Ge. Chrph. Neller ad examen vocatus. (Cöln). 1773.

Berg, J., kurzer Abriß der schlesischen Kirchen-Geschichte, vornämlich für schlesische u. oberlausitzische Unterrichts-Anstalten. Volkenhain 857. (Breslau, Dülfer.) 8. (XI, 184 S.) n. 20 ngr

Berg, J., Diätetik für den Gebrauch der Kur in Bad Reinerz. Glatz 867. (Breslau, Schletter.) 16. (19 S.) n. 5 ngr.

—— die Geschichte der schwersten Prüfungszeit der evangel. Kirche Schlesiens und der Oberlausitz, d. i. der Zeit von Einführung der Reformation bis zur Besitznahme Schlesiens durch König Friedrich d. Gr. Ein Beitrag zur Erklärung der gegenwärtigen äußeren Zustände derselben und zur Darlegung ihrer Rechte und Ansprüche in dieser Hinsicht, nach den bewährtesten Quellen und Urkunden bearb. und mit den erforderlichen Uebersichten, Nachweisungen und Beilagen versehen. 8. (XXXI und 559 S.) Jauer 857(59.) (Breslau, Dülfer.) *

— die Geschichte der gewaltsamen Wegnahme der evangelischen Kirchen u. Kirchengüter in den Fürstenthümern Schweidnitz u. Jauer während des siebzehnten Jahrhunderts. Mit zum großen Theil noch ungedruckten Urkunden u. Beilagen. Eine Säcularschrift, als Beitrag zur schlesischen Kirchengeschichte u. zur Begründung einer angemessenen Auseinandersetzung der äußern Verhältnisse der evangelischen Kirche mit dem Staate u. der römisch-katholischen Kirche. Breslau 854. Dülfer in Comm. 8. (2 Bl., VIII. 268 S.) n. 20 ngr.

Berg, J. van den, D. Herstellg. v. Lichtdruckbildern, schwarz u. farbig, ohne Presse, ohne Vorkenntnisse, ohne nennenswerthe Kosten a. Papier, Pergament, Gelatine, Celluloid, Seide, Malerleinwand, Glas, Porzellan, Elfenbein, Holz, Metalle etc. etc. 2., vorb. Aufl. gr. 8. (14 S. m. 8 Fig.) Cleve 897. J. Allard. n. 1. 60

— über Milch u. Molken u. ihre Bedeutung als Nähr- u. Kurmittel. Berlin 870. (Breslau, Schletter.) gr. 8. (22 S.) n. 5 ngr.

Berg, J., über Milch und Molken und ihre Bedeutung als Nähr- und Kurmittel. gr. 8. (22 S.) Berlin 870. (Breslau, Skutsch.) *

Berg, J.: Untersuch. üb. Obst- u. Weintrauben-Arten Würtembergs u. die richtige Leitung d. Gährung ihres Mostes. Mit 2 Tab. gr. 8°. Stuttgart: Beck 1827.

Berg, (J.), Untersuchungen über Obst- u. Weintrauben-Arten Würtembergs u. die richtige Leitung d. Gährung ihres Mostes. Mit 2 Tabell. Stuttg. 827. Löfflund u. S. 6 gr.

Berg, J.: Untersuchungen über die Sterblichkeit, s. Berg, Julius

Berg, J.: Wann haben wir..., s. Berg, Justus

Berg, J. C. (Resp.): De Inappetentia ex abusu spirituosorum, s.a. Krueger, Jo. Gttl. (Praes.)

Berg, J. C.: De inappetentia ex abusu spirituosorum. Helmstadii. 1758.

Berg, J. Fr., Inaugural-Dissertation über die innerliche, vorzügl. bei syphilitischen Krankheiten höchst empfehlenswerthe Anwendung des rothen Quecksilber-Oxyds. Deutsch herausgeg. v. dessen Sohn Al. Berg. 8. Graudenz 830. Röthe. (Berl., Enslinsche B.) 6 gr.

Berg, J. G., s. Berg, Johann Gottfried

Berg, J. P.
– s. Hiob.

Berg, (J. P.,) Reformationsgeschichte d. Länder Jülich, Berg, Cleve rc. Mit e. Biographie d. Verf. v. Ldw. Troß. 8. Hamm 826. Schulz. 20 gr.

– s. Symbolae literar. Duisburg.

Berg, Jacob Friedr. v.
Anmerkungen über das Schreiben eines Frauenzimmers wegen den Frauenzimmerhüten in der Kirche (von *Jacob Friedr. v. Berg*). Speyer 1785.
So im Anon.-Lex. I. p. 69. — Sehr rar!

Berg, Jh. Chr. Dt., Probeschrift über d. Taufe, in histor. u. philosoph. Hinsicht. 8. Rostock 801.

Berg, Jh. Pt., († d. 8. März 1800.) specimen animadversionum philolog. ad selecta loca V. Test. 8. Leyd. 761.

Berg, Johann Baptist Anton Marie van den: Blutuntersuchungen bei Scharlach. *Freiburg i. Br. 1898: H. Epstein.* (99, IV S.) 8°
Freiburg i. B., Med. Diss. v. 1898

Berg, Johann Gottfried
Berg, J. G. Die Eigenthümlichkeiten der mecklenburgischen Lehne, deren Gefährdung u. Vertheidigung... Rostock. 833. (F. L. Schmidtchen.)...

— De jure peregrinorum quod Rostochii viget, per pactum successorium anni 1778. circumscripto et confirmato in usum scholarum. .. Rost. 833. (F. L. Schmidtchen.) ...

— Jus feudale Megalopolitanum etc. .. Rost. 832. (F. L. Schmidtchen.)

Berg, Joa. Godofred.: Jus feudale Megalopolitanum juri Langobardico comparatum in usum praelection. *Rostochii*, Stiller. 832. 8maj. (4 Gr.)

— Ueber den mecklenburgischen Civilprozeß rc. ... Rostock 832. (F. L. Schmidtchen.) ... s. Thl. I. S. 215.

Berg, Joa. Godofr.: Ueb. d. Mecklenburg. Civilprocess, insbes. üb. d. zeitgemässe Aufheb. der v. d. früh. Mecklenb. Landesgerichten eingeführt. gesetz- u. processordnungswidr. ehemal. Reichscammergerichtspraxis, zum Gebr. b. sein. Vorträgen üb. d. Mecklenburg. Civilprocess. *Rostock*, Stiller. 832. gr. 8. (8 Gr.)

Berg, Johann Hermann

Berg, Joan. Herm. (geb. Unterweiden im Rheinl. 22. 2. 1832): De morbis gravidarum eorumque vi in graviditatem et in partum. Berolini (1858) (32 S.) 8°
Berlin, Med. Diss. v. 17. Aug. 1858

Berg, Johannes: Aus d. chir. Univ.-Klinik zu Königsberg i. P. Zur Aetiologie der angeborenen Klumphand. Königsberg i. P. 1908: Kümmel. 24 S. 8°
Königsberg, Med. Diss. v. 8. Sept. 1908, Ref. Lexer
[Geb. 25. Nov. 83 Königsberg i. P.; Wohnort: Königsberg; Staatsangeh.: Preußen; Vorbildung: Friedrichs-Koll. Königsberg Reife O. 02; Studium: Königsberg 10 S.; Coll. 31. Juli 08; Approb. 4. Juni 08.] [U 09. 2362

Berg, Johannes [aus Magdeburg]: Die Althochdeutschen Prudentiusglossen der Codd. Paris. (Nouv. acquis 241) u. Monac. 14395 u. 475. ... Halle-Saale, Heynemann'sche Buchdr. (F. Beyer). 1889; 3 Bl. + 41 + 1 S. 8°
Halle, Phil. Fak., Inaug.-Diss. v. [17. Apr.] 1889

Berg, John: Untersuchungen über Obst- und Weintrauben-Arten Würtembergs und die richtige Leitung der Gährung ihres Mostes. Diss. unter dem Präsidium von Gustav Schübler. Tübingen: Fues 1827. 34 S., 2 Tab. Tübingen, Med. Diss. 1827.

Berg, Josef, appr. Arzt: Aus d. internen Abt. d. St. Johannes-Hosp. zu Dortmund. Perihepatitis und Perisplenitis hyperplastica (Zuckergußbildung) bei komplizierter Trikuspidalinsuffizienz auf rheumatischer Grundlage. Berlin: Trenkel 1909. 33 S. 8°
Leipzig, Med. Diss. v. 19. Nov. 1909, Ref. Hoffmann
[Geb. 29. April 83 Dortmund; Wohnort: Dortmund; Staatsangeh.: Preußen; Vorbildung: Städt. Gymn. Dortmund Reife O. 03; Studium: Freiburg i. B. 1, München 1, Greifswald 3, Leipzig 5 S.; Coll. 29. Jan. 10; Approb. 1. Juli 09.] [U 10. 2940

Berg, Jul., s.a. Arditi.

Berg, Julius (*geb. Gollassowitz in Oberschles. 17. 11. 1819*): De Angusturae cortice spurio. Vratislaviae (1844). (29 S.) 8°
Breslau, Med. Diss. v. 26. Nov. 1844

Berg, Julius, approb. Arzt aus Stettin: Aus d. Hygien. Institut zu Rostock. Untersuchungen über die Sterblichkeit in Rostock i. M. während der Jahre 1882—96. *Greifswald 1899: J. Abel.* (22 S.) 8°
Rostock, Med. Diss. v. [27. Mai] 1899

Berg, Just. vom, wann haben wir noch e. Zukunft? Unparteiische Vorschläge. gr. 8. (33 S.) Hagen 894. H. Risel & Co. n. — 60

Berg, K. A., Erlebnisse e. deutschen Ingenieurs in Italien. (V, 356 S.) 8. Berlin 909. G. Siemens. 3.20; geb. in Leinw. 4. —

Berg, K.H.E.: Anleitung zum Verkohlen. . . , s. B e r g , Carl Heinrich Edmund

Berg, Karl

Die Einführung der Städteordnung in Arnswalde. Von K[arl] **Berg**. (Amtsger.R.) Arnswalde: Wendt 1909. 84 S. 8°
Aus: Arnswalder Zeitung. [oq. 9406

Berg, Karl Er., s. Briefe über eine magnetische Kur.

Berg, Konrad: Die bayer. Landesfestung..., s. B e r g , Conrad

Berg, Karl Heinrich Edmund, s. B e r g , Carl Heinrich Edmund

Berg, Karoline Friderike

v. Berg, Frau, geb. Gräfin v. Häseler, s.a. Louise, Königin von Preußen.

Frau (Karoline Friderike) v. **Berg**, ⟨Freundin der Königin Luise⟩: Luise Königin von Preußen. Mit 1 Abb. Hrsg. von Fr[iedrich] Zurbonsen. Düsseldorf: Schwann 1910. XII, 97 S. 8°
(Schwann'sche Sammlung geschichtl. Quellenschriften f. d. Unterricht. H. 2.) [cs. 8041 B

Berg, L.

Gute Freundschaft. Lustspiel in 1 Aufz. von L. **Berg**. *Frankfurt a. M.: W. Rommel; (Berlin: E. Bloch) 1894.* (28 S.) 8° [F.]
— **Mädchen-Bühne**. H. 59. [ov. 11153

Die Gänsehirtin am Brunnen. Märchen in 6 Bildern mit 2 Reigen von L. **Berg**. Frankfurt a. M.: W. Rommel 1894. (40 S.) 8° [F.]
— **Mädchen-Bühne**. H. 3. [cd. 10390

Berg's, L., Gesetzeskunde f. Arbeitgeber u. Arbeitnehmer. I. II. 8. Wien-Fünfhaus 890. Pollak. à n. — 18
I. Gewerbeinspectoren-Gesetz. (16 S.)
II. Gewerbliches Hilfspersonal (Arbeiterschutz-Gesetz). (16 S.)

Berg's, L., Gesetzeskunde f. Arbeitgeber u. Arbeitnehmer. III. IV. 8. Wien, J. L. Pollak. n. — 40
(I—IV.: n. — 76)
III. Lehrlingswesen. Verfahren in Streitigkeiten aus dem Arbeits-, Lehr- u. Lohnverhältnisse. (16 S.) 891. n. — 20
IV. Gewerbliches Genossenschaftswesen. (16 S.) 892. n. — 20

Glück. Lustspiel in 3 Akten von L. **Berg**. Frankfurt a. M.: W. Rommel 1894. (36 S.) 8° [F.]
— **Mädchen-Bühne**. H. 2. [cd. 10389

Glück. Lustspiel in 3 Akten von L. **Berg**. *Frankfurt a. M.: W. Rommel 1891; (Berlin: E. Bloch 1901).* (36 S.) 8° [F.]
— **Damen-Bühne**, Ludwig Blochs. No 33. [ov. 10448

Berg, L.: Haben. . . , s. B e r g , Leo

Berg, L.: Hausadvocat., s. B e r g , Leopold

Berg, L., Mädchenbühne. Zur Aufführg. in Schulen u. Instituten. 1.—5. Bdchn. 8. Frankfurt a/M. 891. W. Rommel. n. 3. 70
1. Rheinmärchen. Märchen in 4 Bildern m. 3 Reigen. (51 S.) n. — 90
2. Glück. Lustspiel in 3 Akten. (36 S.) n. — 70
3. Die Gänsehirtin am Brunnen. Märchen in 6 Bildern m. 2 Reigen. (40 S.) n. — 80
4. Gute Freundschaft. Lustspiel in 1 Aufzug. (28 S.) n. — 60
5. Reigenspiele u. Prologe. (40 S.) n. — 70

Berg, L., Mädchenbühne, Fortsetzg., s.: Mädchenbühne.

Berg, L., u. E. **Rossbach**, König Mammon u. die Freiheit. Ein Bilderbuch f. kleine u. grosse Kinder. Entworf. u. gez. von *L. Berg*. Text zusammengest. von *E. Rossbach*. Leipzig, Genossenschafts-Buchdr., o. J. (1879). 4°. Illustr. Orig.-Ppb.*)
12 color. Vollbilder m. Text, unpaginirt. — Verboten am 24. I. 1879 durch d. kgl. sächs. Kreishptmannsch. zu Leipzig.

Berg, L., s.: Rechtssprechung, die, d. k. k. obersten Gerichtshofes.

Reigenspiele und Prologe von L. **Berg**. Frankfurt a. M.: W. Rommel 1894. (40 S.) 8° [F.]
— **Mädchen-Bühne**. H. 5. [cd. 10391

Reigenspiele und Prologe von L. **Berg**. *Frankfurt a. M.: W. Rommel; (Berlin: E. Bloch) 1891.* (40 S.) 8° [F.]
— **Mädchen-Bühne**. H. 60. [cs. 11154

Rheinmärchen in 4 Bildern. Von L. **Berg**. Frankfurt a. M.: W. Rommel 1894. (54 S.) 8° [F.]
— **Mädchen-Bühne**. H. 1. [cd. 10388

Rheinmärchen in 4 Bildern von L. **Berg**. *Frankfurt a. M.: W. Rommel; (Berlin: E. Bloch) 1894.* (55 S.) 8° [F.]
— **Mädchen-Bühne**. H. 62. [cs. 11156

— der Ring des Glücks, s.a. Mädchen-Bühne. 9. Bdchn.

Der Ring des Glücks. Märchen mit 3 Reigen nebst Prolog zu e. Weihnachtsfestspiel von L. **Berg**. *Frankfurt a. M.: W. Rommel* (auf d. Umschl.: *Berlin: E. Bloch) [1901].* (52 S.) 8° [F.]
— **Weihnachts-Aufführungen**. No 11. [ov. 11144

Berg, L.: Zauberwald, s. B e r g , Ludwig

van den Berg, L. Ph. C., siehe: Roman van Heinric en Margriete van Limborch.

Berg, L. S.

Berg, L. S., Die Bevölkerung Bessarabiens. Ethnographisches Manuskript

Die Cataphracti des Baikal-Sees ⟨Fam. Cottidae, Cottocomephoridae u. Comephoridae⟩. Beiträge z. Osteologie u. Systematik von L. S. **Berg** ⟨St. Petersburg⟩. Mit 5 Taf. u. 15 Abb. St. Petersburg & Berlin: Friedländer & Sohn 1907. (II, 75 S.) 4°
— **Ergebnisse**, Wissenschaftliche, e. Zoolog. Expedition nach d. Baikal-See. Lfg 3. [oq. 19088

Berg, L. W. C. van den, Fath al-Quarîb, s.: Ibn Qâsim al-Ghazzî.

Berg, Leo

Balladenbuch. Eine Auswahl Balladen z. deutschen Geschichte von d. Römerzeit bis 1870, zsgest. von Leo **Berg**. Mit Vorw. von Johannes Gaulke. Ill. von Steiner-Prag. Berlin-Leipzig-Wien: Buchverlag fürs Deutsche Haus 1908. 303 S. 8°
(Die Bücher d. Deutschen Hauses. Bd 58.) [oq. 11300

Berg, Leo, neue Essays. gr. 8. (VI, 442 S.) Oldenburg 901. Schulze. n. 6. —; geb. n. 7. —

Geschlechter von Leo **Berg**. Berlin: Hüpeden & Merzyn 1906. (166 S.) 8°
— **Kulturprobleme** d. Gegenwart. Ser. 2. Bd 2. [cd. 9696

—— haben wir überhaupt noch eine Litteratur? 1. und 2. Aufl. 8. (80 S.) Großenhain 888, Baumert und Ronge.

— Heine—Nietzsche—Ibsen. Essays. (102 S.) 8. Berlin (908). Concordia. 1.50; geb. 2. 30

Hilligenlei v. Leo **Berg**. Ausschnitt aus: Das literarische Echo. Jahr 8. H. 11, 1. März 1906. Berlin. 4°.

— zwischen zwei Jahrhunderten. Ges. Essays. gr. 8. (X, 484 S.) Frankfurt a/M. 896. Literar. Anstalt. Geb. in Leinw. n. 9. —

Henrik Ibsen. Studien von Leo **Berg**. *Köln, Berlin, Leipzig: A. Ahn 1901.* (VI, 127 S.) 8° [F.] [es. 10449 B

Berg, Leo, Henrik Ibsen und das Germanenthum in der modernen Litteratur, s. Volkshefte, litterarische.

Sexuelle Jugenderziehung. Briefe an e. Großmutter von Leo **Berg**. (Hrsg.: Johannes Gaulke). Berlin-Tempelhof: Freier literar. Verl. 1900. 157 S. 8°
(Kultur- u. Menschheits-Dokumente. Bd 2.) [oq. 9628

Berg, Leo. Gottfried Keller, s. Volkshefte, neue litterarische.

— s.: **Kulturprobleme** der Gegenwart.

— gefesselte Kunst. gr. 8. (VII, 165 S.) Berlin 901. Herm. Walther. n. 2. —

— **Litteraturmacher.** (76 S.) 8. Berlin (903). J. Räde. n. 1. —

— u. Wilh. **Lilienthal,** moderne Lyrik. Eine Sammlg. zeitgenöss. Dichtgn. 8. (X, 366 S.) Berlin 892. L. Waldau. Geb. in Leinw. n. 6. —

Berg, Leo. Deutsche Märchen des neunzehnten Jahrhunderts ausgewählt und eingeleitet von Leo B'. XVI + 408 S. 8. Berlin-Leipzig-Paris, Hüpeden & Merzyn, 1905. [geb. M. 5. —, 6. — u. 12. —] —
Darin S. 137—153 (cf. S. 404 f.): Grossmutter Käthi erzählt ihrem Bubi das Märchen von den Erdmännchen, von (Jeremias) Gotthelf.

— Deut. Märchen d. 19. Jahrh., ausgew. u. eingeleitet. 2. [Tit.-]Afl. (405) 8° Berl., Brandus [05]'07. Kart. 3 —; geb. 4 —; in Wildldr 12 — d

Berg, Leo (Hrsg.), s. Die Moderne.

Berg, Leo: Der Naturalismus, s.a. Pascal

Berg, Leo, der Naturalismus. Zur Psychologie der modernen Kunst. gr. 8. (VIII, 248 S.) München 892. Münchner Handelsdruckerei u. Verlagsanstalt M. Poessl. n. 3 —; geb. n. 4. —

— Das sexuelle Problem in Kunst u. Leben. 5. Afl. (94) 8° Berl., Herm. Walter 01. 1.50 d
Die 1—4. Afl. erschienen unter d. Pseudonym: „Pascal".

Der Übermensch in der modernen Litteratur. Ein Kapitel z. Geistesgesch. d. 19. Jh. von Leo **Berg.** *Paris, Leipzig, München: A. Langen 1897.* (IX, 281 S.) 8° [96. 10964

Berg, Leo (Red.), s. Universitäts-Zeitung, Allgemeine deutsche.

Unschuldig verfolgt. Eine lehrreiche Geschichte erzählt von Leo v. **Berg.** *Paderborn: Bonifacius-Dr. 1904.* (225 S.) 8° [F.] [04. 4776

Berg, Leo (Hrsg.), s. Volkshefte, Deutsche litterarische.

Leo **Berg.** Aus der Zeit – Gegen die Zeit. Gesammelte Essays. Berlin, Leipzig, Paris: Hüpeden & Merzyn 1905. (VII, 453 S.) 8° [06. 8376

Berg, Leo (Hrsg.), s. Zuschauer, Der.

Berg, Leon: Aus dem Herzen in die Feder, s. Volksbibliothek, Deutsche.

Berg, Leon: Bildung macht fein, s. Volksbibliothek, Deutsche.

Berg, Leon: Liebesbriefsteller, s. Volksbibliothek, Deutsche.

Berg, Leopold

— der **Hausadvocat.** Handbuch der österreich. Gesetze u. Verordngn. zum prakt. Gebrauche. 1.—3. Thl. 8. Wien 887. 888. Perles. geb. n. 11. 20
1. Der Hausadvocat f. Hausherren u. Miethparteien. 2., durchgeseh. Aufl. (XVI, 301 S.) n. 3. 60
2. Der Hausadvocat f. Fabrikanten, Gewerbetreibende u. Hilfsarbeiter. (XVIII, 384 S.) n. 4. —
3. Der Hausadvocat f. Wehrpflichtige, Landwehr- u. Landsturm-Männer. (XVI, 3-7 S.) n. 3. 60

Berg, Leop., D. Haus-Advocat f. Jedermann, d. a. Grund d. neuen Civilproceßgesetze s. Recht vor Gericht geltend machen will. Prakt., m. Formularen verseh. Handbuch f. d. Anwendg. d. neuen Civilproceßgesetze u. d. neuen Executionsordng. gr. 8. (XVII, 264 S.) Wien 898. M. Perles. n. 3. 60; geb. n. 4. 40

Berg's, Leop., Haus-Advokat f. Jedermann, der sein Recht vor Gericht geltend machen will. Praktisches, m. Formularen verseh. Handbuch f. die Anwendg. der Zivilprozeßgesetze u. der Exekutionsordng. 2., verb. Aufl. (XVIII, 273 S.) gr. 8. Wien 910. M. Perles. 4.—; geb. n 5. —

Berg, Dr. Leopold, Katechismus des neuen österreichischen Wehrgesetzes. Zugleich Anhang zum III. Theil: „Hausadvocat". (Für Wehrpflichtige, Landwehr- und Landsturmmänner.) 8. (VIII, 54 S.) Wien: Perles 1889. —.30

Berg, Leopold, Referendar in Züllichau: Die Concentration der Gesamtwahlschuld nach dem Bürgerlichen Gesetzbuch für das Deutsche Reich. Egeln 1907: F. Heyl. (74 S.) 8° [F.]
Heidelberg, Jur. Fak., Ref. Bekker, Diss. v. 26. März 1907
[Geb. 11. Aug. 85 Berlin; Wohnort: Züllichau; Staatsangeh.: Preußen; Vorbildung: Bismarck-Gymn. Wilmersdorf b. Berlin Reife O. 03; Studium: Berlin 2, Freiburg i. B. 1, Berlin 3 S.; Rig. 15. Jan. 07.]

— D. österr. Steuerträger 1898. D. neuen Steuergesetze, gemeinverständl. besprochen, leichtfaßl. dargest. u. durch Beispiele erl. gr. 8. (IV, 82 S.) Ebd. 897. n. 1. 20

Berg, Leop., Wien u. die Vereinigung der Vororte. gr. 8. (IV, 58 S.) Wien 876. Manz. n. 1. 20

—— **Ernst von Wildenbruch und das Preußenthum in der modernen Litteratur,** s. Volkshefte, litterarische.

Berg, Leopold Friedrich: Beitrag . . ., s. Berg, Friedrich

Berg, Lodewijk - Willem - Christiaan
Les Réformes législatives en Turquie. Par M. L[odewijk]-W[illem] C[hristiaan] van den **Berg,** Prof. Bruxelles: Bur. de la Revue (de droit internat. et de législation comparée); Berlin: Puttkammer & Mühlbrecht [usw.] 1896. 53 S. 8°
Aus: Revue de droit internat. et de législation comparée. [11. 1669

Berg, Louise, (Karoline v. Woltmann), Euphrosine; e. Roman. 8. Berl. 804. Umgearb. unt. d. T.: Heloise; e. kleiner Roman. 8. Ebd. 809. (Reimer). 12 gr

Berg, Ludwig
Berg, Ludw., vom Begriffe u. Wesen der Sacramente nach christl. Bekenntniß. Rede, gehalt. in Worms vor ein. Gesellschaft Reformfreunde am 30. März 1845. gr. 8. (½ B.) Worms, (Nahke.) *

Berg, Ldw., das hierarchische u. apostolische Christenthum. Rede, gehalt. am 24. März 1845 im Saale des Stadthauses zu Worms. gr. 8. Darmstadt 845, Ollweiler. 2 ngl

—— die hierarchische **Propaganda** u. die Staaten. 2. Aufl. 12. (3 B.) Darmstadt 845, Ollweiler.

—— der objektive **Protestantismus** u. sein Verhältniß zum Pantheismus u. Katholizismus. Ein religionsphilosoph. Versuch. gr. 8. (13 B.) Darmstadt 845, Leske.

Berg, Ludov. (geb. Fordon 1807): De respiratione ranarum. Berolini (1831). (30 S.) 8°
Berlin, Med. Diss. v. 30. Aug. 1831

Berg, Ludw., humoristische Schlager f. den Vortrag in heiteren geselligen Kreisen. 12. (62 S.) Köln (900). J. Püttmann. — 30

Berg, Ludwig, a. Zimmerhof: Ueber Synthesen der Isoölsäure $C_{18}H_{33}$ CH = $CHCO_2H$. Heidelberg 1905: K. Rössler. (34 S.) 8°
Heidelberg, Naturw.-math. Fak., Ref. Curtius, Diss. v. 2. Aug. 1905
[Geb. 11. Mai 79 Rheingönnheim, Pfalz; Wohnort: Memmingen; Staatsangeh.: Baden; Vorbildung: Realschule Wimpfen Reife f. Prima; Studium: Heidelberg 10 S.; Rig. 3. März 05.]

Berg, (Ldw.,) der Zauberwald, e. Blumenlese aus Lessing, Geßner, Engel, Herder, Krummacher etc. 8. Altona 822. Hammerich. 1 rℓ 4 gr

— **Zweck** und Ziel der apostolischen **Reformation.** Rede gehalten am 16. März 1845 zu Worms. gr. 8. Darmstadt 845, Ollweiler. 2 ngl

Berg, M v., s. a. Berg-Nesselroden.

Berg, M. v.: Geheimfach, s. Berg, Moritz

Berg, M.: Trotteltown, s. Berg, Max

Berg, M.: Ulanen-Briefe, s. Berg, Moritz

Berg, M. St. (Mathilde Gräfin Stubenberg), der arme Wenzl. Drama in 5 Akten. (112 S.) 8. Kassel 904. [G. Weiß.] Ohlau, F. Leichter. n. 1. 80

Berg, Maria vom, der Burgunderzug. Ein Idyll aus St. Gallens Vergangenheit. 12. (VI, 188 S. m. Kopfleisten, Initialen u. Schlußvignetten.) Frauenfeld 880. Huber. cart. n. 3. 40

— dass. — 2. Aufl. 12. (VI, 192 S.) Ebendas. 880. cart. *

Berg, Maria vom, der Burgunderzug. Ein Idyll aus St. Gallens Vergangenheit. 3. Aufl. 12. (X, 192 S.) Frauenfeld 885. Huber. cart. n. 4. —

Berg, Maria vom, der Burgunderzug. Ein Idyll aus St. Gallens Vergangenheit. 4. Aufl. Mit 12 Vollbildern v. Vict. Tobler. 12. (VIII, 206 S.) Frauenfeld 901. Huber & Co. Geb. n. 3. 20

— das Haus in der Thurmecke. Des Spielmanns Kind. Zwei Novellen. 12. (178 S.) Ebend. 882. cart. n. 3. 20

— zwei Novellen. [Das Haus in der Thurmecke. Des Spielmanns Kind.] 2. Aufl. 16. (177 S.) Ebend. 883. n. 2. 40

Berg, Maria vom, zwei Novellen. D. Haus i. d. Turmecke. D. Spielmanns Kind. 3. Aufl. gr. 16. (V, 185 S. m. Bildn.) Frauenfeld 895. J. Huber's Verl. Geb. in Leinw. n. 3. 60

Berg, Max, approb. Arzt aus Boppard: **Beitrag zur Kenntnis der transcorticalen Aphasie.** *Göttingen 1903: L. Hofer.* (71 S.) 8° Göttingen, Med. Diss. v. [25. Apr.] 1903

Berg, Max, Beitrag zur Kenntnis der transcorticalen Aphasie. Diss. (69 S. m. 2 Tab. u. 1 Taf.) gr. 8. Göttingen 903. Vandenhoeck & Ruprecht. n. 2. —

Am Alten Markt zu Posen. Polenroman aus d. deutschen Ostmark von Max **Berg** [d. i. Kaeseberg]. Lissa i. P.: F. Ebbecke [1907]. (186 S.) 8° [F.] [07. 8285

Berg, Max (Max Kaeseberg), am alten Markt zu Posen. Polenroman aus der deutschen Ostmark. (186 S.) 8. Lissa (907). O. Eulitz. 2.—; geb. n 3. —

Berg, Max, Trotteltown. Den Mitteilgn. e. ehemal. Schiffskapitäns nacherzählt. (119 S.) 8. Berlin 904. Stettin, H. Peters. n. 1. —

— dasselbe. Neue Folge. Den Mitteilgn. e. ehemal. Schiffskapitäns nacherzählt. (182 S.) 8. Göttingen (906). Stettin, H. Peters. n. 1. —

Die Wacht an der Weichsel. Roman von Max **Berg** [d. i. Max Kaeseberg]. Göttingen & Leipzig: H. Peters [1906]. (331 S.) 8° [F.] [06. 8ᵐ 7

— Die Wacht an d. Weichsel. Roman. (331) 8° Gött. (06). Stett., H Peters. 3.50 d

Berg, Moritz
— s. a.: Berg-Nesselröden, Mor. v.

Berg, Mor. v., s. a. Kaltenberg, Mor. v.

— Einer v. d. Ersten Husaren d. engl.-deutschen Legion, s. a. Kriegs- u. Friedensbilder.

Berg, Moritz v. Einer von den ersten Husaren der englisch-deutschen Legion. Militärisch-historische Erzählung. Mit 1 Uniformbilde und 3 Skizzen im Text. (Aus:) „Kriegs- und Friedensbilder. Erzählungen aus Deutschlands militärischer Vergangenheit." 1. Bd. 8. Berlin 1897.

— Graf Hasso Felsberg. E. Lieutenant v. d. Garde du Corps (König Georgs). Rom. a. d. letzten Zeit Alt-Hannovers i. 4 Abschnitten. 2 Bde. 8. (VII, V, 204 u. 215 S.) Breslau 898. Schles. Buchdruckerei rc. n. 8. —; geb. n. 10. —

Berg, M v., d. Geheimfach meines Schreibtisches. Erinnergn a. d. Leben e. alten Reitersmannes. 1—3. Bd. 8° (Mit Illustr.) Bielef., E Siedhoff. 11 —; geb. 14.50
1. (256) 94. 5 —; geb. 6.50; auch in 3 Lfgn à 1.80
2. (235) 94. 3 —; geb. 4 —; auch in 3 Lfgn à 1 —
3. (240) 95. 3 —; geb. 4 —; auch in 3 Lfgn à 1 —

— d. Geheimfach m. Schreibtisches. Erinnergn. a. d. Leben e. alten Reitersmannes. 3. Bd. M. Ill. v. O. Günther-Naumburg u. H. Lüders. gr. 8. (IV, 33; 45, 30, 44, 25, 45 u. 18 S.) Bielefeld 895. E. Siedhoff. n. 3. —; geb. n. 4. —; auch i. 3 Hftn. à n. 1. —; (1—3: n. 11. —; geb. n. 14. 50)

— Gelb-Weiß. Plaudereien aus militär. Jugendzeit. gr. 8. (148 S.) Ebd. 894. n. 2. —

— Roß u. Reiter. Cavallerist. Erzählgn. Ill. v. H. Lüders. I. D. tolle Graf. Rom. f. Herrenreiter. II. Stummel-August, od. d. Geschichte e. Pferdes. M. 17 Ill. gr. 8. (317 S.) Berlin 898. K. Siegismund. n. 4. —; geb. n. 5. —

Berg, Mor. v., Auf d. Spuren d. Jugendzeit. Harzplauderei e. alten Mannes. Reich ill. v. H. Lüders. 2 Bde. 8. (VIII, 256 u. VIII, 208 S.) Minden 898. J. C. C. Bruns. n. 6. —; geb. n. 8. —

— Ulanen-Briefe v. der 1. Armee. 3 Tle. in 1 Bde. Nebst 1 Karte d. Kriegsschauplatzes um Amiens. Lex.-8. (253 S.) Ebd. 893. n. 5. —

Berg, M. v. Ulanen-Briefe von der I. Armee. Mit 1 Krt. Bielefeld 1893. 253 S.

— Ulanen-Briefe v. d. 1. Armee. 3 Tle. i. 1 Bde. 2. Aufl gr. 8. (253 S. m. 1. Fksm. u. 1 Karte.) Ebd. 894. n. 5. —

— dasselbe. 3. Aufl. Volks-Ausg. gr. 8. (252 S. m. 1 Kartenskizze u. 1 Brief-Fksm.) Ebd. 895. n. 1. 50

Berg, O., s. a. Berg, Otto Carl

Berg, O., die Rotbremse, s. Scheib, O.

Berg, O.C., s. Berg, Otto Carl

Berg, O.F.
— u. D **Kalisch**: Berlin, wie es weint u. lacht, s.: Universal-Bibliothek.

Berg, O.F.: Die Frau v. Brestl, s. Theater-Repertoir, Wiener.

– der barmherzige Bruder, s. Theater-Repertoir, Wiener.

Berg, O. F., ein Wiener Dienstbote, s. Theater-Repertoir, Wiener, 186. Lfg.

Berg, O. F. Ein Wiener Dienstbote. Lebensbild mit Gesang in drei Akten. Musik v. Kapellmeister *E. Stolz. Wien* 1857. Druck v. *L. Sommer.* 51 S. 8°.

– Einer von unsere Leut', s. Theater-Repertoir, Wiener.

– der Hasenschrecker, s. Theater-Repertoir, Wiener.

– Doktor Haslinger, s. Theater-Repertoir, Wiener.

Berg, O.F. [Hrsg.], s. Kikeriki

—— Kikeriki im Arrest. Ernste und heitere Erinnerungen an meine Haft. 3. Aufl. br. 8. (56 S. mit vielen Orig.-Illustr in eingedr. Holzschn. von E. v. Stur.) Wien 868, Dirnböck.

Berg, O.F. [Hrsg.], s.a. Kikeriki-Kalender...

(F) Bergs Kikeriki-Kalender für das Jahr 1905. 8°. (ill. 128 S.) Wien: 1904. K —.48

Berg's, OF, Kikeriki-Kalender f. 1905. (96) 8° Wien (I, Grünangerg. 6), Administr. d. „Kikeriki". —40 d

– der Herr Landesgerichtsrath, s. Theater-Repertoir, Wiener.

– der letzte Nationalgardist, s. Theater, neues Wiener.

– Nr. 28, s. Theater-Repertoir, Wiener.

—— Pechkalender, s. Pechkalender.

– eine verrückte Person, s. Theater-Repertoir, Wiener.

– die Pfarrersköchin, s. Theater-Repertoir, Wiener.

Berg, O. F., Ein Rekrut von 1859, s. Theater-Repertoir, Wiener.

— die alte Schachtel, erneuert v. Ottokar Tann-Bergler, s.: Universal-Bibliothek.

— unter dem Siegel der Verschwiegenheit, s.: Bloch's, E., Theater-Correspondenz.

— Isaak Stern, s.: Theater, neues Wiener.

— ein Stündchen auf dem Comptoir, s.: Theater-Repertoir, Wiener.

—— zwölf Uhr, s. Theater-Repertoir, Wiener.

Berg, O. F. Eine Vorstadt-Geschichte. Lebensbild mit Gesang in drei Akten. Musik vom Kapellmeister Julius Hopp. *Wien* 1858. *M. Lell.* 38 S., 8°.
Als Manuscript gedruckt.

Berg, O. T. — Die Wahrheit auf Reisen. Komisches Zaubermährchen mit Gesang in drei Abtheilungen von — —. Musik vom Herrn Kapellmeister Fr. v. Suppé. Als Manuskript gedruckt, und Eigenthum des Theater-Agenten Adalbert Prix in Wien. Wien, 1856. Druck von M. Lell. (40 S. 8.)

Berg, Olof., Sklaverei, Seeherrschaft und die Preuss. Staatszeitung. Ein Nachtrag zu meiner Schrift: „Nordamerikas Stellung zum Quintupel-Tractat am 20. Dec. 1841." gr. 8°. Königsberg, Gräfe u. Unzer, 1843.

Berg, Olof, Nordamerikas Stellung zum Quintupel-Tractat vom 20. December 1841. Eine Beleuchtung der Sklaven- u. Handelsverhältnisse der Vereinigten Staaten, als Versuch eines Commentars zur Note des Generals Caß d. d. Paris 13. Februar 1842. Nach amtlichen Daten. gr. 8. Königsberg 842, Gräfe u. Unzer. 1 ß

Berg, Olof, s. E. Tegnér, die Nachtmahlskinder.

Berg, Otto, s.a. Berg, Otto Carl

Berg, Otto: Beitrag zur Kenntniss der Entwickelung des Embryosackes der Angiospermen. *Bamberg 1898: S. Mahlmeister.* (48 S. mit Taf.) 8°
Erlangen, Phil. Diss. v. 15. Dez. 1897

Berg, Otto v., die Macht des Weibes od. Leben, Lieben, Kämpfen. Roman aus dem modernen Leben. 100 Lfgn. gr. 8. (2656 S. m. je 100 Bild.) Berlin 893. 894. Verlagshaus f. Volkslitteratur u. Kunst. à — 10; in 20 Bdn. à — 50

Das Relativitätsprinzip der Elektrodynamik von Otto **Berg**. Göttingen: Vandenhoeck & Ruprecht 1910. 50 S. 8°
Aus: Abhandlungen d. Fries'schen Schule. N. F. Bd 3, H. 2. [11. 6717 7

Berg, Otto, Üb. d. Schwingungsdauer v. Kondensatorenentladgn. Diss. gr. 8. (31 S.) Freiburg i/Br. 898. Speyer & Kaerner. n. 1. —

Berg, Otto Carl

Berg, Otto, anatomischer Atlas zur pharmaceutischen Waarenkunde in Illustr. auf 50 in Kreidemanier lithogr. Taf. nebst erläut. Texte. 8 Lfgn. gr. 4. (50 Stnt. und Text IV und 103 S.) Berlin 863,64, Gaertner. Subscr.-Pr. à Lfg. *- Ladenpr. des ganzen Werkes *

Berg, Otto, anatomischer Atlas zur pharmazeutischen Waarenkunde in Illustr. auf 50 in Kreidemanier lithogr. Taf. nebst erläut. Texte. Neue (Titel-)Ausg. 8 Lfgn. gr. 4. (IV, 103 S. mit 50 Stnt.) Berlin (865)69, Gaertner. à Lfg. * ℳ 2,75. *

Berg, O. C., u. C. F. Schmidt, Atlas der officinellen Pflanzen. Darstellung u. Beschreibg. der im Arzneibuche f. das Deutsche Reich erwähnten Gewächse. 2., verb. Aufl. v. Darstellg. u. Beschreibg. sämmtl. in der Pharmacopoea borussica aufgeführten officinellen Gewächse. Hrsg. durch Arth. Meyer u. K. Schumann. 1.—12. Liefg. gr. 4. (1. Bd. VII, 129 S. m. 44 farb. Taf.; 2. Bd. S. 1—72 m. 26 farb. Taf.) Leipzig 891—894. A. Felix. Subskr.-Pr. à n. 6. 50

Berg, O. C., u. C. F. Schmidt, Atlas d. officin. Pflanzen. Darstellg. u. Beschreibg. d. i. Arzneibuche f. d. Deutsche Reich erwähnten Gewächse. 2., verb. Aufl. v. Darstellg. u. Beschreibg. sämmtl. i. d. Pharmacopoea borussica aufgef. officin. Gewächse. Hrsg. v. Arth. Meyer u. K. Schumann. 13.—22. Lfg. gr. 4. (2. Bd. III u. S. 73—121 m. 18 farb. Taf., 3. Bd. S. 1—94. m. 36 farb. Taf.) Leipzig 895—898. A. Felix. Subskr.-Pr. à n. 6. 50

Berg, O. C., u. C. F. Schmidt, Atlas der officinellen Pflanzen. Darstellg. u. Beschreibg. der im Arzneibuche f. das Deutsche Reich erwähnten Gewächse. 2., verb. Aufl. v. Darstellg. u. Beschreibg. sämmtl. in der Pharmacopoea borussica aufgeführt. officinellen Gewächse. Hrsg. durch Arth. Meyer u. K. Schumann. 23.—28. (Schluss-)Lfg. gr. 4. (3. Bd. III. u. S. 95—102 u. 4. Bd. S. 1—80 m. 35 [31 farb.] Taf.) Leipzig 899—902. A. Felix. Subskr.-Pr. à n. 6. 50

Berg, Otto (C.), pharmazeutische Botanik. 4., verb. Aufl. gr. 8. (VIII und 451 S.) Berlin 860, Gaertner. *

—— pharmazeutische Botanik. 5., verb. Aufl. gr. 8. (VIII und 458 S.) Berlin 866, Gaertner. *

—— Charakteristik der für die Arzneikunde und Technik wichtigsten Pflanzengenera in Illustrationen, nebst erläuterndem Text nach seinem Handbuche der pharmaceutischen Botanik geordnet. Berlin, L. Nitze. 1845. 4. VIII, 143 p., 96 tab. (8 th. n.)

Berg, Otto, Charakteristik d. f. die Arzneikunde u. Technik wichtigsten Pflanzen-Genera in Illustrationen nebst erläut. Texte nach sein. Handb. d. pharmaceut. Botanik geordnet. M. ein. Vorw. v. H. F. Link. 1—6. Lfg. gr. 4. (10 B. u. 48 Taf.) Berlin 845—47, Plahn'sche Buchh. à L. * 15 Ngr. *

Berg, Otto, Charakteristik der f. die Arzneikunde u. Technik wichtigsten Pflanzen-Genera in Illustrationen nebst erläut. Texte nach seinem Handbuche der pharmaceut. Botanik geordnet. Mit e. Vorworte v. H. F. Link. 5—12. Lfg. gr. 4. (m. 64 lith. theils col. Tfln.) Berlin 847—49, Nitze. à Lfg. n. 1/3 ℛ (12 Lfgn. n. 6 ℛ) — 2. (Titel-)Abdr. gr. 4. (VIII u. 143 S. m. 96 lith. Taf.) Ebd. 851. n. 8 ℛ

—— Charakteristik der für die Arzneikunde und Technik wichtigsten Pflanzen-Gattungen, in Illustr. auf 100 in Stein gravierten Taf., nebst erläuterndem Texte, oder Atlas zur pharmazeutischen Botanik. 2., verm. und sorgfältig revid. Aufl. 10 Lfgn. gr. 4. (100 Stnt., wovon 4 ill., mit Text V und 114 S.) Berlin 860, Gaertner. Subscr.-Pr. à Lfg. * 20 Ngr. * Ladenpr. cplt. geb. *

—— die Chinarinden der pharmakognostischen Sammlung zu Berlin. gr. 4. (IV und 48 S. mit 10 Stnt. Abbild.) Berlin 865, Gaertner. *

—— und *C. F.* **Schmidt**, Darstellung und Beschreibung sämmtlicher in der Pharmacopoea borussica aufgeführten officinellen Gewächse, oder der Theile und Rohstoffe, welche von ihnen in Anwendung kommen. Nach natürlichen Familien. Band 1—4. Leipzig, A. Förstner. (A. Felix.) 1858—63. 4. 204 foll. text. et ind., 198 tab. col., 6 tab. nigr. (83 2/3 *th.*)

—— u. CF **Schmidt**, Darst. u. Beschr. sämmtl. in d. Pharmac. Bor. aufgef. offiz. Gewächse od. d. Theile u. Rohstoffe, welche v. ihnen in Anw. kommen. 1. u. 2. Hft. 4. (24 m. 12 K.) Berl. 54. (Lpzg, Felix.) à *n.* — 25 ‖ 3—20. Hft. (219 m. 108 K.) Lpzg 56—60. Felix. à *n.* 1. —

Berg, Otto (C.), und C. F. Schmidt, Darstellung und Beschreibung sämmtlicher in der Pharmacopoea Borussica aufgeführten offizinellen Gewächse oder der Theile und Rohstoffe, welche von ihnen in Anwendung kommen, nach natürlichen Familien. 5—24. Heft. (1. Bd. 49 S. und 24 ill. Stnt., und 2. Bd. 196 S. und 96 ill. Stnt.) Leipzig 857—61, Förstner'sche Buchh. à Heft * 1 Thlr. Thlr. *
1—4. Heft. Ebendas. 1854—56. * 3 Thlr. 20 Ngr.

—— und C. F. Schmidt, Darstellung und Beschreibung sämmtlicher in der Pharmacopoea Borussica aufgeführten officinellen Gewächse, oder der Theile und Rohstoffe, welche von ihnen in Anwendung kommen, nach natürl. Familien. 25.—34. (Schluss-)Heft. gr. 4. (180 S. mit 60 Stnt., wovon 59 ill.) Leipzig 862, 63, Felix. à Heft * 1 Thlr. *
1.—24. Heft. Ebendas. 1854—61. * 23 Thlr. 20 Ngr.

Berg (O. K.), & C. F. Schmidt. Darstellung und Beschreib. saemmtlicher . . . Pharm. borussica . . . offizinellen Gewaechse . . . Leipzig, [1858–64]. 4 vols. 4°. Ed. [2. 1863–9].

Berg, Otto, Handbuch der pharmaceut. Botanik für Pharmaceuten und Mediciner. gr. 8. Berlin 845, Plahn'sche Buchh. n. 1 2/3 ℛ

—— Handbuch der pharmaceutischen Botanik. 2., nach einem erweit. Plane vollständig umgearb. Aufl. 2 Bde. gr. 8. Berlin, Nitze. *
Auch unter den Titeln:
Bd. 1. Botanik. 2. Aufl. (VI und 458 S.) 850. * 2 Thlr.
2. Pharmacognosie. 2. Aufl. (XV und 655 S.) 852. * 3 Thlr. 15 Ngr.

Berg, Otto C., Handbuch der pharmazeutischen Botanik. 1. Bd. 3. verb. Aufl. A. u. d. T.: Botanik. Berlin 855. Gaertner. gr. 8. (2 Bl., III, 443 S.) n. 2 ℛ

Berg, O. C., Handbuch der pharmazeutischen Botanik. 2. Bd.: Pharmazeutische Waarenkunde. 1. Thl.: Pharmakognosie des Pflanzenreichs. 2., verm. und verb. Aufl. gr. 8. (XV und 658 S.) Berlin 856, Gaertner. *

—— Handb. d. pharmaz. Botanik. 2 Bde. 8. Ebd. *n.* 6. —
Pharmaz. Botanik. 4. Afl. (451) 60. n. 2. –
Pharmaz. Waarenkde. 2 Thle. n. 4. –
Pflanzenreich. 3. Afl. (658) 63. n. 3. 15
Thierreich. (80) 58. n. – 15

—— Handbuch der pharmaceutischen Botanik für Pharmaceuten und Mediciner. Berlin, Plahn. 1845. 8. VIII, 437 p. — * Fünfte verbesserte Auflage. Berlin, Gärtner. 1866. 8. VIII, 488 p. (2 *th.* n.)

—— Florae Brasiliensis Myrtographia, sive descriptio Myrtacearum in Brasilia provenientium. Lipsiae, apud F. Fleischer in comm. 1855. folio. 656 p., 85 tab., sign. 1—82, 31ª, 44ª, 47ª. (11 *th.* 14 *sgr.*)

Berg O.: Pharmakognosie d. Pflanzen- u. Thierreichs. 4. Aufl. Neu bearb. v. A. Garcke. Berl. 1869. (12) 743 S.
(O. m. Tit.: Pharmazeutische Waarenkunde …).

Berg, O: Pharmakognosie des Pflanzen- und Thierreichs. 5. Aufl. von A. Garcke. Berlin 1879

—— Revisio Myrtacearum Americae hucusque cognitarum, seu *Klotzschii* Flora Americae aequinoctialis exhibens Myrtaceas. (Halae 1855.) 8. 472 p.
E Linnaea vol. xxvii. seorsim impressa.

—— pharmazeutische Waarenkunde. 2. Thl. Pharmakognosie des Thierreichs. gr. 8. (XIX und 80 S.) Berlin 858, Gaertner. *
Der 2. Thl. der pharmazeut. Botanik des Verf. bildet den 1. Thl. der pharmazeut. Waarenkunde. Der Preis des vollständigen Werks ist * 4 Thlr.
Vgl. 12. Bd. 1. Abthl. S. 84.

—— pharmazeutische Waarenkunde. 1. Thl. Pharmakognosie des Pflanzenreichs. 3., völlig umgearb. und verm. Aufl. gr. 8. (XVI und 684 S.) Berlin 863, Gaertner. *
2. Thl. Ebendas. 1858. * 18 Ngr.

—— pharmazeutische Waarenkunde. 4. Aufl. A. u. d. T.: Pharmakognosie des Pflanzen- und Thierreichs. Neu bearb. von Aug. Garcke. gr. 8. (XXXI, 744 S.) Berlin 869, Gaertner. *

Berg, Otto, pharmazeutische Waarenkunde. 5. Aufl. Neu bearb. von Aug. Garcke. A. u. d. T.: Pharmakognosie des Pflanzen- und Thierreichs. gr. 8. (XXIX, 696 S.) Berlin 879, Gärtner. *

Berg, Otto Karl, s. Berg, Otto Carl

Berg, Otto Ludov. (geb. Braunsberg in Ostpr. 14. 6. 1819); De erysipelatis exanthematici formis. Berolini (1847). (32 S.) 8°
Berlin, Med. Diss. v. 12. Apr. 1847

Berg, P.: Der sichere Rechngs-Controlleur, s. Berg, Paul

Berg, P.: Die Syntax . . . , s. Berg, Peter

Berg, P. C. van den, de ideis divinis seu de divina essentia, prout est omnium rerum idea et primum exemplar, juxta doctrinam doctoris angelici, divi Thomae Aquinatis, contra pantheismum praesertim idealisticum, aliosque errores modernos. gr. 8. (238 S.) Herzogenbusch 872, Mosmans. **

Berg, P. C. van den, beatissima virgo Maria, imago Dei et ss. trinitatis, juxta mentem D. Thomae Doctoris angelici. gr. 8. (65 S.) Herzogenbusch 874, Mosmans. *

Berg, P. J. van den, Per istrade aperte. Neue prakt. Methode zur Erlerng. der ital. Sprache. I—III. (VIII, 228, 222 u. 222 S.) gr. 8. Dresden (007. 09). C. A. Koch. à 8.—; geb. à 4. —

Berg, Paul, a. Stralsund: Kondensation des Äthylencyanid mit Oxalester. Würzburg 1905: C. J. Becker. (61 S.) 8°
Tübingen, Naturw. Fak., Ref. Wislicenus, Diss. v. 28. Okt. 1905
[Geb. 3. Okt. 79 Stralsund; Wohnort: Braunschweig; Staatsangeh.: Preußen; Vorbildung: Realgymn. Stralsund Oberseк., Pharmaz. Staatsprüfung mit Note 1; Studium: München 1, Braunschweig T.H. 3 S.; Coll. 28. Okt. 05.]

Berg, Paul, der sichere Rechnungs-Controlleur. 8. (7 S.) Zürich 899. C. Schmidt. n. — 40

Berg, Paula, ein Jahr aus dem Leben der Familie Reinhardt und ihrer Nachbarn. Ein Unterhaltungsbuch für die Jugend. br. 8. (140 S. und 4 Stnt., gezeichnet von Koska.) Breslau 850, Schmeidler. *
ill. *

Berg, (Peter): Beschreibung des Neubaues der Realschule. Eckernförde 1910: Schwensen. S. 17. 18. 4°
Eckernförde, st. R m. VS OP 1910 (400)

Berg, Peter, die Syntax des Verbums bei Molière. gr. 8. (48 S.) Kiel 886, Lipsius und Tischer. *

Berg, R.: Leben und Wirken Ferdinand Lassalle's.
8°
Berlin: Maurer u. Dinninck 1893.

Berg, R. (II.), malacologische Untersuchungen, s. Semper, O.

Berg, Richard
Antwort auf die Eingabe der Bürger- etc. Vereine vom 26. Oktober 1901, betr. die gegenwärtige Fleischtheuerung in Königsberg. Im Auftr. der z. Berathung dieser Angelegenheit von d. städt. Körperschaften eingesetzten Kommiss. dargest. v. Dr. jur. [Richard] **Berg**, Stadtrath. (Königsberg i. Pr. [1902].) (40 S.) 8° [Umschlagt. J. u. Ant.] (04. 1,60) 10

Berg, Rich., ein Beitrag zur Lösung der Volksschulfrage. gr. 8. (26 S.) Stettin 870, Nagel. *

Berg, Rich., 48 Confirmationsscheine. qu. 4. Pyritz 882, Backe. *

Berg, Rich. (II.). 48 Confirmationsscheine. (2. Aufl.) gr. 4. Pyritz 891, Backe. * 1 50

Der heilige Mauricius und die thebäische Legion. Kirchengeschichtl. Studie v. R[ichard] **Berg**, Oberpfarrer in Pyritz. *Halle a. S.: R. Mühlmann 1895.* (2 Bl., 59 S.) 1 Bd 8. (95. 32,6

Berg, Rich. (I.) Der wirthschaftliche Nothstand u. e. Weg zum Besseren. gr. 8. (99 S. m. 1 Tab.) Berl. 891, [Fried u. Comp.] Wiener. * 2 —

Berg, Rich., Predigt im Dank-Fest-Gottesdienst am 8. Decbr. 1878 gehalten. 8. (18 S.) Pyritz 878, Backe.

Berg, Rud., der Bund der Sieben. (Lustige Knabenstreiche.) (III, 148 S.) gr. 8. Berlin (909). Verlag mod. Lektüre. Kart. — 50

Berg, Rud., die Entwässerung des Blocklandes im Gebiet der freien Hansestadt Bremen. Bremen 864. (Hampe.) Fol. (33 S. u. 13 lith. Taff. in Fol.) n. 2 ₰ 20 ngr.

—— Hochwasser der Weser, Wumme, Lesum und Ochtum im Gebiet der freien Hansestadt Bremen. Eine populäre Darstellung der Hochwasserverhältnisse im Allgemeinen, des Hochwassers vom 15. Febr. 1867, der aus Hochwasserständen entspring. Nachtheile und Gefahren, sowie der zur Beseitigung der letzteren vorgeschlagenen und angewendeten Mittel. 8. (96 S.) Bremen 867, (Hampe.)

— Reductions-Tabellen des neuen norddeutschen Bundesmaaßes [Meter] in das bremische, preußische, hannoversche, oldenburgische u. englische Längen-, Flächen- u. Körpermaaß u. dieser Maaße in das norddeutsche Bundesmaaß nach dem Gesetz vom 17. Aug. 1868. Nach amtlichen Vorlagen bearb. Bremen 869. Tannen. gr. 8. (VII, 123 S.) n. 1 ₰

Berg, Sophie; e. Beitr. zur geheimen Geschichte des Klosterlebens, (v. Jh. Fr. Er. Albrecht), 2 Thle. 8. Leipz. 781. Weygand. 1 ₰

Berg, Sophie; ein Beytrag zur geheimen Geschichte des Klosterlebens. Leipzig 1782. V: *Albrecht, Johann Friedr. Ernst.* (Ky) (MGT)

Berg, Sophie v., die gute bürgerliche Küche. Eine leichtfaßl. Unterweisg., gute, schmackhafte Speisen, Saucen, Backwerke, Getränke usw. auf sparsame Art zu bereiten. Mit e. Anleitg. zum Einmachen v. Früchten u. Gemüsen, zum Wurstmachen, zur Bereitg. v. Pökelfleisch ꝛc. Unter Mitwirkg. prakt. Hausfrauen hrsg. (314, XIII u. 24 S.) 8. Geilenkirchen 902. C. van Gils. Geb. in Leinw. n. 2. —

Berg, Sophie v., die gute bürgerliche Küche. Eine leichtfaßl. Unterweisg., gute, schmackhafte Speisen, Saucen, Backwerke, Getränke usw. auf sparsame Art zu bereiten. Mit e. Anleitg. zum Einmachen v. Früchten u. Gemüsen, zum Wurstmachen, zur Bereitg. v. Pökelfleisch ꝛc. Unter Mitwirkg. prakt. Hausfrauen hrsg. 2. Aufl. (334, XXVI u. 7 S.) kl. 8. Geilenkirchen 906. C. van Gils.
Geb. in Leinw. 2. —

Berg, Th. W., wie sind unsere Evangelien entstanden?, s.: Lehr u. Wehr für's deutsche Volk 31. u. 32. Heft.

Berg, Theobald, dipl. Landwirt a. Barth i. Pom.: Untersuchungen über den Einfluß der Boden-, Ernährungs- und Feuchtigkeitsverhältnisse auf die Ausbildung der Zuckerrübenwurzel. Rostock 1906: C. Boldt. (64 S.) 8°
Rostock, Phil. Fak., Ref. Heinrich, Diss. v. 8. März 1906
[Geb. 30. März 80 Barth; Wohnort: Bonn; Staatsangeh.: Preußen; Vorbildung: Realgymn. Stralsund Prima-Reife O. 98; Studium: Berlin 1, Bonn-Poppelsdorf 4, Rostock 2 S.; Rig. 5. März 06.]

Berg, Theodor, Zur Kenntniss des in der Cetraria islandica Ach. vorkommenden Lichenins und jodbläuenden Stoffes. Mag. Diss. Dorpat. 40 pp. 1872

Berg, W. Der Bau der Hängebrücken. Leipzig. 1824.

Berg, W. vom, Emmi u. Fritz od. ihre Engel sehen allezeit das Angesicht ihres himmlischen Vaters. Erzählung f. die Jugend. 8. (31 S.) Mülheim 882. Buchh. d. evang. Vereinshauses. n. — 20

Die Erziehung zum Sprechen. Von Dr. W. **Berg**. *Leipzig: B. G. Teubner 1903.* (55 S.) 8° [J.] (02. 7bis

Berg, W.: Die Fehlergröße bei den histol. Methoden, s. Berg, Walter

— führe uns nicht in Versuchung. Die Liebe siegt. Zwei Erzählgn. f. die Jugend. 8. (30 S.) Ebend. 882. n. — 20

Berg, W.: Gedichte, s. Berg, Wilhelm

—— das Haus auf Varöe. Eine Erzählung aus dem 9. Jahrh. 8. (120 S.) Ebendas. 883.

—— der Herr lenkt das Herz der Könige. Was eine Mutter kann. Zwei Erzählungen für die Jugend. 8. (30 S.) Ebendas. 882. *

Berg, W. vom, Lebensführungen. Erzählungen für das deutsche Christenvolk. 1. Hft. Mit 4 (eingedr. Holzschn.-) Bildern. 12. (48 S.) Mülheim 882. Buchh. d. ev. Vereinshauses. — 20

— Lebensführungen. Erzählungen f. das deutsche Christenvolk. 2—15. (Schluß-)Hft. 12. Ebend. n. 3. 65
(cplt.: n. 3. 85)
2. 3. (48 u. 43 S.) 883. à n. — 20. — 4—7. (46, 48 u. 48, 45 S.) 882. 83. à n. — 25. — 8. (60 S.) 883. —. 40. — 9—13. (46, 45, 40, 48 u. 47 S.) 883. 84. à n. — 25. — 14. (56 S.) 884. — 30. — 15. (83 S.) 884. — 50.

—— Dr. Martin Luther. Ein Büchlein für die Jugend und das Volk. 8. (54 S. mit 1 Holzschn.-Portr.) Ebendas. 883.

Berg, W. Regierungsgeschichte des Czaren Fedor Alexiewitsch. [Russisch.] 2 Bde. 8. St. Petersburg 1835.

Berg, Gualterus [Silesius]: Testimonia scriptorum antiquorum quid conferant ad priorem partem Hesiodi operum et dierum recensendiam quaeritur .... Halis Sax., typ. societ. typogr. Vratislav., 1885; 4 + 32 + 2 S. 8°.
Halle, Phil. Fak., Inaug.-Diss. v. 26. Nov. 1885.

Berg, Gualterus, testimonia scriptorum antiquorum quid conferant ad priorem partem Hesiodi operum et dierum recensendam quaeritur. Diss. Halle 1885. Lippertsche Buchh. 8°. 32 S.

Berg, W. vom, Gottes Wege. Erzählung. 8. (30 S.) Mülheim 882, Buchh. des evangel. Vereinshauses. *

Berg, Walter, Aufgaben zu deutschen Aufsätzen u. Vorträgen in den oberen Klassen höherer Lehranstalten. Aus den Jahresberichten der höheren Lehranstalten der Prov. Sachsen zusammengestellt u. systematisch geordnet. gr. 8. (XX, 202 S.) Berlin 893. R. Gaertner. n. 2. 80

Berg, Walther, approb. Arzt aus Berlin: **Aus d. anat.-biol. Institut d. Universität Berlin. Beiträge zur Theorie der Fixation mit besonderer Berücksichtigung des Zellkerns und seiner Eiweißkörper.** *Berlin (1903): G. Schade.* (64 S.) 8°
Berlin, Med. Diss. v. 19. Juni 1903

Berg, Walther, der Bürger. Ein Schauspiel. — T. m. d. Umschlags-T.: Der Volksaufstand in Braunschweig 1830. gr. 8. (4¼ B.) Cassel 831. (Marburg 834, Garthe.)

Die Fehlergrösse bei den histologischen Methoden von Privatd. Dr. med. W[alter] **Berg**, Straßburg i.E. Berlin: A. Hirschwald 1908. (48 S.) 8° [08. 3373

Berg, Walther, König Ludwig II. von Bayern. Das Lebensbild eines deutschen Fürsten, volksthümlich geschildert. 12. (95 S.) Leipzig 886, Dege. *

Berg, W, König Ludwig II. v. Bayern. Das Lebensbild e. deut. Fürsten, volksthümlich geschildert. 12. (95) Lpzg 86, G Schulze. n. — 50

Weihnachts-Erinnerungen. Von Walther **Berg**. Mit Bild. *Barmen: Wupperthaler Traktat-Gesellsch. [1901].* (36 S.) 8° [F.]
— Tannenzweige. II. 13. [01. 1121

Berg, Wilhelm
Berg, W v., s. a. Strack, M.

v. Berg, Wilhelm; Abentheuer. 8. Altenb. 789. (Akad. B. in Jena). 10 gr

Im Chambre garnie. Erlebnisse eines Berliner Junggesellen von Wilhelm v. **Berg** [d. i. Maximilian Strack]. Berlin: Berliner Roman-Verl. [1904]. (48 S.) 8° [F.]
— **Geschichten**, Intime. 42. [05. 7504

Das Detektiv-Bureau. Eine Beobachtungsgeschichte von Wilh. v. **Berg** [d. i. Maximilian Strack]. Berlin: Berliner Roman-Verl. [1905]. 8° [F.]
— **Geschichten**, Intime. 58. [05. 7500

— ein braver Ehemann, s.: Geschichten, intime.

— Else, s.: Geschichten, intime.

Berg, Wilh., Gedichte. 16. (V, 117 S.) Prag 870, Hunger. * geb. *

Berg, Wilh., Gedichte. 16. (V, 117 S.) Prag 870. Kosmack & Neugebauer. n. 2. —; geb. n. 3. —

Die Radler-Marie. Novelle von Wilhelm v. **Berg** [d. i. Maximilian Strack]. Berlin: Berliner Roman-Verl. [1905]. (48 S.) 8° [F.]
— **Geschichten**, Intime. 71. [05. 7533

Auf dem Standesamt. Novelle von Wilhelm v. **Berg** [d. i. Maximilian Strack]. Berlin: Berliner Roman-Verl. [1905]. (48 S.) 8° [F.]
— **Geschichten**, Intime. 76. [05. 7538

Eine Vernunfts-Ehe. Novelle von Wilhelm v. **Berg** [d. i. Maximilian Strack]. Berlin: Berliner Roman-Verl. [1905]. (48 S.) 8° [F.]
— **Geschichten**, Intime. 67. [05. 7529

Berg, Woldemar (geb. Pr.-Friedland 9. 4. 1828): Ueber chronischen Magen-Katarrh und dessen Heilung nach eigenen Principien. Berlin (1872). (39 S.) 8°
Berlin, Med. Diss. v. 14. März 1872

Berg, Woldemar. Untersuchungen über die Hautathmung des Frosches. Diss. Dorpat. 8°. 63 pp. 1868

Berg, Wolfg., Ungarns politische Zukunft. 2. Aufl. gr. 8. Leipzig 842, Teubner. n. 6⅔ ngr

Berg-Cüstrin, Gustav, s. Berg, Gustav

Berg-Nesselröden, Moritz v., s.a. Berg-Moritz

Berg-Nesselröden, M v., s. a.: Kaisenberg, M. v.

Berg-Nesselröden, Mor. v., Kürassier-Briefe an e. Dame. E. Remontekommando v. dazumal. gr. 8. (VI, 167 S.) Berlin 896. E. S. Mittler & Sohn. n. 1. 75; kart. n. 2. —

Berg-Sagnitz, Graf Fr., vom Baltischen Meer zum Stillen Ocean. 1903. (220 S. m. 1 Karte.) gr. 8. Riga 904. (J. Deubner.) n. 3. —

Berga [Schlagwort]

Berga a. d. Elster, s.: Preussen. Messtischblätter. — **Sachsen. Karte.** Messtischblätter.

Berga, Ad. Jul. Th. v., Antihymen. s. a. Gynealogie. 19s Bdchn.)

v. Berga, Ad. Jul. Th., (Ch. G. Flittner,) Antihymen. Warnungstafel f. alle Männer, die sich zum Heirathen versucht fühlen rc. M. 1 Kpf. 8. Berl. ... 2e A. 817. (Sander). 1 rthl 8 gr

BERGA, Apophthegemen für Männer, die das weibliche Herz und für Frauen, die sich selbst kennen lernen wollen. (Gynäologie, Bdchn. 16.) Leipzig (?) 1817. 8°. (16 Sgr. Scheible, Cat. 21.)
Die erste Aufl. erschien in Berlin c. 1800.
— — Dasselbe. 3. Originalauflage. Berlin 1820. 8°.
Nopitsch, 2. Aufl., S. 262.

— Apophthegmen f. Männer, die d. weibl. Herz, u. f. Frauen, die sich selbst kennen lernen wollen. 8. Berl. ... 3e Aufl. 820. (Sander). 1 rthl 8 gr

— Apophthegmen für Männer, s. Gynealogie. 16s Bdchen.)

— der Naturforscher, s. a. Bildergallerie, neue, 9r 10r Bd.

— der Naturforscher, oder Unterhaltungen aus dem Thier-, Pflanzen- u. Mineralreich; wie auch von merkwürdigen Natur- und Kunsterzeugnissen und den Sitten fremder Völkerschaften. 2 Bde mit 40 illum. Kupfertaf. gr. 8. Berlin. Flittner 813. geb.
(ist der 9te u. 10te Band der neuen Bildergallerie.)

Berga, Carl Friedrich Ernst v.
Ordinarius senior . . . fac. jur. laudabiliter . . . examen . . . domini Carl Friedrich Ernst Freih. v. Berga. Inest: Corollarium juris criminalis 24: de furto periculoso observat. quaedam. Leipzig (Saalbach) 1788. 19 S. mit Biographie (M.: Ziegler.) (2.60)

Berga, Fr. Carol. Louise von, Buch der Weisheit, s. a. Gynealogie 18tes Bdchen.

v. Berga, Fr. Carol. Louise, geb. Zschinsky, (Ch. G. Flittner,) Buch der Weisheit, f. die Schönen. Mit 6 Kpf. 8. Berl. 815. (Sander). 1 rthl 8 gr

Berga, F. C. L. v., Buch d. Weisheit f. die Schönen, eine Belehr. üb. Schmuck, Damenwaaren u. schöne Künste. m. K. 8. Berl. neue Societätsbuchhandl. 815.

Berga, H, s. a.: Streissler, F.

Berga, H. (Frdr. Streißler), die Religionen, ihre Entstehg. u. Entwicklg., s.: Volksbibliothek, wissenschaftl. Nr. 4.

Berga, Wolfgang Ernst v.: Ganz neue durch lange Erfahrung mit vielem Nutzen approbirte Reit-Kunst. Tübingen 1753. 144 S.

v. Berga, W. E., ganz neu erfundene rc. Reitkunst. Mit Kpf. 8. Tüb. 755. v. Cotta in St. 8 gr

Bergades, A. C., De universo et de anima hominis doctrina Gregorii Nysseni. Diss. 1876. 92 S. 2.—

Bergakademie, die, zu Freiberg. Zur Erinnerung an die Feier des hundertjähr. Geburtstages Werner's am 25. Sept. 1850. 4. (123 S.) Freiberg 850, Engelhardt. *

Bergakademie, Königliche, in Berlin. Bericht über den, . . . aus Anlass d. 50jähr. Bestehens d. Hochschule u. d. Ablaufes von 140 Jahren seit d. ersten Gründung einer berg- und hüttenmänn. Unterrichtsanstalt in Berlin durch König Friedrich d. Grossen am 12. November 1910 veranstalt. Festakt. [Berlin 1910.] 75 S. [2 Expl.]

Bergakademie. Die königliche, zu Clausthal. 4°. Clausthal 1883. — Angeb.: Academia Real de Minas de Clausthal. 4°. Clausthal 1883.

Die Königliche **Bergakademie** zu Clausthal, ihre Geschichte u. ihre Neubauten. Festschrift z. Einweihung d. Neubauten am 14., 15. u. 16. Mai 1907. Leipzig 1907: Breitkopf & Härtel. (94 S.) 4° [07. 14560 7

Bergakademie, die königl., zu Clausthal. Ihre Geschichte u. ihre Neubauten. Festschrift zur Einweihg. der Neubauten am 14., 15. u. 16. V. 1907. (III, 95 S. m. Abbild. u. Titelbild.) Lex. 8. Leipzig 907. (Clausthal, H. Uppenborn.) Geb. in Leinw. nn 7. 50

Berg-Akademie, Obersächsische, in welcher die Bergwerkswissenschaften nach ihren Grundwahrheiten untersucht und nach ihrem Zusammenhang entworfen werden. Hrsg. v. Karl Fr. Zimmermann, 3 Tle. Dresden u. Leipzig: Hekel 1746.

Die Königlich **Sächsische Bergakademie** zu Freiberg und die Königliche geologische Landesanstalt, nebst Mitteilungen über d. Entwickelung u. d. Stand d. Berg- u. Hüttenwesens u. d. Bergpolizei im Kgr. Sachsen. Hrsg. von d. Kgl. Bergakad. Mit Textbildern u. 1 Taf. *Freiberg i. S.: Craz & Gerlach 1904.* (80, XV S.) 4° [04. 1016

Bergamenter, Franz, der rumänische Jugendfreund. Lesebuch für die Schulen im Königr. Rumänien. Vorstufe. 8. verm. und verb. Aufl. gr. 8. (110 S.) Bukarest 888, Socec und Comp. *

Bergamenter, Gottfried (Hrsg.), s. L i e d g e n o s s e n , Die.

Bergami, Otto [aus Berlin]: Untersuchung eines kaukasischen Krapps und der Ruberythrinsäure .... Berlin, Berliner Buchdr.-Actien-Ges. Setzerinnenschule d. Lette-Vereins, 1888; 2 Bl. + 59 S. + 1 Bl. 8°
Berlin, Phil. Fak., Inaug.-Diss. v. 17. März 1888

Bergamo, Cajetanus Maria
Bergamo, CM v., s.a. Cajetanus M. v. Bergamo.

Bergamo, Cajetanus Maria, s.a. B e r g a m o , Kajetan

Bergamo's, C. M., Ermahnungen im Beichtstuhle. Aus d. Ital. frei bearb. f. deutsche Beichtväter v. A l o y s K a r l O h l e r. gr. 12. (XVIII u. 238 S.) Mainz 851, Kirchheim & Schott. 18 ngr

Bergamo, Cajet. Maria v., Ermahnungen im Beichtstuhle. Aus dem Italien. frei bearb. für deutsche Beichtväter von Aloys Karl Ohler. 3. Aufl. 8. (XXIII und 239 S.) Mainz 862, Kirchheim.

Bergamo, des Cajetanus Maria v., Ermahnungen im Beichtstuhle. Aus dem Italien. frei bearb. für deutsche Beichtväter von Aloys Karl Ohler. 4. Aufl. 8. (XXII, 239 S.) Mainz 873, Kirchheim.

Bergamo, d. Cajetanus Maria v., Ermahnungen im Beichtstuhle. Aus dem Ital. frei bearb. f. deutsche Beichtväter v. Aloys Karl O h l e r. 5. Aufl. 8. (XXII, 239 S.) Mainz 886. Kirchheim. 1. 80

Bergamo, C. M. v., Gedanken u. Herzensergüsse üb. das Leiden Jesu Christi auf alle Tage d. Jahres, geschöpft aus der heil. Schrift u. den heil. Kirchenvätern. Aus dem Ital. übers. von e. Priester der Diözese Trient 2 Thle 12. (XIV, 1405 S. m. 2 Bildern.) Innsbruck 889. Vereinsbuchhandlung u. Buchdruckerei. n.n. 5. 20
geb. n.n. 6. 40

Bergamo, Kajet., evangel. Sittenreden. Aus d. Ital. von W. Hillinger. 3 Thle. 8. Augsb. 770. Rieger. 2 ₰ 4 Kr

Bergamo, Maria: E rmahnungen ..., s. B e r g a m o , Cajetanus Maria

Bergamo, P. C. C.: Evangelische Sittenreden, s. B e r g a m o , Kajetan

Bergamtsbezirke, Berggerichtssprengel und Berggesetze im Distrikte des N i e d e r s ä c h s i s c h - t h ü r i n g i s c h e n O b e r b e r g a m t s. Handschriftlicher Auszug aus den Aufzeichnungen des Berghauptmanns H. O. Ph. Martins aus dem Jahre 1888 (Kopie von 1857). Nebst einigen hierauf bezüglichen amtlichen Schriftstücken an H. F. W. Brassert.

Bergan! Novellensammlung (hrsg.) von K. W. L. E. v. K e u b e l l. 2 Bde. 8. (1. Bd. VI u. 314 S. 2. Bd. IV u. 290 S.) Leipzig 848, Arnold. 3 ₰

Bergansky, Arthur: Die Hornhautnaht nach der Cataract-extraction. *Kolberg 1897: C. F. Post.* (29 S.) 8°
Greifswald, Med. Diss. v. 24. Aug. 1897

Bergarbeiter-Ausstand, der, d. J. 1889 im Abgeordnetenhause. Reden von S c h u l t z - Bochum, S c h m i e d i n g - Dortmund, R i t t e r - Waldenburg, L. B e r g e r - Witten März 1890. [Nach dem amtl. stenograph. Bericht.] gr. 8 (76 S.) Essen 890. Bädeker. n. — 50

Bergarbeiterausstand, der rheinisch-westfälische, u. die Forderungen d. Bergleute, beleuchtet v. e. unbeteil. Fachmanne. (28 S.) kl. 8. Aachen 905. (A. Jacobi & Co.) n. — 20

Bergarbeiter-Kongress, Internationaler, in Berlin. Bearbeitet von F. Jones. 8°.–
Berlin, Magazin f. Volksliteratur, 1894.

Bergarbeiterleiden in Deutschland. Herausgeber: der Vorstand des deutschen Bergarbeiterverbandes. 8°. Bochum i. W., Deutscher Bergarbeiterverband, 1909.

Bergarbeiterschutz, Massengräber, Radbod. Bericht vom Bergarbeiter-Kongress in Berlin vom 1.—3. Febr. 1909. Nach d. stenogr. Niederschrift. Hrsg. vom Vorstand d. Deutschen Bergarbeiter-Verbandes (Sitz Bochum i. W.) Bochum (1909). 8°.

Bergarbeiterschutz und Zentrum. Eine aktenmässige Darstellung der Tätigkeit des Zentrums im deutschen Reichstag u. im preussischen Landtag zugunsten der Bergarbeiter. 8°. M.-Gladbach, Volksvereins-Verlag, 1908. (Sociale Tagesfragen, Heft 16.)

Bergarbeiterstreik, Der, und die Untersuchungskommission. Nachlese vom Vorstand des Bergarbeiterverbandes. 8°.–
Bochum, Bergarbeiterverband, 1905.

Bergarbeiter-Verhältnisse, Die L o t h r i n g e r , vor Gericht. Bericht über den Prozeß de W e n d e l - C a r i u s. Hrsg. vom Gewerkverein christlicher Bergarbeiter Deutschlands. Essen-Ruhr, [1907]. 122 S.

Bergarbeiterzeitung, verbunden mit „Glückauf". Organ zur Förderung der Interessen der Bergarbeiter und verwandten Berufe [früher: D e u t s c h e B e r g - und H ü t t e n a r b e i t e r z e i t u n g]. 6.—15. Jg. (1894—1903). Bochum, 1894—1903 u. ff.

Bergari, Geheimnisse von Liqueurs 2c. 8. Altona, Kaven. 792.

Bergas, J., Vergleichg. d. Stratsyst. d. dt. R. Str. G. B. und d. pr. Str. G. l. Diss. Greifsw. 1874.

Bergasse
— Betrachtt. über d. Constitutionsurkunde d. Senats 2c. Aus d. Französ. 8. Wien 814. (Heubner). 8 Kr

Bergasse, Betrachtungen üb. d. Constitutionsurkunde d. Senats 2c. Aus d Franz. 8. Wien, Camesina u. Comp 815. geh.

Bergasse, Nicolas. Betrachtungen über den thierischen Magnetismus, ... Aus dem Franz. ... Dresden 1790. Ü: *Bremer, Johann Gottfried.* (EngM) (Ky) (MGT)

Bergasse, Betracht. über den thierischen Magnetismus 2c. gr. 8. Freyberg, Craz u. Gerlach. 790.

Bergasse, N., Considérations sur le magnétisme animal ou sur la théorie du monde et des êtres organisés, d'après le princ. de F. A. *Mesmer.* 149 pp. La Haye. 12°. Uebers. nebst Gedanken üb. d. Bewegung v. J. F. Marq. v. *Chatellier.* Dresd. 8°. 1784

Bergau, Adelheid von, od. innre Stimmen, von Seckendorf, eine Romanze. 8. Leipz. Voß. 815.

Bergau, Fritz, aus Tilsit: Untersuchungen über Quelle und Verfasser des mittelenglischen Reimgedichts: The Vengeaunce of Goddes Deth ⟨The Bataile of Jerusalem⟩. *Königsberg i. Pr. 1901: H. Jaeger.* (123 S.) 8° ¶ (Teil d. eingereichten Arbeit, der Einleitung zu einer kritischen Ausgabe d. Gedichts für d. Early Engl. Text Society.)
Königsberg, Phil. Diss. v. 27. Juni 1901

— **Joh. Georg von** (Lausitz), De precibus primariis vicariorum imperii. Diss. jur. Präs. Mich. Heinr. Gribner. Wittenbg. (Chn. Gerdes) 9. V. 1708. 32 S. (5.50)
Widm. v.: Casp. Heinr. Horn. — s. a. Gribner, M. H.

Bergau, Joh. Über die Eigentümlichkeit und den Wert der Basedowschen Erziehungslehre. II. 8 S. [I: 1873.] Progr. *Pillau* 1876.

Bergau, K. v., Bozen-Gries u. Umgebung. Hrsg. v. den Hotels Greif u. Bristol. gr. 8. (50 S. m. Abb. u. 1 Karte.) Bozen (901). (Buchh. „Tyrolia“ Murr & Co.). n. 1. —

Bergau M, das Ordenshaupthaus Marienburg in Preussen. (Sammlung gemeinverständlicher wissenschaftlicher Vorträge 133) Berlin 1871

Bergau, Otto Julius (Königsberg/Pr.), Analecta quaedam ad diagnosin carditidis et pericarditidis spectantia. Diss. med. Kgsbg. (Gg. Greis) 6. XII. 1828. 31 S. mit Biogr. (4.20)
Oppon.: Ludw. Schuetz (Thorn), Gustav Dinter Goernitz). — Gew.: Joh. Theophil Mueller.

Bergau, Rudolf
Bergau R, Wentzel Jamitzer's Entwürfe zu Prachtgefässen in Silber und Gold. (74 T) 4° Berlin 1879-81

(Archäologisches Wörterbuch.) Kurze Erklärung der wichtigsten Kunstausdrücke aus dem Gebiete der Archäologie des Mittelalters bearb. v. **R. Bergau.** Berlin. 1876. = desselben: Inventar der Bau- und Kunst-Denkmäler in der Provinz Brandenburg. Anhang. 4°.

—— **kurze Erklärung der wichtigsten Kunstausdrücke aus dem Gebiete der Archäologie des Mittelalters. [Gratis-]Anhang zum Inventar der Bau- und Kunstdenkmäler in der Prov. Brandenburg. 4. (91 S.) Ebendas. 886.**

Bergau, R., Inventur der Bau- und Kunst-Denkmäler in der Prov. Brandenburg, im Auftrage des Brandenburg. Provinzial-Landtages unter Mitwirkung von A. v. Eye, W. Kühne, A. Körner etc. bearb. hoch 4. (XX, 818 S. mit vielen Abbild.) Berlin 885, Vossische Buchh. **

Bergau, R[ud.], Inventar der Bau- und Kunst-Denkmäler in der Provinz Brandenburg. Im Auftr. d. Brandenburg. Provinzial-Landtages bearb. Nebst Anh. Berlin 1885. 1886. 8°.
Anh. [u. d. *Tit.*]: Kurze Erklärung d. wichtigsten Kunstausdrücke aus d. Gebiete d. Archäologie d. Mittelalters. 1886.

– Adam Krafft, s. Kunst u. Künstler des Mittelalters u. der Neuzeit.

Bergau, R., das Ordenshaupthaus Marienburg in Preußen, s. Sammlung gemeinverständl. wissenschaftl. Vorträge.

Bergau, R.: Veit Stoss, s. Kunst und Künstler des Mittelalters u. der Neuzeit.

Bergau, R., der Bildschnitzer Veit Stoss und seine Werke. (20) Photographien von Joh. Hahn und erklär. Beschreibung und Biographie des Künstlers. (Neue Ausg.) Fol. (15 S.) Nürnberg 884, J. L. Schrag's Verlag. In Mappe

– Peter Vischer u. seine Söhne, s. Kunst u. Künstler des Mittelalters u. der Neuzeit.

Bergau, Walter, Hilfsassistent am chemischen Laboratorium der Kgl. Albertus-Universität: Ueber Acetylendicarbonsäure und Tribrombernsteinsäure. Königsberg i. Pr. 1905: R. Leupold. (48 S.) 8°
Königsberg, Phil. Fak., Ref. Klinger, Diss. v. 15. Aug. 1905
[Geb. 5. Aug. 80 Elbing; Wohnort: Königsberg i. Pr.; Staatsangeh.: Preußen; Vorbildung: Realgymn. Elbing Reife O. 98; Studium: Königsberg 15 S.; Rig. 31. Juli 05.]

Bergauer, Franz Xaver
Bergauer, Fr. Xav. v., von dem deutsch. Staate, dem Archiv ꝛc. 8. Weim. (Doll, A. Eichenberg, F.). 792.

v. Bergauer, Frz. Xav., von d. deutschen Staate, d. Archiv u. Registraturen ꝛc. 8. Weim. 792. (Eichenberg in Frkf.) 9 ℊ

Bergauer, Josef, Lieut. 1. Cl. des k. k. 38. L.-Inft.-Reg. etc. Methodischer Leitfaden für das Säbelfechten. Mit 1 Taf. kl. 8. Wiener-Neustadt 1864.

Bergbach, E. v., Geisterkundgebungen. 8. (IV, 300 S.) Berlin 891. K. Siegismund. n. 2. 50

Bergbahnen, österreichische. Nr. 1. 2. 8. Salzburg 888. 889. Kerber. n. 1. 30
1. Die Gaisbergbahn bei Salzburg. Zahnradsystem Rigi. Mit 1 Panorama, 10 Illustr. u. 2 Kärtchen. (26 S.) n. — 60
2. Die Achenseebahn u. der Achensee v. Wolfg. Brachvogel. Illustr. v. T. Grubhofer. Mit 2 (chromolith.) Kärtchen. (63 S. m. Photozinkogr.) n. — 70

Bergbahnen, österreichische. Nr. 1 u. 3. 8. Salzburg, H. Kerber. à n. — 70
1. Die Gaisbergbahn bei Salzburg. Zahnschienensystem Rigi.) 2. Aufl. Mit 1 Panorama, 12 Illustr. u. 2 Kärtchen. (37 S.) 891.
3. Die Schafbergbahn u. ihre Zufahrtslinien von R. v. Freisauff. Illustr. v. Tony Grubhofer. Panorama v. A. Baumgartner. (48 S.) 893.

Bergbahnen, österreichische. Nr. 2. 8. Salzburg 897. H. Kerber. n. — 70
D. Achenseebahn u. d. Achensee. Von Wolfg. Brachvogel. Ill. v. Tony Grubhofer. 2. Aufl. M. 2 Kärtchen. (58 S.)

Bergbahnen, österreichische. Nr. 1. 8. Salzburg (903). E. Höllrigl. n. — 70
Gaisbergbahn, die, bei Salzburg. Zahnschienensystem Rigi. 6. Aufl. Mit 1 Panorama, 13 Illustr. u. 2 Kärtchen. (37 S.)

Bergbahnen, österreichische. Nr. 1 u. 3. 8. Salzburg 907. E. Höllrigl. 1. 20
1. Gaisbergbahn, die, bei Salzburg. Zahnschienen-System Rigi. 7. Aufl. Mit 1 Panorama u. 14 Illustr. (38 S.) — 50
3. Die Schafbergbahn u. ihre Zufahrtslinien. Von R. v. Freisauff. Illustr. v. Tony Grubhofer. Panorama v. A. Baumgartner. 4. Aufl. (48 S.) — 70

Bergbahnen, schweizerische, s. a. Schweiz, die industrielle. 3. u. 4. Hft.

Bergbahnen, Schweizerische. Hrsg. vom Polygraphischen Institut A.-G. Zürich 1901

Bergbau [Sachliches OW]
Der Bergbau. Bergmännische Wochenschrift. Zentralorgan des Verbandes der Vereine technischer Grubenbeamten im Oberbergamtsbezirk Dortmund. 1.—16. Jg. (1887/88 bis 1902/03). Gelsenkirchen, 1887—1903 u. ff. [Bb 4

Bergbau, Der. Wochenschrift. Jg. 17—29. 1903/04—1916 u. 31. 1918ff. Gelsenkirchen

Bergbau, der. Bergmännische Wochenschrift, zugleich Organ des Verbandes der Vereine techn. Grubenbeamten im Oberbergamtsbez. Dortmund. VI. u. VII. Jahrg. Oktbr. 1892—Sept. 1894. à 52 Nrn. (à ca. 1 Bog.) gr. 4. Gelsenkirchen, C. Bertenburg. à Jahrg. n. 4. —

Bergbau, der. Bergmänn. Wochenschrift, zugl. Organ d. Verb. d. Vereine techn. Grubenbeamten i. Oberbergamtsbez. Dortmund. VIII. — XI. Jahrg. Oktbr. 1894—Septbr. 1898. à 52 Nrn. (à Nr. ca. 20 S.) gr. 4. Gelsenkirchen, C. Bertenburg. à Jahrg. n. 4. —
Kann auch vierteljährlich bezogen werden.

Bergbau, der. Bergmännische Wochenschrift, zugleich Organ des Verbandes der Vereine techn. Grubenbeamten im Oberbergamts-Bez. Dortmund u. d. Vereine techn. Bergbeamten in Ober- u. Niederschlesien. XII. u. XIII. Jahrg. Oktbr. 1898—Septbr. 1900. à 52 Nrn. gr. 4. (à ca. 20 S.) Gelsenkirchen, C. Bertenburg. à Jahrg. n. 4. —

— dasselbe. Central-Organ des Verbandes der Vereine techn. Grubenbeamten im Oberbergamts-Bez. Dortmund, des oberschles. Vereins techn. Bergbeamten, des Vereins techn. Bergbeamten in Niederschlesien (Waldenburg), des Vereins techn. Bergbeamten in Metz (Lothringen). XIV.—XVI. Jahrg. Oktbr. 1900 —Septbr. 1903. à 52 Nrn. gr. 4. (à 20 S.) Ebd. à Jahrg. n. 6. —

Bergbau, der. Bergmännische Wochenschrift. Central-Organ des Verbandes der Vereine techn. Grubenbeamten im Oberbergamts-Bez. Dortmund, des oberschles. Vereins techn. Bergbeamten, des Vereins techn. Bergbeamten in Niederschlesien (Waldenburg), des Vereins techn. Bergbeamten in Metz (Lothringen). 17. u. 18. Jahrg. Oktbr. 1903—Septbr. 1905. à 52 Nrn. (à ca. 24 S. m. Abbildgn.) 4. Gelsenkirchen, C. Bertenburg. à Jhrg. n. 6. —

Bergbau, Der. Sammlg leichtverständl. Darstellg d. gesamten Berg- u. Hüttenwesens. 1—9. Bd. kl8° Lpzg, Dr. M Jänecke.

Mit Ausnahme v. Bd 9 = Bd 77, 58, 37, 102, 80, 82, 15 u. 26 d. Bibliothek d. gesamten Technik.

Dittmarsch, A: Die Gewinng d. nutzbaren Mineralien v. d. Lagerstätten. (Grubenbaue, Gruben, Ausrichtg, Vorrichtg u. Abbau, Tagebaue u. Gräbereien.) (84 m. Abb.) ('12) [2] L 1.60
— Grubenausbau. (155 m. Abb.) ('12) [4] L 2.60
Ehrhardt, R: Die Kaliindustrie. (76 m. Abb.) ('12) [8] L 1.80
Freise, Frd: Aufbereitg v. Erzen u. Kohle. (206 m. Abb.) ('12) [3]
Jüngst, Fritz: Die nutzbaren Lagerstätten. Mit geolog. Einführg. Leitf. f. prakt. Bergleute. (183 m. Abb.) ('12) [1] L 2.80
Haenig, A: Die Steinkohle. Ihre Gewinng u. Verwertg. Unter bes. Berücks. d. national-ökonom. Bedeutg d. Steinkohle sowie d. neuesten Anlagen zu ihrer Gewinng u. Verwertg f. Praxis u. Selbststudium erläutert. (329 m. Abb. u. 1 Taf.) ('12) [6] L 5 —
Lichte, Herm. F: Das Roheisen u. s. Darstellg durch d. Hochofenbetrieb. Unter Berücks. sämtl. Neuergn allg. erläutert f. d. Praxis u. d. Selbststudium. (308 m. Abb. u. 4 Taf.) ('12) [7] L 5 —
Stegmann, B: Die Wetterwirtsch. im Bergwerksbetriebe. (271 m. Abb.) ('12) [5] L 4 —
Willert, Hans: Die Geologie d. 5 grössten preuss. Steinkohlenablagergn (Saarkohlenbecken, Ruhrkohlenbecken, Aachener Becken, Waldenburger Becken, oberschles. Steinkohlenbecken). Zusammenstellg f. Studierende u. prakt. Bergleute. (7, 64 m. Ktnskizzen u. 1 Kte.) ('12) [9] (nur brosch.) — 90

Bergbau, Der, in der Standesherrschaft Fürstenstein und im privilegirten Bergbaugebiete des Fürstenthums Pless . . . Waldenburg [1892]. V: *Wegge.* (Kat. d. Druckschr. üb. Breslau. Bresl. 1903. S. 412.)

Bergbau, Der, und Hüttenbetrieb des Mechernicher Bergwerks-Actien-Vereins. Köln 1886. V: *Hupertz, F. W.* (stB köln II, 230)

Der Bergbau u. Hüttenbetrieb des Mechernicher Bergwerks-Actien-Vereins. – Köln 1886: Bachem. 34 S., 5 Tab. 8°

Bergbau u. Hüttenbetrieb, der, d. Mechernicher Bergwerks-Actienvereins. gr. 8. (24 S. m. 3 Stammbäumen u. 2 color. Karten.) Köln 886. (Freiberg, Craz & Gerlach.) n. 2. —

Bergbau, Der, ist die sicherste und ergiebigste Hülfsquelle eines Landes . . . 2. Aufl. Marienberg 1810. V: *Scheffler, Joh. Gottl.* (Kat. d. stat. Bureaus. Dresden 1890.)

Bergbau, über den, Kursachsens, auf Goth. gr. 8. Penig 805. (Leich in Leipz.) 18 gr

Der **Bergbau Österreichs.** Hrsg. vom Zentralverband der Bergbaubetriebsleiter Österreichs. Lfg 1 u. 2. Teplitz, 1904.

Schlesiens Bergbau und **Hüttenwesen.** Urkunden u. Akten Namens d. Vereins f. Gesch. u. Alterthum Schlesiens hrsg. von Konrad Wutke. (1. 2.) *Breslau: E. Wohlfarth 1900–01.* 2 Bde 4°
1. 1136–1528. 2. 1529–1740.
— **Codex diplomaticus Silesiae.** Bd 20. 21. [01. 7274

Der **Bergbau** auf der linken Seite des Niederrheins. Festschrift zum 11. Allgem. Deutschen Bergmannstage in Aachen. Mit Taf u. Abb. (T. 1–4. In 2 Bden.) Berlin: Kgl. Geol. Landesanst. 1910. 4°(8°)
1. Die Geologie d. Nordabfalles d. Eifel u. d. niederrhein. Tieflandes. Von E[duard] Holzapfel, W. Wunstorf, G. Fliegel. Mit 6 Kt. u. Taf.
2. Der Erzbergbau. Von F[riedrich] Klockmann u. F[riedrich] Herbst.
3. Der Steinkohlenbergbau. Von A[rthur] Dannenberg [u. a.].
4. Der Braunkohlenbergbau. Von G. Fliegel, C. Neidhart, H. Meyer. Mit 2 Kt. [10. 17746 8

Bergbau [Schlagwort]

— s.a. **Eisenbahnkarten.** Ruhr-Kohlen-Gebiet. — **Schlesien.** Specialkarte der oberschlesischen Bergreviere.

— s.a. **Geognostische Karten.**

— s. a.: **Geologische Karten.**

— s.a. **Industrie-Karten.**

Bergbau, der, s.a. **C. G. Schefler.**

Bergbau. Adam, J. W. H., Weltkarte der Erzlagerstätten. Äquatorialmassstab 1 : 45,000,000. Mit 3 Nebenkarten: Mittel-Europa, Mittel-Deutschland, Süd-Norwegen u. -Schweden. 51×89 cm. Farbdr. Wien (910). G. Freytag & Berndt. 2.50; auf Leinw. in Taschenformat od. m. Stäben n 5. —

Bergbau. Arnold, O. E., Feld- u. Flöz-Karte des Zwickauer Steinkohlen-Reviers. Hrsg. vom Verein f. bergbaul. Interessen zu Zwickau im J. 1900. 1 : 8000. 91×101 cm. Auf Leinw. Nebst: Profile zur Feld- u. Flözkarte. 83×82 cm, ideales Gebirgsprofil, 76×36 cm u. Flöz-Profile, 2 Blatt à 35×46 cm, Farbdr. Sowie: Erläuterungen nebst geschichtl., statist. u. techn. Bemerkgn. gr. 8. (64 S.) Zwickau 900. (Förster & Borries.) n.n. 20. —; Feld- u. Flözkarte allein n.n. 15. —; Erläuterungen allein n.n. 1. 50

Bergbau. Becker's Uebersichtskarte des nordwestböhm. Braunkohlenbeckens. 1 : 144,000. (2 S.) 20,5×56,5 cm. Mit e. Gruben-Verzeichnis u. e. Tabelle üb. die Produktion, Transport u. Wertverhältnisse böhm. Braunkohle von 1861—1905. (14 S.) kl. 8. Teplitz-Schönau 906. A. Becker. n. 1. —

Bergbau. Bergwerks-u. Hütten-Karte d. Oberbergamtsbez. Dortmund. Gezeichnet v. R. Böer. 11. Aufl. m. 3 Nebenkarten e. Seiger-u. Querprofil. Chromol. Fol. Nebst e. alphabet. Verzeichniss sämmtl. Ende 1882 in Betrieb steh. Gruben u. Cokereien, m. Angabe d. Kohlensorten u. Förderg. im J. 1881, resp. 1882. 8° (13) Ess. 83, Bädeker.

Bergbau. Bergwerks- u. Hütten-Karte d. Oberbergamtsbez. Dortmund. 1 : 125,000. 12., bereich. u. verb. Aufl. m. 3 Nebenkarten, e. Seiger- u. Querprofil. Chromolith. Imp.-Fol. Nebst e. alphabet. Verzeichniss der in Betrieb stehenden Gruben u. Cokereien, m. Angabe der Kohlensorten u. Förderg. 8. (14 S.) Essen 889. Baedeker. n. 3. 50

Bergbau. Bergwerks- u. Hüttenkarte d. westfäl. Ob.-Bergamtsbez. Dortmund. 1 : 125,000. 14., bereich. u. verb. Aufl. (Mit 3 Nebenkarten u. e. Seigerprofil.) 53×75 cm. Nebst e. alphabet. Verzeichniss d. Steinkohlen- u. Eisenstein-Gruben, nebst Angabe d. Bergreviere, Post- u. Eisenbahnstationen, Kohlensorten, Förderg. u. Koks-Production im J. 1893. 8. (27 S.) Essen, G. D. Baedeker. n. 4. —; auf Pappe n. 6. —; auf Leinw. in Taschenformat n. 7. —; mit Stäben n. 8. —; m. Uebersichtskarte d. Steinkohlenfelder zusammen n. 8. —; auf Leinw. in Taschenformat n. 15. —; m. Stäben u. lackiert n. 17. —

— Dziuk, A., Übersichtskarte deutscher Kali-Unternehmungen. 1 : 200,000. Unter Zugrundelegg. der Karte des Deutschen Reiches (1 : 100,000). 4 Bl. 97×65 cm. Hannover 906. (Essen-Ruhr, Steelerchaussee 57), Deutsche Bergwerks-Zeitung. nn 25. —

— Excursions-Karte, Berg-u. hüttenmänn. f. d. Umgegend v. Aachen. 1:80.000. Chromol. Fol. Aach. 82. M.Jacobi.

— Flötz-Karte d. Ruhrkohlenbeckens. Auf Grund der oberbergamtl. Karten zusammengestellt, m. Genehmigg. d. Ministers der öffentl. Arbeiten, v. Runge, Jüttner, Fink, Haase u. Hünnebeck. Nebst 14 Quer- u. 8 Längsprofilen. 1 : 50,000. In 5 Blatt. Farbendr. gr. Fol. Dortmund 888. (Leipzig, J. Baedeker.) n.n. 20. —; auf Leinw. in Cartonscheide n.n. 25. —

Bergbau. Flötzkarte des westfälischen Steinkohlenbeckens. Uebersichtsblatt. 1 : 200,000. Chromolithogr. Fol. Leipzig, Giesecke & Devrient. n.n. 1. —
Subscr.-Pr. für das compl. Werk: 43 Grundrisse u. 24 Profile n.n. 200. —

— Flötzkarte des westfälischen Steinkohlenbeckens. Grundrisse. 1 : 10,000. 43 Sectionen. Chromolithogr. gr. Fol. Leipzig 886—890. Giesecke & Devrient. à Sect. n.n. 5. —
Section: Dorsten, Maerl, Recklinghausen, Datteln, Lünen, Buer, Westerholt, Hillen, Mengede, Brechten, Methler, Camen, Holten, Sterkrade, Horst, Gelsenkirchen, Herne, Kirchlinde, Dortmund, Asseln, Unna, Ruhrort, Oberhausen, Essen, Wattenscheid, Bochum, Langendreer, Hoerde, Aplerbeck, Langschede, Duisburg, Mülheim, Frohnhausen, Altendorf, Herbede, Witten, Westhofen, Mintard, Werden, Langenberg, Sprockhövel, Vollmarstein, Herzkamp.

— — dasselbe. Profiltafeln. 1 : 5000. 24 Tafeln. Chromolithogr. gr. Fol. Ebd. 886—890. à Tafel n.n. 5. —
Tafel: Dortmund, Gelsenkirchen, Langendreer, Essen, Witten, Hoerde, Herne, Wattenscheid, Herzkamp-Vollmarstein, Altendorf-Herbede, Werden-Langenberg, Sprockhövel-Herzkamp, Aplerbeck-Asseln, Frohnhausen-Altendorf, Essen-Horst, Kirchlinde-Langendreer, Bochum-Wattenscheid, Hoerde-Westhofen, Altendorf-Langenberg, Mengede-Hillen-Westerholt, Horst-Buer-Westerholt, Sterkrade-Oberhausen-Mülheim, Ruhrort-Duisburg-Mintard, Unna-Camen-Methler-Brechten.

— Flötzkarte vom nördlichen Theil des oberschlesischen Steinkohlenbeckens, bearb. u. hrsg. von dem königl. Oberbergamt zu Breslau. (Nachgetragen in den J. 1901 u. 1902 durch Jahr, gezeichnet v. Pabel, Zigelsgy, Berger, Grüttner). 1 : 10,000. Titelblatt, Uebersichtsblatt, Zeichenerklärg., Bl. 1—43, Schichtenfolge 2 Bl. u. Profile 12 Bl. à 40,5×50 cm. Farbdr. Breslau (903. 904). Priebatsch. Einzelpr. n.n. 157. —; Aufzüge à n.n. — 50 (Vollständig bei Vorausbezahlg. n.n. 100. —; bei Teilzahlg. n.n. 120. —)
Titelblatt. n.n. 2. —. — Uebersichtsblatt. n.n. 2. —. — Zeichenerklärung. n.n. 2. —.
1. Broslawitz. n.n. 2. —. — 2. Repten. n.n. 2. —. — 3. Trockenberg. n.n. 2. —. — 4. Koslowagora n.n. 2. —. — 5. Wieschowa. n.n. 2. —. — 6. Stollarzowitz. n.n. 2. —. — 7. Miechowitz-Dombrowa. n.n. 3. —. — 8. Scharley. n.n. 3. —. — 9. Kamin. n.n. 2. —. — 10. Schakanau. n.n. 2. —. — 11. Borsigwerk. n.n. 3. —. — 12. Karf. n.n. 3 —. — 13. Beuthen. n.n. 3. —. — 14. Gross-Dombrowka. n.n. 2. —. — 15. Grodziec. n.n. 3. —. — 16. Alt-Zabrze. n.n. 2. —. — 17. Zabrze-Ruda. n.n. 3. —. — 18. Morgenroth-Lipine. n.n. 3. —. — 19. Königshütte. n.n. 3. —. — 20. Laurahütte. n.n. 3. —. — 21. Czeladz. n.n. 3. —. — 22. Makoschau. n.n. 3. —. — 23. Bielschowitz. n.n. 3. —. — 24. Antonienhütte. n.n. 3. —. — 25. Heiduk. n.n. 3. —. — 26. Kattowitz. n.n. 3. —. — 27. Rosdzin. n.n. 3. —. — 28 Sosnowice. n.n. 3. —. — 29. Preiswitz. n.n. 2. —. — 30. Halemba. n.n. 2. —. — 31. Kochlowitz. n.n. 2. —. — 32. Radoschau. n.n. 2. —. — 33. Bahnhof Kattowitz. n.n. 3. —. — 34. Janow. n.n. 3. — 35. Myslowitz. n.n. 3. —. — 36. Chudow. n.n. 2. —. — 37. Gross-Panlow. n.n. 2. —. — 38. Smilowitz. n.n. 2. —. — 39. Petrowitz. n.n. 2. —. — 40. Emanuelssegen. n.n. 3. —. — 41. Wessolla. n.n. 2. —. — 42. Brzenskowitz. n.n. 3. —. — 43. Tobolla. n.n. 2. —.
Schichtenfolge. 2 Blatt. à n.n. 3. —
Profile. I in der West-Ost-Richtung von Zabrze üb. Königshütte, Rosdzin bis Niwka. 3 Blatt à n.n. 3. —. — II in der Nord-Süd-Richtung v. Rokittnitz üb. Mikultschütz, Zabrze, Liebsdorf, Neudorf bis Klein-Panlow. n.n. 3. —. — III in der Nord-Süd-Richtung von Städt: Dombrowa üb. Schomberg, Orzegow, Morgenroth, Antonienhütte, Klodnitz, Althammer bis Smilowitz. 2 Blatt à n.n. 3. —. — IV in der Nord-Süd-Richtung v. Radzionkau üb. Beuthen, Buschatz, Königshütte, Zalenzer Halde, Brynow bis Emanuelssegen. 2 Blatt à n.n. 3. —. — V in der Nord-Süd-Richtung von Bobrowniki üb. Gross-Dombrowka, Michalkowitz, Laurahütte, Hohenlohehütte, Kattowitz bis Emanuelssegen. 2 Blatt à n.n. 3. —. — VI in der Nord-Süd-Richtung von Wojkowice Komorne üb. Czeladz, Milowitz, Rosdzin, Janow bis Krassow. 2 Blatt à n.n. 3. —.

— über die Frage, ob, und Hüttenbetrieb in Schlesien ꝛc. 8. Berl. Nicolai. 810.

— Gangkarte des Siegerlandes. 1. Lfg., enth. die Blätter: Oberscheiden, Siegen, Niederscheiden, Eisern u. Wilnsdorf. Angefertigt auf Kosten des Siegerländer Eisensteinvereins, G. m. b. H. in Siegen im Markscheider-Bureau des königl. Oberbergamts zu Bonn unter Leitg. von Walter. Hrsg. v. der königl. preuss. geolog. Landesanstalt. 5 Bl. 1 : 10,000. 54×64 cm. Farbdr. Berlin (N. 7, Invalidenstr. 44) 908. Vertriebsstelle der kgl. geolog. Landesanstalt. nn 12. —; einz. Blatt Niederscheiden, Siegen u. Eisern je nn 3. —; Oberscheiden u. Wilnsdorf je nn 2. 50

— Karte des oberschlesischen Bergwerks-Areals. Zusammengestellt bei dem königl. Oberbergamt zu Breslau 1889. 1 : 50,000. Section Pless. Lith. u. color. Fol. Mit Text. 8. (1 Bl.) Berlin 890. (Schropp.) n.n. 2. —

— — dasselbe. Sect. Pless. Ohne Grubenfelder. 43×49 cm. Lith. Ebd. 891. n.n. 1. 50

Bergbau. Karte des oberschlesischen Bergwerks-Areals. 1:50.000. Zusammengestellt b. d. kgl. Oberbergamt zu Breslau. —
Halbsect. Bendzin-Siewierz. Ohne Grubenfelder. 43,5 x 30 cm. Lith. Ebd. 1894. nn —75

— — dasselbe. Sect. Gleiwitz. Chromolith. qu. gr. Fol. Mit Text. gr. 8. (4 S.) Ebd. 888. n.n. 2. —

— — dasselbe. Sect. Gleiwitz. Ohne Grubenfelder. 43×49 cm. Lith. Ebd. 891. n.n. 1. 50

— — dasselbe. Halbsect. Myslowitz-Dombrowa-Jaworzno. Rev. Ausg. m. Grubenfeldern. 43,5×30 cm. Farbendr. Mit Namensverzeichniss. gr. 8. (3 S.) Ebd. 894. n.n. 1. —; ohne Grubenfelder, lith. n.n. —75

— Karte d. oberschlesischen Bergwerks-Areals. 1 : 50,000. Zusammengest. b. d. königl. Oberbergamt zu Breslau. Halbsect. Neu-Berun — Oswiencim. M. Grubenfeldern. 43,5×30 cm. Farbendr. Mit Namensverzeichniss. gr. 8. (2 S.) Berlin 895. S. Schropp. n.n. 1. —; ohne Grubenfelder, lith. n.n. —75

Bergbau. Karte des oberschlesischen Bergwerks-Areals. 1 : 50,000. Zusammengestellt bei dem königl. Oberbergamt zu Breslau. Sect. Ratibor-Czernitz. Mit Grubenfeldern. 43,5×49 cm. Farbendr. Mit Namensverzeichniss. gr. 8. (2 S.) Berlin 894. S. Schropp. n.n. 2. —; ohne Grubenfelder, lith. n. 1. 50

— — dasselbe. Sect. Rybnik-Loslau u. Sohrau. Chromolith. qu. gr. Fol. Mit Text. gr. 8. (3 S.) Ebd. 888. n.n. 2. —

— — dasselbe. Sect. Rybnik-Loslau-Sohrau. Ohne Grubenfelder. 43×49 cm. Lith. Ebd. 891. n.n. 1. 50

— — dasselbe. Sect. Tarnowitz-Beuthen. Mit Grubenfeldern. 43×49 cm. Farbendr. Mit Namensverzeichniss. gr. 8. (8 Bl.) Ebd. 886. n.n. 2. —; ohne Grubenfelder, lith. n.n. 1. 50

— — dasselbe. Sect. Tost-Peiskretscham-Laband. Chromolith. qu. gr. Fol. Mit Text. gr. 8. (2 S.) Ebd. 889. n.n. 2. —

— — dasselbe. Sect. Tost-Peiskretscham-Laband. Ohne Grubenfelder. 43×49 cm. Lith. Ebd. 891. n.n. 1.50

— — dasselbe. Sect. Zabrze-Königshütte-Kattowitz-Nicolai. Mit Grubenfeldern. 43×49 cm. Farbendr. Mit Namensverzeichniss. gr. 8. (8 Bl.) Ebd. 887. n.n. 2.—; ohne Grubenfelder, lith. n.n. 1.50

Bergbau. Karte der nutzbaren Lagerstätten Deutschlands. Elsass-Lothringen. (Als Anschluss Luxemburg.) Hrsg. v. d. Direktion der geolog. Landesuntersuchung von Elsass-Lothringen, Strassburg i. E. 1 : 200,000. Blätter Mettendorf, Metz u. Pfalzburg. à 30×38 cm. Farbdr. Berlin 908. (S. Schropp). à nn 1.—

— Karte der nutzbaren Lagerstätten Deutschlands. Gruppe: Preussen u. benachbarte Bundesstaaten. Leitung: F. Beyschlag. 1. Abtlg. Rheinland u. Westfalen. 1. Lfg., enth. die Blätter: Wesel, Münster, Düsseldorf, Arnsberg, Cöln, Siegen, Cochem, Koblenz in 2 Tableaus zu je 4 Blättern sowie Begleitwort u. Farbenerklärg. 1 : 200,000. Bearb. durch H. Everding 1904. Hrsg. v. der kgl. preuss. geolog. Landesanstalt. 41×48 cm. Ebd. 907. nn 16.50; Einzeltableau m. Begleitwort u. Farbenerklärg. nn 9.—; einz. Blatt m. Begleitwort u. Farbenerklärg. nn 3.—

— — dasselbe. 2. Lfg., enth. die Blätter: Bentheim, Osnabrück, Trier, Mainz, Saarbrücken nebst Farbenerklärg. sowie e. Begleitwort. 1 : 200,000. Bearb. durch F. Schünemann 1907. Hrsg. v. der kgl. preuss. geolog. Landesanstalt. 41×48 cm. Berlin (N. 4, Invalidenstr. 44) 908. Vertriebsst. d. kgl. geol. Landesanstalt. nn 8.—; einz. Blatt m. Begleitwort u. Farbenerklärg. nn 2.—

– Langsdorff, W.: Uebersichtskarte d. Gangsystems d. südwestl. Oberharzes. 1:100,000. Chromol. 4. Clausth. 84, Uppenborn.

— Melzer, A., übersichtliche Hand- u. Verkehrs-Karte des oberschles. Berg- u. Hütten-Bezirkes, enth. die Kreise Beuthen, Gleiwitz, Kattowitz, Pless, Rybnik, Tarnowitz u. Zabrze, sowie der angrenzenden Ortschaften v. Oesterreich u. Russland. Mit Angabe der Eisenbahnen, elektr. Bahnen, Chausseen, Radfahrerwege etc. 1 : 90,000. 2. (verb.) Aufl. 60×67 cm. Farbdr. Mit alphabet. Verzeichniss sämmtl. auf dieser Karte im deutschen Reiche gelegenen Städte, Dörfer, Hütten, Gruben, Schächte, Vorwerke, Forsthäuser u. Mühlen gr. 8. (4 S.) Beuthen 902. H. Freund. n. 1.25

— Müller, H., Uebersichtskarte der Gruben u. Erzgänge in der Umgegend v. Freiberg. Nachgetragen u. vervollständigt 1892. 1 : 38,000. [Aus: „Freiberg's Berg- u. Hüttenwesen".] Farbendr. 30×63 cm. Freiberg i/S. 893. Craz & Gerlach. n. 1.—

— Paxmann, H., Übersichtskarte der Kaliunternehmungen nach dem Stande vom Sommer 1907. 1 : 500,000. 89×69 cm. Farbdr. Mit Text. (32 S.) Lex. 8. Halle 908. W. Knapp. 10.—

— Precht, Profilkarte der Schächte im Stassfurter Salzrevier. Lith. u. color. qu. Fol. Stassfurt 889. Foerster's Buchhandlg. —80

— Schardinger, J., Übersichts-Karte der Braunkohlen-Bergreviere v. Elbogen-Karlsbad. 1 : 11,520. 6 Blatt. Farbendr. 54,5×67,5 cm. Wien 891. Manz. n. 24.—

— Seligmann, Fr., Uebersichts-Karte des nordwestböhmischen Braunkohlengebietes. Ausg. 1899. Mit Angabe der Namen des Schachtes u. des Besitzers sowie der nächsten Bahnstation. 41,5×74 cm. Farbdr. Wien, J. L. Pollak. n. 1.—

– Sievers, J.: Ueberischtskarte d. Berg-u. Hüttenwerke im Ober-Bergamts-Bezirk Dortmund. 1:80,000. 6. Aufl. Chromol. Fol. Iserl. 83, Bädeker.

— Sievers, J., Uebersichtskarte der Berg- u. Hüttenwerke im Ober-Bergamts-Bezirk Dortmund. Nach amtl. Material bearb. 1 : 80,000. 7., verb. Aufl. Chromolith. Fol. Leipzig 890. J. Baedeker. n. 4.50

— Sievers, J., Uebersichtskarte d. Berg- u. Hüttenwerke im Oberbergamtsbez. Dortmund. Nach amtl. Material bearb. Enth. alle Steinkohlenzechen m. ihren Feldesgrenzen auf d. genaueste verzeichnet, alle in Betrieb steh. Erzgruben u. Hüttenwerke, sämmtliche Eisenbahnen, den „Dortmund-Ems-Kanal", die wichtigsten Sättel u. Mulden, d. Mergeltoufen, die Leitflötze sow. e. Flötztafel aller bekannten Steinkohlenflötze, ausserdem die Städte, Dörfer, Chausseen etc. 1 : 80,000. 8., verb. Aufl. 51,5—105 cm. Farbdr. u. kolor. Nebst 2 Gratis-Zugaben: Alphabet. Verzeichniss sämmtl. Kohlengruben im Oberbergamts-Bez. Dortmund. 3. Aufl. (1890) u. Alphabet. Firmen-Verzeichniss sämmtl. Kohlengruben im Oberbergamts-Bezirk Dortmund. 2. Aufl. (1890). 8. (24 u. 21 S.) Leipzig 897. J. Baedecker. n. 3.—; Verzeichnisse allein à n. —50

– Spezialkarte d. oberschles. Bergreviere. 1:10.000. Sect. 2d. 2h. 2i. 6a. 6d. 7a. 7h. 7i. 9e. 9g. 9h. 10a. 10b. 10 d-f. 10h. 11i. 15a. 15c. 15f. 16b. 16c. 16f. Lith.Fol. Berl. 82,83, Schropp.

2d. Trockenberg.– 2h. Scharley.– 2i. Kamin.– 6a. Karf.– 6d. Morgenroth-Lipine.– 7a. Schalscha. – 7b. Schakanen.– 7h. Makoschau.– 7i. Bielschowitz. – 9e. Brzenskowitz. – 9g. Friedrich Erdmanns Höhe.– 9h. Krassow.– 10a. Kochlowitz. – 10b. Radoschau. – 10d. Smilowitz. – 10e. Petrowitz. – 10f. Emanuelssegen. – 10h. Podlesie. – 11i. Bujakow. – 15a. Belk. – 15c. Ober-Lazisk.– 15f. Gardawitz.– 16b. Goleow.– 16c. Leschezin.– 16 f. Przegendza.

— Spezialkarte der oberschlesischen Bergreviere. Nach eigenen Aufnahmen u. anderem amtl. Material kartirt v. dem königl. Oberbergamt zu Breslau. 1 : 10,000. Nr. 16 g, h, 17 i, 22 a, 23 c. à 40,5×50 cm. Lith. Berlin 890. S. Schropp. à n. 1.50

16 g. Niedobschütz. — h. Chwallowitz. — 17 i. Czernitz. — 22 a. Romanshof. — 23 c. Pschow.

— Spezialkarte der oberschlesischen Bergreviere. Nach eigenen Aufnahmen u. anderem amtl. Material kartirt v. dem königl. Oberbergamt zu Breslau. 1 : 10,000. Nr. 6d, 6e u. 7f. (2. Aufl. u. Neubearbeitg.) à 40,5×50,5 cm. Lith. Berlin 899. S. Schropp. à n. 1.50

6 d. Morgenroth—Lipine. — 6 e. Königshütte. — 7 f. Zabrze—Ruda.

Bergbau. Topographie zur Flötzkarte des oberschles. Steinkohlenbeckens. Nach eigenen Aufnahmen u. anderem amtl. Material kartirt v. dem königl. Oberbergamt zu Breslau. 1 : 10,000. Sect. Nr. 3, 4, 7, 8, 12, 13, 16—20, 22, 24—27, 29, 30 u. 34. Je 41×50 cm. Lith. Breslau (904). Priebatsch. à n.n. 1.50; Graudruckausg. à n.n. 1.50

16. Alt-Zabrze. — 24. Antonienhütte. — 13. Beuthen. — 30. Halemba. — 25. Heiduk. — 34. Janow. — 12. Karf. — 26. Kattowitz. — 19. Königshütte. — 4. Koslowagora. — 20. Laurahütte. — 22. Makoschau. — 7. Miechowitz-Dombrowa. — 18. Morgenroth-Lipine. — 29. Preiswitz. — 27. Rosdzin. — 8. Scharley. — 3. Trockenberg. — 17. Zabrze-Ruda.

— Trautmann, F., Uebersichtskarte der Steinkohlen-Bergwerke im rheinisch-westfälischen Industriebezirk (Karte der Grubenfelder), auf Grund amtl. Materials gezeichnet. 1 : 80,000. 2 Blatt. à 91×83 cm. Farbdr. Mit Gratisbeilage: Verzeichnis der Steinkohlenbergwerke des Ruhrbezirks. (38 S.) gr. 8. Dortmund 903. Koeppen. n. 5.—; auf Leinw. in Taschenformat od. m. Stäben. n. 10.—

— Trautmann, F., Übersichtskarte der Steinkohlen-Bergwerke im rheinisch-westfälischen Industriebezirk. (Grubenfelder-Karte.) Auf Grund amtl. Materials gezeichnet. 1:80,000. 2 Bl. je 91×83 cm. Farbdr. Mit Beilage: Verzeichnis der Steinkohlenbergwerke im rheinisch-westfäl. Industriebezirk, nebst Angabe des Eigentümers, des Direktors, der Bergreviere, Eisenbahnstationen, Kohlensorten, der Produktion u. der Zahl der Belegschaft. (43 S.) 8. Dortmund 907. Koeppen. 6.—; auf Leinw. in Taschenformat 10.—; m. Stäben 11.—

Bergbau. Uebersichten d. Steinkohlenfelder d. rhein.-westfäl. Ruhrkohlenbeckens. Bearb. im Anschluss an d. Bergwerks- u. Hüttenkarte d. Ob.-Bergamts-Bez. Dortmund. 1:62,500. 2 Blatt à 61,5 × 70 cm. Farbendr. Nebst e. Verzeichniss der Steinkohlenfelder im westfäl. Ob.-Bergamts-Bezirk m. Angabe d. Lage auf d. Felderkarte. 8. (14 S.) Essen 895. G. D. Baedeker. n. 5.—; auf Leinw. in Taschenformat n. 9. 50; mit Stäben n. 12.—; m. d. Bergwerks- u. Hüttenkarte d. westfäl. Ob.-Bergamts-Bez. Dortmund zusammen n. 8.—; auf Leinw. in Taschenformat n. 15.—; m. Stäben u. lackiert n. 17.—

— Uebersichts-Karte des Aachener Bergwerks-Bezirks. Hrsg. v. dem Verein der Steinkohlenwerke zu Aachen. 1:25,000. 4 Blatt u. 2 Bl. Profile à 62 ×74 cm. Lith. Aachen 900. (M. Jacobi.) n.n. 24.—

— Übersichtskarte d. nordwestböhmischen Braunkohlen-Beckens Aussig-Komotau. 1:144,000. Enthält die zur Zeit im Betriebe steh. Braunkohlen-Werke, sowie die Haupt- u. Flügelbahnen, womit letztere verbunden sind, ferner die im angeführten Gebiete gelegenen Städte, Dörfer, Flüsse u. s. w. Neue rev. Ausg. 1891. Lith. qu. gr. Fol. Teplitz 890. (Dominicus Nachf.) n. 1.—

— Uebersichtskarte d. nordwestböhm. Braunkohlenbeckens Aussig—Komotau. Beilage z. „Taschenbuch f. Braunkohlen-Interessenten". 1:144,000. 20,5 × 56 cm. Farbendr. Mit Schachtverzeichnis am Fusse. Teplitz 896. A. Becker. n. 1.—

— — des nordwestböhmischen Braunkohlenbeckens. (Umschlag: Uebersichts-Karte des nordwestböhm. Braunkohlenbeckens Eger-Aussig. Umfassend die k. k. Revierbergamtsbezz. Falkenau, Elbogen, Komotau, Brüx u. Teplitz.) Ausg. 1902. 1:144,000. 20,5×85,5 cm. Lith. Mit Text am Fusse. Nebst tabellar. Grubenverzeichniss u. Erläutergn. Zusammengestellt v. Adf. Becker. 47×85 cm. Teplitz-Schönau, A. Becker. n. 2.—

— — des nordwestböhmischen Braunkohlenbeckens. (Umschlag: Uebersichts-Karte des nordwestböhm. Braunkohlenbeckens Eger-Aussig. Umfassend die k. k. Revierbergamtsbezz. Falkenau, Elbogen, Komotau, Brüx u. Teplitz.) Ausg. 1903. 1:144,000. 20,5×85,5 cm. Lith. Mit Text am Fusse. Nebst tabellar. Grubenverzeichnis u. Erläutergn. Zusammengest. v. Adf. Becker. 50×85,5 cm. Teplitz-Schönau, A. Becker. n. 2.—

— — der Braunkohlen-Werke zwischen Eger u. Karlsbad. 1:75,000. 37 × 56,5 cm. Farbendr. Ebd. 895. n. 1.—

— — der Eisenerzfelder des westlichen Deutsch-Lothringen. Hrsg. v. der Direction der geolog. Landes-Untersuchg. 3. nach dem Stande vom 15. VIII. 1899 bericht. u. ergänzte Aufl. 1:80,000. 89×58 cm. Farbdr. Nebst: Verzeichniss der im westl. Deutsch-Lothringen verliehenen Eisenerzfelder. gr. 8. (II, 10 S.) Strassburg 899. (Berlin, S. Schropp.) n.n. 2.—

— Uebersichts-Karte der Verwaltungsbezirke der königl. preuss. Bergbehörden u. der Staatswerke der Bergverwaltung, im Auftrage Sr. Exc. des Hrn. Ministers f. Handel u. Gewerbe bearb. von der königl. geolog. Landesanstalt u. Bergakademie zu Berlin. 1:900,000. 2 Blatt à 66,5×85,5 cm. Farbdr. Berlin (906). Gea Verlag. n. 10.—

— Übersichtskarte der im Ruhr-Kohlen-Gebiete (rheinisch-westphälisches Kohlenrevier) bestehenden Voll- u. Anschluss-Eisenbahnen m. den in Betrieb stehenden Zechen, Schächten u. industriellen Werken. Nach der v. der königl. Eisenbahn-Direktion (rechtsrh.) zu Köln im Maassstabe 1:25,000 f. die Weltausstellg. in Chicago hergestellten grossen Karte hrsg. im Maassstabe v. 1:100,000. Neue Aufl. 1893. 45×87 cm. Farbendr. u. kolor. Nebst Verzeichniss der in Betrieb steh. Zechen u. Schächte. 8. (4 S.) Hagen, O. Hammerschmidt. n. 3.—

— Wagner, Übersichtskarte v. dem rheinischen Braunkohlenbezirk. Gezeichnet durch E. Nicolai. 1:50,000. 76,5×74 cm. Farbdr. Köln (908). P. Neubner. 5.—

— Zechner, F.: Übersichts-Karte d. in Oesterreich verlieh. Bergbaue. 1:1,000,000. 4 Bl. Chromol. Fol. Wien 84, Hölzel. In Mappe. n. 14.—; auf Leinw. in Mappe. n. 18.—

Bergbaubetrieb in Saarbrücken, im Sieger-Lande und im Nassauischen. Siegen u. a. O., 1893. 3 Hefte.

Die Bergbaue und Eisenwerke der Steierischen Eisenindustrie-Gesellschaft. Wien, 1878. 89 S.

Bergbaue Steiermarks. Hrsg. unter Mitwirkg. mehrerer Fachgenossen v. Karl A. Redlich. I. gr. 8. Leoben, L. Nüssler. n. 1.—
Die Kiesbergbaue der Flatschach u. des Feistritzgrabens bei Knittelfeld. Von Karl A. Redlich. Mit 1 Taf. [Aus: „Oesterr. Ztschr. f. Berg- u. Hüttenwesen".] (18 S.) 902.

Bergbaue Steiermarks. Hrsg. unter Mitwirkg. mehrerer Fachgenossen v. Karl A. Redlich. II—VI. gr. 8. Leoben, L. Nüssler. n. 11. 20
II. Die Walchen bei Öblarn. Ein Kiesbergbau im Ennsthal. Von Karl A. Redlich. Mit 2 Taf. [Aus: „Berg- u. hüttenmänn. Jahrb. d. Bergakademien zu Leoben u. Přibram".] (62 S.) 903. n. 3.—
III. Das Eisensteinvorkommen bei Neumarkt in Obersteier. Von J. Hörhager. [Aus: „Öst. Ztschr. f. Berg- u. Hüttenwesen".] (16 S.) 903. n. 1. 70
IV. Oberzeiring. Ein Beitrag zur Berg- u. Münzgeschichte Steiermarks. Von Joh. Schmut. [Aus: „Jahrb. d. Bergakademien".] (82 S. m. 1 Taf.) 904. n. 3. 50
V. Das Eisensteinvorkommen zu Kohlbach an der Stubalpe. Von Rich. Canaval. [Aus: „Berg- u. hüttenmänn. Jahrb. d. Bergakad. zu Leoben u. Přibram".] — Eine Kupferkieslagerstätte im Hartlegraben bei Kaisersberg in Steiermark. Von Karl A. Redlich. [Aus: „Öst. Ztschr. f. Berg- u. Hüttenwesen".] — Die Kupferschürfe d. Herrn Horaceus in der Veitsch. Von Karl A. Redlich. [Aus: „Öst. Ztschr. f. Berg- u. Hüttenwesen".] (14, 7 u. 5 S. m. 2 Abbildgn.) 904. n. 1. 50
VI. Der Kupferbergbau Radmer an der Hasel, die Fortsetzg. des steirischen Erzberges. Von K. A. Redlich. [Aus: „Berg- u. hüttenmänn. Jahrb. d. k. k. Montanlehranst. zu Leoben u. Přibram".] (III, 38 S. m. Abbildgn. u. 1 Taf.) 905. n. 1. 10
I. Ebd. 902. n. 1.—.

Bergbaue Steiermarks. Hrsg. unter Mitwirkg. mehrerer Fachgenossen v. Karl A. Redlich. VII u. VIII. gr. 8. Leoben, L. Nüssler. 3.—
VII. Die Berghoheit der Herren v. Liechtenstein im Landgericht Murau (Steiermark) 1250—1638. Ein Beitrag zur steir. Bergwerksgeschichte. Von Joh. Schmut. [Aus: „Österr. Ztschr. f. Berg- u. Hüttenwesen".] (14 S.) 905. 1.
VIII. Der Eisensteinbergbau der Umgebung v. Payerbach-Reichenau (Niederösterreich). Von K. A. Redlich. [Aus: „Berg- u. hüttenm. Jahrb."] (30 S. m. 2 [1 farb.] Taf.) 907. 2.
I—VI. Ebd. 902—05. 12.20

Bergbauer: Der Bergbauer v. Oberländisches Volksblatt.

BERGBAUER, Johann Baptist (Amzenberg): De congestione ejusque discrimine ab inflammatione.- Baruthi: Haereth 1833. 16 S. Diss. Ingolst.-Landsh.-Mchn.
6.3.1833 - Urk; F 60

Bergbauer, J(ohann) B(aptist): Vorschläge zu einer zweckmässigen Organisirung des Militär-Medicinalwesens für die deutschen Heere, insbesondere das Königlich Bayerische. 58 S., gbd.

Erlangen: Enke 1846

JB 3,670

Bergbaugebiet, das, v. Fojnica u. Krešowo in Bosnien. gr. 8. (17 S. m. 2 lith. [1 farb.] Taf.) Wien (900). (Freiberg, Craz & Gerlach.) n. 1. —

Bergbau-Gesellschaft Neu-Essen. Denkschr. zum 50jähr. Jubiläum. 1855—1905. [Mit Abb.] Altenessen: [Selbstverl.] 1905. 40 S., 8 Tab., 12 Taf. 4°

Bergbaukarte. Uebersichtskarte der in Oesterreich verliehenen Bergbaue. Nach d. für die einzelnen Kronländer gelief. Karten zusammengestellt und gezeichnet von Friedr. Zechner. Massstab 1 : 100 000. 4 Bl. Chromolithogr. in Gr.-Qu.-Folio. Wien, Eduard Hölzel. In Folio-Mappe 7 fl., auf Leinwd. gesp. 9 fl. S. 269

Bergbaukunde, die, (von J. v. Born u. F. W. H. v. Trebra). 2 Thle. Mit Kpf. gr. 4. Leipz. 789, 90. (Freiberg, Craz u. G.) 9 ₰ Hbg. Pr. 4 ₰

Bergbaukunde, die, m. K. 2 Thle. gr. 4. Leipz. Göschen. 789. 90.

Bergbau-Terrain, das, i. d. Hohen Tauern. [Aus: „Jahrb. d. naturhistor. Landes-Museums v. Kärnten" 24. Hft.] gr. 8. (163 u. 8 S.) Klagenfurt 896. (A. Raunecker.) n.n. 4. —

Bergbeamten-Zeitung, Deutsche. Offizielles Organ des Verbandes technischer Grubenbeamten der preußischen Staatswerke, des Deutschen Bergbeamten-Bundes und des Verbandes deutscher Bergingenieure. Jg. 1—3 (1906—1908). Berlin, 1906—1908 u. ff. ~~Bb 70~~

Bergbesteigung in Graubündten. Ein Bild aus den Schweizer Alpen. Vortrag, geh. in G. u. B. v. R. P. aus Basel. 8. (30 S.) Reichenbach i/Schl. 881. Hoefer in Comm. — 30

Bergblumen
v. Nidwaldner Bote.

Bergblumen, gepflückt in den Trümmern des Kynasts. Breslau u. Leipz. 1812. V: *Haugwitz, Louise von geb. von Rohr.* (schl)

Bergblumen, gepflückt in den Trümmern des Kynasts v. Arminia. 8 Bresl. W. G. Korn. 812.

Bergbohm: Jurisprudenz u. Rechtsphilosophie (u. ähnl. Schriften), s. Bergbohm, Carl

Bergbohm, Carl, Abwehr gegen „Ein Wort über die Jurisprudenz und das juristische Studium der Gegenwart". [Balt. Monatsschrift Bd. XXIV. Auch im Sep.-Abdr. Riga 1876]. gr. 8. (56 S.) Riga 876, Deubner. *
Aus: Baltische Monatsschrift, besonders abgedruckt.

Bergbohm, Carl, Abwehr gegen „Ein Wort über die Jurisprudenz u. das juristische Studium der Gegenwart". [Balt. Monatsschr. Bd. XXIV. Auch im Sep.-Abdr. Riga 1876.] [Aus: „Balt. Monatsschr."] gr. 8. (56 S.) Riga 878. Deubner. n. — 60

Bergbohm, Carl, Jurisprudenz u. Rechtsphilosophie. Kritische Abhandlgn. I. Bd.: Einleitung. 1. Abhandlg.: Das Naturrecht der Gegenwart. gr. 8. (XVI, 566 S.) Leipzig 892. Duncker & Humblot. n. 12. 60

— Die bewaffn. Neutralität 1780/3. Diss. Dorp. 1883. Varia 109.

Bergbohm, Carl, die bewaffnete Neutralität 1780—1783. Eine Entwickelungsphase d. Völkerrechts im Seekriege. gr. 8. (VIII, 290 S.) Berlin 884. Puttkammer & Mühlbrecht. n. 6. —

Bergbohm, C., Staatsverträge u. Gesetze als Quellen d. Völkerrechts. Hab.-Schr. Dorp. 1876. Varia 25.

— Staatsverträge u. Gesetze als Quellen d. Völkerrechts. gr. 8. (III, 110 S.) Dorpat 877. (Leipzig, K. F. Köhler.) n. 2. 50

Bergbohm, Staatsvertr. u. Ges. als Quellen d. Völkerrechts. Dorpat 878.

Bergbohm, Jul., Entwurf e. neuen Integralrechnung auf Grund der Potenzial-, Logarithmal- u. Numeralrechnung. 2 Hfte. gr. 8. Leipzig, (B. G. Teubner). n. 3. —
1. Die rationalen algebr. u. die goniometr. Integrale. (VI, 66 S.) 892. n. 1. —
2. Die irrationalen, exponentiellen, logarithmischen u. cyclometrischen Integrale. (V u. S. 67—188.) 893. n. 2.

— neue Integrationsmethoden auf Grund der Potenzial-, Logarithmal- u. Numeralrechnung. gr. 8. (III, 58 S.) Stuttgart 892. Wien, Selbstverlag d. Verf. Hauptpost „postlagernd". n. — 80

— Neue Rechnungsmethoden der höheren Mathematik. gr. 8. (V, 30 S.) Ebd. 891. — 60

Bergbohm, Karl, s. Bergbohm, Carl

Bergbote f. die Grafsch. Mansfeld. Wochenblatt. Organ des reichstr. Berg- u. Hüttenmanns-Vereins des Mansfelder Landes. 24. Jahrg. 1909. 52 Nrn. (à ca. 8 S.) 34×25,5 cm. Eisleben, H. Klöppel. nnn 2. 40
Nicht durch den Buchhandel zu beziehen.

Bergdolt, Alfr., die Titrimetrie der Erdalkalimetalle u. des Magnesiums. Diss. (60 S.) gr. 8. Freiburg i/B. 904. Speyer & Kaerner. n. 1. 20

Bergdolt, A: Die Titrimetrie d. Erdalkalimetalle u. d. Magnesiums. (60) 8° Freibg i/B., Speyer & K. '05. 1.20

Bergdolt, Bernhard, aus Ziswingen ⟨Bayern⟩: Ueber das Verhalten einiger organischer Verbindungen bei höheren Temperaturen und bei Gegenwart von Kontaktsubstanzen. *München: M. Volk [1903].* (32 S.) 8°
Heidelberg, Naturw.-math. Diss. v. 1903

Bergdolt, Karl
Bücher-Verzeichniss der Johannis-Loge „Augusta" i. Or. Augsburg. [Zsgest. v. Karl Bergdolt.] Augsburg 1891: Pfeiffer. 26 S. 8°
[Dasselbe.] Augsburg 1895: Lampart. 75 S. 8°
Recens: Bbl. 9 (1895) S. 476.
cf. DrL. 25 (1895—1896) S. 1208 (O. Wolf).
1891 in 25; 1895 in 23.

Bergdolt, Willy, zur Kenntnis der Derivate des -p-Aethyljodbenzols m. mehrwertigem Jod. Diss. gr. 8. (34 S.) Freiburg i/B. 901. Speyer & Kaerner. n. 1. —

Berge [Sachliches OW]
Berge, goldne. 8. Leipz. 800. Jacobäer. (Aue in Altona).
1 ₰ 8 gr

BERGE, Goldne. (Freier Roman.) — Per varios casus, per tot discrimina rerum Tendimus in Latium. — Osnabrück, bei J. G. Kiessling; in Commiss. bei F. G. Jacobäer in Leipzig 1801. 8°. (3 Mk. 60 Pfg. Lehmann & Lutz, Frankf. a. M., c. 1885.)
Tit., 1 Bl. Vorr. (dat. 1. Januar 1800) u. 306 SS. Enth. einige recht pikante Scenen.

Berge, Hundert, in hundert Sinnbildern . . . Freyburg im Br. 1765. V: *Weitenauer, Ignaz.* (Jes)

Berge, die Hüttener. Führer durch das Gebiet u. die nächste Umgebg. der Hüttener Berge. (Anläßlich der Eröffng. der Kreisbahn Eckernförde-Owschlag hrsg. vom Hüttener-Berg-Verein.) (62 S. m. 1 Karte u. 10 Taf.) kl. 8. Rendsburg 904. Coburg. n. — 50

Berge, die, in d. Schweiz, s.a. **Stieler, A.**

Berge, die, der Schweiz, hydrographisch geordnet, mit Angabe bekannter Höhen, (v. A. Stieler). Als Commentar z. Karte der Schweiz in Stielers Hand-Atlas. gr. 4. Gotha ... 2e Aufl. 824. 3e Aufl. 829. Perthes. 6 gl.

Berge [Schlagwort]

Berge, s.: **Preussen.** Messtischblätter.

Berge, A: Emaildekor auf Steingut. [Aus: „Keram. Rundschau".] (7) gr8° Berl., Verl.: Keram. Rundschau ('12). — 75

Bergé, Adph., s. Dichtungen transkaukasischer Sänger.

Bergé, Adolphe, Dictionnaire Persan-Français avec une table alphabétique pour servir de dictionnaire français-persan et un tableau comparatif des années de l'ère mahométane et de l'ère chrétienne. Paris, Leipzig, London 1868.

— dictionnaire persan-français avec une table alphabétique pour servir de dictionnaire français-persan et un tableau comparatif des années de l'ère mahométane et de l'ère chrétienne. Leipzig 869. Voss. 8. (VIII, 675 Sp.) n. 2 ℛ 20 ngr.

Bergé, Adolphe: Dictionnaire persan-franç. avec une table alphabét. pour servir de dictionnaire franç.-persan et un tableau comparatif des années de l'ère mahométane et de l'ère chrétienne. Nouvelle éd. (8 S., 661 Sp. u. 665—675) 8° Lpzg, L Voss '12. HL 10 —

— die Sagen u. Lieder des Tscherkessen-Volks, gesammelt vom Kabardiner Schora-Bekmursin-Nogmow, bearb. u. mit e. Vorrede versehen. Leipzig 866. O. Wigand. gr. 8. (XXXI, 144 S.) n. 25 ngr.

Berge, Amalie vom, Amaliens Feierstunden, s.a **Amaliens Feierstunden.**

vom **Berge, Amalie,** Amaliens Feierstunden. Eine Erziehungsschrift für Deutschlands edle Mütter, Lehrer an Töchterschulen und Vorsteherinnen an weibl. Pensionen. gr. 12. Barmen u. Schwelm 837. (Falkenberg) n 5 ℛ

Berge, August, aus Rotenburg i. Hess.-Nass.: Derivate des Diaethylacetessigesters. *Halle a. S. 1901: C. A. Kaemmerer & Co.* (37 S.) 8°
Halle, Phil. Diss. v. 1901

Berge, Aug.: Die Fabrikationen v. Bittersalz u. Chlormagnesium als Nebenbetriebe d. Chlorkalium- u. Kaliumsulfat-Fabrikation, s: Monographien üb. chem.-techn. Fabrikationsmethoden.

Berge, C. R., s. Berge, Carl Richard

Berge, Carl vom, s.: **Lieder, kleine.**

Berge, Carl Richard
Berge, Carolus Richardus [Coesfeldiensis]: De belli daemonibus qui in carminibus Graecorum et Romanorum inveniuntur ... Lipsiae, typ. O. Brandstetteri, 1895; 56 S., 1 Bl. 8.
Leipzig, Phil. Fak., Inaug.-Diss. v. [20. Juni] 1895

Berge, Carl Rich., de belli daemonibus, qui in carminibus Graecorum et Romanorum inveniuntur. Diss. gr. 8. (56 S.) Leipzig 895. (E. Gräfe.) n. 1.20

Berge, Edm., s. **Bechstein, J. M.,** Naturgeschichte der Hof- und Stubenvögel.

Berge, Elisabeth v., Christina v. Schweden. Trauerspiel. 8. (259 S.) Breslau 872. Gosohorsky. n. 4. 50

Berge, Elis. v., Heinrich IV. Trauerspiel in 5 Aufzügen. 8. (193 S.) Breslau 880, Kiepert und v. Bolschwing.

Berge, E v., Heinrich IV. Trauerspiel. 8. (193) Freib. 80, Kiepert. n. 3. —

Heinrich v. Kleist. Trauerspiel in 5 Aufz. von Elisabeth v. **Berge.** Dresden & Leipzig: E. Pierson 1902. (156 S.) 8° [J.]

Berge, Elisabeth v., Pausanias. Trauerspiel. 8. (280 S.) Freiburg i. Br. 885, Kiepert.

Berge, Ernst vom, neue Welt-Epoche. Gedichte. gr. 8. (VIII, 166 S.) Freiburg i/Schweiz 877. (Luzern, Foesser Nachf.) n. 2. —

Berge, F.: Conchylien-Buch (u. a. Schriften zur Naturkunde), s. Berge, Friedrich

Berge, Felicitas v., s.a **Gabriela, Schw. Maria.**

Berge, Felicitas vom, s. a.: **Maria Gabriela.**

Berge, Felicitas vom: Die hl. Elisabeth, Landgräfin v. Thüringen, s. Theater für die weibl. Jugend.

Berge, Felicitas vom (Elisab. Freifrl. v. Schrötter [Maria Gabriela, O. S. D.]), Friedrich Helferstein od. Deutsche Treue. Trauerspiel in 5 Aufzügen. (90 S.) 8. Kempen (904). Thomas-Druckerei u. Buchh. n. 1.25

— Die hl. Katharina v. Siena, s.: **Dilettantenbühne,** kathol.

Berge, Felicitas vom: Die Macht des Gebetes, s. Theater für die weibl. Jugend.

– Die Seele am Scheidewege. Jephtas Tochter, s. Theater für die weibl. Jugend.

— a. Welt u. Kloster. Gedichte. 12. (XII, 384 S.) Paderborn 895. F. Schöningh. n. 2. 50; geb. n. 4. —

— aus Welt u. Kloster. Gedichte. 2. Aufl. (XII, 312 S. m. Titelbild.) kl. 8. Paderborn (904). F. Schöningh. Geb. in Leinw. m. Goldschn. n. 4. 50

Berge, Friedrich
Berge, F., Conchylien-Buch, od. allgem. u. besond. Naturgeschichte der Schnecken u. Muscheln, nebst der Anweisung sie zu sammeln, zuzubereiten u. aufzubewahren. 10 Lfgn. gr. 4. (263 S. u. 47 lith. u. col. Taf.) Stuttgart 847, Hoffmann. (à Lfg. 1/2 ℛ) 5 ℛ

Berge, F., Conchylienbuch oder allgemeine und besondere Naturgeschichte der Muscheln u. Schnecken, nebst der Anweisung sie zu sammeln, zuzubereiten u. aufzubewahren. Mit 726 Abbildungen. Neue (Titel-) Ausg. Stuttgart (847) 855. Krais u. Hoffmann. gr. 4. (1 Bl., 264 S. u. 46 lith. u. color. Taf.) 5 ℛ

Berge, F, Conchylienbuch od. Naturgesch. d. Muscheln u. Schnecken. N. Asg. 4. (264 m. 46 K.) Stuttg. 55, Thienemann. 5. —

Berge, F., die Fortpflanzung europäischer u. außereuropäischer Vögel. Ein Beitrag z. Naturgeschichte derselben. Nach eigenen Erfahrungen u. Beobachtungen u. mit Abbildd. nach d. Natur herausg. 1r Thl. 1e u. 2e Lfrg., enth.: Text, Bg. 1–5 u. ill. Steintaf. 1–32. 16. Stuttgart 840. Rieger u. Comp. n. 2½ ℛ

— die Fortpflanzung europäischer u. außereuropäischer Vögel. Ein Beitrag zur Naturgeschichte derselben. Nach eigenen Erfahrungen und Beobachtungen und mit Abbildungen nach der Natur herausgeg. 1. u. 2. Thl. 3.—12. Liefg. Mit 176 Taf. Abbild. 16. Stuttgart 840—43, Scheible, Rieger u. Sattler. à Liefg. n. 1⅙ ℛ

Berge, Fr., Gedichte. 8. Stuttgart, Cast'sche Buchh. 840. ¾ ℛ

— u. V. A. **Riecke**, Giftpflanzen-Buch. Allgemeine und besond. Naturgeschichte sämmtlicher inländ. so wie der wichtigsten ausländ. Giftgewächse. 12 Liefg. 4. (Mit 72 lith. u. illum. Taf.) Stuttgart 844, 45, Hoffmann'sche Verlagsb. Subscr.-Pr. (à ½ ℛ) 6 ℛ

— u. V. A. **Riecke**, Giftpflanzenbuch, od. allgemeine u. besondere Naturgeschichte sämmtlicher inländ. sowie der wichtigsten ausländ. phanerogam. u. kryptogam. Giftgewächse, m. treuen Abbildgn. sämmtlicher inländ. u. vieler ausländ. Gattungen. Mit 72 color. Taf. 2. Aufl. In 12 Lfgn. gr. 4. (XII u. 329 S.) Ebd. 850. (à Lfg. ½ ℛ) 4 ℛ

—— und V. A. Riecke, Giftpflanzenbuch, oder allgem. und besondere Naturgeschichte sämmtlicher inländ. sowie der wichtigsten ausländ. phanerogam. und kryptogam. Giftgewächse, mit treuen Abbildgn. sämmtlicher inländ. und vieler ausländ. Gattungen. 2. Aufl. (12 Lfgn.) gr. 4. (XI und 320 S. mit 72 ill. Stnt.) Stuttgart 850, [Krais und Hoffmann.] (à Lfg. 10 Ngr.)

—— und V. A. Riecke, Giftpflanzenbuch oder allgemeine und besondere Naturgeschichte sämmtlicher inländ., sowie der wichtigsten ausländ. phanerogam. und kryptogam. Giftgewächse mit treuen Abbildungen sämmtlicher inländ. und vieler ausländ. Gattungen. Neue (Titel-)Ausg. gr. 4. (XI und 320 S. mit 72 ill. Stnt.) Stuttgart 855, Krais und Hoffmann.

—— u. VA **Riecke**, Giftpflanzenbuch od. Naturgesch. sämmtl. inländ. Giftgewächse. N. Asg. 4. (329 m. 72 K.) Stuttg. 65, Hoffmann. 4. —

Berge, Fr., **Käferbuch**. Allgemeine und specielle Naturgeschichte der Käfer, mit vorzüglicher Rücksicht auf die europäischen Gattungen. Nebst Anweisung, sie zu sammeln, zuzubereiten und aufzubewahren. Mit 1315 color. Abbildd. (In 10 Liefg.) Mit 36 Tafeln. 4. Stuttgart 841, Hoffmann. (à ½ ℛ) 5 ℛ

Berge, Friedr. Illustrierte Naturgeschichte f. die Jugend. Zur Sebstbelehrg. u. f. den ersten Unterricht. In 2. veränd. Aufl. bearb. v. K. G. Lutz. gr. 8. (XI, 176 S. m. üb. 100 Textillustr. u. 300 Abbildgn. auf 16 Farbendr.-Taf.) Stuttg. 889, Loewe. geb. 3 75

Berge, Frdr., Illustr. Naturgeschichte f. d. Jugend. Zur Selbstbelehrg. u. f. d. ersten Unterr. hrsg. In 3., umgearb. Aufl. hrsg. v. E. Rebmann. M. 800 Abb. a. 16 Farbdr.- u. 8 Ton-Taf., sow. 200 Textillustr. gr. 8. (X, 232 S.) Stuttgart 897. F. Loewe.
Geb. in Leinw. 4. 50

Berge, F., Naturgeschichte f. die Jugend beiderlei Geschlechts. Zur Selbstbelehrg. u. f. den ersten Unterricht bearb. Mit 318 (lith.) u. color. Abbildgn. auf 16 Taf. 8. (XVI, 192 S.) Stuttgart 871. Kunstverl. geb. 3. —

Berge, Friedr., Naturgeschichte für die Jugend beiderlei Geschlechts. Zur Selbstbelehrung und für den ersten Unterricht bearb. 8. (XVI, 192 S. mit 318 lithogr. und color. Abbild. auf 16 Taf.) Stuttgart 871, Müller's Kunstverlag. geb.

— s. Okens allgem. Naturgeschichte.

—— Schmetterlingsbuch, oder allgem. u. besond. Naturgeschichte d. Schmetterlinge, mit besond. Rücksicht auf die europ. Gattungen. Nebst einer vollständigen Anweis. sie zu fangen, zu erziehen, zuzubereiten u. aufzubewahren. M. 1100 col. Abbildn. gr. 4. (18¼ B.) Stuttgart 842, Hoffmann'sche Vrlsb.

— Schmetterlingsbuch, od. allgem. u. besondere Naturgeschichte der Schmetterlinge, m. besond. Rücksicht auf die europ. Gattungen. Nebst e. vollständ. Anweisung, sie zu fangen, zu erziehen, zuzubereiten u. aufzubewahren. Mit 52 color. Taf. 2. völlig umgearb. Aufl. (In 12 Lfgn.) gr. 4. (VI u. 232 S. m. 52 lith. u. theils color. Taf.) Stuttgart 850. (Kreis & Hoffmann.) 5⅔ ℛ; in Engl. Einb. 6 ℛ

Berge, F., Schmetterlingsbuch. Mit 162 schw. u. 1100 color. Abbild. 2. Aufl. Stuttg. 1851. Lwdbd. 4. 12. 50

Berge's, F., Schmetterlingsbuch oder allgemeine Naturgeschichte der Schmetterlinge und besondere der europäischen Gattungen. Nebst einer vollständ. Anweisung zum Fang, zur Erziehung, Zubereitung, Aufbewahrung und überhaupt zu allen dem Sammler nothwend. Dingen. 3., verb. Aufl. 10 Lfgn. gr. 4. (194 S. mit 50 ill. Stnt.) Stuttgart 863,64, Thienemann. à Lfg. 12 Ngr. cart.

Berge's, Fr.. Schmetterlingsbuch. 4. Aufl. Gänzlich umgearb. u. verm. von H. v. **Heinemann**. (In 12 Lfgn.) 1, 2. Lfg. Stuttgart 870. Thienemann. gr. 4 (S. 1–48 u. 9 color. Taff.) Jede Liefg. 12 ngr.

— Schmetterlingsbuch. 4. Aufl. Gänzlich umgearb. u. verm. von H. v. Heinemann. 3—14. Lfg. gr. 4. (V u. S. 49—290 m. 41 color. Steintaf.) Stuttgart 871. Thienemann. à 1. 20 (cplt. geb. n. 18. —)

Berge's, Fr., Schmetterlings-Buch. Bearb. von H. v. Heinemann. Neu durchgesehen u. ergänzt von W. Steudel. 5. Aufl. 50 (lith. u.) color. Taf. m. 900 Abbildungen. gr. 4. (LXXXIV, 230 S.) Stuttgart 876 Thienemann. cart. n. 18. —; geb. n. 21. —

Berge's, F, Schmetterlings-Buch. Gänzlich umgearb. u. verm. v. H v. Heinemann. Neu durchgeseh. u. ergänzt v. W Steudel. 6. Afl. 4. (231 m. 48 col. L.) Stuttg. 82, J Hoffmann. n. 18. —; geb. n. 21. —

Berge's, Fr., Schmetterlings-Buch. Gänzlich umgearb. und verm. von H. v. Heinemann. Neu durchges. und ergänzt von Wilh. Steudel. 6. Aufl. 12 Lfgn. gr. 4. (LXXXIV, 231 S. mit 48 color. Stnt.) Stuttgart 882, Thienemann's Verlag. à Heft M 1,50.; compl. cart. M 18.; geb.

Berge, F., Schmetterlingsbuch, bearb. von H. v. Heinemann. Durchgesehen u. ergänzt v. W. Steudel. 50 kolor. Taf m. 9..0 Abbildgn. 7. Aufl. 12 Lfgn. gr. 4. (LXIV, 246 S.) Stuttgart 888. 889. J. Hoffmann. à n. 1. 50; cplt. cart. n. 18. —; geb. n. 21. —

Berge's, Fr., Schmetterlingsbuch, bearb. von H. v. Heinemann. Durchges. u. ergänzt von W. Steudel. 7. Aufl. Mit 50 kolor. Taff. Stuttgart 1888—90. gr. 4.

Berge's, Fr., Schmetterlingsbuch, bearb. v. H. v. Heinemann, durchges. u. ergänzt v. W. Steudel u. Jul. Hoffmann. 8. Aufl. M. ca. 1300 Abb. auf 50 Farbendr.-Taf. (In 14 Lfgn.) 1.—5. Lfg. gr. 4. (LXIV u. 48 S. m. 18 Taf.) Stuttgart 898. J. Hoffmann. n. 7. —

Berge's, Fr., Schmetterlingsbuch. Bearb. von H. v. Heinemann. Durchgesehen u. ergänzt v. W. Steudel u. Jul. Hoffmann. 8. Aufl. Mit ca. 1500 Abbildgn. auf 50 Farbendr.-Taf. 6.—14. Lfg. gr. 4. (IV u. S. 49—248 m. 32 Taf.) Stuttgart 899. Verlag f. Naturkunde.
à n. 1.50; (kplt. kart. n. 21. —; geb. in Leinw. n. 24. —)

Berge's, Fr., Schmetterlingsbuch, nach dem gegenwärt. Stande der Lepidopterologie neu bearb. u. hrsg. v. H. Rebel. 9. Aufl. Mit ca. 1600 Abbildgn. auf 53 Farbentaf. sowie 219 Abbildgn. im Text. (VI, 509 u. 114 S.) Lex. 8. Stuttgart (909. 10). E. Schweizerbart. 28.80; geb. in Halbleinw. 29.—; elegant 32.—; auch in 24 Lfgn. à 1.20

— kl. Schmetterlingsb. f. Knaben u. Anfänger. Bearb. v. H Rebel. (8, 208 m. Abb. u. 24 farb. Taf.) 8° Ebd. '11. L 5.40 d

—— Taschenbuch für Käfer- und Schmetterlings-Sammler, oder prakt. Anweisung, Käfer und Schmetterlinge zu sammeln, zu erziehen, zuzubereiten und aufzubewahren. 8. (IX und 300 S. mit 2 Stnt.) Stuttgart 847, Hoffmann'sche Vrlgsh. *

— Unterhaltungen aus der Naturgeschichte. Eine Zugabe zu jeder Schulnaturgeschichte f. Lehrer u. Schüler, u. e. belehr. Lesebuch f. Jung u. Alt in Stadt u. Land, in Schule u. Haus. Mit 1 schwarzen u. 5 color. (lith.) Taf. br. 8. (X, 310 S.) Stuttgart 871. Kunst-Verl. geb. 2. 70

—— Unterhaltungen aus der Naturgeschichte. Eine Zugabe zu jeder Schulnaturgeschichte für Lehrer und Schüler, und einem belehr. Lesebuch für Jung und Alt in Stadt und Land, in Schule und Haus. br. 8. (X, 310 S. mit 1 schwarzen und 5 color. [lithogr.] Taf.) Stuttgart 871, H. Müller's Kunst-Verlag. geb.

Berge, Friedr. Adolf von (Lausitz), De discrime bonorum uxoris. Diss. jur. Präs. Jo. Heinr. Berger. Wittenberg (Gerdes) 30. VII. 1709. 48 S. (6.—) 2145

— — Dasselbe. Jena (J. B. Heller) 1749. 72 S. (5.60) 2146

Berge, H.: Beiträge zur Entwicklungsgeschichte von Bryophyllum (u. a. Schriften zur Botanik), s. Berge, Hermann

Berge, H. vom, s. Geschlecht, ein erloschenes.

Berge, Hans am, im Dorfe Lanz bei Lenzen, s.: Festspiele Nr. 1.

— Im Reiche Rübezahls s. Festspiele, turnerische, Nr. 3.

Berge, Heinrich

Berge, Hnr., Sittentafel in Bibel- u. Liederversen, zum Auswendiglernen f. Kinder von 7 bis 10 Jahren. 8. Leipz. 829. (Hartmann). 3 gr.

Berge, Heinr., Sittentafel in Bibel- u. Liederversen, z. Auswendiglernen f. Kinder v. 7 bis 10 Jahr. 8. (3 B.) Leipzig 829, Rauck.

— Gezeichnete Stirnen. Roman. (143) kl8° Berl.-Lichterf., Kahlenberg & G. '12. geb. un 1 — d

Berge, Heinz vom, Schatten. Ein Menschenschicksal. Roman. (Deckelzeichnung v. Elisab. v. Bülow.) (246 S.) 8. Wiesbaden 909. E. Behrend. 3.50; geb. in Leinw. 4.50

Berge, Hermann

Berge, Herm., Beiträge zur Entwickelungsgeschichte von Bryophyllum calycinum. Mi 8 lith. Taf. gr. 8. (VIII, 111 S.) Zürich 877. Schmidt. n. 5. —

Berge, Hermann. [von Altikon. Kt. Zürich]: Entwicklungsgeschichte von Bryophyllum calycinum. I. Theil. [Erschien vollständig u. d. T.: Beiträge z. E.-g. v. B. c. Zür. C. Schmidt 1877. IV. 111 S., 8 Taf.] Zür. Orell Füssli Cie Dr. 1876. 62 S., 1 Bl. 8°.
Zürich, Phil. Diss. [v. 26. Febr. 1876].

Berge, Herm. vom, s. Culturkampf, der, seine Leistungen und seine Aussichten.

— Pflanzenphysiognomie. Besprechung der landwirthschaftl. wicht. Gewächse. Mit 328 in den Text gedr. Holzschn. gr. 8. (XII, 288 S.) Berlin 880. Parey. n. 6. —

Berge, J.: Schmetterlings-Buch (1863), s. Berge, Friedrich

Berge, Jo. Heinr. (Präs.): De discrime bonorum uxoris, s. Berge, Friedrich Adolf von (Resp.)

Berge, K. F. W., Anweisung z. zweckmäßigsten Behandl. d. Cactuspflanzen in ihren verschied. Arten, um solche freudig gedeihen u. schön blühen zu sehen. 16. (4 B.) Stuttgart 832, Scheible.

Berge, Karl vom

Berge, K. vom, s.a. Kriegslist.

Berge, Karl vom, Kriegslist. Militär. Schwank in 1 Akte. 8. (14 S.) Berlin 886, Liebel. *

Berge, Richard, Dr.: Etymologische Anknüpfungen lateinischer Wörter an verwandte Stämme, Lehn- und Fremdwörter der deutschen Sprache. *Freiberg (1902): Gerlach.* (23 S.) 4° [F.]
Freiberg, st. RG, OP 1902 (615)

Berge, Richard Curt, Referendar am Kgl. Amtsgericht Schirgiswalde: Die Schlüsselgewalt der Ehefrau nach den Bestimmungen des § 1357 Abs. 1 des deutschen Bürgerlichen Gesetzbuches. Borna-Leipzig 1905: R. Noske (IX, 69 S.) 8° [F.]
Leipzig, Jur. Fak., Diss. v. 11. Dez. 1905
[Geb. 6. März 79 Zitzschewig; Wohnort: Dresden; Staatsangeh.: Sachsen; Vorbildung: Gymn. Regium Dresden-N. Reife O. 98; Studium: Freiburg i. B. 1, Leipzig 6 S.; Rig. 15. Jan. 02.]

Berge, Rob., D. Vögel d. Umgegend v. Zwickau. [Aus: „Jahresber. d. Vereins f. Naturkde. z. Zwickau".] gr. 8. (90 S.) Zwickau 897. Gebr. Thost. n. 1. 20

v **Berge**, (Rudolph,) Persien, Frauentriumph, Lustsp. in Versen. Mitau 810, (Renher.)

v. **Berge**, Rud., († d. 13. Aug 1821.) Poesien. 1r Thl. 8. Mitau. 810.

Berge, W.: Festschrift zur 200jährigen Jubelfeier der Schüttorfer Schützengilde am 20.—22. Juni 1908. Schüttorf, 1908. 2491

Bergeat, Alfred

Bergeat, Alfr.: Die Erzlagerstätten, s.a. Stelzner, Alfr. Wilh.

Die Erzlagerstätten. Unter Zugrundelegung der von Alfred Wilhelm Stelzner hinterlassenen Vorlesungsmanuskr. u. Aufzeichn. bearb. von Dr. Alfred **Bergeat**, Prof. zu Clausthal. Mit Abb. u. Taf. Hälfte 1. 2. Leipzig: A. Felix 1904—06. 3 Bde 4°(8°)
1. Mit 1 Karte. 1904. 2, Abt. 1. 1905. 2. 1906.

Bergeat, Alfred [gepr. Lehramts-Cand.]: Zur Geologie der massigen Gesteine der Insel Cypern ... M. 2 Taf. u. 4 Fig. im Texte. (Aus: Tschermak's Mineral. u. petrogr. Mitth. XII. Bd. 4. Heft.) Wien, A. Hölder, 1892; 2 Bl., 50 S., 2 Taf. 8.
München, Phil. Fak., Inaug.-Diss. v. [15. Juli] 1891

Bergeat, Alfr., die äolischen Inseln (Stromboli, Panaria, Salina, Lipari, Vulcano, Filicudi u. Alicudi) geologisch beschrieben. gr. 4. (274 S. m. Fig. u. 24 [8 farb.] Taf.) München 899. (G. Franz' Verl.) n. 16. —
Sonderabdruck aus: „Abhandlgn. d. k. bayr. Akad. d. Wiss."

Bergeat, Alfred [Dr.]: Der Stromboli ... (Theil e. gröss. Arb. über d. Gesammtgebiet d. äolischen Inseln.) München, Druck d. Akad. Buchdr. v. F. Straub, 1896; 42 S., 3 Taf., 1 Kt. 4.
München, Phil. Fak., Hab.-Schr. v. 1897
(Nicht für den Austausch)

Bergeat, Christoph

Bergeat, Christ.: Ein Blick in die Lehre von der Elektrizität. pg. 3 - 12. 4°. Mit einer Tafel. Dietenberger und Dr. Bressl. Progr. Passau 1850/51.

Bergeat, Chrph., Grundzüge der Buchstabenrechnung und Algebra nebst einer systematisch geordneten Aufgabensammlung mit Angabe der Resultate. Für den Schulunterricht bearb. Nürnberg 853. Recknagel. gr. 8. (XII, 312 S.) n. 1 ₰ 5 ngl

Bergeat, Christoph: Lehrsätze zur Vorbereitung für die descriptive Geometrie. pg. 3 - 15. 4°. Mit einer Tafel. Dietenberger & Dr. Bressl.
Progr. Passau 1851/52.

Bergeat, Chrph., Lehrsätze zur Vorbereitung f. die descriptive Geometrie. Mit 1 (lith.) Figurentaf. gr. 4. (15 S.) Nürnberg 852, Recknagel. n. 1/4 ₰

BERGEAT, Emil (Wiesbaden): Zwei Fälle von primären Krebs der Bauchdecke. Mit 1 Taf.- München: Wolf 1883. 22 S., 1 Bl., Taf.
30.5.1883 - Urk (Titel: De peritonaei carcinomate primario.); Chr 1882/83,18
Diss. Ingolst.-Landsh.-Mchn.

Bergeat, Eugen, Medizinalpraktikant am Neuen Allgemeinen Krankenhause zu Hamburg-Eppendorf: Aus d. n. chirurg. Abt. d. neuen allgemeinen Krankenhauses zu Hamburg-Eppendorf. Oberarzt Dr. C. Sick. Ueber Thoraxresektion bei grossen, veralteten Empyemen. Tübingen 1908: H. Laupp jr. (140 S.) 8° ¶ (Aus: Beiträge z. klinischen Chirurgie Bd 57 H. 2.)
Kiel, Med. Fak., Ref. Anschütz, Diss. v. 30. März 1908
[Geb. 9. Juni 82 Passau; Wohnort: Eppendorf; Staatsangeh.: Bayern; Vorbildung: Gymn. Passau Reife Juli 01; Studium: München 5, Kiel 1, Freiburg i. B. 5 S.; Coll. 12. Dez. 07; Approb. 21. Dez. 07.]

Bergeat, Hermann [app. Arzt aus Passau]: Über mehrere Fälle von autochthoner Sinusthrombose. . . . München, Buchdr. v. J. Fuller, 1891; 23 S. 8°
München, Med. Fak., Inaug.-Diss. v. 1891

BERGEAT, Hugo (Wiesbaden): Beitrag zur Casuistik der Amaurosen und Amblyopien nach Fractur der Schädelbasis.- München: Wild (1883). 36 S.
30.7.1883 - Urk (Titel: De amaurosi et amblyopia ex basis cranii fracturis.); Chr 1883/84,13
Diss. Ingolst.-Landsh.-Mchn.

Borgeat, Hugo, d. Saroom d. Kohlkopfos u. d. Luftröhro. Litorar. Studion u. casuist. Mittheilgn. [Aus: „Monatsschr. f. Ohronhoilkdo."] gr. 8. (66 S.) Borlin 896. O. Coblontz. n. 3. —

Bergedorf, d. Baron, v., od. d. Princip d. Tugend, s. So geht es in der Welt, v. A. Lafontaine.

Bergedorf, Max, Faust u. das christliche Volksbewußtsein. gr. 8. (66 S.) Dresden 880. v. Grumbkow. n. 1. 60

Bergedorf, Max, Faust und das christliche Volksbewußtsein. gr. 8. (66 S.) Dresden 881, v. Grumbkow. *

Bergedorf, M: Faust. Jetzt: Dresd.-Bl., E Leonhardi. Preis ö 81/85

Bergedorf, Max, das Gefängnis der Juden. Nicht e. Recht menschl. Nothwehr, auch nicht e. Akt nationaler u. religiöser Autonomie, sondern e. göttl. Verordng. u. e. Pflicht christl. Gehorsams. 8. (32 S.) Wolfenbüttel 884. Zwißler. n. — 50

Bergeest, (Henricus) Octavio (geb. Hamburg 27. 8. 1831): De symptomatis et diagnosi aneurysmatum aortae thoracicae nonnulla. Vratislaviae (1856). (21 S.) 8°
Breslau, Med. Diss. v. 15. März 1856

Bergef, J. H., die Dame m. dem Hund. — Täuber, Ch., nur e. bischen Liebe, s.: Geschichten, intime.

Bergel, Dagobert, Assistenzarzt im 4. Niederschl. Inf.-Reg. No 51: Ein Fall von Canthariden-Vergiftung. *Breslau 1901: Grass, Barth & Co.* (29 S.) 8°
Breslau, Med. Diss. v. 13. Dez. 1901

Bergel, Jos., die Eheverhältnisse der alten Juden im Vergleiche mit den griechischen und römischen. gr. 8. (III, 33 S.) Leipzig 881, Friedrich.

Bergel, J, Gesch. d. ungar. Juden. 8. (158) Kaposv. 79. Lpzg, Friedrich. n. 3. --

—— der Himmel und seine Wunder. Eine archäolog. Studie nach alten jüd. Mythografien. gr. 8. (52 S.) Ebendas. 881.

Bergel, Jos, die Medizin der Talmudisten. Nebst e. Anh.: Die Anthropologie der alten Hebräer. gr. 8. (VIII, 88 S.) Leipzig 885. Friedrich. n. 2. —

Bergel, Jos., Mythologie der alten Hebräer. 2 Bde. 8. Leipzig, Friedrich. [1. Bd. (VIII, 118 S.) 882. *ℳ 2.; 2. Bd. (VIII, 80 S.) 883. *ℳ 1,50.] *

— Mythologie der alten Hebräer. I. 8. (VIII. 118 S.) Ebend. 882. n. 2. —

— Mythologie der alten Hebräer. II. (Schluss-)Bd. gr. 8. (VIII, 80 S.) Ebend 883. n. 1. 50 (cplt.: n. 3. —)

— Studien über die naturwissenschaftlichen Kenntnisse der Talmudisten. gr. 8. (IV, 102 S.) Ebend. 880. n. 4. —

Bergel, Salo, üb. d. Empfindlichkeit d. Netzhautperipherie f. intermittierende Reizg. Diss. gr. 8. (36 S.) Breslau 895. (Schlotter.) n. — 50

Fieber und Fieberbehandlung. Von Dr. [Salo] Bergel, Arzt in Inowrazlaw. *Berlin: S. Karger 1901.* (70 S.) 4°(8°) 104. 1908

Bergell, Fritz: 50 Jahre. Gedichte. (5, 6, 440) 8° Neubrandenbg. (C Brünslow) '11. 3 —; L 4.50 d

Bergell, Peter: Die Bedeutung der Phosphorsäure im menschlichen und tierischen Organismus. *Berlin (1898): E. Ebering.* (41 S.) 8°
Berlin, Med. Diss. v. 29. Apr. 1898

Bergell, Pet.: Chemische Probleme in d. Gesundheitslehre, s: Hesse's. Max. Bücherei d. modernen Wissens.

Bergell, R.
[F. u. Ant.] Drei Lieder für eine Singstimme m. Pianofortebegl. v. R. Bergell. Heft VI. 1. Wiegenlied, v. R. Reinick. 2. Wenn der Frühling üb. d. Berge steigt, v. Fr. Bodenstedt. 3. Sonnenuntergang, v. M. v. Weiher . . . *Stolp i. P.: H. Hildebrandt (1895).* (11 S.) 1 Bd 1. 96. 2366

Bergelt, Christian Gotthold (Grumbach), De haemorrhagia arteriae intercostalis sistenda. Diss. med. Lpz. (Staritz) 2. VI. 1835. 26 S. u. 1 Tfl. Abb. (4.50) 2149
Gew.: Friedr. Aug. v. Ammon.

Bergelt, Osk., Liebelenz u. Liederlust. Minnelieder. (XII, 176 S.) 8. Dresden (907). E. Pierson. 2.—; geb. n 3. —

Bergemann: Ein Beitrag zum Verständnis der sophokleischen Antigone, s. Bergemann, H.

Bergemann: Aus Danzigs Kriegsleben, s. Bergemann, Paul

Bergemann u. Dittrich, schlesisches Küchen- u. Gartenbuch f. Hausmütter u. Gartenfreunde. gr. 8. Löwenberg, 1826. — 26

Bergemann. Die Schreckenstage Löwenbergs. [1629.] 8. Löwenberg 1833.

Bergemann, Bernhard: Das höfische Leben nach Gottfried von Strassburg. Halle 1876: (Schettler in Köthen). 51 S. 8°
Halle-Wittenberg, Phil. Diss. v. 13. Nov. 1876
Geb. Berlin 13. 5. 1853. V.
Im Buchhandel Berlin: Kamlah in Komm. 1876.

Bergemann, C. De Chrysoberyllo. Dissert. inaug. chemica. Göttingae. 1826. 8.

Bergemann, C., chemische Untersuchn. d. Mineralien u. Hüttenprodukte d. Bleiberges in Rheinpreussen. Mit e. Vorw. v. J. Noeggerath. gr. 12. (9½ B. u. 1 Tab. in gr. Fol.) Bonn 830, Weber.

Bergemann, Carl

De formatione acidi carbonici in corporibus nonnullis organicis. Rite auspicaturus prof. ord. in ordine philos. Bonnensi munus scripsit et ad audiendam publicam orationem de statu hodierno chemiae organicae d. XXV m. Iul. ... a se habendam ... invitat Carolus Bergemann ... Bonnae, typ. C. Georgii 1840. 1 Bl., 16 S. 4.

Bergemann, F., die Stollenförderung im Tunnelbau s.a. Mittheilungen, technische.

Bergemann, F: Die Stollenförderung im Tunnelbau. Zürich 1881

Bergemann, Fritz, die Selbsthilfe. Volkstümliches Rechtsbuch. Dargestellt nach dem bürgerl. Gesetzbuch unter Berücksicht. sonst. einschlag. Gesetze u. m. prakt. Beispielen u. Anleitgn. zur Eintragg. v. Hypotheken, Löschg. u. Abtretg. derselben etc. erläutert. (59 S.) gr. 8. Materborn bei Cleve 902. Selbstverlag. n. — 75

Bergemann, G., die sittliche Bedeutung des naturgeschichtlichen Unterrichts für die heranwachsende Jugend, s.a. Lehrer-Prüfungs-Arbeiten und Konferenz-Vorträge.

Die sittliche Bedeutung des naturgeschichtlichen Unterrichts für die heranwachsende Jugend von G. Bergemann, Oberl. a. D. 2. verb. Aufl. *Minden: A. Hufeland 1899.* (25 S.) 8° [F.]
= Lehrer-Prüfungs- u. Informations-Arbeiten. H. 5, 1. [99. 3056

Bergemann, G. Ph. (Hrsg.), s. Schauplatz, Stettinischer, der Vernunft und des Geschmaks.

Bergemann, H., Ein Beitrag zum Verständnis der Sophokleischen Antigone, insbes. der Verse 925—928. Pr. 1860. 29 S. 4°. 1.20

Bergemann, Joh. Georg
— Chronik d. Stadt Bunzlau. 1e Abtheil. Bunzlau u. Umgegend im J. 1829. 4. Bunzl. 829. Appun. 8 gr

Bergemann, J. G., Chronik d. Stadt Bunzlau. 1. u. 2. Abthl. 4. (23 B.) Bunzlau 829, 30, Appun. 1 Thlr. 4 Gr., Schrbp.

Bergemann (J. G.), Flinsberg und seine Heilquellen. Liegnitz und Löwenberg 1827. 8.

— Flinsberg u. seine Heilquellen. 8. Liegnitz 827. (Kuhlmey). 1 rß 4 gr

— Deutschlands wildwachsende Nahrungsmittel. gr. 8. Bresl. 811. (J. F. Korn) 1 rß

— Deutschlands wildwachsende Nahrungsmittel. Ein Handbuch f. Stadt- u. Landschulen u. jeden Patrioten. 1e Abthl. enth. die
— maskirte Flora, oder Samml. von Charaden, Räthseln, Logogryphen rc. Mit 1 Steindr. 8. Liegnitz (821). Kuhlmey. 12 gr

Bergemann, Jh. Geo., der Chocoladen-Fabrikant. Nebst den mögl. Surrogaten für die Cacaobohnen. 8. Leipz. 812. (W. Nauck.) 8 gr

Bergemann, J. G., der Chocoladen-Fabrikant. Nebst d. mögl. Surrogaten f. d. Cacaobohnen. 8. Leipz. Sommer. 812.

Surrogate f. Getreide, Brod, Gemüse, Salat u. Gewürze. gr. 8. Bresl. 811. Fr. Barth. (Holäufer). 1 rß 8 gr

Bergemann, Jh. Geo., der chinesische Thee u. s. Surrogate. 8. Bresl. 810. Barth. (Holäufer). 6 gr

—— Waidmanns-Curiositäten. Zur Unterhalt. u. Erheiterung f. Jäger u. Jagd-Liebhaber. Hrsg. v. J. G. Dieterich 8. (6 B.) Bunzlau 829, (Appun.)

Bergemann, Johann Gottfried: Beiträge zur Geschichte der Vogel- und Scheiben-Schießen überhaupt, insbesondere aber der Löwenberger Schützengesellschaft. Hirschberg, Glogner, 1824, 67 u. 8. S. 1818

Bergemann, Julius [app. Arzt aus Berlin]: Ein Fall von Abblassen der Tätowirung nach traumatischer Neuritis, m. Bemerkgn üb. Tätowirg u. üb. d. Einfluss der Nerven auf d. Pigmentationen ... Strassburg, Buchdr. C. Gœller, 1891; 32 S. 8.
Strassburg, Med. Fak., Inaug.-Diss. v. 1891

Bergemann, Paul, Alkohol u. Jugend, s.: Tages- u. Lebensfragen. Nr. 29.

— Adam Smith's pädagog. Ansichten u. Kritik derselben, s.: Zeit- u. Streitfragen, pädagog.

Bergemann, Paul, Aphorismen z. soz. Pädagogik. gr. 8. (71 S.) Leipzig 899. A. Hahn. n. 1. —

Die sozial-ethische Aufgabe der Heimatkunde. Von Paul Bergemann in Jena. 2. Aufl. *Langensalza: H. Beyer & Söhne 1899.* (50 S.) 8°
= Magazin, Pädagogisches. H. 26. [99. 1093

Bergemann, Paul: Die evolutionistische Ethik als Grundlage der Wissenschaftlichen Pädagogik, s. Zeit- u. Streitfragen, Pädagogische.

Bergemann, Paul, Ethik als Kulturphilosophie. (VIII, 640 S) gr. 8. Leipzig 904. [Th. Hofmann] B. G. Teubner. n. 12. —; geb. n. 14. —

— Die werdende Frau i. d. neuen Dichtg. 1. u. 2. Aufl. gr. 8. (à IV, 51 S.) Leipzig 898. H. Haacke. n. — 80

— d. drei Fundamental-Probleme d. Pädagogik u. ihre theoret. Lösg. gr. 8. (72 S.) Leipzig 896. [O. Klemm's Sort.] A. Hahn. n. — 80

Bergemann, Paul: Zur Klarstellung des Begriffes der Apperzeption, s. Zeit- u. Streitfragen, Pädagogische.

Aus Danzigs Kriegsleben. Für d. Kriegsschule skizzirt von [Paul] Bergemann, Hauptm., Danzig. *Danzig: A. W. Kafemann in Komm. 1901.* (43 S.) 4°(8°) [F.] [02. 15 10

— Lehrbuch der pädagogischen Psychologie. gr. 8. (VIII, 484 S.) Leipzig 901. Th. Hofmann. n. 9. —

— D. Lehre v. d. formalen u. d. kulturhistor. Stufen u. v. d. Konzentration i. Lichte d. unbefang. Wissenschaft. [Aus: „Lehrerzeitg. f. Thür. u. Mitteldeutschl."] gr. 8. (70 S.) Leipzig 897. H. Haacke. n. 1. —

— Zur Lehrerbildungsfrage. 3. Aufl. gr. 8. (VII, 29 S.) Jena 898. H. Haerdle. n. — 60

— soziale Pädagogik auf erfahrungswissenschaftlicher Grundlage u. m. Hilfe der induktiven Methode als universalistische oder Kultur-Pädagogik dargestellt. gr. 8. (XVI, 615 S.) Gera 900. Leipzig, Th. Hofmann. n. 10. —; geb. n. 11. 60

Bergemann, Paul [aus Löwenberg (Schles.)]: Ernst Platner als Moralphilosoph und sein Verhältniss zur Kant'schen Ethik. . . . Halle a. S., Hofbuchdr. v. C. A. Kaemmerer & Co., 1891; 56 S., 1 Bl. 8°
Halle, Phil. Fak., Inaug.-Diss. v. [Mai] 1891

— Ernst Platner als Moralphilosoph u. sein Verhältniss zur Kant'schen Ethik. Diss. gr. 8. (56 S.) Halle a/S. 891. (Leipzig, G. Fock.) n. 1. —

— zur Schulbibelfrage, s.. Magazin, pädagogisches.

— d. sozialeth. Seite d. Heimatkunde. s.: Magazin, pädagog.

Bergemann, Paul: Die Sittlichkeitsfrage u. d. Schule, s.a. Zeit- u. Streitfragen, Pädagogische.

Bergemann, Dr., Paul, Die Sittlichkeitsfrage u. d. Schule. Vortrag, geh. auf d. allgem. deutsch. Lehrerversammlg. in Breslau, Pfingsten 1898. (35 S.) Wiesbaden 1898. E. Behrend. —.80

— Adam Smith's pädagog. Theorien im Rahmen s. Systems d. prakt. Philosophie. 1. Hälfte. [Aus: „Pädagog. Zeit- u. Streitfragen".] gr. 8. (VII, 64 S.) Wiesbaden 896. E. Behrend. n. 1. 20

(B) — Adam Smith's pädag. Theorien. 896. (KBL 29.) Jetzt: Sachsa, H. Haacke.

Bergemann, P. (Hrsg.), s. Theorie, Pädagogische, und Praxis.

— die Verbreitung der Anthropophagie üb. die Erde u. Ermittelung einiger Wesenszüge dieses Brauches. Eine ethnographisch-ethnolog. Studie. gr. 8. (VII, 53 S.) Bunzlau 893. G. Kreuschmer. n. 1. 20

Volksbildung. Von Dr. Paul Bergemann in Jena. Mit 14 Ill. *Berlin. Eisenach, Leipzig: H. Hillger [1904].* (93 S.) 8° [F.]
— Volksbücher, Hillgers illustrierte. No 3. [04. 9651]

— üb. Volkshochschulen, s.: Zeit- u. Streitfragen, pädagog.

Bergemann, R., Anleitung zur schnellen u. sichern Erlernung der französischen u. englischen Sprache insbesondere der Vokabeln m. Hilfe der Mnemotechnik. (52 S.) gr. 8. Brake 907. (R. Bardewyck.) Kart. 2. 50

Bergemann, Robert, a. Ratibor: Reaktionen auf Schalleindrücke nach der Methode der Häufigkeitskurven bearbeitet. Leipzig: W. Engelmann 1905. (42 S.) 4°(8°) ¶(Aus: Wundts Psychol. Studien Bd 1, H. 3.)
Leipzig, Phil. Fak., Ref. Wundt, Wiener, Diss. v. 7. Okt. 1905
[Geb. 1. Juli 77 Ratibor; Wohnort: Zittau; Staatsangeh.: Sachsen; Vorbildung: Gymn. Ratibor Reife O. 96; Studium: Leipzig 10 S.; Rig. 2. Febr. 05.]

Bergemann, Rud., der Bandwurm und dessen radicale Heilung in einem Tage. Finsterwalde 854. (Dresden, Türk.) 8. (24 S.) n. 8 ngr

— über die Darstellung einer vorzüglichen schwarzen Tinte, das preußische Quart 9 Pfennige, für Apotheker, Kaufleute, Fabrikanten ꝛc. Finsterwalde 854. (Berlin, Abelsdorff.) 8. n. 10 ngr

Bergemann, Walter, approb. Arzt aus Ketzin a. Havel: Aus d. Kgl. Chirurg. Klinik zu Kiel. Ueber die in der Kieler chirurgischen Klinik in den Etatsjahren 1899—1900 vorgekommenen Fälle von Osteomyelitis acuta. *Kiel 1902: P. Peters.* (25 S.) 8°
Kiel, Med. Diss. v. [4. Juli] 1902

Bergen [Sachliches OW]
Aus deutschen Bergen. Blätter für Touristik u. Heimathskunde. Central-Organ für Gebirgs- und Verschönerungsvereine, sowie Verbandsorgan der Elbegebirgsvereine. Herausg. von F. W. Krondorf. Schriftleiter Jos. Frieser. Jg. 6. 1891. Mit Illustr. Aussig. 4. Vorher: Nordböhm. Touristenzeitung. . . . . (D.)
Aussig: Grohmann 1891

—— Blätter für Reise- und Heimatskunde. Jg. 7—9. Herausg. von A. Moschkau u. F. W. Krondorf. Ebda 1892—94. 4. Mit Ill. . . . . (D.)

(F) Aus Deutschen Bergen. Blätter für Freunde der deutschen Bergwelt. Illustrirte Monatsschrift für Gebirgs-, Verschönerungs-, Kur- und Verkehrsvereine, sowie Verbandsblatt der Elbegebirgsvereine. Herausgegeben von Dr. A. Moschkau und F. W. Krondorf. Verantwortlich für die Schriftleitung Josef Frieser. XIV. Jahrgang. 1899. Aussig. 1899. In Comm. Becker. Gr.-8°. erscheint in 12 Nrn. Compl. fl. 1.50.

(F) Aus deutschen Bergen. Blätter für Freunde der deutschen Bergwelt. Hrsg. von F. W. Krondorf und M. Heyssler. 17. Jahrg. 1902. Gr.-8°. ill. erscheint in 12 Nrn. † compl. K 8.—
Aussig: Becker (Ed. Miksch) 1902.

(F) Aus deutschen Bergen. Blätter für Freunde der deutschen Bergwelt. 18. Jahrgang 1903. 4°. erscheint in 12 Nrn. †
Aussig: Becker (Ed. Miksch) 1903. kompl. K 8.—

(F) Aus deutschen Bergen. Blätter für Freunde der deutschen Bergwelt. 19. Jahrg. 1904. 4°. erscheint in 12 Nrn. †
Aussig: Becker (Ed. Miksch) 1904. kompl. K 8.—

(F) Aus deutschen Bergen. Blätter für Freunde der deutschen Bergwelt. 24. Jahrg. 4°. kompl. K 8.20
Aussig: Becker (Ed. Miksch) 1909;

Bergen, Aus Kärntens s. Panz, Adolf Ritt. v.

Aus Lapplands Bergen. Mit e. Vorw. von Prinz Oskar Bernadotte u. mit zahlr. Ill. Hrsg. von d. Frauen-Missions-Gesellsch. in Stockholm. Autor. Übers. Berlin: Zillessen [1909]. 102 S. 8° • [09. 6368]

Bergen [Schlagwort]
Bergen, s.: Granitz.

Bergen bei Celle, s.: Preussen. Messtischblätter.

Bergen a. d. Dumme, s.: Preussen. Messtischblätter.

Bergen a. Rügen, s.: Deutschland. Kürschner-Pelp.

Bergen [Verfasser]
Bergen, v. den, das Geheimnis, in jede gewünschte Gesellschaft zu kommen. Eine prakt. Anweisg. f. jedermann, sich in allen Lebenslagen einflußreiche Verbindgn. u. Konnexionen zu verschaffen. (191 S.) 8. Erfurt (909). F. W. Tronki & Co. 3. —

Bergen, v. den, das Geheimnis, in jede gewünschte Gesellschaft zu kommen. Jetzt: Leipzig-R., R. Ehlert.

Bergen's letzte Novellen. Hrsg. v. E. Eichel. 8. (10½ B.) Meißen 839, Goedsche.
Inh.: Die Harfnerin v. Warschau. — Die sieben Fräulein v. Bethencourt. — Das Grab im Eilauer Walde.

Bergen, A. (Theaterschriftsteller), s. Bergen, Alexander

Bergen, A. Freiherr v. (Hrsg.), s. Rundschau, Österreichische.

Bergen, Ad.: Heinrich IV., Trspl. in 5 A. N.A. 8°. Königsb. 1817. Unzer.

Bergen, Ad.: (Arah. Fr. Blech), Konradin. Trspl. in 5 A. 8°. Königsb. 1803. N.A. 1817. Unzer.

Bergen, Adele, aus dem Leben, s. Erzählungen und Novellen, neue.

Bergen, Albrecht von, Referendar: Die Pfändung eigener Sachen. Göttingen 1909: Dieterich. 37 S. 8°
Göttingen, Jur. Diss. v. 19. Okt. 1909, Ref. Titze
[Geb. 5. Febr. 87 Hamburg; Wohnort: Hamburg; Staatsangeh.: Hamburg; Vorbildung: Gelehrtensch. d. Johanneums Hamburg Reife O. 05; Studium: Grenoble 1, Tübingen 2, München 1, Göttingen 2 S.; Rig. 21. Juli 09.]
[U 10. 1325

Bergen, Alexander: Aus Liebe sterben, s. Theater-Repertoir, Wiener.

Bergen, Alexander: Mein Bär u. meine Nichte, s. Theater-Repertoir. 94. Lfg.

Bergen, Alexander: Mein Fräulein Bruder, s. Theater-Repertoir. 82 Lfg.

Bergen, Alexander: Ein ungeschliffener Diamant, s. Theater-Repertoir, Wiener.

Bergen, A, e. ungeschliffener Diamant, s.: Universal-Bibliothek.

Bergen, Alexander: Ein solider Ehemann, s. Theater-Repertoir, Wiener.

Bergen, Alexander: Er hat das Pulver erfunden, s. Theater-Repertoir, Wiener.

— — Der schöne Fleischbauer: s.: Theater-Repertoir, Wiener.

Der Franctireur. Eine Posse mit Gesang in 1 Akt mit Benutzung e. älteren Stoffes von A. v. Bergen. *Landsberg a. W.: Volger & Klein [1900].* (23 S.) 8° [F.]
— Theater-Album, Militärisches. No 98. [01. 1136]

Bergen, Alexander: Gardinenpredigt, s. Theater-Repertoir, Wiener.

Bergen, A., Ein junger Gelehrter, s.: Theater-Repertoir.

Bergen, Alexander: Hercules als Schutzmann, s.a. Theater-Repertoir, Wiener.

Herkules als Schutzmann. Lustsp. in 1 Akt von Alexander Bergen. *Landsberg a. W.: Volger & Klein [1901].* (19 S.) 8° [F.]
— Liebhaber-Bühne, Neue. No 71.

Bergen, Alex., Kl. Mißverständnisse, s.a. Bloch's, Ed., Theater-Korrespondenz.

Bergen, Alexander: Kleine Mißverständnisse, s.a. Theater-Repertoir, Wiener.

[F.] Kleine Missverständnisse. Lustsp. in 1 Akt v. Alexander Bergen ... *Berlin: E. Bloch [1896].* (42 S.) 1 Bd 8.
— Theater-Korrespondenz, Eduard Blochs. No 282.

Bergen, A., der Mord in der Kohlmessergasse, s.: Theater, neues Wiener.

Bergen, Alexander: Der Mord in der Kohlmessergasse, s. Universal-Bibliothek

— — Nur Mutter; s.: Theater-Repertoir, Wiener.

—— Der neue Don Quichotte. s.: Theater-Repertoir.

Bergen, Alex., Schwesterliebe; s.: Theater-Repertoir, Wiener.

— e. Vorlesg bei d. Hausmeisterin, s.: Theater, neues Wiener.

Bergen, A., e. Vorlesung bei der Hausmeisterin, s.; Theater-Repertoir, Wiener.

— e. Vorlesung b. d. Hausmeisterin, s.: Universal-Bibliothek.

Bergen, Alfred
Bergen, Alfr., die Friedens-Ära u. das Wehrsystem der Zukunft. Militärisch-polit. Denkschrift. gr. 8. (38 S.) Basel 892. B. Schwabe. n. — 80

Bergen, Alfr., was nun? E. militär.-polit. Programm. [Aus: „Allg. schweizer. Militärzeitg."] 8. (58 S.) Basel 896. B. Schwabe. n. 1.—

Bergen, Arthur v.
Bergen, Arth. v., neuester Briefsteller für Liebende. Ueber 120 Musterbriefe für alle erdenkl. Fälle des Liebeslebens, nebst einem kurzgefaßten Liebes- und Ehestands-Brevier. 1.—6. Aufl. 8. (IV, 156 S.) Oberhausen 880—84, Spaarmann.

Bergen, Arth. v., neuester Briefsteller für Liebende. Ueber 120 Musterbriefe für alle erdenkl. Fälle des Liebeslebens, nebst einem kurzgefaßten Liebes- und Ehestands-Brevier und zahlreichen Liedern der Liebe, Stammbuchversen, Akrosticha rc. 6. Aufl. 8. (176 S.) Oberhausen (Styrum) 886, Spaarmann.

Bergen, Arth. v., neuester Briefsteller f. Liebende. Über 120 Musterbriefe f. alle erdenkl. Fälle d. Liebeslebens, nebst e. kurzgefaßten Liebes- u. Ehestands-Brevier u. zahlreichen Liedern der Liebe, Stammbuchversen, Akrosticha rc. 7. Aufl. 8. (176 S.) Styrum 892. A. Spaarmann. 1.—

— kurzgefaßtes Liebes- und Ehestands-Brevier. Für Verlobte und Neuverehelichte hrsg. 8. (48 S.) Ebendas. 880. *

— kurzgefaßtes Liebes- u. Ehestands-Brevier. Für Verlobte u. Neuverehelichte hrsg. 8. (48 S.) Ebend. 882. — 40

Bergen, Carl
Bergen, C, Juanita. Roman. 3 Bde. 8. (634) Berl. 84, Janke. n. 10. —

Bergen, Carl, Juanita. Roman. 3 Bde. 8. (215, 216 u. 203 S.) Berlin 885. Janke. n. 10.—

Bergen, Carl August, s. Bergen, Karl August

Bergen, E v.: Lach. Erben, s: Roman-Bibliothek „Mein Ideal".

Bergen, G. v., s. Bergen, Henrik v.

Bergen, H.v.: Der preussische Train, s. Bergen, Henrik v.

Bergen, H. v.: Versuch eine Monographie der China (u. Schriften über Drogen), s. Bergen, Heinrich von

Bergen, H.C., s. Bergen, Hnr. Chr.

Bergen, Hans v., Geistliches u. Weltliches. Gedichte. 12. (VI, 149 S.) Leipzig 881. Böhme. n. 2. —; geb. n. 2. 70

BERGEN, HANS. *Hurra!* Ein neues Soldatenbuch mit Versen. Zeichnungen v. ANTON HOFFMANN u. FELIX SCHMIDT. Duisburg, Steinkamp [c. 1908]. M. 16 großen farbigen u. zahlr. schwarzen Bildern, sowie entsprechend illustr. farb. Vorsatz. 12 Bl. Fol. Illustr. Or.Hlwd. m. Schutzumschl. 11.—

Bergen, Heinrich
Bergen, Heinr., von, Preis-Courant verschied. Droguerie- u. Material-Waaren, nebst Jahresbericht u. tabellar. Preis-Uebersicht d. J. 1854. XVII. Jahrg. Roy.-Fol. u. 26 Tab. in halb Fol. Hamburg, (Herold.)

von Bergen, (H.,) Versuch e. Monographie d China. M. 8 Kupfertaf. gr. 4. Hamb. 826. (Hammerich in Altona.)

Bergen, *Heinrich* **von,** Droguerienmakler in Hamburg.
—— Versuch einer Monographie der China. (Mit 8 Kupfern in folio, 10 Tabellen.) Hamburg, typ. Hartwig und Müller. 1826. 4. xi, 348 p., 8 tab. col. in folio. (18 th.)

v. Bergen, (H..) Versuch e. Monographie d. China. M. 8 Kpft. u. 8 Tabb. gr. 4. Hamb. 826. (Hoffmann u. Campe). 18 ℛ 4 gr

—— einige Worte üb. Droguerie-Handel, Waarenkunde u. Arzneyen-Taxen, gespr. am 25. Sept. in d. physikal.-chem.-pharmaceut. Sect. d. Versamml. deutsch. Naturforscher u. Aerzte in Hamburg. Begleitet von einer, die letzten 18 Jahre umfass. tabellar. Preis-Uebersicht d. gangbarsten Droguerie- u. Material-Artikel. (in Roy.-Fol.) 4. (1½ B.) Hamburg 830, (Perthes u. Besser.)

Bergen, Heinz v., Irma, die Tochter des Sträflings u. die Geheimnisse v. Schloß Rotenbuch. Kriminalistische Volkserzählg. Mit viel. Orig.-Illustr. 90 Hefte. (2160 S. m. 90 Vollbild.) gr. 8. Dresden (908). R. H. Dietrich. à Heft — 10

Bergen, Henrik v., die Marienburg u. der deutsche Ritterorden. gr. 8. (32 S. m. Abbildgn. Berlin 902. Boll & Pickardt. n. 1.—

Der Preußische Train. Zur Erinnerung a. 50jähr. Bestehens (1853—21. April—1903) von H[enrik] v. Bergen. *Berlin: Boll & Pickardt 1903.* (48 S.) 8° [F.]

Bergen, Henry: Description and Genealogy of The Manuscripts and Prints of Lydgates Troy Book. Bungay 1906: R. Clay. (75 S.) 8° [Umschlagt.]
München, Phil. Fak., Ref. Schick, Diss. v. 1. Febr. 1905
[Geb. 8. Aug. 73 Bay Ridge, Brooklyn, U.S.A.; Wohnort: Brooklyn; Staatsangeh.: Vereinigte Staaten; Vorbildung: Yale Univ., Bacc. Philos. S. 95; Studium: Heidelberg 2, München 8 S.; Rig. 1. Febr. 05.]

Bergen, Hnr., s. Bergen, Heinrich

Bergen, Hnr. Chr., Denkwürdigkeiten aus d. Leben Jesu. 2 Thle. 8. Gießen 789, 91. Krieger. 1 ℛ 16 gr

Bergen, H. C., Denkwürdigk. in den Leb. Jesu. 2 Thle. 8. Marburg, Krieger. 790—91.

— Religionsbuch f. junge erwachs. Christen. 8. Marb. ... 2e A. 799. Krieger. 18 gr

— Taschenbüchlein f. Landschullehrer, welche ihr Amt mit Nutzen verwalten wollen. 12. Gießen 799. Krieger. 2 gr

Bergen, J. v., Jesu Bekenntniß u. Petri Verläugnung. 2 Predigten geh. den 7. u. den 14. April 1878. 8. (17 S.) Zürich 878. Depot der evang. Gesellsch. n. — 40

Bergen, J. C., s. Bergen, Joachim Christian

Bergen, J.G.a (Präs.), s. B a r n w a s s e r , Dav.: De temperamentis.

à Bergen, J. Ge., Diss. de insomniis secundum et praeter naturam. Frcf. 4°. 1 7 1 1

Bergen, Joachim Christian: A n l e i t u n g für die Landwirthe zur Verbesserung der Viehzucht von Joachim Christian Bergen.– Berlin & Stralsund: Lange 1781. XLIV, 340 S. 8°

Bergen, Joachim Christian: A n l e i t u n g für die Landwirthe zur Verbesserung der Viehzucht. Berlin 1781. Neue Aufl. herausg. von Albrecht Daniel Thaer, Berlin 1800 (Reimer).

— — m. Anmerk., Berichtigungen u. Zusätzen neu herausg. v. A. T h a e r, m. Tit.: Anleit. z. Viehzucht od. vielmehr z. Futtergewächsbau u. z. Stallfütterung d. Rindviehes. Berl. 1800. (49) 624 S. 3 Tvl.

— Anleit. zur V i e h z u c h t von A. Thaer. m. K. gr. 8. Berl. Realschulb. 800.

Bergen, Joh. v., drei Briefe an zwei junge Freunde im Seminar zu Münchenbuchsee. gr. 8. (78 S.) Bern 877. Wyß. n. 1. —

(B e r g e n, J[ohann] v[on, und] H o p f, Otto.) Meiringen. Ein Gedenkblatt nach dem Brande vom 25. Oktober 1891. [Mit 2 Tafeln.] 8. Meiringen 1891.

Bergen, Johann Christian: A n l e i t u n g zur Viehzucht, s. B e r g e n , Joachim Christian

Bergen, Johann Christoph: Introductionis in physicam recentiorem, s. V e r d r i e s , Joh. Melchior (Präs.)

Bergen, Johann Christoph: Graecae veritatis stilique apostolici vindiciae etc., s. M a y , Johann Heinrich (Präs.)

Bergen, K. Gust.: C l a s s e s conchylior., s. B e r g e n , Karl August von

Bergen, Karl August von

v. *Bergen*, Karl Aug., († d. 7. Oct. 1759.) de Alloide. 4. Frankf. 753. Braun. 2 ℛ

a Bergen, C. A. Diss. an in paroxysmo syncoptico venam secare liceat? Frcf. 4°. 1 7 7 4

de Bergen, C. A., Diss. de balbutientibus. Frcf. 4°. 1 7 5 6

Bergen, *Karl August von*. Catalogus stirpium indigenarum aeque ac exterarum quas hortus medicus Academiae Viadrinae complectitur. etc. Francofurti a/V. 1744. 8. 120 p., praef.

Car. Aug. d e B e r g e n (resp. Car. Steph. Lud. Wesenfeld) diss. medico-historica sistens chronologiam formularum medicarum et remediorum chirurgicorum. Francof. ad Viadr. 1754. 4. (Excerpt. in *Weiz Auszüge aus Dissertatt. für Wundärzte. Bd.* 12. *S.* 93.)

— Classes conchyliorum. 4. Nürnb. 760. Schwarzkopf. 12 ℛ

— Comm. de T h e r m o m e t r i s. 4. Nrnb. 751.

Bergen, Karl August von: C o m m e n t a t i o de thermometris mensurae constantis. Quondam seorsum publ., nunc 2. curis rev. et reformata. Auct. Carolo Augusto de Bergen. Norimbergae: Endter & Engelbrecht. 1757. 48 S. 8°

— Elementa anatomiae experimentalis. 8. Frankf. 758.

— Flora francofortana, methodo facili elaborata. Acced. terminorum technicorum nomenclator et necessarii indices. 8. Frankf. 750. 375 S.

v. Bergen, C. Aug., resp. J. H. Goedecke, Diss. de maculis, puncticillis, scintillis, aliisque corpusculis visui observantibus. Frcf. 4°. 1 7 4 7

a Bergen, C. Aug., Diss. de morbis auris internae. Frcf. ad V. 4°. 1 7 5 4

à Bergen, C. Aug., resp. J. M. Fr. Muller, De morbo epid.-spasmod.-convulsivo, contagii experte. 19 pp. Frcf. ad V. 4°. Auch: *Haller*, Disp. ad morb. 4°. Laus. 1757, I, 75–96. 1 7 4 2

a Bergen, Car. Aug., Progr. de nervis quibusdam cranii ad novum paria hactenus non relatis disserit. Frcf. ad V. 4°. — Auch in *Haller*, Disp. anat. Gött. 1751, VII, 471–8. Bibl. anat. II, 243. (Nervum ab ophthalmico in os petrosum euntem vidit, ramum pterygoidei nervi cum duro conjunctum.) 1 7 3 8

a Bergen, C. Aug., De nervo intercostali. C. tab. 55 pp. Frcf. ad V. 1731. 4°. Auch: *Haller*, Disp. anat. Gott. 1747, II, p. 871–909.

—, resp. J. C. Weise, De nyctalopia seu coecitate nocturna. 26 pp. Frcf. ad V. 4°. *Haller*, Diss. a morb. I, 359–374. 1 7 5 4

v. Bergen, C. Aug., resp. L. D. Herrmann, De palpitatione cordis. Frcf. ad V. 4°. 1 7 4 0

—— De Petasitide. D. Francofurti a/V. 1759. 4. 84 p.

—, resp. Fab. Jac. Kohntzen, De phrenitide. 22 pp. Frcf. ad V. 4°. 1 7 5 6

— s.a. Positiones phys.

Bergen, Carolus Augustus de, Positiones physicae experimentalis in usus academicos conscriptae. Frankfurt 1752.

—— Propempticon inaugurale, quo breviter disquirit, utri systematum an Tournefortiano an Linneano potiores partes deferendae sint? (Francofurti a/V. 1742.) 4. 16 p. — Ed. II: Lipsiae 1742. 4

v. Bergen, C. Aug., Schediasma de methodo cranii ossa dissuendi, et machinae hunc in finem constructae per figuras ligno incisas delineatio. 14 pp. Frcf. ad V. 4°. Auch: *Haller*, Disp. anat. Gott. 1751. VI, 87–101. Bibl. anat. I, 243. 1 7 4 1

von Bergen, C. Aug., De structura piae matris nova observatio. Frcf. ad V. 4°. Auch: *Haller*, Disp. anat. 4°. Gött. 1747, II, 833–840. Bibl. chir. II, 243. (Die ersten gründlichen Untersuchungen hierüber.) 1 7 3 6

a Bergen, Car. Aug., Ventriculorum cerebri lateralium novam sistit tabulam. Frcf. ad V. 4°. Auch in: *Haller*, Bibl. chir. II, 243. *Haller*, Diss. anat. sel. II, 841–848. (Explicatio figurae.) 1 7 3 4

— Tractatus de Thermometris mensurae constantes c. tab. Nürnb. 751. 4 ℛ

à Bergen, C. A., Diss. de vertigine ex ventriculo. Frcf. ad V. 4°. 1 7 1 9

Bergen, Kurt von

Anleitung zum Selbstunterricht im Tiefbrand. Von K u r t v. Bergen unter Mitw. von Künstlern u. Praktikern. *Königsberg i. Pr.: A. Sander [um 1904].* (49 S.) 8° [Umschlagt. J. u. Ant.] (04. 4636) 10

Bergen, Kurt v., Anleitung zum Selbstunterricht im Tiefbrand. Unter Mitwirkg. v. Künstlern u. Praktikern. 3. Aufl. (48 S. m. Abbildgn. u. 2 farb. Taf.) 8. Stuttgart (909). (K. Wittwer.) — 80

Bergen, Ludwig Konrad v.

°Ludw. Conr. Montanus [d. i. Ludw. Konr. v. Bergen]. Gründliche Anweisung zu der wahren hermetischen Wissenschaft; aus einem sehr alten Bambergischen Ms. an's Licht gestellt von Joh. Ludolph ab Indagine. Frankfurt u. Leipzig: 1751. 8°

cf. Missiv a. d. Brrschaft d. Gold- u. Rosenkreuzes. 1783 Nr 150.

Orvius' Vorr. üb. die Rosenkr. in Haag ist hier nur unvollständig abgedruckt.

Bergen, Meta, Jung Wanda als Dorfschulmeisterin. Eine einfache Erzählg. (111 S.) 8. Dresden 905. E. Pierson. n. 2. —; geb. n. 3. —

Bergen, O.

Willkommen! Zugerufen den B. Br. Abgeordneten zur Gross-Loge. Sitzung des Eintrachts-Bundes. [Unterz.:] O. Bergen. [Dat.:] Giessen 1886. 1 Bl. 2° [Kopftit.]
Gedicht: „Mit Brudergruss seid herzlich uns willkommen, . . .“

Bergen, O. F. v. (Göteborg), Philanthropinismo nondum succubuisse universitates exteras, indicia nonnulla Tl. I. Präs. Pet. Wieselgren. Lund (Berling) 17. V. 1831. 8 S. (3.—) 2150
Gew.: P. F. v. Bergen u. Frau Fred. Petron. geb. Fehman, Anders Godhe. — Tl. II. s. Jungbeck, H.

Bergen, Otto, die Ausführung v. Haus-Gas- u. Wasser-Einrichtungen durch Gemeindeanstalten. (37 S.) gr. 8. München 903. R. Oldenbourg. n. — 60
Sonderabdruck aus: „Journal f. Gasbeleuchtg. u. Wasserversorgg.“

Bergen, Otto, Stenographik. Bilder f. Stenographen u. Solche, die es werden wollen. Kompon. u. erklärt. 2. Aufl. Fol. (20 S. m. Illustr.) Leipzig 886. Weber. n. 1. 20

—— Wappen und Allegorie der Stenographie. 1 Tableau in Ton-, Farben- und Golddruck ausgeführt von Werner und Winter in Frankfurt a. M. gr. Fol. Ebendas. 879. *

Bergen, O, stenograph. Zeichngn. Bl. 1—10. Fol. (10 L.) Giess. 75. Roth. n. 6. 50

Bergen, W. [aus Hannover, app. Arzt]: Über den Erfolg der Sehnennähte. . . . Göttingen, Druck d. Univ.-Buchdr. v. W. Fr. Kästner, 1890; 28 S. 8°
Göttingen, Med. Fak., Inaug.-Diss. v. 30. Apr. 1890

Bergen, W., über den Erfolg der Sehnennähte. Inaug.-Diss. gr. 8. Göttingen 890. (Vandenhoeck & Ruprecht.) n. — 60

Bergen, Wanda v.: Unter d. Peitsche d. sinnl. Weibes. Briefe u. Tagebuchblätter e. Masochisten. (64) 8° Dresd. ('07). Pankow b. Berl., HL Diegmann. 2 — Verboten?

Bergen, Wanda v., unter der Peitsche des sinnlichen Weibes. Briefe u. Tagebuchblätter e. Masochisten. (64 S.) 8. Dresden (907). Pankow, O. Linser Verl. 2. —
Infolge Rechtsspruchs unbrauchbar gemacht.

Bergen-Wedemeyer, O. v., Gedichte. (V, 227 S. m. Bildnis.) kl. 8. Dresden 906. E. Pierson. n. 3. —; geb. n. 4.—

Bergen County Bote: 1872?
Weekly. Circulation: 1872, 600 (est.). Edited & published by C. A. Timm Carlstadt, NJ.

Bergen County Revue: 1891? - 1892?
Democratic weekly, the only paper in Fairview in 1892. Circulation: 1892, 750. Edited & published by Charles M. Loub, 1891 - 92. Fairview, NJ.

Bergen County Volksblatt: 1884? -1885? Carlstadt, NJ.

Bergendal, David
Beobachtungen über den Bau von Carinoma Oudemans, nebst Beiträgen z. Systematik d. Nemertinen von D[avid] **Bergendal.** Mit 2 Taf. u. 25 Textfig. Lund 1903: E. Malmström. (86 S.) 4°
— Bergendal: Studien über Nemertinen. 3.
— Acta Universitatis Lundensis. Bd 39, Afd. 2, No 2. [03. 9110

Bergendorf [Schlagwort]
Bergendorf, s.: Hoopflingen u. Bergendorf.

Bergens, Heinr., wie erzielt man Nutzen aus der Geflügelzucht? Mit Massen-Abbildgn. u. Buchführungstabellen. (136 S.) 8. Aachen (903). J. Kessels. n. — 75

Bergener, Eduard, aus Wingerode ⟨Prov. Sachsen⟩: Die Röntgendurchleuchtung des 'Cubitus valgus'. *Leipzig: G. Fock 1900.* (21 S.) 8°
Leipzig, Med. Diss. v. 20. März 1900

Bergener, Gust. Adolph (geb. Halle a. S. 15. 12. 1797): De conditionibus conjunctivae abnormibus. Berolini (1822). (20 [vielmehr 24] S.) 8°
Berlin, Med. Diss. v. 18. Mai 1822

Bergener, Herm. Franz (Halle), Comparatio aequalis et diversae, qua excellunt chlorium, bromium et jodium naturae chemicae et therapeuticae. Diss. med. Bln. (C. F. Brettschneider) 11. XII. 1830. 40 S. mit Biogr. (M.: Büchling.) (4.—) 2150a
Oppon.: H. E. Succow, A. E. Jaeneke, M. Baumgarten-Crusius. — Gew.: C. F. v. Graefe.

Bergener
— Jo. Carl Erdm. (Halle), De haemorrhoea petechiali. Diss. med. Halle (Grunert) 17. X. 1792. 32 S. (3.—) 2151

Bergener, Oswald
Die Heidemühle. Roman von Oswald **Bergener.** Berlin: Janke 1910. 392 S. 8° [10. 14863

Bergener, Osw., der Maulwurf. Eine neue Bergmannsgeschichte. 8. (189 S.) Leipzig-Reudnitz 891. Max Hoffmann. n. 2. —

— Die Mondscheinsonate. Roman. (452) 8° Ebd. ('12). 4 — d

— der Prophet v. Kesselheim. Erzählung aus dem Leben e. Kleinstadt. 8. (166 S.) Goslar 892. E. Wolfram Verl. n. 1. 50

— Reservistenstreiche. 8. (140 S.) Berlin 894. J. L. V. Laverrenz. n. 1. —

Bergener, Oswald, wilde Rosen. Novellen. 8. (V, 183 S.) Leipzig-Reudnitz 901. A. Hoffmann.
Geb. in Leinw. m. Goldschn. n. 4. —

Bergener, Osw., Studententum u. Sozialismus. gr. 8. (31 S.) Leipzig-R. 895. M. Hoffmann. n. — 50

Bergener, Osw. Tagebuch eines deutschen Reservemannes. Mit Illustrationen. 8. (112 S.) Berl. 892, Laverrenz. 1 —

Bergener, Osw.: Auf fernen Wolkensäumen wohnt d. Glück. Roman. (869) 8° Berl., O Janke ('98). 4 — d

Bergengrün, Alexander
Die große moskowitische Ambassade von 1697 in Livland. Von Alexander **Bergengrün.** *Riga 1892: W. F. Häcker.* (98 S.) 8° [04. 13385 8

Bergengrün, Alex., die grosse moskowitische Ambassade v. 1697 in Livland. gr. 8. (98 S.) Riga 892. (N. Kymmel's Sort.) n 1. 60

Bergengrün, Alexander: Die politischen Beziehungen Deutschlands zu Frankreich während der Regierung Adolfs von Nassau. Strassburg, Karl J. Trübner. London, Trübner & Comp., 1884. 8. IV, 113 S. **Diss. Strassburg**

[J.] Herzog Christoph von Mecklenburg, letzter Koadjutor des Erzbistums Riga. E. Beitr. z. livländ. u. mecklenburg. Gesch. v. Dr. Alexander **Bergengrün.** *Reval: F. Kluge 1898.* (VII S., 1 Bl., 324 S., 1 Tab.) 1 Bd 8.
— Bibliothek Livländischer Geschichte. Bd II. [98. 11178

Bergengrün, Alex., David Hansemann. gr. 8. (VIII, 763 S.) m. 1 Bildnis u. 1 Taf.) Berlin 901. J. Guttentag. n. 10. —; geb. in Leinw. n. 11. —

Bergengrün, Alex., Staatsminister August Freiherr v. der Heydt. (VIII, 388 S. m. 1 Bildnis.) gr. 8. Leipzig 908. S. Hirzel. 8.—; geb. in Leinw. 9.—; in Halbfrz. 12. —

Bergengrün, Paul
Bergengruen, P., über die Wechselwirkung zwischen Wasserstoffsuperoxyd u. verschiedenen Protoplasmaformen. Inaug.-Diss. gr. 8. (47 S.) Dorpat 888. (Karow.) n. 1. —

Bergengrün, V. e. glücklich geheilten Bisse eines tollen Hundes. In: Gesch. u. Vers. e. chir. Privatges. zu Kopenhagen. 113 S. Kopenh. 8°. 1774

Bergenhold, s.a. **Schmidt v. Bergenhold.**

Bergenhold (J. F. Schmidt von), Uebersichtliche Geschichte des Bergbau- und Hüttenwesens im Königreich Böhmen. Prag 1873. 8.

— s.: **Schmiedt, Joh.**, Aufzeichnungen zu den J. 1558—1562.

Bergenroth: Ist der König Oedipus des Sophokles eine Schicksalstragödie? 23 S.
Progr. Thorn 1861.

Bergenroth: De regia potestate quae Philippus II. et Alexander M. apud Macedones usi sunt. 32 S.
Progr. Thorn 1854.

Bergenroth, Alexander von s. Album der Schweiz. Berlin.

Bergenroth, Alex. Frhr. v., E. Ausflug n. Venedig. Pracht-Album m. 170 Ansichten in Photograv. u. Meisterholzschn. n. Gemälden, Aquarellen u. Kupferstichen sow. n. photograph. Orig.-Aufn. v. C. Naya, Venedig, F. Ongania, Venedig, u. Fratelli Alinari, Florenz. hoch 4. (156 S.) Zürich 898. Th. Schröter.
Geb. in Leinw. m. Goldschn. n. 20.—

Bergenroth, A Frhr v.: Ein Ausflug nach Venedig. Pracht-Album. 4° (156 m. H. u. Photograv.) Zür. 98. Lpzg, T Schröter. Geb. in L. m. G. 20 —; engl. Asg., übers. v. HA Clay. 1900.
Geb. 20 —

— Europa Touring Almanach '11. Berl., Preuss' Instit. Graphik. ca 5 —

Bergenroth, A. von. An Expedition to Venice. Translated by H. Alexander Clay M. A. 4°. Zürich, Th. Schröter. 1900 25 -

— Napoli la bella. Eine Wanderg. durch Neapel u. Umgebg. 200 Abbild. (24 S. illustr. Text, 48 S. Abb. u. 16 Taf.) 33×26 cm. Berlin (909). Preuss' Institut Graphik. Geb. in Leinw. 15.—;
in Perg. 36.—; in Ldr. 48.—

Bergenroth, Alexander von. Wanderings in Venice. Ed. de Luxe with one hundred and seventy views [illustrations and plates] in photogravures and large woodcuts after paintings... and from original photographs.... Translated from the text of A' Baron von B' by H Alexander Clay. M. A. 4. Zürich and Leipsic 1900.

Bergenroth, Alex. Baron v., Wanderings in Venice. Ed. de luxe, with 170 views in photogr. and large woodcuts after paintings, watercolours and etchings and from original photographs by C. Naya, F. Ongania and Fratelli-Alinari. Translated by H. Alex. Clay. gr. 4. (156 S.) Zürich 900. Th. Schröter.
Geb. in Leinw. m. Goldschn. n. 20.—

Bergenroth, G., Herr v. Bülow-Cummerow unter den Communisten. gr. 8. (16 S.) Berlin 849. (Stargardt.) 1/12 Rthlr

Bergenroth, D., s. Croquis von Posen.

Bergenroth, Paul, die arme Maria. Erzählung. 2 Bde. 8. (272 u. 318 S.) Stuttgart 903. Greiner & Pfeiffer.
n. 5.—; geb. in Leinw. n. 7.—

Bergens, letzte Novellen. Herausg. von E Eichel: Die Harfnerin v. Warschau. — Die sieben Fräulein v. Bethencourt. — Das Grab im Eilauer Walde. 8. Meißen 839, Goedsche. 7/8 Rthlr

Bergens Kalvskind [Björgynjar Kálfskind], siehe: Registrum praediorum.

Bergenstamm, Jul.
Bergenstamm, J. Edl. v. und P. Löw. Synopsis Cecidomyidarum. Wien 1876.

Bergenstamm, Jul. Edler v. Die Zweiflügler d. kaiserl. Museums zu Wien, s. Brauer, Friedr.

Bergenthal. Haftpflicht, Unfallgesetzgebung und Unfallversicherung in den Vereinigten Staaten von Amerika. Berlin 1907.

Bergenthal, Carl, approb. Arzt aus Schmallenberg i. W.: Aus d. med. Klinik zu Giessen. Direktor: Geh. Med.-Rath Prof. Dr. Riegel. Über Glykosurie und alimentäre Glykosurie bei Cholelithiasis. *Giessen 1901: v. Münchow.* (38 S.) 8°
Giessen, Med. Diss. v. 1901

Bergenthal, Max, aus Neustadt a. d. Saale: Über ein Endotheliom des Peritoneums. *Würzburg 1901: Verlagsdruckerei.* (26 S.) 8°
Würzburg, Med. Diss. v. 1901

[J.] **Bergenthal, Maximilian** [Gerichtsref.]: Entstehung und Schutz der Wegservituten m. Berücks. des nach d. bürgerl. Gesetzbuche geltenden Rechts ... Berlin, Druck v. M. Driesner, 1897; 3 Bl., 52 S. 8.
Erlangen, Jur. Fak., Inaug.-Diss. v. 1897

Berger
Der Kammerjunker Friedrich Erich Valentin von **Berger** zu Glücksburg nebst und von seinem vormaligen Privat-Contoirgehilfen H. Helm Peters vor den Richterstuhl der öffentlichen Meinung gestellt. Kopenhagen. 1847. 8°.

Berger: Der Adventismus d. 7. Tages. Ein Zeichen d. Zeit. Bibl. beleuchtet. (64) kl8° Strieg., Th. Urban ('11). — 30 d

Berger: Anleitung zum Übersetzen..., s. Berger, Ernst

Berger: Arrest und Vormerkung, s. Berger, E.

Berger: Beiträge zur Bauchchirurgie, s. Berger, Erich

Berger: Beiträge zur Entwicklungsgeschichte der Maltechnik (und andere Schriften zur Maltechnik), s. Berger, Ernst

Berger: Bekämpfung der Tuberkulose, s. Berger, H.

(**Berger, v.**) Bericht des Leib-Gren. R. über seine Theilnahme an der Erstürmung der Düppeler Schanzen. — Beigedr.: Die Gefechte bei Sönder-Tranders und Lundby am 3. Juli 1864. Berlin 1864. 8°. (Bh. z. M. W. B.)

Berger, Cabbalismus judaico christian. detect. 4. Vitemb.

Berger: Dissertationes, s. Berger, Christoph Heinrich

Berger: Über den Einfluß der Reizstärke..., s. Berger, Georg Oscar

Berger: Einführung in das Handels- und Gewerberecht, s. Berger, J.

Zur Erinnerung an den am 18ten Juni 1815 erkämpften Sieg, zur Ehre Gottes, unsers geliebten Königs Friedrich Wilhelm III., und unsers Brs des Fürsten [Gebhard Leberecht] Blücher von Wahlstadt gesungen am 12ten Juli 1815 bei Aufstellung der von Br Wichmann, der Gr. Landes-Loge von Deutschland verehrten Büsten Seiner Majestät des Königs von Preussen, und des Fürsten Blücher v. Wahlstadt. Gedichtet vom Br Peicke, in Musik gesetzt vom Br **Berger**. [Stargard 1815.] 2 Bl. 4° [Umschlagtit.]
Lied ohne Noten. Beigefügt: Opferlied, gedichtet von F. Matthisson, in Musik gesetzt von J. P. Schmidt. Ohne Noten.

Berger, üb. die Erkenntn. u. Kur d. wichtigsten äußerlichen Krankheiten. 3 Bde. 8. Erfurt, Beyer u. Maring. 808.

Berger üb. die Erkenntniß u. Cur d. wichtigsten äußerlichen Krankheiten. 4r u. 5r Bd. 8. Erfurt, Beyer u. M. 811. (à 18 gr.)

Berger, de: De errore diaetae, s. Berger, Jo. Gttl.

Berger's Erzählungen aus der Weltgeschichte, s. Berger, W.

Berger: Festpredigt zum Gustav-Adolf-Fest, s. Berger, Felix

Berger, Forst- u. Jagdschutz in Deutschland u. insbesond. in Preussen. Nach d. besteh. Gesetzen dargestellt. Friedeberg 889.

Berger, der Forst- u. Jagdschutz in Deutschland u. insbesondere in Preußen. Nach den besteh. Gesetzen u. Verordngn., sowie den einschläg. Entscheidgn. d. Reichsgerichts, d. Kammergerichts u. d. Ober-Verwaltungsgerichts dargestellt u. erörtert. 12. (XI, 256 S.) Friedeberg i. N. 890. Wundermann. geb. n.n 4.—

Berger, Dr., Ueber Gefrieren des Wassers und Hagels. (Aus: „Poggendorffs Annalen", Band 124.). 1865.

Berger, Ritter von: Geschichte des kgl. sächs. Schützenregiments Prinz Georg, s. Berger, Otto

Berger: Gewerbeordnung, s. Berger, T.Ph.

— Handbuch f. Verwaltungs-Beamte. Lex.-8. (VIII, 470 u. 1060 S.) Oppeln 884. Raabe. n.n. 17.50; geb. n. 20.—

Berger: Überseeische Handelsbestrebungen, s. Berger, Heinrich

Berger, Jagdordnung f. Preußen. Als Entwurf bearb. [Aus: „Verwaltungsarchiv".) gr. 8. (64 S.) Berlin 894. C. Heymanns Verl. n. 1.20

Berger: Jahresbericht der deutschen Handelskammern, s. Berger, Gustav

Berger: Österreichs geschichtliche Jubiläumstage, s. Berger, Sigm.

Berger: Jugendschutz, s. Berger, Adalbert

Berger: Karte des Herford-Salzufler Waldes, s. Berger, Paul

Berger: Kreisarzt und Schulhygiene, s. Berger, Heinrich F. A.

Berger: Am Lagerfeuer der Büffeljäger, s. Berger, Otto

— Laienurteil über bildende Kunst bei den Alten. Ein Capitel zur antiken Aesthetik. Gel. 1902. 46 S. 1.50

Berger: Das Licht..., s. Berger, G.

Berger, Des Feldmarschall-Leutn., Memoiren a. d. Kriege v. 1859. Zusammengest. auf Grund v. tagebuchart. Aufzeichngn v. Karl Harbauer. (140) 8° Wien, K Harbauer ('12). 2 — d

Berger: Val. Chr. Fr. Rostii memoria, s. Berger, F.

Berger: Mundraub, s. Berger, Ewald

Berger: Naturwissenschaft, Glaube, Schule, s. Berger, J.

Berger: Patentgesetz, s. Berger, T.Ph.

Berger, M. Predigt am dritten Reformationsjubelfeste, den 31sten Oct. 1817. Gehalten auf. Dr. Luthers Kanzel. 8. Leipz. Dürr. 817 geh.

Berger: De duplici recensione Medeae Euripideae, s. Berger, E.

Berger, Rede üb. den Anschluß Oesterreichs, s.: Reden, 9.

Berger, Dr. ... Rede, gehalten auf d. Marienthaler Kasernenplatze zu Aachen, am 17. Oct. 1830, vor den Truppen des königl. Preuß. 26. u. 27. Infanterieregiments, nebst e. Anh.: Nachr. aus der Heimath an d. Preuß. Krieger von ihren Frauen. 8. Aachen 831. Mayer. 4 gr.

Berger: Die Schöpfungslehre des hl. Basilius, s. Berger, Max

Berger: Lateinische Stilistik (u. a. lat. Sprachbücher), s. Berger, Ernst

Berger: Die Stellung der wilden Kaninchen im Civil-u. Strafrecht, s. Berger, E.

— Stromateus academicus. Viteb. 745. 4. 1 rthl. 20 gr.

Berger, Tabula Geographica Imperii Germanici per novissimas observationes emendata jussuque Academ. Regiae et Eleg. Litt. Bor. descripta in qua simul Stationes Cursuum et Veredariorum publicorum exhibentur a J. C. R. Gravé par Berger. [Berlin? 1790?] . . . . (Br. Mus.; D.)

Berger, üb. das virus catarrhale. Vortrag, geh. am 2. Juni 1891 im ärztl. Vereine zu Elberfeld. gr. 8. (20 S.) Düsseldorf 891. L. Schwann. n. — 60

— Wald und Witterung. (Ebendaselbst) 1865.

Berger: Was muß man vom Grundbuchrecht... wissen, s. Berger, Fritz

Berger: Chemisches Wetterglas. (Verf.:) Berger. o.O. (um 1800). 2 Bl. 8° (Kopftit.)

Berger, (H.), Zeichnungen des königl. preussischen Artillerie-Materials. Bearb. nach den neuesten Bestimmungen. 1—5. Heft. (à 10 lithogr. und ill. Taf.) qu. gr. Fol. Berlin 856, (Behr's Buchh.) à Heft * 1 Thlr. 10 Ngr. *

Berger, Zeichnungen des königl. preussischen Artillerie-Materials. Bearb. nach den neuesten Bestimmungen. 6—15. Heft. qu. gr. Fol. Berlin 858, (Behr's Buchh.) à Heft * 1 Thlr. 10 Ngr. +

Inhalt:

6—11. Heft. 1. Hälfte. I. Feld-Artillerie. (53 ill. Stat. mit lithogr. Titel, Schluss.) * 7 Thlr. 10 Ngr. (spät. * 14 Thlr.)

11. » 2. » — 15. Heft. II. Festungs- und Belagerungs-Artillerie. (45 ill. Stat.) * 6 Thlr.

1—5. Heft. (Ebendas.) 1856. * 6 Thlr. 20 Ngr.

Berger, volkswirthschaftliche Zustände des Emmenthals u. ihr Zusammenhang mit dem Vorrecht des jüngsten Sohnes. [Aus d. Emmenthaler Blatt abgedr.] Langnau 866. (Bern, Jent & Reinert.) 8. (29 S.) 3 ngr.

Berger, A. Frhr. v. (Dramaturg), s. Berger, Alfred

Berger, A.(Red.), s. Draisena.

Berger, A.: Das sog. amerikanische Duell, s. Berger, Adalbert

Berger, A., die Erlösung. 8. (34 S.) Berlin 888. Landsberger. — 60; geb. n. 1.—

Berger, A.: Moderne Fabrik- und Industriebauten, s. Berger, Alfons

Berger, A.: 45 Fälle von Delirium alcoholicum, s. Berger, Arthur

Berger, A., s.: Festschrift zur Feier der goldenen Hochzeit Sr. Hoheit d. Herzogs Ernst II. u. Ihrer Hoheit der Herzogin Alexandrine zu Sachsen-Coburg-Gotha.

Berger, A., Gedanken e. Einsamen. Aphorismen. 12. (86 S.) Dresden 896. E. Pierson. n. 1.50; geb. n. 2.50

Berger, A., systematisch-alphabetisches Generalregister zu Bd. I—XII der Zeitschrift f. die gesamte Strafrechtswissenschaft u. sämtlichen Beilagen, Mitteilgn. der Internationalen Kriminalist. Vereinigg. Bd. I—III, Mitteilgn. ihrer deutschen Landesgruppe Bd. I u. II., u. s. w. Zugleich Bibliographie aller in Bd. I—XII der Zeitschrift u. ihren Beilagen enth. Litteratur- u. Gesetzgebungsberichte. gr. 8. (XVI, 180 S.) Berlin 893. J. Guttentag. n: 7.—

Berger, A.: Die im Kgr-Sachsen ... erschienenen Gesetze ..., s. Berger, Albert

Berger, A.: Hielt Descartes die Tiere für bewußtlos? [u. and. philosoph. Schriften] s. Berger, Alfred

Berger, A.: Jugendschutz, s. Berger, Adalbert

Berger, A, d. Kanarienvogel i. ges. u. kranken Tagen. S. Behandlung, Zucht u. Pflege. 8. (100 S.) Berlin 896. H. Steinitz. n. 1.—

Berger, A.: Katechismus der Politik, s. Berger, Armin

Berger, A. (Red.), s. Der Kleinthierzüchter.

Berger, A.: Die Lehre vom Reiche Gottes, s. Berger, Alfred

Berger, A.: Liliaceae-Asphodeloideae-Aloineae, s. Berger, Alwin

Berger, A. Feldmarschall Karl Fürst zu Schwarzenberg und die Krieger aus seinem Hause. 8. Wien 1863.

Berger, A.: Vorlegeblätter, s. Berger, August

Berger, A., deutsches Weidwerk unter der Mitternachts- sonne, s.: Roth, J.

Berger, A.: Eine Welt- und Jagdreise [u. ähnliche Schriften], s. Berger, Albert

Berger, A.E., s. Berger, Arnold E(rich)

Berger, A. F., Handbuch der Maaße u. Gewichte, s. Bibliothek kaufmännische. 10s u. 11s Hft.

— Handbuch der Münz- u. Wechselkunde, s. Bibliothek, voll- ständ. kaufmännische. 12s Hft.

Berger, A. G., Der Wanderer aus Sachsen, eine Reisebeschreibung durch die sächsischen und hessischen Länder, durch Baden und Würtemberg, die halbe Schweiz, einen Theil von Frankreich, Böhmen und die Fürstenthümer Reuss, Preussen, Mecklenburg, Holstein, Hannover und die freien Reichsstädte. O. O. 1860. 8. . (D.)

— Der Wanderer aus Sachsen, eine Reisebeschreibung durch Westphalen, die preuss. Rheinprovinz, Holland und Belgien, an dem herrlichen Rheinstrom von Köln bis Mainz, ... O. O. 1860. 8. . . . . (D.)

Berger, A.H., s. Berger, A.M.

Berger, A. Imman., Darlegung der Steuergrundsätze, die bei der Landwirthschaft und überhaupt Anwendung finden müßten, wenn Mißverhältnisse möglichst vermieden werden sollen. Mit 3 lith. Taf. Berlin 860. Bosselmann in Comm. (Wiegandt & Hempel.) gr. 8. (VIII, 62 S.) n. 15 ngr.

Berger, A. Immanuel, Darlegung der Steuergrundsätze, die bei der Landwirthschaft und überhaupt Anwendung finden müssten, wenn Missverhältnisse möglichst vermieden werden sollen. Cottbus 1860.

Berger, A.L., s. Berger, Albrecht L.

Berger, A. M., s.: Michel Angelo Buonarroti, d. eigenhändig geschrieb. Augentractat.

Berger, A. M., s: Petrus Hispanus, die Ophthalmologie.

Berger, A. M., u. T. M. Auracher, d. Benvenutus Grapheus „practica oculorum". Beitrag zur Geschichte der Augenheilkunde. gr. 8. München 884. Lindauer. n. 1. —

— dasselbe. 2. Hft. Breslauer latein, Baseler provenzal. Text. gr. 8. (58 S.) München 886. Fritsch. n. 2. —

Berger, A[dalbert]: Das sogenannte Amerikanische Duell und die Studentische Schlägermensur. Ein Beitrag zur Präcisierung des Zweikampfdelictsbegriffes. *Leipzig: G. Fock 1892.* (48 S.) 8°
Giessen, Jur. Diss. v. 1898
(Nicht für den Austausch)

Berger, Adb., Jugend-Schutz u. Jugend-Besserg. Material u. Abhandlgn. vorw. strafrechtl. Charakters unt. weitgeh. Berücksicht. d. Auslandes u. d. Geschichte. I. Tl. A. u. d. T.: Material üb. Jugend-Schutz u. Jugend-Besserg. Ges. u. geord. v. B. gr. 8. (XV, 928 S.) Leipzig (Schroberstr. 4, III) 897. Selbstverlag. n. 20. —

! Berger, A: Jugend-Schutz. Jetzt: Allstedt i/Th., Bürgermstr. Dr. Berger.

Material über Jugend-Schutz und Jugend-Besserung gesamm. u. geordnet v. Adalbert **Berger**, Hülfsarb. in d. Bibl. d. Reichsgerichts. *Leipzig: Selbstverl.; Dr. v. A. Th. Engelhardt 1897.* (XIV S., 1 Bl., 928 S.) 1 Bd 8.
— Berger, A.: Jugend-Schutz u. Jugend-Besserg. Tl 1. [97. 1180

[Berger, Adeline:] Die zwanzigjährige Arbeiterinnenbewegung Berlins und ihr Ergebniss. Beleuchtet v. e. Arbeiterin. — Berlin: Selbstverl. 1889. 54 S. 8°

Berger, Adf: Zur Entwicklgsgesch. d. Teilgsklagen im klass. röm. Recht. (10, 248) gr8° Weim., H Böhlau's Nf. '12. 6 —

— Die Strafklauseln in d. Papyrusurkdn. Beitrag z. gräkoägypt. Obligationenrecht. (6, 246) gr8° Lpzg, BG Teubner '11. 8 —

Berger, Adph. Frz., Felix Fürst zu Schwarzenberg, k. k. Ministerpräsident rc. Ein biograph. Denkmal. Mit dem Portr. des Fürsten Felix zu Schwarzenberg, von M. Stohl. Stahlst. von L. Sichling. 2 Abthlgn. gr. 8. (I. Abthl. XXI und S. 1—222.) Leipzig 853, Spamer. *

Berger, Adph. Frz., Felix Fürst zu Schwarzenberg, k. k. Ministerpräsident rc. Ein biograph. Denkmal. Mit dem (Stahlst.-) Portr. des Fürsten. Neue (Titel-)Ausg. gr. 8. (VIII, 503 S.) Wien 881, Braumüller. *

Berger, Alb.: Der Haus- und Rechtsfreund [u. and. Schriften über Verordnungen], s. Berger, Albert

Berger, Alb.: Studien und Umrisse, s. Berger, Albrecht L.

Berger, Alb., der neue Wetterprophet mit e. Witterungs-Kalender, e. Witterungs- u. Mondscheins-Tab. des berühmten Astronomen Herschel, und einer Anleitung zur Selbstanfertigung eines neuen untrügl. Barometers. Nebst einem ökonom. Kalender u. ökonom. Rathschlägen rc. 8. Quedlinburg 839. Ernst'sche Buchh. 5/12 rthl

Berger, Alb., der neue Wetterprophet, mit einem Witterungs-Kalender rc. (Neue Ausg.) 8. Quedlinburg 841, Ernst. 1/3 rthl

Berger, Albert, approb. Arzt aus Celle: Experimentelle Beiträge zum Pancreasdiabetes beim Hund. *Halle a. S. 1901: C. A. Kaemmerer & Co.* (21 S.) 8°
Halle, Med. Diss. v. 3. Aug. 1901

Berger, Albert, Beiträge zur Lehre vom Büchernachdruck. Lex.-8. Leipzig 841, Georg Wigand's Verlag. n. 1/3 rthl

Berger, Albert, Geschichte der Gebauer-Schwetschke'schen Buchdruckerei in Halle a. S. und der damit verbundenen Buchhandlungen. Festschrift zum 150jähr. Geschäfts-Jubiläum am 24. Octbr. 1883. gr. 8. (IV, 58 S. mit 2 Taf.) Halle 884. (Leipzig, Serig'sche Buchh.) *

Berger, Alb., d. im Königr. Sachsen in Folge d. Anschlusses an d. Preuß. Zollverband erschien. Gesetze u. Verordnungen über indirecte Abgaben, in soweit sie von allgem. Interesse sind systematisch geordnet. gr. 4. Leipzig 835. L. Schumann, jetzt Küntzel. 1 1/3 rthl

— der Haus- u. Rechtsfreund. Ein Handbuch und Rathgeber zur Selbstbelehrung für Jedermann über die wichtigsten Theile des schriftlichen Verkehrs in allen Angelegenheiten mit Privatpersonen u. Behörden rc. Mit einem Briefsteller u. Anhange: Von Zinsen u. deren Berechnung v. 1 bis 10000 Thlr (Zinstabelle.) Von Maßen, Gewichten, Zahlen u. Münzen. gr. 8. Leipzig 1840, Polet. 5/6 rthl

— der unterweisende Haussecretair, s. Haus-Secretair.

— das kgl. sächs. Heimathgesetz nach d. neuesten auf d. Landtage 1839—40 genehm. Bestimmungen, nach prakt. Erfahrn. u. speciell. Entscheidn. d. hoh. Behörden bei zweifelh. u. schwier. Fällen, ausführl. erläut. u. mit besond. ausführl. Materienregist. z. augenblickl. Nachschlagen f. jeden vorkomm. Fall vers. gr. 16. (10 B.) Grimma 840, Verlags-Compt.

Berger, C. Alb. F., de iis, qui apud Romanos cum mero imperio erant. Pars I. de iis, qui sub regibus cum mero imperio erant. 4 maj. Leipz. 828. (Göthe). 6 gr.

— **Carl Alb. Ferd.** (Zeitz), De iis, qui apud Romanos cum mero imperio erant. Tl. I. De iis, qui sub regibus cum mero imperio erant. Lpz. (Staritz) 5. VI. 1828. 32 S. (4.—) 2154
Gew.: Ernst Friedr. Carl Emil Frh. v. Werthern (Wiehe, Oberau).

Berger, A. (Hrsg.), s. Preß-Zeitung, Allgemeine.

Berger, Albert [Hrsg], s. Psellus, Michael: De Justiniani novellis libellum.

Berger, Albert: Urkunden-Regesten aus d. alten Bistritzer Archiven von 1203—1490. In: B. G.-P. 1892/93. S. 3—58. 4⁰.
Als SA: Bistritz, Botschar 1893. 58 S. 4⁰.
2. Teil: Von 1491—1516. In: B. G.-P. 1893/94. S. 3—44. 4⁰.
3. Teil: Von 1517—1526. In: B. G.-P. 1894/95. S. 3—45. 4⁰.

Berger, Albert Urkunden-Regesten aus dem alten Bistritzer Archive von 1203 bis 1490. 4 (S. 3—58). II. Teil: von 1491 bis 1516. 4 (S. 3—44). III. Teil von 1517 bis 1526. 4 (S. 3—45). **Progr.** Ev. Oberg. A. B. u. verbund. Lehranst. *Bistritz* 1893. 1894. 1895.

Berger, Albert: Verzeichnis d. Bistritzer Oberrichter auf Grund urkundlicher Quellen. In: Festgabe d. Stadt Bistritz. Den Mitgliedern d. Ver. f. siebenb. Lkde gewid. anläßl. d. am 13. u. 14. Aug. 1897 in Bistritz abgeh. 49. Generalvers. dieses Ver. Bistritz: Botschar 1897. S. 81—100. 8⁰.

Eine Welt- und Jagdreise. Von Dr. A[lbert] **Berger**. Mit 143 Textabb. u. 40 Taf. Berlin: P. Parey 1907. (XII, 358 S.) 8° [F.] [07. 979]

In Afrikas Wildkammern als Forscher und Jäger. Von Dr. A[lbert] **Berger**. Mit 40 Taf. u. 240 Textabb. u. 1 Übersichtskt. Berlin: Parey 1910. XVI, 431 S. 8° [10. 1210]

BERGER, Albrecht (Bruck): Ophthalmologische Mittheilungen aus der Rothmund'schen Augen-Klinik in München (1871/72).- München: Straub 1874. 2 Bl.,52 S.
27.1.1872 - Urk (Titel: De morbis in nosocomio ophthalmiatrico Monacensi observatis.); F 73; Chr 1871/72,19

Diss. Ingolst-Landsh. Mchn.

Berger, Albrecht L.

v. Berger, Albr. L., († d. 10. Apr. 1813.) Briefe, geschrieben auf einer Reise durch Italien in d. Jahren 1802 u. 803. gr. 8. Lpz. 815. Joachim. 2 ℛ 12 g℞

— **Studien u. Umrisse, meist auf Reisen gezeichnet.** 8. Oldenb. 812. 2e Aufl. 816. Schulze. 1 ℛ

Berger, Alexander. Schwiegerpapa. Lustspiel in 4 Aufzügen (nach einem fremden Sujet). kl. 8. (80 S.) Prag, Berger.

Berger, Alfons, a. Heitel b. Plantlünne (Hannover): Niederdeutsche technische Ausdrücke aus der Handwerkersprache des Kreises Lingen. Borna-Leipzig 1907: R. Noske. (70 S.) 8°
Münster, Phil. Fak., Ref. Jostes, Diss. v. 29. Juli 1907
[Geb. 7. März 83 Heitel, Kr. Lingen; Wohnort: Münster; Staatsangeh.: Preußen; Vorbildung: Gymn. Meppen Reife O. 02; Studium: Tübingen 1, Münster 1, München 1, Berlin 1, Münster 6 S.; Rig. 2. Mai 07.]

Berger, Alfons, moderne Fabrik- u. Industriebauten. Eine Sammlg. v. Entwürfen u. ausgeführten Anlagen, z. Gebrauche f. Architekten, Baugewerksmeister u. Bauschüler dargestellt durch Grundrisse, Schnitte, Ansichten u. Teilzeichngn. 28 in Strichätzg. ausgeführte Taf. gr. 4. (IV S. Text.) Leipzig 900. B. F. Voigt. In Mappe 7. 50

Berger, Alfred
Berger, Alfr. Frhr. v. (Mitarb.). s. Aristoteles: Poetik.

Berger, Alfr. Frhr. v., Buch der Heimat. 2 Bde. (1. u. 3. Taus.) (Titelschriften u. Einbd. v. Lucian Bernhard.) (310 u. 319 S. m. Bildnis.) 8. Berlin (910) Meyer & Jessen. 5.—; geb. 7.—

Berger, Alfr., Frhr. v., über Drama u. Theater. 5 Vorträge. 1. u. 2. unveränd. Aufl. 8. (à 108 S.) Leipzig 900. E. Avenarius. n. 1.—

Meine Hamburgische Dramaturgie. Von Alfred Frh. v. **Berger**. Wien: Reisser 1910. VIII, 315 S. 8° [10. 7943]

— **Hofrat Eisenhardt.** Novelle. (171) 8° Wien, Deutsch-österr. Verl. ('11). 2.50; geb. 3.50

— **Epilog zur Mozart-Centennarfeier 1891 zu Salzburg.** 12. (14 S.) Salzburg 1891. H. Kerber. n. — 70

Berger, Alfr. Frhr. v., Goethe's Faust u. die Grenzen d. Naturerkennens. Wider „Goethe u. kein Ende" v. Emil Du Bois-Reymond. gr. 8. (40 S.) Wien 883. Gerold's Sohn. n. — 80

Berger, Alfr., Gedichte. 8. (VIII, 96 S.) Wien 878. Rosner. n. 2. 40

Berger, A., gesammelte Gedichte. 8. (VIII, 138 S.) Stuttgart 890. Cotta Nachf. n. 3. —; geb. n 3. 60

Berger, Alfr., gesammelte Gedichte. 8. (VIII, 138 S.) Stuttgart 891. Cotta Nachf. n. 3. —; geb. n. 3. 60

Berger, Alfr. Frhr v., Habsburg. Märchensp. i. 3 Akten. 8. (120 S.) Wien 898. C. Konegen. n. 1. 50

Berger, A Frhr. v., hielt Descartes d. Thiere f. bewusstlos? 8° (18) Wien 92, (C Gerold's S.). — 50

Berger, Alfr. Frhr. v., hielt Descartes die Thiere f. bewusstlos? [Aus: „Sitzungsber. der k. Akad. d. Wiss."] Lex.-8. (18 S.) Wien 892. (F. Tempsky.) n. — 50

Berger, Alfr., s.: Krieg, der, m. d. Millionenhoeren.

Berger, Alfr., die Lehre vom Reiche Gottes. Ein Leitfaden f. den Unterricht. gr. 8. (IV, 38 S.) Göttingen 891. Vandenhoeck & Ruprecht's Verl. n. — 80: kart. n. 1. —

Berger, Alfr., Oenone, s. Theater, neues Wiener.

Berger Alfred Freiherr von Dr.: Raumanschauung und formale Logik. **Diss.** Wien, Univ.
D: Wien. 1885
1885 PN 392 28

— **Raumanschauung u. formale Logik.** gr. 8. (48 S.) Wien 886. Konegen. n. 1. —

Berger, A Frhr v., s.: Rundschau, österr.

— **Semmelweis u. andere Geschichten.** Novellen. 1. u. 2. Aufl. (à 170 S.) 8. Berlin 904. F. Fontane & Co. n. 2. —; geb. n. 3. —

— **Studien u. Kritiken**, s.a. Publikationen d. literar. Gesellschaft i. Wien.

[F.] Studien und Kritiken. Von Alfred Frh. v. **Berger**. *Wien: Literar. Gesellsch. 1896.* (5 Bl., 284 S., 1 Bl.) 1 Bd 8. (Literarische Gesellschaft in Wien. [Jg. III. No 4.]) [97. 3345]

Studien und Kritiken. Von Alfred Frh. v. **Berger**. 2. Aufl. Leipzig: E. Avenarius 1900. (284 S.) 8° [F.] [05. 11961 II]

— **e. Traumbild.** Scenischer Prolog zur Grillparzer-Feier. 12. (22 S.) Wien 891. (Leipzig, Literar. Anstalt, Aug. Schulze.) n — 60

— **u. Wilh. Frhr. v. Berger, im Vaterhaus.** 1. Thl.: Im Vaterhaus. 1853—1870. Jugenderinnerungen von A. v. B. — 2. Thl.: Mein Vater u. ich. 1849—1870. Jugenderinnerungen v. W. v. B. Mit dem Portr. von Joh. Nep. Berger. gr. 8. (VII, 204 S.) Wien 901. C. Konegen. n. 4. —

Berger, Alfr. Frhr. v., dramaturgische Vorträge. 1. u. 2. Aufl. 8. (V, 266 S.) Wien 890/91. Konegen. n. 4. —

— **Wahrheit u. Irrtum i. d. Katharsis-Theorie d. Aristoteles**, s.: Aristoteles' Poetik, übers. u. eingel. v. Thdr. Gomperz.

Wie das Wintermärchen entstand. Dichtung u. Wahrheit aus Shakespeares Leben von **Alfred Frh. v. Berger**. *Hamburg: Verlagsanst. u. Druckerei [1902].* (65 S.) 8° [F.]

— wie das Wintermärchen entstand. Dichtung u. Wahrheit aus Shakespeares Leben. (65 S. m. 1 Bildnis.) 8. Hamburg (903). [Verlagsanstalt u. Druckerei.] Berlin, K. W. Mecklenburg. n. 1. 50

Berger, Alwin
Sukkulente Euphorbien. Beschreibung u. Anleitung z. Bestimmen d. kultivierten Arten, mit kurzen Angaben über d. Kultur. Von Alwin **Berger**, La Mortola. Mit 33 Abb. Stuttgart: E. Ulmer 1907. (V, 132 S.) 8°
(Illustr. Handbücher sukkulenter Pflanzen.)

Berger, A., Liliaceae-Asphodeloideae-Aloineae, s.a. Pflanzenreich, das. 83. Hft.

Liliaceae-Asphodeloideae-Aloineae mit 817 Einzelbild. in 141 Fig. u. 1 Taf. von **A. Berger**. Leipzig: W. Engelmann 1908. (347 S.) 4°(8°)
— **Pflanzenreich**, Das. H. 33. (IV. 38. III. 11.)

Berger, Alwin, Mesembrianthemen u. Portulacaceen. Beschreibung u. Anleitg. zum Bestimmen der wichtigsten Arten, m. kurzen Angaben üb. die Kultur. (Illustr. Handbücher sukkulenter Pflanzen.) (VII, 328 S. m. 67 Abb.) 8. Stuttgart 908. E. Ulmer. 5.—; geb. 5. 80

— Stapelieen u. Kleinien einschliesslich einiger anderer Sukkulenten. Beschreibung u. Anleitg. zum Bestimmen der wicht. Arten m. kurzer Angabe üb. die Kultur. (Illustr. Handbücher sukkulent. Pflanzen.) (VII, 434 S. m. 79 Abb.) 8. Ebd. 910. 6.50; geb. n 7.50

Berger, Alwin: Stapelieen u. Kleinien einschliessl. einiger and. verwandter Sukkulenten. (7, 434 m. Abb.) 8° Stuttg., E Ulmer '10. 6.50; geb. n 7.50

Berger, (Andreas) Reinholdus, s. Berger, Reinhold

Berger, Armand, Assistenzarzt an der allgemeinen Poliklinik: Über Körpergewichtsveränderungen der Patienten der Baseler Heilstätte für Lungenkranke in Davos. [Mit 1 Tabelle.] Leipzig 1905. 26 S. 8°. S.-A. a. Zeitschr. f. Tuberkulose und Heilstättenwesen. Bd. 7.
Basel. Med. Diss. 1905/1906.

Berger, Armand. Über Körpergewichtsveränderungen der Patienten der Baseler Heilstätte für Lungenkranke in Davos. [Mit 1 graphischen Tafel.] 4. Leipzig, Johann Ambrosius Barth.
Ausg. A: Separat Abdruck aus der Zeitschrift für Tuberkulose und Heilstättenwesen.... Band 7. Heft 6. 1905. II S. + S. 521 - 543.
Ausg. B: Diss. Med. Basel. [Sep.-Abdr. aus: Z' — — Heft 6. 1905.] 25 S. L', J' A' Barth, 1905.

Berger, Armin (Berlin), De chlorosi. Diss. med. Bln. (Nietack) 3. V. 1845. 32 S. mit Biographie. (M.: W. Dracke.) (4.—) 2152
Oppon.: E. Prochnow, A. Stolte, L. v. Leuw.

Berger, Armin, Katechismus der Politik. Für Stadt- u. Landleute. (31 S.) 8. Klagenfurt 906. (J. Leon sen.) n. — 60

Berger, Arnold C., s. Berger, Arnold E(rich)

Berger, Arnold Erich (Hrsg.), s. Bürger's Gedichte.

Bergor, A. E. Friedrich der Grosse und die deutsche Litteratur. Bonn, Akad. Antrittsrede, 1890. 38 S.

Berger, Arn. E., Friedrich der Große u. die deutsche Litteratur. Akademische Antrittsrede. gr. 8 (38 S.) Bonn 890. Strauß. n. 1.—

Berger, Arnold E., der junge Herder u. Winckelmann, s.: Studien zur deutschen Philologie.

Berger, Arnold E., die Kulturaufgaben der Reformation. Einleitung in e. Lutherbiographie. 8. (VIII, 300 S.) Berlin 895. E. Hofmann & Co. n. 5. —; geb. n. 6. —

Berger, Arnold E., die Kulturaufgaben der Reformation. Einleitung in e. Lutherbiographie. 2., durchgeseh. u. verm. Aufl. (XI, 488 S.) 8. Berlin 908. E. Hofmann & Co. 6.—; geb. 7. 20

Berger, Arnold E[rich]: Die Lehre von der Naturnachahmung. 1906. [Rede 1905.] 27 S. 8°

— Martin Luther in kulturgeschichtlicher Darstellung, s.: Geisteshelden.

— s.: Orondol.

Berger, Arn. E. [aus Ratibor]: Die Oswaldlegende in d. deutschen Litteratur .... Halle a./S., E. Karras, 1886; 2 + 44 + 1 S. 8°.
Leipzig. Phil. Fak., Inaug.-Diss. v. 10. März 1886.

Berger, Arnold E., die Oswaldlegende in der deutschen Litteratur. Diss. Leipzig 1886. 8°. 44 S.
Sonder-Abdruck aus: Beiträge zur Geschichte der deutschen Sprache und Literatur, hrsg. von Herm. Paul und Wilh. Braune. 11. Band 3. Heft. Halle 1886, Max Niemeyer. 6 M.

Ein Schiller-Denkmal. Von Arnold E. **Berger**. 3 Vorträge. Wie stehen wir zu Schiller? Schillers Beruf. Schiller u. das Christentum. Berlin: E. Hofmann (1909). IV, 99 S. 8°

Berger, Arnold E., sind Humanismus u. Protestantismus Gegensätze? Vortrag, am 11. X. 1899 vor der XII. Generalversammlg. des evangel. Bundes in Nürnberg geh. gr. 8. (36 S.) Leipzig (899). Buchh. des ev. Bundes v. C. Braun. n.n. — 10

Berger, Arnold E., Ursachen u. Ziele der deutschen Reformation, s.a. Ursachen u. Wirkungen der deutschen Reformation.

[F.] Ursachen und Ziele der deutschen Reformation. Vortr. geh. am 13. Jan. 1899 im Berliner Zweigverein d. Ev. Bundes v. Dr. Arnold E. Berger, Privatdoz. *Leipzig: C. Braun 1899.* (39 S.) 1 Bd 8.

Berger, Arthur [app. Arzt aus Glatz in Schles.]: Ein Fall von Cysticercus im Muskel, beobacht. u. operirt in d. chirurg. Abteilg d. Kinder-Klinik zu München ... München, Druck v. F. Bickel, 1894; 19 S. 8.
München, Med. Fak., Inaug.-Diss. v. 1894

Berger, Arthur, approb. Arzt aus Merseburg: Fünfundvierzig Fälle von Delirium alcoholicum, beobachtet im städtischen Krankenhause zu Kiel. *Kiel 1900: H. Fiencke.* (11 S.) 8°
Kiel, Med. Diss. v. [8. März] 1900

Berger, Arth., u. Marg. Gutmann: Kind u. Tier. Bilder- u. Märchenb. (40 m. z. Tl farb., z. Tl eingeklebten Abb.) 31,5 ×24 cm. Berl.-Friedenau, Deut. Bilderb.-Verl. IIL 3 — d

Berger, August
Berger, (G.) Aug., deutsche Schulvorschriften für den zweiten Unterricht im Schönschreiben. Nördlingen (854.) Beck. qu. 4. (20 lith. S.) 7 Ngr

Berger, Aug., deutsche Schulvorschriften für den zweiten Unterricht im Schönschreiben. qu. 4. (20 lithogr. Bl.) Nördlingen 855, Beck'sche Buchh.

—— Deutsche Schulvorschriften für den zweiten Unterricht im Schönschreiben. 3. Aufl. qu. 4. Nördlingen 874, Beck'sche Buchh. (* 70 Pf.)

—— 88 Vorlegeblätter zum Schönschreiben in deutscher Current für Schüler von 6—8 Jahren. 2. Aufl. 1. Heft. 1. Stufe. qu. 4. (21 lithogr. Bl.) Nördlingen 855, Beck'sche Buchh. *

—— 88 Vorlegebl. z. Schönschr. in deut. Current. 2. Afl. 1. Hft. 1. Stufe u. 2. Hft. 1. Stufe. 4. (37) Ebd. 55. 56. à n. — 7

—— 88 Vorlegeblätter zum Schönschreiben in deutscher Current. Für Schüler von 6—8 Jahren. I. Heft. Erste Stufe. 1.—5. Aufl. qu. 4. Nördlingen 873, Beck'sche Buchh. (* 70 Pf.)

Berger, Aug., 18 Vorlegeblätter zum Schönschreiben in deutscher und englischer Currentschrift für höhere Schulen und zum Selbstunterricht. 1. und 2. Aufl. gr. qu. 4. Nördlingen 873, Beck'sche Buchh. (* M 1,50.) *

— 80 Vorlegeblätter zum Schönschreiben in deutscher Current für Schüler von 8—10 Jahren. 2. Aufl. 2. Heft. 1. Stufe. qu. 4. (16 lithogr. Bl.) Nördlingen 856, Beck'sche Buchh. *

— 80 Vorlegeblätter zum Schönschreiben in deutscher Current, für Schüler von 8—10 Jahren. II. Heft. Erste Stufe. 1.—5. Aufl. qu. 4. Nördlingen 873, Beck'sche Buchh. (* 70 Pf.)

— 23 kalligraphische (lith.) Vorlegeblätter für Schulen u. zum Selbstunterricht. 1. Abth. 3. Aufl. 853. — 4. Aufl. Ebend. (857.) qu. 8. 7 ngr

— 23 kalligraphische Vorlegeblätter für Schulen und zum Selbstunterricht. 1. Abthl. 5. Aufl. qu. 8. (23 lithogr. Bl.) Nördlingen 866, Beck'sche Buchh. *

Berger, Aug., 21 Vorlegeblätter zum Schönschreiben in englischer Current für Schüler der Oberklassen. Nördlingen 866. Beck. 4. (21 lith. Bll.) n. 12 ngr

— 21 Vorlegeblätter zum Schönschreiben in englischer Current für Schüler der Oberklassen. 2. Aufl. qu. 4. Nördlingen 874, Beck'sche Buchh. *

— englische Vorlegeblätter für den zweiten Unterricht im Schönschreiben. qu. 4. (16 lithogr. Bl.) Nördlingen 854, Beck'sche Buchh.

— Englische Vorlegeblätter für den zweiten Unterricht im Schönschreiben. 3. Aufl. qu. 4. Nördlingen 874, Beck'sche Buchh. (* 70 Pf.)

Berger, Aug., 35 Vorlegeblätter zum Schönschreiben in deutscher Current für Schüler der Oberklassen. Lithogr. qu. 4. Nördlingen 858, Beck'sche Buchh. *

Berger, Aug., 35 Vorlegeblätter zum Schönschreiben in deutscher Current für Schüler der Oberklassen. (2. Aufl.) qu. 4. (35 Stnt.) Nördlingen 865, Beck'sche Buchh. *

— 35 Vorlegeblätter zum Schönschreiben in deutscher Current für Schüler der Oberklassen. 4. Aufl. qu. 4. Nördlingen 873, Beck'sche Buchh. *

— kalligraphische Vorlegeblätter. 8. Aufl. qu. 8. Nördlingen 874, Beck'sche Buchh. (* 70 Pf.)

Berger, Geo. Aug., kalligraph. Vorlegeblätter f. d. Oberklassen der deutschen Schulen. Deutsche Currentschrift. 3. Stufe. qu. 4. (35 lith. Bl.) Nördlingen 848, Beck. 12 ngr

Berger, G. A., kalligraphische Vorlegeblätter für Schulen und z. Selbstunterricht. 1e Abthl. qu. 8. (21 lithogr. Bl.) Nördlingen 838, Beck'sche Buchh. 1/3 rf

— dass. II. Abthl. Allgem. deutsche Vorschriften f. d. ersten Unterr. im Schönschreiben. I. u. II. Stufe. qu. 4. (à 10 lith. Bl.) Ebds. (840.) à 3 Gr.

— allgemeine deutsche Vorschriften für den ersten Unterricht im Schönschreiben. 2e Abthl., 1e u. 2e Stufe. qu. 4. (10 lithogr. Bl.) Nördlingen 840. Beck'sche Buchh. (à 1/8 rf; 1/4 rf)

Berger, G. A., allgem. deutsche Vorschriften für den ersten Unterricht im Schönschreiben. II. Abthl. III. Stufe. qu. 4. (10 Stnt.) Nördlingen 843, Beck'sche Buchh.
1. Abthl. u. 2. Abthl., 1. u. 2. Stufe. Ebendas. 1838, 46. 17½ Ngr.

BERGER, August (München): Einige Worte über die Lage und Stellung der Gebärenden.- München: Giesser 1839. 32 S.
26.8.1837 - Urk (Titel: De situ parturientium.); F 63 Diss. Ingolst.-Landsh.-Mchn.

Berger, B. — Oesterreichs Freudentag zur Vermählung Sr. Majestät des Kaisers Franz Josef I. mit Ihrer königlichen Hoheit Herzogin Elisabeth von Baiern, am 24. April 1854 Oesterreichs Söhnen und Töchtern gewidmet. Zum Vortheile einer armen und bedrängten Familie. Verfaßt von —. 8. (10 Blätter.) Wien. Druck und Verlag von Leopold Grund. 1854.

Berger, Ba.S.F.v., s. Berger, Bodo Sam. Fr. v.

Berger, Balthasar
Berger, Balth., s. Liebhaber, der deutsche.

LIEBHABER, der deutsche, und das französische Mädchen, eine wahre Geschichte (von *Balthasar Berger*). Wien, Gerold, 1784. 8°. (1 Rthl.) Zahm. (Kayser hat „1785".)

Berger
— Benjamin Gottfried (Sorau), Observationum juris Germanici spec. secund. Präs. Jos. Ludw. Ernst
Püttmann, Leipzig

v. Berger, Bodo, Sam. Fr., rechtl. Abhandlungen. 8. Schwerin 787. (Bödner). 6 gl

Berger, Ba. S. F. v., rechtl. Abhandl. 8. Schwerin. Bödner. 790.

Berger, Bruno, aus Halle a. S.: Ein Fall von Fibromyom des Eileiters. *Halle a. S. 1898: C. A. Kaemmerer & Co.* (26 S.) 8°
Halle, Med. Diss. v. 14. Dez. 1898

Berger, C.: Beitrag zur Frage der Folgezustände der Kastration, s. Berger, Clemens

— s. A. Child, das Buch der Mutter.

Berger, C.: Der ehrenwerte Landmann, s. Berger, Conrad

Berger, C. Das Problem der Willensfreiheit. In-8°. 87 S. Bern. These. 1897

Berger, C.: Reminiszenzen, s. Berger, Cyprian

Berger, C., s. Säcularfeier, die vierte, der Erfindung der Buchdruckerkunst.

Berger, (C.,) Vorschriften f. Volksschulen. 6 Hefte. 4. Magdeb. 826. Rubach. 2 rf

Berger, C. C., s. J. C. Palm, Entwurf des Leibeigenthums-Rechts.

Berger, C. F.: Handbuch f. d. Bürger und Landmann, s. Berger, Chr. Fr.

Berger, C. Fr.: Bibliothek, Auserlesene ökonomische (u. andere Schriften), s. Berger, Chr. Fr.

Berger, C. G. (Naturphilosoph), s. Berger, Christian Gotthold

Berger, C. G. (Botaniker), s. Berger, Christian Gottlieb

Berger, C. G. (Naturphilosoph), s. Berger, Christian Gottlieb

Berger, C. G., Handbuch zum Elementarunterrichte in der lateinischen Sprache. 8. (47 S.) Görlitz 851, Heinze & Co. in Comm. n. 1/6 rf

Berger, C. H. de, s. Berger, Christoph Heinrich von

Berger, C. J., über das zu frühzeitige Begraben, die zu seichten Gräber u. das zu frühzeitige Ausgraben d. Leichen, mit Rathschlägen dagegen. 8. Eisenach 804. (Bärecke). 4 gl

Berger, C. L.: Petit Dictionaire manuel . . . (u. and. französische Sprachbücher), s. Berger, Karl Ludwig

Berger, C. Ph., s. Berger, Christian Philipp

Berger, Carl, s.a. Berger, Karl

Berger, Carl, Geld-Behandlung, Verwendung und Beschaffung. Mit besond. Berücksicht. des Bankcheck- und Creditvereins-Wesens in Oesterreich-Ungarn. Winke für die Geschäftswelt, angehende Kassiere, Handelsschulen und das Publikum im Allgemeinen. Mit einem Auszug aus den Geschäftsbestimmungen der Nationalbank. gr. 8. (IV, 112 S.) Pressburg 875, Heckenast's Nachf. *

Berger, Carl, die Geldnote als Doppelnote. Neues Geldnoten-Darstellungs-System erdacht, begründet u. vorgeschlagen. Mit der (lith.) Skizze e. Doppelnote. Fol. (50 autogr. S.) Graz 876. Ludewig in Comm. n. 2. 40

Berger, Carl Alb. Ferd., s. Berger, Albert

Berger, Carl Christoph, s. Berger, Therese

Berger, Carl Ferdinand, approb. Arzt aus Leipzig: Ein Fall von Psammo-Carcinom des Ovarium. *Leipzig 1902: B. Georgi.* (20 S.) 8°
Leipzig, Med. Diss. v. (21. Apr.) 1902

Berger, Car. Ferd. (geb. Bromberg 16. 3. 1835): De rheumatismo articulari acuto. Berolini (1857). (31 S.) 8°
Berlin, Med. Diss. v. 15. Aug. 1857

Berger, Carl Franz Rud., s. Berger, Franz

Berger, Car. Frid. Armin, s. Berger, Armin

Berger, Carl Wilh., die doppelte italien. Buchhaltung kl. 4. (34 B.) Glogau 841, Flemming.

Berger, Ch. G.: De causa proxima febrium intermittendum, s. Berger, Christian Gottlieb

Berger, Chr. Fr. (Hrsg.), s.a. Bibliothek, Auserlesene ökonomische.

Berger, C. Fr., auserles. ökonom. Bibliothek ꝛc. 2 Bde. 8. Wien, Doll d. ält. (Liebeskind, Lpz.) 800.

Berger, Chr. Fr., s.a. Handbuch für den Bürger und Landmann.

Berger, C.F.: Handbuch für den Bürger und Landmann. 1. Theil: „auch für Oekonomen", 2. Theil: „für Baum-, Blumen- und Gartenliebhaber", 3. Theil: „Mittel gegen Krankheiten der Menschen und Thiere", 4. Theil: „Anhang".
Halle 1790 (Hendel).

Berger, C. Fr., neu bearb. Hand- u. Handbuch f. Oesterreich. Unterthanen. 4 Thle. Wien, Doll d. ält. (Liebeskind, Leipz.) 796. Rthlr.

Berger, Chr. Fr., Handb. d. Pflanzenkenntniss, f. Oekonomen, Gartenliebhaber, Forstleute etc. z. leichten u. vortheilhaften Betreib. ihrer Geschäfte. gr. 8. Leipzig, 1801. Mittler. 1. 20

— verst. u. sicherer Wetterprophet. 8. Wien 795. Al. Doll. 12 gl

— d. verständige u. sichere Wetterprophet, welcher d. natürl. u. künstl. Witterungszeichen vorzüglich z. Besten d. Feld- u. Gartenbaues etc. erklärt. 8. Wien, 1795. (Leipzig, Liebeskind). — 10

Berger, Chr. G.: Kurze Beschreibung der Merkwürdigkeiten, s. Berger, Christian Gottlob

Berger, Chr. G.: Theorie der Erdbeben, s. Berger, Christian Gotthold

Berger, Chr. Th., († d. 2. Apr. 1780.) s. Olympia.

Berger, Chr. Ph., s. Berger, Christian Philipp

Berger, Christian Gotthold, s.a. Berger, Christian Gottlieb

Berger, C. Ghld., Antidiluviana od. Beweis von d. Fähigkeit d. erst. Menschen ꝛc. gr. 8. Berl. (Gleditsch in Leipz.) 780.

— Dädalus, d. i., neue Erfindung. z. Vorth. d. Schiffahrt. m. K. gr. 4. Berlin, Lange. 781.

— — dasselbe französisch. gr. 4. Ebend. 777.

— Lehre v. d. drey Grundkräft. u. Element. aller Dinge. gr. 8. Ebend. 781.

— Nachr. v. ein. neuen Lehrgebäude in d. Religion u. d. Wissenschaften. gr. 8. Ebend. 785.

— Offenbar. Johannis erklärt. 2 Thle. gr. 8. Ebend. 782.

Berger's, C. G., Plan zu einer allgemeinen Rede- und Schriftsprache. Berlin 787. 8. 7 gr.

— Plan zu ein. leichten Rede u. Schriftsprache f. alle Nationen, m. K. gr. 8. Ebend. 779.

— Religion d. Vernunft. gr. 8. Ebend. 787.

— üb. d. wichtig. Streitigk. d. Theologen ꝛc. gr. 8. Ebend. 785.

— System d. Ewigkeit z. Erkenntn. Gottes. gr. 8. Ebend. 776.

Berger (Chr. G.). Theorie der Erdbeben und Vulkane, auf Erfahrungen gebaut. Berlin 1788. 8.

— Theorie d. Erdbeben u. Vulkane. gr. 8. Leipz. Gleditsch. 788.

— christl. Unterr. v. d. Religion ꝛc. 8. Ebend. 786.

— Unterr. u. Lehrbegr. v. d. Religion Jesu Christi. gr. 8. Ebend. 780.

— Untersuch. v. d. Beschaffenh. d. künst. Schöpfung. gr. 8. Ebend. 780.

— Vorschläge zur Vervollkommnung der Schiffahrt. gr. 8. Ebend. 787.

Berger, Christian Gottlieb, s.a. Berger, Christian Gotthold

Berger, Chr. Gli. I., († .. Apr. 1795.) Antidiluviana; oder Beweis v. d. Fähigkeit u. Kenntnissen d. Bewohner d. ersten Welt ꝛc. gr. 8. Berl. 780. (Leipz., Brockhaus). 12 gl

Berger, C. G., Anweis. z. richt. Aussprache d. lat. Pflanzennamen, aus d. 2. Thle des Taschenbuchs abgedr. 8. Leipz. Gräff. 804.

Berger, Chr. Gli., II. († d. 29. März 1824.) Anweis. zur richt. Aussprache d. latein. Pflanzennamen. (Aus d. 2n Theile d. Taschenbuchs abgedruckt.) 8. Leipz. 804. (Wienbrack). 7 gl

— Belehrung, grundl., v. d. Religion Jesu Christi, f. Jedermann. gr. 8. Berl. 780.

Berger
— **Christian Gottlieb** (Wohlau), De causa proxima febrium intermittentium, naturae horroris, doloris, caloris, ex rationibus physico-chemicis deductae, superstructa. Diss. med. Präs. Friedr. Christian Juncker. Halle (Fr. Aug. Grunert) 8. II. 1770. 40 S. (5.—) 2156
Gew.: Gottlieb Ehrenfried Limburger.

Dädalus, das ist neue Erfindungen zum Vortheil der Schiffahrt überhaupt, hauptsächlich aber auf der See von *Christian Gottlieb Berger*, der Arzeney-Wissenschaft Doctor. Berlin bey G. A. Lange. 8. m. 3 Kupfertaf. ½ B. Vorr. 63. S. 1781.

— Dédale, c'est à dire inventions nouvelles pour l'avantage de la navigation en général et principalement sur la mer. Mit 3 Kpft. gr. 4. Berl. 777. Lange. 16 gl Deutsch von ihm selbst: Dädalus, d. i. neue Erfindung zum Vortheil d. Schiffahrt ꝛc. Mit 3 Kpft. gr. 8. Ebd. 781. 8 gl

— Ideal eines Prachtgartens im Kleinen, ein Beitr. zur ästhet. Pflanzkunst. 8. Posen u. Lpz. 803. 2e Aufl. 810. Kühn. (Lpz., Centr.-Compt.) 1 ₰

— Lehre von d. drei Grundkräften u. Elementen aller Dinge. gr. 8. Dessau 781. (Leipz., Brockhaus). 12 gl

— Nachr. von e. Lehrgebäude z. Beförder. d. Erkenntniß Gottes. gr. 8. Berl. 780.

— Nachr. von e. neuen Lehrgebäude in d. Religion u. d. Wissenschaften. gr. 8. Dessau 785. (Leipz., Brockhaus). 6 gl

— d. Offenbarung Johannis, nach ihrer Zeitfolge geordnet u. ꝛc. erklärt. 2 Thle. gr. 8. Dessau 782. (Lpz., Brockhaus). 1 ₰ 8 gl

— d. botan. Pflanzkunst, nach Dümont-Courset. 2 Thle. gr. 8. Leipz. 804, 5. (Wienbrack). 4 ₰

Berger, Chr. Gli., l. Plan zu e. leichten Rede- u. Schriftsprache für alle Nationen. Mit 1 Kpf. gr. 8. Leipz. 779. (Brockhaus). 7 gl.

Berger, Christian Gottlieb, s. R e l i g i o n d. Vernunft.

– s. S t r e i t i g k e i t e n d. Theologen.

— System d. Ewigkeit z. Erkenntniß Gottes ꝛc. gr. 8. Leipz. 776. (Brockhaus). 12 gl.

— Taschenbuch f. Blumenfreunde. 2 Thle. 8. Leipz. 802. 2e A. 804. Wienbrack. 2 ₰

Berger C. G.: Taschenbuch f. Blumenfreunde z. Beförderung d. Pflanzenkultur. 2. verb. u. stark verm. Aufl. Th. 1. Leipz. 1805. 400 S.

– s. T h e o r i e d. Erdbeben.

— Unterricht u. Lehrbegriff von d. Religion Jesu Christi. gr. 8. Leipz. 782. (Brockhaus). 20 gl.

– s. U n t e r r i c h t in d. Religion.

— Untersuchung von d. Beschaffenheit d. künftigen Schöpfungen. gr. 8. Berl. 780. (Leipz., Brockhaus). 6 gl.

– s.a. V o r s c h l ä g e z. Vervollkommnung der Schiffahrt.

Vorschläge zur Vervollkommnung der Schiffahrt, Den Seefahrenden Nationen gewidmet. Berlin, bey L. F. Hesse. 8. 3 Bog. Dedicat. u. Vorr. 293 S. 3 Kupferpl. (Der Verfasser ist *Christian Gottlieb Berger* 1787.

Berger, Christian Gottlob
Berger, Chr. Glo., kurze Beschreib. d. Merkwürdigkeiten, die sich in Eisleben u. in Luthers Hause daselbst besonders, auf die Reformation u. auf Dr. Luther beziehen; nebst e. Anh., als Beitrag z. Chronik von Eisleben. 8. Merseb. 817. 2e Aufl. 827. Kobitzsch. (Cnobloch in Leipz.) 1 ₰ (Reichard in Eisl.) 20 gl.

Christian Johann **Berger**. Fragen über die Geburt des Menschen und die Geburtshilfe (Spørsmaale over Menneskets Fødsel og Fødsels-Hielpen) ⟨1766⟩. Neue mit d. Antworten u. mit Noten vers. Ausg. Von Dr. E. I n g e r s l e v. Kopenhagen: Frimodt; Leipzig: Barth 1910. Getr. Pag. 8°
[illegible]

Berger, Christian Philipp
Berger, Chr. Ph., s. Jak. Alexander, Abhandl. v. Uhren.

Berger, Christian Philipp (Übers.u.Comm.):

s.: Bion, (Nicolas): Abhandlung von der Weltbeschreibung und dem Gebrauch derer Himmels- und Erdkugeln... Lemgo: 1736

JB 120

Berger, C. Ph., Erläuter. merkw. Begebenh. in d. Natur. 2 Thle. 8. Lemgo, Meyer. 759. (1r 6 gr. 2r 5 gr.)

Berger
— **Christoph Friedrich** (Freyburg/Th.), De probatione dominii per juramenti delationem. Präs. Mich. Heinr. Gribner. Lpz. (Langenheim) 10. IV. 1733. 30 S. (4.80) 2158
Gew.: Friedr. Salomon Bretnuz.

Berger, Christoph Heinrich von
— — B. l. s. p. d. (Wittenberg (Gerdes) 1718. 6 Bl. mit Biogr. v. Carl Wilh. Beyer (Dresden. M.: B. E. Schede). (2.50) 2161

— **Christoph Heinrich** (Wittenberg), De selectis fideicommissorum capitibus. Diss. jur. Präs. Jo. Heinr. Berger. Wittenberg (Gerdes) Okt. 1710. 40 S. (5.—) 2159

– C o m m e n t a t i o de . . . , s.a. B e r g e r , Johann Heinrich

Berger, Christoph Henr. v. Commentatio de personis vvlgo larvis sev mascheris von der Carnavals-Lvst critico historico morali atqve ivridico modo diligenter conscripta a Christoph. Henr. Nob. Dom. de Berger ... Francofvrti et Lipsiae, apvd Georg. Marc. Knochivm bibliopol. Vitembergensem [1723].
Titelkupfer, Tit., 7 Bl., 340 S., 36 Bl.: 84 Taf. in Kupferst. v. J. G. Wolfgang. 8°
Graesse I, 339.

B e r g e r , C. H. d e , de larvis seu personis veterum. Cum larvis e Terentii fabulis. Francof. 723. 4. 2 rthl. 8 gr. Lips. 733. 4.

Berger, C. H. de: Progr. de computo et genere florenorum. Vitembergae 1717. 4°

de B e r g e r , Cph. H.: Decisiones summi provocationum Senatus Elect. Sax. e schedis paternis collectae et illustratae. *Dresd.* et *Lips.* 720. 4.

Berger
— **Christoph Heinrich von**, Disquisitio utrum et quosque pacta dotalia ex statutis sint interpretanda ac supplenda variis sententiis ac responsis juridicis collustrata. Wittenbg. (Gottfried Zimmermann) 1722. 124 S., z. gr. Tl. deutsch. (6.—) 2165
Gew.: Christoph Heinr. Grf. v. Wazdorff. — u. a. Otterndorffische Weich-Bild-Rechte. — Familiennamen.

— — Ad disputationem candidati Jo. Nathan. Barth (Lauban). Wittenbg. (Gerdes) 3. XI. 1718. 4 Bl. mit Biogr. (M.: A. R. Heer.) (2.—) 2163

— — Ad disputat. candidati Gottfried Reinhold Koeselis (Wittenberg). Wittenbg. (Ww. Gerdes) 1718. 8 Bl. mit Biogr. (M.: C. Reiss.) (2.50) 2162

— — Ad dissertationem candidati Jo. Aug. Becker (Dresden). Wittenbg. (Gaebert) 7. III. 1727. 4 Bl. mit Biogr. (M.: M. Ch. Wilcke.) (2.—) 2169

— — Ad dissertation. candidati Johann Christoph Klette (Radeberg). Wittenbg. (Ww. Gerdes) 7. XII. 1723. 4 Bl. mit Biographie. (M.: M. S. Schoen.) (2.—) 2167

— — Ad dissertationem candidati Jo. Christian Stahlkopff (Oberschöna). Wittenbg. (Wwe. Gerdes) 28. III. 1727. 6 Bl. mit Biogr. (M.: B. S. Vogel.) (2.50) 2170

— — Ad dissertationem candidati Carl Christoph Wagner (Zwickau). Wittenbg. (Ww. Gerdes) 16. XI. 1723. 4 Bl. mit Biographie. (M.: E. E. Herold). (2.20) 2166

— — Ad dissertationem candidati Johann Friedr. Werner (Neunkirchen). Wittenbg. (Ww. Gerdes) 14. IV. 1724. 6 Bl. mit Biogr. (M.: M. E. Galle.) (2.50) 2168

B e r g e r i , Dissertationes academicae. Viteb. 720. 4. 20 gr.

– De l a r v i s . . . , s. B e r g e r : C o m m e n t a t i o de . . .

— — Lectori s. p. d. Wittenberg (Gerdes) 1718. 6 Bl. mit Biogr. v. Carl Christian Krant (Schkeuditz. M.: E. C. Schrey). (2.50) 2160

— — Lect. benev. ad orationem qua professionem institutionum juris civilis. Wittenbg. (Ww. Gerdes) Febr. 1719. 8 Bl. (2.—) 2164

Berger
— **Christoph Wilhelm v.** (Celle), De praesagiis ex algore in febribus acutis. Comment. med. Gött. (Hager) Aug. 1748. 88 S. (4.80) 2171
Gewidm.: Gerl. Ad. Freih. v. Münchhausen (Strausfurth). — Widm. v.: G. G. Richter, Albert v. Haller.

Berger, Clemens, approb. Arzt aus Bischdorf i. Schl.: **Beitrag zur Frage von den Folgezuständen der Kastration, insbesondere von deren Einfluß auf den Phosphorstoffwechsel.** *Greifswald 1903: J. Abel.* (31 S.) 8°
Greifswald, Med. Diss. v. 17. Apr. 1903

Berger, Cl.: Üb. d. Wert d. Lenhartzschen Ulcuskur f. d. Differentialdiagnose bei Magenerkrankgn, d. m. Blutgn einhergehen, s.: Mitteilungen a. d. hamburg. Staatskrankenanst. VII, 8.

Berger, Conrad, der ehrenwerthe Landmann. Ein unterhalt. u. belehr. Lesebuch f. d. lieben Landleute. 12. (18 B.) Jena 832, Frommann.

Berger, (Conr. Ernst,) Handbuch d. gesammten gemeinen Rechts in Deutschland ꝛc. gr. 8. Göttingen 823. (Helwing in Hannover.) 1 Rthlr. 10 gr. Schreibp. ꝛc.

— Unterricht f. Vormünder, od. auf gemein. Recht sich gründ. Anweis., wie Vormünder sich in jeder Lage zu verhalten u. sich neben ihren strengen Pflichten vor jeglichem Schaden zu bewahren haben. Mit Formular. gr. 8. Hannov. 826, Helwing.

Berger, Cph. H. de: Decisiones, s. Berger, Christoph Heinrich von

Berger, Cph. Jos., Beobachtt. über den Gesundbrunnen bei Bocklet, u. Anweis. zu dessen Gebrauch. 8. Meiningen 775.

Berger, Curt, aus Wirsitz (Reg.-Bez. Bromberg): **Über die Operationsresultate der mit inneren Augenkrankheiten komplizierten Cataracte.** *Straßburg i. E. 1904: C. Müh & Co.* (33 S.) 8°
Straßburg, Med. Diss. v. 1904

Berger, Cyprian, Reminiscenzen feuilletonistischen, politischen u. religiösen Inhaltes. Prag 870. Bellmann. gr. 8. (2 Bll., 86 S.) n. 16 ngr.

Berger, Dn., Bilder-Gallerie, berlinische, oder Auswahl d. vorzüglichsten u. schönsten Gemälde d. berühmtesten Meister aller Schulen, welche sich in den vorzügl. Privatsamml. Berlins befinden. 16 Hft. Mit 6 Kpft. gr. 4. Berl. 819. Maurers B. 1 ₰ 12 gr.

Berger, E. (Botaniker), s. Berger, Ernst

Berger, E. (Konrektor am Gymnasium zu Celle), s. Berger, Ernst

Berger, E. (II.), Münchhausens Abenteuer, Till Eulenspiegels lustige Streiche und andere Schwänke und Sagen. Für die Jugend gesammelt. 3. Aufl. gr. 8. (IV, 220 S. mit 5 Farbendr.-Illustr. nach Orig.-Zeichnungen von Gust. Guthknecht.) Berlin 886, Drewitz Nachf. geb.

Berger, E., Arrest u. Vormerkung. Kritisch erörtert. 2. Aufl. gr. 8. (IV, 103 S.) Breslau 883. Goerlich & Koch. n. 2. 40

Berger, E.: Arrest und Vormerkung. Krit. erörtert. Breslau 1884.

Berger, E.: Beiträge zur Anatomie des Auges (und andere Schriften zur Augenheilkunde), s. Berger, Emil

Berger, E.: Beiträge zur Entwicklungsgeschichte der Maltechnik, s. Berger, Ernst

Berger, E.: Über den Einfluss der Erdrotation auf den freien Fall . . ., s. Berger, Emil

Berger, E.: In den Felsenbergen (und andere Erzählungen), s. Berger, Ernst

Berger, E., De fontibus historiae Romanae antiquioris historicorum aetate prioribus commentatio. Pr. 1834. 22 S. 4°. 1.—

Berger, E., Gebirgssagen vom Rübezahl u. v. den andern Berggeistern Deutschlands. Für die Jugend gesammelt u. hrsg. Mit (5) Farbendr.-Illustr., gezeichnet u. lith. v. O. Woite. gr. 8. (IV, 220 S.) Berlin 884. Drewitz. geb. 4. 50

Berger, E.: Der Hornhautspiegel (Keratoskop) u. seine praktische Anwendung, s. Sonderabdrücke d. deutschen Medizinal-Zeitung.

Berger, E., der Kinderfreund. Schilderungen u. Erzählgn. aus Natur- u. Menschenleben v. beliebten alten u. neuen deutschen Jugendschriftstellern wie: Andersen, Ernst Mor. Arndt, Carl Fröhlich u. s. w. Für Mädchen u. Knaben hrsg. Mit Farbendr.-Illustr. nach Orig.-Aquarellen v. O. Woite, schwarzen Silhouetten v. Karl Fröhlich u. erläut. Holzschn. 1. u. 2. Aufl. gr. 8. (VI, 218 S.) Leipzig 893. O. Drewitz Nachf. Kart. 4. 50

Berger, E.: Lieder des Lebens, s. Berger, Eug.

Berger, E., der Märchen-Wundergarten. Eine Sammlung, enth. die schönsten Märchen aus aller Welt von Andersen, Bechstein, Brentano ꝛc. Mit Farbendr.-Illustr. nach Aquarellen v. Marie Koch u. Silhouetten v. Karl Fröhlich. gr. 8. (IV, 348 S.) Berlin 888. Drewitz Nachf. cart. 3. —; Pracht-Ausg. 5. —

— der Märchen-Wundergarten. Eine Sammlg., enth. die schönsten Märchen aus aller Welt v. Andersen, Bechstein, Brentano u. A. Mit Farbendr.-Illustr. nach Aquarellen v. Marie Koch u. Silhouetten v. Karl Fröhlich. 5. Aufl. gr. 8. (IV, 299 S.) Ebd. 893. Kart. 4. 50

Berger, E.: Massliebchen (und andere Kinderbücher), s. Berger, Ernestine

—— 1001 Nacht oder die Erzählungen der Scheherſade. 8. (306 S. mit Illustr.) Ebendas. 888. cart.

— 1001 Nacht od. die Erzählgn. der Scheherasade. Neu bearb. u. hrsg. Mit Farbendr.-Illustr. nach Aquarellen v. H. Katsch. gr. 8. (306 S.) Ebd. 889. cart. 5. —

— 1001 Nacht od.: die Erzählgn. der Scheherſade. Neu bearb. u. hrsg. Mit Farbendr.-Illustr. nach Aquarellen v. H. Katsch. 2. Aufl. gr. 8. (III, 306 S.) Ebd. 893. Kart. 4. 50

Berger, E., 1001 Nacht od.: Die Erzählgn. der Scheherezade. Neu bearb. u. hrsg. Mit farb. Abbildgn. nach Aquarellen v. H. Katsch. 7. Aufl. gr. 8. (III, 306 S.) Leipzig 899. O. Drewitz Nachf. Geb in Leinw. 3. —

– Über Netzhautablösung, s. Sonderabdrücke d. deutschen Medizinal-Zeitung.

Berger, E., De duplici recensione Medeae Euripideae. Pr. 1863. 20 S. 4°.

Berger: De dupl. rec. Medeae Eur. – Celle, Schul-/Univ.-Schrift. 1863.

—— Rübezahl und andere Gebirgssagen. 8. (220 S. mit Illustr.) Ebendas. 888. cart.

— Rübezahl u. andere Gebirgssagen. Für die Jugend gesammelt u. hrsg. Mit Farbendr.-Illustr., gezeichnet u. lith. v. O. Woite. gr. 8. (III, 220 S.) Ebd. 889. cart. 3. —

— Rübezahl u. and. Gebirgssagen. 2. Aft. 8° (220 m. farb. Abb.) Ebd. 99. Geb. 3 —; erh. Pr. 4 —

— deutsche Schwänke u. Sagen. Für die Jugend gesammelt. Mit (5) Farbendr.-Illustr. nach Orig.-Zeichngn. v. Gust. Guthknecht. gr. 8. (IV, 220 S.) Ebend. 883. geb. 4. 50

— deutsche Schwänke u. Sagen. Für die deutsche Jugend gesammelt. Mit (5) Farbendr.-Illustr. nach Orig.-Zeichngn. v. Gust. Gutknecht. 8. Aufl. gr. 8. (V, 220 S.) Ebd. 894. Kart. 4. 50

Die Stellung der wilden Kaninchen im Civil- und Strafrecht. Von Amtsrichter [E.] Berger in Lissa. *Neudamm: J. Neumann 1901.* (X, 132 S.) 8° [F.] [ca. 6/08]

— De Iphigenia Aulidensi Euripidis tragoedia. Pr. 1843. 23 S. 4°.

— Wildschaden. gr. 8. (VII, 130 S.) Friedeberg i. N. 890. Wundermann. n. 3. —

Berger: Das Wildschadengesetz vom 11. Juli 1891. Nach den Materialien der bestehenden Gesetzgebung und der einschlägigen Rechtsprechung bearbeitet. – Berlin 1892. 152 S.

— d. Wildschadengesetz v. 11. Juli 1891. 8° (152) Berl. 92, C Heymann's V. Geb. in Lnw. 2.80

Berger

— **Eduard** (Eisleben), De otitide. Diss. med. Bln. (A. Petsch) 30. III. 1826. 40 S. mit Biogr. (M.: J. Jordan.) (4.—) 2172
Oppon.: A. Muehlmann, E. Berndt, W. Schultzen. — Gew.: Joh. Theophil Berger.

Berger, Emil
Über Augenerkrankungen sexuellen Ursprunges bei Frauen. Von Dr. Emil **Berger** u. Dr. Robert Loewy, Paris. Deutsche, zum Teile neubearb. Ausg. Übers. von Dr. Beatrice Rossbach. Wiesbaden: J. F. Bergmann 1906. (VIII, 171 S.) 4°(8°)

Berger, Emil, Beiträge zur Anatomie des Auges in normalem und pathologischem Zustande. gr. 8. (VII, 171 S. mit eingeheftetem Atlas von 12 lithogr. Taf.) Wiesbaden 887, Bergmann. *

Berger, Emil, üb. den Einfluß der Erdrotation auf den freien Fall der Körper u. auf die Flugbahnen der Projectile. 4. (24 S. m. eingedr. Holzschn.) Koburg 875. Karlowa. n. — 80

Berger, Emil, Festtage in Schule u. Haus. 1. Heft. Weihnachtsklänge. Gedichte u. Ansprachen zum lieben Weihnachtsfeste. (63 S.) 8. Königsberg 910. Ev. Buchh. — 80

— u. Jos. **Tyrman**, die Krankheiten der Keilbein-Höhle u. d. Siebbein-Labyrinthes u. ihre Beziehungen zu Erkrankungen d. Sehorganes. Systematisch bearb. Mit 9 Abbildgn. gr. 8. (VIII, 110 S.) Wiesbaden 886. Bergmann. n. 3. 60

— d. Sehstörgn bei Tabes dorsalis u. Versuch e. einheitl. Erklärg d. Symptomencomplexes d. Tabes. 8. (114 m. H.) Ebd. 89. n. 3. 60

— die Sehstörungen bei Tabes dorsalis u. Versuch e. einheitlichen Erklärung des Symptomencomplexes der Tabes. [Aus: „Archiv f. Augenheilkunde".] gr. 8. (114 S. m. 24 Holzschn.) Ebd. 890. n. 3. 60

Berger, Emil, Tafeln zur Bestimmung der zentral. Sehschärfe schwachsichtiger Augen m. Hilfe des Stereoskopes. 2 Tle. Mit Text. 12×18 cm. Wiesbaden 910. J. F. Bergmann. In Umschlag nn 2. 50
I. (12 Taf. 10×20,5 cm.) (12 S. illustr. Text.) 1.20.
II. (15 Taf. 7,1×17,9 cm. (8 S.) nn 1.30.

Berger, Emil, Untersuchungen über den Bau des Gehirns u. der Retina der Arthropoden. Mit 5 (lith.) Taf. (in 4.) gr. 8. (48 S.) Wien 878. Hölder. n. 8. —

— dasselbe. Nachtrag. [Aus: „Arbeiten aus dem zoolog. Institute der Universität Wien".] gr. 8. (5 S.) Ebend. 879. n. — 40

— über das Vorkommen von Ganglienzellen im Herzen vom Flusskrebs. [Aus dem zoologisch-vergleichend-anatom. Institute der Wiener Universität.] [Mit 1 (lith.) Taf.] [Aus: „Sitzungsber. d. k. Akad. d. Wiss."] Lex.-8. (3 S.) Wien 876. (Gerold's Sohn.) n. — 40

— Weihnachtsfreude. Festspiel f. Jungfrauenvereine. (Für einfache Verhältn.) (16) kl8° Ebd '11. — 25 (Pp.) d

Berger, Er.: Catalogus herbarii, s. Berger, Ernst

Berger, Erich, s. Kehr, Hans: Beiträge zur Bauchchirurgie.

Berger, Erich v. (Hrsg.), s. Mnemosyne.

Berger, *Johannes* Erich [aus Luckau, N. L.]: Die Schussverletzungen der Haut ... Berlin, C. Vogts Buchdr., *1895;* S., 1 Bl. 8.
Berlin, Med. Fak., Inaug.-Diss. v. 22. Jan. 1895

Berger, Ernestine, Maßliebchen. 100 Gedichte f. Kinder v. 4—9 Jahren. 8. (V, 72 S.) Wien (1, Weihburggasse 7) 896. J. Strobach, allg. Lehrmittelanst. n. — 75; geb. in Leinw. n. 1. —

Berger, E: Masslieb chen. 100 Gedichte f. Kinder v. 4 bis 9 Jahren. 8° (72) Wien 96, A Pichler's Wwe & S. — 80; geb. 1.20

Berger, E, Samenkörnchen. 100 Gedichte f. Kinder v. 4—8 Jahren f. Kindergarten, Schule u. Familie. 8. (58 m. Bildern.) Brünn 89. (Wien, Sallmayer'sche Bh.) n. 1. 20

! Berger, E.: Samenkörnchen.
Jetzt: Wien: A. Pichler.

Berger, Ernst, Anleitung u. Materialien zur Anfertigung freier lateinischer Arbeiten, insbesondere zu extemporalen Uebungen für die obersten Gymnasialklassen. gr. 8. (XII, 251 S.) Berlin 877. G. Reimer. n. 2. —

Berger, Ernst, Anleitung zum Selbstunterricht in der Botanik. gr. 16. (38 S.) Würzburg 848, Neue Fränk. Buchh. in Comm. n. 1/6 ₰

Berger (Conrector am Gymnasium zu Celle, Dr.), Anleitung zum Uebersetzen aus dem Deutschen in's Lateinische. gr. 8. Clausthal 842, Schweiger'sche Buchh. 5/12 ₰

Berger, Ernst, Anleitung zum Uebersetzen aus dem Deutschen ins Lateinische nebst einem kurzen Abriß der lateinischen Syntax. Für untere und mittlere Gymnasialklassen. 2 Abthlgn. 2. verm. u. verb. Aufl. Clausthal 861. Grosse. gr. 8. 21 ngr.
1. Abth.: Kurzer Abriß der lateinischen Syntax. (VI, 92 S.) 7½ ngr.
2. Abth.: Anleitung zum Uebersetzen aus dem Deutschen in's Lateinische. (144 S.) 15 ngr.

Berger, Ernst, Anleitung zum Uebersetzen aus dem Deutschen ins Lateinische nebst e. kurzen Abriß der lateinischen Syntax. Für untere u. mittlere Gymnasialklassen. Clausthal 867. Grosse.
2. Abth.: Anleitung zum Uebersetzen aus dem Deutschen ins Lateinische. 3. verm. u. verb. Aufl. (150 S.) 15 ngr; cart. 18 ngr

Berger, Ernst, Anleitung zum Uebersetzen aus dem Deutschen ins Lateinische nebst e. kurzen Abriß der latein. Syntax. Für untere u. mittlere Gymnasialklassen. 2. Abth. Anleitung zum Uebersetzen aus dem Deutschen ins Lateinische. 4. Aufl. gr. 8. (150 S.) Clausthal 873. Grosse. n. 1. 60

Berger, E., Anleitung zum Uebersetzen aus d. Deutschen ins Lateinische. 2. Ablg. Uebungsbuch f. Quarta u. Tertia 5., umgearb. Aufl. v. E. Schmuhl. gr. 8. (VI, 302 S.) Halle a/S. 889. Mühlmann's Verl. geb. n. 2. 50

Berger, Ernst, Beiträge zur Entwicklungsgeschichte der Maltechnik. Erläuterungen zu den „Versuchen zur Rekonstruktion der Maltechnik des Altertums bis zum Ausgang des röm. Reiches". [Aus: „Techn. Mitteilgn. f. Malerei".] Lex.-8. (67 S. m. Abbildgn.) München 893. (A. Buchholz.) n. 1. 50

Berger, Ernst, Beiträge z. Entwicklungsgesch. d. Maltechnik. Erläutergn. z. d. Versuchen z. Rekonstruktion d. Maltechnik d. Altertums. 2. Folge. Lex.-8. (74 S. m. 12 Abb. u. 1 farb. Taf.) München 895. G. D. W. Callwey. n. 2. —

— dasselbe. M. Unterstützg. d. kgl. preuss. Ministerium d. geistl., Unterr.- u. Medicinal-Angeleg. III. Folge. Quellen u. Techn. d. Fresko-, Oel- u. Tempera-Malerei d. Mittelalters v. d. byzantin. Zeit b. einschliessl. d. „Erfindg. d. Oelmalerei" durch d. Brüder van Eyck. N. d. Quellenschriften u. Versuchen bearb. Lex.-8. (XII, 281 S. m. 16 Abb.) Ebd. 897. n. 7. —
(1.—3.: n. 10. 50)

Berger, Ernst, Beiträge zur Entwickelungs-Geschichte der Maltechnik. Mit Unterstützg. des königl. preuss. Ministeriums der geistl., Unterrichts- u. Medizinal-Angelegenheiten. IV. Folge. Quellen der Maltechnik während der Renaissance u. deren Folgezeit (XVI—XVIII. Jahrh.) in Italien, Spanien, den Niederlanden, Deutschland, Frankreich u. England, nebst dem De Mayerne-Manuscript (zum ersten Male hrsg., m. Übersetzg. u. Noten versehen.) Lex.-8. (VIII, 454 S. m. 7 Abbildgn.) München 901. G. D. W. Callwey. n. 10. —

Berger, Ernst, Beiträge zur Entwickelungs-Geschichte der Maltechnik. Mit Unterstützg. des königl. preuss. Ministeriums der geistl., Unterrichts- u. Medizinal-Angelegenheiten hrsg. (I. u. II. Folge.) Die Maltechnik des Altertums. Nach den Quellen, Funden, chem. Analysen u. eigenen Versuchen. Vollständig umgearb. Aufl. der „Erläutergn. zu den Versuchen zur Rekonstruktion der Maltechnik des Altertums". (XII, 314 S. m. 67 Abbildgn. u. 2 farb. Taf.) Lex.-8. München 904. G. D. W. Callwey. n. 8. —

Berger, Ernst, Beiträge zur Entwicklgs.-Geschichte der Maltechnik. Mit Unterstützg. des königl. preuss. Ministeriums der geistl., Unterrichts- u. Medizinal-Angelegenheiten. V. Folge. Fresko- u. Sgraffito-Technik, n. älteren u. neueren Quellen bearb. (VIII, 161 S. m. 6 Abb. u. 12 Taf.) Lex. 8. München 909. G. D. W. Callwey. 5. —

— Beiträge z. Entwicklgs-Gesch. d. Maltechnik. 3. Folge. Quellen u. Technik d. Fresko-, Oel- u. Temperamalerei d. M.-A. v. d. byzantin. Zeit einschliessl. d. „Erfindg d. Ölmalerei" durch d. Brüder van Eyck. 2. Afl. (14, 297) Lex8° Münch., GDW Callwey '12. 7 —

Berger (Ernst), Zur Belebung der Eisenindustrie in der Republik Mexico. Harburg 1842. 4.

Berger, Ernst, die Bestimmung der Gartenpflanzen auf systematischem Wege, eine Anleitung, leicht u. sicher die unterscheidenden Merkmale der vorzüglichsten in den Gärten, Gewächshäusern u. Anlagen vorkommenden Gewächse zu finden, nebst Angabe von Autor, Dauer, Cultur u. Vaterland im alphabetischen Register, für Botaniker, Gärtner u. Gartenfreunde. Mit e. Vorworte des Hrn. Präsid. Nees v. Esenbeck, u. Bearbeitung der Farnpflanzen von Prof. Schnizlein. 2 Abthlgn. Erlangen 853, 55. Palm u. Enke. Lex.-8. (X, 682 S.) n. 4 ₰

— s.: Bouvier's, P. L., Handbuch d. Ölmalerei.

Berger, Ernst, Catalogus herbarii I. Thl., od. vollständ. Aufzählung d. phanerogam. u. cryptogam. Gewächse Deutschlands. Nach Kochs Synopsis u. Wallroths Compend. Fl. Germ. crypt., Bruch et Schimper, Nees v. Esenbeck, Link u. Fries, nebst Aufzähl. d. merkwürd. Cultur- u. ausländ. Pflanzen. Den Besitzern deutsch. Herbar. z. Bequemlichkeit dargeboten. Mit e. Vorw. v. M. Roemer. 16. (8½ B.) Würzburg 841, Voigt u. Mocker.

Berger, Ernst, Catalogus herbarii od. vollständ. Aufzähl. d. phanerogam. u. cryptogam. Gewächse Deutschlands. 2—4. Thl. 16. Würzburg, Voigt u. Mocker.

Thl. 2. Synonymik u. Synonymenregister zum 1. Thle. (15⅞ B.) 843. 1 Thlr.
- 3. die Cryptogamen. (12 B.) 846. 24 Ngr.
- 4. Synonymik u. Synonymenregister zu den im 3. Thle. aufgezählten europ. Cryptogamen. (12¼ B.) 843. 20 Ngr.
1. Thl. Ebendas. 1841. 15 Ngr.

Berger, Ernst, Referendar am Amtsgericht Gnadenfeld: Die widerrechtlichen Drohungen. In geschichtlicher Entwicklung dargestellt. Breslau 1906: Breslauer Genossenschafts-Buchdruckerei. (55 S.) 8° [F.]

Breslau, Jur. Fak., Ref. Leonhard-Schott, Diss. v. 12. Dez. 1906

[Geb. 25. März 81 Oppeln: Wohnort: Gnadenfeld; Staatsangeh.: Preußen; Vorbildung: Kgl. Gymn. Ohlau Reife O. 03; Studium: Breslau 6 S.; Rig. 25. Juli 06.]

— s.: Ehrhardt, Ad., die Kunst der Malerei.

Berger, Ernst, a. Schleswig: Aus der Kieler Psychiatrischen und Nerven-Klinik. Über einen Fall von akuter Psychose nach Kataraktoperation. Kiel 1905: Schmidt & Klaunig. (26 S.) 8°

Kiel, Med. Fak., Ref. Siemerling, Diss. v. 25. Sept. 1905

[Geb. 31. März 81 Schloß Gottorp zu Schleswig: Wohnort: Schleswig; Staatsangeh.: Preußen; Vorbildung: Domsch. Schleswig Reife 00; Studium: Kiel 5. München 1, Berlin 1, Kiel 2 S.; Coll. 19. Aug. 05; Approb. 27. Juli 05.]

Berger E., Farbenlehre. (326 S 8 T) (Weber's illustr. Katech. 167) Leipzig 1898

Berger, E., in den Felsenbergen. Eine Erzählg. aus Wald u. Prairie. 12. (63 S.) Reutlingen 890. Bardtenschlager. — 25

Fresko- und Sgraffito-Technik. Nach älteren u. neueren Quellen bearb. von Ernst **Berger**, Maler. Mit 12 Taf. u. 6 Abb. München: Callwey 1909. VIII, 159 S. 4°(8°)

(Berger: Beiträge z. Entwicklungs-Geschichte d. Maltechnik. Folge 5.) (11, 6106

Berger, griechische Grammatik für den Unterricht auf Gymnasien nebst e. Anhange vom Homerischen Dialecte. Jena 857. Frommann. gr. 8. (IV, 334 S.) 1 ₰

— griechische Grammatik für den Unterricht auf Gymnasien nebst einem Anh. vom Homerischen Dialekte. 2. Aufl. Jena 1860. Frommann. gr. 8. (IV, 336 S.) 1 ₰

—— griechische Grammatik für den Unterricht auf Gymnasien nebst einem Anh. vom Homerischen Dialekte. 3., verb. Aufl. gr. 8. (VII und 340 S.) Celle 865, Capaun-Karlowa'sche Buchh. *

—— griech. Gramm. 3. Afl. 8. (340) Celle 65. (Berl., G Reimer.) n. 1. —

—— griechische Grammatik für den Unterricht auf Gymnasien nebst einem Anhang vom Homerischen Dialekte. 4.—6. verb. Aufl. gr. 8. (IV, 345 S.) Berlin 868,71,74, G. Reimer. *

— griechische Grammatik für den Unterricht auf Gymnasien, nebst einem Anh. vom Homer. Dialekte. 7. verb. Aufl. gr. 8. (IV, 345 S.) Ebend. 879. n. 3. —

—— kleine lateinische Grammatik für den Unterricht in den unteren Classen der Gymnasien und anderer Lehranstalten. gr. 8. (III, 162 S.) Celle [Coburg] 870,73, Karlowa. *

Berger (H.), lateinische Grammatik für den Unterricht auf Gymnasien. gr. 8. (VI und 207 S.) Celle 849, Capaun-Karlowa'sche Buchh.

Berger, (H.), lateinische Grammatik für den Unterricht auf Gymnasien. 2., verb. Aufl. gr. 8. (VIII und 270 S.) Celle 852, Capaun-Karlowa'sche Buchh.

—— lateinische Grammatik für den Unterricht auf Gymnasien und Progymnasien. 3. Aufl. 1857. und 4., sehr verm. und verb. Aufl. gr. 8. (VI und 354 S.) Celle 861, Capaun-Karlowa'sche Buchh. *

— lateinische Grammatik für den Unterricht auf Gymnasien und Progymnasien. 4. Aufl. 861. — 5. verb. Aufl. Ebend. 864. gr. 8. (VI, 355 S.) n. 1 ₰

—— lat. Gramm. 5. Afl. 8. (355) Celle 64, Karlowa. n. 1. —

—— lateinische Grammatik für den Unterricht auf Gymnasien und Progymnasien. 5. Aufl. 1864. und 6., verb. Aufl. gr. 8. (VI und 355 S.) Celle 867, Capaun-Karlowa'sche Buchh. *

— lateinische Grammatik für den Unterricht auf Gymnasien u. Progymnasien. 6. Aufl. 867. — 7. revid. Aufl. Celle 870. Capaun-Karlowa. gr. 8. (VI, 355 S.) n. 1 ₰

—— lat. Grammatik f. d. Unterricht auf Gymnasien u. Progymnasien. 8. Afl. 8. (357) Cob. 73, Karlowa. n. 3. —

— lateinische Grammatik f. den Unterricht auf Gymnasien u. Progymnasien. 9. revid. Aufl. gr. 8. (VI, 357 S.) Koburg 875. Karlowa. n. 3. —

— lateinische Grammatik für den Unterricht auf Gymnasien u. Progymnasien. 10. rev. Aufl. gr. 8. (VI, 361 S.) Koburg 879. Karlowa. n. 3. —

Berger, Ernst, lateinische Grammatik f. den Unterricht auf Gymnasien u. Progymnasien. 11. rev. Aufl. gr. 8. (VI, 361 S.) Coburg 885. Karlowa. n. 3. —

— lateinische Grammatik. 12. Aufl. Bearb. v. C. Wagener u. G. Landgraf. (VII, 343 S.) Berlin 890. Weidmann. geb. n. 3. —

—— Lateinische Grammatik. 11. u. 12. Aufl. Bearb. v. C. Wagener u. G. Landgraf. gr. 8. (VII, 343 S.) Berl. 891, Weidmann. geb. * 3 —
Vgl.: Heidelberg, H. Latein. Uebungs- u. Lesebuch.

Berger, E: Handbuch der Farbenlehre. 2. Aufl. [des Katechismus]. Leipzig 1909

— Handbuch der Farbenlehre. 2., durchgeseh. u. verb. Aufl. (XIV, 304 S. m. 36 Abb. u. 8 farb. Taf.) kl. 8. Leipzig 909. J. J. Weber. Geb. in Leinw. 4. 50

Berger, Ernst: Hdb. d. Ölmalerei, s: Bouvier, P.L.

— Katechismus d. Farbenlehre, s.a. Weber's ill. Katechismen.

Berger, Ernst, Katechismus der Farbenlehre. Mit 40 in den Text gedruckten Abbildungen und 8 Farbentafeln. 8. (XIV, 326 S.) In Lnwd. geb. Leipzig: J.J. Weber 1898. 2.70

— Die Kunst d. Malerei, s: Ehrhardt, Ad.

Die Maltechnik des Altertums. Nach d. Quellen, Funden, chem. Analysen u. eigenen Versuchen von Ernst Berger, Maler. Vollst. umgearb. Aufl. d. 'Erläuterungen zu d. Versuchen z. Rekonstruktion d. Maltechnik d. Altertums'. Mit 2 Taf. u. 57 Ill. *München: G. D. W. Callwey 1904.* (XII, 313 S.) 4°(8°)

—— lateinische Phraseologie mit besond. Berücksicht. bildlicher und sprüchwörtlicher Ausdrücke. gr. 8. (IV, 235 S.) Celle 878, Capaun-Karlowa'sche Buchh. *

Quellen für Maltechnik während der Renaissance und deren Folgezeit ⟨XVI.–XVIII. Jh.⟩ in Italien, Spanien, den Niederlanden, Deutschland, Frankreich u. England nebst de Mayerne Manuskript ⟨zum 1. Male hrsg., mit Übers. u. Noten versehen⟩ von Ernst Berger, Maler. (Mit 7 Ill.) *München: G. D. W. Callwey 1901.* (XLVI, 454 S.) 4°(8°)
—Berger: Beiträge z. Entwickelungs-Gesch. d. Maltechnik. Folge 4. [01. 13087

Quellen und Technik der Fresko-, Oel- und Tempera-Malerei des Mittelalters v. d. byzantin. Zeit bis einschl. d. 'Erfindg d. Oelmalerei' durch d. Brüder van Eyck. Nach den Quellenschr. u. Versuchen bearb. v. Ernst Berger, Maler. (M. 16 Ill. im Text.) *München: G. D. W. Callwey 1897.* (XII, 281 S.) 1 Bd 4.
= Berger, E.: Beiträge z. Entwickelungs-Geschichte d. Maltechnik. Folge 3. [97. 6001

— s.: Sammlung maltechnischer Schriften.

—— lateinische Stilistik für obere Gymnasialklassen. 1. Aufl. 1858. und 2., verm. Aufl. gr. 8. (VI und 212 S.) Celle 861, Capaun-Karlowa'sche Buchh. * —

—— lateinische Stilistik für obere Gymnasialclassen. 3., verb. Aufl. gr. 8. (VI und 214 S.) Celle 867, Capaun-Karlowa'sche Buchh. *

—— lateinische Stilistik für obere Gymnasialklassen. 4. verb. Aufl. 1870, und 5. revid. Aufl. gr. 8. (VII, 224 S.) Coburg 875, Karlowa.

—— lateinische Stilistik für obere Gymnasialklassen. 6. revid. Aufl. gr. 8. (VII, 224 S.) Coburg 878, Karlowa's Verlag. *

— lateinische Stilistik für obere Gymnasialklassen. 7. rev. Aufl. gr. 8. (VII, 224 S.) Ebend. 881. n. 2. 10

—— lat. Stilistik f. ob. Gymnasialklassen. 8. Afl., bearb. v. E. Ludwig. 8. (230) Berl. 86, Weidmann. n. 2. 20

Berger's, E. (I.), lateinische Stilistik für obere Gymnasialklassen. 8. Aufl., bearb. von E. Ludwig. gr. 8. (VI, 230 S.) Coburg 886, Karlowa's Verlag. *

[F.] E[rnst] Bergers Lateinische Stilistik f. obere Gymnasialklassen. 9., teilweise umgearb. Aufl. v. Dr. E[rnst] Ludwig. *Berlin: Weidmann 1896.* (VII, 238 S.) 1 Bd 8. [96. 2581

E[rnst] Bergers Lateinische Stilistik für obere Gymnasialklassen. 10. verb. Aufl. von Prof. Dr. E[rnst] Ludwig. Berlin: Weidmann 1910. VII, 238 S. 8° [10. 14015

— die Technik der Aquarellmalerei u. ihre Anwendung in Kunst u. Kunstgewerbe. Mit Buchschmuck v. J. V. Cissarz u. e. in Aquarell ausgeführten Farbentaf. gr. 8. (VIII, 167 S.) Leipzig (901). E. Haberland. n. 4. —; geb. n. 5. —

Berger E. die Technik der Aquarellmalerei. (167 S) Leipzig (1902)

Berger, E: Die Technik der Aquarellmalerei und ihre Anwendung in Kunst und Kunstgewerbe. Leipzig (1910?)

Berger, Ernst. (Arnold) Böcklins Technik. Mit dem Bildnis des Meisters nach einem Relief von S[igmund] Landsinger [Tafel]. XII + 176 S. 8. München, Georg D. W. Callwey, 1906. [M. 3. —]
Sammlung maltechnischer Schriften Band 1.

— stilistische Übungen der lateinischen Sprache. 7. Aufl., neu bearb. v. H. J. Müller. gr. 8. (VIII, 256 S.) Ebd. 894. n. 2. 40

[F.] Stilistische Übungen der Lateinischen Sprache v. Ernst Berger. 8. Aufl., neu bearb. v. Prof. Dr. H[ermann] J[ohannes] Müller, Dir. d. ... Gymn. zu Berlin. *Berlin: Weidmann 1898.* (VIII, 262 S.) 1 Bd 8.

Berger, Ernst, stilistische Übungen der lateinischen Sprache. 9. Aufl., neu bearb. v. H. J. Müller. (XII, 227 S.) 8. Berlin 904. Weidmann. Geb. in Leinw. n. 2. 80

—— Uebungsbuch für die unteren Classen. Als Anh. zur latein. Grammatik. gr. 8. (113 S.) Celle 850, Capaun-Karlowa'sche Buchh.

—— Uebungsbuch für die unteren Classen. Als Anhang zur lateinischen Grammatik. 2., völlig umgearb. Aufl. von H. Heidelberg. gr. 8. (192 S.) Celle 857, Capaun-Karlowa'sche Buchh.

— Uebungsbuch für die unteren Classen. Als Anh. zur latein. Grammatik. 3. verb. Aufl. von H. Heidelberg. Ebend. 864. gr. 8. (III, 192 S.) n. 16 ngr

— Uebungsbuch für die unteren Classen. Als Anhang zur lateinischen Grammatik. 4. verb. Aufl. von H. Heidelberg. Ebend. 867. gr. 8. (195 S.) n. 16 ngr

und Heinr. Heidelberg, Uebungsbücher zu der griechischen Grammatik von E. Berger in 3 Kursen. 1. u. 2. Kursus. Celle 863. Schulze. gr. 8. 1 ₰ 5 ngr
1. Kurs.: Anleitung zum Uebersetzen aus dem Griechischen ins Deutsche und aus dem Deutschen ins Griechische, für Quarta bearb. 2. völlig umgearb. Aufl. (VI, 131 S.) 25 ngr
2. Kurs.: Anleitung zum Uebersetzen aus dem Deutschen ins Griechische für Tertia bearb. Als Anh.: Einzelne syntaktische Regeln. (V, 148 S.) 20 ngr

— u. Heinr. Heidelberg, Uebungsbücher zu der griechischen Grammatik von E. Berger. 1—3. Kursus. Celle 868. Schulze. gr. 8. 1 ₰ 25 ngr
1. Kurs.: Anleitung zum Uebersetzen aus dem Griechischen ins Deutsche u. aus dem Deutschen ins Griechische, für Quarta bearb. 3. unveränd. Aufl. (V, 131 S.) 15 ngr
2. Kurs.: Anleitung zum Uebersetzen aus dem Deutschen ins Griechische für Tertia bearb. Als Anh.: Einzelne syntaktische Regeln. 2. unveränd. Aufl. (V, 148 S.) 20 ngr
3. Kurs.: Anleitung zum Uebersetzen aus dem Deutschen ins Griechische für Secunda bearb. (129 S.) 20 ngr

—— dass. — Ergänzungs-Kursus. — A. u. d. T.: Anleitung zum Uebersetzen aus dem Deutschen ins Griechische für Tertia bearb. von G. Langreuter. gr. 8. (96 S.) Ebendas. 872. geb.

—— und Heinr. Heidelberg, Uebungsbücher zu der griechischen Grammatik von E. Berger in drei Kursen. gr. 8. Celle, Schulze'sche Buchh.
Inhalt:
Kursus 1. Anleitung zum Uebersetzen aus dem Griechischen ins Deutsche und aus dem Deutschen ins Griechische, für Quarta bearb. 4. Aufl. 1871, und 5. Aufl. (112 S.) 875. * ℳ 1,50.
" 2. Anleitung zum Uebersetzen aus dem Deutschen ins Griechische für Tertia bearb. Als Anh.: einzelne syntakt. Regeln. 3. Aufl. (144 S.) 871. ℳ 2.
" 3. Anleitung zum Uebersetzen aus dem Deutschen ins Griechische für Sekunda bearb. 2. Aufl. (128 S.) 873. ℳ 2.

— u. Heinr. Heidelberg, Uebungsbücher zu der griech. Grammatik v. E. Berger in 3 Kursen u. Ergänzungskursus. gr. 8. Celle 872—75. Schulze'sche Buchh. n. 7. —
1. Kurs. Anleitung zum Uebersetzen aus dem Griechischen ins Deutsche u. aus dem Deutschen ins Griechische, f. Quarta bearb. 5. Aufl. (112 S.) n. 1. 50
2. Kurs. Anleitung zum Uebersetzen aus dem Deutschen ins Griechische f. Tertia bearb. Als Anh.: Einzelne syntakt. Regeln. 4. Aufl. (144 S.) n. 2. —
3. Kurs. Anleitung zum Uebersetzen aus dem Deutschen in's Griechische f. Sekunda bearb. 2. Aufl. (128 S.) 2. —
Ergänzungs-Kursus. — A. u. d. T.: Anleitung zum Uebersetzen aus dem Deutschen ins Griechische f. Tertia bearb. v. G. Langreuter. (96 S.) 1. 50

—— stilist. Vorübgn f. mittl. Gymn.-Cl. 8. (273) Ebd. 62. n. — 21

—— stilistische Vorübungen der lateinischen Sprache für mittlere Gymnasialclassen und für die auf gleicher Stufe stehenden Classen anderer Lehranstalten. 1. Aufl. 1862. * 21 Ngr. und 2., verb. Aufl. gr. 8. (XI und 275 S.) Celle 866, Capaun-Karlowa'sche Buchh. *

—— stilistische Vorübungen der lateinischen Sprache für mittlere Gymnasialclassen und für die auf gleicher Stufe steh. Classen anderer Lehranstalten. 3. verb. Aufl. gr. 8. (VIII, 275 S.) Celle [Coburg] 872, Karlowa. *

Berger, Dr. Ernst, Stylistische Vorübungen der lateinischen Sprache für mittlere Gymnasialclassen. 5. revidirte und 6. revidirte Auflage. Coburg und Leipzig 1880, beziehungsweise 1885. Fr. Karlowa. (Min.-Erl. 19. Dcbr. 1889. Z. 22394.) 1.33

Berger
— **Ernst Adolf** (Leipzig), De luxatione femoris spontanea. Diss. chirurg. Lpz. (B. G. Teubner) 9. VII. 1851. 28 S. mit Biogr. (M.: E. Doehler.) (3.50) 2173
Gew.: Gust. Biedermann Guenther.

Berger, Ernst Hugo

Berger, EH: Gesch. d. wiss. Erdkde d. Griechen. 2. Afl. (662 m. Fig.) 8° Lpzg, Veit & Co.'03. 20 —

Mythische Kosmographie der Griechen. Von Prof. Dr. E[rnst] H[ugo] Berger. Leipzig: B. G. Teubner 1904. (40 S.) 8°
— Lexikon, Ausführl., d. griech. u. röm. Mythologie. Suppl. [3.] 14. 05

Berger, Ernst L. M., ehe man Ehemann wird u. andere Humoresken, s.: Universal-Bibliothek.

Berger, Ernst Otto, Herzblut. Lieben u. Leiden. (284 S.) 8. Zittau 905. W. Fiedler. n. 3. —; geb. n. 4. —; erm. Pr. n. 2. —; geb. n. 3. —

Berger
— **Ernst Wilhelm** (Bischofswerda), De nonnullis in aneurysmate dignoscendo erratis 81 casibus illustrata. Diss. med. Lpz. (A. Edelmann) 27. IV. 1855. 35 S. mit Biographie. (M.: M. A. Richter.) (3.50) 2174

Berger, Eug., blinde Liebe. Drama. (61 S.) 8. Berlin (910). F. Harnisch & Co. 1. —

Berger, Eug., Lieder d. Lebens u. d. Liebe. Gedichte. 12. (V, 96 S.) Kiel 898. Lipsius & Tischer. n. 1. —; geb. in Damast m. Goldschn. n. 2. —

— Lieder d. Lebens u. d. Liebe. Gedichte. 2. Afl. (120) 16° Ebd. ('11). 1 —; geb. 2 — d

Berger, Eugen, approb. Arzt aus Halle: Welche Rolle spielt die Refraktion in der Ätiologie des Strabismus? *Leipzig: G. Fock 1899.* (30 S.) 8°
Leipzig, Med. Diss. v. [18. Mai] 1899
(Nur in beschränkter Zahl für den Austausch)

Berger, Ewald

Berger, Mundraub. N. Entstehungsgeschichte, Wissenschaft u. Rechtsprechg. bearb. gr. 8. (VII, 116 S.) Hannover 895. Helwing. n. 2. 80

Das Deutsche Waldesideal. Von Ewald **Berger.** Zur Lösung d. Frage: Betreten d. Waldes u. der durch Warnungszeichen geschlossenen Waldwege. Lissa i. P.: F. Ebbecke 1907. (136 S.) 8° [F.] 07. 9290

Berger, Ewald, das deutsche Waldesideal. Zur Lösung der Frage: Betreten d. Waldes u. d. durch Warnungszeichen geschloss. Waldwege. (136 S. m. Bildnis.) 8. Lissa 907. O. Eulitz. 3. —

Berger, F.: A r i s t o d o r u s , s. B e r g e r , Franz Xaver

Berger, F.: Die B e d e u t u n g d. mikroskopischen Blutuntersuchung, s. B e r g e r , Franz.

Berger, F.: Das landwirtschaftliche G e n o s s e n s c h a f t s - w e s e n , s. W e r d e r , H.

Berger, F.: H a n d b u c h . . . für anatomische Studien, s. B e r g e r , Ferdinand

Berger, F.: Über die Heerstraßen, s.a. B e r g e r , G.

Berger, F. Über die Heerstraßen des römischen Reichs. 24 S. II. Die Meilensteine. 21 S. Progr. Luisst. Gew. *Berlin* 1882. 1883.

Berger, F. (I.), über die Heerstrassen des römischen Reiches. 4. (24 S.) Berlin 882, [Weidmann'sche Buchh.] Gaertner's Verlag. *

—— dass. — II. Die Meilensteine. gr. 4. (21 S.) Berlin 883, Gaertner's Verlag. *

Berger, F.: Der oberösterr. Topograph Johann Ev. Lamprecht, s. B e r g e r , Franz.

Berger, F.: Dantes L e h r e , s. B e r g e r , Friedrich

Berger, F., s. Lehre von den Knochen ꝛc.

Berger, F.: Val. Chr. Fr. Rostii memoria. Gotha. Schul-/Univ.-Schrift. 1863.

Berger, F. (II.), Merseburg und Halle a. S., s. Bummerstedt, C.

Berger, F.. De nominum quantitate. 2 Tle. Pr. 1852 u. 53. 26 u. 24 S. 4°. à 1.—

Berger, F.: Parallel-Grammatik (u. and. lat. Sprachbücher), s. B e r g e r , Friedrich

Berger, F.: P l a n der Stadt Wien, s. B e r g e r , Franz

Berger, F. A., 12 Wandtafeln zum Elementarunterricht im freien Handzeichnen. Für Schul- und Hauslehrer, Eltern, so wie für alle, welche Kindern einen gründlichen systemat. Unterricht im Zeichnen ertheilen wollen. (Nebst 1 Bg. Text in 8.) Roy.-Fol. 8. Leipzig 843, C. H. Reclam sen. 1 ꝛß

Berger, F. G., s.: Schochert, Friedr. Dan.

Berger, F. L., Animadv. ad Cocceji juris publ. prudentiam. 8. Lpz. Eurich. 724.

— Collat. codic. jur. Allemann. c. Meto Argentor. 1605. 4. Lpz. Gleditsch. 726.

Berger, F. N., Märchenblüten. E. neue Sammlg. beliebt. Märchen f. d. liebe Jug. M. 6 Farbdr.-Bild. v. C. Offterdinger. 4. Aufl. 8. (III, 105 S.) Stuttgart 898. F. Loewe. Geb. in Leinw. n. 2. —

Berger, F. N., Märchenquell. Eine neue Sammlg beliebter Märchen f. die liebe Jugend. Mit 6 Farbdr.-Bildern v. C. Offterdinger. 2. u. 3. Aufl. gr. 8. (III, 105 S.) Stuttgart 893. 894. F. Loewe. Kart. n. 2. —

Berger, F. N., Märchenstrauß. Eine neue Sammlung beliebter Märchen für die liebe Jugend. 4. (III, 91 S. mit 6 feinen Farbdr.-Bildern von C. Offterdinger.) Stuttgart 888, F. Loewe. geb. *

Berger, F. S., Handbuch d. Pflanzenkenntn. f. Oeconomen ꝛc. gr. 8. Leipz. Mittler. 801.

— Ideal eines Prachtgartens im Kleinen. m. K. 8. Posen. Kühn. 810.

Berger, F.X., s. B e r g e r , Franz Xaver

Berger, Fd., s. B e r g e r , Ferdinand

Berger, Felix

Berger, Fest-Predigt zum Gustav Adolf-Fest in Lüben, am 31. X. 1905 in der evangel. Pfarrkirche zu Lüben geh. (10 S.) 8. Lüben 905. L. Scholz. n. — 20

Berger, Ferdinand

Berger, Ferd., Handbuch zum Gebr. für d. anatomische Studium des menschl. Körpers, besonders für bildende Künstler u. Dilettanten der Kunst. kl. Fol. (4 B., 10 Kpfr. u. 2 Stnt.) Berlin 842. (C. G. Lüderitz'sche Vrlsh.)

Berger, Ferd., Handbuch zum Gebrauch für das anatomische Studium des menschlichen Körpers besonders für bildende Künstler und Dilettanten der Kunst. Nebst 10 Kpfrtaf. u. 2 Steindr. Neue Ausg. Berlin 861. Lüderitz'sche Verlhdlg. gr. 4. (15 S.) n. 2 ℛ

Berger, Ferd., Handbuch zum Gebrauch für das anatomische Studium des menschlichen Körpers besonders für bildende Künstler u. Dilettanten der Kunst. Nebst 10 Kpfrtaff. u. 2 Taff. in Steindr. 3. Aufl. Berlin 867. Lüderitz. Fol. (16 S.) n. 2 ℛ

Berger, Ferd., Handbuch zum Gebrauch für das anatomische Studium des menschlichen Körpers besonders für bildende Künstler u. Dilettanten der Kunst. Nebst 10 Kupfertaf. u. 2 Taf. in Steindr. 4. Aufl. Fol. (16 S.) Berlin 878. Habel. n. 6. —

Berger, Ferd.: Was sind rechtliche Anzeigungen? Was wirken sie? *Wien*, Mausberger. 829. 8.

Berger, Fr., Diss. de remediis specificis in epilepsia usitatis. 28 pp. Fref. ad V. 8°. 1795

Berger, Fr.: Ski- u. Winterführer durch d. Münstertaler Alpen u. angrenz. Gebiete: Westl. Ortlergruppe, Malser Heide, Unterengadin u. Alpen v. Livigno. (180 m. 4 farb. Ktn u. 1 Taf.) kl8° Münch., Druckerei u. Verl.-Anst. Deut. Alpenzeitg '12. L nn 2.50

Berger, Franz

Berger, Frz., s.: Archiv f. die Geschichte der Diözese Linz.

—: Das Archiv der Stadt Ried im Innkreis. 53 S. 8. Progr. K. k. Staats-Gymn. *Ried* 1910.

Berger, Franz. Die Bedeutung der mikroskopischen Blutuntersuchung bei den Infektionskrankheiten des Pferdes in bezug auf Diagnose und Prognose. Diss. Vet.-Med. Bern [Mit 1 Tafel.] 87 S. 8. Berlin, Reinhold Kühn, 1909.

Berger, Franz [aus Berlin]: Beiträge zur Anatomie der Coniferen . . . Halle a. S.: Druck v. Ehrhardt Karras, 1889; 33 + 1 S. 8° Halle, Phil. Fak., Inaug.-Diss v. [3. Jan.] 1890

Berger's, F, Bezirkspläne v. Wien. Hrsg. v. 1. Wiener Lehrerver. „Die Volksschule". 1:10,000. 1. Bez. Innere Stadt. 23×24,5 cm. Farbendr. Wien 93, (Manz). — 16

Berger, (Carl) Franz (Rud.) (geb. Wien 25. 9. 1858): Zur Kenntniss guanidinartiger Verbindungen. Berlin 1880. (72 S.) 8° Berlin, Phil. Diss. v. 27. Juli 1880

Berger Dr. Franz: Der Krieg Maximilians I. mit Venedig 1510. 8°. (53). Urfahr 04. 05. Progr.

— der ober-österr. Topograph Johann Ev. Lamprecht. 2. Aufl. (48 S. m. 1 Bildnis u. 1 Taf.) gr. 8. Schärding 906. (Linz, F. J. Ebenhöch.) n. — 60

Berger, Franz: Nachtrag zum Bibliothekskatalog. S. 18—26. 8. Progr. K.K. Maximilians-Gymn. Wien, 1901-1909.

Berger, Franz —. Die zum österr. Gebühren-Gesetze erlassenen Nachtrags-Verordnungen in den Jahren 1853—1854. Alphabetisch zusammengestellt von — —. Wels. 1855. Druck und Verlag von Joh. Haas. (48 S. 8.)

BERGER, Franciscus: De ortu et progressu Protestantismi in Austria inferiori usque ad Josephum II. — (1898) 179 S. 4° (Handschr.) Diss. 507 Diss. Wien Univ.

Berger, Frz., neuester Plan der Stadt Wien und der angrenzenden Vororte, mit den Häuser-Nummern. Nach amtl. Quellen bearb. Hrsg. vom Lehrerverein „Volksschule". 6. bedeutend verb. und mit einem vollständ. Fremdenführer versehene Aufl. Chromolithogr. Imp.-Fol. Mit Text. 8. (44 S.) Wien 880, Lechner's Sortiment. cart. *

Berger, Frz., Plan der Stadt Wien mit den neuesten Regulirungen und mit einem Theile der neuen Donaustadt, nach den besten Quellen bearb. Fol. Wien 875, Lechner's Verlag. *

Berger, Frz., Plan der Stadt Wien und der Vororte. Nach amtl. Quellen bearb. 1 : 12,500. Ausg. für das Publicum. Chromolithogr. Imp.-Fol. Nebst Strassenverzeichnis mit einem kurzen Führer. Hrsg. vom Ersten Wiener Lehrerverein „Die Volksschule". 8. (82 S.) Wien 887, (Manz'sche Hofverlagsh.) cart. *
Auf Leinw. mit Stäben *

Berger, Frz. Plan d. Stadt Wien u. der angrenzenden Vororte. 1 : 12,500. Nach amtl. Quellen bearb. 12. Aufl. Chromolithogr. gr. Fol. Mit Strassenverzeichniss. 12. (63 S.) Wien 890, (Sallmayer'sche Buchh.). ** — 70

— Plan d. Stadt Wien. 1:30,000. 13. Afl. 59×63 cm. Farbendr. Nebst Strassenverzeichnis u. Führer. 12° (122) Wien 91, (Sallmayer'sche Bh.). n.n. — 80

Berger, Franz: Das St. Sebastians-Bruderschaftsbuch des Marktes Ried (1503). 34 S. 8. K. k. Staats-Gymn. *Ried* 1908. Progr.

Berger, Franz Xaver, s.a. Aristodorus.

Berger, F., Aristodorus, Gedicht. 8. Münch. Scherer.

Berger, F. X., Aristodorus, eine Sammlung Griech. Gedichte. Münch. 804. 8. 16 gr. Eb. 809. 8. 16 gr.

— s.a. Babrii fabularum.

Berger, (F. X.) Brasidas, od. gebühr. Antwort auf die in d. Jen. allgem. Literaturzeit. No. 172. 1816 erschien. Recension d. vom Prof. Berger griech. mit deutscher metr. Uebersetz. herausgeg. ächten Fabeln d. Babrius, nebst Vertheidig. u. näh. Beleucht. d. angefochtenen Stellen. gr. 4. (München 817, Lindauer.)

Berger, (Frz. Xav.) Brasidas, oder gebühr. Antwort auf die Recension d. v. Prof. Berger herausg. ächten Fabeln d. Babrius, nebst Vertheidigung u. näherer Beleucht. d. angefochtenen Stellen. gr. 4. Münch. 817. (J. Lindauer). 5 ℛ

BERGER, Franz Xaver (Rosenheim): De carie dentium.- Monachii: Rosbachmann 1835. 15 S. 20.7.1835 - Urk; F 62
Diss. Ingolst.-Landsh.-Mchn.

Berger, F. X.. Unterr. üb. d. Einricht. ꝛc. des Feuergewehrs. 8. Wien, Gerold. 809.

— kurze Unterr. über die Einrichtung ꝛc. des Feuergewehrs. 8. Wien 809. Gerold. 6 ℛ

Berger, Friedrich

Berger, Friedr., Anleitung zum Uebersetzen aus dem Deutschen in's Lateinische. gr. 8. (9¾ B.) Clausthal 842, Schweigersche Buchh.

Berger, Friedr., Anleitung zum Uebersetzen in das Griechische, s. Rost, V. C. F.

—— Elementargrammatik der latein. Sprache, s. Hablch, H. T.

Berger, F[riedrich]: Wilhelm Gerberding † [am 28. August 1897]. *Berlin 1898: O. Walter.* (21—27 S.) 4° Berlin, Erste R, OP 1898 (117)

Berger, Friedrich: Zur Kritik der Streitschrift De unitate ecclesiae conservanda. Halle (1874: Pansa in Magdeburg). 32 S. 8°
Halle-Wittenberg, Phil. Diss. v. 30. Juni 1874
Geb. Magdeburg 30. 9. 1852. V.
Teildr. der ersten 69 S. aus der eingereichten in den Akten fehlenden Arbeit: Ueber die Streitschrift De unitate ecclesiae conservanda. 220 S. 2°

Berger, Friedrich [Oberl. Dr.]: Dantes Lehre vom Gemeinwesen. Berlin, R. Gaertner, 1891; 15 S. 4°
Berlin, Erste st. HB, OP 1891 (108)

Berger, F., W. C. F. Rost und F. Kritz, Parallelgrammatik der griechischen und lateinischen Sprache, s. Rost, W. C. F.

Berger, Friedr., und F. Kritz, latein. Schulgrammatik, s. Rost, W. Ch. F.

Berger, Friedrich (Hrsg.): Deutsch-Griechisches Wörterbuch, s. Rost, Valent. Christ. Friedr.

Berger
— **Friedrich Ludwig** (Wittenberg), De praescriptione sponsaliorum. Diss. jur. Präs. Christoph Heinrich Berger. Wittenbg. (Aug. Koberstein) 8. VII. 1719. 40 S. (3.—) 2176
— — Dasselbe. 1724. (4.50) 2177

— **Friedrich Ludwig von,** Vindicatio juris imperialis in magnum Tusciae ducatum, sive confutatio scriptionis, cui titulus memoire sur la liberté de l'état de Florence, ubi plura, jus Imperii propugnantia ac confirmantia, ex genuinis annalibus, diplomatibus et actis publicis proferuntur ac insimul objectiones et argumenta, pro suprematu Florentino removentur. 1723. 11 Bl., 189 S. (10.—) 2178

Berger
— **Friedrich Wilhelm** (Bischofswerda), Ad theoriam de foetus generatione analecta praemissa est rarioris embryulciae casus brevis historia. Spec. Präs. Chn. Gotthold Eschenbach. Leipzig (Staritz) 23. X. 1818. 28 S. (4.—) 2179
Gew.: Joh. Gottfr. Boenisch, Gotthelf Ehrenfried Süssmilch.

Berger, Fritz, üb. experimentelle u. perniziöse Anämie. (Aus der kgl. medizin. Universitätsklinik zu Halle.) (6 S.) Lex. 8. Leipzig 910. B. Konegen. 1. —
Sonderabdruck aus: „Reichs-Medizinal-Anzeiger".

Berger, Fritz, a. Memel: Aus d. inneren u. chir. Abteilung d. St. Marienhospitals auf dem Venusberge bei Bonn. Dirigierende Ärzte: Geh. Med.-R. Prof. Dr. Ungar u. Prof. Dr. Graff. Ein Beitrag zur Kenntnis der mesenterialen Chyluscysten. Bonn 1905: J. Trapp. (30 S.) 8°
Bonn, Med. Fak., Ref. Bier, Diss. v. 11. Nov. 1905
[Geb. 18. Juni 82 Memel; Wohnort: Bonn; Staatsangeh.: Preußen; Vorbildung: Luisen-Gymn. Memel Reife O. 00; Studium: München 1, Berlin 4, Königsberg 1. Bonn 3 S.; Coll. 17. Mai 05; Approb. 1. Nov. 05.]

Berger, Fritz, approb. Arzt aus Ronneburg, S.-A.: Aus d. med. Klinik u. Poliklinik in Jena. Über Beschäftigungsneurosen und Beschäftigungsneuritiden. *Blankenhain i. Th. 1904: M. Schlimpers Nachf.* (36 S.) 8° [J.]
Jena, Med. Diss. v. (28. Apr.) 1904

Berger, Fritz: Kultur u. Nationalität, s: Jugendvorträge, Nationale.

Berger, Fritz, aus Köln: Aus d. chirurg. Universitäts-Klinik zu Bonn. Über die Resultate der Gelenkresectionen bei Arthritis deformans. *Köln 1901: Kölner Verl.-Anst. u. Druckerei.* (61 S.) 8°
Bonn, Med. Diss. v. 26. Okt. 1901

Berger, Fritz, lachende Schmerzen. Gedichte. (158 S.) 11 × 8. Berlin (905). H. Krüger. n. 2. —; geb. n. 3. —

(B) **Berger, Fritz,** lachende Schmerzen. 905. (KBL 33.) Jetzt: Berlin, R. Eckstein Nachf.

! Berger, F: Lach. Schmerzen. Jetzt: Zehlendf. R Eckstein Nf.

Berger, Fritz, deutsche Staatskunde als Hilfsbuch f. den Geschichtsunterricht in d. oberen Klassen höh. Lehranstalten Badens. (IX, 236 S. m. 1 Stammtaf.) 8. Karlsruhe 910. G. Braun'sche Hofbuchdr. Geb. in Leinw. 2.50

Berger, Fritz, was muß man vom Grundbuch- u. Hypothekenrecht wissen? Nach dem neuen bürgerl. Gesetzbuch m. Berücksicht. der gleichzeitig in Kraft tret Nebengesetze allgemeinverst. dargestellt. Nebst e. Anh., betr. die deutsche Grundbuchordng. vom 24. III. 1897. gr. 8. (79 S.) Berlin (900). H. Steinitz. n. 1. —

Berger, G.: Über die Heerstraßen, s.a. Berger, F.

Berger, G., üb. die Heerstrassen d. Römischen Reiches. II. Die Meilensteine. gr. 4. (21 S.) Berlin 883. Gaertner. n. 1. (1. u. 2.: n. 2. —)

Berger, G., Lehre der Perspective, in kurzer leicht fasslicher Darstellung auf die einfachste Methode zurückgeführt für Architecten, Maler u. Dilettanten. Berlin 855. Th. Grieben. (Schlingmann.) Fol. (7 S. u. 5 lith. Taf.) n. 1 ℛ

Berger, G, Lehre d. Perspective. Fol. (7 m. 5 K.) Berl. 55. (Lpzg. Scholtze.) n. 1. —

Berger, G., Lehre der Perspective in kurzer, leicht fasslicher Darstellung. Auf die einfachste Methode zurückgeführt für Architecten, Bauhandwerker, Maler u. Dilettanten 2. Aufl. 863. — 3. Aufl. Mit 4 (lith.) Taff. (in Fol.) Leipzig 869. Scholtze. 4. (11 S.) n. 22⅔ ngr

Berger, G., Lehre der Perspective in kurzer, leicht fasslicher Darstellung. Auf die einfachste Methode zurückgeführt für Architecten, Bauhandwerker, Maler und Dilettanten. 2. Aufl. hoch 4. (11 S. mit 4 Stnt. in gr. Fol.) Berlin 867. [Leipzig, Scholtze.]

Berger, G., Lehre der Perspective in kurzer, leicht fasslicher Darstellung. Auf die einfachste Methode zurückgeführt für Architekten, Bauhandwerker, Maler und Dilettanten. 3. (Titel-) Aufl. (1867)69, und 4. Aufl. 4. (12 S. mit 4 lithogr. Taf. in qu. und Imp.-Fol.) Leipzig 871, Scholtze. (* ℳ 2,25.) *

Berger, G., Lehre der Perspektive in kurzer, leicht fasslicher Darstellung. Auf die einfachste Methode zurückgeführt für Architekten, Bauhandwerker, Maler und Dilettanten. 5. Aufl. hoch 4. (12 S. mit 4 lithogr. Taf. in Fol.) Leipzig 875, Scholtze. *

Berger, G., Lehre der Perspective in kurzer, leicht fasslicher Darstellung. Auf die einfachste Methode zurückgeführt für Architekten, Bauhandwerker, Maler und Dilettanten. 6. und 7. (Titel-)Aufl. hoch 4. (12 S. mit 4 lithogr. Taf.) Leipzig 881,83, Scholtze. *

Berger, G., Lehre der Perspective in kurzer, leicht fasslicher Darstellung. Auf die einfachste Methode zurückgeführt für Architekten, Bauhandwerker, Maler und Dilettanten. 8. (Titel-)Aufl. hoch 4. (12 S. mit 4 Taf.) Leipzig 886, Scholtze. *

— Lehre der Perspektive in kurzer, leicht fasslicher Darstellg. Auf die einfachste Methode zurückgeführt f. Architekten, Bauhandwerker, Maler u. Dilettanten. 9. Aufl. Mit 4 Taf hoch 4. (12 S.) Ebd. 889. n. 2. 40

Berger, G., Lehre der Perspektive in kurzer, leicht fasslicher Darstellung. Auf die einfachste Methode zurückgeführt f. Architekten, Bauhandwerker, Maler u. Dilettanten. 10. Aufl. Lex.-8. (12 S m. 4 lith. Taf.) Leipzig 892. K. Scholtze. n. 2. 40

Berger, G, Lehre d. Perspektive in kurzer, leicht fassl. Darstellg. 11. Afl. 8° (12 m. 4 L.) Lpzg 95, K Scholtze. 2.40

Berger, G: Lehre d. Perspektive in kurzer, leicht fassl. Darstellg. 12. Afl. 4° (12 m. 4 Taf.) Lpzg 98. Oetzsch, K Scholtze. 2.40

—— das Licht in seinen verschiedenen Erscheinungen und Wirkungen aus den natürlichen Ursachen derselben wissenschaftlich erklärt. Zur pract. Anwendung auf das Studium der Malerei. Ein Leitfaden für angeh. Künstler und Dilettanten. hoch 4. (45 S. mit erklär. Anmerkungen auf 4 chromolithogr. Taf. und 7 eingedr. Holzschn.) Berlin 868, Grieben. [Leipzig, Scholtze.] (* -n/l 3.) *

Berger, G., das Licht in seinen verschiedenen Erscheinungen u. Wirkungen, aus den natürl. Ursachen derselben wissenschaftl. erklärt. Zur prakt. Anwendg. auf das Studium der Malerei. Ein Leitfaden f. angeh. Künstler u. Dilettanten. 2. Aufl. Mit erklär. Abbildgn. auf 4 farb. Taf. u. 7 eingedr. Holzst. hoch 4. (45 S.) Leipzig 887. Scholtze. n. 2. 80

Berger, G., s. Tegnér, Ef., die Frithjofs-Sage.

Berger, G. Aug., s. Berger, August

Berger, G. O.: Entwicklung des Turnens (und andere Schriften zum Turnunterricht), s. Berger, Gustav Oscar

Berger, Georg

Berger, Geo., fünf Fälle von Erweiterung der Stirnhöhlen durch Flüssigkeitsansammlung. Inaugural-Dissertation. gr. 8. (19 S.) Kiel 887, (Lipsius und Tischer.) *.

Berger, Georg: Eduard Mörike und sein Verhältnis zur schwäbischen Romantik. Kempen i. P. (1910): Amulong. S. 1—21. 4°

Kempen i. P., k. PG OP 1910 (232) [S 10. 22

Berger, G[eorg], Referendar in Hamburg: Zur rechtlichen Seite des Giroverkehrs. Rostock 1905: C. Boldt. (85 S.) 8°
Rostock, Jur. Fak., Ref. Lehmann, Diss. v. 15. Okt. 1905

[Geb. 3. Juni 79 Hamburg; Wohnort: Wandsbek; Staatsangeh.: Hamburg; Vorbildung: Gymn. Wandsbek Reife M. 98; Studium: Marburg 2, Leipzig 1, Straßburg 1, Göttingen 2 S.; Rig. 14. Aug. 05.]

Berger, Georg August, s. Berger, August

Berger, Georg Oskar: Über den Einfluss der Reizstärke auf die Dauer einfacher psychischer Vorgänge mit besonderer Rücksicht auf Lichtreize, s.a. Studien, Philosophische.

Berger, G. Oscar. über den Einfluss der Reizstärke auf die Dauer einfacher psychischer Vorgänge mit besonderer Rücksicht auf Lichtreize. Diss. Leipzig 1885. 8°. 58 S. mit einer Taf.

Sonder-Abdruck aus: Philosophische Studien, hrsg. von Wilh. Wundt III. Band, 1. Heft. Leipzig, Wilhelm Engelmann.

Berger, G[eorg] Oscar: Über den Einfluß der Reizstärke auf die Dauer einfacher psychischer Vorgänge mit besonderer Rücksicht auf Lichtreize .... Leipzig, W. Engelmann, 1885; 58 + 1 S. u. 1 Taf. 8°.

Leipzig. Phil. Fak., Inaug.-Diss. v. 17. Nov. 1885.

Berger, Georg Oscar: Über den Einfluss der Übung auf geistige Vorgänge, s. Studien, Philosophische.

Berger, Gefa, des Dichters Traum in der Sylvesternacht. Humorist. mytholog. Gelegenheitsstück in 1 Aufzuge. gr. 8. (16 S.) Wien, Gurich. 1861. 26 kr.

Berger, Gisela Freiin v., die Schlange. Die Geschichte e. Ehe. (187 S.) 8. Wien 907. Berlin, J. Singer & Co. 3.—; geb. n 4. 50

Berger

— **Gottfried Otto von** (Celle), Diss. de rebus merae facultatis. Präs. Joh. Christian Claproth. Gött. (Joh. Friedr. Hager) 21. IV. 1745. 52 S. (5.50) 2182
Gew.: Gerl. Adolf v. Münchhausen. — Widm. v.: Jo. Gottfr. Brendel, G. Busmann (dtsch.), Fr. Wilh. Holtzmann (dtsch.), Luc. Gg. Lehmann (dtsch.).

Berger, Gustav

Berger, Gust., allgemeine Grundsätze der Erziehung u. des Unterrichts. Zur Vorbereitg. auf Fachlehrer-Prüfgn., insbesond. f. Nadelarbeits- u. Sprach-Lehrerinnen zusammengestellt. gr. 8. (94 S.) Dresden 902. Bloyl & Kaemmerer. n. 2. 25

Berger, Gust., allgemeine Grundsätze der Erziehung u. des Unterrichts. 2. verb. Aufl. (124 S.) gr. 8. Dresden 906. Bleyl & Kaemmerer. n. 1. 80; geb. n. 2. 25

Berger, Gust., die Jahresberichte der deutschen Handelskammern in ihren Aeußerungen über Stromcorrectionen u. Canalbauten. [Vortrag, geh. in der Ausschuß-Sitzung d. Centralvereins f. Hebung der deutschen Fluß- u. Canalschifffahrt am 5. Novbr. 1879.] gr. 8. (152 S.) Berlin 879. (Allgemeine Verlags-Agentur.) n. 1. 50

Berger, Gust., Jugendklänge. Liederschatz f. die deutsche Jugend in e. Auswahl ein- u. zweistimm. Lieder f. die Unter- u. Mittelklassen der Mittel- u. Volksschulen. 8. (78 S.) Leipzig 876. Brandstetter. n. -- 60

Berger, G, Jugendklänge. Liederschatz f. d. deut. Jugend. 8. (78) Lpzg 77. Brandstetter. n. — 60

Berger, Gust. (II.), Jugendklänge. Liederschatz für die deutsche Jugend in einer Auswahl ein- und zweistimm. Lieder für die Unter- und Mittelklassen der Mittel- und Volksschulen. 2. Aufl. 8. (78 S.) Leipzig 881, Brandstetter. *

— Liederschatz f. die deutsche Jugend. Auswahl zwei- u. dreistimm. Lieder u. Gesänge f. höhere Lehranstalten u. die Oberklassen der Volksschulen. gr. 8. (IV, 128 S.) Ebend. 875. n. 1. —

— Liederschatz für die deutsche Jugend. Auswahl zwei- u. dreistimm. Lieder u. Gesänge f. höhere Lehranstalten u. die Oberklassen der Volksschulen. 2. Aufl. 8. (IV, 128 S.) Ebend. 878. n. 1. —

Berger, Gust., Liederschatz f. die deutsche Jugend. Auswahl zwei- u. dreistimm. Lieder u. Gesänge f. höhere Lehranstalten u. die Oberklassen der Volksschulen. 3. Aufl. 8. (IV, 128 S.) Leipzig 884. Brandstetter. cart. n. 1. —

Berger, G, Liederschatz f. d. deut. Jugend. Ausw. 2- u. 3stimm. Lieder u. Gesänge f. höh. Lehranstalten u. d. Oberklassen d. Volksschulen. 5. Afl. 8° (140) Lpzg 92, F Brandstetter. Kart. 1 —

Berger, Gust., Liederschatz f. die deutsche Jugend. Auswahl 2- u. 3 stimm. Lieder u. Gesänge f. höhere Lehranstalten u. die Oberklassen der Volksschulen. 6. verb. Aufl. 8. (IV, 140 S.) Leipzig 890. F. Brandstetter. Kart. n. 1. —

Berger, Gust., Liederschatz f. die deutsche Jugend. Auswahl 2- u. 3stimm. Lieder u. Gesänge f. höh. Lehranstalten u. die Oberklassen der Volksschulen. 7. verb. u. verm. Aufl. (IV, 145 S.) 8. Leipzig 907. F. Brandstetter. Kart. 1. —

Berger, Gust., statistische Notizen, betr. den Antheil der Binnenschiffahrt am deutschen Güterverkehr. Bearb. u. dem Ausschuss d. Centralvereins f. Hebg. der deutschen Fluss- u. Kanalschiffahrt unterbreitet. gr. 4. (27 S.) Berlin 883. (Allgemeine Verlags-Agentur.) n. 1. 20

Berger, Gust., die Wortvorstellungen im deutschen Unterrichte d. Volksschule. Zugleich Lehrerheft zur „Deutschen Sprachschule". Mit e. Anh.: Lehrproben v. Emil Rasche. (VIII, 164 S.) gr. 8. Leipzig 907. J. Klinkhardt. 1.20; geb. in Leinw. 1.60

Berger, Gustav Oscar

[J.] Zur Entwickelung des Turnens in Magdeburg. Festschr. z. 50. Stiftgsf. d. Männer-Turnvereins zu Magdeburg vom Vorsitzenden ... Oberl. ... G[ustav] O[scar] Berger. *Magdeburg: Faber'sche Buchdr. 1898.* (2 Bl., 90 S.) 1 Bd 8.

Berger, *Gustav Oskar* [Dr.]: Die Hilfestellung beim Gerätturnen. Versuch e. Theorie. '(1. Tl.)' Magdeburg, Druck v. E. Baensch jun., 1897; 1 Bl., 24 S. 4.
Magdeburg, '(st.)' König Wilhelms-G, OP 1897 (247)

Berger, G[ustav] Oskar: Die Hilfestellung beim Gerätturnen. Versuch einer Theorie. ⟨T. 2.⟩ *Magdeburg 1898: E. Baensch jun.* (17 S.) 4° ¶ [Fortsetzung d. P-Beilage 1897.]
Magdeburg, ⟨st.⟩ König Wilhelms-G, OP 1898 (249)

Berger, H.: Zur Aetiologie und Pathogenese ..., s. Berger, Heinrich

Berger, die Bekämpfung der Tuberkulose in d. Schule. gr. 8. (21 S.) Hamburg 899. L. Voss. n. — 40
Sonderabdruck aus: „Zeitschr. f. Schulgesundheitspflege."

! Berger, H.: Drüben. Skizzen a.d. amerikan. Leben. Übers. v. M. Hartmann-Sommer. Berl.: R. Eckstein.

Berger, H., Albrecht Dürer, s.: Flemming's, Carl, vaterländische Jugendschriften.

Bergér, H., Elementarbuch der französischen Sprache z. Schul- u. Selbstunterricht. Nach anschaul., induktiver Methode bearb. 8. (VI, 127 S.) Hanau 889. Alberti. n. 1.20

Berger, H., biblische Erzählungen für Schüler in den Unter- u. Mittelklassen der Volksschulen bearb. Dessau 866. Baumgarten & Co. (Barth.) 8. (74 S.) n. 4 ngr.

Berger, H, bibl. Erzählgn. f. Schüler in d. Unter- u. Mittelkl. d. Volkssch. 8. (74) Dess. 66, Bolling. n. — 4

Berger, H.: Die sozialhygienischen Forderungen, s. Berger, Heinrich

Berger, H.: Die geographischen Fragmente etc., s. Berger, Hugo

Berger, H.: Die Herbart-Ziller'schen Grundsätze (und andere religiöse Schriften), s. Berger, Hermann

Berger, H.: Überseeische Handelsbestrebungen, s. Berger, Heinrich

Berger, H: Der Hirtenknabe v. Tellnitz, s: Moser's Erzählgn f. Jugend u. Volk.

Berger, H., 70 Kirchenlieder mit Melodieen. 2. verm. u. verb. Aufl. 8. (47 S.) Bromberg 881. Mittler. n.n. — 35

Berger, H, 64 Kirchenlieder m. Melodieen. 8. (50) Berl. 76, Gaertner. n. — 30

Berger, H., 64 Kirchenlieder m. Melodieen. Im Anh. die 6 Hauptstücke d. luther. Katechismus, 16 Psalmen, sowie der Morgen- u. Abendsegen. 8. (56 S.) Bromberg 876. Mittler. n. — 30

Berger, H.: Der Konservativismus ... (u. andere polit. Schriften), s. Berger, Herbert

Berger, H., hohe Kreise. Novelle. 8. (47 S.) Mainz 892. J. Wirth'sche Hofbuchdr. — 25

Berger, H.: Lehrbuch der englischen Sprache (und andere Sprachbücher), s. Berger, Hermann

Berger, H., Lehr- u. Uebungsbüchlein für den ersten Unterricht in der deutschen Sprache u. Rechtschreibung. gr. 8. (IV u. 60 S.) Leipzig 847, Hunger. baar ⅙ ₰

Bergér, H., französisches Lesebuch für die Unterstufe. Enthaltend Gedichte, kleine Vokabelstücke, Erzählungen und Fabeln unter besond. Berücksicht. französ. Redensarten, nebst Sprechübungen über den Inhalt des Gelesenen. Für Mittel- und höhere Mädchenschulen bearb. 2. Aufl. 8. (VI, 74 S.) Hanau 888, Alberti. cart. *

— dasselbe f. die Mittelstufe. Enth.: Gedichte, Erzählgn., Fabeln, Märchen u. Legenden unter besond. Berücksicht. französ. Redensarten, nebst Sprechübgn. üb. den Inhalt d. Gelesenen. Für Mittel- u. höhere Mädchenschulen bearb. 8 (VI, 120 S.) Ebd. 889. n. 1.—

Berger, H.: Vor Paris 1870, s. Berger, Hans

— die evangel. Perikopen d. Kirchenjahres. Eine prakt.-erbaul. Auslegung f. Lehrerkreise u. prakt. Theologen. 2. Ausg. v. „Das Wort d. Lebens". 8. (XII, 330 S.) Altenburg 890. Bonde. n. 1.50

Berger, H (A Wülbern): Illustr. Preis-Katalog d. Telegrafen- u. Stempelmarken. Bd 2. Oesterr.-U. u. Balkanstaaten. (41) 8° Hambg (1. Hopfensack 15), Arth. Wülbern. 1898. (2 —) 1.50
Bd 1 s: Wülbern, Arth.

— zur Reform d. französ. Unterrichts. Lehrgang u. Lehrverfahren, nebst Proben d. unterrichtl. Behandlg. Lex.-8. (22 S.) Ebd. 890. n. — 75

Berger, H. Sittah, s.: Universal-Bibliothek, jüdische.

— Uebungs-Buch zur Erlernung d. französ. Briefstils. Enth.: Briefl. Mitteilgn. üb. Anlässe d. tägl. Lebens in französ. Mustern u. deutschen Nachbildgn. z. Uebersetzen, nebst e. Auswahl Briefe berühmter Personen. 8. (XIV, 107 S.) Ebd. 888. n. 1.30

Bergér, H., der französische Unterricht m. besond. Rücksicht auf die Anforderungen der Reformbestrebungen. Ein theoretisch-prakt. Beitrag. 8. (IV, 65 S. m. 1 Tab.) Hanau 891. G. M. Alberti. n. — 80

Berger, H., Untersuchungen üb. das kosmische System des Xenophanes. S.-A. 1894. 50 S. 1.20

Berger, H., über die Wahl der Aufsatzthemata an Mittel- u. höheren Töchterschulen. gr. 8. (34 S.) Hamburg 882. Boysen. n. — 60

Berger, H., Wegweiser für den Betrieb des Turnunterrichts in den Volksschulen, sowie in den unteren Klassen höherer Schulen. Luckau 861. Kutzscher. 16. (54 S.) 7½ ngr.

Berger, H.: Ein Wort über ..., s. Berger, Heinrich

Berger, H., Die Zonenlehre des Parmenides. S.-A. 1895. 59 S. 1.60

Berger, H. A.: De origine et ractione ..., s. Berger, Heinrich Albert v.

Berger (H. A. C.), Die Versteinerungen der Fische und Pflanzen im Sandsteine der Coburger Gegend. Coburg 1832. 4. Nebst 4 Tafeln.

Berger, (H. A. M.,) nord. Götterlehre, aus Quellen geschöpft. Nebst vollständ. Namen- u. Sachregister. Mit 1 Kpf. gr. 8. Leipz. 826. Glück. 1 ₰

Berger, H. A. M., nord. Mythologie rc., 2. wohlf. Aufl. gr. 8. (11 B.) Leipzig. [Zittau 834, Birr u. Nauwerck.]

Berger, H. A. M., nordische Mythologie. Aus den vorhandenen Quellen zusammengetragen. Mit einem vollständ. Namen- u. Sachregister. 2e wohlf. Ausg. Mit 1 Titelkpfr. gr. 8. Zittau 835. Birr u. Nauwerk. (Jetzt Ernst in Quedlinburg.) ⅔ ₰

Berger, H. C. L. E., s. Berger, Hubertus Cornelis Leonard Emile

Berger, Hans: Architektur und Landschaft. Eine Studie über heimatliche Garten-Baukunst.
Diss. TH Wien 1905.

Über die körperlichen Äußerungen psychischer Zustände. Weitere experiment. Beiträge z. Lehre von d. Blutzirkulation in d. Schädelhöhle des Menschen. Von Dr. Hans Berger, Privatd., Jena. T. [1.] 2. Jena: G. Fischer 1904–07. 2 Bde 8°, 2 Bde 4°
[1.] Mit 1 Fig. u. e. Atlas von 18 Taf. Text [u.] Atlas. 1904.
2. Mit 3 Fig. u. e. Atlas von 11 Taf. Text [u.] Atlas. 1907.

Berger, Hans: ⟨Aus der psychiatrischen Klinik in Jena.⟩ Degenerationen der Vorderhornzellen des Rückenmarks bei Dementia paralytica. *Berlin 1897: E. Wertheim.* (34 S. mit Taf.) 8° ¶(Aus: Monatsschrift für Psychiatrie und Neurologie, Bd 3.)
Jena, Med. Diss. v. [Dez.] 1897

Berger, Hans, Degenerationen d. Vordorhornzellen d. Rückenmarks bei Dementia paralytica. M. 2 Taf. [Aus: „Monatsschrift f. Psychiatrie u. Neurologie."] Lex.-8. (80 S.) Berlin 898. S. Karger. n. 1. 20

Berger, Hans, die Hybriden. Eine hündische Geschichte in homer. Versen. (78 S.) 8. Dresden 903. E. Pierson. n. 1. —; geb. n. 2. —

Berger, Hans, zur Lehre v. der Blutzirkulation in der Schädelhöhle des Menschen namentlich unter d. Einfluss v. Medikamenten. Experimentelle Untersuchgn. Mit 5 Taf., 16 Kurven u. 1 Fig. im Text. gr. 8. (VI, 78 S.) Jena 901. G. Fischer. n. 5. —

Berger, H., vor Paris 1870. Schwank in 5 Akten. gr. 8. (III, 93 S.) Dresden 887. (Braunschweig, Patriot. Verlag, Schlegel.) n. 3. —

Berger, Hans, Quack der Rabe. Historie seines Lebens u Sterbens. Mit Schattenrissen v. Ernst Berger. (96 S.) 8. Dresden 905. E. Pierson. n. 1. 50; geb. n. 2. 50

— Aus Rübezahls Reich. Ein Kanzonettenstrauss. (80) 16° Ebd. 704. — 75; geb. 1.50 d

Berger, Hans, Leipziger Straßenbilder in krit. Beleuchtung. (48 S.) 8. Leipzig 910. F. W. Hirschfeld. — 50

Untersuchungen über die Temperatur des Gehirns von Dr. Hans Berger, Prof., Jena. Mit 12 Fig. u. 17 Kurven. Jena: Fischer 1910. 130 S. 4°(8°)

Berger, Hedw., Loango od. Liebet eure Feinde. Ein Vaterunser für die armen Seelen, s.: Unterhaltungs-Bibliothek, Steyler.

Berger, Heinrich, Die Amerikafahrt der deutschen Riege, Vortr., 1905, 8 S., 8°.

Berger, Heinrich [aus Elsterwerda]: Zur Aetiologie und Pathogenese der Pachymeningitis interna chronica . . . Erlangen, k. b. Hof- u. Univ.-Buchdr. v. F. Junge, 1890; 40 S. 8°
Erlangen, Med. Fak., Inaug.-Diss. v. 10. Jul. 1890

Berger, H., zur Aetiologie u. Pathogenese der Pachymeningitis interna chronica. 8. (40 S.) Tübingen 890. Moser. n. — 70

Berger, Heinrich: Beiträge zur Untersuchung der in der französischen Sprache ältester Zeit nachweisbaren Lehnwörter. *Breslau 1898: Dr. R. Galle.* (46 S.) 8° ¶(Enthält nur einen Theil der eingereichten Arbeit.)
Breslau, Phil. Diss. v. 28. Febr. 1898

Berger, Heinr., Beiträge z. Untersuchg. d. i. d. franz. Sprache ältester Zeit nachweisb. Lehnwörter. Diss. gr. 8. (44 S.) Breslau 898. (Schletter.) n.n. 1. —

Berger, Heinrich: R. Benjamin b. Jehuda und sein Commentar zu Esra und Nehemia. Aus dem Ms. 102 der Bibliothek Merzbacher zu München und aus dem cod. 104 der Bibliothek des jüdisch-theologischen Seminars zu Breslau zum ersten Male bearbeitet. Theil I. Breslau, *Druck v. G. Zahn & H. Baendel, Kirchhain N.-L.,* 1889; 2 Bl. + 46 S. + 1 Bl. 8°
Leipzig, Phil. Fak., Inaug.-Diss. v. 6. Febr. 1890

Berger, Heinr., Briefe vom Meer. (VII, 358 S.) 8. Leipzig 905. C. F. W. Fest. n. 4. —; geb. n. 5. —

Der Ethische Bund. Die Großloge zur Tugend. Tatsachen, Betrachtungen, Vorschläge. Von Kreisarzt Dr. Heinrich Berger. Charlottenburg: P. J. Müller 1906. (52 S.) 8° [F.]

Berger, Heinr., die sozial-hygienisch. Forderungen der Zeit (Wohlfahrtsämter). (25 S.) 8. Berlin 910. A. Hirschwald. — 60

[F.] Friedrich der Grosse als Kolonisator v. Dr. Heinrich Berger. M. e. Vorwort v. W(ilh.) Oncken. Im Anhange 2 Taf. u. 1 Übersichtskt. *Giessen: J. Ricker 1896.* (VIII, 111 S., 2 Taf., 1 Kt.) 1 Bd 8.
— Studien, Giessener, auf d. Gebiet d. Geschichte. H. VIII.

— trockene Fußbekleidung f. die Kinder in der Schule. (12 S.) gr. 8. Ebd. 906. n. — 40
Sonderabdruck aus: „Das Schulzimmer".

Berger, Heinr., hess. Geschichte i. Anschl. a. d. deutsche u. unt. Berücksicht. d. Kulturgesch. F. d. Schulgebr. bearb. gr. 8. (XII, 131 S.) Gießen 897. J. Ricker. Kart. n. 1. 60

Berger, Heinr., Geschichte der Juden in Krotoschin. (24 S.) gr. 8. Krotoschin 907. (Berlin, M. Poppelauer.) 1. —
Sonderabdr. a.: „Monatsschr. f. Gesch. u. Wiss. d. Judentums".

Berger, Heinr., Geschichte d. ärztl. Vereinswesens in Deutschland. gr. 8. (69 S.) Frankfurt a/M. 896. J. Alt. n. 1. 80

Berger, Heinr., aus dem Hamsterkasten. Erinnerungen. 8. (V, 140 S.) München 902. Seitz & Schauer. n. 1. 60; geb. in Leinw. n. 2. 25

! Berger, Heinr.: Hamsterkasten. Berl.: M. Boas.

(S) — Aus d. Hamsterkasten. 902. (28231.) Jetzt: München, Verlag d. ärztl. Rundschau.

Berger, H., überseeische Handelsbestrebungen u. koloniale Pläne unter Friedrich d. Grossen. Mit Benutzg. v. Archivalien. gr. 8. (163 S.) Leipzig 899. Buchh. G. Fock. n. 4. —

— d. Hygiene i. d. Barbierstuben. gr. 8. (32 S.) (Basel 896. C. Sallmann.) Jena, G. Fischer. n. — 60

— d. Infektions-Krankheiten. Ihre Abwehr u. Unterdrückg. gr. 8. (VIII, 310 S.) Braunschweig 896. F. Vieweg & Sohn. n. 4. —

— Kasualreden u. Predigten. (181 S.) 8. Berlin 906. M. Poppelauer. 3. —

Kasualreden und Predigten von Dr. Heinrich Berger, Rabbiner zu Krotoschin. Krotoschin: Selbstverl. 1906. (179 S.) 8° [F.]

Berger, Heinr., d. Kind i. s. ersten Lebensjahre. Hygien. Winke f. junge Mütter. 8. (71 S.) Lemberg 897. (Eger, J. Kobrtsch & Gschihay.) n. 1. —

Berger, Heinr., die erste Kindespflege. Ein Rathgeber f. junge Mütter. 8. (44 S.) München 894. Seitz & Schauer. n — 80

Die Lehnwörter in der französischen Sprache ältester Zeit v. Heinrich Berger. *Leipzig: O. R. Reisland 1899.* (2 Bl., 347 S.) 1 Bd 8.

Berger, Heinr.: Methodik d. jüd. Relig.-Unterr. (4, 131) 8° Lpzg, G Engel '11. 2 — d

Mittel und Wege zur Förderung der Körperpflege auf dem Lande. Vortrag von Kreisarzt Dr. H[einr.] **Berger** in Crefeld. Berlin: Hirschwald 1910. 40 S. 8° [10. 17003

— die Prostitution in Hannover. Thatsachen u. Verbesserungsvorschläge. gr. 8. (47 S.) Berlin 902. A. Hirschwald. n. 1. —
Sonderabdruck aus: „Vierteljahrsschr. f. gerichtl. Medizin u. öffentl. Sanitätswesen."

Die Reinigung in den Schulen. Eine krit. Studie von Kreisarzt Dr. H[einrich] **Berger** in Crefeld. Charlottenburg: P. J. Müller 1910. 26 S. 8° [10. 16399

— Sozialhygienischer Rückblick u. Ausblick 1906/7. Unsere Volksvertretg. (26 S.) 8. Leipzig 907. B. Konegen. — 50

— die Schularztfrage f. höhere Lehranstalten. Nach e. Vortrag, geh. in der Hauptversammlg. des Vereins der Mitglieder des höheren Lehrerstandes in der Prov. Hannover zu Hannover 1904. (VIII, 79 S.) gr. 8. Hamburg 904. L. Voss. n. 1. —

Berger, Heinrich. Aus späten Tagen. Geschichtliche Dichtung. New York, 1877. UC

Berger, Heinr., Wetterleuchten. Gedichte. gr. 8. (105 S.) Dießen 902. J. C. Huber. n. 2. 50

Berger, Heinr., ein Wort über den Verfall christlicher Kinderzucht in unsern Tagen. Breslau 856. (Berlin, Evangelische Buchhdlg.) 8. (32 S.) nn. 3 ngr

— ein Wort über die sogenannten schlechten Zeiten. Breslau 854. Dülfer in Comm. 8. (32 S.) n. 2½ ngr

Berger, Heinrich, approb. Arzt aus Chemnitz: Über Zulässigkeit, Anzeige und Folgen der Abrasio uteri. *Leipzig 1902: A. Edelmann.* (33 S.) 8°
Leipzig, Med. Diss. v. (6. Juni) 1902

Berger

— **Heinr. Albert v.** (Celle), De origine et ratione decimarum in Germania. Diss. Präs. Gg. Ludw. Boehmer. Göttingen (Abr. Vandenhoeck) 28. V. 1749. 63 S. (6.—) 2183
Gew.: Gerl. Adolf v. Münchhausen.

Kreisarzt und Schulhygiene. Nach e. Vortrag geh. auf d. 19. Hauptversammlung d. Preuss. Medizinalbeamten-Ver. zu Kassel 1902 von Kreisarzt Dr. [Heinrich F. A.] Berger in Hannover. *Hamburg & Leipzig: L. Voss 1902.* (88 S.) 8°

Berger, Henning, aus d. Tagebuch eines Einsamen. Roman. (Berechtigte Übertragg. aus dem Schwed. v. Gertr. Ingeborg Klett.) (220 S.) kl. 8. Berlin 909. S. Fischer, Verl. 3.—; geb. n 4. —

Ysaïl. Roman von Henning **Berger**. (Autor. Übertr. aus d. Schwed. von Gertrud Ingeborg Klett.) Berlin: S. Fischer 1908. (248 S.) 8° [F.] [08.

— Ysaïl. Roman. (Autoris. Übertragg. aus d. Schwed. v. Gertr. Ingeborg Klett.) (248 S.) 8. Ebd. 909. 3.—; geb. n 4. —

Berger, Henry. Réduction des tarifs postaux. Rapport [présenté au] 8e Congrès international de la Presse, Berne, juillet 1902. 8 p. 8. [Berne, H. Jent.] V

Berger, Herbert von

Berger, H. v., s. Beiträge z. konservativer Politik.

Berger, Herb. v.: Dogmatismus u. Philosophie, s.: Wertung.

Der Geist im Staat. Von Herbert v. **Berger**. Leipzig: Eckardt 1910. 20 S. 8° [Umschlagt.]
(Wertung. 1910, H. 2.) [10. 16368

— Carl Hauptmann. Eine Studie zur Poesie. (IV, 16 S.) Lex. 8. München 907. G. D. W. Callwey. — 50
Sonderabdruck aus: „Deutschland".

— Irmingard. Dramatische Dichtg. (IX, 115 S.) 8. Berlin 908. O. Janke. 2. —

Konservatismus im geistigen Leben. Von H[erbert] v. **Berger**. Berlin: Hobbing [1910]. 22 S. 8°
(Beiträge z. konservativer Politik u. Weltanschauung. H. 5.) [10. 17904

— Der Konservatismus u. die Parteien, s. a. Beiträge zu konservat. Politik u. Weltanschauung. 10.

Berger, H. v.: D. Konservatismus u. d. Parteien. Berlin 1910.

Berger, Hermann

Berger, Herm. (geb. Münsterberg in Schles. 1861): Beiträge zur Casuistik über die Echinococcus-Krankheit. Berlin (1885). (40 S.) 8°
Berlin, Med. Diss. v. 5. Aug. 1885

Berger, Hermann: Allgemeine Beschreibung des dem Herrn Bernhard Rosenstock gehörigen Gutsforstes in Czernowko. [o.O., o.J.]

Berger, Herm., Christenlehre, i. Anschl. a. d. kl. Katechismus D. Mart. Luthers, f. d. Konfirmanden bearb. gr. 8. (46 S.) Altenburg 897. O. Bonde. n. — 50; geb. n. — 60

Berger, Herm., Christenlehre in Unterredungen m. den Konfirmanden im Anschluß an den kleinen Katechismus D. Martin Luthers. Handreichung f. den Konfirmandenunterricht u. zur Selbstbelehrg. f. Konfirmierte. gr. 8. (VIII, 192 S.) Altenburg 901. H. A. Pierer. n. 2. 60

Berger, Hermann, Medizinalpraktikant a. Feuerbach: Gallengangs-Carcinom kombiniert mit Tuberkulose. Tübingen: F. Pietzcker 1905. (22 S.) 8°
Tübingen, Med. Fak., Ref. v. Baumgarten, Diss. v. 1. Sept. 1906
[Geb. 4. März 81 Feuerbach; Wohnort: Tübingen; Staatsangeh.: Württemberg; Vorbildung: Gymn. Cannstatt Reife 00; Studium: Tübingen 6, München 3 S.; Coll. 21. Okt. 05; Approb. 14. Aug. 06.]

Berger, Herm. (I.), die Herbart-Ziller'schen Grundsätze in ihrer Anwendung auf den Religionsunterricht. gr. 8. (28 S.) Altenburg 888, Dietz. *
Aus: Zeitschrift für praktische Theologie, besonders abgedruckt.

Berger, Herm., Lehrbuch der englischen Sprache f. den Handels- u. Gewerbestand. Anleitung zur gründl. u. schnellen Erlerng. der engl. Umgangs- u. Geschäftssprache u. der Handels-Correspondenz m. durchgäng. Bezeichng. der Aussprache. Zum Gebrauche in Handels- u. Gewerbeschulen sowie f. den Selbstunterricht. 2. sorgfältig durchgeseh. Aufl. gr. 8. (XLVIII, 162 S.) Wien 875. Hölder. n. 2. 60

Berger, Herm., Lehrbuch der englischen Sprache für den Handels- und Gewerbestand. Anleitung zur gründl. und schnellen Erlernung der engl. Umgangs- und Geschäftssprache und der Handels-Correspondenz mit durchgäng. Bezeichnung der Aussprache. Zum Gebrauche in Handels- und Gewerbeschulen sowie für den Selbstunterricht. 3. verm. und verb. Aufl. gr. 8. (LVIII, 160 S.) Wien 878, Hölder. *

Berger, Herm. (I.), Lehrbuch der englischen Sprache für den Handels- und Gewerbestand. Anleitung zur gründl. Erlernung der engl. Umgangs- und Geschäftssprache und der Handels-Correspondenz mit durchgäng. Bezeichnung der Aussprache. Zum Gebrauche in Handels- und Gewerbeschulen, sowie für den Privat- und Selbstunterricht. 4. verm. und wesentl. verb. Aufl. gr. 8. (VI, 240 S.) Wien 881. Hölder. *

—— dass. — Anleitung zur gründl. Erlernung der Umgangs- und Geschäftssprache, sowie der Handels-Correspondenz. 5. sorgfältig revid. und verb. Aufl. gr. 8. (VIII, 288 S.) Ebendas. 884. *

Berger, Herm., Lehrbuch der englischen Sprache f. den Handels- u. Gewerbestand. Anleitung zur gründl. Erlerng. der Umgangs- u. Geschäftssprache, sowie der Handels-Correspondenz. 6. Aufl. Hrsg. v. C. W. Palotta. gr. 8. (VIII, 288 S.) Wien 886. Hölder. n. 3. —; Einbd. n.n. — 40

Berger, H., Lehrbuch der engl. Sprache f. d. Handels- u. Gewerbestand. Anleitg. zur gründl. Erlernung der Umgangs- u. Geschäftssprache, sowie der Handels-Correspondenz. 7. Aufl. Hrsg. u. rev. v. C W. Palotta. gr. 8. (VIII, 288 S.) Wien 889. Hölder. n. 3. —

Berger, Hermann, Lehrbuch der englischen Sprache für den Handels- und Gewerbestand. 8. Auflage. Herausgegeben und revidirt von L. C. Hurt. Wien 1892 bei A. Hölder. (Min. Erl. 20. April 1892, Z. 7777.) Geheftet 1.50

Berger, Herm., Lehrbuch der engl. Sprache f. den Handels- u. Gewerbestand. Anleitung zur gründl. Erlerng. der Umgangs- u. Geschäftssprache, sowie der Handels-Correspondenz. 9. Aufl. Hrsg. u. sorgfältig rev. v. L. C. Hurt. gr. 8. (IV, 287 S.) Wien 893. A. Hölder. n. 3. —; geb. n.n. 3. 40

Berger, Herm., Lehrbuch d. engl. Sprache f. d. Handels- u. Gewerbestand. Anleitg. z. gründl. Erlerng. d. Umgangs- u. Geschäftssprache, sow. d. Handels-Correspondenz. 10., unveränd. Aufl. Hrsg. u. sorgfältig rev. v. L. C. Hurt. gr. 8. (IV, 287 S.) Ebd. 896. Geb. n. 3. 40

Lehrbuch der englischen Sprache für den Handels- und Gewerbestand. Anleitung zur gründlichen Erlernung der Umgangs- und Geschäftssprache sowie der Handels-Correspondenz. Von Hermann Berger. 11. im wesentlichen unveränderte Auflage. Herausgegeben und sorgfältig revidiert von L. C. Hurt. Wien. 1898. Hölder. Gr.-8°. IV, 287 S. Geb. fl. 1.70

614

Lehrbuch der englischen Sprache für den Handels- und Gewerbestand. Anleitung zur Erlernung der Umgangs- und Geschäftssprache sowie der Handels-Correspondenz. Von Hermann Berger. 12., unveränderte Auflage. Herausgegeben und sorgfältig revidiert von L. C. Hurt. Wien. 1900. Hölder. Gr.-8°. IV, 287 S. Geb. K 3.50

Berger, Herm., Lehrbuch der englischen Sprache f. den Handels- u. Gewerbestand. Anleitung z. gründl. Erlerng. der Umgangs- u. Geschäftssprache, sowie der Handels-Korrespondenz. 13. unveränd. Aufl. Hrsg. u. sorgfältig rev. v. L. C. Hurt. (In neuer Rechtschreibg.) (IV, 287 S.) gr. 8. Wien 902. A. Hölder. Geb. in Leinw. n.n. 3. 40

Berger, Herm., Lehrbuch der englischen Sprache für den Handels- u. Gewerbestand. Anleitung zur gründl. Erlerng. der Umgangs- u. Geschäftssprache, sowie der Handels-Korrespondenz. 14., unveränd. Aufl. Hrsg. u. sorgfältig rev. v. L. C. Hurt. (In neuer Rechtschreibung.) (IV, 287 S.) gr. 8. Wien 905. A. Hölder. Geb. n. 3. 40

Berger, Herm., Lehrbuch der engl. Sprache f. d. Handels- u. Gewerbestand. Anleitung zur gründl. Erlerng. der Umgangs- u. Geschäftssprache, sowie der Handelskorrespondenz. 15. Aufl. Hrsg. u. rev. v. L. C. Hurt. Inhaltl. unveränd. Abdr. der 14. Aufl. (IV, 287 S.) 8. Wien 908. A. Hölder. Geb. 3. 40

Berger, Hermann. Prakt. Lehrgang z. schnellen u. leichten Erlernung der engl. Sprache. 8. (128 S.) geh. 60 kr.
Wien: Hölder 1881.

— praktischer Lehrgang zur schnellen u. leichten Erlernung der englischen Sprache. Für den Schul- u. Privatgebrauch, sowie f. den Selbstunterricht. 8. (IV, 128 S.) Wien 882. Hölder. n. 1. 20

Berger, Herm., theoretisch-praktischer Lehrgang der englischen Sprache für den Handels- und Gewerbestand. Anleitung zur gründl. und schnellen Erlernung der engl. Umgangs- und Geschäftssprache und der Handels-Correspondenz mit vollständ. Bezeichnung der Aussprache. Zum Gebrauche in Handels- und Gewerbeschulen, sowie für den Selbstunterricht. Vorschule und I. Cursus. gr. 8. (XLVIII, 160 S.) Wien 872, Beck'sche Universitäts-Buchh.

— theoretisch-praktischer Lehrgang der englischen Sprache f. den Handels- u. Gewerbestand. Anleitung zur gründl. u. schnellen Erlerng. der engl. Umgangs- u. Geschäftssprache u. der Handels-Correspondenz m. vollständ. Bezeichng. der Aussprache. Zum Gebrauche in Handels- u. Gewerbeschulen, sowie f. den Selbstunterricht. Vorschule u. I. Cursus. gr. 8. (XLVIII, 160 S.) Wien 872. Hölder. n. 2. 60

—— theoret.-prakt. Lehrgang d. engl. Sprache f. d. Handelsstand. I. Curs. 8. (160) Ebd. 74. n. 2. 60

Berger, Hermann, Lesebuch der englischen Sprache für den Handels- und Gewerbestand. Anleitung zur gründlichen Erlernung der Umgangs- und Geschäftssprache sowie der Handels-Correspondenz. 10. unveränderte Auflage. Herausgegeben und sorgfältig revidirt von L. C. Hart. Gr.-8. (IV, 287 S.) Geb. Wien: Hölder 1897. 1.70

Berger, Herm., Leselehre der englischen Sprache, enthltd.: die wichtigsten Regeln u. Ausnahmefälle der engl. Orthoëpie. Nach den besten Quellen systematisch u. übersichtlich zum leichten, prakt. Gebrauche sowohl für Schulen als für den Selbstunterricht dargestellt. Wien 867. Beck. 8. (VI, 84 S.) n. 12 ngr.

Berger, Herm., das Wort d. Lebens u. das Leben d. Wortes. Eine praktisch-erbaul. Auslegg. der evangel. Perikopen d. Kirchenjahres f. Lehrerkreise u. prakt. Theologen. gr. 8. (XII, 830 S.) Altenburg 883. Bonde's Verl. n. 8. —

Berger, Hermann A.

Berger, Herm. A., Gedanken e. Deutsch-Oesterreichers üb. Deutschland u. die Polenfrage. gr. 8. (31 S.) Berlin 902. Herm. Walther. n. — 50

Berger, Hubertus Cornelis Leonard Emile. Vergleichende Untersuchungen über den Bacillus pyogenes bovis <Künnemann> und den B' p' suis <Grips> mit Beziehung derselben zu den chronischen Lungenentzündungen des Rindes. Diss. Vet.-Med. Bern. [Mit Figuren. Sep.-Abdr. aus: Zeitschrift für Infektionskrankheiten, parasitäre Krankheiten und Hygiene der Haustiere. Band 3.] *Kopftitel:* Aus dem Reichsseruminstitut in Rotterdam <Direktor: Dr. J. Poels>. 84 S. 8. Berlin, Richard Schoetz, 1907.

Berger, Hugo, die geographischen Fragmente des Eratosthenes, neu gesammelt, geordnet u. besprochen. gr. 8. (VIII, 393 S.) Leipzig 880. Teubner. n. 8. 40

Berger, H. Die geographischen Fragmente des Hipparch. Leipzig 1869.

Berger, H., Die geograph. Fragmente des Hipparch. Leipzig 1869. 8°.

Berger, Hugo, die geographischen Fragmente des Hipparch zusammengestellt u. besprochen. Leipzig 870. Teubner. gr. 8. (126 S.) n. 24 ngr.

Berger, Hugo, Geschichte der wissenschaftlichen Erdkunde der Griechen. (In 3 Abthlgn.) 1. Abth. Die Geographie der Ionier. gr. 8. (XII, 145 S.) Leipzig 887. Veit & Co. n. 4. —

Berger, Hugo. Geschichte der wissenschaftlichen Erdkunde der Griechen. 2. u. 3. Abthl. gr. 8. Lpz., Veit u. Comp. * 8 80
2. Die Vorbeitgn. f. die Geographie d. Erdkugel. (XII, 150 S.) 1889. * 4 —
3. Die Geographie der Erdkugel. (XII, 158 S.) 1891. * 4 40.
1. Abthl. Ebd. 1887. * 4 —.

Berger, Hugo, Geschichte der wissenschaftlichen Erdkunde der Griechen. 3. u. 4. Abth. gr. 8. Leipzig, Veit & Co. n. 9. 20; 4 Abthlgn. in 1 Bd. n. 17. 20
3. Die Geographie der Erdkugel. (XII, 158 S.) 891. n. 4. 40
4. Die Geographie der Griechen unter dem Einflusse der Römer. (XII, 170 S.) 893. n. 4. 80

Berger, Hugo, Geschichte der wissenschaftlichen Erdkunde der Griechen. 2., verb. u. ergänzte Aufl. (V, 662 S. m. Fig.) gr. 8. Leipzig 903. Veit & Co. n. 20. —

Berger, Hugo, aus Habsheim <Kr. Mülhausen i. E.>: Ueber Rotationsflächen zweiten Grades, die einem gegebenen Tetraeder eingeschrieben sind. *Straßburg i. E. 1903: C. & J. Goeller.* (43 S.) 8°
Straßburg, Math.-naturw. Diss. v. 1903

Berger, J, d. A-B-C d. Buchhaltg, s.: Parth, JH, d. A-B-C d. Handelswissenschaften.

Berger, J.: Aphorismen zu einer Wissenschaftslehre ... (und andere religionsphilosophische Schriften). s. Berger, Immanuel

Berger, J.: A u f g a b e n f. d. Fachzeichnen (u. ähnl. Titel), s. B e r g e r , Johannes

Berger, J.: D a r s t e l l u n g , Philosophische, der Harmonien, s. B e r g e r , Johann Erich

Berger, J., Einführung in die kaufmännische [einfache u. doppelte] Buchhaltung f. kaufmännische Fortbildungsschulen. gr. 8. (VI, 112 S.) Wien 891. A. Hölder. Kart. n.n. 1. 20

— **Einführung in die kaufmännische (einfache u. doppelte) Buchhaltung f. kaufmännische Fortbildungsschulen. 2. Aufl. gr. 8. (IV, 114 S.) Wien 899. A. Hölder. Kart. n. 1. 28**

— — Einführung in die Handelskunde. 2. Aufl. Wien 1891. A. Pichler's Witwe & Sohn. (Min.-Erl. 30. Dec. 1891, Z. 25015.) Geheftet —.40 gebunden —.48

Berger, J., Einführg. i. d. Handelskunde. F. kaufmänn. Fortbildungsschulen. 3., verb. u. verm. Aufl. gr. 8. (IV, 107 S.) Wien 895. A. Pichler's Wwe. & Sohn. Kart. n. 1. 40

— **Einführung in die Handelskunde. Für kaufmänn. Fortbildungsschulen. 4. Aufl. gr. 8. (IV, 107 S.) Wien 900. A. Pichler's Wwe. & Sohn. Kart. n. 1. 40**

Berger, J., Einführg. in die Handelskunde. Für kaufmänn. Fortbildungsschulen. 5. Aufl. (IV, 108 S.) gr. 8. Wien 908. A. Pichler's Wwe. & Sohn. Geb. 1. 40

Berger, J., Einführung in das Handels- und Gewerberecht für höhere Handelsschulen. Wien 1896. Alfred Hölder. (Min.-Erl. vom 20. März 1896, Z. 5649.) Geb. 1.—

—— **Einführung in die Handelswissenschaft. Für die untern Classen der Handelsschulen. gr. 8. (IV, 64 S.) Wien 885, Pichler's Wwe. und Sohn.** *

Berger, J.: Moralische E i n l e i t u n g ins Neue Testament (u. and. religionsphilosophische Schriften), s. B e r g e r , Immanuel.

Berger, J., Die Fortschritte in der Buchhaltungs-Wissenschaft insbesondere hinsichtlich der Güter-Controle und der Ertrags-Nachweisung. Für Kaufleute, Lehrer, Juristen und Beamte. Gr.-8. (60 S.) —.60
Hölder, Wien 1893.

— **die Fortschritte in der Buchhaltungswissenschaft insbesondere hinsichtlich der Gütercontrole u. der Ertragsnachweisung. Für Kaufleute, Lehrer, Juristen u. Beamte. gr. 8. (IV, 60 S.) Ebd. 894. n. 1. —**

Berger, J: Freudvoll — Leidvoll. s.: Naeff, T

Berger, J., Gesetz- und Formular-Buch für Polizei-Verwalter und Polizei-Beamte, oder Anleitung zum schnellen und gründlichen Studium des Polizei-Strafrechts und zum Terminiren in Criminal- und Polizei-Untersuchungs-Sachen (mit Berücksichtigung der Ministerial-Erlasse und der Entscheidungen des Königl. Ober-Tribunals.) Mit 1 lith. Beilage (in 4.) Berlin 863. C. Heymann. gr. 8. (VI, 107 S.) 15 ngr.

Berger, J., Handelskunde für höhere Handelsschulen. Wien 1896. Alfred Hölder. (Min.-Erl. v. 13. April 1896, Z. 6613.) Geheftet —.90 Gebunden 1.10

Berger J, moderne und antike Heizungs- und Ventilationsmethoden. (Sammlung gemeinverständlicher wissenschaftlicher Vorträge 112) Berlin 1870

Berger, J.: K a n z o n e t t e , s. B e r g e r , Johannes

Berger, J: Karte v. Kärnten. 1:500,000. 39×59 cm. Farbdr. Klagenf., J Leon sen. (05). — 40

Berger, J., Katechismus d. Schachspiels, s.: Hesse's, Max, illustrierte Katechismen.

B e r g e r , J., die Contocorrent-Zinsen-Rechnung und ihre Einfügung in die Buchhaltung des Kaufmanns. Mit einem Anhange betr. die Provisions- und Spesenrechnung im Contocorrent, sowie mit einer geordneten Zusammenstellung von Uebungsaufgaben. 8. (79 S.) Graz 885, Leykam. *

Berger, J., Lehrbuch der einfachen u. doppelten Buchhaltung. Für Handelsschulen sowie f. angehende Geschäftsleute. gr. 8. (VIII, 259 S.) Pressburg 878. Heckenast. n. 4. 80

Berger, J., Lehr- und Uebungsbuch der kaufmännischen (einfachen und doppelten) Buchhaltung. Für zweiclassige Handelsschulen. Wien 1890 bei Alfred H ö l d e r. (Min.-Erl. 15. October 1890. Z. 13566.) Geheftet 1.—

— **Lehr- u. Übungsbuch d. kaufmänn. (einf. u. dopp.) Buchhaltg. F. 2 class. Handelsschulen. 2., verb. u. verm. Aufl. gr. 8. (IV, 210 S.) Ebd. 896. Kart. n. 2. 52**

Berger, J, Naturwissensch., Glaube, Schule. 8. (64) Frankf. 64, Hamacher. — 7½

Berger, J., Naturwissenschaft, Glaube, Schule. (Abdr. aus dem Prüfungs-Programm der Selectenschule zu Frankfurt a. M.) Frankfurt a. M. 864. Verlag für Kunst und Wissensch. gr. 8. (64 S.) 7½ ngr.

Berger, J.: De Iliadis et Odysseae partibus recentioribus, s, B e r g e r , Johannes

Berger, J. (L.), das Pathchen, s. Bibliothek, rothe.

Berger, J., Rechtshandbuch für Kauf- und Geschäftsleute, Handelsmäkler, Kommissionäre, Spediteure ꝛc. enth.: das allgemeine deutsche Handelsgesetzbuch, mit alleiniger Ausnahme der Gesetze über den Seehandel, sowie ferner die für den geschäftlichen Verkehr wichtigsten Vorschriften aus dem Einführungsgesetze zum Handelsgesetzbuche und der Ministerial-Instruction hierzu; der allgemeinen deutschen Wechselordnung; der Konkursordnung, dem Stempelgesetz und Stempeltarif und einem Formularbuch nebst erläut. Anmerkgn. Breslau 863. E. Trewendt. gr. 8. (VII, 161 S.) 15 ngr.

Berger, J.: Die R e g e l u n g des Diensteinkommens, s. B e r g e r , Ignaz

Berger, J.: S c h a c h j a h r b u c h (und andere Schriften über Schach), s. B e r g e r , Johann

— **Schulwandk. v. Kärnten. 1:100,000. 96,5×104 cm. Farbdr. Ebd. (03). Auf L. in M. 26 —; m. St. 28 —**

Berger, J.: Ueber das Studium der Chemie. 20 S. 8^{0}
Progr. Kremnitz R. 1859.

Berger, J.: S ü n d e n m ä d c h e n , s. B e r g e r , Jul.

Berger, J., Theorie u. Praxis der Endspiele. Ein Handbuch f. Schachfreunde. gr. 8. (VIII, 416 S.) Leipzig 890. Veit & Co. n. 9. —; geb. n. 10. —

— **üb. d. Verdienste d. Fürst. um die Wissenschaften. gr. 8. Ebend. 803.**
Schreibp.

Berger, J.: V e r l o r e n und wiedergefunden, s. B e r g e r , Johanna

Berger, J., Völkermarkt in Kärnten u. Umgebung. Hrsg. vom Verschönerungsverein der Stadt Völkermarkt. 12. (68 S. m. Abbildgn.) Völkermarkt 892. (Klagenfurt, F. v. Kleinmayr.) n. — 60

Berger, J., Wechselkunde für höhere Handelsschulen. Wien 1896, bei Alfred Hölder. (Min.-Erl. v. 24. Oct. 1895, Z. 24833.) Geh. —.50
Gebunden —.70

Berger, J.: Wie kann von Seiten der Schule …, s. Berger, Johann

Berger, J. Aug. von, s. Berger, Johann Aug. von

Berger, J. C.: Abhandlung von dem gegenwärtigen Forsthaushalt und Vorschläge zur Verbesserung desselben.
Jena 1794 (Cröker).

Berger, J. C., auserles. ökonom. Bibliothek f. d. österr. Bürger ꝛc. 2 Bde. 8. Wien 799—800. Kl. Doll. 1 Thlr. 8 gr.

— kurze Darstellung des epischen Dialectes, für die erste Lectüre des Homer. gr. 8. Celle 834. Schulze. n. 1/6 Thlr.

Berger, J. C. E., Hülfsbuch der griech. Sprache für Anfänger. 8. Celle 836. Schulze. 2/3 Thlr.

— de usu modorum temporumque, apud Homerum in comparationibus. 4. Celle 837. (Schulze.) n. 1/3 Thlr.

Berger, J. Ch., s. Berger, Johann Christian

Berger, J. Ch. F.: Lehrbuch d. gesammten Processes …, s. Berger, Johann Friedrich Christian

Berger, J. E., s.a. Berger, Johann Erich

Berger, J. E., De origine nominis Marschalliani. Vitebergae 1723. 4.

Berger, J. Er., s. Berger, Johann Erich von

Berger, J. F. C., s. Berger, Johann Friedrich Christian

Berger, J. F. Chr., s. Berger, Johann Friedrich Christian

Berger, J. G., de alapa Christo inflicta. Ibid. 1713. 4; rep. in ejsd. stromm. acad. p. 720—36.

Berger, J. G.: Anweisung für den Bürger und Landmann …, s. Berger, Johann Gottfried

Berger, J. G.: Bericht über Carlsbad, s. Berger, Johann Gottfried

Berger, J. G.: De errore diaetae, s. Berger, Jo. Gttl.

Berger, J.G. de (Praes.), s. Fimmler, Js. C.:
De vi opii rarefaciente…

Berger, J. G.: Haushaltungsrechner (u. ähnl. Schriften), s. Berger, Johann Gottlob

Berger, J. G., Immortellen, oder Immerschönen, Taschenbuch für die Entdeckungsjahre 1805 bis 1816. Mit 1 Titel-Kpf. u. Musikbeilage. 12. (ohne Druckort) 817. (Breiter in Lpz.) 1 Thlr.

Berger, J. G., Immortellen- od. Immerschönen-Taschenbuch f. d. Entdeckungsjahre 1805—16. Mit 1 T.-Kpf. u. 1 Musikbeil. 12. 2. Aufl. Schlesien, 1818. (Berlin, Mittler). — 25

Berger, J. G., resp. Jo. N. Leuterding, De palpitatione cordis. 32 pp. Witeb. 4°. 1702

Berger, J. G.: Physiologia medica, s. Berger, Johann Gottfried

– De naturali pulchritudine …, s.a. Berger, J. W.

Bergeri, J. G., de naturali pulchritudine orationis ad Longini disciplin. comment. Acc. Chrestomathia Longini. Lips. 719. 4.

Bergeri, J. G., de naturali pulchritudine orationis liber. Lips. 720. 4. 1 rthl. 12 gr.

Berger, J. G., De gente Röbelia. Vitebergae 1713.

— de silentio Christi patientis. Viteb. 1725. 4; rep. ibid. p. 246—56.

Berger, J. G.: De somno meridiano, s. Berger, Jo. God.

— de supplicio Chr. flagris caesi. Ibid. 1714. 4; rep. ibid. p. 718—22.

de Berger, J. Gf., De difficultate spirandi. Vitemb. 4°.
1700

Berger, J. Gf. Im., s. Berger, Immanuel

Berger, I. Gottfried: (I. Gothofredus Bergerus.) De commodis exercitationis corporis. [Resp.] Justus Adrianus Zelkmann.
Halle, Med. F., Diss. 1705

Berger, J. H., s. Berger, Johann Heinrich

Berger, JJ, Abschieds-Pred. d. 12. Apr. 1863 in Rorschach. 8. (23) St. Gall. 63, Huber u. Co. n. — 4

Berger, J. M., (Joh. Mich. Daisenberger.) Aufsätze, Stellen u. Denksprüche ꝛc. f. junge Leute ꝛc. 8. Regensb. 820. Daisenberger. 4 gr.

Berger, J. M.: Eine Exkursion ins Mittelalter (und andere zeitkritische Schriften), s. Berger, Jul. M.

Berger, J.M.: Der Rathgeber für alle Stände im Handel und Wandel, 2 Teile.
Gotha 1796.

Berger, J M . Der grosse Titel des Kaisers von Österreich in seinem historischen Aufbau. [Umschlag mit Wappen-Vignetten.] 48 S. 8. Wien und Leipzig, A. Hartleben, [1907]. [M. 1. 80]
Darin S. 14f. 27. 45/7 Habsburg, Kyburg *etc. betr.*

— lustiger u. nützl. Zeitvertreib. Enth. 150 Anekdoten, Diebskniffe, Gaunerstreiche u. Geschichten ꝛc. 3 Thle. 8. Regensb. 818—20. 3e Aufl. 820. 3 Thlr. 4 gr. (1r Bd. Auch u. dem T.: Die Laterne bei Abend. 2r Bd. Das Buch d. Frohsinns. 3r Bd. Der angenehme Gesellschafter.)

Berger, J. M. E., s. Berger, Jh. Mt. Ehrfr.

Berger, J. N., kritische Beiträge zur Theorie des österreichischen allgemeinen Privatrechtes. Wien 856. Manz. gr. 8. (VII, 192 S.) 1 Thlr. 6 Ngr.

Berger, J. N.: Leben und Wirken des … Joh. Nep. Neumann …, s. Berger, Johann Nep.

Berger, J. N., zur Lösung der österreichischen Verfassungsfrage. gr. 8. (80 S.) Wien 861, Wallishauser's Buchh. Thlr. ⁴

Berger, J. N., die Preßfreiheit u. das Preßgesetz. [Ausgegeben am 23. März.] 8. (14 S.) Wien 848, Tendler & Co. n. n. 1/12 Thlr.

— über die Todesstrafe. Wien 864. F. Manz. gr. 8. (32 S.) n. 10 Ngr.

— die österreichische Wechselordnung vom 25. Jänner 1850, in ihrem Unterschiede von dem früheren österreich. Wechselrechte erläutert. 8. (XII u. 184 S.) Wien 850, (Jasper, Hügel & Manz. 21 Ngr.

Berger JN, die österreichische Wechselordnung. 2. Auflage. Wien 1850

Berger
— I. Pet. (Safferstetten-Bojus), De dysenteria. Diss. med. München 1809 (Zanglianis) 1809. 32 Seiten. (4.50) 2208

Berger, J. W., theoretisch-praktische Anleitung zur deutschen Sprache, zunächst für Elementarschulen. Statt einer 2n Ausg. seines frühern Werks: „Versuch eines praktischen Unterr. in den Anfangsgründen der deutschen Sprache bearbeitet. gr. 8. Frankfurt a. M. Hermann. 819.

Berger, J. W. v.: Beschreibung von Corsika, s. Berger, Johann Wilhelm von

Berger, J. W., De vero oraculorum praeside diabolo. Viteb. 4°.
1722

Berger, I. W., dissertat. var. argum. 4. Wolfenb. 720.

— Ecclogarium corsicum. 4. Witteb. 744.

— Eloquentia publica. 4. Lpz. Compt. f. Litt. 750.

Berger, J. W., de honore singulari, quem Christo habuit Alexander Severus. Viteb. 1744. Fol.

— s. Zorissen, d. Charfreitag.

— J. W. v., De monimentis veteribus musei Dresenensis regii. 1745. 26 S. 4°.

Berger, J. W., de motu terrae in excessu Christi. Viteb. 1710. 4; in ejsd. stromm. p. 926—33.

Berger, J. W. de, (resp. G. S. Marggraf) observationes ex numis antiquis sacrae. Viteb. 1745. 4.

— De naturali pulchritudine ..., s.a. Berger, J. G.

— de naturali pulchritudine orationis. 4. Lpz. Weidmann. 720.

Berger, J. W., (Viteb. 1703. 4.) Mallincrott, H. R., (Lips. 1735. 4.) de ritu capitis in sacris operiendi apud Judaeos et varias gentes.

— Stromateus academic. 4. Lpz. Compt. f. Litt. 745.

Berger, J. W., συμμικτά vitae Paulinae, maxime familiaris. I—II. Viteb. 1734. 4.

Berger, J. W., Versuch e. prakt. Unterrichts in d. Anfangsgr. d. deutschen Sprache mit bestimmter Anwend. auf die Orthographie, zunächst f. Schulen, in 2 Thln. gr. 8. Cleve 811. (Frkf., Hermann): 20 gr 2e Aufl. u. d. T.: theoret.-prakt. Anleit. zur deutschen Sprache, zunächst für Elementarschulen. gr. 8. Frankf. a. M. 819. Hermann. 16 gr

Berger, J. W., de Const. M. viso coelesti. Viteb. 1741. 4.

Berger, Jacob [aus Darmstadt]: Über einen Fall von Hämatometra lateralis bei gleichzeitiger Gravidität. ... Mainz, J. Wirth'sche Hofbuchdr., 1891; 28 S. 8°
Würzburg, Med. Fak., Inaug.-Diss. v. 1891

Berger, Jacob: Die Vokale der Stammsilben in den Mundarten des St. Galler Rheintals und der angrenzenden vorarlbergischen Gebiete. Frauenfeld. IV + 99 S. und zwei Karten. 8°. Die erweiterte Arbeit erscheint als 3. Heft der „Beiträge zur Schweizerdeutschen Grammatik", hg. v. A. Bachmann. [20. IV. 10.]
Zürich. Univ. Phil. Diss. 1. S. 1909/10.

Berger, Jean Bapt.
— s. Mich. Bach, 24 kathol. Kirchenlieder.

Berger, Jean Bapt., Gedichte. 12. Coblenz 846, Blum. geb. n. 2/3 Thlr

Berger, Jean Bapt., Gedichte. 24. (240 S.) Coblenz 852, Hölscher's Verlag. Thlr.

Berger, Jean Bapt., s. Nächte der büßenden Magdalene,

Berger, Jean Bapt., s. Nachtwachen des heil. Augustin.

Berger, Ignaz
Berger, Ig.: Das Christentum als religiöser Humanismus. 11 S. 8°
Progr. Iglau R. 1865.

BERGER, Ignatius: De philosophorum neo-Platonicorum adversus religionem christianam moliminibus respectu praeprimis habito ad Cyrilli Alexandrini 10 libros contra Julianum imperatorem. — (1861) 65 S. 8° (Handschr.) Diss. Wien Univ. Diss. 264

Berger, Ign., die Regelung d. Diensteinkommens u. der Pensionsverhältnisse d. Lehrpersonales an den öffentlichen Volks- u. Bürgerschulen in Österreich. gr. 8. (16 S.) Ollersbach 892. (Wien, Lesk & Schwidernoch.) n.n. — 40

— Ignaz (Nikolsburg/Mähren), Sugillatio quatenus infanticidii indicium. Diss. med. Acad. curatore Adam Anton v. Meyern. Präs. Heinr. Friedr. Delius. Erlangen (J. D. M. Camerarius) 27. IX. 1751. 23 S. (4.80) 2184

Berger, Jh., s. Berger, Johann

Berger, Jh. Erich, s. Berger, Johann Erich von

Berger, Jh. Fr. Chr., s. Berger, Johann Friedrich Christian

Berger, Jh. Gf., s. Berger, Johann Gottfried

Berger, Jh. Gf. Im., s. Berger, Immanuel

Berger, Jh. Mt. Chrfr., deutsches Wort über d. jetzigen Neuerungen in d. Preuß. Landschulen. 8. Quedlinb. 818. Basse. 12 gr

Berger, Jh. Wlh.: Beschreibung von Corsika, s. Berger, Johann Wilhelm

Berger, Ilse, die Wege der Vergeltung. Roman in 4 Büchern. Nach dem Franz. bearb. 2 Bde. 8. (183 u. 182 S.) Mannheim (900). J. Bensheimer's Verl. n. 4. —

Berger, Immanuel

Berger, Jh. Gf. Im., Aphorismen zu e. Wissenschaftslehre d. Religion. 8. Leipz. 796. (Brockhaus). 9 gr

— Aphorismen zu ein. Wissenschaftslehre d. Religion. 8. Leipz. Glebitsch. 796.

J. Gf. Im. Berger's Aphorismen z. e. Wissenschaftslehre d. Religion. *Lpz.*, Heinsius. 796. 8° 9 gr

— ΑΝΑΞΑΠΟΛΛΩΝ, oder: üb. d. Verdienste d. Fürsten um d. Wissenschaften. gr. 8. Lemgo 803. Meyer. 1 Thlr 8 gr Schrbp. 1 Thlr 14 gr

Berger, J., prakt. Einleit. ins A. Test. 4 Thle. gr. 8. Leipz. J. C. W. Vogel. 799. u. 808. (1r 1 Thlr. 12 gr. 2r 1 Thlr. 18 gr. 3r 1 Thlr. 4 gr. 4r n. Reg. 1 Thlr. 12 gr., (3r u. 4r Bd. fortges. v. J. Ch. W. Augusti.)

— moral. Einleit. ins Neue Test. 1r—4r Thl. gr. 8. Lemgo, Meyer. 797—800. (1r 1 Thlr. 2r 1 Thlr. 6 gr. 3r 1 Thlr 8 gr. 4r 1 Thlr.)

(J. Gf.) Im. Berger's Gesch. d. Religionsphilosophie, od. Lehren u. Meinungen d. originellsten Denker aller Zeiten üb. Gott u. Relig., hist. dargestellt. *Berl.*, Lange. 800. gr 8° 1 Thlr 16 gr

— Gesch. d. Religionsphilosophie, oder Lehren u. Meinungen der originellen Denker aller Zeiten. gr. 8. Berl. 800. Reimer. (Lpz., Centr.-Compt.) 1 Thlr 16 gr

— s. Reinhardt, Frz. B.: Dogmatik.

Berger, Jh. Gf. Imm., s. Schutzgeist, der.

Berger, J., d. Sittenlehre des N. Test. gr. 8. Lemgo, Meyer. 801. (ist der moral. Einleit. 4r) Rthlr.

Berger, Jm., Versuch einer moralischen Einleitung ins N. T. Lemgo 1787—1801. 4 Bde. 8.

— Versuch e. prakt. Einleit. ins alte Testament. 4 Thle. (3r 4r Bd. fortges. von J. Ch. W. Augusti). gr. 8. Leipz. 799—808. (W. Vogel). 5 Thlr 22 gr

— Versuch e. prakt. Einleit. ins neue Testament. 4 Thle. gr. 8. Lemgo 797—800. Meyer. 4 Thlr 14 gr (4r Thl. Auch u. d. T.: Die Sittenlehre des N. T.)

Berger, Jo. Aug. v., s. Berger, Johann Aug. von

Berger, Jo. G., s. Berger, Johann Gottfried

de Berger, Jo. God., De somno meridiano. Witteb. 4°. 1706

Berger, J. G.: De somno meridiano,
s.a. Metzner, J. Chr. (Praes.)

de Berger, Jo. Gr., Dissertatio de apoplexia. Vitemb. 4°.
1717

Berger, Jo. Gttl.
Berger, de: De errore diaetae in potu. Witeb. 1709.

Berger, J. G., resp. Rugenwald, De errore diaetae in potu. Ed. II. Vitemb. 4°. 1718

Berger, Jo. Henr., s. Berger, Johann Heinrich

de Berger, Jo. J., De puerperarum mania et melancholia. 31 pp. Gott. 4°. 1745

Berger, Jo. Samuel von
Jo. Sam. Berger de Cicerone medico. Viteb. 1711. (1714) 4.

— **Jo. Samuel von** (Celle), Senex valetudinis suae custos. Spec. med. Präs. Georg Gottlob Richter. Göttingen (Schultz) 13. V. 1757. 64 S. (6.—) 2210
Gew.: Gerl. Adolf v. Münchhausen. — Widm. v.: Jo. Georg Roederer.

— **Jo. Samuel** (Wittenberg), Specimen rhetorices Augustae. Präs. Jo. Wilhelm Berger. Wittenberg (Schroedter) 18. II. 1710. 70 S. (5.50) 2209

Berger, Joa.Henr., s. Berger, Johann Heinrich

Berger, Joachim: Abhandlung vom gegenwärtigen Forsthaushalte und geprüfte Vorschläge zur Verbesserung desselben.
Jena 1794.

Berger, Joach. Chr., Anweis. e. jungen Hühnerhund zu erziehen, vor Haasen, Hühner rc. vorstehend zu machen rc. Nebst e. Anh. von ökonom. u. a. nützl. Beitrr. 8. Weim. 787. Hoffmann. 2 gl.

Berger
— **Joach. Ern.**, Diatribe de libris rarioribus, horumque notis diagnosticis. Accedit mantissae loco scriptorum Marchiae Brandenburgicae brevis delineatio. Ed. II. priore auctior. Berlin (Chph. Gottlieb Nicolai) 1729. 24 S. (5.—) 2185
Bibliothecae Buddeanae. — Widm. v.: Luc. Holstenius a. J. H. Boecler (Strassburg).

Berger, Joachim Ernst: Instructorium Biblicum, oder Unterricht von den Deutschen Bibeln. Als Dererselben erstem Anfang richtiger Übersetzung, gehöriger Eintheilung, schönem Schmuck, merklichem Unterscheid; Wie dann auch vom rechten Bibel-Lesen und fleißigen Bibellesern; Darzu mit einem Anhange eines biblischen Gesprächs von der Seligkeit. Zweyte Aufflage. Berlin, bei Christ. Gottlieb Nicolai, 1719.–
8 Blatt (nicht paginiert) Titelkupfer, Titelblatt, Widmung und Vorrede.– 112 S.

Berger, Joh., s. Berger, Johann

Berger, Joh. Bapt., s. Berger, Johann Bapt.

BERGER, JOHANN: Andacht bey den zur Feyer des allgemeinen Jubiläums in dem bischöflichen Raaber Kirchensprengel angeordneten Prozessionen. Oedenburg 1826. o. Dr. 46 S. - 170 mm

BERGER, JOHANN: Auslegung des heiligen Sacramentes der Firmung, wie auch Unterricht über der Vorbereitung zu diesem heil. Sacrament nebst mehreren Gebetern, welche sowohl vor als nach der Firmung von den Firmlingen zu verrichten sind. Oedenburg 1827. Gedr. bey Kath. v. Kultschar. Verlegor Wigand. 32 S. - 160 mm

Berger Johann Dr.: Johannes Faber. Diss. Wien, Univ. 1895 PN 943 774

Berger, Johann —. Pfarrer und Weltpriester. Goldener Mittlerer Himmelsschlüssel. Ein trostreiches Gebet- und Erbauungsbuch, darin die kräftigsten Morgen-, Abend-, Meß-, Vesper-, Beicht- und Kommuniongebete, wie auch Gebete zum hochw. Gute, der h. Dreifaltigkeit u. s. w. enthalten sind. Neu bearbeitet und mit einer dreifachen Meß-Andacht, nebst Auslegung der Ceremonien rc. rc, vermehrt und geordnet von — —. Neuhaus 1855. Druck von Alois Jos. Landfraß. (XVIII, 438 S. und 5 Blätt. 8.) geh.

Berger, Johann —. Kleiner goldener Himmelsschlüssel. Ein trostreiches Gebet- und Erbauungsbuch, darin die kräftigsten Morgen-, Abend-, Meß-, Vesper- rc. Gebete, wie auch Gebete zum hochwürdigsten Gute, der heil. Dreieinigkeit, zu Christo, zur Mutter Gottes und den Heiligen, für Kranke, Sterbende, Verstorbene rc. enthalten sind. Neu bearbeitet und mit einer dreifachen Meßandacht und vielen anderen Gebeten vermehrt von — —. 8. (338 S.) St. Pölten. Druck von Franz Lorenz. 1854.

Berger, Jh., Jesus, als Vorbild der Jugend. Ein Gebet- und Belehrungs Buch zum häusl. u. kirchl. Gebrauche für d. katholische Jugend beiderlei Geschlechts, in welchem Morgen- und Abendgebete für die ganze Woche, Meß-, Beicht- und Communion-Andachten, vorzüglich aber die Verehrungen des süßen Namens und Herzens Jesu, der seligsten Jungfrau auf alle ihre Festtage, und der vorzüglichen Heiligen, nebst verschiedenen anderen Gebeten und geistlichen Gesängen enthalten sind. 12. Grätz 841. Kienreich. 1/2 ℔

Berger, Johann — Jesus, unser Vorbild. Ein katholisches Gebetbuch von — —. Vierte Auflage. Gratz, 1857. Verlag von Josef Sirolla. (246 S. kl. 8.)

Berger, Joh., Jesus, unser Vorbild. Ein katholisches Gebetbuch. 4. Aufl. Gratz 857. (Wien, Wendelin.) 18. (252 S. u. 1 Stahlst.) n. 7 ngl.

Berger, J, Jesus, uns. Vorbild. 4. Afl. 18. (252) Gratz 57, (Wiessner.) (?) n. — 7

— Liebesopfer für die leidenden Seelen im Fegfeuer, oder Reinigungsorte, beim Besuch der Gräber auf den Gottesäckern, wie auch bei Seelenmessen, Leichen u. sonst zur Erinnerung für die Abgestorbenen; mit dem Aller-Seelen-Feste, und e. Erklärung von d. Bedeutung des Kreuzes auf den Grabhügeln d. Christen. Mit 1 Titelkpfr. 12. Grätz 839. Kienreich. 1/8 ℔

BERGER, JOHANN: Sammlung verschiedener Predigt-, Mess-, Christenlehr- und anderer Gesänge, sammt Mess, Beicht- und Communion-Gebeter, und Litaneyen wie auch die Beschreibung der Andachten, welche in der Pfarr-Kirche zu Agendorf, Loipersbach, Wandorf und Brennberg gehalten werden. Oedenburg 1828. Gedr. bey Katharina von Kultschar. 270, IV S. - 180 mm

Berger, J. (Hrsg.), s. Schach-Jahrbuch.

Berger, J., das Schachproblem u dessen kunstgerechte Darstellung. Ein Leitfaden f. Problemfreunde. Mit dem (Lichtdr.-)Bildnis d. Verf. gr. 8. (VIII, 278 S. m. eingedr. Diagrammen.) Leipzig 884. Veit & Co. n. 6.—

Berger, Joh., s.: Schachzeitung, deutsche.

— die drei letzten Tage in der heil. Charwoche, oder der Besuch d. heil. Altarsacramentes, der heil. Gräber, u. die Auferstehungsfeier. 12. Grätz 838. Kienreich. 1/8 ℔

BERGER, JOHANN: Trauer-Rede auf den Tod Sr. Excellenz des Grafen von Széchényi zu Sár Felsö Vidék. Bey Gelegenheit der feyerlichen Exequien seinen Pfarrkindern vorgetragen ... in Holling, am 23 Dez. 1820. Oedenburg 1820. Gedr. bey Katharina von Kultschar. 26 S. - 190 mm

Berger, J., wie kann v. Seite der Schule dem Branntwein-Uebergenusse entgegengewirkt werden?, s.a. Vorträge, 3, geh. in der IV. Landesconferenz d. Volksschullehrer Kärntens.

Berger, Joh., Wie kann v. Seite d. Schule d. Branntwein-Übergenusse entgegengewirkt werden? (22 S. m. Abb.) Klagenfurt 1898. Leon sen. 1.—

Berger, Johann Aug. von
Berger, J. Aug. von, Collatio codicis juris Alemannici tam provincialis quam feudalis ejusque antiquissimi de anno 1434 cum MSto Argentoratensi 1505 impresso, ad cujus exemplar illam adornavit Joh. Meichsner editionem, quae prodiit Francofurti a. M. 1566. Lipsiae 1726. 4.

de Berger, Jo. Aug.: Succincta commentatio de imperio maris Adriatici, Caesari qua regi Dalmatiarum ac principi Istriae ut et regi Neapoleos atque Siciliae proprio. *Lips.* 723. 4.
Italiän. u. d. T.: Il dubbio chiarato intorno al dominio del mare Adriatico. 725. 4.

Berger, I. Aug., de imperio maris Adriatici Caesari etc. 4. Lpz. Eurich. 723.

— de statu principum ac comit. in Germania apanagiator. immediato. 4. ibid. 725.

— Vindiciae luculentae juris ac. privilegii in Indias atque Africam navigand.. 4. ibid. 724.

Berger, Johann Bapt. Die Einführung des Christenthums in den deutschen Ländern. Klgft., St. Josefs-Druck., 1898. 272 S.

Berger, Joh. Bapt., d. Einführg. d. Christenthums i. d. deutschen Ländern. Hrsg. v. d. St. Josef-Bücher-Bruderschaft. 8. (VIII, 264 S. m. 20 Abb.) Klagenfurt 898. (A. Raunecker.) n.n. 1. —

Berger, Johann Bapt. Die ersten christlichen Jahrhunderte. Klgft., St. Josefs-Druck., 1896. 247 S.

(Berger, J[ohann] Ch[ristian, und] Niederer. Florian.) Werdenberg unter der Herrschaft der Glarner. <Historischer Versuch.> [Mit 1 Tafel. SA.] 8. Buchs 1897.

Berger, Johann Erich von

Berger, Jh. Erich, die Angelegenheiten d. Tages, 8. Schleswig. 795. 2e verb. Aufl. 796. (Altona, Hammerich). 5 gr

— die Angelegenheiten des Tages. 8. Schlesw. Christiani. 796.

Berger, J[oh] E[rich] v., Philosophische Darstellung der Harmonie des Weltalls. 1. Th. Allgemeine Blicke. Altona. 1808. (Mere udkom ikke).

—philosoph. Darstell. d. Harmonien d. Weltalls. 1r Thl. gr. 8. Altona 808. Hammerich. 1 ℛ

Ueber das Gesindewesen besonders in sittlicher Rücksicht v. Johann Erich Berger. Aus H. 2 des Jg. 8 der schlesw.-holst. Provinzialberichte besonders abgedruckt. Kiel. 1794. 8°

— über d. Gesindewesen. 8. Kiel 794. (Hammerich in Altona.) 4 gr

— allgem. Grundzüge z. Wissenschaft. 2 Thle. 1r Thl. Analyse d. Erkenntnißvermögens rc. 1 ℛ 6 gr 2r Thl. Grundzüge z. philos. Erkenntniß. gr. 8. 2 ℛ 6 gr Alt. 817, 21. Hammerich. 3 ℛ 12 gr

Berger, Jh. Erich, allgem. Grundzüge rc. 3r Thl. A. u. d. T.: Grundzüge d. Anthropologie u. der Psychologie, mit besonderer Rücksicht auf die Erkenntniß- u. Denklehre. gr. 8. Ebd. 824. 2 ℛ 8 gr 4r u. letzt. Thl. A. u. d. T.: Grundzüge d. Sitten lehre. gr. 8. Ebd. 827. Hammerich. 2 ℛ 16 gr

—über d. scheinb. Streit d. Vernunft wider sich selbst, besonders in Religionssachen. gr. 8. Altona 818. Hammerich. 8 gr

Berger, Johann Friedrich Christian, s. Erläuterung d. kursächs. Generale.

– Handbuch der Gesetze . . ., s.a. Handbuch der Gesetze . . . .

Berger, J.F. Chr.: Handbuch der Gesetze für Kauf- und Handelsleute und für andere Geschäftsmänner in diesem Fache.
Zeitz: Webel 1805.

– s. Handbuch d. kursächs. Gesetze.

Berger, Jh. Fr. Chr., Handbuch u. tabellar. Uebersicht d. königl. Preuß. bis mit Jan. 1817 erschienenen Stempelgesetze, nebst 1m Nachtrag. 8. Leipz. 817—18. Fr. Fleischer. 18 gr

—Lehrb. d. gesammten Processes, vorzügl. nach kursächs. Rechte. 2 Thle. 8. Leipz. 800. Andrä. 16 gr

Berger, J. F. C., Lehrbuch d. gesammt. Prozesses, vorzügl. n. chursächs. Recht. 2 Thle. 8. Leipz. Baumg. 800.

Berger, J. Ch. F.: Lehrb. d. gesammten Processes, vorzügl. nach Kursächs. Rechten. *Leipzig*, Kleefeld. 800. 2 Thle. 8. (16 Gr.)

—Repertorium d. k. Preuß. Criminal-Rechts. 1r u. 2r Bd. gr. 8. Zeitz 820, 21. Webel. 1 ℛ 10 gr

Berger, Johann Friedrich Christian, s. Sammlung d. k.. sächs. Gesetze.

Berger, Johann Gottfried

Berger, Jh. Gf., († d. 30. Oct. 1804.) Anweis. f. d. Bürger u. Landmann, wie er s. im Wasser verunglückten Mitmenschen rc. Hülfe leisten kann. Mit 1 Kpft. 8. Leipz. 802. Steinacker. 8 gr

Berger, Johann Gottfried von: [De thermis Carolinis Commentatio. Deutsch:] An des allerdurchlauchtigsten großmächtigsten Königs in Pohlen Augusti II. königl. Maiestät . . . gestellter Bericht vom Carls-Bade, darinn der wahre Ursprung aller warmen Bäder . . . erwiesen wird. Von Johann Gottfried Bergern (von Berger). Aus d. Lat. ins Teutsche übers. Wittenberg; Leipzig & Wolfenbüttel: Freytag 1709. 5 gez. Bl., 300 S. 8°

— Bericht v. Carlsbad. 8. Wittenberg. (Schröder, Braunschweig.) 709.

Berger, Johann Gottfried von: [Io(annes) Gothofredus Bergerus (von Berger):] De Certitudine medicinae. (Resp.:) Rudolphus Augustus Held. Vitembergae (1706:) Gerdes. 43 S. 8°
Wittenberg, Med. Diss. v. Okt. 1706.

Berger, Johann Gottfried von: De thermis Carolinis commentatio qua omnium origo fontium calidorum itemque acidorum ex pyrite ostenditur. Autore Ioanne Gothofredo Bergero (von Berger). Leipzig: Gross; Vitemb(ergae:) Gerdesius 1709.
158 S. 8°

Berger, Johann Gottfried von: De thermis Carolinis commentatio qua omnium origo fontium calidorum itemque acidorum ex pyrite ostenditur. Autore Ioanne Gothofredo Bergero (von Berger). Guelferbyti: Freitag; Vitembergae 1709: Gerdesius.
158 S. 8°

—, Diss. περὶ τῆς ἐγκοιμήσεως. Witeb. 4°. 1701

v. Berger, Jo. G., Diss. περὶ τῶν φαρμάκων ἐν τοῖς ἱεροῖσιν ἐγκοιμῆσαι παρὰ θεῶν αἰτημένων. Witeb. 4°. 1701

Berger, Jo(hann) Gottfried: Physiologia medica sive de natura humana liber. 499 S., gbd.

Vitembergae: Zimmermann 1702

JB 984

Berger, Jo(hann) Gottfried: Physiologia medica sive de natura humana liber bipartitus. Iterum in lucem prodit cura Friedr(ich) Christian Crégut. 499 S., gbd.

Francofurti: Stock 1737
vorgeb.: Crégut, F.C.: Dissertatio de anthropologia. 1737

JB 985

— physiologia medica, s. de natura humana c. Cregur. 4. Frft. Varrentrapp et W. 737.

Berger, Johann Gottfried Immanuel, s. Berger, Immanuel

* *Johann Gottlob Berger's* Accurater und allzeitfertiger Haushaltungsrechner vor vornehme und niedrige Personen absonderlich Capitalisten und Handelsleute. Dresden und Leipz. 8. (6 gr.) 1739.

— **Johann Gottlob** (Torgau), De licitatione illicita. Disput. jur. Rector Joseph Serrurier. Utrecht (Wilh. vande Water) 28. IV. 1721. 23 S. (5.—)
Gew.: Adam Heinrich u. Friedr. Heinr. v. Starschedel (Borna, Merzdorff).

* *Joh. Gottlob Berger's* Accurater Rechnungsbeamte, welcher eine vollkommene sehr compendiöse Capitalinteresse und Interessecapital auch Getreyderechnung in sich begreift. Dresd. und Leipz. 8. 296 S. 6 Bl. 1720
— Dresd. 8. (7 gr.) 1740

Berger, Johann Heinrich
— Animadvers. in Brunnemann ad pandectas. 8. Lips. Gleditsch. 710.

— — Annotationes in Jo. Pauli Lancelotti institutiones juris canonici, ad easque Casparis Ziegleri animadversiones. Accesserunt, brevis et perspicua, quoad necessitudo impedimento fit nuptiis, commentatio, et nonnulla auctoris academica. Wittenberg (Christ. Theoph. Ludwig) 1710. 218 S. (6.50) 2204

— — Benevolo lectori s. p. d. Wittenbg. (Kreusig) 1711. 8 Bl. mit Biogr. v. Jo. Gottfr. Hartung (Wittenberg). (2.—) 2205

— — B. l. s. p. d. Wittenbg. (Gerdes) 1711. 8 Bl. mit Biogr. v. Chn. Ludw. Thilo (Langensalza, M.: S. Giessenbier). (2.50) 2206

– Commentatio de . . ., s.a. Berger, Christoph Heinrich

— Comment. de personis vulgo larvis, von d. Carnevals-lust. m. K. 4. Frankf. (Gleditsch, a. Weidmann in Lpz.) 723.

– Commentatio de usu actionum
Berger, I. H. de, de usu actionum. 4. Lpz. Eurich. 716.

— — Commentatio de usu actionum, cum rei persecutoriarum, tum in primis poenalium, cui adjectae sunt I. duae orationes: quarum altera expenditur: sciatne, an opinetur, ictus? altera praeceps juris addiscendi studium improbatur. II. Leges, ex utroque jure selectae, & secundum seriem institutionum ac pandectarum concinnatae. Lpz. (Friedr. Lanckisch Erb.) 1706. 246 S. (6.50) 2200

— Consilia juris accur. filio C. F. de Berger. II Tmi. Fol. Lips. Eurich. 731.

Berger, Jo. Henr.: Disquisitio utrum et quousque surdi ac muti feudorum sint capaces?
Lipsiae 1707.

— — Dissertationes juris selectae, quibus eximia varii generis argumenta ex instituto pertractantur, atque ita excutiuntur, ut cum lectio celerorum operum auctoris adjuvetur, tum praecipue, quid in foro sequendum sit, ostendatur. Leipzig (Lanckisch Er.) 1707. 7 Bl. 1666 S., 46 Bl. mit Portr. d. Verf. (15.—) 2201

Respondenten d. einzeln. Arbeiten sind: Chn. Gottfr. Franckenstein (Lpz.), Gottfr. Negelein (Reichenbach/V.), Mart. Friedr. Anesorge (Dresden), Adrian Steger (Lpz.), Gottfr. Homel (Weissenfels), Jo. Gg. Grohmann (Pirna), Gg. Ernst Fischer (Wiesenthal), Gabr. Blümichen (Dresden, 2 mal), Gg. Casim. Kirchmaier (Wittenberg), Jo. Chn. Jünger (Meissen), Gideon Siegel (Eibenstock), Gottfr. Keilpflug (Dippoldiswalde), Dav. Gottlob Sillig (Meissen), Paul Matthaei (Grimma), Jo. Gg. Rachals (Schwarzenberg), Jo. Sam. Sturm (Luckau/Laus.), Jo. Jac. Meis (Marisfeld/Henneberg, 2mal), Friedr. Aug. Lüdicke (Halle/S., 2mal), Heinr. Schüz (Lpz.), Ernst Hoffmann (Dresden), Friedr. Alemann (Magdeburg), Jo. Wolter (Lübeck), Chn. Graetz (Dessau), Dav. Wehner (Buxtehude), Adam Huldr. Schaffer (Speyer), Jo. Friedr. Baudius (Schmidefeld / Misn.), Garlef Meurer (Hamburg), Friedr. Gottfr. v. Wolffersdorff (Laus.), Heinr. Fock (Lübeck), Loth. Sigism. v. Minckwitz (Lausitz), Jo. Sigismund Birnbaum (Dresden), Heinr. Ex (Caula/Laus.), Jo. Chn. Weise (Lüben/Laus.), Jo. Aug. Georgi Lüben/Laus.), Gg. Rud. v. Kayn, Carl Ernst Frh. v. Schwan, Wolfg. Adam Riem (Schweinfurt), Heinr. v. Bünau, Clas Frh. v. Friesen, Jo. Gg. Boerner (Dresden), Jo. Balth. Werner, Chn. Gottfr. Mörlin (Liegnitz), Jo. Gg. Zimmermann (Wittenberg), Gg. Ludw. Thilo (Lüben/Laus.), Friedr. Stiegleder (Eisleben), ' Aug. Leyser (Wittenbg.), Jo. Phil. Doering (Torgau), Jo. Wilh. Pfennig (Wittenberg), Jo. Chph. Pösner (Görlitz).

de Berger, J. H.: Electa disceptationum forensium secund. seriem Ord. Proc. Jud. Elect. Sax. concinnata, cum addit. Thom. Hayme, Ed. recent. cum Supplement. I. II. *Lips.*, (Brockhaus.) (706 — 9.) 738 — 41. 4. (6 Thl. 16 Gr.)

— Electa disceptation. forens. c. supplem. III Tmi. 4. Lips. Gleditsch. 738—41. (1r 2 Thlr. 12 gr. Suppl. I. 1 Thlr. 16 gr. Suppl. II. 2 Thlr. 12 gr.)

de Berger, J. H.: Electa jurispr. criminal., variis consultat. quaesitis, respons. ac praejudiciis illustrata. et Suppl. Edit. III. Vol. I. II. *Lipsiae*, Brockhaus. 737—40. 4. (1 Thl. 16 Gr.)

— Electa jurisprudentiae criminalis. c. supplem. 5 Tmi. 4. ibid. 737—740. (1r 12 gr. Suppl. I. 8 gr. Suppl. II. 20 gr.)

de Berger, Joa. Henr.: Electa processus executivi, possessorii, provocatorii et matrimonialis. Nov. ed. c. Supplem. et cura Thom. Hayme. *Lipsiae*, Brockhaus. (705. Ed. II. 729.) 745. 4. (1 Thl. 12 Gr.)

— — (Luckau), De haemorrhoidum fluxu salutari et morboso. Diss. med. Präs. Christian Vater. Wittbg. (Koberstein) März 1717. 32 S. (5.—) 2207

— — Lectori s. p. d. Wittenbg. (Chn. Schrödter) 1700. 8 Bl. mit Biogr. v. Gottlob Leisten (M.: S. Schnupfer). (2.80) 2197

— — Dasselbe. Wittenberg (Gerdes) 1702. 8 Bl. mit Biogr. v. Jo. Gottfr. Fritsch (Dresden. M.: Leuster). (2.80) 2198

— — Dasselbe. Wittenbg. (Gerdes) 1703. 8 Bl. mit Biogr. v. Gg. Chph. Bohl (Pirna. M.: A. S. Schelcher). (2.50) 2199

— — Lectori s. p. d. Wittenbg. (Chn. Gerdes) 1708. 8 Bl. mit Biogr. v. Friedr. Adolf Warlitz (Wittbg. M.: E. A. Vack). (2.50) 2203

— — De matrimonio comprivignorum disquisitio. Lpz. (Jo. Fried. Gleditsch) 1708. 128 S. (5.50) 2202

de Berger, J. H.: Oeconomia jur. ad. us. hod. accomm. *Lpz.*, Junius. 4. (Ed. 4. 712.) cur *J. Aug. Bachii.* 755. 4. — Ed. 7. cur. K. Gf. de Winkler. *Ib.* 771. (3 Thl. 12 Gr.) Ed. 8. denuo revisa et post J. A. Bachii et K. Gf. de Winkler curas observatt. aucta stud. Ch. Gli. Hauboldi. *Lpz.*, Weidmann. B. T. 1. 801. (3 Thl. 8 Gr.)

Berger, Jo. Henr. de: Oeconomia iuris ad usum hodiernum accommodati accurante filio Chrph. Henr. de Berger.
Ed. 3.
Lipsiae 1728.

— Oeconomia juris, c. Winkler. 4. Lips. Gleditsch. 771.

de Berger, Jh. Hnr., Oeconomia juris ad us. hodiern. ad. comm. m. l. aucta stud. C. G. Haubold. Tom. I. 4 maj. Leipz. 801. Weidmann. 3 Rthl. 8 gr.

— Opuscula miscella quaed. juris publ. 8. Lips. Eurich. 725.

— Johann Heinrich (Gera), De pactis. Diss. jur. Präs. Nicol. Chph. Lyncker. Jena (Joh. Nis) 26. VII. 1679. 10 Bl. (4.80) 2191

— — Dasselbe. Jena (Gg. Heinr. Müller) 1691. 12 Bl. (4.50) 2192

— — Dasselbe. Patria lingua: Von Verträgen in allerhand Fällen. Jena (Jo. Bernh. Heller) 1737. 32 S. (4.50) 2193

Berger, Jo. Henr.: Philocalia fori seu miscellanea iuris forensis accurante filio Chr. Henr. Bergero.
Lipsiae 1713.

— Philocalia fori, seu miscellanea juris forens. 4. ibid. 716.

Resolutt. legg. obstant. in comp. LAUT. auct. J. H. de BERGER. Ed. IV. *Viteb.* 731. 8.

— resolutiones legum obstantium ex compendio Lauterbachiano, 8.. Wittb. Zimmermann. 747.

Berger, Jo. Henr.: Responsa, ex omni jure, quo in primis Germania utitur, repetita. P.1.2. Lipsiae 1708.

– De usu actionum . . ., s. Berger: Commentatio de . . . .

Berger, Jo. Henr.: De utilitate usucapionis in probando dominio, iis praecipue in locis, quibus recepta est resignatio judicialis. Acc. alia nonnulla cum illi cognata . . . argumenta. Lipsiae 1710.

(Berger, [Johann Jacob, und] Meier, [Jacob].) Zur Erinnerung an die Glockenweihe in Frauenfeld den 20. Mai 1906. Auf Beschluss der evang. Kirchenvorsteherschaft der Gemeinde dargeboten. 60 S. 8. Frauenfeld, Huber & Co., [1907].

(Ansprache, Weiherede *und* Predigt[en] *der* Pfarrer B' *und* M'; *mit* Vorwort [von Pfarrer J' J'] B[erger].)

Berger, Johann Nepomuk

Berger, Joh. Nep., Leben u. Wirken d. hochsel. Johannes Nep. Neumann aus der Congregation d. allerh. Erlösers, Bischofs v. Philadelphia. gr. 8. (405 S. m. lith Portr. u. 1 Steintaf.) Einsiedeln 883. Benziger. n. 3. 60; geb. n. 4. 40

Berger, Johann Wilhelm

Berger, Joh. Wilh. [Praes.], s. Bartels, Joh. Heinr.: De Trajano non optimo.

v. Berger, Jh. Wlh., Beschreib. v. Korsika in alt. Zeiten. Aus d. Latein. (v. Chr. Gf. Müller). 8. Gera 777. Haller. 10 gr

Berger, Joh. Wilh., De prisco Germano haud illiterato. Witembergae 1722. 4. . (D.)

Berger, Joh. W. Dissertatio de Herode Magno, rege inserviente. 8. Wittebergae 1740.

— — De Romae veteris majestate in ruinis ac vestigiis adhuc spirante diss. Wittenbg. (Henning) 1739. 20 S. (3.50) 2214

— Joh. Wilh. v., Philosophiae atque artis poeticae candidatis. Wittenbg. (E. G. Eichsfeld) 1734. 8 Bl. (3.—) 2213

— — Philos. atque artis poeticae candidatis s. p. d. Wittenbg. 1715. 12 Bl. (3.50) 2212

Berger, Joh. Wilh., Programma de proverbiis, inprimis Germanorum. Wittenbergae 1715. 4. . . . . (D.)

Berger, Joh. Wilh. Dissertatio de Trajano non optimo. 4. Wittebergae 1725.

Berger, Johanna, verloren und wiedergefunden. Roman. 8. (252 S.) Leipzig 885, Schulze und Comp. *

Berger, Johannes

Berger, Johs., Aufgaben f. d. Fachzeichnen d. Schriftsetzer m. vorangeh. Anleitg. z. Einführg. i. d. typograph. Zeichnen u. Satzbeispielen, s.: Aufgaben f. d. Unterr. i. Fachzeichnen.

Berger, Johs., Kanzonette a. d. Zelle e. Sträflings. 8. (63 S.) Leipzig 897. P. Friesenhahn Nachf. n. 1. – ; geb. in Leinw. n. 2. —

Berger, Iohannes: De Iliadis et Odysseae partibus recentioribus sive de arte inducendi et concludendi sermonis Homerica. Marpurgi 1908: Koch. 142 S. 8°

Marburg, Phil. Diss. v. 26. Aug. 1908, Ref. Birt

[Geb. 20. Juli 84 Wicknathberg; Wohnort: Essen a. R.; Staatsangeh.: Preußen; Vorbildung: Gymn. Essen Reife O. 03; Studium: Marburg 3, Berlin 2, Marburg 4 S.; Rig. 4. März 08.] [U 09. 3159

Berger, Johannes Erich, s. Berger, Erich

BERGER, Johannes Ev.: De virtutibus cardinalibus in se spectatis et in relatione ad virtutes theologicas potissimum ad mentem s. Thomae Aquinatis. — (1872) 322 S. 4° (Handschr.) Diss. Wien Univ. Diss. 316

Berger, Joseph [aus Bonn]: Aus d. geburtshülfl.-gynäkolog. Klinik zu Bonn. Ein Fall von Eklampsia graviditatis ... Bonn, Buchdr. v. A. Henry, 1896; 30 S. 8.

Bonn, Med. Fak., Inaug.-Diss. v. [5. Aug.] 1896

Berger, Jos., unt. d. modernen Landsknechten. Bilder u Skizzen a. d. Soldatenleben der französ. Fremdenlegion. Tagebuchblätter. M. 7 Vollbild. u. 10 Textbild. gr. 8. (XV, 178 S.) Braunschweig 895. A. Limbach. n. 1. 80

Berger, Jos.: Der Unterricht in der deutschen Sprache an den österreichischen Realgymnasien. 10 S. 8°. Progr. St. Pölten 1866.

Berger, Isidor (Hrsg.), s. Schriftwart, Der österreichische.

Berger, Jul., d. Note. Kurzgef. pract. Universal-Handbuch z. Erlangg. d. Notenkenntniß u. z. Erlerng. d. Singens n. Noten spec. f. Vereinszwecke. qu. 12. (47 S.) Stallupönen 896. H. Klutke. n. — 40

Berger, Jul., blutjunge Sünden-Mädchen. Aus den traur. Kapiteln: Verführg., Prostitution, Lebemänner, Erpressgn. Lehrreiche Informationen f. jedermann zwecks Eindämmg. u. Bekämpfg. der Prostitution. Aus den hinterlassenen Papieren des ehemal. königl. Polizei-Leutnants pens. Kommissars Hermann Göllnitz in Breslau. (172 S.) 8. Dresden (906). F. Casper & Co. n. 2. —; geb. n. 3. —

Im Deutschen Reich verboten.

Berger, Jul. M.

Berger, JM: Eine Exkursion in's Mittelalter. (15. u. 16. Jahrh.) (112) 8° Bambg, Handels-Dr. u. Verlagsh. (01). 1.20 d

Berger, Jul. M., eine Exkursion in's Mittelalter. (15. u. 16. Jahrh.). gr. 8. (112 S.) Bamberg (902). Handels-Druckerei u. Verlagsh. 1. 20

Berger, Jul. M., heidnische Gedanken üb. das Christentum. (Von e. Atheisten.) (39 S.) 8. Nürnberg (908). (Leipzig, Leipziger Buchdruckerei.) — 20

— die Herrschsucht der „Religion der Liebe", s.: Volksschriften zur Umwälzung der Geister. 27.

— Pôle-Mêle. Fin de siècle-Betrachtgn. e. Materialisten. gr. 8. (V, 98 S.) Ebd. (900). 1. 20

— was hat die Kirche f. Schule u. Wissenschaft geleistet? s.: Volksschriften zur Umwälzung der Geister. 25.

— welchen Nutzen hat die katholische Kirche der Menschheit geleistet? Ein Pendant zu Corvin's Pfaffenspiegel. gr. 8. (VII, 116 S.) Bamberg (900). Handels-Druckerei u. Verlagsh. n. 1. 50

Berger, Jul. W. A., s. Berger, Julius W. A.

Berger, Julia, s. Berger, Julie

Berger, Julie, die sonderbare Burg des Ritters Benno zwischen Himmel u. Erde. 8. 803, a. 807. (Krappe in Lpz.) 18 gr bei Heyse in Brem. 6 gr

— Ida u. Claire. 2 Thle. 8. Leipz. 807. N. A. 820. (Krappe). 1 rthl 16 gr

— kleine Romane. 2e Aufl. 8. Eisenberg 818. Schöne. 16 gr

— s. a. Sophie, oder die Folgen des Leichtsinns.

BERGER, Julia, Sophia oder die Folgen des Leichtsinns und der Unwirklichkeit, eine wahre Geschichte, Müttern, Jungfrauen und Gattinnen geweiht. Bremen 1807. 8°. 280 S. (8 Mk. E. Frensdorff, 1907.) Zahm.

— das wunderbare Verlöbniß rc. 8. Leipz. 820. (Krappe). 1 rthl

Berger, Julius [pr. Arzt]: Fall von Compression des Rückenmarks durch ein Psammom und von Compressionsmyelitis infolge tuberkulöser Wirbelerkrankung ... Freiburg i. B., Univ.-Buchdr. v. Ch. Lehmann, 1895; 35 S. 8.
Freiburg i. B., Med. Fak., Inaug.-Diss. v. 1895

Berger, Jul. Luthers Jugend mit Rücksicht auf seine spätere Wirksamkeit. Vortrag gehalten am 10. November 1883. 12 S.
Progr. Rsch. *Coburg* 1884.

Berger, Julius (Hrsg.), s. Correspondenzblatt der Comenius-Stiftung.

Berger, Julius (Red.), s. Revue, Neue pädagogische.

Berger, Julius (Red.), s. Revue, Pädagogische, und General-Anzeiger für das gesamte Unterrichtswesen des Deutschen Reiches.

Berger, Jul. W. A., geistliche Maienlieder zur Verherrlichung der Himmelskönigin. 2. Aufl. gr. 16. (44 S.) Trebnitz 889. (Breslau, Schubert.) n. — 35

Berger, Julius W.A. (Red.), s. St.-Hedwigs Stimme.

Berger Kv, Anleitung zum Selbstunterricht im Tiefbrand. 3. Auflage. (48 S 2 T) Stuttgart (1909)

Berger, Karl, s.a. Berger, Carl

Berger, Karl: Die volkswirtschaftl. Bedeutg d. Jagd in Oesterr., s: Weidmanns-Bücherei.

Berger, Karl: Blücher, s: Velhagen u. Klasing's Volksbb.

Berger, Karl, die Entwicklung v. Schillers Ästhetik. Gekrönte Preisschrift. gr. 8. (VII, 325 S.) Weimar 894. H. Böhlau. n. 4. —

Berger, Karl, Ewald's kleine Fabelwelt. Ein unterhalt. Lese- u. Bilderbuch f. Kinder. M. 16 Bild. 16. Reutlingen (835), Mäcken jun.

Berger, Karl, Ewalds Feierabende. Ein Leseb. f. gute Kinder. M. 6 gemalt. Stndr. 12. (4 B.) Reutlingen 835, Mäcken jun. Thlr.

Berger, Karl: Geschichte der Stadt Bärn. Hrsg. vom dt. Verein für die Geschichte Mährens und Schlesiens. — Brünn: Verl. des Vereins 1901. VI, 320 S. mit 1 Kt. 4°

Berger, Karl, Geschichte der Stadt Bärn. Preisgekrönte Schrift. Hrsg. vom deutschen Verein für die Geschichte Mährens u. Schlesiens. Lex.-8. (VI, 320 S. m. 1 Karte.) Brünn 901. (C. Winiker.) n.n. 5. —

Berger Karl: Geschichte Thebens, vom Jahre 519 v. Chr. bis zum Jahre 427. Diss. Wien, Univ.
1891 PN 685 735

Berger K, Girowesen. (Weber's illustrierte Katechismen 104) Leipzig 1881

Berger, Carl, Ulrich von Hutten. Trauerspiel in 5 Acten. 8. (103 S.) Schaffhausen 864, Baader.

Berger, K., ich tödte Dich oder Du tödtest mich, s. Zeitvertreib.

Berger, Karl (Hrsg.), s. Jugendfreund, Der deutsche, eine Monatsschrift für die Jugend.

Berger, Carl, Katechismus des Girowesens, s.a. Weber's, J. J., illustrirte Katechismen.

Berger, Carl, Katechismus des Girowesens. Mit 18 in den Text u. 8 besonders gedr. Formularen. 8. (X, 146 S.) Leipzig 881. Weber. geb. n. 2. —

— neuer deutscher Kinderfreund in 5 Abthl. Lehr- u. Lesebuch f. Kinder, zum Haus- u. Schulgebrauch. (Mit Titelbild.) gr. 12. Karlsruhe 838. (Mannheim, Bensheimer.) n. 1/2 nß

Berger, Karl, kleiner Kindergarten, oder Ewalds Tagebuch. M. 12 ill. Kpf. 12. Ludwigsb. 827. Nast. 18 ℊ Geb. 1 nß 4 ℊ

— kleiner Kindergarten, oder Ewalds Tagebuch. Ein Lesebuch für gute Kinder. 2e Aufl. Mit 6 ill. Steindr. breit 12. Reutlingen 835. Mäcken jun. 7/12 nß

— Theodor Körner. (7, 283 m. Abb., 8 Einschaltbild. u. 2 Autogrammen.) 8° Bielef., Velh. & Kl. '12. 4.50; L 5 — d

— Deut. Lit.-Gesch. d. Klassikerzeit, s: Weitbrecht, Carl.

Berger, Karl: Vergleichende färberische Nachprüfungen der von Ziehl-Neelsen, Much und Gasis empfohlenen Färbemethoden für Tuberkelbazillen und einige Versuche über Umfärbungen bereits gefärbter Bacillen.
Jena: 1910.
36 S.
Giessen, Vet.-med. Diss. v. 1910.

Berger Dr. Karl: Die Ostsudeten 82 und Karte. 47. Jägerndorf R. 91. 95. Progr.

Schiller. Sein Leben u. s. Werke von Karl **Berger**. In 2 Bden. Bd 1. 2. München: C. H. Beck 1905–09. 2 Bde 8° [F.]
1. Mit 1 Photograv. ⟨Schiller im 27. Lebensjahre ...⟩. 1. u. 2. Aufl. 1905.
2. Mit 1 Photograv. ⟨Schiller im 35. Lebensjahre ...⟩. 1. bis 4. Aufl. 1909. [illegible]

Berger, Karl, Schiller. Sein Leben u. seine Werke. (In 2 Bdn.) 1. Bd. m. e. Photograv. (Schiller im 27. Lebensjahre nach dem Gemälde v. Ant. Graff). 3., durchgeseh. Aufl. (7.—9. Tausd.) (VII, 632 S.) 8. München 906. C. H. Beck. n. 5. —; geb. in Leinw. n. 6. —; in Liebhaberbd. n.n. 8. 50
1. u. 2. Aufl. (VII, 630 S.) Ebd. 905.

— Schiller. Sein Leben u. seine Werke. In 2 Bdn. 8. München, C. H. Beck. 12.—; geb. in Leinw. 14.—; in Halbfrz. n 19. —
1. Mit 1 Photograv. (Schiller im 27. Lebensjahre nach dem Gemälde v. Ant. Graff). 4. u. 5. durchgeseh. Aufl. (10.—15. Taus.) (VII, 633 S.) 909. 910. 5.—; geb. in Leinw. 6.—; in Halbfrz. n 8.50.
2. Mit 1 Photograv. (Schiller im 35. Lebensjahr nach dem Gemälde v. Ludovike Simanowiz). 5., durchgeseh. Aufl. (14.—16. Taus.) (VII, 824 S.) 911. 7.—; geb. in Leinw. 8.—; in Halbfrz. n 10.50.
1.—4. Aufl. (1.- 13. Taus.) (VII, 812 S.) 909.

— Schiller, der Lebendige. Festrede zur 100. Wiederkehr v. Schillers Todestag. (20 S.) 8. Frankenthal 905. L. Göhring & Co. n. — 60

— historisches Tableau, oder chronologische Zusammenstellung d. merkwürdigsten Begebenheiten u. Personen von Erschaffung der Welt bis auf unsere Zeiten In 2 Tab. z. Aufziehen. Adler-Form. Karlsruhe 840. Artist.-Institut (Gutsch u. Rupp.) n. 1/2 nß

Berger, Karl: Das gleichzeitige Telegraphieren und Fernsprechen und das Mehrfachfernsprechen.
Mit 111 Abb.
Braunschweig: Vieweg 1910.
VIII. 116 S. 8°
(Telegraphen- u. Fernsprech-Technik in Einzeldarst. Nr. 6)

— Theodor unter seinen Gespielen. Ein kleines Lese u. Bilderbuch als Geschenk f. gute Kinder. Mit 4 ill. Kpfrn. 8. Reutlingen. ... Mäcken jun. 1/3 nß

Berger, Karl, historischer Tugendspiegel oder Beispiele des Guten aus der Vorzeit, zur Unterhaltung u. Belehrung für die Jugend bearb. u. chronologisch geordnet. 2. Ausg. Leipzig 853. H. Fritzsche. 8. (2 Bl., 152 S. u. 1 Lithogr.) n. 10 ngr

Berger, K, histor. Tugendspiegel. 2. Asg. 8. (152) Lpzg 53, Kessler. n. — 10

— Die Weiberfeinde. Schauspiel in 3 Akten. (54 S.) 8. Leipzig 910. Modernes Verlagsbureau. 2. —

Berger, Carl (II.) Zuruf eines alten Deutschkatholiken an seine Glaubensgenossen, nach zurückgelegtem ersten Jahre ihrer Vereinigung. gr. 8. (1 1/2 B.) Magdeburg 846, Baensch. •

Berger, Karl Julius: Der holländische Stadttor-Bau. Ein Beitr. z. Geschichte d. Profan-Baukunst in Holland. München 1908. 73 S. 8°
München, Phil. Diss. v. 17. Juli 1908, Ref. Riehl, Wolters
[Geb. 23. Nov. 83 Berlin; Wohnort: Berlin; Staatsangeh.: Preußen; Vorbildung: Askan. Gymn. Berlin Reife M. 03; Studium: München Techn. Hochsch. 1, Univ. 9 S.; Rig. 17. Juli 08.] [U 09. 3440

Berger, Karl Ludwig
Berger, C. L., petit Dictionnaire manuel franç.-allem. et allem.-franç. etc. (a. unt. d. Tit.: kleines franz.-deutsches u. deutsch.-franz. Handwörterb.) 8. Erfurt, Keyser. 810.

Berger Karl Ldw., kurzgef. method. Elementarbuch ꝛc. in der französ. Sprache. 4 Bdchn. 8. Erf. 807 — 10. Keyser. 3 ℔ 2 ℋ (1s Bdchn. d. selbst lehr. franz. Sprachmeister. 14 ℋ 2s Bdchn. Phraseologie, franz., 14 ℋ 3s Bdchn. Uebungsaufgaben. 14 ℋ 4s Bdchn. kl. französ.-deutsches, u. deutsch.-franz. Wörterbuch; oder: Dictionn. manuel franç. allem. et allem. franç. etc. 1 ℔ 8 ℋ)

— franz. Phraseologie ꝛc. 8. Ebend. 807.

— der selbstlehr. franz. Sprachmeister ꝛc. 8. Ebend. 807.

— franz. Uebungsaufgaben z. Uebers. ꝛc. 8. Ebend. 808.

Berger, Karl Wilh.: Die doppelte italienische Buchhaltung, s. Berger, Carl Wilh.

Berger, Konrad (Hrsg.), s. Buchgewerbeblatt, Das.

Berger, Konrad Er., s. Berger, Conrad Ernst

Berger, Kurt, appr. Arzt aus Kamenz i. Sachs.: Aus d. Kgl. med. Klinik zu Greifswald. Beitrag zur Frage der Castration und deren Folgezustände. *Greifswald 1901: H. Adler.* (49 S.) 8°
Greifswald, Med. Diss. v. 29. März 1901

Berger, Kurt, a. Althen bei Leipzig: Über Methylhydrazobenzol und Monomethylbenzidin. Leipzig 1904: Frankenstein & Wagner. (49 S.) 8°
Leipzig, Phil. Fak., Ref. Hantzsch u. Beckmann, Diss. v. 3. Jan. 1905
[Geb. 5. Jan. 79 Althen b. Leipzig; Wohnort: Leipzig; Staatsangeh.: Sachsen; Vorbildung: Realgymn. Leipzig Reife O. 00; Studium: Dresden T.H. 2, Leipzig 7 S.; Rig. 6. u. 7. Dez. 04.]

Berger, Kurt, Referendar: Der Übergang der Namensaktie. Leipzig: Wigand 1910. 95 S. 8°
Leipzig, Jur. Diss. v. 3. Aug. 1910
[Geb. 6. Febr. 83 Leipzig; Wohnort: Magdeburg; Staatsangeh.: Sachsen; Vorbildung: Thomassch. Leipzig Reife O. 03; Studium: Leipzig 10 S.; Rig. 27. Febr. 08.] [U 10. 2658

Berger, L. (politische Schriften), s. Berger, Ludwig

Berger, L.: Über Kombination von Tuberkulose mit Krebs . . ., s. Berger, Leo

Berger, L., das metrische Maß u. Gewicht in Oesterreich m. einigen Erläutergn. u. e. Reduktions-Tabelle sowie im Anh. m. mehreren Beispielen v. der Schreib- u. Lesart der Zahlen m. den metr. Benenngn. u. Vortheilen beim Kopfrechnen, u. zum Schlusse m. e. kurzen populären Anleitg. zum Dezimalrechnen. Zum Gebrauch f. Jedermann. 2. Abdr. 16. (95 S.) Linz 872. Fink. n. — 80

Berger, (L. B.,) Libanon. Eine Samml. religiöser, histor. u. archäolog. Aufsätze. 1r Thl. gr. 12. Wien 827. Ludwig. 1 ℔

Berger, Leo
Berger, L. [aus Russland]: Ueber Kombination von Tuberkulose mit Krebs im Anschlusse an einen Fall von primärem Prostatakrebs. . . . München, Buchdr. v. M. Ern [sic!], *1891;* 39 S. 8°
München, Med. Fak., Inaug.-Diss. v. 1891

Berger, Leop. Jos., Schuldiges Ehren-Opffer denen Herrn Bürgermeistern und sambtl. Rahts Collegio der wohlberühmten Vestung Stadt Glückstadt auffgerichtet. Lübeck. u. A. Fol. P.

Berger, Ludwig
Berger, Ludw., e. Ausspruch d. Generalfeldmarschalls v. Moltke u. s. histor. u. polit. Bedeutg. gr. 8. (39 S.) Leipzig 897. Volksschriften-Verlag. n. — 50

— d. zehn Gebote u. d. Politik. gr. 8. (68 S.) Ebd. 897. n. — 50

Berger [Witten], L., der alte Harkort. Ein westfälisches Lebens- u. Zeitbild. Mit dem Bildnis Harkort's u. Abbildgn. seiner Grabstätte u. d. Harkort-Denkmals. gr. 8. (XVI, 650 S.) Leipzig 890. J. Bädeker. geb. n. 7. —

Berger-Witten, L., der alte Harkort. Ein westfäl. Lebens- u. Zeitbild. Mit dem Bildnis Harkorts u. Abbildgn. seiner Grabstätte u. d. Harkort-Denkmals. Volks-Ausg. gr. 8. (XVI, 650 S.) Leipzig 891. J. Baedeker. Geb in Leinw. n. 4. —

— dasselbe. Mit dem Bildnis Harkorts u. Abbildgn. seiner Grabstätte u. des Harkort-Denkmals. 3. Aufl. gr. 8. (XVI, 650 S.) Ebd. 895. n. 5. 50; geb. in Halbfrz. n. 7. —; auch in 11 Lfgn. à n. — 50

Berger (Witten), L., der alte Harkort. Ein westfäl. Lebens- u. Zeitbild. Mit dem Bildnis Harkorts u. Abbildgn. seiner Grabstätte u. des Harkort-Denkmals. 4. [Titel-] Aufl. Volks-Ausg. (XVI, 650 S.) gr. 8. Leipzig [895]. 902. J. Baedeker. n. 3. 50; geb. n. 4. —

Berger, Ludw., Pollagra, s.: Klinik, Wiener.

— d. Politik i. Glashause. gr. 8. (82 S.) Ebd. 897. n. — 50

Berger, Ludw., die Postwerthzeichen des Herzogth. Braunschweig, nebst e. kurzen Abriss der braunschweig. Postgeschichte. Unter Benutzg. amtl. Quellen bearb. gr. 8. (VII, 138 S. m. Abbildgn.) Braunschweig 894. (Leipzig, Gebr. Senf.) n.n. 4. —

Berger, L, d. Postwerthzeichen d. Herzogth. Braunschweig, nebst e. kurzen Abriss d. braunschweig. Postgeschichte. 8° (138 m. Abbildgn.) Braunschweig 94, Hoffriseur L Berger. n.n. 4 —

Berger [Witten], L., Rede, s.: Bergarbeiter-Ausstand, der, d. J. 1889 im Abgeordnetenhause.

— Wo uns d. Schuh drückt! gr. 8. (85 S.) Ebd. 897. n. — 50

Berger, M. [Sophie von Follenius] [Schriftstellerin], s. Berger, Marie

Berger, M., Grabmonumente d. Münchener Gottesackers. 1. Lfg. in 6 (lith.) Blättern. Imp. 4. München 852, Franz. n. 26 ℳ

— Immortellen Taschenbuch ꝛc. vide Immortellen.

Berger, M. (Hrsg.), s. Correspondenzblatt, Pädagogisches.

Berger, M.: Die Schöpfungslehre des hl. Basilius . . ., s. Berger, Max

Berger, M.: Der gebildete Taubstumme, s. Berger, Michael

Berger, Manfred

Alltag und Feier. Gedichte u. Szenen von Manfred **Berger**. Mit e. Geleitw. von E[duard] Graf Keyserling. Berlin, Stuttgart, Leipzig: Juncker (1908). 121 S. 8° A 13.6114 11

Berger, Manfr.: Stille Sieger. (180) 8° Berl.-Charlottenbg, A Juncker V. ('11). 2 —; in L kart. 3 — d

Berger, Marg[arethe]. Bibliographie der Geschichte, Landes- und Volkskunde von Stadt und Kanton Zürich. November 1901 bis September 1902. Zusammengestellt von Marg. Berger. (Sonder-Abdruck aus dem Zürcher Taschenbuch auf das Jahr 1903.) S. 273—300. 8. [Zürich, Fäsi & Beer.]

Berger, Marie, s.a. F o l l e n i u s , Sofie v.

Berger, Marie [Sofie v. Follenius], A n g e l i c a v. Sainte-Croix, s. B a c h e m ' s Novellen-Sammlung.

†Berger, M. [Sophie v. Follenius], Dolores, s. Bachem's Novellen-Sammlung.

Berger, Marie, Einsam und arm. Erzählung. 8. (V und 310 S.) Halle 868, Mühlmann.

—— drei Feste. Eine Geschichte für Mädchen von 11—14 Jahren. 1. und 2. (Titel-)Ausg. 8. (208 S.) Darmstadt 885,88, Waitz. geb. 1. Ausg. *ℳ 3.—.; 2. Ausg. *

— drei Feste. Eine Geschichte f. Mädchen von 11—14 Jahren. 8. (208 S.) Darmstadt 885. Würtz. geb. n. 3. —

Berger, Marie [Sofie v. Follenius], drei Feste. Eine Geschichte f. Mädchen v. 11—14 Jahren. 2. (Titel-)Ausg. 8. (208 S.) Darmstadt 888. Waitz. geb. n. 2. 40

—— Schloß Hartenfels, s. Bachem's Novellen-Sammlung.

— Walt. Schwarz, Maria Lenzen di Sebregondi, M. Herbert: Mosaik, s: Bachem's Novellen-Sammlg.

— Novelle, s.a. Bachem's Novellen-Sammlung.

Berger, M, Novellen. 8. (280) Ratib. 74, Schmoer u. S. n. 2. —

Berger, Marie, Novellen. 8. (280 S.) Ratibor 874. Wichura & Co. n. 2. —

—— weiße und rothe Rose. Erzählung. 8. (III, 356 S.) Halle 870, Mühlmann.

—— verschiedene Wege. Erzählung. 8. (332 S.) Halle 869, Mühlmann.

Berger, Martin

Pascal David und die politische Entwicklung Elsaß-Lothringens 1882–1907. Von Martin Berger. München: Lehmann 1910. IV, 170 S. 8° [illegible]

Friedrich, Grossherzog von Baden: Festvortrag gehalten am 23. Sept. 1906 ▭ „Friedrich zur Treue" im Or.·. Freiburg i. Br. zur Feier des 80. Geburtstages Seiner Königl. Hoheit des Grossherzogs Friedrich von Baden und der goldenen Hochzeit des badischen Herrscherpaares von Martin Berger. Strassburg i. E. 1906: Du Mont Schauberg. 18 S. 8⁰ [Umschlagtit.]

Fischer-Treuenfeld, Phil.: Rede zur Feier des 70. Geburtstages des Br.·. v. Fischer-Treuenfeld, gehalten am 14. Juni 1908 in der ▭ Friedrich zur Treue (Or.·. Freiburg i. Br.·.) von Martin Berger. Strassburg i. E. [1908]: Du Mont Schauberg. 5 S. 8⁰ [Umschlagtit.]

Berger, Mart., aus Welt u. Leben. Reiseeindrücke u. Erinnergn. (III, 164 S.) 8. Straßburg 905. E. d'Oleire. n. 2. 20

Berger, Max, Referendar in Meerane: Die Schlußnote „an Aufgabe" (§ 95 H.G.B.). Borna-Leipzig 1907: R. Noske. (IX, 84 S.) 8° [F.]

Leipzig, Jur. Fak., Diss. v. 12. Dez. 1907

[Geb. 3. Aug. 81 Chemnitz; Wohnort: Meerane; Staatsangeh.: Sachsen; Vorbildung: Kgl. Gymn. Chemnitz Reife O. 01; Studium: Freiburg i. B. 1, Leipzig 7 S.; Rig. 9. Febr. 06.]

Berger, Max: Die Schöpfungslehre des hl. Basilius des Grofsen. Allgemeiner Teil I. 8 (58 S.). II. 8 (34 S.). Progr. Kgl. humanist. G. *Rosenheim* 1897. 1898.
I. ist nicht im Tauschverkehr.

Berger, Max, ein toller Turnerstreich, s.: Vereinstheater.

Berger, Max (Max Boege), deutsche Unteroffiziere i. Frankreich. Erzählgn. a. d. Feldzuge 1870/71. 8. (III, 248 S.) Berlin 897. Liebel. 1. 50

Berger, Michael

Berger, Mich., Kindergarten u. Vorschule f. ertaubte, schwerhörige u. taubstumme Kinder. Ein Nachweis f. die dring. Nothwendigkeit dieser Anstalten, nebst e. Anleitg., wie die genannten Kinder im vorschulpflicht. Alter im Elternhause od. in e. Anstalt erzogen u. vorgebildet werden sollen. gr. 8. (42 S.) Wien 892. (Sallmayer'sche Buchh.) n.n. — 80

Berger, M., der gebildete Taubstumme. Ein Wort zur Verbesserung seiner Lage in der Schule und im gesellschaftl. Leben. gr. 8. (11 S.) Wien 872, (Herzfeld und Bauer.) [Brüder Winter.] *
Aus: Der Heilpädagog, besonders abgedruckt.

— das Treffenlehren im Gesange nach der Gesangsmethode v. H. Sacher. 12. (26 S.) Buchbach 892. (Korneuburg, J. Kühkopf.) Kart. n. — 80

Berger, Moritz

Berger, Mor., der Materialismus im Kampfe m. dem Spiritualismus u. Idealismus. Gemeinfasslich dargestellt. gr. 8. (VII, 346 S.) Triest 883. Dase. n. 6. —

Berger, Moritz, Winterabende. Erzählungen. 8. (10 B.) Berlin 832, [Lewent.]

Berger, Moritz, Winterabende. Erzähll. 8. Dresd. (Berl.) 832. Schumanns Verlags-Compt. 1 ₰

Berger, Moses

Festschrift zum 23. Jan. 1905 dem Tage der Feier des fünfzigjähringen [!] Jubiläums der Germania Loge a. f. u. a. m. Boston, Mass., Ver. St. von N. A. [Gegründet am 22ten Jan. 1855.] Nebst Mitglieder-Verzeichness [!] für das Jahr 1905. [Unterz.:] Moses Berger. Boston [1905]: Feinberg. 23 S. 6 Taf. 8⁰ [Umschlagtit.:] Germania Loge a. f. und a. m. Gegründet 22. Jan. 1855.
cf. S. 12 (1905) S. 48 (J. G. Findel).
Enth. einen Rückblick auf die Gesch. der Loge.

Berger, O. [Jugendschriftsteller], s. B e r g e r , Otto

Berger, O.: Neues, vollständiges F r e m d w ö r t e r b u c h, s. B e r g e r , Otto

Berger, O.: H o c h z e i t s - und Polterabend d i c h t e r (u. ähnl. Schriften), s. B e r g e r , Otto

Berger, O.: S a m m l u n g Kathol. Kirchenlieder (und andere Schriften zur Kirchenmusik), s. B e r g e r , Othmar

Berger, O.: Zur Therapie der Neurosen. Sitzungsber. d. med. Sekt. d. schlesischen Ges. für vaterländische Kultur. 1876. Ref. Schmidts Jahrbücher. CLXXII. 18. 1876.

Berger, O., wie gewinne ich a. Totalisator? Unentbehrl. Ratgeber f. d. Publikum u. alle ständ. Rennbahnbesucher. gr. 8. (85 S.) Berlin 895. E. Rentzel. n. 1.—

! **Berger,** O.: W i e gewinne ich am Totalisator. Berl.: W.G. Grzymisch.

Berger, Oscar: Die Lähmung des Nervus thoracicus longus ⟨Lähmung des Musculus serratus anticus maj.⟩. Breslau 1873. (73 S.) 8° *[Im Buchhandel 1873 bei Cohn & Weigert in Breslau; 2. Abdr. 1875.]*

Breslau, Med. Fak., Hab.-Schr. v. 18. Jan. 1873

Berger, Osc., die Lähmung des Nervus thoracicus longus. [Lähmung des Musc. serratus antic. maj.] Eine Monographie. 2. unveränd. Abdr. gr. 8. (73 S.) Breslau 875, [Cohn und Weigert.] Buchh. der Schlesischen Presse. *

Berger, Oscar (geb. Münsterberg in Schles. 20. 11. 1844): Zur Pathologie der epileptoiden Zustände nach 25 Beobachtungen der Kgl. Charité zu Berlin. Berlin (1867). (57 S.) 8°

Berlin, Med. Diss. v. 10. Aug. 1867

Berger, Oscar Georg

[F.] Schicksalsdrang. Kriminal-Roman v. Oscar Georg Berger. M. 3 Vollb. *Berlin: A. Weichert [1897].* (96 S., 3 Taf.) 1 Bd 8.
= Wochen-Bibliothek, Weichert's. Bd 16. [97-3459

Berger Othmar, Orgelbuch zur Sammlung katholischer Kirchenlieder. 2. vermehrte und verbesserte Auflage. Linz bei Heinrich Korb. Preis, 1 fl. 20 kr. *1881*
(M.-E. v. 28. Juli 1881, Z. 11062.)

Berger, P. Othmar, O. S. B. Orgelbuch zur Sammlung katholischer Kirchenlieder. 3. verbesserte Auflage. Lex.-8. (99 S.) 1.20
Linz: Ebenhöch 1889.

Berger, Othmar, O. S. B., Orgelbuch z. Sammlg. kathol. Kirchenlieder. 4. Aufl. Lex.-8. (IV, 99 S.) Linz 896. F. J. Ebenhöch. n. 2.40; geb. m. Goldschn. n.n. 4.40

— Orgelbuch zur Sammlung katholischer Kirchenlieder, veranstaltet u. hrsg. 5. Aufl. (107 S.) Lex. 8. Innsbruck 906. (Linz, F. J. Ebenhöch.) nn 3.—

Berger, Othmar, Sammlung katholischer Kirchenlieder, mit einem Anhang der wichtigsten Gebete. 2. verb. Aufl. 12. (V, 127 S.) Linz 881, Ebenhöch'sche Buchh. geb. **
1. Aufl. erschien 1878 im Selbstverlag des Verfassers.

Berger, Othmar, Sammlung katholischer Kirchenlieder mit einem Anhange der wichtigsten Gebete. 4. verb. Aufl. kl. 8. (V, 127 S.) Linz 887, Ebenhöch'sche Buchh. cart. **

Berger, Othmar. Sammlung katholischer Kirchenlieder, m. e. Anh. der wichtigsten Gebete. 6.—10. Aufl. 12. (V, 127 S.) Linz 890, Ebenhöch. cart. ** — 40

Berger, Othmar, Sammlung katholischer Kirchenlieder, m. e. Anh. der wichtigsten Gebete. 11.—15. Aufl. (35.—45. Tausf.) 12. (V, 127 S.) Linz 893. F. J. Ebenhöch. Kart. n.n. — 40

— Sammlg. kathol. Kirchenlieder m. e. Anh. d. wichtigsten Gebete. 16.—20. Aufl. 46.—55. Tausf. 12. (V, 127 S.) Ebd. 897. Kart. n.n. — 40; geb. in Halbleinb. m. Goldschn. n.n. — 60

Berger, Othmar, O. S. B., Sammlung kathol. Kirchenlieder m. e. Anh. der wichtigsten Gebete. Veranstaltet u. hrsg. 31. bis 36. Aufl. (IV, 128 S.) kl. 8. Linz (908). F. J. Ebenhöch. Geb. nn — 50

Berger, Ottilie

—— **a. d. Leben d. Hausthiere. 4. (16 m. 8 Chromol.) Nürnb. 76, Neugebauer.** 1. 50

Berger, Ottilie, aus dem Leben der Hausthiere. Geschichten für die lieben Kleinen. Mit 8 (chromolithogr.) Bildern nach Zeichnungen von Chr. Votteler. qu. 4. (16 S.) Stuttgart 876, [Neugebauer und Votteler.] Neugebauer. cart.

Berger, Otto: Die A n s i e d l e r von Canada, s.a. V o l k s b ü c h e r , Neue.

Berger, O., die Ansiedler v. Canada. Eine Erzählg. aus dem ehemal. canad. Indianergebiet f. Jung u. Alt. Neue Ster.-Ausg. 12. (60 S.) Reutlingen 889. Enßlin & Laiblin. n. — 20

Antinahuel ‹ der Sonnentiger. › Eine Erzählung ‹ aus dem Indianerleben › von ‹ O. Berger. › Neue Stereotyp-Ausgabe Reutlingen (sic) Druck und Verlag von Enßlin und Laiblin (= *Neue Volksbücher*, 444).
o. J. (um 1885), 62 S. + 1 Bl. Anzeigen, 166 × 109, U.-Fig.: *Überrascht durch den unerwarteten Angriff* . . ., 130 × 92.
LBS d. D. oct K 3183.
Es handelt sich um die Fortsetzung der Indianergeschichte *Unter den Pachchen*

Deutsche Auswanderer ‹ im Busch. › Eine ‹ Geschichte aus Australien ‹ für jung und alt › von ‹ O. Berger. › Stereotyp-Ausgabe. Reutlingen. ‹ Druck und Verlag von Enßlin und Laiblin. (= *Neue Volksbücher*, 177).
o. J., 64 S., 165 × 109, U.-Fig.: *»Komm, Kinder,« rief er* . . . 64 × 82
LBS d. D. oct K 3192.

Berger, Otto, deutsche Auswanderer im Busch. Eine Geschichte aus Australien f. Jung u. Alt. Ster.-Ausg. 8. (64 S.) Reutlingen 882. Enßlin & Laiblin. — 25

Berger, Otto: Kapitän B a r m o n t , s.a. V o l k s b ü c h e r , neue.

— Kapitän Barmont od. Auge um Auge, Zahn um Zahn! Eine Erzählg. f. Jung u. Alt. Ster.-Ausg. 8. (64 S.) Reutlingen 887. Enßlin & Laiblin. — 25

Zeno Cabral ‹ oder: › Des Verbrechens Sühne. ‹ Eine Indianergeschichte › von ‹ O. Berger. ‹ Neue Stereotyp-Ausgabe Reutlingen. ‹ Druck und Verlag von Enßlin und Laiblin (= *Neue Volksbücher*, 442).
o. J., 62 + 2 S., 165 × 108, kol. U.-Fig.: *Ein Indianer kam ihnen entgegengesprengt* . . ., 147 × 96.
LBS d. D. oct K 3230.
Nach dem Roman von Gustave Aimard: *Zeno Cabral* (1864).

—— **Zeno Cabral od. d. Verbrechens Sühne. Indianergeschichte. Neue Asg. 8. (62) Reutling. 88. Ensslin & L.** — 25

Berger, Otto: Die rothe Ceder, s.a. V o l k s b ü c h e r , neue.

Berger, Otto, s. C o o p e r ' s Lederstrumpf-Erzählungen.

Der ‹ alte Dessauer › und ‹ der Deserteur. › Eine ‹ Erzählung › für das Volk ‹ von ‹ O. Berger. › Stereotyp-Ausgabe. ‹ Reutlingen. ‹ Druck und Verlag von Enßlin und Laiblin. (= *Reutlinger Volksbücher*, 158).
o. J., 62 S. + 1 Bl., 166 × 108.
LBS d. D. oct K 3245.

Berger, Otto, der alte Dessauer und der Deserteur. Eine Erzählung für das Volk. Ster.-Ausg. 8. (62 S.) Reutlingen 880, Enßlin und Laiblin's Verlagsb.

El Dorado ‹ oder › nach den Diamantfeldern Brasiliens ‹ Eine abenteuerliche Indianergeschichte › von ‹ O. Berger. › Stereotyp-Ausgabe. ‹ Reutlingen. ‹ Druck und Verlag von Enßlin und Laiblin. (= *Neue Volksbücher*, 441)
o. J (1887), 64 S., 165 × 109, kol. U.-Fig.: *»Beide Läufe meiner Büchse* . . ., 128 × 92.
LBS d. D. oct K 3256.

— El Dorado od. nach den Diamantfeldern Brasiliens. Eine abenteuerliche Indianergeschichte. Ster.-Ausg. 8. (64 S.) Reutlingen 888. Enßlin & Laiblin. — 25

— 'Du sollst nicht töten', s. Unterhaltungsbibliothek

Berger, Otto: Die Elephantenjäger, s. Unterhaltungsbibliothek

– schwarzes und weißes Elfenbein, s. Unterhaltungsbibliothek

Jane Eyre, | die Waise von Lowood, | oder | Gott führt die Seinen wunderbar. | Für's Volk erzählt | von | O. Berger. | Stereotyp-Ausgabe. | Reutlingen. | Druck und Verlag von Enßlin und Laiblin. (= Neue Volksbücher, 180).
o. J. (1882), 64 S., 185 × 108, U.-Fig.: *Jane hatte noch nie ein Pferd berührt . . .*, 60 × 82.
LBS d. D. oct K 3273.
Nach dem Roman von Charlotte Bronte (1847). Unter dem Pseudonym Currer Bell deutsch erschienen in zweiter Auflage in Stuttgart: Franckh 1864.

— Jane Eyre, die Waise von Lowood, oder Gott führt die Seinen wunderbar. Für's Volk erzählt. Ster.-Ausg. 8. (64 S.) Ebend. 882. — 25

Berger, Otto: Auf blutiger Fährte, s.a. Volksbücher, neue

— auf blutiger Fährte od. e. Gottesgericht. Eine Indianergeschichte aus Texas. Neue Ster.-Ausg. 12. (64 S.) Reutlingen 889. Enßlin & Laiblin. n. — 20

Der Fährtensucher | oder | Ein Freund in der Not | ein Geschenk von Gott. | Eine Indianergeschichte | von | O. Berger. | Stereotyp-Ausgabe. | Reutlingen. | Druck und Verlag von Enßlin und Laiblin. (= Neue Volksbücher, 44...).
o. J. (1888), 62 S., 16. × 108, kol. U.-Fig.: *Ein dumpfes Gemurmel des Schreckens ging durch die Versammlung . . .*, .64 × 91.
LBS d. D. oct K ...

– auf einsamer Farm, s. Unterhaltungsbibliothek

—— Felsenherz. Eine mexikan. Geschichte, nach G. Aimard wiedererzählt. 8. (112 S. mit 4 Chromolithogr.) Ebendas. 883. cart.
Ohne Chromolithogr.

Berger, O., Felsenherz. Eine mexikan. Geschichte, nach G. Aimard wiedererzählt. 8. (112 S.) Reutlingen 884. Enßlin & Laiblin. — 40; m. 4 Chromol. 1. 20

Unter schwarzer Flagge | oder | Montbar, der Vertilger. | Eine Erzählung für jung und alt | von | O. Berger. | Stereotyp-Ausgabe | Reutlingen. | Druck und Verlag von Enßlin und Laiblin (= Neue Volksbücher, 199 a.).
o. J., 64 S., 165 × 108, U.-Fig.: *»Ruhig, Bestien!« schrie er den Hunden zu . . .*, 75 × 85.
LBS d. D. oct K 3293.

— unter schwarzer Flagge, oder Montbar, d. Vertilger. Eine Erzählg. f. Jung u. Alt. Ster.-Ausg. 8. (64 S.) Reutlingen 887. Enßlin & Laiblin. — 25

—— neues, vollständiges Fremdwörterbuch für Gewerbe, Handel und Zeitungsleser. Alphabetisches Verzeichnis der in Sprache und Schrift vorkommenden fremden Ausdrücke mit Bezeichnung der Aussprache, Betonung und Abstammung. Unentbehrliches Nachschlagebuch für jedermann. Neue Ster.-Aufl. 8. (300 S.) Ebendas. 883. cart.

Berger, Otto: Walter Frühauf, s.a. Volksbücher, neue.

— Walter Frühauf od. e. edles Fürstenpaar. Eine Erzählg. aus dem Mittelalter. Ster.-Ausg. 8. (64 S.) Ebend. 884. — 20

— um schnödes Geld, s.a. Volksbücher, neue.

Um schnödes Geld | oder | Zwei ungleiche Brüder. | Eine Erzählung für Jung und Alt | von | O. Berger. | Stereotyp-Ausgabe. | Reutlingen. | Druck und Verlag von Enßlin und Laiblin. (= Neue Volksbücher, 173).
o. J., 58 S. + 3 Bl. Verlagsanzeigen, 166 × 107, U.-Fig.: *Plötzlich, schnell wie ein Blitz, einen Dolch aus seinem Gürtel ziehend, . . .*, 67 × 84.
LBS d. D. oct K 3333.

Berger, Ritter u. Edler Herr v., u. Arndt v. Kirchbach, Geschichte des königl. sächs. Schützen-Regiments Prinz Georg Nr. 108. Im Auftrage des Regiments verfaßt. Buchausstattg. von Melch. v. Hugo. (199 S. m. Abbild.) gr. 8. Dresden (909). R. Heinze. Geb. 8. —

Das Gold-Thal | oder | »Mein ist die Rache,« | spricht der Herr! | Eine Erzählung nach Gabriel Ferry's »Waldläufer« | für Jung und Alt | von | O. Berger. | Stereotyp-Ausgabe. | Reutlingen. | Druck und Verlag von Enßlin und Laiblin. (= Reutlinger Volksbücher, 154).
o. J., 64 S., 167 × 108, U.-Fig.: *Vom Pferd gestürzte Indianer*, 66 × 85.
LBS d. D. oct K 3363.

— das Gold-Thal oder „Mein ist die Rache", spricht der Herr! Eine Erzählung nach Gabr. Ferry's „Waldläufer" f. Jung u. Alt. Ster.-Ausg. 8. (64 S.) Reutlingen 880. Enßlin & Laiblin. — 25

Berger, O., u. L. Oberheim, Hochzeits- & Polterabenddichter. Eine Sammlg. auserles. Vorträge u. Gedichte f. Kinder u. Erwachsene. Mit e. Anh. v. Liedern u. Aufführgn., Beiträgen zu Hochzeitszeitgn., sowie v. Gedichten zu silbern. u. gold. Hochzeitsfeiern. Neue Ster.-Ausg. 8. (96 S.) Reutlingen (900). Enßlin & Laiblin. — 60

Berger, O., u. L. Oberheim, Hochzeits- u. Polterabenddichter. Eine Sammlg. auserlesen. Vorträge u. Gedichte f. Kinder u. Erwachsene. Mit e. Anh. v. Liedern u. Aufführgn. Beiträgen zu Hochzeitszeitgn., sowie v. Gedichten zu silb., u. gold. Hochzeitsfeiern. 4. Aufl. (96 S.) 8. Reutlingen (909). Enßlin & Laiblin. — 50

Berger, Otto: Jagdabenteuer im Wilden Westen. Nach Maine Reid. Für d. reifere Jugend bearb. (Neue [Tit.-]Ausg. v.: Am Lagerfeuer d. Büffeljäger.) (224 m. 3 Farbdr.) 8° Reutl., Ensslin & L. [1884] ('11). HL 1.50 d

– Jagden u. Abenteuer in Afrika, s. Unterhaltungsbibliothek

— im Kamerun! Erlebnisse e. jungen Deutschen an der Westküste v. Afrika. Neue Ster.-Ausg. 8. (64 S.) Reutlingen 887. Enßlin & Laiblin. — 25

— dasselbe, s.a. Volksbücher, neue.

— neuestes Komplimentirbuch oder der gute Ton in allen Lagen des Lebens. Unentbehrlicher Ratgeber bei Gesellschaften, festl. Veranlassungen u. allen Gelegenheiten, wo feiner Anstand u. gute Sitten gefordert werden. Neue Ster.-Ausg. 8. (64 S.) Ebend. 882. — 25

– Königin der Savannen, s.a. Volksbücher, neue.

— die Königin der Savannen. Eine Erzählung aus den mexikan. Freiheitskämpfen. Nach dem Franz. bearb. Neue Ster.-Ausg. 8. (64 S.) Reutlingen 887. Enßlin & Laiblin. — 25

Berger, Am Lagerfeuer der Büffeljäger. gr. 8. (208 S. mit vier Farbendruckbildern.) Wien, *Garai & Cie. geb. 75 kr. netto. 618 1*

— am Lagerfeuer der Büffeljäger. Jagdabenteuer aus dem fernen Westen. Nach Kapit. Maine Reid f. die reifere Jugend bearb. Mit (4) Bildern in Farbendr. gr. 8. (224 S.) Ebend. 884. cart. 8. —

— Lederstrumpf-Erzählgn. Nach James Fenimore Cooper f. d. deut. Jugend bearb. (300 m. farb. Vollbildern.) 8° Ebd. L 3 — d

— Königin Louise. Ein Vorbild echter Weiblichkeit. Für die Jugend geschildert. 8. (112 S.) Ebend. 884. — 40; m. 4 Chromol. 1. 20

—— Königin Luise. Ein Vorbild echter Weiblichkeit. Für die Jugend geschildert. 8. (112 S. mit 4 Chromolithogr.) Ebendas. 888. cart.
Ohne Chromolithogr.

— Königin Luise. Ein Vorbild echter Weiblichk. Für d. Jugend geschildert. (96 m. 4 Farbdr.) kl8° Ebd. ('12). HL — 50 d

Berger, Otto: Das Lynchgesetz, s.a. Volksbücher, neue.

— die schönsten Märchen aus 1001 Nacht. Für die Jugend bearb. Mit (4) Illustr. in Farbendr. 8. (224 S.) Ebend. 882. geb. 3. —

— Die schönsten Märchen a. Tausend u. e. Nacht. Für d. Jugend bearb. (Neue [Tit.-]Afl.) (224 m. 3 Farbdr.) 8° Ebd. [1882] ('11). HL 1.50 d

Fabian von Mediana, | das | geraubte Grafenkind | oder | Wunderbar sind Gottes Wege. | Eine Erzählung nach Gabriel Ferry's »Waldläufer« | von | O. Berger. | Stereotyp-Ausgabe. | Reutlingen. | Druck und Verlag von Enßlin und Laiblin. (= *Reutlinger Volksbücher*, 153).
o. J. (1880), 63 S., 166 × 107, U.-Fig.: *Szene mit bewaffneten Reitern*, 74 × 83.
LBS d. D. oct K 3274.
Gabriel Ferry de Bellemare: *Le coureur des bois* war 1851 in Halle deutsch erschienen.

—— Fabian v. Mediana, d. geraubte Grafenkind, od Wunderbar sind Gottes Wege. Eine Erzählg nach G Ferry's „Waldläufer" 8. (63) Reutl. 80. Ensslin u. L.. — 25

— Fürst Alexander Menschikow, s.: Volksbücher, neue.

— Neham Outah, der Letzte der Inkas. Eine Indianergeschichte. Ster.-Ausg. 8. (63 S.) Reutlingen 888. Enßlin & Laiblin. — 25

— dasselbe, s.a. Volksbücher, neue.

— der fliegende Pfeil od. auf der Bärenjagd. Erlebnisse e. Deutschen an der Indianergrenze, wiedererzählt. Neue Ster.-Ausg. 12. (62 S.) Reutlingen 889. Enßlin & Laiblin. n. — 20

— dasselbe, s.a. Volksbücher, neue.

— für Polterabend u. Hochzeit. Eine Sammlg. neuester Orig.-Vorträge ernsten u. heiteren Inhalts zu Polterabenden, grünen, silbernen u. goldenen Hochzeitsfesten. Nebst e. Anh. v. Toasten u. Tafelliedern. 12. (240 S.) Reutlingen 890. Enßlin & Laiblin. cart. 1. 50

Berger, Otto: Unter den Puelchen, s. Volksbücher, neue.

– Emin Pascha's Reisen u. Kämpfe in Afrika, s. Unterhaltungsbibliothek

Mark's Riff | oder | der amerikanische Robinson. | Nach Cooper | für die Jugend wiedererzählt | von | Otto Berger. | Reutlingen. | Druck und Verlag von Enßlin und Laiblin. (= *Neue Volksbücher*, 253).
o. J. (1882), 112 S., 166 × 109, U.-Fig.: *Mit vollen Segeln flog das Boot dem Ungeheuer entgegen* ..., 62 × 82.
LBS d. D. oct K 3563.

— Rothhand u. Mischblut oder die Abenteuer am Büffelsee. Eine Erzählung nach Gabr. Ferry's „Waldläufer" f. Jung u. Alt. Ster.-Ausg. 8. (64 S.) Reutlingen 880. Enßlin & Laiblin. — 25

– Lord Rudi s.a. Volksbücher, neue.

—— Lord Rudi od. d. Treue Lohn. Eine Erzählg f. Jung u. Alt. 8. (61) Reutl. 82, Ensslin & L. — 25

— Sigismund Rüstig, der Bremer Steuermann, oder der Schiffbruch der Seemöve. Nach dem Engl. d. Capit. Marryat f. das Volk bearb. Ster.-Ausg. 8. (60 S.) Ebend. 880. — 25

— Sammlung neuester Toaste u. Tischreden bei festlichen Gelegenheiten. Mit e. Anh. v. Gesellschaftsliedern. Ster.-Ausg. 8. (64 S.) Reutlingen 887. Enßlin & Laiblin. n. — 25

Berger, O., Schnellwasser, der Comanchen-Häuptling. Eine Erzählg. aus den mexikan. Freiheitskämpfen. Nach dem Franz. bearb., s.a. Volksbücher, neue.

— Schnellwasser, der Comanchen-Häuptling. Eine Erzählg. aus den mexikan. Freiheitskämpfen. Nach dem Franz. bearb. Neue Ster.-Ausg. 8. (62 S.) Ebd. 887. — 25

Berger, Otto: Der rothe Seeräuber, s. Volksbücher, neue.

— Schlangenkönig Singhal. Eine Geschichte aus Indien f. die Jugend. Ster.-Ausg. 8. (160 S. m. 4 Farbdr.-Bildern.) Reutlingen 890. Enßlin & Laiblin. geb. 2. —

– die Skalpjäger, s. Volksbücher, neue.

—— der Spion. Eine Erzählung aus der Zeit des nordamerikanischen Freiheitskrieges. Nach J. F. Cooper für die reifere Jugend bearb. gr. 8. (208 S.) Reutlingen 883, Enßlin und Laiblin's Verlagsh. cart.

Berger, Otto: Der Spion. Erzählg a. d. Zeit d. nordamerikan. Freiheitskrieges. Nach JF Cooper f. d. reifere Jugend bearb. Neue Ausg. (208 m. 3 Farbendr.) 8° Reutl., Ensslin & L. ('12). HL 1.20 d

— d. gute Ton od. d. Buch d. Anstandes u. d. guten Sitte. E. unentbehrl. Ratgeber f. d. gesellschaftl. Verkehr. Neue Ster.-Ausg. 8. (200 S.) Reutlingen 895. Enßlin & Laiblin. — 80

Berger, Otto: Treue um Treue, s.a. Volksbücher, Neue.

— Treue um Treue od. e. Opfer der Pehuenchen. Eine Indianergeschichte. Neue Ster.-Ausg. 12. (64 S.) Ebd. 889. n. — 20

– s. Unterhaltungsbibliothek

Berger, O., zu Verlobungs- u. Polterabendfeiern. Eine reichh. Sammlg. v. Glückwünschen, Vorträgen u. Aufführgn. zur Verlobg., zu Polterabend- u. Hochzeitsfeiern. Gesammelt u. hrsg. (96 S.) kl. 8. Reutlingen (906). Enßlin & Laiblin. n. — 60

(*U.-Titel:* Der Gambusino. – *Innentitel:*) Das | Vermächtnis des Gambusino. | Eine Indianergeschichte | aus | dem fernen Westen. | von | O. Berger. | Stereotyp-Ausgabe. | Reutlingen. | Druck und Verlag von Enßlin und Laiblin. (= *Neue Volksbücher*, 448).
o. J., 58 S. + 3 Bl. Anzeigen, 166 × 108, kol. U.-Fig.: *Plötzlich sprang der tückische Medizinmann auf den Unglücklichen zu* ..., 149 × 97.
LBS d. D. oct K 3328.

– s. Volksbücher, Neue.

— vom Ohio zum Huerfano. Eine Indianergeschichte. Neue Ster.-Ausg. 12. (61 S.) Reutlingen 889. Enßlin & Laiblin. n. — 20

– der junge Walfischjäger, s. Unterhaltungsbibliothek

—— was schicklich ist! Ratgeber f. d. Verkehr in d. Familie, in Gesellschaft u. im öffentl. Leben. 8. (200) Reutling. 87, Ensslin & L. 1. 50

— Wilhelm I., Kaiser v. Deutschland. Ein Lebensbild, f. das Volk u. d. Jugend geschildert. Mit Bildern. 8. (126 S.) Reutlingen 888. Enßlin & Laiblin. cart. n. — 50; feine Ausg. 1. 20

Berger, P.: Erzählungen, Ausgewählte, s. Berger, Pauline

Berger, P.O., s. Berger, Othmar

Berger, P. Othmar, s. Berger, Othmar

Berger, Paul, Bäderführer für Gehirn-, Rückenmarks- und Nervenkranke, s. Sammlung medizinischer Bäderführer.

Berger, Paul, die Bedeutung v. Krankheiten f. die Ehe mit besond. Berücksicht. der Erblichkeit. gr. 8. (93 S.) Berlin 886. Steinitz. n. 2. —

Berger, Paul, aus Rostock: Beiträge zur historischen Entwickelung der Vorstellungen vom Wesen der Materie. *Rostock 1903: H. Winterberg.* (77 S.) 8°
Rostock, Phil. Diss. v. [6. Juli] 1904

Berger, Paul, u. S. Banzet, orthopädische Chirurgie. Uebers. v. Karl Wahl. (III, 628 S. m. 489 Fig.) Lex.-8. München 907. E. Reinhardt. n. 16. —; geb. n. 18. —

— Diät u. Wegweiser für Blutarme, s.a. Sammlung medizinischer Wegweiser. 3

Berger, Paul, Diät u. Wegweiser f. Blutarme. 3. u. 4. Taus. 8. (70 S.) Berlin 894. H. Steinitz' Verl. n. 1. —

Diät und Wegweiser für Nervenkranke von Dr. med. Paul Berger, prakt. Arzt in Berlin. 2. verm. u. verb. Aufl. *Berlin: H. Steinitz (1900).* (109 S.) 8° [F.]
— Sammlung medizinischer Wegweiser. Bd 11. 12.

Berger P. Doppelwährung u Landwirtschaft. (Zeit- u Streitfr. NF 78) Hamburg 1891

—— es ist ungesund. Gesundheitsregeln für Jedermann. 1.—5. Tausend. 12. (67 S.) Frankfurt a. M. 886,88, Koenitzer's Verlag. cart. in Leinw. *

— es ist ungesund. Gesundheitsregeln f. Jedermann. 2., verb. Aufl. 12. (67 S.) Frankfurt a/M. 890. C. Koenitzer's Verl. cart. n. 1. —

— Führer durch d. Privat-Heilanstalten Deutschlands, Oesterreichs u. der Schweiz. Mit ausführl. Darstellg. der modernen Behandlungsmethoden. Zum Handgebrauch f. Aerzte u. Laien bearb. 8. (160 S.) Berlin 889. Steinitz' Verl. n. 2. —

Berger, Paul, Führer durch die Privat-Heilanstalten Deutschlands, Oesterreichs u. d. Schweiz. Mit ausführl. Darstellung der modernen Behandlungsmethoden zum Handgebrauch für Aerzte u. Laien bearb. Berlin 1890. gr. 8.
—, —— 2. bedeutend erweiterte Aufl. Ebda 1890/91. 8.

—— Führer durch die Privat-Heilanstalten Deutschlands, Österreichs u. der Schweiz. Mit ausführlicher Darstellg. der modernen Behandlungsmethoden. 2. bedeutend erweiterte Aufl. 8. (184 S.) Berl. 892, H. Steinitz, Verlag. In Leinw. cart. * 2 —

— Führer durch d. Privat-Heilanstalten Deutschlands, Österreichs u. d. Schweiz. Mit ausführl. Darstellg d. modernen Behandlungsmethoden. 4. Afl. 8° (168) Ebd. 94/95. 2 —

Führer durch die Privat-Heilanstalten Deutschlands, Österreichs und der Schweiz. M. ausführl. Darstellg d. modernen Behandlgsmethoden. Z. Handgebr. f. Arzte (!) u. Laien bearb. v. Dr. Paul Berger in Berlin. 5. bedeutend erweit. Aufl. *Berlin: H. Steinitz 1896—97.* (x, 171, 25 S.) 1 Bd 8.

Berger, Paul, Führer durch d. Privat-Heilanst. Deutschlands, Österreichs u. d. Schweiz. M. ausführl. Darstellg. d. mod. Behandlungsmethoden. Z. Handgebr. f. Ärzte u. Laien bearb. 6., bed. erweit. Aufl. 12. (VIII, 183 S.) Berlin 898. H. Steinitz. n. 2.—

— Führer durch d. Privat-Heilanst. Deutschlds, Österr. u. d. Schweiz. Mit ausführl. Darstellg d. modernen Behandlgsmethoden. 7. Afl. 12° (240) Berl. 1900, H Steinitz. 2 —

— Führer durch die Privat-Heilanstalten Deutschlands, Oesterreich-Ungarns u. der Schweiz. Mit ausführl. Darstellung der mod. Behandlungsmethoden. Zum Handgebrauch für Aerzte u. Laien bearb. 8., vollst. umgearb. u. bedeut. erweit. Aufl. 8. (224 S.) Berlin 902. H. Steinitz. n. 2. —
7. Aufl. (240 S.) Ebd. 900. n. 2. —.

Berger, Paul. Führer durch die Privat-Heilanstalten (für 1904/1905). Mit — — bearbeitet. 9. vollständig umgearb. und bedeutend vermehrte Aufl. [Illustriert.] 144 [+ *Anzeigen* 18] S. 8. Berlin, Hugo Steinitz, 1904. [M. 2.—]
Auch die Schweiz umfassend.

Berger, Paul, Führer durch die Privat-Heilanstalten. Mit ausführl. Darstellg. der modernen Behandlungsmethoden. Zum Handgebrauch f. Aerzte u. Laien bearb. 10., vollständig umgearb. u. bedeut. verm. Aufl. (160 S. m. Abb.) kl. 8. Berlin 906. H. Steinitz. n. 2. —

Berger, Paul. Führer durch die Privat-Heilanstalten, Sanatorien und Erholungsstätten. Mit ausführlicher Darstellung der modernen Behandlungsmethoden. Zum Handgebrauch für Ärzte und Laien bearbeitet. 11. vollständig umgearb. und bedeutend vermehrte Aufl. (Ausgabe 1908/1909.) [Illustriert.] 172 [+ 12 + *Anzeigen* 40] S. 8. Berlin, Hugo Steinitz, 1908. [M. 2.—]
Auch die Schweiz umfassend. — 10. Aufl. 160... S. 1906: N 5038

Berger, Paul. Führer durch die Privat-Heilanstalten, Sanatorien und Erholungsstätten. Mit ausführlicher Darstellung der modernen Behandlungsmethoden. Zum Handgebrauch für Ärzte und Laien bearbeitet. 12. durchgesehene Aufl. (Ausgabe 1910/1911.) [Illustriert.] 180 S. + *Inserate*. 8. Berlin, Hugo Steinitz, 1910. [M. 2.—]

Berger, Paul: Führer durch d. Privat-Heilanst., Sanatorien u. Erholungsstätten. 13. Afl. (Ausg. '12/13) (185) kl8° Berl., H Steinitz '12. 2 —

Berger, P: Die elektr. Hofzentrale d. Landwirts. Vorschlag z. Versorgg d. Landwirtschaftsbetriebe m. Kraft u. Licht. (18) gr8° Berl.-Lichterf.-W., Ceres ('12). — 75 d

— die Hygiene vor den Flitterwochen. Suppl. zu Dr. v. Gelson: Hygiene der Flitterwochen. 1.—5. Taus. gr. 8. (89 S.) Ebd. 893. 891. n. 2. —

— d. Hygiene v. d. Flitterwochen. 6.—8. Taus. gr. 8. (88 S.) Ebd. 897. n. 2. —

— die Hygiene vor den Flitterwochen. 8. Aufl. (96 S.) 8. Ebd. (905). n. 2. —

Ischias. (Das) Hüftweh. Wesen, Entstehg, Behandlg u. Heilg. F. Ärzte u. Leidende (a. d. Umschl.: Laien). Von Dr. Paul Berger, Nervenarzt in Berlin. *Berlin: H. Steinitz (1896).* (3 Bl., 55 S.) 1 Bd 8.

Ischias. Das Hüftweh. Wesen, Entstehung, Behandlung u. Heilung. Für Ärzte u. Laien von Dr. Paul Berger, Nervenarzt in Berlin. 2. verm. Aufl. *Berlin: H. Steinitz (1903).* (64 S.) 8°

Berger u. Böckelmann: Karte d. Herford-Salzufler Waldes, bes. d. m. Farbzeichen verseh. Wege. 1:25,000. 19×28 cm. Mit Text auf d. Rücks. — Plan d. Stadt Herford. 1:16,000. 9,8×13,2 cm. (Auf d. Umschl.) Farbdr. Herf., (W Menckhoff) ('06). — 50

Karte des Herford-Salzufler Waldes, besonders der mit Farbzeichen versehenen Wege. (Stadtplan von Herford. Hrsg. im Auftr. d. Herforder Verschönerungs-Ver. von Oberlandmesser [Paul] Berger u. Prof. [Friedrich] Böckelmann. Masst. 1:25,000. Herford: W. Menckhoff & H. Wolff in Comm. [1906]; Lith. H. Seyler.) (1 Kartenbl. 23×19 cm.) 8° [kol.]

Berger, Paul: Erbl. Krankh. m. bes. Berücks. ihrer Bedeutg f. d. Ehe. 3. Afl. (128) 8° Berl., H Steinitz ('08). 2 —

—— Kur für Magere nach diätetischen Grundsätzen. Ursachen, Wesen und Behandlung der Magerkeit und der damit zusammenhängenden Krankheiten. Gemeinverständlich dargestellt. 1—3. Tausend. gr. 8. (60 S.) Berlin 886,87, H. Steinitz. *

—— Kur f. Magere nach diätetischen Grundsätzen. Ursachen, Wesen u. Behandlg. der Magerkeit u. der damit zusammenhäng. Krankheiten. 4. u. 5. Taus. gr. 8. (60 S.) Ebd. 890—92. * 1 50

— Kur f. Magere n. diätet. Grundsätzen. Ursachen, Wesen u. Behandlg. d. Magerkeit u. d. damit zusammenhäng. Krankheiten. (6. u. 7. [Umschlag-]Taus.) gr. 8. (60 S.) Ebd. 897. n. 1. 50

Berger, Paul, Kur f. Magere nach diätetischen Grundsätzen. Ursachen, Wesen u. Behandlg. der Magerkeit u. der damit zusammenhäng. Krankheiten. (Umschlag: 8. Aufl.) (60 S.) 8. Berlin (906). H. Steinitz. n. 1. 50

—— die Nervenschwäche [Neurasthenie]. Ihr Wesen, ihre Ursachen und Behandlung. Gemeinverständlich dargestellt. 1.—6. verb. Aufl. gr. 8. (56 S.) Ebendas. 885—87. *

Berger, P, d. Nervenschwäche [Neurasthenie]. Ihr Wesen, ihre Ursachen u. Behandlg. 3. Afl. 8. (60) Berl. 85, Steinitz & F. n. 1. 50

—— Die Nervenschwäche [Neurasthenie]. Ihr Wesen, ihre Ursachen u. Behandlg. 8. verb. u. verm. Aufl. gr. 8. (61 S.) Ebd. 889. * 1 50

— d. Nervenschwäche (Neurasthenie). Ihr Wesen, ihre Ursachen u. Behandlg. 9. u. 10. Taus. 8° (64) Ebd. 93. 1.50

— Die Nervenschwäche (Neurasthenie). Ihr Wesen, ihre Ursachen u. Behandlg. 11. u. 12. Taus. (Umschl. 9. Afl.) 8° (64) Ebd. 97. 1.50

— die Nervenschwäche (Neurasthenie). Ihr Wesen, ihre Ursachen u. Behandlg. 13. u. 14. Taus. (68 S.) 8. Ebd. (904). n. 1. 50

Berger, Paul, üb. Unterleibsbrüche. Ergebn. d. Untersuchg. v. 10000 beobacht. Fällen. Autor. Übersetzg. v. Kreiswundarzt M. Steiner. gr. 8. (228 S.) Berlin 897. S. Karger. n. 6. —

— d. Verhütg [Prophylaxis] d. Geisteskrankheiten. Ihre Entstehg, Ursachen u. Behandlg. 8° (70) Ebd. 91. 2 —

Berger, Paul: Die Verpachtung der preussischen Staatsdomänen nebst Vorschlägen zur Reform. M. Berücks. d. Domänenpachtkontrakte v. Mecklenburg-Schwerin, Kgr. Sachsen, Braunschweig, Anhalt u. Oldenburg ... Stuttgart, Druck d. Union Deutsche Verlagsges., *1893;* 138 S. 8.
Würzburg, Jur. Fak., Inaug.-Diss. v. 1893

Berger

— **Paul Gottlob** (Eilenburg), De signis diagnosticis in genere. Diss. semiotiarum prima. Präs. Christian Vater. Wittenbg. (A. Koberstein) März 1719. 64 S. (6.—) 2215
Gew.: Paul Reinhard Berger, Gg. Christoph Liebietsch.

Berger, Paul Reinhard

— — De fustigationis iniquo usu hodierno. Disp. jur. Präs. Heinr. Bodin. Halle (Joh. Jac. Krebs) Sept. 1705. 24 S. (4.80) 2217

Berger, Pauline, ausgew. Erzählungen, s.: Juranville, Clarisse.

Berger, [Peter]: Volks- und privatwirtschaftliche Grundlagen für die Rindviehzucht des Kreises Rotenburg. Rotenburg i. Hann. 1909: Temme. S. 17. 18. 8°
Rotenburg i. Hann., LWS P 1909** [S 09. 20

Berger, Petr. *(geb. Gladbach bei Cöln a. Rh. 12. 4. 1836):* De morbis conjunctivae nonnullis. Berolini (1861). (32 S.) 8°
Berlin, Med. Diss. v. 7. Aug. 1861

Berger, Ph., s. Berger, T. Ph.

Berger, R., gesundes Blut u. starke Nerven, die Grundlage zur Erlangung u. Erhaltung dauernder Gesundheit bis ins höchste Alter. (27 S.) 8. Dresden 905. F. Casper & Co. n. — 50

Berger, R., gesundes Blut u. starke Nerven, die Grundlage zur Erlangung u. Erhaltung dauernder Gesundheit bis ins höchste Alter. 6. vollständig neubearb. Aufl. (29 S.) 8. Dresden (907). Leipzig, M. Wendel. — 50

Berger, R.: De Fructibus et seminibus ... s. Berger, Reinhold

Berger, R: Maria, uns. Mutter. Gebet- u. Andachtsb. nebst e. Erklärg d. lauretan. Litanei. (384) 16° Klagenf., Buch- u. Kunsth. d. St Josef-Ver. '12. L 1.20 d

Berger R. Ueber einige Polyeder des regulären Systems, deren Volumen bei gegebener Oberfläche ein Maximum ist. 1881. 8.
Math. Diss. Marburg

Berger, Reinhold

Berger, (Andreas) Reinholdus *(geb. Breslau 30. 11. 1824):* De fructibus et seminibus ex formatione lithanthracum. Vratislaviae (1848). (30 S., 3 Taf.) 4° *[Im Buchhandel 1848 bei Maske in Breslau. — Tauschexemplare auch ohne Tafeln.]*
Breslau, Phil. Diss. v. 18. Dez. 1848

Berger, Reinhold, de fructibus et seminibus ex formatione Lithanthracum. Dissertatio inaug. 4maj. (31 S. und 3 Stnt.) Vratislaviae 848, (Gosohorsky's Buchh.) *

Berger, Rhold: Handb. d. Wissens. Gemeinverständl. Einführg in alle Wissensch. 1—3. Afl. (526 m. Abb.) 8° Berl., R Oefler ('11'12). L 3.50 d

Berger, Rob. Imm., die Abendglocke, enthaltend: Gebete über Aussprüche der heil. Schrift und die gewöhnl Sonn- und Festtags-Episteln für fromme Familien in der Gemeine des Herrn auf jeden Abend im Jahre. 8. Cottbus 838. Meyer. n. 3/4 Thlr Schrbp. n. 1 Thlr Velinp. n. 1 1/6 Thlr

— Das Andenken an den Unvergeßlichen bleibt unter uns im Segen. Gedächtnißpredigt bei der allgem kirchl Todtenfeier zum Andenken an Seine himmlisch verklärte Maj. Friedrich Wilhelm den Dritten, König von Preußen. Mit dem biblisch begründ. Glaubensbekenntnisse so wie dem Testamente d. heimgeruf. hoh. Monarchen. gr. 8. Cottbus 840. Meyer. n. 1/6 Thlr

Berger, Rob. Imm., der Christenweg. Zum Gebrauche in Stadt- u. Landschulen für Kinder v. 10—14 Jahren ausgearb. u. mit e vollständ. evangel Glaubens- u. Sittenlehre in Denkversen versehen. 8. Zeitz 834. Webel. (Leipz., Eisenach.) 1/4 Thlr

— der Friedensbote, enthaltend: Morgengebete über Jesu Christi eigene Aussprüche u. die gewöhnl. Sonn- u. Festtags-Evangelien für fromme Familien in d. Gemeine des Herrn auf jeden Tag i. Jahre. 2e Aufl. 8. Cottb. 838. (Meyer.) n. 1 1/6 Thlr

— Confirmandenbüchlein, nach Anleitung d. kleinen Katechismus D. Luthers. Zum Gebrauch als Leitfaden in dem Confirmandenunterrichte, und zur Vorbereitung für Lehrer, welche in der Oberklasse d. Elementarschulen im Christenthum unterrichten ꝛc. mit e. vollständ. Glaubens- u. Sittenlehre in Denkversen verseh. 8. Zeitz 834. Webel. (Leipz., Eisen.) 2/3 Thlr

Berger, Rob. Imman., christliche Morgen- u. Abendandachten f. jeden Tag im Jahre. 1. Bd. — A. u. d. T.: Der Friedensbote, enthaltend: Morgengebete über Jesu Christi eigene Aussprüche und die gewöhnl. Sonn- u. Festtags-Evangelien für fromme Familien in der Gemeine des Herrn. 2. Ausg. 8. Cottbus 842, Meyer. 2/3 Thlr

— dass. 2. Bd. — A. u. d. T.: Die Abendglocke. Enthalt.: Abendgebete über ausgewählte Aussprüche der heil. Schrift und die gewöhnlichen Sonn- und Festtags-Episteln ꝛc. 8. Ebend. 842. 2/3 Thlr

Berger, Rose, Germaine u. andere Geschichten. 8. (V, 208 S.) Hamburg 902. Agentur des Rauhen Hauses. n. 2. —; geb. n. 2. 50

Berger, Rudolf

Berger, Rud., s.: Adan de la Hale le Bochu d'Aras, Canchons u. Partures.

Berger, Rudolf, aus Berlin: **Canchons und Partures des altfranzösischen Trouvere Adan de le Hale le Bochu d'Aras. 1. Canchons.** *Halle a. S. 1899: E. Karras.* (47 S.) 8°
¶ [T. 1: Canchons erschien vollst. 1900 als H. 17 d. Romanischen Bibliothek.]
Halle, Phil. Diss. v. 30. Okt. 1899

Berger, Rud., die Scholle, s.: **Universal-Bibliothek.**

Berger, Rud., üb. böhm. Staatsrecht. gr. 8. (12 S.) Darmstadt 897. C. F. Winter'sche Buchdr. n. — 20

BERGER, S., Die Nasen-Gallerie der wienerischen Frauenzimmer. Wien 1783. 8°.
Höchst selten! — Karajan's Bibl. II. no. 4074.

Berger, S. (Red.), s. Revue, Kritische, aus Oesterreich für Politik, Sozialökonomie, Kunst, Wissenschaft, (Technik) und Literatur.

Berger, Samuel, de glossariis et compendiis exegeticis quibusdam medii aevi sive de libris Ansileubi, Papiae, Hugutionis, Guill. Britonis de catholicon Mammotrecto aliis. Dissertatio critica. gr. 8. (56 S.) Parisiis 879. (Nancy, Berger-Levrault und Comp.) *

Berger, Siegfried, 1807 [Pseud.]
s. **Chelius**, Oscar v.

Berger, Sigism. Maur. (geb. Berlin 21. 2. 1833): De carcinomate. Berolini (1858). (32 S.) 8°
Berlin, Med. Diss. v. 26. Aug. 1858

Berger, Sigm., Kaiser Joseph II. Sein Leben u. Wirken. Erinnerungsblätter zum 100jähr. Gedenktag seiner Thronbesteigung, am 20. Novbr. 1780. gr. 8. (VIII, 40 S.) Brünn 880. Buschak & Irrgang in Comm. n. 1. —

Berger, Sigm., Oesterreichs geschichtliche Jubiläumstage in den J. 1882 und 1883. 3 Hefte in 1 Bd. Mit (eingedr. Holzschn.-)Illustr. gr. 8. Wien 882, (Perles.) *
Einzeln à Heft *

Inhalt:
Heft 1. Der 600jährige Gedenktag der Belehnung des Hauses Habsburg mit den österreichischen Stammländern am 27. Decbr. 1882. (VII, 20 S.)
» 2. Die 500jährige Gedenkfeier des Anschlusses Triests an Oesterreich und seine heurige Ausstellung. (VII, 22 S.)
» 3. Der 200jährige Gedenktag der Befreiung Wiens von der zweiten Türkenbelagerung am 12. Septbr. 1883. (VII, 21 S.)

Berger, T. B., s. Berger, Traugott Benjamin

Berger, T. Ph.: Erläuterung des Gesetzes über Markenschutz. 3. Aufl. u. d. Tit. Stephan, Gesetz zum Schutz der Warenbezeichnungen. Berlin 1894 (Sammlung Deutscher Reichsgesetze Nr 22 b)

Berger, T. Ph.: Erläuterung des Gesetzes über Markenschutz. 4. verb. Aufl. u. d Tit.: Stephan, Gesetz zum Schutz der Warenbezeichnungen. Berlin 1899 (Sammlung Deutscher Reichsgesetze Nr 22 b)

Berger, T. Ph., Gesetz üb. Markenschutz, Fortführg., s.: Stephan, R., Gesetz z. Schutz d. Waarenbezeichngn.

— Ph., Gewerbeordng., s.a Guttentags Sammlung.

Berger, T.Ph.: Deutsche Gewerbe-Ordnung (vom 21. Juni 1869) nebst den vom Bundesrath beschlossenen Ausführungs-Bestimmungen. 2. Aufl. Berlin 1874.
(Deutsche Reichsgesetzgebung. Textausg. m. Anm.)

Berger, T. Ph., deutsche Gewerbe-Ordnung nebst den vom Bundesrath beschlossenen Ausführungs-Bestimmungen. Text-Ausg. m. Anmerkgn. u. Register. 2. Aufl. 16. (170 S.) Berlin 874. Guttentag. n. 1. —

Berger, T. Ph., deutsche Gewerbe-Ordnung, nebst den für das Reich erlassenen Zusatzgesetzen und Ausführungsbestimmungen. Text-Ausg. mit Anmerkungen. 3. Aufl. 32. (XVI, 219 S.) Berlin 878, Guttentag. cart. *

— 4. Aufl. Berlin u. Leipzig 1881

Berger, T. Ph., deutsche Gewerbe-Ordnung, nebst den für das Reich erlassenen Zusatzgesetzen und Ausführungsbestimmungen. Text-Ausg. mit Anmerkungen. 4. Aufl. 16. (XVIII, 261 S.) Berlin 881, Guttentag. cart. *

— 13. Aufl. fortgef. von L. Wilhelmi. Berlin 1896.
(Guttentag'sche Sammlung Dt. Reichsgesetze. Nr 6.)

— 14. Aufl. 1896.

Berger, T. Ph., u. L. Wilhelmi, Gewerbeordnung f. das Deutsche Reich, 16. Aufl. v. H. Spangenberg s.a. **Guttentag's Sammlung deutscher Reichsgesetze.**

Berger, T. Ph., und **L. Wilhelmi: Gewerbeordnung für das Deutsche Reich nebst allen Ausführungsbestimmungen. 16. Aufl. von H. Spangenberg.** Berlin 1902

Berger, T. Ph. [d. i. Arn. *Nieberding*] u. Leop. *Wilhelmi*, Gewerbeordnung für das Deutsche Reich nebst allen Ausführungsbestimm. Text-Ausg. m. Anmerk. u. Sachreg. 17. verm. Aufl. bearb. von H. *Spangenberg*. Berlin 1907. 8°.
[Dasselbe *u. d. Tit.*:]
Gewerbeordnung für das Deutsche Reich nebst d. f. d. Reich u. Preussen erl. Ausführungsbestimm. 18. veränd. Aufl. bearb. von Karl *Flesch* in Verbind. mit Friedr. *Hiller* [u.] Herm. *Leppe*. Berlin 1910. 8°.
(Guttentagsche Sammlung Deutscher Reichsgesetze. Nr 6.)

Berger, T. Ph., s. Guttentag's Sammlung.

Berger, T.Ph.: Patentgesetz. Gesetz, betr. den Schutz v. Gebrauchsmustern. Gesetz üb. Muster- u. Modellschutz. Gesetz üb. Markenschutz, s.a. Guttentag's Sammlung deutscher Reichsgesetze.

Berger, T. Ph: **Patentgesetz. Gesetz, betreffend das Urheberrecht an Mustern und Modellen. Gesetz über Markenschutz. Nebst Ausführungsbestimmungen.** Berlin und Leipzig. 1884

Berger, T. Ph., Patentgesetz. Gesetz, betr. das Urheberrecht an Mustern u. Modellen. Gesetz üb. Markenschutz. Nebst Ausführungsbestimmgn., Textausg. m. Anmerkgn. u. Sachregister. 16. (XIII, 131 S.) Berlin 884. Guttentag. cart. n. — 80

Berger, T. Ph., Patentgesetz. Gesetz über Muster- u. Modellschutz. Gesetz über Markenschutz. Nebst Ausführungsbestimmgn. Text-Ausg. m. Anmerkgn. u. Sachregister. 2. Aufl. 16. (X, 133 S.) Berlin 889. Guttentag. cart. n. 1. —

Berger, T. Ph: **Patentgesetz. Gesetz über Muster- und Modellschutz. Gesetz über Markenschutz. Nebst Ausführungsbestimmungen. 2. Aufl.** Berlin 1890

Berger, T. Ph: **Patentgesetz. Gesetz, betreffend den Schutz von Gebrauchsmustern. Gesetz über Muster- und Modellschutz. Gesetz über Markenschutz. Nebst Ausführungsbestimmungen. 3. Aufl. von R. Stephan.** Berlin 1893

Berger, T. Ph: **Patentgesetz. Gesetz, betreffend den Schutz von Gebrauchsmustern. Gesetz, betreffend das Urheberrecht an Mustern und Modellen. Nebst Ausführungsbestimmungen. Fortgef. von R. Stephan. 4. Aufl.** Berlin 1897

Berger, T. Ph: **Patentgesetz vom 7. April 1891. Gesetz, betreffend das Urheberrecht an Mustern und Modellen, vom 11. Januar 1876. Nebst Ausführungsbestimmungen. Erl. von R. Stephan. 5. Aufl.** Berlin 1900

Berger, T. Ph: **Patentgesetz vom 7. April 1891. Nebst Ausführungsbestimmungen, völkerrechtl. Verträgen und der Patentanwaltsordnung. 6. Aufl. Erl. von R. Stephan.** Berlin 1904

Berger, T. Ph: **Patentgesetz vom 7. April 1891. Nebst Ausführungsbestimmungen, völkerrechtlichen Verträgen und Patentanwaltsgesetz. 7. Aufl. von R. Lutter.** Berlin 1908

Berger, T.Ph. u. L. Wilhelmi: Reichs-Gewerbe-Ordnung, s.a. Guttentag's Sammlg. deut. Reichsgesetze.

Berger TPh, Reichs-Gewerbeordnung mit Ausführungs-Bestimmungen. Text-Ausgabe mit Anmerkungen. 3. u 15. Auflage von L Wilhelmi. 16° Berlin 1878. 99

— Reichs-Gewerbe-Ordnung in ihrer neuen Fassung, nebst den f. das Reich erlassenen Ausführungsbestimmgn. Text-Ausg. m. Anmerkgn. u. Sachregister. 5. Aufl. 16. (XXI, 248 S.) Ebend. 883. cart. n. 1. 20

Berger, T. Ph., Reichs-Gewerbe-Ordnung mit den neuesten Ergänzungen und den für das Reich erlassenen Ausführungsbestimmungen. Text-Ausg. mit Anmerkungen und Sachregister. 6. Aufl. 16. (XVIII, 258 S.) Berlin 885, Guttentag. cart. *

—— Reichs-Gewerbe-Ordnung, nebst den für das Reich erlassenen Ausführungsbestimmungen. Text-Ausg. mit Anmerkungen und Sachregister. 7. Aufl. 16. (XVIII, 269 S.) Ebendas. 887. cart. *

—— Reichs-Gewerbe-Ordnung mit den neuesten Ergänzungen und den für das Reich erlassenen Ausführungsbestimmungen. Text-Ausg. mit Anmerkungen und Sachregister. 8. Aufl. 16. (XVIII, 272 S.) Ebendas. 887. cart. *

— Reichs-Gewerbe-Ordnung m. den für das Reich erlassenen Ausführungsbestimmungen. Text-Ausg. mit Anmerkgn. u. Sachregister. 10. Aufl. 16. (XV, 282 S.) Ebd. 890. cart. n. 1. 25

Berger, T. Ph., und L. Wilhelmi: Reichs-Gewerbe-Ordnung nebst Ausführungsbestimmungen. 13. Aufl. Berlin 1895

Berger T Ph, Reichsgewerbeordnung. 16. Auflage von H Spangenberg. (Guttentag 6) (773 S) 16° Berlin 1902

Berger, T. Ph., deutsche Reichs-Gewerbe-Ordnung [gegeben Berlin, den 21. Juni 1869] nebst den vom Bundesrath beschloss. Ausführungs-Bestimmungen. Text-Ausg. mit Anmerkungen und Sachregister. 16. (VI, 217 S.) Berlin 872, Guttentag. cart. *

— deutsche Reichs-Gewerbe-Ordnung [gegeben Berlin, den 21. Juni 1869] nebst den vom Bundesrath beschloss. Ausführungs-Bestimmgn. Text-Ausg. m. Anmerkgn. u. Sachregister. (VI, 217 S.) Ebend. 872. n. 1. —

Berger, Th., Gott grüße Dich. Eine Sammlung ausgewählter Gedichte f. das christl. Haus. (224 S. m. 9 Vollbildern.) 8. Reutlingen 905. Enßlin & Laiblin. Geb. in Leinw. m. Goldschn. 3. —

— so nimm denn meine Hände. Eine Mitgabe auf den Lebensweg aus dem Schatz der christl. Dichtg. Gesammelt u. hrsg. Mit 4 [1 farb.] Kunstdr.-Bildern. (96 S.) 8. Ebd. (905). Geb. in Leinw. m. Goldschn. 1. 80

Berger, Th. Otto, evangelischer Glaube, römischer Irrglaube, weltlicher Unglaube. 2 Thle. Gotha 870. F. A. Perthes. gr. 8. (XII, 500; VII, 462 S.) n. 5 Thlr 10 ngr.

Berger

— **Theodor u. Joh. Ferdinand Jungschultz** alias **Neodicus v. Roebern** (Elbing), Historiam universalem per synchronismum tradendam. Leipzig (Breitkopf) 17. IV. 1728. 24 S. (4.80) 2218
Gew.: Heinr. v. Bünau (Dahlen u. Domsen).

Berger, Theod., synchronist. Historie d. vornehmst. europäischen Reiche u. Staaten bis 1780. in Tab. gr. Fol. Coburg. Ahl. 781.

BERGER Theodor: Die Schriften über das Priestertum von Ephräm dem Syrer, Gregor v. Nazianz, Chrysostomus, Ambrosius, Hieronymus . . . und Gregor dem Großen mögen nach Anlaß, Anlage und Inhalt miteinander verglichen werden. — (1905) 120 Bl. 4° (Handschr.) Diss. 827
Diss: Wien Univ.

— — (Lauter/Frk.), De successione in feudum apertum expectantia promissum. Diss. jur. Marburg (Phil. Casim. Müller) 27. II. 1736. 29 S. mit Biogr. (M.: A. M. Seelmann.) (5.—) 2219
Gew.: Grf. v. Schliz-Goerz (Schliz).

Berger, Thdr., († d. 20. Nov. 1773.) Synchronistische Universalhistorie d. vornehmsten Europ. Reiche u. Staaten von Erschaffung d. Welt an, bis auf d. jetzt lauf. Jahr rc. gr. Fol Coburg 729. 2e Aufl. 743. 3e Aufl. 755. 4e Aufl. 767. 5e Aufl. durchgehends verb. u. in 3 Tabb. fortges. von Wlfg. Jäger. gr. Fol. Ebd. 781. (Riemann). 2 Thlr

BERGER, Theodor 1683 - 1773
Synchronistische Universalhistorie der vornehmsten Reiche und Staaten, von Erschaffung der Welt bis auf das Jahr 1780. aus bewährten Zeugnissen, mit beygefügten Anmerkungen, darinnen historische Zweifel erörtert, Erläuterungen gegeben und die berühmtesten Gelehrten angeführet werden, in XXXX. Tabellen entworfen, und mit einem vollständigen Register versehen von Theodor Berger .. durchgehens verbessert und in V. Tabellen fortgesetzt von Wolfgang Jäger ... Fünfte Auflage.
Coburg-Leipzig: Ahl. 1781. 2°.
Stadtbibliothek Trier
1. Aufl. 1729. 4. Aufl. 1767.
Wolfgang Jäger, 1734-1795

— Durchlauchtige Welt, od. Beschr. aller hoh. Personen bis 1739. 4 Thle u. Supplem. 12. Bresl. Korn. 739.

Berger, Theod. Henr. (geb. Luxemburg 26. 10. 1834): De oculi humani functione accommodativa. Berolini (1857). (28 S.) 8°
Berlin, Med. Diss. v. 24. März 1857

Berger

— **Theophil** (Oldendorf), De abscessuum pseudolymphaticorum pathologia. Diss. pathol. Bln. (Nietack) 30. IV. 1833. 32 S. mit Biographie. (M.: Knipping.) (4.—) 2220
Oppon.: L. Holschuher, C. Jehn, J. Weihe. — Gew.: F. L. Truestedt.

Berger, Therese

Berger, geb. Zerrenner, Therese, Mutter Gertrud's Feierstunden. Neue Festgabe für die liebe Kinderwelt. 8. Eisleben 842, Reichardt. 1/2 Thlr

Berger, geb. Zerrenner, Therese, kleine poet. Festgabe f. d. liebe Kinderwelt. Gedichte u. (20) Bilder. 8. (9 1/2 B.) Magdeburg 839, Bühler'sche Buchh. 1 Thlr., ill.

— und Dr. Zerrenner, kleine Jugendbibliothek zur belehrenden und bildenden Unterhaltung. 1. u. 2. Bdchen. gr. 12. Halle 840, 42, Kümmel à 3/8 Thlr — Velinp. u. geb. 3/4 Thlr

Berger, (Carl Christph.), u. Zerrenner, kleine Jugendbibliothek zur belehr. u. bildend. Unterhaltung. 2. Bdchn. gr. 12. (7 1/2 B.) Halle 843. [Knapp.] 3/8 Thlr. Velinp.
1. Bdchn. Ebendas. 1840. 11 1/4 Ngr., Velinp. 22 1/2 Ngr.

Berger, Tjard W., a. Bremen: Don Quixote in Deutschland und sein Einfluss auf den deutschen Roman ⟨1613—1800⟩. Heidelberg 1908: J. Hörning. (102 S.) 8°
Heidelberg, Phil. Fak., Ref. Braune, Diss. v. 19. Febr. 1908
[Geb. 27. Febr. 82 Bremen; Wohnort: Bremen; Staatsangeh.: Bremen; Vorbildung: Gymn. Gütersloh Reife O. 03; Studium: Tübingen 1, Bonn 3, Leipzig 5 S.; Rig. 10. Jan. 08.]

Berger, Traugott Benjamin, s. Achillis Tatius.

– Gallora von Venedig. 8°. Leipzig 1778. N. Aufl. 1760. Hilscher.

– die beschleunigte Hochzeit. Oper. 8°. Leipz. 1777. Schneider.

– s. Landtag, Der.

Berger, T. B., Liederchen u. Gedichte. 8. Lpz. Linke. 777. Rthlr.

Berger, Tr. Benj., s. Lykon u. Ayle.

Berger, Traug. Benjamin: Achills zürnender Schatten. Singspl. 8°. Leipzig: Hilscher 1776.

Berger, Victor

Berger, V: Die Rechtsanwaltsordng v. 1.VII.1878, s.: Handbibliothek, Leipz. Jurist.

Berger, W. (Romanschriftsteller), s. Berger, Wilhelm

Berger, W.: Über Antisepsis und Asepsis, s. Berger, Walter

Berger, W.: Auch eine Kiautschou-Fahrt, s. Berger, William

Berger, W.: Erläuterungen zum Lesebuch ... (u. ähnl. Unterrichtsbücher), s.a. Berger, Wilhelm

Berger W, Erzählungen a. d. Weltgeschichte. Ausg. f. Baden. Tauberbischofsheim 1881

Berger's Erzählgn. a. d. Weltgeschichte. E. Lehr- u. Lesebuch. F. d. Schule neu bearb. u. verm. v. Bruno Stehle. Ausg. f. Elsaß-Lothringen. 3., vielfach verm. u. verb. Aufl. gr. 8. (III, 306 S. m. Abb.) Karlsruhe 898. Tauberbischofsheim, J. Lang. Geb. n. 1. 40

Berger's Erzählungen aus der Weltgeschichte. Ein Lehr- u. Lesebuch. Für die Schule neu bearb. u. verm. v. Bruno Stehle. Ausg. f. Elsaß-Lothringen. 4. Aufl. gr. 8. (III, 318 S. m. Abbildgn.) Karlsruhe 902. J. Lang. Geb. n. 1. 60

Berger's Erzählungen aus der Weltgeschichte. Ein Lehr- u. Lesebuch. Für die Schule neu bearb. u. verm. v. Bruno Stehle. 4. Aufl. Mit e. kurzen Abriß der bad. Geschichte v. Karl Brunner. (IV, 290 S. m. Abbildgn.) gr. 8. Karlsruhe 903. J. Lang. Geb. n. 1. 50

Berger's Erzählungen aus der Weltgeschichte. Ein Lehr- u. Lesebuch. Für die Schule neu bearb. u. vermehrt v. Bruno Stehle. Ausg. f. Elsaß-Lothringen. 5. Aufl. (III, 332 S. m. Abb.) 8. Karlsruhe 907. J. Lang. Geb. nn 2. —

Berger, W.: Zur Geschichte der Anstalt. Eröffnung und Einrichtung. S. 3 - 8.
Progr. Karlsruhe 1876.

Berger, W.: Geschichte und Einrichtungen. S. 3 ff.
Progr. Karlsruhe 1877.

Berger, W.: Der perfekte Kellner, s. Berger, Willy

Berger, W., „Sehet lieben Brüder, daß ihr recht wählet!" Predigt zur Weihe der Stadtverordneten Wahl am 7. Sept. 1834. in d. evangel. Kirche zu Magdeburg gehalten. Auf Verlangen d. Drucke übergeb. gr. 8. Magdeb. 834. (Heinrichshofen.) 1/8 ₰

Berger, W.: Specimen Lexici Euripidei, quo adverbia percensentur, quibus praepositionum more casus adiunguntur. 38 S.
Progr. Brandenburg R. Ak. 1870.

– De Sophoclis versibus ..., s. Berger, Walter

Berger, W., Worte der Feier zum Gedächtniß des seligen Herrn Schäffer, ersten Predigers, Inspectors und Ritter zu Magdeburg. gr. 8. Magdeburg 842, Baensch. 1/8 ₰

Berger, W., Worte der Feier zum Gedächtniß des selig. Hrn. Schäffer, ersten Predigers, Inspectors u. Ritter zu Magdeburg. gr. 8. (1 ½ B.) Magdeburg 843, Baensch.

Berger, W. E., über die Erkenntniß u. Kur der wichtigsten u. häufigsten äußerl. Krankheiten, welche vor das Forum d. medicin. Chirurgie gehören. 4 Bde. 8. Erf. 808 — 811. Maring. (Otto). 3 ₰

Berger, W. T., Hermann v. Mallinckrodt, der Vorkämpfer für Wahrheit, Recht und Freiheit. Dem kathol. Volke dargestellt. 1.—3. Aufl. gr. 8. (64 S. mit 1 Holzschntaf.) Paderborn 874, Bonifacius-Druckerei.

Berger, Waldem., s.: Flugschrift z. Erhaltg d. alten Hammers zu Frohnau.

Berger, Walter [aus Oschatz in Sachsen]: Ueber Antisepsis und Asepsis bei Bulbus-Operationen nebst e. Statistik über 229 an d. Univ.-Augenklinik zu Würzburg in d. Jahren 1893, 1894 u. 1895 bei asept. Verfahren ausgeführten Staaroperationen ... Würzburg, Druck d. Stahel'schen k. Hofbuchdr., 1896; 1 Bl., 22 S. 8.
Würzburg, Med. Fak., Inaug.-Diss. v. 1896

Berger, W., üb. Antisepsis u. Asepsis b. Bulbus-Operationen, nebst e. Statistik üb. 229 a. d. Universitäts-Augenklinik z. Würzburg i. d. J. 1893, 1894 u. 1895 b. asept. Verfahren ausgef. Staaroperationen. [Aus: „Verhandlgn. d. physikal.-medicin. Gesellsch. z. Würzburg."] gr. 8. (22 S.) Würzburg 896. Stahel. n. — 60

Berger, Walterus (geb. am 6 Mai 1842 in Kottbus): De Sophoclis versibus logaoedicis et epitriticis ... Bonnae, form. C. Georgi (1864). 2 Bl., 67 S. 8.
Bonn, Phil. Fak., Diss. v. 14 Dez. 1864

Berger, Wilhelm

Berger, Wilh., s.: Aus dem Elsaß.

Berger, Wilh., Beitrag z. Therapie d. wahren Gicht. Vortrag, geh. i. ärztl. Vereine z. Elberfeld a. 3. Dezbr. 1895. gr. 8. (19 S.) Elberfeld 896. (Baedeker.) n. — 60

Berger, Wilh., Beiträge zum Muttersprachunterricht der Elementarschule. I. A. u. d. T.: Beiträge zum Muttersprachunterricht des 1. Schuljahres. Zugleich Begleitwort zu d. Verf. Deutscher Schreib- u. Lese-Fibel. gr. 8. (112 S.) Tauberbischofsheim 879. Lang. cart. n. 1. 10

Berger, Wilh., der Bettler v. St. Germain. Roman. gr. 8. (287 S.) Leipzig 891. Dresden, E. Reißner. n. 5. —; geb. n. 6. —

— Daheim u. Draußen. Novellen. 8. (280 S.) Berlin 894. Gebr. Paetel. n. 5. —; geb. in Leinw. n. 6. 50

— d. Erbe v. Rattingen, s.: Goldschmidt's Bibliothek f. Haus u. Reise.

Berger, Wilh.: Schmelings Erben s.a. Bücher, d., d. deut. Hauses.

Berger, Wilh., Schmelings Erben. Roman. 2 Thle. i. 1 Bd. 8. (193 u. 224 S.) Berlin 898. Concordia Deutsche Verlags-Anst. n. 8. —; geb. in Leinw. n.n. 9. 50

Schmelings Erben. Roman von Wilhelm Berger. Berlin: Buchverl. fürs Deutsche Haus 1909. 188 S. 8°
(Die Bücher d. Deutschen Hauses. Bd 89.) [10. 12336

— Erläuterungen zum Lesebuch für Volksschulen. 1. Thl. gr. 8. (XI, 816 S.) Ebend. 877. n. 4. 80

— dasselbe. 2. Thl. gr. 8. (VIII, 446 S.) Ebend. 877. n. 5. 90 (1—3: n. 19. 40)
Die Erläuterungen zum 3. Thl. s. : s. : Erläuterungen.

Berger, Wilh., Erläuterungen deutscher Lesestücke f. Volksschulen. 2 Tle. in 1 Bde. (2. [Umschlag-]Aufl.) gr. 8. (VIII, 227 u. IV, III, 322 S.) Karlsruhe 897. J. Lang. n. 5. —; geb. n. 6. —

Euphorion. Scene aus Goethe's Faust II. Theil f. Soli, Chor und Orchester comp. von Wilhelm Berger. Op. 74. Klavierauszug. *Berlin: E. Bote & G. Bock [1898].* (74 S.) 4° [99. 7055

Berger, Wilh., berühmte Frauen. Bettina v. Arnim, Henriette Sontag, George Sand. (37 S. m. 3 Bildnissen.) 8. Berlin (904). Verlag der „Frauen-Rundschau". n. — 50

Berühmte Frauen. Bettina v. Arnim, Henriette Sontag, George Sand von Wilhelm Berger 3. Aufl. Berlin & Leipzig: Frauen-Rundschau [1904]. (37 S.) 8° [F.] [05 .377

— 333 Gedächtniß-Tafeln f. den Geschichts-Unterricht. Für den Schulgebrauch bearb. gr. 8. (XII, 36 S.) Tauberbischofsheim 883. Lang. n. — 40

Elementare Gewalten. Roman von Wilhelm Berger [Vater]. Mit Ill. von Bawarowski. (Vorr.: Wilhelm Berger [Sohn], Hofkapellmeister.) Berlin, Eisenach, Leipzig: H. Hillger [1904]. (108 S.) 8° [F.]
= Bücherschatz, Kürschners. No 431. [05. 6.610

— Von Glück u. Leid. Novellen. 8. (219 S.) Berlin 898. Gebr. Paetel. n. 3. —; geb. in Leinw. n. 4. —

Berger, Wilh., schwankende Herzen. Roman. 8. (354 S. mit Orig.-Illustr. von E. Thiel und L. Bechstein.) Stuttgart 887, Deutsche Verlags-Anstalt. *ℳ 5.—; geb. *

— dasselbe. Mit Orig.-Illustr. v. E. Thiel u. L. Bechstein. (Billige Ausg.) 8. (356 S.) Ebd. 890. n. 1. 50; geb. n.n. 1. 75

Berger, Dr. Wilhelm. Johannes Hus und König Sigmund. 8. Augsburg 1871.

Berger, Wilh., Johannes Hus und König Sigmund. gr. 8. (VIII, 239 S.) Augsburg 872, Butsch Sohn. [München, Driffel.] (*ℳ 4,20.) *

Über das grosse Jahr oder Sonnenjahr und seine polaren Hochfluten auf der Erde. 2 Vorträge geh. zu Elberfeld von Wilhelm Berger. Elberfeld: Martini & Grüttefien 1907. 32 S. 8° [09. 11887 b

Berger, Wilh., von den Inseln u. aus See. Poetische Erzählungen. 8. (104 S.) Bremen 882. Diercksen & Wichlein. n. 2. —

Das Jungfernstift. Roman von Wilhelm Berger. Mit Ill. von Hugo L. Braune. *Berlin, Eisenach, Leipzig: H. Hillger [1902].* (126 S.) 8° [F.]
— Bücherschatz, Kürschners. No 295. [02. 933

Berger, Wilh., Knurrhase. Humoristische Erzählung. 8. (123 S.) Berlin 885. Goldschmidt. n. — 50

— Marga. Roman. 2 Bde. 8. (281 u. 210 S.) Berlin 887. Janke. n. 9. —

—— vom Markt des Lebens. Novellen. 8. (505 S.) Dresden 887, Pierson. *

—— Vom Markt des Lebens. Novellen. 3. Aufl. 8. (V, 505 S.) Dresd. 889. Pierson. * 3 —

! — Markt d. Lebens. Jetzt: Berl., Verl. Berlin-Wien. 86/90

Berger, Wilhelm Freiherr v. (Hrsg.), s. Monatsschrift für christliche Social-Reform, Gesellschaft, Wissenschaft . . .

Berger, Wilh[elmus]: Brevi narratione de vita ac moribus Constantini M. eaque ex solis scriptoribus antiquis tum christianis tum exteris repetita ex his ipsis fontibus quid illius gesta atque instituta et profuerint ecclesiae christianae et obfuerint, docetur. 11 Bl. 2° [Kopft.]
Halle-Wittenberg, Phil. Diss. v. 27. Dez. 1825
Geb. [Aderstedt (Kr. Oschersleben) 26. 8. 1801]

— Opfer d. Krieges. Zwei Novellen. [Großbeeren. — Das letzte Glück.] 8. (227 S.) Berlin 883. Paetel. n. 4. —; geb. n.n. 5. 50

Phantasus. Roman von Wilhelm Berger. Mit Ill. von Wilhelm Roegge. *Berlin, Eisenach, Leipzig: H. Hillger [1899].* (127 S.) 8° [F.]
= Bücherschatz, Kürschners. No 148. [99. 1276

—— allerlei Schicksale. Erzählungen. [Im Eulengang. — Späte Flitterwochen. — Ein Herz und eine Seele. — Zwei Stipendiaten. — Der Herr Kandidat. — Unvergeßlich. — Die Fischerbraut.] 8. (VIII, 293 S.) Berlin 887, Gebr. Paetel. * geb. **

—— deutsche Schreib- und Lesefibel mit vielen (eingedr. Holzschn.-)Bildern, Schreibschrift von F. Keller nach der bad. Normalschrift. In Verbindung mit mehreren prakt. Schulmännern hrsg. 3. und 4. Aufl. gr. 8. (120 S.) Ebendas. 878. cart. **

—— dass. — Ausgabe B. für das synthetisch-analytische Lehrverfahren. Schreibschrift nach der bad. Normalschrift. Hrsg. von mehreren bad. Schulmännern. 2. Aufl. gr. 8. (120 S.) Ebendas. 879. cart. **

—— deut. Schreib- u. Lesefibel. 6. Afl. 8. (120 m. Ill.) Ebd. 79. n n. — 50

—— deutsche Schreib- und Lese-Fibel mit vielen Bildern (eingedr. Holzschn.). Schreibschrift nach der bad. Normalschrift von F. Keller. In Verbindung mit mehreren prakt. Schulmännern hrsg. 5.—7. Aufl. 8. (120 S.) Ebendas. 880,82. geb. * *

[F.] Schuld. Roman v. Wilhelm Berger. M. Ill. v. Willy Werner. *Berlin, Eisenach, Leipzig: H. Hillger [1898].* (128 S.) 1 Bd 8.
= Bücherschatz, Kürschners. No 71. [98. 4703

[F.] Undine. Erzählg (a. d. Umschl.: Roman) v. Wilhelm Berger. M. 25 Ill. v. M. Ränicke. *Berlin, Eisenach, Leipzig: H. Hillger [1897].* (127 S.) 1 Bd 8.
= Bücherschatz, Kürschners. No 24. [97. 6199

Berger, Wilhelm Freiherr von: Im Vaterhaus.
s. Berger, Alfred Freiherr von

—— Aus stillen Winkeln. Novellen. 8. (VIII, 347 S.) Berl. 889, Gebr. Paetel. * 5 —; geb. ** 6 50

— Schwarze Wolken! Ein Frankfurter Sittenbild. (118 S.) 8. Dresden (907). E. Pierson. 2.50; geb. n 3.50

Berger, Wilh., Ziele des Lebens. Roman. 8. (218 S.) Ebendas. 885. *ℳ 4.—; geb. **

Berger, Wilibald

Ist es eine Sünde ein Freymäurer zu werden. gewiedmet den Logen von Wilib. Berger. Wienn [!]: Hohenleithner [1784]. 47 S. 8°

[Dasselbe.] Wienn [!]: Torricella [1784]. 47 S. 8°

[Dasselbe.] [Wien] 1786. 47 S. 8°
Recens: WJ. 1, 4 (1784) S. 217.
Kl. 456. Sehr selten. Dialog. Beantwortung der wider die Frmrei gemachten Einwürfe.

Berger, William

Auch eine Kiautschou-Fahrt! Eine tragikom. Gesch. aus d. himml. Reiche von Dr. William Berger. *Berlin: A. Weichert [1901].* (48 S.) 8° [F.]
= Wolt. Allc. Bd 46. [01. 1117

Der Ring des Prinzen. Hist. Erzählung von Dr. William Berger. Mit 3 Vollbildern. *Berlin: A. Weichert [1900].* (94 S.) 8° [F.]
— Wochen-Bibliothek, Weicherts. Bd 92. [00. 840

Berger, Willy, d. perfekte Kellner. Ein prakt. Leitfaden f. seine Laufbahn. 8. (133 S.) Berlin (901). H. Steinitz. n. 1. —

Berger von Charancy, Georg Lazarus

Unerhörte Ränke der Jansenisten und erzboshafte Lehren des Jansenismus . . . . (von *Georg Lazarus Berger v. Charancy*). Augsburg u. Freyburg i. Br. 1766. (In Aarau, Cantonsbibl.)
Anon.-Lex. III. p. 328 (und dem Cat. der genannten Cantonsbibl.)

Berger-Fladnitz, A., Krankheiten des Haus- u. Wildgeflügels. (87 S.) 8. Wien 907. (W. Frick) 2. —

Berger-Levrault, Oscar, s. Catalogue des Alsatica.

Berger-Schönenborn, Rich., Laienphilosophie. (23 S.) 8. Leipzig-Gohlis 909. B. Volger. — 80

Berger-Witten, L., s. B e r g e r , Ludwig

Bergerac, Savinien Cyrano de, in Leben und Dichtung. Prag 1899. V: *Steinschneider*, *Gerson*. (Rothsch II, 451)

Savinien de Cyrano **Bergerac**'s L'autre Monde ou les États et empires de la lune. Nach d. Pariser u. d. Münchener Hs. sowie nach d. Drucke von 1659 z. ersten Male krit. hrsg. von Leo Jordan. Dresden: Gesellsch. f. roman. Lit. 1910. 245 S. 8°
(Gesellschaft f. romanische Literatur. Bd 23.) [11. 3696

Bergerac, Cyrano de: Reise in d. Sonne s.a. **Bibliothek d. Gesamtlit. 2158.**

Reise in die Sonne [Voyage comique dans les États du soleil]. Von Cyrano de **Bergerac**. Aus d. Franz. übers., sowie mit Einl. u. Anm. versehen von Dr. A. Kreyes. Halle a. S.: Hendel [1909]. VI, 102 S. 8°
(Bibliothek d. Gesamtliteratur d. In- u. Auslandes. Nr 2158.) [10. 1035

Bergerat, Emile
Mehr als Königin [Plus que reine]. Schauspiel in 5 Aufz. u. e. Prolog von Émile **Bergerat**. Ins Deutsche übertr. von Franz Maria La Violette. Berlin, Köln, Leipzig: A. Ahn 1902. (103 S.) 8° [F.]
(Französisches Theater.) [08. 16644

Bergère, la, d'Aranville. p. Liomin. 8. Lps. Fauche. 792.

Bergère, la belle, ou Aventures de la Marq. de Fierval. 8. Leipz. 765. Weidmann. 1 ₰ 4 Gr

Bergeres, les, de Midian ou la jeunesse de moïse, p. Madame de Genlis. 8. Berl. Dümmler. 813.

Bergeret, Gaston s.a. Familienbibliothek, Schweizer. Nr. 139.

Bergeret, Gaston, Der Inselkönig und and Erzählgn. Autor. Uebertragg. v. Ludw. Wechsler. 8. (445 S.) Leipzig 897. A. Schumann's Verl. n. 6.—

Bergeret, Gaston: Im Zorn. Ein loser Streich, s: Ensslin's Roman- u. Novellenschatz.

Bergerhof, Ferd., über Dampfkessel-Explosionen. 8. (12 S.) Elberfeld 879. Lucas. n. — 25

Bergerhof, F, üb, Dampfkessel-Explosionen. 8. (12) Elberf. 80, Lucas. n. — 25

Bergerhof, Henr. (geb. Mettmann 3. 10. 1826): De meningitide tuberculosa. Berolini (1860). (31 S.) 8°
Berlin, Med. Diss. v. 10. Aug. 1860

Bergerhoff, Heinrich
Bergerhoff, H., der moderne Tapezierer u. Dekorateur. Ein Handbuch, umfassend sämtl. das Polstern, Tapezieren u. Dekorieren betr. Arbeiten. Hrsg. v. Willy Kleckhöfel. 4. neu bearb., verb. u. verm. Aufl. Mit 370 Fig. auf 35 Foliotaf. (VI, 34 S.) gr. 4. Leipzig 904. B. F. Voigt. n. 7. 50

Bergerhoff, Heinr., der praktische Tapezierer und Dekorateur, s.a. Schauplatz, neuer, der Künste und Handwerke.

Weimar 1878. 84
Bergerhoff H. d. prakt. Tapezier u Dekorateur mit Atlas. 1. u 2. A. (Schaupl. d. K. 42)

Bergerhoff, Heinr., der praktische Tapezierer u. Dekorateur. 2. Aufl. Mit e. Atlas v. 17 (lith.) Foliotaf., deren Figuren zum Teil nach photograph. Aufnahmen hergestellt sind. 8. (VIII, 158 S.) Weimar 884. B. F. Voigt. 6.—

Bergerhoff, H., der praktische Tapezierer und Dekorateur. Ein Wegweiser für sämtl. in diesem Gewerbe vorkomm. Arbeiten. Nebst e. sorgfältig bearb. Warenkunde. Ein Handbuch sowohl f. Fachschüler, als auch zum Selbstunterricht. 3., neu bearb. Aufl. Mit e. Atlas v. 24 Folio-Taf. 8. (X, 164 S.) Weimar 889. B. F. Voigt. 7. 50

Bergeri: D i s s e r t a t i o n e s , s. B e r g e r , Christoph Heinrich von

Bergerie, s. de La Bergerie.

Bergeron, ..., die Schutzpockenimpfung, d. sicherste Mittel gegen d. Menschenblattern; aus d. Französ. herausg. von E. Cerutti. Mit 8 ill. Abbildd. 8. Leipz. 822. Magazin f. Ind. 1 ₰

Bergeron, Carl
Bergeron, C. Der wohlfeile Bau und Betrieb der Eisenbahnen. Deutsch von E. Dapples. Bern 1863.

Bergeron, Carl, der wohlfeile Bau und Betrieb der Eisenbahnen. In deutscher Uebersetzung hrsg. von Ernst Dapples. gr. 8. (V und 56 S. mit 1 Tab. in qu. gr. Fol.) Solothurn 863, Jent und Gaßmann.

Bergersrite, J. R. B., Potpourri von Possen, Schwänken u. Späßen. 16 Hundert. 12. Grätz 821. (Ferstl). 6 Gr

Bergervoort, B., s. B e r g e r v o o r t , Bernh. M.

Bergervoort, B. M., s. B e r g e r v o o r t , Bernh. M.

Bergervoort, Bernh. M.
Direkter Abortus und Kraniotomie und deren Erlaubtheit. Von Bern. M. **Bergervoort**, Dr. theol. et phil. *München: R. Abt 1896.* (31 S.) 8° [F.] [03. 13880 7

Bergervoort, Bern. M., direkter Abortus u. Kraniotomie u. d. Erlaubtheit. gr. 8. (31 S.) Passau 896. R. Abt. n. —60

(G) **Bergervoort,** Bern. M., direkter Abortus. 896 (KBL 20.) Jetzt: Regensburg, Verlagsanstalt vorm G. J. Manz.

Bergervoort, B. M., Algebra-Regeln. (Sexta bis Untersekunda einschl.) (92 S.) Bonn 908. C. Georgi. 1.—

Das Blut des hl. Januarius. Eine apologet. Reiseerinnerung. Von Dr. B. M. **Bergervoort**. Hamm (Westf.): Breer & Thiemann 1910. 30 S. 8° [Umschlagt.]
(Frankfurter zeitgemässe Broschüren. Bd 29, H. 12.) [10. 13755

Bergervoort, B . Erziehungsbilder. (Erzählungen. [Mit] Einleitung [und Anhängen].) 285 S. 8. Einsiedeln *etc.*, Benziger & Co. A. G., 1907. [fr. 2. 75, geb. 4. —]

Bergervoort, B. M., Fabiola u. Agnes, s.: Cincl, A.

— Mach's nach! Leuchtende Vorbilder der Heiligen, den Christen im dienenden Stande z. Nachahmg. empfohlen. Monatliche Lesgn. u. Erwäggn. (79 S.) 8. Münster 909. Alphonsus-Buchh. — 60

— der Martyrertod des hl. Pankratius, s.: Dilettantenbühne, katholische.

— Treue u. Tapferkeit, s: Stehling, WN.

Wirksamkeit der Freimaurerei auf religiösem Gebiete. Von Roman Rheinisch [d. i. Bernh. Bergervoort]. Berlin: Germania [1903]. 64 S. 8° (Kathol. Flugschriften z. Wehr u. Lehr. 150.)

Bergery, Anleitung z. Berechnung der gebräuchl. Maschinen, s. Migout.

Bergery und **Migout**. Theoretisch-praktische Anleitung zur Berechnung der gebräuchlichsten Maschinen. Deutsch herausgegeben von C. H. Schnuse und W. Kornhardt. Mit 6 Taf. Braunschweig 1845—46. 8.

Bergery, die Theorie d. Laffeten u. Artillerie-Fahrzeuge, s. Migout.

Bergery, erster Unterricht in der Chemie. Nach d. Franz. frei bearbeitet vom Prof. L. C. Bleibtreu. gr. 8. Karlsruhe 840. Braun'sche Hofbuchh. n. 1 ℳ

Berges, Philipp: Amerikana, s: Reclam's Novellen-Bibliothek.

Berges, Phpp., Amerikana, s.: Universal-Bibliothek.

Berges, Philipp, Aquarelle. Bunte Skizzen u. Studien. (III, 207 S.) 8. Leipzig (904). P. List. n. 2.—

Die Auswanderer. Kriminalroman von Philipp **Berges**. Berlin, Eisenach, Leipzig: H. Hillger [1905]. (128 S.) 8° [F.]
— **Bücherschatz**, Kürschners. No 465. [07. 13283

Berges, Phpp.,
— bunte Bilder aus dem New-Yorker Leben, | s.: Universal-Bibliothek.

Der Einbruch im Bankhause. Eine amerikan. Detektivgeschichte von Philipp **Berges**. Berlin: A. Weichert [1904]. (152 S.) 8° [F.]
— **Sammlung** interessanter Criminal- u. Detectiv-Romane. Bd 20. [05. 4840

Berges, Phpp., die Gesundbeterin. Erzählung aus dem amerikan. Leben. (2. Aufl. v. „Die Halleluja-Jungfrau".) schmal 8. (133 S.) Breslau 902. Schles. Buchdruckerei usw. n. —75; geb. n. 1.—

[F.] Die Halleluja-Jungfrau. Erzählg a. d. amerikan. Leben. Von Philipp **Berges**. *Breslau: S. Schottlaender 1897.* (133 S.) 1 Bd 8. (Unterwegs u. Daheim.) [97. 6336

— **Nordlandfahrt d. „Augusta Victoria".** Skizzenblätter. M. 20 Abb. n. photograph. Orig.-Aufn. v. Wilh. Berges. 8. (84 S.) Hamburg 895. Verlagsanstalt u. Druckerei. n. 2.—

— **Der Posträuber**, s: Willkommen.

— **der Posträuber.** Hans Walters Brautfahrt, s. a. Kürschner's, Jos., Bücherschatz.

Der Posträuber. Eine texanische Hochlandsgeschichte. Hans Walters Brautfahrt. Eine moderne Indianergeschichte. Von Philipp **Berges**. Mit Ill. von W. Roegge. *Berlin, Eisenach, Leipzig: H. Hillger [1903].* (109 S.) 8° [F.]
— **Bücherschatz**, Kürschner's. No 359. [04. 513

— **humoristische Skizzen aus Amerika**, s.: Büchersammlung f. Gabelsberger'sche Stenographen.

— **verliebt von Polizeiwegen**, s. a. Eckstein's humoristische Bibliothek Nr. 78.

[F.] Verliebt — von Polizeiwegen. E. amerikan. Detectivgesch. v. Philipp **Berges**. *Berlin: R. Eckstein Nachf. [1896].* (119 S.) 1 Bd 8.
— **Bibliothek**, Ecksteins Humoristische. No 78. [97. 4856

— **moderne Wege z. Wohlstand.** Skizzen a. d. amerikan. Leben. 10. Afl. 8° (64) Neuw. 04. Münch., A Schupp —50

— dasselbe, s.: Studien, kleine.

Bergfahrt über den ewigen Schnee ... Salzburg 1862. V: *Englmayr, Mathias.* (Hr)

Bergfahrt über den ewigen Schnee auf die hohe Wetterwand bei Werfen, am 28. Aug. 1852. Ein Beitrag zur Landeskunde von *M. E.* 2. Aufl. Salzburg, Zaunrith'sche Buchdr., 1862. 8°. 15 S. Cart.*)

Amtl. Ausg. Das Alpenpanorama **Bergfahrt** im Zillerthal zur 'Berliner Hütte' der Section Berlin des D. u. Ö. Alpenvereins auf der Berliner Gewerbe-Ausstellung 1896. M. zahlr. Abb., 1 Kt. u. 1 Rundbild. *Berlin: L. Tietz (1896).* (47 S., 1 Bl., 1 Kt., 2 Taf.) 1 Bd 8. [98. 470

Bergfahrten. Berg- und Gletscher-Fahrten in den Hochalpen der Schweiz. Von G(ottlieb) Studer. M(elchior) Ulrich, J[ohann] J(akob) Weilenmann (*Sammlung 2:* [und] Heinrich Zeller[-Horner]). 2 Sammlungen. 8. Zürich.
[Sammlung 1.] Mit acht Abbildungen [Tafeln]. 1859.
Sammlung 2. Mit acht Abbildungen [Tafeln]. 1863.

Bergfahrten, Neue, in den Schweizeralpen 1903 mit Nachträgen von 1902. (Bern 1904.) V: *Dübi, Hnr.* (Bücherverz. d. Zentralbibl. d. D. u. Ö. A. V. München 1906.)

Bergfeier, Die, am Geburtsfeste unserer holdreichen Landesmutter Marien Theresiens gefeiert auf dem Leopoldsberg von der Schuljugend der Korneuburger Haupt- und Industrie-Schule den 6ten Junius 1793. Wien u. Korneuburg 1793. V: *Galeis, Franz Anton de Paula.* (BiblPort)

Bergfeld
— Commentatio de jure et conditione provinciarum romanarum ante Caesaris principatum. Pr. 1841. 46 S. 4°. 1.50

Bergfeld, Die Organisation d. Römischen Provinzen. II. Pr. 1846. 82 S. 4°.

Bergfeld, B., Gesprungene Herzen, s.: Hollaender, Vict.

Bergfeld, E., wie die Urmenschen erbliche Rassenfarben erwarben u. wie sie ihr Haarkleid verloren. (90 S.) 8. Leipzig 910. Modernes Verlagsbureau. 1.50

Bergfeld, Ernst, Gedichte. „Gretel". Eine Erzählg. (IV, 109 S.) 8. Dresden 904. E. Pierson. n. 1. 50; geb. n. 2. 50

Bergfeld, Heinrich: Die Konsulargerichtsbarkeit in der Türkei in Civil- und Strafsachen. *Greifswald 1898: J. Abel.* (45 S.) 8°
Greifswald. Jur. Diss. v. 1898

Bergfeld, Hermann: De versu Saturnio. Marpurgi 1909: (F. A. Perthes, Gotha). VI, 135 S. 8°
Marburg, Phil. Diss. v. 7. Mai 1909, Ref. Birt
[Geb. 9. Nov. 80 Straßburg; Wohnort: Gotha; Staatsangeh.: Sachsen-Koburg-Gotha; Vorbildung: Gymn. Gotha Reife O. 00; Studium: Jura München 1, Phil. Bonn 3, Leipzig 1, Berlin 1, Marburg 4 S.; Rig. 6. Mai 08.] [U 09. 3160

Bergfeld, L.
— Haeckel, Chwolson u. die chinesische Mauer. Ein Epilog. (18 S.) 8. Ebd. 908. —60

Bergfeld, L: Zerreiss d. Binde vor Deinen Augen, liebe Schwester! Off. Brief an jedes erwachs. junge Mädchen. (104) 8° Münch. (07). Hdlbg, K Groos Nf. 1.80 ‖ 3. Afl. (156) Hdlbg 08. 2 —

Bergfeld, Ludwig, aus Bremen: Ueber Verdampfung von Metallen und Metallchloriden bei Minimaltemperaturen im Vacuum des Kathodenlichtes. *Heidelberg 1904: J. Hörning.* (53 S.) 8°
Heidelberg, Naturw.-math. Diss. v. 1904

Bergfeld, Rud.: Der Naturformgarten. Ein Versuch z. Begründg d. Naturalismus im Garten. (47) 8° Frankf. O., Trowitzsch & S. '12. 1 — d

Bergfeld, Werner v., d. Offizier-Korps d. Infant.-Regts. Prinz Louis Ferdinand v. Preußen (2. Magdeburg.) Nr. 27 i. März 1895. 1. Folge d. „v. Lessel'schen Gedenkblattes". gr. 4. (44 S.) Berlin 895. R. Eisenschmidt. n. 2.— (Hauptwerk u. 1. Folge: n. 12.—)
Das Hauptwerk erschien 1890 u. d. T.: Lessel, Max v., Gedenkblätter d. Offizier-Korps ꝛc.

Bergfeld, W. v., das Offiziers-Korps des Infanterie-Regiments Prinz Louis Ferdinand v. Preußen, Fortsetzg., s.: Schulenburg, Geo. v. der.

Bergfelden, A. F., allgemeiner Muster-Briefsteller. Eine gründl. Anleitg. zur Abfassg. v. Familien- u. Geschäftsbriefen, Eingaben an Behörden, Majestätsgesuchen u. s. w. (271 S.) 8. Hainichen (903). G. C. Hoffmann. Kart. 1. 20; geb. in Leinw. 1. 60

Bergfelden, AF: Allg. Muster-Briefsteller. (271) 8° Hain. (03). Lpzg, Jahn & Sohn. Kart. 1.20; geb. 1.60 d

Bergfelden, A. F., Die Selbstvertretung vor dem Amtsgericht. Gemeinverständliche Anleitg. zur Führg. einfacher Rechtsstreitigkeiten, Eintreibg. v. Aussenständen etc. Mit zahlreichen Formularen. (181 S.) S. Hainichen, G. C. Hoffmann. 1903. 1. 20; kart. 1. 50.

Bergfeldt, Alfred [app. Arzt aus Frohnhausen '(Dill)']: Aus d. anatom. Institut zu Marburg. Chordascheiden und Hypochorda bei Alytes obstetricans ... (Aus: Anat. Hefte, Bd VII.) Wiesbaden, J. F. Bergmann, 1896; 50 S., 1 Bl., 2 Taf. 8.
Marburg, Med. Fak., Inaug.-Diss. v. [10. Juli] 1896

Bergfels, Richard [Referendar]: Der völkerrechtliche Begriff der „befreundeten Staaten" ... Greifswald, Druck v. J. Abel. 1893; 33 S. 8.
Greifswald, Jur. Fak., Inaug.-Diss. v. 1893

Bergfest, das, Schausp. in 4 Aufz. v. Hensler. 8. Wien, Wallishausser. 800.

1. **Bergfest** d. X. Kreises am 14. 7. 1901 auf d. Merkuriusberge bei Baden-Baden, 4 S., 8°.
(Angeb.): Bestimmungen f. d. 2. Merkurbergf. 1903, 4 S., 8°.

Bergfreund, Th.
Die goldene Gans. Ein dramat. Märlein in 3 Aufz. von Th. Bergfreund. *Paderborn: B. Kleine [1902].* (86 S.) 8° [F.]
— Theater, Kleines. H. 321.

Der Trunk aus dem Stiefel. Carnevalist. Ritterkomödie nach berühmten Mustern u. nach bekannten Motiven in 3 Akten von Th. Bergfreund. (3. Aufl.) *Paderborn: B. Kleine [1901].* (83 S.) 8° [F.]
— Theater, Kleines. H. 316.

Bergfried, Max v.: Aufklärg f. Eheleute! (48) 8° Hannov. (Steintorfeldstr. 7), Gebr. Hiller (05). 1 — d Verboten?

Bergfried, Max v., die Kur aller Kuren, s.: Ullersberger.

— Der Rettungsanker. Zuverläss. Ratgeber f. Gesunde u. Kranke. Red. v. Rich. Buck. (48) 8° Hannov. (Steintorfeldstr. 7), Gebr. Hiller (05). 1 —

— dasselbe. (60 S.) gr. 8. Leipzig (905). Lörrach, A. Winther & Co. n. 1. —

Bergführer-Ordnung. Redactionelle Beilage d. kärntn. Gemeindeblattes 1892. gr. 8. (6 S.) Klagenf. 892, (v. Kleinmayr). ** — 18

— d. neue, f. Tirol u. Vorarlberg. (Verordng d. k. k. Statthalters v. 7. Juli 1898.) 8° (11) Innsbr. 98, A Edlinger. — 20

Bergführer-Tarif u. Touren-Verzeichniss f. Raibl u. das Canalthal. Hrsg. v. der Section Villach d. deutschen u. österreich. Alpenvereins. 8. (15 S.) Villach 885 (Klagenfurt, Heyn.) n. — 40

Berggeist, der. Zeitung für Berg-, Hüttenwesen und Industrie. 1. Jahrg. Juli—Decbr. 1856. 26 Nrn. (à 1 Bgn. m. Holzschn. im Text u. Beilagen.) Köln, Eisen in Comm. Imp.-4. n. 3 ₰ 10 ngr

— — 2. u. 3. Jahrg. 1857 u. 58. à 52 Nrn. (à 1 Bgn. mit Holzschnitten im Text u. m. Beilagen.) Ebend. Imp.-4. Jeder Jahrg. n. 4 ₰ 20 ngr

Berggeist, der. Zeitung für Berg-, Hüttenwesen und Industrie. Red.: P. Steinborn. 4—9. Jahrg. 1859—64. à 104 Nrn. (à 1 Bgn. m. Beilagen.) Köln, Hassel. Fol. Jeder Jahrg. n. 6 ₰

Berggeist, der. Zeitung für Berg-, Hüttenwesen u. Industrie. Red.: Paul Steinborn. 10—15. Jahrg. 1865—1870. à 104 Nrn. (à 1—2 Bgn.) Köln, Hassel. Fol. Jeder Jahrg. n. 6 ₰

Berggeist, der. Zeitung f. Berg-, Hüttenwesen u. Industrie. Red.: Paul Steinborn. 16—21. Jahrg. 1871—1876 à 104 Nrn. (à 1—2 B.) Fol. Köln 871. Hassel à Jahrg. n. 18. —

Berggeist, der. Zeitung für Berg-, Hüttenwesen u. Industrie. Red.: Paul Steinborn. 22—27. Jahrg. 1877—1882. à 104 Nrn. (B.) Fol. Köln, Hassel. à Jahrg. n. 18. —

Berggeist, der. Zeitung f. Berg-, Hüttenwesen u. Industrie. Red.: Paul Steinborn u. N. Hocker. 28. bis 30. Jahrg. 1883—1885. à 104 Nrn. (B.) Fol. Köln, Hassel. à Jahrg. n. 18. —

Der **Berggeist**. Bergmännische Zeitschrift mit Berücksichtigung der verwandten Fächer für Österreich-Ungarn, das Deutsche Reich und die Balkanländer. Hrsg. von O. Berghänel. Jg. 1904, No 1—6 [Schluß]. Lilienfeld, N.-Ö. 1904.

Der Berggeist auf Rodenstein. Frkf. 816. 8.

Berggeister, die, e. Ritter- u. Geistergeschichte. 8. Hartenstein, Firdorf u. Kl. 8 gl

Berggeister, Die. Sr. Hochwürden dem Herrn Domdechant von Spiegel gewidmet. Halberstadt, den 22. Februar 1781. V: *Fischer, Gottlob Nathanael.* (Bresl 31, S. 38)

Berggeister, die, eine Geistergeschichte von K. H. Spieß, 8. Prag, 796. Barth. 12 sgl.

Berggeister, die, e. Geistergeschichte, m. K. v. Chr. H. Spieß. 8. Prag, Barth. 805.

Berggeister, Die, eine Geistergeschichte. N. A. 1805. V: *Spiess, Chn. Hch.* (KY 8/133) (BiblPort)

Berggeister, die, eine Ritter- u. Geistergeschichte. 8. Eßlingen, Firdorff u. Kleinheinz, 813.

Berggeister, die, Glück auf! der k. Preuß. gesammt. edlen Bergknappschaft zum neuen Jahr 1832, (v. Baron v. Deynhausen). Gedicht. Mit 1 Steindr. gr. 4. Paderb. 832. (Wesener). 8 gl

Berg-Geister, die, s. Oeynhausen, v.

Berggesänge zunächst für den Osterwald. Hannover 1844. 8.

Berggesetz.— Das Berggesetz von 1865 (achtzehnhundertfünfundsechzig) u. seine Einführung in dem Gebiet des vormaligen Königreichs Hannover. (Abdruck aus dem „Hannov. Courier") (Hannover 1867).

Berggesetz, das allgemeine, s.: Taschenausgabe, Manzsche, der österreichischen Gesetze. 7. Bd.

— das allgemeine (österreichische), s. Gesetze, österreichische.

Berggesetz, das allgemeine, vom 23. Mai 1854, s. Gesetze, österreichische, Taschenausg.

Berggesetz, Das allgemeine. vom 23. Mai 1854 samt der Vollzugsvorschrift und allen darauf Bezug nehmenden Nachträgen, Verordnungen und Erläuterungen, dann den einschlägigen Erkenntnissen des Verwaltungsgerichtshofes. 9. Aufl. mit Nachträgen. Wien. 1897. 857 S.
Dasselbe. 10. Aufl. Ebd., 1904. 720 S.

(F) Nachträge zum **Berggesetz**. (Band VII der Taschen-Ausgabe der österr. Gesetze, 9. Auflage.) (Manz'sche Gesetz-Ausgabe.) Wien. 1899. Manz. 8°. IV, 128 S. fl. — 50

(F) **Das allgemeine Berggesetz** vom 23. Mai 1854 samt der Vollzugsvorschrift und allen darauf Bezug nehmenden Nachträgen etc. 10. Aufl. [Manz'sche Gesetzausgabe. 7. Bd.] 8°. (IX, 720 S.) Wien: Manz 1904. K 6.—, geb. K 7.—

Das Allgemeine **Berggesetz** für das Königreich Sachsen vom 16. Juni 1868. Nach d. derzeit. Stande d. Gesetzgebung bearb. von Dr. jur. W. Dannenberg. *Leipzig: Roßberg & Berger 1901.* (XIX, 661 S.) 8°
— Handbibliothek, Leipziger juristische. Bd 381 b.

Das allgemeine Berggesetz für die preuß. Staaten v. 24. Juni 1865, in seiner Gültigkeit für die vor dem 1. Oktbr. 1865 verliehenen Bergwerke. Berlin, C. Heymann, 1865. (VIII. u. 68 S.)

—— das allgemeine am 1. Oktbr. 1865 in Kraft tretende, für die preußischen Staaten, erläutert aus den Motiven, Kommissionsberichten rc. nebst einem correkten Abdr. der vorzüglichsten, den Bergbau betreff. Gesetze, welche neben dem allgemeinen Berggesetze Geltung haben rc. 8. (IV und 98 S.) Mülheim a. d. R. 865, Bagel.

—— das allgemeine, für die preußischen Staaten vom 24. Juni 1865, in seiner Gültigkeit für die vor dem 1. Octbr. 1865 verliehenen Bergwerke. 8. (VIII und 68 S.) Berlin 866, C. Heymann's Verlag. -

Das allgemeine **Berggesetz** für die Preußischen Staaten vom 24. Juni 1865, in d. Form, wie es durch d. beiden Novellen v. 24. Juni 1892 u. v. 14. Juli 1905 abgeändert ist. Wortlaut u. Erläuterungen hrsg. von J[akob] Treitz. Trier: Paulinus-Dr. 1905. (56 S.) 8° [F.]
= **Rechts-Bibliothek,** Keil's. II. 7. [06. 7610

Berggesetz, Allgemeines — für das Kaiserthum Oesterreich vom 23. Mai 1854. Amtliche Handausgabe. 8. (92 S. und XLIV.) Wien. Aus der k. k. Hof- und Staatsdruckerei. 1854.

Berggesetz, allgemeines, f. d. Kaiserth. Oesterreich v. 23/5. 54 u. 21/7. 71 nebst Vollzugsvorschrift. 2. Ausg. Wien 874.

—— allgemeines, für das Königr. Sachsen vom 16. Juni 1868. 4. (80 S.) Dresden 868, Meinhold und Söhne. *
Aus: Gesetz- und Verordnungsblatt für das Königreich Sachsen, besonders abgedruckt.

—— allgemeines, für die preußischen Staaten. Vom 24. Juni 1865. gr. 8. (IV und 56 S.) Berlin 865, v. Decker'sche geheime Ober-Hofbuchdruckerei.

—— dass. — gr. 16. (47 S.) Breslau 865, Kern. *

—— dass. — gr. 8. (48 S.) Elberfeld 865, Friderichs.

Berggesetz, Allgemeines, für die Preußischen Staaten vom 24. Juni 1865. Bonn, 1867. 51 S.

— allgemeines, f. die preußischen Staaten. Vom 24. Juni 1865. Nebst den auf Grund desselben erlass. Anordngn. f. die neuen Provinzen vom J. 1867. 2. Aufl. gr. 8. (IV, 87 S.) Berlin 872. v. Decker. — 60

—— allgemeines, für die preußischen Staaten. Vom 24. Juni 1865. Nebst den auf Grund desselben erlassenen Anordnungen für die neuen Provinzen vom J. 1867 und dem Abänderungsgesetz des §. 235. vom 9. April 1873. 3. Aufl. gr. 8. (IV, 87 S.) Berlin 875, v. Decker's Verlag. *

Berggesetz, allgemeines, f. die Preußischen Staaten vom 24. Juni 1865. Nebst den darauf bezügl. Instruktionen, Erlassen, Verordnungen u. Einführungsgesetzen für die neu erworbenen Landestheile, sowie f. die Fürstenthümer Waldeck u. Pyrmont. Mit Sachregister. 4. Aufl. 8. (IV, 96 S.) Berlin 881. v. Decker. cart. n. 1. —

—— allgemeines, für die Preußischen Staaten. Text mit den Entscheidungen höchster Gerichtshöfe in Anmerkungen und einem Sachregister. 8. (VI, 141 S.) Oberhausen 881, [Forschepiepe.] Bauer und Witzler. cart. *

— allgemeines, f. die Preußischen Staaten m. den durch die Gesetze v. 9. April 1873, v. 1. Aug. 1883 u. vom 27. Juli 1885 erfolgten Abänderungen. Hrsg. von der Red. d. Reichs-Gesetzbuches. gr. 8. (IV, 33 S.) Berlin 886. Hamburg, Bruer & Co. geb. n. — 80

—— allgemeines, f. die Preußischen Staaten vom 24. Juni 1865, in der vom 1. Jan. 1893 gült. Fassung. Mit ausführl. Sachregister. 12. (104 S.) Bresl. 892, Kern. — 75

—— dass. — Mit den Abänderungen durch das Gesetz vom 9. April 1873, sowie durch die Novelle zum Berggesetz vom 24. Juni 1892. Textausg. m. Anh., enth. das Gesetz betr. die Bestrafg. unbefugter Gewinng. v. Mineralien; Bestimmg. der Gewerbeordng. über das Koalitionsrecht; Gesetz u. Bekanntmachg. betr. den 2c. Gebrauch v. Sprengstoffen; Bekanntmachg. betr. Beschäftigg. jugendl. Arbeiter auf Steinkohlenbergwerken; sowie das Gesetz, betr. die Zuständigkeit der Minister, vom 26. März 1890 2c. 12. (VIII, 104 S.) Essen 892, Baedeker, Verlag. cart. 1 —

[F.] Allgemeines **Berggesetz** für die Preussischen Staaten v. 24. Juni 1865 nebst Komm. v. Dr. R[ud.] Klostermann. 5. umgearb. Aufl. Unter Berücks. der durch d. Ges. v. 24. Juni 1892 eingetret. Aendergn hrsg. v. Dr. M[ax] Fürst, Geh. Ober-Bergrath ... (In 3 Lfgn.) *Berlin: J. Guttentag 15(93—)96.* (XVI, 192, 192 a. b, 193—744 S.) 1 Bd 8. [95. 7038

Allgemeines **Berggesetz** für die Preussischen Staaten vom 24. Juni 1865 unter Berücks. seiner durch d. Gesetzgebung bis z. 1. April 1900 herbeigeführten Abänderungen u. Ergänzungen nebst Anh. ... Textausg. mit Anm. u. Sachreg. von Fritz Bennhold, Oberbergrat zu Dortmund. *Essen: G. D. Baedeker 1901.* (VIII, 195 S.) 8° [F.] [01. 5339

— allgemeines, f. die preußischen Staaten vom 24. VI. 1865. In der durch die Gesetze vom 22. II. 1869, 9. IV. 1873, 24. VI. 1892, 8. IV. 1894, 20. IX. 1899 u. 7. VII. 1902 bedingten Fassg. (VI, 78 S.) 12. Kattowitz (902). G. Siwinna. n. — 75

Allgemeines **Berggesetz** für die Preußischen Staaten vom 24. Juni 1865. In der durch d. Gesetze v. 22. Febr. 1869, 9. April 1873, 24. Juni 1892. 8. April 1894, 20. Sept. 1899 u. 7. Juli 1902 bedingten Fassung. *Kattowitz: G. Siwinna (1903).* (78 S.) 8° [F.] [04. 5110

Allgemeines **Berggesetz** für die Preußischen Staaten in seiner jetzigen Fassung nebst kurzgefaßtem vollst. Kommentar u. Auszügen aus d. einschläg. Gesetzen. 2. völlig umgearb. Aufl. von Dr. Adolf Arndt, Prof. zu Königsberg i. Pr. *Leipzig: C. E. M. Pfeffer 1903.* (VIII, 221 S.) 8° [F.] [03. 6989

Allgemeines **Berggesetz** für die Preußischen Staaten in seiner jetzigen Fassung nebst kurzgefaßtem vollst. Kommentar u. Auszügen aus d. einschläg. Nebengesetzen. 3. verb. u. verm. Aufl. von Dr. Adolf Arndt, Prof. zu Königsberg i. Pr. *Leipzig: C. E. M. Pfeffer 1904.* (VI, 230 S.) 8° [F.] [04. 11481 11

Allgemeines **Berggesetz** für die Preußischen Staaten vom 24. Juni 1865, in d. jetzt gültigen Fassung. Mit ausführl. Sachreg. Breslau: J. U. Kern 1905. (121 S.) 8° [F.]
(Preußische Gesetze.) [06. 367

Allgemeines **Berggesetz** für die Preußischen Staaten vom 24. Juni 1865, unter Berücks. seiner durch d. Gesetzgebung bis z. 14. Juli 1905 herbeigeführten Abänderungen u. Ergänzungen, nebst Anh. ... Textausg. mit Anm. u. Sachreg. von Fritz Bennhold, Oberbergrat. 2. verb. Aufl., nebst Beigabe: 1. Arbeiterschutznovelle v. 14. Juli 1905. 2. Mutungsgesetz v. 5. Juli 1905. Essen: G. D. Baedeker 1905. (VIII, 295, 16 S.) 8° [F.] [06. 2015

— vom 1. III. 1905 nebst Gesetz üb. die Gebühren in Bergbausachen vom 1. III. 1905. Gesetz vom 20. XII. 1905, betr. die Abänderg. des Berggesetzes vom 1. III. 1905. Höchste Verordg. vom 20. XII. 1905 üb. das Inkrafttreten des Berggesetz. vom 1. III. 1905. Ausführungsverordnung vom 21. XII. 1905 zum Berggesetze vom 1. III. 1905 mit Nachtrag vom 20. XII. 1905. Ministerialverordnung üb. die Fortführg. der Berg- u. Berghypothekenbücher vom 21. XII. 1905. (91 u. 28 S.) Lex.-8. Weimar 905. (H. Böhlau's Nachf.) n. 1. 60

Der siebente Titel des Allgemeinen **Berggesetzes** für die preußischen Staaten (betr. d. Knappschaftsvereine). Vom 19 Juni 1906. Mit Gegenüberstellung d. Fassung v. 24. Juni 1865. Grunewald-Berlin: Arbeiterversorgung 1906. (30 S.) 4°(8°) [F.] [07. 4404

Allgemeines **Berggesetz** für die Preuß. Staaten vom 24. Juni 1865 nebst d. preuß. Berggesetznovellen. Mit Einl., Erl. u. Sachreg. bearb. von Wilhelm Westhoff, Rechtsanw., u. Wilhelm Schlüter, Bergwerksdir. Berlin: J. Guttentag 1906. (XV, 559 S.) 8° [F.]
— **Sammlung,** Guttentag'sche, Preussischer Gesetze. No 12. [07. 9539

Allgemeines **Berggesetz** für die preussischen Staaten vom 24. Juni 1865 in der neuesten Fassung, insbesond. mit d. Knappschaftsnovelle v. 19. Juni 1906. Textausg. mit Anm. u. Sachreg. von Dr. iur. Max Stegner, Ger.Ass. Halle: Pfeffer 1906. (129 S.) 8° [F.] [06. 9370 8

Allgemeines **Berggesetz** für die Preußischen Staaten vom 24. Juni 1865 nebst den bis zum Jahre 1907 ergangenen preußischen Berggesetznovellen, den einschläg. Nebengesetzen u. Ausführungsbestimmungen. Mit Einl., Erl. u. Sachreg. bearb. von Wilhelm Westhoff u. Wilhelm Schlüter. 2., verm. u. verb. Aufl. Berlin: J. Guttentag 1907. (XX, 727 S.) 8° [F.]
= **Sammlung,** Guttentag'sche, Preussischer Gesetze. No 12. [07. 13880

— **allg., f. d. Preuss. Staaten v. 24. VI. 1865, in d. jetzt gültigen Fassg. (165) kl8° Bresl., JU Kern '07.** 1 — d

Allgemeines **Berggesetz** für die Preussischen Staaten vom 24. Juni 1865 unter Berücks. seiner ... Abänderungen u. Ergänzungen, nebst Anh. ... Textausg. mit Anm. u. Sachreg. von Geh. Bergr. Fritz Bennhold. 2. verb. Aufl., nebst 3 Nachtr. ... Essen: G. D. Baedeker 1907. (Getr. Pag.) 8° [F.] [08. 13001

Allgemeines **Berggesetz** für die Preußischen Staaten in seiner jetzigen Fassung nach d. Novelle v. 18. Juni 1907 nebst kurzgefaßtem vollständ. Kommentar, d. Ergänzungsgesetzen u. Auszügen aus d. einschläg. Nebengesetzen. 5. verb. u. verm. Aufl. von Dr. Adolf Arndt, Prof. zu Königsberg. Leipzig: C. E. M. Pfeffer 1907. (VI, 308 S.) 8° [F.] [07. 11807

Berggesetz.– A l l g e m e i n e s Berggesetz für die Preußischen Staaten in seiner jetzigen Fassung nach der Novelle vom 28. Juli 1909 nebst kurzgef. vollst. Kommentar, d. Ergänzungsgesetzen u. Auszügen aus de. einschläg. Nebengesetzen. 6. verb. u. verm. Aufl. von Dr. Adolf Arndt, Prof. zu Königsberg. Leipzig: Pfeffer 1909. VI, 329 S. 8°

— Allgemeines, f. d. preuss. Staaten v. 24. 6. 1865, in d. jetzt gült. Fassg nebst Knappschaftsgesetz in d. Fassg v. 17. 6. '12 u. Reichsgesetz üb. d. Absatz v. Kalisalzen v. 25. 5. '10. (4, 202) kl8° Bresl., JU Kern '12. 1.20

—— für das Großherzogth. Baden vom 22. Juni 1890, nebst Vollzugsvorschriften. Amtl. Ausg. 12. (VI, 172 S.) Karlsr. 892, Braun. * 1 20

Berggesetz f. d. Grossherzogth. Baden v. 22. Juni 1890, nebst Vollzugsvorschriften. Amtl. Asg. 12° (172) Karlsr. 93, G Braun. 1.20

Berggesetz vom 20. März 1869 für das Königreich Bayern. Nebst dem Gesetz vom 6. April 1869, die Abgaben von den Bergwerken betr. Bamberg 869. Buchner. 8. (56 S.) 9 ngr.

Berggesetz für das Königreich Bayern vom 20. März 1869, nebst Einleitung, Erläuterungen aus den Motiven zum Entwurfe des Gesetzes und den Verhandlungen der beiden Kammern, sonstigen Bemerkungen und Inhaltsverzeichnis. München, 1869. 274 S.

—— das, vom 20. März 1869, für das Königr. Bayern und das Gesetz, die Abgaben von den Bergwerken betr., vom 6. April 1869. Mit Erläuterungen aus den Motiven zum Gesetzentwurf ꝛc., nebst einem ausführl. alphabetisch geordneten Sachregister, hrsg. von einem Juristen. 1. und 2. Abthl. gr. 16. (93 S.) Würzburg 869, Stahel'sche Buchh.

Das Berggesetz für das Königreich Bayern vom [illegible] in der Fassung der Bekanntmachung vom 20. Juli 1900 nebst der Verordnung vom 30. Juli 1900, die Organisation u. Wirkungskreis der Berg[illegible] betr., u. den oberbergpolizeil. Vorschriften v. 30. Juli 1900. Han[illegible]. mit Erl., syst. Inhaltsverz. u. ausführl. Sachreg. von Alois R a u c k, Ministerialr. *München: J. Schweitzer 1900.* (VII, 294 S.) 8° [F.] (00. 9616

—— und Bergwerkssteuer-Gesetz für Elsaß-Lothringen. Vom 16. Dezember 1878. Mit Erläuterungen von H. Brassert. gr. 8. Bonn 874, Marcus. *
Aus: Zeitschrift für Bergrecht, Jahrg. XV. Heft 1., besonders abgedruckt.

Berggesetz für Bosnien und die Hercegovina und Vollzugsvorschrift. Lex.-8. (113 S.) Wien 881, Hof- und Staatsdruckerei. *

Berggesetz für Bosnien und die Hercegovina. [Genehmigt mit Allerhöchster Entschliessung vom 14. Mai 1881.] Hrsg. von der Landesregierung für Bosnien und die Hercegovina, mit Verordnung. [Deutsch und bosnisch.] gr. 4. (78 S.) Sarajevo 882. (Wien, Hof- und Staatsdruckerei.) *

Berggesetz für das Kaiserreich China. Durch Kais. Reskript genehmigt am 13. Tage d. 8. Monats d. 33. Jahres Kuang-Hsü ⟨20. Sept. 1907.⟩ Tientsin: Tageblatt f. Nord-China 1908. (102 S.) 8° (08. 16748

Berggesetz vom 23. Okt. 1899 für die Herzogthümer C o b u r g und Gotha. (Coburg 1899.)
(Gesetzsammlung für das Herzogthum Coburg. Nr. 1299. (Gemeinschaftl. Gesetzsammlung für die Herzogth. Coburg u. Gotha. Nr. 626.))

Berggesetz f. Elsaß-Lothringen vom 16. XII. 1873 m. der durch das Gesetz vom 8. XII. 1909 erfolgten Abänderung, nebst der Ausführungsanweisung v. 15. XII. 1909 u. dem Gesetz üb. die Bergwerksbesteuerung vom 14. VII. 1908 nebst Ausführungsbestimmungen. 4. Aufl. (Gesetzsammlung f. Elsaß-Lothringen.) (108 S.) kl. 8. Straßburg 910. Straßburger Druckerei u. Verlagsanstalt. Geb. 2. —

Berggesetz, Elsaß-lothringisches, und Gesetz, die Besteuerung der Bergwerke betreffend vom 16. Dezember 1873. Nebst Ausführungsverordnung. Mit französischer Übersetzung. Straßburg, o. J. 147 S.

—— und Gesetz, die Besteuerung der Bergwerke betr. vom 16. Decbr. 1873 nebst Ausführungs-Verordnung. — Lois sur les mines et sur les redevances des mines du 16 décembre 1873. Avec ordonnance pour l'exécution de la dernière loi. Autorisirte Ausg. 8. (147 S.) Straßburg 875, Schultz und Comp. cart. *

— u. Gesetz d. Besteuerg. d. Bergwerke betr. (f. Elsaß-Lothringen). V. 16. XII. 1873 u. 2. XI. 1896. Nebst Ausführungsbestimmgn. M. franz. Uebersetzg. 2. Ausg. 12. (VII, 146 S.) Straßburg (897). Straßburg. Druckerei u. Verlagsanst. Kart. n. 2. 50

Berggesetz u. Gesetz die Besteuerung der Bergwerke betr. (f. Elsass-Lothringen). Vom 16. XII. 1873 u. 2. XI. 1896. Nebst Ausführungsbestimmgn. Mit französ. Uebersetzg. 2. Ausg. Strassburg 898.

Berggesetz u. Gesetz, die Besteuerung der Bergwerke betr. Vom 16. XII. 1873 u. 2. XI. 1896. Nebst Ausführungsbestimmgn. Mit franz. Übersetzg. (Gesetzsammlung f. Elsaß-Lothringen.) 3. Aufl. (VII, 146 S.) kl. 8. Straßburg (904). Straßburger Druckerei u. Verlagsanstalt. Kart. n. 2. 50

— dasselbe, s.: Gesetzsamml. f. Elsaß-Lothringen.

Berggesetz vom 1. III. 1905 nebst Gesetz üb. die Gebühren in Bergbausachen vom 1. III. 1905. Gesetz vom 20. XII. 1905, betr. die Abänderg. des Berggesetzes vom 1. III. 1905. Höchste Verordng. vom 20. XII. 1905 üb. das Inkrafttreten des Berggesetzes vom 1. III. 1905. Ausführungsverordnung vom 21. XII. 1905 zum Berggesetze vom 1. III. 1905 m. Nachtrag vom 20. XII. 1905. Ministerialverordnung üb. die Fortführg. der Berg- u. Berghypothekenbücher vom 21. XII. 1905. (91 u. 23 S.) Lex.-S. Weimar '05, H. Böhlau's Nachf. 1. 60.

Berggesetz f. das Herzogt. G o t h a nebst allgem. Bergpolizeiverordnung, Nachtrag zum Berggesetz vom 16. VIII. 1868 u. Gebührenordnung nebst Zusatzgesetz. (52 S.) kl. 8. Gotha (905). Engelhard-Reyher'sche Hofbuchdr. 1. 80

Berggesetz für das Großherzogth. Hessen. Amtliche Handausg. gr. 8. (IV, 60 S.) Darmstadt 876, Jonghaus'sche Hofbuchh. *

Berggesetz für das Großherzogth. H e s s e n. Aus dem Regierungsblatt Nr. 52 vom 11. XI. 1899. gr. 4. (54 S.) Darmstadt (899). (G. Jonghaus.) n.n. — 50

Das koreanische Berggesetz nebst kurzer Übersicht über d. Bergbau in Korea. Von Bruno S i m m e r s b a c h. Kattowitz: Gebr. Böhm 1908. (14 S.) 8°
Aus: Berg- u. Hüttenmännische Rundschau.
= Sammlung Berg- u. Hüttenmännischer Abhandlungen. H. 23. (08. 7471

Berggesetz, Das Niederländische, vom 27. April 1904 und das Bergpolizeireglement dazu vom 22. September 1906 übersetzt durch das Königlich Niederländische Konsulat zu Aachen. Aachen, 1906. 80 S.

Berggesetz für Niederländisch-Indien vom 23. Mai 1899. Originaltext. Übersetzung und eine handschriftliche Ergänzung.

—— das österreichische, s. Nachträge zum Berggesetz.

— österreichisches. Nachträge, s.: Gesetze, österr., 7. Bd.

Berggesetz, Oesterr., s. Taschenausg., Manz'sche.

Berggesetz, das, des Großherzogth. Sachsen nebst dem Publikationspatente vom 22. Juni 1857. gr. 4. (76 S.) Weimar 857, (Böhlau.) *

Berg-Gesetz für das Fürstenthum Serbien vom 15. April 1816. 8. Besonderer Abdruck aus der Zeitschrift für Bergrecht.

— für das Königr. Württemberg vom 7. X. 1874 nebst Vollzugsvorschriften. 8. (IX, 106 S.) Stuttgart (902). W. Kohlhammer. n. 1. 25

Berggesetze, die goslarschen, des 14. Jahrhund. Aus e. Codex des goslarschen Archivs neu hrsg. von A. F. H. Schaumann. 12. (4 B.) Hannover 842, Hahn'sche Hofbuchh. * .
Aus: Vaterländisches Archiv besond. abgedruckt.

Berggesetze, die preußischen, in der gegenwärtig geltenden Fassung s.: Taschengesetzsammlung.

Berggesetze für die Südafrikanische Republik. Pretoria, 1896. 91 S.

Berggesetzentwurf, Kommissioneller, und dessen Begründung. Mit Anhang: Beweggründe. Budapest, 1870. 100 S.

Berggesetzgebung für das Königreich Bayern. 4 Lfgn. gr. 16. München 869.70, Franz'sche Buchh.

Inhalt:

Lfg. 1. Das Berggesetz vom 20. März 1869, nebst Einleitung, Erläuterungen aus den Motiven zum Entwurfe des Gesetzes und den Verhandlungen der beiden Kammern, sonst. Bemerkungen und Inhaltsverzeichniß. (VII, S. 1—176.) ℳ 1.50.

" 2. Das Gesetz über die Abgaben von den Bergwerken für das Königreich Bayern vom 6. April 1869, nebst Einleitung, Erläuterungen aus den Motiven zum Entwurfe des Gesetzes ꝛc. (VI, S. 177—184.) 20 Pf.

" 3. 4. Die Vollzugsvorschriften zu dem Berggesetze und dem Gesetze über die Abgaben von den Bergwerken, die oberpolizeilichen Vorschriften, die Markscheideordnung mit den Maßbestimmungen für den Bergbau ꝛc. nebst Inhaltsverzeichniß und Sachregister. (VI, S. 185—314.) ℳ 1.35.

Berggesetznovelle
s. **Gesetz** betr. d. Abänderung d. Allgemeinen Berggesetzes. [illegible]

Die Berggesetz-Novelle vom 18. Juni 1907. Zusammenstellung der Drucksachen und Sitzungsberichte des Preuß. Landtages zu dem Gesetzentwurf betr. Abänderung des Allgemeinen Berggesetzes vom 24. Juni 1865 betr. Regelung des Mutungs- und Verleihungswesens. Nebst 2 Denkschriften. Berlin, 1907. Sammelbd.

Die Berggesetz-Novellen von 1905. Zusammenstellung der Drucksachen und Sitzungsberichte des Preuß. Landtages zu den Gesetzentwürfen betr. die 1. Arbeiterverhältnisse, 2. Zechenstillegung und Betriebszwang und 3. Mutungssperre; nebst Denkschriften, Eingaben usw. Berlin, 1904—1905. 2 Sammelbde.

Berggiesshübel, s.: Sachsen. Karte.

Berggiesshübel, s.: Sachsen. Messtischblätter.

Berggold, F., u. C. Sandler, Deutschland's Handel u. Industrie, s. Sandler, C.

Berggold, M., der vollkommenste Situationszeichner. 12 Blatt. qu. 4. Leipz. 811. Magazin f. Ind. 1 ℛ 12 𝔤𝔤 Hbg. Pr. 1 ℛ

Berggren, J., Bibel und Josephus über Jerusalem und das Heilige Grab wider Robinson und neuere Sionspilger als Anhang zu Reisen im Morgenlande. Lund 862. (Gleerup.) gr. 8. (XVI, 444 S.) n. 2 ℛ 20 ngr

Berggren, J., Guide français-arabe vulgaire des voyageurs et des Francs et Syrie et en Égypte avec carte physique et géograph. de la Syrie (in Fol.) et plan géomet. de Jérusalem ancien et mod. (in Roy.-4.) comme supplém. aux voyages en Orient. gr. in-4. (60¾ B.) Upsal 844. (Stockholm, Bonnier.) *

Berggren, Jak., Flavius Josephus der Führer und Irreführer der Pilger im alten u. neuen Jerusalem. Mit einer Beilage Jerusalem des Itinerarium Burdigalense enthaltend. Leipzig 854. T. O. Weigel. gr. 8. (VIII, 55 S.) n. 12 ngr

Berggren, (J.,) Reisen in Europa u. i. Morgenlande. A. d. Schwed. v. Fr. H. Ungewitter. 1r Thl. 8. Darmst. 827, Leske.

Berggren, J., Reisen in Europa u. im Morgenlande. A. d. Schwed. v. F. H. Ungewitter. 3 Thle. 8. Darmstadt, Leske. [1. (25 B., 1 Kpfrt. u. 1 Karte.) 828. 2 Thlr., 2. (25¼ B. mit Plan v. Jerusalem, Fol., u. ill. Karte v. Syrien, gr. Fol.) 333. 2 Thlr., 3. (15½ B.) 834. 1 Thlr.] cpl. hrabgs. Pr.

Berggren, P. Andr., Überblick über kirchliche Verhältnisse Schwedens. 8. (62 S.) Leipzig 884, Böhme. *

Berggruen, Handelsrecht, s.: Handels-Bibliothek, Wiener.

Berggrün, Emil, s.: Jahres-Bericht d. Kinder-Abtheil. d. Spitales d. allg. Poliklinik i. Wien.

Berggrün, Emil, s.: Monti, Alois, die chronische Anämie im Kindesalter.

Berggruen, Oskar

Berggruen, Osk., das Bühnenfestspiel in Bayreuth in Hinblick auf die bildende Kunst. Mit dem Bildnisse Rich. Wagner's (Stahlst.) und mit Illustrationen (in eingedr. Holzschn. und 1 Stahlst.). hoch 4. (16 S.) Leipzig 877, Seemann. *
Aus: Zeitschrift für bildende Kunst, besonders abgedruckt.

— — s. Eisenmenger, A., zwölf decorative Medaillons.

Berggruen, O, s.: Galerien, Wiener.

—— s. Gemälde, auserlesene, der Galerie Schack.

Berggrün, O.: Pepita Jimenez [Text], s. Albeniz, Isaac [Komp.]

—— s. Kronprinz-Album.

Berggruen, Oskar. Kronprinz-Album. 24 Blätter aus dem Ihren Kaiserlichen Hoheiten Kronprinz Rudolph und Kronprinzessin Stephanie anlässlich Ihrer Vermählung am 10. Mai 1881 dargebrachten Album. Lichtkupferstiche mit Text. Wien 1883. Fol.

Berggruen, Oskar (Red.), s. Künste, Die graphischen.

Berggruen, Osk., die Galerie Schack in München. 60 Stiche, Radirungen und andere Reproductionen nach Gemälden der Galerie. Fol. (XVI, 134 S.) Wien 883, Gesellschaft für vervielfältigende Kunst. *ℳ 100.; geb.

Berggruen, O., Ferdinand Georg Waldmüller, ein Lebensbild. [Aus: „Die graph. Künste".] Fol. (68 S. mit zahlreichen Illustr. u. Kunstbeilagen.) Wien 887. Gesellschaft f. vervielfält. Kunst. n. 12. —; geb. n. 20. —

— FG Waldmüller, s. Leben u. s. Werke. Fol. (68 m. Text-Illustr. u. 16 Radirgn.) Wien 88, Gesellsch. f. vervielfält'g. Kunst. 12 —

Van den Bergh's Margarine-G. m. b. H., Cleve. 40 Jahre im Dienste der Volksernährung. — (Emmerich 1910: Rommen.) 111 S. 8° [Umschlagt.]

Bergh, A., Receptbuch der Parfümerie-Fabrikation. gr. 8. (XI, 184 S.) Berlin 888. Stahn. n. 5. —

Das neue Heidentum! Ein Wort an unsere Gemeinden aus Anlass der Horneffer-Vorträge von Div.Pfarrer [Alfred] v. **Bergh**-Cassel. Cassel: F. Lometsch 1906. (60 S.) 8° [F.] [illegible]

— das neue Heidentum des Dr. Horneffer! 3. Aufl. Mit e. Nachwort als Antwort. (74 S.) 8. Ebd. 906. n. — 80

Bergh, C.: Erinnerung an das Gefecht bei Hopdrup am 7. Juni 1848, von 351 Freischaaren, gegen 1400 Dänen. – Apenrade. 1848. 8°

Bergh, Ernst van den

Bergh, E. van den, Österreichs Kämpfe in Bosnien u. der Herzegowina im J. 1878, s. Militär-Wochenblatt. 1909. Beiheft 8/9.

Österreichs Kämpfe in Bosnien und der Herzegowina im Jahre 1878. Von E[rnst] van den **Bergh**, Hauptm. Mit 1 Übersichtsskizze u. 10 Skizzen. Berlin: Mittler 1909. S. 331–347. 8°
(Militär-Wochenblatt. 1909, Beih. 8 u. 9. [2.]) [illegible]

Die seelischen Werte im Frieden und im Kriege. Eine Studie von Ernst van den **Bergh**, Oberlt. Berlin: E. S. Mittler & Sohn 1906. (S. 205–236.) 8° [Umschlagt. F.]
— **Militär-Wochenblatt.** 1906, Beiheft 6, [2.] [illegible]

Bergh, F. van den, die Felsen-Sprengungen im Rhein bei Bingen zur Erweiterung d. Thalweges im Binger-Loche. M. 10 Stnt. Roy.-4. (10 B.) Koblenz 854, Bädeker. Thlr.

Bergh, Gustaf Fr(edrik), aus Schweden: **Beiträge zur Kenntnis der Lupinenalkaloide.** *Marburg 1903: R. Friedrich.* (72 S.) 8°
Marburg, Phil. Diss. v. [27. Nov.] 1903

Bergh, H. v. d., De antiquissimis annalium scriptoribus Romanis. Diss. 1859. 88 S.

Bergh, H. van den, das vierte Stasimon des Oedipus auf Kolonos. Kritischer Versuch. Stralsund 863. (Bremer.) 4. (13 S.) 6 ngr

Bergh, H. v. d., Uebersetzung u. Erklärung der 1. pyth. Ode d. Pindaros. 12 S. 4°. Gel. 1867. —.90

Bergh, Hugo van den, Japans geschichtliche Entwickelung. (VIII, 82 S.) 8. Halle 905. Gebauer-Schwetschke. n. 1. 20

Bergh, John: Nach d. Unfrieden. Ein finnländ. Roman. (Aus d. Schwed. übers. v. Frdr. v. Känel.) Bearb. v. Christian Krause. (4, 194) 8° Bonn, A Ahn ('12). 3 —; geb. 4 — d

van den Bergh, L. Ph. C., **grondtrekken der Nederlandsche wapenkunde. gr. 8. (60 S.) Leiden 847, S. & J. Luchtmans. (Brill.) n. 14 ngr**

van den Bergh, L. Ph. C., de Nederlandsche Volksromans. Eene bijdrage tot de geschiedenis onzer letterkunde. gr. 8. Amsterdam 837. (Leipzig, Procl. Weigel.) n. 1½ ₰

Bergh, R., über Ansteckung und Ansteckungswege bei Syphilis. gr. 8. (31 S.) Hamburg 888, Voss. *
Aus: Monatshefte für praktische Dermatologie, besonders abgedruckt.

Bergh, Rudolf
Bergh R.: [Afhandlinger]. (2 Vol.).
(Foruden allerede katalogiserede Afh. indeholder disse Bind: Vol. 1: Anatomische Untersuchung d. *Triboniophorus Schüttei, Kfst.*, so wie v. *Philomycus carolinensis* (*Bosc*) u. *australis, Bgh.* Wiesb. 1870. 26 S. 3 Tvl. — Nachträgliche Bemerkungen üb. *Philomycus*. Sst. 1871. 4 S. — Beiträge z. Kenntniss d. Mollusken d. Sargassomeeres. Sst. 1871. 36 S. 3 Tvl. — Ueber eine grönländische Aplysie. Sst. 1872. 10 S. 2 Tvl. — Neue Beiträge z. Kenntniss d. Pleurophyllidien. Kassel 1876. 14 S. 1 Tvl. — Kritische Untersuchung d. Ehrenberg'schen Doriden. Frankf. a. M. U. A. 32 S. — Untersuchung d. *Chromodoris elegans* u. *villafranca*. Kassel 1878. 36 S. 4 Tvl. — Gattungen nordischer Doriden. [Berl. 1879]. (30) S. 1 Tvl. — Beiträge zu einer Monographie d. Polyceraden. I. Wien 1880. 56 S. 6 Tvl. — Vol. 2: Notizen üb. *Pleurophyllidia Loveni*. 1879. 40 S. 1 Tvl. — Die Doriopsen d. atlantischen Meeres. Frankf. a. M. 1879—80. 24. 32 S. 1 Tvl. — Beiträge z. Kenntniss d. japanischen Nudibranchien. I—II. Wien 1880—81. 38, 42 S. 11 Tvl. — Beiträge zu einer Monographie d. Polyceraden. II—III. Wien 1881—83. 42. 48 S. 11 Tvl. — Beiträge z. Kenntniss d. Aeolidiaden. VII—VIII. Wien. 1882—85. 70, 62 S. 13 Tvl. — Die Marseniaden. Eine vorläufige Mitteilung. Jena. U. A. (12) S. Fig. — Die van Hasselt'schen Nudibranchien. Wien 1887. 24 S. 1 kol. Tvl. — Die Pleuroleuriden, eine Familie d. nudibranchiaten Gasträopoden. Jena. U. A. (17) S. 2 Tvl. — Die cladohepatischen Nudibranchien. Jena 1890. 75 S. — Die cryptobranchiaten Dorididen. (42) S. — Die Titiscanien. U. St. o. A. 26 S. 3 Tvl.).

Bergh, Rud., Dr.: Ascoglossa. Aplysiidae. Mit 5 Taf. *Wiesbaden: C. W. Kreidel 1902.* (S. 313—382.) 4°
= Semper, K.: Reisen im Archipel d. Philippinen. Bd 7. Abt. 4, Abschn. 4.
[02. 11713]

Beiträge zur Kenntniss der Coniden. Von Dr. R[udolf] Bergh. M. 13 Taf. ... *Halle: In Comm. b. W. Engelmann in Leipzig; Buchdr. d. Dr. Güntz'schen Stiftg in Dresden 1895.* (148 S., 13 Taf.) 4.
= Acta, Nova, Academiae Caes. Leopoldino-Carolinae Germ. naturae curiosorum. T. 65. No 2.
[97. 8117]

Bergh, Rud., Beiträge zu einer Monographie der Polyceraden. III. 8. (48 S. mit 5 Taf.) Wien 883. (Leipzig, Brockhaus' Sortiment und Antiq.) *

Bergh R.: Ueber Borkenkrätze. Aus d. Dän. übers. v. A. Meyer. [Berl. 1860]. 28 S. (Særtr.). P.

Bergh, Rud., Bullacea, s.: Semper, C., Reisen im Archipel der Philippinen. VII. 4.

Die Opisthobranchiata der Siboga-Expedition von Dr. Rud. Bergh. Mit 20 Taf. Leiden: E. J. Brill 1905. (248 S.) 4°
= Siboga-Expeditie. 50.
[05. 11440]

— Opisthobranchiaten. [Aus: „Abhandlgn. d. Senckenberg. naturforsch. Gesellsch.", 24. Bd. (Kükenthal, wissenschaftl. Reiseergebn.)] gr. 4. (34 S. m. 2 Taf.) Frankfurt a/M. 897. (M. Diesterweg.) n. 6. —

Ⓑ Bergh, Rud., Opisthobranchiaten. 897. (KBL 20.) Jetzt: Frankf. a/M. (Viktoria-Allee 7.) Senckenberg. naturforsch Gesellsch. Erm. Pr. nn 3. —

Die Opisthobranchien. Von Rudolph Bergh ... W. 12 Pl. *Cambridge, Mass., U. S. A.: Pr. f. the Museum 1894.* (1 Bl., 125—233 S., 12 Taf.) 8.
= Reports on the Dredging Operations off the West Coast of Central America to the Galapagos. [No] 13.
= Bulletin of the Museum of Comparative Zoölogy at Harvard Coll. Vol. 25. No 10.
[98. 7934]

Die Pleurobranchiden v. Dr. Rud. Bergh. (In 3 Lfgn.) *Wiesbaden: C. W. Kreidel 1897.* (4 Bl., 51 S., 2 Bl., 53—115 S., 2 Bl., 117—158 S., 12 Taf. m. je 1 Erl.-Bl.) 1 Bd 4.
= Semper, Carl: Reisen im Archipel d. Philippinen. Bd VII. Abth. IV. Abschn. 1.
[98. 11703]

Bergh R.: Ueber die Gattung *Rhodope*. U. St. 1882. 4 S. (Særtr.).
(—: Afhandlinger). 118.

Bergh, Rud. System der nudibranchiaten Gasteropoden. Imp.-4. (173 S.) Wiesbaden 892, Kreidel. In Mappe * 30 —

Bergh, Rud., malacologische Untersuchungen, s. Semper, C., Reisen im Archipel der Philippinen.

— — Vorlesungen über allgemeine Embryologie. (289 S.) Mit 126 Fig. Wiesbaden 95. Bergmann. M. 7.—, geb. M. 8.—

— Vorlesgn üb. allg. Embryologie. 8° (289 m. Abbildgn.) Wiesb. 95, CW Kreidel. 7—

— Vorlesungen üb. die Zelle u. die einfachen Gewebe des thierischen Körpers. Mit e. Anh.: Technische Anleitg. zu einfachen histolog. Untersuchgn. gr. 8. (X, 262 S. m. 138 Fig.) Wiesbaden 894. C. W. Kreidel. n. 7. —

Bergh van Eysinga, Gustaaf Adolf van den

Indische Einflüsse auf evangelische Erzählungen. Von D. G[ustaaf] A[dolf] van den Bergh van Eysinga, Privatd. in Utrecht. Mit e. Nachwort von Prof. Dr. Ernst Kuhn in München. *Göttingen: Vandenhoeck & Ruprecht 1904.* (104 S.) 8°
= Forschungen z. Religion u. Literatur d. Alten u. Neuen Testaments. II. 4.
[04. 13010]

Indische Einflüsse auf evangelische Erzählungen. Von D. G[ustaaf] A[dolf] van den Bergh van Eysinga, Privatd. Mit e. Nachw. von Prof. Dr. Ernst Kuhn, München. 2. verm. Aufl. Göttingen: Vandenhoeck & Ruprecht 1909. 118 S. 8°
(Forschungen z. Religion u. Literatur d. Alten u. Neuen Testaments. II. 4.) [09. 8268]

Bergh van Eysinga, GA van d.: Die holländ. radikale Kritik d. Neuen Test., ihre Gesch. u. Bedeutg f. d. Erkenntn. d. Entstehg d. Christentums. (14, 187) gr8° Jena, E Diederichs '12. 4 —; geb. 5.20

Berghänel, Frdr., Fenster-Bilder. Eine Weihnachtsgabe für Alle, die das Volk lieben u. zum Volke halten. gr. 8. (12 S.) Ronneburg 849, Hofmeister. n. 2 ₰

Berghänel, Oswald, vorm Feuerwehrtag, s.: Bloch's, Ludw., Herren-Bühne.

Berghauer, Christoph (Gardelegen), Veram pathologiam haemorrhagiarum narium. Disp. med. Präs. Michael Alberti. Halle (Chr. Henckel) Sept. 1704. 32 S. (5.—) 2221

v. Berghauer, Frz. Xav., von d. deutschen Staate, den Archiven u. Registraturen. 8. Wien 792.

Berghauer, Fritz, illustriertes Handbuch der Zimmermann-Kunst, s.: Bromnik, A.

Berghauer, Fritz, s. Maurerhandwerk, Das.

Berghauer, Heinr.: Auszug aus der Königlich Preußischen Vormundschafts-Ordnung (Landrecht Th. 2, Tit. 18) für Vormünder und Kuratoren. 7. Aufl. Wittenberg 1846.

Berghauer, Heinr., Auszug aus der königl. preußischen Vormundschafts-Ordnung (Landrecht Thl. 2. Tit. 18.) für Vormünder und Kuratoren. 8., vervollständ. Aufl. gr. 8. (38 S.) Berlin 850, C. Heymann. *

Berghauer, Heinr., Auszug aus der königlich preußischen Vormundschafts-Ordnung (Landrecht Thl. 2. Tit. 18.) für Vormünder und Kuratoren. 9.—18. Aufl. gr. 8. (29 S.) Berlin 864—68, C. Heymann's Verlag.

Berghauer, J.C.F.
— Magdeburg u. d. umlieg. Gegend. 2 Thle. Mit 2 Ansichten u. 1 Grundr. gr. 8. Magdeb. 801 Heinrichshofen. 3 ₰ 12 gr

Berghauer, J. C. F., Versuch e. Formenlehre d. griech. Declinirens u. Conjugirens in Tabellen. 8. Berl. 794. Vieweg in Braunschw. 7 gr

Berghauer, Johann Thomas Adalbert
Berghauer, J. Th. A., Bibliomuxeia d. i. biblischer Feldzug und Musterung vieler jämmerlich verfälschten Bibeln, welche mit betrügerischem Schein des wahren Worts Gottes viel tausend arme Seelen vom Weg der Wahrheit in Glaubensspaltungen u. Ketzereien stürzen. Oberammergau, 1746, 4°.

— Schutzschrift f. d. heil. Joh. von Nepomuck. 4. Augsb. Wolf. 730.

Berghauer, Jh. Thom. Adalb., vita martyrum et mors J. Nepomuc. c. not. II Tom. C. fig. Fol. Augsb. 736—61. Veith. 3 ₰ 4 gr

Berghaus, das Kriegsspiel f. Reserve- u. Landwehr-Offiziere. gr. 8. (46 S.) Berlin 885. Mittler & Sohn. n. 1. —

Berghaus, A., das Glycerin, seine Gewinnung u. Verwendung in der Industrie. gr. 8. (88 S.) Berlin 882. R. Pohl. n. 1. —

Berghaus, A. (III.), Waidmanns Heil. Ein Festspiel. gr. 8. (28 S.) Stargard i. Pomm. 884. (Just.) **

Berghaus, A., Instruktionsbuch f. den Infanteristen. 10., nach den neuesten Bestimmgn. gänzlich umgearb. u. m. diversen Zeichngn. vers. Aufl. Mit dem Bildniß unseres Kaisers. 16. (X, 156 S.) Cottbus 888. Berlin, Mittel. n. — 50

Berghaus, A. (II.), Max Maria Freiherr v. Weber. Ein Lebensbild. gr. 8. (23 S.) Berlin 880, Polytechnische Buchh. *

— Max Maria Freiherr v. Weber. Ein Lebensbild. gr. 8. (23 S.) Berlin 881. Polytechn. Buchh. n. — 60

Berghaus, Eugen (geb. am 29 März 1850 in Essen): Ueber Leberabscesse ... Bonn, Druck v. C. Georgi 1875. 16 S., 1 Bl. 8.
Bonn, Med. Fak., Diss. v. 12 März 1875

Berghaus, Fr. Matth., († d. 26. Febr. 1814.) s. Aurel. Augustinus, von d. Nutzen d. Glaubens.

Berghaus, Gust. König Kleomenes I. von Sparta. 2 Thle. (16, 18) 4. Anklam 1874. 75.

Berghaus, Heinr., Abriß einer Geschichte der geographischen Entdeckungen von den ältesten Zeiten bis zur Gegenwart. Berlin 857. Hasselberg. gr. 8. (208 S.) n. 24 ngl

Berghaus, Heinr., Almanach f. d. J. 1837—39. (1—3. Jahrg.) Den Freunden d. Erdkunde gewid. 16. Stuttgart, Hoffmann'sche Verlsbuchh. [837. (29½ B. u. 13 Stnt.), 838. (21½ B., 4 Bildn., Stahlst., u. 6 Lithogr.), 839. (23½ B., 3 Stahlst. u. 5 Karten.) à 2 Thlr.]

—— dass. f. d. J. 1840 u. 41. Der Belehrung u. Unterhalt. auf d. Gebiete d. Erd-, Länder-, Völker- u. Staatenkunde gewid. 4. u. 5. Jahrg. 16. Gotha, J. Perthes. [840. (30 B., 2 Kart. u. E. Pöppig's Bildn.) * 2 Thlr., 841. (20 B., 3 Kart. u. Alex. v. Humboldt's Bildn.) * 1½ Thlr.]

Berghaus, Heinrich: A l m a n a c h für das Jahr 1837-1841, s.a. A l m a n a c h 1837.

Berghaus, H. (Hrsg.), s. A l m a n a c h der Belehrung und Unterhaltung auf dem Gebiete der Erd-, Länder-, Völker- und Staatenkunde.

Berghaus, Heinrich (Hrsg.), s. A l m a n a c h für Freunde der Erdkunde.

Berghaus, Heinr., Annalen d. Erd-, Völker- u. Staatenkunde, s. Annalen.

Berghaus. H. Annalen der Erd-, Völker- und Staatenkunde. Zweite Reihe (als Fortsetzung der Hertha). 12 Vol. Berlin. 1830—1835. 8. — Dritte Reihe (als Fortsetzung der Hertha). 12 Vol. oder Vol. 13—24. 1839—1841. (Der dritten Reihe 1—12 Vol.) — Vierte Reihe. Vol. 25—28. 1842 und 1843. (Der vierten Reihe 1—4 Vol.)

Berghaus, H. Asia. Aus dem grossen Atlas der aussereuropäischen Erdtheile. Gotha 1828—1837. 14 Bl. c. K. Ff.

Berghaus, *Heinrich*, Professor in Potsdam, * Cleve 3. Mai 1797.
—— Allgemeiner pflanzengeographischer Atlas. Eine Sammlung von acht Karten, welche die auf das Pflanzenleben bezüglichen Erscheinungen nach geographischer Verbreitung und Vertheilung in wagerechter und senkrechter Ausdehnung abbilden und versinnlichen. Gotha, Justus Perthes. 1851. folio. 4 p., 8 tab. (3 *th.* n.)
Physikalischer Atlas. Fünfte Abtheilung.

Berghaus, Hnr. Karl Wilh., Atlas der Eisenbahnen in Deutschland.... 1859. (Br. Mus.)
Carte des chemins de fer de l'Allemagne. Paris, Chaix, 1859.
— —, —— Ebenda 1870. . . . . (Br. Mus.)

Berghaus, Hnr. K. W., Atlas d. außereurop. Erdtheile. 1e Abtheil. Asien. 15 Bl. in gr. Adlerform. Nebst Text in 4. Gotha 832. Perthes. Subscr.-Pr. 7 ℛ 8 𝒦. s. auch Hand-Atlas.

—— (grosser Atlas d. aussereurop. Erdtheile. I. Abthl.:) Atlas von Asia. 1. Lfg. enth. d. Bl.: No. 8. Hinderindien. No. 12. Persischer Golf. No. 18. Philippinen, Sulu-Ins. (Kpfrst. u. ill., in gr. Adler-Form.) Nebst Erklärung u Erläuterung u. d. T.: Asia. Samml. v. Denkschriften in Beziehung auf d. Geo- u. Hydrographie dieses Erdtheils. gr. 4. (84½ B.) Gotha 832, J. Perthes.

— (großer A t l a s der außereurop. Erdtheile. 2e Abthl. Atlas v. Asia 2e Lfrg. N. 9. Assam mit seinen Nachbarländern. N. 16. d. Chinesische Küste zu beiden Seiten d. Meridians v. Macao, in gr. Adler-Form. u. die Denkschrift zu N. 9. unter d. T.: histor.-geograph. Beschreibung v. Assam u. seinen Nachbarländern Bhotan, Djuntia, Katschhar, Munipur ꝛc. nebst Bemerkk. über die nördl. Provinzen des Birma-Reichs. gr. 4. Gotha 834. J. Perthes. Subscr.-Pr. 5 ℛ 3e Lfrg. N. 5. Syrien. N. 6. Arabien u. das Nil-Land. N. 14. Chinesisches Meer. 1s od. südl. Blatt, in gr. Adler-Form. u. den Denkschriften zu N. 5. Syrien nebst 1 kl. krit. Karte v. Syrien in gr. 4. Zu N. 6. Arabien. Zu N. 9. Supplement zur Beschreibung v. Assam nebst Suppl.-Karte. gr. 4. Ebd. 835. Subscr.-Pr. 7 ℛ 4e Lfrg. N. 7. Vorder-Indien. N. 10. Specialkarte von Himalaya. N. 15. Chinesisches Meer. 2s od. nördl. Blatt. gr. 4. Ebd. 836. Subscr.-Pr. n. 5⅓ ℛ — 2e Abthl. A t l a s v. Asia. 5e Lfrg. N. 11. Insel Sumatra. N. 17. Das Sunda- od. Borneo-Meer. N. 19. d. Ural-Gebirge. Mit 1 Kpfrst. ½ Bg. Vorbemerk. gr. 4. Gotha 837. J. Perthes. Subscr.-Pr. n. 5⅓ ℛ (1—5: n. 30 ℛ

— (großer A t l a s der außereuropäischen Erdtheile. 2. Abth.) Atlas von Asia. 6. Liefg. (Nr. 2.) China und Japan. Imp.-Fol. In Kpfr. gestoch. u. color. Ebd. 843. Subscr.-Pr. n. 2 ℛ (1.—6. n. 32 ℛ)

— kleiner geographisch-statistischer A t l a s der Preußischen Monarchie, in 10 (illum.) Blättern (in gr. 4.). Zum Gebrauch in Volks-, Bürger- und gelehrten Schulen so wie als Rathgeber für den Nähr-, Lehr-, Wehr- und Beamten-Stand entworfen. Gezeichnet und gestochen in der geographischen Kunst-Schule zu Potsdam. gr. Lex.-8. Gotha 842, J. Perthes. n. ⅚ ℛ

Berghaus, Dr. H., Physikalischer Atlas, oder Sammlung von Karten, auf denen die hauptsächlichsten Erscheinungen der unorganisch. u. organischen Natur nach ihrer geographischen Verbreitung u. Vertheilung bildlich dargestellt sind. Bd. 1: Meteorologie u. Klimatologie, Hydrologie u. Hydrographie, Geologie, Tellurischer Magnetismus, botan. Geographie. Bd. 2: Zoologische Geographie, Anthropologie, Ethnographie. Gotha 1845 u. 1848. Fol.

Berghaus, Heinr., physikalischer A t l a s. I — IX. Lfg. M. 41 ill. Karten (u. 26 B. Text). Fol. Gotha 83[illegible] J. Perthes. [illegible] dr.

—— physikalischer A t l a s. 10—14. Lfg. Fol. (22 col. Kart., 2 Tabb. u. 28½ B. Text in ½ Fol.) Gotha 843—47, J. Perthes. [10. * 2 Thlr., 11 * 1 Thlr. 12—14. à * 2 Thlr.] *
1—9. Lfg. Ebendas. 1837—41. * 18 Thlr.

Berghaus, Heinr., physikalischer Atlas. 14 — 18. Liefrg. Fol. (23 in Kpfr. gest. u. color. Blatt.) Gotha 847. 48, J. Perthes. 14 — 16.: à n. 2 ℛ 17. u. 18.: à n. 1⅔ ℛ (cplt. 2 Bde. geb. 34⅓ ℛ)

— ders. 19 — 22. Liefrg. s.a. J a h r b u c h, geographisches.

Berghaus, H., physikal. Atlas. Geograph. Jahrbuch z. Mittheil. aller wichtigern neuern Erforschungen. 4 Hefte m. Karten in 1 Bd. Gotha 1850 —52. Eleg. Hfz. gr. 4. (17 Fr. 35 Rp.) 10. —
Bildet auch die 19. - 22. Lfg. von: Berghaus, physikal. Atlas.

— ders. 2. verb. u. verm. Aufl. (In 8 Abthlgn.) I. Abthlg. A. u. d. T.: Meteorologisch - klimatologischer Atlas. Eine Sammlung v. 15 (in Kpfr. gest. u. color.) Karten. Fol. (20 S. Text.) Ebd. 849. n. 5 ℛ

— ders. 2. verb. u. verm. Aufl. II. Abthlg. A. u. d. T.: Allgemeiner hydrographischer Atlas. Eine Sammlung v. 16 (in Kpfr. gest. u. color.) Karten. Fol. (18 S. Text.) Ebd. 850. n. 5 ℛ

— ders. 2. verb. u. verm. Aufl. III. Abthlg. A. u. d. T.: Allgemeiner geologischer Atlas. Eine Sammlung v. 15 (in Kpfr. gest. u. color.) Karten. Fol. (39 S. Text.) Ebd. 851. n. 6 ℛ

— ders. 2. verb. u. verm. Aufl. IV. u. V. Abthlg. A. u. d. T.: IV. Allgemeiner erdmagnetischer Atlas. Eine Sammlung v. 5 (in Kpfr. gest. u. color.) Karten. Fol. (6 S. Text.) V. Allgem. pflanzengeographischer Atlas. Eine Sammlung v. 8 (in Kpfr. gest. u. color.) Karten. Fol. (4 S. Text.) Ebd. 851. n. 5 ß

— ders. 2. verb. u. verm. Aufl. VI. Abthlg. A. u. d. T.: Allgemeiner zoologischer Atlas oder Atlas der Thier-Geographie. Eine Sammlung v. 12 (in Kpfr. gest. u. color.) Karten. Fol. (IV u. 60 S. Text.) Ebd. 851. n. 5 ß

— ders. 2. verb. u. verm. Aufl. VII. u. VIII. Abthlg. A. u. d. T.: VII. Allgemeiner anthropographischer Atlas. Eine Sammlung v. 4 (in Kpfr. gest. u. color.) Karten. Fol. (4 S. Text.) VIII. Allgemeiner ethnographischer Atlas od. Atlas der Völker-Kunde. Eine Sammlung v. 19 (in Kpfr. gest. u. color.) Karten. Fol. (68 S. Text.) Ebd. 852. n. 8 1/3 ß (cplt. 8 Abthlgn. n. 34 1/3 ß

Berghaus' physikalischer Atlas. [Begründet 1836 von Heinr. Berghaus.] 75 Karten in 7 Abtlgn., enthaltend mehrere 100 Darstellungen über Geologie, Hydrographie, Meteorologie, Erdmagnetismus, Pflanzenverbreitung, Tierverbreitung und Völkerkunde. Vollständig neu bearb. und unter Mitwirkung von Osc. Drude, Geo. Gerland, Jul. Hann, Gust. Hartlaub, Geo. Neumayer und Karl v. Zittel hrsg. von Herm. Berghaus. [In 25 Lfgn. à 3 Karten (Kpfrst. und color.).] 1.—17. Lfg. qu. gr. Fol. Gotha 886—88, J. Perthes. à Lfg. *ℳ 3.—. *

—— dass. — 3., 5. und 6. Abtl. Fol. Ebendas. 887. geb. *

Inhalt:

Abtl. 3. Atlas der Meteorologie. 12 kolor. Karten in Kpfrst. mit 61 Darstellungen. Bearb. von Jul. Hann. (12 S.) *ℳ 16.—.
» 5. Atlas der Pflanzenverbreitung. 8 kolor. Karten in Kpfrst. mit 16 Darstellungen. Bearb. von Osc. Drude. (6 S.) *ℳ 11.20.
» 6. Atlas der Tierverbreitung. 9 kolor. Karten in Kpfrst. mit 45 Darstellungen. Bearb. von William Marshall. (10 S. mit 2 Karten von Ant. Reichenow, unter Mitwirkung von G. Hartlaub.) *ℳ 12.40.

Berghaus' physikalischer Atlas. [Begründet 1836 v. Heinr. Berghaus.] 3. Ausg. 75 Karten in 7 Abtlgn., enth. 514 Darstellgn. üb. Geologie, Hydrographie, Meteorologie, Erdmagnetismus, Pflanzenverbreitg., Tierverbreitg. u. Völkerkunde. Vollständig neu bearb. u. unter Mitwirkung von Osc. Drude, Georg Gerland, Jul. Hann, Will. Marshall, Geo. Neumayer u. Karl v. Zittel hrsg. von Herm. Berghaus. 18.—25. [Schluss-] Lfg. qu. gr. Fol. (20 Karten in kolor. Kupferst. m. VIII, 32 S. Text.) Gotha 889—92, J. Perthes. 18.—24. Lfg. à * 3 —; 25. Lfg. * 2 —; * 23 —

1.—17. Lfg. Ebd. 1886—88. * 51 —; compl. geb. ** 82 —.

—— dass. — I., II., IV. u. VII. Abtlg. qu. gr. Fol. Ebd. geb. * 60 40

I. Atlas der Geologie. 15 kolor. Karten in Kupferst. m. 150 Darstellungen. Unter berat. Mitwirkg. von K. v. Zittel bearb. von Herm. Berghaus. Nach d. Tode d. Verf. in einigen Karten fertiggestellt v. R. Lüddecke, C. Rohrbach u. Steimann. (7 S. Text.) 892. geb. * 18 40.
II. Atlas d. Hydrographie. 11 kolor. Karten in Kupferst. m. 173 Darstellgn. Bearb. von Herm. Berghaus. (5 S. Text.) 891. * 14 80.
IV. Atlas d. Erdmagnetismus. 5 kolor. Karten in Kupferst. m. 20 Darstellgn. Bearb. von Geo. Neumayer. (20 S. Text m. 3 graph. Darstellungen.) 891. * 7 60.
VII. Atlas der Völkerkunde. 15 kolor. Karten in Kupferst. m. 49 Darstellgn. Bearb. von Geo. Gerland. (15 S. Text.) 892. * 19 60.
III., V. u. VI. Abtlg. Ebd. 1887. geb. * 39 60.

Berghaus, Heinr., die Baudenkmäler aller Völker, s.a. Baudenkmäler.

Berghaus, H., Baudenkmäler aller Völker der Erde in Abbildungen nach Breton. Brüssel. 2 Bde. in 8. 1848. 1849. 8. cart. 12 Thlr.

Berghaus, Dr. Heinrich, Prof. in Berlin etc. Die Baudenkmäler aller Völker der Erde, in getreuen Abbildungen dargestellt und mit Hindeutung auf ihre Entstehung, Bestimmung und geschichtliche Bedeutung geschildert. Nach der 2. Ausgabe v. Ernst Breton's, Mitgliedes der Gesellschaft der Alterthumsforscher von Frankreich, „Monumens de tous les peuples", herausgegeben. Mit vielen Illustrationen im Text und 150 Platten in Tondruck. Neue Ausg. (2 Bde.) 8. Brüssel und Leipzig 1854.

—— über die ursprüngliche Bedeutung der Ortsnamen. Ein Vorläufer zum Landbuch von Pommern. 8. (12 S.) Anclam 863, Dietze. *

Beschreibung des Kriegsschauplatzes in historischer, topographischer und strategischer Hinsicht. Nebst 1 (lith. u. illum.) Uebersichtskarte von Ober Italien (in 4.) Berlin 859. Riegel's Verlag. 8. (64 S.) n. 10 ngr.

—— topographisch-historisch-statistische Beschreibung des Anklamschen Kreises. Enth.: Schilderung der Zustände dieses Theiles der Provinz Pommern in der 2. Hälfte des 19. Jahrh. 4. (259 S.) Berlin: Riegel 1868 *
(Vergl. Berghaus: Landbuch des Herzogthums Pommern...)

—— topographisch-historisch-statistische Beschreibung des Demminschen Kreises. Enth.: Schilderung der Zustände dieses Theiles der Provinz Pommern in der 2. Hälfte des 19. Jahrh. 4. (III und 212 S.) Ebendas. 868. *

— topographisch-historisch-statistische Beschreibung des Randowschen Kreises rc. (1042 S.) 1868 n. 3 ß 10 ngr.

—— topographisch-historisch-statistische Beschreibung des Ukermündeschen Kreises. Enth.: Schilderung der Zustände dieses Theiles der Provinz Pommern in der 2. Hälfte des 19. Jahrh. 4. (III und 886 S.) Ebendas. 868. *

—— topographisch-historisch-statistische Beschreibung des Usedom-Wolinschen Kreises. Enth.: Schilderung der Zustände dieses Theiles der Provinz Pommern in der 2. Hälfte des 19. Jahrh. 4. (III und 302 S.) Ebendas. 868. *

Berghaus, Hnr. (Karl Wilh.) Deutschlands überseeische Beziehungen, Übersicht der europäischen Colonien. J. Perthes' Kolonien-Karten Nr. 4. Gotha 1885. Fol. (LHK.)

— u. H. Rebau, (Aug. Gebauer), Bibliothek der Länder- u. Völkerkunde, nach den neuesten polit. Gestaltungen für die reifere Jugend u. den gebildeten deutschen Bürger bearb. 3 Bde. 8. 1.: Allgemeine Geographie. Mit besond. Rücksicht auf Deutschland für Alt u. Jung bearb. v. Heinr. Rebau. 2. verb. Aufl. (VIII u. 454 S.) 2.: Allgemeine Staatenkunde. Als Lehr- u. Lesebuch für die reifere Jugend u. den gebildeten deutschen Bürger entworfen v. Heinr. Berghaus. 2. veränderte u. verb. Aufl. (XX u. 476 S.) 3.: Grundlinien der Ethnographie. Enthaltend in 2 Abthlgn. eine allgem. Völkertafel od. Nachweisung aller Völker d. Erdbodens, nach Sprachstämmen u. Sprachfamilien ethnographisch u. geographisch geordnet; u. eine vergleichende, übersichtl. Beschreibung ihrer Sitten, Gebräuche u. Gewohnheiten. Hrsg. v. Heinr. Berghaus. (404 S.) Stuttgart 849, Verlags-Bureau. 4 ß

— Blücher als Mitglied der Pommerschen Ritterschaft 1777 — 1817 und beim preußischen Heere am Rhein 1794. Nebst einer Reihe von Orig. Briefen Blüchers u. 1 (lith.) Facsim. seiner Handschrift (in 4.) Anclam 863. Dietze. 8. (VIII, (169 S.) n. 20 ngr.

— Briefwechsel mit A. v. Humboldt, s. Briefwechsel.

— s. Catlin, G.: Die Indianer Nord-Amerika's.

Berghaus, Heinr., Ethnographisch-statistische Darstellung des Deutschen Reichs in tabellarischer Uebersicht (auf 1 Bl. mit Einfassung), nebst Karte: Deutschland, Niederlande, Belgien und Schweiz: National-, Sprach-, Dialect-Verschiedenheit. In Kupf. gest. u. kolor. Gotha, J. Perthes, 1848. Fol. (2/3 Rt.)

Berghaus, Hnr., Deutschland und seine Bewohner. Ein Lehrbuch zur Selbstbelehrung für die Gebildeten aller Stände. Th. 1. 2. Berlin 1858—60. Lex.-8. . . . . . . (D.)

— Deutschland und seine Bewohner. Ein Lehrbuch zur Selbstbelehrung für die Gebildeten aller Stände. 2 Thle. Berlin 860. Hasselberg. Lex.-8. (XVIII, 936 S.) 3 ß 15 ngr.

—— die ersten Elemente d. Erdbeschreibung im Auszuge, s. Schubart, Fr.

— physikal. Erdbeschreibung, siehe: Volks- u. Jugendbibliothek.

Berghaus, Heinrich: Flusskarte von Deutschland oder vergleichende Uebersicht der Länge der Hauptflüsse von Deutschland. Weimar, Landes-Ind.-Comptoir, 1824. Imp.-Fol. Kolor.

— s. Führer im Harz.

Berghaus (H.), Der Führer im Harz. Nebst einer neuen General-Karte zum Gebrauch für Reisende. Potsdam 1846. 8.

—— der Führer im Harz. gr. 12. (IV und 260 S. mit 1 lith. und ill. General-Karte (in Fol.) zum Gebrauch für Reisende entworfen.) Potsdam 847, Stuhr'sche Buchh. *

Berghaus, Heinr., sicherer Führer in Deütschland. Ein Handbuch f. Reisende jeder Art u. jedes Standes zu vollständigster selbsteigen. Orientirg. üb. Alles in unserm Vaterlande, auf allen Touren u. an allen Orten etc. 8. (816 S.) Stuttgart 847, Hallbergersche Buchh. 1¾ ℛ In Engl. Einb. m. 1 lith. u. color. Reisekarte (in Imp. Fol.) 2½ ℛ

—— Geschichte d. barometr. Höhenbestimmung v. Berlin u. Dresden. Nebst einigen Beiträgen z. Hypsographie u. Klimatologie v. Norddeütschland überh. Drei Sendschr. an Hrn. Alex. v. Humboldt. gr. 4. (9¾ B.) Berlin 836, Reimer.

Berghaus, Heinr., Geschichte der Stadt Stettin. Topographisch-statistisch beschrieben nach allen Richtgn. ihres polit., mercantil., bürgerl. u. kirchl. Lebens. 2 Bde. hoch 4. (VII, 1102 u. VIII, 1115 S.) Wriezen 875. 76. Riemschneider. n. 36. 50

Berghaus, Heinr., Geschichte der Stadt Stettin. 2 Bde. hoch 4. Wriezen 876. Berlin, Lehmann. (*ℳ 36.) *

Berghaus, Heinr., Grundlinien der physikal. Erdbeschreibung, s. a. Volks- u. Jugendbibliothek. 2. Sect. 4. Thl.

— Grundlinien der physikalischen Erdbeschreibung. Enthaltend in sechs Hauptstücken eine kurze u. allgemein faßliche Darstellung von der Geologie, Hydrographie, Klimalehre, rc. Zur Belehrung für die reifere Jugend, den Bürgers- u. Landmann. 2 (Titel-) Ausg. Stuttgart (847) 856. Hallberger'sche Verlhdlg. 8. (1 Bl., VIII, 439 S.) 27 ngl

— Grundlinien der Ethnographie. Enthaltend in 2 Abtheilungen eine allgem. Völkertafel oder Nachweisung aller Völker d. Erdbodens, nach Sprachstämmen u. Sprachfamilien ethnographisch u. geographisch geordnet; u. eine vergleichende, übersichtl. Beschreibung ihrer Sitten, Gebräuche u. Gewohnheiten. (Titel-Ausg. des 3. Bdes. v. Berghaus u. Rebau, Bibliothek d. Länder- u. Völkerkunde.) gr. 8. (404 S.) Stuttgart 850, Verlags-Bureau. 1 ℛ 18 ngl

— Grundlinien der Ethnographie. Enthaltend in 2 Abtheilungen eine allgemeine Völkertafel oder Nachweisung aller Völker des Erdbodens, nach Sprachstämmen und Sprachfamilien, ethnographisch und geographisch geordnet; und eine vergleichende, übersichtliche Beschreibung ihrer Sitten, Gebräuche u. Gewohnheiten. 2. (Titel-) Ausg. Ebend. (850) 856. 8. (1 Bl., 404 S.) 27 ngl

—— Grundriß der Geographie in fünf Büchern, enthalt. die mathemat. u. physikal. Geographie, die allgem. Länder- u. Völker- so wie d. Staatenkunde; erläut. durch eingedr. xylograph. Figuren u. Darstelln., durch Karten u. e. Anh. Hülfs- u. Nachweisungs-Tabn., als Leitfaden z. Gebr. f. d. obern Klassen v. Gymnasien, höh. Bürger-, Real- u. Gewerbe-Schulen, d. Militär-Erziehungs- u. Unterr.-Anstalten, so wie z. Benutz. beim Selbstunterr. 1—8. Lfg. gr. 8. (56 B. u. 3 Kart.) Breslau 840—42, Graß, Barth u. Comp. à L. ½ Thlr.

—— Grundriß d. Geographie in 5 Büchern. Enthaltend die mathemat. u. physikal. Geographie, die allgemeine Länder- u. Völker- so wie die Staatenkunde rc. 9—11. Lfg. (Schluß.) gr. 8. (27 B.) Breslau 843, Graß, Barth u. Comp., Berl. à L. ½ Thlr.

1—8. Lfg. Ebendas. 1840—42. 4 Thlr.

Hamburg. Gez. v. H[einrich] **Berghaus** 1820—1821, bericht. 1848, gest. v. H. Brose. — [Glogau: Flemming] 1820—48. 34× 23 cm [Kupferdr.]
(Reymann's Special-Karte. 39.)
——— 2. Ex. o. J.

Berghaus, Heinr. (Hrsg.), s. Hertha.

—— Deutschland's Höhen. Beiträge z. genauern Kenntniß ders. 1. Hft. Der Franken-Jura u. d. Fichtel-Gebirge. M. 1 Taf. in (Fol.), Querprofile d. Franken-Jura's enthalt. gr. 8. (7 B.) Berlin 831, Reimer.

—— dass. 1. Bd. 2., verm. u. verb. Ausg. — A. u. d. T.: Nivellement d. Fichtelgebirges u. d. Frankenjura. Nach den Barometermessungen, trigonometr. u. nivellit. Operationen v. Berghaus, Bischof, v. Brand, Brousseaud, David, Fickentscher, Gerstner, Goldfuß, Friedr. Hoffmann, Mädler, Miller, v. Pechmann, Schmidel, Weiß rc. berechnet. gr. 8. (22 B.) Berlin 834, Reimer.

—— cosmologisches Journal, s. Journal.

Berghaus, Heinrich, s. Kabinets-Bibliothek d. neuesten Reisen.

Berghaus, H. Karte von Afrika. Nach den neuesten Entdeckungen und Ansichten, mit besonderer Rücksicht auf Karl Ritter's Erdkunde. Stuttgart. 1826. Folio.

Berghaus. Karte von China und Japan. Gotha 1843. 1 Bl. c. K. Ff.

— ethnographische Karte vom österreichischen Kaiserstaat. Eine weitere Ausführung seiner im physikal. Atlas gegeb. Darstellung. Geographisch entw. v. F. Handtke. Ethnograph. gez. v. Herm. Berghaus. Imp. Fol. Lith. u. color. Glogau 850, Flemming's Verl. 1½ ℛ

Berghaus, Dr. Heinrich. Karte von dem Iberischen Halbinsellande oder den Königreichen Spanien und Portugal. Entworfen und in den Jahren 1826—1829 bearbeitet. 1 : 500 000. München 1834. 1 Bl. c. L.

— Charte von dem Harz-Gebirge, s.: Julius.

Berghaus, Heinrich: Hydrographische Karte von Deutschland. Berlin 1823. 8°

Berghaus, H. Kriegskarten 1—3. fol. Gotha 1854. 3.00.

— die Kulturgeschichte des Deütschen Volks in Bildern. 1. Abtheilung. Die Urzeit. Deütschland u. die Deütschen vor 2000 Jahren rc. 5 (lith.) Bilder nebst 1 (lith. u. color.) geograph. Karte (in gr. 4.) hoch 4. (XXVI u. 106 S.) Potsdam 847, Stuhr. 1½ ℛ; cart. 1⅔ ℛ

—— Landbuch der Mark Brandenburg und des Markgrafenth. Nieder-Lausitz in der Mitte des 19. Jahrh.; oder geograph.-historisch-statist. Beschreibung der Provinz Brandenburg, auf besondere Veranlassung Sr. Exc. des Hrn. Staatsministers rc. Flottwell bearb. 3 Bde. 4. Brandenburg, Müller. [Bd. 1. (688 S.) 2. (VI und 650 S.) 3. (VI und 783 S. und Reg. XCV S.) 853—56.] *

— Landbuch der Mark Brandenburg und des Markgrafenthums Nieder-Lausitz in der Mitte des 19. Jahrhunderts; oder geographisch-historisch-statistische Beschreibung der Provinz Brandenburg, auf Veranlassung des Staatsministers und Ober-Präsidenten Flottwell bearbeitet. 3 Bde. Brandenburg 854—56. Müller. Lex.-8. (4 Bl., 684; 3 Bl., 650; 560 S.) Jeder Bd. n. 3 ℛ

—— Landbuch des Herzogthums Pommern und Fürstenthums Rügen. Enthaltend: Schilderung der Zustände dieser Lande in der 2. Hälfte des 19. Jahrh. (4 Thle.) 2. Thl. A. u. d. T.: Landbuch des Herzogth. Stettin, von Kamin und Hinterpommern; oder des Verwaltungsbezirks der königl. Regierung zu Stettin. 1. und 2. Bd. 4. Anclam, Dietze. *

Inhalt:
- Bd. 1. Enth. die Kreise Demmin, Anklam, Usedom-Wollin und Ueckermünde. (2. Thl., 1.—14. Lfg.) (S. 1—1112.) 865. *4 Thlr. 20 Ngr.
- „ 2. Enth. den Randow'schen Kreis und Allgemeines über die Kreise auf dem linken Oderufer. (2. Thl. 15.—20. Lfg.) (S. 1113—1964.) 865. *3 Thlr. 20 Ngr.

(Einzelausgaben s. Berghaus: Beschreibung, Top.-hist.-statist.,..)

Berghaus, Heinr., Landbuch des Herzogthums Pommern und des Fürstenthums Rügen. Enth. Schilderung der Zustände dieser Lande in der 2. Hälfte des 19. Jahrh. II. Thl. 3.—7. Bd 4. Anclam 868—74, Dietze. [Wriezen, Riemschneider.] *

Inhalt:
- Bd. 3. Enthaltend die Kreise Greifenhagen und Pyritz. 10 Lfgn. à *ℳ 1.
- „ 4. Enthaltend: Saziger Kreis, insonderheit die Stadt Stargard 11 Lfgn. à *ℳ 1.
- „ 5. Abthl. 1. Enthaltend: Die Eigenthumsortschaften der Stadt Stargard und vom Naugarder Kreis die erste Hälfte. Lfg. 1—14. (VIII, S. 1—970.) à Lfg. *ℳ 1.
- „ 5. Abthl. 2. Enthaltend: Fortsetzung des Naugarder Kreises. Lfg. 15—33. (S. 971—2304.) à Lfg. *ℳ 1.
- „ 6. Enthaltend die Kreise Kamin und Greifenberg. 14 Lfgn. (III, 2272 S.) Lfg. 1—13. à Lfg. *ℳ 1.; Lfg. 14. *ℳ 1.20.
- „ 7. Enthaltend: Kreis Regenwald. Lfg. 1—13. (S. 1—1188.) à Lfg. *ℳ 1.

—— Landbuch des Herzogthums Pommern und des Fürstenthums Rügen. Enth. Schilderung der Zustände dieser Lande in der 2. Hälfte des 19. Jahrh. 2. Thl. 8. und 9. Bd.: Enth. die Geschichte der Stadt Stettin. 2 Bde. à 18 Lfgn. 4. (1102; VIII, 1115 S.) Ebendas. 875,77. (Vergriffen.)
à Lfg. * ℳ 1.; à Bd. * ℳ 18. *
1.—7. Bd. Ebendas. * ℳ 111,70. (Vergriffen.)

—— dass. — 3. Thl. A. u. d. T.: Landbuch des Herzogth. Kaschubien und der einverleibten Kreise der Neumark; oder des Verwaltungsbezirks der königl. Regierung zu Cöslin. 1. Bd.: enth. die Kreise Fürstenth. Kamin und Belgard. (3. Thl., 1.—14. Lfg.) 4. (S. 1—1042.) Ebendas. 865. *

—— dass. — 4. Thl. A. u. d. T.: Landbuch von Neu-Vorpommern und der Insel Rügen; oder des Verwaltungsbezirks der königl. Regierung zu Stralsund. 1. und 2. Bd. 4. Ebendas. 868. *
Inhalt:
Bd. 1. Enth. Stadt und Hochschule Greifswald. (4. Thl., 1.—11., 14., 15., 18. Lfg.) (S. 1—1092.) 868. * 4 Thlr. 20 Ngr.
" 2. Enth. den Greifswalder Kreis (einzelne Ortschaften.) (4. Thl., 12., 13., 16., 17., 19.—30. Lfg.) (S. 1—1232.) 868. * 5 Thlr. 10 Ngr
Der 1. Thl. erscheint später.
Das Werk erschien auch von 1862 an in Lieferungen à * 10 Ngr.

Berghaus, Heinr., Allgemeine Länder- u. Völkerkunde. Nebst ein. Abriss der physikal. Erdbeschreibung. 6 Bde. Mit 6 Stahlst. u. Registerband. Stuttgart 1836—43. gr. 8.
1. Bd. 1836. — 2. Bd. 1837. — 3. Bd. 1838.
4. u. 5. Bd. auch u. d. Tit.: Das europäische Staatensystem, nach seinen geograph.-statistischen Hauptverhältnissen. 1. u. 2. Thl.
1. Thl. Die Staaten des deutschen Bundes, so wie die Gesammtländer der preuss. u. der österr. Monarchie. 1839.

—— allgem. Länder- u. Völkerkunde. Nebst e. Abriß d. physikal. Erdbeschreibung. Ein Lehr- u. Hausb. f. alle Stände. 1—5. Bd. 1—3. Lfg. Jed. Bd. m. 1 Stahlst. gr. 8. Stuttgart, Hoffmann'sche Vrlsbuchh. [1. (40½ B.) 1⅓ Thlr., 2. (50⅛ B. u. 7 Tab.) 837. 1⅔ Thlr., 3. (37½ B.) 838. 1⅓ Thlr., 4. (62¼ B.) 839. 2½ Thlr., 5. 1—3. (40½ B.) 841. 1⅓ Thlr.]
Bd. 4. u. 5. a. u. d. T.: Das europä. Staatensystem. nach sein. geograph.-statist. Hauptverhältnissen. 1. u. 2. Thl.
1. Thl. Die Staaten d. deutschen Bundes, so wie d. Gesammtländer d. preuß. u. d. österr. Monarchie.
2. " Die übrigen europäischen Staaten.

—4r Bd. (2e Hälfte.) Auch u. d. T.: das europ. Staatensystem, nach seinen geographisch-statistischen Hauptverhältnissen. 1r Thl., enthaltend die Staaten des deutschen Bundes, so wie die Gesammtländer der Preußischen u. der Oesterreichischen Monarchie. Lex.-8. Stuttgart 840. Hoffmann. 1½ ℛ︁ℳ︁

—— allgemeine Länder- u. Völkerkunde. Nebst einem Abr. d. physikal. Erdbeschreib. 5. Bd. 4. Lfg. u. 6. Bd. (Schluß.) 6. Bd. a. u. d. T.: Das amerikan. Staatensystem, das mohamedan. Staatensystem, die christlichen Staaten von Abyssinien, das buddhaistische Staatensystem u. die Heidenwelt. Lex.-8. Stuttgart, Hoffmann'sche Brlsh. [5. B. 4. L. (27¼ B.) 843. 1⅙ Thlr., 6. Bd. (40½ B. u. 1 Stahlst.) 44. 1⅙ Thlr.]
1—5. Bd. 1—3. Lfg. Ebendas. 1837—41. 8 Thlr. 15 Ngr.

Berghaus, Heinrich Carl Wilhelm. Allgemeine Länder- und Völkerkunde. Nebst einem Abriss der physikalischen Erdbeschreibung. Stuttgart V: (Bd. 5. 6.): *Berghaus, Heinrich Carl Wilh., P. A. F. C. Possart & Traugott Bromme.* (BrMm)

—— dass. Registerband. gr. 8. (12¾ B.) Ebds. 840. gratis f. d. Subscribenten.

— Lehrbuch der Erdbeschreibung. 1r Cursus. Auch u. d. T.: Die ersten Elemente der Erdbeschreibung für den Gebrauch d. Schülers in den untern Lehrklassen auf Gymnasien, polytechnischen u. Kriegsschulen, so wie als Leitfaden f. den Volksschullehrer u. den Privatunterricht. 8. Berl. 830. Reimer. 14 gℊ

—— Lehrbuch d. Erdbeschreibung. 1. Kurs. — A. u. d. T.: Die erst. Elemente d. Erdbeschreibung f. d. Gebr. d. Schülers in d. unt. Lehrklassen auf Gymnasien, polytechn. u. Kriegs-Schulen, so wie als Leitfaden f. d. Volksschullehrer u. d. Privatunterricht. 8. (26 B.) Berlin 831. Reimer.

— Nord- u. Mittel-Deutschland, insonderheit Karte des preuß. Staates, hydrographisch entworfen. Orographisch dargestellt, beschrieben u. gestochen bei P. Schmidt in Berlin. Ill. Imp.-Fol. Berlin 837. Enslin'sche Buchh. n. 5/6 ℛ︁ℳ︁

Berghaus, H., Nord- u. Mittel-Deutschland, insonderheit Charte des Preussischen Staates, hydrographisch entworfen. Orographisch dargestellt, beschrieben und gestochen bei P. Schmidt in Berlin. Berlin, Gaellhaar, 1837. Imp.-Fol. Kolor. (5/6 ℛ︁ℳ︁)

— über die Postkarte des Preuß. Staates. 8. Berl. 824.

Berghaus, H., Post-Charte vom Preussischen Staate, in 25 Bll., unter Autorisation des Kgl. Preuss. General-Post-Amts. Entw. u. bearb. Berlin 1827. . . (Br. Mus.; D.)
——, —— Berlin 1834—1837. . . . . (Br. Mus.; D.)

— Post-Karte vom Preuß. Staate in XXV Blättern. gr. 4. Berl. 831. Schropp u. C. 6 ℛ︁ℳ︁

—— die neuesten Reisen, s. Kabinets-Bibliothek.

Berghaus, Heinr., Dr., Sechs Reisen um die Erde der Seehandlungsschiffe „Mentor" und „Prinzess Louise" innerhalb der Jahre 1822—42. Berlin 1842.

Berghaus, H., Die Preussische Rhein-Provinz oder die Regierungs-Bezirke Düsseldorf, Cöln, Coblenz, Aachen und Trier, die Preussisch-Hohenzollernschen Lande, auch Hsth. Nassau, Grhzgl. Oldenb. Fürstenthum Birkenfeld, Landgrsch. Hessen und die Freie Stadt Frankfurt. Entw. u. gez. Gotha 1856. . . . . (Br. Mus.)

—— Sammlung physikal. Beobachtungen, s. Sammlung.

— (Sammlung hydrographisch-physikalischer Karten der Preußischen Seefahrer. 1. Liefg. Blatt 1—3.:) Chart of Hawaii Archipelago; commonly called the Sandwich Islands. Engraved by Wm. Jättnig. Imp.-Fol. — Chart of the Channels, Islands and Dangers between Luzon et Taewan. Roy.-Fol. — Chart of part of the Coast of Peru. Roy.-Fol. Breslau 841, Grass, Barth u. Comp. n. 10½ ℛ︁ℳ︁

— ausgewählte Schriften d. Königl. geograph. Gesellschaft zu London, s. Kabinets-Bibliothek d. neuesten Reisen rc. 1r Bd.

— physikalischer Schul-Atlas bestehend aus 28 in Kpfr. gest. u. color. Karten. Ein Auszug aus des Verf. grossem physikal. Atlas. Zum Gebrauch beim Unterricht u. zum Selbststudium. qu. Imp. 4. (12 S. Text.) Gotha 850, J. Perthes. n. 3 ℛ︁ℳ︁

—— Schweden, Norwegen und Dänemark die drei skandinavischen Reiche. Nebst einer Einleitung zur Kenntniß Europa's. Lex.-8. (XIX und 894 S.) Berlin 858, Hasselberg'sche Verlagsbuchh. *

— allgem. See-Atlas, od. Sammlung hydrographisch. Karten u. Beschreibungen d. europ. u. amerik. Meere; für d. Gebrauch d. Seefahrer. 1e Lfrg.: Segel-Karte vom Sunde, d. Belten u. dem südwestl. Theil der Ostsee. 2 Bl. Segel-Karte vom östl. Theile d. engl. Kanals. 2 Bl. Segel-Karte v. westl. Theile d. engl. Kanals mit d. Angrenzungen der Irrländ. Meere. 2 Bl. Segel-Karte v. westl. Eingange zum engl. Kanal u. dem Irrländ. Meere. 2 Bl. Segel-Karte für den südl. Theil d. Ostsee. 2 Bl. Lithogr. v. A. Platt. Imp.-Fol. Berlin 832. Reimer. n. 5 ℛ︁ℳ︁ (2 Bl. kosten n. 1 ℛ︁ℳ︁)

Berghaus, Hnr. (Karl Wilh.) Segelkarte für den südlichen Theil der Ostsee. 2 Bll. Lith. von A. Platt. Berlin, Reimer, 1832. Imp.-Fol.
(Aus: H. Berghaus, Allg. See-Atlas.)

Berghaus, Heinrich: Spezial-Karte vom Reussenlande. Berlin 1827. 1 Bl. c.K. Ff.

— Sprachschatz der Sassen. Wörterbuch der plattdeutschen Sprache in den hauptsächlichsten ihrer Mundarten. (In ca. 12 Hftn.) 1—18. Hft. gr. 8. (1. Bd. XII, 752 S. u. 2. Bd. S. 1—656.) Berlin 878—82. Eisenschmidt. à n. 1.50

—— Sprachschatz der Sassen. Wörterbuch der plattdeutschen Sprache in den hauptsächlichsten ihrer Mundarten. (In ca. 12 Heften.) 1.—8. Heft. gr. 8. (S. 1—640.) Brandenburg 878—79, Müller. à Lfg. * ℳ 1,50. *

Berghaus, Heinr., Sprachschatz der Sassen. Wörterbuch der plattdeutschen Sprache in den hauptsächlichsten ihrer Mundarten. 9. und 10. Heft. gr. 8. (1. Bd. XI, S. 641—752.) [Brandenburg 880, Müller.] Berlin, Eisenschmidt.
à Heft * ℳ 1,50. *
1.—8. Heft. Ebendas. 1878,79. à * ℳ 1,50.

Berghaus, Heinr., Sprachschatz der Sassen. Wörterbuch der plattdeutschen Sprache in den hauptsächlichsten ihrer Mundarten. 19—21. Hft. gr. 8. (2. Bd. S. 657—814 u. 3. Bd. S. 1—80.) Berlin 883. 84. Eisenschmidt. à n. 1.50

— die Vereinigten Staaten v. Nordamerika, geograph.-statistisch vorzugsweise nach Van der Straten-Ponthoz geschildert. Mit besond. Rücksicht auf die Deutsche Auswanderung. Nebst 2 (in Kpfr. gest. u. color.) Karten (in Fol.), entworfen, u. gezeichnet von Frdr. v. Stülpnagel. 8. (VIII u. 98 S.) Ebd. 848. 21 ngr

— allgemeine Staatenkunde, s. Volks- und Jugendbibliothek, allgem. deutsche. 3. Sect.

— allgemeine Staatenkunde. Als Lehr- und Lesebuch für die reifere Jugend u. den gebildeten deutschen Bürger entw. 2. (Titel-) Ausg. Stuttgart (846) 856. Hallberger'sche Verlhdlg. 8. (XX, 476 S.) 27 ngr

Berghaus, Heinr. (Hrsg.), s. Staatsbürger, Der preußische.

— Statistik des preuß. Staats, s. Statistik.

(Berghaus, Heinrich.) Statistik des preußischen Staates. Versuch einer Darstellung seiner Grundmacht und Kultur, Verfassung, Regierung und Verwaltung, im Lichte der Gegenwart. Berlin, Reimer 1845. XVI 648 S. 8.

— kritische Studien zur Weltlage 1859. 2 Hfte. Berlin 859. Riegel's Verlag. 8. (108 S.) n. 18 ngr

— Supplement zu Stieler's Schul-Atlas. 6 (in Kpfr. gest.) u. color. Karten zur physikal. Erdkunde. 5. verm. Aufl. qu. Fol. Ebd. 849. 1/3 ₰

— Supplement zu Stieler's Schul-Atlas. 6 illum. Karten (in Kpfrst.) zur physikal. Erdkunde. 7. verm. Aufl. Gotha 861. J. Perthes. gr. 4. n. 10 ngr

— die Völker des Erdballs nach ihrer Abstammung u. Verwandtschaft u. ihrer Eigenthümlichkeit in Regierungsform, Religion, Sitte u. Tracht geschild. 1—42. Lfg. Lex.-8. (42 B. u 98 col. Taf.) Brüssel [u. Leipzig 845—47, Muquardt's Verlagsexpedition.] à Lfg. * 10 Ngr., Thlr. Lfg. 1—32 bilden den 1. Bd.

— die Völker des Erdballs. 43—50. Lfg. Lex.-8. (2. Bd. S. 209—336 und 24 ill. Taf., Schluß.) Leipzig 847, Muquardts Verlags-Expedition. à Lfg. * 10 Ngr. 1—42. Lfg. Ebendas. 1845—47. * 14 Thlr. 20 Ngr.

— die Völker des Erdballs nach ihrer Abstammung und Verwandtschaft, und ihren Eigenthümlichkeiten in Regierungsform, Religion, Sitte und Tracht geschildert. Mit 150 naturgetreuen ill. Abbild. (in Holzschn.) 2. Ausg. 2 Bde. Lex.-8. Brüssel, Muquardt. [Bd. 1. (402 S.) 2. (VIII und 336 S.) 852—53.] *

— die Völker des Erdballs nach ihrer Abstammung und Verwandtschaft und ihren Eigenthümlichkeiten in Regierungsform, Religion, Sitte und Tracht. Mit 150 naturgetreuen color. Abbildgn. (in Holzschn.) Neue wohlfeile Ausg. 2 Bde. Brüssel (862.) Muquardt. Lex.-8. (462; VIII, 386 S.) n. 10 ₰

— Was man von der Erde weiß. Ein Lesebuch zur Selbstbelehrung für die Gebildeten aller Stände. 1—28. Liefg. Berlin 856—58. Hasselberg. gr. 8. (1. Thl.: 208 S. u. 1 Lithogr.; 2. Thl: XIX, 894 S.; 3. Thl.: 512 S.; 4. Thl.: S. 1—128.) Jede Liefg. n. 7½ ngr

— — (2. Thl. a. u. d. T.:) Schweden, Norwegen und Dänemark die drei skandinavischen Reiche. Nebst einer Einleitung zur Kenntniß Europa's. Ebend. 858. gr. 8. (XIX, 894 S.) n. 3 ₰ 15 ngr

Berghaus, Heinr., Was man von der Erde weiß. Ein Lehrbuch zur Selbstbelehrung für die Gebildeten aller Stände. 29—32. (letzte) Liefg. Brüssel 860. Muquardt. gr. 8. (4. Bd. VI, S. 129—382.) Jede Liefg. n. 7½ ngr

— Was man von der Erde weiß. Ein Lehrbuch zur Selbstbelehrung für die Gebildeten aller Stände. 9—32. Lfg. (2—4. Bd.) gr. 8. Berlin 857—61, Hasselberg'sche Verlagsh. [2. Bd. (XV und S. 321—894.) 3. (XII und 549 S.) 4. (VI und 382 S.) à Lfg. * 7½ Ngr.] 1—8. Lfg. (1. Bd.) Ebendas. 1856. * 2 Thlr.

Berghaus, Heinrich [aus Langenhorst]: Über Xylolderivate aus m-Xylidin ... Münster i. W., Buchdr. v. J. Bredt, 1895; 31 S., 1 Bl. 8.
Münster, Phil. Fak., Inaug.-Diss. v. [10. Aug.] 1895

— York. Seine Geburtsstätte und seine Heimath. Seine Großthat in der Poscherunner Mühle nebst genealog. Nachrichten über die Familie seiner Mutter. Anclam 863. Dietze. 8. (V, 119 S.) n. 12½ ngr

— York. 8. (119) Ancl. 63. (Wries., Riemschneider.) n. — 12½

Berghaus, Heinr. (Hrsg.), s. Zeitschrift für vergleichende Erdkunde zur Förderung und Verbreitung dieser Wissenschaft für die Gebildeten.

Berghaus, Heinrich Karl Wilhelm, s. Berghaus, Heinrich

Berghaus, Hermann
Berghaus-Gönczy, Magyar korona országai fali abrosza. 1 : 625,000. 9.—11. Aufl. 9 Bl. Chromolithogr. Imp.-Fol. Mit Text. gr. 8. (4 S.) Gotha 885—89, J. Perthes. *
Auf Leinw. in Mappe *

— Magyar korona tartományai fali abrosza, s. Gönczy, P.

(Berghaus, Hermann): Die Alpenstrassen. Mit einer Karte: Strassen-Karte der Alpen und des nördlichen Apennin. (Gotha 1859.) 24 S. 8°.

— and Fr. v. Stülpnagel, Chart of the world on Mercator's projection. 2. Aufl. 8 Blatt. Chromolithogr. gr. Fol. Mit Text. (8 S. in gr. 8.) Gotha 868, J. Perthes. *
auf Leinw. und in Mappe *
auf Leinw. und mit Rollen * 6 Thlr. 10 Ngr.; desgl. lackirt *

— and Fr. v. Stülpnagel, chart of the world on Mercator's projection. 5. Aufl. 8 (lith. u. color.) Blatt. Ebend. 868. gr. Fol. n. 4 ₰; auf Leinwd. u. in Mappe n. 5 ₰ 10 ngr; auf Leinwd. u. mit Stäben à n. 6 ₰ 10 ngr u. n. 7 ₰

Berghaus, Herm., Chart of the World. Containing the lines of oceanic mail steam communication and overland routes, the international aerial and submarine telegraphs; and the principal tracks of sailing vessels; showing some continental surface characteristics, the oceanic currents and important deep-sea-soundings; with 26 additional charts and plans showing the general currants of air, and the lines of equal magnetic variation, the Tehuantepec, Honduras, Nicaragua, Panama, Darien and Suez Routes, several sea ports; the thelegraphic and steam lines round the world. 5th and 6th edit. 1868,71. * M. 12., 7th and 8th edit. Fol. (8 Bl. mit Text gr. 8. 14 S.) Gotha 873,76, J. Perthes. *
aufgez. in Mappe * M. 17.; mit Stäben * M. 20.; lackirt *

Berghaus, Herm., Chart of the World on Mercator's projection, containing the lines of oceanic mail steam communication and overland routes, the international aerial and submarine telegraphs, and the principal tracts of sailing vessels; showing some continental surface characteristics, the oceanic currents and important deep-sea soundings; with 32 additional charts and plans etc. 9th and 10th edit. 8 Bl. Chromolithogr. gr. Fol. Gotha 880,82, J. Perthes. * 13 —
Auf Leinw. in Mappe * M 17.; mit Stäben * 20 —
Lackirt * 22 —

Berghaus, Herm., chart of the world on Mercator's projection. 11th edit. 8 Bl. Chromolithogr. gr. Fol. Gotha 886, J. Perthes. *
Auf Leinw. in Mappe * M 17.—.; mit Stäben *
Mit Stäben und lackirt *

Hermann Berghaus: Chart of the world on Mercators projection. Entirely reconstr. by Hermann Habenicht '(for the sea)' a. Bruno Domann '(f. the land)' XII. Ed. Gotha: J. Perthes 1897. (1 Ktnbl. 2) 1 Bd quer-8. [97. 3514

Berghaus, Herm.: Chart of the world on Mercators projection. 14. ed. by Herm. Habenicht and Bruno Domann. 98×155 cm. Farbdr. Gotha, J Perthes (09). 14 —; auf L. in L.-M. 20 —; in Ldr-M. 24 —; m. St. 20 —; u. lackiert 22 —

Berghaus, Hermann: Deutschland (Karte), s. Sydow, E. von

Deutschland. Übersicht der politischen Eintheilung. Entw. v. Hermann Berghaus. 1 : 3700000. Gotha. 1869. Kupferstich und Farbendruck. 1 Bl. Fol. (Stielers Handatlas Nr. 19.)

Frankreich und die Schweiz. Bearb. v. Hermann Berghaus. 1:3700000. Gotha. 1870. Kupferstich und Farbendruck. 1 Bl. Fol. (Stielers Handatlas. Nr. 14.) Mit Nebenkärtchen: Umgebungen von Paris. 1:740000.

Berghaus, Herm., Hand-Atlas der neueren Erdbeschreibung über alle Theile der Erde, s. Sohr-Berghaus.

Berghaus-Gönczy, Handkarte von Europa. 1:15,000,000. (Mit ungar. Text.) Fol. Gotha 871, J. Perthes. *

Berhaus, Hermann: Hand-Karte v. Hinter-Indien, s. Sohr.

Berghaus H und P Gönczy, Handkarte von Ungarn. 1:2500000. (Ungarisch.) Gotha (1870)

Berghaus, Herm., Karte der Alpen. (Aus G. Mayr's Karte der Alpenländer zusammengestellt und vollständig umgearb.) 8 kolor. Blätter in Kupferstich. M. 1:450000. Gotha, Perthes, 1876. 160×72 cm. . . . . Gr. Mus.

Berghaus, Herm., und F. v. Stülpnagel, das oesterreichisch-ungarische Reich. 1:1,850,000. Fol. (2 Bl.) Gotha 872, J. Perthes. *

Berghaus jun., Herm., Schul-Atlas der Oesterreichischen Monarchie nach der neuesten politischen u. gerichtlichen Eintheilung. 2. umgearb. Aufl. Gotha 855. J. Perthes. qu. gr. 4. (6 in Kpfr. gest. u. color. Bl.) n. 12 ngr

Berghaus, Herm., Schul-Atlas der österreichisch-ungarischen Monarchie nach der gegenwärtigen politischen Eintheilung. 13. Aufl. 5 color. Karten in Kpfrst. qu. gr. 4. Gotha 877. J. Perthes. n. 1. 20

Berghaus, Hermann s. Schweiz. Die Sch', ihre geologische Aufnahme....

Berghaus, H. Strassenkarte der Alpen und des nördlichen Apennin. 1:1850000. Gotha 1859. 1 Bl. c. L. NC. und 1 Heft Text.

Berghaus, Hermann: Übersichtskarte v. Niederländisch-Indien, s. Sohr.

Berghaus, Herm., Verkehrs-Karte von Europa. Uebersicht grösserer Eisenbahnverbindungen, Telegraphen und überseeischer Dampfschiffahrt. Gezeichnet von M. Risch. 1:5,000,000. 4 Bl. Chromolithogr. qu. gr. Fol. Gotha 886, J. Perthes. Auf Leinw. mit Stäben *

Berghaus-Gönczy, Wandkarte von Afrika. (In ungar. Sprache.) 1:8,000,000. 6 Bl. 2. Aufl. Chromolithogr. gr. Fol. Gotha 884, J. Perthes. *
Auf Leinw. in Mappe *

—— und Gönczy, Wandkarte der fünf Erdtheile in Mercator's Projection. (Mit ungar. Text.) 8 Bl. Fol. Ebendas. 873. *
aufgez. in Mappe * M 14.; mit Stäben * M 18.; lackirt *

Berghaus-Gönczy, Wandkarte der fünf Erdtheile in Mercator's Projection. (In ungar. Sprache.) 8 Sektionen. 2. Aufl. Chromolithogr. gr. Fol. Gotha 884, J. Perthes. *
Auf Leinw. in Mappe *

Berghaus-Gönczy, Wandkarte der fünf Erdtheile in Mercator's Projection. (In ungar. Sprache.) 8 Sektionen. 3. Aufl. Chromolithogr. gr. Fol. Ebendas. 887. *
Auf Leinw. in Mappe * M 14.—.; mit Stäben *
Mit Stäben und lackirt *

—— —— Wandkarte von Europa. (Mit ungar. Text.) 9 Bl. Fol. Ebendas. 870. * M 7.; aufgez. in Mappe * M
Mit Stäben * M 13,80.; lackirt *

Berghaus-Gönczy, Wandkarte von Europa. (In ungar. Sprache.) 1:4,000,000. 9 Sect. 3. Aufl. Chromolithogr. Fol. Gotha 884, J. Perthes. *

Berghaus, Herm., und Paul Gönczy, Wandkarte der ungarischen Kronländer. (In ungar. Sprache.) 1:625,000. 9 Bl. 8. Aufl. Chromolithogr. gr. Fol. Gotha 883, J. Perthes. *
Auf Leinw. in Mappe *

Berghaus, Hermann: Wandkarte d. österr.-ungar. Monarchie, s. Dolezal

Berghaus, Herm., physikalische Wandkarte von Afrika. 1:8,000,000. 6 Bl. Chromolithogr. gr. Fol. Mit Text. gr. 8. (4 S.) Gotha 881, J. Perthes. * 6 —
Auf Leinw. in Mappe * M 10.; mit Stäben * M 13,60.; lackirt * 15 60

Berghaus, Herm., physikalische Wandkarte der Erde in Mercator's Projection zur Uebersicht v. Höhen, Tiefen u. Seeströmgn. m. 2 Nebenkarten u. e. Höhenansicht. 8 Sectionen. Chromolith. Imp.-Fol. Gotha 874. J. Perthes. n. 10.—; auf Leinwd. in Mappe n. 14.—

Berghaus, Herm., physikalische Wandkarte von Europa 1:4,000,000. 9 Bl. Fol. Mit Text. gr. 8. (4 S.) Gotha 875, J. Perthes. *
aufgez. in Mappe * M 11.; mit Stäben * M 13,80.; lackirt *

—— Wandkarte v. Ungarn. 1:625000. 2. A. (Ungarisch.) A. Lwd i. Mappe. Gotha 1870

Berghaus, H. Allgemeine Weltkarte in Mercator's Projection, nach dem Stande der nautischen Aufnahme im Jahre 1858. 1:55500000. Gotha 1859. 4 Bl. K.

Berghaus, Herm., allgemeine Welt-Karte in Mercator's Projection, zur Uebersicht der Postschifffahrt und neueren Reisen um die Erde. Chromolithogr. Imp.-Fol. Mit Text. (4 S. in gr. 8.) Gotha 864, J. Perthes. *
auf Leinw. und in Mappe *
auf Leinw. und mit Rollen * 2 Thlr. 10 Ngr.; desgl. lackirt *

— allgemeine Welt-Karte in Mercator's Projection, zur Uebersicht der grossen Verkehrs-Linien über Land u. Meer u. neuerer Reisen um die Erde. Mit (4 S.) Text in gr. 8. 2. Aufl. Lith. u. color. Gotha 869. J. Perthes. gr. Fol. n. 1 ℛ 15 ngr; auf Leinwd. in Mappe: n. 1 ℛ 25 ngr; auf Leinwd. u. mit Stäben à n. 2 ℛ 10 ngr u. n. 2 ℛ 15 ngr

—— allgemeine Weltkarte in Mercator's Projection, zur Übersicht der deutschen Consulate, deutscher Seeverkehrs-Linien und des Weltpostvereins. 3. Aufl. Chromolithogr. Imp.-Fol. Mit Text. Lex.-8. (2 S.) Ebendas. 880. * 4 —
Auf Leinw. in Mappe * 5 60
Mit Stäben * M 7.; lackirt * 7 60

Berghaus, J. C. G., die neue Kirchenordnung in Bezieh. auf christl. Frömmigkeit. Ein Wort aus d. Gemeine an d. Gemeine. gr. 8. (4 B.) Bielefeld 835, [Velhagen u. Klasing.]

Berghaus, J. Chr., der Glaube des Christen an Unsterblichkeit. gr. 8. Oldenb. 818. Schulze. 3 gr

Berghaus, Joh. Bernh. Jos. (Essen), De partibus firmis organi auditorii. Diss. anat.-med. Präs. Friedr. Ludw. Kreysig. Wittenbg. (Tzschiedrich) 9. III. 1799. 100 S. (5.50) 2222

Berghaus, Johann Isaak

— Anleit. z. landwirschaftl. Rechnungswesen n. Grundsätzen d. kaufmännisch. Doppelbuchhalt. gr. 8. Braunschw. Schulbuchh. 796.

Berghaus, J. Is., aufgelöste, allegor.-mathemat. Aufgabe bei der Huldigung Friedrich Wilhelms. Fol. Cleve. (Gräff, Leipz.) 789.

— aufgelöste, allegor.-mathemat. Aufgabe bei der Huldigung Friedrich Wilhelm's. Fol. Cleve 789, (Wienbrack in Leipz.) 4 gr

— Beitrr. z. histor. u. prakt. Technologie. 8. Frkf. a. M. 792.

— die Bestimm. d. Menschen, oder moral. Gespr. zwischen e. Prinzen u. seinem Mentor s. a. Mentor, d. arabische.

— d. Bestimm. d. Menschen, od. moral. Gespr. zwischen einem Prinzen u. s. Mentor, eine morgenländ. Gesch. 8. Lpz. Gräff. 794.

Berghaus, Jh. Js., die Bestimmung des Menschen. 8. Leipz. 794. (Wienbrack). 1 ℛ

Der selbstlehrende doppelte Buchhalter; oder vollständige Anweisung zur leichten Erlernung des italien. doppelten Buchhaltens nach *Hellwig*schem Plan bearbeitet von *J. J. Berghaus.* Leipz. Gräff. 30 B. gr. 8. 1790
Allg. Lit. Zeit. 1792. B. 2. p. 241.
Allg. deut. Bibl. B. 102. St. 1. p. 290.
Gött. gel. Anz. 1790. B. 3. p. 1586.

— der selbstlehrende doppelte Buchhalter. 1r Bd. in 3 Abthl. gr. 8. Leipz. 799, 800. (Wienbrack). 4 ₰ 4 gr (1e A. u. d. T.: Versuch e. Lehrbuchs d. Handlungswissenschaften. 2 ₰ 2e A. u. d. T.: kaufmänn. Briefe. N. Aufl. 809. 1 ₰ 3e A. u. d. Titel: Taschenwörterbuch f. Kaufleute. N. Aufl. 809. 1 ₰ 4 gr) (1e u. 2e Abtheil. 3e Aufl. Auch u. dem T.: Versuch e. Lehrb. d. Handlungswissenschaften. 2 Thle. 821. 3 ₰)

Berghaus, Jh. Jsk. Ueber das repräsentative Geldsystem, oder inwiefern ist das Papiergeld ein stellvertretendes Mittel die edlen Metalle zu ersetzen? gr. 4°. Leipzig, Wienbrack, 1818.

* Geschichte der Schiffahrtskunde bey den vornehmsten Völkern des Alterthums. Ein Versuch von *J. Jsk. Berghaus.* Leipz. b. Gräffe. gr. 8. 2 Bände. 5 Alphab. 1 Buch. (7 rhlr. 12 gr.) 1792
Jen. allg. Lit. Zeit. 1795. I. B. S. 254. u. f.
Götting. gel. Anz. 1792. II. B. S. 1279. 1793. II. B. S. 977.
Beckmann's ökonom. physikal. Bibl. B. XVIII. 1. S. 151.

— Gesch. der Schiffahrtskunde, bei d. vornehmsten Völkern d. Alterthums. Mit Zusätzen u. Verbess. von A. G. Kästner. 2 Bde. Mit 12 Kpf. u. 1 Karte. gr. 8. Leipz. 792. (Wienbrack). 6 ₰ Anhang. gr. 8. Ebd. 793. 1 ₰ 12 gr

— Handbuch f. Kaufleute, od. Encyklopädie d. Handlungswissensch. 2 Bde. gr. 8. Münster. (Sommer, Lpz.) 796. 97. (1r 1 Thlr. 8 gr. 2r 1 Thlr. 16 gr.)

* Berghaus, J. Js., Handb. f. Kaufl. od. Encyklopädie d. Handlungswissenschaft. 1r Bd. 2 Thle. neue Aufl. gr. 8. Münster. (Leipz. Sommer) 809 u. 10.

— Sammil. kaufmänn. Briefe, s. oben Buchhalter.

— Taschenwörterbuch f. Kaufleute, s. oben Buchhalter.

— Versuch e. Lehrbuchs d. Handlungswissenschaft, s. oben Buchhalter.

— der wohlgeschlossene Wechselbrief; e. aufgelöste algebraische Aufgabe. 8. Hagen 780. 1 Bog. in Fol.

Berghaus, (P.,) 24 Blätter zum Gebr. beim Unterr. im Zeichnen n. d. Alphabet. gr. 8. Hamm 827. Schulz. 1 Rthlr. Feine Ausg.

Berghaus, P., Geschenk f. fleißige Zeichenschüler. Oder 24 Vorlegeblätter zum Gebr. beim Unterr. im Zeichnen. Nach den Regeln der Perspektive entworfen. 4. Crefeld (827). Funke. 16 gr

Berghaus, Peter: Die Reform des börsenmässigen Terminhandels mit landwirtschaftlichen Produkten in Österreich. (Auf Grund der Wiener Terminhandels-Enquete 1900.) Bonn: C. Georgi 1905. (139 S.) 8°
München, Staatswirtsch. Fak., Ref. Lotz, Diss. v. 9. Juni 1905
[Geb. 1. Aug. 79 Barmen; Wohnort: Barmen; Staatsangeh.: Preußen; Vorbildung: Real-Gymn. Barmen Reife O. 98; Studium: München, Berlin, Paris, Göttingen, München; Rig. 9. Dez. 04.]

Berghaus, R., Großhandlung von Eisen-, Stahl- und Messingwaren: Kataloge 1906 ff. Berlin

Berghaus, Wilhelm *Hermann* [aus Langenhorst in Westf.]: Ueber Gesichts- und Stirnlagen ... Berlin, C. Vogts Buchdr., *1896*; 36 S., 2 Bl. 8.
Berlin, Med. Fak., Inaug.-Diss. v. 27. März 1896

Berghaus, W., doppelte Buchführung! Kürzester Weg zum Verständnis u. zur Beherrschg. (3. Aufl. 3. bis 8. Taus.) (16 S. m. 1 Taf.) 8. Bonn (910). (Leipzig, Fritzsche & Schmidt.) 1. —

Berghaus, Guil. (geb. Herbede bei Bochum 24. 8. 1824): De placentae inflammatione. Berolini (1849). (28 S.) 8°
Berlin, Med. Diss. v. 5. Okt. 1849

Berghaus v. Groessen, Heinr., Deutschland seit hundert Jahren. Geschichte der Gebiets-Eintheilung und der politischen Verfassung des Vaterlandes. 1. und 2. Abthl. à 2 Bde. gr. 8. Leipzig, Voigt und Günther. *
Inhalt:
Abthl. 1. Bd. 1. und 2. A. u. d. T.: Deutschland vor hundert Jahren. 2 Bde. [1. Bd. (XXII und 448 S.) 859. * 2 Thlr. 20 Ngr., 2. (V und 440 S.) 860. * 2 Thlr. 20 Ngr.]
2. „ 1. „ 2. A. u. d. T.: Deutschland vor funfzig Jahren. 2 Bde. [1. Bd. (VI und 406 S.) 861. * 2 Thlr. 10 Ngr., 2. (IV und 412 S.) 861. * 2 Thlr. 10 Ngr.]

Berghaus v. Groessen, Heinr., Deutschland seit hundert Jahren. Geschichte der Gebiets-Eintheilung und der polit. Verfassung des Vaterlandes. 2. Abthl. A. u. d. T.: Deutschland vor funfzig Jahren. 3. Bd. gr. 8. (IV und 426 S.) Leipzig 862, Günther. *
1. Abthl. 2 Bde. und 2. Abthl. 1. und 2. Bd. Ebendas. 1859—61. * 10 Thlr. Ist in den Verlag von E. Hermann in Halle übergegangen und der Preis des completen Werks auf 6 Thlr. ermäßigt.

Berghausen, Edward Justus, zur Kenntniss der Amidine. Diss. Leipzig 1887, Gustav Fock. 8°. 23 S.

Berghausen, Edward Justus [aus Cincinnati O.]: Zur Kenntniss der Amidine .... Reudnitz-Leipzig, Druck v. Max Hoffmann, 1887; 23 S. + 1 Bl. 8°
Leipzig, Phil. Fak., Inaug.-Diss. v. 17. Dez. 1887

Berghausen, Franciscus Iosephus (geb. am 30 Dez. 1835 in Bonn): De extensione in narcosi chloroformio effecta in inflammationibus articuli coxae ... Bonnae, form. Carthausianis (1859). 26 S., 1 Bl. 8.
Bonn, Med. Fak., Diss. v. 14 Juli 1859

Berghausen, Georg, Assistenzarzt im Feldart.-Reg. Nr. 59: Aus der Akad. f. prakt. Med. in Cöln. Röntgenabt.: Grässner. Beitrag zur Casuistik der Wirbelsäule-Verletzungen. Bonn (1909): Trapp. 33 S. 8°
Bonn, Med. Diss. v. 21. April 1909, Ref. Garrè
[Geb. 1. Febr. 81 Cöln; Wohnort: Cöln; Staatsangeh.: Preußen; Vorbildung: Kaiser-Wilhelm-Gymn. Cöln Reife O. 02; Studium: Berlin K. W. A. 10 S.; Coll. 21. Apr. 09; Approb. 15. Apr. 08.] [U 09. 325

BERGHAUSER, Karl Andreas (d. i. *Johann Ulrich Kaufmann*), Schäfergedichte und andere Näschereien. Mit (reizender) Titelvign. Wien, auf Kosten des Verfassers (Leipzig, Graffé), 1788. 8°. (In Dresden.) (10 Mk. Hugendubel, München, 1904.) Rar!
142 S. (excl. Vorr.). — Gieseke, Joh. Chrn. (Prediger in Magdeburg), Handbuch für Dichter und Litteratoren. Th. 1 (einz.). Magdeburg, Verlag d. Verfassers, 1793. Gr. 8°. S. 104: 13 schlüpfrige und zum Theil sogar schmutzige und äusserst pöbelhafte Lieder und Erzählungen nach Grécourt und andern Leuten seines Schlags gemodelt, sind in diesen 9 Bogen enthalten. Der poetische Karakter dieser sogen. Schäfergedichte ist ebenso schlecht, als der moralische, sein Erzählungston ist so steif, ängstlich und schleppend, dass nichts drüber geht. Als Probe des Vortrags diene hier (bei Gieseke) der Anfang einer Erzählung, betitelt: „Das kranke Kind." (Folgen 13 Verszeilen.)
Inh.: 1. Türkische Sitte oder das Selumalek (nach de la Monnoye). 2. Colom, Calotte und Colin (nach Boccaz). 3. Klaus und seine Frau. 4. Colin und Juliette. 5. Hans. 6. Junker Veit. 7. Das kranke Kind. 8. Die 3 Schwestern. 9. An H—n. 10. Lied zum Lobe Amatunts (nach Grécourt). 11. Das Kompliment. 12. Das schadhafte Fass (nach Grécourt). 13. Tirliberli (nach Grécourt).

Berghäuser, Karl Andr., (Jh. Ulr. (?) Kaufmann,) Schäfergedichte u. andere Näschereien. 8. Wien 799. Graffé in Lpz. 8 gr

Berghe, van den, Maria und das Priesterthum, s. Leitsterne, neue, auf der Bahn des Heils.

Berghegger, William [aus Peine (Prov. Hannover)]: Ueber Meta-Quecksilberditolyl und Meta-Tolylphosphorverbindungen ... Rostock, C. Boldt'sche Hof-Buchdr., 1894; 39 S. 8.
94. Rostock, Phil. Fak., Inaug.-Diss. v. [24. Febr.] 1894

Berghees, C., s. Berghes, C.

Bergheil. Höhen-Andachten f. Alpenfreunde, in Verbindg. m. anderen österr. evangel. Pfarrern in den Alpen hrsg. v. Frdr. Selle. (VII, 147 S.) kl. 8. Graz 909. F. Pechel. 2.—

Bergheil.–
— '10. Illustr. Kldr f. Natur- u. Wanderfreunde, Kletterer u. Hochtouristen. (81. 192) kl8° Lpzg. KG Kummer. L. 1.50: Ldr 2.75 d

— Taschenbuch f. Natur- u. Wanderfreunde, Bergsteiger u. Wintersportler. 2. Jahrg. Unter Mitarbeit v. Geo. Siegerist, Arymund Fehrmann u. Wilh. Kröhl. (226 S. m. Abb.) kl. 8. Leipzig 911. K. G. Kummer. Geb. in Leinw. 1. 50

Bergheil. Taschenb. f. Naturfreunde u. Bergsteiger. 2. u. 3. J. (226 u. 358 m. Abb. u. Taf.) kl8° Lpzg, KG Kummer ('11) '12. L jo 1.50

Bergheim [Schlagwort]
Bergheim, s.: Geologische Karten. Karte (Preussen).

Bergheim, Kreis, s.: Jülich, Kreis.

Bergheim. Schmitt, Phpp. Frdr., Wandkarte des Kreises Bergheim. 1:20,000. 4 Blatt à 70,5×66 cm. Farbendr. Kreuznach 894. Schmithals Verl. n. 13.50; auf Leinw. m. Stäben n. 20.—

Bergheim, Max, Gerichtsreferendar a. Mülheim a. d. Ruhr: Der Wohnsitz im bürgerlichen Recht. Mülheim a. d. Ruhr [1907]: E. Marks. (VIII, 45 S.) 8° [J.]
Rostock, Jur. Fak., Ref. Matthiaß, Diss. v. 10. Dez. 1906
[Geb. 25. Dez. 79 Mülheim a. d. Ruhr; Wohnort: Mülheim; Staatsangeh.: Preußen; Vorbildung: Gymn. Mülheim Reife M. 99; Studium: Bonn 6 S.; Rig. 26. Okt. 06.]

Bergheimer, Lehmann, approb. Arzt aus Diersburg ⟨Baden⟩: Ueber Schußverletzungen des Halsteils des Oesophagus. *Straßburg i. E. 1903: C. & J. Goeller.* (40 S.) 8°
Straßburg, Med. Diss. v. 1902

Berghengst, Tob., die neue Heilige des 19. Jahrhunderts, unter dem Schutze der Polizei. 4. (8 S.) Berlin 849, Lauter und Comp.

Berghes, C.
Berghes, (C.) d. Abbild. sämmtl. Holzpflanzen, welche in d. Forsten d. mittl. Europa's vorkommen. Herausg. als Anh. zu Hartigs Forst-Lehrbuch 18 Heft. mit 12 illum. Pflanzenabbild. gr. 8. (Cöln 824, Bachem.)

v. Berghes, C., die Abbildd. sämmtl. Holzpflanzen, welche in d. Forsten d. mittl. Europa's vorkommen. Herausg. als Anh. zu Hartigs Forst-Lehrbuch. 18 Hft. mit 12 illum. Pflanzenabbildd. gr. 8. (Köln 825. Bachem).

— Charta geognostica, s. Fr. v. *Gerolt*.

de Berghes, Franciscus ⟨geb. in Wipperfürth, getauft am 2 Jan. 1804⟩: De arteriae pulmonalis morbis ... Bonnae, typ. I. H. Moesta (1832). 3 Bl., 24 S., 1 Bl. 4.
Bonn, Med. Fak., Diss. v. 18 Sept. 1832

BERGHOF, Albert
(F) Die organischen Farbstoffe thierischen und pflanzlichen Ursprunges und deren Anwendung in der Färberei und Zeugdruckerei. Eine Darstellung der gesammten Baumwoll-, Woll- und Seiden-Färber- und Druckerkunst nach dem neuesten Stande der Technik. Für Baumwoll-, Woll- und Seiden-Färber und Zeugdrucker, sowie für Farbmaterialien-Händler. Von Albert Berghof. Mit 50 Abbildungen. [Chemisch-technische Bibliothek. Bd. CCLIV.] Wien. Pest Leipzig. 1902. Hartleben. 8°. VIII, 398 S.

Berghofer, Amand, s. Aufmunterung z. Weisheit.

Berghofer, Am. († 182..) (Von ihm selbst.) 8. Wien, 782.

— Briefe zu den Empfindungen aus meinem Leben. 8. Wien 774.

Berghofer, Amand, s. Empfehlung d. Lecture.

— Empfindungen aus meinem Leben. 8. Wien. 774.

— Freiheitsgefühl in der Einöde. 8. Smyrna 785.

— Hofscheu u. ländl. Heimweh; e. Biographie (seine eigene). 8. Hamb. 818. Herold jun. 14 gl

Berghofer, Amand
— das höhere Leben; herausg. von seinem Sohne Ldw. Berghofer. 8. Schlesw. 824.

LEBENSREVISION vom Mann am Berge. Mit krittischen (sic!) Reflexionen. (16 moralphilos. Aufsätze u. 14 Reflexionen, z. Th. in Versen, von *Amand Berghofer*.) Mit TKpf. O. O. 1795. 8°. (3 Mk. Taussig, Prag, 1906.)
4 Bll. u. 122 SS., nebst 1 Bl. Druckf. Selten! Handelt u. a. über Schönheit, Liebe, Weibertugend, platon. Liebe, allg. deutsche Bibl., Wiener Zeitschrift &c.
— — Dasselbe. Mit TKpf. Leipzig (Prag, Neureutter) 1797. 8°. II—120 S. (2 Mk. der Vorige, 1907.)

MANN, Der, von warmen (!) Herzen (von *Amand Berghofer*, 1745—1825). Mit Sennei's Bildniß (als Titelkpfr., Jo. Berka del. et sc.). „Es ist gut, dass der Mensch Verfolgung leidet, sonst geht er dem Wohlleben nach und bleibt sich selbst unbekannt.“ O. O. (Prag) 1796. 8°. (3 Mk. Taussig, 1906; 5 Mk. 50 Pfg., gebraucht, Gust. Fock, 1909.)

Berghofer, Amand, s. Philosphie, Empfindsame.

— über Recensenten-Unfug. 8. Prag 804. Barth. 2 gl

BERGHOFER, Amand (Humanist, Sonderling, genannt „Oesterreich's Rousseau“, geb. 1745, † 1825), Schriften. 2 Bde. O. O. 1783. 8°. (1 fl. 50 kr. J. Taussig, Prag, 1872.)
— — Dasselbe. 2 Bde. Wien 1783. 8°. (1 fl. 20 kr. Gilhofer & Ranschburg, Wien, ca. 1890.)

— Schriften. 2 Thle. 8. Wien 783. v. Mösle. 1 ₰

Berghofer, Amand: Schriften, Verminderte, verbesserte Aufl. Wien 1787: Taubstummeninstitut. 204 S. 8°

BERGHOFER, Neueste Schriften. Wien 1784. 8°. (1 fl. Taussig, 1872.)
U. a.: Briefwechsel eines Landpfarrers; Geschlechtstrieb der Mönche etc.

— neueste Schriften. 8. Wien 784. Blumauer. (v. Mösle). 16 gl

Berghofers, Am., neueste Schriften. 8. Ebend. 785.

SCHRIFTEN, Verbothene (so!) (von *Amand Berghofer*, 1745—1825). 2 Theile in 1 Bde. Mit 2 kolorirt. satir. TKpfrn. (prächtigen Inkunabeln der Lithographie). Zweyte, verbesserte u. vermehrte Auflage. O. O. (Straubing, Heigl) 1809. 8°. 253 fortl. pag. S. u. 3 S. Inh. (20 Mk. Adolf Weigel, 1909; 28 Mk., schönes Expl., Max Perl's Berliner Octob.-Auct. 1907, no. 280; 48 Kr. [!], Expl. im Orig.-Umschl., Gilhofer & Ranschburg, Wien, 1909.)

BERGHOFER, Literarisches Vermächtniß an seinen Sohn Ludwig (hrsg. von Letzterem). 3 Bde. Hamburg, in Commiss. in der Heroldschen Buchh. 1818. 8°.
1: XIII—72 S. Warnungen u. Ansprüche d. Vernunft u. d. Zeitgeistes (u. a.: Schlechte Regierung; der ächte Staatsmann; Censuranekdoten etc.).
2: 134 S. Wahrheitseifer. E. Stachelschrift (u. a.: Volksbedrücker u. ihre polit. Marktschreier; der veräc ht l. Selbstling u. sittenlose Skriblergeck; Gesellschaft Jesu; Singpfaffen; Derwische; der Fechtmeister in Glaubensstreitigkeiten als Censor; der pöbelhafte Kanzleidespot; Thiere der Offenbarung etc.).
3: 112 S. Diogenes Laterne (u. a.: Fessler; Kant; Bücherwesen; Theatermorde; Klostererziehung; Rechtfertigung d. Ehelosigkeit; Schwelgerei; Titel u. Orden; die heutigen Franzosen; Ketzer; Rauchtabak etc.). — Ueb. die Liebe (Prosa u. Verse). — Kern- u. Denksprüche.

Berghofer, Amand, s. Züge, Charakt.

BERGHOFER, FRANZ: Katholischer Liederkranz. Zusammengestellt und geordnet von Franz Berghofer. Melodienbuch zu A(ugust) Reuter's »Gebetbuch und vollständiger kirchlicher Liederkranz« für Katholiken jeden Standes.
1. Bd. Oedenburg 1902. Druck u. Verlag v. Gustav Röttig. VIII, 2, 187, 4 S. - 261 mm
2. Bd. Verfaßt und harmonisiert von Franz Berghofer, gesammelt von Julius Lantos. Neusiedl am See 1924: Viktor Horváth. Druck u. Stich d. Waldheim-Eberle in Wien. 4, 80, 2 S. - 261 mm

Berghofer, Ludwig
— s. Am. Berghofer, das höhere Leben.

Berghofer, Ludw., über die zweckmäß. Pferde zur allgem. Zucht, zunächst in Dänemark u. d. Herzogthümern; in Folge mehrer. Zeitungsaufsätze u. einer kürzlich durch die „Zeitung f. Pferdeliebhaber" ausgebot. Wette: „„„als Entscheidung d. Vorzüge zwischen d. dän. u. englischen, als Schul- u. als Soldaten-Pferd."" gr. 8. (3 B.) Hamburg 830, Schuberth u. Niemeyer.

BERGHOFER, MICHAEL: Anrede gehalten an die bewafneten Bürger-Corps der kgl. Freystadt Oedenburg bei Gelegenheit der am 24. April 1810 begangenen feyerlichen Weihe ihrer Estandarte und Fahne. Oedenburg 1810. Gedr. bei Sießischen Erben. 13 S. - 8°

BERGHOFER, MICHAEL: Ehren-Rede, gehalten am zweyten Sonntage nach Ostern 1824, als der Ehrw. P. Florian Wester ... in Oedenburg sein Priester-Jubiläum feyerlich beging. (Raab 1824)). Gedr. b. Leopold Streibig. 14 S. - 230 mm

BERGHOFER, MICHAEL: Predigt welche an dem Feste der Himmelfahrt Jesu Christi Anno 1808. in der Collegiat-Kirche zum heiligen Ritter und Blutzeugen Georg in Oedenburg als der Hochwürdigste Herr Johann Christoph von Schulmann Propst des besagten Dom-Kapitels und zu Rochenill das Jubel-Fest seiner fünfzigjährigen Priesterwürde feyerlich begieng, gehalten wurde von Michael Berghofer eben dieses Kapitels Dom-Herrn und Stadtpfarrer. Oedenburg 1808. Gedr. bei Siessischen Erben. 15 S. - 200 mm

BERGHOFER, MICHAEL: Predigt, welche an die von den WW. EE. Jungfrauen des Ordens der heil. Ursula in Oedenburg begangene Feyerlichkeit der Heiligsprechung ihrer Stifterin, der heiligen Angela Merici gehalten wurde. Ödenburg 1808: Mit Sießischen Schriften. 21 S. - kl. 8°

BERGHOFER, MICHAEL: Rede welche am ersten Tage der von Sr. Heiligkeit wegen des Bedrängnisses unserer Zeiten ertheilten Jubileums vor dem ersten allgemeinen öffentlichen Bittgange an eine zahlreiche Versammlung in der k. k. Freystadt Oedenburg in der St. Michaels Stadtpfarrkirche den 19. April 1795 gehalten wurde. Oedenburg (1795). Gedr. bey Anna Clara Sießin. 30 S. - 8°

BERGHOFER, MICHAEL: Trauer-Rede auf den Tod des ... Herrn Ernest Johann Nep. Franz von Paula des heil. röm. Reichs-Fürsten in Schwarzenberg. Gehalten ... am 21. May 1821. (Raab 1821). Gedr. von Leopold Streibig. 15 S. - 4°

BERGHOFER, MICHAEL: Trauerrede auf den Tod Seiner Eminenz des Herrn Fürst Alexander Rudnay, Cardinals der h. röm. Kirche, Primas des Königreichs Ungarn, der Graner Metropolitan-Kirche Erzbischofs, in der einstweiligen Metropolitan-Kirche in Gran am dritten Tage der feierlichen Exequien, am 27. Oct. 1831. Gran 1831. 28 S. - 210 mm

BERGHOFER, MICHAEL: Urlaubs-Rede des hochwürd. Herrn Michael Berghofer gehalten in der St. Michaels Stadtpfarrkirche zu Oedenburg, am 31. Dezember 1820. Zum Drucke befördert ... von seinen ehemaligen Pfarrkindern. Oedenburg 1821. Gedr. bei Katharina von Kultschar. 7 S. - 4°

Die Hauptkirche und die evangelisch-lutherische Hauptgemeinde in Altona. Von **A. Berghoff.** Altona. (1893.) 8°.
Festschrift zur Feier des 150-jährigen Jubiläums der Einweihung der Hauptkirche am 8. September 1893.

Berghoff, Anton, approb. Arzt aus Dortmund: **Aus d. pathol. Institute zu Kiel. Ein Fall von Hepatitis interstitialis luetica.** *Kiel 1901: H. Fiencke.* (14 S.) 8°
Kiel, Med. Diss. v. [2. Mai] 1901

Berghoff, E.: Vom Osnabrückischen P f a h l b a u e r n r e c h t e. – Osnabrück 1770.

Berghoff, Eberhard (Osnabrück), De successione hypothecaria. Diss. jur. Göttingen (Joh. Christ. Lud. Schulz) 30. IV. 1744. 76 S. (5.—) 2223
Gew.: Joh. Gg. u. Chn. Died. Frh. v. d. Busche (Wickeride u. Stau).

Berghoff, Edm(und) W(ilhelm), prakt. Arzt aus Suhlendorf, Kreis Uelzen: **Beitrag zur Behandlung des Scheiden- und Gebärmuttervorfalls.** *Leipzig 1903: B. Georgi.* (32 S.) 8°
Leipzig, Med. Diss. v. (20. Nov.) 1903

Berghoff, Heinr., der Zahnarzt für Jedermann. Die Gesunderhaltung der Zähne in den vielen Wechselfällen des Lebens praktisch dargestellt. 8. (45 S.) Hamburg 852, Th. Niemeyer.

Berghoff, Heinr., der Zahnarzt für Jedermann. Die Gesunderhaltung der Zähne in den vielen Wechselfällen des Lebens praktisch dargestellt. 5. (Titel-)Aufl. 8. (45 S.) Hamburg (852)70, Verlags-Comptoir.

Berghoff, J., s. Reisebuch des Verbandes deutscher Post- u. Telegraphen-Assistenten.

Berghoff, J, s. Verzeichnis d. Sommerfrischen u. d. Kur- u. Badeorte in d. Eifel.

Verzeichnis der Sommerfrischen und der Kur- und Badeorte in der Eifel ... zsgest. von **J. Berghoff**-Bonn. (Bonn): Eifelverein 1906. VI, 101, 32 S. 8° [09. 17837 5

Verzeichnis der Sommerfrischen und der Kur- und Badeorte in der Eifel ... zsgest. von **J Berghoff**-Bonn. 2 Aufl. Mit zahlr. Bild. u. 1 Übersichtskt. Bonn: Eifelverein: Georgi in Komm. 1907. VII, 115, XXXI S. 8° [09. 17838 5

Berghoff J.: Verzeichnis der Sommerfrischen und der Kur- und Badeorte in der Eifel . . . 3. Aufl. Mit zahlr. Bild. u. 1 Übersichtskt. – Bonn: Eifelverein; Georgi in Komm. 1909.
VIII, 120, XXI S. 8°

Berghoff, J.: Ueber die Vorzüge der öffentl. Lehranstalten vor dem Privat-Unterrichte. 6 S.
Progr. Neuß 1830.

Berghoff, Justus Eberhard (Osnabrück)
Promulsis de Alodiis illustrium S.R.G. Imperii.
Giessae 14. Cal. Jan. 1739 [= 19. Dez. 1738]: Eb.H. Lammers. XXXXII S. 4°
pro summis in jure honoribus consequendis

Berghoff, Victor [Oberl. an d. Realsch. zu Düsseldorf]: **Bestimmung der Brechungsexponenten von Schwefel- und Phosphorlösungen in Schwefelkohlenstoff nach der Prismenmethode mit Fernrohr und Scale ... Marburg, Buchdr. O. Ehrhardt, 1893; 39 S., 1 Bl., 1 Taf. 8.**
Marburg, Phil. Fak., Inaug.-Diss. v. [5. Okt.] 1893

Berghoff, Victor Die Brennpunktscurve einer Schar doppelt berührender Kegelschnitte. 4 (S. 3—28, 1 Taf.).
Progr. Gewerbesch. (höh. Bürgersch.) *Dortmund* 1887

Berghoff, Victor, Dr.: Die **Lehre** vom Magnetismus auf Grundlage der Kraftlinientheorie als Lehrgang für die Oberstufe. *(Düsseldorf 1902: A. Bagel.)* (23 S.) 8° [F.]
Düsseldorf, st. OR, OP 1902 (548)

Berghoff, V., die Projektions-Kunst, s.: **Liesegang**, Paul Ed.

Berghoff, Wilh[elm], Gerichts-Ref.: **Wer ist Gläubiger bei Schadensersatzforderungen wegen Entziehung oder Beschädigung einer Sache?** *Wyk a. Föhr 1901: E. A. Krüger.* (45 S.) 8°
Rostock, Jur. Diss. v. [26. Apr.] 1901

Berghoff-Ising, Frz., d. socialist. Arbeiterbewegung i. d. Schweiz. E. Beitrag z. Geschichte d. soc. Bewegg. i. d. letzten 80 Jahren. gr. 8. (XVI, 415 S.) Leipzig 895. Duncker & Humblot. n. 8. 40

Berghoff-Ising, Frz., die Entwicklung des landwirthschaftlichen Pachtwesens in Preussen. Eine historisch-ökonom. Studie. gr. 8. (VII, 104 S.) Leipzig 887, C. F. Winter'sche Verlagsh. *

Berghoff-Ising, Frz., das staatliche Erbrecht u. die Erbschaftssteuer. gr. 8. (VII, 86 S.) Leipzig 885. C. F. Winter. n. — 60

Berghoff-Ising, Frz. Fortschritt u. Armuth, s. Zeit- u. Streit-Fragen, deutsche.

Berghoff-Ising, Franz: Ueber M e t h o d e und Aufgabe der Volkswirtschaftslehre. Rede z. Feier d. Geburtst. d. Grossherzogs Ernst Ludwig u. d. Grossherzogin Victoria Melita v. Hessen . . . am 25. Nov. 1898 in d. Aula d. Techn. Hochschule zu Darmstadt.–
Darmstadt: J. C. Herbert'sche Hofbuchdr. 1898. (30 S.)
1 Bd. 8°

—— Ueber die historisch-ethische Richtung in der Nationalökonomie. Eine akadem. Antrittsrede. gr. 8. (41 S.) Lpz. 889, Duncker u. Humblot. * 1 —

Berghoff-Ising, Franz: Noderne U t o p i e n . 8°.–
Bern 1891.

Berghoeffer, Christ. Wilh., Bericht üb. die Freiherrlich Carl v. Rothschild'sche öffentliche Bibliothek f. die J. 1891—1900. Lex.-8. (48 S. m. 2 eingedr. Plänen u. 5 Lichtdr.-Taf.) Frankfurt a/M. (901). (J. Baer & Co.) n. 2. —

Berghoeffer, Christ. Wilh., Bericht üb. die Freiherrlich Carl v. Rothschild'sche öffentliche Bibliothek f. die J. 1901—1905. (44 S.) Lex.-8. Frankfurt a/M. (906). J. Baer & Co. n. 2. —

Berghoeffer, Chrn. W., Martin Opitz' Buch von der deutschen Poeterei. Lex.-8. (170 S.) Frankfurt a/M. 888. Gebr. Knauer. n. 4. 50

Berghoeffer, Chr. Wilh. Die Einrichtung u. Verwaltung der freiherrl. Carl v. Rothschild'schen öffentlichen Bibliothek während der J. 1887—1890. Lex.-8. (38 S. m. Grundrissen u. 3 Lichtdr.-Taf.) Frankf. a. M. 891, Baer u. Comp. * 2 —

Die Entwicklung der Freiherrlich Carl von Rothschild'schen öffentlichen Bibliothek zu Frankfurt a. M. während der Jahre 1891—95 v. Christian [Wilhelm] **Berghoeffer.** Separatabdruck aus dem „Centralblatt für Bibliothekswesen". Leipzig. 1896. 8°.

Berghoeffer, Ch. W., Führer durch die Freiherrl. Carl v. Rothschild'sche öffentliche Bibliothek. Mit 1 Grundriss. (46 S.) 8. Frankfurt a/M. (908). (Gebr. Knauer.) 1. —

Berghoeffer, Ch. W., s.a. Verzeichnis d. Bücher d. Freiherrl. Carl v. Rothschild'schen öffentl. Bibliothek.

Freiherrlich Carl v. Rothschild'sche öffentliche Bibliothek. Verzeichnis der Bücher. M. Autoren- u. Titelreg. (Von Dr. Ch[ristian] W[ilh.] **Berghoeffer.**) Bd 1. *Frankfurt a. M.: Dr. v. Gebr. Knauer 1892—98.* 8. [98. 8311

Berghöhen, trigonometrisch bestimmte, d. Herzogth. Salzburg. Aus den Protokollen d. General-Direction der k. k. Cataſtral-Landes-Vermessung. gr. 16. Salzburg 835. Duyle. 1/12 ℔

Berghold, Alex. Indianer-Rache oder die Schreckenstage v. Neu-Ulm. 2. Aufl. 8. (XI, 186 S. m. 7 Abbildgn. u. 1 Kartenskizze.) Graz 892, Styria. geb. in Leinw. * 1 40

Berghold, Alexander. Land und Leute, Skizzen. St. Paul: Der Wanderer, 1891. UC

Der Tod des Irokesen-Häuptlings. Eine Erzählung f. d. Jugend von Bruno **Berghold.** *Berlin: A. Weichert [1902].* (32 S.) 8° [F.]
— Indianer- u. Volksbibliothek. 363. [03. 8455

Berghold, G., die Herzogin Leona und ihre Verbrechen oder die Geheimnisse der Nachtbrüder. 44 Hefte. gr. 8. (1200 S. mit 44 color. Stnt.) Dresden 881, G. Wolf. à Heft 20 Pf.

Berghold, Jos., „Ehrenkrone" f. die goldene Hochzeit der k. u. k. Hoheiten Erzherzog Rainer u. Erzherzogin Maria Karolina. gr. 4. (18 S. m. Abbildgn.) Wien 902. C. Hassenberger. n. 1. —; Kunstdr.-Ausg. n. 2. —

Berghold, Jos., Liederkranz zu Ehren des hl. Vincenz v. Paul, s.: Piel, P.

Berghold, Kurt, aus Markneukirchen: Über die Entstehung der Nasalvokale im Altfranzösischen. *Leipzig 1898: G. Kreysing.* (50 S.) 8°
Leipzig, Phil. Diss. v. [10. Okt.] 1898

Bergholt, Andr. Mich. (Dinkelsbühl), De jure majestatis ecclesiastico. Discurs. jur. Präs. Peter Mascov. Greifswald (Dan. Benj. Starck) 23. VI. 1704. 26 Bl., teilw. dtsch. (5.—) 2226

Bergholter, W. Die Partikel „so" in der englischen Sprache. Diss. Rostock 1882. 40 S.

Bergholz, Alex., ein Beitrag zur Kenntniss der Kinogerbsäure. Inaugural-Dissertation. gr. 8. (42 S.) Dorpat 884, (Schnakenburg's Verlag.) *

Bergholz, Juan, die Fieber. Eine vergleich. Untersuchg. üb. die Calentura, das gelbe Fieber, den Typhus, das Wechselfieber u. die Cholera. 8. (31 S.) Hamburg 872. Grüning. n. 1. —

Bergholz, Otto Andr.: Kennzeichng d. n-Potenz-Differenzen als Inpotenzen. Erläuterg u. Ergänzg d. Lösg d. Fermatschen Problems. (32) gr8° Dessau, HS Art'l '12. 1.50

— Die Lösg d. Fermatschen Problems $x^n + y^n = z^n$ u. ihr Unicum, d. hierbei in algebraischen Gleichgn in infinitum zuläss. Vertauschg v. Faktoren u. in d. Summandenreihe steh. Potenz-Grundzahlen. (19) gr8° Ebd. '12. 1 —

Bergholz, Paul, s. Ergebnisse der meteorologischen Beobachtungen der meteorolog. Station 1. Ordng. in Bremen.

Bergholz, Paul, the hurricanes of the Far East. English translation revised by Rob. H. Scott. With 31 lith. plates and maps, 83 tables and 7 illustrations in text. gr. 8. (XVI, 271 S.) Bremen (902). M. Nössler. Geb. in Leinw. n. 10. —

— s.: Jahrbuch, deutsches meteorologisches, f. Bremen.

Bergholz, P., Die Orkane des fernen Ostens. Bremen und Shanghai 1899. 8°.

Die **Orkane** des fernen Ostens. Von Prof. Dr. Paul **Bergholz.** Mit 31 lith. Taf. u. Karten, sowie 33 Taf. u. 7 Abb. im Texte. *Bremen: M. Nössler 1900.* (XII, 260 S.) 8° [00. 1655

Bergholz, Paul (Hrsg.), s. Station, Meteorologische, I Ordnung, Ergebnisse meteorologischer Beobachtungen im Bremen.

Bergholz, Robert, aus Greifswald: Chlorierung von Salicylaldehyd. *Königsberg i. Pr. 1904: H. Jaeger.* (29 S.) 8°
Königsberg. Phil. Diss. v. 30. März 1904

Bergholz, Sigism. Theod. (geb. Mitau Sept. 1817): De monstro duplici per implantationem ac de duplicitate. Berolini (1840). (48 S.) 8°
Berlin, Med. Diss. v. 19. Okt. 1840

Berghs, Theod., Wanderungen auf des Lebens Irrwegen. Erzählungen z. Warn. u. Aufmunterung im Guten. 8. (11½ B. u. 12 lith. Abbild.) Augsburg 840, Jaquet's Vrlsh. 1 Thlr. Mit col. Abbildn.

Berghs, Thdr., Wanderungen auf des Lebens Irrwegen. Erzählungen zur Warnung und Aufmunterung im Guten. 2. Aufl. 8. (176 S.) Augsburg 879, Schmid'sche Verlagsh. *

Berghues, Dagmar, Mousseux. Skizzen. (91 S.) 8. Leipzig (904). F. Lpp. n. 1. —

Die Berghütte oder: Im Sturm bewegt u. bewährt.– Hamburg-Borgfelde: J. G. Oncken Nachf. 1898. (120 S.) 1 Bd. 8° = Jugendheim (No.) 20.

Berghuys, Wilh., über benzoylirte Nitroamidobenzoësäuren. Inaugural-Dissertation. 8. (26 S.) Göttingen 880, Vandenhoeck und Ruprecht's Verlag. *

Bergien, Walther. Die Beeinflussung von Atmung u. Zirkulation durch Pantopon. Aus dem medizinisch-chemischen und pharmakologischen Institute der Universität Bern .... Diss. Vet.-Med. Bern. 28 S. 8. Zürich, Gebr. Leemann & Co., 1910.

Bergier, Nicolas Sylvestre
— histor.-dogmat. Abhandl. von d. wahren Religion. Aus dem Französ. (v. J. G. Beigel). 12 Thle. gr. 8. Bamb. 787—810. (Wesché in Frankf.) 14 ℔

Bergier, Nikol. Silvester, Historisch-dogmatische Abhandlung von der wahren Religion, nebst der Widerlegung der Irrtümer, welche derselben in den verschiedenen Jahrhunderten entgegengesetzt sind. Nach der 2. Pariser Ausg. aus dem Französ. übersetzt (von J. G. Beigel). Bamberg u. Würzburg 1788—90, gr. 8°.

Traité historique et dogmatique de la vraie religion avec la réfutation des erreurs, qui lui ont été opposées dans les différents siècles. Paris 1780. 12 vols, 12°; 1820, 8 vols, 8°.

— vergl. S. Berchtold.

— — der durch sich selbst widerlegte Deismus, oder Prüfung der Werke Rousseau's. 2 Bde. gr. 8. Augsburg 1786. (Lampart.) Wien 1779, Heubner. 20 ggr. — 1 fl. 30 kr.

Bergier, ..., der durch sich selbst widerlegte Deismus. Aus dem Französ. v. J. v. Richtenburg. 2 Thle. 8. Augsb. 786. Kranzfelder. 1 ℔

— der Deist, widerlegt durch sich selbst. Aus d. Französ. von Ant. v. Meyer. 2 Thle. 8. Wien 779, 80. Camesina. 20 gr. Schrbp. 1 ℔ 4 gr. Anh., s. Verirrungen d. Philosophie.

Bergier, der Deist durch s. selbst widerlegt, in Briefen. 2 Thle. 8. Augsb. Veith. 787.

— Gewißheit der Beweise des Christenthums. Aus d. Französ. übers. v. M. Lori. 2 Thle. mit Anhang. gr. 8. Köln 786, 87. (Wesché in Frankf.) 22 gr.

— Gewißheit d. Beweise des Christenthums. 2 Thle m. Anhang. gr. 8. Cölln. (Göbhard, Bamb.) 787.

— Prüfung des Materialism. od. Widerleg. der Schrift: System der Natur. a. d. Franz. 2 Bde. gr. 8. Bamb. Göbhard. 788.

— Prüfung d. Materialismus, oder Widerlegung d. Schrift: System der Natur. Aus d. Französ. 2 Bde. gr. 8. Bamb. 788. (Wesché in Frankf.) 2 ℛ

Bergier, Nikol. Silvester, Ursprung der Götter des Heidentums, mit einer Erklärung des Hesiodus. Aus dem Französ. Bamberg 1786–7, gr. 8°.
L'origine des dieux du paganisme et le sens des fables découvert par une explication suivie des poésies d'Hésiode. Paris 1767, 2 tomes.

— — der Ursprung der Götter des Heidenthums ꝛc. 2 Thle. gr. 8. Augsburg u. Bamberg 1788. Wesche in Frankf. 2 Thlr. — 3 fl.

—— Verteidigung der christlichen Religion wider den Verfasser des Buches: Aufgedecktes Christentum und einige andere Tadler. Aus dem Französ. übersetzt. Bamberg u. Würzburg, Göbhardt, 1786–87, gr. 8°.
Apologie de la religion chrétienne contre l'auteur du christianisme dévoilé (Baron von Holbach). Paris 1769, 2 vols, 12°.

— Vertheidigung d. christl. Religion wider d. aufgedeckte Christenthum. Aus d. Französ. gr. 8. Bamb. 786, 87. (Wesché in Frankf.) 2 ℛ 8 gr

Bergin, Osborn Joseph, s. A n e c d o t a from Irish manuscripts.

Bergin, Osborn (Joseph), a. Cork in Irland: Contributions to the history of palatalization in Old Irish. o. O. 1906. (45 S.) 8°
Freiburg i. B., Phil. Fak., Ref. Thurneysen, Diss. v. 1907
[Geb. 26. Nov. 73 Cork (Irland); Wohnort: Cork; Staatsangeh.: Großbritannien; Vorbildung: Baccal. Artium (honour's degree) Univ. Dublin Okt. 95; Studium: Berlin 1, Freiburg i. B. 1, Berlin 1, Freiburg i. B. 1 S.; Rig. 30. Juli 06.]

Bergin, Osborn Joseph, s. M i s c e l l a n y presented to kuno Meyer.

Bergisches Land. Rondholz, F., topographische Karte d. Bergischen Landes. Nach den Generalstabskarten, neuesten Kreis- u. Specialkarten bearb. u. nach örtl. Ermittelgn. ergänzt. 1 : 60,000. Chromolith. Imp.-Fol. Barmen 889. Inderau. n. 4. —; auf Leinw. n. 5. 50; in Calico-Mappe n.n. 6. 50; m. polirten Stäben n.n. 7. 50

Bergisches Land. Rondholz, Fr., topographische Karte d. Bergischen Landes. Nach den Generalstabskarten, neuesten Kreis- u. Special-Karten bearb. u. nach örtl. Ermittelgn. ergänzt. 1 : 60,000. Neuer rev. u. verm. Abdr. Farbendr. 64×86 cm. Barmen 892. H. Inderau Nachf. n. 4. —; m. Stäben n.n. 5. —; auf Leinw. n. 5. 50; in Mappe n.n. 6. 50; m. Stäben n.n. 7. 50

Bergisches Land. Rondholz, Fr., topographische Karte d. Bergischen Landes. Nach d. Generalstabskarten, neuesten Kreis- u. Specialkarten bearb. u. nach örtl. Ermittelgn. ergänzt. 1 : 60,000. Neue rev. Aufl. 64,5×86 cm. Farbdr. Barmen 898. Heidsieck & Gottwald. n. 4. 50

Bergisches Land. Wander-, Rad- u. Automobilkarte des Bergischen Landes nebst dem angrenzenden Westfalen. 1 : 300,000. 29×38 cm. Farbdr. Barmen (909). A. Graeper. — 75

Bergisch-Gladbach
Schützen B.-Gladbach. Statuten des Gladbacher Schützen-Vereins. Mülheim a. Rh., 1864, 16 S.

Bergius, Bengt, über die Leckereien. Aus d. Schwed., mit Anmerkk. von J. R. Forster u. Kurt Sprengel. 2 Thle. 8. Halle 792, 93. Waisenhaus-Buchh. 1 ℛ 6 gr

Bergius, Carl Jul., die Abschaffung der Korngesetze und der Schutzzölle in England. Vortrag gehalten im Verein junger Kaufleute zu Breslau am 26. Febr. und 5. März 1861. gr. 8. (44 S.) Berlin 861, Bosselmann. *

Bergius, CJ, d. Abschaffg d. Korngesetze u. d. Schutzzölle in Engl. 8. (44) Berl. 61, Wiegandt u. H. n. — 6

(C. J. Bergius) Betrachtungen über die Finanzen und die Gewerbe im Preußischen Staate, veranlaßt durch die Schrift des Hrn. G. O. F. R. Ferber über Preußens gewerblichen und kommerziellen Zustand. (Berl. 1829). Berlin 1829. gr. 8. (5 B.)

(C. J. Bergius.) Betrachtungen über die Finanzen und die Gewerbe im Preuß. Staate, veranlaßt durch die Schrift des Hrn. G. O. F. R. Ferber über Preußens gewerbl. u. commerz. Zustand. Berlin 1830. gr. 8. (5 B.)

Bergius, C. J. Betrachtungen über den Staatshaushalt (von 1821—1842). In C. J. Bergius: Preuss. Zustände. Münster 1844.

Bergius, C. J., über d. Bevölkerung d. Erde im J. 1828. Ein Versuch. gr. 8. (5 B.) Berlin, Logier.

Bergius, Carl Jul., Ergänzungen zur Gesetzsamml., enth. d. ausschließl. durch Amtsblätter verkünd. Gesetze u. d. Provinzial-Landtags-Abschiede, nebst e. Uebersicht der in d. Gesetzsamml. u. d. Anhn. zu ders. enth. Verordnn. Lex.-8. (43¾ B.) Breslau 841, Graß, Barth u. Comp. *

Bergius, Carl Jul., Ergänzungen zur Gesetzsammlung, enthaltend die ausschließlich durch Amtsblätter verkündigten Gesetze und die Provinzial-Landtags-Abschiede, nebst einer Uebersicht der in der Gesetzsammlung und den Anhängen zu derselben enthalt. Verordnungen. Vollständig in einem Bde. Ausgeg. in 4 Liefg. Lex.-8. Breslau 841, (42) Graß, Barth u. Comp. (à n. ½ ℛ) n. 2 ℛ

Bergius, Carl Jul., das Geld- u. Bankwesen in Preußen. gr. 8. (5¼ B.) Breslau 846, Fr. Aderholz. *

—— die preussischen Gewerbegesetze. gr. 8. (III und 106 S.) Leipzig 857, Hübner. *

Bergius, Carl Jul., Grundsätze der Finanzwissenschaft mit besonderer Beziehung auf den preussischen Staat. Berlin 865. Guttentag. gr. 8. (VI, 513 S.) n. 2 ℛ 20 ngr

Bergius, Carl Jul., Grundsätze der Finanzwissenschaft mit besond. Beziehung auf den preuss. Staat. 2., sehr verm. und verb. Aufl. gr. 8. (VI, 749 S.) Berlin 871, Guttentag. *

Bergius, Carl. Jul., die Grundsteuer und die Mahl- und Schlachtsteuer. gr. 8. (95 S.) Breslau 853, Korn.

(C. J. Bergius), Ueber den Preuß. Haupt-Finanz-Etat für 1841. Breslau 1841.

—— Preußen in staatsrechtl. Beziehung. gr. 8. (20 B.) Münster 838, Deiters. *

— Preußen in staatsrechtlicher Beziehung. 2. verm. u. verb. Aufl. gr. 8. Münster 843, Deiters. n. 1⅚ ℛ

C. Jul. Bergius, Preußen in staatsrechtlicher Beziehung. (1838). 2. Ausg. Münster 1844. (32 B.) gr. 8. 11. Kap., S. 386—437: Von den Staatseinkünften, sowie von den Abgaben überhaupt.

— über Schutzzölle, mit besond. Beziehung auf den Preuß. Staat und den Zollverein. gr. 8. Breslau 841, Graß, Barth u. Comp. ½ ℛ

Bergius, Carl Julius: Die Preußischen S t a a t s s c h u l d e n. – Münster 1842.

Bergius, C. J., Wahl-Gesetz für die preußischen Kammern. gr. 8. (16 S.) Breslau 849, Gosohorsky's Buchh.

Bergius, C. J. Preussische Zustände. gr. 8°. Münster, Deiters, 1844.

C. J. Bergius, Preuß. Zustände. Münster, 1845. gr. 8. (20⅝ B.)

Bergius, Friedrich Carl Rudolf, a. Breslau: Über absolute Schwefelsäure als Lösungsmittel. Weida i. Th. 1907: Thomas & Hubert. (36 S.) 8°
Leipzig, Phil. Fak., Ref. Hantzsch-Le Blanc, Diss. v. 27. Nov. 1907
[Geb. 11. Okt. 84 Goldschmieden, Kr. Breslau; Wohnort: Breslau; Staatsangeh.: Preußen; Vorbildung: Realgymn. am Zwinger Breslau Reife O. 03; Studium: Breslau 4, Leipzig 3, Breslau 1 S.]

Bergius, Herm. (Rud.) (geb. Berlin 4. 2. 1857): Ein Beitrag zur Kenntniss des ankylotisch schräg verengten Beckens. Berlin (1880). (30 S.) 8°
Berlin, Med. Diss. v. 16. März 1880

Bergius, J. P., — Catalogus bibliothecae J. P. Bergii. Duisb. 801. 8.

Bergius, Johann Heinrich Ludwig
Bergius, Jh. Hnr. Ldw. Kameralisten-Bibliothek, mit einer Vorrede von C. E. Windheim. gr. 8°. Nürnberg, Monath u. K., 1762.

Bergius (J. H. L.), Policey- und Cameral-Magazin in alphabetischer Ordnung, worin die vornehmsten und wichtigsten beim Policey- und Cameralwesen vorkommenden Materien abgehandelt werden. 9 Bde. Frankfurt 1767—74. 4. — Neues Policey- und Cameral-Magazin. 6 Bde. Leipzig 1775—80. 4.

Bergius, Jh. Hnr. Ldw. Polizei- und Kameralmagazin. 9 Thl. gr. 4°. Frankfurt a. M., Andreä, 1768—1774. — Neues Polizei- und Kameralmagazin. 6 Thle. gr. 4°. Leipzig, Weidmann, 1775—1780. Neue verb. Aufl. 9 Bde. gr. 8°. Wien, Trattnern, 1786—91.

— Samml. auserles. deutscher Landesgesetze, welche das Polizei- u. Kameralwesen betr. 14 Alphabete. (5s—14s Alphab. fortgesetzt v. Jh. Beckmann). gr. 4. Frankf. a. M. 780—93. Andreä. 24 ꝛß 16 ℊ (5—14s Alph. Auch u. d. T.: Jh. Beckmann, Samml. auserles. Landesgesetze. 10 Thle. gr. 4. Ebd. 783—93. 16 ꝛß 16 ℊ)

Bergius, J. H. L.: Samml. auserles. deutscher Landesgesetze, welche d. Polizey- u. Cameralwesen z. Gegenst. haben. *Frankf. a. M.*, Andreä. 1—4s Alphb. 781—83. 5—14s Alphb. fortges. v. J. Beckmann. 783—93. gr. 4. (24 Thl. 16 Gr.)

Bergius, Peter Jonas
Bergius, Pt. Jonas, Abhandlung v. den kalten Bädern. Leipz. 766. N. Aufl. Mit e. Vorrede von E. G. Baldinger. gr. 8. Marb. 792. Krieger. 16 ℊ

— Abhandl. v. d. kalten Bädern ꝛc. gr. 8. Leipz. Jacobäer. 766.

— descriptiones plant. ex Capite bonae spei. fig. 8. Lpz. 767. Gleditsch. 1 ꝛß 8 ℊ

Bergius, Pt. I., materia medica e regno vegetab. sistens simplicia officinalia pariter atque culinaria. II. Tmi. 8. maj. Stockholm, (Böhme, L.) 777. Rthlr.

Bergius, Peter Jonas: Materia medica e regno vegetabili, sistens simplicia officinalia pariter atque culinaria; secundum systema sexuale, ex autopsia et experientia. Tom. 1 - 2, 925 S., gbd.

Stockholmiae: Hesselberg 1778

JB 1.423

— v. Obstgärten u. deren Beförder. in Schweden. a. dem Schwed. gr. 8. Leipz. Gräff. 794.

— von Obstgärten u. deren Beförderung in Schweden. Aus dem Schwed. v. K. G. Gröning. gr. 8. Lpz. 794. (Wienbrack). 8 ℊ

Bergius, Rud. Car. (in der Vita fälschlich: Frid. Car.) (geb. Berlin 5. 4. 1827): De variis corporis humani secretis et excretis. Berolini (1851). (26 S.) 8°
Berlin, Med. Diss. v. 22. März 1851

Bergius, Walth., Blätter v. Aleph bis Kuph. 8. Leipz. Rabenhorst. 801.

Bergius, Walth., (Jh. Arn. Kanne.) Blätter von Aleph bis Kuph. Leipz. 803. Rabenhorst. 18 ℊ

— s. Handreise, kleine.

BERGIUS. Kleine Handreise. Penig, Dienemann u. Comp., 1803. 8°. (1/2 Rthl.)
Meusel's in Coburg Leihbibl.-Cat. no. 9744.

Bergk, Alfr.: Übertragg u. Pfändg künft. Rechte m. bes. Berücks. d. Rechtsprechg d. Reichsgerichts. (220) gr 8° Berl., F Vahlen '12. 4.50 d

Bergk, B. A., s. Bergk, Johann Adam

Bergk, Johann Adam
– s.a. Aegypten, in histor. Hinsicht.

Aegypten in historischer, geographischer, physikalischer, wissenschaftlicher, merkantilischer, religiöser, sittlicher und politischer Hinsicht. Gera 1799. V: *Bergk, Johann Adam.* (Ky) (MGT) (NN)

Bergk, Joh. Adm. † (Elias d. J.; Jul. Frey; Dr. Heinichen; J. M. Spieß; G. M. Stockmann; Fr. Jul. Wahrlieb; C. G. Wahl.) der prophet. Almanach ꝛc., s. Almanach.

– s. Andreossy: Konstantinopel.

– s. Andreossy: Untersuch. etc.

Bergk, J. A., Ansichten von der Türkey ꝛc., s. Ansichten.

– s. Antes: Beobacht. etc.

Bergk (Hrsg.), s. Anzeiger, neuer europäischer.

Bergk, Joh. Adam (Hrsg.), s. Aufseher, Der europäische.

– s. Barrow, J.: Reisen in Südafrika.

– s. Beccaria: über Verbrechen.

Bergk, Jh. Adm., Bemerkk. über d. Wichtigkeit, die Pflicht u. die Vortheile des früh Aufstehens, s. Buckland.

J. Ad. **Bergk's** Bemerkk. u. Zweifel üb. d. Geh.- u. Sch.-Th. d. Dr. *Gall. Lpz.*, Rein. 803. 8° 6 gl

Bergk, Joh. Adam (Hrsg.), s.a. Beobachter, Der Europäische.

— der europäische Beobachter. 1r Jahrg. für 1808. gr. 4. Leipz. G. Fleischer.

— Beschreibung v. Konstantinopel ꝛc. Mit 1 Grundr. u. 1 Karte. 4. Leipz. Mag. f. Ind. 12 ℊ Hbg. Pr. 6 ℊ

– s.a. Betrachtungen über den Frieden zu Adrianopel.

(**Bergk, J. Ad.**) Betrachtungen über den Frieden von Adrianopel 14. Sept. 1829. (10 B.) 8. Leipzig 1830. 2,00.

– s.a. Betrachtungen üb. d. Frieden zu Wien.

(**Bergk, J. Ad.**) Betrachtungen über den Frieden von Wien, 14. Okt. 1809. 8. M. 1 Krte. Wien 1810. 1,50.

— unumstößl. Beweis, daß d. Welt dreimal älter ist s.a. Beweis.

— unumstößl. Beweis, daß die Welt dreimal älter ist, als man gewöhnl. annimmt. m. K. 8. Lpz. Baumgärtner. 805.

– s. Bingley: Biographie d. Thiere.

– s. Bissachère: Zustand etc.

BONAPARTE und seine Familie (von *Johann Adam Bergk*). Leipzig 1816. (l. c.)

– s. Bonaparte's Reise etc.

—— Börsenblatt f. d. deutschen Buchhandel, ſ. Börsenblatt.

J. Ad. **Bergk's** Briefe über *Kant's* metaphys. Anfangsgründe d. Rechtsl. *Gera*, Heinsius. 797. gr8° 20 gl

—— Briefe üb. d. Wichtigkeit rc. d. Frühaufstehens rc., ſ. Buckland.

– s. B r o w n e , W.G.: Reisen etc.

—— das Bücherlesen rc., ſ. Heinichen.

– s. B u c h h ä n d l e r , Der

Bergk, Johann Adam, s. B u c k l a n d : B r i e f e.

– s. C a s t e l l a n : Sitten.

– s. C o n g r e ß zu Rastadt.

ECHO, Das, aus den Sälen europäischer Höfe und vornehmer Zirkel, oder merkwürdige Erzählungen und unbekannte Anekdoten von den Ereignissen der neuesten Zeit. (von *Joh. Adam Bergk*). 4 Bde. Leipzig 1821—24. 8°. (10 Mk. A. Buchholtz, München, 1908.)
Anon.-Lex. II. p. 2 (nach Meusel u. dem Neuen Nekrolog) hat „1818".

— s.a. Echo d. Säle v. Paris.

(**Bergk, Joh. Ad.**) Echo der Seele von Paris, oder merkwürdige Erzählungen und unbekannte Anekdoten von Napoleon, seiner Regierung, seiner Umgebung, seinem Hofe und seinen Beamten. 2 Bde. 8. Leipzig 1816.

– s. E n t w u r f zu e. Verfass. f.d. deutsche Reich.

– s. E t o n : Schilderung etc.

– s. F l e u r y d e C h a b o u l o n : Denkwürdigk.

– s. F o x : Märtyrerthum.

– s. F r a n k l i n .

Bergk, Dr., ſ. Franklin's, B., Schatzkästlein.

– s. F r e y , Jul.

(**Bergk, Joh. Ad.**) Friedrich August und sein Benehmen in den neuesten Zeiten. 8. Leipzig 1815.

– s. F r i e d r i c h A u g u s t , König v. Sachsen.

– s. G a l l e r i e aus Napoleons Leben.

– s. G e s c h i c h t e d. Theilung Sachsens.

– s. G o l b e r r y : Reisen etc.

– s. G r o b e r t : Beschreibung etc.

— der sorgsame u. erfahrne Hausvater b. Einquartierungen. gr. 8. Leipz. 813. Joachim. 2 gr

– s. H e i n i c h e n .

– s. H o l c r o f t , Th.: Napoleon Bonaparte.

– s. H u l d i g u n g A n t o n ' s I.

– s. I s t Kursachsen nicht eben so gut etc.

– s. d' I v e r n o i s Verheißungen.

Bergk, Johann Adam, s. K a n t 's goldenes Schatzkästlein.

—— der gegenwärt. Krieg Rußlands rc., ſ. Krieg.

– s. K r i e g s b i b l i o t h e k .

J. Ad. **Bergk**: d. Kunst zu denken, e. Seitenstück z. Kunst, Bücher zu lesen. *Lpz.*, Gleditsch. 802. gr8° 2 ß

— die Kunst zu denken rc. Seitenst. z. Kunst z. lesen. gr. 8. Leipz. 802. (Brockhaus). 2 ß

... **Heinichen** (J. Ad. **Bergk**): die Kunst sich in uns. Tagen durch d. Welt zu helfen, od. Anweis., wie man durch Kenntn., Fleiss, Sparsamk., Ordn., Muth, Beharrlichk. u. Gottvertr. zu Glück u. Ehre kommen kann. (*Lpz.*, Bergk. 827.) N.A. *Quedl.*, Ernst. 838. 8° 8 gl

BERGK, J. A., Die Kunst Bücher zu lesen. Nebst Bemerkungen über Schriften und Schriftsteller. Jena, Hempel, 1799. 8°. 416 S. (6 Mk. Max Jaeckel, Potsdam, 1906.) Selten!
U. a.: Ueber Ritter- und Geisterromane. — Ueber lascive Romane etc.

— die Kunst, Bücher zu lesen rc. gr. 8. Leipz. 799. (Brockhaus). 1 ß 8 gr

— d. Kunst, Bücher zu lesen. gr. 8. Leipz. Gleditsch. 799.

J. Ad. **Bergk**: die Kunst zu philosophiren, od. Anweis. z. richt. u. gehaltreichen Philosophiren. *Lpz.*, Joachim. 805. gr8° 1 ß 8 gl

– s. K u n s t , Krankheiten vorzubeugen.

–s.a. K u n s t , reich zu werden.

Bergk, (Joh. Adm.,) die Kunst Reich zu werden, enth. d. Wege zum Reichthum, mit e. Anweis. z. Reichwerden, v. Franklin rc. 2. Ausg. (6 B.) 838. ⅓ Thlr., 3. Ausg. 8. (7¾ B.) Quedlinburg 840, Ernst'sche Buchh.

– s. L a b a r t h e , P.: Reise etc.

– s. L a b o r d e : Reise etc.

Bergk, Johann Adam, s. L a v a t e r , J. K.: Nachdenken über mich selbst.

– s. L e b e n Bonaparte's.

— das Leben des Kaisers Napoleon, nach Norvins u. a. Schriftstellern dargestellt. 4 Abtheill. gr. 8. Leipz. 825. Baumgärtner. 6 ß 12 gr

Bergk Dr., Leben u. Weben in Indien. ſ. Leben u. Weben.

— psycholog. Lebenserhalt.- u. Lebensverlängerungskunde. 8. Leipz. Steinacker. 80?.

– s. L o n d o n , oder Beschreibung etc.

Bergk, J.A. (Hrsg.), s. M a g a z i n , Asiatisches.

– s. M a h m u d II.

– s. M i l l a r , J.: üb. Aufklärung.

Bergk, Adam (Hrsg.), s. M o d e n - Z e i t u n g , Allgemeine.

Bergk, Johann Adam (Hrsg.), s. M ü l l e r , J. v.: Die Staatsweisheitslehre.

Bergk, J.A. (Hrsg.), s. M u s e u m , Neues, des Wundervollen oder Magazin des Ausserordentlichen in der Natur...

Bergk, J.A. (Hrsg.), s. M u s e u m des Wundervollen oder Magazin des Außerordentlichen in der Natur, der Kunst und dem Menschenleben.

– s. N a c h r i c h t e n über Napoleon.

Napoleon Bonaparte als Mensch, Bürger, Krieger und Regent geschildert .... (von *Johann Adam Bergk*). Gera 1800.
Anon.-Lex. III. p. 200 (nach Meusel, Kayser, Weller u. dem Neuen Nekrolog).

–s.a. N a p o l e o n , wie er leibt u. lebt.

Napoleon Buonaparte wie er leibt und lebt, und das französische Volk unter ihm. Aus dem Englischen. (Deutsches Original von *Joh. Adam Bergk.*) Petersburg, P. Hammer der ältere (Campe in Hamburg) 1806. 8°. (Privatbibl. des † Königs Georg V. v. Hannover.) 240 S. u. 276 S. Beilagen. (4 Mk., br., unbeschn., F. Waldau, 1907; 15 Kr. Halm & Goldmann, Wien, 1907.)
Vgl. Steffens, Was ich erlebte. Bd. V, S. 202 ff.
— — Dasselbe. Ebd. 1814. 8°. (In Zürich, Stadtbibl.)
Weller, fing. Druckorte; Anon.-Lex. III. p. 200.

– s. Napoleons Reiseabentheuer.

– s. Napoleons Selbstgeständnisse.

– s. Napoleons Testament, polit.

– s. Olivier, G.A.: Reise etc.

– s. Percival, R.: Beschreib. d. Insel Ceylon.

– s. Pertusier: Zustand.

— Philosophie des peinl. Rechts. gr. 8. Meißen, Gödsche. 802.

Bergk, Joh. Adam: Philosophie des peinl. Rechts. *Meissen.* (Rostosky u. Jakobitz in *Leipz.*) 802. gr. 8. (1 Thl. 8 Gr.)

— die Politik, oder die Gesetzgebungs- u. Regierungskunst. gr. 8. Leipz. 833. (832). Expedit. d. Europ. Aufsehers. 18 gr

—— die Politik oder die Gesetzgebungs- u. Regierungskunst. (1. Abthl.) 8. ... Leipzig 833, Exped. d. europ. Aufsehers.

– s. Radicalkur etc.

— guter Rath e. Vaters an seine Kinder. Eine Mitgabe durchs Leben. 8. Leipz. 828. Expedit. d. Europ. Aufsehers. 12 gr

Bergk, Joh. Adm. † (Elias d. A.; Jul. Frey; Dr. Heinichen; J. M. Spieß; S. M. Stockmann; Er. Jul. Wahrlieb; G. S. Wahl,) guter Rath eines Vaters an seine Kinder. Eine Mitgabe durchs Leben. 8. (8 B.) Leipzig 829, Exped. d. europ. Aufsehers Thlr.

—— guter Rath e. Vaters an seine Kinder. Eine Mitgabe durch's Leben z. Beförd. d. Guten, Wahren u. Schönen, z. glückl. Erreichung ihres Lebensberufs u. zur Erfüllung ihrer Pflichten. Neue Ausg. 8. (8 B.) Quedlinburg 838, Ernst'sche Bh.

— Reflectionen üb. Kants metaphys. Anfangsgr. der Tugendlehre. gr. 8. Gera, Heinsius. 798.

– s. Reise in Brasilien.

– s. Reise d. Gesandtschaft nach China.

– s. Reise d. Holland.

– s. Reise in Persien.

Heinichen (d. i. J. Ad. Bergk): d. natürl. Relig.; nebst e. Anhange. (*Lpz.* 825.) N. A. *Quedlinb.*, Ernst. B. 838. 8° 12gr

—: die wahre Religion. Zur Beherzigung f. Rationalisten u. z. Radicalcur f. Supernaturalisten. etc. 8. ... Leipzig 838, Exped. d. europ. Aufsehers.

– s. Ripault: Beschreibung etc.

SAMMLUNG von Anekdoten u. Charakterzügen .... aus den beiden merkwürdigen Kriegen in Süd- u. Nord-Deutschland in den Jahren 1805—9. 40 Hfte. (19—40 hrsg. von Joh. Adam Bergk). Mit einigen Portraits, Ansichten u. 1 Taf. Facsimiles der Handschrift Napoleons. Leipzig 1810—12. 8°. (20 Rthl.) (6 Mk., nur 26 Hfte., Mindestgebot, R. Zinke's Dresdener März-Auct. 1906:)
„Eine Fülle pikantester Vorkommnisse, wie solche nur das Entgegenkommen deutscher Mädchen und Frauen gegenüber den Franzosen ermöglichen konnte. Eine wahre Scandalchronik, besonders auch für d. Geschichte Leipzigs von Interesse." — Cplt. kaum noch zu erlangende Rarität.
Anon.-Lex. IV. p. 17 (nach Meusel u. dem Neuen Nekrolog).

– s. Sarrazin: Bonaparte's Sündenbekenntniß.

—— Franklin's gold. Schatzkästlein etc., s.a. Franklin.

Franklin's goldnes Schatzkästlein, od. Anweis., wie man thätig, verständ., beliebt, wohlhab., tugendh., religiös u. glückl. werden kann; h. v. (J. Ad.) Bergk. (*Lpz.* 834. 2e Ausg. *Quedl.*, Ernst. B. 838.) 3e Ausg. 839. 2 Bdch. 8° 20gr

— u. Geißler, Schilderungen u. Abbildd. d. merkwürd. Russ. Völkerschaften, die jetzt gegen Frankreich kämpfen. 2 Hfte, mit 8 ill. Kpf. 4. Leipz. 807. Magazin f. Ind. 1 ß

– s. Scrofani: Reisen etc.

— über d. russ. Soldaten. gr. 8. Leipz. 813. Joachim. 8 gr

– s. Sonnini: Reisen nach Aegypten.

– s. Southey: England etc.

– s. Spieß, J.G.

– s. St. Didier: Napoleons Abdankungsnächte.

– s. Staatsärzte.

– s. Staatswahrsager.

Taschenbuch f. Menschenkenntn. u. Menschenbesser., auch z. Gebr. f. Stammbb.; m. e. Abhandl. üb. Menschenkenntn.; h. v. Heinichen (J. Ad. Bergk.) *Lpz.*, Vfr. 826. 8° 16gr

– s. Taschenbuch d. Wunder.

— Theorie der Gesetzgebung. gr. 8. Meiß. Gödsche. 802.

– s. Tombe: Reisen etc.

– s. Unterhaltungskunst, polit.

–s.a. Untersuchung aus d. Natur-, Staats- u. Völkerrecht.

(Bergk, J. A.:) Untersuch. a. d. Natur-, Staats- u. Völkerrechte. *Leipz.*, Schmidt. 796. 8. (1 Thl.)

–s.a. Verstehen wir auch Bonaparte?

Verstehen wir auch Bonaparte? (von *Joh. Adam Bergk*). Constantinopel (Joachim in Leipzig). 1806.
Weller, fing. Druckorte. -- Selten!

– s. Wahrlieb, E. Just.

Jul. Frey (d. i. J. Ad. Bergk): Was hat d. Staat u. was hat d. Kirche für Zwecke u. in welchem Verhältn. stehen sie zu einander? *Lpz.*, Bergk. 827. 8° 9gr

Heinichen (d. i. J. Ad. Bergk): Werden wir uns nach diesem Leben wiedersehen? *Lpz.*, Bergk. 826. Nachher m. verschieden abgekürztem od. verläng. T., zuletzt: Vom Wiedersehen im Jenseits u. die Fortdauer uns. Seele n. d. T.; Andachtsb. 8e umgearb. A. mit Holzschnn. *Quedlinb.*; Ernst. 847. 8° 8gr

– s. Wittmann: Reisen etc.

– s. Wunder d. Mikroskops.

Bergk, Johann Adam, s.a. Wundergeschichten aus der Natur und Menschenwelt.

WUNDER, Erasm. (d. i. *Johann Adam Bergk*), Wundergeschichten aus der Natur und Menschenwelt, für Freunde des Wunderbaren, der Menschen- und Naturkenntniß von *Erasmus Wunder*, keiner Fakultät Doktor, aber jeder Wissenschaft Freund. Bdchn 1. (einzig). Leipzig, Joachim. 1806. (Vorr. dat. 1805.) 8°.
VIII u. 352 S. Enth. 64 Anekdoten und Historien.

– s. Z u g d. verbünd. Europäer etc.

Bergk, Joh. Theophil (Trögliz-Zeitz), De morbis foetus humani. Diss. med. Lpz. (J. C. Werther) 11. IX. 1829. 28 S. (3.50) 2227
Gew.: Joh. Adam Bergk.

Bergk, Theodor
Bergk, Thdr., fünf Abhandlungen zur Geschichte der griechischen Philosophie und Astronomie. Hrsg. v. Gust. Hinrichs. gr. 8. (VII, 189 S.) Leipzig 883, Fues's Verlag. *

Bergk, Th., Ad Periclis vitam Plutarcheam adnotamenta. Pr. 1887. 16 S. 4°.

[**Bergkius**, Theodorus: Adnotationes ad Marii Victorini libros de metris.] Halae (1863): Hendel. S. 4—8. 8° (4°)
Halle-Wittenberg, Progr. f. d. Marperger-Stipendium v. 30. Mai 1863, Redner: Oskar Schade
Forts. zum Stip.-Progr. v. 27. Juli 1861,

Bergk, Theodor, s. A n a c r e o n : Carmina.

Bergk, T., Analecta lyrica. (Poetarum lyric. fragmenta adespota.) 2 Tle. Pr. 1851/52. 16, 28 S. 4°. à 1.20

– s. A n d o c i d e s : Orationes.

Bergk, T., Animadversiones criticae ad Epicharmi fabularum reliquias nuper a Lorenzio editas. Pr. 1868. 6 S. 4°. —.75

[**Bergkius**, Theodorus: Animadversiones ad Marii Victorini Aphthonio vindicandos libros de arte metrica.] Halae (1861): Hendel. S. 4—8. 8° (4°)
Halle-Wittenberg, Progr. f. d. Wolframsdorf-Stipendium v. 27. [vielmehr: 28.] Juli 1861, Redner: Adolf Hermann Deubel
Forts. ist Stip.-Progr. v. 30. Mai 1863,

Ankündigung der Feier des 300jährigen Jubiläums der Universität **Jena** am 15. Aug. 1858. [Verf.: Theodor **Bergk.**]
Exemplar lag nicht vor. Ms. in den Akten.

Ankündigung des 50jährigen Dr.-Jubiläums von Gottlob Wilhelm **Gerlach** am 27. Aug. 1859. [Verf.: Theodor **Bergk.**]

Ankündigung der Trauerfeier für **Friedrich Wilhelm** IV. **König** v. **Preussen**: Gedächtnisrede am 16. und Gedächtnispredigt am 17. Febr. 1861. [Verf. Theodor **Bergk.**]

Bergk, Th. s.a. **Anthologia lyrica.**

Anthologia lyrica sive lyricorum graecorum veterum praeter Pindarum reliquiae potiores. Post Theodorum **Bergkium** quartum edidit Eduardus Hiller. Exemplar emendavit atque novis Solonis aliorumque fragmentis auxit O[tto] Crusius. *Lipsiae: B. G. Teubner 1897.* (LXXVI S., 2 Bl., 387 S.) 1 Bd 8.
(Bibliotheca script. Graec. et Rom. Teubneriana.) [97. 4130
Dass. Ed.ster.1907.

– s. A r i s t o p h a n e s : Fragmenta.

— De Sophoclis poetae tragici arte. Pr. 1857. 88 S. 4°.

—— Beiträge zur römischen Chronologie. Hrsg. von Gust. Hinrichs. gr. 8. (84 S.) Leipzig 884, Teubner. *
Aus: Jahrbücher für classische Philologie, 13. Suppl.-Bd., besonders abgedruckt.

Bergk, T, Beitr. z. lat. Gramm. 1. Hft. Auslautendes d im alten Latein. 8. (168) Halle 70, Mühlmann. n. 1. —

— Beiträge z. griechischen Monatskunde. gr. 8. Gießen 845, Ferber. n. 1/2 ₰ VIII, 70 S.

Bergk, Th., de bello Borussico anni 1866. Halae. 4. 4 p.
Schul-/Univ. Schrift 1867

— Codicis Ambrosiani carmen Theocriti. 1865. 16 S. 4°.

[**Bergkius**, Theodorus: Theocriti carmen quod vocatur Fistula una cum Holoboli scholiis.] Halae (1866): Hendel. S. 4—8. 8° (4°)
Halle-Wittenberg, Progr. f. d. Kornfail-Stipendium v. 12. Jan. 1866, Redner: Adolf Friedrich **Muenter**
Verändert, jedoch ohne die ἐξήγησις, in des Verf. Anthologia lyrica, ed. 2. Lips. 1868. S. LXVIII—LXXII. Des Holobolus ἐξήγησις wiederabgedr. in d. Verf. Kl. philol. Schriften. Bd. 2. S. 771—772.

[**Bergkius**, Theodorus: Theocriti tertium quod vocatur carmen Aeolicum. Halae (1865): Hendel. S. IV—XVI. 4°
Halle-Wittenberg, Ind. schol. WS 1865/66
Wiederabgedr. in d. Verf. Kl. philol. Schriften. Bd 2. S. 242—259.

[**Bergkius**, Theodorus: De carminibus figuratis Simmiae Rhodii, Dosiadae, Besantini]; (Varietas scripturae ad Besantini Aram.) Halae (1867): Hendel. S. 4—8. 8° (4°)
Halle-Wittenberg, Progr. f. d. Thielemann-Stipendium v. 4. Mai 1867, Redner: Friedr. C[urt] Arth. **Reinhardt**
Verwertet ist die Arbeit in des Verf. Anthologia lyrica, ed. 2. 1868. S. LXXIII f, LXXXI—LXXXIII, LXXXV—XCI.

[**Bergkius**, Theodorus: De chronologia Romana priori. 1.] Halae (1865): Hendel. S. 4—8. 8° (4°)
Halle-Wittenberg, Progr. f. d. Sigismund-Stipendium v. 15. Juli 1865, Redner: Richard **Daerr**
2 ist Stip.-Progr. v. 28. Juli 1865,

[**Bergkius**, Theodorus: De chronologia Romana priori. 2.] Halae (1865): Hendel. S. 4—8. 8° (4°)
Halle-Wittenberg, Progr. f. d. Wolfframsdorf-Stipendium v. 28. Juli 1865, Redner: Ernst Rudolf **Reinhorst**
1 ist Stip.-Progr. v. 15. Juli 1865,

Bergk, T., Commentatio de cantico Supplicum Aeschyli. Gel. 1857. 20 S.

Bergk, T., Comment. de Hermesianactis elegia. Pr. 1844. 40 S. 4°.

Bergkius, Theodorus: Commentatio de Plautinis fabulis emendandis. Halae (1858): Hendel. S. IV—XIII. 4°
Halle-Wittenberg, Ind. schol. WS 1858/59
Wiederabgedr. in d. Verf. Kl. philolog. Schriften. Bd 1. Halle 1884. S. 120—131.

Bergk, T., Commentatio de fragmentis Sophoclis. Gel. 1868. VI, 84 S.

Bergkius, Theodorus: Commentatio de Phoenicis Colophonii iambo. Halae (1858): Hendel. S. IV—X. 4°
Halle-Wittenberg, Ind. schol. SS 1858
Wiederabgedr. in d. Verf. Kl. philolog. Schriften, hrsg. v. R. Peppmüller. Bd 2. Halle 1886. S. 149—157.

—— commentatio de Aristotelis libello de Xenophane, Zenone et Gorgia. 4 maj. (5 B.) Marburgi 843, Bayrhoffer'sche Univers.-Buchh. *

Bergk, Th.: Comment. de prooemio Empedoclis. 32 S. Progr. Berlin J. 1839.

Bergkius, Theodorus: Commentatio de titulo Arcadico. Halae (1860): Hendel. S. IV—XVI. 4°
Halle-Wittenberg, Ind. schol. WS 1860/61
Wiederabgedr. in d. Verf. philol. Schriften. Bd 2. S. 321—338.

Bergk, Th., Commentatio de Plauti Trinummo. Gel. 1849. 14 S. 4°.

— Commentationes in Plautinas fabulas. Pr. 1862. 8 S. 4°.

Bergk, Theod., Commentationum de reliquiis comoediae Atticae antiquae libri duo. 8maj. Lips. 838. Koehler. 2 1/2 ₰

— Critica in Sophoclis reliquias. Pr. 1844. 15 S. 4°.

Bergk, T., Theognidis elegiarum editionis II specimen. 2 Tle. Pr. 1847 u. 1850. 28 u. 26 S. 4°. à 1.—

[**Bergkius**, Theodorus: De antiquis Pindariorum carminum editionibus.] Halae (1865): Hendel. S. 4—8. 8° (4°)
Halle-Wittenberg, Progr. f. d. Cassai-Stipendium v. 18. Febr. 1865, Redner: Karl **Rosenauer**
Wiederabgedr. in d. Verf. Poetae Lyrici Graeci, ed. 3. p. 1. 1866. S. 280 bis 285.

[**Bergkius**, Theodorus: Emendationes Aristophaneae.] Halis (1858): Hendel. S. IV—VIII. 8° (4°)
Halle-Wittenberg, Progr. f. d. Marperger-Stipendium v. 30. Mai 1858, Redner: Ferdinand Heinrich Martin **Guericke**

[**Bergkius**, Theodorus: Emendationes ad Atilium Fortunatianum, ed. Gaisford p. 333, 352.] Halae (1863): Hendel. S. 4—8. 8° (4°)
Halle-Wittenberg, Progr. f. d. Thielemann-Stipendium v. 4. Mai 1863, Redner: Otto Elieser **Kretschmann**

Bergk, T., Emendationes in Babrium. Pr. 1845. 9 S. 4°.

[**Bergkius**, Theodorus: Emendationes carminum Homericorum: Iliadis, hymnorum in Apollinem Pythium et in Mercurium.] Halis (1859): Hendel. S. IV—VIII. 8° (4°)
Halle-Wittenberg, Progr. f. d. Kornfail-Stipendium v. 12. Jan. 1859, Redner: Theodor Heinrich Ludwig Adolf **Laue**

[**Bergkius**, Theodorus: Emendationes Catullianae.] Halae (1863): Hendel. S. IV—VIII. 4°
Halle-Wittenberg, Ind. schol. WS 1863/64

[**Bergkius**, Theodorus: Emendationes Epicharmeae. 1.] Halae (1868): Hendel. S. IV—VIII. 4°
Halle-Wittenberg, Ind. schol. SS 1868
Wiederabgedr. in d. Verf. Kl. philol. Schriften. Bd 2. S. 263—269. — 2 ist Ind. schol. WS 1868/69,

[**Bergkius**, Theodorus: Emendationes Epicharmeae. 2.] Halae (1868): Hendel. S. IV—X. 4°
Halle-Wittenberg, Ind. schol. WS 1868/69
Wiederabgedr. in d. Verf. Kl. philol. Schriften. Bd 2. S. 269—278. — 1 ist Ind. schol. SS 1868,

[**Bergkius**, Theodorus: Emendationes Heracliteae.] Halae (1861): Hendel. S. IV—VIII. 4°
Halle-Wittenberg, Ind. schol. WS 1861/62
Wiederabgedr. in d. Verf. philol. Schriften. Bd 2. S. 83—90.

Bergk, T., Emendationes Lucretianae. Pr. 1865. 16 S. 4°.

[**Bergkius**, Theodorus: Emendationum Parmenidearum p. 1.] Halae (1864): Hendel. S. 4—8. 8° (4°)
Halle-Wittenberg, Progr. f. d. Marschall-Stipendium v. 3. Aug. 1864, Redner: Aug. Ed. Vict. **Bluethgen**
Wiederabgedr. in d. Verf. Kl. philol. Schriften. Bd 2. 1886. S. 66—72. P. 2 ist Ind. schol. WS 1867/68,

[**Bergkius**, Theodorus: Emendationum Parmenidearum p. 2.] Halae (1867): Hendel. S. IV—XII. 4°
Halle-Wittenberg, Ind. schol. WS 1867/68
Wiederabgedr. in d. Verf. Kl. philol. Schriften. Bd 2. S. 72—82. — P. 1 ist Prog. f. e. Stip. 1864,

[**Bergkius**, Theodorus: Emendationum Plautinarum p. 1.] Halae (1862): Hendel. S. IV—XI. 4°
Halle-Wittenberg, Ind. schol. SS 1862
Wiederabgedr. in d. Verf. Kl. philol. Schriften. Bd 1. 1884. S. 151—163. — P. 2. 3 sind Ind. schol. WS 1862/63 bzw. Progr. f. e. Stipendium 1862,

[**Bergkius**, Theodorus: Emendationum Plautinarum p. 2.] Halae (1862): Hendel. S. IV—X. 4°
Halle-Wittenberg, Ind. schol. WS 1862/63
Wiederabgedr. in d. Verf. Kl. philol. Schriften. Bd 1. 1884. S. 163—174. — P. 1. 3 sind Ind. schol. SS 1862 bzw. Progr. f. e. Stipendium 1862,

[**Bergkius**, Theodorus: Emendationum Plautinarum p. 3.] Halae (1862): Hendel. S. 4—8. 8° (4°)
Halle-Wittenberg, Progr. f. d. Marschall-Stipendium v. 2. Aug. 1862, Redner: Franz Hermann **Cunz**
Wiederabgedr. in d. Verf. Kl. philol. Schriften. Bd 1. S. 174—181. P. 1. 2 sind Ind. schol. SS 1862, WS 1862/63,

Bergkius, Theodorus: [Emendationes ad tragicorum Graecorum reliquias. Part. 1. De Aeschyli fragmentis.] Halae (1863): Hendel. S. 4—8. 8° (4°)
Halle-Wittenberg, Progr. f. d. Sigismund-Stipendium v. 16. Juli 1863, Redner: Friedrich Theodor **Hauffe**
2 ist Progr. f. e. Stipendium v. 28. Juli 1863,

[**Bergkius**, Theodorus: Emendationes ad tragicorum Graecorum reliquias. Part. 2. De Sophoclis, Euripidis, Choerili, Adespotis fragmentis.] Halae (1863): Hendel. S. 4—8. 8° (4°)
Halle-Wittenberg, Progr. f. d. Wolframsdorf-Stipendium v. 28. Juli 1863, Redner: Joh. Ernst Robert **Stahn**
1 ist Progr. f. e. Stipendium v. 16. Juli 1863,

[**Bergkius**, Theodorus: Emendationes in Valerium Maximum.] Halis (1868) Hendel. S. IV—VIII. 4°
Halle-Wittenberg, Progr. f. d. Marschall-Stipendium v. 1. [vielmehr: 3.] Aug. 1868, Redner: Theodor Wilhelm **Preuss**.

[**Bergkius**, Theodorus: De Meleagri in Heraclitum epigrammate. Loci quidam Apollonii, Aristotelis, Sotionis paradoxographorum emendantur.] Halae (1861): Hendel. S. 4—8. 8° (4°)
Halle-Wittenberg, Progr. f. d. Marperger-Stipendium v. 30. Mai 1861, Redner: Christoph Emil Johann Robert **Williger**
Wiederabgedr. in d. Verf. Kl. philol. Schriften, Bd 2. S. 304—309.

[**Bergkius**, Theodorus]: (De Simonidis epigrammate in Cimonis victoriam ad Eurymedontem.) Halae (1867): Hendel. S. 4—8. 8° (4°)
Halle-Wittenberg, Progr. f. d. Marperger-Stipendium v. 29. Mai 1867, Redner Moritz **Heyne**
Wiederabgedr. in des Verf. Poetae lyrici Graeci, ed. 3. p. 3. 1866. S. 1167—1172.

[**Bergkius**, Theodorus: Etymologicum Vindobonense. Edidit. 1.] Halis (1859): Hendel. S. 4—8. 8° (4°)
Halle-Wittenberg, Progr. f. d. Sigismund-Stipendium v. 16. Juli 1859, Redner: Friedrich Otto Siegfried **Meyer**
Part. 2—12 sind Progr. f. versch. Stipendien 1859/62, vgl. Nr. 827, 828, 830—834, 837, 839—841. Sonderdruck der ganzen Abhandlung mit durchgehender Paginierung [Halle 1862: Hendel.] VI, 67 S. 4°

[**Bergkius**, Theodorus: Etymologicum Vindobonense. Edidit. Part. 2.] Halis (1859): Hendel. S. 9—14. 8° (4°)
Halle-Wittenberg, Progr. f. d. Wolfframsdorf-Stipendium v. 28. Juli 1859, Redner: Karl Adolf Eduard **Sachsenroeder**
Part. 1, 3—12 sind Progr. f. versch. Stipendien 1859/62,

[**Bergkius**, Theodorus: Etymologicum Vindobonense. Edidit. Part. 3.] Halis (1859): Hendel. S. 15—20. 8° (4°)
Halle-Wittenberg, Progr. f. d. Marschall-Stipendium v. 8. Aug. 1859, Redner: Ernst Ferdinand **Dietrich**
Part. 1. 2, 4—12 sind Progr. f. versch. Stipendien 1859/62,

[**Bergkius**, Theodorus: Etymologicum Vindobonense. Edidit. Part. 4.] Halis (1860): Hendel. S. 21—26. 8° (4°)
Halle-Wittenberg, Progr. f. d. Sigismund-Stipendium v. 16. Juli 1860, Redner: Friedrich Otto Siegfried **Meyer**
Part. 1—3, 5—12 sind Progr. f. versch. Stipendien 1859/62,

[**Bergkius**, Theodorus: Etymologicum Vindobonense. Edidit. Part. 5.] Halis (1860): Hendel. S. 27—32. 8° (4°)
Halle-Wittenberg, Progr. f. d. Wolfframsdorf-Stipendium v. 28. Juli 1860, Redner: August Moritz **Georgii**
Part. 1—4, 6—12 sind Progr. f. versch. Stipendien 1859/62,

[**Bergkius**, Theodorus: Etymologicum Vindobonense. Edidit. Part. 6.] Halis (1860): Hendel. S. 33—38. 8° (4°)
Halle-Wittenberg, Progr. f. d. Marschall-Stipendium v. 7. Aug. 1860, Redner: Viktor Hugo **Zahn**
Part. 1—5, 7—12 sind Progr. f. versch. Stipendien 1859/62,

[**Bergkius**, Theodorus: Etymologicum Vindobonense. Edidit. Part. 8.] Halae (1811 [vielmehr: 1861]): Hendel. S. 45—50. 8° (4°)
Halle-Wittenberg, Progr. f. d. Thielemann-Stipendium v. 4. Mai 1861, Redner: Eduard Coelestin **Goehring**
Part. 1—7, 9—12 sind Progr. f. versch. Stipendien 1859/62,

[**Bergkius**, Theodorus: Etymologicum Vindobonense. Edidit. Part. 9.] Halae (1861): Hendel. S. 51—56. 8° (4°)
Halle-Wittenberg, Progr. f. d. Cassai-Stipendium v. 27. Juli 1861, Redner: Samuel **Raphanides**
Part. 1—8, 10—12 sind Progr. f. versch. Stipendien 1859/62,

[**Bergkius**, Theodorus: Etymologicum Vindobonense. Edidit. Part. 10.] Halae (1861): Hendel. S. 57—62. 8° (4°)
Halle-Wittenberg, Progr. f. d. Marschall-Stipendium v. 3. Aug. 1861, Redner: Hermann August **Junghans**
Part. 1—9, 11, 12 sind Progr. f. versch. Stipendien 1859/62,

[**Bergkius**, Theodorus: Etymologicum Vindobonense. Edidit. Part. 11.] Halae (1862): Hendel. S. 63—67. 8° (4°)
Halle-Wittenberg, Progr. f. d. Sigismund-Stipendium v. 16. Juli 1862, Redner: Karl Nathanael **Noack**
Part. 1—10, 12 sind Progr. f. versch. Stipendien 1859/62,

[Bergkius, Theodorus: Etymologicum Vindobonense. Edidit. [12.]) Halae (1862): Hendel. S. IV—VI u. Zwischentitel. 8° (4°)
Halle-Wittenberg, Progr. f. d. Wolframsdorf-Stipendium v. 28. Juli 1862, Redner: Ludwig Wilhelm Friedrich
Peppmüller's Angabe (in: Bergk, Kl. philol. Schriften. Bd 1. S. XXVI Nr. 211), das Ganze wäre in 13 Progr. erschienen, ist falsch.
Part. 1—11 sind Progr. f. versch. Stipendien 1859/62, vgl. Nr. 826—828, 830—834, 837, 839, 840. Sonderdruck der ganzen Abhandlung mit durchgehender Paginierung [Halle 1862: Hendel.] VI, 67 S. 4°

Bergk, Th., Exercitationum Plinianarum particula. I. Gel. 1847. 85 S. 4°.

Exercitationum Plinianarum spec. II. Pr. 1851. 11 S. 4°.

— De Plautinis fabulis emendandis. Pr. 1858. 18 S. 4°.

[Bergkius, Theodorus: De fragmentis Corinnae.] Halae (1866): Hendel. S. 4—8. 8° (4°)
Halle-Wittenberg, Progr. f. d. Marschall-Stipendium v. 3. Aug. [vielmehr: 5. Nov.] 1866, Redner: Johannes Schollmeyer
Wiederabgedr. in des Verf. Poetae lyrici Graeci, ed 3. p. 3. 1866. S. 1206—1214.

Bergk, Thdr., zur Geschichte u. Topographie der Rheinlande in römischer Zeit. Mit einer (lith.) Karte. gr. 8. (IV, 188 S.) Leipzig 882. Teubner. n. 5. 20

[Bergkius, Theodorus: De Hesychio.] Halis (1868): Hendel. S. IV—X. 4°
Halle-Wittenberg, Progr. f. d. Sigismund-Stipendium v. 16. Juli 1868, Redner: Karl Fritze
Verf. nach Peppmüller in Bergk: Kl. philol. Schriften. Bd 1. S. XXIX Nr. 258: Bergk, nach dem Rotulus des Bandes Scr. publ. Hal. 1868/73 in der UB Halle: Bernhardy. Letztere Angabe ist falsch, da nach den Akten das Honorar an Bergk gezahlt wurde.

Inclitae Litterarum Universitati Vindobonensi Calendis mensis Augusti Anno 1865 sacra saecularia quinta agenti rite gratulatur Universitas Fridericiana Halensis. Halis (1865): Orphanotropheum. 8 S. 4°
Verf.: Theodor Bergk. — Wieder abgedr. in: Karl D. Schroff, Bericht über die 500jährige Jubelfeier der Wiener Universität im J. 1865. Wien 1866. 4° S. 99—101.

Bergk, Thdr., Inschriften römischer Schleudergeschosse. Nebst e. Vorwort üb. moderne Fälschgn. Mit 2 lith. u. 1 photogr. Taf. (in qu. gr. 4. u. gr. 8.) gr. 8. (XIII, 166 S.) Leipzig 876. Teubner. n. 4. —

[Bergkius, Theodorus: De inscriptionibus nonnullis Atticis repetitis ex ephemeride philologa, cui Φιλίστωρ nomen est.] Halae (1863): Hendel. S. 4—8. 8° (4°)
Halle-Wittenberg, Progr. f. d. Kornfail-Stipendium v. 12. Jan. 1863, Redner: Friedrich Wilhelm Ernst Steudener
Forts. ist Stip.-Progr. v. 18. Nov. 1863,

[Bergkius, Theodorus: Ueber Preussens Lage im Jahre 1866.] Halae (1866): Hendel. S. IV—VIII. 4°
Halle-Wittenberg, Ind. schol. WS 1866/67

Bergk, T., Anonymi grammatici Lexicon Graecum. Pr. 1859. 8 S. 4°.

Bergk, T., De Chrysippi libris περὶ ἀποφατικῶν. Pr. 1841. 89 S. 4°.

Bergk, Th., acht Lieder von Goethe. Zum erstenmale mit Erläuterungen herausg. Wetzlar 857. Rathgeber. 8. (1 Bl., 102 S.) 15 ngr

—— griechische Literatur, s. Griechenland.

—— griechische Literaturgeschichte. 1. Bd. gr. 8. (VI, 1024 S.) Berlin 872, Weidmann'sche Buchh. *

—— griechische Literaturgeschichte. Aus dem Nachlass hrsg. von Gust. Hinrichs. 2. und 3. Bd. gr. 8. Berlin, Weidmann'sche Buchh. [2. Bd. (XI, 544 S.) 883. *M 6.; 3. Bd. (XI, 620 S.) 884. *M 7.] *
1. Bd. Ebendas. 1872. *M 9.

Bergk, Thdr., griechische Literaturgeschichte. 4. Bd. Aus dem Nachlass hrsg. v. R. Peppmüller. gr. 8. (XII, 580 S.) Berlin 887. Weidmann. n. 8. — (cplt.: n. 30. —)

Bergk's, Th., griechische Litteraturgeschichte. Register v. Rud. Peppmüller u. Wilh. Hahn. gr. 8. (III, 94 S.) Berlin 894. Weidmann. n. 2. 40 (kplt. m. Reg.: n. 32. 40)

—— dass. — s. Handbibliothek, philologische.

[Bergkius, Theodorus: De locis quibusdam Callimacheis.] Halae (1864): Hendel. S. IV—XIII. 4°
Halle-Wittenberg, Ind. schol. WS 1864/65
Wiederabgedr. in d. Verf. Kl. philol. Schriften. Bd 2. S. 185—198.

[Bergkius, Theodorus: De locis nonnullis carminum Homericorum: Iliadis, hymni in Mercurium, carminis Κάμινος ἢ Κεραμίς.] Halae (1861): Hendel. S. 4—8. 8° (4°)
Halle-Wittenberg, Progr. f. d. Sigismund-Stipendium v. 16. Juli 1861. Redner: Karl Nathanael Noack

Bergkius, Theodorus: Meletematum Lyricorum specimen [1]. Halae (1859): Hendel. S. IV—IX. 4°
Halle-Wittenberg, Ind. schol. SS 1859
Spec. 2 ist Ind. schol. WS 1859/60,

Bergkius, Theodorus: Meletematum Lyricorum specimen 2. Halae (1859): Hendel. S. IV—XIII. 4°
Halle-Wittenberg, Ind. schol. WS 1859/60
Spec. 1 ist Ind. schol. SS 1859,

Bergk, T., Nomina propria in Graecarum litterarum monumentis. Gel. 1868. 8 S. 4°.

[Bergkius, Theodorus: De nominibus aliquot propriis, quae in inscriptionibus quibusdam Thessalicis et Booetica exstant.] Halae (1865): Hendel. S. 4—8. 8° (4°)
Halle-Wittenberg, Progr. f. d. Marperger-Stipendium v. 30. Mai 1865, Redner: Maximilian Siewert

[Bergkius, Theodorus: Propria quaedam nomina apud Thucydidem, Polybium, Strabonem, Eupolidem, Plautum et Propertium exstantia aut explicantur aut emendantur.] Halis (1868): Hendel. S. IV—VIII. 4°
Halle-Wittenberg, Progr. f. d. Wolffframsdorf-Stipendium v. 28. Juli 1868, Redner: Friedrich Wilhelm Holzweißig
S. V/VI wiederabgedr. in d. Verf. Kl. philol. Schriften. Bd 1. S. 208; das hier in der Anm. angegebene Erscheinungsjahr 1858 ist ein Druckfehler.

[Bergkius, Theodorus: De nonnullis nominibus propriis apud Thucydidem, Vitruvium, Aristophanem, Strabonem corruptis.] Halis (1859): Hendel. S. 4—8. 8° (4°)
Halle-Wittenberg, Progr. f. d Thielemann-Stipendium v. 4. Mai 1859, Redner: Theodor Heinrich Ludwig Adolf Laue [vielmehr: Karl Friedrich Albert Petri]

Nuptiis principum serenissimorum Friderici Guilelmi et Victoriae dicavit Universitas Fridericiana Halensis die 25. mensis Januarii a. 1858. Lipsiae (1858): Giesecke & Devrient. 4 Bl. gr. 2°
Lateinisches Festgedicht in Hexametern. Verf.: Theodor Bergk.

— Observationes Plautinae. Pr. 1866. 10 S. 4°.

— In Homeri Odysseam (commentt. critt. spec. V.) Pr. 1850. 14 S. 4°.

[Bergkius, Theodorus: Ad Simmiae Ovum.] Halae (1866): Hendel. S. 4—8. 8° (4°)
Halle-Wittenberg, Progr. f. d. Thielemann-Stipendium v. 4. Mai 1866, Redner: Friedr. Osw. Reinhardt
Verändert wiederabgedr. in des Verf. Anthologia lyrica, ed. 2. 1868. S. LXXXVI—LXXX.

[Bergkius, Theodorus: Ad Pindarum. 1.] (Index carminum Pindaricorum.) Halae (1864): Hendel. S. 4—8. 8° (4°)
Halle-Wittenberg, Progr. f. d. Sigismund-Stipendium v. 16. Juli 1864, Redner: Friedrich Theodor Hauffe
Wiederabgedr. in d. Verf. Poetae lyrici Graeci, ed. 3. p. 1. Lipsiae 1866. S. 3—8.
2 ist Progr. f. d. Wolframsdorf-Stipendium 1864,

[Bergkius, Theodorus: Ad Pindarum. 2.] (Index temporum.) Halae (1864): Hendel. S. 4—7. 8° (4°)
Halle-Wittenberg, Progr. f. d. Wolframsdorf-Stipendium v. 28. Juli 1864, Redner: Ernst Franz Anders
Wiederabgedr. in d. Verf. Poetae lyrici Graeci, ed. 3. p. 1. 1866. S. 8—1i
1. ist Progr. f. d. Sigismund-Stipendium 1864,

Bergk, Th., Poetae lyrici graeci, s. Poetae.

[Bergkius, Theodorus]: (Addenda et corrigenda [ad editionem III. poetarum lyricorum Graecorum ab ipso factam 1866. 1.]) Halae (1867): Hendel. S. 4—8. 8° (4°)
Halle-Wittenberg, Progr. f. d. Sigismund-Stipendium v. 16. Juli 1867, Redner: Ernst Johannes Wolf
Auch vermehrt in des Verf. Poetae lyrici Graeci, ed. 3. p. 3. 1866. S. 1362—1369.
2—3 sind Stip.-Progr. 1867,

[Bergkius, Theodorus]: (Addenda et corrigenda [ad editionem III. poetarum lyricorum Graecorum ab ipso factam 1866. 2.]) Halae (1867): Hendel. S. 4—8. 8° (4°)
Halle-Wittenberg, Progr. f. d. Wolfframsdorff-Stipendium v. 27. Juli 1867, Redner: Gottfried Wilhelm Reinhold Fuchs
Auch vermehrt in des Verf. Poetae lyrici Graeci, ed. 3. p. 3. 1866. S. 1369—1376.
1. 3 sind Stip.-Progr. 1867,

[Bergkius, Theodorus: Addenda et corrigenda ad editionem III. poetarum lyricorum Graecorum ab ipso factam 1866. 3.] Halae (1867): Hendel. S. 4—8. 8° (4°)
Halle-Wittenberg, Progr. f. d. Marschall-Stipendium v. 3. Aug. 1867, Redner: Wilhelm Trautmann
Auch vermehrt in des Verf. Poetae lyrici Graeci, ed. 3. p. 3. 1866. S. 1377 f, 1382—88.
1. 2 sind Stip.-Progr. 1867,

[Bergkius, Theodorus: Prolegomena critica in poetas elegiacos Alexandrinos.] Halis (1868): Hendel. S. IV—VIII. 4°
Halle-Wittenberg, Progr. f. d. Cassai-Stipendium v. 29. Febr. 1868, Redner: Johann Theodor Moszkovcsák
Mit Zusätzen abgedr. in des Verf. Anthol. lyr., ed. 2. 1868. S. V—XV.

[Bergkius, Theodorus: De pronuntiatione Plautina.] Halae (1866): Hendel. S. IV—X. 4°
Halle-Wittenberg, Ind. schol. SS 1866
Wiederabgedr. in d. Verf. Kl. philol. Schriften. Bd 1. S. 182—191.

[Bergkius, Theodorus: Quaestiones Cleantheae, Arateae, Theocriteae.] Halae (1861): Hendel. S. IV—VI. 4°
Halle-Wittenberg, Ind. schol. SS 1861
Wiederabgedr. in d. Verf. philol. Schriften. Bd. 2. S. 238—242.

Bergkius, Theodorus: Quaestionum Ennianarum specimen novum. Halae (1860): Hendel. S. IV—XI. 4°
Halle-Wittenberg, Ind. schol. SS 1860
Im Buchhandel 1860 bei Hendel in Halle. Wiederabgedr. in d. Verf. Kl. philol. Schriften. Bd 1. S. 235—246.
Spec. 1 war Marburg, Ind. lect. SS 1844, 3 ist Halle, Progr. f. e. Stip. 1863,

[Bergkius, Theodorus: Quaestionum Ennianarum specimen 3.] Halae (1863): Hendel. S. 4—8. 8° (4°)
Halle-Wittenberg, Progr. f. d. Marschall-Stipendium v. 3. Aug. 1863, Redner: Albert Reinhold Hornefter
Wiederabgedr. in d. Verf. Kl. philol. Schriften. Bd 1. S. 311—316.
Spec. 1 war Marburg, Ind. lect. SS 1844, 2 ist Halle, Ind. schol. SS 1860,

[Bergkius, Theodorus: Quaestionum Lucretianarum specimen 2.] Halae (1865): Hendel. S. IV—XVI. 4°
Halle-Wittenberg, Ind. schol. SS 1865
Wiederabgedr. in d. Verf. Kl. philol. Schriften. Bd 1. S. 435—455. — Spec. 1 war Marburg, Ind. lect. WS 1846/47.

— Quaestionum Sophoclearum spec. I. Pr. 1849. 5 S. 4°.

[Bergkius, Theodorus: De Eumeli et Terpandri carminum reliquiis.] Halae (1865): Hendel. S. 4—8. 8° (4°)
Halle-Wittenberg, Progr. f. d. Marschall-Stipendium v. 3. Aug. 1865, Redner: Ernst Rudolf Osterloh
Wiederabgedr. in d. Verf. Poetae lyrici Graeci, ed. 3. p. 3. 1866 S. 811—816.

Bergk, T., De carminum Saliarium reliquiis. Pr. 1847. 14 S. 4°.

[Bergkius, Theodorus]: (Scholia Palatina [in carmina figurata. 1.] in Theocriti Fistulam et in [Besantini] Aram alteram.) Halae (1866): Hendel. S. 4—8. 8° (4°)
Halle-Wittenberg, Progr. f. d. Sigismund-Stipendium v. 16. Juli 1866, Redner: Ed. Julius Paul Lange
Wiederabgedr. in d. Verf. Kl. philol. Schriften. Bd 2. S. 760—765.
2 ist Stip.-Progr. 1866,

[Bergkius, Theodorus]: (Scholia Palatina [in carmina figurata. 2.] in Simmiae Securim. Scholia in Simmiae Alas. Holoboli scholia in Dosiadae Aram.) Halae (1866): Hendel. S. 4—8. 8° (4°)
Halle-Wittenberg, Progr. f. d. Wolfframsdorff-Stipendium v. 28. Juli 1866, Redner: Ernst Theodor Riedel
Wiederabgedr. in d. Verf. Kl. philol. Schriften. Bd 2. S. 765—771.
1 ist Stip.-Progr. 1866,

—— kleine philologische Schriften. Hrsg. von Rud. Peppmüller. (In 2 Bdn.) 1. Bd.: Zur röm. Literatur. Mit Bergk's (Stahlst.-)Bildniss. gr. 8. (XXXII, 718 S.) Halle 884, Buchh. des Waisenhauses. *

—— kleine philologische Schriften. Hrsg. von Rud. Peppmüller. 2. Bd.: Zur griechischen Literatur. Mit einem Abriss von Bergks Leben. Lex.-8. (XCV, 818 S.) Halle 886, Buchh. des Waisenhauses. *
1. Bd. Ebendas. 1884. *ℳ 10.—.

— De Heracliti sententia apud Aristotelem de mundo cap. VI. Pr. 1861. 8 S. 4°. —.75

[Bergkius, Theodorus: De Paelignorum sermone. 1.] Halae (1864): Hendel. S. IV—XI. 4°
Halle-Wittenberg, Ind. schol. SS 1864
Wiederabgedr. in d. Verf. Kl. philol. Schriften. Bd 1. S. 521—533. — 2 ist Ind. schol. SS 1867,

[Bergkius, Theodorus: De Paelignorum sermone. 2.] Halae (1867): Hendel. S. IV—VIII. 4°
Halle-Wittenberg, Ind. schol. SS 1867
Wiederabgedr. in d. Verf. Kl. philol. Schriften. Bd 1. S. 533—542. — 1 ist Ind. schol. SS 1864,

Bergk, Th., Spicileg. emendat. ad indicem rerum ab Augusto gestarum. Pr. 1869. 18 S. 4°. —.90

Bergk, T., De tabula Iliaca Parisiensi. Pr. 1845. 7 S. 4°.

[Bergkius, Theodorus: De titulo quodam Attico.] Halae (1863): Hendel. S. 4—8. 8° (4°)
Halle-Wittenberg, Progr. f. d. Vater-Stipendium v. 18. Nov. 1863, Redner: Julius Weber
Ist Forts. des Stip.-Progr. v. 12. Jan. 1863,

[Bergkius, Theodorus: Tragicorum Graecorum aliquot versus depravati ad suos numeros revocentur.] Halis [1860]: Hendel. S. 3—8. 8° (4°)
Halle-Wittenberg, Progr. f. d. Marperger-Stipendium v. 15. Dez. 1859, Redner: August Ludwig

— Ulisse furente e la nascità di Tageto. S.-A. 1848. 18 S.

Bergk, T., De Parmenidis versibus a Platone in Sophista allatis. Pr. 1867. 8. 4°.

[Bergkius, Theodorus: Varroniana.] Halae (1863): Hendel. S. IV—IX. 4°
Halle-Wittenberg, Ind. schol. SS 1863
Wiederabgedr. in d. Verf. Kl. philol. Schriften. Bd 1. S. 571—580.

Bergk, T., Ueb. das älteste Versmaass der Griechen. Pr. 1854. 24 S. 4°.

Bergk, Theodor: Die französische Wechsel-Ordnung, verglichen mit der Wechsel-Ordnung Bremens und Hamburgs, nebst einer historisch-dogmatischen Einleitung. Hrsg. v. Dt. Meier.–
Bremen: Heyse 1811.

Bergk, Theod. (Hrsg.), s. Zeitschrift für die Alterthumswissenschaft.

Bergk, Wilh., der Weg d. Natur, od. d. berufene u. unberufene Arzt. gr. 8. (20 B.) Arnstadt 832, (Mirus.)

Berg-Kalender 1906. (68 S. m. Abbildgn. u. Wandkalender.) gr. 8. Goslar, F. A. Lattmann. n. — 20

Berg-Kalender 1909. 259. Jahrg.. (88 S. m. Abb. u. Wandkalender.) gr. 8. Goslar. F. A. Lattmann. — 25

Berg-Kalender '13. 263. J. (79 m. Abb.) gr8° Gosl., FA Lattmann. — 25 d

Berg- und Hütten-Kalender, allgemeiner österreichischer, auf die J. 1861 und 1862. Redig. von Otto Frhr. v. Hingenau. 16. (à Jahrg. 176 S.) Olmütz, Grosse. à Jahrg. geb. Thlr. *

—— allgemeiner österreichischer, auf das J. 1868. Redig. von Otto Frhr. v. Hingenau. 16. (180 S.) Olmütz, Grosse. geb. * in Leder geb. *

Berg-Kalender, Freiberger, s. Stadt-, Land- und Berg-Kalender.

Berg- und Hütten-Kalender für das Jahr 1856. 1. und 2. Aufl. gr. 16. (VIII, 128 und Kalender 132 S.) Essen 855—56, Bädeker. *

—— ders. — Ausgabe für das Gebiet des französischen Bergrechts. 8. (VIII, 132 und Kalender 136 S.) Ebds. 856. *

Berg- und Hütten-Kalender für das Jahr 1857. 2. Jahrg. 8. (VIII, 142 und Kalender 136 S.) Essen 856, Bädeker. Thlr. *

Jahrg. 1857 — 59 auch in einer Ausgabe für das Gebiet des französ. Bergrechts zu gleichem Preise.

Berg- und Hütten-Kalender für die J. 1858—62. 3—7. Jahrg. gr. 16. Essen, Bädeker. [1858. (VIII, 150 S. und Kalender 136 S.) 1859. (VIII, 144 S. und Kalender 136 S.) 1860. (VIII, 152 S. und Kalender 136 S.) 1861. (VIII, 157 S. und Kalender 184 S.) 1862. (VI, 162 S. und Kalender 142 S.)] geb. à Jahrg. *

—— dass. — Ausgabe für das Gebiet des französischen Bergrechts für die J. 1858—62. gr. 16. Ebendas. geb. à Jahrg. *

Berg- und Hütten-Kalender für die J. 1863—67. 8.—12. Jahrg. gr. 16. (à Jahrg. ca. VI, 166 und 142 S.) Essen, Bädeker. geb. à Jahrg. *

—— dass. — Ausgabe für das Gebiet des französischen Bergrechts für die J. 1863 und 1864. gr. 16. (à Jahrg. ca. VI, 166 und 142 S.) Ebendas. geb. à Jahrg. *

Berg- und Hütten-Kalender für das J. 1868. 13. Jahrg. gr. 16. (305 S. mit 1 Stnt.) Essen 874, Bädeker. geb. *

—— dass. — für die J. 1869—1872. 14.—17. Jahrg. Mit 1 Stnt. gr. 16. (VI, 300; VI, 270; VI, 264; VI, 272 S.) Ebendas. 869—72. geb. à Jahrg. (* M 3,25.) *

Berg- und Hütten-Kalender für das J. 1873. 18. Jahrg. 8. (VI, 292 S.) Essen, Baedeker. geb. (* M 3,25.) *

—— —— für die J. 1874 und 1875. 19. und 20. Jahrg. 8. (IV, 292; IV, 280 S. mit 1 Steindrucktaf. und 1 chromolithogr. Eisenbahnkarte von Mitteleuropa.) Ebendas. à Jahrg. *

Berg- und Hütten-Kalender für die J. 1876—1880. 21.—25. Jahrg. gr. 16. (VIII, 168, 112; 320; VIII, 160, 112; VIII, 168, 112; VIII, 184, 112 S. mit 1 Stnt. und 1 chromolithogr. Eisenbahnkärtchen von Mitteleuropa in qu. 8.) Essen, Baedeker. geb. à Jahrg. *

Berg- und Hütten-Kalender für die J. 1881—1885. 26.—30. Jahrg. [à Jahrg. mit 1 Stnt. und 1 (chromolithogr.) Eisenbahnkärtchen von Mitteleuropa.] gr. 16. (VIII, 296; VIII, 304; VIII, 304; VIII, 180, 112; VIII, 182, 112 S.) Essen, Bädeker. geb. à Jahrg. *

Berg- und Hütten-Kalender für die J. 1886—1889. 31.—34. Jahrg. gr. 16. (VIII, 184, 116; VIII, 304, 60; VIII, 308, 60; VIII, 308, 60 S. mit je 1 Stnt., 1 Eisenbahnkärtchen von Mitteleuropa und 1 Schreibtischkalender.) Essen, Baedeker. geb. à Jahrg. *

Berg- u. Hütten-Kalender f. d. J. 1890—1893. 35.—38. Jahrg. Nebst e. Beigabe. gr. 16. (VIII, 192, 116, 60; VIII, 196, 102 S. m. Holzschn., 1 Taf., 1 Eisenbahnkarte u. Schreibkal.; VIII, 200, Schreibkal. u. 103 S. m. eingedr. Holzschn., 1 Stndr.-Taf., 1 Eisenbahnk. u. 1 Schreibtischkal., 200 S., Schreibkal. 101 S., Eisenbahnk., u. 1 Schreibtischk.) Essen, Baedeker. geb. u. geh. à Jahrg. * 3 50

Berg- u. Hütten-Kalender f. d. J. 1895. 40. Jahrg. Mit eingedr. Holzschn., 1 Steindr.-Taf., 1 die Arbeitergesetzgebg. u. die Dampfkessel betr. Beigabe, 1 Eisenbahnkärtchen v. Mitteleuropa u. 1 Schreibtischkalender. gr. 16. (VIII, 206 S., Schreibkalender u. 94 S.) Essen 894. G. D. Baedeker. Geb. in Ldr. u. geh. n. 3.50

Berg- u. Hütten-Kalender, f. 1896. 41. Jahrg. Mit 1 d. Arbeitergesetzgebg. u. d. Dampfkessel betr. Beigabe. 16° (301 m. Schreibkalender, H., 1 L., 1 Karte u. 1 Schreibtischkalender.) Essen, GD Baedeker. Geb. in Ldr u. geh. 3.50

Berg- u. Hütten-Kalender f. d. J 1899. 44. Jahrg. M. eingedr. Holzschn., 1 Steindr.-Taf., 1 hauptsächl. d. Arbeitergesetzgebg. u. d. Dampfkessel betr. Beigabe, 1 Eisenbahnkärtchen v. Mitteleuropa, 1 Schreibtischkal. u. 1 Faberbleistift. 12. (X, 222 S., Schreibkal. u. 74 S.) Essen, G. D. Baedeker. Geb. in Ldr. u. geh. n. 3. 50

Berg- u. Hüttenkalender f. 1901. 46. Jahrg. Mit 1 d. Vorschriften üb. Dampfkessel u. and. Technische betr. Beigabe. Nebst: Personalien d. techn. Ver. Techn. Hochsch. u. Bergakademien, gewerbl. Ges. u. Bekanntmachgn. 12° (311, Schreibkalender 62 u. 97 m. H., 1 Karte u. 1 L.) Ess., GD Baedeker. Geb. in Ldr u. geh. 3.50; Personalnachrichten allein (97) 2 —

[Bergkalender.] Berg- und Hüttenkalender. Begründet von A. Huyssen. 2 T. 47.—49. Jg. (1902—1904). Essen, 1901—1903.

Berg- u. Hüttenkalender für d. J. 1903. 48. Jahrg. Mit Holzschn., 1 Steindr.-Taf., e. Beigabe mit den Personalien der Dampfkesselüberwachungsvereine, der Dampfkessel-Vorschriften u. a., 1 Eisenbahnkärtchen v. Mitteleuropa, e. Schreibtischkalender u. 1 Faber-Bleistift. 12. (VIII, 223 S., Schreibkalender, 69 u. 58 S.) Essen, G. D. Baedeker. Geb. in Ldr. u. geh. n. 3. 50; Personalnachrichten allein (58 S.) n. 2. —

Berg- u. Hüttenkalender f. 1906. Hrsg. v. G Schäfer. 51. Jahrg. 2 Tle. (148, Schreibkalender, 72, 83 u. 69 m. Fig., 1 Karte, 1 Taf. u. 1 Taschenkalender.) 8° Ess., GD Baedeker. Ldr u. geh. 3.50 *Begründet u. bis 1904 hrsg. v. A Huyssen.*

Berg- u. Hütten-Kalender f. das J. 1907. Mit 1 mehrfarb. Eisenbahnkarte von Mitteleuropa, 3 Übersichtskärtchen, 1 Schreibtisch-Kalender u. 1 Faber-Bleistift. Ferner 2 lose dem Hauptteil beigefügte Beihefte, enth.: 1. Allgemeine Bestimmgn. f. d. preuss. Staatsbeamten u. Personalien der Bergbehörden usw. 2. Berggesetzgebung u. Bergpolizei. Beigabe (3. Beiheft): Dampfkessel-Vorschriften, Vorschriften üb. den Verkehr m. Sprengstoffen, gewerbl. u. literar. Anzeiger, Bezugsquellen u. Adressen-Verzeichnis. 52. Jahrg. (IV, 202 S., Schreibkalender, 83, 131 u. 68 S.) kl. 8. Essen, G. D. Baedeker. Geb. in Ldr. u. geh. n. 3. 50

Berg- u. Hüttenkalender f. d. J. 1910. (Begründet u. bis zu seinem Tode hrsg. v. Huyssen.) Vom Jahrg. 1907 ab hrsg. u. unter Mitwirkg. namhafter Fachleute bearb. v. e. höh. Bergbeamten. Mit mehr. Übersichtskärtchen in Buntdr., Schreibtisch-Kaldr., Faber-Bleistift u. 2 Beiheften. 55. Jahrg. (IV, 216 S., Schreibkalender, 116, 156 u. 71 S. m. Wandkalender.) kl. 8. Essen, G. D. Baedeker. Geb. in Ldr. u. geh. 4. —

Berg- u. Hütten-Kalender f. '13. (Begründet u. bis zu s. Tode hrsg. v. Huyssen.) Mit Schreibtisch-Kaldr, Faber-Bleistift u. 3 Beiheften. 58. J. (4, 230, Schreibkaldr, 126, 199 u. 80 m. Fig. u. Ktchen.) kl8° Ess., GD Baedeker. Ldr u. geh. 4 —

Berg-u. Hüttenkalender
—— —— oesterreichisch-ungarischer. 1. Jahrg. 1875. Hrsg. von der Redact. des „Bergmann". 16. (VI, 296 S.) Wien, Perles. geb. *

—— —— oesterreichisch-ungarischer, 2.—6. Jahrg. 1876—1880. Hrsg. von der Redact. des „Bergmann". 16. (VII, 181, 192; VI, 320 S. mit 1 lithogr. Karte in qu. gr. 4.; 112, 120; 118, 128; 118, 120 S.) Wien, Perles. geb. in Leinw. à Jahrg. * in Leder à Jahrg. *

— - dass. — österreichisch-ungarischer. 7. Jahrg. 1881. Verf. von der Redact. des „Der Berg- und Hüttenmann" in Wien. gr. 16. (V, 134, 130 S.) Wien, Perles. geb. in Leinw. *ℳ 3.; in Ldr. *

—- dass. — 8.—11. Jahrg. 1882—1885. Verf. von Osc. Guttmann. gr. 16. (VI, 142, 128; IV, 137, 128; IV, 153, 128 S.) Ebendas. geb. à Jahrg. in Leinw. *ℳ 3.; in Ldr. *

—— österreichisch-ungarischer, pro 1886—1889. 12.—15. Jahrg. Verf. von Osc. Guttmann. gr. 16. (IV, 156, 180; IV, 156, 180 S. mit je 1 Eisenbahnkarte; IV, 155; IV, 155 S.) Wien, Perles. geb. in Leinw. à Jahrg. * geb. in Leder à Jahrg. *

—— —— österreichisch-ungarischer, pro 1890. 16. Jahrg. Von Osc. Guttmann. gr. 16. (IV, 154 S.) Wien, Perles. geb. in Leinw. * 3 —; in Ldr. * 4 —
—— —— dass. — pro 1891—1893. 17.—19. Jahrg. Von Wilh. Klein. gr. 16. (IV, 158; IV, 146; IV, 145 S.) Ebd. geb. in Leinw. à Jahrg. * 3 —; in Ldr. à * 4 40

Berg- und Hütten-Kalender, Oesterr.-ungar., pro 1894. XX. Jahrgang Herausgegeben von Wilh. Klein, k. k. Oberbergcommissär. 16 (192 S. mit Tagebuch.) Elegant gebunden in Leinwand 1.60
Derselbe elegant gebunden in Leder 2.20
Wien: Perles 1893

— — österreichisch-ungarischer, pro 1895. 21. Jahrg. Verf. v. Wilh. Klein. gr. 16. (V, 164 S. u. Tagebuch.) Wien 894. M. Perles. Geb. in Leinw. n. 3. —; in Ldr. n. 4. 40

— — österr.-ungar., pro 1896. 22. Jahrg. Verf. v. W Klein. 16° (164 u. Tagebuch.) Wien, M Perles. Geb. in Lnw. 3 — in Ldr 4.40

Berg- und Hütten-Kalender, Oesterr.-ungar., pro 1898. XXIII. Jahrgang. Herausgegeben von Wilh. Klein, k. k. Oberberg-Commissär. 16. (VIII, 186 S., mit Tagebuch) Elegant in Leinwand gebunden 1.60
Derselbe, elegant in Leder gebunden 2.20
Wien: Perles 1897

— österreichisch-ungar., pro 1899. 24. Jahrg. Verf. v. Wilh. Klein. gr. 16. (VI, 164 S. u. Tagebuch.) Wien, M. Perles. Geb. in Leinw. n. 3. —; in Ldr. n. 4. 40

— — österr.-ungar., pro 1900. 25. Jahrg. Verf. v. W Klein. 12° (171 u. Tageb.) Wien, M Perles. ‖ 26. Jahrg. 1901. Verf. v. J Teirich. (130 u. Tageb.) Geb. in L. à 3 —; in Ldr à 4.40

Oesterr.-ungar. Berg- und Hütten-Kalender pro 1903. 29. Jahrg. 16°. (164 S.) geb. K 3.20, in Leder K 4.40
Wien: Perles 1902

Österreichisch-ungarischer Berg- und Hüttenkalender pro 1904. 30. Jahrg. 8°. (172 S.) geb. K 3.20, in Leder K 4.40
Wien: Perles 1903

Österr.-ungar. Berg- und Hüttenkalender pro 1905. 31. Jahrg. 16° (V, 184 S.) geb. K 3.20, in Leder K 4.40
Wien: Perles 1904

— — österr.-ungar., pro 1906. 32. Jahrg. Verf. v. J Teirich. (166 u. Tageb.) 8° Wien, M Perles. L. 3 —; Ldr 4.40

— — österreichisch-ungarischer, pro 1907. 33. Jahrg. Verf. v. Jos. Teirich. (IV, 165 S. u. Tagebuch.) kl. 8. Wien, M. Perles. Geb. in Leinw. n. 3. —; in Ldr. n. 4.40

Österreichisch-ungarischer Berg- und Hüttenkalender pro 1909. 35. Jahrg. 8°. (192 S.) geb. K 3.20, in Leder K 4.40
Wien: Perles 1908

— — österr.-ungar., pro '10. 36. J. Red. v. Thdr Haerdtl. (173 u. Tageb.) kl8° Wien, M Perles. L. 3 —; Ldr. 4.40
Bis 07 red. v. Jos. Teirich.

— — Österreichisch-ungarischer, pro '13. 39. J. Red. v. Frz Kieslinger. (4, 189 u. Tageb.) kl8° Wien, M Perles. L 3 —; Ldr n 4.40

Berg-, Stadt- und Land-Kalender, freiberger, s. Stadt-, Land- und Berg-Kalender.

Bergkammer, Friedrich [pract. Arzt aus Essen a/R.]: Beiträge zur Lehre von der Entzündung und Entartung der quergestreiften Muskelfasern. Strassburg, Druck von H. L. Kayser, 1884. 8. II, 32 S. **Diss. Strassburg**

Berg-, Fluss-, Post- und Strassenkarte, Orohydrographische oder, vom Königreich Sachsen und den angrenzenden Ländern.... Dresden 1819. V: *Rühle von Lilienstern.* (EngG)

Bergkessel, Alois, k. u. k. Hauptmann. Auszug aus der Geschichte des k. u. k. Infanterie-Regimentes von Milde Nr. 17. 1674—1899. Zusammengestellt zum Gebrauche in den Mannschafts-Schulen.

Bergkessel, Alois, Hauptmann d. Inft. Regts. Nr. 17. Einige der wichtigeren Gefechte in Kärnten während der Franzosenzeit. (Aus:) „Carinthia. Mittheilungen des Geschichtsvereines für Kärnten." 89. Jhrg. Nr. 5. (Beigebunden:) Noch einige der wichtigeren Gefechte in Kärnten während der Franzosenzeit. (Aus: „Wie vor.") 90. Jhrg. Nr. 1—2. 8. Klagenfurt 1899 -1900.

Bergkirchen, s.: Wesergebiet

Der Bergknappe. Zeitschrift für christliche Bergleute. Organ des Gewerkvereins christlicher Bergarbeiter Deutschlands, Hrsg. von A. Brust. 1.—8. Jg. (1896—1903). Essen, 1896—1903 u. ff.

Bergknappen, Die. Lustspiel mit Gesängen. Wien 1778. V: *Weidmann, Paul.* (Ky)

Bergknappen, die,. Singsp. 8. Wien, Trattner. 778.

Bergknappschaftsordnung für den Herzoglich Anhaltischen Bergbau. Vom 5. November 1838. 4.

Bergknecht, J: Ferienkolonien, s.a.Schriften d. sozialwiss. Ver. in Berlin.

Bergknecht, J., Ferienkolonien. »Schriften d. sozialwissenschaftl. Vereins in Berlin.« (84 S.) Frankfurt a. M. 1902. Dr. F. Schnapper.

Bergkraxler, die. Lustige Abenteuer aus den Bergen. schmal Lex.-8. (79 S. m. Abbildgn.) München (902). Braun & Schneider. n. 1. —

Bergkristall u. and. Weihnachtsgeschichten, s: Schaffstein's blaue Bändchen.

Bergkristalle. Novellen und Erzählungen aus der Schweiz. 1. Serie. 1.—15. Bdchn.: Novellen und Erzählungen von Arthur Bitter. 2. Aufl. 8. Bern, Haller. à Bdchn. *M* 1.

Inhalt:

Bdchn. 1. Egg-Riggeli, der alte Jäger. Die Patristen. (176 S.) 878.
» 2. Die unheimliche Todtenwache. Drei Begegnungen. (174 S.) 878.
» 3. Hoch und niedrig. Nur nicht verzagen. (112 S.) 878.
» 4. Des Bärenwirths Töchterlein. Der Hans-Joggeli auf der stotzigen Alp. (146 S.) 878.
» 5. Dorf und Stadt. Die Waldmarche. (180 S.) 878.
» 6. Das Licht im Corridor. Auf der Michaelsburg. Das Seufzen an der Emme. Zeichnungen aus dem Thierleben. (128 S.) 878.
» 7. Der Zitherhans. (104 S.) 878.
» 8. Verfehltes Leben. Wie's Einem im Emmenthal gehen kann. (140 S.) 878.
» 9. Das Grab der Mutter. (108 S.) 878.
» 10. Der schöne Abraham und das stolze Bäbeli. Vier Mitternachtsstunden. Skizzen aus dem Thierleben. Die Gemsjäger. (126 S.) 878.
» 11. Der Franzosenschatz. Haß aus Liebe. (168 S.) 878.
» 12. Eine gefährliche Brautwerbung. Die Zigeunerin. (118 S.) 879.
» 13. Die Warnung der Mutter. Der Enkel des Rathsherrn. (144 S.) 879.
» 14. Die grusam böbi, sribi Flub. Simon Berde. (95 S.) 879.
» 15. Die Zuckerherzen. (213 S.) 876.

—— dass. — 2. Serie. 16.—20. Bdchn. Novellen und Erzählungen von J. J. Romang. 8. Ebendas. à Bdchn. *M* 1.

Inhalt:

Bdchn. 16. 1. Bdchn.: Die Windegghofbauern. Die arme Spinnerin. (124 S.) 876.
» 17. 2. Bdchn.: Frühe Kämpfe. Unter fremdem Gesetz. Gygerfritz. (116 S.) 876.
» 18. 3. Bdchn.: Endlich verstanden. Der Weibel von Ins. (127 S.) 876.
» 19. 4. Bdchn.: Der Strahler. Das Osterfest. Der Metzger von Lausanne. (101 S.) 879.
» 20. 5. Bdchn.: Die Rose des Winzerfestes. Verlassen und vergessen. Glaube und Liebe. (195 S.) 879.

Bergkristalle. Eine Sammlung illustrierter Novellen und Geschichten schweizerischer Erzähler. (Serie I.) Band 1. (Des Bärenwirt's Töchterlein. — Auf der Michelsburg. Zwei Erzählungen von Arthur Bitter. Durchgesehen von A[rnold] Heimann, illustriert von F[riedrich] Brand.) 155 S. 8. Biel, Ernst Kuhn, 1902. [fr. 1. 50]

Bergkristalle. Eine Sammlung illustrierter Novellen und Geschichten schweizerischer Erzähler. (Serie I.) Band 2. Erstes 1000. (Der Zitherhans. — Hans-Joggeli auf der stotzigen Alp. Zwei Erzählungen von Arthur Bitter. Durchgesehen von A[rnold] Heimann, illustriert von K[arl] Gehri.) 139 S. 8. Biel, Ernst Kuhn, 1902. [fr. 1. 50]

Bergkristalle. Eine Sammlung illustrierter Novellen und Geschichten schweizerischer Erzähler. (Serie I.) Band 3. 1. bis 5. Tausend. (Die Heimkehr. — Im Fährhause. — Wie dr Chleimattbenz zue syr Frau chunnt. Drei Erzählungen von Joseph Joachim. Illustriert [darunter 1 Tafel] von C[aroline] Müller.) 158 S. 8. Biel, Ernst Kuhn, 1902. [fr. 1. 50]

Bergkristalle. Eine Sammlung illustrierter Novellen und Geschichten schweizerischer Erzähler. (Serie I.) Band 4. 1. bis 3. Tausend. (Die Waldmarche. Eine Erzählung von Arthur Bitter. Illustriert [darunter 1 Tafel] von C[aroline] Müller.) 154 S. 8. Biel, Ernst Kuhn, 1902. [fr. 1. 50]

Bergkristalle. Eine Sammlung illustrierter Novellen und Geschichten schweizerischer Erzähler. (Serie I.) Band 5 u. 6. 1. bis 3. Tausend. 8. Biel, Ernst Kuhn, 1902. [*je* fr. 1. 50]

Band 5: (Ehrlos. — Die Notlüge. — Sonnenanfang. Drei Erzählungen von R[udolf] Kelterborn. Illustriert von F[ritz] Saager.) 160 S.
Band 6: (Junker Hans Jakob vom Staal. Ein Lebensbild aus dem siebzehnten Jahrhundert von Alfred Hartmann. Illustriert von W[illiam] Schneebeli.) 148 S.

Bergkristalle. Eine Sammlung illustrierter Novellen und Geschichten schweizerischer Erzähler. (Serie I.) Band 7. 1. bis 3. Tausend. (Die Schenke zum grauen Wolfe. Eine Erzählung von Arthur Bitter. Durchgesehen von A[rnold] Heimann, illustriert von Frau Dr. A[manda] Amiet-Engel.) 170 S. 8. Biel, Ernst Kuhn, 1902. [fr. 1. 50]

Bergkristalle. Eine Sammlung illustrierter Novellen und Geschichten schweizerischer Erzähler. (Serie I.) Band 8. 1. bis 3. Tausend. (Das grüne Haus. Eine Erzählung von Joseph Autier. Autorisierte Übersetzung von Elise Ebersold. Illustriert von M Hutchinson.) 212 S. 8. Biel, Ernst Kuhn, 1902. [fr. 1. 50]

Bergkristalle. Eine Sammlung illustrierter Novellen und Geschichten schweizerischer Erzähler. (Serie I.) Band 9. 1—3. Tausend. (Der Weibel von Ins. Der Strahler. Zwei Erzählungen von J[ohann] J[acob] Romang. Illustriert von A[lbert] Anker und L[ouis] Dunki.) 156 S. 8. Biel, Ernst Kuhn, 1902. [fr. 1. 50]

Bergkristalle. Eine Sammlung illustrierter Novellen und Geschichten schweizerischer Erzähler. (Serie I.) Band 10. 1. bis 3. Tausend. (S'Wydebüsseli und andere Erzählungen von J[acob] Hofstätter. Illustriert von C[aroline] Müller.) 142 S. 8. Biel, Ernst Kuhn, 1903. [fr. 1. 50]

Bergkristalle. Eine Sammlung illustrierter Novellen und Geschichten schweizerischer Erzähler. Serie II. Band 1. 1. bis 4. Tausend. (Fränzeli; Geheilter Aberglaube. Erzählungen ..' von Margaretha Weiss und J[oseph] Roos. Illustriert von C[aroline] Müller.) 160 S. 8. Biel, Ernst Kuhn, 1903. [fr. 1. 50]

Bergkristalle. Eine Sammlung illustrierter Novellen und Geschichten schweizerischer Erzähler. Serie II. Band 2. 1. bis 3. Tausend. (Drei Begegnungen; Das Licht im Korridor. Erzählungen aus dem schweizerischen Volksleben von Arthur Bitter. Illustriert [darunter 1 Tafel] von L[ouis] Dunki.) 168 S. 8. Biel, Ernst Kuhn, 1903. [fr. 1. 50]

Bergkristalle. Eine Sammlung illustrierter Novellen und Geschichten schweizerischer Erzähler. Serie II. Band 3. 1. bis 3. Tausend. (Die Windegghofbauern; Die Spinnerin; Die Eisenbahn. Erzählungen aus dem schweizerischen Volksleben von J[ohann] J[acob] Romang. Illustriert [darunter 1 Tafel] von L[ouis] Dunki.) 168 S. 8. Biel, Ernst Kuhn, 1903. [fr. 1. 50]

Bergkristalle. Eine Sammlung illustrierter Novellen und Geschichten schweizerischer Erzähler. Serie II. Band 4. 1. bis 3. Tausend. (Thusnelda in Rom. Ein Ehe-Roman von Jean Hoinville. Illustriert von L[ouis] Dunki.) 178 S. 8. Biel, Ernst Kuhn, 1903. [fr. 1. 50]

Bergkristalle. Eine Sammlung illustrierter Novellen und Geschichten schweizerischer Erzähler. Serie II. Band 5. 1. bis 3. Tausend. (Die Trauung am Damenstein; Auf dem Mattenhofe; Die Bekehrung des Mönchs. Erzählungen aus dem schweizerischen Volksleben von Reinhold Günther. Illustriert von C[aroline] Müller.) 157 S. 8. Biel, Ernst Kuhn, 1904. [fr. 1. 50]

Bergkristalle. Eine Sammlung illustrierter Novellen und Geschichten schweizerischer Erzähler. Serie II. Band 6/7 u. 8. 8. Biel, Ernst Kuhn, 1904.

Band 6/7. 1. bis 3. Tausend. (Der Schulmeister von Lignières. Eine Erzählung aus dem schweizerischen Volksleben von Oskar Huguenin. Übersetzt von Elise Ebersold und R[osa] Käser. Illustriert von O' H'.) 315 S. [fr. 3. —]
Band 8. 1. bis 4. Tausend. (Das Fronfastenkind — Christians Vermächtnis und Opfer — Das Dorforakel — Küferpauls Jahrzeit — Der Ansichtskartensporren — Meine Nachbarn. Erzählungen aus dem schw' V' von Margareta Weiss und J[oseph] Roos. Illustriert von Otto Albrecht.) 144 S. [fr. 1. 50]

Bergkristalle. Eine Sammlung illustrierter Novellen und Geschichten schweizerischer Erzähler. Serie II. Band 9. 1. bis 3. Tausend. (Die Zuckerherzen. Novelle von Arthur Bitter. Illustriert [darunter 3 Tafeln] von Frank Behrens.) 208 S. 8. Biel, Ernst Kuhn, 1907. [fr. 1. 50]

Bergkristalle. Eine Sammlung illustrierter Novellen und Geschichten schweizerischer Erzähler. Serie II. Band 10. 1. bis 3. Tausend. (Jeanneton — Die junge Schweiz. Zwei Erzählungen von Reinhold Günther. [Illustriert.]) 140 S. 8. Biel, Ernst Kuhn, 1908. [fr. 1. 50]

Bergkristalle. Sammlg illustr. Novellen u. Gesch. schweiz. Erzähler. I. Serie, 10 Bde u. II Serie, 1—8. Bd. (Mit Abb.) 8° Biel, E Kuhn. Je 1.20; geb. je 1.60 d

Autier, J: Das grüne Haus. Übers. v. E Ebersold. 1—3. Taus. (212) '02. [I,8.]
Bitter, A: Des Bärenwirts Töchterlein. Auf d. Michelsburg. 2 Erzählgn. Durchgesehen v. A Heimann. (155)'02. [I,1.] ‖ 3 Begegngn. — Das Licht im Korridor. Erzählgn a. d. schweiz. Volksleben. 1—3. Taus. (168) '03. [II,2.] ‖ Die Schenke z. grauen Wolfe. Erzählg. Durchgesehen v. A Heimann. (170)'02. [I,7.] ‖ Die Waldmarche. Erzählg. (154)'02. [I,4.] ‖ Der Zitherhans. — Hans Joggeli auf d. stotz. Alp. 2 Erzählgn. Durchgesehen v. A Heimann. (130)'02. [I,2.]
Günther, R: Die Traug am Damenstein. Auf d. Mattenhofe. Die Bekehrg d. Mönchs. Erzählgn a. d. schweiz. Volksleben. (157)'04. [II,5.]
Hartmann, A: Junker Hans Jakob vom Staal. Lebensbild a. d. 17. Jahrh. 1—3. Taus. (148)'02. [I,6.]
Hofstätter, C: 's Wydebüsseli. — 's Storchennest. — Unverhofft chunnt oft. — Es paar Stückli vom famüse Bänïragger. — Der Zürihegel. — D'r Tannhöfer. 6 Dorfgeschichten im Kriegstotterdialekt (Solothurn). 1—3. Taus. (142)'03. [I,10.]
Hoinville, J: Thusnelda in Rom. Ehe-Roman. 1—3. Taus. (178) 03. [II,4.]
Huguenin, O: Der Schulmeister v. Lignières. Erzählg a. d. schweiz. Volksleben. Übers. v. E Ebersold u. R Käser. 1—3, Taus. (315)'04. [II,6.6.]
Joachim, J: Die Heimkehr. — Im Fährhause. — Wie dr Chleimattbenz zue syr Frau chunnt. (158)'02. [I,3.]
Kelterborn, R: Ehrlos. Die Notlüge. Sonnenaufgang. 3 Erzählgn. 1—3. Taus. (160)'02. [I,5.]
Romang, JJ: Der Weibel v. Ins. — Der Strahler. 1—3. Taus. (150) 02. [I,9.] ‖ Die Windegghofbauern. — Die Spinnerin. — Die Eisenbahn. Erzählgn a. d. schweiz. Volksleben. 1—3. Taus. (168)'03. [II,3.]
Weiss, M, u. J Roos: Fränzeli. — Geheilter Aberglaube. 2 Erzählgn a. d. schweiz. Volksleben. 1—4. Taus. (160)'03. [II,1.] ‖ Das Fronfastenkind. Christians Vermächtnis u. Opfer. Das Dorforakel. Küferpauls Jahrzeit. Der Ansichtskartensporren. Meine Nachbarn. Erzählgn a. d. schweiz. Volksleben. (144)'04. [II,8.]

Bergl, Jos., Geschichte der ungarischen Juden. Nach den besten Quellen bearb. gr. 8. (158 S.) Kaposvár 879. Leipzig, Friedrich. n. 3. —

Bergland, Max. Der Generalissimus. Schwank in 4 Akten. Klgft., Bertschinger, (1906). 78 S.

Bergleiter, St. A., Verbal- und Real-Index der seit 1782—1858 an die Pfarrämter und Local-Consistorien der evangel. Gemeinden A. C. in Siebenbürgen erlassenen Verordnungen. gr. 8. (72 S.) Hermannstadt 860, Steinhaußen. —

Bergleiter, Wilhelm, aus Mündling: Ueber traumatische Pleuritis. *München 1904: Kastner & Callwey.* (34 S.) 8° München, Med. Diss. v. 1904

***Bergler*, s. 1) *Alciphron*. 2) *Herodian*.**

Bergler, Hans, s.: **Tann-Bergler, Hans.**

Bergler, Hans, s.: **Tann-Bergler, Ottokar.**

Berg-Lied, Welches den Julii 1765 Als an den höchst erfreulichen Tag an welchem die Allerhöchsten Majestäten Franciscus Primus . . . Maria Theresia und Josephus Secundus . . . nach Insprugg zu dem Beylager Peter Leopoldi und Maria Ludoviken ... Leoben betratten bey der allerunterthänigsten Aufwartung abgesungen worden. Steyr. V: *Schöttl von Schimmern, Frz. Xaver.* (Bibl Port)

GEISTLICHE Berglieder für die häusliche Andacht. Rosenau 1827: Jos. Keck'sche Schriften. 32 S. - 8°

Berglind, A.: Über die Bedeutung der Gymnastik in medizinischer, hygienischer und pädagogischer Beziehung. St. Petersburg 1869. 28 S.

Stereoskopie für Amateurphotographen von C. E. **Bergling.** Mit 23 Fig. *Berlin: R. Oppenheim (G. Schmidt) 1896.* (59 S.) 8°
— [**Bibliothek, Photographische.** Sammlung klein. photogr. Hilfsbücher. No 3.]

Stereoskopie für Amateurphotographen von C. E. **Bergling.** 2. durchges. Aufl. Mit 24 Fig. Berlin: G. Schmidt 1904. (58 S.) 8°
— **Bibliothek,** Photographische. Bd 3. [03. 1633

BERGMAIR, Franz (Kössen/Österr.): Ueber den Hospitalbrand.- München: Mühlthaler 1873. 16 S. 8.8.1870 - Urk (Titel: De gangraena nosocomiali.); F 72 (= Bergmayr); Chr 1870/71,14
Diss. Ingolst.-Landsh.-Mchn.

Bergman, A. M.
— Die rote Beulenkrankheit d. Aals. Stuttg. 1909. (45) S. 2 Tvl. (Særtr.). 4°.

Bergman A. M.: Rennthierpest u. Rennthierpestbacillen. Jena 1901. 55 S. 3 Tvl. (Særtr.). P.

Bergman, Bo, die Reise nach Paris u. andere Geschichten, s.: **Bibliothek Langen,** kleine.

Bergman, C Gunnar: Beiträge z. röm. Adoptionsrecht. (Lunds universitets årsskrift. N. F. Afd. 1. Bd; 8, Nr 1.) (157) gr8° Lund ('12). Lpzg, O Harrassowitz. nn 3.60

Bergman, C. J. Wisby, s. Romin, Karl.

Bergman, F., De Tibulli codice Upsaliense, cum reliquis comparato. Gel. 1889. 58 S.

Bergman, Hampus Gustav
— — De territorio Aspeland, schediasma histor.-topograph. Präs. Gust. Salom. Tillberg. Greifswald (F. W. Kunike) 21. XII. 1815. 8 S. (3.50) 2231
Gew.: Eleon. Ben. Kalmberg (Braun), Gust. Sal. Tillberg, Guts. Bergman u. Frau U. W. född Kalmberg.

Bergman, Hampus Gustav (Ostro-Gothia-Suecus), De Norvegiae cum Suecia conjunctione, comment. acad. conamen. Präs. Gust. Salom. Tillberg. Greifswald (F. W. Kunike) 12. IX. 1815. 12 S. (3.50) 2230
Gew.: Gust. Harmens u. Frau (Braun), Gust. Bergman u. Frau (Kalmberg).

Bergman, Hjalmar: Amouren. Novellen. Aus d. Schwed. v. Marie Franzos. (337) 8° Frankf.M., Rütten u. Loening '12. 4 —; geb. 5 — d

— Das Testament Sr Gnaden. Roman. (Aus d. Schwed. v. Marie Franzos.) (313) 8° Ebd. '12. 4 —; geb. 5 — d

Carmina latina (Dikter på latin) scripsit Ioannes **Bergman,** ... Norcopiae Goth. ... Ed. 2. auctior. *Lipsiae: O. Harrassowitz (1898).* (1 Bl., VIII, 94 S.) 1 Bd 8. [98. 6750

De codicum Prudentianorum generibus et virtute scripsit Joannes **Bergman.** (Adiectae sunt 3 tab.) Wien: A. Hölder in Komm. 1908. (64 S.) 8°
= **Sitzungsberichte** d. Kais. Akademie d. Wiss. in Wien. Phil.-hist. Kl. Bd 157, Abh. 5. [08. 16105 4

Bergman, Joh., Geschichte d. Antialkoholbestrebungen. Ein Ueberblick üb. die alkoholgegner. Bestrebgn. aller Kulturländer seit d. ältesten Tagen bis auf die Gegenwart. Mit besond. Berücksicht. des Vereinswesens. Aus dem Schwed. übersetzt, neu bearb. u. hrsg. von R. Kraut. (XV, 458 S.) gr. 8. Hamburg 903. 904. Gebr. Lüdeking. n. 7. 20; geb. n. 8.—
Erschien auch in 3 Lfgn. à n. 2. 40.

Bergman, Joh., Geschichten der Antialkoholbestrebungen. Ein Ueberblick üb. die alkoholgegner. Bestrebgn. aller Kulturländer seit den ältesten Tagen bis auf die Gegenwart. Mit besond. Berücksicht. des Vereinswesens. Aus dem Schwed. übers., neu bearb. u. hrsg. v. R. Kraut. (Neue [Titel-]Ausg.) (XV, 458 S.) gr. 8. Hamburg [903.04] 907. Deutschlands Grossloge II. 4. —

Bergman, Leo: Die Reise n. Paris u. and. Gesch., s.: Bibliothek Langen, kl.

Bergman, Per Gustaf: Studien über die Digestion der Pflanzenfresser. (Aus dem physiologisch-Chemischen Laboratorium der Universität Lund, Schweden.) Leipzig 1906. 8:o. (S. 119 - 162).(Ur: Skandinavisches Archiv für Psysiologie. Bd.18). Med. Diss. Lund.

Bergman, Torbern (Olof): Abhandlung von dem Arsenick. (De arsenico. Dt.) 102 S., gbd.
Altenburg: Richter 1778

— — dasselbe. 8. Altenb. (Academ. Hdl. in Jena) 778.

Bergmann, Torbern, Abhandlung v. d. Arsenik. Aus d. Latein. von F. X. v. Wasserberg. Wien 783. v. Mösle. 6 gl. Dass. 8. Altenb. 778. (Hennings in Neisse). 6 gl.

Bergman, Torbern (Olaf).
Anleitung zu Vorlesungen über die Beschaffenheit und den Nutzen der Chemie, und die allgemeinsten Verschiedenheiten natürlicher Körper. Aus dem schwedischen übersetzt. Stockholm und Leipzig, 1770. 8vo.

Bergman (T.), Anleitung zu Vorlesungen über die Beschaffenheit und den Nutzen der Chemie. Stockholm und Leipzig 1779. 8.

— Anleitung zu chemischen Vorlesungen. 8. Leipzig, Müller. 779.

Bergman, Torbern Olof: Physicalische Beschreibung der Erdkugel. Ais d. Schwed. übers. von Lampert Hinrich Röhl. Greifswald: Röse 1769. 487 S. 8° (= Bergman: Weltbeschreibung. Th. 1.)

Bergman, T. Physikalische Beschreibung der Erdkugel in 2 Bden., übersetzt aus dem Schwedischen von L. H. Röhl. Greifswald, 1780.

Bergman, Torbern Olof: Physikalische Beschreibung der Erdkugel. Aus de. Schwed. übers. von Lampert Hinrich Röhl. 2. verm. u. verb. Aufl. Bd. 1.
Greifswald: Röse 1780. (= Bergman: Welt-Beschreibung Th. 1)

Bergmann, Torbern, physikal. Beschreibung d. Erdkugel. Aus d. Schwed. von L. H. Röhl. 2 Bde. 4. Greifsw. ... N. A. 791. (Gnobloch in Leipz.) 3 ℛ

— physikal. Beschreib. d. Erdkugel. a. d. Schwed. v. Röhl. 2 Bde. 4. Greifswalde, Röse. 791.

— comm. de tubo ferruminatorio ejusdemque usu in explorandis corporibus praesertim mineralibus. 8. Wien, Camesina. 779.

— commentat. de tubo ferruminatorio ejusdemque usu in explorandis corporibus, praesert. mineralib. 8. Wien 779. (Heubner). 5 ℊ

— physikal. Erdbeschreib., im Auszuge von Gf. Große; nebst e. Botanik f. Schulen, von J. F. Lorenz. Mit Kpf. 8. Lpz. 781. Weygand. 1 ℛ

Bergman, Tobern Olof: Commentatio de tubo ferruminatorio, euisdemque usu, in explorandis corporibus praesertim mineralibus.
Vindobonae: Kraus 1779. 64 S. 8°
Aus: Actorum Societatis literariae Bohemicae. T. 4. 1779.

Torbern Bergmann:
Historiae chemiae medium seu obscurum aevum, a medio saeculi VII. ad medium saeculi XVII. Upsal. 1782. 4. — *Utrumque redit in* Ejusd. opusec. physico-chem. Vol. IV. *et German. vers. et additamentis auctum a* Jo. Chr. Wiegleb: Geschichte des Wachsthums und der Erfindungen in der Chemie in der ältesten und mittleren Zeit. Aus dem Latein. übers. mit Anm. und Zusätzen. Berlin u. Stettin 1792. 8.

Bergman, Torbern.
Grundriss des Mineralreichs, in einer Anordnung nach den nächsten Bestandtheilen der Körper. Aus dem lateinischen mit einigen Zusätzen von Joseph Xav. Lippert. Wien, in der Krauszischen Buchhandlung, 1787. pp. 207, 16mo.

— Grundriß d. Mineralreichs. Aus d. Latein. von X. J. Lippert. 8. Wien 787. Sammer. 11 ℊ

— opuscula physica et chemica et mineralogica. VI. Tom. 8. maj. Lpz. Müller. 779—81.

Bergman, Torbern (Olof): Opuscula physica et chemica pleraque antea seorsim edita, jam ab auctore collecta, revisa et aucta. Editionis curam post auctoris mortem gessit Ernst Benjamin Gottl(ieb) Hebenstreit. Vol.1 - 4, gbd. Abb.

Holmiae, Upsaliae et Aboae: Sweder } 1779-1787
Lipsiae: Müller

— opuscula phys. et chem. et mineralog. ed. N. S. Leske et E. B. G. Hebenstreit. VI Tom. 8 maj. Lpz. 779—90. Müller. 8 ℛ 16 ℊ

Opuscula physica et chemica, pleraque antea seorsim edita, ab autore collecta revisa et aucta. Holmiæ, Upsalæ et Aboæ, 1779-90. 6 vols, 8vo. Plates.
Editio nova emendatior. Lipsiæ, 1788-1790. 6 vols, 8vo.

Bergman, Torbern (Olof) (Vorr.):

s.: Scheele, Karl Wilhelm: Chemische Abhandlung von Luft und Feuer. 2.Ausg., hrsg. und verm.von Johann Gottfried Leonhardi. Vorbericht, aus dem Schwedischen übers. Leipzig: 1782

— Sciagraphia regni mineralis sec. principia proxima digesti. 8. Lpz. Müller. (Ioachim) 782.

Bergmann (T.), Sciagraphia regni mineralis, secundum principia proxima digesti. Lipsiae et Dessau 1783. 8.

— tractat. de primordiis chemiae. 8. Lpz. 780. Müller. 6 ℊ

— kl. phys. u. chem. Werke. Aus d. Latein. übers. von H. Tabor. 3 Bde. Mit Kpf. 8. Frkf. a. M. 782—85. Hermann. 4 ℛ 8 ℊ Dies. 6 Bde. Mit Kpf. 782—90. Gebhardt u. K. 8 ℛ 12 ℊ

— kleine physische u. chemische Werke, a. d. Latein. v. Tabor. 6 Thle. 8. Frankf. Brönner. 782—90.

Bergman, Torbern Olof. Kleine physische und chymische Werke ... Aus dem Lateinischen übersetzt von H. Tabor. Frankfurt a. M. 1782—90. H: (Bd. 4—6): *Hebenstreit, Ernst Benjamin Gottlieb.* (BrMm)

Bergmann.–
Bergmann, Der. Ein Wochenblatt. Braunschw. 1791—1792. V: *Curio, Johann Carl Daniel.* (schr)

Bergmann, der. Blätter für Bergbau, montanistische Industrie und Verkehr. Hrsgbr.: Jos. Graf. Redact.: Rob. Ritter v. Streeruwitz. 1. und 2. Jahrg. 1873 und 1874. à Jahrg. 52 Nrn. (Bog.) 4. Prag, (Calve'sche Universitäts-Buchh.) à Jahrg. **

Bergmann, der. Blätter für Bergbau, montanist. Industrie und Verkehr. Hrsgbr.: Jos. Graf. Redact.: V. Onderka. 3. Jahrg. 1875. 52 Nrn. (à 1—1½ Bog.) 4. Wien. (Prag, Calve'sche Hofbuchh.) **

—— dass. — Populäre Blätter für Bergbau, Maschinenwesen, montanist. Industrie und Verkehr. Hrsgbr. und Redact.: Ph. Maschlufsky. 4. und 5. Jahrg. 1876 und 1877. à Jahrg. 52 Nrn. (Bog.) Fol. Wien, (Perles). à Jahrg. *

—— dass. — Hrsgbr. und Redact.: Carl Brenner. 6. Jahrg. 1878. 52 Nrn. (Bog.) Fol. (Ebendas.) *

— der. Blätter f. Berg-, Hütten- u. Maschinenwesen, Metallindustrie u. Verkehr. Hrsg. u. Red.: Osc. Guttmann. 7 u. 8. Jahrg. 1879 u. 1880 à 52 Nrn. (à 2—3 B. m. eingedr. Illustr. u. Taf.) Fol. Wien, Spielhagen & Schurich in Comm. à Jahrg. n. 12. —
Forts.: s. Berg- u. Hüttenmann

Bergmann, der belehrende, ein faßl. Lese- u. Bildungsbuch f. Kinder u. Erwachsene, Lehrer u. Laien, besond. aber f. Jünglinge, welche sich von d. Arbeiten, Festlichkeiten u. Gebräuchen des Bergmanns 2c. ein. deutl. Begriff machen wollen; mit ein. kurz. Geschichte. d. Bergbaues u. ein. erklär. Wörterbuche der gewöhnl. bergmänn. Ausdrücke, v. ein. Bergwerksbeflissenen. M. 9 schw. u. color. Kpfr., v. C. Beichling. gr. 12. (10 B.) Pirna 850, [Leipzig,] Friese.

Bergmann von d. Feder, od. eines Bergmanns Briefbuch. 8. Dresden, Gerlach. 730.

Bergmann, Der allzeit fertige, von der Feder, das ist ein nach bergmännischen stylo eingerichtetes Briefbuch. Dresden 1730. V: *Stephani, Joh. Eman.* (Rüdiger, Neuester Zuwachs. Liegnitz. IV, 111.)

Berg- u. Hütten-Mann, dor. Blättor f. Berg- u. Hüttonwoson, Maschinon- u. Metallindustrio, Handol u. Vorkohr. Hrsg.: Osc. Guttmann u. Vict. Wolff. 9. Jahrg. 1881. 52 Nrn. (à 2—2½ B.) Fol. Wien, (Spielhagon & Schurich.) n. 12. —
cf.: Bergmann, der.

Berg- und Hütten-Mann, der. Blätter für Berg- und Hüttenwesen, Maschinen- und Metallindustrie, Handel und Verkehr. Hrsgbr.: Osc. Guttmann und Vict. Wolff. 9. Jahrg. 1881. 52 Nrn. (à Nr. 2—2½ Bog.) Fol. (Ebendas.) *
Nicht weiter erschienen.

Berg- u. Hüttenmann, der Anzeiger f. Berg-, Hütten- u. Maschinentechnik. Fachbl. f. d. gesammten Bergbau, insbesondere: Kohlenindustrie, Brikett- und Theerschwelerei. Gratisbeilage: Berg- u. hüttenmännische Vacanzen-Liste. 3. Jahrg. 4. Quartal. Octbr. — Decbr. 1890. 13 Nrn. (1½ B. m. Abbildgn.) gr. 4. Dresden, Friese & v. Puttkamer. n. 2. 50
Jahrg. I—III, 3. Quartal sind im Selbstverl. v. Ingen. F. O. Heinicke in Finsterwalde erschienen.

Berg- u. Hüttenmann, der. Anzeiger f. Berg-, Hütten- u. Maschinentechnik. Fachblatt f. den gesammten Bergbau, insbesondere: Kohlenindustrie, Briket- u. Theerschwelerei. 4.—7. Jahrg. 1891—1894. à 52 Nrn. (1½ Bog. m. Abbildgn.) gr. 4. Dresden, Friese & v. Puttkamer. à Jahrg. n. 12. —

Berg- u. Hüttenmann, der. Fachblatt f. d. Interessen des ges. Bergbaues. Organ f. Eisen- u. Metall-Industrie. 8.—11. Jahrg. 1895—98. à 52 Nrn. (à ca. Bog. m. Fig.) gr. 4. Dresden, Friese & v. Puttkamer. à Jahrg. n. 10. —
Kann auch vierteljährlich bezogen werden.

Berg- u. Hüttenmann, der. Fachblatt f. die Interessen des gesamten Bergbaues. Organ f. Eisen- u. Metall-Industrie. Red.: B. Pfretzschner. 12. u. 13. Jahrg. 1899 u. 1900. à 52 Nrn. gr. 4. (à ca. 8 S. m. Fig.) Dresden, Friese & v. Puttkammer. à Jahrg. n. 10. —

— dasselbe. 14. Jahrg. Jan.—Septbr. 1901. 39 Nrn. gr. 4. (312 S. m. Fig.) Dresden, Riesen & Calebow. n. 7. 50

— dasselbe. Unter Mitwirkg. hervorrag. Fachmänner red. v. F. Calebow. 15. Jahrg. Oktbr. 1901 — Septbr. 1902. 36 Nrn. gr. 4. (à ca. 12 S. m. Fig.) Ebd. n. 4. —

— dassolbo. Untor Mitarboit horvorrag. Fachmännor rod. v. F. Calebow. 16. Jahrg. Oktbr. 1902—Soptbr. 1903. 36 Nrn. gr. 4. (à ca. 8 S.) Ebd. n. 4. —

Berg- u. Hüttenmann, der. Fachblatt f. d. Interessen dos gesamten Borgbaues sowie der Eisen- u. Metall-Industrio Organ d. techn. Vereins Königshütte, O.-S. Untor Mitarboit hervorrag. Fachmänner red. von F. Calobow. 17. Jahrg. Oktbr. 1903—Septbr. 1904. 86 Nrn. (à ca. 8 S.) gr. 8 Drosdon, Calebow & Co. n. 4. —
Fortsotzg, s.: Warte, technische.

Berg- u. Hüttenmann, der fröhliche. Eine Sammlg. der beliebtesten Lieder heitern u. ernsten Inhalts f. Berg- u. Hüttenleute. Allen Knappschaften gewidmet v. Hilarius Glückauf. 32. (128 S.) Eisleben 848, Kuhnt. n. 4 ngr.

Berg- und Hüttenmann, der fröhliche. Eine Sammlung der beliebtesten Lieder heitern und ernsten Inhalts für Berg- und Hüttenleute. Allen Knappschaften gewidmet von Hilarius Glückauf. 2. Aufl. 82. (128 S.) Eisleben 878, Kuhnt'sche Buchh. *

Bergmann, Liborius von, weiland Ober-Pastor der Stadt Riga, ... Riga 1823. II: *Sonntag, Carl Gottlob.* (R-N)

Bergmann [Verfasser]
Bergmann, über die rationelle Behandlung u. sichere Beseitigung v. Schönheitsfehlern. Hygien. Flugschrift. (15 S. m. Abb.) gr. 8. Berlin-Teltow 906. Verlag „Die Lilien". — 20

Bergmann: Der Fall Bergmann., s. Bergmann, Paul

Bergmann: Beschreibung d. Wirtschaftsbetriebes d. Hofbesitzers Hermann Weyer..., s. Bergmann, Josef.

Bergmann: Diodori Siculi libri XI capita 1-12, s. Bergmann, Richard

Bergmann, (Hrsg.), s Correspondenz-Blatt der deutschen Gesellschaft für Psychiatrie und gerichtliche Psychologie.

Bergmann, Düngerlehre. gr. 8. (XVI u. 286 S.) Leipzig 850, Leiner. — 2. unveränd. Aufl. Ebd. 851. n. 2 ℛ

Bergmann: Zur Enquete üb. ein einheitl. dt. Eisenbahn-Tarif-System, s. Bergmann, Gustav

Bergmann, ..., s. Erzählungen f. unverdorbene Familien.

Bergmann u. C. Graß Erzählungen f. unverdorbene Familien. 1r Thl. 8. Leipz. Göschen. 814.

Bergmann [Hrsg.]
Erzählungen für unverdorbene Familien. 1815-16.
s. Grass, E [Hrsg.]

Bergmann: Die bedencklichen Gerichte Gottes..., s. Bergmann, W.

— Keine Kartoffelkrankheit mehr! Oder gründl. u. faßl. Anweisung, auf die einfachste u. wohlfeilste Weise die zur Länderplage gewordene Kartoffelkrankheit zu beseitigen. gr. 16. (31 S.) Waldheim 851. Leipzig, Leiner. baar 1/6 ℛ

— Lebenskraft — Heilkraft. Die Lebenskraft als Heilfaktor. Die Selbstheilg. der Krankheiten durch die Lebenskraft. (Umschlag: Ein Wegweiser f. jedermann zur Heilg. u. Verhütg. der Krankheiten.) (108 S. m. Abbildgn.) gr. 8. Berlin 910, Priber & Lammers. 2. —

Bergmann: Lebenskraft—Heilkraft. Die Lebenskraft als Heilfaktor. Selbstheilg d. Krankh. durch d. Lebenskraft. (Umschl.: Ein Wegweiser f. jedermann z. Heilg u. Verhütg d. Krankh.) (108 m. Abb.) gr8° Berl., Lpzg, Dr. W. Schwabe '10. (2 —) 1.50

Bergmann s: Lehr- u. Verteilungsplan, Ausführlicher.

Bergmann: Prakt. Mühlenbauer, s. Bergmann, Leo

Péstění krásy [Ärztl. Ratgeber f. Schönheitspflege, Ausz.] od Dra med. Bergmanna, odborného lékaře. Berlin: J. Simons [1907]. (64 S.) 8° [08. 4873

Bergmann (Hrsg.), s. Pfarrerblatt, Pfälzisches.

Bergmann, Ärztl. Ratgeber d. Schönheitspflege. E. Lehrbuch f. Männer u. Frauen z. Hebg. u. Erhaltg. ihrer Gesichts- u Körperschönheit. gr. 8. (79 S. m. Abb.) Berlin 898. H. Simons. n. 1. —

Bergmann, ärztlicher Ratgeber f. Schönheitspflege einschliesslich Nagelpflege (Manicure). 3. verb. u. bedeutend verm. Aufl. 10.—15. Taus. Ein Lehrbuch zur Hebg. u. Erhaltg. der Gesichts- u. Körperschönheit, sowie die Mittel u. Methoden dazu. gr. 8. (131 S. m. Abbildgn.) Berlin (901). H. Simons. n. 1. —
2. Aufl. (129 S. m. Abb.) Ebd. 900. n. 1. —.

Bergmann: Arztl. Ratgeber f. Schönheitspflege einschliesslich Nagelpflege (Manicure). 6. Afl. (171 m. Abb.) 8° Stegl.-Berl., H Simons (04). 1 —

Bergmann, ärztlicher Ratgeber f. Schönheitspflege. Ein Lehrbuch zur Hebg. u. Erhaltg. der Gesichts- u. Körperschönheit, sowie die Mittel u. Methoden dazu. 5. verb. Aufl. 25—35. Taus. (IV, 174 S. m. Abbildgn.) kl. 8. Berlin (907). H. Simons. Geb. 1.—

Ärztlicher Ratgeber für Schönheitspflege von Dr. med. Bergmann, Arzt. Ein Lehrbuch z. Hebung u. Erhaltung d. Gesichts- u. Körperschönheit, sowie die Mittel u. Methoden dazu. 6. verb. Aufl. Berlin: H. Simons [1907]. (184 S.) 8° [08. 4873

Ärztlicher Ratgeber für Schönheitspflege von Dr. med. Bergmann, Arzt. Ein Lehrbuch z. Hebung u. Erhaltung d. Gesichts- u. Körperschönheit, sowie die Mittel u. Methoden dazu. 8. verb. Aufl. Berlin-Teltow: H. Simons [1907]. (79 S.) 8° [08. 4874

— Ärztl. Ratgeber f. Schönh.-Pflege. 9. Afl. (174 m. Abb.) kl8° Teltow b/Berl., H Simons (09). Geb. 1 —

Bergmann, d. Missionsstation Siar i. Kaiser Wilhelmsland, s.: Missions-Traktate, rhein.

Bergmann: Die Winterkückenzucht..., s. s. Bergmann, Adolf

— Die willkürliche Zeugung v. Knaben od. Mädchen. Die Lösung des Problems, mitgeteilt v. B. 8. (VI, 41 S.) Leipzig (900). Ernst. — 60

Bergmann, A., Krit. u. exeget. Bemerkungen zu den Bakchen d. Euripides. Pr. 1874. 20 S. 4°. 1.—

— Beschreib. v. Konstantinopel rc. 4. Leipz. Industrie-Compt.

— — dasselbe. 32. Leipz. Köhler.

Bergmann, A., d. Lehre v. d. Modulation od. d. Uebergängen, erl. u. in zahlr. Beispielen dargel. gr. 8. (11 S.) Bautzen 896. (Regensburg, A. Coppenrath's Verl.) n. — 75

Bergmann, A., Materialien für den Unterricht in der Harmonielehre. Die Folgen und die einfachste Figuration der Accorde in Beispielen und Aufgaben dargelegt. 4. (35 S.) Leipzig 885, Merseburger.

— Materialien f. d. Unterr. i. d. Harmonielehre. D. Folgen u. d. einfachste Figuration d. Accorde, i. Beispielen u. Aufg. dargel. Neue Aufl. gr. 4. (35 S.) Leipzig 897. C. Merseburger. 1. 80

Bergmann, A., Materialien f. den Unterricht in der Harmonielehre. Die Folgen u. die einfachste Figuration der Accorde, in Beispielen u. Aufgaben dargelegt. Neue Aufl. (35 S.) Lex. 8. Leipzig (907). C. Merseburger. 1. 80

Bergmann, A.: Ueber die Nothwendigkeit der Einführung verbesserter Werkzeuge, namentlich der Drehbank, in den Werkstätten mehrerer Metallarbeiter, und den Einfluss, welchen die Gewerbschulen in dieser Beziehung äussern können. 2 Bll. 4°. Ohne Drucker. Progr. Landau 1835/36.

Bergmann, A. La Phèdre de Racine comparée à celle d'Euripide. Diss. Rostock 1872. 19 S.
Dasselbe. Münster, R., 1874. 12 S. 4.

Bergmann, A., Reise in die Steppen d. südl. Russlands, s. Goebel, Fr.

Bergmann, A. A., Zur Geschichte der socialen Stellung d. Elementarlehrer u. Grammatiker bei den Römern. Diss. 1877. 56 S. 1.50

Bergmann, A.-Leo, Diät, Kaltes Wasser u. Bewegung, die drei Heroen d. Medizin, od. Anweis., durch passende Diät, durch zweckmäß. Gebr. d. kalten Wassers u. durch fleiß. Bewegung Krankheiten zu verhüten u. zu heilen. Ein Handb. f. Aerzte u. gebild. Laien, gegründ. auf mehrjähr. Erfahrung. 8. (19½ B.) Nürnberg 838, [Campe'sche Buchh.]

Bergmann, A. Leo, das Kreosot in chemischer, pharmaceutischer u. therapeut. Beziehung, zunächst für Aerzte u. Pharmaceuten. kl. 8. Nürnberg 835. Campe. ½ ℛ︀

BERGMANN, Abraham Leonhard (Dittenheim): Prodromus pathologiae et therapiae foetus humani morborum.- Monachii: Giesser 1836. 16 S. Diss. Ingolst.-Landsh.-Mchn.
14.3.1835 - Urk; F 62

Kritische und exegetische Bemerkungen zu den Bakchen des Euripides. — Von Adam Bergmann, G. P. — 1874. Würzburg, Thein. — S. 3—20⁴.

Bergmann, Adolf
Bergmann I., A, die Blumenpflege, e. prakt. Erziehungsmittel in Schule u. Haus. 8° (44 m. Abbildgn.) Gera 95, FE Köhler. — 50

Bergmann, Adf., d. Blumenpflege, e. prakt. Erziehungsmittel i. Schule u. Haus. Dargeboten d. Schule u. auch all. Freunden d. Blumen, welche gewisse Pflanzenlieblinge i. ihre Pflege nehmen wollen. gr. 8. (VIII, 44 S. m. 20 Abb.) Gera 895. F. v. Zezschwitz. n. — 50

Bergmann, Ad., copies of english Calligraphy, for young men who will apply to trade, qu. Fol. Leipz., Barth. 1 ℛ︀ 6 gr

Bergmann, Adf., zur Cylindromfrage. Inaugural-Dissertation. gr. 8. (42 S. mit 1 Stnt.) Dorpat 881, (Karow.) *

Bergmann, A., Disquisitiones microscopicae de cartilaginibus, in specie hyalinicis. Accedit tabula lith. gr. 8. (52 S.) Mitaviae 850, Reyher. 18 ngr
Diss. Dorpat

— deutsche Kanzlei- u. latein. Vorschriften. 4 Hfte. N. Aufl. u. d. T.: Vorschr. f. Schulen u. z. häusl. Unterr. 4 Hfte. qu. Fol. Leipz. 825. (Brockhaus). 2 ℛ︀ 8 gr

Bergmann, Adolph, deutsche u. Canzley-Vorschriften. 4s Heft.
Führt auch den Titel:
Lateinische Vorschriften.

Bergmann, A. v. Zur Kontagiosität der Lepra, s. Sammlung klinischer Vorträge, Neue Folge Nr. 33.

Die Lepra. Von Dr. Adolf v. Bergmann, Dirig. Arzt ... zu Riga ... M. 1 chromolithogr. Taf. u. 6 schwarzen Taf. *Stuttgart: F. Enke 1897.* (xxii, 112 S., 7 Taf. m. 6 Erl.-Bl.) 1 Bd 8.
= Chirurgie, Deutsche. Lfg 10ᵇ. [97. 430

Bergmann, Adolf Mitteilungen aus den neuen Lehrplänen für die höheren Schulen. 20 S. Rpg. *Fulda* 1883.
Ordnung der Lehraufgaben der Gymnasien und der Verteilung der Lehrstunden. (Auszug aus „allgemeine Vorschriften f. die höheren Schulen in Elsass-Lothringen" vom 20. Juni 1883.) 9 S. — Bemerkung zu der Ordnung der Lehraufgaben u. s. w. (Für das Elternhaus.) S. 9—14. Progr. *Gebweiler* 1884.

— Musterblätter z. Nachbild. der vorzügl. Handschriften, englisch, französisch u. deutsch. 1s u. 2s Heft. gr. Fol. Lpz. 812. Barth. 4 ℛ︀ 6 gr

— Portefeuille d. Schönschreibens. 9 Bl. gr. 4. Leipz., Centr.-Compt. 12 gr

Bergmann, Adolf von: Das Rettungs- und Krankentransportwesen. Vortrag geh. 1909 in Riga von Dr. med. Adolf v. Bergmann. Als Ms. gedr. Riga 1909: Häcker. S. 62 - 78. 8°
(Hefte d. Gesellschaft f. kommunale Sozialpolitik in Riga. No. 13.)
A 12.2617 10

— compendiöse Schreibemuster nebst Signaturtafeln. 12. Leipz. Joachim.

— Compendiöse Schreibe-Muster, nebst Signatur-Tafeln. 16. Bresl. W. G. Korn. 814.

— fleißiger Schreibeschüler, oder Anleit. zum Gut- u. Schönschreiben. 4. Leipz., Köhler. 16 gl

Bergmann, A., klein. Schreibmeister ꝛc. 4. Leipzig, Köhler.

Bergmann, Ad., allgemeine Schreibstunden, f. Schule u. Haus. 1r bis 3r Curs. qu. 4, Leipz. 824 — '25. Laufer. 1 rℓ 18 gl

Bergmann, A., allgemein nützliches Taschen-Etuis d. Schönschreibekunst. Deutsche, Engl. Italienische, Französ. Russische, Polnische, Griechische u. Ebräische Vorschriften. 50 Blatt. in Futteral Leipzig, Gleditsch. 819. Rthlr.

— allgemein nützl. Taschen-Etuis d. Schönschreibekunst. Deutsche, engl., italien., französ., russ., poln., griech. u. ebräische Vorschriften. 50 Bl. in Futteral. Leipz. 819. (Brockhaus). 18 gl

— Vorlegeblätter, od. method. Unterr. im Schönschreiben. 2 Hfte. gr. 8. Leipz. 801. Barth. (à 1 rℓ 3 gl) 2 rℓ 6 gl

— Vorlegeblätter, A. französ. Auch u. d. T.: Exemples d'écriture franç. etc. 4. Leipz. 807. Barth. 15 gl

Bergmann, Adolf

— deutsche Vorschriften z. Bild. e. schönen u. deutl. Kaufmannshand. qu. gr. 8. (N. Aufl.) Leipz. J. Müller.

— deutsche Vorschriften z. Bildung einer schönen u. deutl. Kaufmannshand. qu. 8. Leipz. 821. J. Müller. 10 gl

— 30 deutsche Vorschriften z. Bild. e. schönen u. deutl. Kaufmanns- u. Geschäftshand. 2e wohlf. Ausg. qu. 8. Leipzig 822, J. Müller.

— Vorschriften f. Schulen u. zum häusl. Unterricht. N. Aufl. 4 Hefte. gr. 4. Leipzig 825, Gleditsch. à 14 gr.

— Vorschriften f. Stadt- u. Landschulen, 2e wohlf. Ausg. qu. 8. Leipz. 820. J. Müller. 10 gl

Bergmann, die Winterkückenzucht u. ihre Vortheile. Eine Anweisung zum zweckmäßigen u. lohn. Betrieb der Zucht u. Mast v. Winterkücken auf Grund langjähr. Erfahrgn. bearb. gr. 8. (22 S. m. 3 Abbildgn.) Berlin (901). F. Pfennigstorff. n. — 50

Bergmann, die Winterkückenzucht u. ihre Vorteile. Eine Anweisg. zum zweckmäß. u. lohn. Betrieb der Zucht u. Mast v. Winterkücken, auf Grund langjähr. Erfahrgn. bearb. 2. verm. Aufl. (24 S. m. 5 Abbildgn.) 8. Berlin (904). F. Pfenningstorff. n. — 50

Bergmann, Alexander, Referendar aus Barmen: Das **Verhältnis** der Gesellschaftsschulden zu den Privatschulden **eines** Gesellschafters nach B.G.B. *(Coblenz) 1902: (J. Doetsch).* (51 S.) 8° [F.]
Freiburg i. B., Rechts- u. staatswiss. Diss. v. 1902

Bergmann, Alois, Woraus entspringt der heutzutage so allgemein herrschende Priesterhaß? Rede, gehalten im Pius-Verein zu Straubing. gr. 8. (16 S.) Landshut 850, Krüll'sche Universitäts-Buchh.

Bergmann, Alwin, Geschichte d. Oberlausitzer Sechsstadt Löbau b. z. Teilg. Sachsens 1815. gr. 8. (VI, 198 S.) Bischofswerda 895. Löbau (E. Oliva). n.n. 2. 50

Bergmann, *Alwin Bruno* [Dr.]: Einleitung in Ciceros Rede für L. Valerius Flaccus. Schneeberg, Druck v. C. M. Gärtner, 1893: 1—21 S. 4.
Schneeberg, k. G m. Realkl., OP 1893 (543)

Bergmann, Ambrosius (Riga), De ruricolarum Livoniae statu sano et morboso. Diss. med. Lpz. (Breitkopf) 8. X. 1762. 52 S. (6.50) 2234
Gew.: Balthas. Bergmann.

Bergmann, Anna, Wiener Küche. D. beste, prakt. Kochbuch f. sehr feine, sow. f. einf. Küche, enth. geg. 2000 Kochrecepte u. 40 Speisezettel. (In 10 Lfgn.) 1.—3. Lfg. gr. 8. (S. 1—144.) Wien 898. (Leipzig, Literar. Anstalt A. Schulze.) à — 50

Bergmann, Anna, geb. Schernhorst, Wiener Küche. Das beste, prakt. Kochbuch f. sehr feine, sowie f. einfache Küche, enth. gegen 2000 Kochrecepte u. 40 Speisezettel. 4.—8. Lfg. gr. 8. (S. 145—462.) Wien 899—901. (Leipzig, Literar. Anstalt A. Schulze.) à — 50; (kplt. kart.: 4. 50)

Bergmann, Anton

Bergmann, A., die Klabriaspartie, s. a. Humor, dem. o. Gasso.

Bergmann, A., die Klabriaspartie. 4. Aufl. 12. (45 S.) Wien (899). C. Daberkow. n. — 60

Bergmann, A., die Klabriaspartie. 5. Aufl. (45 S.) 12. Wien (903). Th. Daberkow. n. — 60

Bergmann, Ant. (Tony), Ernst Staas, Advokat, s.: Universal-Bibliothek.

Bergmann, Arno, a. Cursdorf, Schwarzburg-Rudolstadt: Beiträge zur Kenntnis der ultraroten Emissionsspektren der Alkalien. Leipzig: J. A. Barth 1907. (63 S., 1 Taf.) 8°
Jena, Phil. Fak., Ref. Winkelmann, Diss. v. 15. Nov. 1907
[Geb. 16. Dez. 82 Cursdorf; Wohnort: Cursdorf; Staatsangeh.: Schwarzburg-Rudolstadt; Vorbildung: Realprogymn. Saalfeld Reife O. 03; Studium: Leipzig 3, Göttingen 2, Jena 4 S.; Rig. 27. Juli 07.]

Bergmann, Arnold

Bergmann, Arn., König Manfred v. Sizilien, s. a. Abhandlungen, Heidelberger, zur mittleren u. neueren Geschichte. 23. Hft.

Bergmann, Arnold: König Manfred von Sizilien. Seine Lage nach dem Tode Urbans IV. Heidelberg: Winter 1909. III, 45 S. 8° (Ersch. vollst. als: Heidelberger Abhandlungen z. mittl. u. neueren Geschichte. H. 23.) = Eist. 1:
Heidelberg, Phil. Diss. v. 22. Febr. 1909, Ref. Hampe
[Geb. 4. Okt. 83 Karlsruhe i. B.; Wohnort: Karlsruhe; Staatsangeh.: Baden; Vorbildung: Gymn. Karlsruhe Reife M. 02; Studium: Freiburg i. B. 3, München 1, Berlin 1, Heidelberg 4 S.; Rig. 25. Febr. 08.] [U 09. 1986

Bergmann, Arth., Denkschrift zur ersten Wohnungs-Enquete der Orts-Krankenkassen in Breslau. Im Auftrage des Verbandes der Orts-, Betriebs-(Fabrik-) Krankenkassen zu Breslau bearb. (54 S. m. Abbildgn.) Lex.-8. Breslau 906. (Preuss & Jünger.) n. 1. —

Bergmann, Aug., der gesamte kaufmännische Briefwechsel in deutscher Sprache. Methodische u. prakt. Anleitg. zur selbständ. Abfassg. aller Geschäftsbriefe, dargestellt durch 120 Musterbriefe, zahlr. Umbildgn. u. Aufgaben, versehen m. eingeh. Erläutergn. unter besond. Berücksicht. der handels- u. wechselrechtl. Seite. Gemeinverst. bearb. f. Schule, Kontor u. zur Selbstbelehrg. (Ludw. Huberti's moderne kaufmänn. Bibliothek.) gr. 8. (VIII, 139 S.) Leipzig 901. Dr. L. Huberti. Geb. in Leinw. n. 2. 75

Bergmann, Aug., der gesamte kaufmännische Briefwechsel in deutscher Sprache. Methodische u. prakt. Anleitg. zur selbständ. Abfassg. aller Geschäftsbriefe, dargestellt durch ca. 130 Musterbriefe, zahlreiche Umbildgn. u. Aufgaben, versehen m. eingeh. Erläutergn. unter besond. Berücksicht. der handels- u. wechselrechtl. Seite, nebst e. Sachregister. Gemeinverständlich bearb. f. Schule, Kontor u. zur Selbstbelehrung. (Dr. Ludw. Huberti's moderne kaufmänn. Bibliothek.) 2., verm. u. verb. Aufl. (X, 150 S.) gr. 8. Leipzig (905). Verlag der modernen kaufmänn. Bibliothek. Geb. in Leinw. n. 2. 75

— praktischer kaufmännischer Bücher-Abschluss. Der Abschluss der Geschäftsbücher auf Grundlage der einfachen u. doppelten Buchführg., dargestellt f. die verschiedenen Arten u. Formen geschäftl. Betriebe nach neuer leichtfassl. Methode gegenüber den bisher übl., nebst e. graph. Darstellung. (Ludw. Huberti's moderne kaufmänn. Bibliothek.) 2. Ausg. gr. 8. (VIII, 132 S.) Ebd. (902). Geb. in Leinw. n. 2. 75

Bergmann, Aug., d. dopp. Buchführg. f. d. Schul- u. Selbstunterr. gr. 8. (V, 136 S.) Karlsruhe 895. W. Jahraus. Geb. in Leinw. n.n. 2. —

— die doppelte Buchführung f. den Schul- u Selbstunterricht, bearb. in e. zweimonat. Geschäftsgange nach deutscher u. amerikanischer Buchführung, nebst e. Anh. üb. einfache Buchführg. 3., vollst. umgearb. u. verb. Aufl. gr. 8. (VII, 185 S.) Karlsruhe 900. W. Jahraus. Geb. in Leinw. n. 3. —

— dasselbe. 12 Buchführungshefte dazu. (12, 16, 16, 20, 12, 16, 16, 14, 28, 32, 10 u. 10 S.) 4. Karlsruhe (903). F. Gutsch. n. 3. 20

— die doppelte Buchführung f. den Schul- u. Selbstunterricht, bearb. in e. zweimonat. Geschäftsgange nach deutscher u. amerikan. Buchführg., nebst e. Anh. über einfache Buchführg. 4. Aufl. (IX, 186 S.) gr. 8. Karlsruhe 903. [W. Jahraus]. F. Gutsch. Geb. in Leinw. n. 3. —

— D. einf. gewerbl. Buchführg. f. d. Unterr. a. Gewerbeschulen u. gewerbl. Fortbildungsschulen, gleichzeitig f. 8 verschied. Handwerksbetriebe einger. u. deshalb bes. f. d. Massenunterr. bestimmt. kl. 4. (V, 109 S.) Karlsruhe 898. (Agentur d. Literar. Anstalt.) Kart. n. 1 50

— Die einf. gewerbl. Buchf. Jetzt: Karlsr., Herder. 90/00

— die einfache gewerbliche Buchführung f. den Unterricht an Baugewerkschulen, Gewerbeschulen u. gewerblichen Fortbildungsschulen, sowie zur Selbsterlernung f. Handwerker bestimmt, gleichzeitig f. 15 verschiedene Handwerksbetriebe eingerichtet u. deshalb besonders f. den Massenunterricht geeignet. (Ludw. Huberti's prakt. gewerbl. Bibliothek.) 2. verm. Aufl. gr. 8. (124 S.) Leipzig 902. H. Klasing. Geb. in Leinw. n. 2. 50

— praktische englische Handelskorrespondenz nebst 26 deutschen Briefen zum Übersetzen ins Englische Mit 38 fksm. Originalen u. Schlüsseln zur Lesbarkeit, zahlreichen Bemerkgn. zu jedem Briefe, eine Reihe von engl. Geschäftsimpressen, den wichtigsten Briefeingängen u. Briefschlüssen, sowie m. e. umfangreichen Wörterverzeichnis ausgestattet. Zum Gebrauch f. höh. Handelsschulen u. zum Selbststudium f. Kaufleute. (Dr. Ludw. Huberti's moderne kaufm. Bibliothek.) (X, 130 S. m. 1 farb. Taf.) gr. 8. Leipzig (903). Verl. der mod. kaufm. Bibliothek. Geb. in Leinw. n 2. 75

— praktische französische Handelskorrespondenz, enth. 183 franz. Orig.-Briefe nebst 41 deutschen Briefen zum Übersetzen ins Französische. Mit 50 fksm. Originalen u. Schlüsseln zur Lesbarkeit, zahlreichen Bemerkungen zu jedem Briefe, e. Reihe von französ. Geschäftsimpressen, den wichtigsten Briefeingängen u. Briefschlüssen, sowie mit e. umfangreichen Wörterverzeichnis ausgestattet. Zum Gebrauche für höhere Handelsschulen u. zum Selbststudium für Kaufleute. (Dr. Ludw. Huberti's mod. kaufm. Bibliothek.) (XVI, 203 S.) gr. 8. Leipzig (904). Verlag d. mod. kaufm. Bibliothek. Geb. in Leinw. n. 2 75

Bergmann, Aug., Katechismus der Buchführung. 100 Fragen u. Antworten üb. alle Arten von Geschäftsvorfällen vom Standpunkt der einfachen Buchführg. u. der verschiedenen Arten der doppelten (deutschen, italien., engl., französ., amerikanisch. usw.) Buchhaltung aus beleuchtet. (Ludw. Huberti's moderne kaufmänn. Bibliothek.) gr. 8. (XII, 124 S.) Leipzig (900). Dr. L. Huberti. Geb. in Leinw. n. 2. 75

Bergmann, Aug., Katechismus der Buchführung. 100 Fragen u. Antworten üb. alle Arten v. Geschäftsvorfällen, vom Standpunkte der einfachen Buchführung u. den verschiedenen Arten der doppelten Buchhaltg. aus beleuchtet u mit e. umfangreichen Sachregister ausgestattet. 2., mehrfach verb. u. erweit. Aufl. (Moderne kaufmänn. Bibliothek.) (XII, 136 S.) 8. Leipzig (905). Verl. der mod. kaufm. Bibliothek. Geb. in Leinw. n. 2.75

— praktische Kontokorrentlehre. Dargestellt an einer großen Zahl v. Beispielen aus dem In- u. Auslandsverkehr unter besond. Berücksicht. der Verbuchg. der Verkehrsposten vom Standpunkte der beiden Beteiligten, m. zahlreichen Erläutergn. u. e. neuen Verfahren üb. Zinsermittlg. ausgestattet, zum Zwecke der Benutzg. f. Schule u. Praxis verf. (IX, 209 S.) gr. 8. Karlsruhe (906). F. Gutsch. Geb. in Leinw. n. 3. 50

— Münzen, Masse u. Gewichte aller Staaten der Erde unter besond. Berücksichtig. des deutschen Reichs. Eine neue Darstellg. des Geld-, Münz-, Mass- u. Gewichtswesens sämtl. Länder des Erdballs m. ausführl. Behandlg. der Prägungs- u. Umrechnungsverhältnisse auf Grund der neuesten Gesetzgebg., m. vielen Umrechnungs-Tabellen f. den prakt. Gebrauch m. 250 Beispielen u. 250 Aufgaben sowie e. umfangreichen Sachregister. Reich illustriert in naturgetreuer Darstellg. der wichtigsten kursier. Münztypen. Für Schule, Kontor u. Selbstbelehrg. (Dr. Ludw. Huberti's moderne kaufm. Bibliothek.) (VIII, 140 S.) gr. 8. Leipzig (903). Verlag der modernen kaufmänn. Bibliothek. Geb. in Leinw. n. 2. 75

— Musterbriefe im Anschluss an Bergmanns dopp. Buchführung, verf. u. in Druck gegeben auf Veranlassg. des grossh. Gewerbeschulrats. gr. 4. (11 S. u. 28 Bl. in Autogr. m. 5 Formularen.) Karlsruhe 900. W. Jahraus. n. 1. 25

— die Preisberechnung f. Handwerk, Handel u. Industrie, eingehend erläutert u. m. vielen der Praxis entnommenen Beispielen belegt. Ein Buch f. Handwerker, Kaufleute u. Industrielle, sowie f. Fachschulen zu ob. Berufsarten. (Moderne kaufmänn. Bibliothek.) (VIII, 116 S.) 8. Ebd. (905). Geb. in Leinw. n. 2. 75

Bergmann, Aug., die Preisberechnung f. Handwerk, Handel u. Industrie, eingehend erläutert u. m. vielen der Praxis entnommenen Beispielen belegt. Ein Buch f. Handwerker, Kaufleute u. Industrielle, sowie f. Fachschulen zu obigen Berufsarten. (Mod. kaufmänn. Bibliothek.) (VIII, 116 S.) 8. Leipzig (910). Verlag der modernen kaufmänn. Bibliothek. Geb. in Leinw. 2. 75

— was soll jeder junge Kaufmann mindestens vom Rechnen verstehen? An 100 prakt. Beispielen gründlich erläutert u. mit nahezu 800 direkt an jedes Beispiel sich anschliess. Übungsaufgaben nebst Lösgn. hierzu ausgestattet. (Ludw. Huberti's moderne kaufmänn. Bibliothek.) 2., vielfach verm. u. verb. Aufl. gr. 8. (VIII, 132 S.) Leipzig (902). Dr. L. Huberti.
Geb. in Leinw. n. 2. 75
1. Aufl. (VIII, 108 S.) Ebd. 899. n. 2. 75.

— praktische Wechselkunde. Bearb. im Anschluss an die deutsche u. österreich. Wechselordng., m. zahlreichen in den Text gedr. Orig.-Beispielen (41 Reproduktionen v. Orig.-Wechseln auf photograph. Wege) u. m. Streiflichtern auf die wichtigsten Wechselgesetzgebgn. des Auslands zum Kontor- u. Schulgebrauch, sowie zum Selbstunterricht. Mit e. Anh.: 140 Fragen üb. den gesamten zur Behandlg. gezogenen Stoff. (Ludw. Huberti's moderne kaufmänn. Bibliothek.) 2. Ausg. gr. 8. (VIII, 112 S.) Ebd. (902).
Geb. in Leinw. n. 2. 75

— Prakt. Wechsel- u. Scheckkde. Bearb. im Anschluss an d. deut. u. österr. Wechselordng. d. deut. Scheckgesetz u. d. deut. Postscheckordng. 3. Afl. (8, 174 m. Abb.) 8° Ebd. '11.
L 2.75

Bergmann, Aug., Wirtschaftslehre. Kaufmänn. u. gewerbl. Buchführg. Nach Vorträgen. Zusammengestellt v. J. Hoffmann. (82 S.) 8. Bühl 894. Konkordia. — 50

Bergmann, B., ausführliche Anleitung in Form und Farbe vollendet schöne Wappen und Siegel darzustellen. Für Standespersonen, öffentl. Behörden, Graveure ꝛc. insbesond. aber für die correspondirende Damenwelt. 2. Aufl. 8. (38 S. mit 1 Holzschn. und 3 Siegelproben.) Leipzig 851, Spamer.

Bergmann, Balthasar

— **Balthasar (Riga)**, De exspectatione casuum similium. Diss. philos. Präs. Jacob Carpov. Weimar (Mumbach) 4. X. 1756. 20 S. (4.50) 2235
Gew.: Balthas. Bergmann. — Widm. v.: Joh. Heinr. Meyer, Joh. Christian Beinitz, Chn. Adolf Troebst.

Bergmann, Benjamin

v. Bergmann, Benj., (Fürchteg. Balth.,) Anekdoten v. Peter I. nach Golikow bearb. 8. Riga u. Leipz. 802. Müller. 1 Rthlr. 8 gr. Mit neuem Titelbl. Ebend. 810. Meinshausen. 1 Rthlr.

Bergmann, Benj., d. Kalenderunruhen in Riga in d. Jahren 1585—90. 8. Leipz. Hartknoch. (a. unt. d. Tit.: Bergmanns histor. Schriften, 2r Bd.)
Schreibp.

Bergmann, Benjamin (Hrsg.), s. M a g a z i n für Rußlands Geschichte, Länder- und Völkerkunde.

— Magazin für Rußlands Geschichte, Länder- u. Völkerkunde. 2 Bde. à 3 Stcke. gr. 8. Mitau 825, 26. 3 Rthlr. (Leipz., Serig). Hbg. Pr. 2 Rthlr.

Bergmann, Benjamin von, s. M i s c e l l e n d. russ. u. mongol. Litt.

— Johann Reinhold v. P a t k u l vor d. Richterstuhle d. Nachwelt. 8. Leipz. Hartknoch. 805. (a. u. d. Tit.: Bergmanns histor. Schriften 1r Bd.)

— Peter d. Große als Mensch u. Regent. 3 Thle. gr. 8. Riga 823 —26. (Schmidt in Leipz.) 5 Rthlr. 1r u. 2r Bd. auch bei L. Schumann das. 1 Rthlr.

Bergmann, (Benj.,) Peter d. Große als Mensch u. Regent. 3 Thle. gr. 8. Riga 823—827, Hartmann. à 1 Rthlr. 16 gr. Rthlr.

Bergmann, Benj., Peter d. Gr. als Mensch u. Regent dargest. 4—6. Thl. gr. 8. (71¾ B.) Mitau 829, 30. (Berlin, Nicolai'sche Buchh.)
1—3. Thl. Riga 1823—27. [Leipzig, Voß.] 5 Rthlr.

Bergmann, Benjamin von, s. S c h i c k s a l e des Persers Michailow.

— histor. Schriften. 1r Bd. Auch u. d. T.: Joh. Reinhold v. Patkul vor d. Richterstuhl d. Nachwelt. 1 Rthlr. 12 gr. 2r Bd. Auch u. d. T.: Die Kalenderunruhen in Riga in d. Jahren 1585—90. 1 Rthlr. 12 gr. 8. Leipz. 806. Hartknoch. 3 Rthlr. Schrbp. 4 Rthlr.

— nomadische Streifereien unter d. Kalmücken in d. J. 1802 u. 3. 4 Bde. Mit Kpf. 8. Riga 803—5. Hartmann. 5 Rthlr. 4 gr.

Bergmann, Benjamin von: T a s c h e n b u c h f. Fr. d. deutschen Litt.

— über den Ursprung der lettischen Sprache, s. Magazin der lettisch-liter. Gesellschaft. 6r Bd.

Bergmann, C. A.
— Anweisung, d. veralteten venerischen u. vom Mißbrauch d. Quecksilbers entstand. Krankheiten zu heilen. 8. Leipzig 824, Hartmann.

— Anweis., die veralteten venerischen u. vom Mißbrauch d. Quecksilbers entstandenen Krankheiten zu heilen. 8. Leipz. 824. (Lehnhold). 1 Rthlr.

Bergmann, C. A. Anweisung, die veralteten venerischen u. vom Mißbrauche d. Quecksilbers entstandenen Krankheiten z. heilen. 2e wohlf. Ausg. 8. Leipz. 839. Lehnhold'sche Buchh. 5/12 Rthlr.

Bergmann, (C. A.) die Krankheiten d. Haut, d. Haare u. Nägel am menschl. Körper. 8. Leipz. 824, Hartmann.

Bergmann, (C. A.,) die Krankheiten d. Haut, der Haare u. Nägel am menschl. Körper. 8. Leipz. 824. (Lehnhold). 9 gr.

Bergmann, C. A., die Krankheiten d. Haut, der Haare u. Nägel am menschlichen Körper ꝛc. 2e wohlf. Ausg. 8. Ebd. 839. ¼ Rthlr.

Bergmann, C. A., die Krankheiten der Haut, Haare u. Nägel am menschlichen Körper. 3., verm. Aufl. 8. (8¼ B.) Leipzig 842, Wöller.

Bergmann, C. C. B., medizin. Handbuch für Laufer, aus Dr. Kästner's Papieren. 8. Leipz. 782. Barth. 3 gr.

Bergmann, C.F.: Pauca de Orestea Aeschyli. 11 S. Progr. Görlitz 1834.

Bergmann, Carl, s. B e r g m a n n , Karl

Bergmann, Christian Gottlieb
— s. B o l i n g b r o k e, Briefe.

— (Seidenberg), Qua Lusatiam hodiernam tam quoad originem quam quoad jura Saxonum esse coloniam asseritur. Diss. jur. Präs. Mart. Gottlieb Pauli. Wittenberg (Gerdes) 28. XII. 1765. 34 S. (4.80) 2237
Gew.: Joh. Gg. Friedr. Grf. v. Einsiedel (Seidenberg . .).

— über d. Ruinen v. Zittau; e. Gedicht in 4 Abtheill. 8. Leipz. 758.

Bergmann, Chr. Gli., († d. 15. Jan. 1822.) Schreiben an die Verfasser der Literaturbriefe. 8. ... 759.

— verm. Schriften u. Uebersetzungen. 8. Wittenb. 759. Zimmermann. 4 gr.

— **Christian Gottlieb** (Zittau), De successione conjugis una cum liberis ex statuo Zittauiensi. Specim. jur. Präs. Andr. Flor. Rivinus. Wittenberg (E. G. Eichsfeld) 30. V. 1761. 14 S., teilw. dtsch. (3.50) 2236

Bergmann, Christian Gottlob
Bergmann, Chr. Glo., Ursachen d. Gemüthsruhe e. Christen. 4. Dresd. 767.

— Mahomeds Zeugnisse von Christo. 4. Dresd. 769.

Bergmann, Christoph Dietrich Statius
— **Christoph Dietr. Statius** (Lünebg.), Epicteti sive enchiridii ejus priora capita Rabbinice versa & animadversionibus illustrata. Specim. philos. Präs. Chph. Heinr. Ritmeier. Helmstedt (G. W. Hamm) 16. III. 1709. 18 Bl. (5.—) 2238

Bergmann, D., der Körperbau des normalen Weibes mit besond. Berücksichtig. des Graviditäts-Stadiums. Mit anatomisch-zerlegbarem Modell u. erläut. Text. (20 S.) gr. 8. Berlin (905). W. Reuter. n. 2. —

Bergmann, E.: Die Altersunterschiede im Recht und Rechtsleben. Merktafel von E. Bergmann. Amtsgerichtssektretär. Sonderdruck aus der „Zeitschrift für das ländliche Fortbildungsschulwesen in Preussen." Herausgegeben auf Veranlassung des „Deutschen Vereins für ländliche Wohlfahrts-und Heimatpflege".
Berlin 1910. Deutsche Landbuchhandlung, G.m.b.H. 8[0]

Bergmann, E., Fabrik und Lieferungs-Geschäft für Stahl- und Maschinenbau-Bedarf: Katalog Berlin (1891?)

Bergmann, E., vorm. L. Oberwarth Nachf.: Katalog über Hebezeuge. Berlin (1903?)

Bergmann, E. v., Des Palm Bergmann Nachkommen. Riga 1886.

Bergmann, Eduard, aus Schledehausen: Beiträge zur Kenntnis der o-Aminoazoverbindungen. *Erlangen 1901: E. Th. Jacob.* (38 S.) 8°
Erlangen, Phil. Diss. v. 8. März 1901

Bergmann, Ehregott Friedrich
— **Ehregott Friedrich** (Dresden), De numero septenario testium in testamentis meditatio jur. Präs. Ferdin. Aug. Hommel. Lpz. (Zunkel) 5. X. 1731. 30 S. (4.80) 2239
Gew.: Ernst Gottlob Bergmann (Vater).

Bergmann, Emil, a. Waldheim (Kgr. Sachsen): Über Benzylphenyläthylen. Halle a. S. 1907: C. A. Kaemmerer & Co. (36 S.) 8°
Halle, Phil. Fak., Ref. Volhard, Diss. v. 19. Dez. 1907
[Geb. 13. Juni 79 Waldheim; Wohnort: Halle a. S.; Staatsangeh.: Sachsen; Vorbildung: Realgymn. Annenschule Dresden Reife O. 00; Studium: Techn. Hochsch. Dresden 5, Berlin 4, Univ. Tübingen 1, Halle 5 S.; Rig. 28. Nov. 07.]

Bergmann, Emil, Namenlos! (Gedichte.) (XI, 123 S.) 8. Dresden 904. E. Pierson. n. 1. 50; geb. n. 2. 50

Bergmann, Emil, Untersuchungen üb. das Vorkommen der Ameisensäure u. Essigsäure in den Pflanzen u. üb. die physiologische Bedeutung derselben im Stoffwechsel. Inaugural-Dissertation. 4. (18 S.) Göttingen 882. (Vandenhoeck & Ruprecht.) n. — 80

Bergmann, Emil A.
Bergmann, E. A., die Glaubenslehre, auf inspiriertem medialen Wege erhalten. Mit e. Einführg. v. Max Däbritz. gr. 8. (40 S.) Leipzig 901. O. Mutze. n. — 60

Bergmann, E. A., Hermaea. Studien zu G. E. Lessings theolog. und philosoph. Schriften. 8. (204 S.) Leipzig 883, Drescher's Verlag. *
Inhalt:
1. Lessings „Gedanken über die Herrnhuter". — 2. Lessing und Tertullian. Harmonien und Dissonanzen. — 3. Lessings Trinitätslehre, Autoritäten und Kritik derselben.

Bergmann, Ernst v., s.: Arbeiten aus der chirurg. Klinik der königl. Universität Berlin.

Bergmann, Ernst v., s.: Archiv f. klinische Chirurgie.

Bergmann, Ernst: Die Begründg d. deut. Ästhetik durch Alex. Gottlieb Baumgarten u. Georg Friedr. Meier. Anh.: GF Meiers ungedr. Briefe. (4, 273) gr8° Lpzg, W Schunke '11. 4.80; L 5.60

Die chirurgische Behandlung der Hirngeschwülste v. Ernst v. Bergmann, Berlin. *Leipzig: Breitkopf & Härtel 1897.* (32 S.) 8.
— Sammlung Klinischer Vorträge. N. F. No 200. [97. 8487

Bergmann, Ernst v., die chirurgische Behandlung von Hirnkrankheiten. gr. 8. (114 S.) Berlin 888, Hirschwald. *
Aus: v. Langenbeck's Archiv, besonders abgedruckt.

Bergmann, Ernst v. Die chirurgische Behandlung von Hirnkrankheiten. 2. verm. u. umgearb. Aufl. gr. 8. (III, 189 S.) Berl. 889, Hirschwald. * 5 —

— D. chirurg. Behandlg. v. Hirnkrankheiten. 3., neu bearb. Aufl. gr. 8. (VIII, 606 S. m. 32 Holzschn.) Berlin 899. A. Hirschwald. n. 15. —

Bergmann, Ernst v., die Behandlung d. Lupus m. dem Koch'schen Mittel, s.: Sammlung klinischer Vorträge.

— die Behandlung der acut-progredienten Phlegmone. Nach e. Vortrage zur Eröffng. der Fortbildungscurse f. Militärärzte des Friedensstandes der Armee. gr. 8. (31 S.) Berlin 901. A. Hirschwald. n. 1. —

Bergmann, Ernst, die Behandlung der Schusswunden des Kniegelenks im Kriege. Nach seiner Antritts-Vorlesung an der königl. Julius-Maximilians-Universität in Würzburg 1878. gr. 8. (57 S. m. 1 Steintaf.) Stuttgart 878. Enke. n. 2. 40

Bergmann, Ernst: Beiträge zur Kenntnis des Urkunden- und Kanzleiwesens Ottos des Kindes. 1. Innere Merkmale. Braunschweig, Druck v. J. H. Meyer, 1893; 15 S. 4.
Braunschweig, herz. Neues G, OP 1893 (680)

Bergmann, E v., Beitr. z. muhamedan. Münzkunde. 8. (42 m. 1 K.) Wien 72, Gerold's S. n. 1. —

Bergmann, E. v., Beiträge zur muhamedanischen Münzkunde. Mit 1 Taf. (Kpfrst.) [Aus „Sitzungsber. der k. k. Akad. der Wiss".] Lex.-8. (42 S.) Wien 873. Gerold's Sohn in Comm. n. 1. —

Bergmann, Ernst v., das Buch vom Durchwandeln der Ewigkeit. Nach dem Papyrus 29 der k. k. ägypt. Sammlung in Wien. [Mit 1 (photolith.) Taf.] [Aus: „Sitzungsber. d. k. Akad. d. Wiss."] Lex.-8. (46 S.) Wien 877. Gerold's Sohn in Comm. n. 2. —

— s.: Centralblatt f. Chirurgie.

— s.: Chirurgie, deutsche.

— s.: Chirurgie des Kopfes.

— s.a. Chirurgie des Kopfes u. der Speiseröhre.

Chirurgie des Kopfes und der Speiseröhre. Bearb. von Prof. Dr. [Ernst] v. Bergmann in Berlin [u. a.] 2. umgearb. Aufl. Mit Abb. *Stuttgart: F. Enke 1903.* (XII, 1086 S.) 8°
— Handbuch d. praktischen Chirurgie. Bd 1. [03. 3258

Bergmann, Ernst, die Diagnose der traumatischen Meningitis, s.: Sammlung klinischer Vorträge.

Bergmann, Ernst, Dornröschen. (90 S.) kl. 8. Leipzig 909. Haupt & Hammon.

— Elisabeth. Gedichte. (45 S.) 8. Ebd. 908.
Geb. in Leinw. 8.—; in Ldr. 7. 50

— die Entwickelung d. chirurgischen Unterrichts in Preussen. Rede zur Feier d. Geburtstages S. M. d. Kaisers u. Königs in der Aula der königl. Friedrich-Wilhelms-Universität am 27. Jan. 1893 geh. gr. 8. (24 S.) Berlin 893. A. Hirschwald. n. — 60

—— zur Erinnerung an Bernhard v. Langenbeck. Rede, bei der von der deutschen Gesellschaft für Chirurgie und der Berliner medicin. Gesellschaft veranstalteten Gedächtfeier gehalten am 3. April 1888. Mit zahlreichen Anmerkungen. gr. 8. (95 S.) Ebendas. 888. *

Bergmann, Ernst v., Erkrankungen der Lymphdrüsen, s. Handbuch der Kinderkrankheiten.

— die gegenwärtigen Forschungen üb. den Ursprung d. Krebses. Festrede zur Jahresfeier der Stiftg. der Universität Dorpat am 12. Decbr. 1875 geh. gr. 4. (26 S.) Dorpat 876. Schnakenburg. n. 1. 20

Bergmann, *Ludwig August Hermann* Ernst: Zur Geschichte des Romzuges Ruprechts von der Pfalz. Erster Teil. Das Verhältnis d. Königs z. Kurie. Braunschweig, Druck v. J. H. Meyer, 1891; 31 S. 4°
Braunschweig, herz. Neues G, OP 1891 (682)

Bergmann, E. (I.), das putride Gift und die putride Intoxication. 1. Abthl. 1. Lfg. gr. 8. (IV, 63 S.) Dorpat 868, Gläser's Verlag. *

— s.: Handbuch der praktischen Chirurgie.

— s.: Hilfe, erste ärztliche, bei plötzl. Erkrankungen u. Unfällen.

— erste Hilfe auf dem Schlachtfelde u. Asepsis u. Antisepsis im Kriege, s.: Vorträge üb. ärztliche Kriegswissenschaft. 5. 6.

— die Hirnverletzungen m. allgemeinen u. m. Herd-Symptomen, s.: Sammlung klinischer Vorträge.

Bergmann, Ernst von, s. Illness, The, of the emperor Frederick III.

Bergmann, Ernst v., hieroglyphische Inschriften, gesammelt während einer im Winter 1877/78 unternommenen Reise in Aegypten. 3 Lfgn. gr. 4. (II, 60 S. und 84 autogr. Taf.) Wien 878—79, Faesy und Frick. à Lfg. * ℳ 8. *

Bergmann, Ernst: Ist die Braut von Messina eine Schicksalstragödie? Braunschweig 1906: J. H. Meyer. (32 S.) 4°
Braunschweig, herz. Neues G OP 1906 (859)

Bergmann, Ernst von, s. Krankheit, Die, Kaiser Friedrich III.

— die Lehre von den Kopfverletzungen, s.: Chirurgie, deutsche.

—— die Lepra in Livland. Lex.-8. (84 S.) St. Petersburg 870, Röttger. *

— die Nominale der Münzeform d. Chalifen Abdulmelik. [Aus d. Sitzungsber. d. k. Akad. d. Wiss.] Lex.-8. (28 S.) Ebend. 870. n. — 40

— die tuberkulose Ostitis im u. am Atlanto-Occipital-Gelenk, s.: Sammlung klinischer Vorträge.

Bergmann, Ernst: Die ethischen Probleme in den Jugendschriften der Jungdeutschen (1833—1835.) Leipzig 1906: O. Schmidt. (131 S.) 8°
Leipzig, Phil. Fak., Ref. Volkelt, Köster, Diss. v. 10. März 1906
[Geb. 7. Aug. 81 Colditz; Wohnort: Niederlössig b. Dresden; Staatsangeh.: Sachsen; Vorbildung: Kgl. Gymn. Dresden N. Reife O. 02; Studium: Leipzig 7 S.; Rig. 24. Juli 05.]

Rede zur Feier des Geburtstages Seiner Majestät des Kaisers und Königs in der Aula der Kgl. Friedrich-Wilhelms-Universität am 27. Jan. 1893 geh. v. Ernst von Bergmann. [Der Einfluss des preussischen Königshauses auf das Lehren und Lernen der Chirurgie.] Berlin, J. Becker, 1893; 31 S. 4.

Bergmann, Ernst: Der Fall Reinhardt od. d. künstler. Bankerott d. deut. Theaters zu Berlin. (88) gr8° Berl.'06. Charlttbg, Dr. E Bergmann (V). (Komm.: Fleischer.) 1 — d

Bergmann, E. (II.), die Resultate der Gelenkresectionen im Kriege. Nach eigenen Erfahrungen. gr. 4. (42 S. mit 20 Taf. in Albertotypie und 1 lithogr. Taf.) Giessen 874, Ricker. *

— das Berliner Rettungs-Wesen. 2. unveränd. Abdr. gr. 8. (47 S.) Berlin 900. A. Hirschwald. n.n. — 50

— s.: Sammlung klinischer Vorträge.

Sarkophag, Der, des Nesschutafnut in der Sammlung ägyptischer Alterthümer des österr. Kaiserhauses. Von E. von Bergmann. [Tirage à part du Recueil de travaux relatifs à la philologie et à l'archéologie égyptiennes et assyriennes, vol. VI°.] 4°.

—— eine Sarcophaginschrift aus der Ptolemäerzeit. Lex.-8. (33 S.) Wien 876, (Gerold's Sohn.) *
Aus: Sitzungsberichte der k. Akademie der Wissenschaften, besonders abgedruckt.

— Die Satiren d. Herrn Maschine. Beitrag z. Philos. u. Kulturgesch. d. 18. Jahrh. (8, 103 m. 1 Bildn.) 8° Lpzg, E Wiegandt '13. Pappbd 3 —; Luxusausg. 15 —

—— die Schicksale der Transfusion im letzten Decennium. Rede, gehalten zur Feier des Stiftungstages der militärärztl. Bildungsanstalten am 2. Aug. 1883. gr. 8. (31 S.) Berlin 883, Hirschwald. *

—— die Schussverletzungen und die Unterbindungen der Subclavia. gr. 8. (54 S. mit 2 Tab.) St. Petersburg 877, Röttger. *
Aus: St. Petersburger medicin. Wochenschrift, besonders abgedruckt.

— Schusswunden des behaarten Kopfes, s.: Vorträge üb. ärztliche Kriegswissenschaft. 9.

— die letzte Stiftung der Kaiserin Augusta. gr. 8. (17 S. m. 1 Abbildg.) Berlin 890. Hirschwald. n. 1. —

Bergmann, Ernst Ritter v., hieratische u. hieratisch-demotische Texte der Sammlung ägyptischer Alterthümer des allerhöchsten Kaiserhauses. (18 photolith. Taf. mit IV, XVI S. Text.) gr. Fol. Wien 886. (W. Frick.) In Mappe n. 60. —

Bergmann, Ernst von : Die chirurgische Tuberkulose und das Kochsche Heilverfahren.– Pfuhl, E(d.): Die Anwendung des Koch.schen Heilmittels gegen Tuberkulose in der Armee. Vorträge nebst e. einleit. Ansprache von v. Coler. Als Handschr. gedr. Berlin 1891. 28 S.

Bergmann E, Übersicht der Sammlung ägyptischer Altertümer. Wien 1883

—— über das Verhältniss der modernen Chirurgie zur inneren Medicin. Vortrag, gehalten in der 3. allgemeinen Sitzung der 59. Versammlung deutscher Naturforscher und Aerzte am 24. Septbr. 1886. 8. (18 S.) Ebendas. 886. *

Bergmann, Ernst: Die Verknüpfung der Handlung in Schillers Braut von Messina. *Braunschweig 1903: J. H. Meyer.* (32 S.) 4°
Braunschweig, herz. neues G, OP 1903 (789)

—— u. H. Rochs. Anleitende Vorlesungen f. den Operations-Cursus an der Leiche. Mit 35 Abbildgn. 1. Aufl. (VIII, 200 S.) 889 u. 2. erweit. Aufl. 8. (VII, 256 S. m. 35 Abbildgn.) Berl. 892, Hirschwald. geb. * 5 —

† u. H. Rochs, anleitende Vorlesgn. f. d. Operations-Cursus a. d. Leiche. 3., erweit. Aufl. 8. (VIII, 290 S. m. 63 Abb.) Berlin 896. A. Hirschwald. Geb. in Leinw. n. 5. —

— u. H. Rochs, anleitende Vorlesungen f. den Operations-Cursus an der Leiche. 2. Thl. Operationen an dem Schädel, der Wirbelsäule, der Brust- u. Bauchhöhle. (IV, 207 S.) 8. Berlin 903. A. Hirschwald. Geb. in Leinw. n. 4. —
1. Thl. 4. Aufl. Ebd. 901. Geb. n. 5. —.

— u. Rochs' anleitende Vorlesungen f. den Operations-Kursus an der Leiche, bearb. v. A. Bier u. H. Rochs. 5. Aufl. (XI, 463 S. m. 144 Fig.) 8. Berlin 908. A. Hirschwald. Geb. in Leinw. 8. —

— Worte der Erinnerung an A. W. v. Hofmann u. Werner v. Siemens. [Aus: „Verhandlgn. d. Gesellsch. deutscher Naturforscher u. Ärzte".] gr. 8. (14 S.) Leipzig 893. F. C. W. Vogel. n. — 60

— s.: Zentralblatt f. Chirurgie.

Bergmann, Ernst Benj., zur Lehre von der Fettembolie. gr. 8. (48 S.) Dorpat 863, (Gläser's Verlag.) *

Bergmann, Eug. v., zur sozialen Bedeutung d. bäuerlichen Kredits in Russland, s.: Festgaben f. Friedrich Julius Neumann.

Bergmann, Eugen. Ueber die Bildung von Cyan aus Ammoniak. (Bern) München, 1895. Diss. S. I.

Bergmann, Eug. v., zur Geschichte der Entwickelung deutscher, polnischer und jüdischer Bevölkerung in der Prov. Posen seit 1824, s. Beiträge zur Geschichte der Bevölkerung in Deutschland seit dem Anfange dieses Jahrhunderts.

Bergmann, s.: Jahresbericht des Zentralwohnungsinspektors im k. Staatsministerium des Innern.

Bergmann, Eug.: Die klingende Seele. Märchen. (29) 8° Riga, Holm-Verl. '12. 2 —

Bergmann, Eug.: Sonder-Katalog f. d. Gruppe Haus u. Wohng d. wissenschaftl. Abteilg d. internat. Hygiene-Ausstellg Dresden '11. Bearb. unter Mitwirkg v. Becker u. Herkommer. (40 m. 1 Pl.) gr8° Dresd. (-N., Grossenhainer Str. 9), Centralstelle f. hygien. Lehrmittel '11.] nn 1 —

Bergmann, Eug., „Wend-Unmut". Ein Büchlein f. alte u. junge Grillenfänger. (196 S.) kl. 8. Leipzig 908. Verlag f. Literatur, Kunst u. Musik. 3.—; geb. n 4. —

Bergmann, Eug. v., d. Wirtschaftskrisen. Geschichte d. nationalökonomischen Krisentheorien. gr. 8. (VIII, 440 S.) Stuttgart 895. W. Kohlhammer. n. 9. —

Die Wohnungsfürsorge in Bayern in den Jahren 1907 bis 1909. Im Auftr. d. Kgl. Staatsminist. d. Innern bearb. u. hrsg. von Dr. E[ugen] Bergmann, Reg.R. München: Lindauer 1910. 58 S. 4° [Umschlagt.] 10. 3111

Bergmann, F., keine geschlechtliche Neurasthenie mehr! Die Heilg. der sexuellen Nervenschwäche. (111 S.) gr. 8. Leipzig (908). (M. Wendel). 2. 40

Bergmann, F.: Primae Lineae pathologiae . . ., s. Bergmann, Gottlieb Heinrich

— Graecorum et Romanorum de exilii poena sententia. Pr. 1888. 11 S. 4°. 1.—

Bergmann, F. W., der christliche Kaufmann u. die Konkurrenz. Referat. (12 S.) gr. 8. Leipzig 910. M. Költz. — 10

Bergmann, Fedor, die Anwendung der Milchsäure bei Geisteskrankheiten. Inaugural-Dissertation. gr. 8. (41 S.) Jena 881, (Neuenhahn.) *

Bergmann, Ferd., s: Arbeitskunde.

Bergmann, Ferdinand. Ueber Isobutyl-Methyl-Pinakon und dessen Spaltungs-Producte mit verdünnter Schwefelsäure. Würzburg, 1883. Diss. G. S.

Bergmann, Fr. Beiträge zur Kenntniss einiger Nonylsäuren. (Freiburg i. B.) Halle a. S., 1883. Diss.

Bergmann, Fr. Novatus, s. Bergmann, Novatus

Bergmann Franz: Aufgaben zur stereographischen Kugelprojection. (Mit 2 Tafeln). 16. Olmütz R. 92. Progr.

Bergmann F.: Beiträge zur Theorie der projectivischen Drehung. 27. Jägerndorf R. 80. Progr.

— Berührungsaufgaben, mit 1 Tafel. 21. Olmütz R. 86. Progr.

Bergmann, Frz., geometrische Formenlehre, s.: Rossmanith u. Schober.

Bergmann, Frz., über Glauben, Hoffnung u. Liebe. Eine dogmat.-moral. Abhandl. gr. 8. (14½ B.) Osnabrück 834. (Münster, Theissing'sche Buchh.) *

Bergmann, Frz., d. vier Grundrechnungsarten, behand. n. d. Methode d. Kopfrechnens. gr. 8. (II, 200 S.) Wien 895. A. Pichler's Wwe. & Sohn. n. 3. —

— Grundriss d. Geometrie, s.: Rossmanith u. Schober.

— Der mathematische Unterricht an den Realschulen, s.a. Berichte üb. den mathemat. Unterricht in Österreich.

Der mathematische Unterricht an den Realschulen. Von Schulrat Franz Bergmann. Der mathematische Unterricht an den Volks- und Bürgerschulen von Schulrat Konrad Kraus. Mit e. Begleitwort von E[manuel] Czuber. Wien: Hölder in Komm. 1910. V, 81 S. 8°
(Berichte über d. mathematischen Unterricht in Österreich. H. 1.) 10. 7533

BERGMANN, Franz (Osnabrück): De virtutibus divinis. (Titel nach der Urkunde) 30.3.1830 – Urk; F 43
Diss. Ingolst.-Landsh.-Mchn.

BERGMANN, FRANZ CARL ADOLF.
Ganze (Das) der Stärke- und Puder-, sowie der damit vortheilhaft zu verbindenden Stärkegummi- und Stärkezuckerfabrication, oder fasslich und vollständige Anleitung alle Sorten feinste Stärke und Puder aus Weizen, Gerste, Kartoffeln, etc., auf das Wohlfeilste zu bereiten, sodann das Stärkemehl auf eine höchst nutzbare Weise in Stärkegummi, Stärkezucker und Oxalsäure zu verwandeln. Dritte sorgfältig umgearbeitete und mit den neuesten Erfahrungen bereicherte Auflage von Chr. H. Schmidt. Weimar, 1857. 8vo. Ill.

Bergmann, Frz. Karl Ad., das Ganze der Stärke und Puderfabrikation, s. Schauplatz der Künste und H. 39. Bd.

Bergmann, Frz. C. Ad., Stärke- u. Puderfabrication v. Schmidt, s. Schauplatz, neuer, d. Künste, 39. Bd.

Bergmann, Frederic Guillaume, s. Bergmann, Friedrich Wilhelm

Bergmann, Friedrich
Bergmann, Fr., Gebete u. Stellen d. heil. Schrift z. Vorlesen u. zu Texten bei der Reformationsfeier nebst Lebensbeschreibung Dr. Mrt. Luthers. gr. 8. Gießen 818. Heyer. 6 gl.

— Katechismus d. christl. Lehre; für d. Jugend d. evangel. Kirche in d. Volksschulen u. auf d. Lande. 8. Darmst. 823. Heyer. 4 gl. 2e Aufl. mit Fragen. 8. Ebd. 829. 5 gl.

Bergmann, Fr., Katechismus d. christl. Lehre. Für d. Jugend der evangel. Kirche in d. Volksschulen auf d. Lande. Mit dem kl. Katechismus D. M. Luthers. 2. Aufl. mit Fragen. 8. (7 B.) Darmstadt 829. Heyer.

— Liturgie f. d. Amtsverrichtungen d. Prediger bei Landgemeinden. gr. 8. Gießen 811. Heyer. 18 gl. 2e Aufl. 823. Ebd. 1 Thlr.

Bergmann, Friedr., Liturgie für Landgemeinden. Giessen 1823. 8.

— D. Mart. Luther. Eine kurze Schilderung seines Lebens u. Wirkens. 8. Ebend. Ebend. 818.

— Dr. Mrt. Luther. Eine kurze Schilder. seines Lebens u. Wirkens. 8. Gießen 819. Heyer. 2 gr.

— **Friedr.** (prorector) cum senatu successorem in summo magistratu academico C. F. Dahlmann. — Disputatur de partibus noctis et diei ex divisionibus veterum p. I. Götting. (Dieterich) 1836. Folio. 16 S. (3.50) 2240

— — Academiae Georgiae Augustae inaugurationis sacra saecularia religioso et solemni ritu publica cum gratulatione celebranda in dies 17.—19. Sept. rite indicunt et omnes, quotquot academiae huic et literis favent, ad societatem laetitiae suae observ. et officiose invit. Göttingen (Dieterich) 1837. 49 S. (5.—) 2241
Quam curam respublica apud Graecos et Romanos literis doctrinisque colendis et promovendis impenderit, quaeritur.

Bergmann, Frdr., zwölf Rütlilieder. 16. (32 S.) Glarus 870. J. Vogel. — 40

Bergmann, Frdr., Sang u. Sage. Aus der Ostschweiz. Zürich 865. Schultheß. 16. (420 S.) n. 1 ₰ 4 ngr.

Bergmann, Friedrich Christian

Bergmann, Fr. Chr., Abriß e. Systems d. Pandekten. 8. Götting. 805. N. Aufl. 810. Vandenhöck u. R. 16 gr.

— Abriß eines Systems d. Pandekten. 8. Götting. Vandenhök u. Ruprecht 811.

— Diss. animadvers. de indole romanor. jurium in re. 8 maj. Götting 805. Brosé. 4 gr.

Bergmann, Fr. Chr., Anleitung z. Referiren, vorzüglich in Gerichtssachen. Zum Gebr. bei Vorlesungen. gr. 8. (16½ B.) Göttingen 830, Vandenhoeck u. Ruprecht.

Bergmann, Friedr., Anleitung zum Referiren, vorzügl. in Gerichtssachen. Zum Gebr. bei Vorlesn. 2., veränd. Ausg. gr. 8. (18¾ B.) Göttingen 840, Vandenhoeck u. Ruprecht.

— Anzeige über die juristische Practica. 8. Götting. 808.

—— Beiträge z. Einleitung in d. Praxis d. Civilprocesse vor deutsch. Gerichten. Zum Gebr. bei Vorlesn. gr. 8. (32½ B.) Göttingen 830, Vandenhoeck u. Ruprecht.

—— Beiträge zur Einleit. in d. Praxis d. Civilprocesse vor deutschen Gerichten. Zum Gebr. bei Vorlesn. 2., veränd. Ausg. gr. 8. (32 B.) Göttingen 839, Vandenhoeck u. Ruprecht.

Bergmann, F.: Corpus jur. judiciarii civilis germanici academicum. Eine ausgewählte Samml. d. wichtigsten historischen u. dogmatischen Quellen d. jetz. gemeinen deutsch. Civilprocesses. ***Hann.*****, Hahn. 819. gr. 8. (2 Thl.)**

— Lehrbuch d. Privatrechts des Code Napoleon. 8. Gött. Vandenhof. 810.

Bergmann, Friedrich Christian: G r u n d r i ß einer Theorie des deutschen Civilprocesses. Zum Gebrauche bei seinen Vorlesungen. Göttingen 1827.

— — Viro Gustavo Hugoni summorum in jure honorum et munerum in Georgia Augusta sacra semisaecularia ex animo gratul. ordo jureconsult. Gottingensium. — Diss. de libello, quem Tancredus Bononiensis de judicior. ordine composuit. Götting. (H. C. Seemann) 1838. 13 S. (3.20) 2242

—— dissseritur de libello, quem Tancredus Bononiensis de judiciorum ord. composuit. 4maj. (2 B.) Gottingae 838, (Vandenhoek et Ruprecht.) *

Bergmann, Fr., s. **Pillii**, Tancredi Gratiae libri de judiciorum etc.

— **Friedrich Christian** (Zittau), De testamentifacti-Zittauiensi. Diss. Präs. Gg. Stephan Wiesand. Wittenberg (Ad. Chn. Charisius) 24. V. 1799. 32 S., teilw. dtsch. (4.80) 2243

Bergmann, F.: D. Verbot d. rückwirkenden Kraft neuer Gesetze im Privatrechte. ***Hann.*** **Hahn. 818. gr. 8. (2 Thlr. 4 Gr.)**

Bergmann, Friedrich Conrad

— **Friedrich Conrad** (Greussen/Thür.). De allegatione propriae turpitudinis. Disp. jur. Präs. Jo. Sam. Stryk. Halle (Chph. Andr. Zeitler) 29. VI. 1700. 48 S., teilw. dtsch. (5.—) 2244

— — (Oderwitz), De dignitate et praestantia medicinae. Viro . . Christian Friedrich Angermann summos in arte salutari honores 16. I. sub praesidio viri Ernst Gottlob Bose gratulat. Leipzig (Langenheim) 1756. 12 S. (3.50) 2245

Bergmann, Friedrich Conrad: De I n i e c t i o n i b u s chirurgicis. (1757.) Langenheim. 49 S. –
Leipzig, Med. Diss. v. 3. Juni 1757.

Bergmann, F. C., de necessitate atque amicitia, quae sacerdotibus cum medicis intercedit. Lips. 1736. 4.

Bergmann, Friedrich Samuel

— **Friedr. Samuel** (Görlitz), Epistola qua viro Samuel Gottlieb Froelich (Posottendorf . .) nuptias c. Rahela Dorothea vidua Jungii e gente Ehrentrautia Görlitz 6. IX. gratul. — De divisione parentum inter liberos disseritur. Lpz. (Langenheim) 1773. 8 S. (4.—) 2247

Bergmann, Friedrich Wilhelm

Bergmann, F. W., über d. Bedeutung d. Buchstaben. N. d. Franz. v. A. Reclam. 8. (2¾ B.) Leipzig 840, C. H. Reclam.

Bergmann, Frédéric, Dante, sa vie et ses œuvres. 2e édit. augmentée. 8. (XIII, 376 S.) Strassburg 881, Schmidt's Universitäts-Buchh. *
1. Aufl. ist nicht in Buchform erschienen.

Bergmann, Frdr. Wilh., die Edda-Gedichte der nordischen Heldensage. Kritisch hergestellt, übers. u. erklärt. 8. (VIII, 384 S.) Strassburg 879. Trübner. n. 8. —

Bergmann, Fréd. Guil., la Fascination de Gulfi. [Gylfa Ginning.] Traité de mythologie scandinave composé par Snorri fils de Sturla. Traduit du texte norrain en français et expliqué dans une introduction et un commentaire critique perpétuel. 2e édit. augmentée de notes additionelles et d'un répertoire général alphabétique des mots et des choses expliqués dans l'ouvrage. gr. 8. (XII, 371 S.) Strassbourg 871. (Leipzig, Brockhaus' Sortiment und Antiq.) *

—— s. Graubartslied, das.

—— der Jagdhund und der Fünfhundert-Zehn- und Fünfer in Dante's Commedia gedeutet. 8. (85 S.) Ebendas. 879. *

Bergmann, Friedr., Jonah [eine alttestamentl. Parabel], aus dem urtext übers. und erklärt. 8. (IV, 110 S.) Strassburg 885, Treuttel und Würtz. **

—— eine Kette von Liedern [bisher das Hohelied Salomo's betitelt] und der Greis Salomo [bisher der Prediger Salomo benannt], aus dem Urtext übers. und erklärt. 8. (VIII, 111 S.) Strassburg 883, Treuttel und Würtz. *

—— Weggewohnts Lied [Vegtams Kvida], Der Odins-Raben-Orakelsang [Hrafna Galdr Odins] und Der Seherin Voraussicht [Völu Spâ]. Drei eschatolog. Gedichte der Saemunds-Edda, kritisch hergestellt, übers. und erklärt. 8. (XVIII, 301 S.) Ebendas. 875. *

— le message de Skirnir et les dits de Grimnir. [Skirnisför-Grimnismâl.] Poëmes tirés de l'Edda de Saemund publiés avec des notes philologiques, une traduction et un commentaire perpétuel. 8. (X, 326 S.) Strassbourg 871. (Leipzig, Brockhaus' Sortiment und Antiquarium.) *

— de linguarum origine atque natura. Dissert. philosoph. 8maj. (3 B.) Argentorati 839, (Schmidt et Grucker.) *

— Origine, signification et histoire de la castration, de l'eunuchisme et de la circoncision. gr. 8. (74 S.) Palerme 883. (Strassburg, Treuttel und Würtz.) **
Aus: Archivio per lo studio delle tradizioni popolari, besonders abgedruckt.

Bergmann, F. G., les Scythes, les ancêtres des peuples germaniques et slaves; leur état social, moral, intellectuel et religieux; esquisse ethno-généalogique et historique. Halle 858. Schmidt. gr. 8. (XVI, 76 S.) n. 20 ngr

Bergmann, F. G., les Scythes, les ancêtres des peuples germaniques et slaves; leur état social, moral, intellectuel et religieux; esquisse ethno-généalogique et historique. 1. et 2. Edit. gr. 8. (XVI und 76 S.) Halle 860, Schmidt's Verlagsh. *

Bergmann, Friedr. Wilh., Allweise's Sprüche, Thryms-Sagelied, Hymis-Sagelied und Loki's Wortstreit. [Alvismal, Thrymskvida, Hymiskvida, Lokasenna.] Vier Eddische Gedichte des Thôr-Cyclus, kritisch hergestellt, übers. und erklärt. 8. (VIII, 304 S.) Strassburg 878, Trübner. *

— des Hehren Sprüche [Hâva Mâl] und altnordische Sprüche, Priameln und Rûnenlehren. Ethische und magische Gedichte aus der Saemunds-Edda, kritisch hergestellt, übers. und erklärt. 8. (VIII, 267 S.) Ebendas. 877. *

— s. Rig's Sprüche.

— sprachliche Studien. 3.—5. Serie. gr. 8. (16; 28; 24 S.) Strassburg 872—73, Trübner. *

Bergmann, F. W., Theorie d. prosodischen Quantität, mit besond. Anwend. auf die latein. Sprache. Nach d. Franz. von A. Reclam. gr. 8. (6½ B.) Leipzig 842, C. H. Reclam sen.

— Théorie de la quantité prosodique, basée sur l'analyse des formes grammaticales et démontrée d'abord sur la langue latine. gr. in-8. (4½ B) Strasbourg 839, (Schmidt et Grucker.)

— Thesen zur erklärung der natürlichen entstehung der ursprachen. Der 10. Generalversammlung der deutschen anthropolog. Gesellschaft in Strassburg vorgelegt. 8. (19 S.) (Ebendas.) 879. *

— Jakob's Traum zu Bethel [Genesis 28, 10—20], Jakob's Ringkampf mit Gott [Genesis 32, 24—32] und Bileam's Geschichte und Wahrsagungen [Numeri 22, 1—40; 23, 1—30; 24, 1—25], erklärt. 8. (50 S.) Palermo 884. (Strassburg, Treuttel und Würtz.) **

— s. Vielgewandt, Sprüche.

— strassburger volksgespräche in ihrer mundart vorgetragen u. in sprachl. literar. u. sittengeschichtl. hinsicht erläut. 8. (174) Strassb. 71, Trübner. n. 4. —

— strassburger volksgespräche in ihrer mundart vorgetragen und in sprachl. literar. und sittengeschichtl. hinsicht verläutert. gr. 8. (174 S.) Strassburg 873, Trübner. *

Bergmann, F. W., Zu welcher wortsippe gehoeren das griechische Poiein (machen) u. das lat. Facere (machen), u. zu welcher die gr. Wörter Polis (Stadt) u. Polemos (Krieg)? Gel. 1872. 24 S. —.75

Bergmann, Fritz [aus Berlin]: Ueber die Einwirkung von Chlor auf m-Amido-p-Kresol ... Marburg, Buchdr. F. Sömmering, 1892; 50 S., 1 Bl. 8.
Marburg, Phil. Fak., Inaug.-Diss. v. [29. Aug.] 1892

Bergmann, Fritz: Die Gesangsriege. — Die Glückssterne, s.: Vereins-Bühne.

Stiftungsfestgruss aus der Loge „Zum schwarzen Bär" im Or. Hannover. Eine Festrede des Br. Fritz Bergmann [aus d. J. 1889] mit einer kurzen Darst. seines Lebens. Hrsg. vom Br. G[eorg] Nöldeke. Hannover: Schulze 1895. 12 S. 8° [Umschlagtit.]
D. Festrede handelt von Zweck u. Ziel d. □ u. spricht den Stiftern Dank aus.

Bergmann, G v., s: Zentralblatt f. Röntgenstrahlen, Radium u. verw. Gebiete.

Bergmann, G. X., Centifolien vom Felde d. Geschichte. Das schenb. geschichtl. Erinnerungen f. d. Jahr 1841. gr. 12. (8½ B.) Münster, Deiters.

Bergmann, Gottlieb Heinrich: Primae Lineae pathologiae comparatae. Göttingen (1804:) Barmeier. VI S., S.10- 60.4°
Göttingen, Med. Diss. v. 23. Mai 1804.
Dass. Hannover: Hahn 1805.

Bergmann, F., primae lineae patholog. comparatae. 4 maj. Gotting. 804. Brose. 8 gl

Bergmann, G. H., neue Untersuchungen üb. d. innere Organisation d. Gehirns; als Beiträge zu ein. Grundlage d. Physiologie u. Pathologie ders. M. 8 lith. Taf gr. 8. (7½ B.) Hannover 831, Helwing.

Bergmann, Gust., Der Baarverkauf als die Bedingung eines gesunden Handels-Creditwesens. Aus dem Französ. 8°. Berlin 1875.

Bergmann, z. Enquête üb. e. einh. deut Eisenb.-Tarif-Syst. Strassb. 875.

Bergmann, Gust. zur Enquete üb. e. einheitliches Tarif-System auf den deutschen Eisenbahnen. — Enquête sur un système de tarifs uniforme à introduire sur les chemins de fer allemands. gr. 8. (87 S.) Berlin 876. Kortkampf. n. — 80

Bergmann G. zur industriellen Enquête. Strassburg 1877

— Erläuterung der im Sadig vorkomm. franzöf. Wörter. 8. Gbb. 790.

Bergmann, Gustav, s. Eucaedius, Aulaeum.

Bergmann, Gustav, s. Fabricius, Dion., de Pommerania.

Bergmann, G. v., Das Gebet des Herrn, oder Vaterunsersammlung in 152 Sprachen. Ruien 789. 8.

v. Bergmann, Gust., († d. 30. Juni 1814.) Geschichte v. Liefland nach Bossuetisch. Art entworfen. Angehängt sind: Biographien luther. Prediger in Liefland rc. Mit Kpf. gr. 8. Leipz. 776. Schwickert. 1 sf 12 gl

Bergmann, Gustav, Referendar: Die Haftung des Kommanditisten. Dresden 1909: Liepsch & Reichardt. 43 S. 8°
Leipzig, Jur. Diss. v. 25. Juni 1909
[Geb. 22. Juli 83 Waldheim; Wohnort: Dresden; Staatsangeh.: Sachsen; Vorbildung: Wettiner-Gymn. Dresden Reife O. 03; Studium: Kiel 1, Leipzig 7 S.; Rig. 21. Jan. 07.] [U 09. 2448

— s. Horner, Th.: Livoniae.

Bergmann, Gustav, s. Laporte, Jos. de: Reisen eines Franzosen.

Bergmann, Gust., Missa quatuor vocibus cantanda conjuncta organi voce. Partitur und Stimmen. Fol. (44 S.) Einsiedeln 869, Gebr. Benziger.
Stimmen einzeln (à 4 S.) à

Bergmann, Gustav, s. P i t t , Urian Henning.

Bergmann, Gustav: S a d i , s. B e r g m a n n : Zadig.

Bergmann, Gustav, s. S a m m l u n g Liefland. Provinz-Wörter.

— Sammt. ächt lettischer Sinngedichte. 2 Sammll. 8. Ruien. 807, 8.

— s. S c h ö n t a u b e , K.: Erfind.

[illegible], G[illegible]v [cand. med. aus Kaila]: Zur Therapie der Choroiditis. . . . München, k. Hof- u. Univ.-Buchdr. v. Dr. C. Wolf & Sohn, 1889; 23 S. 8°
München, Med. Fak., Inaug.-Diss. v. 1889

Bergmann, Gustav von, approb. Arzt: Die Überführung von Cystin in Taurin im tierischen Organismus. *Braunschweig: F. Vieweg & Sohn 1903.* (24 S.) 8°
Straßburg, Med. Diss. v. 1903

Bergmann, Gustav, s. V i t a D. ab Hilchen.

Bergmann, G., die Vorschriften über das Schiffsregister. Auf Grund amtl. Quellen und unter Benutzung der Akten des Reichsamtes des Innern, der preuß. Ministerien der Justiz und des Handels 2c. zusammengestellt und erläut. gr. 8. (VIII, 370 S. mit 1 chromolithogr. Flaggenkarte.) Berlin 884, C. Heymann's Verlag. *

— Zadig ou la destinée; histoire orientale. 16. Ruien. 789.

— Sadi, seu inexuperabilis vis fati. Historia fabularis. E gallico in latinum conversa. 16. Stanno Ruiensi. 789.

Zollsystem-Frage (Die) in Deutschland in Folge der Handelsbilanz des Deutschen Reiches (von G. B e r g m a n n). 8°. s. l. 1876.

Bergmann, G. Die Zollsystemfrage vor dem deutschen Reichstage. 8°. Strassburg 1877.

—— die zukünftigen Zollverträge auf der Grundlage autonomer Tarife der industriellen Länder des europäischen Continent. — Les conventions douanières futures basées sur les tarifs autonomes des pays industriels du continent européen. 1.—3. Aufl. gr. 8. (49 S.) Straßburg 879, Schultz und Comp. *

Bergmann, G., die zukünftigen Zollverträge auf der Grundlage autonomer Tarife der industriellen Länder des europäischen Continent. [Deutsch u. französisch.] 2. u. 3. Aufl. gr. 8. (49 S.) Straßburg 879. Schultz & Co. n. 1. 20

— **Gustav Ambrosius Wilhelm von** (Wenden/Livl.), Cogitata nonnulla circa hepatis usum physiologicum pathologicum ac therapeuticam. Dissert. med.-chir. Jena (Fiedler) 18. IV. 1798. 30 Seiten. (4.80) 2248
Gew.: Gustav v. Bergmann (Vater).

Bergmann, H., die Einheit in der Schöpfung. Die electr. Kraft d. Sonnenlichtes in ihrer Wirkg. auf das Protoplasma der Zelle, hierdurch Voraussicht u. Vermeidg. jeder intensiven Mißernte durch Auswinterg., Rost, Mehlthau 2c., anormal niedriger Erträge auch bei Rüben u. Kartoffeln 2c., Forcirg. voraussichtlich guter Ernten im Felde, Garten u. Wald. gr. 8. (VII, 179 S. m. Fig.) Danzig 892. (A. W. Kafemann.) n. 6. —

Katalog der reichen u. vorzüglichen *Sammlung von alten Kupferstichen*, Radirungen, Holzschnitten, Costümblättern u. Costümwerken, Kunstbüchern, illustrirten Prachtwerken etc., aus d. Nachlass des Hrn. *H. Bergmann* (Architekt, Oberbaurath im k. k. Ministerium d. I. etc., geb. 20. Octob. 1816 zu Prag). Versteigerung 23. Mai ff. 1887. (Kunst-Auction von *C. J. Wawra.*) Wien (Verlag dieser Firma). Gr. 8°. Gepr. schwarz. Srsb. *)
IV—231 S., enth 6017 Nrn.

Bergmann, H., Ueber die Verwendung decentrirter Brillen bei Myopie. Berlin 1873. Diss.

Bergmann, H. A., die Sterblichkeits-Verhältnisse der Stadt Magdeburg. Auf Anlaß der Magdeburger-Lebens-Versicherungs-Gesellschaft nach amtlichen Quellen dargestellt. 4. (118 S. mit 26 Tab.) Magdeburg 858, [E. Baensch.] **

Bergmann, H. Ad., Antwort auf „den ersten Brief" an die Leser der Blätter für christl. Erbauung von protestant. Freunden. gr. 8. (3 B.) Leipzig 843, Böhme. (†)

—— kritische Beleuchtung der v. J. A. Rohland gegen Dr. Bretschneider's „Unzulässigkeit d. Symbolzwangs" aufgestellten Apologie der evangel. Symbole u. des Symboleides. gr. 8. (11 B.) Quedlinburg 842, Basse.

Bergmann, H. A., Blumenlese aus der Jesuiten-Moral. Originaltext mit deutscher Uebersetzung. 8. (67 S.) Erfurt 853, Hennings und Hopf.

Bergmann, HA, Blumenlese a. d. Jesuiten-Moral. 8. (67) Erf. 53. (Lpzg, Wolf.) (?) — 10

—— es ist nur ein einiger Gott! Od. die Lehre der Augsburg. Confession v. einem dreieinigen Gotte vor dem Richterstuhle d. Bibel u. d. Geschichte. gr. 8. (5³/₄ B.) Leipzig 843, Böhme. (†) -

Bergmann, H. A., die Jesuitenpest. Nebst einem Anh., enth. Breve d. Papstes Clemens XIV., die Unterdrückung der Jesuiten u. Verordnung des Papstes Pius VII. die Wiedereinsetzung derselben betreffend. gr. 8. (84 S.) Berlin 852, Gebauer. — 2. unveränd. Abdr. gr. 8. (84 S.) Ebd. 852. ½ ℛ

— die Jesuitenpest. Nebst einem Anhange enthaltend Breve des Papstes Clemens XIV. die Unterdrückung der Jesuiten und Verordnung des Papstes Pius VII. die Wiedereinsetzung derselben betr. 2. (Titel-) Aufl. Berlin (852) 856. Gebauer. (Streerath u. Co.) gr. 8. (1 Bl., 84 S.) 10 ngr

—— die geheimen Instructionen für die Gesellschaft Jesu. Oder: die Staat und Kirche bedrohenden Pläne des Jesuitenordens. Der Gegenwart zur ernsten Erwägung vorgeführt im lat. Urtexte und deutscher Uebersetzung. gr. 8. (VIII und 86 S.) Erfurt 853, Hennings und Hopf.

—— d. geh. Instructionen f. d. Ges. Jesu. 8. (86) Erf. 53. (Lpzg, Wolf.) (?) — 10

Bergmann, H. A., die geheimen Instructionen für die Gesellschaft Jesu. Oder: die Staat u. Kirche bedrohenden Pläne d. Jesuitenordens. Der Gegenwart zur ernsten Erwägung vorgeführt in deutscher Uebersetzung aus dem latein. Urtexte. 3. Aufl. Leipzig 867. O. E. Wolf. gr. 8. (XI, 51 S.) 7½ ngr

Bergmann, H. A., die Parteigänger d. Finsterniß in d. protestant. Kirche, nach ihrem Wesen, Streben u. Treiben dargest. gr. 8. (10 B.) Weimar 841, Voigt.

—— Predigten. gr. 8. (4½ B.) Erfurt 845, Otto. *

—— Stimme d. Zeit üb. d. röm. Papstthum, hervorgerufen durch d. Ereignisse zu Köln. 1.-u. 2. Ausg. gr. 8. (à 5½ B.) Weimar 838, 41, Voigt.

Bergmann, H. A., was uns in der Gegenwart obliegt, wenn der Segen der Reformation uns u. unseren Nachkommen verbleiben soll. Predigt am Reformationsfeste 1844. 2. Aufl. 8. (1 B.) Erfurt, Expedition der Thüringer Chronik. *

Bergmann, H. G., Anweis. zum Guitarrespielen. 4. Halle 802. Hendel. 12 gr

Bergmann, H. G., s. B e r g m a n n , Heinrich Wilhelm

Bergmann, Heinr., erzhaltiges Gestein der verschiedensten Fundorte aufgeschichtet. gr. 8. (220 S.) Hannover 878. Klindworth. n.n. 3. 50

Bergmann, *Heinrich* [Godesberg a. Rh.]: Ueber veraltete traumatische Hüftgelenks-Luxationen . . . Würzburg, Druck d. Köhl & Hecker'schen Buchdr., 1894; 32 S. 8.
Würzburg, Med. Fak., Inaug.-Diss. v. 1894

Bergmann, Heinr., chemisch-technisches Receptbuch für die gesammte Metallindustrie. Eine Sammlung ausgewählter Vorschriften für die Bearbeitung aller Metalle, Decoration und Verschönerung daraus gefertigter Arbeiten, sowie deren Conservirung. Ein unentbehrl. Hilfs- und Handbuch für alle Metalle verarbeitenden Gewerbe. 8. (III, 288 S.) Wien 887, Hartleben. *

Bergmann, Heinr., chemisch-technisches Rezeptbuch für die gesamte Metallindustrie. Eine Sammlung ausgewählter Vorschriften f. die Bearbeitg. aller Metalle, Dekoration u. Verschönerg. daraus gefertigter Arbeiten, sowie deren Konservierg. Ein unentbehrl. Hilfs- u. Handbuch f. alle Metall verarbeit. Gewerbe. 2., vollständig umgearb. Aufl. (VI, 327 S.) 8. Wien 904. A. Hartleben. n. 4. —; geb. n. 4. 80

Bergmann, Heinrich Wilhelm
— **Heinr. Wilhelm** (Rodenberg/Schaumburg), Observationes practicae de arteriis subligandis et comprimendis. Diss. med.-chir. Göttingen (J. C. Baier) 4. VIII. 1814. 30 S. (4.—) 2249

Bergmann, H. G., observationes practicae de arteriis subligandis et comprimendis. 8 maj. Gött. 814. Brose. 3 ℛ

Bergmann, Hermann
Bergmann, Herm. Statistische Erhebungen in der Elementarklasse. Eine psycholog. Studie. gr. 8. (23 S.) Weimar 891, Böhlau. * — 40
Aus: Kirchen- u. Schulblatt, besonders abgedruckt.

Bergmann, H., die Lage der Landwirthschaft mit ihren Gewerben der Spiritus- und Zuckerindustrie. Vorschläge zu deren Steuerreform. gr. 8. (39 S.) Danzig 887, (Kafemann.) *

Bergmann, Hermann (Hrsg.), s. L a n d w i r t , Der praktische.

Bergmann, Hermann Arthur, Referendar: Der außergerichtliche Vergleich. Leipzig 1909: Metzger & Wittig. 35 S. 8°
Leipzig, Jur. Diss. v. 20. Aug. 1909
[Geb. 13. Okt. 82 Leipzig; Wohnort: Waldenburg i. Sa.; Staatsangeh.: Sachsen; Vorbildung: Nikolaisch. Leipzig Reife O. 03; Studium: Leipzig 8 S.; Rig. 21. Jan. 08.] [U 10. 2659

Bergmann, Hugo: Die Atomtheorie im 19. Jahrhundert – ein Beitrag zur Problemgeschichte der Philosophie.
Phil. Diss. Prag 1904/05.

Bergmann, Hugo: Bolzanos Beiträge z. philosoph. Grundlegg d. Mathematik. [Aus: „B., das philosoph. Werk Bolzanos".] (67) gr8° Halle, M Niemeyer '09. 2 —

Bergmann, Hugo, Sagen u. Geschichten Niedersachsens. (VII, 84 S.) Lex.-8. Frankfurt a/M. 904. Mahlau & Waldschmidt. n. 2. —; geb. n. 3. —

Untersuchungen zum Problem der Evidenz der inneren Wahrnehmung v. Dr. Hugo Bergmann. Halle: M. Niemeyer 1908. (VIII, 96 S.) 8° [08. 13282] 3

— Das philosoph. Werk Bernard Bolzanos, m. Benutzg ungedr. Quellen kritisch untersucht. Nebst e. Anh.: Bolzanos Beitr. z. philosoph. Grundlegg d. Mathemathik. (14, 230) gr8° Ebd. '09. 7 —

Bergmann, (J.), Samml. der vorzügl. Merkwürdigkeiten des Großherzogth. Baden, in Bezug auf Kunst u. Geschichte. 1r Bd. 6 Hefte. gr. Fol. Constanz 825, 26. (Seemüller). 4 ℛ

Bergmann, J., u. O. Bergmann, der Stellmacher u. Schmied im Wagenbau. Bearb. f. den Unterricht an Fach-, Gewerbe- u. Fortbildungsschulen wie für die Praxis, unt. Mitwirkg. e. Schulmannes. 48 Taf., enth. die Darstellung der wichtigsten Last-, Geschäfts- u. Luxuswagen, sowie neue prakt. Erfindgn. u. Verbessergn. im Wagenbau nebst den Rohbau d. Wagen erklär. Text. 1. Tl. Lastfahrzeuge. (16 Taf.) gr. Fol. Nebst Text. (73 S.) gr. 8. Dresden 903. (A. Müller-Fröbelhaus.) In Mappe n. 10. —

Bergmann, J., Stimmen v. Pöltenberge. 8. (63 S.) Dresden 898. E. Pierson. n. 1. —; geb. n. 2. —

Bergmann, J., die Zahnpflege. (Umschlag: 2. Aufl.) (36 S. m. Abbildgn.) 8. Osnabrück (906). F. Schöningh. n. — 40

Bergmann, J. G., s.a. B e r g e m a n n , Johann Georg

Bergmann, J. G., Jahrbuch d. Geschichte. Eine Uebersicht der merkwürd. neuesten Ereignisse in Natur, Leben, Staat, Kirche, Wissenschaft u. Kunst. 1n Bdes 1e u. 2e Hälfte. gr. 8. Leipz. 820, 21. (Prag, Calve). 2 ℛ 8 ℊ

Bergmann, Dr. J. H. J a h r b u c h d e r Z e i t g e s c h i c h t e. Eine Uebersicht der merkwürdigsten neuesten Ereignisse in Natur, Leben, Staat, Kirche, Wissenschaft und Kunst. (I. Bd. 1. Hälfte.)
Leipzig (Prag Calve.) 1820.

Bergmann, Ignaz
Bergmann, J., e. B e i t r a g zur Prophylaxe der Diphtherie. [Aus: „Kinderarzt".] gr. 8. (4 S.) Leipzig 894. Verl. des Reichs - Medicinal - Anzeigers, B. Konegen. n. 1. —

— üb. M a g e n s a f t f l u s s. [Aus: „Allg. med. Central-Zeitg."] gr. 8. (6 S.) Berlin 893. O. Coblentz. n. 1. —

Bergmann, J., Medizin od. Wasserheilkunde? E. Wort z. Klärg. u. Aufklärg. Nebst Betrachtg. üb. d. Behring'sche Heilserum. gr. 8. (31 S.) [Neuwied 895. Heuser's Verl.] Leipzig, M. Spohr. — 75

Bergmann, Ignaz: M e d i z i n oder Wasserheilkunde?
1891/95. Jetzt: Leipzig: E. Fiedler.

— e. neuer Vorschlag z. Prophylaxe geg. Diphtherie. 8° (8) Berl. 94, O Coblentz. 1 —

Bergmann, Jo. Joseph Gottfried
— **Jo. Joseph Gottfried** (Jena), Plethorae naturam causas effectus et curationem. Diss. med. Präs. Christ. Gottfr. Gruner. Jena (Strauss) 30. XII. 1779. 28 S. (5.—) 2254

Bergmann, Johann: M e d a i l l e n . . . , s. B e r g m a n n , Josef

Bergmann, Johann Georg, s. B e r g e m a n n , Johann Georg

Bergmann, Johann Gottfried
— **Johann Gottfried** (Leipzig), Friderici III sapientis, principis, elect. Sax. vita breviter conscripta, qua viro . . Fried. Heinr. Innocent. Apel (Trautzen . .) gratulat. ex officina Joh. Christ. Otto 31. VIII. 1801. 22 S. (4.—) 2251

Bergmann, Johann Heinrich
— — Opusculum de jure singulari personarum excellentium. Göttingen (auctoris; litteris Geidner, Frankenhausen) 1759. 13 Bl. 47 S. (5.50) 2253
Gew.: Rud. Joh. v. Wrisberg, Gerl. Ad. u. Phil. Ad. v. Münchhausen, Ernst v. Steinberg, Carl Diede z. Fürstenstein, Aug. Wilh. v. Schwicheldt, Joh. Clamer Aug. v. d. Bussche, Lev. Ad. Hake, Buro. Chn. v. Behr.

Bergmann, J. H., opuscul. de jure singular. person. excellent. 4. Nordhaus. 759. Gross. 3 ℛ

Bergmann, Johann Theodor, s.a. B e r g m a n n , Iwan Theod.

Bergmann, Jh. Thdr., Commentatio de litterar. conditione apud Romanos inde a bello Punico primo usque ad Vespasianum Caesarem, praemio ornata. 4 maj. Leyd. 819. (Leipz., Weigel). 1 ℛ

– s. G r o t i u s , H.: De veritate religionis.

– s. R u h n k e n , D.: Elogium.

Bergmann, J. Thdr., Supplementa annotationis ad elogium Tiberii Hemsterhusii, auctore Dav. Ruhnkenio, et ad vitam Davidis Ruhnkenii, auctore Dan. Wyttenbachio, cum auctario ad Ruhnkenii opuscula et epistolas. Accedunt nonnulla ad vitam Danielis Wyttenbachii, auctore Guil. Leonh. Mahnio. gr. 8. (124 S.) Leiden 874, Brill. **

Bergmann, Jh. Thdr., s. Dan. W y t t e n b a c h , vita Dav. Ruhnken.

Bergmann, Johannes [aus Heiligenstadt, Eichsfeld]: Untersuchungen über die Hughes'sche Induktionswage .... Halle, Druck v. Hermann Köhler, 1885; 4 + 42 S. u. 1 Taf. 8°.
Halle, Phil. Fak., Inaug.-Diss. v. 19. Okt. 1885.

Bergmann, Johannes Untersuchungen über die Hughes'sche Induktionswage. Diss. Halle 1885, Lippertsche Buchh. 8°. 42 S. mit einer Taf.

Bergmann, Josef
Bergmann, Jos., († d. 20. Sept. 1803.) Anfangsgründe d. Naturgeschichte d. drei Naturreiche. 3 Thle. gr. 8. Mainz 782-83. Kupferberg. 1 ₰ 12 K

Bergmann, Jos., Anfangsgr. der Naturgesch. 3 Thle. gr. 8. Frankf. Andreä. 787.

Bergmann, Joseph: Aus der Universitäts-Augenklinik in Freiburg i. B. Die operative Behandlung des durch chronische Blepharitis entstandenen Ektropiums. Berlin 1906: A. Liedes. (28 S.) 8°
Freiburg i. B., Med. Fak., Ref. Axenfeld, Diss. v. 1906
[Geb. 23. Dez. 80 Przeworsk; Wohnort: Freiburg i. B.; Staatsangeh.: Österreich; Vorbildung: Königsstädt. Gymn. Berlin Reife O. 01; Studium: Berlin 8, Freiburg i. B. 1 S.; Coll. 26. Jan. 06.]

Bergmann, Jos., Beiträge zu einer kritischen Geschichte Vorarlbergs und der angrenzenden Gebiete besonders in der ältesten und älteren Zeit. Mit 1 (lith.) Abbildg. u. 2 Stammtaf. (Aus den Denkschriften d. k. Akad. d. W.) Wien 853. (Gerold.) Imp.-4. (186 S.) n. 4 ₰ 10 ngr

Bergmann, Jos., die Belagerung u. der Entsatz der Stadt Bregenz im J. 1408 u. deren Retterin Ehrguta m. ihrem vermeintl. Denkmale. Mit 1 Taf. (in Zinkdr.) [Aus den Sitzungsber. 1852 d. k. Akademie d. Wiss.] Lex. 8. (20 S.) Wien 852. (Braumüller.) n. 1/6 ₰

(F) Dr. Josef Ritter von Bergmann und seine Briefe an Gebhard Flatz. Herausgegeben von Caspar Schwärzler in Bregenz. Separatabdruck aus dem „Bote für Tirol und Vorarlberg“ Jahrgang 1899. Innsbruck. 1899. Wagner 16°. 82 S. fl. —.30

— Bericht über Karl von Savas „Bemerkungen über Waffen, Rüstung und Kleidung im Mittelalter mit Rücksicht auf die österreichischen Fürstensiegel“. S. 3. 50 . vgr.
Separatabdruck

— Bericht über Pipitzs „Die Grafen von Kyburg“. S. 2. 100 . . . . vgr.
Separatabdruck

— Bericht über Schweitzers *„Serie delle monete e medaglie d'Aquileja e di Venezia“* Vol. I. S. 5. 140 . . . . vgr.
Separatabdruck

Beschreibung des von der Prämiierungs-Kommission der Landwirtschaftskammer für die Provinz Hannover im Jahre mit einem 1. Preise von 600 M. ... prämiierten bäuerlichen Wirtschaftsbetriebes des Hofbesitzers Hermann Weyer in Duisenburg bei Bawinkel bearb. von Gen.Sekr. [Josef] Bergmann in Osnabrück. Hannover: Landwirtschaftskammer 1906. 16 S. 8°
(Arbeiten d. Landwirtschaftskammer f. d. Prov. Hannover. II. 16.) (09. 11136 7

Bergmann, Jos., s. Bibliothek des litterarischen Vereins in Stuttgart XII.

—— der Genealog Gabriel Bucelin, Benedictiner zu Weingarten und Prior zu St. Johann in Feldkirchen. Lex.-8. (14 S.) Wien 861, (Gerold's Sohn.) *

Bergmann, Josef, s. Bruchhausen, Ant.: Anweis. z. Physik.

— Bulle des Papstes Alexander IV., ddo. Anagni 25. Juli 1256 für das Frauenkloster zu Pfullingen. Ar. 5. 317 . . . . vgr.
Separatabdruck

— Darstellung mehrerer bisheriger Systeme für Anordnung von Sammlungen mittelalterlicher u. moderner Münzen u. Medaillen u. Begründung e. wissenschaftlichen Systems von Kaiser Karl dem Grossen bis auf unsere Tage. [Abdr. aus den Denkschriften der k. Akad. der Wiss.] Ebend. 865. gr. 4. (50 S.) n. 25 ngr

Bergmann, Jos., zwei Denkmale in der Pfarrkirche zu Baden. I. Für Paul Rubigall den Jüngeren [† 1576] und II. für Hieron. Salius v. Hirschperg [† 1555] nebst einer Medaille auf den Kanzler Jos. Zoppl vom Hauss und seine Gemahlinn Euphrosyne Salin v. Hirschperg vom J. 1575. Lex.-8. (20 S. mit 2 Kpfrt.) Wien 859(61), (Gerold's Sohn.) * *
Aus: Sitzungsberichte der k. Akad. der Wissenschaften Jahrg. 1859, besonders abgedruckt.

Bergmann, Jos., Dies u. Das. Gedichte. 12. (95 S.) Karlsbad 890. Jakob. n. 1.—

—— die Edlen von Embs zur Hohenembs in Vorarlberg. Dargelegt und beleuchtet in den Ereignissen ihrer Zeit, vom J. 1170—1560. Imp.-4. (102 S. mit eingedr. Holzschn.) Wien 860, (Gerold's Sohn.) *
Aus: Denkschriften der k. Akad. der Wissenschaften, besonders abgedruckt.

— Einleitung zu Andreas Schmellers cimbrischem Wörterbuch (mit 3 Kärtchen). S. 15. 60 . . . . vgr.
Separatabdruck

— chronologische Entwicklung sämmtlicher Pfarren u. ihrer Filialen wie auch der Klöster in den sechs Decanaten Vorarlbergs. Mit topograph.-histor.-statist. Anmerkungen u. e. Anh. über den Namen „Vallis Drusiana.“ [Aus der Denkschr. der k. Akad. der Wiss. zu Wien.] Ebend. 866. gr. 4. (34 S.) n. 18 ngr

→ Jos. v. Bergmann, Ein lateinisches Epitaphium Neidhards. (l. c. XV, XVI—XVIII.) (Ebd.)

Bergmann, Jos., erfunden u. empfunden. Gedichte. 8. (184 S.) Prag 883. Rytka. n. 1. 20

— Über Friaul und die Herzoge von Kärnten, besonders nach dessen Trennung von Bayern im Jahre 925 bis auf die Herzoge aus dem Hause Eppenstein. Ar. 3. 289 . . . . vgr.
Separatabdruck

— Erzherzog Friedrich von Oesterreich und sein Antheil am Kriegszuge in Syrien im J. 1840. Aus den besten Quellen. Mit 1 (lith.) Medaillen-Taf. (Aus d. 10. Hefte der Medaillen auf berühmte Männer des österreich. Kaiserstaates.) Wien 857. Tendler u. Co. gr. 4. (2 Bl., 86 S.) n. 24 ngr

Bergmann, J., Gedichte u. Gedanken, s.: Volksbibliothek, katholische. I, 22.

BERGMANN, JOSEPH: Die Marianische Gnadenburg auf dem Mutter Gottes-Berge bei Grulich. Wien 1882. Druck u. Verlag v. Ludwig Mayer. 18 S. - kl. 8°

BERGMANN, Joseph (Amberg): Über die Grösse des Herzens bei Menschen und Tieren.- München: Wolf 1884. 34 S., 1 Bl.
4.7.1884 - Urk (Titel: De magnitudine cordis hominum et animalium.); Chr 1884/85,19
Diss. Ingolst.-Landsh.-Mchn.

— über K. Carl's VI. Rath und Hof-Antiquarius Carl Gustav Heraeus, dessen Stammbuch und Correspondenz. Ein Beitrag zur Geschichte des k. k. Münz- und Antiken-Cabinets. (Mit 1 lith. Taf.) (Aus d. Sitzungsberichten d. k. Akad. d. W.) Wien 854. (Gerold.) gr. 8. (89 S.) n. 20 ngr

v. Bergmann, Jos., Nachtrag zur Biographie des kaiserl. Rathes, Münzen- u. Antiquitäten-Inspectors Carl Gust. Heraeus. [Aus den Sitzungsber. der k. k. Akad. der Wiss.] Wien 870. Gerold's Sohn in Comm. gr. 8. (32 S.) n. 4 ngr

— über die Historia metallica seu numismatica austriaca und Heraeus' zehn Briefe an Leibnitz. (Aus d. Sitzungsberichten d. k. Akad. d. W.) Ebend. 855. gr. 8. (39 S.) n. 7½ ngr

Bergmann, Jos., die Reichsgrafen von und zu Hohenembs in Vorarlberg. Dargestellt und beleuchtet in den Ereignissen ihrer Zeit, vom J. 1560 bis zu ihrem Erlöschen 1759. Mit Rücksicht auf die weibl. Nachkommen beider Linien von 1759—1860. gr. 4. (124 S.) Wien 861, (Gerold's Sohn.) *
Aus: Denkschriften der k. Akad. der Wissenschaften, besonders abgedruckt.

—. Der zu Bregenz gefundene römische Inschriftenstein des Drusus Cäsar (mit 1 Faksimile). S. 29. 70 . . . . —.30
Separatabdruck

Bergmann, Jos., f. jung u. alt. Gedichte. 12. (86 S.) Salzburg 894. A. Pustet. n. — 80

— Über die vorgelegten Kartchen der *sette e tredici Comuni* und Bemerkungen über Friaul, besonders über das Kloster Mosach. S. 3. 83 . . . . vgr.
Separatabdruck

Bergmann, Joseph, k. k. Rath. Früheste Kunde über den Bregenzorwald und die Stiftung des Klosters Mehrerau, so wie auch über das Erlöschen der alten Grafen von Bregenz im zwölften Jahrhundert. (Besonders abgedruckt aus dem 118. Bd. der: „Jahrbücher der Literatur“.) 8. Wien 1847.

Bergmann, Jos. Ritter v., Landeskunde von Vorarlberg. gr. 8. (VIII, 128 S. mit 1 chromolithogr. Karte in hoch 4.) Innsbruck 868, Wagner'sche Universitäts-Buchh. *

Bergmann. Josef [aus Nabburg]: Zur Lehre von den nach psychischen Erregungen auftretenden Neurosen . . . . Erlangen, Druck d. Univ.-Buchdr. v. Junge & Sohn, 1887; 22 S. 8°
Erlangen, Med. Fak., Inaug.-Diss. v. 4. Jul. 1887

— Lehrsätze mit Anwend. aus d. Experimentalphysik. 4. Mainz 784.

— I. Leibnitz als Reichshofrath in Wien und dessen Besoldung. (Mit 9 Beilagen.) — II. Ueber den kaiserlichen Reichshofrath nebst dem Verzeichniss der Reichshofraths-Präsidenten von 1559—1806. (Aus d. Sitzungsberichten d. k. Akad. d. W.) Wien 858. Gerold in Comm. gr. 8. (31 S.) n. 5 ngr

—— Leibnitz in Wien, nebst fünf ungedruckten Briefen desselben über die Gründung einer kais. Akademie der Wissenschaften an Carl Gust. Heräus in Wien. Mit Anmerkungen. Lex.-8. (24 S.) Wien 854, (Gerold's Sohn.) *

Bergmann, Jos., kleine Leute, s. a. Zu Lehr u. Wehr. 6. Bdchn.

Bergmann, Jos., kleine Leute. Gedichte. 12. (79 S.) Prag 881. Kytka. n. — 80

—— Liturgik. Zum Gebrauche für die kathol. Jugend an Volks- und Bürgerschulen. 2. Aufl. 16. (IV, 93 S.) Ebendas. 883. *

Bergmann, Jos., Liturgik. Zum Gebrauche für die kathol. Jugend an Volks- und Bürgerschulen. 16. (99 S.) Prag 879, Kytka. *

Bergmann, Jos., Liturgik. Zum Gebrauche für die kathol. Jugend an Volks- und Bürgerschulen. 3. Aufl. 8. (61 S.) Prag 888, Kytka. cart. **

— Liturgik. Zum Gebrauche für die kathol. Jugend an Volks- und Bürgerschulen. 3., verb. Aufl. 8. (62 S.) Prag 889. Kytka. cart. n.n. — 50

—— Liturgik. Zum Gebrauche f. die kathol. Jugend an allgemeinen Volks- u. Bürgerschulen. 4. verb. Aufl. 12. (62 S.) Prag 892, Kytka. cart. ** — 50

Bergmann, Jos., Liturgik. Z. Gebr. f. d. kathol. Jug. an allgem. Volks- u. Bürgerschulen. 5., unveränd. Aufl. M. 33 approb. Ill. 12. (VIII, 68 S.) Prag 896. F. Kytka. Kart. n. — 60

Bergmann, J: Liturgik. Zum Gebr. f. d. kathol. Jugend an allg. Volks- u. Bürgersch. 5. Afl. 12° (68 m. Abb.) Prag 99, F Kytka. Kart. — 60

Bergmann, P. Josef, Liturgik. Zum Gebrauche für die katholische Jugend an allgemeinen Volks- und Bürgerschulen. 6., verbesserte Auflage. Mit 33 Illustrationen. Prag. F. Kytka. 1903. Preis 50 h, gebunden 60 h.

Dieses Lehrbuch wird zum Unterrichtsgebrauche an allgemeinen Volks- und Bürgerschulen mit deutscher Unterrichtssprache innerhalb der Erzdiözesen Prag und der Diözesen Budweis, Königgrätz und Leitmerits neben der früheren Auflage desselben für zulässig erklärt.

Der Gebrauch dieses Lehrbuches an allgemeinen Volks- und Bürgerschulen mit deutscher Unterrichtssprache in anderen Diözesen wird gestattet, wenn dasselbe von den betreffenden Ordinariaten für zulässig erklärt wird.

(Min.-Erl. vom 10. Juni 1903, Z. 18079.)

Bergmann, Jos., Medaillen auf berühmte u. ausgezeichnete Männer d. oesterr. Kaiserstaates vom XVI bis zum XIX. Jahrh. In treuen Abbildgn. mit biograph.-histor. Notizen. 1. Bd. 4. (38½ B., 14 Kpfrt. u. 2 Tab. in Fol.) Wien 844, Tendler u. Comp.

Bergmann, Jos., Medaillen auf berühmte und ausgezeichnete Männer des österr. Kaiserstaates, vom XVI bis zum XIX. Jahrhunderte. In treuen Abbildgn., mit biographisch-histor. Notizen. 6—8. Heft oder 2. Bd. 1—3. Heft. 4. (S. 1—240 und 6 Stat.) Wien 845—49, Tendler und Comp.
1. Bd. Ebendas. 1844. 7 Thlr.

— Medaillen auf berühmte und ausgezeichnete Männer des österreich. Kaiserstaates vom 16. bis zum 19. Jahrh. In treuen Abbildgn., mit biographisch-histor. Notizen. 9. u. 10. oder 2. Bdes. 4. u. letztes Heft. Wien 854, 57. Tendler u. Co. 4. (VIII, S. 247—586. u. 5 lith. Taf.) Jede Liefg. n. 2 ß 10 ngr; complet jetzt n. 7 ß 15 ngr; Personen- u. Ortsverzeichniss dazu einzeln n. 15 ngr

—— vollständiges Personen- und Ortsverzeichniss dazu. 4. (S. 587—681.) Wien 858, [Gerold's Sohn.] * .

— Leibnitzens Memoriale an den Kurfürsten Johann Wilhelm von der Pfalz wegen Errichtung einer Akademie der Wissenschaften in Wien vom 2. Oktober 1704. S. 16. 3 . . . . — 30
Separatabdruck

— Das dem hl. Gallus geweihte Benediktinerkloster Mosach, jetzt Moggio di sopra in Friaul. Ar. 3. 26 . . . . vgr.
Separatabdruck

— über die Münzen Graubündens. [Aus den Sitzungsberichten d. kais. Akad. d. Wiss. 1851 abgedr.] gr. 8. (47 S. m. eingedr. Holzschn.) Wien 851. (Braumüller.) n. ⅓ ß

—— über die Münzen Graubündens. gr. 8. (47 S. mit eingedr. Holzschn.) Wien 852, (Gerold's Sohn.) *

—— Necrologium Augiae majoris Brigantinae, s. Necrologium.

— zu Nutz u. Kurzweil, s.: Zu Lehr u. Wehr. 1. Bdchn.

—— Palästina und die angrenzenden Länder. Für die Schüler der oberen Volksschulklassen zusammengestellt. Hierzu 1 (chromolithogr.) Karte von Palästina (in gr. 4.). 8. (87 S.) Reichenberg 876, Jannasch. *

—— Pflege der Numismatik in Oesterreich im XVIII. Jahrhundert mit besond. Hinblick auf das k. k. Münz- und Medaillen-Cabinet in Wien. Mit erläut. Anmerkungen. Lex.-8. (80 S.) Wien 856, (Gerold's Sohn.) *

—— Pflege der Numismatik in Oesterreich im XVIII. und XIX. Jahrhunderte. Das k. k. moderne Münz- und Medaillencabinet von 1783 bis 1798, und das k. k. Münz- und Antikencabinet unter Dir. Neumann von 1798 bis 1816. Mit einem Anhange über die Beamten an diesem k. k. Institute unter und nach Neumann. III. Lex.-8. (64 S.) Wien 858 (Gerold's Sohn.) Thlr. **
Aus: Sitzungsberichte der k. Akad. der Wissenschaften Jahrg. 1858, besonders abgedruckt.

—— Pflege der Numismatik in Oesterreich im XVIII. Jahrhundert mit besond. Hinblick auf das k. k. Münz- und Medaillen-Cabinet in Wien. Mit erläut. Anmerkungen. II. Lex.-8. (78 S. mit 1 Kpfrt.) Wien 857, (Gerold's Sohn.) **
Aus: Sitzungsberichte der k. Akad. der Wissenschaften Jahrg. 1857, besonders abgedruckt.
I. Ebendas. 1856. * 15 Ngr.

—— Pflege der Numismatik in Oesterreich durch Private vornehmlich in Wien bis zum J. 1862. (4. Abthl.) Lex.-8. (77 S.) Wien 863, (Gerold's Sohn.) **
Aus: Sitzungsberichte der k. Akad. der Wissenschaften, Jahrg. 1863, besonders abgedruckt.

— Jos. (Schleiz), De praegustu vitae aeternae, qua vera sententia declaratur, ea vero quam Georgius Keithus, ex quakeris unus, propugnat, refutatur. Präs. Joh. Wilh. Bajer. O. O. u. J. 76 Seiten. (4.—) 2255

— Das slavische Resiatal (mit 1 Kärtchen). Ar. 3. 253 . . . . vgr.
Separatabdruck

— über die Freiherren u. Grafen zu Rogendorf Freiherren auf Mollenburg. [Aus den Sitzungsberichten 1851 d. kais. Akad. d. Wiss. abgedr.] Lex. 8. (110 S.) Wien 851. (Braumüller.) n. 16 ngr.

—— über die Freiherren und Grafen zu Rogendorf Freiherren auf Mollenburg. Lex.-8. (110 S.) Wien 852, (Gerold's Sohn.) *

— Die deutsche Gemeinde Sappada nebst Sauris in der Pretura Tolmezzo in Friaul (mit 1 Kärtchen). Ar. 3. 256 . . . . vgr.
Separatabdruck

Bergmann, J: Zuaimer Schnecken. (Gedichte.) 8° (62) Salzbg 98, A Pustet. 1 —

— Sprüche u. Stiche, s.: Volksbibliothek, katholische. II. 11.

—— vom Sprudel her. Gedichte. 2. verm. Aufl. 12. (132 S.) Karlsbad 885, Knauer. *

— Das deutsche Timau oder Tamau im Distrikte Paluzza (mit 1 Kärtchen). Ar. 3 890 . . . . vgr.
Separatabdruck

Bergmann, Joseph: Topographie der VII. und XIII. Comuni in den venetianischen Alpen, nebst 2 Kärtchen. ([S.-A.] Archiv für Kunde österreichischer Geschichtsquellen. Bd. 2. Heft 1 u. 2. 1849.) Wien 1849. 41 S.
an: Bergmann: Untersuchungen über die sog. Cimbern in den Sette Comuni. 1848. 8°.

Bergmann, Josef (Hrsg.), s. Ulrich von Liechtenstein: Itwitz.

— kurz. Unterr. in d. Naturwissensch. f. Kinder. 8. Mainz, Varrentrapp. 785.

— s. Unterricht in d. Naturwissenschaft.

Bergmann, Joseph, k. k. Rath, Custos und wirkl. Mitglied der kais. Akademie der Wissenschaften. Historische Untersuchungen über die heutigen sogenannten Cimbern in den Sette-Comuni. (Aus dem 120. und 121. Bde. der „Jahrbücher der Literatur".) 8. Wien 1848.

Bergmann, Joseph. Untersuchungen über die freien Walliser oder Walser in Graubündten und Vorarlberg. Mit 1 Karte. 8. Wien 1844.

Bergmann, Joseph. Urkunden der vier vorarlbergischen Herrschaften und der Grafen von Montfort. Mit topographisch-historischen Erläuterungen. (Aus dem 3. und 4. Heft des I. Jahrg. des von der k. Akademie der Wissenschaften herausgegebenen „Archivs für Kunde österreichischer Geschichtsquellen" besonders abgedruckt.) 8. Wien 1851.

— Über die in Bregenz im Jahre 1590 aufgefundene Votiv-Ara des Mercurius Arcecius. S. 7. 229 . . . . vgr.
Separatabdruck

— Über das Wappen der Stadt Bregenz und der vorarlbergischen Herrschaften und über die Grafen von Montfort-Bregenz-Pfannberg bis 1596. I. Das Wappen der Stadt und Grafschaft Bregenz, nebst Bemerkungen über die Wappen der anderen vorarlbergischen Herrschaften. II. Ursula, Gräfin von Pfirt, und ihr zweiter Gemahl Wilhelm Graf von Montfort-Bregenz. III. Vermählung des Grafen Wilhelm III. von Montfort-Bregenz und seines Sohnes Hugo mit den Gräfinnen Margareta der Älteren und der Jüngeren von Pfannberg. IV. Hugo, Graf von Montfort-Bregenz, der Minnesänger. V. Die letzten Herren von Stadeck und ihre Erben, die Grafen von Montfort-Bregenz-Pfannberg, in der Steiermark bis 1596. — Urkunden (mit 2 Stammtaf.). S. 9. 791 . . . . 1.70
Separatabdruck

— Inauguralfrage: Was die Thiere gewiß nicht u. was sie am wahrscheinlichsten seyen. 8. Mainz 784.

Bergmann Josef Ritter von, Dr.: Die Wiedertäufer zu Au im inneren Bregenzerwalde und ihre Auswanderung nach Mähren im Jahre 1585. S. 1. 49 . . . . vgr.
— Urkunden der 4 vorarlbergischen Herrschaften und der Grafen von Montfort. 1. Teil. Ar. 1. Heft III. 40 . . . . vgr.
— — 2. Teil. Ar. 1. Heft IV. 3 . . . . vgr.
Separatabdruck

Bergmann Juda: Beiträge zur Geschichte der altchristlichen und agadischen Literatur.
1897 PN 1081 Diss. Wien, Univ.

Bergmann, Julius: Aus der chirurgischen Universitäts-Poliklinik zu München. Über Airol. *Mühlhausen i. Th. 1898: Röth & Köhler.* (30 S.) 8°
München, Med. Diss. v. 1898

Bergmann, J., jüdische Apologetik im neutestamentl. Zeitalter. (IX, 168 S.) gr. 8. Berlin 908. G. Reimer. 8. 50

Bergmann, J., zur Beurtheilung d. Kriticismus vom idealistischen Standpunkte. gr. 8. (IX, 192 S.) Berlin 875. Mittler & Sohn. n. 3. —

Bergmann, Jul., Geschichte der Philosophie. 2 Bde. gr. 8. Berlin, E. S. Mittler & Sohn. n. 18. —; geb. in Halbfrz. n.n. 21. 75
1. Die Philosophie vor Kant. (VII, 458 S.) 892. n. 8. —; geb. n.n. 9. 75
2. I. Von Kant bis einschl. Fichte. (III, 251 S.) 892. n. 4. —
3. II. Nach Fichte. (IV u. S. 253—592.) 893. n. 6. —
(2. Bd. geb. n.n. 12. —)

Bergmann, J., Grundlinien einer Theorie des Bewusstseins. gr. 8. (VIII, 348 S.) Berlin 870, Loewenstein. [E. Staude.] *

Bergmann, Jul., die Grundprobleme der Logik. gr. 8. (IX, 196 S.) Berlin 882, Mittler und Sohn. *

Bergmann, Jul., d. Grundprobleme d. Logik. 2., völl. neue Bearbeitg. gr. 8. (VI, 282 S.) Berlin 895. E. S. Mittler & Sohn. n. 4. 50

Bergmann, Jul., Grundzüge der Lehre vom Urtheil. gr. 4. (46 S.) Marburg 876, Elwert'sche Verlagsh. *

Bergmann, Julius: Argumenti de dei existentia ontologici quod vocant brevis historia et dijudicatio. Halis Saxonum (1865): Rosenthal in Berlin. 34 S. 8°
Halle-Wittenberg, Phil. Diss. pro impetratis honoribus v. 5. Apr. 1865
Geb. Opherdicke (Westf.) 1. 4. 1840. V.
Verf. war am 7. Aug. 1862 promoviert worden,

Bergmann, Jul., allgemeine Logik. [In 2 Thln.] 1. Thl. A. u. d. T.: Reine Logik. gr. 8. (VIII, 434 S.) Berlin 879. Mittler & Sohn. n. 8. —

— Materialismus u. Monismus, s.: Sammlung v. Vorträgen.

Bergmann, Julius (Hrsg.), s. Monatshefte, Philosophische.

Bergmann, Julius: De possibilitate ac dignitate scientiae absolutae, s. Bergmann: Über den Werth einer reinen Vernunftwissenschaft.

Bergmann, J., das erste Problem der Ontologie, angezeigt u. gelöst. Berlin 865. Peiser. gr. 8. (2 Bll., 103 S.) n. 16 ngr.

—— über das Richtige. Eine Erörterung der ethischen Grundfragen. gr. 8. (VI, 178 S.) Ebendas. 883. *

Bergmann, Jul., über das Schöne. Analytische und historisch-krit. Untersuchungen. gr. 8. (III, 201 S.) Berlin 887, Mittler und Sohn. *

Bergmann, Jul., Sein und Erkennen. Ein fundamental-philosoph. Untersuchung. gr. 8. (IV, 191 S.) Berlin 880, Mittler und Sohn. *

Bergmann, Jul., System des objectiven Idealismus. (XII, 256 S) gr. 8. Marburg 903. N. G. Elwert's Verl. n. 4. 80

Bergmann, Jul., Untersuchungen üb. Hauptpunkte der Philosophie. gr. 8. (VII, 483 S.) Marburg 900. N. G. Elwert's Verl. n. 8. —

— über den Utilitarianismus. Rede, beim Antritt d. Rektorats am 14. Oktbr. 1888 geh. gr. 8. (88 S.) Marburg 883. Elwert's Verl. — 75

— Vorlesungen üb. Metaphysik m besond. Beziehung auf Kant. gr. 8. (VIII, 490 S.) Berlin 886. Mittler & Sohn. n. 9. —

Bergmann, Iulius: 1. * Ueber den Werth und die Möglichkeit einer reinen Vernunftwissenschaft. 31 S. 4° (2°) und 2. deren latein. Bearbeitung: * De possibilitate ac dignitate scientiae absolutae. 37 S. 4° (2°)
Halle-Wittenberg, Phil. Diss. v. 7. Aug. 1862
Geb. [Opherdicke (Kr. Hörde) 1. 4. 1840]
Verf. disputierte am 5. Apr. 1865 pro impetratis honoribus.

— das Ziel der Geschichte. Rede, bei der Marburger Universitätsfeier des Geburtstags Sr. Maj. des Kaisers am 22. März 1881 geh. gr. 8. (27 S.) Marburg 881. Elwert's Verl. — 75

Bergmann, Iwan Theod., s.a. Bergmann, Johann Theodor

Bergmann, (Iwan Theod.,) Commentatio in Psalmum CX. gr. 4. Leyden 819, Haak et Soc. (Leipzig, Weigel.)

Bergmann, K., Kochbuch, s.: Blok, Therese.

Bergmann, Karl, die sprachliche Anschauung u. Ausdrucksweise der Franzosen. (XI, 183 S.) 8. Freiburg i/B. 906. J. Bielefeld. n. 3. —; geb. in Leinw. n. 3. 50

Bergmann Karl: Aesthetik der Satire. Diss. Wien, Univ. II. 1893 PN 767

Bergmann, Carl, einige Beobachtungen u. Reflexionen üb. d. Scelettsysteme d. Wirbelthiere, deren Begrenzung u. Plan. gr. 8. (4⅛ B.) Göttingen 846, Vandenhöck u. Ruprecht.
Aus: Göttinger Studien 1845 besond. abgedruckt.

Beschreibung der ersten Säcular-Feier der ger. u. voll. St. Joh.-Loge „Der Pilger" No 238 am 1. Oct. 1879 in Freemasons' Hall, im Or. zu London. [Unterz.:] Karl Bergmann. London 1879: Siegle. 24 S. 8°
Weiterer Bericht in: Bh. 22 (1879) S. 374 bis 376, 380—381 (C. A. Jacobi).
Tt. 1961. Festreden der Brr. A. Beygrau u. C. Harrer.

Bergmann, Karl: Die gegenseit. Beziehgn d. deut., engl. u. franz. Sprache auf lexikolog. Gebiete, s: Abhandlungen, Neusprachl.. a. d. Gebieten d. Phraseol. usw.

Büchersammlung der □ zum Pilger No 238 im Or. von London. [Verzeichnis, zsgest. von Karl Bergmann.] 1877. London [1877]: Siegle. 44 S. 8°

Die Ellipse im Neufranzösischen. Von Prof. Dr. Karl Bergmann. Freiburg (Baden): J. Bielefeld 1908. (53 S.) 8° [F.] Geb. 1908

Festgabe für die erste Säcular-Feier der ger. u. vollk. St. Joh.-Loge „Der Pilger" No 238 gehalten in Freemasons' Hall, im Or. zu London am 1. Oct. 1879. [Unterz.:] Karl Bergmann. London 1879: Siegle. 52 S. 8°
Auszüge in: Bh. 22 (1879) S. 342—344.
Tt. 502. Gesch. der Loge. Nebst Verzeichn. der Mitgl. 1779—1879.

Bergmann, Carl, zur Kenntniss des Tarsus der Wiederkäuer und paarzehigen Pachydermen. Fol. (22 S. mit 1 Stnt. in gr. Fol.) Rostock 859, (Stiller'sche Hofbuchh.) *

Bergmann, Karl, Lehrbuch d. Medicina forensis für Juristen. Mit 39 erläut. Abbild. in Holzst. gr. 8. Braunschweig 846, Vieweg u. Sohn. n. 2½ ✓ß

— französische Phraseologie. (V, 114 S.) 8. Leipzig 903. Rossberg'sche Verlagsbuchh. Geb. in Leinw. n. 1. 80

—— und R. Leuckart, anatomisch-physiologische Uebersicht des Thierreichs. Vergleichende Anatomie und Physiologie. Ein Lehrbuch für den Unterricht und zum Selbststudium. Mit zahlreichen in den Text gedr. Holzschn. 1. und 2. Lfg. Lex.-8. (IV und S. 1—512.) Stuttgart 851, Müller's Verlgsh. à Lfg. 1 Thlr. 15 Ngr. Thlr.

Bergmann, C., und R. Leuckart, anatomisch-physiologische Uebersicht des Thierreichs. Vergleichende Anatomie und Physiologie. Mit zahlreichen in den Text gedr. Holzschn. 3. (letzte) Lfg. Lex.-8. (XII und S. 513—692.) Stuttgart 852. [Leipzig,] Winter'sche Vrlgsh.
1. und 2. Lfg. Ebendas. 1851. 3 Thlr.

—— dass. — Neue (Titel-)Ausg. Mit 438 in den Text gedr. Holzschn. Lex.-8. (XII und 692 S.) Ebds. 855.

Bergmann, Karl, Uebungen zu den wichtigsten Regeln für Orthographie und Interpunktion. 8. (32 S.) Oldenburg 887, Schulze'sche Buchh.

Bergmann, Carl, über die Verhältnisse der Wärmeökonomie der Thiere zu ihrer Grösse. gr. 8. (116 S.) Göttingen 848, Vandenhoeck und Ruprecht.
Aus: Göttinger Studien, Jahrg. 1847, besonders abgedruckt.

Bergmann, Karl, die Volksdichte der grossherzogl. hessischen Prov. Starkenburg, s.a. Forschungen zur deutschen Landes- u. Volkskunde. XII. 4.

Bergmann, Karl, aus Darmstadt: Die Volksdichte der Grossherzoglich hessischen Provinz Starkenburg auf Grund der Volkszählung vom 2. Dezember 1895. Mit 1 Karte. *Stuttgart 1900: Union.* (72 S.) 8° ¶(Aus: Forschungen zur deutschen Landes- u. Volkskunde, Bd 12, H. 4.)
Würzburg, Phil. Diss. v. 1900

— Der deut. Wortschatz. Auf Grund d. deut. Wörterb. v. Weigand dargestellt. Hilfsb. f. d. deut. Sprachunterr. auf höh. Schulen. (12, 156) gr8° Giess., A Töpelmann '12. 2.75; geb. 3.20 d

Bergmann, Carol. G. H. B., Dissertat. inaug. anatom. et physiol. de glandulis suprarenalibus. Adjecta est tab. 8maj. (2 B.) Gottingae 839, Vandenhoeck et Ruprecht. Thlr.

Bergmann, Carl L. C., Anleitung z. Kopfrechnen, insbes. f. Lehrer in Volksschulen. 2., verb. u. verm. Aufl. gr. 12. (5½ B.) Hamm 829, Schulz.

—— Tafelrechnenbuch z. Gebr. in Stadt- u. Landschulen, enthalt. d. zusammengesetzten Rechnungsarten d. bürgerl. Lebens. 8. (6 B.) Rinteln 832, Osterwald.

Bergmann, Kurt: Die Stellungnahme der organisierten Arbeiter zum Stücklohn. Berlin 1909: G. Schade. 76 S. 8°
Erlangen, Phil. Diss. v. 1. Okt. 1909, Ref. v. Eheberg
[Geb. 30. Jan. 87 Berlin; Wohnort: Berlin; Staatsangeh.: Preußen; Vorbildung: Friedrich-Wilhelms-Gymn. Berlin Reife M. 05; Studium: Berlin Techn. Hochsch. 1, München 5, Berlin 3, Erlangen 1 S.; Rig. 14. Juli 09.] [U 10. 836

Bergmann, Leo, das Alte ist vergangen, siehe, es ist Alles neu worden. qu. Fol. (1 lithochrom. Bl. und 1 Bl. Text.) Leipzig 848, Thenau.

Bergmann, Leo, Baulexicon oder Realencyclopädie des gesammten Bauwesens. Zum Handgebrauche für Baumeister, Civil-Ingenieure, Bauunternehmer, Oeconomen, Feldmesser, Bauhandwerker und technische Lehranstalten. 1. Bd. Leipzig 854, 55. C. Schäfer. (C. F. Winter.) Lex.-8. (1 Bl., 572 S.) n. 2 ₰ 10 ngr

—— d. Baustylo, s.: Schule, d., d. Baukunst.

—— und U. Schwarzwäller, das Buch der Arbeit, s. Feierstunden, malerische.

—— —— das Buch der Arbeit, s. Kinderbuch, das illustrirte goldene.

—— und L. Thomas, das Buch der Erfindungen, s. Feierstunden, malerische.

—— d. Buch d. Erfindgn, Gew. u. Indust., s.: Kinderbuch, gold.

Bergmann, Leo, der Dom zu Verden, des guelfischen Fürstenstammes erhabenes Denkmal. Eine kurze Geschichte und Beschreib. dieses Bauwerkes. Mit 8 lithogr. Bl. gr. 4. Hannov. 833. Hornemannsche Hof-Kunsth. 3½ ₰

Bergmann, L., der Dom zu Verden. Hannover. 1831. 4.

Bergmann, Leo, das Ganze d. Steindrucks, s. 9. Bd. Schauplatz, neuer, der Künste 43. Bd.

—— die deutschen Kinderversorgungs-Kassen und die Caisse paternelle in Paris, eine unparteiische Vergleichung im Interesse versicherungslustiger Eltern, Vormünder ꝛc. 16. (19 S.) Leipzig 855, C. L. Fritzsche.

—— d. deut. Kinderversorg.-Kassen u. d. Caisse pat. in Paris. 16. (19) Lpzg 55. CF Schmidt — 1½

Bergmann, Leo, Modelle im fortschreit. Zeit- u. Mode-Geschmack v. ausführbaren u. soliden Stadt-, Land- u. Gartenhäusern, so wie auch Garten-Verzierungen. Fortsetz. des v. M. Wölfer angefang. Werks ob. 2. Lfg. M. 32 lith. Taf. u. erläut. Texte. gr. 4. (4 B.) Weimar 839, Voigt.
1. Lfg., vgl. Wölfer, M.

—— u. A. W. Hertel, Modelle im fortschreitenden Zeit und Mode-Geschmack v. ausführb. u. soliden Stadt-, Land- u. Gartenhäusern, so wie auch Gartenverzierungen z. Gebr. f. Maurer, Zimmerleute u. s. w. Angefangen v. Marius Wölfer. 3. Hft. von A. W. Hertel. gr. 4. (3 B. u. 30 Stnt.) Weimar 840, Voigt.
1. u. 2. Hft. Obendas. 1837, 39. à 2 Thlr.

— u. A. W. Hertel, Modelle im fortschreit. Zeit- u. Mode-Geschmack von ausführbaren u. soliden Stadt-, Land- u. Gartenhäusern, sowie auch Gartenverzierungen. Angefangen v. M. Wöller. 4. Liefrg. v. L. Bergmann. Mit 32 lith. Taf. gr. 4. (IV u. 31 S.) — 5. Liefrg., v. A. W. Hertel. Mit 34 lith. Taf. gr. 4. (VI u. 28 S.) — 6. Liefrg., v. Leo Bergmann. Mit 32 lith. Taf. gr. 4. (28 S.) — 7. Liefrg., v. A. W. Hertel. Mit 37 lith. (theils color.) Quarttaf. gr. 4. (27 S.) — 8. Liefrg., v. A. W. Hertel. Mit 35 lith. Quarttaf. u. erläut. Texte. gr. 4. (33 S.) Weimar 847 — 50, Voigt. à Liefrg. 2 ₰ (1—8: 16 ₰)

— der prakt. Mühlenbauer und Zeugarbeiter. Nebst Vorschlägen zum Betriebe bei theilweisen Wind- u. Wassermangel. Mit 25 lithogr. Taf. 8. Weimar 838. Voigt. 2½ ₰. (Vrgl. Schauplatz der Künste u. Hdw. 99r Bd.

Bergmann, L., und K. H. Kögel: Der praktische Mühlenbauer. 3. Aufl. von F. Neumann. Mit Atlas. Weimar 1862

Bergmann-Kögel's praktischer Mühlenbauer. Ein Handbuch bei Anlage einfacher Mühlen, als Mahl-, Graupen-, Oel-, Knochen-, Gips-, Cement-, Loh-, Walk- u. Sägemühlen. Zum Gebrauche f. Mühlenbesitzer, Mühlen- u. Maschinenbauer. 4. verb. u. verm. Aufl. v. Frdr. Neumann. Mit einem Atlas, enth. 40 (lith.) Foliotaf. gr. 8. (XVI, 345 S.) Weimar 880. B. F. Voigt. 12. —

— neue Musterblätter f. Decorations-Maler, Tapeten-Fabrikanten, Stuckatur-Arbeiter, Gürtler und alle damit verwandten Künstler und Handwerker. (16 Hft.) 6 Bl. quer gr. Fol. Hannover 834. Hornemannsche Hof-Kunsth. ¾ ₰

—— die Säulenordnungen. Eine gründl. u. leicht faßl. Anleit. z. Zeichnen d. verschied. älteren u. neueren Ordnn. u. der dazu gehör. Gegenstände. Ein unentbehrl. Handb. f. Bauhandwerker u. Sonntagsschulen. M. 10 Taf. Abbildn. gr. Fol. (10 B.) Celle 839, Schulze'sche Buchh.

— zehn Tafeln (in Holzschn.) Säulen-Ordnungen nebst Construktion der architekton. Glieder. Gezeichnet und mit (24 S.) erklärendem Texte begleitet. Für angehende Architekten, Bauhandwerker etc. Abdr. aus L. Bergmann's Schule der Baukunst. 854. — 2. durchgeseh. (Titel-) Aufl. Leipzig (856.) Spamer. gr. 4. n. 25 ngr

Bergmann, L., zehn Tafeln Säulen-Ordnungen nebst Construktion der architektor. Glieder. Gezeichnet und mit erklärendem Texte begleitet. Für angehende Architekten, Bauhandwerker und Bauunternehmer, insbesond. für Bau- und Gewerbeschulen und techn. Lehranstalten. 2., durchgeseh. Ausg. gr. 4. (24 S. Text und 11 Holzschnt.) Leipzig 861, Spamer. *
Aus des Verf.: Schule der Baukunst, besonders abgedruckt.

—— die Schule der Baukunst. Ein Handbuch für Architekten, Bau- und Gewerbschulen, und zum Selbstunterricht für Bauhandwerker und Bauunternehmer. 1. Bd. In 4 Abthlgn. 2. Abthl. A. u. d. T.: Die Baustyle und die Säulen-Ordnungen. Anleitung zur Kenntniß und Zeichnung der ältern und neuern Bauordnungen. 1. Abthl.: Griech. und röm. Styl. Die Ordnungen der neueren Meister. br. 8. (VIII und 200 S. mit 102 Abbild., nach Zeichnungen des Verf. in Holz geschn. von G. Metzger, W. Arland u. A.) Leipzig 854, Spamer. *
Die 1. Abthl. erschien zur Zeit noch nicht. 2. Bd. s. Schule, die, der Baukunst.

Bergmann's, L., Schule des Zeichners, s. Feierstunden, malerische.

— s. Stuart u. Revett, die Alterthümer v. Athen.

—— die Telegraphie, s. Belehrungen, unterhaltende.

Bergmann, Leonh., Française u. Quadrille à la cour (deutsch). 64. (12 S.) Erlangen 803. (Th. Krische.) — 20; geb. n. — 30

Bergmann, Liborius von, s. Abhandl. sinesischer Jesuiten.

Abschieds-Rede, den 25sten Febr. 1778 gehalten von L[iberius v.] Bergmann. Leipzig [1778]: Breitkopf. 13 S. 8⁰ [Umschlagtit.]
Selten. Kl. 996. Mahnung an die Brr. Gott u. die Religion, sich selbst u. den Frmrbund zu ehren.

Anrede des neuerwählten Redners der ger. und vollk. Loge Minerva in Leipzig [d. i. Liborius v. Bergmann] an die Mitglieder derselben. Am 30sten Aprill [!] 1777. [Leipzig 1777.] 4 Bl. 8⁰ [Umschlagtit.]
Kl. 945. Selten. Gelegenheitsworte.

Bergmann, Libor. von, Ueber Armenversorgung und Unterstützungsanstalten in Riga, eine historische Skizze. 4⁰. Riga, Meinshausen, 1794.

v. Bergmann, Libor., († d. 14. Juli 1823.) über Armen-Versorgung u. Unterstützungsanstalten in Riga, e. histor. Skizze. 4. Riga 803. Meinshausen. 8 gr.

(*Libor v.*) *Bergmann.* Ueber Armen-Versorgung und Unterstützungs-Anstalten in Riga. 4. *Riga, Müller.* 1803

– s. Blankenhagen, Pt. H. v.

— Eides-Warnung vor d. Wahl e. neuen Stadtobrigkeit. gr. 8. Riga 794. Meinshausen. 2 gr.

Bergmann, L., Fragment einer Urkunde ꝛc. s. Fragment.

— Fragmente e. Urkunde d. ält. Livländ. Gesch., s. Ditt. Alnpeke.

– s.a. Freimaurerlieder, Gesammelte.

Gesammlete Freimaurer-Lieder, zum Gebrauch der Loge zum Schwerdt in Riga. [Hrsg. von Liborius v. Bergmann.] Riga: Selbstverl. d. Loge 1779. 106 S. 8°

46 deutsche u. 8 französische Lieder ohne Noten.

Freimaurerlieder, in Musik gesetzt zum Gebrauch einiger Logen in Riga und Livland. [Zsgest. von Liborius v. Bergmann.] Riga im Jahr 1785. Leipzig [1785]: Breitkopf. 140 S. 4°

Selten. 40 Lieder mit Noten.

– s. Handb., Liturgisches.

(Bergmann, Libor. von.) Das gute Herz eine nothwendige Eigenschaft eines Freymaurers. Eine Rede am Johannisfeste des 1776 sten Jahres in der Loge (Minerva z. d. 3 Palmen) zu Leipzig. (Leipzig, Breitkopf.) 1776. 8. Tit. 16 S. Kloss 9?? — Abgebildet ist eine Medaille mit drei Palmen. – Frmrbibl., 2. Stück, S. 292. Handb. d. Frmrei I. S. 96.

Bergmann, Liborius von, s. Lehrbuch zur Unterweisung im Christenthume.

Bergmann, Liborius von, s. Le Sage, Anfangsgründe der Mineralogie.

Bergmann, Liborius von, s. Versuch einer Geschichte der Rigaischen Stadtkirchen.

Bergmann, Ludwig (Hrsg.), s. Alman für das k.(aiserlich) k(önigliche) Hofoperntheater nächst dem Cärntnerthore.

Bergmann, Ludwig August Hermann Ernst, s. Bergmann, Ernst

Bergmann, M. 4. Bericht über die chirurgische Klinik d. Hrn. Dr. Thdr. Köllicker vom 20. Aug. 1888 bis 20. Aug. 1889. gr. 8. (47 S.) Lpz. 890, F. C. W. Vogel. * 1 —
1. Bericht nicht im Handel. 2. u. 3. Bericht. Ebd. 1885,88. * 1 60.

Bergmann, M., 4. Bericht üb. die chirurgische Klinik d. Hrn. Dr. Thdr. Kölliker vom 20. Aug. 1887 bis 20. Aug. 1889. gr. 8. (47 S.) Leipzig 890. F. C. W. Vogel. n. 1. —
s.: Kölliker, Th. v.

Bergmann, M.: Sein und Erkennen, s. Bergmann, Julius

Bergmann, Martha: Idiomes. [Gallicismes—Germanismes.] Spracheigenh. (d. jeder lernen kann u. muss). (Französ.-Deutsch.) 1. u. 2. Tl (je 55) 8° Magdebg. (K Peters) ('10'11). L je 1 —

Bergmann, Martha: Idioms. Spracheigenh. (Spracheigenh., d. jeder lernen kann u. muss. Engl.-Deutsch.) 2 Tle. kl8° Paderb. (Mgdbg, K Peters.) Kart. je 1 —
I. 1–3. Taus. (55) ('07–'10.) | II. 1. u. 2. Taus. (55) ('07'10.)

Bergmann, Max, aus Coblenz a. Rh.: Ueber einen Fall von traumatischer croupöser Pneumonie. *München 1900: Kastner & Lossen.* (53 S.) 8°
München, Med. Diss. v. 1900

Bergmann, Max, approb. Arzt aus Hausberge ⟨Westfalen⟩: ⟨Aus d. Universitäts-Augenklinik zu Marburg⟩. Zur Pathologie perforierender Hornhautgeschwüre und den Veränderungen im vorderen Bulbusabschnitte bei Sekundärglaukom. *Marburg 1899: O. Ehrhardt.* (26 S.) 8°
Marburg, Med. Diss. v. 9. März 1899

Bergmann, Michael Adam von
Bergmann, Michael v. (1733–83), Beyträge zur Geschichte der Stadt München, von deren Entstehung an bis zur Regierung Kaiser Ludwig IV., welche an dem Stiftungsfest der kurpfalzbaier. Akad. d. Wiss. in d. akadem. Saal abgelesen worden, d. 28. März 1780. München, gedr. bey Joh. Paul Vötter etc. 4°. 51 S., 1 Bl. Err. Cart.

— Beiträge z. Geschichte d. Stadt München ꝛc. 4. Münch. 2e A. 780. Lentner. 3 gr.

Bergmann, Michael Adam von. Beurkundete Geschichte der Churfürstlichen Haupt- und Residenzstadt München . . . München 1783. H: *Effner, von.* (BrMm) (EngG)

v. Bergmann, Mich. Adm., († ... 1783.) beurkund. Geschichte d. Residenzst. München, von ihrem Entstehen bis nach d. Tode Kaiser Ludwig IV. (Mit e. Vorrede von J. M. v. Dufresne.) Mit Kpf. gr. Fol. Münch. 783. Fleischmann. 4 rß

Bergmanns, Mich. v. [Bürgermeister, Stadtoberrichter etc.], beurkundete Geschichte der Churfürstl. Haupt- u. Residenzstadt München, von ihrem Entstehen bis nach dem Tode Kaiser Ludwigs IV., mit einigen erläuternd. Kpfrn. (dabei Wappen- u. Siegel-Abbild.). Ein hinterlass. Werk —. Mit Titelvignette. München, 1783. Gedr. m. Vötterischen Schriften, und zu haben bey Joh. Bapt. Strobl, Professor u. Buchhändler allhier. Fol. Hldrb.
7 Bll. Vorst. (incl. 1 Bl. Zuschr. an den Kurfürsten Karl Theodor u. 1 Kpftaf.), 171 u. 1 S.

— de ducum Bojariae jure regis. 4. Münch. 778. Lentner. 2 gr.

Bermann, Mor. Alt- u. Neu-Wien. Geschichte der Kaiserstadt u. ihrer Umgebungen seit ihr. Entstehen bis auf den heutigen Tag. M. 25 Taf. Wien 1879–80. 13,50.

Bergmann (in St. Petersburg), Mor., russische Vorschriften. Gestoch. v. Ad. Bergmann in Leipzig. qu. ½4. (6 Bl.) Leipz. 837. Drobisch. n. 1/3 rß

Bergmann, N. [Autorname] = Zwicky, Frl. Nelly, in Mollis.

Bergmann, N. Das Erwachen. Roman von N. Bergmann, Verf. von «Die Wacht an der Reichsgrenze». IV + 360 S. 8. Leipzig, Georg Wigand, [1902]. [geb. M. 5. 20]

Bergmann, Nelly

Die Wacht an der Reichsgrenze. Roman. Von Nelly Bergmann [d.i. Nelly Zwicky].
Leipzig: Wigand (1887). 170 S. 8°

Bergmann, N., D. Wacht a. d. Reichsgrenze. Roman. 8. (170 S.) Leipzig 897. G. Wigand. n. 2 —; geb. n. 3. —

Bergmann, Novatus, 30 dreistimmige Lieder zum heil. Kindlein Jesu in der Krippe. 2. Abdr. 8. (40 S.) Werl 883. Stein. n. — 25

Bergmann, Fr. Novatus, 30 dreistimmige Lieder zum heil. Kindlein Jesu in der Krippe. 2. Abdr. 8. (40 S.) Werl 884, Stein'sche Buchh. *

Bergmann, O., der Stellmacher u. Schmied im Wagenbau, s.: Bergmann, J.

Bergmann, Osc., Natur u. Leben. Gedichte. gr. 16. (54 S.) Landeshut i/Schl. 894. H. Schultze. n.n. — 75

Bergmann, Ottmar, aus Oberoderwitz: Über Combination von Blatternschutzimpfung, Masern und multipler embolischer Gangrän der Haut und Schleimhäute, zugleich ein Beitrag zur Frage der generalisirten Vaccine. *Stuttgart 1904: Union.* (14 S.) 8°
Würzburg, Med. Diss. v. 1904

Bergmann, Otto, bergauf. Gedichte. (XII, 178 S.) 8. Dresden 905. E. Pierson. n. 2. —; geb. n. 3. —

Bergmann, Otto: Die Erbin v. Hohenegern, s.: Weichert's Wochen-Bibliothek.

— Leo v. Torn u. A. Theinert, eine gefahrvolle Erbschaft u. andere Erzählungen. (108 S.) 8. Mülheim a/R. (905). J. Bagel. — 80

— Der Feuermelder u. andere Humoresken, s.: Enßlin's Roman- u. Novellenschatz.

— der Halbgott, } s.: Weichert's Wochenbibliothek.

Fred Higgins, der Kunstschütze. Erzählung aus d. Indianergebiet von Otto **Bergmann**. Neu-Ruppin: G. Kühn [um 1904]. (128 S.) 8° [J.]
— **Bergmann**: Old Knife, der lange Trapper. Bd 1.
(Gustav Kühn's Jugendschriften. 751.) [od. 9480

Old Knife, der lange Trapper. Erzählungscyclus von Otto **Bergmann**. Neu-Ruppin: G. Kühn [um 1904]. 8° [J.]
(Gustav Kühn's Jugendschriften. 751.) [od. 9479

Auf dem Kriegspfade. Erzählung aus d. Indianergebiet von Otto **Bergmann**. Neu-Ruppin: G. Kühn [um 1904]. (128 S.) 8° [J.]
— **Bergmann**: Old Knife, der lange Trapper. Bd 2.
(Gustav Kühn's Jugendschriften. 752.) [od. 9481

Die Rächerin. Roman in 2 T. von Otto **Bergmann**. Berlin: A. Weichert [1904]. (90 S.) 8° [J.]
= Wochen-Bibliothek, A. Weichert's. Bd 160. [05.395

Die Rächerin, s.a. Weichert's Wochen-Bibliothek.

Der Schwarzlockige oder Der Teufel von Offering Hills. Eine Erzählung aus Texas u. Neumexico von Otto **Bergmann**. Neu-Ruppin: G. Kühn [um 1904]. (160 S.) 8° [J.]
(Gustav Kühns Jugendschriften. 715.) [od. 9466

Der goldene Tomahawk. Erzählung aus d. Indianergebiet von Otto **Bergmann**. Neu-Ruppin: G. Kühn [um 1904]. (128 S.) 8° [J.]
— **Bergmann**: Old Knife, der lange Trapper. Bd 3.
(Gustav Kühn's Jugendschriften. 757.) [od. 9486

Die verwegene Wette. Erzählung aus d. Indianergebiet von Otto **Bergmann**. Neu-Ruppin: G. Kühn [um 1904]. (128 S.) 8° [J.]
— **Bergmann**: Old Knife, der lange Trapper. Bd 4.
(Gustav Kühn's Jugendschriften. 758.) [od. 9487

Bergmann, Otto Th., s. Impekoven, Toni, Narrenstreich

Der Fall Bergmann. Meine Erlebnisse mit Richtern und Gerichten im Strafprozesse meiner Frau wegen Mißhandlung ihrer Stieftochter. Von Dr. med. [Paul] **Bergmann**, pr. Arzt. Berlin: Pulvermacher 1910. 171 S. 8° [11. 13761

Bergmann, Paul [Referendar in Colmar i. E.]: Der Erlass bei Correal- und Solidarobligationen ... Freiburg i. Br., Universitätsdr. H. M. Poppen & Sohn, 1896; 54 S., 1 Bl. 8.
Erlangen, Jur. Fak., Inaug.-Diss. v. 1896

Bergmann, Paul: Die Heilg v. Gicht u. Rheumatismus. Neues Verfahren. 2. Afl. (74) gr8° Berl., Schweizer & Co. ('11). 1.80; geb. n 3 —

Bergmann, Paul: Holzarbeiten f. d. Werkunterr. d. Mittelst., s: Vorlagen, Neue, a. d. Leipz. Schülerwerkstatt.

— So baue ich mir allerlei Küchengeräte, s: Selbst ist d. Mann!

— Syphilis-Heilg durch e. neues Verfahren ohne Schmierkur u. ohne Einspritzg. (100) gr8° Ebd. ('11). 1.80; geb. n 3 —

Bergmann, Phil., die neuesten Erfahrungen und Verbesserungen in der Fabrikation des Essigs, des Essigsprit und der Essigsäure. 8. (42 S.) Quedlinburg 853, Basse.

Bergmann, R., üb. die Abweichungen der Temperaturen u. Niederschlagsmengen im europäischen Russland v. ihren Normalwerthen während d. Frühlings u. Sommers 1890. [Aus: „Repertorium f. Meteorologie“.] gr. 4. (21 S.) St. Petersburg 891. (Leipzig, Voss' Sort.) n. — 90

Bergmann, R., Meteorologische Beobachtungen im Jana-Lande und auf den Neusibirischen Inseln, angestellt von Dr. Alex. Bunge und Baron Ed. Toll. Nach den Originalnotizen bearbeitet. (Aus den Beiträgen zur Kenntniss des Russischen Reiches und der angrenzenden Länder Asiens, 3. Folge, Bd. III, besond. abgedr.) St. Petersburg 1887.

Bergmann, R, u. F Rösler: Lehrb. d. Rechenunterr. f. d. Unterst. d. Volkssch. 8° (60) Lpzg 1900, J Klinkhardt. 1 —

Bergmann, R: Lehrb. d. Rechenunterr. f. d. Unterst. d. Volkssch. 2. Tl. (80) 8° Lpzg, J Klinkhardt '01. 1.40 (Vollst.: 2.40) d

Bergmann, Richard
Bergmann, (Guil.) Rich. (geb. Oberneusulza in Thür. 17. 4. 1821): De Asia Romanorum provincia. Berolini (1846). (32 S.) 8° ¶ Fortsetzung erschien in: Philologus Bd 2 1847.
Berlin, Phil. Diss. v. 26. Jan. 1846

Bergmann: Diodori Siculi libri XI. capita 1-12 e codice Patmio ed. 13 S.
Progr. Brandenburg G. 1867.

Bergmann, Richard: De Asiae Romanorum provinciae civitatibus liberis. 8 S.—
Progr. Brandenburg G. 1855.

Bergmann, R., De inscriptione Cretensi inedita qua continetur foedus a Gortyniis et Hierapytniis cum Priansiis factum. Pr. 1861. 11 S. 4°. 1.—

Bergmann, Rich., de inscriptione latina ad P. Sulpicium Quirinum cos. anni DCCXLII u. c., ut videtur, referenda. 4. (10 S.) Berolini 851, Schneider & soc. •

Bergmann, R, de inscriptione lat. ad P. Sulpicium Quirinum cos. anni 742 u. c., ut videtur, referenda. 4. (10) Berl. 51, Weber. n. — 5

Bergmann, Richard: De inscriptione latina ad P. Sulpicium Quirinum Cos. a. 742 u.c. ut videtur referenda. 10 S.
Progr. Luckau 1851.

Bergmann, Richard von, Referendar a. D.: Über die Souveränität als wesentliches Merkmal des Staatsbegriffes. Breslau 1909: Korn. 45 S. 8°
Breslau, Jur. Diss. v. 29. Okt. 1909, Ref. Dahn, Brie
[Geb. 9. Dez. 85 Breslau; Wohnort: Oberkauffung; Staatsangeh.: Preußen; Vorbildung: Gymn. Hirschberg Reife O. 04; Studium: Lausanne 1, Leipzig 3, Breslau 3 S.; Rig. 27. Febr. 08.] [U 10. 466

Bergmann, Rob., Geschichte der ostpreussischen Stände u. Steuern von 1688—1704, s.a. Forschungen, staats- u. socialwissenschaftliche. XIX. 1.

Bergmann, Robert. Geschichte der ostpreussischen Stände und Steuern von 1688—1701. 8°. Leipzig, Duncker u. Humblot, 1901.

Bergmann, S., & Co., A.-G: Prospekt über elektrische Installationen. Berlin 1900

Bergmann, Salo: Über Oxyaldehyde. (Berlin 1910: G. Schade.) 59 S. 8°
Berlin, Phil. Diss. v. 19. Jan. 1910, Ref. Gabriel
[Geb. 25. Aug. 85 Borek; Wohnort: Charlottenburg; Staatsangeh.: Preußen; Vorbildung: Gymn. Lissa Reife O. 05; Studium: Berlin Techn. Hochsch. 4, Heidelberg 1, Berlin Univ. 4 S.; Rig. 16. Dez. 09.] [U 10. 128

Bergmann, Siegm., Volksgestalten aus Nordböhmen. Nach dem Leben skizzirt. gr. 8. (84 S.) Prag 893. F. Ehrlich. n. — 80

Bergmann, (Th. P.,) Dissertatio de Zoroastris quibusdam placitis, cum doctrina christiana comparatis. 8 maj. Lugd. Bat. 825, Luchtmans. (Lipsiae, Weigel.)

Bergmann, Thdr., der Betrübten Trösterin Maria-Kevelaer. Dichtung. (96 S. m. 2 Taf.) gr. 16. Kevelaer 903. J. Thum. Geb. in Leinw. — 60

Bergmann, Theod., eine Harleß'sche Predigt ohne Brille betrachtet. 12. (23 S.) Leipzig 847, Weller.

Bergmann, Theophil Heinrich, s. B e r g m a n n , Gottlieb Heinrich

Bergmann, Torbern, s. B e r g m a n , Torbern Olof

Bergmann, W., s.: Bericht üb. die Naturgeschichte der niederen Tiere.

BERGMANN. Die bedencklichen Gerichte Gottes über die Zungen-Sünden wider die Atheisten, Epicurer und Spötter dieser Zeiten. Dresden 1719. 8°. Enthält viele Wundergeschichten. (4 Mk. Völcker, 1906.)

Bergmann, W., Gerichte Gottes über die Zungen-Sünden. 8. Dresd. 730.

Bergmann, W., Die dogmatischen Schriften und die Briefe des Faustus von Reji. Diss. 1898. 125 S. 8.—

Bergmann, W. H., Eifelführer durch das Gesammtgebiet der Eifel. 8. (XVI, 136 S. mit 1 Karte.) Aachen 888. Schweitzer. n. 1. 50

Bergmann, Walter
Bergmann, Walth.: Das röm. Recht a. d. Munde sr Verfasser. Systemat. Neuordng d. wichtigeren uns erhaltenen röm. Rechtssprüche. I. Bd: Recht u. Gesetz. — Völkerrecht. — Staatsrecht. — Kirchenrecht. (51, 639) gr8° Paderb., (Junfermann) '10. 7.50; HF 9 —

— Repertorium f. Justiz-Ministerial-Verfüggn. Alphabet. Wegweiser durch d. im preuss. Justizministerialbl. v. 1895 bis Ende Mai '11 veröffentl. Verfüggn, Entscheidgn usw. nebst einigen and. wicht. Verfüggn. (76) 8° Ebd. '11. geb. 1.30 d

Bergmann, Walter, Gerichtsassessor a. Vorweiden: Schließt die wegen einer Körperverletzung zuerkannte Buße die Geltendmachung jedes weiteren Entschädigungsanspruches aus? Ein Beitrag z. Interpretation des § 231 Abs. 2 St.G.B. Borna-Leipzig 1908: R. Noske. (VII, 63 S.) 8° [F.]
Leipzig, Jur. Fak., Diss. v. 6. Febr. 1908
[Geb. 28. April 80 Vorweiden, Bez. Aachen; Wohnort: Vorweiden; Staatsangeh.: Preußen; Vorbildung: Gymn. Barmen Reife O. 98; Studium: Würzburg 3, Berlin 3, Bonn 2 S.; Rig. 11. März 05.]

Bergmann, Werner, Feierstunden. (Gedichte.) gr. 12. (8½ B.) Hannover 838, Hahn.

Bergmann, Werner, Feierstunden. (Gedichte.) gr. 12. Hannover 834. Hahn. baar 1/1 ₰

Festgesang am Stiftungstage der Loge zum schwarzen Bär. [Unterz.:] **Werner Bergmann.** [Hannover 1881.] 1 Bl. 8° [Kopftit.]
Ohne Noten: „In mehr als ein Jahrhundert schaut ..."

Bergmann, Werner, vaterländische Gesänge. gr. 12. (XIV u. 195 S.) Hannover 851, Hahn. 5/6 ₰

Bergmann, Werner, Lieder u. vermischte Gedichte. Berlin 870. G. Reimer. 8. (VIII, 158 S.) 15 ngr.

Bergmann, Werner, Minone. (Gedichte.) 8. (XII und 128 S.) Hannover 856, Rümpler. —

—— die Schlacht bei Drakenburg. Historisch-romantische Erzählung. gr. 8. (XIV, 188 S.) Nienburg 868. (Hannover, Schulze's Buchh.) *

— des Kurfürsten Moritz Sieg und Tod bei Sievershausen. Gedicht. Zur Erinnerung an die Schlacht bei Sievershausen bei Gelegenheit der Errichtung eines Denkmals für den Kurfürsten daselbst am 9. Juli 1853. Hannover 853. Gebr. Jänecke. 8. (54 S.) 7½ ngr.

Bergmann, Werner, Tizian. Bilder aus seinem Leben und seiner Zeit. 2 Thle. gr. 8. (X und 569 S. mit 1 Stahlst.) Hannover 865, Klindworth.

Bergmann, Wilhelm [aus Osnabrück]: Beiträge zur Kenntniss der Nitroderivate der Para-Xylolmonosulfonsäure .... Freiburg i. B., Buchdr. v. Chr. Ströcker, 1888; 52 S. + 1 Bl. 8°
Freiburg i. B., Phil. Fak., Inaug.-Diss. v. 1888

Bergmann, Wilh., die Eulenburg, e. Deutsch-Ordens-Veste in Mähren. Eine Festgabe zum 10jähr. Jubiläum Sr. k. u. k. Hoh. des Hochwürdigst Durchlauchtigsten Hrn. Erzherzog Eugen als Hoch- u. Deutschmeister. Mit 5 Vollbildern u. 15 Illustr. im Text; zugleich e. Führer durch die Burg. (48 S.) gr. 8. Papiermühle b. Roda 904. Gebr. Vogt. n. 2. —

Bergmann, Wilhelm. Über die Heerabol-Myrrha. Diss. Phil. Bern. 64 S. 8. Bern, A. Benteli, 1906.

Bergmann, Wilhelm [aus Elberfeld]: Ueber Hydrocele feminae .... Bonn, Univ.-Buchdr. v. Carl Georgi, 1887; 35 + 1 S. + 1 Bl. 8°.
Bonn, Med. Fak., Inaug.-Diss. v. 9. Jul. 1887.

Bergmann, Wilh.: Hypnose u. Willensfreih. im Lichte d. neueren Forschg, s: Broschüren, Frankfurter zeitgemässe.

Bergmann, W: Pastoral-Medizin, s.: Capellmann, C.

Reste deutscher Ordensburgen in Siebenbürgen, nebst e. Geschichte d. Deutschen Ritterordens in diesem Lande 1211–1225 u. e. Anh. von Regeln. Von Wilhelm **Bergmann.** Mit e. Titelbild, 11 Bild. im Texte u. e. Lith. Freudenthal: Krommer 1909. 78 S. 8° [13. 9314] 10

— Selbstbefreig a. nervösen Leiden. 1—5. Taus. (12, 295) 8° FreiburgB., Herder '11. 3.30; L 4 —

Bergmann, Wilh., Studien z. e. krit. Sichtg. d. südgall. Predigtliteratur d. 5. u. 6. Jahrh. 1. Tl. D. handschriftl. bezeugte Nachlass d. Faustus v. Reji, s.: S t u d i e n z. Geschichte d. Theologie u. d. Kirche.

Bergmann, Willy, aus Maracaybo: Untersuchungen über die Eibildung bei Anneliden und Cephalopoden. Mit 3 Taf. *Marburg 1902: (Breitkopf & Härtel in Leipzig).* (26 S.) 8° ¶(Aus: Zeitschr. f. wiss. Zool., Bd 73, H. 2.)
Marburg, Phil. Diss. v. [28. Okt.] 1902

Bergmann, Wolfgang, approb. Arzt aus Marburg: Aus d. pharmakol. Institut zu Marburg. Ueber die Ausscheidung von Phosphorsäure beim Fleisch- und beim Pflanzenfresser. *Marburg 1901: J. Hamel.* (22 S.) 8°
Marburg, Med. Diss. v. 23. Aug. 1901

Bergmann-Funnix: Zur Lesebuchfrage. Beurteilg d. in Ostfriesl. verbreitetsten Lesebücher hinsichtlich ihres unterrichtl. u. erziehl. Wertes. (86) 8° Emd., W Haynel '02. — 50 d

Bergmann-Elektricitäts-Werke, A.-G.: Preislisten 1910 ff. Berlin

Bergmannli.—'s. Bergmannli. v. Der A n z e i g e r (SG).

's Bergmännli. Blätter zur Pflege des Volksgemüts. Extra-Beilage z. Toggenburger Anzeiger. Wattwyl, Druck u. Verlag von J. J. Keller. 1 50
1886

Bergmann's Fluch. 1. Bericht üb. den Delegirtentag sächs. Berg- u. Hüttenarbeiter abgeh. zu Zwickau am 20. Septbr. 1874. [Die Knappschaftskassen. — Aus dem Leben der Bergarbeiter. — Das Dinter'sche Project zur Vereinigg. der Knappschafts-Kassen.] 8. (59 S.) Leipzig 875. Genossenschaftsbuchdr. — 40

Bergmann's Fluch. 1. Bericht üb. d. Delegirtentag sächs. Berg- u. Hüttenarbeiter, abgeh. zu Zwickau am 20. Septbr. 1874. [Die Knappschaftskassen. — Aus d. Leben d. Bergarbeiter. — Das Dinter'sche Project z. Vereinigg d. Knappschafts-Kassen.] 8. (59) Lpzg 75, Goldhausen. — 40

Bergmanns, Michael von, s. Bergmann, Michael Adam von

Der Bergmannsfreund. Zeitung zur Unterhaltung und Belehrung für Bergleute. 31.—33. Jg. (1901—1903). Saarbrücken, 1901—1903 u. ff.

Bergmannskalender Glück auf! f. d. J. 1892 u. 1893. 1. u. 2. Jahrg. 8. (160 S. m. 23 Bildern u. 1 Wandkal.; 152 S. m. Bildern u. 1 Wandkal.) Essen, Baedeker. à Jahrg. * — 50

Bergmannskalender Glück auf! f. 1893. 2. Jahrg. 8° (152 m. Bildern.) Ess., GD Baedeker. — 50
Erscheint nicht mehr.

Bergmannskalender, Saarbrücker, für die J. 1873—1875. Hrsg. vom „Bergmannsfreund". 1.—3. Jahrg. 16. (112—144 S.) Saarbrücken, (Moellinger.) 1. und 2. Jahrg. à * 3. Jahrg. *

Bergmannskalender, Saarbrücker, für die J. 1876—1880. Hrsg. vom „Bergmannsfreund". 4.—8. Jahrg. 16. (à 144—176 S. mit eingedr. Holzschn.) Saarbrücken, (Möllinger's Sortiment.) à Jahrg.

Bergmannskalender, Saarbrücker, für die J. 1881—1884. Hrsg. vom „Bergmannsfreund". 9.—12. Jahrg. 16. (à Jahrg. ca. 160 S. mit eingedr. Holzschn.) Saarbrücken, (Klingebeil.) à Jahrg. *

Bergmannskalender, Saarbrücker, für die J. 1885—1889. Hrsg. vom „Bergmannsfreund". 13.—17. Jahrg. 16. (à Jahrg. 160 S. mit Illustr.) Saarbrücken, (Klingebeil.) à Jahrg. *

Bergmannskalender, Saarbrücker, f. d. J. 1887. Hrsg. vom „Bergmannsfreund". 14. Jahrg. 16. (160 S. m. Illustr.) Saarbrücken, (Klingebeil). n. — 40

Bergmannskalender, Saarbrücker. Hrsg. vom „Bergmannsfreund". 29.—32. Jg. (1901—1904). Saarbrücken, 1900—1903.

Bergmannslieder, alte. Hrsg. von Reinhold Köhler. 16. (XVI und 176 S.) Weimar 858, Böhlau. *

Bergmanns- u. Gesellschaftslieder. Eine Sammlung von 101 Bergmannsliedern u. 143 Liedern verschied. Inhaltes nach bekannten volksthümlichen Melodieen. Saarlouis 865. Stein 32. (242 S.) 6 ngr.

Bergmannstag, der 4. allgemeine deutsche, in Halle a/S. vom 4. bis 7. Septbr. 1889. Festbericht u. Verhandlgn., hrsg. im Auftrage des vorbereit. Ausschusses von O. Taeglichsbeck. Mit 22 Taf. Zeichngn. u. 10 in den Text gedr. Holzschn. gr. 8. (VIII, 328 S.) Halle a/S. 890. (Hofstetter.) n. 10. —

[Bergmannstag.] 4. Allgemeiner deutscher Bergmannstag in Halle. Festführer, gewidmet den Teilnehmern. Halle, 1898. 118 S. mit Abb. und 1 Karte.

[Bergmannstag.] 5. Allgemeiner deutscher Bergmannstag in Breslau 1892. Abhandlungen über die oberschlesischen und galizischen Bergwerke der Gesellschaft Georg von Giesches Erben, von dieser den Teilnehmern gewidmet. Kattowitz, 1892. 216 S. mit 6 Karten.

[Bergmannstag.] 5. Allgemeiner deutscher Bergmannstag in Breslau, September 1892. Festbericht und Verhandlungen, hrsg. von E. Althans. Breslau, 1894. 156 S. mit 4 Taf.

Bergmannstag.] 7. Allgemeiner deutscher Bergmannstag in München 1898. Inhalt: 1. Nekrolog für Karl W. v. Gümbel. 2. Führer durch die geologischen und dergl. Sammlungen und Institute Münchens. 3. Ammon, L. v., Geologischer Überblick der Münchener Gegend. 4. Plan von München. München, 1898. 66 S. mit 1 Karte und 1 Bildn.

Bergmannstag, allgemeiner, in Teplitz 1899. Festbericht u. Verhandlgn. Hrsg. v. dem Vereine f. die bergbaul. Interessen im nordwestl. Böhmen. Mit 5 Taf. Zeichngn. gr. 8. (252 S.) Teplitz-Schönau 900. (A. Becker.) Geb. in Leinw. n. 5. —

Bergmannstrachten. – Sächsische. O.O.u.J. (um 1815). 4 Bl. Aquarelle. 4°

Bergmans, Jan.: Die Quellen der Vita Tiberii (Buch 57 Historia Romana) des Cassius Dio. *Amsterdam 1903: Höveker & Wormser.* (135 S.) 8°
Heidelberg, Phil. Diss. v. 1903

Bergmans, Jan, die Quellen der Vita Tiberii (Buch 57 der Historia Romana) des Cassius Dio. Diss. (VII, 135 S.) gr. 8. Amsterdam 903. Leipzig, K. F. Koehler.) n.n. 4. —

Bergmarck, Daniel (Smoland/Schwed.), Experientiam vitiaque circa eam generaliora. Präs. Pet. Ahlwardt. Greifswald (Hieron. Joh. Struck) 19. XII. 1755. 24 S. (4.80) 2260
Gew.: Joh. Engstedt (Borreby), Joh. Hagae (Berg), Zach. Fried. Duse (Tolg), Pet. Fontén (Gardsby), Ammund Hagelstein (ganzseit. dtsch. Widm.), Erich Bergmarck. — Widm. v. Erich Steph. Widbeck (Smol.).

Bergmaterialien-Taxe bei dem churfürstlich Sächsischen Bergamte zu Freiberg, wie solche alle halbe Jahre nach Anleitung der allergnädigsten Berg-Resolutions-Punkte vom Jahre 1709, § 24 und 25 revidirt und festgestellt wird. Freiberg 1794. kl. 4.

Bergmayr, geb. Rübel, Cathinka Serafina, Stimmen d. Einsamkeit. Gesammelte Gedichte. 8. (17¾ B.) Erlangen 841, Ferd. Enke.

Bergmayr, Ignaz Franz Seraph

Bergmayr, J. F. S., Handb. zu dem peinl. Verfahren bei d. k. k. östr Armee. gr. 8. Wien, Camesina. 812.

Bergmayr, Ign. Frz. S., Handbuch zu dem peinl. Verfahren bei d. k. k. österr. Armee. gr. 8. Wien 812. (Heubner). 1 ℛ 8 gr

Bergmayr, J. F. S. Handbuch zu dem peinlichen Verfahren bei der k. k. Österr. Armee. (Mit) Anh. Wien 1812—21. 8°.

— Handbuch zu d. peinl. Verfahren bei d. k. k. österr. Armee. 2r Bd. nebst Regist. üb. beide Theile. gr. 8. Wien 822, v. Mösle.

— Anhang zu d. Handbuch zu d. peinl. Verfahren bei d. k. k. österr. Armee. Nebst Register über das ganze Werk. gr. 8. Wien 822. v. Mösle. 1 ℛ 8 gr

Bergmayr, Ign. Frz. Seraph, († den 21. März 1853.), Handbuch zu dem peinlichen Verfahren bei der k. k. Oesterreich. Armee u. in den Militär-Gränzen. 2. unveränd. (Titel-)Aufl. vom J. 1812. (XX u. 532 S. m. 3 Tab. in Fol.) Wien 849, Braumüller. 2⅓ ℛ

— — k. k. Stabs-Auditor. Kriegsartikel für die k. k. Armee. mit allen übrigen österreichischen Militär-Strafgesetzen vereinigt und erläutert. 8. Wien 1824.

— Kriegsartikel für d. k. k. Armee mit allen übrigen österr. Militär-Strafgesetzen verein. u. erläut. 2e Aufl. gr. 8. Wien 825. v. Mösle. 4 ℛ

— Kriegsartikel für d. k. k. Armee mit allen übrigen österr. Militair-Strafgesetzen verein. u. erläut. 2e Aufl. gr. 8. 826. (Wien, v. Mösle.)

Bergmayr, Ign. Frz., Kriegsartikel f. d. k. k. Armee, mit allen übrigen österr. Militär-Strafgesetzen vereinigt u. erläutert. 3. Aufl. gr. 8. (32½ B. u. 1 Tab.) Wien 835, (Braumüller u. Seidel.) *

Bergmayr, Ign. Frz. S., Kriegsartikel für die k. k. Armee, mit allen übrigen österreichischen Militair-Strafgesetzen vereinigt u. erläutert. Mit 1 Tab. 3e Aufl. gr. 8. Wien 836. v. Mösle u. Braumüller. n. 2 2/3 ₰

Bergmayr, Ign. Frz., Kriegs- u. Marine-Verfassung d. Kaiserthums Oesterreich. 1. Thl. gr. 8. (38½ B.) Wien 842. (Braumüller u. Seidel.) *

— — Militär-Appellationsrath. Kriegs- und Marine-Verfassung des Kaiserthums Oesterreich. 2. Aufl. 1. und 2. Th. (2 Bde.) 8. Wien 1842—1845.

— — Das bürgerliche Recht der k. k. österreichischen Armee und der Militär-Gränz-Provinzen. I. Th. Von dem Personenrechte. II. Th. Von dem Sachenrechte. 1.—3. Bd. III. Th. Von den gemeinschaftlichen Bestimmungen der Personen und Sachrechte. mit einem Anhage neuerer Verordnungen und Register. (5 Bde.) 8. Wien 1827—1837.

— das bürgerl. Recht in d. k. k. österr. Armee u. d. Militair-Provinzen. gr. 8. Wien 827, v. Mösle.

Bergmayr, Ign. Frz., das bürgerl. Recht d. k. k. Österreich. Armee u. d. Militär-Gränz-Provinzen. 2. Thl. Von d. Sachenrechte. 1. Bd. gr. 8. (15¼ B.) Wien 829, v. Mösle.

—— dass. 2. Thl. Von d. Sachenrechte. 2. Bd. gr. 8. (27½ B. incl. 1 Tab.) Ebds. 830.

—— dass. 2. Thl. Von d. Sachenrechte. 3. Bd. gr. 8. (22¼ B. u. 1 Tab.) Ebds. 833.
1. Thl. Von d. Personenrechte. Ebendas. 1827. 1 Thlr. 20 Gr.

— fortgesetzter Anhang neuerer Verordnungen zu d. bürgerlichen Rechte rc. gr. 8. Ebd. 839. n. 1 ₰

Bergmayr, J. F. Verfassung der k. k. Österr. Armee. Wien 1821. 8°.
Dass. 2. Aufl. u. d. T.: Kriegs- und Marine-Verfassung des Kaiserthums Österreich. T. 1. 2. 1842—45.

— Verfassung d. k. k. österr. Armee. Mit einem Register. gr. 8. Wien 822. v. Mösle. 4 ₰

Bergmayr, Ig. Franz, k. k. Militär-Appellationsrath. Verfassung der kaiserlich-königlichen Militär-Gränze und österreichischen Kriegs-Marine. 8. Wien 1845.

Bergmeier, Fritz: Dedekinds Grobianus in England. *Greifswald 1903: J. Abel.* (41 S.) 8°
Greifswald, Phil. Diss. v. 17. Dez. 1903

Bergmeier, Jos. Führer durch die cäcilianische Kirchenmusik mit besond. Rücksichtnahme auf leichte Ausführbarkeit. gr. 8. (V, 80 S.) Passau 891, (Abt). * 1 —

Bergmeir, Hans: Anl. z. kaufm. Geschäftsführg d. Handwerkers, s.: Heinisch, GFr.

Bergmeister, Andrä Jos., physisch-medizinisch-statistische Topographie der Stadt Bozen mit den drei Landgemeinden zwölf Malgreien, Gries und Leifers oder der ehemalige Magistratsbezirk Bozen. Nach Quellen und eigenen Beobachtungen und Erfahrungen bearbeitet. gr. 12. (VI und 278 S.) Bozen 854. (Innsbruck, Wagner'sche Buchh.)

Bergmeister, Hermann
Bergmeister, H: Geometr. Formenlehre f. Mädchen-Lyzeen. I. u. II. Tl. 8° Wien, F Deuticke. Geb. 2.90 d
I. (Für d. I. u. II. Kl.) (88 m. Fig.)'02. 1.50 | II. (Für d. III. u. IV. Kl.) (74 m. Fig.)'03. 1.40.

Bergmeister, Herm., geometrische Formenlehre f. Mädchen-Lyzeen. 2 Tle. gr. 8. Wien, F. Deuticke. Geb. in Leinw. n. 2. 65
I. (f. die I. u. II. Klasse). 2., umgearb. Aufl. (IV, 69 S. m. 97 Fig.) 906. Geb. n. 1. 25
II. (f. die III. u. IV. Klasse). 2., umgearb. Aufl. (IV, 69 S. m. 99 Fig.) 906. Geb. n. 1. 40

Bergmeister, Josef M.
Bergmeister, Jos. M., s.: Anleitung zu Arbeiten aus Astwerk u. Stangenholz.

Bergmeister, Jos., Anleitung zur Holzschnitzerei zum Selbstunterricht. 8. (37 S. mit Illustr.) München 888, Mey und Widmayer's Verlag. *

Bergmeister, J., Anleitung zur Holz-Schnitzerei zum Selbstunterricht f. Anfänger u. Mindergeübte. Nach Ausz. a. d. Zeitschrift „der Dilettant" zusammengestellt. 8. (37 S. m. Fig.) München 889. Mey & Widmayer. n. — 60

Bergmeister, Jos., s. Anleitung zu Kerbschnittarbeiten.

— s.: Anleitung zur Vollendung seiner Holzarbeiten.

—— die vorzüglichsten Beschäftigungen des Dilettanten. Handbuch für den Selbstunterricht zur Herstellung von Laubsäge-, Einlege-, Schnitz- und Dreharbeiten und den einschläg. Nebenzweigen. 2. vollständig umgearb. und verm. Aufl. der „Anleitung zu Laubsäge-, Schnitz- und Einlegearbeiten". gr. 8. (III, 240 S. mit 145 Fig.) Ebendas. 887. *

— d. vorzüglichsten Beschäftiggn d. Dilettanten. Handb. f. d. Selbstunterricht in allen hervorrag. häusl. Kunstarbeiten. 3. Afl. 8° (240 m. Fig.) Münch. 95, Mey & W. 2.50; geb. 4 —

Bergmeister, Jos. M., D. vorzügl. Beschäftiggn. d. Dilettanten. Handbuch f. d. Selbstunterr. in allen hervorrag. häusl. Kunstarbeiten. 4. Aufl. gr. 8. (IV, 240 S. m. 240 Fig.) München 898. Mey & Widmayer Verl. Geb. in Leinw. 3. 50

Bergmeister, Jos. M., die vorzüglichsten Beschäftigungen des Dilettanten. Handbuch f. den Selbstunterricht in den hervorragendsten häusl. Kunstarbeiten. 5. u. 6. Aufl. (à VII, 244 S. m. üb. 300 Abbildgn. u. 1 farb. Titelbild.) 8. München 903. 906. Mey & Widmayer. Geb. in Leinw. n. 3. 50

— Die vorzüglichsten Beschäftigungen d. Dilettanten. Handbuch f. den Selbstunterricht in den hervorragendsten häusl. Kunstarbeiten. 7. Aufl. (VII, 244 S. m. über 300 Abbildgn. u. 1 Farbdr.) gr. 8. München 908. May & Widmayer. Geb. in Leinw. 3. 50

— Die vorzüglichsten Beschäftiggn d. Dilettanten. 8. Afl. (7, 221 m. Abb. u. farb. Titelbild.) gr8° Münch., Mey & W. '12. 3.50; L 4 — d

Bergmeister, J. M., die gesammten modernen Galanterie-Arbeiten. Anleitung zur Anfertigung aller Galanteriearbeiten für Fachleute und Dilettanten. gr. 8. (IV, 148 S. mit 150 eingedr. Holzschn. und 10 lithogr. Taf.) Halle 881, Knapp. *

— Für uns. Knaben. D. Jug. Kunstfertigkeit u. Spiel. E. häusl. Beschäftigungsbuch. 2. Aufl. gr. 8. (VII, 216 S. m. üb. 350 Abb.) Ebd. 898. Geb. in Leinw. 3. 50

— „Für unsere Knaben". Der Jugend Kunstfertigkeit u. Spiel. Ein häusl. Beschäftigungsbuch. 3. umgearb. Aufl. (IX, 211 S. m. üb. 370 Abbildgn.) gr. 8. Ebd. 905. Geb. in Leinw. n. 3. 50

— „Für unsere Knaben." Der Jugend Kunstfertigkeit u. Spiel. Ein häusl. Beschäftigungsbuch. 4. Aufl. (IX, 211 S. m. üb. 370 Abbildgn. im Text u. auf 2 farb. Taf.) 8. Ebd. 910. Geb. in Leinw. 3. 50

Bergmeister, Jos. M., für unsere Mädchen. Das Beschäftigungs- u. Spielbuch der Mädchenwelt, unter Mitwirkg. v. Luise Bukits hrsg. Mit 250 Abbildgn., 2 farb. Taf. u. 1 Schnittmusterbog. gr. 8. (VII, 208 S.) München 901. Mey & Widmayer. Geb in Leinw. n. 3. 50

— Für unsere Mädchen. Das Beschäftigungs- u. Spielbuch der Mädchenwelt, unter Mitwirkg. v. Luise Bukits hrsg. Mit 250 Abbildgn., 2 farb. Taf. u. 1 Schnittmusterbog. 2. [Titel-]Aufl. (VI, 208 S.) gr. 8. Ebd. [901] 907. Geb. in Leinw. 3. 50

—— der Schmuck unseres Weihnachtsbaumes. Anleitung zur Anfertigung von hübschen Gegenständen aus Kartenpapier, als Behang des Baumes und als kleine sinnige Geschenke geeignet, nebst einem Anhang: Die Blumendecoration und ihre Anwendung auf Neujahrs- und Gratulationskarten, von S. Hermann. 1.—3. Aufl. kl. 8. (64 S. mit Abbild.) Leipzig 886,87, Leipziger Lehrmittelanstalt. *

Bergmeister, Jos., Unterweisungen in der Buchbinderkunst. 8. (62 S. mit eingedr. Holzschn.) Ebendas. 886. *

Bergmeister, Otto

Bergmeister, O., Beitrag zur vergleichenden Embryologie d. Coloboms. [Aus dem embryolog. Institute d. Schenk in Wien.] [Aus: „Sitzungsber. d. k. Akad. d. Wiss."] Lex.-8. (9 S. m. 1 Steintaf. in gr. 4.) Wien 875. (Gerold's Sohn.) n. — 60

Bergmeister, O., die Intoxikationsamblyopien, s. Klinik, Wiener.

Bergmeister, O., s. Tetzer's, Mart., Compendium der Augenheilkunde.

Bergmeister, Otto, die Verletzungen des Auges und seiner Annexe, mit besond. Rücksicht auf die Bedürfnisse des Gerichtsarztes, s. Klinik, Wiener.

Bergmeister Rudolf: Versuch einer Grundlegung der Philosophie als Wissenschaft.
1894 Diss. Innsbruck, Univ.

Bergmiller, Fritz, s.: Bücherei, naturwissenschaftliche.

Bergmiller, F: Erfahrgn auf d. Gebiete d. hohen Jagd. Nebst e. Kapitel üb. Falkenbeize, Kynol., Schiesstechnik u. Optik, u. Jägersprache. (360 m. Abb., 1 farb. Titelbild u. 8 Taf.) Lex8° Stuttg., Franckh ('12). 3.50; L 4.50 d

— Erfahrungen aus dem Gebiete der Niederjagd, s.: Diezel, C. E.

— Unsere Hunde. Ihre Eigenschaften, Aufzucht, Pflege u. Rassen. Mit 19 fein kolor. u. 2 schwarzen Taf. u. vielen Textbildern. (174 S.) kl. 8. Stuttgart (908). E. H. Moritz. Geb. in Leinw. 3.50

Bergmüller, Jh. Bapt., († d. 20. Febr. 1785.) der Maaßstab Gottes, oder Berechnung göttlicher Zahlen in der Schrift. gr. Fol. Augsb. 778. Verf. 1 ₰ 8 ℊ

Bergmüller, Jh. Geo., († d. 30. März 1762.) geometr. Maaßstab d. wesentl. Abtheilungen u. Verhältnisse d. Dor. Säulenordnungen, aus d. Quadrat d. Dorischen Säulenordnung, für alle übrige hergeleitet. Fol. Augsb. 752. Verf. 1 ₰ 8 ℊ

Bergmüller, Ludwig, Dr., Prof.: Einige Bemerkungen zur Latinität des Jordanes. *Augsburg 1903: P. J. Pfeiffer.* (52 S.) 8° [F. u. Ant.]
Augsburg, k. humanist. G bei St. Anna, P 1903*

Bergmüller, Ludwig [Dr.]: Zur Latinität der Briefe des L. Munatius Plancus an Cicero. [Erschien vollst. 1896 bei A. Deichert Nachf. in Leipzig.] Stadtamhof, Druck v. J. & K. Mayr, 1896; 2 Bl., x, 26 S. 8.
Regensburg, k. Altes G, P 1896*

Über die Latinität der Briefe des L. Munatius Plancus an Cicero. Von Dr. Ludwig Bergmüller, K. Gymnl. in Regensburg. *Erlangen & Leipzig: A. Deichert 1897.* (4 Bl., x, 102 S.) 1 Bd 8. [96. 7151]

Bergmüller, Ludw.: Präparation zu Xenophons Anabasis, s: Präparationen z. griech. u. latein. Schullektüre.

Bergmüller, Ludovicus, quaestiones Juvenalianae. Diss. Erlangen 1886, Th. Blaesing. 8°. 63 S.

Bergmüller, Traute, Müller-Lieder. 12. (160 S. m. Bildnis.) Leipzig 900. Th. Fritsch. Geb. in Leinw. n. 1. 80

Bergner, A., die Anziehung und Abstossung durch Wärme und Licht und die Abstossung durch Schall. gr. 8. (42 S.) Boizenburg 874, Herold. *

Bergner, A., die Anziehung und Abstossung durch Wärme und Licht und die Abstossung durch Schall. 2. (Titel-)Aufl. gr. 8. (42 S.) Boizenburg 880, Herold.

Bergner, A., Die v. d. menschl. Körper ausströmende Kraft. gr.8. (31 S.) Wismar 898. (Hinstorff'sVerl. n. 1. —

Bergner, Adolf August (wirkl. Name), s.a. Eginhard, Karl (Pseud.), u. Adolph, August (Pseud.)

EGINHARD, Karl (d. i. *Adolf August Bergner*), Anekdoten zur Charakteristik der Vorzeit. 2 Thle. (I. Vom Adel. II. Von der Geistlichkeit.) Ronneburg u. Leipzig, bey Aug. Schumann. 1804. 8°.
I: Doppeltit., 276 S. II: Doppeltit. u. 273 S., nebst 7 Bll. Verz. von Verlags- u. Kommissions-Büchern der Firma. — Enth. viel zur Chronique scandaleuse. Rar! (II, S. 223—26 Abdr. e. latein. Urkunde, vom Herausgeber überschrieb.: „Eine Dirsteiner Nonne [Dirstein, ehem. Kloster bei Dietz a. d. Lahn] in puris naturalibus vor der medicin. Fakultät zu Cölln".)

ROSEN, Die heiligen, romantische Sagen aus dem Mittelalter (von *Adolph August Bergner*). Leipzig 1822.
Anon.-Lex. III. p. 393 (nach Meusel).

—das Roß von Libanon, Thüringer Sage (der heiligen Rosen 1r Bd) Mit Kpf. 8. Leipz. 819. Kollmann. 1 ₰

Bergner, Ad. Aug., der blaue Schleier, (d. heiligen Rosen 2r Bd.) 8. Leipz. 822. Kollmann. 1 ₰ 12 ℊ

Bergner, Anna, Kinder-Kochbüchlein nebst e. Anh. von Küchenreimen u. Tischregeln. Mannheim 870. Löffler in Comm. 16. (VIII, 54 S.) n. 4 ngr

—— Kochbuch. Quintessenz der rheinischen Kochkunst. Für bürgerliche Haushaltungen. Neue billige Aufl., theilweise Auszug des früher erschienenen größeren Kochbuchs. Mit einem Anh. von Sinnsprüchen für Küche und Haus. 8. (XXVIII, 310 S.) Mannheim 870, (Löffler.)
cart. ℳ 2.; geb.

Bergner, Anna, pfälzer Kochbuch. Eine Sammlung von 1002 praktisch bewährten Kochrecepten aller Art, begründet auf 80jähr. Erfahrung. Nebst einem Anhang von 28 verschiedenen Speisezetteln. Den deutschen Frauen und Töchtern gewidmet. 8. (XXXVIII und 688 S.) Mannheim 858, Löffler. *
geb. *

Bergner, B., heil dem Kaiser! Material zur Feier des Geburtstages Sr. Maj. des Kaisers sowie anderer patriot. Festlichkeiten: Festreden, Toaste, Themata u. ausgearbeitete Dispositionen, biograph. u. Geschichtstafel, wicht. Aussprüche Sr. Maj. des Kaisers, sowie viele andere prakt. Hinweise. (IV, 150 S.) 8. Erfurt (905). F. Bartholomäus. 1. 50

Heil dem Kaiser! Material z. Feier d. Geburtstages S. M. d. Kaisers sowie anderer patriotischer Festlichkeiten ... gesammelt von B. Bergner. Erfurt: F. Bartholomäus [1906]. (150 S.) 8° [F.] [06. 5167 8

Bergner, Bernh.

— — Explicatio tit. digest. de administratione rerum ad civitates pertinentium. Disp. jur. Präs. Gg. Adam Struve. Jena (Nis) 26. III. 1679. 8 Blatt. (4.—) 2263
Widm. v.: Präs., Heinr. Balth. Roth.

— — Dasselbe. Jena (P. Ehrich) 1718. (3.50) 2264

Bergner, Christian August

— Christian August (Schleusingen), Capita quaedam judicii provocatorii ex lege diffamari illustr. Exercit. jur. Präs. Dietr. Herm. Kemmerich. Wittenbg. (Joh. Andr. Röber) 28. IX. 1724. 24 S., tlw. dtsch. (4.50) 2265

Bergner, Christoph

—Handbuch für Apotheker u. Scheidekünstler. gr. 8. Prag 794. Herl. 12 ℊ

Bergner, Ch., chymische Versuche und Erfahrungen; ein Werk zum Unterricht die chym. Arzneymittel zu verfertigen. 3 Thle. gr. 8. Prag, Herl. 792.
(dasselbe unter d. N. T. Handb. f. Apotheker ꝛc. 794.)

Bergner, Christoph Samuel
— **Chph. Sam.** (Saxo-Thuringus), Pro divina doctrinae christianae origine argumento interno uti non licet. Diss. Präs. Mich. Weber. Wittenberg (Tzschiedrich) 25. X. 1798. 20 S. (2.80) 2266
Gew.: Gg. Adam Horrer (Weissensee).

Bergner, Eduard
Bergner, Ed., Lebens-Ansichten. Gedichte, Glossen, Agrionien, Xenien und freie Uebersetzungen aus dem Engl., Slav., Italien. und Französ., und Ideen aus dem Leben. gr. 8. (V, 436 S.) Graz 882, Verlagsh. „Leykam". **ℳ 4.; geb. **

Bergner, Felix, approb. Arzt aus Leipzig: Ueber Sarcomatose im Kindesalter. Nebst 1 Abb. *München 1903: Kastner & Callwey.* (53 S.) 8°
München, Med. Diss. v. 1903

Bergner, Friedrich, Medizinalpraktikant a. Reichenbach i. V.: Aus der chirurgischen Klinik zu Leipzig. Ein Fall von Chylothorax traumaticus. Leipzig 1907: B. Georgi. (27 S.) 8°
Leipzig, Med. Fak., Ref. Trendelenburg, Diss. v. 4. April 1907
[Geb. 3. Sept. 80 Reichenbach i. V.; Wohnort: Leipzig; Staatsangeh.: Sachsen; Vorbildung: Gymn. Zwickau Reife M. 01; Studium: Leipzig 10, Erlangen 1 S.; Coll. 26. Apr. 07; Approb. Jan. 07.]

Bergner, Fritz, s: Selbstkostenberechnung in Machinen-Fabriken.

Bergner, Hans: Die Wirkgsweise u. Konstruktion d. ortsfesten Verbrenngs-Kraftmaschinen m. Anh. üb. d. Gasturbine, s: Leiner's techn. Bibliothek.

Bergner, Hans Heinrich [aus Gumperda bei Kahla]: Der gute Hirt in der altchristlichen Kunst. . . . Berlin, Verl. v. Speyer & Peters, 1890; 31 + 1 S. 8°
Jena, Phil. Fak., Inaug.-Diss. v. 1890

—— dass. — Mit 12 autogr. Taf. gr. 8. (45 S.) Ebd. 890. * 1 50

Bergner, Heinrich
Beschreibende Darstellung der älteren Bau- u. Kunstdenkmäler des Kreises Liebenwerda. Bearb. von Dr. Heinrich **Bergner** u. Heinrich Nebelsieck. Hrsg. von d. Hist. Komm. f. d. Prov. Sachsen ... Mit 217 Textbild., 26 Taf. u. e. geschichtl. Karte von Prof. Dr. [Gustav] Reischel. Halle: Hendel 1910. VIII, 251 S. 8°
(Beschreibende Darstellung d. älteren Bau- u. Kunstdenkmäler d. Prov. Sachsen. H. 29.) [11. 2054 2

Bergner, Heinr., beschreibende Darstellung der älteren Bau- u. Kunstdenkmäler des Kreises, bezw. der Stadt Naumburg, s. a. Darstellung, beschreibende, der älteren Bau- u. Kunstdenkmäler der Prov. Sachsen. 24. u. 26. Hft.

Beschreibende Darstellung der älteren Bau- und Kunstdenkmäler des Kreises Naumburg (Land). Bearb. von Dr. Heinrich **Bergner**. Hrsg. von d. hist. Comm. f. d. Prov. Sachsen u. d. Herzogtum Anhalt. Mit 159 Abb. u. 1 geschichtl. Karte von Prof. Dr. H. Grössler in Eisleben. Halle a. d. S.: O. Hendel 1905. (VIII, 252 S.) 4°(8°)
— **Darstellung**, Beschreibende, d. älteren Bau- u. Kunstdenkmäler d. Prov. Sachsen. H. 26. [06. 701

Beschreibende Darstellung der älteren Bau- und Kunstdenkmäler der Stadt Naumburg. Bearb. von Dr. Heinrich **Bergner**, Pfarrer zu Nischwitz. Mit 162 Abb., 20 Lichtdr.-Taf. u. 1 Stadtpl. *Halle a. S.: O. Hendel 1903.* (VIII, 322 S.) 8°
— **Darstellung**, Beschreibende, d. älteren Bau- u. Kunstdenkmäler d. Prov. Sachsen. H. 24. [03. 1803 2

Bergner, Heinr., beschreibende Darstellung der älteren Bau- u. Kunstdenkmäler des Kreises Querfurt, s.: Darstellung, beschreibende, der älteren Bau- u. Kunstdenkmäler der Prov. Sachsen. 27. Hft.

Bergner, Heinr., beschreibende Darstellung der älteren Bau- u. Kunstdenkmäler der Kreise Ziegenrück und Schleusingen, s.: Darstellung, beschreib., der älter. Bau- u. Kunstdenkmäler der Prov. Sachsen. 22. Hft.

— Dürrengleina u. Töpfersdorf, zwei Kirchenruinen. gr. 8. (III, 22 S. m. 8 Taf.) Kahla 898. Nischwitz bei Mannichswalde (S.-A.) Pfarrer Dr. Heinr. Bergner. — 75
Sonderabdruck aus: „Mittheilgn. des Ver. f. Geschichts- u. Alterthumskde. zu Kahla u. Roda".

— s.: Geschichte der Stadt Kahla.

— die Glocken des Herzogt. Sachsen-Meiningen, s.: Schriften des Vereins f. Sachsen-Meiningische Geschichte u. Landeskunde. 33.

Bergner, Heinr., z. Glockenkunde Thüringens. [Aus: „Mitteilgn. d. geschichts- u. altertumsforsch. Vereins f. Kahla u. Roda".] gr. 8. (104 S. m. 12 Taf.) Jena 896. F. Strobel. n. 2. —

— Grundriß der kirchlichen Kunstaltertümer in Deutschland von den Anfängen bis zum 18. Jahrh. Mit 228 Abbildgn., meist nach Federzeichngn. des Verf., im Text. gr. 8. (VIII, 374 S.) Göttingen 900. Vandenhoeck & Ruprecht. n. 7. —; geb. in Leinw. n. 8. —

Bergner, Heinr.: Grundr. d. Kunstgesch. (8, 333 m. Abb. u. 5 farb. Taf.) gr8° Lpzg, EA Seemann '11. L 2.80 ‖ 2. Afl. (8, 309 m. Abb. u. 4 farb. Taf.) '13. HL 3.20 ‖ Ausg. m. Abb., 16 Farbdr. u. 4 Bildertaf. (8, 309) L 4 — d

Das Kloster Güldenstern in Geschichte und Kunst. [Verf.: Dr. Heinrich **Bergner**, Pfarrer in Nischwitz.] (Als Ms. gedr.) Magdeburg: G. Baensch jun. 1907. (115 S.) 4° [07. 12381

Bergner, Heinr., Handbuch der bürgerlichen Kunstaltertümer in Deutschland. 2 Bde. (VIII, 644 S m. 790 Abbildgn.) Lex.-8. Leipzig 906. E. A. Seemann. n. 18. —; geb. n. 20. —

— Handbuch der kirchlichen Kunstaltertümer in Deutschland. Mit 9 Taf. in Farbendr. u. Autotyp., sowie über 500 Abbildgn. im Text. (VIII, 619 S.) Lex.-8 Leipzig 903—905. Ch. H. Tauchnitz. n. 28. —; geb. n. 30. —
Erschien auch in 6 Lfgn.

— Archäolog. Katechismus, s.: Otte, Heinr.

Bergner, H.: Naumburg und Merseburg, s. Kunststätten, Berühmte.

Bergner, H.: Rom im Mittelalter, s. Kunststätten, Berühmte.

Bergner (J.). Fungi esculenti et venenosi Helvetiae . . . Bern, [1845–50]. fol.

Bergner, J. und J. A. Trog. Die essbaren, verdächtigen und giftigen Schwämme der Schweiz. Neue A. Bern 1868. fol.

Bergner, Jh. Aug., († d. 7. Juni 1820.) Beschreibung d. ehemal. berühmten Schlosses u. Städtchens Schellenberg. 4. Dresd. 780. Gerlach. 18 ℛ

— etwas von dem ehemal. Alaunwerk zum Neuen Jahr gevierte Fundgrube, sammt dem tiefen Erbstolle genannt. 8. Annaberg 778.

— etwas v. d. Superintenden-Adjunkten in Chursachsen. 8. Bautzen. Crusius. 781.

— etwas von den Superintendenten-Adjunkten in Kursachsen. 8. Bautzen 781. (Leipz. W. Vo el). 3 ℛ

Bergner, Johannes, a. Offenburg: Über die Convergenz-Erscheinungen zwischen den Raupen von Plusia C. aureum Kn. und Notodonta ziczac L. Husum 1906: F. Petersen. (25 S., 1 Taf.) 8° ¶ (Aus: „Zeitschrift für wissenschaftliche Biologie" Bd 2 H. 10.)
Freiburg i. B., Phil. Fak., Ref. Weismann, Diss. 10. Nov. 1906
[Geb. 27. März 74 Halle (Saale); Wohnort: Freiburg i. B.; Staatsangeh.: Baden; Vorbildung: Gymn. Offenburg Reife Juli 94; Studium: Theol. Straßburg 1, Naturw. Heidelberg 3, Straßburg 3. Freiburg i. B. 10 S.; Rig. 2. März 06.]

Verzeichnis der Gräflich Nostitzschen Gemälde-Galerie zu Prag von Paul Bergner, Inspektor. Mit 56 Lichtdr.-Bild. Prag: C. Bellmann 1905. (VII, 66 S., 56 Taf.) 8°
[Umschlagt.:] Galerie Nostitz in Prag. [05. 11914

Bergner, Rudolf

Bergner, Rud., der Herr Executor Brandlhuber. Komischer Roman aus Siebenbürgen. 8. (209 S.) Mannheim 891. J. Bensheimer's Verl. n. 3. —

Bergner, Rud., e. Fahrt durch's Land der Rastelbinder. Bilder u. Skizzen aus Nordungarn. 8. (VIII, 142 S.) Leipzig 883. Bruckner. 1. 50

Bergner, R., die Frage der Siebenbürger Sachsen, s.: Kolonial-Bibliothek.

Bergner, Rud., gar mächtig ist im Menschen d. Bestie! Allerlei soc. Fragen sow. d. Ganze d. Thierschutzes einschliessl. d. Misswirtschaft d. Thierschutz-Vereine. Zur Unterhaltg. u. Beherzigg. f. Jung u. Alt, Hoch u. Nieder. Lex.-8. (47 S. m. 1 Abb.) Graz 896. Selbstverl. — 85

— die Geflügelzucht Österreichs 1848 bis 1898. Lex.-8. (8 S.) Wien 899. (M. Perles.) n. — 40
Sonderabdruck aus: „Geschichte d. öst. Land- u. Forstwirtschaft u. ihrer Industrien 1848 bis 1898".

— General-Bericht üb. den Congress des österr. Bundes der Vogelfreunde f. Thier- u. Vogelschutz zu Graz (5. bis 9. VIII. 1898). Hrsg. im Auftrage der Congressleitg. gr. 8 (140 S. m. 1 Taf.) Graz 899. Leipzig-Schleussig, K. Richter. (Nur direkt.) 1. 80

— die Judenherrschaft in den Karpathenländern. Sensationelle Enthüllgn. 8. (61 S.) Marburg 889. Verlag d. Reichs-Herold. n. 1. —

Bergner, Rud., die deutschen Kolonien in Ungarn, s. Universal-Bibliothek, geographische.

—— in der Marmaros. Ungarische Culturbilder. 8. (VIII, 280 S. mit 1 lithogr. Karte.) München 885, Franz' Verlag. *

Bergner, R: Monaco u. s. Spielhölle. 8° (201 m. 2 Abb.) Graz 96. Lpzg-Schleussig, K Richter. 3 —

— —: Die österreich-ungarische Monarchie in Wort u. Bild. Ungarn 6. Bd. [Das südöstl. Ungarn. Siebenbürgen u. d. benachb. Berggebiete]. Wien: K. k. Hof- u. Staatsdr. 1902. XII, 598 S. 4°. Mit zahlr. Abb.

—— Rumänien. Eine Darstellung des Landes und der Leute. gr. 8. (XII, 412 S. mit 26 Illustr. und 1 Karte.) Breslau 887, Kern's Verlag. *ℳ 10.—; geb. *

— Siebenbürgen. Eine Darstellg. d. Landes u. der Leute. gr. 8. (VI, 410 S) Leipzig 884. Bruckner. n. 6. —

— das Thierasyl. Eine Studie. Lex.-8. (16 S.) Ebd. 896. n. —. 20

—— Ungarn, Land und Leute, s. Woerl's Reisehandbücher.

—— das Wächterhaus von Suliguli und andere Karpathengeschichten. 8. (184 S.) München 885, Franz' Verlag. *

— was ist Thierschutz u. wie soll er betrieben werden? Eine Erörterg. üb. Thierrecht u. rationelle Thierbehandlg., sowie e. Beleuchtg. der Frage, was sollen die Thierschutzvereine thun, um zu andauernder Blüte zu gelangen, nebst dem Entwurfe e. Thierschutzgesetzes. Lex.-8. (16 S. m. 5 Abbildgn.) Ebd. 899. n. — 20

Bergner, Rud., wie Elsa zu e. Manne kam. Lustspiel in 1 Act. 8. (16 S.) Wien (900). (Leipzig-Schleussig, K. Richter.) (Nur direkt.) n. — 20

Bergner, W., evangelisches Choralbuch. 4. Aufl. qu. gr. 4. (VIII, 84 S.) Riga 878. Kymmel. n. 3. 60

Bergner, W., Choral- u. Präludienbuch nebst Modulationen u. Interludien, m. liturg. Beilagen im Anschluss an die neue Agende v. J. 1897 f. die evangel.-luther. Gemeinden im Russ. Reich. 2. bereich. u. neubearb. Aufl. qu. gr. 4. (XVI, 235 S.) Riga (900). P. Neldner. n. 6. —; kart. n.n. 6. 60; geb. in Leinw. n.n. 7. 20

Bergner, W., Vorspiele zu den gebräuchlichsten Kernmelodien der evangel. Kirche nebst einer Sammlung allgemeiner Vor- und Nachspiele für den öffentlichen Gottesdienst. qu. 4. (X und 174 S.) Riga 861, Kymmel. (Leipzig, C. F. Fleischer.) *

Bergnosse von Erdtburg [Pseudon.] s. [Wild, Marquard].

Bergobzoomer, Johann Baptist: Der Greis; ein Gelegenheitsstück in 2 Aufz. 8°. 1771.

– die ungl. Heirath; ein Trspl. in 5 Aufz. 8°. 1769.

– In der Noth lernt man seine Freunde kennen; ein Lstspl. in 5 Aufz. 8°. 1776.

– der Offizier; ein Lstspl. in 1 Aufz. 8°. 1768.

– die Sitten der Zeit; ein Lstspl. in 2 Aufz. 8°. 1770.

– der Spieler; ein Lstspl. nach d. Französ. in 5 Aufz. 8°. 1773.

Bergobzoomer, Joh.Bapt. (Hrsg.), s. Theaterspiegel des Brünner Theaters.

– der Universalerbe; ein Lstspl. nach d. Französ. in 5 Aufz. 8°. 1774.

– die Zeit; ein Vorspiel. 8°. Prag...

– der Zerstreute; ein Lstspl. in 5 Aufz. nach d. Französ. 8°. 1775.

Bergold, Alfred: Aus d. Zool. Inst. d. Univ. Freiburg i. B. Beiträge zur Kenntnis des inneren Baues der Süsswasserostracoden. Freiburg i. B. 1909: (Lippert, Naumburg a. S.). 42 S. 8° ¶(Aus: Zool. Jahrbücher. Bd 30, Abt. f. Anat. 1910.)
Freiburg i. B., Phil. Diss. v. 12. Febr. 1910, Ref. Weismann
[Geb. 6. Nov. 85 Hoppetenzell; Wohnort: Buchholz, Baden; Staatsangeh.: Baden; Vorbildung: Oberrealsch. Freiburg i. B. Reife Juni 05; Studium: Freiburg i. B. 2, Heidelberg 2, Freiburg i. B. 4 S.; Rig. 23. Juli 09.] [U 10. 1027

Bergold, Eug., Arithmetik u. Algebra, nebst einer Geschichte dieser Disciplinen, für Gymnasien u. Realschulen bearb. gr. 8. (XXII, 200 S.) Karlsruhe 881. Reuther. n. 2. 25

Bergold, Eug., Bruchrechnen u. Zweisatz. Ein kurzer Leitfaden besond. zur Vorbereitg. f. den Eintritt an Gymnasien u. Realschulen. (VII, 27 S.) 8. Freiburg i/B. 905. Herder. Kart. n. — 50

—— ebene Trigonometrie, mit einer kurzen Geschichte dieser Disciplin, einer Aufgabensammlung und erläut. Bemerkungen. Für Gymnasien und Realschulen bearb. gr. 8. (VI, 81 S.) Leipzig 880, C. F. Winter'sche Verlagsh. *

Bergold, Georg (Fürth)
Ueber den Werth der Auscultation in der Geburtshülfe.
Giessen: C. Schild 1848. 20 S.
Diss. med. 12.5.1848. vorh. 26. 11.

Bergold, Georg. Mart., Dissertatio de mutua philosophiae et theologiae ad se invicem relatione. Wirceburgi, typis Nitribitt, 1785, in 8°.
Akademische Schrift.

Bergold, Joh. Gottlob u. Gotthelf Chn. Grenz (Dresden), De jurejurando calumniae tum generali tum speciali. Diss. polit. Lpz. (Jacobäer) 16. IV. 1783. 22 S. (4.—) 2267

Berg-op-Zoom-Crantz.–
der verlorene Berg op Zoom-Crantz der gewesenen Jungfer Berg op Zoom, darin die Belagerung dieser Stadt u. ihre unvermuthete Uebergabe. 8. Kyck in den Pot (Nürnberg). 1747.

Bergordnung des kurfürstl. Herzogthum (!) Baierns u. der obern Pfalz, dann der Landgrafschaft Leuchtenberg, mit der beygefügten freyen Bergwerkserklärung u. den von Ihro kurfürstl. Durchlaucht dero sämmtlichen Bergwerken ertheilten Privilegien u. Freyheiten. Hrsg. im Jahre 1784. München, gedr. mit Vötterischen Schriften. Fol. Cart.
2 Bll., 70 S., 4 Bll. Reg. (letztes fehlt). Selten!

Bergordnung, von Baiern u. d. obern Pfalz. Fol. Münch. 784. Strobl. (auch Göthe in Leipz.) 12 gr

Bergordnung.– Berg-Ordnung des Ertz-Stiffts Cöllen, wie auch Deren beyden Hertzogthumberen Güllich und Berg, Sambt Berg-Freyheit Und Edicten. Auss beyden Churf. Durchl. Vorfahren Christmildigster Gedächtnuss alten und sonstigen Berg-Ordnungen gezogen, auch nothtürfftig corrigirt, vermehrt und mit unterschiedlichen Edicten verbessert. In zwey Theil Cöllen am Rhein 1746.

— für Magdeburg, Halberstadt, Mannsfeld rc. Fol. Berl. 772. Rottmann. 20 gr

Bergordnung für das Herzogtum Nassau vom 18. Februar 1857. Dillenburg. 1857. 100 S.

Bergordnung für das Herzogthum Nassau vom 18. Februar 1857. Dillenburg 1858. 8. –
Desgl. 2. Aufl. Dillenburg 1858. 8.

Bergordnung für das Herzogth. Nassau vom 18. Febr. 1857. 2., mit dem Gesetz über die Grubenbesteuerung verm. Aufl. 8. (107 S. mit 1 Tab. in qu. 4.) Dillenburg 858, Jacobi.

Bergordnung f. Nassau v. 1857. 2. Afl. 8. (107) Dillenb. 58, Seel. n. — $8^1/_2$

Berg-Ordnung, Nassau-Catzenelnbogische. 2. Aufl. Wetzlar, 1711. 72 S.

Bergordnung, Neue, des Königreichs Ungarn und solcher Kron einverleibten Gold, Silber, Kupfer und anderer Metallbergwerken etc., publicirt 1573, jetzt neu aufgelegt. Wien 1805. Fol.

Berg-Ordnung f. Neuspanien, welche in allen Theilen d. vormal. Kgl. Span. Besitzungen Amerika's noch kraftbeständig ist. A. d. Span. v. J. Nöggerath u. J. P. Pauls. gr. 8. (12 B.) Bonn 828, Weber.

[Berg-Ordnung.] Kurfürstlicher Pfalz am Rhein Berg-Ordnung. Mannheim, 1781. 46 S. mit Register.

Bergordnung, die revidirte, für das Herzogth. Cleve, Fürstenth. Meurs und für die Grafschaft Mark vom 29. April 1766 nebst den dieselbe ergänzenden neueren Bestimmungen. Von C. Kersten. gr. 8. (VII und 140 S.) Dortmund 856, Köppen. *

Berg-Ordnung, Revidirte, für das souveraine Herzogthum Schlesien und für die Grafschaft Glatz. De Dato Berlin, den 5. Juny 1769. Berlin, o. J., 76 S. und Anhang von 29 S. Durchschossen und mit handschriftlichen Bemerkungen versehen.

— für Schlesien u. die Grafschaft Glatz. Fol. Berl. 772. Rottmann. 20 gr

Revidirte Bergordnung für das souveräne Herzogthum Schlesien und die Grafschaft Glatz vom Jahre 1769. Berlin, 1826.

—— revidirte, vor das souveraine Herzogthum Schlesien und die Grafschaft Glaz vom 5. Juni 1769. Nebst den neuesten preuß. Gesetzen und Instruktionen über das Bergwerkswesen und den auf die Berg-Ordnung bezüglichen Entscheidungen des königl. Ober-Tribunals. gr. 8. (XVI und 112 S.) Breslau 850(57,) Schletter'sche Buchh.

—— rev., vor d. souv. Herz. Schlesien u. d. Grafsch. Glatz v. 5. Juni 1769. Nebst d. neuesten Gesetzen u. Instr. 8. (112) Bresl. 57, Skutsch. — 15

— v. St. Joachimsthal. Fol. Tauer. 740.

Berg-Ordnungen der preussischen Lande. Sammlung der in Preussen gültigen Berg-Ordnungen, nebst Ergänzungen, Erläuterungen und Ober-Tribunals-Entscheidungen. Als Anh.: Titel 16. Thl. II. des allgem. preuss. Landrechts. Hrsg. von Herm. Brassert. gr. 8. (XLIV und 1163 S.) Köln 858, [Assenheimer und Comp.] geb. *

Bergpolizeirecht, das neue, Preußens. Essen 858. Bädeker. 8. (1 Bl., 38 S.) 6 ngr

Bergpolizei-Verordnung betr. Abänderg. d. allgem. Bergpolizei-Verordng. f. d. Bezirk d. kgl. Oberbergamts zu Breslau v. 2. I. 1888, sowie d. Bergpolizei-Verordnung üb. d. Anschaffg., d. Aufbewahrg., d. Transport, d. Verausgabg. u. d. Verwendg. d. Sprengstoffe f. den Verwaltungsbez. d. kgl. Oberbergamts zu Breslau v. 13. VII. 1895. 1. u. 2. Aufl. 12. (14 S.) Breslau 897. C. Dülfer. n. — 20

Bergpolizei-Verordnung, allgem., f. d. Herzogth. Anhalt v. 13. Novbr. 1889. Amtlich. gr. 16. (36 S.) Dessau 890. C. Dünnhaupt. n.n. — 25

Bergpolizeiverordnung. Allgemeine, vom 18. November 1889 nebst Bergpolizeiverordnung für die Braunkohlenbrikettfabriken im Herzogtum Anhalt vom 15. Dezember 1899. Dessau, 1900. 55 S.

— dasselbe. Auszug f. die Arbeiter. 8. (32 S.) Ebd. 900. n. — 10; poln. Ausg. (32 S.) n. — 15; Plakatausg. Imp.-Fol. n. — 40; poln. Ausg. n. — 50

— dasselbe. Besondere Vorschriften f. Schlagwettergruben. Auszug f. Arbeiter. 8. (8 S.) Ebd. 900. n. — 10; Plakatausg. gr. Fol. n. — 30

— allgemeine, f. den Bezirk des königl. Oberbergamtes zu Breslau vom 18. I. 1900. Amtliche Ausg. 8. (X, 112 S.) Breslau 900. W. G. Korn. In Leinw. kart. n. 1. 20

— allgem., f. Elsaß-Lothringen, s. a. Gesetzsammlung f. Elsaß-Lothringen. 8.

Bergpolizei-Verordnung, allgemeine, für Elsaß-Lothringen. — Règlement général de police sur les mines pour l'Alsace-Lorraine. gr. 4. (25 S.) Straßburg (879), Schultz und Comp. *

Bergpolizei-Verordnung, allgemeine, für Elsaß-Lothringen. (Deutsch u. französisch.) gr. 4. (25 S.) Straßburg (1879) 880. Schultz & Co. n. — 60; cart. n. — 80

Bergpolizei-Verordnung, allgemeine, für Elsaß-Lothringen. (Deutsch und französisch.) 8. (73 S.) Straßburg 882, Schultz und Comp. cart. *

— allgemeine, für Elsaß-Lothringen. 1. u. 2. Aufl. (à 76 S.) kl. 8. Straßburg 905. Straßburger Druckerei u. Verlagsanstalt. Kart. n. 1. —

Bergpolizei-Verordnung, Allgemeine, für den Bezirk des k. k. Revierbergamtes Klgft. Klgft., St. Josefs-Druck., 1895. 45 S.

— allgemeine, f. das Großherzogt Sachsen. Vom 16. I. 1906. (87 S.) kl. 8. Weimar 906. H. Böhlaus Nachf. Kart. n. 2. —

Bergpolizei-Verordnung, allgemeine, für den Verwaltungsbezirk des königl. Oberbergamts zu Bonn. Vom 8. Novbr. 1867. Amtlicher Abdruck. gr. 8. (12 S.) Bonn 867, Marcus. *

Bergpolizei-Verordnung, allgemeine, für den Verwaltungsbezirk des königl. Oberbergamts zu Bonn. Vom 8. Novbr. 1867. Amtlicher Abdruck. Bonn 868. Marcus. gr. 8. (12 S.) n. 2 ngr

Bergpolizei-Verordnung, allgemeine, f. den Verwaltungsbezirk d. königl. Oberbergamts zu Halle a. d. S. Vom 15. Juli 1873. Amtlich. 16. (30 S.) Halle 873. Pfeffer. — 60

— allgem., f. d. Verwaltungsbezirk d. Oberbergamts Halle. Jetzt: Halle, C. Mietschmann, Berl.

— dasselbe. Auszug. (Als Plakat f. die Kauenstuben.) gr. Fol. Ebend. 873. n. — 20

Bergpolizei-Verordnung, allgemeine, f. den Verwaltungsbezirk d. königl. Oberbergamts zu Halle a. d. S. Vom 10. Debr. 1884. Amtlich. 12. (40 S.) Halle 885. Pfeffer. n. —50; Auszug daraus (15 S.) n. —20; derselbe in Plakatform, qu. gr. Fol. n. —20

—— dass. — Abgeändert laut Verordnung vom 4. Juli 1888. 12. (20 S.) Ebendas. 888. *

Als Plakat *

Auf Pappe mit Oesen *

[F.] Allgemeine **Bergpolizei-Verordnung** für den Verwaltungsbezirk des Königl. Oberbergamts zu Halle v. 10. Dec. 1884. *Halle a. d. S.: Pfeffer [1897?].* (1 Bl., 37 S.) 1 Bd 8. [97. 7545

— allgem., f. d. Verwaltungsbez. d. kgl. Oberbergamts z. Halle a/S. V. 10. XII. 1884. Erg. durch d. Bergpolizei-Verordng. üb. d. Verkehr m. Sprengstoffen beim Bergwerksbetriebe v. 12. IX. 1896. gr. 16. (48 S.) Leipzig 897. C. E. M. Pfeffer. n. —50

— allgemeine, f. den Verwaltungsbezirk des königl. Oberbergamts zu Halle vom 10. XII. 1884. (Neudr.) 12. (38 S.) Halle (898). Leipzig, C. E. M. Pfeffer. n. —40

— dasselbe. Auszug u. Auszug aus der Bergpolizei-Verordng. üb. den Verkehr m. Sprengstoffen beim Bergwerksbetriebe im Oberbergamtsbez. Halle, vom 11. IX. 1896. (Neudr.) 12. (19 S.) Ebd. (899). —15

— allgemeine, f. den Verwaltungsbezirk des königl. Oberbergamts zu Halle a. S. vom 7. III. 1903 u. die Grundsätze f. die Ausführg. des § 76 der allgemeinen Bergpolizeiverordng. vom 7. III. 1903, betr. die Benutzg. der sogenannten schweb. Bühnen auf Bergwerken im Bezirke des königl. Oberbergamts zu Halle. (50 S.) 12. Halle (903). Pfeffer. n. —30

Bergpolizeiverordnung. Allgemeine, für den Verwaltungsbezirk des Kgl. Oberbergamts zu Klausthal über den Betrieb der Schlagwettergruben. Vom 19. Januar 1908. Klausthal, 1908. 19 S.

Bergpolizeiverordnung. Allgemeine, für den Verwaltungsbezirk des Königl. Oberbergamts zu Klausthal über den Verkehr mit Sprengstoffen. Vom 26. September 1899. Klausthal, 1899. 85 S.

Bergpolizei-Verordnung, Allgemeine, f. d. Verwaltgsbez. d. kgl. Oberbergrats zu Clausthal v. 7. 4. '11. (6, 126) kl8° Clausthal, (Grosse) ('11). L 1.50 d

Bergpolizei-Verordnung f. das Herzogt. Anhalt vom 9. III. 1907. Amtlich. (47 S.) kl. 8. Dessau 907. Hofbuchdruckerei, C. Dünnhaupt. —60

[F.] **Bergpolizei-Verordnung** über die Anschaffung, die Aufbewahrung, den Transport ... der Sprengstoffe f. d. Verwaltgsbez. d. Kgl. Oberbergamts zu Breslau v. 13. Juli 1895. *Kattowitz: G. Siwinna 1895.* (30 S.) 1 Bd 8. [97. 5[illegible]

— üb. d. Anschaffg., d. Aufbewahrg., d. Transport, die Verausgabg. u. d. Verwendg. d. Sprengstoffe f. den Verwaltungsbez. d. kgl. Oberbergamts z. Breslau vom 13. Juli 1895. 3. Aufl. 12. (32 S.) Breslau 895. (C. Dülfer.) In Leinw. kart. n. —60

— dasselbe. gr. 8. (21 S.) Breslau 895. Maruschke & Berendt. n. —30

— über die Anschaffung, die Aufbewahrung, den Transport, die Verausgabung u. die Verwendung der Sprengstoffe f. den Verwaltungsbez. des königl. Oberbergamts zu Breslau, vom 13. VII. 1895. 4. Aufl. 12. (32 S.) Breslau 899. C. Dülfer's Verl. In Leinw. kart. n. —60

— über Anschaffung u. Verwendung v. Sicherheits-Sprengstoffen. gr. 16. (3 S.) Gelsenkirchen (897). C. Bertenburg. n. —10

Bergpolizei-Verordnung über die Behandlung von Sprengstoffen beim Bergwerksbetriebe. Dortmund. 1883.

Bergpolizei-Verordnung betr. die Bekämpfung der Kohlenstaubgefahr in den Steinkohlen-Bergwerken des Verwaltungsbezirks d. Kgl. Oberbergamts zu Breslau v. 1. Juli 1907. Amtl. Ausg. Breslau: W. G. Korn 1907. (8 S.) 8° [Umschlagt. F.] [08. 3017

— betr. die Beschäftigung fremdsprachiger Arbeiter beim Bergwerksbetriebe im Oberbergamtsbez. Dortmund. 12. (7 S.) Gelsenkirchen (899). C. Bertenburg. n. —10

— f. d. Betrieb d. Eisenerz-Bergwerke in d. z. der Prov. Schlesien gehör. Gebiete d. Herzogth. Schlesien u. i. d. Grafsch. Glatz. 12. (29 S.) Breslau 895. (C. Dülfer.) In Leinw. kart. n. —60

Bergpolizei-Verordnung vom 28. III. 1902 üb. Betriebsanlagen auf Bergwerken. 8. (27 S.) Essen 902. G. D. Baedeker. n. —20

Bergpolizei-Verordnung betreffend die Bewetterung der Steinkohlenbergwerke und die Sicherung derselben gegen Schlagwetter und Kohlenstaub-Explosionen. *Arnsberg: F. W. Becker 1901.* (20 S.) 8° [Umschlagt. F.] [00. 3737

Bergpolizei-Verordnung betreffend die Bewetterung d. Steinkohlenbergwerke und die Sicherung derselben gegen Schlagwetter- und Kohlenstaubexplosionen. *Gelsenkirchen 1901: C. Bertenburg.* (24 S.) 8° [F.] [00. 11039

— f. d. Braunkohlen-Briketfabriken i. Bezirke des kgl. Oberbergamts z. Halle a/S. v. 14. V. 1898. 12. (24 S.) Halle 898. W. Knapp. n.n. —20; Auszug (13 S.) n.n. —10

— dasselbe. gr. 16. (15 S.) Halle 898. Pfeffer. n. —20

— f. die Braunkohlenbriket-Fabriken u. -Aufbereitungsanstalten. gr. 4. (14 S.) Darmstadt 902. (G. Jonghaus.) n.n. —25
Sonderabdruck aus: „Hess. Regierungsblatt".

Bergpolizei-Verordnung f. die Braunkohlen-Brikettfabriken im Verwaltungsbezirke des königl. Oberbergamts zu Halle a. S. vom 21. XII. 1903. (30 S.) 12. Halle (904). Pfeffer. n.n. —10

Bergpolizei-Verordnung f. d. Braunkohlen-Brikettfabriken im Bez. Halle. Jetzt: Halle, C. Nietschmann, Verl.

— f. d. Braunkohlen-Teerschwelereien im Verwaltgsbez. d. kgl. Oberbergamts zu Halle a. S. v. 12. X. '04, nebst Anh.: Zusammenstellg derjen. Bestimmgn d. allg. Berpolizeiordng v. 7. III. '03, welche f. d. Braunkohlen-Teerschwelereien bes. in Betracht kommen. (26) 8° Halle, Pfeffer '05. —25 d

Bergpolizei-Verordnung f. d. Braunkohlen-Teerschwelereien im Bez. Halle. Jetzt: Halle, C. Nietschmann, Verl.

Auszug aus der **Bergpolizei-Verordnung** für die Braunkohlen-Teerschwelereien im Verwaltungsbezirke des Königl. Oberbergamts zu Halle a. S. vom 12. Okt. 1904. Halle a. S.: Pfeffer 1905. (15 S.) 8° [Umschlagt. F.] [05. 4931 3

— d. königl. Oberbergamts Dortmund üb. die Behandlung v. Sprengstoffen u. üb. die Schießarbeit beim Bergwerksbetriebe. Plakat. 67×46 cm. Essen 892. G. D. Baedeker. n. —50; auf Pappdeckel m. Patentösen n. 1.10

Bergpolizei-Verordnung für den Oberbergamtsbezirk Dortmund nebst d. Revierfeststellung vom 1. Apr. 1897. Essen: G. D. Baedeker 1899. (VIII, 110 S.) 8°

Bergpolizeiverordnung betr. die Einrichtung u. den Betrieb der Braunkohlenbriketfabriken im Bezirk d. königl. Oberbergamts zu Breslau. Vom Juli 1891. 8. (12 S.) Breslau 891. Maruschke & Berendt. n.n. —20

Bergpolizeiverordnung.– Bergpolizeiverordnung betreffend die Einrichtung und den Betrieb von Dampffässern. Dortmund 1908: Bellmann. 34 S. 8° (Umschlagt.)

Bergpolizeiverordnung betr. die Einrichtung und den Betrieb von Dampffässern im Verwaltungs-Bez. d. Kgl. Oberbergamts zu Halle a. S., v. 19. Dez. 1907. Halle a. S. 1908: Waisenhaus. (33 S.) 8° [F.] [08. 11669 3

Bergpolizei-Verordnung für die Eisenerz-Bergwerke Schlesiens. Breslau, 1895.

— f. Elsaß-Lothringen betr. die Bewetterung der Steinkohlenbergwerke u. deren Sicherung gegen Schlagwetter u. Kohlenstaub-Explosionen. (28 S.) 12. Straßburg 902. Straßburger Druckerei u. Verlagsanstalt. Kart. n. — 50

— f. Elsaß-Lothringen betr. die Bewetterung der Steinkohlenbergwerke u. deren Sicherung gegen Schlagwetter- u. Kohlenstaub-Explosionen. (27 S.) kl. 8. Straßburg 900. Straßburger Druckerei- u. Verlagsanstalt. Kart. — 50

—— betreffend die Errichtung und den Betrieb der Braunkohlen-Darrsteinfabriken (Briquettesfabriken) im Bezirk des Königlichen Oberbergamts zu Halle a. S. Amtlich. 12. (15 S.) Ebendas. 887. *

Bergpolizei-Verordnung betreffend die Errichtung und den Betrieb der Braunkohlen-Darrsteinfabriken (Brikettfabriken) im Bezirk des Kgl. Oberbergamts zu Halle a. S. Mit Anl.: Erläuterungen dazu von E. v. Rohr. Halle, 1887. 42 S.

— betr. die Grubenanschlußbahnen vom 22. VII. 1902. Zu Kraft tretend am 1. I. 1903. 8. (24 S.) Essen 902. G. D. Baedeker. n. — 20

Bergpolizei-Verordnung für die vollspurigen Grubenanschlußbahnen im Bezirke des Königl. Oberbergamts zu Halle a. S. Halle a. S., 1906. 18 S.

Bergpolizei-Verordnung betreffend die Grubenanschlußbahnen in dem Verwaltungsbezirke des Kgl. Oberbergamtes zu Breslau vom 15. April 1910 nebst Ausführungsbestimmungen. Amtl. Ausg. Breslau: Korn 1910. 115 S. 8° [10. 13130 2

Bergpolizeiverordnung, betreffend die Herstellung, Aufbewahrung und Verwendung von Azetylen sowie die Lagerung von Karbid für den Verwaltungsbezirk des Kgl. Oberbergamts zu Klausthal. Vom 3. November 1906. Klausthal, 1907. 24 S.

— betr. die Maßregeln zum Schutze der Gesundheit der Bergleute sowie zur ersten Hülfeleistung bei Unfällen. 12. (12 S.) Gelsenkirchen (900). C. Bertenburg. — 15

— betr. Massregeln gegen die Wurmkrankheit der Arbeiter im Oberbergamts-Bez. Dortmund vom 13. VII. 1903. (8 S.) 8. Essen 903. G. D. Baedeker. n.n. — 05

Bergpolizei-Verordnung des Königlichen Oberbergamts in Breslau vom 1. Juli 1907 betreffend die Bekämpfung der Kohlenstaubgefahr. Amtl. Ausg. Breslau, 1907. 8 S.

— d. Oberbergamtes zu Dortmund, betr. d. Befeuchtg d. Kohlenstaubs in Schlagwettergruben v. 12. VII. '98. 8° (7) Ess. 98, GD Baedeker. — 10

— betr. d. Befeuchtg d. Kohlenstaubs in Schlagwettergruben v. 12. VII. '98. Plakat. Fol. Ebd. 98. nn — 40; auf Pappe m. Ösen nn — 80

Bergpolizei-Verordnung des Königlichen Oberbergamtes zu Dortmund, betr. die Bewetterung der Steinkohlenbergwerke und die Sicherung derselben gegen Schlagwetter- und Kohlenstaub-Explosionen. Dortmund 1900.

Bergpolizei-Verordnung des Königlichen Oberbergamts zu Dortmund v. 12. Dec. 1900 betr. d. Bewetterung d. Steinkohlenbergwerke u. d. Sicherung derselben gegen Schlagwetter- u. Kohlenstaubexplosionen. *Essen: G. D. Baedeker 1901.* (16 S.) 8° [Umschlagt.] [01. 18. 6

Bergpolizei-Verordnung des königl. Oberbergamts zu Dortmund vom 6. Oktbr. 1887, betr. den Schutz der in Schächten, Bremsbergen, Abhauen, an Rolllöchern, in Förderstrecken und in der Nähe bewegter Maschinentheile, bei Pumpen und Dampfkesseln beschäftigten Personen. 12. (15 S.) Essen 887, Bädeker. *

Als Plakat *

Auf Pappe mit Oesen *

Anlagen dazu (24 S.) *

Bergpolizei-Verordnung d. königl. Oberbergamts zu Dortmund vom 6. Oktbr. 1887, betr. den Schutz der in Schächten, Bremsbergen, Abhauen, an Rolllöchern, in Förderstrecken u. in der Nähe bewegter Maschinentheile, bei Pumpen u. Dampfkesseln beschäftigten Personen. Abgeändert laut Verordnung vom 1. Juli 1888. 12. (15 S.) Essen 888. Bädeker. n. — 10; als Plakat n. — 50; auf Pappe m Oesen n. 1. 10; Anlagen dazu (24 S.) n. — 20

— des königl. Oberbergamts zu Dortmund. Vom 6. Oktbr. 1887, betr. den Schutz der in Schächten, Bremsbergen, Abhauen, an Rolllöchern, in Förderstrecken u. in der Nähe bewegter Maschinentheile, bei Pumpen u. Dampfkesseln beschäftigten Personen, nebst Anh. Abgeändert laut Verordng. vom 1. Juli 1888. Vom 12. Oktbr. 1887, betr. die Wetterversorgg., Wetterführg., Schießarbeit u. Beleuchtg. auf Steinkohlen- u. Kohlen-Eisenstein-Bergwerken. Abgeändert laut Verordng. vom 4. Juli 1888. Anh.: Revierfeststellung im Oberbergamtsbez. Dortmund vom 22. Decbr. 1890. gr. 16. (64 S.) Gelsenkirchen 893. C. Bertenburg. n. — 40

—— dass. — vom 12. Oktbr. 1887 betr. die Wetterversorgung, Wetterführung, Schießarbeit und Beleuchtung auf Steinkohlen- und Kohlen-Eisenstein-Bergwerken. 12. (20 S.) Ebendas. 887. *

Als Plakat *

Auf Pappe mit Oesen *

— dasselbe, vom 12. Oktobr. 1887 betr. die Wetterversorgung, Wetterführung, Schießarbeit und Beleuchtung auf Steinkohlen- u. Kohlen-Eisenstein-Bergwerken. Abgeänd. laut Verordng. v. 4. Juli 1888. 12. (20 S.) Ebd. 888. n. — 15; als Plakat n. — 50; auf Pappe m. Oesen n. 1. 10.

Bergpolizei-Verordnung betr. den Salzbergbau im Verwaltungsbezirke des Kgl. Oberbergamts zu Halle a. S. vom 1. Okt. 1903. *Halle a. S.: Pfeffer [1903].* (8 S.) 8° [Umschlagt. F.] [04. 6691 3

— betr. den Salzbergbau im Bez. Halle. Jetzt: Halle, C. Nietschmann, Verl.

Bergpolizei-Verordnung betreffend Schürfarbeiten im Ober-Bergamtsbezirke Breslau vom 19. Juli 1910. Amtl. Ausg. Breslau: Korn 1910. 15 S. 8° [10. 13129 2

— betr. Schürfarbeiten im Oberbergamtsbez. Halle a. S. (14) kl8° Halle, (Pfeffer) '11. — 20 d

Bergpolizeiverordnung. – Bergpolizeiverordnung zum Schutze des Rhein-Herne-Kanals gegen Einwirkungen des Bergbaues. Dortmund 1908: Bellmann. 5 S. 8° (Umschlagt.)

[F.] Bergpolizei-Verordnung über den Verkehr mit Sprengstoffen beim Bergwerksbetriebe im Oberbergamtsbezirke Dortmund. (Vom 12. Jan. 1895.) *Gelsenkirchen: C. Bertenburg (1895).* (16 S.) 1 Bd 8. [95. 794

— üb. d. Verkehr m. Sprengstoffen b. Bergwerksbetriebe i. Oberbergamtsbez. Dortmund. 12. (16 S.) Gelsenkirchen 896. C. Bertenburg. n. — 20

— dasselbe, Auszug, nebst e. Anh. a. d. Reichsgesetz gegen d. verbrecher. u. gemeingefährl. Gebrauch von Sprengstoffen v. 9. VI. 1884. gr. 16. (8 S.) Ebd. 897. n.n. — 10; in Plakatform, 54×68,5 cm, n.n. — 35

Bergpolizei-Verordnung über den Verkehr mit Sprengstoffen beim Bergwerksbetriebe im Oberbergamtsbezirke Halle v. 12. Sept. 1896. *Halle a. d. S.: Pfeffer [1897].* (16 S.) 1 Bd 8. [97. 7944

Bergpolizeiverordnungen für den Oberbergamtsbezirk Dortmund, nebst der Revierfeststellung vom 22. Decbr. 1890. 12. (46 S.) Essen 892, Baedeker. * — 30

Bergpolizeiverordnungen f. den Oberbergamtsbez. Dortmund, nebst der Revierfeststellung vom 19. Decbr. 1892. 12. (55 S.) Essen 893. G. D. Baedeker. n. — 30

Bergpolizei-Verordnungen f. den Oberbergamtsbez. Dortmund, nebst d. Revierfeststellg. v. 1. IV. 1897. (1.—3. Aufl.) 12. (à VIII, 102 S.) Essen 898. G. D. Baedeker. n. — 60; kart. n. — 70

Bergpolizei-Verordnungen für den Oberbergamtsbezirk Dortmund nebst der Revierfeststellung vom 1. April 1897, bezw. 22. Dec. 1899 u. der einheitl. Bezeichnung d. westfäl. Flötze. Auf Grund amtl. Materials zsgest. *Essen: G. D. Baedeker 1900.* (VIII, 115 S.) 8° [... 5340

Bergpolizei-Verordnungen f. d. Oberbergamtsbez. Dortmund, nebst d. Revierfeststellg u. d. einheitl. Bezeichng d. westfäl. Flötze. (119 m. 1 Tab.) 12° Ess., GD Baedeker ('01). — 80

Bergpolizei-Verordnungen für den Oberbergamtsbezirk Dortmund nebst d. Revierfeststellung u. der einheitl. Bezeichnung d. westfäl. Flötze. Auf Grund amtl. Materials zsgest. *Essen: G. D. Baedeker [1903].* (Getr. Pag.) 8°
[Sondert.:] Bergpolizei-Verordnung v. 28. März 1902 über Betriebsanlagen auf Bergwerken. [... 5596

Bergpolizei-Verordnungen des Oberbergamts-Bezirk Halle a.S. Halle a.S.: Pfeffer 1903-11. Getr. Pag. 8° (Umschlagt.)
Sondert. 1. Allg.-B.-V. v. 7.3.1903. o.J.
2. B.-V. f. d. Braunkohlen-Brikettfabriken v. 21. 12. 1903. 1906.
3. B.-V. f. d. Braunkohlen-Teerschwelereien v. 12. 10. 1904. 1904.
4. B.-V. f. d. vollspurigen Grubenanschlußbahnen. 1905.
5. Pol. V. f. d. Salinen v. 21. 5. 1881. o.J.
6. B.-V. betr. d. Salzbergbau v. 1.10. 1903. 1903.
7. B.-V. betr. Schürfarbeiten. 1911. A 12.2571 3

Bergpolizei-Verordnungen des königlichen Oberbergamts zu Breslau. Breslau, 1883. 1891 und 1897.

Bergpolizei-Verordnungen d. Oberbergamtes zu Dortmund, betr. d. Befeuchtung d. Kohlenstaubs i. Schlagwettergruben v. 12. VII. 1898. Plakat. qu. Fol. Essen 898. G. D. Baedeker. n.n. — 40; a. Pappe m. Ösen n.n. — 80

[Umschlagt.:][F.] **Bergpolizei-Verordnungen** des Königlichen Oberbergamts zu Dortmund. Vom 6. Okt. 1887, betr. den Schutz d. in Schächten, Bremsbergen, Abhauen beschäftigten Personen ... nebst Anh. Abgeändert laut Verordng v. 1. Juli 1888. Vom 12. Okt. 1887, betr. die Wetterversorgg, Wetterführg ... auf Steinkohlen- u. Kohlen-Eisenstein-Bergwerken. Abgeändert laut Verordng v. 4. Juli 1888. ... *Gelsenkirchen: C. Bertenburg [1898].* (56, 28 S.) 1 Bd 8. [58. 2037

Bergpolizei-Verordnungen des königl. Oberbergamts zu Dortmund. Vom 6. X. 1887, betr. den Schutz der in Schächten, Bremsbergen, Abhauen, an Rolllöchern, in Förderstrecken u. in der Nähe bewegter Maschinentheile, bei Pumpen u. Dampfkesseln beschäft. Personen, nebst Anh. Abgeändert laut Verordng. vom 1. VII. 1888. Vom 12. X. 1887, betr. die Wetterversorgg., Wetterführg., Schießarbeit u. Beleuchtg. auf Steinkohlen- u. Kohlen-Eisenstein-Bergwerken. Abgeändert laut Verordng. vom 4. VII. 1888. Anh.: Revierfeststellung im Oberbergamtsbez. Dortmund, vom 12. III. 1897. 12. (56 u. 28 S.) Gelsenkirchen (900). C. Bertenburg. n. — 40

Bergpolizei-Verordnungen des königlichen Oberbergamts zu Halle a. d. Saale. 4°. (Halle 1882).

Bergpolizeivorschriften, allgemeine, für das Königr. Sachsen vom 25. März 1886. gr. 8. (23 S.) Freiberg 886, Craz und Gerlach. *

Bergpolizei-Vorschriften, allgemeine, f. das Königr. Sachsen vom 25. März 1886. Mit Nachtrag vom 25. Novbr 1890. 8. (32 S.) Freiberg 890. E. Mauckisch. — 10

Bergpolizei-Vorschriften. Allgemeine, für das Königreich Sachsen. Vom 16. Januar 1896. Freiberg, 1896. 32 S.
Dasselbe. Vom 2. Januar 1901. Ebd., 1901. 48 S.

Bergpolizei-Vorschriften, allgemeine, f. das Königr. Sachsen vom 2. I. 1901. (48 S.) 8. Freiberg (901). Gerlach'sche Buchdr. n. — 20

Bergpolizei-Vorschriften für das Kgr. Sachsen vom 25. März 1886. 8. (30 S.) Freib. i. S. 886, Mauckisch. — 10

Bergpredigt, die, v. Just. Vitalis, s.: Flugschriften des neuen Frankfurter Verlages. VIII.

Bergpredigt, Die, unsers Herrn. O. O. 1820. V: *Wessenberg, Ign. Hnr. v.* (Cat. d. Stadtbibl. Zürich. Zürich 1864—97.) (Doubletten-Anzeiger. 1903. Nr. 7.)

Bergpredigt, die, Jesu Christi. (Textschrift v. Grally Hewitt.) (35 S.) Lex. 8. Leipzig (908). Insel-Verlag. Auf Büttenpap. in Perg.-Umschlag 22. —

Bergpredigt, Die, des Herrn Jesu Christi nach einer freien Übersetzung ... Zürich 1771. V: *Wolf, Sal.* (Cat. d. Stadtbibl. Zürich. Zürich 1864—97.) (Doubletten-Anzeiger. 1903. Nr. 7.)

Bergpredigt Jesu, nach einer freyen Uebersetzung in Versen. 8. Zürch, Orell, Füßli u. C. 771.

— Dass. in e. neuen Uebersez., v. Jh. Adr. Bolten. 8. Hamb. 768.

— die, unsers Herrn u. Heilandes Jesu Christi. In Versen. 12. Straßb., Heitz. 4 K

Berg-Predigt unsers Herrn u. Heilandes Jesus Christus, (in deutscher, englischer u. französ. Sprache). 4. Pyrmont 819. Uslar. 4 K

Bergpredigt, die, unseres Herrn und Heilandes Jesu Christi [Ev. St. Matthäi Cap. 5—7] in Dr. Martin Luther's Uebersetzung. gr. 4. (38 S. mit Initialen und Ornamenten in 3farb. Druck.) Salzburg 887, Dieter. geb. mit Goldschn. *

— die, unseres Herrn u. Heilandes Jesu Christi in der Übersetzung Dr. Mart. Luthers. (29 S. m. Initialen.) Fol. Leipzig (902). M. Heinsius Nachf. n. 8. —; geb. in Leinw. m. Goldschn. n. 6. —

Bergpredigt, Die, Jesu Christi in d. Lutherschen Übersetzg. (16) 31×25 cm. Lpzg, Xenien-Verl. ('11). Perg. 10 — d

Bergpredigt, die, nach Inhalt u. Zusammenhang. Ein exegetisch-homilet. Versuch. 8. (III, 48 S.) Gütersloh 881. Bertelsmann. n. — 80

Bergpredigt, Die, (Matth. 5—7, Luk. 6, 20—49) quellenkritisch und begriffsgeschichtlich untersucht. Leipzig 1900. V: *Heinrici, Carl Frdr. Gg.* (Berl)

Bergprocessmandat, Warschau, d. 26. Aug. 1713, aufs Neue gedruckt, mit Anmerkk. v. Oberbergmeister Schmid begleitet. 4. Freiberg 802. Craz u. G. 4 K

Das Sächs. Bergprocess-Mandat aufs neue gedr. u. mit Anmerkk. begl. v. d. verstorb. O. B. Mstr. Schmid. *Freiberg*, Craz u. Gerlach. 808. 4. (4 Gr.)

Bergquell. Auserles. Erzählgn f. d. deut. Haus. 1. Jahrg. 1889. 15 Hfte. 8. (à 8 B.) Dresd., Brandner. à — 50 || 2. Jahrg. 1890. Novellenschatz f. d. christl. Haus. 18 Lfgn. (à 6 B.) à n. — 40

Bergquell. Auserlesene Erzählgn. f. das deutsche Haus. 1. Jahrg 1889. 14 Hfte. 8. Stettin 889. Dresden, Brandner. à Hft. — 50

—— dass. — Novellenschatz f. das christl. Haus. Jahrg. 1890. 18 Lfgn. (à Lfg. ca. 6 Bog.) 8. Dresd., Brandner. à Lfg. * — 40; 7 20

Bergrath, ..., Dr. Johann Gottfried Rademacher, Arzt in Goch. Eine biograph. Skizze. gr. 8. (39 S.) Berlin 850, G. Reimer. n. 6 ngl

Bergrath, Petrus Bernardus (geb. am 23 Okt. 1823 in Düsseldorf): De dysenteria epidemia observationes ... Bonnae, litt. F. P. Lechneri 1846. 2 Bl., II, 44 S., 1 Bl. 8.
Bonn, Med. Fak., Diss. v. 20 Juli 1846

Bergrath, Robert, appr. Arzt a. Bardenberg: Aus der Bonner Kgl. Univ.-Frauenklinik. Über Chondrodystrophia foetalis. Bonn 1906: C. Georgi. (34 S.) 8°
Bonn, Med. Fak., Ref. Fritsch, Diss. v. 30. Mai 1906
[Geb. 16. Dez. 79 Bardenberg; Wohnort: Bonn; Staatsangeh.: Preußen; Vorbildung: Gymn. Münstereifel Reife O. 01; Studium: Bonn 9 S.; Coll. 30. Mai 06; Approb. 21. März 06.]

Bergrecht.—Das a l t e Bergrecht von Iglau u. seine bergrechtlichen Schöffensprüche. Hrsg. v. Dr. Johann Adolf Tomaschek Edlen v. Stradowa . . . Prof. . . . zu Wien. M. Unterstützg. d. Kais. Akad. d. Wiss. zu Wien.
Inssbruck: Wagner 1897. (XVI, 213 S.) 1 Bd. 8°

Berg- und Stadtrecht. Das alte, der k. Frei- und Bergstadt Schemnitz in Ungarn aus dem 13. Jahrhunderte. O. O. u. J. H: *Wenzel, Gust.* (Bibl. d. ev. Landeskirche in Siebenb. Hermannst. 1889.)

Bergrecht, das in Anhalt geltende, nebst den erforderlichen Bergpolizei-Verordnungen u. der Verordnung, betr. di Genehmigung u. Untersuchung der Dampfkessel. 12. (23 S.) Dessau (901). C. Dünnhaupt. Geb. in Leinw. n. 8. —

Bergrecht, das neue. Zusammenstellung der am 12. Mai 1851 erlassenen, am 1. Juli in Kraft tretenden Gesetze, betreff. die Besteuerung der Bergwerke, und die Verhältnisse der Miteigenthümer eines Bergwerks. Nebst den Motiven und Ministerial-Instruktionen. gr. 16. (92 S.) Essen 851, Bädeker.

Bergrecht, das neue. 1. und 2. Nachtrag, s. Instruction. — Circular-Verfügung.

Bergrecht, das neue. 2. durch zwei Nachträge verm. Aufl. Essen 853. Bädeker. 8. (2 Bl., 136 S.) 10 ngl

— das neue, und die Aktien-Gesetzgebung in Preußen. 5. Aufl. 856. (2 Bl., 154 S.) — 6. verm. Aufl. Essen 858. Bädeker. 8. (2 Bl., 168 S.) 12 ngl

Bergrecht, Sachsen-Weimar-Eisenachisches, 1857. Text des Regierungsblattes.

Bergreen, Henry [aus Roitzsch b. Bitterfeld]: Zur Kenntnis des Thiophosgens, Anhang: Zur Kenntnis der Isonitrosokörper . . . . Göttingen, Druck d. Univ.-Buchdr. v. E. A. Huth, 1887; 45+1 S. 8°
Göttingen, Phil. Fak., Inaug.-Diss. v. 23. Nov. 1887

Bergreen, Henry, zur Kenntnis des Tiophosgens, Anhang: Zur Kenntnis der Isonitrosokörper. Inaugural-Dissertation. gr. 8. (45 S.) Göttingen 887, (Vandenhoeck und Ruprecht.) *

Bergreien. Eine Liedersammlung des XVI. Jahrhunderts nach dem Exemplare der Grossherzogl. Bibliothek zu Weimar herausg. von O s k. S c h a d e. Weimar 854. Böhlau. 8. (VIII, 167 S.) n. 25 ngl

Berg-Reien-Buch, neues, od. Samml. neuer bergmännischer Lieder fröhl. u. ernsthaft. Inhalts, hrsg. v. K. Chr. W. Kolbe. 2., verb. u. um d. Doppelte verm. Aufl. Nebst Verzeichniß u. Erklär. d. vorkomm. bergmänn. Ausdrücke, auch dopp. Register, nach Inhalt u. Alphabet. 2 Hfte. 8. (21 B.) Leipzig (830), Klein. 2. Hft. apart, als Nachtrag z. 1. Aufl. 12 Gr.

Bergreihen. Ein Liederbuch d. XVI. Jahrh., s.: N e u d r u c k e deutscher Litteraturwerke d. XVI. u. XVII. Jahrh.

Berg-Reise: Schweizerische Bergreise
v. Seltsamer Naturgeschichten Des Schweitzer-Lands wochentliche Erzehlung.

Bergrevierbeschreibungen. Hrsg. vom Kgl. Oberbergamt zu B o n n. 1.—16. Bd. Bonn, 1878—1902.

Bergreviere, die neuen, d. Oberbergamtsbez. Dortmund nach der Feststellung vom 6. XII. 1901, gültig seit 1. I. 1902. 8. (31 S.) Essen (902). G. D. Baedeker. n. — 20

Bergreviere, oberschlesische, s.: B e r g b a u.

Bergreviere, oberschlesische, s.: S c h l e s i e n.

Bergrevierfeststellung des Königlichen Oberbergamtsbezirks D o r t m u n d. Dortmund, 1906. 60 S.

Bergreyhen, sächsische, hrsg. v. Moritz Döring. 1. Hft. 2. unveränd. Aufl. u. 2. Hft. gr. 12. Grimma, Verlags-Comptoir. [1. (12 B.) 839., 2. (9¼ B.) 840. à ¾ Thlr.]

Bergreyhen, sächs., Samml. der schönsten Lieder f. Berg- u. Hüttenleute, hrsg. v. Moritz Döring. 2 Bde. (Wohlf. Ausg.) 12. (21⅓ B.) Freiberg 845, Engelhardt. *

Bergroth. Ein psychologisches Vermächtnis für gebildete Leser. Giessen 1802. V: *Stoll, Johann.* (Ky) (GGr) (NN)

Bergroth; e. psycholog. Vermächtniß f. gebild. Leser, (v. .. Stoll). 8. Gießen 803. Heyer. 1 ₰ 8 gl

Bergs Sextus, od. üb. die absolute Erkenntn. von Schelling. Ein Gespr. gr. 8. Nürnb. Felsecker. 804.

Bergs, Engelbert, aus Mausbach: Über die Wanderungsfähigkeit von Säureresten in substituierten Amidophenolen und Amidoalkoholen. *Greifswald 1903: H. Adler.* (42 S.) 8°
Greifswald, Phil. Diss. v. 20. Juni 1903

Bergsagen, s. a. St. Anna; s.: Gabelsberger-Bibliothek.

Bergschloß, das, od. d. nächtl. wandernde Burggeist auf Spessaro. m. K. 8. Eisenberg, Schöne. 808.

Bergschloß, das, od. der nächtlich wandelnde Burggeist auf Spessaro. Neue Ausg. 8. Eisenberg, Schöne. 813.

BERGSCHLOSS, Das, oder der nächtlich wandelnde Burggeist auf Spessaro. Eine abenteuerliche Geschichte, von dem Verf. des Don Orbino. Mit 1 Kupfer. Neue Ausgabe. Eisenberg, Schöne, 1816. 8°. (1¼ Rthl.)
Ed. I. ca. 1812?

Bergschloß, das, od.: der nächtl. wandelnde Burggeist auf Spessaro. Eine abentheuerl. Gesch. v. Verf. d. Don Orbino. 3., gänzl. umgearb. Aufl. M. 1 Kpfr. 8. (17½ B.) Eisenberg 833, Schöne. Thlr.

Bergschloß, das Thüringische, Kyffhausen. Erzählt vom Verf. d. Bertha Gräfin v. Beichlingen. Die Glücksträume; nach dem Franz. v. Verf. d. Heliodora. 8. Leipzig, Hinrichs. 816.

Bergschmidt, A. (Red.), s. B ö r s e n l a t e r n e.

Bergschmidt, Adf., Kapitalist u. Bankier. [Aus: „Börsenlaterne".] gr. 8. (40 S.) Berlin 882. Pohl. n. — 50

— Mißstände bei der Großen Berliner Pferde-Eisenbahn, Actien-Gesellschaft. gr. 8. (28 S.) Ebend. 882. n. — 50

Bergschmidt, August Ottomar, a. Berlin, Referendar im Bezirke des Kgl. Kammergerichts: Kann der Wucherer die von ihm an den Bewucherten ausgezahlte Darlehns-Valuta zurückfordern? Zugleich e. Beitrag z. Lehre v. d. abstrakten Rechtsgeschäften u. d. Kondiktionen. Berlin 1908: W. Pilz. (73 S.) 8° [F.]
Heidelberg, Jur. Fak., Ref. Endemann, Diss. v. 1908
[Geb. 4. Nov. 82 Berlin; Wohnort: Berlin; Staatsangeh.: Preußen; Vorbildung: Königstädt. Gymn. Berlin Reife M. 00; Studium: Berlin 1, Lausanne 1, Berlin 4 S.; Rig. 29. Jan. 08.]

Bergschneider, Hermann [app. Arzt aus Ibbenbüren (Westf.)]: Ueber Armvorfall bei Schädellage ... Leipzig, Druck v. A. Edelmann, Univ.-Buchdr., *1895;* 23 S. 8.
Leipzig, Med. Fak., Inaug.-Diss. v. 19. Juni 1895

Bergschule. Praktisches, gemeinverständliches Lehr-und Handbuch zur Ausbildung von Werksbeamten an Bergwerken u. Aufbereitungsanstalten. Technische Unterrichtsbriefe des Systems Karnack-Hachfeld. 7 Bde. u. 1 Tafelb.
Potsdam, ca. 1908. 5589 S. mit 3535 Abb.u. 123 Taf.

Die Bergschule zu Diedenhofen in den 5 ersten Jahren ihres Bestehens (1901—1906). Diedenhofen, 1906. 20 S.

Bergschulen, die, im preussischen Staate. Nach amtl. Quellen. [Aus: „Zeitschr. f. das Berg-, Hütten- u. Salinenwesen".] 4. (61 S.) Berlin 889. Ernst & Korn. n. 4. —

Bergslien, K, kart over F Nansen's Polarexpedition 1893—1897 Gjennemseet af H Mohn. 32,5×23,5 cm. Farbendr. Christian. 93, Cammermeyer. — 60

Bergsma, C. A., Observations thermo-électriques, s. Beek, A. van.

Bergsoe, Adph. Frdr., den danske Stats Statistik. 3 Bde. à 4 Hfte. gr. 8. Kjøbenhavn 847, 48. (Gyldendal.) (à n. 11/12 ß) n. 11 1/12 ß

Bergsöe, Wilhelm

Der geraubte Arm. Schimmelmanns Pferd. 2 Gespenstergeschichten von Wilhelm Bergsöe. Aus dem Dän. von Adolf Strodtmann. 2. Aufl. *Berlin: O. Janke [1900].* (74 S.) 8° [F.]
(Collection Otto Janke.) [01. 560

Bergsöe, Wilh., die Braut von Rörvig. Erzählung. Nach dem dän. Orig.-Manuscr. frei bearb. von Adf. Strodtmann. 8. (330 S.) Berlin 872, Janke.

Bergsöe, Wilh. Delila u. andere Novellen, s. Universal-Bibliothek Nr. 2687.

—— Aus der alten Fabrik. Deutsche Ausg. 3 Bde. 8. (271; III, 267; III, 290 S.) Leipzig 870, Fritsch. *

—— a. d. alten Fabrik. 3 Bde. 8. (768) Lpzg 71, Theile. n. 9. — || 2. Afl. 74. n. 4. —

—— dass. — 2. wohlfeile (Titel-)Aufl. 3 Bde. 8. (270; 267; 290 S.) Leipzig (870)74, Theile. [Moderne Antiquariatsbuchh.] (* M. 4.)

Die glückliche Familie. Eine Gespenstergeschichte von Wilhelm Bergsöe. Aus d. Dän. von Adolf Strodtmann. 2. Aufl. *Berlin: O. Janke [1900].* (76 S.) 8° [F.]
(Collection Otto Janke.) [01. 560

Bergsoë, W., Gespenstergeschichten, } s. Universal-Bibliothek Nr. 996, 786 und 787.

Bergsöe, Wilh., Gespensternovellen. Aus dem Dän. übers. v. Ad. Strodtmann. Autoris. Ausg. 8. (III, 228 S.) Berlin 873. Janke. 4. —

Bergsöe, Wilh., D. Goldgräber. Erzählg. Deutsch v. Adf. Strodtmann. 2. Aufl. 8. (77 S.) Berlin 898. O. Janke. n. — 50

[F.] Der starke Jürgen. Erzählg v. Wilhelm Bergsöe. Aus d. Dän. v. Adolf Strodtmann. 2. Aufl. *Berlin: O. Janke [1898].* (2 Bl., 76 S.) 1 Bd 8.
(Collection Otto Janke.) [98. 4970

Bergsöe, Wilh.: Der starke Jürgen. Kriminalgesch. Aus d. Dän. v. Adf Strodtmann. 3. Afl. (76) 8° Berl., O Janke ('10). — 50 d

— italienische Novellen, s.: Universal-Bibliothek.

— von der Piazza del Popolo. Novellen-Cyklus aus Rom. Mit Genehmigung des Verf. verdeutscht von Adf. Strodtmann. 3 Bde. Berlin 870. F. Duncker. 8. (306; 378; 266 S.) n. 4 ß

—— Von der Piazza del Popolo. Novellen-Cyclus aus Rom. Deutsch von Frz. Busch. 3 Bde. 8. (387; 271; 261 S.) Bremen 871, Kühtmann und Comp. M. 10,50.; geb.

—— v. d. Piazza del Popolo. Novellen-Cyklus a. Rom. Deutsch v. F Busch. 3 Bde. 8. (919) Brem. 71, Kühtmann u. Co. 10. 50 || Volksausg. 74. n. 6.

—— dass. — Volksausg. 3 Thle. in 1 Bd. 8. (387; 271; 261 S.) Ebendas. 873. *

Bergsöe, Wilh., von der Piazza del Popolo. Novellen-Cyklus aus Rom. Deutsch von Frz. Busch. 3 Thle. 2. (Titel-)Aufl. 8. (387; 271; 261 S.) Norden 887, Fischer Nachf. *

—— Pillone und andere Erzählungen. Aus dem Dän. von Adf. Strodtmann. 2 Bde. 8. (232; 235 S.) Berlin 876, Janke. *

—— Im Sabinergebirge. Briefe aus Gennazano. Aus dem Dän. von Aug. W. Peters. 2 Thle. 8. (IV, 225; 368 S.) Bremen 872, Kühtmann und Comp. * M. 8.; geb.

— dasselbe. Volks-Ausg. 2 Thle. 8. (IV, 225 u. 368 S.) Ebend. 877. n. 6. —

[F.] Die waffenklirrende Schlucht. Erzählg v. Wilhelm Bergsöe. Deutsch v. Adolf Strodtmann. 2. Aufl. *Berlin: O. Janke [1898].* (79 S.) 1 Bd 8.
(Collection Otto Janke.) [98. 4973

Bergson's Eisenbahnbücher. 28—43. Thl. 8. Leipzig 857—61, Bergson-Sonenberg. à Thl. * 10 Ngr.

Inhalt:

Thl. 23. Prescott, William H., das Klosterleben Karls V. Aus dem Engl. von Jul. Seybt. (VIII und 135 S.)
" 24. Aus den Annalen der engl. Aristokratie nach J. B. Burke. Deutsch bearb. von Jul. Seybt. (VII und 124 S.)
" 25. Thiele, Ludw., Bilder aus den Alpen. Erinnerungen eines Malers. (VII und 139 S.)
" 26. Arenz, Carl, die Entdeckungsreisen in Nord- und Mittel-Afrika von Richardson, Overweg, Barth und Vogel. (VII und 108 S. mit 1 lithogr. Uebersichtskarte in gr. 8.)
" 27. Thiele, Ludw., im Elbthale von Meißen bis Leitmeritz. (VII und 119 S.)
" 28. Mehwald, Fr., nach Norwegen. (VII und 184 S.)
" 29. Taylor, Bayard, eine Winterreise. Deutsch bearb. von Fr. Coßmann. (VII und 168 S.)
" 30. Smiles, Sam., Leben Georg Stephenson's. (VI und 126 S.)
" 31. Sigismund, Berth., Lebensbilder vom sächsischen Erzgebirge. (VII und 136 S.)
" 32. Wiesner, A. C., ein Winterfrühling in Nizza. (VIII und 86 S.)
" 33. Aus der Moldau. Bilder und Skizzen von W. v. K. (III und 140 S.)
" 34. Drei Monate im Orient. — Egypten. — Palästina. — Syrien. — Persien. — Kleinasien. — Türkei. Von einem Nordländer. (VI und 138 S.)
" 35. Waldeck, Heinr., Reiseträume. Von Berlin bis Baden-Baden. Fresken. (99 S.)
Thl. 36. Leben und Abenteuer des Freiherrn v. Trenck. Nach dem Französ. (VIII und 116 S.)
" 37. Aus dem Leben eines Deportirten. Aus dem Engl. (120 S.)
" 38. Mützelburg, Adf., die Extrafahrt. Eine sentimentale Humoreske. (III und 97 S.)
" 39. Löhn, Anna, Stationen! Novellen. (133 S.)
" 40. Lucas, Hippolyt, aus der Mappe eines Journalisten. Novellen. Deutsch von A. Kretzschmar. (154 S.)
" 41. Löhn, Anna, Reisetagebuch einer alleinreisenden Dame in Italien. (124 S.)
" 42. Plouvier, E., Erzählungen für Regentage. Deutsch von A. Kretzschmar. (154 S.)
" 43. Düringsfeld, Ida v., Hendrick. Eine Geschichte aus Antwerpen. (126 S.)

Der 1—27. Thl. erschienen 1855—57 im Verlag von C. B. Lork in Leipzig unter dem Titel: „Conversations- und Reisebibliothek", der 28—37. Thl. unter dem Titel: „Lork's Eisenbahnbücher", sind aber jetzt sämmtlich unter obigem Titel in den Verlag von Bergson-Sonenberg übergegangen.

Bergson's Eisenbahnbücher. 44.—97. Thl. 8. Leipzig 862—66, Bergson-Sonenberg. [Berlin, Reymann.] (Früherer Preis à Bd. 10 Ngr.) à Bd. 7½ Ngr.

Inhalt:

Thl. 44. Löhn, Anna, Novelletten. (121 S.)
" 45. Zwei Erzählungen von zwei Autoren. Die Geheimnisse von Redgrave Court von Frank E. Smedley. Das Testament. Von Miß Pardon. (140 S.)
" 46. Alland, M., Licht- und Schattenbilder aus dem Wiener Leben. (161 S.) 1. Aufl. 862. 2., verb. Aufl. 864.
" 47. Didier, Charl., fünfzig Tage in der Wüste. Nach dem Französ. bearb. von Ed. Burckhardt. (IV und 116 S.)
" 48. Friedrich, Fr., zehn Minuten Aufenthalt! Erzählungen. (116 S.)
" 49. Mery, wie den Mädchen der Verstand kömmt! Eine humorist. Skizze. (119 S.)
" 50. Didier, Charl., 120 Meilen auf dem Nil. (Fortsetzung der „50 Tage in der Wüste" von demselben Verfasser.) (125 S.)
" 51. Sigismund, B., Land und Leute der sächsischen Lausitz. (120 S.)
" 52. Gautier, Theophil, Jettatura. Deutsch von A. Kretzschmar. (119 S.)
" 53. Humoristica I. Locomotiv-Funken. Eine Sammlung von heiteren Scherzen, Witzen ꝛc. (VII und 88 S.)
" 54. Humoristica II. Der Chevalier Mosquito. Eine humorist. Erzählung. — Die Reise in den Mond. Eine phantast. Erzählung. (96 S.)
" 55. Löhn, Anna, Theatererinnerungen und Vermischtes. (126 S.)
" 56. Robert, Adrian, excentrische Geschichten. (98 S.)
" 57. Grimard, Ed., der Roman einer schönen Frau. — Erckmann-Chatrian, das Opfer Abrahams. (112 S.)
" 58. Henry, Camill, der Roman einer häßlichen Frau. Novelle. — Pardon, Miß, die Brüder. Novelle. (109 S.)
" 59. Heirathen und Hochzeiten aller Völker der Erde. (III und 88 S.)
" 60. Escudier, Leon, aus dem Leben Paganini's. Nebst einer Biographie der Malibran. Von demselben. (102 S.)
61. Düringsfeld, Ida v., Milena. Eine Geschichte aus Ragusa. (112 S.)
" 62. Reise-Brevier. (VI und 96 S.)
" 63. Humoristica III. Ein Stündchen zum Lachen. (112 S.)
" 64. Humoristica IV. (109 S.)
" 65. Gautier, Theophil, ein Stierkampf in Madrid. Deutsch von L. v. Alvensleben. (149 S.)
" 66. About, Edm., die Nase eines Notars. Deutsch von L. v. Alvensleben. (102 S.)
" 67. Scribe, Eug., wie man eine Herzogin heirathet. (99 S.)
" 68. Reinsberg, Baronin v. (Ida v. Düringsfeld), Niko Beliki. (126 S.)
Thl. 69. Humoristica V. Leipziger Leierkasten. Couplets, Parodien, launige Gedichte, Scherze ꝛc. (112 S.)
" 70. Humoristica VI. Kleinsteuber, Herm., Die weiße Dame und Ein gutes Mittelchen. Humoristische Erzählungen. (96 S.)
" 71. Auch eine Glocknerfahrt. Humoristische Skizze von C. A. D. (109 S.)
" 72. Löhn, Anna, weitere Streifzüge in Italien. (III und 120 S.)
" 73. Mignon, Claude, fürchterliche Geschichten. (III und 139 S.)
" 74. Seubert, L., der Halsband-Prozeß. Episode aus der Regierungs-Geschichte Ludwigs XVI. (1785—1786.) (96 S.)
" 75. 76. Autor, Hans, Jenseits des Faro! Reiseskizzen. (IV und 215 S.)
" 77. Argis, Jul. v., die sechs Heirathen Heinrichs VIII. (158 S.)
" 78. Mignon, Claude, aus dem Reiche der Todten. (III und 120 S.)

• 79. 82. Lescure, die Liebschaften Heinrichs IV. von Frankreich. 2 Bde. (296 S.)
• 80. Dempwolff, C. A., aus dem lustigen Wien! (104 S.)
• 81. Löhn, Anna, aus Norden und Süden. Reise-Erlebnisse. (III und 131 S.)
• 83. Humoristica VII. Leipziger Leierkasten. 2. Folge. (109 S.)
• 84. Humoristica VIII. Lustige Geschichtchen. (III und 119 S.)
• 85. Dempwolff, Carl Aug., aus meiner Wandermappe. Reisebilder und Skizzen. (III und 140 S. mit 13 eingedr. Holzschn.)
• 86. Saint Felix, Jul. v., die Nächte Roms. (117 S.)
• 87. Mazet, Esmenard du, der Roman einer Pariser Lorette. (110 S.)
• 88. Struth, A., Rossini. Sein Leben und Wirken, seine Werke und Charakterzüge. Nach verschied. Quellen bearb. (108 S.)
• 89. Humoristica IX. Des Inquisitors Geliebte. (100 S.)
• 90. Humoristica X. Leipziger Leierkasten. 3. Folge. (96 S.)
• 91. 92. Gonzalès, Emm., und Molèri, sieben Küsse des Herzogs von Buckingham. 2 Thle. (289 S.)
• 93. 94. Lescure, M. v., die Liebschaften Franz I. 2 Thle. (214 S.)
• 95. Humoristica XI. (111 S.)
• 96. Humoristica XII. Ein Kapitel aus dem wirkl. Leben eines Gauners. (89 S.)
• 97. Löhn, Anna, heitere Spaziergänge durch Deutschland. (128 S.)
Der Preis von Bd. 1—43 ist gleichfalls auf à 7½ Ngr. ermäßigt.

Bergson's Eisenbahnbücher. 88—90. Thl. 8. Lpzg. (Berl., Reymann.) à n. — 10

Die früh. Thle. erschienen u. d. T.: Lorck's Eisenbahnbücher.
About, E, d. Nase e. Notars. (102) 63.
Alland, M, Licht- u. Schattenbilder a. d. Wiener Leben. 2. Afl. (161) 64.
Argis, J v., d. 6 Heirathen Heinrichs VIII. (138) 64.
Auch e. Glocknerfahrt. (109) 64.
Autor, H, jenseits d. Faro. (215) 64. . . . . n. – 20
Dempwolff, CA, a. m. Wandermappe. (104 m. Il.) 65.
– a. d. lustigen Wien. (104) 65.
Didier, C, 120 Meilen auf d. Nil. (125) 62.
– 50 Tage in d. Wüste. (116) 62.
Düringsfeld, J v., Hendrick. (126) 62.
– Milena. (112) 63.
Erzählungen, zwei, v. zwei Autoren. (140) 62.
Escudier, L, a. d. Leben Paganini's. (102) 62.
Friedrich, F, 10 Minuten Aufenthalt. (116) 62.
Gautier, T, Jettatura. (119) 62.
– e. Stierkampf in Madrid. (149) 63.
Grimard, E, d. Roman e. schönen Frau. – Erckmann-Chatrian, d. Opfer Abrahams. (112) 62.
Heirathen u. Hochzeiten aller Völker. (88) 62.
Henry, C, d. Roman e. häsl. Frau. – Pardon, d. Brüder. (109) 62.
Humoristica I. Locomotiv-Funken. (88) 62.
– II. Der Chevalier Mosquito. (96) 62.
– III. Ein Stündchen z. Lachen. (112) 63.
– IV. (109) 63.
– V. Leipziger Leierkasten. (112) 64.
– VI. Kleinsteuber, H, d. weisse Dame u. Ein gutes Mittelchen. (96) 64.
– VII. Leipziger Leierkasten. 2. F. (109) 65.
– VIII. Lust. Geschichten. (119) 65.
– IX. Des Inquisitors Geliebte. (100) 65.
– X. Leipziger Leierkasten. 3. F. (96) 65.
Lescure, d. Liebschaften Heinrichs IV. v. Frankreich. 2 Bde. (296) 63. n. – 20
Löhn, A, a. Norden u. Süden. (131) 65.
– Novelletten. (121) 62.
– Reisetagebuch e. alleinreis. Dame in Ital. (124) 61.
– Stationen. (133) 61.
– weitere Streifzüge in Italien. (120) 64.
– Theatererinnergn u. Vermischtes. (126) 62.
Lucas, H, a. d. Mappe e. Journalisten. (154) 61.
du Mazet, E, d. Roman e. Pariser Lorette. (110) 65.
Méry, wie d. Mädchen d. Verstand kömmt. (119) 62.
Mützelburg, A, d. Extrafahrt. (97) 61.
Plouvier, E, Erzählgn f. Regentage. (154) 61.
Reinsberg, v., [J v. Düringsfeld], Niko Veliki. (120) 64.
Reise-Brevier. (96) 63.
Robert, A. excentr. Geschichten. (96) 62.
Saint Felix, J, d. Nächte Roms. (117) 65.
Scribe, E, wie man e. Herzogin heirathet. (99) 64.
Seubert, L, d. Halsband-Prozess. (96) 61.
Sigismund, B, Land u. Leute d. sächs. Lausitz. (120) 62.
Struth, A, Rossini. Sein Leben u. Wirken. (108) 65.
Vignon, C, fürchterl. Geschichten. (132) 64.
– a. d. Reiche d. Todten. (120) 64.

Bergson, G., die Kunst, zum Wohle seiner selbst u. seiner Mitmenschen reich zu werden u. den Reichthum zu erhalten. In leicht faßlicher Darstellung bearb. und hersg. Stolpen 866. Schneider. gr. 8. (VII, 62 S.) 10 ngr

Bergson, G., die Kunst zum Wohle seiner selbst u. seiner Mitmenschen reich zu werden u. den Reichthum zu erhalten. 2. Aufl. 8. (VI, 61 S.) Köln 878. Reutlingen, Bardtenschlager. n. 1. —

Bergson, G., die Kunst zum Wohle seiner selbst und seiner Mitmenschen reich zu werden und den Reichthum zu erhalten. 2. Aufl. 8. (61 S.) Köln 878, Kreuter. *

Bergson, G., die Kunst, zum Wohle seiner selbst u. seiner Mitmenschen reich zu werden u. den Reichthum zu erhalten. 4. Aufl. 12. (64 S.) Reutlingen 884. Bardtenschlager. n. — 75

Bergson, Henri: Einführg in d. Metaphysik. Übertragg. (68) 8° Jena, E Diederichs '09. 1.50; geb. 2 —

Bergson, Henri: Einführg in d. Metaphysik. 2. u. 3. Taus. (68) gr8° Jena, E Diederichs '12. 1.50; geb. 2 —

— Schöpferische Entwicklg. 1—3. Taus. (Übers. v. Gertr. Kantorowicz.) (373) gr8° Ebd. '12. 6 —; geb. 7.50

— Materie u. Gedächtnis. Essays z. Beziehg zw. Körper u. Geist. (Übertragg m. Einführg v. W Windelband.) (16, 264) gr8° Ebd. '08. 8 —; geb. 9.50

— Zeit u. Freiheit. Abhandlg üb. d. unmittelbaren Bewusstseinstatsachen. (189) gr8° Ebd. '11. 4 —; geb. 5.50

Bergson, J., die medicinische **Anwendung** der Aether-Daempfe in Bezug auf Physiologie, operative Chirurgie, Nervenpathologie, Psychiatrie, Geburtshülfe, Zahn- und Thierheilkunde. gr. 8. (VI und 133 S.) Berlin 847, Förstner'sche Buchh.

Bergson, J., das krampfhafte Asthma der Erwachsenen. Eine v. der k. Societät der Wissenschaften zu Göttingen m. dem Hauptpreise der physikal. Klasse gekrönte Preisschrift. gr. 8. (X u. 149 S.) Nordhausen 850, Büchting. 1 ₰

Bergson, J., das krampfhafte Asthma der Erwachsenen. Eine von der k. Societät der Wissenschaften zu Göttingen etc. gekrönte Preisschrift. 2. (Titel-)Ausg. gr. 8. (X und 149 S.) Nordhausen (850)59. [Leipzig, Willferodt.] Thlr.

Bergson, J., die Beschneidung vom histor., krit. u. medicin. Standpunkt. Mit Bezug auf die neuesten Debatten u. Reformvorschläge. gr. 8. (10 B. u. 1 Stnt.) Berlin 844, Athenaeum. Thlr.

—— die **Beschneidung** vom histor., krit. und medicin. Standpunkt. Mit Bezug auf die neuesten Debatten und Reformvorschläge. 2. Aufl. (Ausg.) gr. 8. (XVI und 143 S. mit 1 Stnt.) Berlin 847. [Pasewalk,] Braune.

—— zur historischen Pathologie der Brachial-Neuralgien. gr. 4. (25 S.) Berlin 860, A. Hirschwald. *

Bergson, Joseph (Warschau), De prosopodysmorphia sive nova atrophiae facialis specie. Diss. med. Bln. (Nietack) 6. IX. 1837. 32 S. mit Biogr. (M.: J. Mai.) (4.—) 2268
Oppon.: L. Holstein, R. Remak, S. Bergson. — Gew.: M. H. Romberg, Gabr. u. Judith Bergson (Eltern).

Bergson, Jules, Compte-rendu: Livre I. du code Napoléon; — régime foncier et réforme de la procédure criminelle en Allemagne; — propriété littéraire; droit public et administratif de l'Angleterre; suivi d'une lettre de Mittermaier à l'auteur. gr. 8. (IV und 35 S.) Berlin 860, Behr's Buchh. *

Bergsön, W., s. Bergsöe, Wilhelm

Bergwort, der, s.: Miniatur-Bibliothek.

Bergst, Barth. Herm., († d. 28. Sept. 1813.) s. Salomo, d. Prediger.

Bergst, Bd. Hm., der Prediger Salomo, deutsch bearbeitet für nicht theol. Bibelleser. 8. Hamb. Bohn. 799.

Bergst, B. H., d. r Prediger Salomo. 8. 799. ist jetzt Verl. v. Schnuphase in Altenburg.

Bergstaat, d. k. Sächsische, s. Kalender, Freibergischer.

Bergstadt, Die, s: Koller's, Paul, Monatsbll.

Bergstadt, Max, nach Schicht! Vorträge u. and. Darbietgn. f. ernste u. heitere Stunden im Bergmannsleben. (V, 89 S.) 8. Breslau (909). A. Kothe. — 75

Humorvolle Dialektdichtung von Fridolin **Bergstädter**. Leipzig: Verl. f. Liter., Kunst u. Musik 1907. (36 S.) 8° [F.] (08. 226)

Bergstedt, H., Quae uno tempore fiunt quatenus in Iliade narrentur. 1861. 89 S. 1.

Bergstedt, H: Sonnenschein. Erzählg f. Kinder. (96 m. 4 farb. Taf.) kl8° Reutl., Ensslin & L. ('11). IIL — 50 d

Bergstedt, H., Studia archaeologica. Diss. 1881. 80 S.

Bergstedt H. H.: Bornholms Flora. 1. Del. Kbh. 1883. 68 S. 1 Kt. (Særtr.). P.

Bergsteen, C. G., praktische Anleitung zur Anfertigung der Drainirröhren ohne kostbare Apparate, so wie auch aller sonst noch aus Thon-, Stein- und Cement-Masse herzustellenden Cylinder zu techn. Zwecken, wie z. B. der Brunnen- und Wasserleitungsröhren, der Rauch- und Gasröhren, der russischen Essen u. s. w. Für Topfwaarenfabrikanten, Töpfer, Ziegeleibesitzer, Techniker u. A. 8. (IV und 87 S. mit 2 Stnt.) Weimar 858. [Leipzig, Deckmann.]

Bergsteen, K. G., praktische Anleitung zur Anfertigung der Drainröhren ohne kostbare Apparate, sowie auch aller sonst noch aus Thon-, Stein- und Cement-Masse herzustellenden Cylinder zu technischen Zwecken, wie z. B. der Brunnen- und Wasserleitungsröhren, der Rauch- und Gasröhren, der russischen Essen u. s. w. Für Topfwaarenfabrikanten, Töpfer, Ziegeleibesitzer, Techniker u. A. Mit 2 lith. Taf. Weimar 858. Jansen u. Co. 8. (2 Bl., 87 S.) 15 ngr

Bergsteen, K. G., praktische Anleitung zur Anfertigung der Drainirröhren ohne kostbare Apparate, sowie auch aller aus Thon-, Stein- und Cement-Masse herzustellender Cylinder zu technischen Zwecken rc. Für Topfwaarenfabrikanten, Töpfer, Ziegeleibesitzer rc. 2. (Titel-)Ausg. 8. (IV, 87 S. mit 2 lithogr. Taf.) Berlin (858)68, Mode's Verlag.

—— Tafeln zur Berechnung des Kubikinhaltes von Gräben neben Eisenbahnen und Landstraßen wie auch in Feldern, Wiesen und Forsten. Für Baubeamte, Mühlenbauer, Gemeindevorsteher, Forstmänner rc. 8. (IV und 191 S.) Weimar 857. [Leipzig, Deckmann.]

—— Tafeln zur Berechnung des Kubikinhaltes von Gräben neben Eisenbahnen und Landstraßen, wie auch in Feldern, Wiesen und Forsten. Für Baubeamte, Mühlenbauer, Gemeindevorsteher rc. 2. (Titel-)Ausg. 8. (IV, 191 S.) Berlin (857)68, Mode's Verlag.

Bergstein, F. W., die Stempelung der Wechsel im norddeutschen Bunde nach dem Gesetz vom 10. Juni 1869 und der ergangenen Instruction zum prakt. Gebrauche im Geschäftsleben hrsg. 5. unveränd. Abdr. 16. (21 S.) Leipzig 870, Mayer. *

—— der geschickte Zeitungsleser. Eine deutliche Erklärung aller fremden Wörter, Ausdrücke und Redensarten, welche namentlich in Zeitungen, überhaupt in Büchern, in der Umgangssprache, im Geschäftsstyl rc. vorkommen. 2. Aufl. 16. (60 S.) Leipzig 870, Mayer.

Bergstein, Josef, Referendar am Kgl. Amtsgericht zu Löwen: Die Verfügungsbefugnis des Gemeinschuldners in Bezug auf Firma, Warenzeichen und Urheberrechte. Breslau 1908: Breslauer Genossenschafts-Buchdruckerei. (58 S.) 8°
Breslau, Jur. Fak., Ref. Fischer-Meyer, Diss. v. 30. Mai 1908
[Geb. 31. Juli 84 Fraustadt (Prov. Posen); Wohnort: Löwen; Staatsangeh.: Preußen; Vorbildung: Maria-Magdalena-Gymn. Breslau Reife M. 04; Studium: Berlin 1, München 2, Breslau 3 S.; Rig. 14. Nov. 07.]

Bergstein, Jos. L., über die Beseitigung der Nebel in Färbereien, Bleichereien u. Appretur-Anstalten. gr. 4. (3 S.) Leipzig-R. (900). L. A. Klepzig. — 90
Sonderabdruck aus: „Ztschr. f. d. ges. Textil-Industrie."

Bergstein, Karl Aug. Ludw.: Anträge . . . , s. Fincke, Friedr. Jul. Rob.

Moderne Entstaubung der Innenräume. Eine hygien. Studie von Walther **Bergstetten**. Göttingen: Kelterborn 1910. 8 Bl. 8°
[10. 5358 7

Über die Bahn des ersten Uranussatelliten, Ariel, von Osten **Bergstrand**. Upsala 1904: E. Berling. (57 S.) 4°
— **Acta**, Nova, R. Societatis Scient. Upsaliensis. Ser. 3. Vol. 20, Fasc. 2. Sect. Phys.-Math. 5.
[05. 4181

Bergstrand, Osten, Bestimmung der jährlichen Parallaxe der Nova Persei. (S. 355—394.) gr. 8. Stockholm 904. (Berlin, R. Friedländer & Sohn.) n. 1. 20
Sonderabdr. a.: „Arkiv f. matematik, astronomi och fysik".

Bergstrand, Osten, sur le calcul de la réfraction différentielle en distance et en angle de position. — Recherches sur les couleurs des étoiles fixes, s.: Acta, nova, regiae societatis scientiarum Upsaliensis.

Untersuchungen über das Doppelsternsystem 61 Cygni von Östen **Bergstrand**. Mit 1 Taf. Uppsala 1905: E. Berling. (121 S.) 4°
— **Acta**, Nova, Reg. Societatis Scient. Upsaliensis. Ser. 4. Vol. 1, No 3. [06. 386, 9

Bergstrasse [Schlagwort]
Bergstrasse, s.a. Odonwald.

Bergstrasse. Karte, neueste, der südlichen Bergstrasse u. der Tromm zwischen Heppenheim, Fürth, Weinheim, Wald-Michelbach. 1 : 40,000. Chromolith. Fol. Darmstadt 889. (Heidelberg, C. Winter's Sort.) n. — 80

— **Wagner**, Ed., Special-Karte der Bergstrasse u. d. Odenwaldes. 3., neu rev. Aufl. Chromolith. gr. 4. Weinheim 889. Ackermann. n. — 60

Bergstrasse. Wagner, Ed., Spezial-Karte der Bergstrasse u. des Odenwaldes. Nach den besten Quellen entworfen. Neu rev. Aufl. 35 × 30,5 cm. Farbendr. Weinheim 895. F. Ackermann's Verl. — 60

Bergstrasse. – Welzbacher, C.: Spezialkarte d. Bergstrasse. 1:55,000. Chromol. Fol. – Darmstadt 81. Heidelb., C. Winter's S.

Bergstraesser, C., Mittheilungen über die Verbindung des Caspischen mit dem Schwarzen Meere. Lex.-8. (52 S. mit 1 chromolithogr. Karte in Imp.-Fol.) Wiesbaden 861, Kreidel's Verlag. *

Bergsträsser, C.: Die Verbindung des Caspischen mit dem Schwarzen Meere. Rückblick auf die bisherigen Forschungen über die Ponto-Caspische Niederung und Bericht über die daselbst in den Jahren 1858 und 1859 ausgeführten Aufnahmen. Mit mehreren Originalkarten. (Petermann's Geographische Mittheilungen. 1859. Heft 10. S. 411—428.) Gotha 1859. 18 S., 1 Krt. 4°.

Bergsträsser, Heinrich Wilhelm
Bergsträsser, H. W.: Briefe üb. d. Studium e. Practicanten am R. K. G. zu Wetzlar. *Frankf.*, Eichenberg. 788. 8. (6 Gr.)

Bergstraesser, H. W., Sphingium Europaear. larvae, oder die europ. Schwärmerraupen, n. system. Verzeichnissen. m. K. 4. Hanau. Hermann. 783. Rthlr.

***Bergstraesser*, Hnr. Wlh.**, († 1814.) Sphingium Europaear. larvae etc. od. die europ. Schwärmerraupen, n. systemat. Verzeichnissen. M. Kpf. 4. Hanau 783. (Leske in Darmst.) 2 ß 16 K

— s. Reichshofrathsgutachten.

Bergsträsser, Johann Andreas Benignus
Bergsträsser, Joh. Andr. Ben. (Hrsg.), s. Abbildungen, und Beschreibungen d. Insekten...

— Beispiel e. Phraseologie. 8. Hanau 789.

— s. Cornelius Repos, Biographien,

— die Decimalbrüche u. Logarithmen, z. Gebr. in Schulen; e. Ergänz. d. Ernestisch. Mathematik. 8. Hanau 789.

— Ektyposes, oder seltene u. merkwürd. Ausgaben v. gedruckten Büchern, mit Bemerkk. 8. Hanau 790.

— Elementar-Algebra. 8. Frankf. a. M. 789. Eichenberg. 6 K

— Elementar-Geometrie f. Schulen; aus d. Latein. des sel. Ernesti, mit Erläuterr. u. Zusätzen rc. Mit 10 Kpft. 8. Frankf. a. M. 789. Eichenberg. 18 K

Bergsträsser, Johann Andreas Benignus
— **entomologia scholar. in usus concinnata.** 8. Hannov. 784.

— entomologia scholar. in usum etc. 8. Hafn. Proft. 785.

— **entomologia Erxlebeniana in scholar. us. concinnata.** 8. Hanau 776.

— einige Gedanken von den Beispielen in Bezieh. auf junge Leute. 4. ... 764.

— Gedanken von d. Erziehung biegsamer Kinder. 2 Stcke. 4. Hanau 761, 62.

— Gedanken vom Genie. 4. Hanau 770.

BERGSTRASSER, J. A. B., Gedanken von der Orchestik, oder über den Tanz der Alten. (Im 3ten Bde. des Schirach'schen Magazin der deutschen Kritik.)
Bartholomäus p. 2.

— die Geschichte d. Kunst im Ausz. 4. Hanau 772.

Bergsträsser, Johann Andreas Benignus: Über das Griechische u. seinen Sinn in Homers Ilias I, 573 - 585. Progr. Hanau 1787.

— icones papilionum diurnor. 4. maj. Frankf. Hermann. 780.

— icones papilionum diurnor. Decur. I — III. 4 maj. Hanau 782. (Dass. auch deutsch.)

— Schroeckhhiana universae ante nascendum Christ. histor. idea. 8. Hanau 775.

Bergsträsser, Johann Andreas Benignus: Über die Latinität u. ihren Sinn in dem Eingange d. Aeneis.
Progr. Hanau 1787.

Bergstraesser, J. Andr. Ben. Leben und Geschichte des Kaisers Marcus Aurelius Antoninus. 4. Hanau 1770.

— Museum d. neuesten deutschen Uebersetzungen u. anderer die Archäologie d. Griechen u. Römer betr. Materien u. Denkmäler. 4 Stcke. 8. Frankf. a. M. 781 — 83. Hermann. 1 ℛ 12 ℊ

Bergsträsser, Joh. Andr. Benign. (Hrsg.), s. Museum der neuesten teutschen Uebersetzungen und anderer in die Archäologie der Griechen und Römer einschlagender Materien und Denkmäler.

— Naturgeschichte der europ. Schmetterlinge. 5 Lief. mit illum. K. gr. 4. Hanau, Verf. 779—83.

Bergsträsser J. A. B.: Nomenclatur u. Beschreibung d. Insecten in d. Graffschaft Hanau-Münzenberg wie auch d. Wetterau u. d. angränzenden Nachbarschaft ... Jahrg. 1-3. (1 Vol.). Hanau 1778-79. (215) S. 72 kol. Tvl.

— Nomenclatur u. Beschreib. d. Insekten in d. Grafsch. Hanau-Münzenberg. 4 Jahrg. mit illum. K. gr. 4. Hanau, Waisenhaus. 779—83.

Bergsträsser, Johann Andreas Benignus: Variarum in Virgilianam latinitatem notarum specimen.
Progr. Hanau 1788. 50 S.

— observata classica, quibus in vet. script. commentatur. Cont. I — IV. 4. Hanau 771 — 74.

Bergsträsser, Johann Andreas Benignus: Die 1. Ode des Horaz deutsch m. einer andern Übersetzung verglichen.
Progr. Hanua 1787.

— Oden, Lieder u. and. Gedichte auf d. neuesten Weltbegebenheiten. 1e Abtheil. gr. 8. Hanau 794. (Böttner in L.) 1 ℛ 4 ℊ

— erste Sendung über sein am 21. Dec. 1784 angekünd. Problem e. Correspondenz in ab- u. unabsehbaren Weiten d. Kriegsvorfälle od. Synthematographik. Mit Kpf. 8. Hanau 785. 2e — 5e Send. Ebd. 785 — 87. 2 ℛ 8 ℊ

— über s. Problem einer Correspondenz in ab- u. unabsehbarer Weite der Kriegsvorfälle, oder über Synthematographik. 5 St. m. K. 8. Hanau, Hermann. 785—88.

— quaestiones psychologicae scholar. in usum. etc. 8. Hafn. Proft. 785.

— Realwörterbuch üb. d. class. Schriftsteller d. Griechen u. d. Lateiner 2c. 1r — 7r Bd. gr. 8. Halle 772—81. Gebauer. 18 ℛ 16 ℊ

Bergsträsser, J. A. B., hess. Prof. Ueber Signal-, Order- und Zielschreiberei in die Ferne mit neuen Angaben und 13 Kupfertafeln. Oder über Synthematographe und Telegraphe in der Vergleichung. Aufgestellt mit Urkunden zur Ehre der Britten und Teutschen gegen die Franzosen und ihre anmassliche Erfindung. 8. Frankfurt am Main 1795.

— über Signal-, Ordre- u. Zielschreiberey in der Ferne, oder über Synthematographe u. Telegraphe, m. K. gr. 8. Frft. Andreä. 795.

— über e. Stellen d. Virgils zur Erläuterung d. Wörter: Indigena u. Indiges. 8. Hanau 798.

Bergsträsser. Tessaropentas, oder allgemeine Regeln der Arithmetik, die Bezifferung der gemeinen Decade gleich auf der Stelle in die einfachsten Zahlen von gleichem Werthe zurückzuführen.
8. Hanau, den 31. Jänner 1788.

Bergsträsser, J. A. B., de priscorum philosophorum theologia. Progr. Hanov. 777. 4.

— Uebersichten u. Erweiterr. d. Signal-, Ordre- u. Zielschreiberei in der Ferne. Mit 16 Kpft. gr. 8. Leipz. 795. Breitkopf u. H. 1 ℛ (Frankf. a. M., Andreä). 1 ℛ 4 ℊ

— Vorschläge zur latein. Erziehung. 8. Hanau 775.

Bergsträßer, Ludw., Studien zur Vorgeschichte der Zentrumspartei, s.: Beiträge zur Parteigeschichte. 1.

Christian Friedrich Pfeffels politische Tätigkeit in französischem Dienste 1758–1784. Von Ludwig **Bergsträßer**. Heidelberg: C. Winter 1906. (V, 95 S.) 8° [J.]
— **Abhandlungen**, Heidelberger, z. mittl. u. neueren Geschichte. H. 16. [illegible]

Bergstraesser, Max, approb. Arzt aus Darmstadt: Ein Fall von Carcinom des Pankreas. *München 1903: C. Wolf & Sohn.* (25 S.) 8°
München, Med. Diss. v. 1903

Bergsträßer, Wilh., über Pflege u. Wartung d. Irren. Von d. Vereine der deutschen Aerzte zu St. Petersburg gekrönte Preisschrift. gr. 8. (7½ B.) Leipzig 844, Voß. *

Bergsträßer, Wilh., Predigten, vor Strafgefangenen u. Versorgten gehalten. Nebst e. kurzen Nachricht üb. d. neubegründ. k. sächs. vereinigten Landesanstalten zu Hubertusburg. gr. 8. (11 B.) Leipzig 841, Voß. *

— die kgl. sächs. Strafanstalten mit Hinsicht auf die amerik. Pönitentiarsysteme. Insbesond. die Strafanstalten zu Hubertusburg, nebst e. Geschichte dies. Schlosses u. Beschreib. seiner übrigen Anstalten. gr. 8. (21⅓ B. u. 1 Plan v. Hubertusburg.) Leipzig 844, Voß. *

Bergsturz. Der B' von Airolo in der Nacht des 27./28. Dezember [1898], wobei drei Menschen ihr Leben verloren und viel Vieh umkam. Ein Notschrei für die armen geschädigten Airoleser. [Mit 1 Abbildung und 1 Textfigur.] 8. Wytikon-Zürich [1899].
(*Unterzeichnet:* Der Alte vom Berge.)

Bergsturz. Der B' bei Elm am 11. September 1881. Aus verschiedenen Quellen zusammengestellt von der Redaction des „Freien Berner." 8. (Herz.-Buchsee [1881].)

Bergsturz, der furchtbare, am Gotthard-Tunnel den 28. XII. 1898. 8. (16 S. m. 3 Abbildgn.) Chemnitz (899). C. A. Hager. — 15

Bergsturz, Der, von Goldau. 2. Aufl. Basel 1892. V: *Beck, Alexander.* (zuwzür 1910)

Bergsturz. Der B' von Teglio ⟨der Weiler Cassoni, 3 Personen und 15 Stück Vieh verschüttet⟩ und Die Explosion von Annen ⟨10 Personen tot, 70 schwer und 180 leichter verwundet⟩. [Illustriert.] 16 S. 8. Wytikon-Zürich, G. Schildo, [1906]. fr. —. 20

Bergt, Aug., Briefwechsel e. alten u. jungen Schulmeisters üb. allerhand Musikalisches. Nach d. Verf. Tode als e. durch seine reichhalt. Beispielsamml. nothwend. u. nützl. Handb. f. junge Cantoren, Organisten u. Musikstudirende hrsg. u. mit e. Lebensbeschreib. des Verstorb. begleit. v. C. G. Hering. qu. gr. 4. (7½ B.) Zittau 838, Birr. Thlr.

Bergt, Aug., Etwas zum Choral u. dess. Zubehör. Zunächst f. Schullehrer-Semin. gr. 8. (3¼ B.) Budissin 832. (Leipzig, Hofmeister.)

Bergt, Walther (aus Burgstädt in Sachsen): Beitrag zur Petrographie der Sierra Nevada de Santa Marta und der Sierra de Perijá in Süd-Amerika . . . (Aus: Mineralog. u. petrograph. Mitth. hrsg. v. G. Tschermak, Bd. X. Hf. 4, 5.) Wien, Alfred Hölder, k. k. Hof- u. Univ.-Buchh., 1888; 1 Bl. + S. 271—386 + 1 Bl. 8°
Leipzig, Phil. Fak., Inaug.-Diss. v. 27. Jan. 1889

Bergt (W.), Lausitzer Diabas mit Kantengeröllen. Mitth. a. d. Kgl. Mineralogisch-geolog. Museum zu Dresden. (Abhandl. der naturw. Ges. „Isis" in Dresden, Jahrg. 1900.) 8. Mit 1 Tafel.

Bergt, W., das Gabbromassiv im bayrisch-böhmischen Grenzgebirge. (11 S.) Lex.-8. Berlin 905. (G. Reimer.) n. — 50

— dasselbe. (II.) (11 S.) Lex.-8. Ebd. 906. n. — 50
2 Sonderabdr. aus: „Sitzungsber. d. preuss. Akad. d. Wiss."

W[alther] Bergt, Zur Geologie des Coppename- und Nickerietales in Surinam (Holländisch-Guyana). *Leiden: E. J. Brill 1902.* (S. 94—163.) 8°
— Sammlungen d. Geolog. Reichs-Museums in Leiden. II, Bd 2, H. 2, [1.]

——— Über einige sächsische Gesteine. Mitth. a. d. Kgl. Mineralogisch-geolog. Museum in Dresden. (Abh. d. naturw. Ges. „Isis" in Dresden, Jahrg. 1902.) Dresden 1902. 8. Mit 2 Tafeln.

Bergt, W: Die Insel Madeira, s: Stübel, Alphons.

Die älteren Massengesteine, krystallinen Schiefer u. Sedimente bearb. von Dr. Walther Bergt, Privatd. zu Dresden. Mit 1 Karte, 8 Lichtdrucktaf. u. Abb. *Berlin: A. Asher & Co. 1899.* (XVI, 239 S.) 4°
Abschn. 1—7 erschienen als Hab.Schr. d. Techn. Hochsch. in Dresden.
— Studien, Geol., in d. Republik Colombia. 2.
— Reiss, Wilhelm: Reisen in Süd-Amerika. [2, 2.]

Bergt, Walt., die älteren Massengesteine, krystallinen Schiefer u. Sedimente in der Republik Colombia, s.: Reiss, W., u. A. Stübel, Reisen in Süd-Amerika.

Bergt, W., der Vesuv, s.: Stübel, Alphons.

Beiträge zur Chronik der Johannes[!]-Freimaurerloge Archimedes zu den 3. Reissbretern in Altenburg auf das Jahr 1844. Gesamm. vom Br. [Herm.] Aug. Bergter. Cahla [1845]: Beck. 16 S. 8° [Umschlagtit.]
Aus: Zd. 8 (1844) S. 201—214.

Bergthal, Friederike, Erzählungen ein. Großmutter für ihre Enkel von 3—6 Jahren. 1—3. Bdchn. 16. (8½ B.) Oldenburg 840, Stalling. à 5 Ngr.

Bergtheater, Das Harzer, bei Thale in 44 Abb. (Taf.). Einleitg v. Ernst Wachler. 2. Afl. (32 m. 1 Kte.) 13,3×18,7 cm. ThaleH. ('11). (Weim., Verl. d. „Jahreszeiten".) 2 — d

v. Bergueban, Guillem's, Lieder hrsg. v. Adelb. Keller. gr. 8. (64 S.) Mitau 849, Reyher. ½ ₰

Bergün, Heinr., die junge Frau. Roman. 2 Bde. 8. (200; 179 S.) Leipzig 884, Wartig's Verlag. *

Die türkische Bergverordnung vom 14. Sefer 1324 oder 26. März 1322 (1906). Hrsg. von Prof. Dr. Rud. Fitzner. Berlin: H. Paetel 1907. (32 S.) 8°

Bergvoigt, K., der Eberwirth, s. Eisenbahn-Unterhaltungen.

Bergwald, Graf,- Schauspiel. P Eisl. (Korn d. ält. in Breslau.) 794.

Bergwald, B. v., der Umbau des Gymnasiums. Schulgedanken e. Ueber-Sekundaners v. 1905. (14 S.) 8. Steglitz 905. R. Auerbach. n. — 40

Bergwald, Johs., Ernstes u. Heiteres aus Aktuar Sperlings Tagebuch. (V, 165 S.) 8. Dresden (906). E. Pierson. n. 1. 50; geb. n.n. 2. 50

Schlesiens Bergwelt, seine Bäder u. Kurorte. Les montagnes de la Silésie. Ses villes d'Eaux et de Cures. Silesia's Mountains. Its Baths and Health Resorts. [2. Aufl.] (Dresden: F. E. Boden [1906].) (39 S.) 4° [F.] 10

Berg-Werck.— Das Neu-Eröffnete Berg-Werck, mit allen deroselben hauptsächlichsten Wercken und zubehörigen Theilen, so wohl in einer kurtzen Beschreibung als dazu nöthigen Kupfern, samt einer accuraten Vorstellung sämtlicher Berg-Beamten und deren Fonctionen, nebst einem Entwurff aller bekanten Berg-Wercke in Europa und andern Welt-Theilen. Wozu angehängt ein sehr nützliches Berg-Register der bergmännischen Redens-Arten mit beigefügter Erklärung . . . verfertiget von J. M. P. a. W.– Hamburg 1707.

Die Bergwerke der G. v. Giesche'schen Erben in Schlesien. Kattowitz. 1892.

Bergwerke u. Salinen, die, im niederrheinisch-westfälischen Bergbaubezirk in d. J. 1907, 1908 u. 1909. (Produktion, Belegschaft usw.) (60, 65 u. 72 S.) 8. Essen 908—10. Verlag des „Glückauf". à — 50

Bergwerke u. Salinen, Die, im niederrhein.-westfäl. Bergbaubez. '09 u. '10. (Produktion, Belegschaft usw.) (72 u. 75) 8° Ess., Verl. d. „Glückauf" '10'11. jo — 50; '11 (90) '12. — 75

Bergwerke. – Die Bergwerke und Salinen des Oberamtsbezirks Dortmund. (Gewinnung, Belegschaft, Absatz usw), für die Jahre 1806 ff.

Die Bergwerke und Salinen des Oberbergamtsbezirks Dortmund. [Hrsg. als Beilage zur Zeitschrift „Glückauf" vom Verein für die bergbaulichen Interessen im O.-B.-B. Dortmund zu Essen-Ruhr.] Ausg. 1. u. 2 (1906 u. 1907). Essen-Ruhr, 1907—1908.

Die Bergwerke und Salinen des Oberbergamtsbezirks Dortmund i. J. 1907. 1908. (Produktion, Belegschaft usw.). Essen-Ruhr 1908. 1909.
[Fortges. u. d. Tit.:]
Die Bergwerke und Salinen im niederrhein.-westfäl. Bergbaubez. im Jahre 1909. (Produktion, Belegschaft usw.) Essen (Ruhr). 1910.

Die Bergwerke, Salinen und Hütten im Deutschen Reich während des Jahres 1891. Abdruck. Berlin, 1892.
dgl. 1892, 1893, 1894 und folgende Jahre.

Bergwerksabgaben (für das Königreich Bayern). München 1907. 8°.– (Bayer, Landesgesetze in neuester Fassung. Nr. 10).

Bergwerks- u. Hütten-Aktiengesellschaft, Deutsch-Luxemburgische, in Differdingen: Bericht über die Biegeversuche mit breitflanschigen Differdinger Spezialträgern (System Grey). Differdingen (1905)

Bergwerks- und Hütten-Aktiengesellschaft, Deutsch-Luxemburgische, Abt. Differdingen (Luxemburg): Profilzeichnungen von Trägern. Differdingen 1905

Bergwerks-Aktien-Gesellschaft, Gelsenkirchener: Profil-Album und Tabellen. 17. Aufl. Aachen 1909

Die Gelsenkirchener Bergwerks-Aktiengesellschaft (Rheinelbe bei Gelsenkirchen) 1873 - 1901. Den Mitgl. d. 8. Allg. Dt. Bermannstages . . . überreicht am 13. Sept. 1901.– Bochum (1901) 12 S. 8°

Gelsenkirchener Bergwerks-Aktien-Gesellschaft, Rheinelbe bei Gelsenkirchen. Ausstellung Düsseldorf 1902. – Düsseldorf (1902): Bagel. 16 Bl. 4°

Gelsenkirchener Bergwerks-Aktien-Gesellschaft, Rheinelbe bei Gelsenkirchen. Weltausst. Lüttich 1905. – (Düsseldorf 1905: Bagel.) 10 Bl. 4°

Bergwerks- und Industrie-Anzeiger. Redig. von J. Treuherz. 1—3. Jahrg. 1859—61. à Jahrg. 52 Nrn. (Bog.) Fol. Berlin, Expedition der Bank- und Handelszeitung. à Jahrg. * *
Vgl.: Bank- und Handelszeitung.

Bergwerks- und Industrie-Anzeiger. Redig. von J. Treuherz. 4.—8. Jahrg. 1862—66. 52 Nrn. (Bog.) Fol. Berlin, Expedition der Bank- und Handelszeitung. à Jahrg. *
Vgl.: Bank- und Handels-Zeitung.

Bergwerks-Areal, oberschles., s.: Bergbau, Karte.

Bergwerksbesitz, Der gegenwärtige, im nordwestböhmischen Kohlenbecken und sein Verhältniß zur Landwirthschaft daselbst. Herausgegeben von der Preß-Abtheilung des Comités landwirthschaftlicher Vertrauensmänner in den politischen Bezirken Aussig, Teplitz, Brüx und Komotau und in dessen Auftrage verfaßt von G. A. Ressel. Gr.-8. (52 S.) Teplitz: Becker 1895. —.25

Bergwerksbetrieb.—
— der, in den im Reichsrathe vertretenen Königreichen u. Ländern der oesterreichisch-ungarischen Monarchie, s.: Mittheilungen aus dem Gebiete der Statistik.

Bergwerks-Betrieb, der, im Kaiserthum Oesterreich, s. Mittheilungen aus dem Gebiete der Statistik.

Bergwerksbetrieb, Der, im Kaiserthum Oesterreich im Jahre 1855. Nach den Verwaltungsberichten der K. K. Berghauptmannschaften, dargestellt vom K. K. Finanzministerium. Wien 1857. 8. — Ferner: (mit wechselndem Untertitel) im Jahre 1864, 1866—98. 8. Wien 1865. 1868—99. — Duplikat von 1874 und 1875. — Für die Jahre 1894, 1895 und 1897 ein 2. Heft, enthaltend die Gebarung etc. 4. Wien 1896, 1897 und 1900.

Bergwerks-Betrieb, der, Oesterreichs im J. 1873. 2 Thle. Hrsg. vom k. k. Ackerbau-Ministerium. gr. 8. (VIII, 51 u. LIX, 263 S.) Wien 874. Gerold's Sohn in Comm. n. 6. —

— dasselbe im J. 1874. 2 Thle. Hrsg. vom k. k. Ackerbau-Ministerium. Lex.-8. (VI, 51 u. III, 340 S.) Wien 875. Faesy & Frick in Comm. n. 6. —

Bergwerks-Betrieb, der, Oesterreichs im J. 1874, s. Jahrbuch, statistisches, des k. k. Ackerbau-Ministeriums.

Der Bergwerksbetrieb Oesterreichs i. J. 1875—1906. Wien 1876—1908. 8°.

Bergwerksbetrieb, der, Oesterreichs, im J. 1890, s.: Jahrbuch, statistisches, d. k. k. Ackerbau-Ministeriums.

Bergwerksfreund, der, ein Zeitblatt f. Berg- u. Hüttenleute, f. Gewerken, so wie f. alle Freunde u. Beförderer d. Bergbaues u. d. dems. verwandten Gewerbe. 1—4. Bd. à 36 Nrn. (Bog.) Mit lith. Taf. u. Tab. gr. 8. Eisleben 838—40, [u. Berlin 841, Hermes.] à Bd. *

Bergwerksfreund, der, ein Zeitblatt für Berg- u. Hüttenleute, f. Gewerken, so wie für alle Freunde u. Beförderer des Bergbaues u. der demselben verwandten Gewerbe. Hrsg.: C. J. Heine. 5—11 Bd. à 36 Nrn. (Bog.) gr. 8. Eisleben 843—46, Reichardt; u. Berlin, Hermes. à Bd. * 2 Thlr. 10 Ngr. *
1—4. Bd. Ebendas. 1838—41. à Bd. 2 Thlr. 20 Ngr.

Bergwerksfreund, der. Hrsg.: C. J. Heine. 11—15. Bd. à 52 Nrn. (Bog.) Mit Abbildgn. gr. 8. Eisleben 847—51, Reichardt. à Bd. * 4 Thlr. 15 Ngr. *

Bergwerksfreund, der. Hrsg.: C. J. Heine. 16—19. Bd. à Bd. 52 Nrn. (Bog.) Mit Abbildungen. gr. 8. Eisleben 853—56, Reichardt. à Bd. * 4 Thlr. 15 Ngr. *

Bergwerksfreund, der. 20—22. Bd. à 52 Nrn. (Bog.) Mit Abbildungen. gr. 8. Eisleben 857—59, Reichardt. à Bd. *

— dass. — Neue Folge. 1. Bd. 1. und 2. Lfg. gr. 8. (S. 1—164 mit 1 Tab. und 7 Stnt. in qu. gr. 4. und Imp.-Fol.) Ebendas. 860. [1. Lfg. * 15 Ngr., 2. Lfg. * 20 Ngr.] *

Bergwerks-Gesetze, die belgischen. Deutsch v. Mor. Block. Mit einem Vorwort v. Frdr. Harkort. gr. 8. (X u. 156 S.) Berlin 849, Schroeder. n. 2/3 ℬ

Bergwerks-Gesetze, die preußischen, vom 12. Mai 1851 und Instruktion des Ministers für Handel, Gewerbe und öffentl. Arbeiten zur Ausführung des Gesetzes vom 12. Mai 1851 über die Verhältnisse der Miteigenthümer eines Bergwerks für den ganzen Umfang der Monarchie, mit Ausnahme der auf dem linken Rheinufer belegenen Landestheile. gr. 8. (32 S.) Breslau 852, Graß, Barth und Comp. Verlag. *

Bergwerks-Gesetze, d. preuss., v. 12. Mai 1851. 8. (32) Bresl. 52, Maruschke u. B. n. — 5

Die Bergwerksindustrie und Bergverwaltung Preussens im Jahre 1874. Abdruck. Berlin, 1875.

Bergwerks-Inspection, die, in Österreich. Berichte d. k. k. Bergbehörden üb. ihre Thätigkeit i. J. 1896 b. Handhabg. d. Bergpolizei u. Beaufsichtigg. d. Bergarbeiterverhältnisse. Veröffentl. vom k. k. Ackerbauministerium. 5. Jahrg. 1896. 1. Lfg. gr. 8. (XVI, 249 S.) Wien 898. Hof- u. Staatsdruckerei. n. 3. —
1892—95 u. d. T.: Berichte d. k. k. Bergbehörden.

Bergwerks-Inspection, die, in Österreich. Berichte der k. k. Bergbehörden üb. ihre Thätigkeit im J. 1896 bei Handhabg. der Bergpolizei u. Beaufsichtigg. der Bergarbeiterverhältnisse. Veröffentlicht vom k. k. Ackerbauministerium. 5. Jahrg. 1896. 2. u. 3. Lfg. gr. 8. (III, u. S. 287—506.) Wien 899. Hof- u. Staatsdruckerei. n. 3. —; (kplt: n. 6. —)

Die Bergwerks-Inspection in Oesterreich. Berichte der k. k. Bergbehörden über ihre Thätigkeit im Jahre 1897 bei Handhabung der Bergpolizei und Beaufsichtigung der Bergarbeiterverhältnisse. Veröffentlicht vom k. k. Ackerbauministerium. VI. Jahrgang. 1897. Wien. 1900. Hof- und Staatsdruckerei. Gr.-8°. erscheint in Lieferungen. Preis derselben je nach Umfang verschieden.

Die Bergwerks-Inspection in Oesterreich. Berichte der k. k. Bergbehörden über ihre Thätigkeit im Jahre 1898 bei Handhabung der Bergpolizei und Beaufsichtigung der Bergarbeiterverhältnisse. Veröffentlicht vom k. k. Ackerbauministerium. VII. Jahrgang. 1898. Wien. 1901. Hof- und Staatsdruckerei. Gr.-8°. VIII, 784 S. K 8.—

— dasselbe. 8. Jahrg. 1899. 1. Lfg. gr. 8. (III, 144 S.) Ebd. 901. n. 1.—

Bergwerks-Inspection, die, in Österreich. Berichte der k. k. Bergbehörden üb. ihre Tätigkeit i. J. 1899 bei Handhabg. der Bergpolizei u. Beaufsichtigg. d. Bergarbeiterverhältnisse. Veröffentlicht vom k. k. Ackerbauministerium. 8. Jahrg. 1899. 2.—4. Lfg. gr. 8. Wien, Hof- u. Staatsdruckerei. n. 2. — (kplt. n. 3. —)
2. (III u. S. 145—483.) 902. n. 1. —
3. (III u. S. 485—569.) 902. n. — 50
4. (III u. S. 571—694.) 903. n. — 50

Bergwerks-Inspektion, die, in Österreich. Berichte der k. k. Bergbehörden üb. ihre Tätigkeit in d. J. 1900, 1901 u. 1902 bei Handhabg. der Bergpolizei u. Beaufsichtigg. der Bergarbeiterverhältnisse. Veröffentlicht vom k. k. Ackerbauministerium. 9.—11. Jahrg. 1900—1902. (IV, 731; IV, 440 u. IV, 498 S.) gr. 8. Wien 904—906. Hof- u. Staatsdruckerei. à n. 6. —

Bergwerks-Inspektion, die, in Österreich. Berichte der k. k. Bergbehörden üb. ihre Tätigkeit in d. J. 1903—1906 bei Handhabg. der Bergpolizei u. Beaufsichtigg. der Bergarbeiterverhältnisse. Veröffentl. vom k. k. Ackerbauministerium. gr. 8. Wien, Hof- u. Staatsdruckerei. 22. 80
12. Jahrg. 1903. (IV, 584 S.) 906. 6.—
13. Jahrg. 1904. (IV, 456 S.) 907. 6.—
14. Jahrg. 1905. (IV, 489 S.) 907. 5.20
15. Jahrg. 1906. (IV, 527 S.) 908. 5.60

Bergwerks-Inspektion, Die, in Österr. Berichte d. k. k. Bergbehörden üb. ihre Tätigk. in d. J. '07—09 bei Handhabg d. Bergpolizei u. Beaufsichtigg d. Bergarbeiterverhältn. Veröffentl. v. k. k. Ministerium f. öffentl. Arbeiten. 16—18. J. '07—09. (4, 485 m. Tab.; 4, 614 m. Abb. u. 4, 618 m. Abb., 1 Tab. u. 3 farb. Taf.) gr8° Wien, Manz '11'12. je 5.20

Bergwerks-Kalender, Deutscher. Personal- und statistisches Jahrbuch für die deutsche Berg- und Hütten-Industrie. Hrsg. von Th. O. Weber. Jg. 2—5 (1905—1908). Hamm, 1904—1907.

Bergwerks-Kalender, deutscher. Personal- u. statist. Jahrbuch f. die deutsche Berg- u. Hütten-Industrie f. d. J. 1907. 5. Jahrg. (VIII, 320 S. u. Schreibkalender.) 16. Hamm, Th. O. Weber. Geb. n. 2. 60

Bergwerks-Kalender, deutscher, Fortsetzg., s.: Weber's deutscher Bergwerks-Kalender.

[Bergwerkskarte.] Bergwerks- und Hüttenkarte des (Westfälischen) Oberbergamtsbezirks Dortmund. 1:125000. Mit alphabetischem Bergwerksverzeichnis. 2., 3. u. 5.–14. Aufl. Essen, 1857–1895.

2. Aufl. 1857. } ohne Text
3. Aufl. 1863. } ohne Text
5. Aufl. ca. 1867. } ohne Text
6. Aufl. 1868. } mit Text
7. Aufl. 1871.
8. Aufl. 1876.
9. Aufl. 1880.
10. Aufl. 1883.
11. Aufl. 1888.
12. Aufl. 1889.
13. Aufl. 1890.
14. Aufl. 1895.

[Fortges. u. d. T.:]
[Industriekarte.] Industrie- und Verkehrskarte des niederrheinisch-westfälischen Industriebezirks. 1:125000. Mit alphabetischem Bergwerksverzeichnis. [1., resp.] 15. Aufl (1903). Essen, 1903.

Bergwerks- und Hüttenkarte des westfälischen Oberbergamtsbezirks. Essen, 1865.
dgl. III. Auflage. Ebend., 1866.
dgl. V. Auflage. Ebend., 1867. 2 Ex.
dgl. VI. Auflage. Ebend., 1868.
dgl. XI. Auflage. Ebend., 1883.
dgl. XIV. Auflage. Ebend., 1895.

Bergwerks- u. Hütten-Karte des westphälischen Ober-Bergamts-bezirks. 5. verb. und bereich. Aufl. Maßst. v. 1: 120,000, Essen. 1866. gr. Fol.

—— —— des westphälischen Ober-Bergamts-Bezirks mit Ausnahme des Reviers Osnabrück. 6. Aufl. bis Ende 1867, und 7. bereicherte und verb. Aufl. nebst einem alphabet. Verzeichniss sämmtl. im J. 1870 im Betrieb stehenden Gruben und deren Förderung im J. 1869. 8. (8 S.) Fol. Ebendas. 871. *

—— —— des westfälischen Oberbergamtsbezirks Dortmund. 1 : 125,000. 8. bericht. und verb. Aufl. Fol. Nebst einem alphabet. Verzeichniss sämmtl. Ende 1875 im Betrieb stehenden Gruben und der Förderung im J. 1875. 8. (9 S.) Ebendas. 876. *

Bergwerks- und Hütten-Karte des Oberbergamtsbez. Dortmund. Gezeichnet von R. Böer. 10. und 11. bereich. und verb. Aufl. mit 3 Nebenkarten, 1 Steiger- und Querprofil. Chromolithogr. Imp.-Fol. Nebst einem alphabet. Verzeichniss sämmtl. Ende 1882 in Betrieb stehenden Gruben und Cokereien, mit Angabe der Kohlensorten und Förderung im J. 1881, resp. 1882. 8. (13 S.) Essen 883, Bädeker. * 3 50

Bergwerks- und Hütten-Karte des Oberbergamtsbez. Dortmund. Gezeichnet von R. Böer. 11. und 12. bereich. und verb. Aufl. mit 3 Nebenkarten, einem Seiger- und Querprofil. Ergänzt bis Ende 1885 und 1888. Chromolithogr. Imp.-Fol. Nebst einem alphabet. Verzeichniss sämmtl. Ende 1882 in Betrieb stehender Gruben und Cokereien, mit Angabe der Kohlensorten und Förderung im J. 1885 und 1888. 8. (13 S.) Essen, Bädeker.
Verzeichniss allein *

Bergwerks- u. Hütten-Karte d. Oberbergamts-Bez. Dortmund. 1 : 125,000. 13. bereich. u. verb. Aufl. m. 3 Nebenkarten, e. Seiger- u. Querprofil. Chromolithogr. Imp.-Fol. Nebst e. alphab. Verzeichniss der in Betrieb stehenden Gruben u. Cokereien, m. Angabe der Kohlensorten u. Förderg. 8. (14 S.) Essen 890, Baedeker. * 3 50

Bergwerks- u. Hüttenkarte d. westfäl. Ob.-Bergamtsbez. Dortmund. 1: 125,000. 14. Afl. (Mit 3 Nebenkart., u. e. Seigerprofil.) 53×75 cm. Nebst e. alphabet. Verzeichniss d. Steinkohlen- u. Eisenstein-Gruben, nebst Angabe d. Bergreviere, Post- u. Eisenbahnstationen, Kohlensorten, Förderg u. Koks-Production im J. 1893. 8° (27) Ess. 95, GD Baedeker. 4 —; auf Pappe 6 —; auf Lnw. in Taschenformat 7 —; m. St. 8 — m. Uebersichtskarte d. Steinkohlenfelder zusammen 8 — auf Lnw. in Taschenformat 15 —; m. St. u. lackiert 17 —

Bergwerks- u. Hüttenkarte d. westfäl. Ober-Bergamtsbez. Dortmund, 15. Afl., s.: Industrie- u. Verkehrskarte d. niederrheinisch-westfäl. Industriebez.

Bergwerks- u. Hüttenkarte d. Oberbergamtsbez. Dortmund, 16. Afl., s.: Industrie- u. Verkehrskarte d. niederrhein.-westfäl. Industriebez.

Bergwerks- und Hüttenkarte von Kärnthen. 1: 600.000. Klgft., Leon (typ. Hölzel in Wien, ca. 1870). Folio. 1 Bl.

Bergwerks- u. Hütten-Karte des rheinischen Ober-Bergamts-Bezirks. Nebst e. alphabet. Verzeichniss der wichtigeren Kohlen- u. Erzgruben im rhein. Ober-Bergamts-Bezirk. Maasstab 1:200,000. Essen 869. Bädeker. (1 lith. u. color. Karte in gr. Fol. u. 15 S. Text in 16.) n. 1 ß

Bergwerks- und Hütten-Karte der wichtigsten Theile des Oberbergamts-Bezirks Bonn. In 4 Sect. Bearb. durch den Königl. Oberbergamts-Markscheider Lüling. Nebst einem alphabet. Verzeichniss der in den J. 1883 und 1884 betriebenen Silbererz-, Eisenerz-, Bleierz-, Kupfererz-, Zinkerz-, Nickelerz-, Manganerz-, Schwefelkies-, Alaunerz-, Steinkohlen-, Braunkohlen-, Dachschiefer- und Thongruben. 4 Sect. 2. Aufl. Fol. Essen 886, Baedeker. *
Einzeln à Sect. *
Inhalt:
1. Saarbrücken. — 2. Aachen. — 3. Siegen. — 4. Nassau.

Berg-, Hütten- u. Salzwerkskunde, siehe: Wochenbände, Nr. 75.

Bergwerksmaschinen, Die. Sammlg v. Handbb. f. Betriebsbeamte. Hrsg. v. Hans Bansen. 1. u. 2. Bd. gr8° Berl., J Springer. L je 16 —
Bansen, Hans: Das Tiefbohrwesen. Unter Mitwirkg v. Arth. Gerke u. Leo Herwegen bearb. (20, 517 m. Fig.) '12 [1]
Gerke, Arth., Leo Herwegen, Otto Pütz, Karl Teiwes: Gewinnungsmaschinen. (22, 452 m. Fig.) '12 [2]

Bergwerks-Ordnung. Grätz. Fol. –

Bergwerksordnung in d. Oesterr. Landen &c. Fol. Nürnb. 764. Felssecker. 16 gr.

Bergwerksverein.–
Bonner Bergwerks- und Hütten-Verein, Aktien-Gesellschaft, Cementfabrik bei Obercassel bei Bonn. 1856–1906. [Mit Abb.] (Barmen 1906: Luhn.) 71 S. quer-8°

Der Eschweiler Bergwerksverein 1834—1910. Zur Erinnerung an die vor 75 Jahren erfolgte Gründung d. Vereins. — (Halle 1910: Knapp.) 25 S., 8 Taf., 1 Kt. 4°

Bergwerks-und Hütten-Verein, Hoerder. Profilzeichnungen. Ausg. 1906. Hoerde 1906.

Hoerder Bergwerks- und Hütten-Verein, Hoerde in Westfalen. 50 Jahre seines Bestehens als Actien-Gesellschaft. 1. März 1852—1902. [Mit Abb.] (Aachen 1902: La Ruelle.) 67 S. quer-8°

Bergwerks- und Hütten-Verein, Hoerder: Profil-Zeichnungen. Ausg. 1901. Hoerde (Westf.)

Bergwerksverfassung.–Ueber die chursächsische Bergwerksverfassung. Ein Beitrag zur Statistik von Sachsen. Leipzig 1786.

Bergwerksverfassung, üb. d. kursächs., e. Beitr. z. Statistik v. Sachsen, (v. D. F. C. Mähler, oder Th. v. Wagner?). gr. 8. Leipz. 787. (Craz u. G. in Freiberg). 20 gr. Leipz., Andrä. 1 ß

Bergwerkszeitung, Deutsche. – Essen (ab 1. IX. 1927 in Düsseldorf): VII. 1899 - 31. VIII. 1944.

Bergwerkszeitung, Deutsche. Industrie und Handelsblatt. Jg. 9 (1908). Essen-Ruhr, 1908 u. ff.

Bergwerkszeitung, Deutsche. – Düsseldorf: (?) - 1930 ff.
Vorh. u. d. T.: Bergwerkszeitung, Deutsche. – Essen.

Bergwerks-Zeitung, sächsische. Hrsg. durch einen Verein von Gewerken und Grubenvorstehern. Interim. Redakt.: Th. Buschick. 1—3. Jahrg. 1852—54. à Jahrg. 52 Nrn. (½ Bog.) gr. 4. Freiberg, Craz und Gerlach. à Jahrg. **

Bergwesen in Deutsch-Ostafrika vom 9.10.98. (Gareis Rges. 248) Giessen 1898

[Bergwesen.] Freibergs Berg- und Hüttenwesen. Kurze Darstellung der orographischen, geologischen, historischen, technischen und administrativen Verhältnisse. Hrsg. vom Bergmännischen Verein zu Freiberg. Freiberg, 1883. 284 S. mit 10 Taf.

Freibergs Berg- und Hüttenwesen, herausgegeben vom bergmännischen Verein zu Freiberg. Freiberg in Sachsen, 1883.
dgl. 2. Auflage. Ebend., 1893.

Das Berg- und Hüttenwesen. Verdeutschung der im Bergbau, in d. Hüttenkunde, d. Markscheidekunst u. im Knappschaftswesen gebräuchl. entbehrl. Fremdwörter. 2. Aufl. Durchges. von OberbergR. Prof. Emil Treptow. Berlin: Allg. Deutsch. Sprachver. 1910. 20 S. 8°
(Verdeutschungsbücher d. Allgem. Dtsch. Sprachvereins. 6.)

Berg- und Hüttenwesen, das, im Herzogth. Nassau. Statistische Nachrichten, geognost., mineralog. und techn. Beschreibungen des Vorkommens nutzbarer Mineralien, des Bergbaues und Hüttenbetriebs. In Ermächtigung der Herzogl. Landes-Regierung nach amtl. Quellen und unter Mitwirkung von Herzogl. und Privat-Berg- und Hüttenbeamten, und von Werkseigenthümern hrsg. von F. Odernheimer. 4 Hefte. Lex.-8. (XII und 649 S. mit 18 lithogr. und ill. Plänen in Lex.-8., qu. 4. und qu. Fol.) Wiesbaden 863—67, Kreidel's Verlag. à Heft * 1 Thlr. 10 Ngr. *

Berg- u. Hüttenwesen, das, d. Oberharzes. Unt. Mitwirkg. e. Anzahl Fachgenossen aus Anlass des VI. allgem. deutschen Bergmannstages zu Hannover hrsg. v. H. Banniza, F. Klockmann, A. Longemann, A. Symphor. Mit 22 Tab., 8 i. d. Text gedr. Abb. u. 4 Karten als Beilage. gr. 8. (VIII, 827 S.) Stuttgart 895. F. Enke n. 10. —

Bergwesen, Das, im Königreich Sachsen, bearbeitet von Mitgliedern des Königl. Sächsischen Bergamtes. Dresden 1910. 98 S.
Aus: Kalender f. d. Sächsischen Staatsbeamten. Jg. 1910 u. 1911.

Bergwitz, K., s.: Heilandsworte f. alle Tage des Jahres.

Bergwitz, Karl, Dr. phil., Oberlehrer: Die γ-Strahlung des Erdkörpers und ihr Anteil an der spontanen Ionisierung der Atmosphäre. Braunschweig: Vieweg 1910. 44 S. 8°
¶ Aus: 16. Jahresbericht d. Vereins f. Naturwissenschaft zu Braunschweig. *Br*
Braunschweig Te. H., Hab.-Schr. v. 23. 2. 1910

Bergwitz, Karl, aus Wolfenbüttel ⟨Braunschw.⟩: Das doppelt angewandte Kerr'sche Phänomen als Hilfsmittel für die Vergleichung von Kapacitäten und Selbstinduktionen. *Rostock 1899: C. Hinstorff.* (36 S.) 8°
Rostock, Phil. Diss. v. [20. Okt.] 1899

Bergwitz, Konr., ein Votum zur Erziehungsfrage. gr. 8. (28 S.) Reval 886, (Kluge's Verlag.) *

Bergwörterbuch, deutsches, s. Veith, Heinr.

Bergzabern, Bez., s.: Pfalz.

Berg-Zeitung. – Goslar: 11. I. 1809 - 11. XI. 1809.
Vorh. u. d. T.: Wochenblatt. – Goslar.
Fortges. u. d. T.: Anzeiger. – Goslar.

Berhandtsky, Plac., († ...) s. Auszug aus d. Chronik ꝛc.

Berhandtsky v. Adlersberg, Jos., s. 1) Arnaud, der Soldat des Königs. 2) Toteneuve. 3) Erzähll. zur Unterhaltung in müßigen Stunden.

-Erzählungen.
— —, Kurze, zur Unterhaltung in müssigen Stunden (von *Joseph Berhandtsky v. Adlersberg*). Frankfurt (Salzburg) 1788. Rar!
Anon.-Lex. II. p. 63 (nach Meusel u. Kayser).

Berhandtsky von Adlersberg, J. s. Familie, die.

Berhandtsky von Adlersberg, Jos., s. Gedanken eines Patrioten.

Berhandtsky von Adlersberg, Jos., s. Sammlung von Aufsätzen.

– s. v. Sonnenthal, der Graf.

Berhandtsky von Adlersberg, Jos., s. Struensee, Graf.

Berhandtsky von Adlersberg, Joseph, s. Zamalesky

Berhnauer, Geo. Chr. Programma Fridericum Augustum cum Trajano comparans. fol. Budissiae 1733.

FSC
www.fsc.org
MIX
Papier | Fördert gute Waldnutzung
FSC® C083411

Kolibri 360 GmbH
Ferdinand-Jühlke-Straße 7
99095 Erfurt, Deutschland
produktsicherheit@kolibri360.de